H. Reinbothe

Einführung in die Biochemie

Einführung in die Biochemie

für Studierende und praktische Berufe der Biowissenschaften

Von Dr. sc. nat. Horst Reinbothe

o. Professor für Biochemie an der Martin-Luther-Universität Halle — Wittenberg, Sektion Biowissenschaften

Mit 81 Abbildungen und 115 Tabellen

GUSTAV FISCHER VERLAG · STUTTGART · 1975

ISBN 3-437-30204-3

Ausgabe in der Bundesrepublik Deutschland

Printed in the German Democratic Republic
Satz und Druck: Gutenberg Buchdruckerei, Weimar

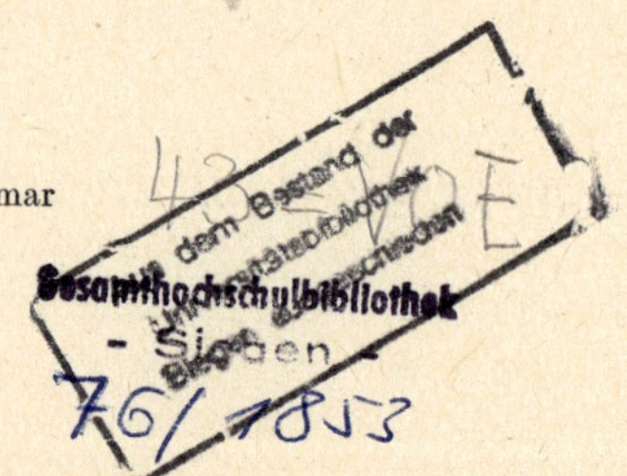

Vorwort

Die Entwicklung biochemischer und molekularer Betrachtungsweisen in den Biowissenschaften erfordert von jedem ihrer speziellen Vertreter ein gewisses Maß an grundlegenden biochemischen Kenntnissen. Das vorliegende Lehrbuch der Biochemie soll die wesentlichsten Grundlagen der Biochemie und einige speziellere biochemische Kenntnisse vermitteln helfen. Es wendet sich besonders an Studierende der Biologie und Biochemie, aber auch an Studenten, die Biochemie nur als Nebenfach betreiben. Der Verfasser hofft, daß das Buch auch der Studierende der Medizin, Pharmazie oder Landwirtschaft gelegentlich zur Hand nehmen wird ebenso wie auch der Lehrerstudent und Biologielehrer. Mit Vorteil wird es von allen denjenigen zu benutzen sein, die in der Ausbildung und in der Berufsausübung grundlegende biologisch-biochemische Informationen, speziell über Stoffwechselvorgänge, benötigen.

Der Schwerpunkt der Darstellung liegt auf dem biologisch-biochemischen Aspekt und auf der Behandlung des Grundstoffwechsels. Der Mediziner wird daher vieles vermissen, was in Lehrbüchern der physiologischen Chemie und der medizinischen Biochemie zu finden ist. Das vorliegende Buch umspannt den gesamten Bereich der allgemeinen Biochemie und einige Gebiete der speziellen Biochemie, insbesondere die Pflanzenbiochemie, und versucht auch, die engeren Beziehungen zu den angrenzenden Gebieten der organischen Chemie, Biologie, Genetik und Molekularbiologie zum Ausdruck zu bringen. Biologische Zusammenhänge im chemischen Ablauf von Reaktionen im lebenden Organismus werden unter spezieller Berücksichtigung der Belange der Pflanzenbiochemie dargestellt. Relativ detailliert dargeboten werden die für den gesamten Stoffkreislauf in der Biosphäre fundamentalen Prozesse der Photosynthese und biologischen Luftstickstoffbindung. Berücksichtigung finden auch die Biosynthesen aromatischer und schwefelhaltiger Verbindungen und allgemeine Fragen des pflanzlichen Sekundärstoffwechsels. Die Betonung dieser Reaktionsbereiche des Stoffwechsels ergibt sich aus der Lehr- und Forschungstätigkeit des Verfassers, der an der Martin-Luther-Universität das Gebiet der Pflanzenbiochemie vertritt.

Für eine Gliederung des Lehrstoffes der Biochemie, die heute ein weites Gebiet der Grundlagen- und angewandten Forschung ist, bieten sich sehr unterschiedliche Gesichtspunkte an. Obwohl von der Sache her eine Teilung in beschreibende und dynamische Biochemie ungerechtfertigt ist, wurde dieses Prinzip doch angewandt, um die Stoffwechselchemie (Kapitel 10.—14.) weitgehend vom Ballast organisch-chemischer und naturstoffchemischer Darlegungen zu entlasten. Hierdurch erhielt der Verfasser zugleich die Möglichkeit, in einem umfangreicheren Kapitel die chemische Zusammensetzung der Organismen vom Standpunkt eines Biologen darzustellen. Hier wird auf chemisch-systematische Gesichtspunkte zugunsten der Herausstellung von Stoffwechselaspekten weitgehend verzichtet.

Die Kapitel 1.—9. können als „Allgemeiner Teil" aufgefaßt werden. Vorangestellt ist ein Abschnitt, der wissenschaftstheoretische Gesichtspunkte herausstellt und helfen soll, Beziehungen zwischen verschiedenen Wissenschaftsdisziplinen und Arbeitsgebieten der Biochemie klarzulegen. Im allgemeinen Teil sind Sachverhalte der Biochemie zusammengestellt, die einer weitergehenden Verallgemeinerung und Systematisierung zugänglich sind. Besonders ausführlich sind hier die Kapitel über die biochemische Funktion der Zellbestandteile und über Stoffwechselregulation. Auf eine eingehendere Behandlung der Physikochemie und Thermodynamik wurde dagegen ebenso verzichtet wie auf eine detaillierte Abhandlung der Enzymologie. Diese Seiten machen den besonderen Charakter vorhandener Lehrbücher der Biochemie und physiologischen Chemie aus. Der in den Kapiteln 10.—14. enthaltene Lehrstoff ist so gegliedert, daß nacheinander der Stoffwechsel des Kohlenstoffs, Wasserstoffs, Sauerstoffs, Stickstoffs und Schwefels dargestellt werden. Die gewählte Gliederung ist nicht unproblematisch. Die einleitenden Abschnitte stehen zunächst für den Anfänger etwas isoliert, obwohl durch zahlreiche Querverweise auf die spätere Anwendung der betreffenden Sachverhalte im Stoffwechsel hingewiesen wird. Der Verfasser hofft, daß der gewählte deduktive Weg der Darstellung bei dem Leser nicht eine formale Betrachtungsweise fördert.

In den Text wurden zahlreiche Tabellen aufgenommen. Die Anzahl der Formelbilder, Schemata und Abbildungen wurde auf ein vertretbares Minimum beschränkt. Besonderer Wert wird auf biochemische Termini und Definitionen gelegt. Begriffsbestimmungen und neu im Textzusammenhang auftretende Begriffe sind im Druck besonders hervorgehoben. Der Autor beabsichtigt, durch die Art der Hervorhebung und Tabellarisierung den aufmerksamen Leser in die Lage zu versetzen, noch einmal zu überprüfen, ob er den vorangehenden Wissensstoff richtig verstanden hat und beherrscht.

Der Verfasser ist allen Fachvertretern und Studenten für kritische Hinweise dankbar. Dem VEB Gustav Fischer Verlag dankt er für sein Eingehen auf alle Wünsche und sein stetes Entgegenkommen. Der Lektorin Frau Schlüter sei für große Mühe und Geduld herzlich gedankt.

Horst Reinbothe

Inhaltsverzeichnis

1. Die Stellung der Biochemie im System der Wissenschaften

Die Wissenschaft ist ein System von Erkenntnissen, das aus der gesellschaftlichen Praxis erwächst. Die Fortschritte der Wissenschaft müssen in zunehmendem Maße zur Beherrschung der natürlichen und sozialen Umwelt des Menschen beitragen. Die **biologischen Wissenschaften** (**Biowissenschaften**) sind Teil der Naturwissenschaften. Diese befassen sich mit jenen Gegenständen und Prozessen der objektiven Realität (des realen Seins), die nicht aus der bewußten Kulturtätigkeit des Menschen hervorgegangen sind. Die moderne **Naturwissenschaft** kann als Kind einer Ehe von Philosophie und Handwerk aufgefaßt werden. Als ihre Begründer gelten F. Bacon, J. St. Mill und G. Galilei. Für den Naturwissenschaftler ist jede seiner Manipulationen vom Gedanken, jeder seiner Gedanken von der experimentellen Prüfbarkeit (Verifizierbarkeit/Falsifizierbarkeit) bestimmt.

Voraussetzungen der Naturwissenschaft sind:

- die Annahme einer realen Außenwelt, d. h. einer unabhängig vom menschlichen Bewußtsein existierenden objektiven Realität
- die Annahme der „Begreifbarkeit" der Natur, d. h. von rationalisierbaren Ordnungszusammenhängen.

Der Naturwissenschaftler hat die Gegenstände der objektiven Realität scharf und genau zu kennzeichnen, zu ordnen, die zwischen ihnen bestehenden Beziehungen zu ermitteln und die sich darin kundgebenden Gesetzmäßigkeiten aufzudecken.

Die **Biowissenschaften** erforschen den gesamten Bereich der lebenden Materie. Sie umfassen die **Biologie** (Zoologie, Botanik und Mikrobiologie) sowie bestimmte Teile der Medizin und der Agrarwissenschaften. Sie verwenden *spezifische biologische Verfahren*. Die Biowissenschaften, deren Kernstück die Biologie (Lehre vom Leben) ist, fußen auf der *Mathematik* und den naturwissenschaftlichen Grundlagenfächern *Physik* und *Chemie*. Sie nutzen die Ergebnisse bestimmter technischer Disziplinen, speziell des wissenschaftlichen Gerätebaues. Die **Zielstellungen** des Wissenschaftskomplexes Biowissenschaften liegen in der **Erforschung und Beherrschung der Lebensvorgänge** bei Menschen, Tieren, Pflanzen und Mikroorganismen unter normalen und pathologischen Bedingungen.

Die *Erforschung der Lebensvorgänge* mit dem Ziel der *biologischen Prozeßsteuerung* erfolgt auf drei verschiedenen *Ebenen*:

- im *zellulären* und *molekularen* Bereich
- im *Organismus* und seinen Teilen

– in der *Wechselwirkung von Organismus und Umwelt,* d. h. in der Biozönose und im Ökosystem (Tabelle 1.1).

Tabelle 1.1. Ebenen biologischer Forschung (verändert n. RAPOPORT)

Biologisches System (Ebene)	Wissenschaftsgebiet (Disziplin)
Population Organismus	Ökologie
Organismus Organ und Gewebe Zelle	Morphologie, Anatomie, Histologie, Zytologie, Physiologie, Genetik u. a.
Substrukturen der Zelle Makromolekülkomplexe Makromoleküle (Biopolymere)	Biochemie, Biophysik, Zytogenetik, Zellmorphologie, Zellphysiologie, Ultrastrukturforschung, Molekularbiologie, Makromolekularchemie u. a.

Es gibt verschiedene Wege, auf denen die Erforschung der Probleme des Lebens in Angriff genommen werden kann. Die Aufspaltung der Biologie in viele Teilgebiete (*biologische Disziplinen*) wird daraus verständlich.

Gleichberechtigte *Methoden biologischer Erkenntnisfindung* sind:

– die *kausalanalytische Methode* der „exakten Induktion«
– die *Systembetrachtung,* d. h. die vergleichend-systematisierende Methode der „generalisierenden Induktion".

Quelle aller biologischen Problemstellung aber ist immer das lebende Objekt in seiner natürlichen Umwelt. In den einzelnen biologischen Disziplinen spielen die genannten Methoden der Erkenntnisgewinnung eine unterschiedliche Rolle.

1.1. Wesen und Gegenstand der Biochemie

Die **Biochemie** (**bio**logische **Chemie**) ist ein Teilgebiet der Biologie. Sie ist jenes Fachgebiet, das die gesamte *Chemie der Lebewesen* umfaßt. Grundlage der Biochemie ist deshalb die organische Chemie. Diese war in ihren Anfängen mit Naturstoffchemie („deskriptiver Biochemie") identisch.

Die Biochemie ist ursprünglich als **Physiologische Chemie** an der Peripherie von Physiologie (Medizin) und Chemie als eigenständiges Wissenschaftsgebiet entstanden. Nachdem es nicht gelang, die Bezeichnung „Physiologische Chemie" durch „Biochemie" zu ersetzen, existieren beide Bezeichnungsweisen gleichberechtigt nebeneinander:
Biochemie = Physiologische Chemie.

Unter *physiologischer Chemie* im engeren Sinne wird jedoch eine funktionelle Biochemie des Menschen und der Säugetiere verstanden (vgl. 1.2.1.1.).

Die Wurzeln der Biochemie liegen in Biologie (bzw. Medizin) und Chemie. Die Chemie liefert das methodische und theoretische Rüstzeug zur Lösung der Problemstellung, die insgesamt eine biologische oder medizinische ist. Biochemie ist weniger durch einen bestimmten Gegenstand als durch eine spezifische Untersuchungsmethodik gekennzeichnet. Die **„biochemische Methode"** besteht in der Anwendung chemischer und physikalisch-chemischer Analytik auf die Untersuchung der Lebenserscheinungen. Die Biochemie umfaßt somit alle Bereiche, die unter Verwendung dieser Methodik erforschbar sind.

Die Biochemie ist neben der Molekularbiologie (Molekulargenetik) der progressivste Teil der modernen Biologie. Beide bestimmen wesentlich das Gesicht der heutigen Biologie als eine vorwiegend zelluläre und molekulare Experimentalbiologie.

In den Lehrbüchern der Biochemie (vgl. 15.) findet man häufig eine Teilung des Lehrstoffes in **deskriptive Biochemie** (beschreibende B.) und **dynamische Biochemie** (Zellbiochemie, Stoffwechselchemie). Das hat didaktische und sachliche Gründe. Die Kenntnis der Baustoffe von Lebewesen ist die notwendige Voraussetzung für Stoffwechseluntersuchungen. Dynamische Biochemie setzt in Forschung und Lehre deskriptive Biochemie voraus. Von der Sache her ist deskriptive B. zum Teil mit *Naturstoffchemie* identisch.

Die **Naturstoffchemie** befaßt sich mit der *Isolierung* und *Strukturaufklärung* von natürlich vorkommenden Stoffen. Die *Naturstoffe* sind Bestandteile oder Produkte von Organismen. Besonders grüne Pflanzen sind in der Lage, vielfältige chemische Strukturen im sog. Sekundärstoffwechsel zu erzeugen. Naturstoffchemie ist deshalb in gewisser Hinsicht mit *Phytochemie* gleichzusetzen. Die phytochemische Forschung hat sich in der Vergangenheit vor allem mit solchen sekundären Naturstoffen (vgl. 3.5.) beschäftigt, die besonders auffielen, und zwar

- durch eine Reizwirkung auf unsere Sinne (wie Farb-, Geruchs- und Geschmacksstoffe)
- durch physiologische Wirkungen (wie Gifte)
- durch ihr Massenvorkommen oder ihre technische Bedeutung (wie Zellulose, Lignin, Kautschuk u. a.).

Heute findet jedoch bereits eine systematische Suche nach natürlichen Wirkstoffen statt, wobei umfangreiche Pflanzensortimente durchmustert werden (**Screening**, Durchmusterungsprogramme). Der hohe Stand der chemischen Analytik (Mikroanalytik) und verbesserte Methoden der Stoffisolierung und Stofftrennung erleichtern solche Vorhaben.

Unter den *Methoden der Naturstoffisolierung* spielen chromatographische Trenntechniken eine besondere Rolle. Zur *Strukturermittlung* wird der isolierte Naturstoff durch seine Stoffkonstanten charakterisiert und durch definierte chemische Reaktionen abgebaut und umgewandelt (Herstellung von Derivaten). Mit der Strukturermittlung ist die chemische Synthese des Naturstoffes und seiner Derivate eng verbunden. Die gelungene chemische Synthese gilt als Beweis für die ermittelte chemische Struktur. Erst hieran schließen sich Biosynthesestudien an. Selten verfährt die Naturstoffchemie umgekehrt: erst Aufhellung des natürlichen Bildungsweges, dann Strukturermittlung (z. B. im Falle des Lignins). Die Konstitutionsermittlung umfaßt Probleme der Konfiguration und Stereochemie. Die naturstoffchemische Forschung benötigt aufwendige physikalische Verfahren und ist an kostspielige Apparaturen gebunden (Ultraviolett- und Infrarot-Spektrophotometer, Massenspektrographen u. a. m.).

Auch die Strukturaufklärung von Proteinen und Nucleinsäuren sind Kapitel der modernen Naturstofforschung. Die Ermittlung der Strukturdaten einer Zahl von Proteinen (vgl. 2.6.4.5.) und der Nucleinsäuren sowie der Struktur von Vitamin

B_{12} sind Beispiele für die Erfolge der modernen Naturstoffchemie ebenso wie die Isolierung von Genen bzw. genetisch relevanter DNS-Abschnitte oder die chemische Synthese eines Gens (KHORANA).

Die bloße Beschreibung und Sichtung der natürlich vorkommenden Stoffe vermittelt noch keine Vorstellung von der Dynamik ihres Umsatzes im Stoffwechsel. Die Ergebnisse von deskriptiver Biochemie und Naturstoffchemie ließen sich als eine Art Chemikalienindex des Lebens oder als ein großer Naturstoffkatalog zusammenstellen. Die Kenntnis der Struktur von Biomolekülen führt andererseits zum Verständnis ihrer Funktion im Organismus. Unter den Biomolekülen spielen die *Nucleinsäuren* und *Proteine* eine besondere Rolle. An sie ist Leben in der uns bekannten Form gebunden. Die Selbstorganisation der Materie zu „informativen" Makromolekülen nach Art der Nucleinsäuren und Proteine war das zentrale Ereignis der chemischen (präbiotischen) Evolution. Die Bildung von sich selbst vermehrenden und kopierenden Makromolekülen muß am Anfang der Lebensentstehung gestanden haben. Strukturuntersuchungen von Nucleinsäuren und Proteinen sind ein Hauptanliegen der modernen Naturstofforschung.

Leben ist ein Kennzeichen von Lebewesen. Diese sind sämtlich zellulär gebaut. Lebewesen bestehen aus nur einer Zelle (Einzeller) oder aus vielen bis sehr vielen Zellen (Vielzeller). „Leben ist nur in der Zelle allein; alles andere ist Zubehör oder, anders ausgedrückt, nur ein Mechanismus, der dem Leben in der Zelle dient" (BERNARD). Die **Zelle** ist die **biologische Grundeinheit.** Rezentes Leben ist an die Organisationsform der Zelle gebunden.

Lebewesen sind **offene Systeme.** Sie erhalten sich durch einen ständigen Austausch von Material, Energie und Information mit ihrer Umgebung. In thermodynamischer Hinsicht befinden sie sich hierbei in einem Zustand von geradezu phantastischer Unwahrscheinlichkeit (BERTALANFFY). Die Aufrechterhaltung dieser hohen Ordnung des polyphasischen lebenden Systems und die Verhinderung des Zurückfallens in das „tote" chemische Gleichgewicht sind an die ständige Zufuhr freier Energie (vgl. 4.1.1.) gebunden. Hierdurch wird ein Zustand des **Fließgleichgewichtes** aufrechterhalten: Stoffe strömen dauernd in das lebende System ein; Reaktionsprodukte werden entfernt. Ihre Gleichgewichtskonzentrationen im Organismus sind wesentlich von inneren Parametern abhängig. Das Fließgleichgewicht wird ständig an die Stoffwechselsituation angepaßt. Lebewesen befinden sich daher in einem dynamischen Zustand mit ihrer Umgebung. Für sie gelten die Stabilitätskriterien stationärer irreversibler Prozesse. In ihnen erfolgt nicht allein eine Entropiezunahme, sondern ein „Entropietransport". Durch Einschleusung von Materie in das lebende System wird ihm Negentropie zur Verfügung gestellt. Negentropische Prozesse erfolgen bei der Ontogenese (Individualentwicklung) und bei der Phylogenese (Stammesentwicklung, Evolution). Biologische Systeme sind relativ stabile Gebilde, die in mancherlei Hinsicht weit vom „thermodynamischen Gleichgewicht" entfernt sind. Sie erhalten sich im Ungleichgewicht. Die Theorie der offenen Systeme die besonders von BERTALANFFY auf lebende Systeme angewandt wurde, bietet eine Erklärung der Erscheinungen der *Äquifinalität* und des *zielgerichteten Verhaltens* von Lebewesen. Äquifinalität ist nur in offenen Systemen möglich. Der gleiche Endzustand wird von verschiedenen Ausgangszuständen her erreicht.

Das Ziel wird antizipiert. Grundlage ist der Regelkreis, der auf dem Prinzip der Rückkopplung beruht. In einem Regelkreis werden Wirkungen zur Ursache der eigenen Ursache (zirkuläre Kausalität).

Die Kontinuität des Lebens beruht nicht auf der Konstanz des Baumaterials, aus dem Lebewesen bestehen, sondern auf der Kontinuität der das Leben tragenden und verwirklichenden Strukturen, deren Bausteine dauernd ausgewechselt werden (Konzeption des **dynamischen Gleichgewichtes der Zellbestandteile**). Die mittlere halbe Lebensdauer (**biologische Halbwertszeit**) von Biomolekülen ist relativ gering. Die Geschwindigkeit des Aufbaues und Abbaues von Stoffen in Lebewesen ist hoch. Das **Turnover** der Zellbestandteile ist also schnell. Stoffwechselabläufe haben einen sehr kurzen Zeitbedarf. Organismen erhalten sich durch ihren Stoffwechsel (vgl. 3.), der die Reaktionen des Abbaues der Nährsubstrate und energiebereitstellende Stoffwechselreaktionen ebenso beinhaltet wie Baustein- und Makromolekülsynthesen. Leben ist also gekennzeichnet durch eine „chemische Bewegung" und durch die Vermehrung von Ordnung und Information. Lebewesen sind evolutionsfähige Systeme. *Evolution* ist stammesgeschichtliche Entwicklung und eine Vermehrung von Information.

Die **dynamische Biochemie** trägt der Dynamik des Lebensgeschehens Rechnung. Ihre Aufgabe besteht in der **chemischen Analyse der Lebenserscheinungen**, die auf ihre molekularen Parameter zurückverfolgt werden: Kausalanalyse von Stoffwechsel, Wachstum und Vererbung, Differenzierung und Entwicklung (als Ontogenie und Phylogenie).

Wachstum ist irreversible Vermehrung von Körpersubstanz. *Vererbung* ist die nahezu invariante Weitergabe der in der DNS verschlüsselten genetischen Information von Generation zu Generation. *Differenzierung* ist chemische und morphologische Musterbildung. *Entwicklung* ist Wachstum plus Differenzierung im Zuge der *Ontogenese* (Embryonal- und Individualentwicklung). Die stammesgeschichtliche Entwicklung (Phylogenese) bezeichnen wir als *Evolution*. Die zentralen Ereignisse der **Evolution** sind *Mutation* und *Selektion*. Mutationen (Veränderungen an der DNS) gehen durch das Sieb der Selektion, der ein physikalisch klar formulierbares Bewertungsprinzip zugrunde liegt (EIGEN).

Die **dynamische Biochemie** ist im wesentlichen eine „Stoffwechselchemie". Ihre wichtigsten **allgemeinen Gegenstände** sind:

- der Stoffwechsel, seine Steuerung und Regelung
- die chemischen Reaktionsabläufe an den Zellstrukturen (die deren biochemische Funktion ausmachen).

Neben einer allgemeinen Biochemie, die für alle Organismen weitgehend verbindlich ist (vgl. 1.1.1.), gibt es eine Zahl biochemischer Arbeitsgebiete und Anwendungsbereiche (vgl. 1.2.). Die Biochemie ist deshalb heute ein weites Gebiet der Grundlagen- und angewandten Forschung. Die Erforschung der Lebensvorgänge erfolgt letzten Endes unter der Zielstellung der gezielten Beeinflussung. Die **Nutzanwendung** biochemischer Forschung liegt in verschiedenen Anwendungsbereichen:

- in der Humanmedizin und im Veterinärwesen
- in der Land- und Nahrungsgüterwirtschaft
- in der pharmazeutischen und biologischen Industrie
- in der Forst- und Wasserwirtschaft.

Für die Erforschung der zentralen Fragen der Biochemie sucht sich der Experimentator von Fall zu Fall geeignete *Objekte* aus. Entscheidend für den Erfolg wissenschaftlicher Bemühungen ist immer die Wahl des „richtigen“ Objektes für die Lösung einer aufgegebenen Problemstellung. Die Molekularbiologie (vgl. 1.3.1.) konnte ihre großen Erfolge (Entzifferung des genetischen Codes) vor allem an Bakteriophagen und *Escherichia coli* erringen. Die großen Fortschritte auf biochemischem Gebiet in den letzten 20—30 Jahren sind von jenen Untersuchern erzielt worden, „die sich in der Wahl der Objekte und des Problems sehr beschränkt haben. Nur die Bereitschaft zu extremer Spezialisierung hat das Allgemeine befördert“ (MOTHES). *E.coli* als relativ einfaches „Nucleinsäure-Protein-Konzept der belebten Natur“ ist nur ein Teil der biologischen Wahrheit. Der vielzellige Organismus birgt weitaus mehr Probleme.

Ganz allgemein sind **Mikroorganismen** bevorzugte *biochemische Objekte*. Die Gründe dafür sind:

- die relativ leichte Handhabbarkeit mikrobieller Kulturen bei Beachtung der Steriltechnik
- die Möglichkeit der aseptischen Kultivierung auf definierten vollsynthetischen Nährmedien unter kontrollierten Anzuchtbedingungen
- die schnelle Wachstums- und Teilungsrate und damit rasche Generationsfolge mikrobieller Kulturen und die Möglichkeit der Massenanzucht in diskontinuierlicher, kontinuierlicher und synchronisierter Kultur
- die leichte Gewinnung von Mutanten der verschiedensten Art (vgl. 8.1.1.) u. a. m.

Darüber hinaus sind Mikroorganismen im biochemischen Laboratorium als Enzymquellen und biochemische Agenzien im Einsatz.

Die **Stellung der Biochemie** zur Biologie, zu den naturwissenschaftlichen Grundlagenfächern und zu einigen angewandten Disziplinen, die an der Peripherie herkömmlicher Wissenschaftsgebiete als sog. Grenzdisziplinen entstanden sind, soll das Schema veranschaulichen:

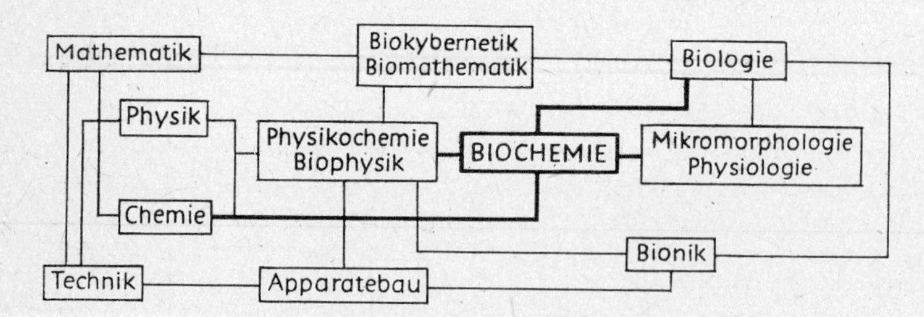

1.1.1. Allgemeine Biochemie

Die Biochemie ist ähnlich der Genetik (Vererbungswissenschaft) eine vereinheitlichende Wissenschaft. Sie hat herkömmliche Trennungen biologischer Disziplinen (Zoologie, Botanik, Mikrobiologie) aufgehoben.
Als **wichtigstes Ergebnis der Entwicklung der Biochemie der letzten Jahrzehnte** konstatieren wir:

1. **die prinzipielle Ähnlichkeit aller Organismen in dem zentralen Bereich des Grundstoffwechsels**

2. **die prinzipielle Einheitlichkeit aller Organismen im Feinbau ihrer Zellen**
3. **ein einheitliches Konzept der biologischen Informationsspeicherung und -verarbeitung** (vgl. 14.2.)
4. **ein einheitliches Konzept der Biokatalyse**

Während wir früher gewissermaßen unter einem „Übermaß an ungestaltetem Wissen" (KINZEL) litten, ist heute vieles einfacher und übersichtlicher geworden. Was hier gefunden wird, bezeugt die Einheit des Lebendigen. Die **Allgemeine Biochemie** lehrt diese grundsätzliche Übereinstimmung in Bau und Funktion biologischer Systeme auf der Ebene der Zelle und im Bereich des Grundstoffwechsels. Hier herrscht bei allen Lebewesen – Tieren, Pflanzen und Mikroorganismen – prinzipielle Einheitlichkeit bei den zentralen Stoffwechselreaktionen des Abbaus der Nährstoffe, der Energiebereitstellung, der Bildung von Biopolymeren, der Speicherung, Übertragung und Verarbeitung der genetischen Information.

Die Ergebnisse der Biochemie weisen nachdrücklich auf die Einheitlichkeit der Lebensentstehung, nicht aber notwendigerweise auf die Einmaligkeit dieses zentralen Ereignisses hin. Wir wissen nicht, ob Leben, wo immer es auch entstanden sein mag, sich so und nicht anders ausbilden mußte, wie wir es vom Leben auf der Erde kennen. „Leben im All" ist allenfalls eine Wahrscheinlichkeitshypothese. Exakte Beweise für extraterrestrisches Leben fehlen.

Die **Theoretische Biochemie** baut auf der Chemie der natürlichen Hochpolymeren, der Enzymologie und Molekularbiologie auf. Sie faßt Einzeldaten (Fakten) unter gemeinsamen Gesichtspunkten zusammen und unternimmt ihre Verallgemeinerung, Abstrahierung und Systematisierung. Sie befaßt sich mit solchen Stoffkomplexen, denen eine hoch allgemeine Bedeutung für die Biochemie zukommt und an denen allgemeine Betrachtungsweisen und Theorien zweckmäßig demonstriert werden können. Die Grenzen zur Biophysik und Physikochemie sind fließend. Gleich diesen Wissenschaftsgebieten ist die theoretische Biochemie stark mathematisch untermauert.

1.2. Arbeitsgebiete der Biochemie

Ebenso wie die Biologie zerfällt auch die Biochemie in verschiedene Teildisziplinen (Arbeitsgebiete). Diese Aufgliederung der Biochemie hat teils traditionelle und institutionelle Gründe, teils wird sie aus der rapiden Entwicklung der biochemischen Forschung in den letzten Jahrzehnten verständlich. Herkömmliche **Arbeitsgebiete** und Anwendungsbereiche der Biochemie sind:

- *Physiologische Chemie*
- *Klinische Chemie und Biochemie* (unter Einschluß der Pathologischen Physiologie und Pathobiochemie)
- *Pflanzenbiochemie* und *Phytochemie.*

1.2.1. Physiologische Chemie

Als **Physiologische Chemie** im engeren Sinne wollen wir eine funktionelle Biochemie des Menschen („Humanbiochemie") und der Tiere („Zoochemie") bezeichnen. Die physiologisch-chemische Forschung hat sich bisher vor allem mit dem Menschen und relativ wenigen üblichen Laboratoriumstieren ausführlicher befaßt. Angesichts der ungeheuren Artenfülle des Tierreiches ist die Zahl der biochemisch näher untersuchten Spezies recht gering. Eine vergleichende Biochemie der Tiere hat jedoch bereits zu interessanten Einsichten geführt und die Evolutionstheorie um wichtige Aspekte bereichert (Untersuchungen zur Evolution der Proteinstruktur an den Hämoglobinen, den Cytochromen, den Hormonen, den Dehydrogenasen, den Proteasen).

Die **Physiologische Chemie** behandelt als **spezifische Gegenstände:**

- *Wasserhaushalt* und *Mineralstoffwechsel* von Mensch und Tier, incl. Niere und Harn
- die Biochemie der *Ernährung* (Verdauung, Verwertung der Nahrungsstoffe, Ausscheidung) einschließlich akzessorische Nährstoffe (wie Vitamine) und ihre Rolle im Stoffwechsel
- das Kapitel *Blut* mit seinen Aspekten des chemischen Aufbaues, der Funktion und des Metabolismus der Hämoglobine, der Blutgerinnung, der Plasmaproteine u. a. m.
- *Binde- und Stützgewebe, Haut* und Anhangsgebilde
- *Fettgewebe* und *Lipidstoffwechsel*
- Biochemie der *Muskelkontraktion*
- Biochemie der *Erregungsleitung* (Neurobiochemie)
- Biochemie der *Hormone* und die hormonelle Regulation u. a. m.

1.2.1.1. Klinische Chemie und Biochemie

Klinisch-chemische Laboratoriumsdiagnostik (klinische Chemie), klinische Biochemie, Pathophysiologie und Pathobiochemie durchdringen und ergänzen sich gegenseitig und bilden einen komplexen Anwendungsbereich der physiologischen Chemie. Hier ergeben sich enge Beziehungen zu anderen Disziplinen wie Tierphysiologie, Immunbiologie u. a. Die **Klinische Biochemie** ist z. T. unmittelbar auf praktisch-klinische Belange der Diagnose und Therapie zugeschnitten und in Forschungs- und Routinelaboratorien des medizinisch-klinischen Bereiches institutionalisiert. **Spezifische Gegenstände der Klinischen Biochemie** sind:

- Biochemie und Pathobiochemie des Blutes (pathologische und genetische Störungen, Gerinnungsstörungen usw.)
- Biochemie und Pathobiochemie der Leber (Sekretionsfunktion, Detoxikation, Lebererkrankungen, Symptomatologie und Diagnostik)
- Inkretorische Funktion des Pankreas und ihre Störungen (Diabetes mellitus u. a.)
- Gendefekte und molekulare Krankheiten
- Biologische Wirkungen energiereicher Strahlen
- Biochemie der Entzündung und immunologischer Krankheiten
- Biochemie und Pathobiochemie der Entwicklung, Differenzierung und Alterung (Mißbildungen, Regulationsstörungen, Tumorstoffwechsel u. a.).

1.2.2. Biochemie der Pflanzen

Die relative Eigenständigkeit der Pflanzenbiochemie ergibt sich aus der Spezifik pflanzlicher Stoffwechselleistungen, so daß Pflanzen mehr als bloße Funktionsmodelle der Biochemie sind. Die Grenzen zur Pflanzenphysiologie sind unscharf (vgl. 1.3.). **Spezielle Gegenstände der Biochemie der Pflanzen** sind:

- die photosynthetische Stoffbildung (Struktur und Funktion des Photosyntheseapparates) und die Biochemie des autotrophen Stoffwechsels (vgl. 10.3.)
- die Primärreaktionen bei der Stickstoffassimilation: Nitratreduktion und -assimilation, biologische Luftstickstoffbindung des symbiontischen Systems (vgl. 12.1.)
- Sulfatreduktion und Cysteinbiosynthese (vgl. 13.)
- Aromatenbiosynthesen (vgl. 10.5.)
- Chemie und Biochemie der sekundären Pflanzenstoffe (vgl. 3.5.).

Die Phytochemie (vgl. 1.1.) ist ein Teil der Pflanzenbiochemie.

Charakteristische Unterschiede zwischen pflanzlicher und tierischer Organisation und Lebensweise lassen sich zum Teil auf Differenzen in der Ernährungsweise zurückführen. Die Tabelle 3.4. faßt Unterschiede zusammen, die sich bei einem Vergleich von sog. höheren (d. h. kormophytisch organisierten) Pflanzen und höheren Tieren (Metazoen) ergeben.

1.3. Beziehungen der Biochemie zu Nachbardisziplinen

Enge Beziehungen ergeben sich zwischen Biochemie und Teilgebieten der Pharmazie (Pharmazeutische Chemie, Pharmakognosie, Pharmakologie) sowie zur Toxikologie. Die **Pharmazeutische Chemie** befaßt sich mit in der Therapie verwendeten (biogenen) Stoffen und mit ihrer chemischen und biochemischen Modifikation im Hinblick auf die Entwicklung von Arzneistoffen (Pharmaka). Hier interessieren Fragen der molekularen Grundlagen der Pharmakon-Rezeptor-Reaktion und der Biotransformation von Pharmaka. In gewisser Hinsicht ist sie Teil einer von verschiedenen Disziplinen betriebenen biologischen Wirkstofforschung. Die **Pharmakologie** ist eine angewandte Physiologie und Biochemie mit therapeutischer Zielsetzung. Arzneistoffe und Gifte greifen als körperfremde Stoffe in den Stoffwechsel ein. Sie werden durch verschiedene Typen von Detoxikationsreaktionen entgiftet und aus dem Organismus eliminiert. Hier ergeben sich enge Wechselbeziehungen zur **Toxikologie** (Lehre von den toxischen Wirkungen von Chemikalien). Die **Pharmakognosie** ist eine pharmazeutische Biologie, die sich mit Drogen, deren Inhaltsstoffen und mit den sie liefernden Organismen befaßt.

Deutliche Überschneidungen in Forschung und Lehre mit der Biochemie zeigen die Wissenschaftsgebiete Physiologie, Naturstoffchemie, Molekularbiologie und Biophysik. Besonders unscharf sind die Grenzen zwischen Pflanzenbiochemie und Pflanzenphysiologie. Erstere kann man als eine spezielle Stoffwechselphysiologie der Pflanzen auffassen. Traditionell bestimmte Gegenstände der **Pflanzenphysiologie** sind z. B.: Wasser- und Mineralstoffhaushalt, Bewegungs- und Reizphysiologie (letztere mehr der Biophysik verwandt) und die botanische Entwicklungsphysiologie (Lichtwirkungen, Phytohormone u. a.). Im Bereich der Medizin sind Tierphysiologie und Physiologische Chemie traditionell, institutionell und von den Gegenständen her ziemlich klar unterschieden. Jedes physiologische Problem ist in letzter Linie auf ein chemisches zurückzuführen (Starling 1906). Zur Naturstoffchemie vgl. 1.1., zur Molekularbiologie 1.3.1. und 14. Die **Biophysik** umfaßt im wesentlichen drei Gegenstandsbereiche:

- die molekulare und zelluläre Biophysik (Konformationsänderungen von Biopolymeren, Relaxationskinetik, bioelektrische Phänomene, Membrantransport)
- die Strahlenbiophysik (strahleninduzierte Veränderungen in zellulären und makromolekularen Systemen)
- die Medizintechnik (physikalischer Gerätebau für medizinische und biologische Zwecke und Einrichtungen).

Die „Medizintechnik" ist z. T. eine angewandte Biophysik, die im Dienste der Diagnostik und Therapeutik steht.

Die **Biochemie** ist eine wesentliche **Komponente** solcher Wissenschaftsgebiete wie *Immunbiologie* (Immunitäts- und Abwehrmechanismen), *Neurochemie* (Biochemie der Erregungsleitung und synaptischen Übertragung, biochemische Grundlagen des Krampfes. Komplexe Prozesse wie Gedächtnisspeicher lassen sich prinzipiell auf die hochgradige Koordination biochemischer Reaktionen zurückführen), *Alternsforschung, Krebsforschung* (Tumorgenese und -stoffwechsel) u. a.

Im Zusammenhang mit der „Chemisierung" der Agrarwirtschaft und der Tierproduktion gewinnen biochemische Erkenntnisse und Methoden eine zunehmende Bedeutung für die pflanzliche und tierische Produktion. Im Hinblick auf den möglichen Fehleinsatz von Wirk- und Ergänzungsstoffen, Störungen der Fortpflanzungsbiologie von Haustieren usw. gewinnt die Biochemie zusehends Eingang in die *Veterinärmedizin.* In der *Lebensmittelchemie* und *-technologie* ist die Biochemie eine wesentliche Komponente. Letzten Endes gehen Fragen der Ernährung und Fehlernährung des Menschen, von „Zivilisations- und Wohlstandskrankheiten" sehr stark auch den Biochemiker an. Biochemie und Umweltschutz (Luft- und Wasserreinigung, Abbau von „Zivilisationsmüll" usw.) zeigen mehr als eine nur akademische Beziehung auf.

Die **Nutzanwendung** biochemischer Erkenntnisse liegt z. Z. noch eindeutig in der Medizin und der Agrarwirtschaft. In einer *biologischen Industrie* spielt die **Technische** (Industrielle) **Mikrobiologie** die dominierende Rolle. Die *technische Biochemie* und die *Biotechnologie* („Bioengineering") als Biochemie industrieller Produktions- und Stoffwandlungsprozesse sind im wesentlichen noch mit industrieller Mikrobiologie identisch. Biochemische Potenzen von Mikroorganismen werden genutzt zur Produktion von Nahrungs- und Arzneimitteln, Enzymen, Geschmacks- und Aromastoffen sowie Biomasse. Mikroorganismen werden zur Stoffwandlung (Steroidoxydation usw.) eingesetzt. Ihre spezifischen biochemisch Fähigkeiten finden Verwendung bei der biologischen Beseitigung schwer abbaubarer Abfallprodukte (biologische Abwasserreinigung) und zur Steigerung der Bodenfruchtbarkeit. Der Weg der technischen Biochemie vom Einsatz mikrobieller Zellkulturen (mit ihren technologischen Problemen der Kinetik, Stoff- und Maßstabsübertragung sowie Optimierung) bis hin etwa zum Einsatz vorrätig gehaltener oder an inerten Trägern fixierter Enzyme wird weit sein. Der Einsatz in Forschung und Wirtschaft lohnt sich.

1.3.1. Die Molekularbiologie

Die **Molekularbiologie** entstand auf der Grundlage der Ergebnisse der Biochemie, Genetik, Virologie, Mikrobiologie, Feinstrukturforschung, Makromolekülchemie und des modernen physikalischen Gerätebaues nach dem 2. Weltkrieg unabhängig zugleich in mehreren Forschergruppen. Die Tabelle 1.2. faßt die Bestandteile der molekularen Biologie und die spezifischen Beiträge herkömmlicher Wissenschaftsdisziplinen zur Entwicklung dieses neuen Wissenschaftsgebietes zusammen.

In gewisser Weise ist Molekularbiologie mit Molekulargenetik identisch. Im Unterschied zur sog. klassischen Biochemie, die eine Biochemie der „kleinen Moleküle" ist, kann die Molekularbiologie als eine „Biochemie der großen Moleküle" aufgefaßt werden. – **Gegenstände der molekularen Biologie** sind:

- Struktur und Funktion von Proteinen als den Trägern biologischer Funktion und Spezifität
- Struktur und Funktion der Nucleinsäuren mit den Problemen der Speicherung und Verarbeitung genetischer Information, der Konstanz und Variabilität der Erbinformation sowie der molekularen Evolution
- molekulare Grundlagen und Funktionsmechanismen von Steuerung und Regelung im biologischen Bereich.

In einem sehr eingeengten Sinne befaßt sich die Molekularbiologie mit DNS-RNS-Problemen.

Die molekularbiologische Forschung stößt in die molekularen Dimensionen der Lebensvorgänge vor. In diesem zentralen Bereich treffen sich die in der Tabelle 1.2. aufgeführten Wissenschaftsdisziplinen, die die Molekularbiologie konstituieren. In methodischer Hinsicht spielten für die großen Erfolge der Molekularbiologie eine besondere Rolle:

- die Röntgenstrukturanalyse (Strukturermittlung der DNS: Watson-Crick-Modell der DNS-Doppelhelix; Strukturbestimmung von Proteinen)
- der Einsatz hoch markierter Aminosäuren und künstlicher Messenger (vgl. 14.)
- die „differentielle" Zentrifugation der Zellbestandteile (fraktionierte Zentrifugation und Dichtegradientenzentrifugation) und ihre elektronenmikroskopische Reinheitsprüfung.

Tabelle 1.2. Bestandteile der Molekularbiologie

Wissenschaftsgebiet	Spezifischer Beitrag
Biochemie	Stoffwechselchemie, Enzymologie, Regulationsforschung
Genetik	Vererbungsmechanismen und ihre molekularen Grundlagen, Phagengenetik
Feinstrukturforschung	Feinbau der Zelle; in Verbindung mit der Biochemie: „Topochemie" der Zellbestandteile
Makromolekülchemie	Chemie der natürlichen Hochpolymeren; physikalische Ultrastrukturforschung
Mikrobiologie	Systemfindung (Untersuchungsobjekte: *Escherichia coli*, Bakteriophagen); Einsatz von regulationsdefekten Mutanten
Biophysik	Zellchemie, Grenzflächenphänomene und Transportmechanismen
Gerätebau	apparative Hilfsmittel
Organische Chemie	chemisch-präparative Techniken, Isotopentechnik
Kybernetik	Informationsbegriff

Der genetische Code (vgl. 14.2.) konnte in relativ kurzer Zeit auf ziemlich überraschende Weise aufgeklärt und damit eine zentrale Frage der Biologie beantwortet werden.

2. Die chemische Zusammensetzung der Organismen

Die in quantitativer Beziehung dominierenden organischen Stoffklassen in der Körpersubstanz von Lebewesen sind:

- Eiweiße (Proteine)
- Kohlenhydrate
- Lipide (Fettsubstanzen).

Die chemische Zusammensetzung menschlicher Körpermasse zeigt die Tabelle 2.1.

Tabelle 2.1. Chemische Zusammensetzung der Körpersubstanz eines Menschen (abgerundete Werte) (verändert aus RAPOPORT)

Stoffklasse	%	kg
Anorganische Stoffe	64	44,8
davon: Wasser	60	42,0
Mineralstoffe	4	2,8
Organische Stoffe	36	25,2
davon: Kohlenhydrate	1	0,7
Lipide	15	10,5
Proteine	19	13,3
Nucleinsäuren	1	0,7

Über die ungefähre chemische Zusammensetzung pflanzlicher und tierischer Körpersubstanz informiert die Tabelle 2.2.

Tabelle 2.2. Gehalt der pflanzlichen und tierischen Körpermasse an Wasser, Mineralstoffen und organischen Substanzen in Prozent des Frischgewichtes

Stoffklasse	Pflanze (%)	Tier (%)
Anorganische Stoffe	77,5	64,3
davon: Wasser	75,0	60,0
Mineralstoffe	2,5	4,3
Organische Stoffe	22,5	35,7
davon: Kohlenhydrate	18,0	6,2
Fette	0,5	11,7
Eiweiße	4,0	17,8

Die unterschiedliche summarische Zusammensetzung pflanzlicher und tierischer Körpersubstanz drückt Unterschiede der Ernährung von Pflanze und Tier aus (vgl. auch Tabelle 3.4.). Das heterotrophe Tier nimmt in der Regel eine ziemlich eiweißreiche Nahrung auf. Eiweiße werden in einem ausgedehnten Maße als Gerüstsubstanzen (Bindegewebe, Knorpel, Haare, Horn, Hufe, Federn) verwendet. Fette (Neutralfette) dienen als Reservestoffe (Fettdepots!) und Energielieferant. Die autotrophe grüne Pflanze als der primäre Produzent von Kohlenhydraten nutzt polymere Kohlenhydrate (Stärke, Zellulose) als Vorrats- und Skelettsubstanzen (Zellwandbildung). Komplexe Lipide sind in jedem Fall Membranstoffe.

Polysaccharide, Proteine und Nucleinsäuren bezeichnen wir als **Biopolymere.** Im Sinne der Definition sind das zusammengesetzte Verbindungen organischer Herkunft, die hydrolytisch (oder auch anders) sich in ihre Bausteine spalten lassen. Diese Grundbausteine (Monomeren) setzen in vielfacher Wiederholung (periodische Makromoleküle wie Stärke, Glykogen, Zellulose) oder in einem genetisch fixierten Bausteinmuster (aperiodische Makromoleküle wie Proteine und Nucleinsäuren) die **Biomakromoleküle** (Biopolymeren) zusammen. **Proteine** sind die Träger biologischer Struktur, Funktion und Spezifität (vgl. 2.6.4.5.). **Nucleinsäuren** (Desoxyribonucleinsäure = DNS, Ribonucleinsäuren = RNS) sind die Träger biologischer Information (vgl. 2.6.5.). Einige wichtige oder bekanntere Biomakromoleküle sind in der Tabelle 2.3. zusammengestellt.

Tabelle 2.3. Biologisch wichtige Makromoleküle und ihre Funktion

Molekülspezies	Biologische Funktion	Zugehörigkeit (Stoffklasse)	Bausteine (Monomere)
DNS	Informationsspeicherung	Nucleinsäuren	Nucleotide
RNS	Proteinsynthese	Nucleinsäuren	Nucleotide
Hämoglobine	O_2-Transport (Blut)	Proteide	Aminosäuren, Häm
Ferredoxine	e-Transport (Photosynthese, N_2-Bindung)	Fe-S-Proteine	Aminosäuren, Eisen
Cytochrome	e-Transport (Atmungskette)	Proteide	Aminosäuren, Fe-Porphyrin
Kollagen	Gerüstsubstanz (Bindegewebe, Stützgewebe von Haut u. Knochen)	Skleroproteine	Aminosäuren
Keratin	Stütz- und Gerüstsubstanz (Nägel, Haare, Federn)	Skleroproteine	Aminosäuren
Urease	Enzym (Harnstoffspaltung)	Proteine (SH-Enzyme)	Aminosäuren
Transaminase	Enzym (Aminogruppen-Übertragung)	Proteide	Aminosäuren, Pyridoxal-P
Glykogen	Reservestoff („tierische Stärke“, Muskulatur, Leber)	Polysaccharide	Glucose
Stärke	Reservestoff (Pflanzen)	Polysaccharide	Glucose (Maltose)
Zellulose	Wandsubstanz (pflanzliche Zellwand)	Polysaccharide	Glucose (Zellobiose)

(Fortsetzung der Tabelle 2.3.)

Molekülspezies	Biologische Funktion	Zugehörigkeit (Stoffklasse)	Bausteine (Monomere)
Pektine	Wandstoffe (pflanzliche Zellwand)	Polysaccharide	Galakturonsäuren
Chitin	Wandstoff (Pilze) + Gerüstsubstanz (Cuticula von Insekten)	Polysaccharide	N-Acetylglucosamin
Neutralfette	Depotstoff	Lipide	Fettsäuren, Glycerin
Wachse	Schutzstoffe	Lipide	Fettsäure, Alkohol
Phosphatide	Membranstoffe	Lipide	Fettsäuren, Alkohol, N-Base

Die **chemische Zusammensetzung** und biosynthetische Kapazität einer **Bakterienzelle** zeigt die Tabelle 2.4.

Man kann an diesem Beispiel besonders eindrucksvoll die Biosynthese von Zellmaterial verfolgen. Eine Zelle von *Escherichia coli* ist etwa 1,3 μm lang und hat ein Volumen von etwa 2,25 μm^3 sowie ein Gesamtgewicht von $10 \cdot 10^{-13}$ g (Frischgewicht), was einer Trockenmasse von $2{,}5 \cdot 10^{-13}$ g entspricht. *E. coli* verdoppelt sich unter günstigen Bedingungen gewichts- und zahlenmäßig etwa alle 20 Minuten. Hierbei wird das neu synthetisierte Zellmaterial aus Glucose, Ammoniumsalzen und Nährsalzen der Nährlösung gebildet. In der wachsenden Zelle müssen einmal alle Grundbausteine der Biomakromoleküle (also Aminosäuren, Purine, Pyrimidine, Zucker, Fettsäuren), zum anderen komplizierte Proteine, Polysaccharide und Lipide aus den Grundbausteinen aufgebaut werden. Die Biosynthese umfaßt des weiteren die äußerst komplizierten Vorgänge des Aufbaus der Zellstrukturen. Bei der Abschätzung der Biosynthesearbeit bzw. des benötigten Energieaufwandes müssen mehrere Voraussetzungen gemacht und Vereinfachungen getroffen werden (jedes Biomakromolekül wird nur einmal während der 20 Minuten beanspruchenden Entwicklungsphase synthetisiert, d. h. sein Turnover wird vernachlässigt; die Biosynthesearbeit für den Aufbau der Grundbausteine und der Zellorganellen, vgl. 6., ist außer acht gelassen). Die in der Tabelle 2.4. aufgeführten Molekulargewichte stellen Näherungswerte dar, d. h. vereinfachte Mittelwerte über ein tatsächlich vorhandenes Molekulargewichtsspektrum, das z. B. bei den Proteinen von 13000 bis 1000000 reichen kann. Die Anzahl und das genaue Molekulargewicht der in einer *E.-coli*-Zelle vorhandenen DNS-Moleküle sind nicht bekannt; vermutlich sind es nur wenige Moleküle von sehr hohem Molekulargewicht. Aus den bestimmten Mengen der verschiedenen chemischen Verbindungen wurde mit Hilfe der Loschmidt-Konstanten (Zahl der Moleküle in einem Mol der Verbindung = $6{,}02 \times 10^{23}$) die Anzahl der Moleküle berechnet, die von jeder Stoffklasse in einer Bakterienzelle vorhanden sind.

Wie man sieht, besteht die Hauptmasse der organischen Zellsubstanz aus Proteinen (70% des Trockengewichts). Zahlenmäßig dominieren jedoch Lipidmoleküle, die mit erstaunlich hoher Syntheserate hergestellt werden. Überraschend ist jedoch auch der Befund, daß pro Sekunde in einer Zelle einer logarithmisch wachsenden Zellkultur (Population) etwa 1400 Proteine aufgebaut

Tabelle 2.4. Chemische Zusammensetzung und Biosynthesekapazität einer wachsenden Zelle von *Escherichia coli* (verändert n. LEHNINGER). Es bedeuten: TG = Trockengewicht; MG = mittleres Molekulargewicht. Vgl. auch Text.

Stoffklasse	% des TG	MG	Anzahl der Moleküle pro Zelle	Anzahl der pro sec synthetisierten Moleküle	Anzahl der pro sec benötigten ATP-Moleküle	% der aufgewandten Biosyntheseenergie
DNS	5	$2 \cdot 10^9$	4	0,033	$6 \cdot 10^4$	2,5
RNS	10	$1 \cdot 10^6$	15000	12,5	$7{,}5 \cdot 10^4$	3,1
Proteine	70	$6 \cdot 10^4$	1700000	1400	$2{,}1 \cdot 10^7$	88,0
Lipide	10	$1 \cdot 10^3$	15000000	12500	$8{,}8 \cdot 10^4$	3,7
Polysaccharide	5	$2 \cdot 10^5$	39000	32,5	$6{,}5 \cdot 10^4$	2,7

werden, die im Durchschnitt aus mehr als 500 Aminosäuren bestehen, zu deren Herstellung über 500 kovalente Bindungen (vgl. 2.3.) zwischen benachbarten Aminosäuren ausgebildet werden müssen. Etwa 88% der insgesamt aufgewandten Biosyntheseenergie wird zur Proteinsynthese verbraucht. Sieht man von Bakterien ab, die auf Grund eines nicht genügend kontrollierten bzw. fehlregulierten Stoffwechsels Metabolite (Stoffwechselprodukte von niederem Molekulargewicht) oder Enzyme überproduzieren (z. B. Ausscheidung von proteolytischen Enzymen), kann man feststellen, daß die Bakterienzelle praktisch ihre gesamte Stoffwechselenergie in Biosynthesearbeit umsetzt (vgl. Kapitel 4.).

Als **primäre Grundbausteine von Biomakromolekülen** spielen nur relativ wenige Verbindungen eine Rolle: 20 verschiedene Aminosäuren, 2 Purine und 3 Pyrimidine, Phosphat, Monosaccharide. Die allgemeinen Protein- und Nuclein-

Tabelle 2.5. Allgemeine Protein- und Nucleinsäurebausteine und die für sie gebräuchlichen Abkürzungen (zu den Strukturformeln vgl. 2.6.4.1. und 2.6.5.)

I. *Proteinbausteine* (proteinogene Aminosäuren)

Alanin	Ala	**Leu**cin	Leu
Arginin	Arg	**Lys**in	Lys
Asparaginsäure	Asp	**Met**hionin	Met
Asparagi**n**	Asn (Asp-NH_2)	**Phe**nylalanin	Phe
Cystein	Cys	**Pro**lin	Pro
Glutaminsäure	Glu	**Ser**in	Ser
Glutami**n**	Gln (Glu-NH_2)	**Thr**eonin	Thr
Glycin	Gly	**Tyr**osin	Tyr
Histidin	His	**Try**ptophan	Try
Isoleucin	Ile	**Val**in	Val

II. *Nucleinsäurebausteine*

Purine		*Pyrimidine*		*Pentosen*	*Phosphat*
Adenin	A	**C**ytosin	C	**Rib**ose Rib oder R	P oder P_{an}
Guanin	G	**U**racil	U	Desoxyribose dR	oder p
		Thymin	T		

säurebausteine und die für sie verwendeten Abkürzungen zeigt die Tabelle 2.5. Einfache Biomoleküle von fundamentaler Bedeutung sind in der Tabelle 2.6. zusammengestellt.

Tabelle 2.6. Biomoleküle von fundamentaler Bedeutung

Einfache Moleküle	Atomare Bestandteile	Abgeleitete Moleküle (Beispiele)
Zucker (Monosaccharide)	C, H, O	Di-, Oligo- und Polysaccharide, Zuckerphosphate, Glykoside
Aminosäuren	C, O, H, N, (S)	Peptide, Proteine, (Pteridine, Porphyrine, Corrinoide u. a. biogenetische Derivate)
Purine, Pyrimidine	C, O, H, N	Nucleoside, Nucleosidphosphate, Nucleosidphosphat-Zucker, Polynucleotide (DNS, RNS)
Fettsäuren	C, H, O	Neutralfette (Triglyceride), Wachse, Sterine, Phosphatide, komplexe Lipide
Mevalonat	C, H, (O)	Terpene, Steroide

2.1. Die Bio-Elemente („Atome des Lebens“)

Die **chemische Elementaranalyse** vermittelt uns Auskunft, welche *chemischen Elemente* in der *Leibesmasse* von Lebewesen überhaupt vorhanden sind und welche chemischen Grundstoffe daher mit der Nahrung zugeführt werden müssen. Tabelle 2.7. zeigt als ein Beispiel die elementare Zusammensetzung des menschlichen Körpers.

Tabelle 2.7. Elementare Zusammensetzung menschlicher Leibesmasse, bezogen auf das Trockengewicht

Element	Symbol	Prozent (%)
Kohlenstoff	C	50
Sauerstoff	O	20
Wasserstoff	H	10
Stickstoff	N	8,5
Calcium	Ca	4,0
Phosphor	P	2,5
Kalium	K	1,0
Schwefel	S	0,8
Natrium	Na	0,4
Chlor	Cl	0,4
Magnesium	Mg	0,1
Eisen	Fe	0,01
Mangan	Mn	0,001
Jod	J	0,00005

Ein Vergleich der chemischen Elemente in Organismen und in der Erdrinde — aus der alles Leben hervorgegangen ist — lehrt, daß die Entstehung des Lebens auf der Erde mit einer weitgehenden Auslese der chemischen Grundstoffe verknüpft ist (Tabelle 2.8.). In der lebenden Materie hat eine bis 200fache Konzentrierung einiger Elemente („Bio-Elemente“) stattgefunden. Das betrifft die chemischen Elemente *Kohlenstoff* (C), *Sauerstoff* (O), *Wasserstoff* (H), *Stickstoff* (N), *Schwefel* (S) und *Phosphor* (P):

C O H N S P bilden zusammen über 90% der lebenden Materie

Diese Elemente werden ganz allgemein als *Baustoffe von Biomolekülen* benötigt.

Tabelle 2.8. Massenhäufigkeit der Elemente im menschlichen Körper und in der Erdrinde (verändert n. RAPOPORT)

Element		Mensch %	Erdrinde %	Konzentrierung
Sauerstoff	(O)	63	50	—
Silicium	(Si)	—	28	—
Aluminium	(Al)	—	9	—
Eisen	(Fe)	0,004	5	—
Calcium	(Ca)	1,5	3,6	—
Kalium	(K)	0,25	2,6	—
Magnesium	(Mg)	0,04	2,1	—
Wasserstoff	(H)	10	0,9	ca. 10fach
Kohlenstoff	(C)	20	0,09	ca. 200fach
Phosphor	(P)	1	0,08	ca. 10fach
Schwefel	(S)	0,2	0,05	ca. 4fach
Stickstoff	(N)	3	0,04	ca. 100fach

Systematisch-chemisch sind *Kohlenwasserstoffe* die Grundkörper der organischen Kohlenstoffverbindungen von Organismen. Im Stoffwechsel sind sie jedoch nur außerordentlich selten Ausgangsstufen von Biomolekülen. Wenige Mikroorganismen sind in der Lage, den Abbau von Kohlenwasserstoffen durchzuführen. Solche Ernährungsspezialisten sind von Bedeutung für die „Erdölverhefung“. Sie können auf Kohlenwasserstoffen wachsen. Die Proteinsynthese auf Erdölbasis ist von Interesse für die technische Produktion von mikrobiellem Eiweiß für die Tierernährung und möglicherweise für die Erschließung von Proteinquellen für menschliche Ernährungszwecke.

Die *organischen Kohlenstoffverbindungen* der Organismen werden in der Regel aus *Kohlenhydraten* und *chemischen Gruppen* aufgebaut. Letzten Endes stammen sie aus den während der Photosynthese produzierten Kohlenhydraten (C-Ketten). Die chemischen Gruppen in Biomolekülen, die als *funktionelle Gruppen* das chemische Verhalten der Moleküle wesentlich bestimmen, werden in Lebewesen *de novo* auf einer begrenzten Zahl von Reaktionswegen aufgebaut und intakt übertragen (Gruppentransfer, vgl. 3.2. u. 9.5.).

Der *Sauerstoff* oxydierter Körperbausteine von Lebewesen entstammt dem Sauerstoff der Luft und des Wassers. Der molekulare Sauerstoff der Erdatmosphäre ist ganz wesentlich das Produkt der Photosynthese grüner Pflanzen, die im Verlaufe der Evolution die reduzierend wirkende Uratmosphäre in die heutige oxydierende Lufthülle verwandelten. Der photosynthetisch gebildete Sauerstoff wird durch photolytische Wasserspaltung freigesetzt. Zur Versorgung von Lebewesen mit *Stickstoff* vgl. Kapitel 12.

Schwefel ist Bestandteil vieler Proteine. Schwefelfreie Eiweiße scheinen recht selten zu sein (z. B. Legoglobin). Auffallend ist der hohe Gehalt an Schwefel (als Cystinschwefel) in Keratinen. In den sog. SH-Enzymen sind Thiolgruppen für die Substratbindung von Bedeutung (z. B. Urease). Reduzierter Schwefel ist Bestandteil von Thiaminpyrophosphat und anderen Coenzymen. Die reduzierten schwefelhaltigen Körperbaustoffe entstammen letzten Endes dem Sulfat, das im Vorgang der Sulfatreduktion über „aktives Sulfat" (Adenosinphosphosulfat, APS) in die SH-Gruppe von Cystein und von hier aus in die übrigen reduzierten S-Verbindungen der Organismen überführt wird (vgl. 13.).

Eine besondere Bedeutung besitzen *Phosphor*-Verbindungen im Stoffwechsel (Tabelle 2.9.). Eine zentrale Stellung nimmt das Adenosintriphosphat im Energiestoffwechsel aller Organismen ein (vgl. 4.2.). Durch die Beladung mit Phosphorsäure werden Biomoleküle aktiviert.

In der Körpersubstanz von Lebewesen treten in quantitativer Hinsicht die chemischen Elemente Kohlenstoff (C), Sauerstoff (O), Wasserstoff (H), Stick-

Tabelle 2.9. Phosphatverbindungen von biologischem Interesse

Verbindungsgruppe	Molekulare Spezies (Beispiele)
Anorganische Phosphate	Orthophosphat (P), Pyrophosphat (PP), Polyphosphate, Mono- und Dihydrogenphosphat
Zuckerphosphate	Glucose-1-P, Glucose-6-P, Ribose-5-P, Ribulose-1,5-diP, 5-Phosphoribosyl-1-pyrophosphat (PRPP), 3-P-Glycerinaldehyd, Dihydroxyaceton-P
Nucleosidphosphat-Verbindungen	Mono-, Di- und Triphosphate von Nucleosiden (z. B. AMP, ADP und ATP), Nucleosidphosphat-Zucker (UDPG u. a.), Cytidindiphosphat-Cholin (CDP-Cholin), Polynucleotide (RNS), zyklisches AMP
Desoxynucleosidphosphate	Mono-, Di- und Triphosphate von Desoxynucleosiden (z. B. dAMP, dADP und dATP), Polynucleotide (DNS)
Coenzyme	Pyridinnucleotid-Coenzyme (NAD, NADP), Flavinnucleotide (FMN, FAD), Pyridoxal-P (PPal = PAL), Thiaminpyrophosphat (TPP = Aneurinpyrophosphat, APP), Cytidindiphosphat (CDP), Coenzym A (CoA)
Alkohol-Derivate und *Enoyl-Phosphate*	Glycerinphosphat, Phosphoserin, Phosphoenolpyruvat (PEP)
Amidinphosphate (= Phosphagene)	Kreatin-P, Arginin-P
Carboxylphosphate	Carbamylphosphat, β-Aspartyl-P, Acylphosphate
Lipide	Phosphatide, Plasmalogene, Sphingomyeline
Adenylate	„Aktivierte Aminosäuren" (Aminoacyl-AMP-Verbindungen)

stoff (N), Schwefel (S), Phosphor (P), Calcium (Ca), Kalium (K), Natrium (Na), Chlor (Cl), Magnesium (Mg) und Eisen (Fe) besonders hervor. Sie bilden ca. 99,9% der lebenden Substanz. Bisher wurden etwa 40 verschiedene Elemente in Lebewesen nachgewiesen. Viele unter ihnen kommen nur in Spuren im Körper von Organismen vor. Diese **Spurenelemente** werden offenbar nur in kleinsten Mengen für das Lebensgeschehen benötigt. Sie dienen als Katalysatoren oder sind Bestandteile katalytischer Systeme (vgl. 5.4.3.). Bei Spurenstoffmangel treten Mangelerscheinungen bzw. Mangelkrankheiten auf, die nachhaltig auf die lebensnotwendige Bedeutung von Spurenstoffen verweisen. Beispielsweise ist Jodmangel die Ursache für den (endemisch auftretenden) Kropf (Struma). Jod ist Bestandteil der Schilddrüsenhormone Thyroxin und Trijodthyronin. Die Tabelle 2.10. gibt Auskunft über die biologische Rolle von Spurenelementen. Von besonderer Bedeutung sind **Schwermetalle** in biologischen Systemen. Während die an Stoffwechselreaktionen beteiligten Leichtmetalle (Na^+, K^+, Mg^{2+}, Ca^{2+}) gewöhnlich als bewegliche Kationen vorliegen, verbleiben die schweren Metalle in fixierten stereochemischen Lagen. Sie dienen z. B. als Effektoren der Enzymwirkung. Über Metallionen in Proteinen informiert die Tabelle 2.11. Viele Schwermetalle zeigen ein anomales kinetisches Verhalten.

Häufig ist die Konzentration von Metallionen in Organismen höher als im Milieu, da sie stabile Biokomplexe bilden. Ein extremes Beispiel für die Akkumulation eines Elementes, das allerdings keine generelle Bedeutung in biologischen Systemen hat, ist die Speicherung von Vanadium durch Ascidien (*Phallusia*). Vanadium ist in den Zellen dieses Organismus in einer um sechs Zehnerpotenzen höheren Konzentration als im umgebenden Meerwasser vorhanden.

Tabelle 2.10. Spurenelemente in biologischen Systemen (Metalle vgl. Tabelle 2.11.)

Element	Symbol	Biologische Rolle
Bor	B	Bestandteil von komplexbildenden Antibiotica und in niederen Pflanzen; Funktion beim Zuckertransport in Pflanzen ?
Calcium	Ca	Strukturkomponente von Knochen; in Membranen; in der Primordialmembran (Mittellamelle) der pflanzlichen Zellwand (Calcium-Pektinat); Cofaktor von Enzymen; dient als „Oxalatfänger" (schwer lösliches Calciumoxalat)
Chlor	Cl	intra- und extrazelluläres Anion; $H^+ Cl^-$-Produktion im Magen; Rolle bei der photosynthetischen Wasserspaltung höherer Pflanzen ?
Jod	J	Bestandteil der Schilddrüsenhormone
Kalium	K	Membrantransport, intrazelluläres Kation
Magnesium	Mg	
Mangan	Mn	Cofaktor mancher Enzyme; photosynthetische Sauerstoffentwicklung
Natrium	Na	Stofftransport durch Membranen; extrazelluläres Kation (vgl. Kalium)
Vanadium	V	essentiell für Tunicaten und niedere Pflanzen; Vanadium-Proteine

Tabelle 2.11. Metalle in Biomolekülen (vgl. auch Tabelle 2.10.)

Metall	Art des metallhaltigen Biomoleküls	Biologische Rolle
Eisen[1])	Hämproteine mit Hämineisen:	
	Hämoglobine	O_2-Transport im Blut
	Myoglobin	O_2-Versorgung der Muskeln
	Cytochrome	Elektronentransport in der Atmungskette und bei der Photosynthese
	Cytochromoxydase	Sauerstoffaktivierung (Endoxydase)
	Nicht-Hämeisenproteine mit Nicht-Hämineisen:	
	Ferredoxine (= Fe-S-Proteine)	Elektronentransportvorgänge bei Photosynthese und N_2-Fixierung
		Hydrogenase-Reaktion
		Phosphoroklastische Pyruvatspaltung u. a.
	Komplexe der Atmungskette	Elektronentransport
	Nitrogenase	Enzym der N_2-Fixierung
	Ferritin, Conalbumin	Eisenspeicherung
	Transferrin (= Siderophilin)	Eisentransport
	Metalloflavoproteine wie *Xanthinoxydase*	Oxydation
	Flavodoxin	N_2-Fixierung bei *Anabaena*
	Siderochrome (= Sideramine und Siderophiline)	Eisenaufnahme und ihre Unterbindung (Sideramine = Wuchsstoffe bei Mikroorganismen, Siderophiline = ihre Antagonisten), Eisenkomplexbildner
	Enterobactin, Mycobactin u. a. Verbindungen	Eisenkomplexbildner bei Mikroorganismen: Solubilisierung und Aufnahme von Fe
Kobalt	Vitamin B_{12}	„Extrinsic factor" der perniciösen Anämie
	Derivate des B_{12} z. B. Methyl-B_{12}	Methioninbiosynthese
	Coenzymformen von B_{12},	Coenzyme von Isomerisierungsreaktionen (vgl. 9.)
	Peptidasen	Peptidhydrolyse
Kupfer[2])	Oxydationsenzyme wie	
	Laccase	Phenoldehydrogenierung
	Cytochromoxydase	Atmungskette
	Cupreine, Coeruloplasmin	Lagerung u. Transport von Cu

(Fortsetzung der Tabelle 2.11.)

Metall	Art des metallhaltigen Biomoleküls	Biologische Rolle
Magnesium[3])	Phosphatasen	Phosphatabspaltung aus Proteinen (Proteinphosphatasen) und Biomolekülen
	Enolasen	Enoylhydratisierung und Enolbildung
	Chlorophylle	Zentralatom des Porphyrinringes
Mangan	*Arginase*	Argininhydrolyse
	Decarboxylasen	CO_2-Abspaltung
	Dehydrogenasen	Oxydation
Molybdän	*Nitratreduktase*[4])	Nitratassimilation und -dissimilation
	Nitrogenase	N_2-Fixierung
	Xanthinoxydase[4])	Purinoxydation
Zink	*Carboanhydrase*, Peptidasen, Phosphatasen, Dehydrogenasen u. a.	Zn dient zur Herstellung der Quartärstruktur (z. B. in der Alkoholdehydrogenase) und zur Substratbindung
	Insulin	Aggregation des Polypeptids

(Fußnote zu Tabelle) 2.11.)

[1]) Als *Hämineisen* bezeichnet man in Porphyrinverbindungen als „Zentralatom" gebundenes Eisen. In sog. Nicht-Hämeisenproteinen ist *Nicht-Hämineisen* vorhanden, das z. B. an Schwefelliganden (Fe-S-Proteine, Bindung über Cysteylreste) gebunden ist. Von den im Körper des Menschen vorhandenen 4—5 g Eisen sind etwa 3/4 im Hämoglobin enthalten. Speicherform des Eisens im menschlichen Organismus ist das Ferritin, Transportform das Transferrin („Siderophilin"). Die Eisenkomplexbildner verschiedener Mikroorganismen (Überproduktion der Verbindungen bei Eisenmangel im Nährmedium und Ausscheidung!) sind meistens Hydroxamate (z. B. Trihydroxamate wie die Sideramine).

[2]) *Cytochromoxydase* (vgl. 11.1.) enthält pro Molekül Cytohämin (mit Farnesylrest) 3 Atome Cu. Kupferhaltige Proteine sind die *Laccase* (Funktion bei der Lignifizierung, vgl. 10.5.1.), die *Catecholase* und die *Ascorbatoxydase* (vgl. 11.3.). Coeruloplasmin, ein Globulin des Blutplasmas, ist ein Kupferproteid (MG 150.000).

[3]) Mg^{2+} wird in allen *Kinase*-Reaktionen (Phosphorylierungsreaktionen mit ATP) benötigt (vgl. 4.4.).

[4]) Metalloflavoproteine.

Über die chemischen Partner (Liganden) von Metallionen gibt die Tabelle 2.12. Auskunft.

Tabelle 2.12. Chemische Partner von Metallionen

Metall	Liganden	Beispiel (Protein)
Eisen	Porphyrin, Imidazol	Myoglobin
	Schwefelliganden	Ferredoxin
	Phenolate	Transferrin
Kobalt	Corrin, Benzimidazol	B_{12}-Enzyme
	Carbanion eines Zuckers	
Kupfer	möglicherweise $>$N-Basen	„Blaue Proteine“
		Cupreine
Mangan	Carboxylat, Phosphat, Imidazol	vgl. Magnesium
Magnesium }	Carboxylat	ATP-asen
Calcium }	Phosphat	Enolase
(Mangan) }	(Imidazol)	
Zink	R$<$(NH_2)(S^-)	Carboxypeptidase
	$R{-}S^-$	Dehydrogenasen
	$-NH_2$-Basen	Carboanhydrase

In quantitativer Hinsicht treten **Mineralstoffe** in der Körpersubstanz nur in Ausnahmefällen stärker hervor. Beispiele sind die anorganischen Komponenten von Gerüst- und Stützeinrichtungen (Knochen der Vertebraten, Kieselsäurepanzer von Diatomeen, verkieselte Zellwände bei Schachtelhalmen, mit Calciumcarbonat inkrustierte Zellwände der Armleuchtergewächse u. a.).

Mineralstoffe werden als *Kationen* (Na^+, K^+, Ca^{2+}, Mg^{2+}, Fe^{2+}/Fe^{3+} usw.) oder als *Anionen* (Cl^-, F^-, J^-, die Ionen von Phosphat, Nitrat und Sulfat) aus dem Milieu durch Pflanzen und Mikroorganismen aufgenommen. Im Unterschied zu Tieren können diese Nitrat und Sulfat reduzieren (vgl. 12.2. und 13.).

Die den Nährmedien von Mikroorganismen und Pflanzen, sowie Zell- und Gewebekulturen hinzugesetzten Mineralstoffe müssen auf Grund eines als Ionenantagonismus bezeichneten Konkurrenzverhaltens in einem „ausbalancierten“ Mengenverhältnis enthalten sein. Auf rein empirischem Wege hat man eine ganze Anzahl von **Nährlösungen** entwickelt. Neben den erforderlichen Mineralstoffen (Nährsalzen) enthalten sie – in Abhängigkeit vom zu kultivierenden Organismus, Organ und Gewebe bzw. von der zu vermehrenden Zellart – bestimmte Ergänzungsstoffe (Vitamine, Spurenstoffe) sowie eine geeignete Kohlenstoff-, Energie- und Stickstoffquelle. Sehr häufig findet Glucose als Kohlenstoff- und Energiequelle Verwendung. Nicht immer kann man eine anorganische Stickstoffquelle (Ammoniumsalz oder Nitrat) verwenden und muß dann eine geeignete organische N-Quelle (z. B. Harnstoff, Aminosäuren usw.) hinzusetzen. Die sog. Knopsche Nährlösung enthält z. B. als reine Mineralsalzlösung die folgenden Nährsalze in Gramm: $Ca(NO_3)_2$ 1,0; $MgSO_4 \cdot 7\,H_2O$ 0,25; KH_2PO_4 0,25; $FeSO_4$ Spur; Aq. dest. 1000,0.

Spurenstoffe appliziert man häufig in Form der sog. A-Z-Lösung nach Hoagland, die in einem Liter Aq. dest. die folgenden Salze (in Gramm) enthält: $Al_2(SO_4)_3$ 0,055; KJ 0,028; KBr 0,028; TiO_2 0,055; $SnCl_2 \cdot 2\,H_2O$ 0,028; LiCl 0,028; $MnCl_2 \cdot 4\,H_2O$ 0,389; $B(OH)_3$ 0,614; $ZnSO_4$ 0,055; $CuSO_4 \cdot 5\,H_2O$ 0,055; $NiSO_4 \cdot 7\,H_2O$ 0,059; $Co(NO_3) \cdot 6\,H_2O$ 0,055.

Das Ziel liegt immer in der Verwendung einer definierten vollsynthetischen Nährlösung. Sie muß gegebenenfalls alle jene „essentiellen Metaboliten" als Ergänzungsstoffe enthalten, für die das betreffende System „auxotroph" ist. Zuweilen muß man noch immer komplexe organische Nährlösungskomponenten wie Hefeextrakt, Kokosmilch u. a. verwenden.

2.2. Wasser als Milieu der Lebensvorgänge

Wir wissen nicht, wie das Leben auf unserer Erde entstanden ist. Nur eines erscheint sicher:
das Leben hat seinen Anfang im Wasser genommen.
Wasser ist das Milieu aller Lebensvorgänge.

Der mengenmäßig überwiegende Bestandteil jeder lebenden Zelle ist Wasser. Den **Wassergehalt von Lebewesen** bestimmen wir aus der Differenz von Frisch- und Trockengewicht. Als **Trockensubstanz** (in Gramm = **Trockengewicht**) bezeichnen wir den nach Trocknung bei etwas über 100 °C verbleibenden Anteil tierischer und pflanzlicher Masse. Das **Frischgewicht** von Organismen läßt sich einfach durch Wägung bestimmen.

Das Wasser tritt mengenmäßig als Bestandteil lebender Substanz sehr stark hervor, d. h. ein erheblicher Teil des Frischgewichtes entfällt auf Wasser (Tabelle 2.13.).

Tabelle 2.13. Wassergehalt einiger Organismen und Organe in Pronzent des Frischgewichtes (ungefähre Durchschnittswerte)

Algen	98%
Herz (Mensch)	71%
Holz	50%
Kartoffeln	76%
Muskulatur (Mensch)	83%
Quallen	95%
Seesterne	76%
Weizenkörner (Karyopsen)	14%

Neben extrem *wasserreichen Organen* (grüne Gurken, Gehirn) gibt es ausgesprochen *wasserarme* (lufttrockene Samen, Bakteriensporen). Lufttrockene Getreidekörner (Karyopsen = „Grasfrüchte" der Getreidearten) enthalten z. B. nur 13–14% Wasser. Ähnlich wasserarm sind trockene Erbsen, Bohnen usw. Die Samenkeimung beginnt mit der *Quellung*, die eine reversible Wassereinlagerung darstellt. Damit setzen hydrolytische Spaltprozesse ein, die einen enzymatischen Abbau der in den Samen gespeicherten Reservestoffe (Stärke, Fett, Eiweiß) bewirken. Wasserarmut bedeutet einen stark gedrosselten Stoffwechsel und einen Zustand des „latenten Lebens", der *Anabiose*. Erst bei Wasseraufnahme und Durchtränkung der Gewebe mit Wasser wird der stark reduzierte Stoffumsatz wieder in Gang gebracht.

Wasser hat eine zentrale **Bedeutung** für das Lebensgeschehen. Es ist:
– das ideale *Lösungsmittel* der Natur für Nahrungsstoffe, Metabolite und Stoffwechselprodukte und damit das bevorzugte Medium für chemische Umsetzungen in den Organismen;

- *Reaktionsteilnehmer* in zahllosen chemischen Umsetzungen des Stoffwechsels, z. B. der erste Reaktionspartner bei der Photosynthese und Produkt der Atmung (die eine „gesteuerte Knallgasreaktion", d. h. eine Wasserbildung aus den Elementen Wasserstoff und Sauerstoff ist);
- Träger wichtiger *Transportfunktionen*.

Die „biologische Sonderstellung" des Wassers wird durch verschiedene physikalische und physikalisch-chemische **Eigenschaften des Wassers** bedingt (Tabelle 2.14.).

Tabelle 2.14. Biochemisch wichtige Eigenschaften des Wassers

1. Die höchsten Werte für Schmelzpunkt, Siedepunkt und spezifische Verdampfungswärme im Vergleich zu anderen einfachen Verbindungen (bedingt durch eine Molekülassoziation)
2. Dichtemaximum bei 4 °C
3. Hochpolarisiertes Molekül (= Wasserdipol)
4. Gute Wasserstoffbrückenbildung
5. Hohe Dielektrizitätskonstante und große Oberflächenspannung

Die besondere Eignung des Wassers als „primärer Lebensraum" der Organismen wird bedingt durch

- die hohe Dielektrizitätskonstante, welche die Dissoziation ionogener Stoffe fördert
- die geringe Eigendissoziation in Protonen H^+ bzw. Hydroniumionen H_2O^+ und Hydroxylionen OH^- bzw. $H_3O_2^-$. Diese reaktionsfähigen Dissoziationsprodukte treten in vielfältige Wechselwirkungen und Gleichgewichte mit den Ionen von Salzen und anderen ionogenen Stoffen ein, die in ihrer Gesamtheit das „*wäßrige Milieu*" ausmachen
- die Trimerisation (= $(H_2O)_3$, welche Konsequenzen für Siedepunkt, spezifische Wärme und Verdampfungswärme hat
- die polare Struktur des Wassermoleküls.

Als sog. **Dipol** weist das Wassermolekül eine polare Anordnung der Wasserstoffatome und des Sauerstoffatoms auf:

⊕ H, H, 105°, O ⊖

Durch die hiermit gegebene polare Verteilung der negativen und positiven Ladung ist das Wassermolekül nach außen nicht elektrisch neutral, sondern wirkt als **Dipol**. Die Wassermoleküle verbinden sich untereinander über Wasserstoffbrücken (vgl. 2.3.). Sie werden von anderen Ionen gebunden, wodurch diese sich mit einem Molekülschwarm von Wasserdipolen, d. h. einer Wasserhülle, umgeben (Hydratation).

Polare Ladungsverteilung und Wasserstoffbrückenbildung sind entscheidende Eigenschaften des Wassers als „inneres Milieu" der Organismen. Die Eigenschaften wäßriger Lösungen sind für das Stoffwechselgeschehen in vielerlei Hinsicht von Bedeutung:

- die **Wasserstoffionenkonzentration** (pH-Wert = negativer dekadischer Logarithmus der H^+-Ionenkonzentration) beeinflußt in entscheidender Weise den Ladungszustand der Plasmaproteine, d. h. ihr Ionisationsverhalten und die Enzymaktivität
- an die Art, Konzentration, Ladung und mengenmäßige Relation der vorhandenen Ionen ist das **Pufferungsvermögen** von Zellsäften und Körperflüssigkeiten gebunden.

Zellsäfte haben in den meisten Fällen pH-Werte im neutralen oder schwach sauren Bereich. Von diesem „Makromilieu" der Zelle kann jedoch das „Mikromilieu" (in Zellkompartimenten, katalytischen Bezirken von Enzymen) erheblich abweichen.

Das Verhalten wäßriger Elektrolytlösungen hat für das Verständnis der Stoffwechselvorgänge ebensolche Bedeutung wie das Verhalten sog. Zweiphasensysteme (Wasser als die eine Phase) für die biochemische Analytik.

2.3. Chemische Bindungen in Biomolekülen

In der Biochemie hat man es vorwiegend mit kovalenten Bindungen zu tun. Als **kovalente Bindung** (Valenzbindung) wird die Aneinanderknüpfung benachbarter Atome in Atomkombinationen (Molekülen) durch ein gemeinsames Elektronenpaar bezeichnet (Elektronentheorie der Valenz, vgl. die Lehrbücher der Chemie). Das *Kohlenstoffatom* bildet vier kovalente Bindungen aus. Diese vier Einfachbindungen des C-Atoms zu Liganden (Substituenten) sind gleichmäßig im Raum verteilt: *Tetraeder-Modell.* Bei Verknüpfung des Kohlenstoffatoms mit ungleichartigen (nicht identischen) Liganden ergeben sich jedoch leichte Abweichungen von der tetraedrischen Anordnung. Durch die um Einfachbindungen mögliche freie Drehbarkeit (Rotation) ergeben sich räumliche Strukturformen (*Konformationen*). Bei der Ausbildung von Doppel- und Dreifachbindungen weichen die Valenzbindungen von ihren Normallagen ab. Der normale Valenzwinkel der Einfachbindung von 109° 28′ wird verändert. Hierdurch treten Spannungen in Molekülen auf, die ihre Reaktionsfreudigkeit erhöhen. Bei Doppel- und Dreifachbindungen ist die freie Drehbarkeit eingeschränkt. Die Bildung von „geometrischen Isomeren" wird ermöglicht.

Zur Darstellung der sterischen Verhältnisse von Molekülen bedient man sich sog. *Atommodelle*, die man auf verschiedene Art und Weise herstellen kann. Für die Biochemie sind sog. *Kalottenmodelle* wichtig, bei denen Bindungswinkel, Bindungs- und Atomradien angenähert maßstabsgetreu sind. Für die praktische Ausführung benutzt man für die Atome abgeflachte Kugeln (die Bindungsradien sind kleiner als die Atomradien!), an denen Zapfen die kovalenten Bindungen symbolisieren. Bei der Zusammensetzung von Atomen zu Molekülen werden die Zapfen in Löcher benachbarter Atome eingepaßt. Die Kugeln werden so nah wie möglich zusammengebracht, damit die exakten Bindungslängen sich ergeben. Bei Doppel- und Dreifachbindungen wird durch einen Metallstift die freie Drehbarkeit verhindert. Solche Modelle haben einen großen Demonstrations- und heuristischen Wert.

Die **klassische Strukturformel** einer chemischen Verbindung beschreibt ihre **kovalente Struktur.** Sie ergibt jedoch vielfach die genaue Struktur nur ungenü-

Tabelle 2.15. Wichtige kovalente Bindungen in Biomolekülen (~ energiereich)

Art der Bindung	Bezeichnung der Bindung	Vorkommen (Beispiele)
O RO—C—H	*O-Glykosid-* (= *Vollacetal-* oder Äther-)	Di- und Oligosaccharide, Polysaccharide (Homoglykane), Glykoside (Heteroglykoside)
O N—C—H	*N-Glykosid-*	Nucleoside, Nucleosidphosphate, Flavine
O —C—O—C—	*Ester-*	Triglyceride (= Neutralfette), Wachse, Sterinester u. a. Lipoide
O —C—O—P—OH OH	*Phosphatester-*	Zuckerphosphate, Phosphoserin u. a.
O —C—O—P—O—C— OH	*Phosphodiester*	Nucleinsäuren, zyklisches 3′,5′-AMP (cAMP), Phosphatide
O O —O—P—O~P—OH OH OH	*Pyrophosphat-* (= *Anhydrid-*)	Di- und Triphosphate von Nucleosiden (z. B. ADP und ATP)
O —C~S—R	*Acylmercaptan-* (= *Thioester-*)	Acyl-Coenzym A (aktivierte Fettsäuren, Acetyl-CoA)
H —N—C— O	*Peptid-*	Peptide, Proteine
O H_2N—C—	(*Säure-*)*Amid-*	Glutamin

gend wieder; die strenge Unterscheidung zwischen Einfach- und Doppelbindungen ist nicht immer richtig (*Resonanztheorie*, Auftreten von Grenzstrukturen); eine mögliche *Polarisierung* (Ladungstrennung) bei Bindungen zwischen zwei nichtidentischen Atomen wird durch die durch Striche dargestellten Valenzbindungen nicht erfaßt. Die Resonanztheorie ist eine Konsequenz der Anwendung der wellenmechanischen Theorie auf den Atom- bzw. Molekülbau: die Elektronen eines Moleküls besitzen sog. *Orbitale* („bestimmte Bereiche"), in denen die Aufenthaltswahrscheinlichkeit eines Elektrons hoch ist.

Die Tabelle 2.15. zeigt Beispiele für kovalente Bindungen in Biomolekülen.

An der **Konformationsstabilisierung** von Molekülen (= Stabilisierung der kovalenten Struktur in einer von vielen möglichen räumlichen Anordnungen) sind neben der kovalenten Bindung (z. B. in Form der Disulfidbindung) entscheidend *nicht-kovalente Bindungen* (Nebenvalenzbindungen) beteiligt. Sie sind schwächer als die Hauptvalenzbindung, d. h. sie besitzen nur 1/10 bis Bruchteile der Bindungsenergie der kovalenten Bindung (Tabelle 2.16.). **Nichtkovalente Bindungen** sind:

– die *Wasserstoffbindung* (engl. hydrogen bonding)
– *hydrophobe Bindungen.*

Tabelle 2.16. Bindungsenergien der Hauptvalenz-, Ionen- und Nebenvalenzbindung (aus BENNETT)

Bindungstyp	Bindungsenergie (kcal/Mol)
Kovalente Bindung	35—212
Ionenbindung (vgl. 2.6.4.5.2.)	40—110
Wasserstoffbindung	2— 7
Van-der-Waals-Bindung	1— 2

Als **Wasserstoffbindung** (Wasserstoffbrückenbindung) bezeichnen wir die Anziehung eines H-Atoms in einem dipolaren Molekül durch ein elektronegatives Atom eines anderen dipolaren Moleküls (sog. „freie Elektronenpaarbildung"). Bei der kovalenten (homöopolaren) Bindung muß mit einem gewissen Durchgriff der elektrischen Felder nach außen gerechnet werden, der zur Ausbildung zwischenmolekularer Kräfte und Nebenvalenzwirkungen führt. Die spin-abgesättigten (sog. freien) Elektronenpaare bewirken zwischenmolekulare Wechselwirkungen, die stark vom Näherungszustand abhängig sind. Ein besonders starker Durchgriff der elektrischen Felder erfolgt bei *aciden Wasserstoffatomen*, wodurch es z. B. zu einer Wechselwirkung zwischen einem N- oder O-Atom und dem Wasserstoff einer NH- oder OH-Gruppe kommt, wenn der Näherungsabstand $\leq$ 2,8 Å ist:

X—H... Y (X = OH oder NH, Y = O oder N).

Wie man sieht, gehört H gewissermaßen beiden Atomen (O, N) an und bildet eine Art Brücke zwischen beiden („*Wasserstoffbrücke*").

Zwischenmolekulare Wechselwirkungen kommen ebenfalls durch sog. *London-Van-der-Waalssche Kräfte* (Allgemeinadsorption) und durch *hydrophobe Bindungen* zustande. Unter einer **hydrophoben Bindung** versteht man die Tendenz nicht-polarer (hydrophober) Gruppen, in einem wäßrigen Medium zu aggregieren. Ähnlich der Zusammenlagerung der Kohlenwasserstoffketten höherer Fettsäuren in Wasser zu Micellen, kommt es auf Grund hydrophober Wechselwirkung zu einer Zusammenballung von Kohlenwasserstoffgruppen (z. B. Methylgruppen) im wäßrigen Milieu. In Proteinen zeigen ein solches Verhalten die Seitenketten von Valin, Leucin und Isoleucin, deren Methylgruppen sich anziehen (Abb. 2.11.).

Bindungsarten und ihre Bedeutung für Biomoleküle zeigt die Tabelle 2.17.

Tabelle 2.17. Bindungsarten in biologischen Molekülen und ihre Bedeutung für deren Funktion (verändert n. BENNETT)

Bindungstyp	Wichtig für
Kovalente Bindung	Struktur von Biomolekülen; Primärstruktur = kovalente Struktur von Biomakromolekülen (Biopolymeren); Sekundärstruktur von Biopolymeren (Disulfidbindung!); Substrat- und Intermediatbindung in Multienzymkomplexen
Ionenbindung	Sekundär- und Tertiärstruktur von Biomakromolekülen; Enzym-Substrat-Bindung
Wasserstoffbindung	Sekundär-, Tertiär- und Quartärstruktur von Biomakromolekülen (= Konformation von Nucleinsäuren und Proteinen); Enzym-Substrat-Bindung; Basenpaarung bei den Nucleinsäuren und ihrer Synthese; Codon-Anticodon-Paarung bei der Proteosynthese
Hydrophobe Bindungen	Konformation von Proteinen und Nucleinsäuren [Basenaufstockungskräfte (hydrophobe Stapelungskräfte) von Nucleinsäuren]
Van-der-Waalssche Kräfte	wie Ionenbindung

2.4. Chemische Gruppen in Biomolekülen

In den organischen Kohlenstoffverbindungen der Körpersubstanz von Organismen gibt es einige sehr häufige Atomgruppierungen von auffallender biologischer Stabilität. Diese **chemischen Gruppen** bestimmen als **funktionelle Gruppen** ganz entscheidend das biochemische Verhalten von Biomolekülen. Sie werden *de novo* durch relativ wenige Reaktionstypen aufgebaut und intakt zwischen Molekülen übertragen (*Gruppenübertragung* vgl. 3.2.). In der Tabelle 2.18. sind chemische Gruppen und ihr Vorkommen in Biomolekülen zusammengestellt.

Tabelle 2.18. Chemische Gruppen in Biomolekülen

Art der Gruppe	Bezeichnung	Vorkommen (Beispiele)
$-\overset{\mid}{\underset{\mid}{C}}-\overset{\mid}{\underset{\mid}{C}}-$	*Alkyl-*	in den meisten Molekülen
$-\overset{H}{\underset{H}{C}}-H$ $(-CH_3)$	*Methyl-*	viele Moleküle, als C-, O- und N-Methyl-
$>C=C<$	*Alkenyl-*	ungesättigte Fettsäuren („Äthylenlücken“)
$-\overset{O}{\overset{\Vert}{C}}-CH_3$	*Acetyl-*(Essigsäurerest)	Acetyl-Coenzym A (Thioester), N-Acetyl-L-glutamat
$-\overset{O}{\overset{\Vert}{C}}-$〰〰	*Acyl-*(Fettsäurerest)	Fettsäuren, Acyl-CoA-Derivate
$-\overset{O}{\overset{\Vert}{C}}-H$	*Aldehyd-* } *Carbonyl-*	Kohlenhydrate (Aldehydzucker = Aldosen)
$>C=O$	*Keto-* } *Carbonyl-*	Kohlenhydrate (Ketozucker = Ketosen), Ketosäuren
$=\underset{\mid}{C}-OH$	*Enol-* (Keto-Enol-Tautomerie!)	Phosphoenolpyruvat; Ascorbinsäure (=Dienol-)
$-OH$	*Hydroxyl-* a) alkoholisches b) phenolisches	 Alkohole, Zucker, Aminosäuren Phenole, aromatische Säuren, Flavonoide
$-\overset{H}{\underset{H}{C}}-OH$ $(-CH_2OH)$	*Hydroxymethyl-*	Serin
$-\overset{O}{\overset{\Vert}{C}}-OH$ $(-COOH)$	*Carboxyl-* (= Carbonsäure-)	organische Säuren, Aminosäuren, On- und Uronsäuren
$-\overset{O}{\overset{\Vert}{C}}-O-$	*Ester-*	Carbonsäure-, Phosphorsäureester u. a.

(Fortsetzung von Tabelle 2.18.)

Art der Gruppe	Bezeichnung	Vorkommen (Beispiele)
$>C-O-C<$	*Äther-*	O-Glykoside (Holo- und Heteroside)
$-C_6H_5$ (Phenylring)	*Aryl-*	Aromaten
$-P(=O)(OH)-OH\ (-PO_3H_2)$	*Phosphoryl-* (Phosphatrest)	Phosphatverbindungen
$-NH_2$	*Amino-*	„biogene" Amine, Aminosäuren, manche Purine und Pyrimidine
$=NH$	*Imino-*	nur intermediär, da in Wasser instabil
$-C(=O)-NH_2$	*Carbamid-* (= Carbamyl- = Aminocarbonyl-)	Glutamin, Carbamyl-P
$-N(H)-C(=O)-NH_2$	*Ureido-*	L-Citrullin (= N-Carbamylverbindung)
$-C(=NH)-NH_2$	*Amidin-*	Arginin, Phosphagene
$-N(H)-C(=NH)-NH_2$	*Guanidino-*	Arginin, Phosphagene, Guanidin-Derivate
$-NO_3$	*Nitro-*	in der Natur selten, (z. B. Chloramphenicol, Hiptagensäure = β-Nitropropionsäure)
$-SH$	*Sulfhydryl-* (= Thiol- = Mercapto-)	Aminosäuren, Coenzym A
$-S(=O)(=O)-OH\ (-SO_3H)$	*Sulfuryl-* (Sulfatrest)	Phosphoadenosinphosphosulfat, Heparin, Chondroitinschwefelsäuren, Senfölglykoside

2.5. Biochemisch wichtige Reaktionen der organischen Chemie

Den biochemischen Reaktionen des Zellstoffwechsels liegen die Reaktionsmechanismen der organischen Chemie zugrunde. Ihre Kenntnis ist Voraussetzung für ein Verständnis der Biochemie. Bezüglich Typen und Mechanismen chemischer Reaktionen sei auf die Lehrbücher der Chemie verwiesen.

Die Zahl chemischer Reaktionstypen in der Zelle ist relativ gering, ihre Spezifität ist außerordentlich hoch. Es überrascht, daß die Vielfalt chemischer Strukturen von Naturstoffen nur mit Hilfe einer relativ begrenzten Zahl von **Reaktionstypen** der organischen Chemie aufgebaut wird. Für die Biochemie sind die folgenden von besonderem Interesse:

- *Oxydations- und Reduktionsreaktionen*
- *Lösung* und *Knüpfung* von *C-C-* und *C-N-Bindungen*
- *Gruppenübertragungsreaktionen*
- *Isomerisierungsreaktionen*
- Abspaltung von H_2O und N_3H unter *Bildung von Doppelbindungen* bzw. *Anlagerung* von Wasser und Ammoniak *an Doppelbindungen*
- *Synthese zusammengesetzter Verbindungen* (Polymerisation und Polykondensation)

Chemische Reaktionen von biochemischer Bedeutung und ihre Kennzeichnung enthält die Tabelle 2.19.

Tabelle 2.19. Biochemisch wichtige Reaktionen der organischen Chemie

Art der Reaktion	Bezeichnung	Reaktionstyp
$RC\boxed{H}_2\,O\boxed{H} \rightarrow RCHO$	Oxydation	Addition
$RCOOH \rightarrow RCHO$	Reduktion	Addition
$RX + \boxed{H}\boxed{OH} \rightarrow R\boxed{OH} + \boxed{H}X$	Hydrolyse	Addition (nicht reversibel)
$R\boxed{COO}H \rightarrow RH + \boxed{CO_2}$	Decarboxylierung	Elimination
$\boxed{OH}$ $RC\boxed{H}_2{-}CHR' \rightleftharpoons RCH{=}CHR' + \boxed{H_2O}$	Dehydratisierung bzw. Hydratisierung	
$R\boxed{X} + R' \rightleftharpoons R'\boxed{X} + R$	Gruppentransfer	Substitution
L-R $\rightleftharpoons$ D-R	Isomerisierung	„Rearrangement“

Oxydations-Reduktions-Reaktionen im Stoffwechsel betreffen:

- gesättigte ↔ ungesättigte Verbindungen
- Alkohole ↔ Carbonyle
- Aldehyde ⇌ Carbonsäuren
- Häm-Eisen ↔ Hämin-Eisen
- Dihydropyridin ↔ Pyridin
- Hydrochinon ↔ Chinon
- Amin ↔ Imin $\xrightarrow[+\,H_2O]{\text{spontan}}$ Carbonyl

Oxydo-Reduktionsreaktionen und die sie katalysierenden Enzyme sind in der Tabelle 2.20. zusammengefaßt.

Oxydationsreaktionen werden im Stoffwechsel von ganz verschiedenen Enzymen vermittelt (vgl. 11.1. und 11.3.). In der Tabelle 2.21. sind die wichtigsten Typen zusammengestellt.

Die **Lösung und Knüpfung von C—C-Bindungen** erfolgt im Stoffwechsel durch nur wenige Typen von Reaktionen:

- *Decarboxylierung* und *Carboxylierung*
- *Aldolspaltung* und *Aldolkondensation* (Aldolreaktion)
- *Kondensation aktivierter Carbonsäuren.*

Die Reaktionen der **Decarboxylierung** und **Carboxylierung** können durch die allgemeine Reaktionsgleichung auf S. 44 beschrieben werden.

Tabelle 2.20. Oxydations-Reduktions-Reaktionen des Stoffwechsels

Spezielle Reaktion	Art der Reaktion	Enzym (Beispiel)
$HOOC-CH_2-CH_2-COOH$ gesättigt $\updownarrow$ 2 [H] $HOOC-CH=CHCOOH$ ungesättigt	↓ Bildung (od. Einzug) einer Doppelbindung, ↑ Sättigung einer Doppelbindung	*Succinat-Dehydrogenase*
$CH_3-CH_2OH \leftrightarrow CH_3-CHO$ ($\mp$ 2 [H])	Alkohol ↔ Carbonyl	*Alkohol-Dehydrogenase*
$CH_3-CHO \leftrightarrow CH_3-COOH$ ($\mp$ 2 [H]) ($\pm$ H_2O)	Aldehyd ⇄ Carbonsäure	*Aldehyd-Dehydrogenase*
$Fe^{2+} \leftrightarrow Fe^{3+}$ (Häm) (Hämin)	$R-Fe^{2+} \leftrightarrow R-Fe^{3+} + e$	*Cytochromoxydase*
R—N(Dihydropyridinring)H H → R^+N(Pyridinring)H + [H] + e (NADH + H^+ ↔ NAD^+)	Dihydropyridin → Pyridin	*Pyridinnucleotid-Dehydrogenase*
$R-CH_2-NH_2 \leftrightarrow R-CH=NH$ (H_2O, NH_3) → $R-CHO$	Amin ↔ [Imin] → Carbonyl	*Aminoxydase*

[H] symbolisiert $H^+ + e$

$$R{-}\overset{\overset{\displaystyle O}{\|}}{C}{-}H + CO_2 \underset{\text{Decarboxylierung}}{\overset{\text{Carboxylierung}}{\rightleftarrows}} R{-}\overset{\overset{\displaystyle O}{\|}}{C}{-}COOH$$

Die decarboxylierenden Enzyme gehören zu den Lyasen (vgl. 5.7.) (Bezeichnung: *Decarboxylasen* oder *Carboxy-lyasen*). Die Carboxylierungsenzyme umfassen verschiedenartig wirkende Enzyme. Die Biotin-abhängigen (vgl. 9.2.) unter ihnen sind in die C-C-Ligasen (Synthetasen) einzustufen, da bei der Knüpfung der C-C-Bindung energiereiches Phosphat verbraucht wird.

Tabelle 2.21. Oxydationsreaktionen von biologischer Bedeutung (n. BENNETT) (A: Substrat; B: Cosubstrat)

Allgemeiner Reaktionsverlauf	Art der Reaktion	Enzyme
$A\boxed{H_2} \longleftrightarrow A$; $B \to B\boxed{H_2}$	**Dehydrogenierung** (Wasserstoffentzug)	*Dehydrogenasen* bzw. *Oxydoreduktasen*
$A\boxed{H_2} \longrightarrow A$; $1/2\ O_2 \to \boxed{H_2}O$ [oder $O_2 \to \boxed{H_2}O_2$]	**Elektronenübertragung**	4 [und 2] Elektronen übertragende *Oxydasen*
$A + \boxed{O_2} \longrightarrow A\boxed{O_2}$	**Sauerstoffübertragung**	*Dioxygenasen*
$A + 3\ BH + \boxed{O_2} \longrightarrow A\boxed{O}H + 3\ B + H_2\boxed{O}$	**Hydroxylierung**	*mischfunktionelle Oxygenasen* (bzw. *Hydroxylasen*)

Die für die Lösung und Knüpfung von Kohlenstoff-Kohlenstoff-Bindungen biologisch wichtige **Aldol-Reaktion** stellt die Addition eines Aldehyds an eine „aktive" CH_2-Gruppe dar, wobei der Aldehyd-Sauerstoff den Wasserstoff aufnimmt: *Aldolkondensation*. Bei der *Aldolspaltung* wird ein Aldehyd entfernt:

$$\begin{array}{c} H\diagdown\ \diagup\!\!\!\!/O \\ C \\ | \\ H_2C{-}\boxed{H} \\ + \\ H\diagdown\ \diagup\!\!\!\!/O \\ C \\ | \\ R \end{array} \underset{\text{Spaltung}}{\overset{\text{Kondensation}}{\rightleftharpoons}} \begin{array}{c} H\diagdown\ \diagup\!\!\!\!/O \\ C \\ | \\ H_2C \\ | \\ H{-}C{-}O\boxed{H} \\ | \\ R \end{array}$$

Die durch *Aldolasen* vermittelten Spaltungen und Knüpfungen von C-C-Bindungen stellen die biochemische Variante der seit langem bekannten Aldol-Reaktion dar (KARLSON). Beispielsweise katalytiert *Fructose-1,6-diphosphat-Aldolase* (vgl. z. B. 10.1.1.) die folgende Reaktion:

C-C-CHO + C-C-C-O-Ⓟ ⇌ C-C-C-C-C-C-O-Ⓟ

Als *Aldolgruppe* wird der Dihydroxyaceton-Rest bezeichnet, der durch *Transaldolierung* (vgl. 10.1.2.) im Stoffwechsel übertragen wird.

Die Kondensation aktivierter Carbonsäuren spielt z. B. bei der Synthese der Fettsäuren (vgl. 10.2.3.1.) eine Rolle.

Tabelle 2.22. Hydrolytische Spaltungsreaktionen von allgemeiner stoffwechselphysiologischer Bedeutung (n. BENNETT) (⇩ = HOH)

Hydrolysierte Bindung	Allgemeine Reaktionsgleichung	Substrate	Enzyme
Peptidbindung	$RC(=O)$ ⇩ $NHCH_2R' \rightarrow RCOOH + NH_2CH_2R'$	Peptide, Proteine	*Peptidasen Proteasen*
Glykosidbindung	$RC(H)(\ulcorner O)$ ⇩ $-O-CR'(H) \rightarrow RC(H)(\ulcorner O)OH + HOCR'(H)$	Glykoside, Oligo- und Polysaccharide	*Glykosidasen*
Esterbindung	$RC(=O)$ ⇩ $-O-CH_2R' \rightarrow RCOOH + HOCH_2R'$	Neutralfette, Phospholipide	*Lipasen, Esterasen*
Phosphomonoesterbindung	RO ⇩ $-P(=O)(OH)-OH \rightarrow ROH + HO-P(=O)(OH)-OH$	Phosphatester (Zuckerphosphate u. dgl.)	*Phosphomonoesterasen*
Phosphodiesterbindung	$RO-P(=O)(OH)$ ⇩ $-OR' \rightarrow HOR' + RO-P(=O)(OH)-OH$	Phosphodiester (Oligo- und Polynucleotide, cAMP u. a.)	*Phosphodiesterasen*

Hydrolytische Spaltungsreaktionen sind unter den Bedingungen der lebenden Zelle nicht reversibel. Mit der Hydrolyse einer Verbindung ist ein hoher Abfall

Tabelle 2.23. Isomerisierungsreaktionen von biochemischer Bedeutung (n. BENNETT)

Art der Reaktion	Isomerisierte Gruppe	Alternative Positionen der betr. Gruppe	Beispiele
Isomerisierung (im engeren Sinne) Aldose-Ⓟ ⇌ Ketose-Ⓟ	Carbonyl-	C1 und C-2	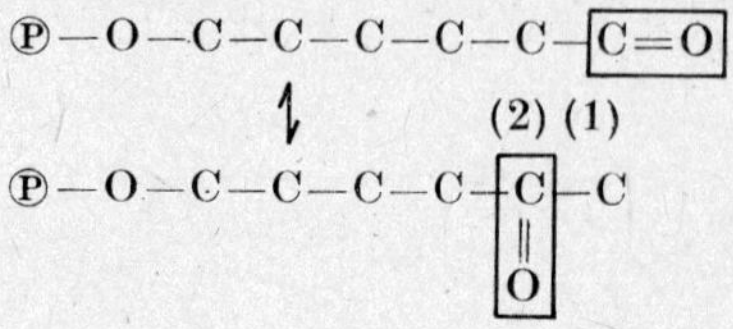 Ⓟ—O—C—C—C—C—C—[C=O] ⇅ (2) (1) Ⓟ—O—C—C—C—C—[C(=O)]—C Glucose-6-P ⇌ Fructose-6-P
Mutase-Reaktion (= intramolekulare Phosphatverschiebung über eine diphosphorylierte Zwischenform)	Phosphoryl-	C2 und C-3	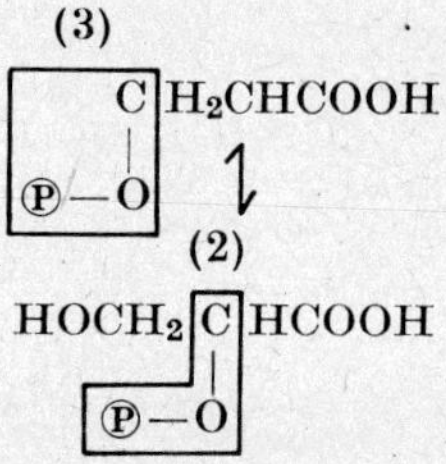 (3) [C(—O—Ⓟ)]H₂CHCOOH ⇅ (2) HOCH₂[C(—O—Ⓟ)]HCOOH
Epimerisierung (= Umkehr der sterischen Anordnung der Liganden an einem C-Atom)			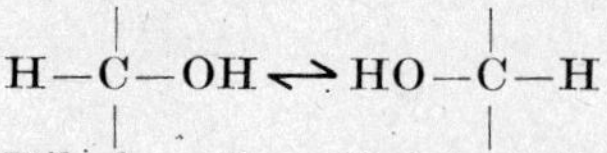 H—C—OH ⇌ HO—C—H Ribulose-P ⇌ Xylulose-P (C-3!)
Keto-Enol-Tautomerie (= Wanderung des Wasserstoffs und einer Doppelbindung)	Wasserstoff	C und O	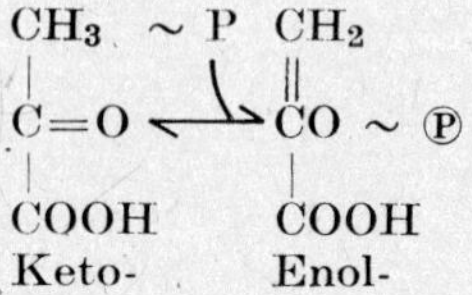 CH_3—C(=O)—COOH (Keto-) ⇌ ~P ⇌ CH_2=C(O~Ⓟ)—COOH (Enol-)
Racemisierung (= Auftreten optischer Antipoden, die zwei verschiedenen sterischen Reihen zugehören; Umkehr der Konfiguration)	Amino- Hydroxyl-	D- und L-	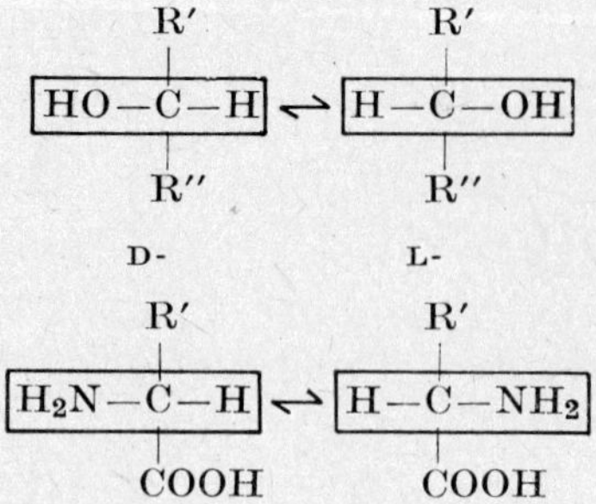 R′—[HO—C—H]—R″ (D-) ⇌ R′—[H—C—OH]—R″ (L-) R′—[H_2N—C—H]—COOH ⇌ R′—[H—C—NH_2]—COOH

der freien Energie (vgl. 4.) verbunden. Die Hydrolyse von Biomolekülen kann oft als Spezialfall einer Gruppenübertragungsreaktion auf Wasser aufgefaßt werden (vgl. 3.2. und 4.1.2.). In vitro kann man hydrolytische Spaltungsreaktionen unter Umständen reversibel gestalten. Die durch *Lipasen* (= Esterasen) vermittelte Hydrolyse von Triglyceriden kann in vitro bei entsprechend gewählten Konzentrationen der Reaktionspartner reversibel gestaltet werden, d. h. zur Synthese von Neutralfetten führen. Im Reaktionsmilieu der Zelle ist jedoch stets Wasser in großem Überschuß vorhanden, so daß die hydrolytische Spaltungsreaktion dominiert. Sehr oft verlaufen Abbau und Synthese einer Verbindung auf getrennten Stoffwechselwegen. Das ist offenbar für eine getrennte Regulationsmöglichkeit wichtig.

Arten hydrolytischer Spaltungsreaktionen von biochemischer Bedeutung zeigt die Tabelle 2.22.

Isomerisierungsreaktionen von biochemischem Interesse sind in der Tabelle 2.23 aufgeführt.

2.6. Biomoleküle, ihre Derivate und zugehörigen Biopolymeren

2.6.1. Kohlenhydrate

Einfache Kohlenhydrate werden als **Zucker** bezeichnet. Empirische Formel (Summenformel) = $C_n(H_2O)_n$

↑ ↑
„Kohlen"Hydrat

Ausnahmen von dieser Summenformel:

Desoxyzucker, z. B. Desoxyribose	$C_5H_{10}O_4$	sauerstoffärmer!
Aminozucker, z. B. Glucosamin	$C_6H_{13}O_5N$	mit Stickstoff!
Dagegen: Milchsäure	$C_3H_6O_3$	kein Zucker!

Kohlenhydrate haben die Struktur von *Polyhydroxyaldehyden* oder *Polyhydroxyketonen*. Sie sind *erste Oxydationsprodukte* von mehrwertigen *Alkoholen* (= Polyhydroxyverbindungen):

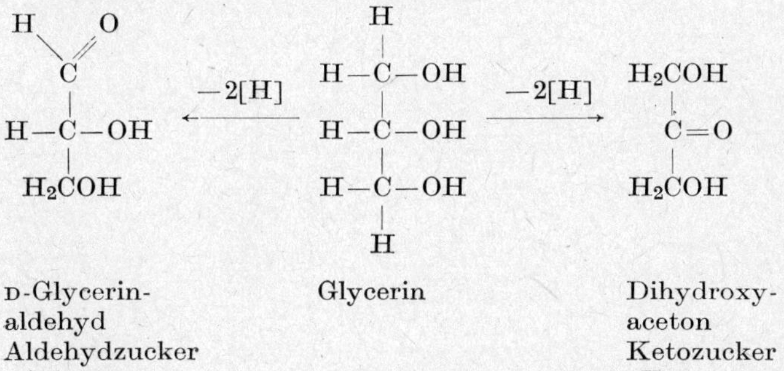

```
H     O                     H
 \   //                     |
   C                    H—C—OH                   H2COH
   |        —2[H]           |          —2[H]       |
H—C—OH   <----------    H—C—OH     ---------->    C=O
   |                        |                      |
 H2COH                  H—C—OH                   H2COH
                            |
                            H

D-Glycerin-             Glycerin              Dihydroxy-
aldehyd                                       aceton
Aldehydzucker                                 Ketozucker
(Aldose)                                      (Ketose)
```

Die Alkoholgruppen eines mehrwertigen Alkohols (z. B. Glycerin, ein dreiwertiger Alkohol) können dehydrogeniert werden. Die Dehydrogenierung eines primären Alkohols liefert einen Aldehyd, die eines sekundären Alkohols ein Keton („innerer Aldehyd“):

$$R-CH_2-OH \xrightarrow{-2[H]} R-CHO \quad \text{bzw.} \quad R_1R_2CH-OH \xrightarrow{-2[H]} R_1R_2C{=}O$$

prim. Alkohol — Aldehyd — sek. Alkohol — Keton

Zucker enthalten neben der *Carbonylfunktion* primäre und sekundäre *alkoholische Hydroxyle*. Sie kommen in erster Linie als innere *Hemiacetale* vor. Zucker als Carbonylverbindungen können Hydroxylverbindungen an die C=O-Bindung addieren. Das „acetalische“ Hydroxyl ist eine potentielle Carbonylfunktion:

$$R-CH(OH)-OH \xleftarrow{+H_2O} \boxed{R-CH{=}O} \xrightarrow{+R'OH} R-CH(OH)-O-R' \xrightarrow{+R''OH,\ -HOH} R-CH(O-R'')-O-R'$$

Hydrat ← Aldehyd → Halb-(Hemi-) Acetal → (Voll)Acetal

Acetalbildung kann intra- und intermolekular erfolgen. Die *Zyklohalbacetalstruktur* der Zucker ist an die Ausbildung einer *intramolekularen Sauerstoffbrücke* gebunden, die zwischen der (hydratisierten) Aldehyd- oder Ketogruppe und einer sekundären alkoholischen Hydroxylgruppe geschlossen wird: Ausbildung einer pyranoiden (*Pyranose*-Form) oder furanoiden (*Furanose*-Form) Struktur. Ein Halbacetal kann mit einem weiteren Molekül Alkohol reagieren, wobei es zur Ausbildung einer *intermolekularen Sauerstoffbrücke* unter Wasserabspaltung kommt. Das Produkt ist ein (*Voll*)*Acetal*. Die hergestellte Bindung ist eine **O-Glykosidbildung**. Es entstehen *Glykoside* (Zucker + zuckerfreier Paarling oder *Aglykon* = *Genin*) oder *Disaccharide* vom nicht-reduzierenden *Trehalose-Typ* (Halbacetyl-OH + Halbacetyl-OH → Trehalose (1 → 1)).

Die Zyklohalbacetalstruktur der α-D-Glucopyranose wird durch die verschiedenen möglichen **Schreibweisen der Glucoseformel** veranschaulicht (vgl. S. 52).

Als **Monosaccharide** bezeichnen wir einfache Zucker nach Art von *Triosen* ($C_3H_6O_3$), *Tetrosen* ($C_4H_8O_4$), *Pentosen* ($C_5H_{10}O_5$), *Hexosen* ($C_6H_{12}O_6$), *Heptosen* ($C_7H_{14}O_7$). **Disaccharide** werden aus zwei Zuckerbausteinen unter Ausbildung einer intermolekularen Sauerstoffbrücke gebildet. Wir unterscheiden zwei Möglichkeiten:

a) Habacetal-OH + Alkohol-OH → Maltose-Typ (1 → 4)
b) Halbacetal-OH + Halbacetal-OH → Trehalose-Typ (1 → 1).

Maltose (Grundbaustein von Glykogen und Stärke) ist eine 1-α-D-Glucosido-4-α-D-Glucose. Als Zucker mit einer freien acetalischen Hydroxylgruppe wirkt sie *reduzierend* (positiver Ausfall von Reduktionsproben). *Trehalose* ist ein 1-α-D-Glucosido-1-α-D-Glucosid. Durch die Glykosid-(Acetal-)Bildung ist das acetalische Hydroxyl „verschlossen“: *nicht-reduzierend.* Kohlenhydrate werden in drei große Kategorien unterteilt:

- *Monosaccharide*
- *Oligosaccharide*
- *Polysaccharide.*

Oligosaccharide bestehen aus zwei (Disaccharide), drei (Trisaccharide), vier (Tetrasaccharide) und mehr Zuckerbausteinen. Polysaccharide sind polymere Kohlenhydrate.

Die biologisch wichtigsten **Monosaccharide** zeigt die folgende Aufstellung:

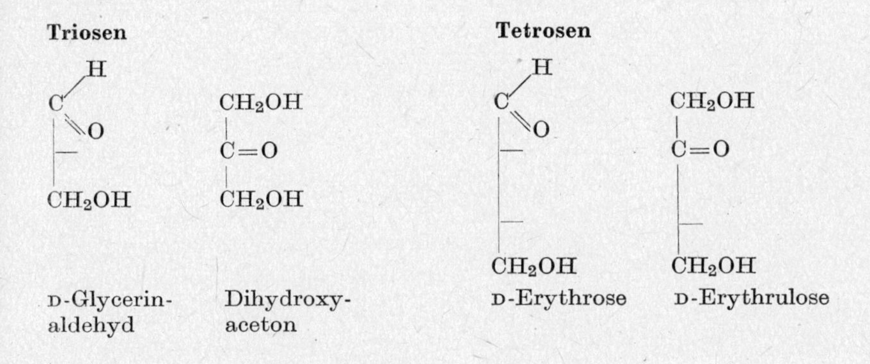

Pentosen

$HC{=}O$	$HC{=}O$	$HC{=}O$	CH_2OH	CH_2OH	$HC{=}O$
			C=O	C=O	CH_2
CH_2OH	CH_2OH	CH_2OH	CH_2OH	CH_2OH	CH_2OH
L-Arabinose	D-Xylose	D-Ribose	D-Xylulose	D-Ribulose	D-2-Desoxyribose

Hexosen

$\mathrm{C}{\overset{\displaystyle H}{\lt}}\mathrm{O}$	$\mathrm{C}{\overset{\displaystyle H}{\lt}}\mathrm{O}$	$\mathrm{C}{\overset{\displaystyle H}{\lt}}\mathrm{O}$	CH_2OH $C{=}O$	CH_2OH $C{=}O$	$\mathrm{C}{\overset{\displaystyle H}{\lt}}\mathrm{O}$
CH_2OH	CH_2OH	CH_2OH	CH_2OH	CH_2OH	CH_3
D-Glucose	D-Mannose	D-Galaktose	D-Fructose	L-Sorbose	L-Rhamnose

Von den Heptosen ist die D-Seduheptulose biologisch wichtig.

Unter den **Oligosacchariden** sind in biologischer Hinsicht am wichtigsten die Saccharose, die Maltose, die Zellobiose und die Lactose (Tabelle 2.24.), die sämtlich **Disaccharide** sind.

Tabelle 2.24. Disaccharide von biologischer Bedeutung

Verbindung	Chemischer Name (vereinfacht)	Bedeutung
Saccharose (= Rohrzucker) engl. sucrose	α-Glucopyranosido-β-fructofuranosid	Rübenzucker, Rohrzucker = Reservekohlenhydrat, Transportzucker
Maltose	4α-Glucopyranosidoglucose	Stärke- und Glykogen-Baustein
Zellobiose	4β-Glucopyranosidoglucose	Grundbaustein der Zellulose
Lactose (= Milchzucker)	4β-Galaktosidoglucose	Milch

Die Hydrolyse der genannten **Disaccharide** ergibt:

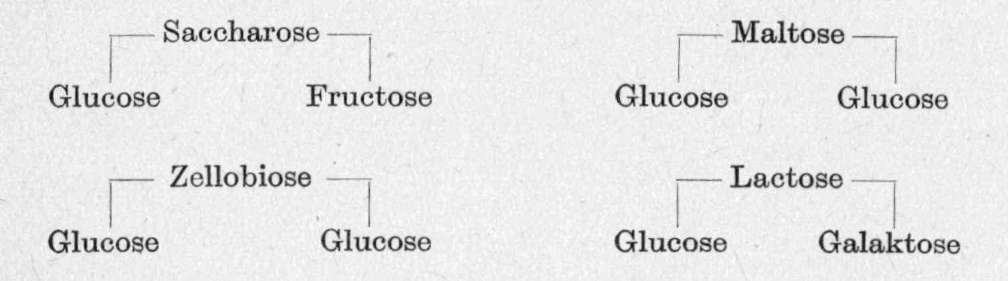

Viele Kohlenhydrate haben Trivialnamen, z. B. Glucose = Traubenzucker. Die genaue **Bezeichnung** wird wie folgt gebildet:

α- D-Gluco-pyran-ose

1	2	3	4	5

[1] = Konfiguration am C-Atom 1; [2] = Konfiguration am C-Atom (n—1); [3] = Konfiguration an den übrigen asymmetrischen C-Atomen (hier: C-Atome 2, 3 und 4)und Festlegung der Kettenlänge (hier: Hexose); [4] = Art des Ringschlusses (pyranoid oder furanoid); [5] = allgemeine Bezeichnung für „echte" Zucker.

In kristalliner Form kommen alle Pentosen und Hexosen als *sechsgliedrige Ringe* vor. Durch Röntgenstrahlbeugungen wurde exakt bewiesen, daß alle Moleküle der kristallinen Glucose als sechsgliedrige Ringe (*Pyranose*-Form) vorhanden sind. In Lösung treten bei den Hexosen auch *fünfgliedrige Ringe* in geringer Menge auf. In der Saccharose liegt die Fructose-Komponente als furanoider Ring (5gliedriger Ring, *furanoide* Form) vor. Die Ringstrukturen der Zucker werden üblicherweise als planare Ringformeln dargestellt, was ihrem tatsächlichen Aufbau ziemlich nahekommt. Diese **Ringformeln** sind aber insofern nicht korrekt, als sie die Ringe eben und mit festgelegten Abständen der Hydroxylgruppen zeigen. Tatsächlich sind wie beim Cyclohexan zwei verschiedene *Sesselkonformationen* möglich. Die Zucker liegen in einer solchen Konformation vor, in der eine minimale Abstoßung der Gruppen stattfindet.

Die verschiedenen üblichen **Schreibweisen** der α-D-Glucose zeigen die nachstehenden Formelbilder. Zu ihrem Verständnis sei noch einmal auf die weiter oben gemachten Ausführungen verwiesen. Bei der α-D-Glucose sind die OH-Gruppen an C_1 und C_2 cis-ständig, bei der β-Glucose trans-ständig. α- und β-Glucose sind *diastereoisomere Formen*. Die intramolekulare Ringbildung verwandelt das C-Atom 1 in ein asymmetrisches Kohlenstoffatom (C-Atom mit vier verschiedenen Liganden). Die beiden Formen setzen sich in Lösung über die offenkettige („lineare" oder Aldehyd-Form), die sog. *al-Glucose*, miteinander ins Gleichgewicht. Eine Glucoselösung ändert deshalb ihren Drehwert (= Wert der spezifischen Drehung des polarisierten Lichtstrahls), bis er nach wenigen Stunden der Gleichgewichtseinstellung einen Wert von $\alpha_D = 52°$ erreicht hat, wo sich 63% β-D-Glucose mit 37% α-D-Glucose im Gleichgewicht befinden. Die Erscheinung wird als *Muta*-(Multi-)*rotation* bezeichnet. Beide Formen konnten isoliert werden und unterscheiden sich in ihren physikalischen Eigenschaften (Schmelzpunkt, spezifische Drehung). In Übereinstimmung mit dem Auftreten von zwei stereoisomeren Formen ist die Bildung von zwei diastereoisomeren Methylglucosiden. Dementsprechend treten Glykoside als α- oder *β-Glykoside* auf.

Durch den intramolekularen Ringschluß wird die Aldehydgruppe am C-1 der Glucose maskiert. Ketosen bilden Ringe durch Reaktion der Ketogruppe am C-Atom 2 mit einer sekundären Hydroxylgruppe, wobei wiederum die α- und β-Konfiguration möglich ist.

Schreibweisen der α-D-Glucose:

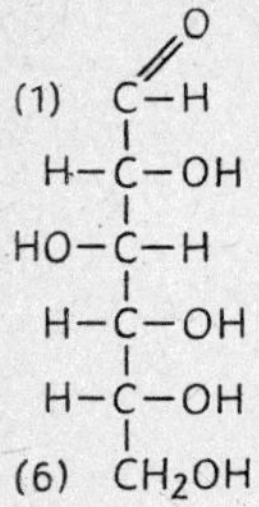

Kettenformel (FISCHER)  — vereinfacht 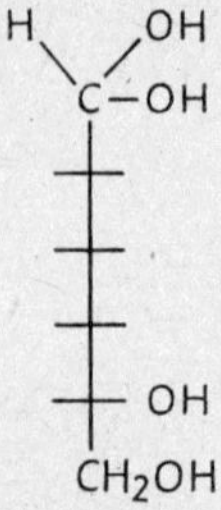 — Aldehyd-Hydrat 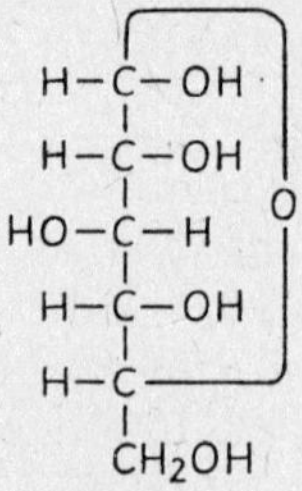 — Ringformel (FISCHER-TOLLENS)

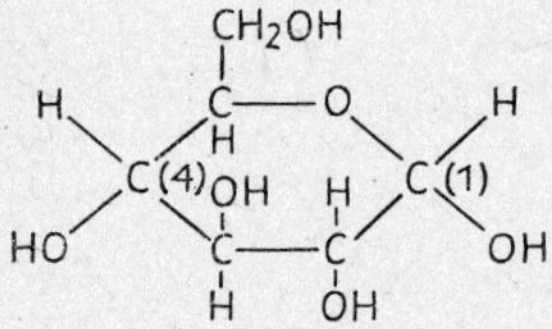

planare Ringformel (Projektionsformel) (HAWORTH) 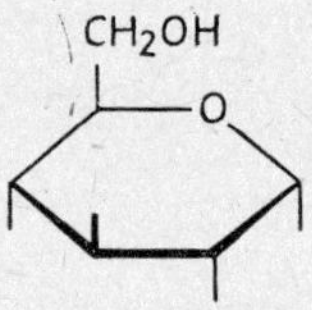 — vereinfacht

Die zur Charakterisierung von Zuckern verwendeten Kriterien (n. AEBI) zeigt die Tabelle 2.25.

Tabelle 2.25. Kriterien zur Charakterisierung von Mono- und Oligosacchariden

Kategorie	Kriterien		Möglichkeiten bzw. Alternativen		Bemerkungen
Mono-saccharide	1.	Konfiguration am C-Atom 1	α-Form	β-Form	Strukturisomere (= Diastereomere) mit unterschiedlichen physikalischen Eigenschaften
	2.	Konfiguration am C-Atom n-1 (vorletzten C-Atom)	D-Reihe	L-Reihe	Maßgebend für Reihenzugehörigkeit; D-Reihe = „natürliche" Zucker; optische Antipoden
	3.	Konfiguration an den übrigen asymmetrischen C-Atomen; Kettenlänge = Zahl d. C-Atome	Triosen bis Heptosen (n = 3—7)		Pentosen und Hexosen am häufigsten

(Fortsetzung von Tabelle 2.25.)

Kategorie	Kriterien		Möglichkeiten bzw. Alternativen	Bemerkungen
	4.	Art des Ringschlusses	Furanose (= 5er-Ring) Pyranose (= 6er-Ring)	Pyranoide Form in den Hexosen dominierend; in Saccharose die Fructosekomponente furanoid
	5.	Art der Carbonylfunktion	Aldehyd Keton	Aldose (-ose) ⇄ Ketose (-ulose); Isomerie (im engeren Sinne)
Oligosaccharide	I.	Anzahl der Monomeren (N)	bis 8 = „Oligosaccharide", praktisch unbegrenzt	am häufigsten Disaccharide (N = 2)
	II.	Bindungstyp	Maltose-Typ (M) (1 → 4) Trehalose-Typ(T) (1 → 1)	Entscheidend für Reduktionsvermögen: M = +; T = −
	III.	Orientierung der Monomeren = Art der glykosidischen Bindung	α- und β-glykosidisch	Entscheidend für die Angreifbarkeit durch spezifisch auf die eine oder andere Bindung eingestellte Enzyme

2.6.1.1. Biologische Derivate von Zuckern

Kohlenhydrate sind die C-Kettenlieferanten des Stoffwechsels. In diesem Kapitel sollen nur solche Verbindungen betrachtet werden, die sich aus einfachen Kohlenhydraten metabolisch ableiten und die gleich ihnen nur die Elemente C, H und O im Molekül enthalten. Hierzu zählen wir Reduktions-, Oxydations- und Zyklisierungsprodukte von Zuckern. Das nachfolgende Schema vermittelt eine Übersicht über solche Verbindungen:

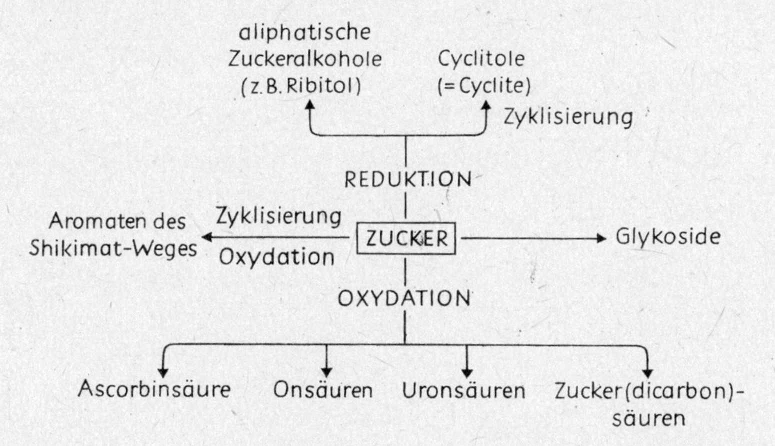

Durch Reduktionsvorgänge entstehen aus Zuckern die *Zuckeralkohole* (= Polyalkohole) und die *Cyclitole* (= Cyclite, carbozyklische Verbindungen mit mehreren Hydroxylgruppen). Auf oxydativem Wege entstehen aus Zuckern die *Onsäuren* (Oxydation am C-Atom 1), die *Uronsäuren* (Oxydation am C-Atom 6), von denen sich die biologisch wichtige Ascorbinsäure ableitet, und die *Zuckersäuren,* die Dicarbonsäuren sind (Oxydation an den C-Atomen 1 und 6). Die *aromatischen Verbindungen,* die nach dem Shikimisäure-Prephensäure-Konzept der Aromatisierung (= Aromatenbiosynthese) gebildet werden, leiten sich von Phosphoenolpyruvat und Erythrose-4-phosphat ab, die miteinander zu einer C-7-Verbindung kondensieren, die Zyklisierung und stufenweise Oxydation erfährt, so daß die aromatische Struktur schrittweise hergestellt wird (vgl. 10.5.).

Aliphatische Zuckeralkohole von biologischer Bedeutung sind:

- *Glycerin* (Glycerol) in Glyceriden, z. B. Fetten (= Triglyceride)
- *Ribitol* (Ribit = Adenit), in den Flavinverbindungen, z. B. Riboflavin (= Lactoflavin) (vgl. 9.1.)
- *Mannitol*
- *Sorbitol* (vgl. 10.1.2.).

Alle diese Verbindungen liegen in der D-Form vor. Aldosen können über Zuckeralkohole zu Ketosen in reversibler Reaktion enzymatisch umgewandelt werden (sog. Ein-Enzym-Zwei-Substrat-Mechanismus, vgl. 10.1.2.) Zuckeralkohole werden mit NAD(H) bzw. NADP(H) aus den entsprechenden Monosacchariden synthetisiert. Für Ribitol wird die Synthese aus D-Ribose-5-P diskutiert.

Die wichtigsten Vertreter der **Cyclitole** in Organismen sind die *Inosit(ol)e,* die einen sechsgliedrigen Ring und 6 OH-Gruppen haben. *Meso-Inosit(ol)* = Myoinosit gilt als Vitamin bei Hefen. Das Hexaphosphat von meso-Inositol ist die *Phytinsäure,* die in bestimmten Pflanzensamen offensichtlich der Phosphatspeicherung dient. Phytinsäure wird aus Inositol-1-phosphat gebildet. Vermutlich werden alle natürlich vorkommenden Inositole aus Glucose-6-P über Inositol-1-P biosynthetisch aufgebaut. Aus m-Inositol wird auch *Streptidin* gebildet. Streptidin ist das Aglykon von *Streptomycin,* einem von *Streptomyces*-Arten gebildeten Antibiotikum, das aus drei glykosidisch miteinander verbundenen Molekülteilen besteht (vgl. 14.4.): 2-Desoxy-2-methylamino-L-glucose, Streptose und Streptidin. Die Cyclitole ($C_6H_{12}O_6$) sind carbozyklische Homologe von Glycerin (Abb. 2.1.).

Uronsäuren werden durch Oxydation am C-Atom 6 von aktivierten Hexosen im Stoffwechsel gebildet (z. B. D-Glucuronsäure, D-Galakturonsäure, D-Mannuronsäure u. a.). Uronsäuren werden durch Bindung an Uridindiphosphat (UDP) aktiviert und als *UDP-Verbindungen* synthetisiert und umgesetzt. Die Glucuronsäure bildet Glykoside, die als **Uronide** bezeichnet werden. Viele Stoffe (z. B. Steroide, Pharmaka) werden in der Leber zu Uroniden „entgiftet". **„Aktive Glucuronsäure"** (= Glucuronyldiphosphat-uridin = Uridindiphosphat-Glucuronsäure, *UDP-Glucuronsäure*) reagiert dabei mit Hydroxylverbindungen unter Glucuronidbildung in einem durch entsprechende Transferasen katalysierten Prozeß.

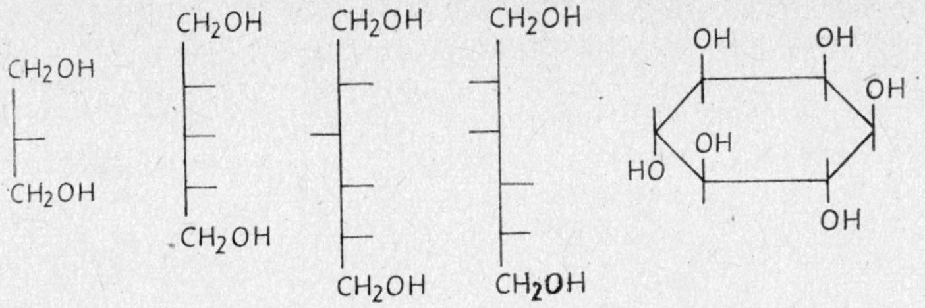

Glycerol (Glycerin) Ribit (ol) (=Adonit) Sorbit (ol) Mannit (ol) meso-Inosit (ol) (=Myoinosit)

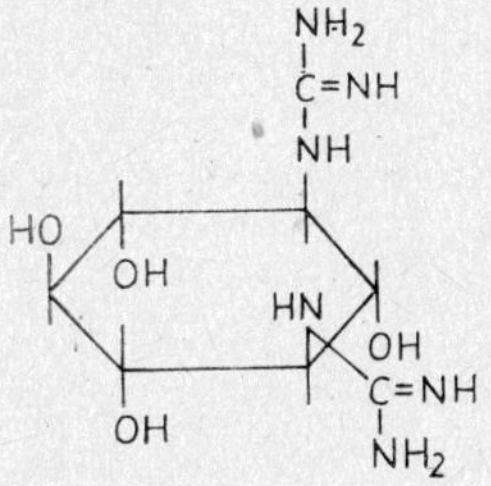

Streptidin 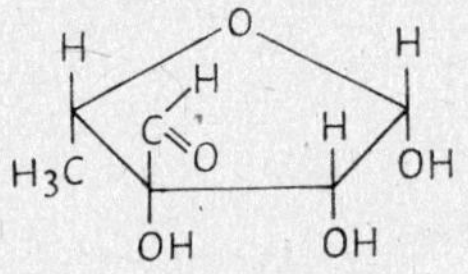 Streptose

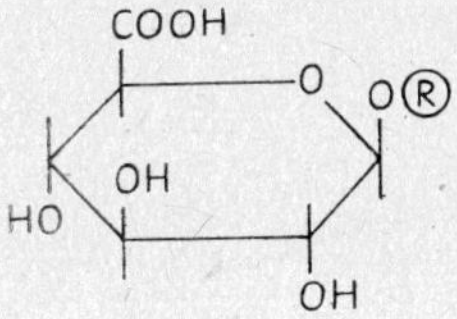

Ⓡ' = Östriol, Pregnandiol u. a. = Uronide

Ⓡ = H = Uronsäure (Glucuronsäure)

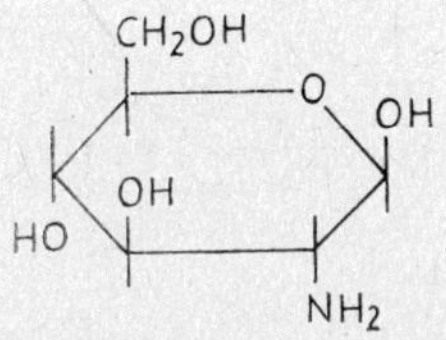

Glucosamin

NOMENKLATUR VON ZUCKERDERIVATEN		
Strukturelle Zuordnung	Endung	Verbindungsgruppe
$-CHO$ (C-1)	-ose	Aldose
$-CH_2OH$ (C-1)	-itol	„Alditol" (Alkohol)
$-COOH$ (C-1)	-onsäure	Aldonsäure
$-COOH$ (C-n), $-CHO$ (C-1)	-uronsäure	Alduronsäure
$-COOH$ (C-1 + C-n)	-arsäure	Dicarbonsäure (=Zuckersäure)
NH_2 -CH-CHO	-amin	Aminozucker

Abb. 2.1. Zuckerderivate von biochemischer Bedeutung (Beispiele).

L-**Ascorbinsäure** leitet sich biogenetisch von der D-Glucuronsäure ab. Durch Fehlen eines Enzyms der Biosynthesefolge bei manchen Säugetieren (Affen, Meerschweinchen, auch beim Menschen) wird Ascorbinsäure zu einem Vitamin

(= Vitamin C = antiskorbutisches Vitamin). Avitaminose ist Skorbut. Chemisch ist Ascorbat das Lacton der 2-Keto-L-gulonsäure. Die *En-diol*-Gruppierung im Molekül wirkt stark reduzierend. Durch Dehydrogenierung geht L-Ascorbat in einer reversiblen Oxydoreduktions-Reaktion in L-Dehydroascorbat über:

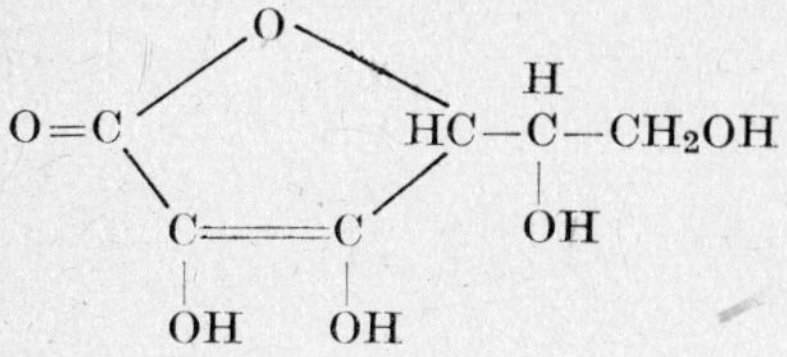

```
        O                                         O
      /    \         H                          /    \         H
O=C          HC—C—CH2OH                   O=C          HC—C—CH2OH
      \    /         |                          \    /         |
      C===C          OH                         C———C          OH
      |   |                                     ‖   ‖
     OH   OH                                    O   O
```

L-Ascorbinsäure 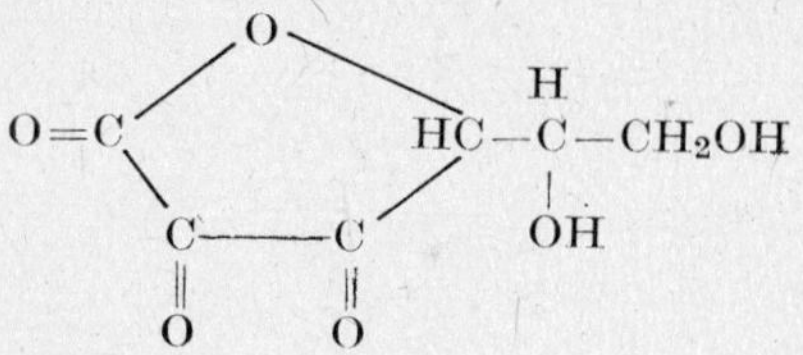   Dehydro-L-Ascorbinsäure

Das System Ascorbinsäure-Dehydroascorbinsäure wirkt als Redoxsystem, dem möglicherweise auch in der Zelle eine Funktion zukommt. Ascorbat ist in Pflanzengeweben verbreitet. Es wirkt vermutlich auch als Hydroxylierungsfaktor (vgl. 11.3.). In technischem Maßstab wird Ascorbinsäure in einem gemischten biologisch-chemischen Verfahren aus D-Glucose hergestellt. D-Glucose wird katalytisch zu Sorbit hydriert; der Zuckeralkohol wird durch Kulturen von *Acetobacter suboxydans* in L-Sorbose umgesetzt. Durch weitere chemische Reaktionen wird daraus L-Ascorbat gewonnen.

Mit Zuckern als Reaktionspartner werden O-, N- und S-**Glykoside** aufgebaut. Der zuckerfreie Paarling, das *Aglykon* oder *Genin*, ist im Falle der Bildung von O-Glykosiden ein Alkohol, Phenol oder eine Säure:

```
Glykosidbindung
       ↓
Zucker————Aglykon        Glykosid
```

Die Bezeichnung des Glykosids leitet sich von der Art des an der Glykosidbildung beteiligten Zuckers ab:

- Glykoside mit Glucose = Glucoside
- Glykoside mit Ribose = Riboside usw.

Die Art der glykosidischen Bindung wird durch α oder β charakterisiert. Diese ist wichtig für die Spaltung durch gruppenspezifische Enzyme, die Glykoside an Hand des Zuckerpartners und der Art der Glykosidbindung unterscheiden. Die Natur der Glykosidbindung hat gewichtige Konsequenzen für die Konfiguration (Struktur) von polymeren Kohlenhydraten.

Glykoside sind ein „Sammelsurium der verschiedensten chemischen Substanzen" (HESS). Glykosidierung erhöht die Wasserlöslichkeit. Glykoside im engeren Sinne bestehen aus einem Zucker bzw. einer Oligosaccharidkette und einem zuckerfreien Paarling und werden als **Heteroside** bezeichnet. **Holoside** sind Verbindungen wie die Oligo- und Polysaccharide, die allein aus glykosidisch verknüpften Monosaccharid-Bausteinen bestehen. Stoffe wie Stärke, Zellulose u. a. nennt man *Homoglykane*, da es sich hier um Verbindungen handelt, die aus einer sich wiederholenden Grundeinheit aufgebaut sind.

Heteroside werden durch **Transglykosidierung** (Transfer von Zuckerresten auf das Aglykon) gebildet. Die Zuckerkomponente wird aus in Stellung 1 phosphorylierten Zuckern im Stoffwechsel synthetisiert. Dann werden die Glykosylreste auf Nucleosiddiphosphate übertragen, so daß *Nucleosiddiphosphat-Zucker* entstehen. Diese sind die *Glykosyldonatoren* in Transglykosidierungsreaktionen (Abb. 2.2.).

Uridindiphosphat-Glucose (UDPG)

Glucose Uridin (I)

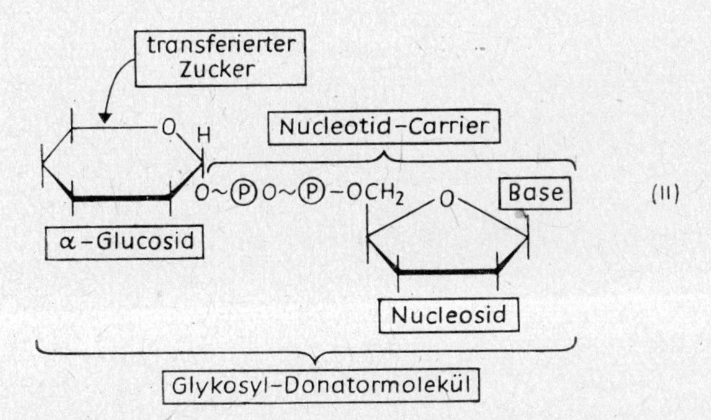

Abb. 2.2. Uridindiphosphat-Glucose (UDPG) (I). Bauprinzip von Nucleosiddiphosphat-Zuckern (II).

Als **„anormale" Zucker** werden Zucker mit verzweigter Kohlenstoffkette (z. B. als Bestandteile von Antibiotika, vgl. 14.4.) und die *Desoxyzucker* („sauerstoffärmeren" Zucker) bezeichnet. Desoxyzucker treffen wir in herzwirksamen Glykosiden und in Pregnanderivaten. Beispiele sind die Digitoxose, Cymarose und Oleandrose. Als Desoxyzucker muß man auch die Methylpentosen L-Rhamnose und L-Fucose auffassen, die 6-Desoxyhexosen sind. *2-Desoxyribose* (2-Ribodesose) ist DNS-Bestandteil. Er wird aus Ribose auf der Stufe von Nucleosiddi- und triphosphaten synthetisiert (vgl. 12.7.1.1. und 11.2.1.).

In den *Aminozuckern* (Bestandteile der bakteriellen Zellwand, Baustein von Chitin, vgl. 2.6.1.2.) sind bestimmte OH-Gruppen durch $-NH_2$ substituiert. Die Aminogruppe wird von der Amidgruppe von L-Glutamin geliefert (vgl. 12.4.).

2.6.1.2. Polymere Kohlenhydrate (Polysaccharide) — Reserve- und Gerüstsubstanzen

Polymere Kohlenhydrate von biologischer Bedeutung gehören zu den Stoffgruppen der *Polysaccharide, Polyuronide, Mucopolysaccharide, Glykoproteine, Glykolipide, Mureine* und zu sog. *Kapsel-* und *Schleimsubstanzen* von Polysaccharidnatur. Die wichtigsten Vertreter dieser Gruppen sind in der Tabelle 2.26. zusammengestellt. Im folgenden sind die **Bauprinzipien** dieser Stoffe charakterisiert:

Als **Polysaccharide** (im engeren Sinne) bezeichnen wir hier die sog. **Homoglykane.** Sie sind aus identischen Grundbausteinen aufgebaut, die als sich wiederholende Einheit im Polymer enthalten sind. Die Natur des Grundbausteins bestimmt neben der Art der Verzweigung die Struktur des Makromoleküls. Verzweigung kann vorhanden sein oder fehlen. Vertreter dieses Typs sind das **Glykogen** („tierische Reservestärke"), die **Stärke**, die **Zellulose**, *Fructosane, Xylane* und *Mannane* (sog. *Hemizellulosen*), *Galaktane, Dextrane* und *Xylodextrin.*

Polyuronide sind aus Uronsäuren aufgebaute Polysaccharide, die sekundär nach der Biogenese chemisch modifiziert werden können. Vertreter sind das **Pektin** (eigentlich eine uneinheitliche Stoffgruppe, vgl. weiter unten), die *Alginsäure, Pflanzengummen und -schleime.*

Ein Polymeres aus Acetylglucosamin ist das **Chitin. Mucopolysaccharide** stellen einen „Mischtyp" der eben charakterisierten Polyuronide und Polyaminozucker-Derivate dar: sie bestehen aus Disaccharideinheiten, in denen eine Uronsäure glykosidisch an die 3-Stellung eines acetylierten Aminozuckers gebunden ist. Die Disaccharideinheiten sind durch 1 → 4-Verknüpfung zu einem linearen Makromolekül verbunden. Vertreter dieses Typs sind die **Hyaluronsäure**, die **Chondroitinschwefelsäuren** und das **Heparin**.

Mureine sind komplex aufgebaute sackartige Makromoleküle. Der Disaccharid-Grundbaustein besteht aus *N-Acetyl-glucosamin* (1 → 6) und *N-Acetyl-muraminsäure* (1 → 4). Diese Muraminsäure-Glykoside sind mit Mucopeptiden zu einem großen beutelförmigen Riesenmolekül verbunden, das die Zellwand von Bakterien bildet.

Glykoproteine enthalten als „Rückgrat" Polypeptide (Proteine), die Oligosaccharid-Seitenketten tragen, die verschiedenartig verknüpft sind. Vertreter: *Mucoide, Blutgruppensubstanzen.*

Glykolipide enthalten Zucker (zumeist Galaktose). Diese große Gruppe ist noch ungenügend chemisch untersucht. Hierzu gehören die *Cerebroside* und *Ganglioside.*

Aus komplex zusammengesetzten Verbindungen bestehen die **Kapsel-** und **Schleimsubstanzen** von Bakterien. Näher untersucht ist die Beschaffenheit der Mikrokapseln von Enterobacteriaceae (Westphal und Mitarbeiter). Die Kapselsubstanz ist verantwortlich für die serologische Spezifität. An eine Basalstruktur aus einer hochpolymeren Kette von Heptose und Phosphorsäure, die Pentasaccharid-Einheiten bilden, sind aus Oligosaccharideinheiten aufgebaute Seitenketten glykosidisch gebunden. *Kapselbildende* Bakterien bilden bei Wachstum auf Agrar-Nährböden glatte, glänzende Kolonien: sog. *S-Formen* (S = engl. smooth, glatt). Bei Wachstum *kapselfreier* Stämme auf Agar werden „rauhe" Kolonien gebildet: sog. *R-Formen* (R = engl. rough, rauh). Das Merkmal „Kapselbildung" läßt sich transformieren (klassische Experimente von AVERY zur Transformation = Übertragung eines Gens = DNS-Transplantation).

Tabelle 2.26. Polymere Kohlenhydrate von biologischer Bedeutung

Biopolymer	Grundbausteine	Bemerkung
Homoglykane:		
Glykogen	α-D-Glucose (1 → 4)	Maltose-Einheiten mit α-glykosidischer Verknüpfung (1 → 4) und die Verzweigung bedingende „Isomaltose"-Einheiten (1→6)
Amylose	α-D-Glucose (1 → 4)	Maltose = Disaccharid-Baustein; unverzweigt
Amylopektin	α-D-Glucose (1 → 4)	Maltose und Isomaltose; Verzweigung; Amylose + Amylopektin = Stärke
Dextrane (= Glucosane)	Ketten von α-1,6-D-Glucose mit α-1,2-, α-1,3- und α-1,4-Verzweigung	Molekulargewicht = ca. 10 Millionen; Partialhydrolysate zur Bluttransfusion
Zellulose	β-D-Glucose (1 → 4)	Zellobiose-Einheiten mit β-glykosidischer Verknüpfung (1 → 4) der Glucosen, gestreckte Fadenmoleküle
Fructosane	α-D-Fructose (2 → 1)	z. B. Inulin, ein Reservekohlenhydrat in Wurzeln der *Asteraceae*, Polyfructosid vom MG 5000
Galaktane	L- und D-Galaktose	z. B. als „Galaktogen" in der Weinbergschnecke *Helix pomatia*
Xylane	β-D-Xylopyranose (1 → 4)	Hauptkomponente der Hemizellulosen
Mannane	D-Mannose und D-Glucose in 1 → 4-Verknüpfung	Komponente der Hemizellulosen pflanzlicher Zellwände
(*Polyuronide*)		
Pektine	α-D-Galakturonsäure (1 → 4)	Pflanzliche Zellwand: „Protopektin" = Mittellamelle (Kittschicht) bildend; sekundär modifiziert durch Methylierung von Carboxylgruppen
Alginsäure	β-D-Mannuronsäure (1 → 4)	Braunalgen
Gummen		z. B. Gummi arabicum; pflanzliche Polyuronide

(Fortsetzung der Tabelle 2.26.)

Biopolymer	Grundbausteine	Bemerkung
(*Polyaminozucker*) Chitin	β-N-Acetyl-glucosamin (1 → 4)	Gerüstsubstanz in Arthropoden (Panzer der Krebse und Hautskelett = Cuticula der Insekten, mit Calciumcarbonat und Proteinen assoziiert); in der Zellwand vieler Pilze
Mucopolysaccharide: Hyaluronsäure	β-D-Glucuronsäure (1 → 3) und β-N-Acetylglucosamin (1 → 4)	MG = einige Millionen; in der Grundsubstanz des Bindegewebes, u. a. in der Synovialflüssigkeit und im Glaskörper des Auges; Darstellung aus Nabelschnur
Chondroitinsulfat C(= Chondroitin-6-sulfat)	β-D-Glucuronsäure (1 → 3) und N-Acetylgalaktosamin (1 → 4), letzteres mit Sulfat verestert in 6-Stellung	Bindegewebe, besonders im Knorpel, assoziiert mit Kollagen; stark saure Verbindung
Heparin	Sulfonylaminoglucose (= Glucosamin-N-Sulfat) und Glucuronsäure-Schwefelsäureester in 1 → 3 — 1 → 4	MG 17—20000; Antikoagulans-Wirkung (Blutgerinnung)

Polysaccharide spielen in allen lebenden Organismen, von den Bakterien bis zu den Säugetieren und zum Menschen, eine Rolle, wobei die **biologischen Funktionen** der *Reservestoffspeicherung* und der *Stütz- und Gerüstfunktion* überwiegen. Hier bestehen zahllose Strukturvariationen, indem Polysaccharide desselben chemischen Typs (Homoglykane, Heteroglykane und konjugierte Verbindungen, vgl. die Tabelle 2.26.) je nach der biologischen Herkunft sich unterscheiden. In diesem Sinne stellen die Bezeichnungen „Zellulose“ oder „Stärke“ z. B. Sammelbegriffe dar, da Zellulose und Stärke in speziesabhängiger Weise differieren (vgl. weiter unten).

Zellulose ist eine wichtige Stütz- und Gerüstsubstanz. Technische Zellulose (= Zellstoff) ist bedeutendes Rohmaterial für die industrielle Produktion von Papier, Kunstseide und Watte. Zellulose ist die hauptsächliche Komponente der pflanzlichen Zellwand. In der verholzten Zellwand ist Zellulose physikalisch und vermutlich auch chemisch mit Lignin (Holzstoff, vgl. 10.5.1.) verbunden. Holz ist ein Mischpolymerisat. Außerhalb des Pflanzenreiches tritt Zellulose an Bedeutung stark zurück. Zellwände bestimmter Bakterien (*Acetobacter*) und Pilze und die „Hülle“ (Mantel) einer Gruppe primitiver Meerestiere, der Tunicaten (Manteltiere), enthalten Zellulose. Das sog. *Tunicin* der Tunicaten (Ascidiae) ist also Zellulose. Zelluloseähnliche Substanzen sind auch das *Lichenin*, *Isolichenin* und *Pustulan* (bei Flechten). „Reine“ Zellulose (98%) sind die Baumwollfasern = Samenhaare von *Gossypium*-

Arten. Technische Zellulose ist durch andere Begleitstoffe verunreinigt. Etwa $^1/_3$ allen organischen Materials der „belebten Natur“ besteht aus Zellulose, die infolge der Photosynthese grüner Pflanzen pro Jahr um einige 1000 Millionen Tonnen vermehrt wird.

Zellulose tritt (gleich anderen Polysacchariden) in Form chemisch uneinheitlicher Moleküle auf. Wir treffen daher bei ihrer Isolierung auf eine Ansammlung von Molekülen, die sich in ihrem Molekulargewicht und ihrer Struktur bestenfalls sehr nahe kommen. Reine Zellulose ist ein **Linearkolloid**, dessen einzelne **Fadenmoleküle** aus etwa 2000—3000 Glucose-Resten bestehen (Molekulargewichtsbestimmungen mit der Ultrazentrifuge oder durch Viskositätsmessungen). Bei der Isolierung treten leicht Kettenbrüche auf.

Diese Fadenmoleküle ordnen sich parallel zueinander an und bilden bündelartige Strukturen, sog. *Elementarfibrillen*, die aus jeweils knapp 40 parallelen Zellulose-Fadenmolekülen bestehen. Die Elementarfibrillen sind ihrerseits zu sog. *Mikrofibrillen* gebündelt. Diese ihrerseits bilden die lichtmikroskopisch sichtbaren *Zellulosefibrillen* („Zellulosebalken“). Strukturell hoch geordnete Bereiche in dieser Hierarchie von Strukturen nennt man *Micellen*. Das zwischen den Micellen eingelagerte Wasser ist relativ fest gebunden. Die einzelnen Ketten sind durch Wasserstoffbrücken zwischen den Hydroxylgruppen benachbarter Glucosereste miteinander verknüpft. Diese besondere Anordnung der Fadenmoleküle erklärt die Faserstruktur und die mechanische Festigkeit der Zellulose (= Zugfestigkeit). Ursache der Molekülgestalt der Zellulose ist die β-glykosidische Bindung zwischen den D-Glucoseresten. Diejenigen Hydroxylgruppen, die die 1 → 4-Bindung eingehen, sind bei β-glykosidischer Verknüpfung der D-Glucosereste in der Art angeordnet, daß ein gestrecktes Kettenmolekül (langgestreckter „Faden“) resultiert.

Wie Messungen der Röntgenstrukturbeugung zeigen, sind die Moleküle in der Zellulose entlang der Achse einer Faser angeordnet. Die Faser setzt sich aus Bausteinen zusammen, die sich nach 10,3 Å wiederholen und nicht nach 5,1 Å, was der Länge (Identitätsperiode) eines Glucoserestes entsprechen würde. Der eigentliche **Grundbaustein** der Zellulose ist daher die **Zellobiose** (4-β-Glucopyranosido-glucose). Die alternierenden Glucosereste sind jeweils um 180° gegeneinander gedreht, wie das aus dem Formelschema hervorgeht, das einen Ausschnitt aus einem Zellulose-Fadenmolekül zeigt (Abb. 2.3.a).

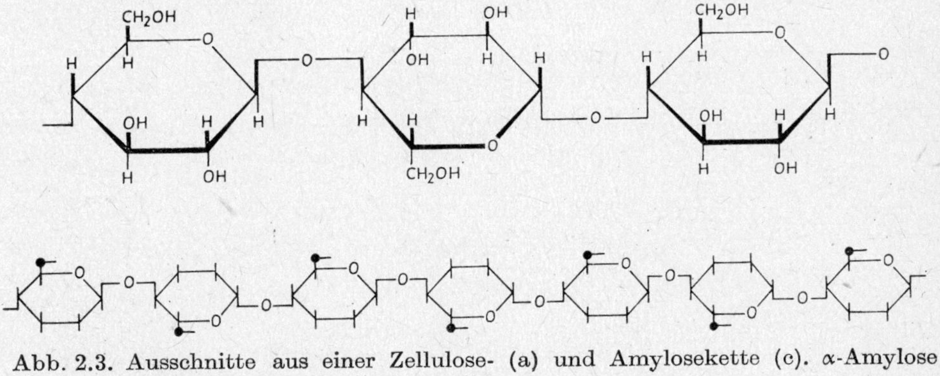

Abb. 2.3. Ausschnitte aus einer Zellulose- (a) und Amylosekette (c). α-Amylose tendiert zur Bildung „gerollter“ Ketten (b).

Stärke ist ein pflanzliches Polysaccharid. Sie ist eine Art Riesenspeicherform der D-Glucose, sozusagen eine Glucose-Reserve von äußerst geringem osmotischem Druck. Stärke ist ein uneinheitliches Polysaccharid, das aus *zwei Komponenten* in wechselndem Mengenverhältnis besteht: **Amylose** und **Amylopektin.** Getreidestärke enthält etwa 25% Amylose und 75% Amylopektin. In gewissen Getreidearten jedoch besteht Stärke aus nahezu reinem Amylopektin, während Erbsenstärke aus fast reiner Amylose besteht. Amylose liefert eine tiefe Blaufärbung mit Jod (Bildung einer Einschlußverbindung, Stärkenachweis mit Jod-Jodkalium); Amylopektin gibt eine schwache violette Färbung.

Amylosemoleküle sind vorwiegend aus langen Ketten von D-Glucose-Resten aufgebaut, die durch *α-1,4-Bindungen* miteinander verknüpft sind. Physikalische Messungen weisen auf eine Zahl von 1000—4000 Glucoseresten pro Molekül Amylose. Die α-1,4-Glykosid-Bindung bedeutet, daß die OH-Gruppen, die die Bindung eingehen, auf die gleiche Seite der Ringebene orientiert sind, so daß sich eine Tendenz zur *Spiralenbildung* ergibt und die Kette „gerollt" ist (vgl. den Ausschnitt aus der Amylose-Formel, Abb. 2.3.b). Micellenbildung ist nicht

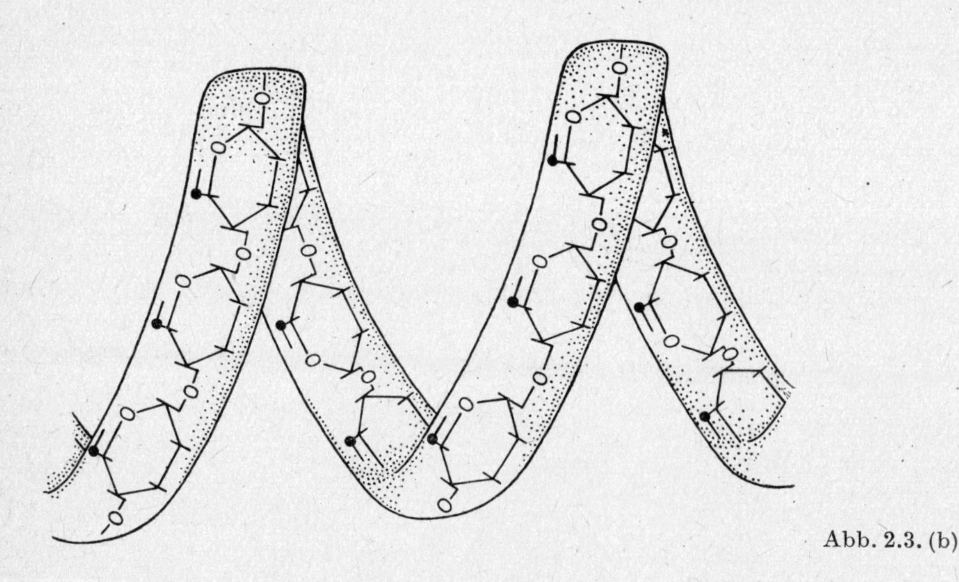

Abb. 2.3. (b)

möglich. Das *Amylose-Molekül* liegt in Form langer, eine *Helix* bildender Moleküle vor. Zu jeder Windung gehören etwa 6 Glucosereste. Eigentlicher **Grundbaustein der Amylose** ist demnach die **Maltose** (4-α-Glucosido-glucose), die lange, unverzweigte, aber gerollte Ketten aufbaut (Abb. 2.3.c).

Amylopektinmoleküle enthalten etwa 1 Million Glucosereste. Das große Molekül ist aus kurzen Ketten von *α-1,4-glykosidisch* verknüpften Glucoseresten aufgebaut, die durch *1,6-Bindungen* α-glykosidisch miteinander verbunden sind. Auf etwa 20—25 α-D-Glucosereste kommt eine 1,6-Bindung als Abzweigstelle. Das **verzweigte Molekül** des **Amylopektins** enthält demzufolge als eigentliche **Grundbausteine Maltose** und **Isomaltose** (6-α-Glucosido-glucose) und

Abb. 2.3. (c)

Haupt- und *Seitenketten*. Daher spaltet *β-Amylase* die Reste vom nichtreduzierenden Ende der α-1,4-gebundenen Glucoseketten ab, macht jedoch Halt vor der Isomaltose-Bindung, zu deren Spaltung das sog. *R-Enzym* erforderlich ist. Ohne dessen Gegenwart bleibt der Abbau von Amylopektin durch β-Amylase auf der Stufe eines hochmolekularen *β-Grenzdextrins* stehen, weil nur die freien Kettenenden bis in die Nähe der Verzweigungsstellen „abgeschmolzen" werden.

Glykogen („tierische Stärke") ist ähnlich dem Amylopektin aufgebaut, aber noch dichter verzweigt. Für die Länge der Seitenketten werden 10—14 Glucosereste angegeben. Die Angaben über das Molekulargewicht sind sehr unterschiedlich (ca. 1 Million und 5—15 $\times$ 10^6). Glykogen wird bei Säugetieren in Leber und Muskulatur gespeichert und dient als Kohlenhydratreserve. Bezüglich Synthese und Abbau der Verbindung und zu den hierbei wirksamen Regulationsvorgängen vgl. 10.4. und 10.4.1.

Homoglykane werden durch Gruppentransfer auf präformierte „Starter-Moleküle" gebildet, indem diese schrittweise um den entsprechenden Grundbaustein verlängert werden (vgl. 3.3., zur Glykogensynthese vgl. 10.4.). Als **Coenzym** der **Biosynthesereaktion** fungiert jeweils ein spezifisches **Nucleosiddiphosphat.** Dieses bindet und „aktiviert" den Grundbaustein und überträgt ihn mit Hilfe eines entsprechenden Enzyms auf das wachsende Akzeptormolekül. Die Donator-Funktion einiger Glykosyl-Donatoren bei der Biosynthese wichtiger Polysaccharide ist aus der Tabelle 2.27. zu ersehen.

Tabelle 2.27. Nucleosiddiphosphat-Verbindungen als Glykosyldonatoren in Polysaccharid-Biosynthesen

Glykosyl-Donator	Lieferung von	Polysaccharid
ADP-D-Glucose	D-Glucose	Stärke
CDP-L-Ribitol	L-Ribitol	Polyribitolphosphat
GDP-D-Glucose	D-Glucose	Stärke, Zellulose
GDP-D-Mannose	D-Mannose	Mannan
UDP-D-Glucose	D-Glucose	Glykogen, Zellulose, Callose, *Salmonella*-Lipopolysaccharide
UDP-D-Glucuronsäure	D-Glucuronsäure	Hyaluronsäure, Chondroitinsulfat

(Fortsetzung der Tabelle 2.27.)

Glykosyl-Donator	Lieferung von	Polysaccharid
UDP-N-Acetyl-D-glucosamin	N-Acetyl-D-glucosamin	Chitin, Hyaluronsäure
UDP-N-Acetyl-D-Galactosamin	N-Acetyl-D-galactosamin	Chondroitinsulfat
UDP-D-Xylose	D-Xylose	Xylan
TDP-L-Rhamnose	L-Rhamnose	Streptococcen-Zellwand

2.6.2. Lipide (Fettsubstanzen: Fette und Lipoide)

In der chemisch sehr heterogenen Stoffklasse der **Lipide** (Fettsubstanzen) faßt man die eigentlichen **Fette** (= Neutralfette, Triglyceride) und die sog. **Lipoide** zusammen.

Als **Lipoide** wurden ursprünglich Verbindungen bezeichnet, die man aus Organismen mit unpolaren Lösungsmitteln wie Äther, Aceton, Benzol und Chloroform extrahieren kann. Ein großer Teil dieser Stoffe ist in der organischen Masse von Lebewesen durch nichtkovalente Bindungskräfte (vgl. 2.3.) an Proteine gebunden. Viele Lipoide sind *Membranbestandteile* und am Aufbau von *Protein-Lipoid-Doppelschichten* beteiligt (vgl. 6.2.). Extrahiert man Gewebe bzw. Zellen mit wasserentziehenden organischen Lösungsmitteln, brechen diese Bindungen auf. Ein häufig gebrauchtes Lösungsmittel ist ein Äthanol/Äther-Gemisch. Da der Unterschied zwischen Löslichkeit und Unlöslichkeit in organischen Lösungsmitteln nicht immer klar zu definieren ist, gibt es keine scharfe Grenze zwischen Lipoiden und Nicht-Lipoiden. Zu den Lipoiden zählen viele Verbindungen von sehr differenter chemischer Struktur und ganz verschiedenartiger biologischer Funktion (Tabelle 2.28.).

Tabelle 2.28. Lipidsubstanzen und ihre biologische Funktion (Auswahl)

Verbindungsgruppe	Vorkommen und Funktion
Triglyceride (= Neutralfette)	Speicherform und Quelle von Metaboliten und Energie; Schutz gegen Kälte und Verletzung
Glycerolipoide (= Glycerinphosphatide = Phosphoglyceride)	Strukturbestandteile von Membranen; elektrischer Isolator in Nervengewebe
Sphingomyeline (= Phosphosphingoside)	Strukturbestandteile des Nervengewebes
Gallensäuren	Emulgatoren der Fettverdauung
Steroidhormone	Stoffwechselregulatoren
Sterine (= Sterole)	Provitamine und Strukturkomponenten von biologischen Membranen
Lipoproteine	Membrankomponenten

In jetzt gebräuchlicher Handhabung werden als *Lipoide* langkettige Fettsäuren und ihre Derivate bezeichnet. Sie werden unterteilt in einfache Lipoide und komplexe Lipoide:

Einfache Lipoide sind die Fettsäuren und ihre Ester; *komplexe Lipoide* sind Fettsäureester, die noch mit anderen Resten verbunden sind.

Einfache Lipoide sind:

- die *Fettsäuren* und deren *Alkoholester* (Di- und Trigyceride, Fette und Öle)
- die *Wachse* (mit einem primären einwertigen Alkohol von einer Kettenlänge von 16 und mehr C-Atomen)
- die *Sterine* (Sterole), d. s. Sterinester (mit Cholesterin oder einem anderen Sterin).

Komplexe Lipide sind:

- Derivate von Diglyceriden (= *Glycerolipoide*)
- Derivate des N-Acylsphingosins (= *Sphingolipoide*)
- weitere Verbindungen, die eine hydrophile Gruppe (z. B. einen Phosphat-Rest) zusammen mit einer hydrophoben Gruppe (z. B. einer Fettsäure-Kette) enthalten, und die meist in Assoziation mit Proteinen als Strukturbestandteile von Membranen auftreten.

Zu den Lipoiden stellen wir auch die **Isoprenoide** (= Isoprenoidlipide), die sich vom „Isopren" ableiten (vgl. weiter unten). Diese auch als **Terpenoide** bezeichnete Stoffklasse umfaßt die *Terpene* (eine biologisch sehr heterogene Stoffgruppe) und die *Steroide*, die sich formal chemisch vom *Steran* ableiten lassen. Biologisch werden sie durch Zyklisierung von *Squalen* und weitere chemische Modifikationen gebildet. Auch in der Stoffgruppe der Steroide sind Verbindungen von sehr unterschiedlicher biologischer Wirkung enthalten (Hormone, Glykoside, Alkaloide u. a.).

Fette (Neutralfette) sind *Gemische* von *Triglyceriden*. Zwischen den Bezeichnungen *Fett* und *Öl* besteht keine scharfe Unterscheidungsmöglichkeit. **Öle** sind flüssige Fette. Tierische Fette liegen jedoch auch in flüssiger Form vor. Öl wird häufig als technischer Begriff gebraucht. In der Pflanze werden Fette in speziesabhängiger Weise in Samen (z. B. bei *Ricinus*, *Linum* usw.), im Fruchtfleisch (z. B. bei *Olea*), in Holz und Rinde oder in interirdischen Reservestoffbehältern gespeichert (z. B. bei *Cyperus esculentus*). Unter bestimmten Anzuchtbedingungen können Mikroorganismen zu starker Fettproduktion veranlaßt werden. In der tierischen Ernährung sind Fette eine kalorisch hochwertige Form (vgl. 10.2.2.2.) der Reservestoffspeicherung. Fettdepots haben relativ lange Turnover-Zeiten (ausgedrückt als „biologische Halbwertszeit"): 15—20 Tage für Depotfett, 1—2 Tage für Leberfett.

Die **allgemeine Formel** von **Triglyceriden** lautet:

$$
\begin{array}{llll}
 & O & & \\
 & \| & & \\
CH_3(CH_2)_x- & C & -O- & CH_2 \\
 & & & | \\
 & O & & | \\
 & \| & & | \\
CH_3(CH_2)_y- & C & -O- & {}^*CH \leftarrow \textit{Glycerin} \\
 & O & & | \\
 & \| & & | \\
CH_3(CH_2)_z- & C & -O- & CH_2 \\
 & \uparrow & & \\
 & \text{Esterbindung} & &
\end{array}
$$

Das durch ein Sternchen* markierte C-Atom ist asymmetrisch, so daß theoretisch *Enantiomere* möglich sind. In der angegebenen allgemeinen Formel liegt ein *gemischtes Triglycerid* vor, in dem die Fettsäurereste nicht identisch sind. Tatsächlich können nicht nur gesättigte Fettsäuren (wie in der Formel angegeben) in Triglyceriden vorliegen, sondern auch einfach oder höher ungesättigte Fettsäuren. Am häufigsten sind in den Fetten Fettsäuren mit geradzahligen unverzweigten C-Ketten (Bildungsmechanismus! vgl. 10.2.3.1.). **Verzweigte Fettsäuren** sind z. B. für tuberkulöses Gewebe charakteristisch (Bestandteile von säurefesten Bakterien wie *Mycobacterium*, Tuberkelbacillus). Sie bauen sehr flüssige Fette auf, die einen „Weichmachereffekt" bewirken („Schmiermittel der Natur", z. B. im Bürzelsekret der Vögel, wichtig für den Stoffwechsel der normalen Haut). **Zyklische Fettsäuren** sind die *Chaulmoograsäure* und die *Hydnocarpussäure*, die in entsprechenden pflanzlichen Ölen vorkommen.

Zur Charakterisierung der Fette ist der *Schmelzpunkt* eine wichtige Größe. Je tiefer ein Fett schmilzt, um so mehr ungesättigte Fettsäuren enthält es. Pflanzenfette sind überwiegend gesättigte Fette. Die Fettanalyse ist durch moderne Fraktionierungsverfahren wesentlich einfacher geworden. Die Fettsäureanteile einiger Fette zeigt die Tabelle 2.29.

Tabelle 2.29. Fettsäureanteile einiger Fette pflanzlicher und tierischer Herkunft in Gewichtsprozenten des Gesamtsäuregehaltes (n. Barry und Barry)

Fettsäure	Leinöl	Schweinefett	Milchfett (Kuh)
gesättigte Fettsäuren C_4 bis C_{12}	—	—	10
Myristinsäure	—	—	10
Palmitinsäure	7	30	26
Stearinsäure	5	15	13
Ölsäure	25	45	32
Linolsäure	20	5	—
Linolensäure	40	—	—

Die **gesättigten Fettsäuren** gehören einer *homologen Reihe* an, die mit Essigsäure und Buttersäure beginnt, Mit zunehmender Kettenlänge nehmen die Schmelzpunkte zu, die Wasserlöslichkeit nimmt ab. Gesättigte Fettsäuren haben die Summenformel $C_nH_{2n+1}COOH$. *Myristinsäure* ist die C_{14}-, *Palmitinsäure* die C_{16}- und *Stearinsäure* die C_{18}-Verbindung. **Ungesättigte Fettsäuren** haben dieselbe Struktur, nur sind in der Kohlenwasserstoffkette ein bis mehrere Doppelbindungen („Äthylenlücken") enthalten. *Ölsäure* ist die C_{16}-Verbindung mit einer Doppelbindung zwischen C_9 und C_{10} (Summenformel: $C_{18}H_{16}O_2$, Δ 9:10). Die Wasserstoffatome stehen auf einer Seite der Doppelbindung (cisständig). Die entsprechende trans-Verbindung, die im Unterschied zur Ölsäure fest ist, ist die *Elaidinsäure*. *Linol-* und *Linolensäure* sind zweifach- bzw. dreifach ungesättigte C_{18}-Fettsäuren. Die Verbindungen sind charakteristisch für sog. trocknende Pflanzenöle. Linolsäure ist eine „essentielle Fettsäure" (vgl. 9.6.).

Die **physikalischen Eigenschaften** der **Fettsäuren** beruhen auf dem Vorhandensein der nicht-polaren hydrophoben Kohlenwasserstoffkette und der polaren hydrophilen Carboxylgruppe. Fettsäuren auf eine wäßrige Oberfläche aufgebracht, werden zu einer monomolekularen Schicht gespreitet: die Carboxylgruppen bilden mit den Wassermolekülen Wasserstoffbrücken; die hydrophoben Kettenenden erheben sich senkrecht von der Oberfläche. Die C-C-Bindungen in den gesättigten Fettsäuren sind zick-zack-förmig angeordnet:

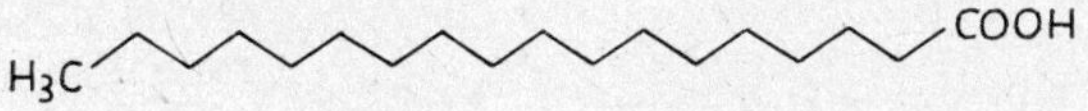

H_3C — COOH

Stearinsäure

Bei der trans-ständigen Elaidinsäure ist das Molekül gleichfalls gestreckt, im Unterschied zum „gebogenen" Molekül der Ölsäure:

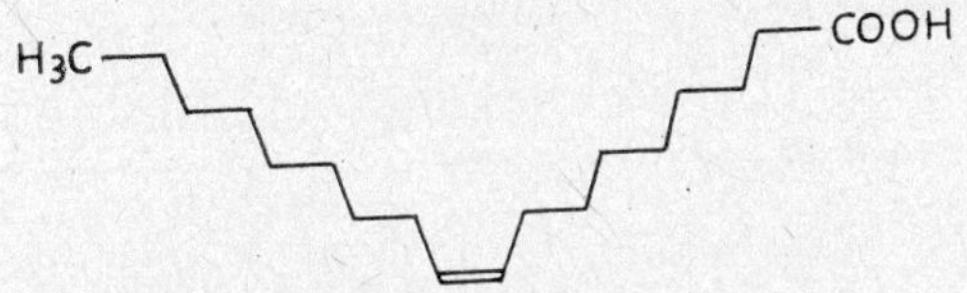

H_3C — COOH

Ölsäure

Die Zusammensetzung eines Fettes, die durch die Art der an der Triglyceridbildung beteiligten Fettsäuren entscheidend bestimmt wird (Tabelle 2.29.), ist für seine Eigenschaft als Nahrungsmittel bedeutsam. Fette mit einem größeren Gehalt an ungesättigten Fettsäuren sind im allgemeinen besser „bekömmlich" (verwertbar) als harte Fette. Aus praktischen Gründen werden Fette gehärtet (Margarineproduktion), indem katalytisch erregter Wasserstoff an die Doppelbindungen angelagert wird.

Wachse sind Ester langkettiger Fettsäuren mit primären, einwertigen Alkoholen von hohem Molekulargewicht (mit 16 und mehr C-Atomen). Wachse haben ähnliche Eigenschaften wie Paraffine. Natürliche Wachse sind heterogene Stoffgemische, die Kohlenwasserstoffe, freie Fettsäuren, Hydroxyfettsäuren und Sterinester enthalten können. Das Bauschema eines chemisch reinen Wachses stellt sich wie folgt dar:

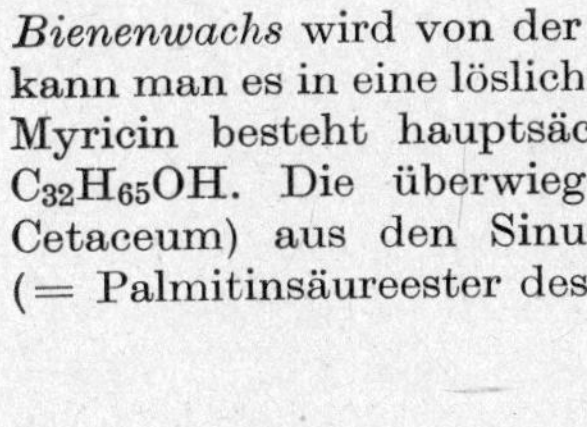

O
‖
—O—C

Bienenwachs wird von der Honigbiene (*Apis mellifica*) erzeugt. Mit heißem Alkohol kann man es in eine lösliche (= Cerin) und unlösliche (= Myricin) Fraktion trennen. Myricin besteht hauptsächlich aus dem Palmitinsäureester des Myricylalkohols $C_{32}H_{65}OH$. Die überwiegende Komponente von *Walrat* (offizinell: Spermaceti, Cetaceum) aus den Sinus der Schädelknochen des Pottwals ist Cetylpalmitat (= Palmitinsäureester des Cetylalkohols: $CH_3(CH_2)_{14}—\underset{\underset{O}{\|}}{C}—O—C_{16}H_{33}$.

Carnaubawachs (Produkt der Carnaubapalme, *Copernicia cerifera*) enthält u. a. den Cerotinsäureester des Myricylalkohols. Die reifartigen Überzüge auf manchen Früchten (z. B. Pflaume) sind Wachsausscheidungen.

Sterinester besitzen als Alkoholkomponente einen Steranabkömmling (*Steran* = Cyclopentanoperhydrophenanthren), der mit einer langkettigen Fettsäure verestert ist. In Säugetieren sind offensichtlich nur die Cholesterinester von Wichtigkeit, die z. B. im Blutplasma vorkommen und hier reich an Linolsäure sind.

Komplexe Lipoide umfassen sehr verschiedenartige Strukturen. Sie sind wichtige Membranbestandteile = **Strukturlipide.** Phosphorhaltige Lipoide werden als **Phospholipoide** oder **Phosphatide** bezeichnet. Die Klassifizierung komplexer Lipidsubstanzen trifft auf Schwierigkeiten, zumal ihre biochemische Analyse keinesfalls abgeschlossen ist. Zwei wichtige Substanzgruppen sind die

- **Glycerolipoide** = Glycerinphosphatatide = Derivate von Diglyceriden
- **Sphingolipoide** = Derivate von N-Acylsphingosin.

Die *Glycerolipoide* sind sämtlich phosphathaltig und als *Phosphatide* zu bezeichnen. Phosphatide sind auch die Sphingomyeline, die wir unter den Sphingolipoiden besprechen wollen (vgl. weiter unten).

Diglyceride besitzen die folgende allgemeine Struktur:

```
             CH2O—C—R
              |   ||
R'—C—O—C—H   O
    ||      |
    O      CH2OH
```

R und R′ sind Fettsäurereste, bei denen die C_{18}- und C_{16}-Verbindungen dominieren. Das C-2 von Glycerin ist asymmetrisch. Die aufgezeichnete allgemeine Strukturformel entspricht der Fischer-Projektion. Ist die restliche OH-Gruppe des Glycerins frei, liegt ein Diglycerid vor; sie ist mit Phosphorsäure verestert, haben wir *Phosphatidsäure* (= Phosphatidylsäure).

In den **Glycerolipoiden** (= Glycerinphosphatiden) liegt die Phosphorsäure in Diesterbindung vor, so daß sich folgende allgemeine Struktur ergibt:

```
             CH2O—C—R
              |   ||
R'—C—O—C—H   O
    ||      |
    O      CH2O—Ⓟ—R''
```

Die Verbindungen enthalten somit 2 Alkoholkomponenten: ein Diglycerid und eine 2. Alkoholkomponente R″. Diese ist ein N-haltiger Alkohol (eine Aminosäure wie Threonin, Serin oder Hydroxyprolin oder eine sich biogenetisch von Serin herleitende Base) oder Inosit (ein zyklischer 6wertiger Alkohol, vgl. 2.6.1.1.):

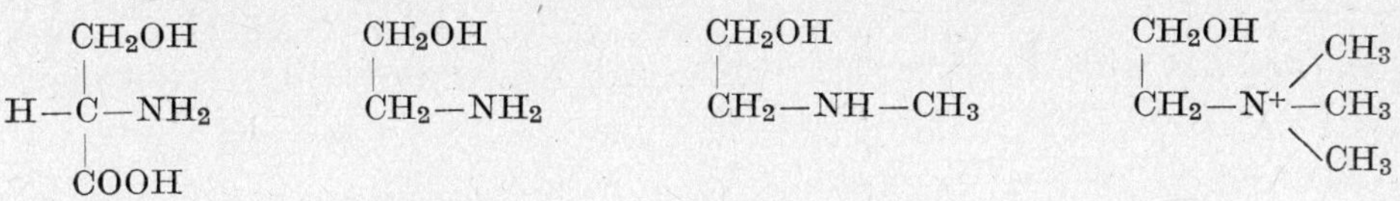

L-Serin	Äthanolamin (=Aminoäthanol, Colamin)	N-Monomethyl äthanolamin	Cholin
CH_2OH–$CH(NH_2)$–$COOH$	CH_2OH–CH_2–NH_2	CH_2OH–CH_2–NH–CH_3	CH_2OH–CH_2–$N^+(CH_3)_3$

Die biogenetische Verwandtschaft der aufgeführten Basen, die Bestandteile von Glycerolipoiden sind, ist unverkennbar. **Äthanolamin** ist die aus Serin durch Decarboxylierung hervorgehende Base (ein Amin). Schrittweise Methylierung führt über das Mono- und Dimethyl-Derivat zum „erschöpfend" methylierten Äthanolamin, dem Cholin. Die Verbindungen sind Glieder eines dem Abbau von Glycin dienenden „Aminoäthanol-Zyklus".

Phosphatidylcholine werden auch als **Lecithine**, **Phosphatidyläthanolamine** als **Kephaline** bezeichnet. Dem **Lecithin** kommt die folgende Struktur zu:

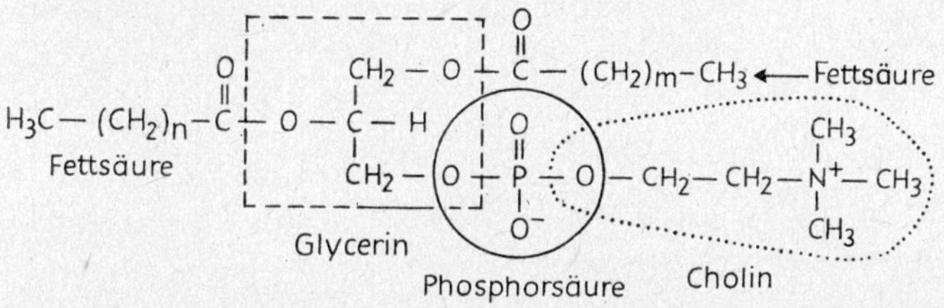

$$\begin{array}{l} CH_2-O-\overset{O}{\overset{\|}{C}}-(CH_2)_m-CH_3 \leftarrow \text{Fettsäure} \\ H_3C-(CH_2)_n-\overset{O}{\overset{\|}{C}}-O-CH-H \\ CH_2-O-\overset{O}{\overset{\|}{P}}(O^-)-O-CH_2-CH_2-N^+(CH_3)_3 \end{array}$$

Fettsäure — Glycerin — Phosphorsäure — Cholin

Zu den Glycerinphosphatiden werden auch die **Plasmalogene** gestellt, die für die sog. **Plasmalreaktion** (histochemische Aldehydreaktion im Zytoplasma) verantwortlich sind. Die Plasmalogene sind *Enoläther-Phosphatide*. Die zugrundeliegende Glycerinphosphorsäure trägt in Phosphodiesterbindung Glycerin und Colamin. Die sekundäre Alkoholgruppe ist mit einer ungesättigten Fettsäure verestert. Am C-Atom 1 von Glycerin befindet sich ein Fettaldehyd der C_{16}- oder C_{18}-Reihe, der als Enoläther (α, β-ungesättigter Äther) vorliegt. *Plasmalogene* haben demzufolge die allgemeine Struktur:

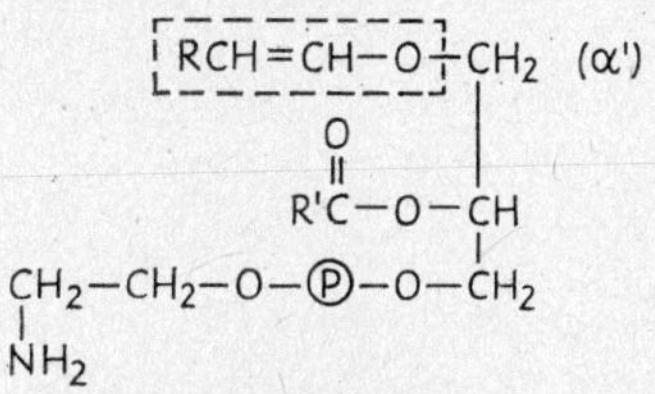

$$\begin{array}{l} RCH=CH-O-CH_2 \quad (\alpha') \\ R'\overset{O}{\overset{\|}{C}}-O-CH \\ CH_2-CH_2-O-Ⓟ-O-CH_2 \\ NH_2 \end{array}$$

Die **Sphingolipoide** sind *Derivate* des *N-Acylsphingosins*. Zu dieser Gruppe werden gestellt:

- die *Sphingomyeline* (mit P und N im Molekül im Verhältnis 1:2)
- die *Cerebroside* (ohne Phosphat, mit Cholin als 2. Alkoholkomponente neben Acylsphingosin)
- die *Sulfatide* (ohne P, mit einer Hexose als 2. Alkoholkomponente)
- die *Ganglioside* (ohne P, mit Hexosen, Hexosamin, N-Acetylgalactosamin und Neuraminsäure in dem kompliziert gebauten Molekül).

Sphingosin ist eine C_{18}-Verbindung mit einer trans-Doppelbindung, einer Aminogruppe und zwei Hydroxylgruppen von folgender Struktur:

$$\begin{array}{l} CH_3(CH_2)_{12}CH{=}CH\underset{\displaystyle OH}{\underset{|}{C}}H{-}\underset{\displaystyle NH_2}{\underset{|}{C}}H{-}CH_2OH \end{array} \text{ (vereinfacht)}$$

N-Acylsphingosine sehen folgendermaßen aus (der Rest R ist eine gesättigte oder ungesättigte Fettsäure mit gewöhnlich 24 C-Atomen, z. B. die Lignocerinsäure $CH_3(CH_2)_{22}COOH$):

$$\begin{array}{rcl} & & H \\ & & | \\ CH_3(CH_2)_{12}CH{=}CH{-} & & C{-}OH \\ & & | \\ R{-}\underset{\displaystyle O}{\underset{\|}{C}}{-}\underset{\displaystyle H}{\underset{|}{N}}{-} & & C{-}H \\ & & | \\ & & CH_2OH \leftarrow \text{Substitution!} \end{array}$$

Bei der gewählten Schreibweise ist die Ähnlichkeit der N-Acylsphingosine und der Diglyceride unverkennbar. Die sich von N-Acylsphingosin ableitenden Sphingolipoide ähneln somit den Glycerolipoiden.

Sphingomyeline sind nach folgendem Bauschema gestaltet:

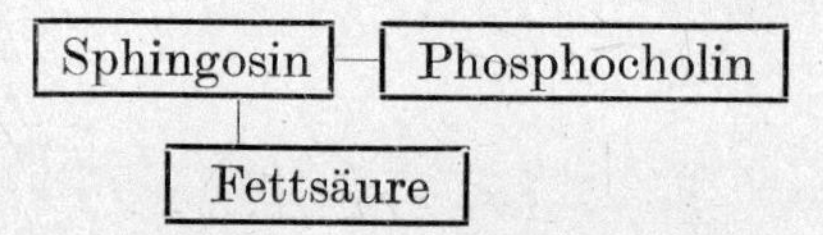

Der Aufbau von **Cerebrosiden** und **Gangliosiden** läßt sich wie folgt skizzieren:

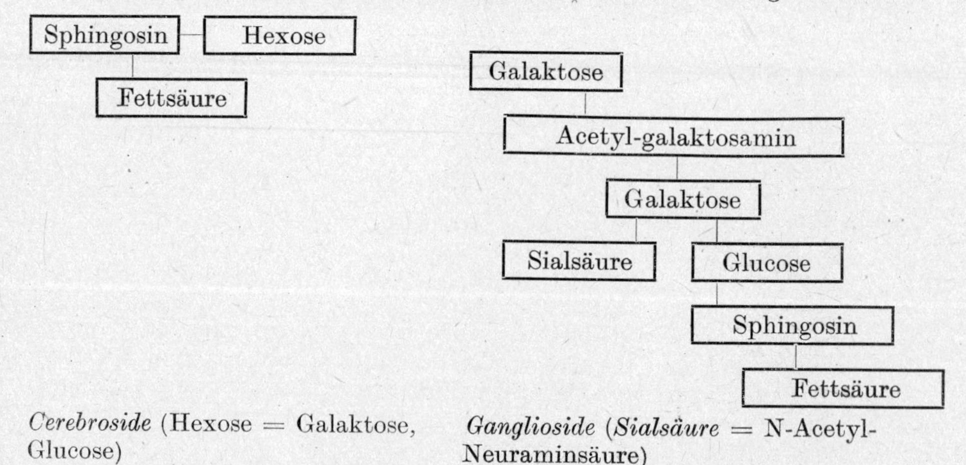

Cerebroside (Hexose = Galaktose, Glucose) *Ganglioside* (*Sialsäure* = N-Acetyl-Neuraminsäure)

Die Verbindung von Sphingosin und Fettsäure wird als *Ceramid* bezeichnet. Diese Säureamide kommen in geringer Menge vor. Die Cerebroside und die Ganglioside werden zu der großen Stoffgruppe der *Glykolipide* gestellt, die der weiteren biochemischen Analyse bedürfen. Diese phosphatfreien Verbindungen trifft man vergesellschaftet mit Phosphatiden an. Cerebroside, die mit Sulfat verestert sind (am C-3 der Hexose), bezeichnet man als *Sulfatide*. Kennzeichnend für die Ganglioside ist *N-Acetyl-* oder *N-Glykol-neuraminsäure*, die von aktuellem Interesse ist, da ein „rezeptorzerstörendes Enzym" von *Vibrio cholerae* auf Neuraminsäure als „Virusrezeptor der Zellmembran" wirkt. *Neuraminsäure* findet man auch in einigen Glykoproteinen und in Blutgruppensubstanzen. Die Verbindung kann man als Kondensationsprodukt von Mannosamin und Pyruvat auffassen.

Für die Mitochondrien (vgl. 6.3.3.1.) ist der hohe Gehalt an **Cardiolipin** (Polyglycerinphosphatid) charakteristisch:

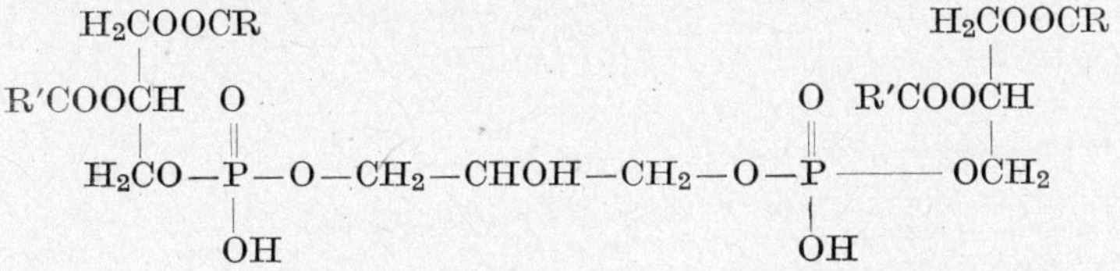

```
   H2COOCR                                          H2COOCR
      |                                                |
R'COOCH  O                                  O  R'COOCH
      |  ||                                 ||         |
   H2CO—P—O—CH2—CHOH—CH2—O—P———————OCH2
         |                                   |
         OH                                  OH
```

Mehr als 80% des Fettsäureanteiles von Cardiolipin besteht aus Linolsäure.

2.6.2.1. Isoprenoidlipide (Terpene und Steroide)

Zur Acetat-Familie der Naturstoffe (vgl. 3.5.) zählen die **Isoprenoide** (= **Terpenoide**). Sie werden auf der biosynthetischen Sequenz der Isoprenoidsynthese via Mevalonsäure und Isopentenylpyrophosphat aufgebaut (vgl. 10.2.3.3.). Isoprenoide sind Isopren-Derivate, die als chemischen Grundbaustein *Isopren* (= 2-Methylbutadien) enthalten. Isopren selbst ist kein Naturstoff. Der natürliche Isoprenbaustein bzw. das „biologische Isopren" ist das *Isopentenylpyrophosphat* (mit „Prenylrest"). Im Falle der Steroide erfolgen bei der Synthese Methylverschiebungen und oxydative Abspaltungen von Methylgruppen.

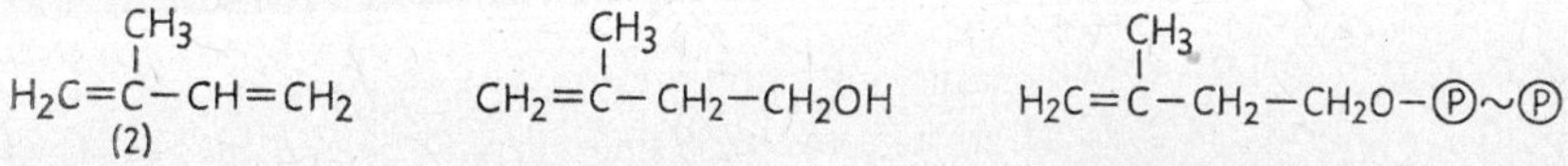

```
      CH3                    CH3                        CH3
      |                      |                          |
H2C=C—CH=CH2          CH2=C—CH2—CH2OH          H2C=C—CH2—CH2O—Ⓟ~Ⓟ
     (2)
Isopren               Isopentenol              Isopentenylpyrophosphat
```

(Isopentenyl-PP ist der Pyrophosphorsäureester von Isopentenol).

Die **Terpene** umfassen chemisch sehr verschiedenartige Stoffklassen und Vertreter. *Mono-*, *Sesqui-* und *Diterpene* sind wichtige Bestandteile von ätherischen Ölen, Harzen und Balsamen (Bezeichnung „Terpen" nach dem Vorkommen in Terpentinöl). Ein *Triterpen* ist das *Squalen*, das eine wichtige Durchgangsstufe der Steroidbiogenese ist. *Tetraterpene* sind die *Carotinoide* (Carotine und Xanthophylle, Blatt- und Fruchtpigmente) (Abb. 2.4.). Das wichtigste *Polyterpen* ist der *Naturkautschuk* (vgl. Tabelle 2.30.) Stoffe mit *isoprenoiden Seitenketten* sind die Ubichinone (Coenzyme Q), Plastochinon, Phyllochinon und Tocopherol (Stoffe von Coenzym- und Vitamincharakter.)

Steroide lassen sich von Triterpenen ableiten. Schlüsselverbindung der Steroidbiogenese ist das **Cholesterin** (Δ^5-Cholesten-3β-ol), ein *Sterin* (Sterol), das sich formal chemisch vom Cholestin ableitet (vgl. 2.3.4.2.). Steroiden (Steranabkömmlingen) liegt das Sterangerüst zugrunde: *Steran* = Cyclopentanoper-

Tabelle 2.30. Klassen der Terpene

Klasse	Zahl der C-Atome	Zahl der Isopreneinheiten	Vertreter
Hemiterpene	5	1	Dimethylacrylsäure
Monoterpene	10	2	Geraniol (azyklisch) Carvon (monozyklisch)
Sesquiterpene	15	3	Farnesol (azyklisch) Nerolidol (azyklisch) Bisabolen (monozyklisch)
Diterpene	20	4	Phytol Vitamin A Harzsäuren (z. B. Abietinsäure) Gibberelline
Triterpene	30	6	Squalen Betulin (Birkenrinde)
Tetraterpene	40	8	Carotinoide
Polyterpene	5n	n	Kautschuk, Balata, Guttapercha

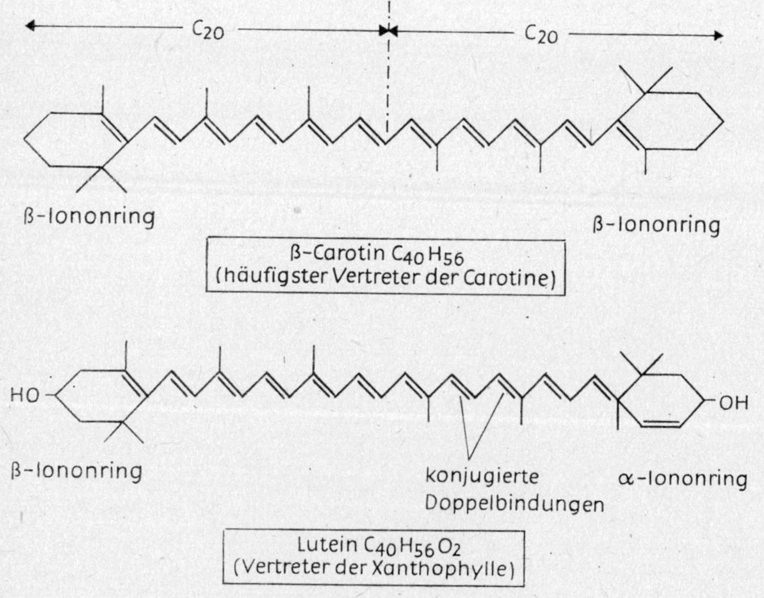

Abb. 2.4. Carotinoide: β-Carotin und Xanthophyll.

hydrophenanthren. Sie werden biologisch aus Squalen durch Zyklisierung gebildet (vgl. 10.2.3.3.).

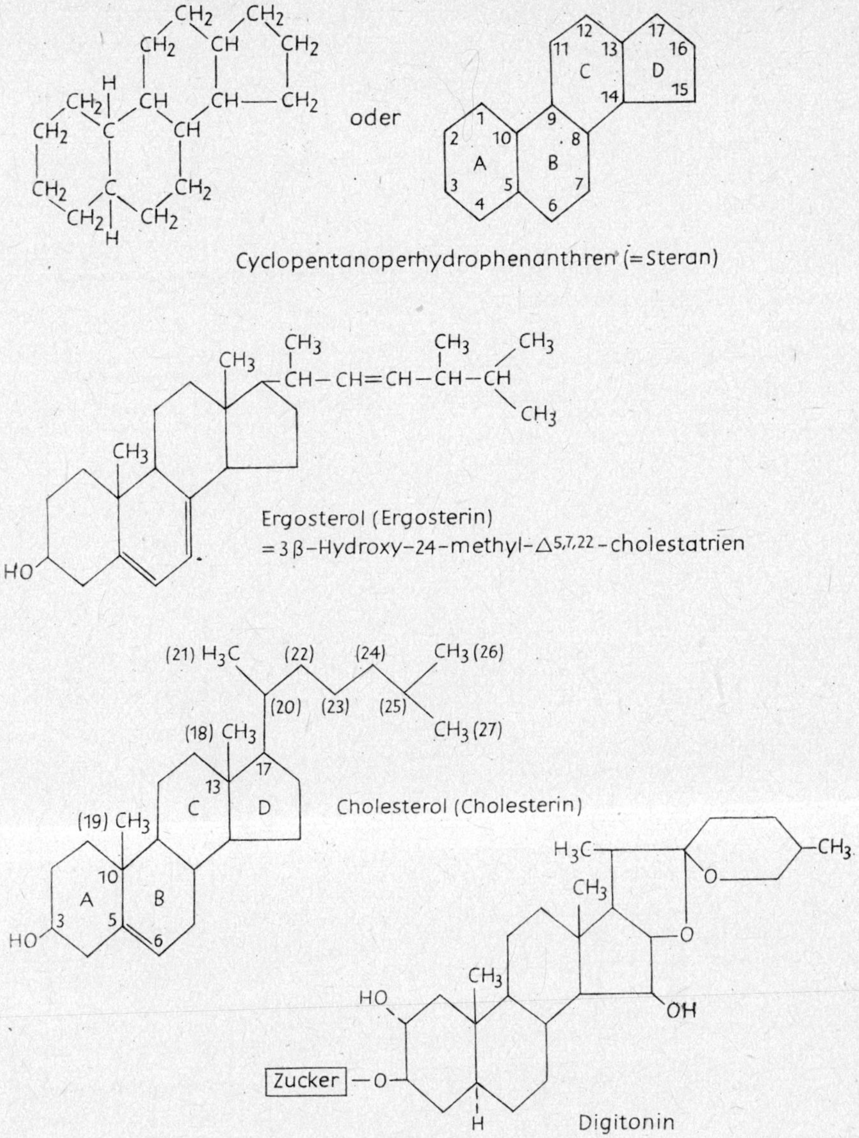
oder
Cyclopentanoperhydrophenanthren (=Steran)
Ergosterol (Ergosterin)
=3β-Hydroxy-24-methyl-Δ5,7,22-cholestatrien
Cholesterol (Cholesterin)
Zucker
Digitonin

Abb. 2.5. Steran und Vertreter der Steroide.

Wichtige Steroidgruppen (vgl. Abb. 2.5.) sind in der Tabelle 2.31. aufgeführt.

Tabelle 2.31. Klassifikation der Steroide

Klasse	Zahl der C-Atome	Vertreter
Sterine (Sterole)	$C_{27}H_{46}O$	Cholesterin
	$C_{28}H_{44}O$	Ergosterin
Gallensäuren	$C_{24}H_{40}O_5$	Cholsäure, Desoxycholsäure, Cholansäure
Vitamine		Vitamin D
Hormone		
Sexualhormone	C_{18}	Östrogene
	C_{19}	Androgene (Androsteron, Testosteron)
	C_{21}	Progesteron (Corpus luteum)
Nebennieren-Hormone	C_{21}	Cortexon, Cortisol
Steroidglykoside		
Saponine (= oberflächenaktive Stoffe mit hämolytischer Aktivität[1])		Digitogenin (Aglykon), Glykosid = Digitonin (*Digitalis*-Samen), Zuckerpaarling = Pentasaccharid
„*Digitaloide*“ (Herzglykoside) (= herzwirksame Stoffe)[2]		Cardenolide mit C_{23}-Genin (= Glykoside vom *Digitalis-Strophanthus*-Typ, mit fünfgliedrigem Lactonring am C-Atom 17) Bufadienolide mit C_{24}-Genin (= Glykoside vom *Scilla*-Typ, mit sechsgliedrigem Lactonring am C-Atom 17) Zuckerpaarlinge der *Digitalis*-Glykoside: Mono-, Di-, Tri- und Tetrasaccharide, z. T. mit Desoxyzuckern
Steroidalkaloide[3]		
	C_{21}-Pregnanreihe	
	C_{27}-Cholestanreihe	Solanin (Solanaceae), Steroidanteil = Solanidin; Zuckerpaarling: Trisaccharid aus Glucose, Galaktose und Rhamnose

[1]) *Saponine* bilden stark schäumende Lösungen (Schaumprobe, Fischfang durch Hervorrufung von O_2-Mangel an den Kiemen). Die hämolytische Wirksamkeit (Erythrozytenzerstörung) beruht auf der Bildung schwer löslicher Additionsverbindungen mit 3β-Hydroxysteroiden (z. B. Cholesterin).

[2]) Als „*Digitaloide*“ werden eigentlich die **nicht** in *Digitalis*-Arten vorkommenden **Herzglykoside** bezeichnet. In *Digitalis purpurea* (Roter Fingerhut) und *D. lanata* kommen 4 Genine und 14 Zucker in verschiedenen Kombinationen vor. *Digitalis-Therapie*: in therapeutischer Dosis → kräftigere Systole und damit bessere Füllung des Herzens in der Diastole (Erhöhung des Schlagvolumens bei konstantem O_2-Verbrauch und erhöhter Nutzeffekt). Verlangsamung der Reizleitung und Erweiterung der Coronargefäße besonders durch *Strophanthin* (*Strophanthus*-Arten, Apocynaceae; altes afrikanisches Pfeilgift!). Wichtig für die spezifische *Herzwirksamkeit* sind: die β-ständigen Hydroxyle an C-14 und C-3, die Verknüpfung der Ringe A/B in cis-, B/C in trans- und C/D in cis-Stellung.

[3]) Heute sind etwa 100 *Steroidalkaloide* bekannt. Die N-haltigen Steroidalkaloide (in 4 Pflanzenfamilien, besonders in Solanaceae, Nachtschattengewächse) sind sog. *Pseudoalkaloide* oder Alcaloida imperfecta. Tierischen Ursprungs sind die Salaman-

der- und Krötengifte wie Samandarin u. a. sowie Batrachotoxin (Gift des kolumbianischen Pfeilgiftfrosches *Phyllobates aurotaenia*).

Zu den **Polyterpenen** zählen **Kautschuk** („Naturgummi"), Guttapercha (aus *Palaquium gutta*, einer Sapotacee), Balata (aur *Mimusops balata*, Sapotaceae) und die am Aufbau von Sporen- und Pollenwandungen beteiligten, extrem beständigen **Sporopollenine.** In wirtschaftlicher Hinsicht ist **Kautschuk** das wichtigste Polyterpen.

Bedeutendster Kautschuklieferant ist der Kautschukbaum *Hevea brasiliensis* (Euphorbiaceae/Tricoccae). Er ist im Amazonasgebiet beheimatet und wird vorwiegend in Hinterindien und Indonesien angebaut. Noch heute wird etwa die Hälfte des technisch verwendeten Gummis aus Naturkautschuk gewonnen. Die Jahresweltproduktion an natürlichem Kautschuk betrug (n. TEUSCHER) 1964 ca. 2 Millionen Tonnen. Kautschuk ist elastisch deformierbar, löslich in Chloroform, Benzol u. a. organischen Lösungsmitteln. Seine Härtung erfolgt durch Vulkanisation, wobei die Fadenmoleküle des Kautschuks durch Schwefelatome vernetzt werden. Schwefelfreier Kautschuk wird als *Parakautschuk* bezeichnet. Er dient zur Herstellung von Heftpflastern. *Kaugummi* ist der eingedickte Milchsaft des Sapotillbaumes, *Achras sapota* (Sapotaceae). Aus etwa 500 Pflanzenarten kann Kautschuk gewonnen werden. Technisch genutzte Kautschukpflanzen sind auch die Moraceen *Castilloa elastica* und *Ficus elasticus*, die Euphorbiacee *Manihot glazovii* und die Asteracee *Parthenium argentatum* (strauchförmiger Wuchs). In der Sowjetunion spielt *Taraxacum kok saghyz* (Asteraceae, Kraut) eine Rolle als Kautschuklieferant. Im System der Pflanzen ist Kautschukbildung erst bei Dicotyledonen verbreitet. Sie ist an die Ausbildung von Milchsaft gebunden, der bereits bei bestimmten Pilzen (Milchlingen, Agaricaceae) vorkommt.

Milchsaft (Latex) tritt in gegliederten und ungegliederten Milchröhren auf und ist ein Gemisch von Vakuolensaft und Zytoplasma. Die „weiße Farbe" kommt durch Lichtdispersion an den Latexpartikeln zustande, die einen Durchmesser bis zu 3 µm haben, zum überwiegenden Teil aus Kautschuk bestehen und in einer wäßrigen Lösung suspendiert sind. Latex enthält lösliche Enzyme, Ribosomen, Mitochondrien und verschiedene niedermolekulare Inhaltsstoffe. Je nach Herkunft bestehen erhebliche Unterschiede in der Zusammensetzung. Beispiele für Sekundärstoffe von Exkretcharakter in Milchsäften sind:

- Alkaloide im Milchsaft von *Papaver* und *Chelidonium*
- Nichteiweißaminosäuren, wie z. B. Dihydroxyphenylalanin (DOPA), in Milchsäften von Euphorbiaceen.

Die fertigen **Kautschukmoleküle** sind unterschiedlich groß und bestehen aus etwa 50 bis mehr als 5000 Isoprenresten, die *cis*-ständig angeordnet sind. *Isopentenylpyrophosphat* wird in der Latexflüssigkeit gebildet. Seine **Polymerisation** erfolgt weitgehend an der Oberfläche bereits vorhandener Kautschukpartikeln. Das betreffende Enzym befindet sich an der Grenzfläche zwischen Partikeln und wäßriger Phase. Neusynthese setzt eine Umlagerung von Isopentenylpyrophosphat zu Dimethylallylpyrophosphat voraus, das als *Starter* (vgl. 10.2.3.3.) dient. Kautschuksynthese gelingt auch im *isolierten Milchsaft* (in-vitro-Bildung). Einen Ausschnitt aus einem Fadenmolekül von Kautschuk zeigt die Formel:

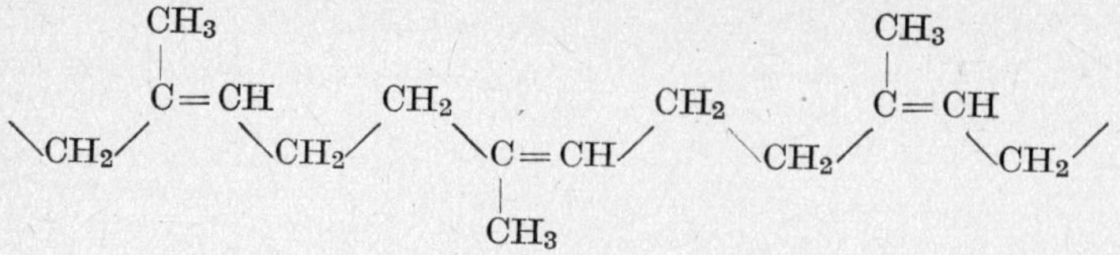

cis (Kautschuk)

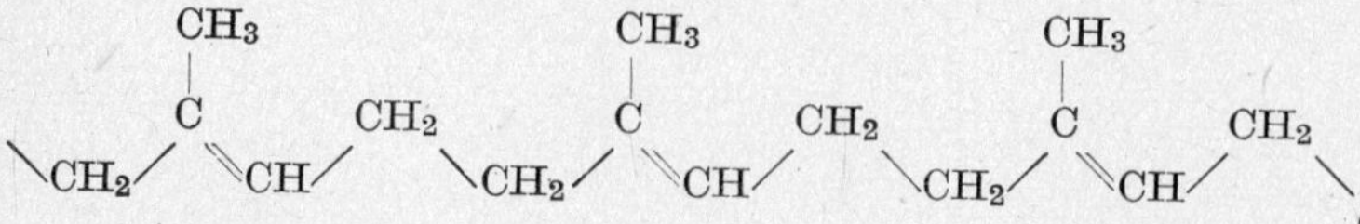

trans (Guttapercha)

2.6.3. Aromaten

Aromatische Strukturen kommen im Grund- und Sekundärstoffwechsel vor und treten quantitativ besonders im pflanzlichen Exkretionsstoffwechsel hervor. Aromatische Verbindungen zeigen in Pflanzen eine hohe strukturelle Vielfalt: neben einfachen Benzolabkömmlingen (wie z. B. Phenolen) kommen Naphthalin- und Anthracenderivate vor. Manche Aromaten und ihre Abkömmlinge treten ausgesprochen massenhaft in Pflanzen auf. Das gilt in einem besonderen Maße für die Zellwandinkruste Lignin (vgl. 10.5.1.). Wichtige Aromaten zeigt die Abbildung 2.6.

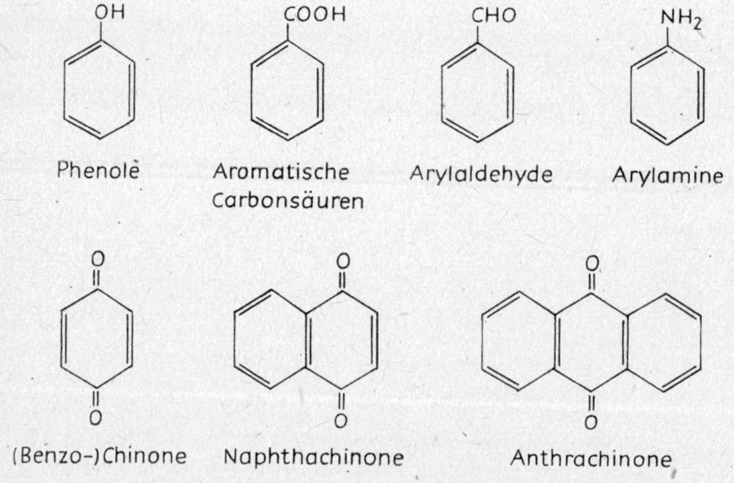

Phenole — Aromatische Carbonsäuren — Arylaldehyde — Arylamine

(Benzo-)Chinone — Naphthachinone — Anthrachinone

Abb. 2.6. Aromaten (Beispiele).

Phenole sind den Enolen verwandt. Das phenolische Hydroxyl steht an einer Doppelbindung des aromatischen Kerns und ist in das mesomere aromatische System einbezogen. Zur Dehydrogenierung von Phenolen vgl. 11.1. (Bildung der chinoiden Struktur). Von biologischer Bedeutung sind insbesondere die sog. **Phenylpropane**, die durch ein einheitliches Strukturprinzip ausgezeichnet sind und nach dem Shikimisäure-Konzept der Aromatisierung gebildet werden (vgl. 10.5.). Der Phenylpropan-Baustein besteht aus dem aromatischen Kern und einer angehängten aliphatischen Seitenkette aus 3 C-Atomen: C_6-C_3-Körper. In der Tabelle 2.32. sind die wichtigsten Naturstoffgruppen aufgeführt, die nach dem Phenylpropan-Prinzip aufgebaut sind.

Tabelle 2.32. Biomoleküle mit der Phenylpropan-Grundstruktur

Verbindungsgruppe	Bauprinzip	Vertreter
Monomere Phenylpropane	C_6-C_3	Phenylalanin, Tyrosin; Zimtsäure und Derivate; primäre Ligninbausteine (Coniferylalkohol u. a.); Cumarine (Cumarin = Lakton der Cumarinsäure = *cis*-ortho-Hydroxyzimtsäure); Kaffeesäure (3,4-Dihydroxyzimtsäure)
Dimere Phenylpropane	$(C_6$-$C_3)_2$	sekundäre Ligninbausteine; Lignane (z. B. Pinoresinol)
Polymere Phenylpropane	$(C_6$-$C_3)_n$	Lignin(e)
Flavonoide (= Flavanderivate)	C_6-C_3-C_6	Anthocyanidine; Flavone, Flavonole, Flavanone; Aurone; Chalkone u. a.

Die *primären Ligninbausteine*, die Cumarine u. a. Aromaten kann man als **Zimtsäurederivate** auffassen:

CH=CH−COOH — Zimtsäure

CH=CH−COOH, 4-OH — p-Hydroxyzimtsäure (p-Cumarsäure)

$CH=CH-CH_2OH$, 4-OH — p-Hydroxyzimtalkohol (p-Cumaralkohol)

CH=CH−COOH, 3-OH, 4-OH — 3,4-Dihydroxyzimtsäure (Kaffeesäure)

Die primären Ligninbausteine sind Abkömmlinge des p-Hydroxyzimtalkohols bzw. dieser selbst: *Coniferylalkohol* ist in Stellung 3 mit einer Methoxylgruppe substituiert, *Sinapinalkohol* unterscheidet sich vom p-Cumaralkohol durch Methoxylgruppen in Position 3 und 5. Zur Chemie und Biochemie von Lignin vgl. Abschnitt 10.5.1.

Anthocyanidine sind die *Aglykone* der *Anthocyanine* (früher: Anthocyane). Anthocyanine sind im Pflanzenreich als Blüten- und Fruchtpigmente von Samenpflanzen (Spermatophyta) Träger roter, violetter und blauer Färbungen. Diese zellsaftlöslichen Pigmente sind ihrer chemischen Natur nach *Glykoside von Flavonoiden* (Flavanderivaten). **Flavonoiden** liegt das **Flavanskelett** zugrunde:

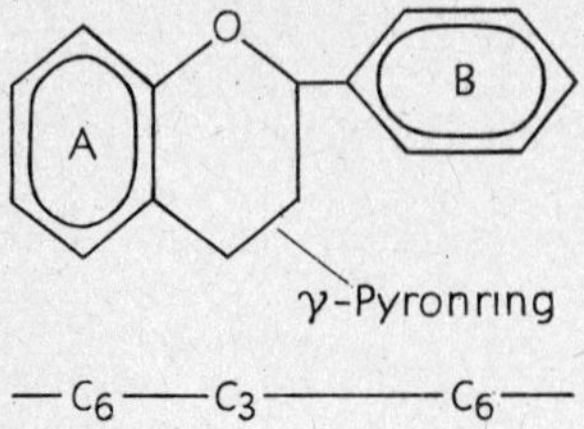

O A B

γ-Pyronring

$—C_6—C_3—C_6—$

Die beiden aromatischen Ringe (A und B) sind über eine aliphatische Kette aus drei C-Atomen verknüpft, wobei unter Bildung des γ-Pyronringes Zyklisierung über Sauerstoff erfolgt. Die verschiedenen Flavonoide unterscheiden sich durch den unterschiedlichen Oxydationsgrad der C-3-Kette, durch unterschiedliche Methylierungs- oder Methoxylierungs-Muster. Die **Anthocyanidine** sind *Flavylium-Derivate,* die in den Anthocyaninen mit Mono- oder Disacchariden glykosidisch verbunden sind. Als „*Flavylium*" wird die *2-Phenyl-Benzopyrilium-Struktur* bezeichnet:

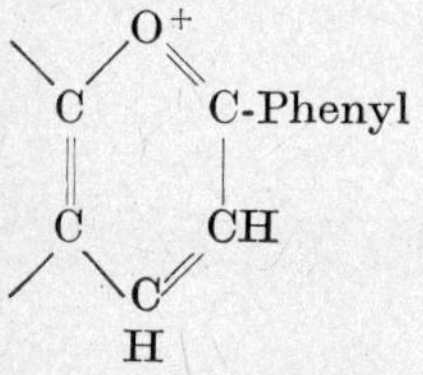

O^+ C C-Phenyl C CH C H

Die Benzopyriliumbase wird als Onium-Verbindung formuliert. Flavyliumverbindungen sind amphoter. Analog den Phenolaten bilden sie mit Metallionen Salze, die intensiv gefärbt sind. Die Anthoacynine liegen im Zellsaft als Salze organischer Säuren (Malate, Citrate u. a.) vor. Cyanidin liegt in der Kornblume als blaues Kaliumsalz, in der roten Rose als Oxoniumsalz vor. Für die natürlichen Farbtönungen sind mehrere Faktoren ausschlaggebend (u. a. die Acidität des Zellsaftes). Die orangefarbenen und tiefroten Färbungen mancher Blüten und Früchte sind an lipophile Carotinoide gebunden.

Chinone sind als Benzo-, Naphtho- und Anthrachinone in der Natur weit verbreitet. *Benzochinone* spielen eine wichtige Rolle im Energiestoffwechsel (vgl. 11.1. und 10.3.2.) (Ubichinon, Plastochinon, mit isoprenoider Seitenkette!) *Naphthochinone* (Naphthalinderivate, 2 kondensierte Benzolringe) sind Farbstoffe (im Holz tropischer Bäume wie *Tecoma radicans,* rote Pigmente von *Drosera*-Arten). *Anthrachinone* (Anthracenderivate, 3 kondensierte Benzolringe) bilden die zahlenmäßig größte Gruppe unter den chinoiden Naturstoffen. Hierzu gehört z. B. das Alizarin der „Krappwurzel" (Rhizom von *Rubia tinctorum*), das in der Pflanze als Glykosid (mit dem Disaccharid Primverose = Glucose + D-Xylose) vorliegt, die Cochenille-Farbstoffe (aus Schildläusen) und die Emodine (Abführmittel aus *Rheum*-Rhizom, *Aloe-* und Sennesblättern).

2.6.4. Die Proteine, ihre Bausteine und deren Derivate

Proteine sind Biopolymere (Biomakromoleküle), die aus Aminosäuren aufgebaut sind, die nach dem Peptidprinzip miteinander verknüpft sind. Am Proteinaufbau sind in der Regel dieselben 20 Grundbausteine (Eiweißaminosäuren) beteiligt. Die durch die Aminosäuresequenz (die genetisch determiniert ist) gegebene eindimensionale Information führt zu dreidimensionaler Gestalt und zu biologischer Spezifität. Proteine sind die Träger biologischer Funktion (vgl. 2.6.4.).

Die **Eiweißhydrolyse** (chemisch oder enzymatisch) liefert das Bausteingemisch der Aminosäuren. Zahlreiche Proteine ergeben bei ihrer Hydrolyse nicht-eiweißartige Produkte, die jedoch nicht Bestandteil der Proteinstruktur sind (obwohl sie die Konformation nativer Proteine beeinflussen). In diesen Fällen liegen zusammengesetzte Proteine, sog. Proteide, vor (Glykoproteide, Lipoproteide, Flavoproteide, Metalloproteide u. a.). Bei schonender enzymatischer Totalhydrolyse von (einfachen) Proteinen resultieren in der Regel 20 Aminosäuren. Bei saurer Hydrolyse (Erhitzen von Protein mit 6 N HCl während 20 Stunden unter Rückfluß, im evakuierten Rohr oder in zugeschmolzenen Glasröhrchen) erhält man weniger als 20 Proteinbausteine, da die Säureamide hydrolysiert werden und Tryptophan zerstört wird.

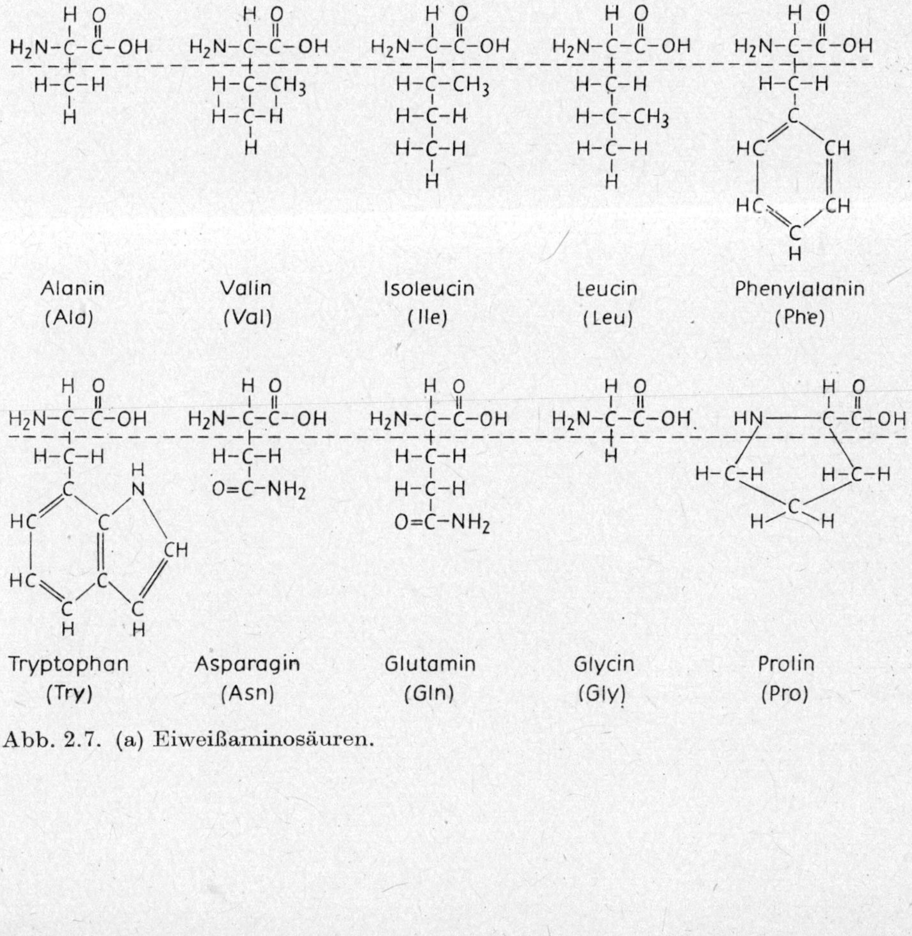

Alanin (Ala) | Valin (Val) | Isoleucin (Ile) | Leucin (Leu) | Phenylalanin (Phe)

Tryptophan (Try) | Asparagin (Asn) | Glutamin (Gln) | Glycin (Gly) | Prolin (Pro)

Abb. 2.7. (a) Eiweißaminosäuren.

2.6.4.1. Eiweißaminosäuren

Die am Proteinaufbau beteiligten Aminosäuren nennt man **Eiweißaminosäuren** oder **proteinogene Aminosäuren.** Ihre Strukturformeln, Bezeichnungen und die für sie verwendeten Abkürzungen enthält die Abb. 2.7. 18 der 20 Eiweißaminosäuren sind α-Aminosäuren. Prolin und Hydroxyprolin sind sekundäre Amine (früher: Iminosäuren). Sie tragen den Aminostickstoff in einem Heterozyklus (Prolin = α-Pyrrolidincarbonsäure). Proteine enthalten L-Aminosäuren. Manche Peptide tragen auch D-Aminosäuren oder von den üblichen Eiweißaminosäuren verschiedene „ungewöhnliche" Bausteine. Proteinogene Aminosäuren kommen auch im löslichen N-Pool der Zelle vor, nämlich als Vorstufen der Proteinsynthese oder als Produkte der enzymatischen Proteinhydrolyse.

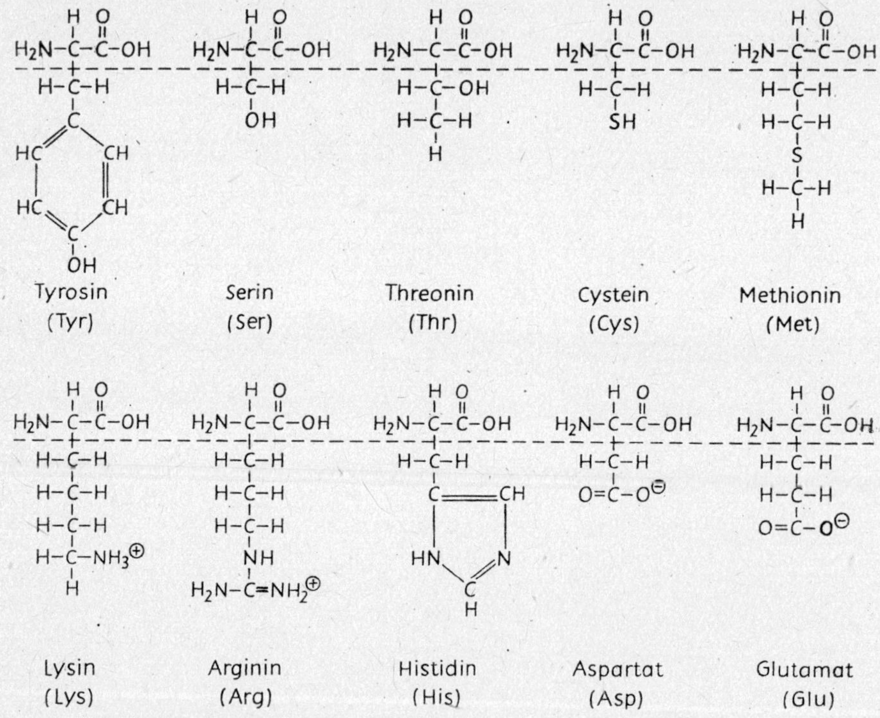

Tyrosin (Tyr) Serin (Ser) Threonin (Thr) Cystein (Cys) Methionin (Met)

Lysin (Lys) Arginin (Arg) Histidin (His) Aspartat (Asp) Glutamat (Glu)

Abb. 2.7. (b) Eiweißaminosäuren

Der „lösliche N-Pool" der Zelle (eine Abstraktion, da in der kompartimentierten Zelle mehrere verschieden große, miteinander mischbare oder nicht mischbare und mit dem Milieu sich austauschende oder nicht austauschende Pools einundderselben Verbindung oder einer Gruppe von Verbindungen vorkommen) wird methodisch mit der Fraktion des „löslichen Stickstoffs" erfaßt. Die in ihm enthaltenen Stickstoffverbindungen (Aminosäuren, Purine, Pyrimidine, Nucleotide u. a., evtl. sekundäre N-Verbindungen, aber auch Peptide und lösliche Proteine) können mit geeigneten Extraktionsmitteln (z. B. bei 5%iger Trichloressigsäure) extrahiert werden. Dabei darf keine Fällung löslicher und keine Hydrolyse strukturgebundener (unlöslicher)

N-Verbindungen erfolgen. Die in dem löslichen N-Pool vorhandenen Aminosäuren gehören 3 Gruppen von Verbindungen im Hinblick auf ihre Stoffwechselfunktion an:

- Eiweißaminosäuren
- Nicht-Eiweißaminosäuren (nicht-proteinogene Aminosäuren)
- Aminosäuren, die Zwischenstufen der Synthese oder des Abbaues proteinogener Aminosäuren sind. Natürlich sind auch diese in einem gewissen Sinne „proteinogen", aber nicht am „Eiweißaufbau", d. h. am Aufbau der Proteinstruktur, beteiligt.

Nicht-Eiweißaminosäuren kommen im Pool des löslichen Stickstoffs in wechselnder, speziesabhängiger Zahl und Menge vor (vgl. 2.6.4.2.).

Aminosäuren besitzen **zwei** charakteristische **funktionelle Gruppen:**

- die **Aminogruppe** —NH_2
- die **Carbonsäuregruppe** —COOH.

Weitere basische Gruppen (Guanidinogruppe, basischer Ringstickstoff) sind in einigen Aminosäuren vorhanden.

Mit Ausnahme von Prolin und Hydroxyprolin (letzteres besonders in Kollagen und verwandten Bindegewebsproteinen) sind alle Eiweißaminosäuren α-Aminosäuren: Amino- und Carboxylfunktion sind an einunddasselbe Kohlenstoffatom gebunden. Die Aminogruppe befindet sich in ihnen in der α-Stellung zur Carbonsäuregruppe. Sie weisen (mit Ausnahme von Glycin, kein asymmetrisches C-Atom) L-Konfiguration auf. Vorzeichen und Größe der Drehung des polarisierten Lichtstrahles hängen von der Natur der Liganden und vom pH-Wert der Lösung ab, sind jedoch unabhängig von der sterischen Konfiguration. Natürlich vorkommende Aminosäuren können mehr als ein asymmetrisches C-Atom enthalten (z. B. threo- und erythro-Form von L- und D-Threonin). D-Aminosäuren (nicht-proteinogen, aber peptidbildend) kommen in der Natur in Peptidantibiotika, Peptidalkaloiden und anderen Peptiden, aber auch in der bakteriellen Zellwand vor.

Die allgemeine Strukturformel einer *α-Aminosäure* ist wie folgt zu schreiben:

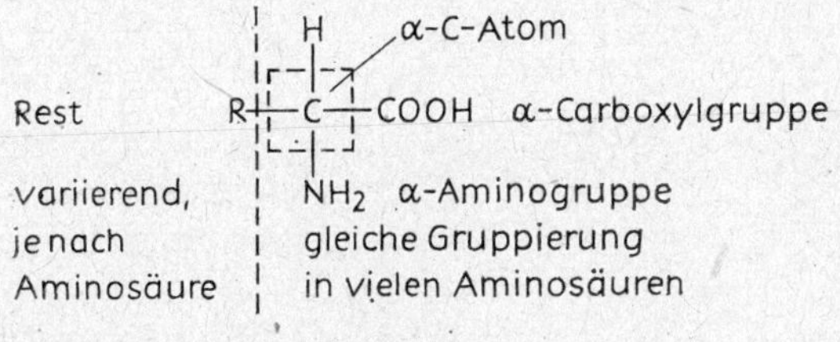

An dem α-C-Atom befindet sich eine primäre Aminogruppe. Das Vorhandensein zweier funktioneller Gruppen am α-Kohlenstoff bedingt den „Doppelcharakter" der Aminosäuren, die als Säure und als Base reagieren können. Aminosäuren sind demzufolge *amphoter*; ihre Lösungen bilden *Ampholyte.* Mit Ausnahme von Glycin (= Glykokoll, α-Aminoessigsäure), wo R = H ist, ist der Rest R ein kohlenstoffhaltiger aliphatischer, aromatischer oder heterocyclischer Molekülrest, der in verschiedener Weise substituiert sein kann.

Die in der allgemeinen Strukturformel der Aminosäuren angegebene neutrale Form existiert nicht. Die eigentlich stabile Form dieser Moleküle ist die sog. **Zwitterionen-Form:**

$$R-\overset{\displaystyle H}{\underset{\displaystyle NH_3^+}{\overset{|}{\underset{|}{C}}}}-COO^-$$

Sie liegt in wäßriger Lösung, aber auch bereits im Kristall vor. In der ionisierten Form liegt eine Aminosäure in Lösung entweder als Zwitterion, Kation oder Anion vor. In wäßriger Lösung, wo wir das Verhalten einer Masse von Molekülen erfassen, existieren Aminosäuren in einem bestimmten mittleren pH-Bereich als *Zwitterion*, d. h. in nach außen elektrisch neutraler Form, neben wenig, aber genau gleich viel Kationen und Anionen. Ein einzelnes Aminosäuremolekül kann natürlich nur in einer dieser drei geladenen Formen bestehen. Im Zwitterion ist das von der Carbonsäuregruppe abdissoziierte H^+-Ion zur Aminogruppe gewandert, deren Protonensog zur Ausbildung eines positiv geladenen Ammoniumions führt.

Da das Ionisations- und Dissoziationsverhalten von Aminosäuren gewissermaßen ein vereinfachtes Modell des Ladungsverhaltens von Proteinen darstellt, ist es wichtig, dieses Verhalten zu kennen:
Werden H^+-Ionen zugesetzt (= Ansäuerung), wird die negativ geladene Gruppe mit Wasserstoffionen besetzt und ist dann ungeladen. Bei pH-Werten im sauren Bereich liegen die Aminosäuren daher als *Kationen* vor. Werden OH^--Ionen hinzugefügt (Alkalisierung), dissoziieren die der Aminogruppe assoziierten Protonen ab und vereinigen sich mit den Hydroxylionen zu Wasser. Bei pH-Werten im alkalischen Bereich liegen die Aminosäuren daher als *Anionen* vor. Den pH-Wert, bei dem die Aminosäure als Zwitterion vorliegt, bezeichnet man als den **isoelektrischen Punkt** (IP). Der IP ist jener pH-Wert, bei dem die Zahl der positiven und negativen Ladungen bzw. Gruppen, die ausschließlich durch einen Protonenaustausch innerhalb des Moleküls entstehen, einander gleich ist. Das skizzierte Verhalten kann wie folgt beschrieben werden:

$$R-\overset{\displaystyle NH_3^+}{\underset{\displaystyle H}{\overset{|}{\underset{|}{C}}}}-\overset{\displaystyle O}{\overset{//}{C}}-OH \underset{+H^+}{\rightleftharpoons} R-\overset{\displaystyle NH_3^+}{\underset{\displaystyle H}{\overset{|}{\underset{|}{C}}}}-\overset{\displaystyle O}{\overset{//}{C}}-O^- \overset{+OH^-}{\rightleftharpoons} R-\overset{\displaystyle NH_3}{\underset{\displaystyle H}{\overset{|}{\underset{|}{C}}}}-\overset{\displaystyle O}{\overset{//}{C}}-O^-$$

Aminosäure-*Kation* — *Zwitterion* im IP — Aminosäure-*Anion*

Die *Titrationskurven* von Aminosäuren zeigen demzufolge zwei verschiedene Pufferbereiche, die durch das Dissoziationsverhalten der betroffenen funktionellen Gruppe gekennzeichnet sind. Im isoelektrischen Punkt (maximale Ionisation beider funktioneller Gruppen!) ist die Pufferwirkung einer Aminosäure am geringsten, sie wandert nicht im elektrischen Gleichspannungsfeld und zeigt hier ein minimales Löslichkeitsverhalten.

Beispiele für pI-Werte:

Ala	6,02	Gln	5,65
Asp	2,87	Lys	9,74
Asn	5,41	Arg	10,76
Glu	3,22	Try	5,88

Die **Einteilung der Eiweiß-Aminosäuren** kann nach sehr unterschiedlichen Gesichtspunkten erfolgen. Nach der Lage des IP kann man die proteinogenen Aminosäuren in *saure, neutrale* und *basische* Aminosäuren einteilen. **Saure Aminosäuren** (= Monoaminodicarbonsäuren) sind die Aminosäuren *Aspartat* und *Glutamat.* Sie sind im physiologischen Bereich dissoziiert und sind in Proteinen an der Ausbildung elektrovalenter (Ionen-)Bindungen beteiligt. Sie liegen häufig als Halbamide (Säureamide) vor (Asparagin, Glutamin). **Neutrale Aminosäuren** sind Monoaminomonocarbonsäuren. *Alanin, Valin, Leucin* und *Isoleucin* tragen eine nicht polare Seitenkette von verschiedener Länge. Sie können im Inneren von Proteinen wie „Keile" wirken, die verschiedene Gruppen voneinander fernhalten (n. HOFMANN). Zu den neutralen Aminosäuren gehören Aminosäuren wie das *Tyrosin, Serin, Cystein* u. a., die im Rest R nicht ionisierte, aber polar wirkende Gruppen tragen. *Serin* und *Threonin* (= aliphatische Hydroxysäuren) können sich an der Ausbildung von Wasserstoffbindungen in Proteinen beteiligen. Serin befindet sich im aktiven Zentrum mancher Enzyme (z. B. bestimmter Hydrolasen). Im Gegensatz zu Tyrosin und Tryptophan, die an Wasserstoffbrücken beteiligt sein können, ist Phenylalanin nichtpolar. Auch das N-Atom von Prolin ist an der Ausbildung von Wasserstoffbindungen nicht beteiligt, so daß *Prolin* (neben anderen Aminosäuren) eine „nichthelixbildende" Aminosäure ist. *Cystein* trägt eine reaktive Sulfhydrylgruppe (= Thiolgruppe, -SH) und kann *-S-S-Bindungen* ausbilden, die wesentlich für die Proteinstruktur sind. An ihnen sind zwei „Halbcystine" beteiligt.

Basische Aminosäuren (Lysin, Histidin und Arginin) besitzen eine zusätzliche basische Gruppe („basische Überschußladung") im Molekül. Bei Lysin handelt es sich dabei um eine endständige δ-Aminogruppe, bei Arginin um die stark basische Guanidinogruppe und bei Histidin um den basischen Ringstickstoff des Imidazolringes. Lysin und Arginin haben ebenso wie die sauren Aminosäuren Aspartat und Glutamat hervorragenden Anteil an der elektrischen Ladung eines Proteinmoleküls. Diese kationischen bzw. anionischen Aminosäurereste stellen elektrovalente Bindungen her (vgl. 2.6.4.5.2.). Histidin besitzt eine wesentliche Bedeutung für die Pufferung im physiologischen pH-Bereich. Es ist häufig im aktiven Zentrum von Enzymen anzutreffen. Mit Metallionen kann es Koordinationskomplexe bilden.

Nach der Art der **Seitenkette** R unterscheidet man zwischen **aliphatischen, aromatischen** und **heterozyklischen Aminosäuren.** Bei genauerer Betrachtung ist jedoch die Unterscheidung von **sieben Gruppen von Aminosäuren** angebracht:

- Seitenkette aliphatisch: Glycin, Alanin, Valin, Leucin und Isoleucin sind Aminosäuren mit einer Kohlenwasserstoffseitenkette
- Seitenkette mit OH-Gruppe: Serin und Threonin, die als Rest R eine nichtionisierte, aber polar wirkende Gruppe tragen
- Seitenkette mit Säuregruppe, die amidiert sein kann: Glutaminsäure, Asparaginsäure bzw. Glutamin und Asparagin (Säureamide)
- Seitenkette mit basischer Gruppierung: Lysin, Arginin (und Histidin)
- Seitenkette mit aromatischer Gruppe: Phenylalanin, Tyrosin und Tryptophan
- Seitenkette mit Heterozyklus: Histidin, Prolin und Hydroxyprolin
- Seitenkette schwefelhaltig: Cystein und Methionin.

Nach dem stoffwechselphysiologischen Verhalten der Kohlenstoffgerüste kann man die Eiweißaminosäuren in 3 Gruppen einteilen:

- *glucoplastische* Aminosäuren treten in die Gluconeogenese ein (Glycin, Alanin, Serin, Threonin, Valin, Aspartat, Glutamat, Arginin, Histidin, Prolin)
- *ketoplastische* Aminosäuren sind „acetonbildend": Leucin, Isoleucin, Tyrosin und Phenylalanin (vgl. Ketogenese in Abschnitt 10.2.2.2.)
- *aglucoplastisch und aketoplastisch* sind: Lysin, Tryptophan.

Nach der Synthesefähigkeit heterotropher Stoffwechseltypen für Eiweißaminosäuren teilt man diese ein in:

- *essentielle Aminosäuren*
- *halbessentielle Aminosäuren*
- *nicht-essentielle Aminosäuren.*

Essentielle Aminosäuren können nicht oder mit nur ungenügender Bildungsrate im eigenen Stoffwechsel hergestellt werden. Bei solchen Verbindungen handelt es sich z. T. um verzweigte und aromatische Aminosäuren. Ihre unzureichende Zufuhr bedeutet: Störungen der Proteinsynthese, negative Stickstoffbilanz, Wachstumsverzögerungen. Im Zuge der Evolution ist hier die Synthesefähigkeit für bestimmte Kohlenstoffgerüste verlorengegangen. Die Übertragung der Aminogruppe durch Transaminierung auf entsprechende (zugeführte) Ketosäuren kann offensichtlich noch durchgeführt werden. Deshalb können einige der essentiellen Eiweißaminosäuren dem tierischen Organismus durch Verabreichung der D-Antipoden zugeführt werden, da diese durch D-*Aminosäureoxydasen* oxydativ desaminiert werden können. Die resultierenden Ketosäuren werden zu den entsprechenden L-Aminosäuren reaminiert. Bezüglich der Notwendigkeit der Zuführung bestimmter Aminosäuren bestehen erhebliche Unterschiede bei den einzelnen Tieren und insbesondere bei Mikroorganismen. Gewebekulturen haben außerdem eine Spezifität einzelner Organe aufgezeigt. Als „*halbessentielle*" Aminosäuren werden solche bezeichnet, die noch im eigenen Stoffwechsel synthetisiert werden können, aber in unzureichender Menge. L-Arginin ist für die adulte Ratte eine nicht-essentielle Aminosäure. Für die juvenile (wachsende) Ratte wird Arginin partiell essentiell, da die Eigensynthese für das Wachstum unzureichend ist. Glycin muß vom Kücken mit der Nahrung aufgenommen werden, obwohl Synthese erfolgt. Glycin ist notwendig für die Synthese des N-Exkrets Harnsäure (vgl. 12.8.2.).

Den Tagesmindestbedarf des Menschen an essentiellen Aminosäuren zeigt die Tabelle 2.33.

Tabelle 2.33. Tagesmindestbedarf an essentiellen Aminosäuren (n. Jakubke und Jechskeit) in Gramm

Arginin	1,90	Methionin	1,10
Histidin	0,90	Phenylalanin	1,10
Isoleucin	0,70	Threonin	0,50
Leucin	1,10	Tryptophan	0,25
Lysin	0,80	Valin	0,80

Die **chemischen Reaktionsmöglichkeiten** der Aminosäuren sind groß. Einige von ihnen sind von stoffwechselphysiologischer oder biochemisch-analytischer Bedeutung. Wichtige Reaktionen von Aminosäuren sind in den Tabellen 2.34. und 2.35. zusammengestellt.

Tabelle 2.34. Biochemisch wichtige Reaktionen der Aminosäuren

Art der Reaktion	Allgemeine Reaktionsgleichung	Bemerkung
Decarboxylierung	$RCH(NH_2)\boxed{COOH} \longrightarrow RCH_2NH_2 + \boxed{CO_2}$	*Decarboxylasen* (= *Carboxylyasen*) PAL-Enzyme)
oxydative Desaminierung	$R\boxed{CH(NH_2)}COOH \xrightarrow{-2[H]} R\boxed{C(=NH)}COOH \xrightarrow{+H_2O} RC(=O)COOH + \boxed{NH_3}$	*Aminosäureoxydasen*, Flavinenzyme; *Aminosäure-Dehydrogenasen*, Pyridinnucleotid-Enzyme
reduktive Aminierung	$R\boxed{C(=O)}COOH + \boxed{NH_3} \xrightarrow{+2[H]} R\boxed{CH(NH_2)}COOH$	*Glutamat-Dehydrogenase* (mit $NADPH_2$)
Transaminierung	$RCH(\boxed{NH_2})COOH + R'\boxed{C}(=O)COOH \rightleftharpoons RC(=O)COOH + R'\boxed{CH(NH_2)}COOH$	*Transaminasen* = PAL-Enzyme
Modifizierung der Seitenkette		
Hydroxylgruppe	$HO-R \longrightarrow Ⓟ-O-R$	Phosphorylierung
ε-Aminogruppe	$H_2N-R \longrightarrow H_3CC(=O)NH-R$	Acetylierung
γ-Carboxylgruppe	$HOOC-R \longrightarrow H_2NC(=O)-R$	Amidierung, Säureamidbildung
Polykondensation	$RCH(NH_2)COOH + R'CH(NH_2)COOH \xrightarrow{-H_2O} RCH(NH_2)C(=O)-NH-CH(R')COOH$	Peptidbildung

(Fortsetzung der Tabelle 2.34.)

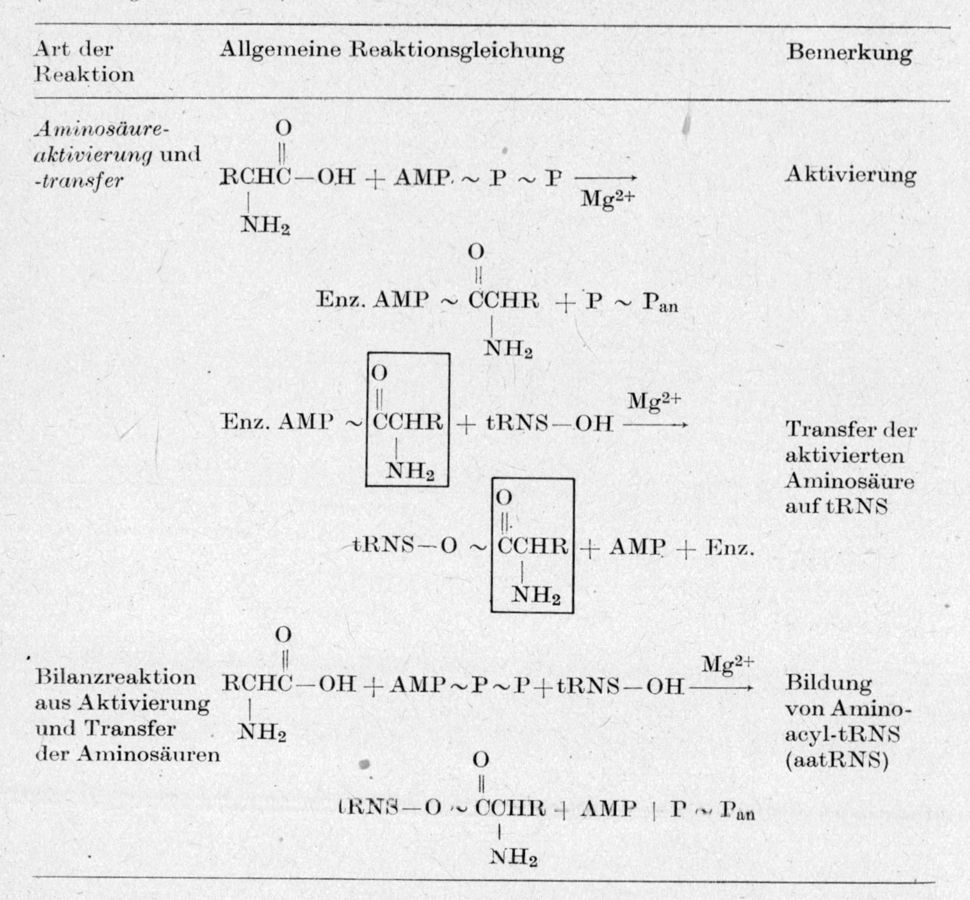

Art der Reaktion	Allgemeine Reaktionsgleichung	Bemerkung
Aminosäure-aktivierung und *-transfer*	$\mathrm{RCH(NH_2)C(=O)-OH + AMP \sim P \sim P \xrightarrow{Mg^{2+}}}$	Aktivierung
	$\mathrm{Enz.\,AMP \sim C(=O)CH(NH_2)R + P \sim P_{an}}$	
	$\mathrm{Enz.\,AMP \sim \boxed{C(=O)CH(NH_2)R} + tRNS-OH \xrightarrow{Mg^{2+}}}$	Transfer der aktivierten Aminosäure auf tRNS
	$\mathrm{tRNS-O \sim \boxed{C(=O)CH(NH_2)R} + AMP + Enz.}$	
Bilanzreaktion aus Aktivierung und Transfer der Aminosäuren	$\mathrm{RCH(NH_2)C(=O)-OH + AMP \sim P \sim P + tRNS-OH \xrightarrow{Mg^{2+}}}$	Bildung von Amino-acyl-tRNS (aatRNS)
	$\mathrm{tRNS-O \sim C(=O)CH(NH_2)R + AMP + P \sim P_{an}}$	

Tabelle 2.35. Umsetzungen von Aminosäuren und Peptiden (vgl. auch die Tabelle 2.3.4.)

Art der Reaktion	Bedeutung in der Analytik
Ninhydrin-Reaktion	Ninhydrin = Triketohydrindenhydrat; Farbreaktion zur qualitativen und quantitativen *Aminosäurebestimmung*; analytisch wichtig insbesondere in Verbindung mit chromatographischen Trenntechniken
Formoltitration	halbquantitative Aminosäurebestimmung
Aminosäuredecarboxylierung	manometrische Bestimmungsmethode zur quantitativen Aminosäureanalyse; bei Verwendung hoch spezifischer Aminosäuredecarboxylasen bzw. der diese besitzenden Mikroorganismenstämme selektive Bestimmung einzelner Aminosäuren

(Fortsetzung der Tabelle 2.35)

Art der Reaktion	Bedeutung in der Analytik
Umsatz mit salpetriger Säure	quantitative Aminosäurebestimmung durch Volumetrie nach VAN SLYKE
Reaktion mit FDNP (1-Fluoro-2,4-dinitrobenzol)	*Endgruppenbestimmung* durch Arylierung von Aminosäuren unter Bildung von dinitrophenylierten (DNP-) Aminosäuren
Reaktion mit Phenylisothiocyanat	Endgruppenbestimmung (Edman-Abbau): Bildung von Phenylhydantoinen durch Umsatz der gebildeten Phenylthiohydantoinsäuren mit Nitromethan im sauren OH-freien Milieu
Peptidsynthesen	chemische Präparation von Peptiden, verbessert durch Peptidsynthese an fester Phase im sog. *Merrifield-Verfahren*
Peptidhydrolyse (Säure, Alkali, Exo- und Endopeptidasen)	Analyse der Aminosäurezusammensetzung von niedermolekularen Peptiden und Gewinnung von Spaltpeptiden für das sog. *Fingerprint-Verfahren* oder zur weiteren Hydrolyse auf chemischem oder enzymatischem Wege

2.6.4.2. Nichteiweißaminosäuren

Nichteiweißaminosäuren (nicht-proteinogene Aminosäuren) sind Bestandteile des löslichen N-Pools der Zellen vieler Organismen und treten hinsichtlich Zahl und Quantität besonders in Pflanzenzellen hervor. Sie kommen in freier Form oder als Bausteine von niedermolekularen Peptiden vor. Sie werden unter Ansehung ihrer von Eiweißaminosäuren verschiedenen Struktur zuweilen auch als „*ungewöhnliche*" Aminosäuren, wegen ihrer zumeist nur sporadischen Verbreitung im Organismenreich als „*seltene*" Aminosäuren bezeichnet. Bis 1940 bestand kaum ein Interesse an den Nichteiweißaminosäuren, was vor allem in der bis dahin umständlichen und zeitraubenden Aminosäure-Analytik seine Ursache hatte. Erst mit der Einführung der Verteilungschromatographie auf inertem Trägermaterial (Papierchromatographie), von Ninhydrin als Nachweisreagens und weiterer Verfahren der Trennung, des Nachweises und der Isolierung von Aminosäuren in die Mikroanalytik begann eine neue Ära der Chemie und Biochemie der Aminosäuren. Die hierdurch erzielten methodischen Fortschritte haben einerseits die systematische Suche nach neuen Aminosäuren in Gang gesetzt, andererseits die Auffindung und Beschreibung neuer Aminosäuren zu einer Routinemethode werden lassen. Bereits 1950 waren 120 natürlich vorkommende nicht-proteinogene Aminosäuren bekannt. Ihre Zahl ist ständig gestiegen, wobei allerdings viele der bereits beschriebenen, erstmalig oder nur vorläufig charakterisierten Verbindungen noch der Bestätigung oder strukturellen Aufklärung bedürfen.

Der Terminus „Nichteiweißaminosäuren" kennzeichnet diese Gruppe von Naturstoffen wohl am ehesten, obwohl vereinzelt solche Substanzen auch als Bestandteile spezieller Proteine beschrieben worden sind:

- α-Aminoadipinsäure im Protein von *Zea mays* (Maisprotein)
- Sarcosin (N-Methylglycin) im Protein von *Arachis hypogaea* (Erdnußprotein)
- Citrullin im Protein von Haarfollikeln usw.

Nichteiweißaminosäuren sind:

- Zwischenstufen der Biosynthese von Eiweißaminosäuren (z. B. L-Homoserin, L-Cystathionin, L-α-Aminoadipat)
- Stickstoff-Reservestoffe der Samenkeimung (L-Albizziin, L-Canavanin u. a.)
- sekundäre Naturstoffe (z. B. Lathyrin)
- Bausteine von γ-Glutamylpeptiden, Peptidantibiotika, Peptidalkaloiden und Pilzgiften (z. B. der *Amanita*-Toxine).

Der weitaus größte Teil des Organismenreiches ist noch nicht auf das Vorkommen von Nichteiweißaminosäuren untersucht worden. Die Naturstoffchemie hat bisher einem systematischen Screening nur wenige Familien und Gattungen des Pflanzenreiches zugeführt. Bezüglich des Vorkommens und der Verbreitung von Nichteiweißaminosäuren sind am besten untersucht worden die Pflanzenfamilien der Liliaceae (Liliengewächse), Papilionaceae (Faboidea, Schmetterlingsgewächse), Mimosaceae (Mimosoidea, Mimosengewächse) und Cucurbitaceae (Kürbisgewächse). Es fällt auf, daß gerade die Unterfamilien der Leguminosen (Fabaceae) reich an Nichteiweißaminosäuren sind. Ein postulierter Zusammenhang zwischen der Stickstoff-Fixierung der (knöllchenbildenden) Leguminosen (vgl. 12.1.2.) und dem Reichtum an N-haltigen niedermolekularen Stoffen besteht offenbar nicht. Angesichts der Artenfülle der Leguminosen und der Möglichkeit „chemischer Rassenbildung“ (Unterschiede des Materials je nach Herkunft) bleibt jedoch auch hier die Zahl der untersuchten Taxa relativ gering.

Vorkommen und Verbreitung „seltener“ Aminosäuren sind bei Beachtung bestimmter einschränkender Bedingungen (Verwendung von gut bestimmtem Herbarmaterial, Möglichkeit der chemischen Konvergenz, d. h. der Biosynthese ein und derselben Verbindung auf unterschiedlichen Biogenesewegen) von Interesse für *chemotaxonomische Betrachtungen*. Die **Chemotaxonomie** erwächst als Wissenschaftsgebiet aus der vergleichenden Biochemie, der Phytochemie und der Taxonomie bzw. Systematik. Es werden Aussagen über natürliche Verwandtschaften auf Grund des Vorkommens charakteristischer Inhaltsstoffe getroffen. Unter Beachtung der Möglichkeit chemischer Konvergenz spiegeln die Verteilungsmuster von Naturstoffen über das Organismenreich gleiche Reaktionssequenzen, Enzymgarnituren und Gene wider. Angesichts der Artenfülle des Organismenreiches ist die Zahl der auf ihre Inhaltsstoffe und „chemischen Besonderheiten“ untersuchten Spezies vergleichsweise gering, umfaßt doch z. B. das Pflanzenreich etwa 400000 rezente Pflanzen, wovon etwa 100000 sog. niedere Pflanzen (Algen, Flechten, Pilze, Moose u. a.) sind. Insgesamt gesehen haben chemotaxonomische Untersuchungen teilweise anatomisch-morphologische Befunde der „klassischen“ Systematik und Taxonomie bestätigt. Zuweilen haben sie Verwirrung in das System der Morphologen gebracht. Die an diese Untersuchungsrichtung geknüpften Erwartungen haben sich nur teilweise erfüllt.

Die Pflanzenfamilie der Liliaceae enthält an ungewöhnlichen Aminosäuren Derivate der Glutaminsäure wie γ-Methylenglutamat und γ-Methylenglutamin sowie die Azetidin-2-carbonsäure. Biogenetisch entstehen jedoch Glutaminsäure und Glutamin auf ganz anderen Wegen als die betreffenden Methylenderivate. Azetidin-2-carbonsäure ist ein Strukturanaloges von L-Prolin. Sie wirkt als

Prolinantagonist, da sie in verschiedenen enzymatischen Reaktionen mit diesem „verwechselt" wird. Biogenetisch leitet sich diese Aminosäure aus L-Methionin ab. Unter den artenreichen Papilionaceae (Faboidea) sind die Gattungen *Lathyrus* und *Vicia* auf Nicht-Eiweißaminosäuren untersucht worden. Das besondere Interesse galt hier der Verbreitung von L-*Canavanin* (N-(3-Amino-3-carboxy-propyloxy)-guanidin, Strukturanaloges der Eiweißaminosäure L-Arginin), der Homoargininggruppe der Aminosäuren (L-*Homoarginin, Hydroxyhomoarginin, Lathyrin*) und der Argininggruppe (*Arginin, Hydroxyarginin, Hydroxyornithin*) über die Spezies dieser Gattungen. *Mimosaceae* enthalten 5 Gruppen chemisch verwandter Nicht-Eiweißaminosäuren: Thioäther-Derivate von L-Cystein (L-*Djenkolsäure* u. a.) Derivate der L-α,β-Diaminopropionsäure (*Albizziin* u. a.), Lysin-Abkömmlinge (*Pipecolat, Hydroxypipecolinsäuren, Mimosin*), Glutaminsäure-Derivate (L-γ-*Methylenglutamat*, L-γ-*Äthylidenglutamat*) und Glucoside des Tyrosins (vgl. Abb. 2.8.).

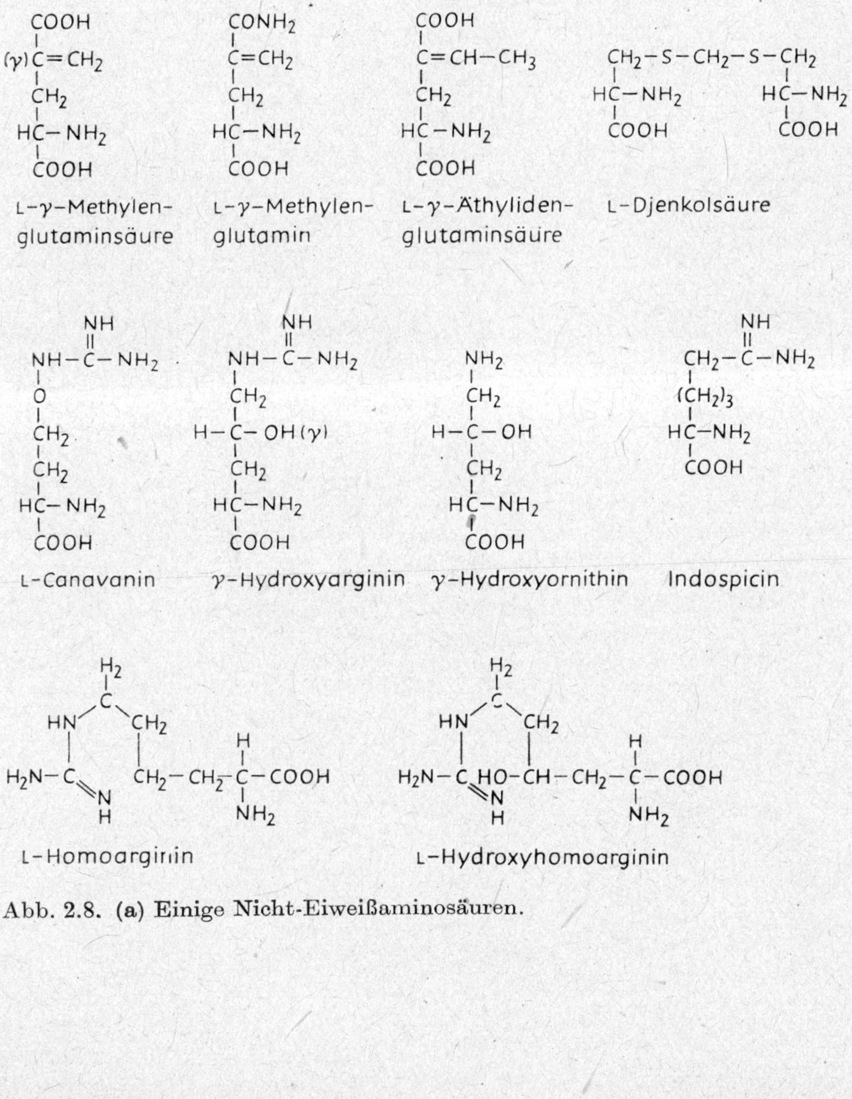

L-γ-Methylenglutaminsäure: $HOOC-C(=CH_2)(\gamma)-CH_2-CH(NH_2)-COOH$

L-γ-Methylenglutamin: $H_2NOC-C(=CH_2)-CH_2-CH(NH_2)-COOH$

L-γ-Äthylidenglutaminsäure: $HOOC-C(=CH-CH_3)-CH_2-CH(NH_2)-COOH$

L-Djenkolsäure: $HOOC-CH(NH_2)-CH_2-S-CH_2-S-CH_2-CH(NH_2)-COOH$

L-Canavanin: $H_2N-C(=NH)-NH-O-CH_2-CH_2-CH(NH_2)-COOH$

γ-Hydroxyarginin: $H_2N-C(=NH)-NH-CH_2-C(H)(OH)(\gamma)-CH_2-CH(NH_2)-COOH$

γ-Hydroxyornithin: $H_2N-CH_2-C(H)(OH)-CH_2-CH(NH_2)-COOH$

Indospicin: $H_2N-C(=NH)-CH_2-(CH_2)_3-CH(NH_2)-COOH$

L-Homoarginin: cyclisch H_2N-C (Ring: $HN-CH_2-CH_2$, $=N-H$) $-CH_2-CH_2-C(H)(NH_2)-COOH$

L-Hydroxyhomoarginin: cyclisch H_2N-C (Ring: $HN-CH_2-CH_2$, $=N-H$) $HO-CH-CH_2-C(H)(NH_2)-COOH$

Abb. 2.8. (a) Einige Nicht-Eiweißaminosäuren.

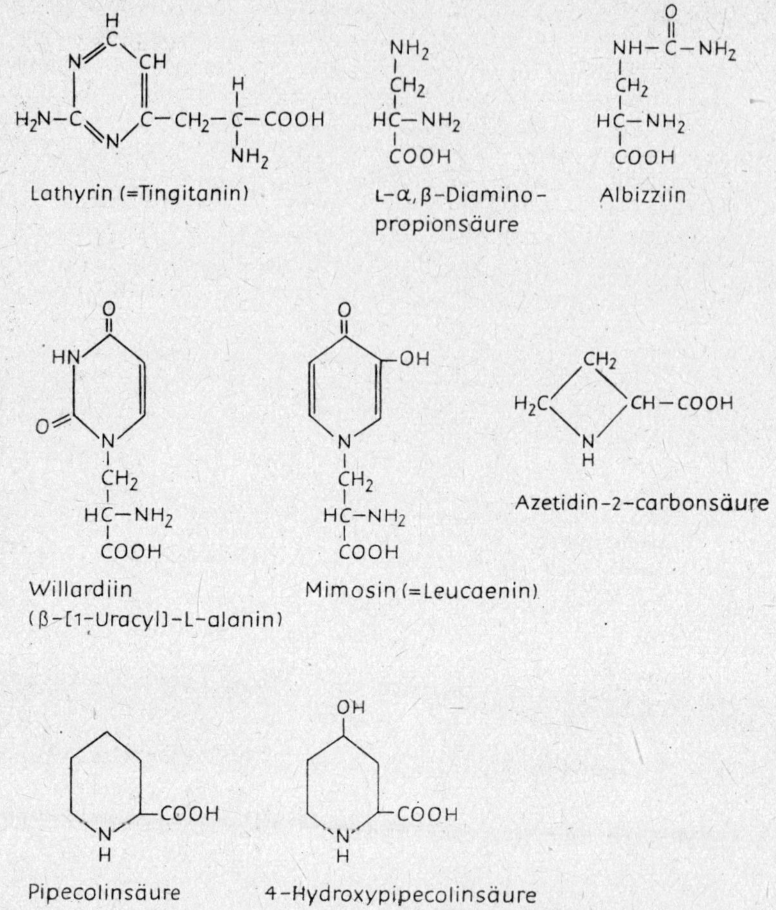

Lathyrin (=Tingitanin)

L-α,β-Diaminopropionsäure

Albizziin

Willardiin (β-[1-Uracyl]-L-alanin)

Mimosin (=Leucaenin)

Azetidin-2-carbonsäure

Pipecolinsäure

4-Hydroxypipecolinsäure

Abb. 2.8. (b)

Nicht-Eiweißaminosäuren sind teilweise physiologisch hoch aktive Substanzen. Beispielsweise ist das aus *Indigofera spicata* isolierte *Indospicin* (L-α-Amino-ε-amidinocapronsäure, mit einer Amidingruppierung, kein Guanidinderivat!) eine hepatotoxische Verbindung (= teratogene Wirkung, Leberschädigung). Eine Zahl von Nicht-Eiweißaminosäuren sind *Strukturanaloge* natürlicher Proteinbausteine. Vielleicht liegt ihre physiologische Bedeutung darin, den „ruhenden Status" von pflanzlichen Speichergeweben (Speichergewebe nach Art von Zwiebeln, Rhizomen, Samenendosperm usw. sind besonders reich an Nicht-Eiweißaminosäuren) zu garantieren. Zum Teil liegen solche Verbindungen nicht nur in freier Form, sondern als Bestandteile von γ-Glutamyldi- und -tripeptiden vor.

Neue Aminosäuren werden gewöhnlich zuerst durch eine ungewöhnliche Position auf dem Papier- oder Dünnschichtchromatogramm oder durch eine auffallende Farbreaktion mit einem üblichen Nachweisreagens erkannt. Ein einfaches und vielfach geübtes Verfahren besteht darin, durch Vergleichschromatographie mit der authentischen Verbindung in verschiedenen Laufmittelsystemen auf die Identität einer aufgefundenen Verbindung zu schließen, wobei oft keinerlei andere Kriterien herangezogen werden. Das **Vorkommen** einer **neuen Aminosäuren** gilt nur dann als gesichert, wenn die folgenden **Kriterien** erfüllt sind:

- die neue Aminosäure muß in ausreichender Menge isoliert sein, so daß die gereinigte Verbindung der Elementaranalyse zugeführt werden kann
- die molekulare Homogenität des Materials muß gesichert sein (die Aminosäure muß als ein einziger Fleck bzw. Peak bei der Chromatographie erscheinen)
- die Verbindung sollte durch eindeutige chemische oder enzymatische Verfahren abgebaut werden, so daß die erhaltenen Reaktionsprodukte oder Derivate identifiziert werden können
- die angenommene Struktur der Verbindung muß durch chemische Synthese und Vergleich des Naturstoffs mit der chemisch-synthetisch erhaltenen Spezies gesichert werden
- die physikalischen, chemischen und biologischen Eigenschaften der Produkte der Recamatspaltung, d. h. der optischen Antipoden des chemischen Präparates, müssen mit denen des natürlichen Materials übereinstimmen
- Aminosäuren mit mehr als einem Asymmetriezentrum müssen vor der Racematspaltung in die Stereoisomeren getrennt werden
- das natürliche Vorkommen muß unabhängig vom Entdecker durch einen weiteren Untersucher bestätigt werden
- im Falle von Eiweißaminosäuren muß die Verbindung aus einem Eiweißpräparat nachgewiesener Reinheit freigesetzt und durch Analyse typischer Derivate (vgl. weiter oben) charakterisiert werden.

Da in vielen Fällen des berichteten Vorkommens neuer Aminosäuren (diese Aussage gilt in abgewandelter Form generell für die Naturstoffanalyse!) diese Kriterien nicht vollständig erfüllt sind, sind entsprechende Vorbehalte angebracht.

Einfache Aminosäurederivate nennt die Tabelle 2.36.

Tabelle 2.36. Aminosäurederivate von biologischer Bedeutung (außer Peptide)

Name der Verbindung	Derivat von	Biochemische Bedeutung
Azaserin	Serin	Antibiotikum, Antimetabolit
Adrenalin (= Epinephrin)	Tyrosin	Hormon
β-Alanin	Aspartat	Baustein von CoA
γ-Aminobutyrat	Glutamat	Gehirnstoffwechsel
Betain (Glykokoll-Betain)	Glycin	Glied des Äthanolamin-Zyklus, Transmethylierung
Colamin (Aminoäthanol, Äthanolamin)	Serin	Phosphatidbaustein, Vorstufe von Cholin
Cysteamin	Cystein	Baustein von CoA
Histamin	Histidin	Vasodepressor (blutdruckwirksames Gewebshormon)
Propanolamin	Threonin	Baustein von Cobalaminen (Vitamin B_{12} u. seinen Coenzymformen)
Putrescin, Cadaverin	Ornithin, Arginin	Bestandteile der Ribosomen, Produkte des mikrobiellen Stoffwechsels, Vorstufen von Alkaloiden

(Fortsetzung der Tabelle 2.36)

Name der Verbindung	Derivat von	Biochemische Bedeutung
Sarcosin	Glycin	C_1-Stoffwechsel
Serotonin	Tryptophan	Transmitter-Substanz
Taurin	Cystein	Gallensäure-Komponente
Tyramin	Tyrosin	Uteruskontraktion
Tryptamin	Tryptophan	Gewebshormon

2.6.4.3. N-Heterozyklen, die sich biogenetisch von Aminosäuren ableiten

N-Heterozyklen die in Verbindungen des Grundstoffwechsels (vgl. 3.5.) vorkommen, sind die folgenden:

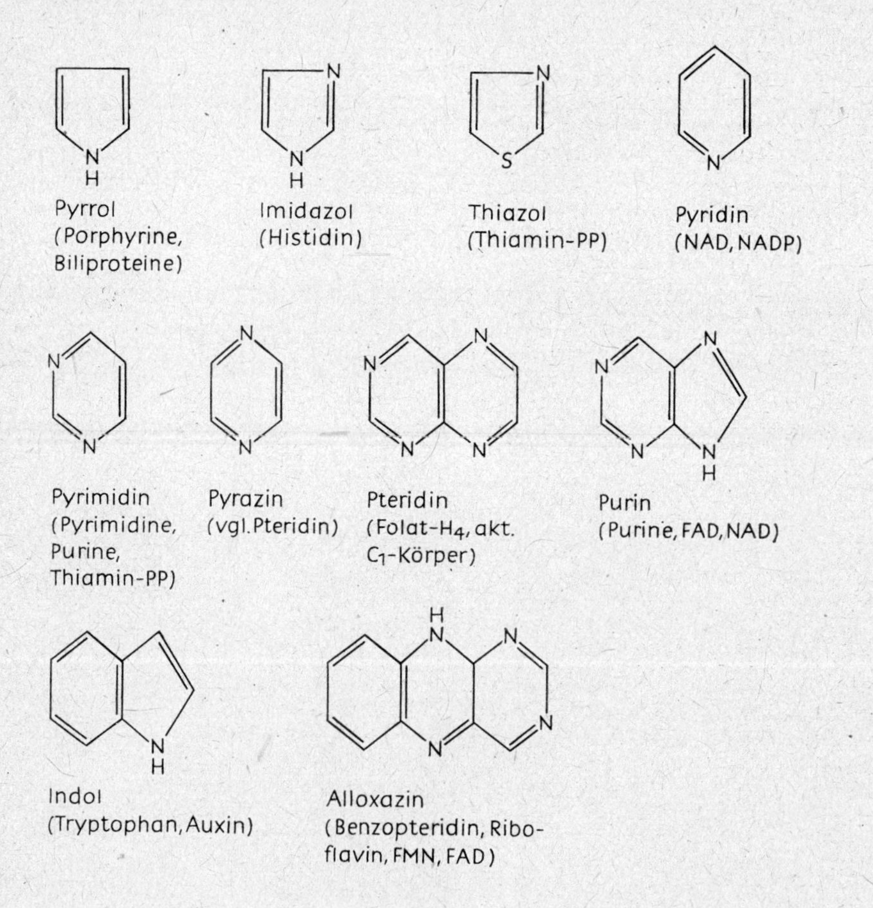

In N-Heterozyklen des Sekundärstoffwechsels kommen z. B. noch die folgenden Grundstrukturen vor:

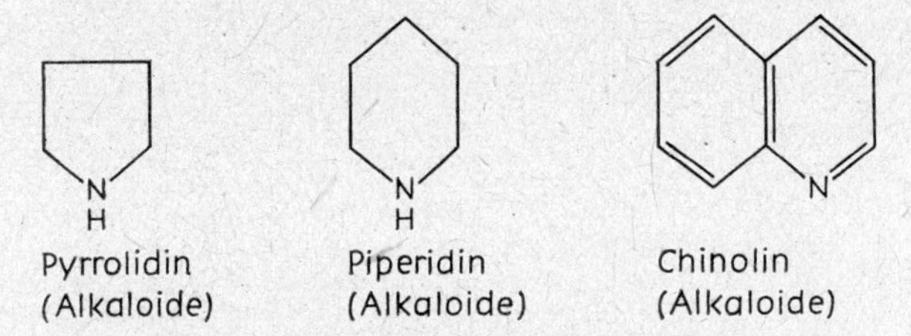

Direkt oder indirekt entstammt der N-heterozyklische Stickstoff in Biomolekülen dem Stickstoff von Aminosäuren, Amiden und Carbamylphosphat. N-Heterozyklen, die sich unmittelbar aus Aminosäuren ableiten, sind:

- die Pyrrolverbindungen (lineare Tetrapyrrole = Phycobiline, zyklische Tetrapyrrole = Porphyrine und Corrinoide)
- die Pyrimidine und Purine
- die Pyridinderivate.

Pteridine (vgl. 9.2.) und Alloxazin- bzw. Isoalloxazin-Derivate (vgl. 9.1.) werden aus Purinverbindungen im Stoffwechsel synthetisiert. Zur Purin- und Pyrimidinbiosynthese vgl. 12.7.1., zur Biogenese von Nicotinsäure und NAD vgl. 12.7. Die Errichtung der Porphyringrundstruktur und die Biosynthese von Chlorophyll sind ebenfalls im Abschnitt 12.7. behandelt.

Pyrrolverbindungen nennt die Tabelle 2.37.

Tabelle 2.37. Naturstoffe mit dem Pyrrolring als Baustein

Verbindungsgruppe	Vertreter	Charakterisierung
Gallenfarbstoffe	Biliverdin Bilirubin Urobilinogen	über Methin- und Methylgruppen verknüpfte lineare Tetrapyrrole mit Propionsäure-, Methyl- und Äthylseitengruppen „in β-Stellung"
Phycobiline (= *Biliproteine*)	Phycoerythrin Phycocyanin Allophycocyanin	Chromoproteide mit einem linearen Tetrapyrrol als „chromophore" Gruppe; die substituierten Monopyrrole sind durch eine Methylen- und zwei Methinbrücken verbunden
Porphyrine	Chlorophylle, Häm. Cytochrome, Peroxydase, Katalase	zyklische Tetrapyrrole mit 11 konjugierten Doppelbindungen (= Porphin), in denen die 8 β-C-Atome verschiedenartige Seitengruppen tragen. Bindung von Metallatomen innerhalb der Molekülstruktur (Mg, Fe)
Corrinoide	Vitamin B_{12} und seine Coenzymformen	Corrinoidring = Makrozyklus aus 4 Monopyrrolen; nur 3 Methinbrücken und Co als Zentralatom. Im Substitutionsmuster dem Uroporphyrin III ähnlich

Phycobiline (= Biliproteine) sind Photosynthesepigmente (vgl. 10.3.) in Rotalgen und Blaualgen. Die fest an das Protein gebundene chromophore Gruppe ist den Gallenfarbstoffen verwandt.

Die **Chlorophylle** zeigen gegenüber den anderen Porphyrinen charakteristische Unterschiede:

- die C-Atome 7 und 8 tragen zusätzliche H-Atome (Chlorophylle sind Derivate des Dihydroporphins)
- der Pyrrolring III trägt eine isozyklische Struktur, den *Cyclopentanonring*, dessen Carbonsäuregruppe mit einer Methylgruppe verestert ist:

N
C V 6C
10 9
HC—C=O
COOCH$_3$

- an den β-C-Atomen der Monopyrrolbausteine (vgl. Abb. 2.8.) treten die folgenden Seitengruppen auf: —CH_3 in Stellung 1, 3, 5 und 8, —CH_2—CH_3 in Stellung 4 und —$CH{=}CH_2$ (Vinyl-) in Position 2
- die 2. Carbonsäuregruppe am C-Atom 7 gehört zu einem Propionsäure-Seitenrest. Sie ist häufig mit *Phytol* ($C_{20}H_{39}OH$) verestert. Die Kohlenwasserstoff-Seitenkette von Phytol ist das lipophile Ende, das dem Chlorophyll seine wachsige Beschaffenheit verleiht und seine Kristallisation verhindert. Die Polarität des Moleküls („Kaulquappenfigur": hydrophiler Porphyrin-„Kopf", lipophiler Phytol-„Schwanz") ist für seine strukturelle Verankerung in der Thylakoidmembran entscheidend. Die Tabelle 2.38 faßt Vorkommen und Eigenschaften einiger Chlorophylle zusammen (vgl. auch 10.3.).

Tabelle 2.38. Vorkommen und Eigenschaften von Chlorophyllen (Chlp = Chlorophyll)

Chlorophyllart	Vorkommen	Absorptionsmaxima im roten Spektralbereich (in nm)		Kennzeichnung
		Äther	in vivo	
Chlp a	in allen Photosynthese-Organismen mit Ausnahme der Photosynthesebakterien	660	668—700	$C_{55}H_{72}O_5N_4Mg$ —CH_3 am C-3
Chlp b	in allen höheren Pflanzen (eine Ausnahme: *Neottia nidus-avis*), Euglenophyta, Chlorophyta und Charophyta	643	650	anstelle —CH_3 in Position 3 eine Formylgruppe (—CHO)

(Fortsetzung der Tabelle 2.38.)

Chlorophyllart	Vorkommen	Absorptionsmaxima im roten Spektralbereich (in mm)		Kennzeichnung
Chlp c	Bacillariophyta, Dinophyta und Phaeophyta, einige Rhodophyta	625 690	645 740	
Pigment 700 (P-700)			700	spektrale Modifikation von Chlp a: „Sammelfalle" der Photosyntheseeinheit
Protochlorophyll (ein Porphin!)				Biogenese-Vorstufe von Chlp a: Überführung in Chlp a durch Hydrierung der C-Atome 7+8
Bacteriochlorophyll a = 2-Acetyl-2-. desvinyl-3,4-dihydrochlorophyll a	Thiorhodaceae, Athiorhodaceae, Chlorobacteriaceae	773	850, 870, 890	$C_{55}H_{74}O_6N_4Mg$ Position 2 = Acetyl statt Vinyl, am Pyrrolring II 2 zusätzliche H-Atome
Bacteriochlorophyll b	*Thiococcus*; ein Stamm von *Rhodopseudomonas* spec. (Athiorhodaceal)	795	1017	
Chlorobium-Chlorophylle	Chlorobacteriaceae	650 660	725 740—750	Phytol durch Farnesol ersetzt
Chlp d	Rotalgen			statt Vinyl am C-2 eine Formylgruppe
Chlorophyllide	Chlorophyllvorstufen ?			ohne Phytolrest, wasserlöslich !

Die Struktur von Chlorophyll a zeigt Abb. 2.9.

Das **Häm** (= **Ferroporphyrin IX**) ist die prosthetische Gruppe (vgl. 9.) der Hämoglobine, des Myoglobins, von Erythrocruorin (Blutfarbstoff), der Enzyme *Katalase* ($H_2O_2 \rightarrow H_2O_2 + H_2O$) und *Peroxydase* (Oxydation organischer Substrate mit Wasserstoffperoxid) sowie der Cytochrome vom B-Typ. Häm enthält Fe^{II}, Hämin Fe^{III}.

Cytochrome — Katalysatoren der Atmung (vgl. 11.1.) und des Elektronentransports bei der Photosynthese (vgl. 10.3.2.) sowie bestimmter Oxydationsreaktionen (vgl. 11.3.) – klassifiziert man nach der Art ihrer prosthetischen Gruppen: Klasse B mit Häm, Klasse A mit Häm A, Klasse C mit Häm C und Klasse a_2 mit Häm a_2. Die verschiedenen Cytochrome unterscheiden sich durch Absorptionsspektrum und Redoxpotential (vgl. Tabelle 11.2.) .Für diese Eigenschaften ist die Proteinkomponente der *Hämproteine* von Bedeutung. Nach dem Spektrum klassifiziert man innerhalb der Cytochromgruppen und unterscheidet

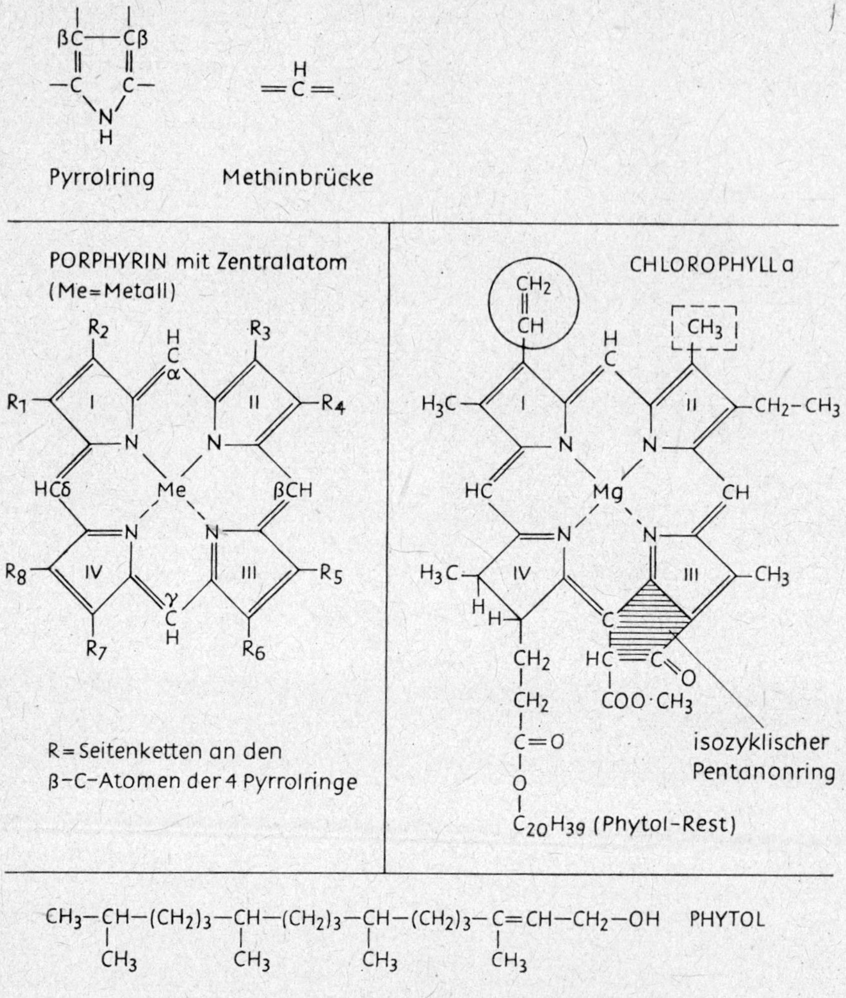

Abb. 2.9. Porphyrinringsystem und Chlorophyll a nebst Bausteinen.

die einzelnen Vertreter durch Indices (z. B. Cytochrom c, c_1, c_5). Am besten untersucht ist das **Cytochrom c** der Atmungskette, da es löslich ist und relativ einfach dargestellt werden kann. Cytochrom c (Hilfssubstrat der Atmungskette, vgl. 11.1.) ist ein Hämproteid mit einem Molekulargewicht von 12000 und einer Hämgruppe pro Molekül. Die Aminosäuresequenz der Cytochrome c verschiedener biologischer Herkunft konnte aufgeklärt werden (Tuppy) und gab Anlaß zu Spekulationen über die Evolution der Proteinstruktur. Im Cytochrom c ist zwischen den SH-Gruppen von 2 Cysteylresten der Proteinkomponente und den Vinylgruppen des Häm-Anteils eine Thioätherbindung (stabile kovalente Bindung) ausgebildet. Die besondere Konfiguration des Moleküls bedingt eine

Art „Einbettung“ der Hämgruppe in die Polypeptidketten. Hierdurch ist es gewissermaßen im Eiweißteil „versteckt“, d. h. dem Zugriff von Atmungsgiften und Sauerstoff entzogen: Cytochrom c ist durch die klassischen Atmungsgifte Cyanid und Kohlenmonoxid (vgl. 11.1.2.) nicht hemmbar.

Zur Chemie und Biochemie von Corrinoiden vgl. Abschnitt 9.4.

Naturstoffe mit Pyridinstruktur sind u. a. die folgenden:

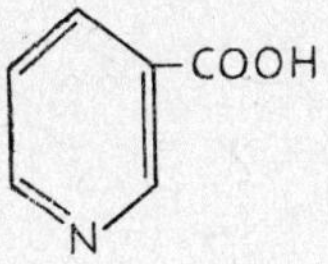

Nicotinsäure (Niacin)

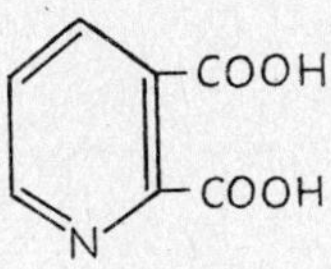

Chinolinsäure

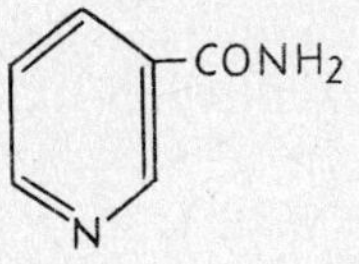

Nicotinsäureamid (NAD, NADP)

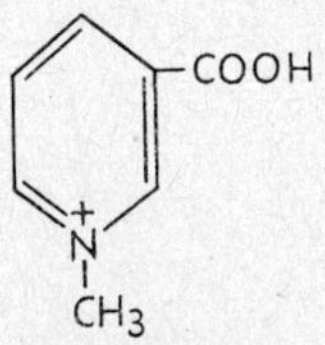

Trigonellin (in *Trigonella* u. a. Pflanzen)

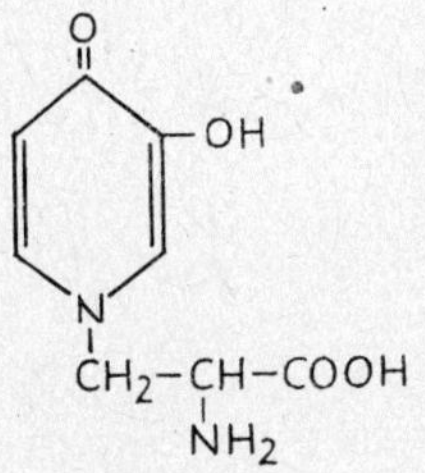

Mimosin (in Mimosaceae)

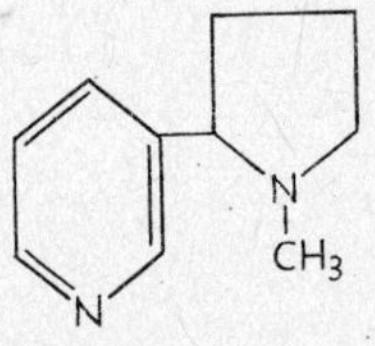

Nicotin (Alkaloid)

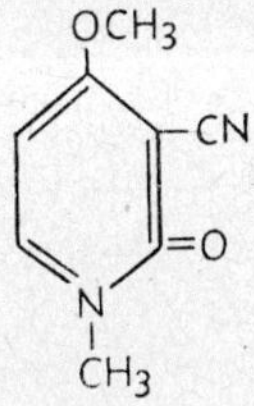

Ricinin (Alkaloid aus *Ricinus communis*)

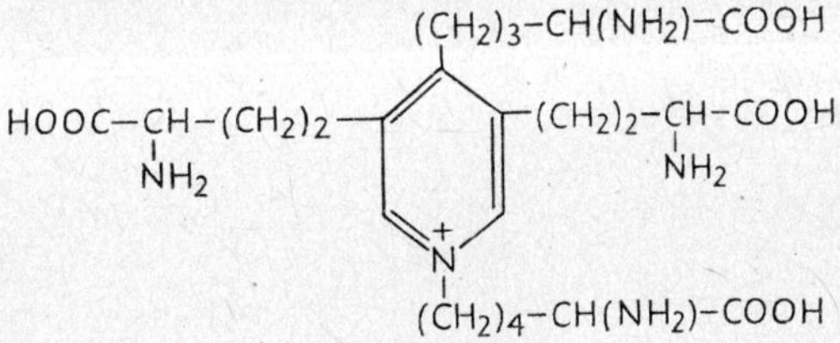

Desmosin

2.6.4.4. Natürlich vorkommende Peptide

Peptide bestehen aus Aminosäuren, die peptidisch (säureamidartig) miteinander verknüpft sind. Die **Peptidbindung** wird ausgebildet, indem zwei benachbarte Aminosäuren miteinander unter Wasseraustritt reagieren, wobei eine C—N-Bindung zwischen der Carbonsäuregruppe der einen und der α-Aminogruppe der anderen Aminosäure hergestellt wird:

$$\mathrm{R{-}\underset{\displaystyle NH_2}{\underset{|}{CH}}{-}\overset{\displaystyle O}{\overset{/\!/}{C}}{-}OH + H_2N{-}R' \xrightarrow[-H_2O]{} R{-}\underset{\displaystyle NH_2}{\underset{|}{CH}}{-}\overset{\displaystyle O}{\overset{/\!/}{C}}{-}NH{-}R'}$$

Bezüglich Molekulargewicht und physikalisch-chemischen Eigenschaften stehen Peptide zwischen Aminosäuren und Proteinen. Wir unterscheiden nach der Zahl der Grundbausteine:

- *Dipeptide* (aus 2 Aminosäuren)
- *Oligopeptide* mit bis zu 10 Aminosäurebausteinen
- *Polypeptide* mit bis zu 100 Aminosäurebausteinen.

Proteine (mit einer oder mehreren Polypeptidketten) kann man als „Makropeptide" bezeichnen.

Das folgende Schema eines Tetrapeptids veranschaulicht das **Bauprinzip** und die Bezeichnungsweise von Peptiden:

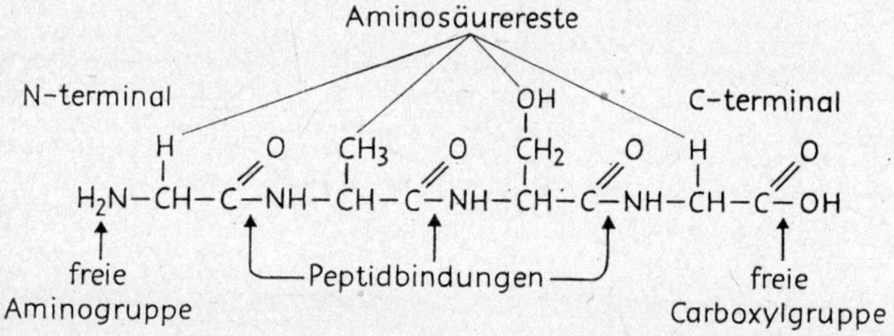

Aminosäurereste

N-terminal C-terminal

$$\mathrm{H_2N{-}\overset{H}{\overset{|}{C}H}{-}\overset{O}{\overset{/\!/}{C}}{-}NH{-}\overset{CH_3}{\overset{|}{C}H}{-}\overset{O}{\overset{/\!/}{C}}{-}NH{-}\overset{\overset{OH}{|}}{\overset{CH_2}{\overset{|}{C}H}}{-}\overset{O}{\overset{/\!/}{C}}{-}NH{-}\overset{H}{\overset{|}{C}H}{-}\overset{O}{\overset{/\!/}{C}}{-}OH}$$

freie Aminogruppe — Peptidbindungen — freie Carboxylgruppe

In den natürlich vorkommenden Peptiden (und Proteinen) befindet sich die Peptidbindung in der *trans*-Anordnung:

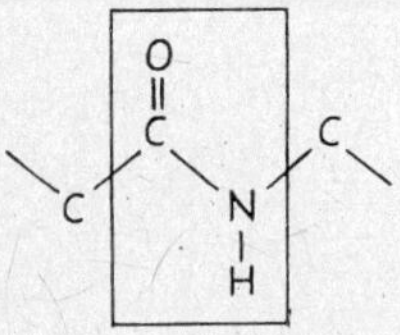

$$\mathrm{C{-}\overset{\displaystyle O}{\overset{\|}{C}}{-}\underset{\displaystyle H}{\underset{|}{N}}{-}C}$$

Obiges Tetrapeptid (Oligopeptid) hat demzufolge nachstehende *Aminosäuresequenz* (AS = Aminosäure):

H—Gly—Ala—Ser—Gly—OH
AS_1—AS_2—AS_3—AS_4

Der *Name* des Peptids wird aus den einzelnen Aminosäuren gebildet. Zur systematisch-chemischen Bezeichnung betrachtet man Peptide formal als *Acylaminosäuren*. Alle Aminosäuren, die mit ihrer Carboxylgruppe an der Peptidbindung beteiligt sind, erhalten die Endung -yl, die Aminosäure am C-Terminus (in der üblichen Schreibweise durch -OH symbolisiert) behält ihren ursprünglichen Namen. Obiges Tetrapeptid erhält somit die Bezeichnung:

Glycyl-alanyl-seryl-glycin

Die Anordnung der Aminosäurebausteine längs der Peptidkette, die **Aminosäuresequenz,** bestimmt den Charakter eines Peptids, d. h. seine kovalente Struktur. Entscheidend dafür ist die Natur der Seitenketten, d. h. der Aminosäurereste R an dem Rückgrat der Peptidkette. Bei D-Aminosäuren enthaltenden Peptiden wird vor die Kurzbezeichnung der jeweiligen Aminosäure ein D gesetzt; die L-Konfiguration der üblichen Peptidbausteine wird nicht besonders gekennzeichnet. Falls die gewählte Schreibweise von der gebräuchlichen abweicht (bei dieser die freie Aminogruppe, d. h. das N-terminale Ende nach links!), wird die Peptidbindung durch einen Pfeil angegeben, der von der CO- zur NH-Gruppe zielt: CO → NH. Bei der formelmäßigen Darstellung *linearer Peptide* ist das in der Regel nicht erforderlich. Bei der üblichen Schreibweise wird vorausgesetzt, daß auch polyfunktionelle Aminosäuren, wie z. B. die sauren und basischen Aminosäuren, durch α-Peptidbindungen verknüpft sind. Für *zyklische Peptide* bestehen verschiedene Möglichkeiten der formelmäßigen Darstellung. Die Aminosäuresequenz (= Primärstruktur, d. h. Anzahl und Reihenfolge der peptidisch verbundenen Aminosäuren) von sog. *homodet zyklischen Peptiden* (d. s. Peptide, die ausschließlich aus peptidisch verknüpften Aminosäuren bestehen) wird in Klammern gesetzt, und es wird ein (kursiv zu schreibendes) *cyclo* vorangesetzt, z. B. (Gramicidin S):
cyclo-(-Val-Orn-Leu-D-Phe-Pro-Val-Orn-Leu-D-Phe-Pro-)
Bei der mehrzeiligen Schreibweise muß die Richtung der Peptidbindungen durch Pfeile gekennzeichnet werden:

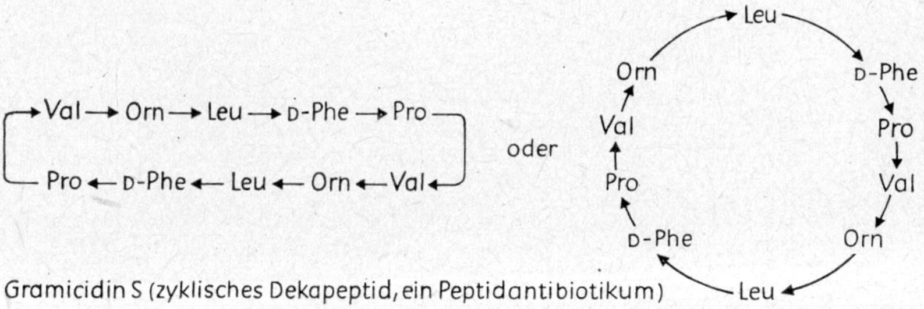

→ Val → Orn → Leu → D-Phe → Pro ┐
└ Pro ← D-Phe ← Leu ← Orn ← Val ←┘

oder

Leu → D-Phe → Pro → Val → Orn → Leu → D-Phe → Pro → Val → Orn → Leu (ringförmig)

Gramicidin S (zyklisches Dekapeptid, ein Peptidantibiotikum)

Ein Teil der natürlich vorkommenden Peptide besteht ausschließlich aus Eiweißaminosäuren (vgl. 2.6.4.1.). Nicht selten sind jedoch auch Nichteiweißaminosäuren (vgl. 2.6.4.2.) am Peptidaufbau beteiligt. Zahlreiche natürliche Peptide sind physiologisch hochaktive Stoffe. Ein herkömmliches Einteilungsprinzip gliedert natürlich vorkommende Peptide nach den folgenden *Gruppen*:
- γ-Glutamylpeptide
- Peptidhormone
- Peptidantibiotika
- Peptidalkaloide
- Peptidtoxine
- Strepogeninpeptide („Strepogenine" sind mikrobielle Wachstumsstimulatoren)
- Depsipeptide (meist zyklisch aufgebaute Stoffe aus Mikroorganismen, die aus Aminosäuren und Hydroxysäuren aufgebaut und die teilweise antibiotisch wirksam sind)
- Peptoide (Phospho-, Nucleo-, Lipo-, Glyko- und Chromopeptide).

In der Tabelle 2.39. sind einige Peptide von biologischem Interesse aufgeführt.

Tabelle 2.39. Peptide von biologischer Bedeutung (AS = Aminosäuren bzw. Aminosäurereste)

Name der Verbindung	Chemische Klassifizierung	Biologische Bedeutung
γ-Glutamylpeptide		
Glutathion (GSH)	Tripeptid aus Glu, Cys u. Gly = γ-Glutamyl-cysteylglycin	Coenzym von *Glyoxalase* u. a. Enzymen; biologisches Redoxsystem (?): 2 GSH ⇌ GS-SG
γ-Glutamyl-β-propionitril	„Dipeptid"	toxischer Faktor in *Lathyrus oderatus*
γ-Glutamyl-β-alanin	Dipeptid	Glutaminsäure-Depot (?); in Zwiebeln von *Iris* u. in Samen von *Lunaria annua*
γ-Glutamyl-β-pyrazolyl-L-alanin	Tripeptid	Glutaminsäure-Depot (?); in Cucurbitaceae
Peptidhormone		
Adrenocorticotropin (ACTH)	lineares Polypeptid aus 39 AS	Hormon des Hypophysenvorderlappens; stimuliert Nebennierenrinde; Kontrolle der ACTH-Bildung durch Glucocorticoide
Angiotensin I u. II	A. I = Decapeptid (inaktiv); A. II = Octapeptid (aktiv)	blutdrucksteigernde Wirkung, Rolle bei der Hypertonie; Bildung aus einem Globulin des Blutplasmas, dem Angiotensinogen, durch Proteolyse
Bradykinin	lineares Oligopeptid aus 9 AS	Kontraktion glatter Muskulatur, gefäßerweiternd; Freisetzung aus Blutplasmaproteinen durch Proteolyse
Glucagon	lineares Polypeptid aus 29 AS	Insulinantagonist; Kontrolle des cAMP-Spiegels; Hormon des Pankreas
Insulin	„heterodet" zyklisches Polypeptid aus 51 AS; Molekulargewicht = 6000, assoziiert in Gegenwart von Metallionen zu „Molekülen" von höherem Molekulargewicht (12000 usw.); Grenze zu Proteinen unscharf, A-Kette mit 21, B-Kette mit 30 AS; 3-S-S-Bindungen	Senkung des Blutzuckerspiegels; Bildung in den β-Zellen der Langerhansschen Inseln des Pankreas
Kallidin	lineares Oligopeptid aus 10 AS	ähnlich Bradykinin
Melanophorenhormon (MSH = Melanocyten-stimulieren-	α- und β-MSH = α- und β-Melanotropin; α-MSH aus 13, β-MSH aus 18 AS (Schwein u. a. Tiere) bzw.	reguliert Pigmentbildung und Farbwechsel, wichtig bei Tieren, die ihre Färbung an die Umgebung anpas-

(Fortsetzung der Tabelle 2.39.)

Name der Verbindung	Chemische Klassifizierung	Biologische Bedeutung
des Hormon)	22 AS (Mensch)	sen können; Hormon des Hypophysenmittellappens
Ocytocin (Oxytocin) u. *Vasopressin*	heterodet zyklische Peptide aus 9 AS; O. in Position *8* = Leucin; V. in Position *8* = Arg oder Lys	O. = Uteruskontraktion, Milchauspressung aus der laktierenden Mamma; V. (= Adiuretin) = blutdrucksteigernd, hemmt Wasserausscheidung durch die Nieren (= Diurese) durch Stimulierung der Rückresorption des Wassers
Peptidantibiotika		
Gramicidine, z. B. *Gramicidin* S	zyklisches Dekapeptid	wirksam gegen grampositive Bakterien; aus *Bacillus brevis* (S = sowjetische Forscher)
Tyrocidine A, B und C	zyklische Peptide aus 10 AS	wie bei Gramicidin S
Bacitracine, mit B. A als Hauptkomponente	B. A = Cyclohexapeptid, verzweigt, mit Thiazolin-Strukturkomponente	wirksam gegen grampositive Bakterien; aus Kulturfiltrat von *Bacillus licheniformis* isoliert
Polymyxine A—E	basische, fettsäurehaltige (= Isopelargonsäure = 6-Methyloctansäure, MOS) Cyclopeptide mit hohem Gehalt an α,γ-Diaminobuttersäure (DAB)	wirksam gegen gramnegative Bakterien wie *Pseudomonas pyocyanea*; Bildung durch *Bacillus polymyxa*
Valinomycin (ein *Depsipeptid*)	Cyclododekadepsipeptid mit hohem Gehalt an Valin (Name!); mit alternierenden Amid- und Esterbindungen	wirksam gegen *Mycobakterium tuberculosis*; aus *Streptomyces fulvissimus*
Actinomycine, z. B. Actinomycin C_1 = D (sog. Peptoide, u. zwar „Chromopeptide“)	23 Vertreter kristallisiert, alle das gleiche Chromophor = *Actinocin*; strukturelle Unterschiede in der AS-Sequenz der beiden Peptidlaktonringsysteme, die über Säureamidbindungen an das Actinocin (2-Amino-4,6-dimethyl-3-phenoxazinon-1,9-dicarbonsäure) gebunden sind	hohe bakteriostatische, cytostatische und toxische Wirkung; die stärkste biologische Aktivität hat A. D. Bildung durch *Streptomyces antibioticus* et *chrysomallus*; Hemmung der DNS-abhängigen RNS-Synthese (Transkription)
Penicilline	die den P. zugrunde liegende *Penicillansäure* besteht aus	Prototyp von Stoffen mit antibiotischer Wirksam-

(Fortsetzung der Tabelle 2.39.)

Name der Verbindung	Chemische Klassifizierung	Biologische Bedeutung
	Val und Cys, die über ein bizyklisches Thioäther-Lactamringsystem miteinander verknüpft sind; Unterschiede ergeben sich im Rest R, der z. B. im Benzylpenicillin $-CH_2C_6H_5$ ist	keit (vgl. 14.4.); „Penicillin" 1928 von FLEMING als Produkt von *Penicillium notatum* entdeckt, in der heutigen Chemotherapie auch partialsynthetische Penicilline
Peptidalkaloide		
Ergolinalkaloide (z. B. Ergotamin, Ergocornin)	Derivate der *Lysergsäure* (8-Carboxy-6-methyl-9,10-dehydroergolin), mit *Cyclolstruktur*; bestimmte AS sind über die Carboxylgruppe in Position 8 des *Ergolinsystems* gebunden	Arten der Ascomyceten-Gattung *Claviceps*, die auf Roggen und Wildgräsern parasitieren, sind die wichtigsten Bildner von *Mutterkornalkaloiden* (Mutterkorn = Sklerotien von *C. purpurea*), die wichtige Therapeutika sind
Peptidtoxine		
Phallatoxine (Phalloin, Phalloidin, Phallacin)	zyklische Heptapeptide mit Thioätherbrücke	Giftstoffe von *Amanita phalloides* (Grüner Knollenblätterpilz)
Amatoxine (= α-, β- und γ-Amanitin)	aus L-AS aufgebaute zyklische Heptapeptide mit Sulfoxygruppe	wie Phallatoxine; die *Amanita-Toxine* zerstören das Endoplasma-Retikulum der Leberzellen

Die **Peptidantibiotika** umfassen etwa 200 Vertreter, die wenigen Gruppen mit unterschiedlicher chemischer Grundstruktur zuzuordnen sind. Die **Penicilline** gelten als Prototyp von Substanzen mit antibiotischer Wirksamkeit. Sie besitzen ein Ringsystem aus Cystein und Valin, die zur *Penicillansäure* zusammengetreten sind, deren freie Aminogruppe acyliert ist. Die Natur dieses Acylrestes kennzeichnet die verschiedenen Penicilline. Im Penicillin G (Benzylpenicillin) liegt der Rest R als Benzylrest vor. Ein Penicillin hat die folgende allgemeine Formel:

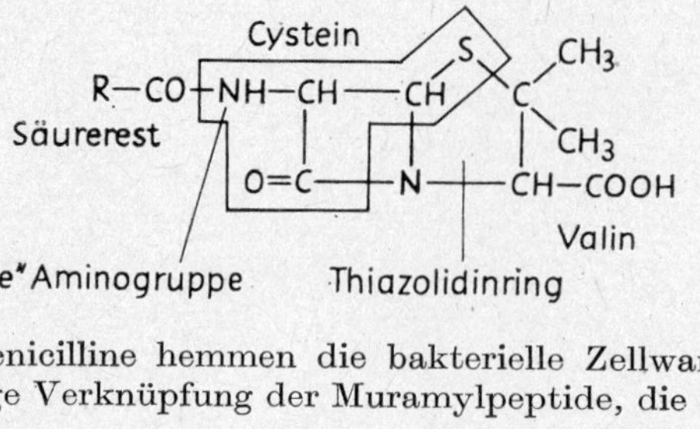

Cystein
R—CO—NH—CH—CH(—S—)C(CH₃)₂
Säurerest
O=C—N—CH—COOH
Valin
„freie" Aminogruppe
Thiazolidinring

Penicilline hemmen die bakterielle Zellwandsynthese. Sie verhindern die netzartige Verknüpfung der Muramylpeptide, die zur Herstellung der Basalstruktur der

Zellwand in grampositiven Bakterien erforderlich ist. Man könnte die 6-Aminopenicillansäure als Strukturanaloges eines terminalen D-Alanyl-D-alanins am Mucopeptid auffassen.

2.6.4.5. Proteine-Träger biologischer Spezifität und Funktion

Proteine (Eiweiße) sind Verbindungen von hohem Molekulargewicht, die ausschließlich oder zum überwiegenden Teil aus Aminosäuren aufgebaut sind. Als Proteine im engeren Sinne bezeichnen wir ausschließlich aus Aminosäuren bestehende Eiweiße. In ihnen sind die nach dem Peptidprinzip verknüpften Monomeren, die proteinogenen Aminosäuren, zu einer oder mehreren Polypeptidketten arrangiert. Zusammengesetzte Eiweiße werden als **Proteide** bezeichnet. Neben einer Proteinkomponente enthalten sie eine nicht-eiweißartige niedermolekulare Gruppe, die seit jeher in der Eiweißchemie als **prosthetische Gruppe** bezeichnet wird (zur Verwendung dieses Begriffs in der Enzymologie vgl. 9.). Wir wollen der Unterscheidung „Proteine" und „Proteide" im folgenden keine besondere Bedeutung zumessen und sprechen daher zumeist von „Proteinen", gleichgültig, ob es sich im vorgegebenen Fall um einfache oder zusammengesetzte Eiweiße handelt. Da die meisten Proteine aus mehr als einer Polypeptidkette bestehen, erscheint die Bezeichnung „Makropeptide" richtig.

Die *Proteinhydrolyse* (vgl. 2.6.4.) kann über Zwischenstufen von z. T. noch sehr hohem Molekulargewicht führen. Als „Peptone" bezeichnet man wasserlösliche,

Tabelle 2.40. Säureeigenschaften der funktionellen Gruppen von Eiweißaminosäuren und pH-Bereich ihrer Ionisation (verändert n. BENNETT)

Funktionelle Gruppe	Ionisation	pH-Bereich der Ionisation
α-Carboxyl-	$-CHCOOH \longrightarrow -CHCOO^- + H^+$	1,7—2,6
γ-Carboxyl-	$-CH_2COOH \longrightarrow -CH_2COO^- + H^+$	4,3
α-Amino-	$-CH(NH_3^+)COO^- \longrightarrow -CH(NH_2)COO^- + H^+$	8,9—10,7
Imidazol- (Histidin!)	$-CH_2C{-}N^+H{=}CH{-}NH{-}CH{=}$ (Ring) $\longrightarrow -CH_2C{-}N{=}CH{-}NH{-}CH{=}$ (Ring) $+ H^+$	6,1
ε-Amino- (Lysin!)	$-CH_2NH_3^+ \longrightarrow -CH_2NH_2 + H^+$	10,5
phenolisches OH	$-CH_2C_6H_5OH \longrightarrow -CH_2C_6H_5O^- + H^+$	10,1
Sulfhydryl-	$-CH_2SH \longrightarrow -CH_2S^- + H^+$	8,1—8,3
Guanidinium- (Arginin!)	$-CH_2NHC(=NH_2^+)NH_2 \longrightarrow -CH_2NHC(=NH)NH_2 + H^+$	12,5

durch Ammoniumsulfat nicht fällbare und durch Hitzebehandlung nicht koagulierbare höhermolekulare Zwischenprodukte der Eiweißhydrolyse, die chemisch zumeist nicht näher definiert sind. „Proteinoide" sind unter simulierten primitiven Erdbedingungen sich bildende hochmolekulare Verbindungen von Eiweißnatur.

Proteine sind *multivalente Elektrolyte* (Polyelektrolyte), die je nach der Art und Zahl der Aminosäurereste (Seitengruppen) verschiedene ionisierbare Gruppen in wechselnder Zahl tragen (Tabelle 2.40.). Sie können daher durch Elektrophorese getrennt werden. Als kolloidale Lösungen diffundieren sie nicht durch Membranen. Sie können daher von niedermolekularen Begleitsubstanzen durch Dialyse und Gelfiltration getrennt werden. Die Proteinstruktur ist relativ labil. Strukturänderungen oder *Denaturierung* führen zu einem teilweisen oder vollständigen, reversiblen oder nicht reversiblen Verlust der biologischen Aktivität eines Proteins. Die irreversible Inaktivierung nennt man *Destruktion*. Proteine werden durch verschiedenartige chemische Agenzien präzipitiert (Eiweißfällungsmittel). Biei der Gewinnung biologisch aktiver (nativer) Proteine aus biologischem Materal muß die hierbei erfolgende Denaturierung reversibel sein.

Proteine sind die **Träger biologischer Spezifität** und nehmen zahllose **Funktionen** in den Organismen wahr:

- Proteine sind überwiegend als *Enzyme* wirksam (vgl. 5.)
- Proteine sind *Strukturbestandteile von Membranen* (vgl. 6.2.)
- Proteine sind strukturgebende Komponenten (*Gerüstsubstanzen*) ektodermaler und mesodermaler Gewebe von Tieren: Aufbau von Hornsubstanzen, Haaren, Federn, Nägeln usw.
- Proteine spielen als *Antikörper* die entscheidende Rolle bei der Ausbildung von Immun- und Abwehrreaktionen (vgl. 2.6.4.5.4.)
- Proteine sind Bestandteil des *Blutgerinnungssystems* (vgl. 2.6.4.5.4.)
- *Metallo-* und *Chromoproteide* sind Komponenten von *Atmung* und *Photosynthese* (vgl. 11. und 10.3.)
- *Blutproteine* vermitteln den Transport von Metaboliten und Atemgasen (Hämoglobin, Myoglobin u. a.) und dienen der Immunantwort
- unter den Hormonen (vgl. 7.3.) findet man Stoffe von Proteinnatur (sog. *Proteohormone*)
- Proteine sind an der *Kontrolle der Genexpression* und an Differenzierungs- und Entwicklungsvorgängen entscheidend beteiligt
- Proteine sind Komponenten von *Viren* (*Hüllproteine*!) und der *Ribosomen* (vgl. 6.3.2.2.)
- Proteine können der Reservestoff-Speicherung dienen (pflanzliche *Reserveproteine*)
- einige Proteine sind starke *Gifte* (z. B. Diphtherie-Toxin, *Botulinus*-Toxin)
- Proteine vermitteln Aufnahme- und Transportvorgänge durch Membranen, *Permeasen*, „Carrier")
- Proteine wirken als „physiologische Schalter" (*allosterische Proteine*, vgl. 5.5.3.).

Das Enzymsystem einer Zelle (ca. 1000—2000 verschiedene Proteine) ist Teil eines Steuerungsnetzes, in dem Proteine elementare Funktionen ausüben. Als Steuerungsproteine wirken allosterische Proteine, die in Analogie zu elektronischen Relais auf Änderungen des „Steuerungspotentials“ ansprechen. Sie nehmen chemische Information wahr und integrieren sie (MONOD). In Analogie zum einfachen Vorgang der Kristallisation können Proteine spontan zu Molekülassoziationen zusammentreten (vgl. Multienzymkomplexe 5.6.2.), wodurch sie über ultramikroskopische Strukturen makroskopisch sichtbar werdende morphologische Strukturen schaffen. Die Synthese der Bakteriophagen und der Ribosomen durch spontanen Zusammentritt von Proteinen muß als einfacher Fall eines Formbildungsprozesses aufgefaßt werden. MONOD bezeichnet Prozesse der Formbildung auf molekularer Ebene als „molekulare Epigenese“. Die *biologischen Funktionen* der Proteine, die *katalytischer, regulatorischer* und *epigenetischer* Art sind, beruhen auf ihren besonderen *stereospezifischen Assoziationseigenschaften*.

In der organischen Körpersubstanz von Lebewesen entfallen etwa 20—70% auf Proteine. Eiweiße sind neben Kohlenhydraten und Lipiden die Hauptbestandteile der Nahrung heterotropher Organismen (vgl. 3.4.). Der Hauptanteil der zur menschlichen Ernährung benötigten organischen Stickstoffverbindungen entstammt gegenwärtig noch immer der tierischen Produktion. Bei der Herstellung simulierter Nahrungsmittel (von „künstlichem Fleisch“) dominiert die Sojabohne (Sojaproteine). Die mikrobielle Eiweißproduktion (Futterhefen, Bäckerhefe) ist vergleichsweise gering und dient der Tierernährung. Bei der technischen Proteinherstellung auf mikrobiologischem Wege kommen Abfallprodukte verschiedener Industrien (z. B. Sulfitablauge aus der Zelluloseproduktion) zur „Verhefung“. Die biologische Eiweißproduktion auf Erdölbasis (Deparaffinierung) könnte ein Weg zur Schließung der „Eiweißlücke“ in der Ernährung der Weltbevölkerung sein.

2.6.4.5.1. Einteilung und Nomenklatur der Proteine

Eine befriedigende Einteilung und Nomenklatur der Proteine ist gegenwärtig nicht möglich. Für eine rationell begründete **Klassifikation** können z. Z. weder Analogien und Unterschiede im chemischen Aufbau und im Reaktionsverhalten noch morphologische oder phylogenetische Kriterien mit Erfolg herangezogene werden. Ein herkömmliches Klassifizierungsprinzip der Proteinchemie beruht auf Unterschieden in der *Löslichkeit* und *Molekülgestalt*. Demzufolge werden 2 **Gruppen von Proteinen** unterschieden:

- *Sphäroproteine* = *Globularproteine*
- *Skleroproteine* = *Fibrillarproteine* = *Albuminoide*.

Globuläre Proteine sind löslich in Wasser oder verdünnten Salzlösungen. Sie besitzen eine kugelähnliche Molekülgestalt, d. h. sie sind Rotationsellipsoide.
Fibrilläre Proteine sind meist unlöslich und bilden makroskopische Fasern, die durch parallele Bündelung der Polypeptidketten in Faserrichtung zustande kommen.

Die weitere Einteilung der Globularproteine (vgl. weiter unten) erscheint ziemlich willkürlich. Der größte Teil der Eiweiße von Organismen gehört zu den globulär aufgebauten Proteinen. *Gerüsteiweiße* (Kollagene, Keratine) zählen zu den *fibrillären Proteinen*. **Kollagene** sind Hauptbestandteile des Stütz- und Bindegewebes, vor allem der tierischen Haut und der organischen Grundsubstanz des Knochens. **Keratine** sind die für den Aufbau von Nägeln, Hufen, Federn und Haaren wichtigen Hornsubstanzen. Fibrillarproteine (Skleroproteine) besitzen Stütz- und Gerüstfunktionen. Hierher gehören auch die *Elastine* (in elastischen Fasern) und das *Seidenfibroin* der Seidenraupe. *Sericin* (Seidenleim) umhüllt den Seidenfaden, der aus *Fibroin* besteht. Am Aufbau dieses Faserproteins sind hauptsächlich die Aminosäuren Glycin, Alanin, Serin und Tyrosin beteiligt. Skleroproteine werden auch als *Albuminoide* bezeichnet. Charakteristika der Albuminoide sind:

– Unlöslichkeit in Wasser, Salzlösungen, verdünnten Säuren, Alkalien und Alkohol
– der isoelektrische Bereich liegt zwischen 3,7 und 6,8.

Die herkömmliche **Einteilung von Globularproteinen** zeigt die Tabelle 2.41.

Tabelle 2.41. Klassifikation einfacher Proteine (bezüglich Albuminoide vgl. Text)

Proteingruppe	Kennzeichnung	Vertreter (Vorkommen)
Protamine	einfachste Proteine, stark basisch (argininreich!), löslich in H_2O, Ammoniak, Säuren u. Alkali, nicht durch Hitze koagulierbar. Isoelektrischer Bereich: 11,7—12,1; in Spermatozoen: binden Nucleinsäure	Salmin (Lachs) Clupein (Hering) Scombrin (Makrele) Sturin (Stöhr)
Histone	stark basisch (arginin- und lysinreich), ohne Tryptophan und mit sehr wenig Cystein u. Methionin, löslich in H_2O und Säuren, unlöslich in verd. Ammoniak, nicht hitzekoagulierbar. Isoelektrischer Bereich: 7,5—10,8; in Zellkernen: binden DNS	Thymus-Histon
Albumine	löslich in H_2O und verd. Salzlösungen, fällbar durch Sättigung mit $(NH_4)_2SO_4$, hitzekoagulierbar. Isoelektrischer Bereich: 3,5—7,1; in Eiklar, Milch und Blutplasma	Ovalbumin (Eiklar) Laktalbumin (Molke) Serumalbumin (Blut) Ricin (*Ricinus*-Samen)
Globuline (heterogene Proteingruppe)	unlöslich in reinem H_2O, löslich in verd. Salzlösungen, Säuren u. Alkalien, fällbar durch Halbsättigung mit $(NH_4)_2SO_4$, hitzekoagulierbar	β-Laktoglobuline (Milch) Thyreoglobulin (Schilddrüse) Fibrinogen (Blut) Myosin (Muskel) u.a.m.
Prolamine	löslich in 70—80%ig. Alkohol, unlöslich in H_2O, neutralen Solventien oder abs. Alkohol, reich an Glutamat und Prolin, ohne Lysin; mit wenig freien α-Aminogruppen	Zein (Mais) Gliadin (Weizen/Roggen) Hordein (Gerste)
Gluteline	unlöslich in H_2O, Salzlösungen und verd. Alkohol, löslich bei hohem und niedrigem pH-Wert	Glutenin (= Klebereiweiß) Oryzenin (Hafer) Hordenin (Gerste)

Der Erkenntniswert der in der Tabelle 2.41. gegebenen Einteilung der Proteine ist verhältnismäßig gering. Streng genommen bilden z. B. die Prolamine und Gluteline keine eigenen Proteinklassen. Unter dieser Bezeichnung werden pflanzliche Speicherproteine zusammengefaßt, die vor allem in Getreide (Cerealien) und Samen vorkommen. Das sog. Klebereiweiß des Weizen- und Roggenmehles wird durch Gliadin und Glutenin gebildet.

Vielfach klassifiziert man Proteine einfach nach ihrem **Vorkommen** und ihrer **biologischen Bedeutung**, so daß man unterscheidet:

- *Plasmaproteine*
- *Milchproteine*
- *pflanzliche Samenproteine*
- *Eiproteine*
- *Enzymproteine*
- *Proteohormone* u. a.

Konjugierte (zusammengesetzte) **Proteine** (= Proteide) sind in der Tabelle 2.42. zusammengestellt. Ihre Bezeichnung zielt auf die Natur der nicht-proteiden („prosthetischen") Gruppe ab. Oft sagen wir einfach: Lipoprotein statt Lipoproteid, Flavoprotein statt Flavoproteid usw.

Tabelle 2.42. Konjugierte Proteine (= Proteide)

Gruppe	Nicht-Eiweiß-Komponente	Vertreter	Vorkommen
Chromoproteide	„Chromophore Gruppe"		
Hämoproteide	Eisen-Porphyrin-Komplex	Hämoglobine Myoglobin Cytochrome	Blut Muskel Mitochondrien u. Plastiden
		Katalase *Peroxydase*	
Flavoproteide	Flavine (FMN, FAD)	*Xanthinoxydase* *Aminosäure-Oxydasen*	
Biliproteine (= Phycobiline)	lineares Tetrapyrrol	Phycocyanin Phycoerythrin	Blaualgen Rotalgen
Glykoproteide (= Mucoproteide, *Mucoide*)	kovalent gebundene Kohlenhydrate	Mucine Ovomucoid	Verdauungssekrete Blutplasma
Lipoproteide	Lipide hauptsächlich in Nebenvalenzbindung	δ_1-Lipoproteid	Blutplasma
			Membranen, Lipoid-Protein-Doppelschichten!

(Fortsetzung der Tabelle 2.42.)

Gruppe	Nicht-Eiweiß-Komponente	Vertreter	Vorkommen
Metalloproteide (vgl. 2.1.)	Nicht-Hämineisen, Kupfer, Molybdän u. a.	Ferredoxine	(vgl. 11.2.1.)
		Ferritin	Leber, Milz
		Transferrin	Blutplasma
		Coeruloplasmin	Blutplasma
		Nitrogenase	N_2-Fixierer
Nucleoproteide (vgl. 6.3.1.)	Nucleinsäuren		Zellkern, Ribosomen, Viren
Phosphoproteide	Phosphorylgruppe in esterartiger Bindung an —OH von Serylresten	Caseine	Milch
		Pepsin	Magen

2.6.4.5.2. Bindungsarten in Proteinen

Als **kovalente Bindungen** in Proteinen fungieren in erster Linie die Peptidbindungen (vgl. 2.6.4.4.). Demgegenüber treten Disulfidbindungen zurück. Für die grundlegende Bedeutung der **Peptidbindung** für die kovalente Struktur der Proteine sprechen die folgenden Ergebnisse:

- bei der Proteinhydrolyse erhält man die gleiche Zahl titrierbarer Carbonsäure- und Aminogruppen
- die unvollständig ablaufende Eiweißhydrolyse führt zu Oligopeptiden
- Proteine zeigen eine positive Biuret-Reaktion (Farbreaktion mit $CuSO_4$-KOH; Biuret: H_2N—CO—NH—CO—HN_2)
- die entsprechenden Daten aus IR- und UV-Absorptionsmessungen und die Röntgenstrukturanalyse
- die organisch-chemische Synthese von Insulin (Polypeptid aus 51 Aminosäuren, das Aggregate von verschieden hohem Molekulargewicht bilden kann) sowie von kleineren Polypeptiden beweist, daß alle Aminosäuren durch Peptidbindungen miteinander verbunden sind. Die *Insulin-Synthese* erfolgte gleichzeitig und unabhängig voneinander in zwei Arbeitsgruppen. Dabei wurden die beiden Ketten (A und B) getrennt synthetisiert und zum kompletten Polypeptid zusammengefügt. Die erhaltenen Produkte sind von unterschiedlicher biologischer Aktivität. Ziel ist ein biologisch voll aktives synthetisches Insulin, um die umständliche und aufwendige Gewinnung aus biologischem Material zu vermeiden.

Die **Struktur** eines Proteins ist durch seine kovalente Struktur (Aminosäuresequenz, Primärstruktur) genetisch fixiert, jedoch nicht vollständig festgelegt. Theoretisch ist eine sehr große Zahl von *Konformationen* möglich. Die biologischen Eigenschaften eines Proteins beruhen auf seiner besonderen Konformation. Die *Konformationsstabilisierung* erfolgt im wesentlichen durch *Nebenvalenzkräfte*. Als richtig erwies sich die Annahme, daß Proteine spontan ihre stabilste Konformation als thermodynamisch wahrscheinlichsten Ordnungszustand einnehmen (vgl. 2.6.4.5.2.). Über Bindungen, die an der Konformationsstabilisierung der Proteinstruktur beteiligt sind, informiert die Abb. 2.10.

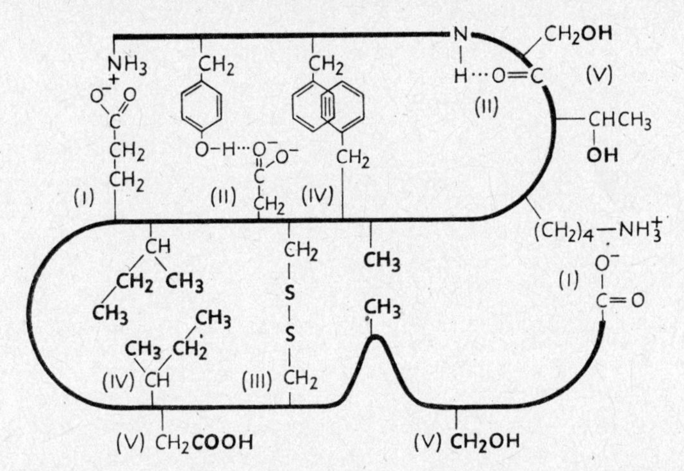

Abb. 2.10. An der Konformationsstabilisierung von Proteinen beteiligte chemische Bindungen (verändert n. Anfinson, aus Bennett). (I) Elektrovalente (Ionen-) Bindung, (II) Wasserstoffbindungen, (III) Disulfidbindung, (IV) Van-der-Waals-Wechselwirkungen (apolare oder hydrophobe Bindungen), (V) Wechselwirkungen zwischen polaren Gruppen und Wasser.

Die **Disulfidbindung** ist eine kovalente Bindung, die zwischen Cysteylresten (Halbcystinen) derselben Polypeptidkette (sog. *Disulfidbrücke*) oder verschiedener Polypeptidketten desselben Proteins (sog. *Disulfidspange*) ausgebildet wird. Die Disulfidbindung (—S—S—Bindung) entsteht durch Dehydrogenierung aus zwei Thiolgruppen (—SH HS—):

```
    \                        /
     HN                    OC
    /                        \
  OC                          NH
    \                        /
     CH—CH2 —[S—S]— CH2—HC        oder R —[S—S]— R
    /                        \
  HN                          CO
    \                        /
     CO                    HN
    /                        \
```

```
  CH2—SH       HS—CH2                       CH2—S ┼ S—CH2
  |            |                            |     :     |
H—C—NH2   +  H—C—NH2  ——→               H—C—NH2 | H—C—NH2
  |            |                            |     :     |
  COOH         COOH                         COOH  |     COOH

L-Cystein    L-Cystein                         L-Cystin
```

Ionenbindungen (elektrovalente Bindungen) zwischen Aminosäureresten, die ionisierbare Gruppen tragen, führen zur Ausbildung starker elektrostatischer

Anziehungskräfte. An ihnen sind saure und basische Gruppen, die im physiologischen pH-Bereich in ionisierter Form vorliegen (Tabelle 2.40.), beteiligt:

```
—C—O⁻   —N⁺H₃   oder   —C—O⁻  H₂N⁺
 ‖                      ‖        ⟍
 O                      O         C—NH—
                                H₂N⟋
(I)     (II)           (I)     (III)
```

(I) = Carbonsäuregruppe von L-Glutamat und L-Aspartat bzw. der betreffenden Aminosäurereste (Seitenketten); (II) = ε-Aminogruppe von L-Lysylresten; (III) = Guanidiniumgruppe von L-Arginylresten.

Wasserstoffbrückenbindung in Proteinen erfolgt, indem das elektronegative Sauerstoffatom einer Peptidbindung ein Wasserstoffatom anzieht, das an dem Stickstoffatom einer anderen Peptidbindung gebunden ist (vgl. auch 2.3.):

```
        \             /
         N—H ······ O=C
        /             \
   R—CH                HC—R
        \             /
         C=O ······ H—N
        /             \
   H—N                 C=O
        \             /
        HC—R ······ R—CH
        /             \
   O=C                 N—H
        \             /
```

Die Ausbildung von Wasserstoffbrücken hängt mit der Mesomerie der Peptidbindung zusammen. Wasserstoffbindungen können auch zwischen dem Tyrosinrest und einer Carboxylgruppe oder zwischen dem Imidazolrest (von Histidin)

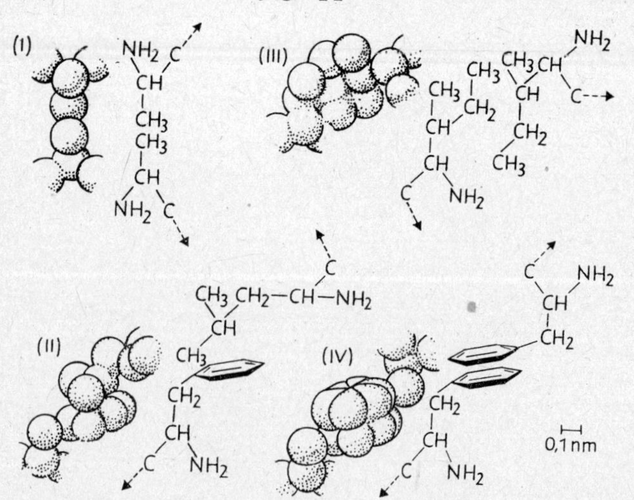

Abb. 2.11. Van-der-Waals-Wechselwirkungen zwischen apolaren Aminosäureresten (n. NEMETHY und SCHERAGA, aus BENNETT). (I) Alanin–Alanin, (II) Phenylalanin–Leucin, (III) Isoleucin–Isoleucin, (IV) Phenylalanin–Phenylalanin.

und einer Hydroxylgruppe einer entsprechenden Aminosäure (vgl. 2.6.4.1.) ausgebildet werden.
Bezüglich hydrophober Wechselwirkungen vgl. 2.3. sowie die Abb. 2.11.

2.6.4.5.3. Strukturarten der Proteine

Zur Kennzeichnung der verschiedenen Aspekte der **Proteinkonformation** wurden (nach einer Empfehlung von K. U. Linderstrom-Lang) die Bezeichnung *Primär-*, *Sekundär-* und *Tertiärstruktur* eingeführt. Durch Bernal (1958) wurde der Begriff der *Quartärstruktur* aufgestellt. Eine genaue Unterscheidung zwischen Sekundär- und Tertiärstruktur ist nicht immer möglich, da in beiden Fällen die Konformationsstabilisierung vorwiegend durch Nebenvalenzen erfolgt. Änderungen im Bereich der Sekundärstruktur (Helix-Knäuel-Umwandlungen) verlaufen jedoch nach Eigen schneller als im Bereich der Tertiärstruktur (Messung der Relaxationszeiten). Die Erforschung der Proteinkonformation wurde von L. Pauling und seinen Mitarbeitern (1950) begründet (Abb. 2.12).

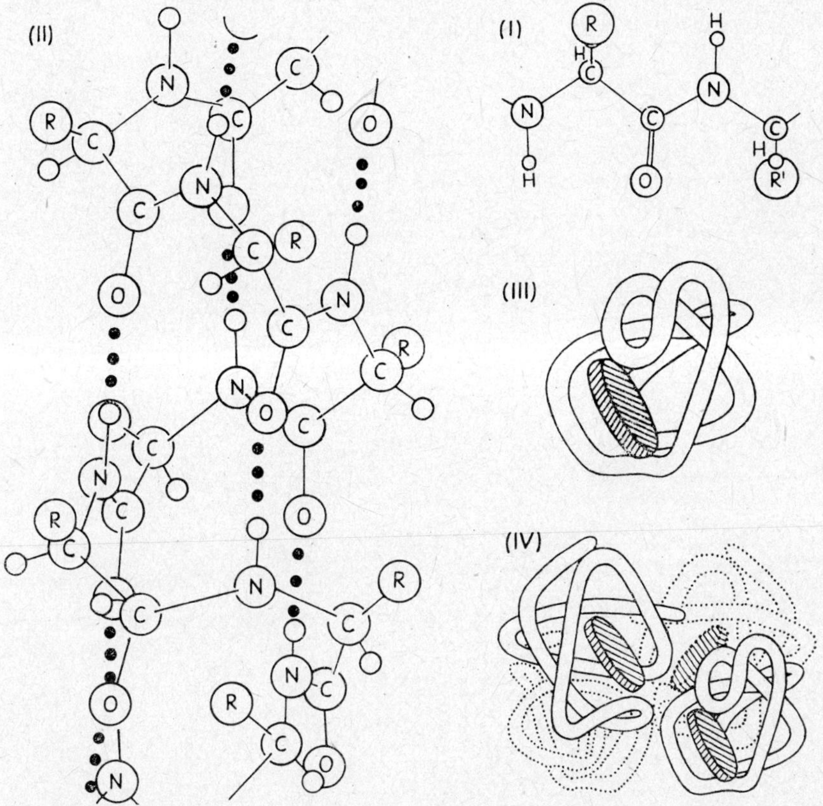

Abb. 2.12. Strukturarten der Proteine am Beispiel des Hämoglobins (n. Bennett). (I) Primärstruktur, (II) Sekundärstruktur, (III) Tertiärstruktur, (IV) Quartärstruktur.

Als **Primärstruktur** bezeichnet man die durch die **Aminosäuresequenz** definierte kovalente Struktur der Polypeptidkette. Sie ist die durch Peptidbindungen bewirkte, relativ stabile, lineare Verknüpfung der Grundbausteine. Durch die Primärstruktur werden die Reihenfolge und Zahl der Aminosäurebausteine sowie ihre Verknüpfung in der Polypeptidkette fixiert.

Für die Ermittlung der Primärstruktur (Aminosäuresequenz) von Peptiden und Proteinen, d. h. für die *Sequenzanalyse*, kann man die geübte Verfahrensweise wie folgt vereinfacht charakterisieren:

- Hydrolyse der Verbindung und Bestimmung der Art und Menge der Bausteine (z. B. durch die automatische Aminosäureanalyse an Ionenaustauscher-Harzen nach MOORE und STEIN)
- chemische oder enzymatische Peptid- bzw. Proteinhydrolyse und Trennung der Spaltpeptide durch Anwendung trennscharfer Verfahren (Chromatographie, Elektrophorese, Gegenstromverteilung)
- Ermittlung der Aminosäuresequenz der Spaltpeptide durch chemische und enzymatische Verfahren der *Endgruppenbestimmung* (SANGER, EDMAN)
- Rekonstruktion der gesamten Aminosäuresequenz.

Die Aminosäuresequenz ist heute von einer größeren Zahl von Peptiden und Proteinen aufgeklärt (Tabelle 2.43.). Von etwa 15 verschiedenen Proteinen kennt man bereits **alle** Strukturdaten. Die Sequenzanalyse von Rinderinsulin (51 Aminosäuren, zwei Ketten) durch SANGER begründete diese Untersuchungsrichtung der Naturstoffchemie (Abb. 2.13.a).

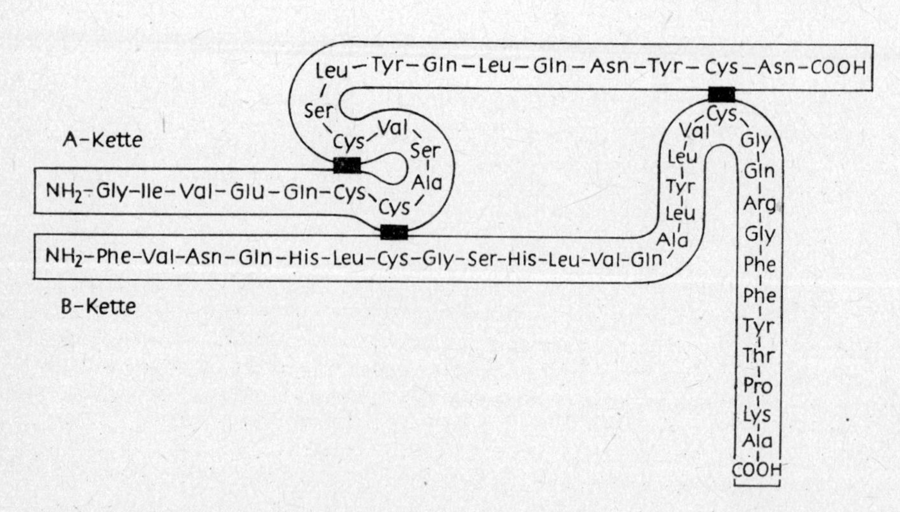

Abb. 2.13.a) Primärstruktur von Insulin (n. SANGER). 2 Disulfidbindungen sind zwischen der A- und B-Kette ausgebildet, eine 3. Disulfidbindung in der A-Kette führt zur Bildung einer Schleife.

Tabelle 2.43. Peptide und Proteine, für die die Primärstruktur (Aminosäuresequenz) ermittelt wurde

Verbindung	Zahl der Bausteine	Bemerkungen
Phalloidin	7	Cyclopeptid
Ocytocin	9	Cyclopeptid
Vasopressin	9	Cyclopeptid
Gramicidin S	10	Cyclopeptid
Bacitracin, Tyrocidine A, B	13 (10)	Oligopeptide
Glucagon	29	Hormon, Polypeptid
ACTH	39	Hormon, Polypeptid
Insulin (1954)	51	Hormon, Polypeptid, Pionierarbeit von SANGER am Rinderinsulin
Ribonuclease A (1959)	124	Enzym (HIRS, MOORE, STEIN; ANFINSEN)
Protein des Tabakmosaikvirus (TMV) (1960/61)	158	SCHARMM et al.; FRAENKEL-CONRAT
Hämoglobine (1961/62)	574	BRAUNITZER u. a.
Pferdeherz-Cytochrom c (1961)	104	MARGOLIASCH; TUPPY
Pottwal-Myoglobin (1965)	153	EDMUNDSON
Hühnerei-Lysozym (1965)	129	CANFIELD u. LIU
Trypsinogen aus Rinderpankreas	229	Zymogen; HARTLEY; SORM und KEIL
Chymotrypsinogen aus Rinderpankreas	245	Zymogen; NEURATH; SORM und KEIL
Thioredoxin (1968)	108	Elektronen-Carrier-Protein; HOLMGREN
A-Protein der Tryptophan-Synthetase	267	Enzym
Subtilisine, z. B. Subtilisin „Carlsberg" (1968)	274	Bakterienproteasen (*B. subtilis*), SMITH
Glycerinaldehyd-3-P-Dehydrogenase aus Hummer (1967)	333 pro Polypeptidkette	der Enzym-NAD-Komplex enthält 4 Polypeptidketten mit identischer Aminosäuresequenz; DAVIDSON et. al.
u. a. Proteine		

Unter **Sekundärstruktur** versteht man die regelmäßige *Helix* (Peptidspirale) oder die *Faltblattstruktur* (eines fibrillären Proteins (Abb. 2.13.b)) oder entsprechende Anteile in einem globulären Protein. Die α-**Helix** (PAULING und COREY) ist eine Polypeptidwendel, die 3,7 Aminosäurereste je Windung enthält und durch Wasserstoffbrücken versteift ist (Ganghöhe pro Windung 0,54 nm). Man denke sich eine Polypeptidkette um einen Zylinder gewickelt in der Art, daß CO und NH im geeigneten Abstand einander gegenüberstehen. Die Seitenketten der Aminosäuren sind nach außen gerichtet. Bei den meisten Globularproteinen kommen 20—80% der Polypeptidketten in einer α-Helix vor (helikale Bereiche neben nicht-helikalen = Zufallsknäuelung, engl. random coil). Experimente mit synthetischen Peptiden haben gezeigt, daß die helikale Anordnung stark vom pH-Wert abhängt, so daß der Anteil „statistischer Knäuel“ in einem Protein je nach den Milieubedingungen variiert. In Faserproteinen sind die Peptidketten fast vollständig gedehnt und durch Wasserstoffbrücken (vgl. 2.3.1.) zwischen benachbarten Ketten verbunden, so daß eine parallele oder antiparallele **Faltblattstruktur** entsteht.

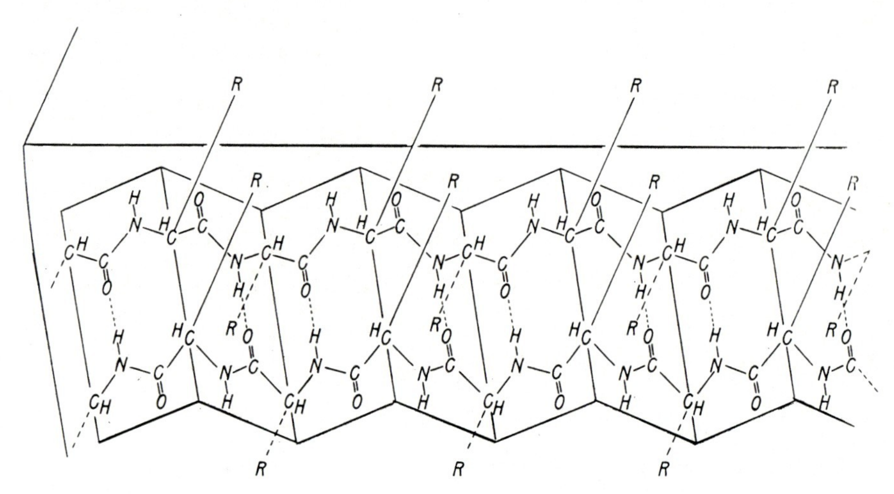

Abb. 2.13.b) Faltblattstruktur der Peptidketten von Skleroproteinen (aus Bielka).

Unter **Tertiärstruktur** wird die räumliche Struktur eines einfachen Globularproteins oder die *Raumstruktur* der Untereinheiten (engl. subunits, Subeinheiten) eines zusammengesetzten (oligomeren) Proteins verstanden. Die meisten Proteine sind *Globularproteine* (ihre Moleküle bilden Sphäroide). Unsere Kenntnisse über globuläre Proteine sind durch die *Röntgenstrukturanalyse* von Myoglobin (Pottwal, Kendrew), Hämoglobin (Pferd, Perutz), Lysozym (Abb. 2.14.), Pankreas-Ribonuclease und Papain in den letzten Jahren stark angestiegen. Diese Untersuchungen verlangen einen gewaltigen Arbeitsaufwand und sind beeindruckende Ergebnisse moderner naturstoffchemischer und molekularbiologischer Forschung. Bei der Röntgenstrukturanalyse (weitere Methoden der Strukturuntersuchung sind z. B. die Titration freier Gruppen, der Deuteriumaustausch, die optische Rotationsdispersion, die Röntgen-Kleinwinkelstreuung) müssen an den kristallisierten Proteinen und mehreren Derivaten (isomorphe Substitution, Einführung von schweren Atomen wie Hg, Pb u. a. als Markierungspunkte) je 10000 Reflexe ausgemessen werden. Man errechnet Karten der Elektronendichteverteilung, die eine Serie von Querschnitten bzw. Schichtaufnahmen bilden (vergleichbar den Höhenschichten in der Kartographie).

Unter **Quartärstruktur** versteht man die Zahl und die räumliche Anordnung der Subeinheiten eines oligomeren Proteins. Tertiär- und Quartärstruktur bilden als *Raumstruktur* eines zusammengesetzten Globularproteins eine Einheit (Hofmann). Zu den Eigenschaften allosterischer Proteine (Quartärstruktur!) vgl. den Abschnitt 7.1.1. Die biologische Funktion von Proteinen ist mit der räumlichen Struktur (Konformation) auf das engste verbunden (Abb. 2.15. a und 2.15. b).

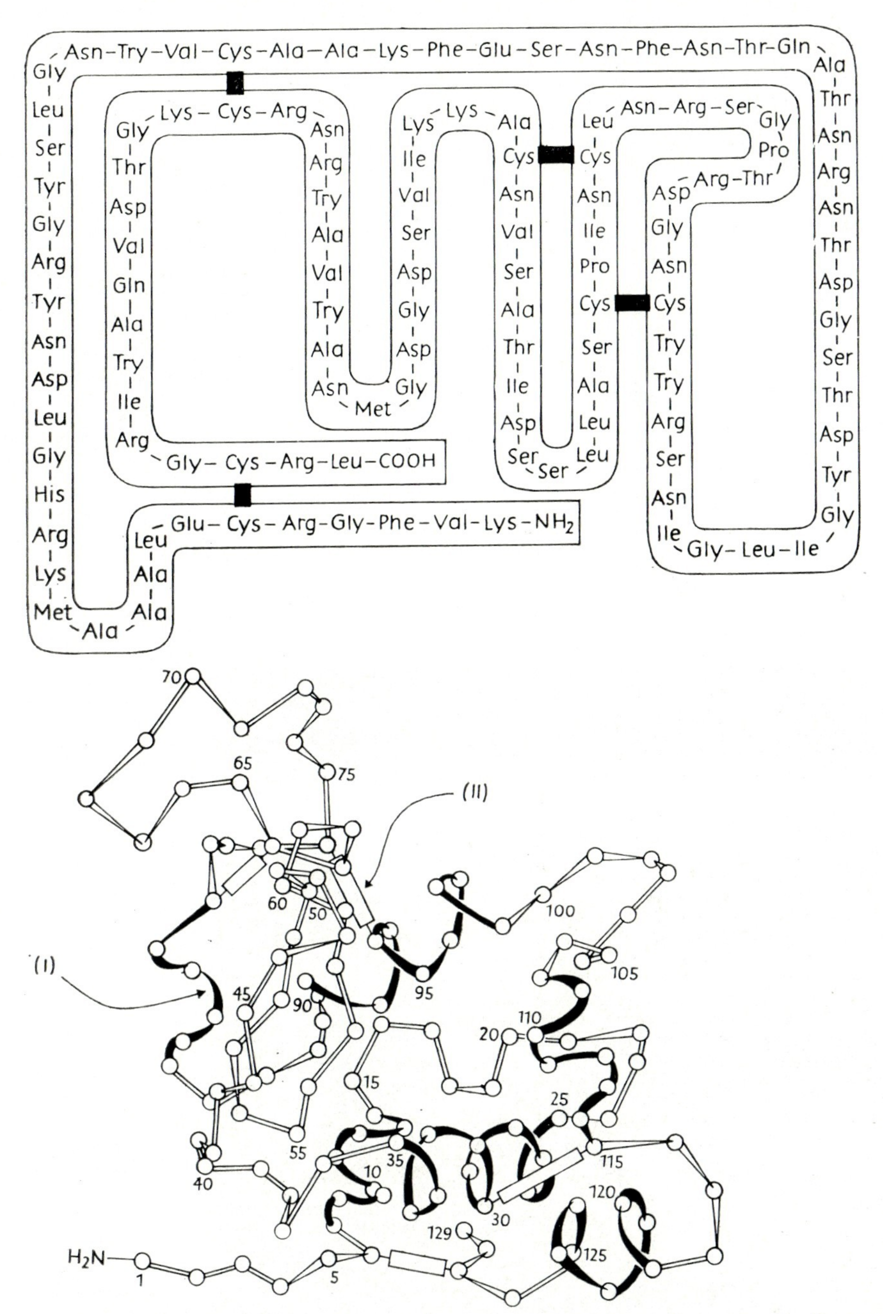

Abb. 2.14. Primärstruktur (A) und Konformation (B) von Lysozym (n. PHILIPS und Mitarbeitern). (I) eine der helikalen Abschnitte des Moleküls, (II) eine der Disulfidbindungen.

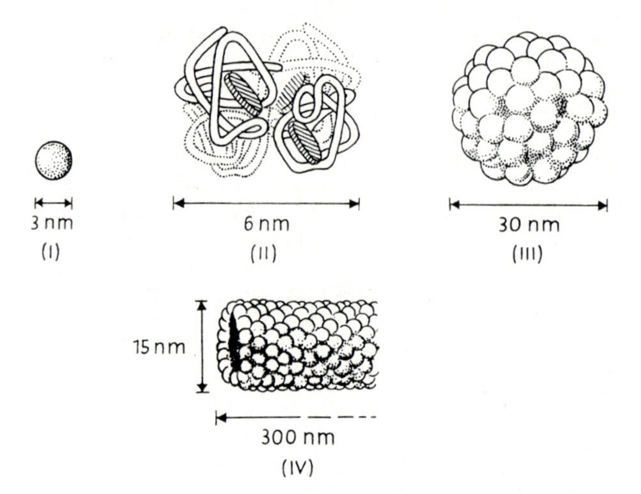

Abb. 2.15.a) Schematische Darstellung der Quartärstruktur verschiedener Proteine (aus BENNETT). (I) Myoglobin, (II) Hämoglobin, (III) Poliovirus, (IV) Tabakmosaikvirus (TMV).

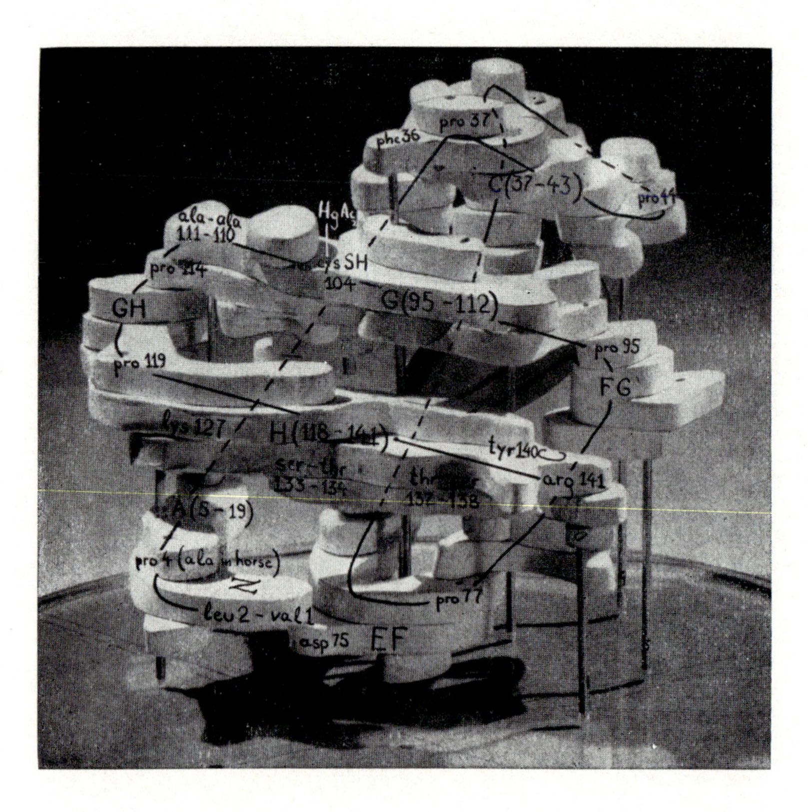

(I)

Die Mehrzahl der Globularproteine besteht aus mehreren Polypeptidketten (Proteine = Makropeptide). Zu den globulären Proteinen, die lediglich aus einer Polypeptidkette bestehen, gehören z. B. das Myoglobin, einige Verdauungsproteasen, das Lysozym, das Kornberg-Enzym (*DNS-Polymerase*, vgl. 14.1.), die *Phosphoglycerinsäure-Kinase* u. a. Bei den oligomeren Proteinen (Molekülassoziate) sind die Zahlen zwei und vier bevorzugt, d. h. sie bestehen zumeist aus einer geradzahligen Anzahl von *Protomeren*. Ihre Anordnung zum *Molekülassoziat* erfolgt streng gesetzmäßig. Die Protomeren werden durch *nicht-kovalente Kräfte* zusammengehalten. Im Molekülverband bilden sich bestimmte *Symmetrieverhältnisse* heraus. Alle oligomeren Proteine folgen den Regeln der Punktgruppensymmetrie. Aus einer ungeraden Zahl von Protomeren bestehen z. B. die trimere *2-Keto-3-desoxy-6-phosphogluconat-Aldolase* aus Mikroorganismen (vgl. 10.1., ED-Weg) und die *Arginindecarboxylase* (die aus 5 Protomeren besteht, von denen jedes 2 Subeinheiten hat). Trimere und pentamere Proteine zeigen zyklische Symmetrie des Molekülverbandes.

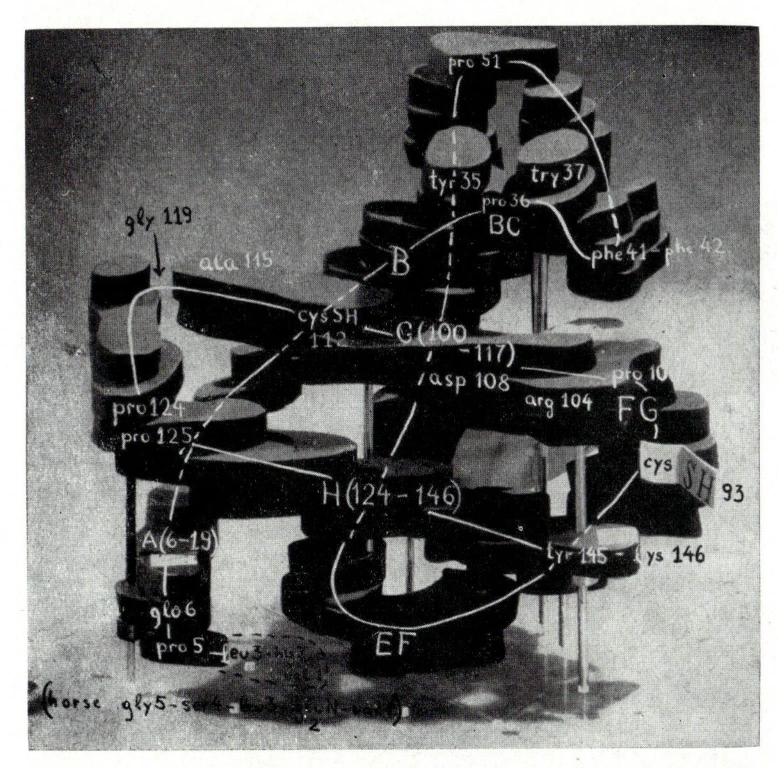

(II)

Abb. 2.15.b) Modell der räumlichen Struktur der Hämoglobinketten und des Hämoglobins (n. Perutz und Mitarbeitern, aus Bielka). (I) α-Kette (die Großbuchstaben bezeichnen bestimmte Regionen, die Zahlen die Aminosäurepositionen); (II) β-Kette; (III) und (IV) Hämoglobinmolekül. (In (III) ist der Übersichtlichkeit wegen eine α-Kette weggelassen worden. Die Scheibe symbolisiert die Hämgruppe, die O_2 bindet.)

Die **Anordnung der Protomeren** (oder Monomeren) in einem oligomeren Protein führt zu einer definierten „geschlossenen" Struktur, welche die für die Stabilität des Oligomers erforderliche Äquivalenz bzw. „Identität" der Mikroumgebung der Untereinheiten sichert (Hofmann). Zwischen den Untereinheiten eines oligomeren Proteins sind *isologe* und *heterologe* Bindungs- oder *Kontaktregionen* möglich (Monod, Wyman und Changeux). Bei einer isologen Bindung sind Untereinheiten durch identische bzw. quasi-identische Kontaktregionen verbunden. Bei einer Verschiedenheit der Kontaktregionen zwischen zwei Untereinheiten sprechen wir von einer heterologen Bindung. Interessant ist, daß solche geschlossenen Strukturen die Tendenz zur *Aggregation* zeigen. Offensichtlich sind an ihrer Oberfläche noch Kontaktregionen vorhanden, die zu „Oligomerenpaketen "(Hofmann) führen können, wobei in der Regel ganze Vielfache der oligomeren Einheit entstehen. Hierdurch können Molmassen von mehreren Millionen erreicht werden. Stabile Aggregate dieser Art haben wir als sog. *Multienzymkomplexe* im Abschnitt 5.6.2. besprochen. Labile Aggregate werden bei der Aufbereitung offensichtlich zerstört (z. B. das „Multienzymsystem" der Glykolyse, vgl. 10.1.1.). Für die Bildung von Oligomeren aus Protomeren (a) und von *Multimeren* der genannten Art aus den Oligomeren (b) bestehen verschiedene Kinetiken: Fall a ist (nach Hofmann) ein kooperativer Prozeß mit

(III)

geschlossenem Gleichgewicht, Fall b ist ein konsekutiver Vorgang mit offenem Gleichgewicht.

Die **Denaturierung** beruht auf einer Umbildung der Tertiärstruktur eines Proteins und führt zu einem Verlust der biologischen Aktivität (Enzymaktivität, serologischen Spezifität usw.). Sie erfolgt zumeist durch eine Sprengung der zwischenmolekularen Bindungskräfte durch Aufbrechen der Wasserstoffbrücken. Globularproteine werden in eine weniger kompakte Struktur überführt. Die Umorientierung von Bindungen bei der Denaturierung kann zu Zufallsknäuelungen (engl. random-coil model) führen.

Denaturierung kann auf verschiedene Weise bewirkt werden: Hitze, organische Lösungsmittel, Salze, Harnstoff, Guanidinhydrochlorid wirken denaturierend ebenso wie pH-Änderungen (Zusatz von Säuren oder Basen), Detergenzien, Schwermetallionen und Komplexbildner. Andere Verfahren zur Denaturierung basieren auf der oxydativen oder reduktiven Spaltung von Disulfidbindungen, der Oxydation von Thiolgruppen zu Sulfonsäuregruppen oder der Substitution funktioneller Gruppen.

Die meisten der früher angestellten Bemühungen um **Renaturierung** (Rückführung denaturierter Proteine in die biologisch aktive Form) verliefen negativ. Heute sind solche Versuche sehr oft erfolgreich. Bei der Wiederherstellung der Konformation des nativen Proteins ist ein hoher Betrag an „Konformationsentropie“ zu überwinden, wodurch es zu einem Anstieg der freien Energie der nativen Konformation

(IV)

kommt. Die Änderung der Gesamtenergie bei der Bildung der nativen kompakten Proteinstruktur aus der Zufallsknäuelung ist schwach negativ. An der Stabilisierung der nativen Struktur bei der Renaturierung sind nicht-kovalente Bindungen (Wasserstoff-, hydrophobe und Ionenbindungen) entscheidend beteiligt.

Die **Eiweißfällung** ist der Endzustand einer Reihe komplizierter Vorgänge, die sich an der Eiweißstruktur im Zuge fortschreitender Denaturierung abspielen.

2.6.4.5.4. Blutproteine

Das **Blut** ist das **Transportgewebe** (Transportorgan) des Organismus vielzelliger Tiere. Durch seinen Leukocyten- und Antikörpergehalt schützt es den Organismus vor Krankheitserregern und deren Produkten. Es enthält das Gerinnungssystem, das den Körper vor Blutverlusten bei Gefäßverletzung bewahrt.

Blut besteht aus dem *Blutplasma* (eiweißhaltige Flüssigkeit) und den geformten Elementen Erythrozyten, Leukozyten, Lymphozyten und Thrombozyten. Die roten Blutkörperchen machen 44% des Gesamtbluts aus, die übrigen Formelemente nur zusammen 1%. Auf das Blutplasma entfallen 55% des Blutvolumens. *Blutserum* ist das nach Ausfällung des Fibrins verbleibende Blutplasma. Das Blutplasma stellt gemeinsam mit der interstitiellen Flüssigkeit die extrazelluläre Phase des Körpers dar.

Die **Plasmaproteine** bilden eine Vielzahl von chemischen Individuen mit verschiedenen Eigenschaften und Funktionen und nehmen unter anderem die folgenden Funktionen wahr (zitiert n. RAPOPORT):

- Aufrechterhaltung des kolloidosmotischen Drucks
- Transport wasserunlöslicher Stoffe (Vehikelfunktion für Lipide und Metalle)
- Hormon- und Enzymtransport
- Träger von Immunität und unspezifischer Resistenz
- Träger des Blutgerinnungssystems.

Vermutlich existieren ca. 100 verschiedene Plasmaproteine zur Wahrnehmung der differenten Aufgaben. Die Zusammensetzung der Plasmaeiweiße zeigt starke Schwankungen in Abhängigkeit von der Änderung der Stoffwechsellage, insbesondere unter pathologischen Bedingungen, was von beträchtlicher klinischer Bedeutung ist. Die Proteinfraktionen des Blutplasmas zeigt die Tabelle 2.44.

Man nimmt an, daß der größte Teil der γ-Globuline Träger der Antikörperwirkung ist, d. h. Immunoglobuline umfaßt. Jedes **Immunoglobulin** (Antikörper) besteht aus 4 Peptidketten, 2 identischen leichten und 2 identischen schweren Polypeptidketten. Disulfidspangen verbinden sowohl die schweren als auch die leichten mit den schweren Peptidketten. Die leichten Ketten werden als λ-Ketten (früher: L-Ketten, L engl. light), die schweren Ketten als γ-Ketten (früher: H-Ketten, H engl. heavy) bezeichnet. Die IgG-Globuline („leichte Antikörper") besitzen ein Molekulargewicht von 150000 — 160000. Durch Behandlung mit Papain (Proteolyse) und anschließende Reduktion lassen sie sich in je 2 Peptidketten mit Molekulargewichten von 20000 und in je 2 Peptidketten mit Molekulargewichten von etwa 60000 spalten. Die IgM-Globuline (γ_1x) haben ein Molekulargewicht von 750000 und sind polyvalente Antikörper mit 10 Antigenbindungssorten. In den IgA-Globulinen ist anstelle einer γ-Kette eine α-Kette enthalten sowie eine zur x-Kette analoge Peptidkette ($\alpha_2\ \lambda_2$; $\alpha_2 m_2$). Die

Tabelle 2.44. Plasmaglobuline (verändert n. RAPOPORT)

Proteinfraktion bzw. Proteine	Molekulargewicht	Konzentration (g/l)
α_1-Globuline		5
α_1-saures Glykoproteid (= α-Seromucoid)	45000	0,5
α_1-Lipoproteid	200000	3,5
α_1-Haptoglobin	85000	1,0
α_2-Globuline		7
α_2-Makroglobin	800000	2,5
α_2-Haptoglobine	85000	1,0
α_2-Glykoproteide	50000	1,5
α_2-Lipoproteide	$>$ 3000000	1,5
Coeruloplasmin	150000	0,3
β-Globuline		9
Transferrin (Siderophilin)	90000	3,0
β-Lipoproteide	3000000	3,0
γ-Globuline („Immunoglobuline)		16
IgM-Makroglobuline (γ_{1M})	~ 1000000	1,0
IgG-Globuline (γ_{7S})	160000	11,0
IgA-Globuline (γ_{1A})	~ 150000	1—2

verschiedenen Immunoglobulinklassen IgG, IgA, IgM, IgD und IgE unterscheiden sich im konstanten Teil ihrer H-Ketten (γ-, α-, μ-, δ-, ε-Ketten), im Molekulargewicht und im Kohlenhydratgehalt. Sie sind spezies-spezifisch. Es liegt jeweils eine ganze *Antikörperpopulation* vor, die sehr heterogen ist. Die Information für die Synthese einiger Millionen verschiedener Antikörpermoleküle ist in den antikörpersynthetisierenden Zellen genetisch fixiert oder wird während der Ontogenese gewonnen.

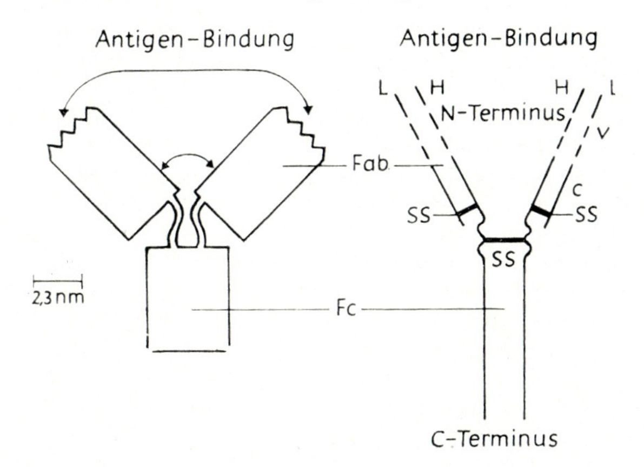

Abb. 2.16. Modell eines IgG-Antikörpermoleküls (links) und Schema des Aufbaus eines γG-Moleküls (verändert aus GLÄSSER). L = leichte, H = schwere (H = engl. heavy) Ketten; v = variabler, c = konstanter Kettenteil; SS = Disulfidbindungen.

Antigen-Antikörper-Komplexe (vgl. weiter unten) können elektronenmikroskopisch abgebildet werden. **Antikörper** sind flexible Makromoleküle. Form und Größe eines IgG-Antikörpermoleküls sind aus der Abbildung 2.16. zu ersehen. Das Antikörpermolekül hat die Gestalt eines Ypsilons mit 2 beweglichen „Fangarmen", auf denen sich je ein *Antigenbindungsort* befindet. Vorausbedingung für weitere chemische Strukturuntersuchungen ist ein einheitliches Protein, das jedoch schwer zu erhalten ist. Der Immunapparat bildet auf ein Antigen stets eine ganze Antikörperpopulation, deren Einzelvertreter auf Grund geringfügiger physiko-chemischer Unterschiede bisher noch nicht befriedigend trennbar sind. Bei einer malignen Entartung des antikörperbildenden Systems, dem Plasmocytom, wird allerdings in großen Mengen ein völlig homogenes Protein gebildet und im Urin ausgeschieden: *Bence-Jones-Protein.* Bence-Jones-Proteine entsprechen den leichten Peptidketten (Antikörper-L-Ketten). Die C-terminale Hälfte verschiedener Bence-Jones-Proteine zeigt eine große Konstanz der Aminosäuresequenz, während die N-terminale Hälfte neben konstanten variable Positionen hat. Die Aminosäuresequenz der N-terminalen Peptidketten der Antikörper bestimmt offensichtlich ihre Spezifität und trägt den Antigenbindungsort.

Der Immunapparat eines Organismus (Lymphgefäßsystem, Lymphknoten, lymphatische Organe und Lymphocyten) erkennt Fremdsubstanzen, die **Antigene**, an speziellen Molekülgruppierungen, den sog. *determinanten Gruppen.* Als Antigene wirken nur makromolekulare Stoffe, da offenbar Antigene zuerst von Makrophagen phagozytiert werden müssen. Der Organismus antwortet mit der Bildung von Antikörpern (Immunantwort), die spezifisch gegen die betreffenden determinanten Gruppen gerichtet sind. Die bivalenten Antikörper reagieren mit den polyvalenten Antigenmolekülen in der **Antigen-Antikörper-Reaktion**, wobei es zu einer Präzipitation der Antigen-Antikörper-Komplexe oder zu einer Agglutination von Zellen kommen kann.

Die Hauptreaktion der **Blutgerinnung** ist die Umwandlung des Fibrinogens (lösliches Plasmaprotein) in das Fribrin, das durch seine unlösliche polymere Faserform das Blutgerinnsel bildet. Die Umwandlung von *Fibrinogen* in *Fibrin* wird durch das *Thrombin* (ein Enzym) bewirkt. Die Bildung von Thrombin aus Prothrombin erfordert Thromboplastin und Ca^{2+}-Ionen:

$$\text{Prothrombin} \xrightarrow{Ca^{2+},\ \text{Thromboplastin}} \text{Thrombin}$$

$$\text{Fibrinogen} \rightarrow \text{Fibrin}$$

(Thromboplastin = *Thrombokinase*).

Der Gesamtvorgang der Blutgerinnung ist ziemlich komplex, denn der Gerinnungsvorgang wird durch zahlreiche Faktoren fördernd oder hemmend beeinflußt (Gerinnungsfaktoren). Die Umwandlung von Fibrinogen in Fibrin erfolgt in einem mehrstufigen Prozeß, der eine limitierte Proteolyse (vgl. 12.8.1) einschließt, wobei zunächst das Fibrinmonomere entsteht. Der Bildung des Fibrinpolymeren folgt schließlich eine Vernetzung unter Ausbildung eines Fibrinnetzes (Fibringerinnsels). Gegebenenfalls kann sich dessen Auflösung (Fibrinolyse) anschließen.

Das **Fibrinogen** ist ein Glykoproteid und enthält Galaktose, Mannose und Glucosamin. Das fadenförmige Molekül hat ein Molekulargewicht von 330000.

Es stellt ein Dimeres dar. Jede Untereinheit besteht aus 3 Polypeptidketten. Ein Schwefelsäurerest (als Tyrosinester) bedingt den stark sauren Charakter des Fibrinogens.

Das Hauptproteid der Erythrocyten ist das **Hämoglobin** (Hb, Farbe!). Hämoglobin (Molekulargewicht 64458) besteht aus 4 Untereinheiten. Jede Untereinheit wird aus einer Polypeptidkette gebildet, die ein Häm trägt. Die Bindung zwischen Häm und Globin ist relativ labil. Je 2 Peptidketten sind miteinander identisch. Die Raumstruktur ist bekannt (PERUTZ und KENDREW). Die physiologische Funktion des Hämoglobins als Sauerstoffcarrier des Blutes beruht auf der Reversibilität der Hb-O_2-Bindung. Analog wie O_2 wird CO gebunden, dessen Affinität zum Hb jedoch wesentlich höher ist (Kohlenmonoxidvergiftung!). Die verschiedenen Hb-Derivate sind spektroskopisch unterscheidbar.

Das Hämoglobin des Menschen und der Tiere ist nicht einheitlich. Es gibt mehrere Hämoglobine, die im Verlaufe der Ontogenese unterschiedlich stark gebildet werden. Haupt-Hämoglobin des Blutes Erwachsener ist das *Hämoglobin A*. Das fötale Hb F hat eine höhere Affinität zu O_2 als Hb A. Die verschiedenen Hämoglobine unterscheiden sich im Proteinanteil. In den normalen Hämoglobinen sind vier verschiedene Peptidketten (α-, β-, γ- und δ -Kette) vorhanden. Jedes normale Hb enthält neben einem Paar α-Ketten ein Paar der 3 anderen Ketten:

$$\text{Hb A} = \alpha_2\,\beta_2$$
$$\text{Hb F} = \alpha_2\,\gamma_2$$
$$\text{Hb A}_2 = \alpha_2\,\delta_2$$

Die α-Kette enthält 141, die β- und γ-Ketten haben je 146 Aminosäurereste. Die Aminosäuresequenz der Hb-Ketten des Menschen und einiger Tiere ist vollständig aufgeklärt.

Der **Hämoglobinabbau** (vorwiegend in der Leber) wird über *Verdoglobin* (Choleglobin) (= grüner Farbstoff aus Globin, aufgespaltenem Porphyrinring und dreiwertigem Eisen) eingeleitet und führt weiter zu Gallenfarbstoffen. Die wichtigsten Gallenfarbstoffe sind das *Bilirubin* und sein Glucoronid (*Bilirubinglucuronid*). Nach Spaltung der Glucuronidbindung im Darm wird freies Bilirubin durch Darmbakterien schrittweise zu farblosen Produkten reduziert (Mesobilirubin, Mesobilinogen und Sterkobilinogen). Die spontane Oxydation dieser Stoffe führt zu gelbbraunen Verbindungen, die mit dem Kot ausgeschieden werden. Die Farbe des Kots wird vor allem durch das Sterkobilin (Oxydationsprodukt von Sterkobilinogen) und das Mesobilifuscin bestimmt.

Abnormale Hämoglobine werden in der menschlichen Bevölkerung erblich bedingt neben den normalen Hämoglobinen oder an ihrer Stelle gebildet. Am längsten bekannt ist die sog. *Sichelzellanämie*, eine erbliche Molekularkrankheit (PAULING) bei Negern, die durch Formänderung der Erythrocyten im sauerstoffarmen venösen Blut gekennzeichnet ist. Diese schwere Anämie beruht auf der Anwesenheit von **Sichelzellenhämoglobin** (Hb S), das in der reduzierten Form sehr gering löslich ist. Von 28 Spaltpeptiden ist nur eines unterschiedlich: in Position 6 (von N-terminal gerechnet) ist im Unterschied zu Hb A (Normal-Hb) im Hb S Glu durch Val ersetzt. Seitdem sind viele andere abnormale Hämoglobine bzw. Hämoglobinanomalien gefunden worden.

2.6.5. Die Nucleinsäuren, ihre Bausteine und deren Derivate

Nucleinsäuren sind in chemischer Hinsicht *Polynucleotide* bzw. Polyphosphorsäureester (*Phosphodiesterbindung!*). Biologisch gesehen sind Nucleinsäuren „informative Makromoleküle", die in den biologischen Informationsfluß eingeschaltet sind. Sie dienen der Speicherung und Weitergabe genetischer Information. Analog den Proteinen haben sie eine Primär- und Sekundärstruktur. Die Nucleinsäuren umfassen Verbindungen von unterschiedlichem Bau und verschiedenartiger Funktion. Wir unterscheiden:

- *Desoxyribonucleinsäure* (DNS oder DNA, engl. deoxyribonucleic acid)
- *Ribonucleinsäuren* (RNS bzw. RNA, engl. ribonucleic acid).

Nucleinsäuren haben z. T. sehr hohe Molekulargewichte (vgl. Tabelle 2.4.).

Die monomeren Bausteine der Nucleinsäuren, die (Mono-) **Nucleotide**, sind Verbindungen der folgenden Bauart:

Nucleotid: N-Base — Zucker — Phosphat

Als **Nucleosid** bezeichnet man die Verbindung aus Base und Zucker. Sie wird im Stoffwechsel durch Phosphatabspaltung aus dem Nucleotid oder durch Synthese aus den Grundbausteinen gebildet:

Nucleosid: N-Base — Zucker

In einem Nucleotid sind die Bausteine durch die folgenden *Bindungen* verknüpft:

- *N-Glykosidbindung* zwischen Base und Zuckerkomponente
- *Esterbindung* (Phosphorsäureester) zwischen Zucker und Phosphat.

(Zur Bindung der Nucleotide in den Nucleinsäuren vgl. 2.6.5.1.).

Die folgenden **N-Basen** kommen allgemein in den Nucleinsäuren vor:

- die **Purinbasen** Adenin (A) und Guanin (G) (DNS, RNS)
- die **Pyrimidinbasen** Cytosin (C) und Uracil (U) (RNS), Cytosin und Thymin (T) (DNS).

Zu den „Nucleinsäure-Basen" treten weitere Bausteine der Nucleinsäuren, die sich von Purinen und Pyrimidinen ableiten, jedoch nicht von genereller Bedeutung in den Nucleinsäuren sind. Wegen ihres zuweilen recht seltenen Vorkommens werden sie als *„seltene Nucleinsäurebausteine"* bezeichnet. Diese werden nicht als Precursoren in die Nucleinsäuresynthese einbezogen, sondern durch sekundäre Modifikationsreaktionen des Nucleinsäuremoleküls gebildet. Dazu gehören:

- 5-Methylcytosin als relativ häufiger DNS-Bestandteil in Pflanzen
- alkylierte und thiolierte Basen sowie weitere Purin- und Pyrimidinderivate, wie z. B. das *Pseudouridin* (ein Nucleosid, mit C-glykosidisch gebundenem Zucker) und das Inosin (= Hypoxanthosin, ein Nucleosid aus Hypoxanthin und D-Ribose). Die von den vier üblichen Nucleinsäurebasen strukturell verschiedenen Purin- und Pyrimidinderivate sind insbesondere Bestandteile von Transfer-RNS.

Die **Pentosen** der Nucleinsäuren sind:

- D-*Ribose* (RNS)
- D-2-*Desoxyribose* (DNS)

(Zu den Formeln dieser Zucker vgl. 2.6.1.).

Nucleotide und Nucleoside kommen neben freien Purinen und Pyrimidinen im löslichen N-Pool der Zelle vor. Sie fungieren als Vor- und Zwischenstufen der Biosynthese der Nucleinsäurebasen, die als Nucleosiddi- und triphosphate der enzymatischen RNS- und DNS-Synthese zugeführt werden. Exogen gebotene Purine und Pyrimidine werden über den sog. *salvage pathway* (vgl. 12.7.1.1.) auf dem Wege über Nucleoside und Nucleotide in die Synthese von Nucleinsäuren einbezogen. Darüberhinaus sind die Bestandteile des Pools der Purin- und Pyrimidinverbindungen der Zelle Zwischenstufen des Nucleinsäureabbaus. Alle diese Verbindungen werden durch Enzyme verschiedener Art umgesetzt. Diese Purin- und Pyrimidin-Interkonversionen bilden ein komplexes „Stoffwechsel-Netz", da sich die Umwandlung aller dieser Verbindungen ineinander auf dem Niveau von freier Base, Nucleosid und Nucleotid vollzieht, wobei Abbaureaktionen nach Art von Desaminierungen und Oxydationen dieses Reaktionsmuster noch komplizieren (vgl. 12.7.1.1.). Des weiteren spielen **Nucleosidphosphate** eine wichtige Rolle in verschiedenen Stoffwechselzusammenhängen:

- *ATP* und das sog. *Adenylsäure-System* (ATP, ADP und AMP) sind die Hauptakteure im Energiestoffwechsel (Ergobolismus) aller Organismen und in stoffwechselregulatorischer Hinsicht von Bedeutung (vgl. 4. und 10.1.1.)
- *Nucleosiddiphosphate* (GDP, UDP, CDP u. a.) sind Coenzyme des Zucker- und Phosphatidstoffwechsels (Aktivierung von Grundbausteinen der Polysaccharid- und Phosphatidsynthese durch Bildung von Nucleosiddiphosphat-Verbindungen) und Substrate der Desoxyribosylsynthese (vgl. 11.2.1.)
- die *Nucleotid-Coenzyme* (NAD, FAD u. a.) spielen im Wasserstofftransfer (vgl. 9.1.) eine hervorragende Rolle
- Nucleotidzucker sind Speicherformen für Nucleotide.

Die hauptsächlich vorkommenden Purine und Pyrimidine der Nucleinsäuren sind der folgenden Aufstellung (Tabelle 2.45) zu entnehmen (die Strukturformeln solcher Verbindungen sind an verschiedenen Stellen dieses Buches in entsprechenden Zusammenhängen aufgeschrieben). Die Grundbasen Purin und Pyrimidin haben keine biochemische Bedeutung (die nicht-substitutierte Grundsubstanz Purin kommt lediglich als Bestandteil eines Nucleosid-Antibiotikums vor). Das *Purinringsystem* ist ein bizyklisches System, das aus den heterozyklischen Kernen des *Pyrimidin*- und des *Imidazolringes* aufgebaut ist. Der Pyrimidinring ist ein Heterozyklus mit 2 N-Atomen. In Stellung 2 befindet sich bei allen Nucleinsäure-Pyrimidinen eine Sauerstoff-Funktion:

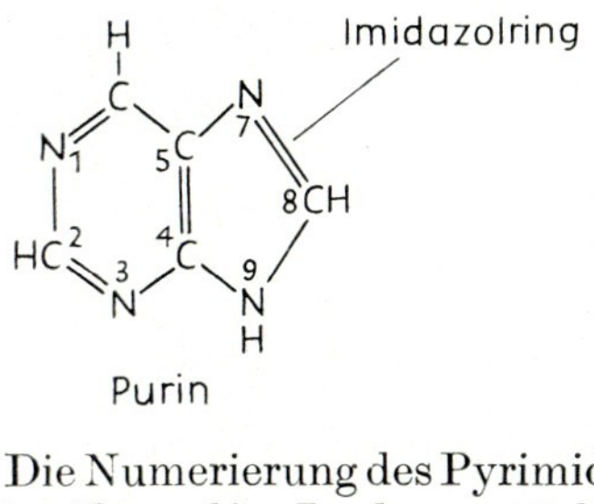

Imidazolring

Purin

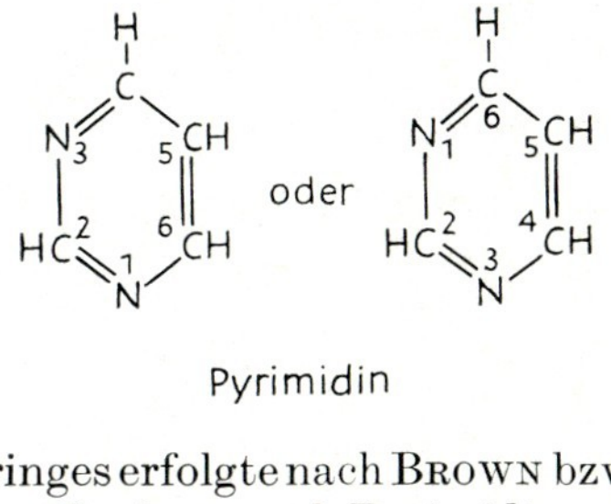

oder

Pyrimidin

Die Numerierung des Pyrimidinringes erfolgte nach BROWN bzw. PFLEIDERER (linke Formel!). In den natürlichen Purinen und Pyrimidinen sind die H-Atome durch Hydroxy-, Amino- und Methylgruppen ersetzt. In der Hand des Experimentators und teilweise in der Chemotherapie spielen auch Verbindungen eine Rolle, die anders substituiert sind und die als Strukturanaloge natürlicher Purin- und Pyrimidinderivate wirken (z. B. halogenierte Pyrimidine nach Art des 5-Fluoruracils, des Fluordesoxyuridins usw. oder 6-Mercaptopurin u. a.). In den hydroxylierten Purinen und Pyrimidinen wandert das Wasserstoffatom der Hydroxylgruppe leicht vom Sauerstoff zum benachbarten Stickstoff, so daß eine Ketogruppe ausgebildet wird (Keto- Enol- Tautomerie, Umwandlung der Lactimform in die Lactamform). Die Aminoderivate hingegen lagern sich nicht zu den entsprechenden Iminodervaten um. In den Nucleinsäuren bzw. in den Nucleosiden und Nucleotiden sind die Purinbasen im allgemeinen mit ihrem N-Atom 9, die Pyrimidinbasen mit ihrem N-Atom 3 an das C-Atom 1 der Zukkerkomponente gebunden.

Tabelle 2.45. Biologisch wichtige Purin- und Pyrimidinderivate[1])

Name der Verbindung	Substitution	Symbol	Biologische Bedeutung
Purinderivate			
Adenin	6-Amino	Ade	DNS- und RNS-Base, Baustein von ATP, ADP und AMP sowie von Nucleotid-Coenzymen wie NAD, NADP, FAD, CoA, cAMP
Guanin	2-Amino-, 6-hydroxy-	Gua	DNS- und RNS-Base, Baustein von GTP und GDP-Glucose u. a. Verbindungen
Hypoxanthin	6-Hydroxy-	Hyp	Desaminierungsprodukt von Adenin; Purinkomponente von IMP (*Inosinsäure*), die das primär gebildete Purin der de novo-Purinsynthese und Muttersubstanz der Synthese der Nucleinsäure-Purine ist
Xanthin	2,6-Dihydroxy-	Xan	Zwischenstufe im oxydativen Purinabbau; die *Purinalkaloide* Coffein, Theobromin u. Theophyllin sind methylierte Xanthine
Harnsäure	2,6,8-Trioxy-		*N-Exkret* von Uricoteliern (*Aves*, bestimmte Reptilien); Produkt oder Zwischenstufe des aeroben Purinabbaus
Pyrimidinderivate			
Cytosin	2-Hydroxy-, 4-amino-	Cyt	DNS- und RNS-Base; Baustein von CDP-Cholin
Uracil	2,4-Dihydroxy-	Ura	RNS-Base; Baustein von UDP-Glucose; Bestandteil bestimmter seltener Aminosäuren (Willardiin, Isowillardiin)

(Fortsetzung der Tabelle 2.45.)

Name der Verbindung	Substitution	Symbol	Biologische Bedeutung
Thymin	2,4-Dihydroxy-, 5-methyl-	Thy	DNS-Base; Baustein von TDP-Rhamnose
Ortosäure	2,4-Dioxy-, 6-carboxy-	Oro	Zwischenstufe der Pyrimidinbiosynthese nach dem Ortosäure-Schema
Dihydrouracil, Dihydrothymin	reduziert an der C=C-Doppelbindung		Zwischenstufen des reduktiven Pyrimidinabbaus
Lathyrin			seltene Aminosäure, aufzufassen als zyklisches Guanidinderivat

[1]) Abkürzungen und Symbole gemäß den Empfehlungen der IUPAC-IUB-Kommission für Biochemische Nomenklatur (CBN) (vor allem in der biochemischen Originalliteratur!).

Nucleoside und Nucleotide kommen als Verbindungen der D-Ribose und der D-2-Desoxyribose vor. Wir bezeichnen sie als *Riboside* oder *Ribotide* bzw. als *Desoxyriboside* oder *Desoxyribotide*. Bei Nucleosiden und Nucleotiden der Desoxyribose wird vor den Namen das Praefix „Desoxy-" gesetzt bzw. in der Symbolschrift ein „d".

Die *Bezeichnungsweise* von **freien** Nucleosiden und Nucleotiden ist in der Tabelle 2.46. und an dem folgenden Beispiel erläutert:

Verbindung	*Symbol*	*Kennzeichnung*	*synonyme Bezeichnung*
Adenin	A, Ade	freie Base	6-Aminopurin
Adenosin	AR, Ado	Nucleosid der Ribose = Ribosid	
Desoxyadenosin	dAR, dAdo	Nucleosid der Desoxyribose = Desoxyribosid	Adenindesoxyribosid
Adenosin-5′-phosphat	AMP	Nucleotid der Ribose = Ribotid	Adenosinmonophosphat (AMP), Adenylsäure
Adenosin-3′,5′-monophosphat	cAMP	zyklischer Phosphodiester	zyklisches AMP, Cyclo-AMP
Adenosindiphosphat	ADP	Nucleosiddiphosphat	
Adenosintriphosphat	ATP	Nucleosidtriphosphat	

Die Kurzdarstellung von **Basen- bzw. Nucleotidsequenzen** kann wie folgt vorgenommen werden: die Basensequenz einer RNS kann durch die Aneinanderreihung der Symbole der einzelnen Nucleoside (z. B .A—U—C—G . . .) oder der Nucleotide (z. B. pApUpCpGp . . .) angegeben werden. Ebenso wird bei der Darstellung einer DNS verfahren, obwohl man strenggenommen die Bausteine durch ein vorgestelltes d kennzeichnen müßte. Doch ist der Zusammenhang meist klar erkennbar (z. B. A—T—G—C . . . oder pApTpGpCp . . .).

Tabelle 2.46. Nomenklatur der Nucleoside und Nucleotide (nach CBN)

Base	Symbol	Nucleosid	Symbol	Nucleotid	Abkürzung
Adenin	Ade	Adenosin	A, Ado	Adenosin-5'-phosphat, Adenylsäure	AMP
		Desoxy-adenosin	dA, dAdo	Desoxy-adenosin-5'-P	dAMP
Guanin	Gua	Guanosin	G, Guo	Guanosin-5'-phosphat, Guanylsäure	GMP
		Desoxy-guanosin	dG, dGuo	Desoxy-guanosin-5'-P	dGMP
Cytosin	Cyt	Cytidin	C, Cyd	Cytidin-5'-phosphat, Cytidylsäure	CMP
		Desoxycytidin	dC, dCyd	Desoxycytidin-5'-P	dCMP
Uracil	Ura	Uridin	U, Urd	Uridin-5'-phosphat, Uridylsäure	UMP
		Desoxyuridin	dU, dUrd	Desoxyuridin-5'-P	dUMP
Thymin	Thy	Thymidin	T, Thd bzw. dT, dThd	Thymidin-5'-phosphat, Thymidylsäure	TMP bzw. dTMP

Seltene Nucleinsäurebausteine sind in der Tabelle 2.47. zusammengestellt.

Tabelle 2.47. Seltene Nucleinsäurebausteine

Baustein (Nucleosid)	Bestandteil von DNS	rRNS	tRNS	Bemerkungen
N^6-Methyladenosin	+	+	+	
N^6-Dimethyladenosin		+	+	
N^6-(γ,γ-Dimethylallyl)-adenosin			+	
2-Thiomethyl-N^6-(γ,γ-dimethylallyl)-adenosin			+	
N^6-(cis-4-Hydroxy-3-methyl-but-2-enyl)-adenosin			+	
N^2-Methylguanosin		+	+	
N^7-Methylguanosin			+	
$N^{1,7}$-Dimethylguanosin		+	+	
Inosin			+	
1-Methylinosin			+	
5-Methylcytidin	+		+	DNS von Bakterien; Ratten; Chloroplasten und Kern von *Phaseolus vulgaris*

(Fortsetzung der Tabelle 2.47.)

Baustein (Nucleosid)	Bestandteil von DNS	rRNS	tRNS	Bemerkungen
5-Hydroxymethylcytidin	+			T-Bakteriophagen, *Klebsiella*-Bakteriophage
N^4, $O^{2'}$-Methylcytidin	+			16S-RNS von *E. coli*
5,6-Dihydrouridin			+	
5-Methyluridin		+	+	(= Ribothymidin)
Pseudouridin			+	(= 5-Ribosyluracil)
5-Hydroxymethyluridin			+	
2-Thiouridin u. a. m.			+	

Die Zahl methylierter Nucleotide in tRNS beträgt bis zu 10% der Gesamtnucleotide. Die tRNS ist etwa vier Mal stärker als rRNS methyliert. Ein Teil der Methylgruppen liegt in Bindung an Ribose als 2′-O-Methylribosid vor. Zur Biogenese seltener NS-Bausteine vgl. Tabelle 12.7. Seltene Purin- und Pyrimidinbasen treffen wir auch bei den Nucleosidantibiotika (vgl. 14.4) wie z. B. das Purin (die sonst natürlich nicht vorkommende „chemische Grundsubstanz" der Purine).

2.6.5.1. Die Verknüpfung der Nucleinsäurebausteine

Die *Nucleinsäurehydrolyse* führt über **Nucleotide**:

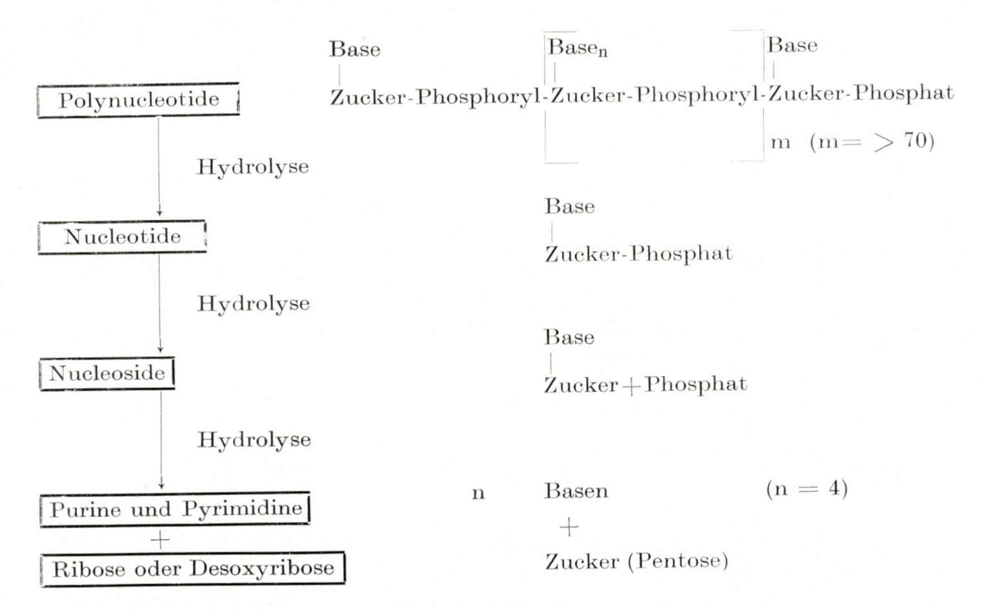

Für die **Bausteine** und ihre **Verknüpfung** gilt (vgl. Abb. 2.17.):

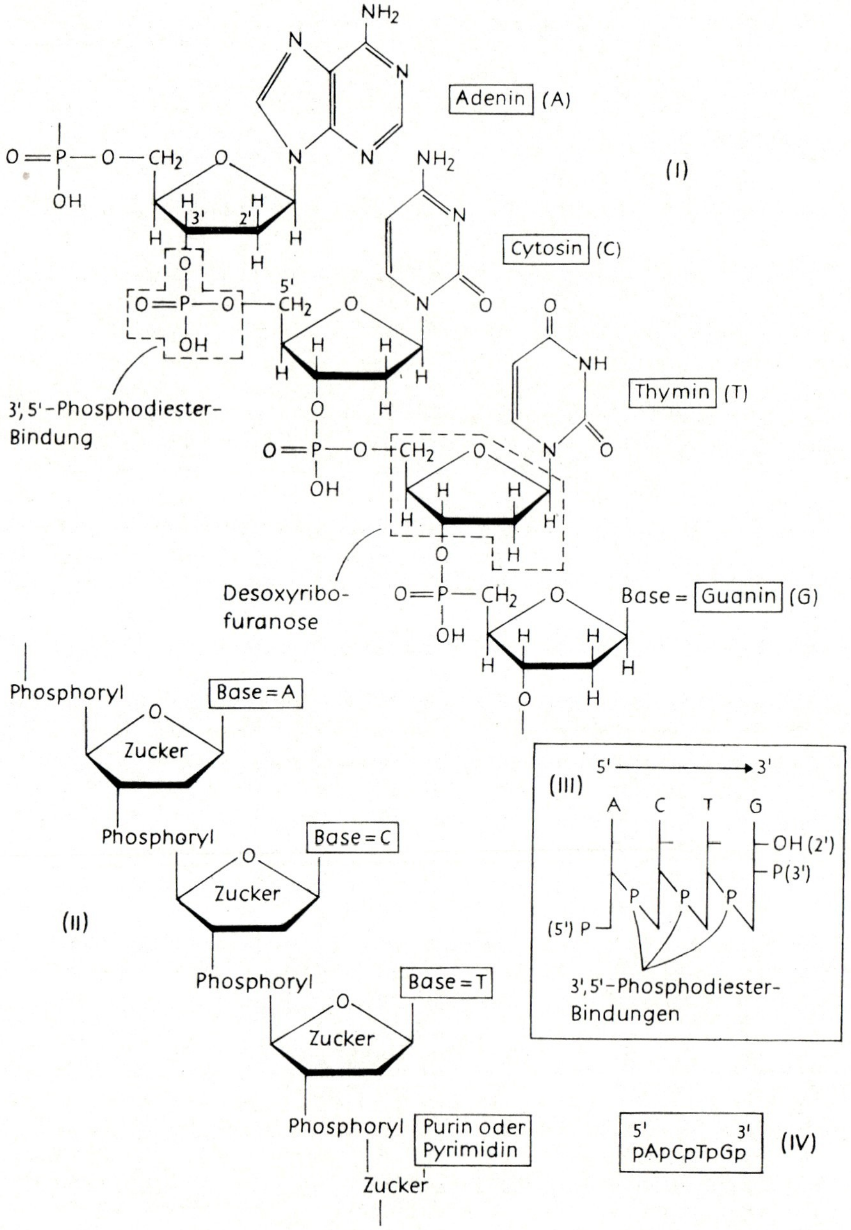

Abb. 2.17. Ausschnitt einer DNS-Kette in verschiedener Schreibweise: (II) verdeutlicht die Zuckerphosphat-Kette, (III) und (IV) stellen stark vereinfachte gebräuchliche Schreibweisen dar.

– die Purinbasen sind im allgemeinen über das N-Atom 9, die Pyrimidinbasen über das N-Atom 1 (vgl. 2.6.5.) mit dem C-Atom 1 bzw. 1′ der Pentose durch eine *β-N-Glykosidbindung* verknüpft
– Zucker und Phosphat sind durch *Phosphoesterbindung* verbunden
– die Nucleotide sind über „Phosphatbrücken" miteinander verknüpft.

Die Pentosen in den Nucleinsäuren (Ribose, Desoxyribose) liegen in der D-Furanoseform vor. Die N-Base existiert in der *Lactamform* (Lactam-Lactim-Tautomerie!).

Die elektrometrische Titration von Nucleinsäuren ergibt, daß jedes Phosphoratom nur eine freie Hydroxylgruppe trägt. Aus Nucleinsäurehydrolysaten kann man unter bestimmten Bedingungen die 5′-Phosphate, 3′-Phosphate oder 3′,5′-Diphosphate derselben Nucleoside isolieren. Die Phosphorsäure hat also zur Esterbindung die Hydroxylgruppen am C-Atom 5′ und 3′ der Pentose zur Verfügung. Bedeutet X eine der vier verschiedenen üblichen Nucleinsäurebasen, kann man die Nucleosid-5′-monophosphate als pX, die Nucleosid-3′-monophosphate als Xp symbolisieren. Die betreffenden Desoxyverbindungen werden wie üblich durch ein vor den Namen gesetztes d gekennzeichnet (z. B. dpX). Kettenbildung kommt durch fortlaufende Diesterbindung der Phosphorsäure mit dem 3′- und 5′-Hydroxyl der Ribose bzw. Desoxyribose benachbarter Nucleoside zustande. Eine Kettenverzweigung erfolgt in den natürlich vorkommenden Polynucleotiden nicht. Die immer wiederkehrende **3′-5′-Phosphorsäurediester-Bindung** führt zu einem aus Pentosephosphaten bestehenden „Rückgrat" der Polynucleotidkette, an dem die Basen über die Zucker „seitlich" befestigt sind (vgl. Abb. 2.17.) Wir unterscheiden ein 5′-OH-Ende von einem 3′-OH-Ende der Kette. In dem in der Abbildung 2.10. gegebenen Ausschnitt einer DNS-Kette wird deutlich, daß das eine Kettenende eine 5′-OH-Gruppe (die hier phosphoryliert ist) trägt, das andere eine freie 3′-Hydroxygruppe (was aus der enzymatischen Synthese von DNS aus Nucleosid-5′-triphosphaten, vgl. 14.1., folgt). Nucleinsäuren enthalten wenigstens 70 Nucleotide. Die längsten bisher isolierten Nucleinsäuren enthalten (n. TRÄGER) bis zu 10^8 Nucleotide in einem Strang, was einer Länge der Polynucleotidkette von ca. 3 mm entspricht.

Die beiden Haupttypen von Nucleinsäuren, die **Desoxyribonucleinsäuren** (DNS) und die **Ribonucleinsäuren** (RNS), zeigen charakteristische Unterschiede in Aufbau und Funktion (Tabelle 2.48).

In der Protocyte (kernfreie Zelle, insbesondere Bakterien) besteht das Genom in der Regel nur aus einer linearen oder zirkulären (ringförmigen) DNS-Doppelhelix (vgl. 2.6.5.2.), die z. B. bei *E.coli* ein Molekulargewicht von 3.10^9 Dalton hat. In bestimmten Fällen enthält eine Bakterienzelle neben der Haupt-DNS, die sich mikoskopisch in den sog. *Nucleoiden* fixieren läßt, noch *Resistenzfaktoren* (R-Faktoren) und *Geschlechtsfaktoren* (F-Faktoren), die man auch als **Episomen** (oder *Plasmide*) bezeichnet. Die episomale DNS kann 5% oder mehr der Haupt-DNS ausmachen.

Die DNS- und RNS-enthaltenden Fraktionen können durch geeignete Aufbereitungsverfahren weiter fraktioniert werden. Da in den meisten Geweben DNS- und RNS-hydrolysierende Enzyme (*DNasen*, *RNasen*, *Phosphodiesterasen*) vorkommen, muß man bei der Probenaufarbeitung entsprechende Hemmstoffe

Tabelle 2.48. Charakteristika von DNS und RNS

	DNS	RNS
Basen	A, G, C, T	A, G, C, U, seltene Basen
Zucker	Desoxyribose	Ribose
Stabilität	alkalistabil	alkalilabil
Vorkommen	vorwiegend im Zellkern, als „Satelliten-DNS" in Mitochondrien und Chloroplasten, im Zytoplasma von Eizellen; in Viren (DNS-Viren) und in Episomen von Bakterien	in Kern und Zytoplasma: Nuclear-RNS besonders im Nucleolus, aber auch in den Chromosomen; im Zytoplasma besonders in der Ribosomenfraktion der Mikrosomen; gelöst im Zytoplasma; in Viren (RNS-Viren, pflanzliche Herkunft)
biologische Funktion	genetischer Speicher	Realisierung der genetischen Information; Proteinsynthese
Molekulargewicht	0,5 – mehrere Millionen	20000 bis 200000

(vgl. 14.4.) hinzufügen. Nach Herkunft und biologischer Funktion kann man mehrere **RNS-Arten** unterscheiden:

- **Messenger-RNS** (mRNS, auch als Boten-RNS oder Matrizen-RNS bezeichnet, messenger, engl. Bote)
- **Ribosomen-RNS** (rRNS, ribosomale RNS macht ca. 80% der Gesamt-RNS der meisten Zellen aus)
- **Transfer-RNS** (tRNS, auch als lösliche RNS, sRNS oder Akzeptor-RNS bezeichnet, s eng. soluble)
- **5 S-RNS** (S = Sedimentationskonstante, als Maß für die Molekülgröße bzw. das Molekular- oder Partikelgewicht)
- **Nuclear-RNS**
- **Virus-RNS** (Pflanzenviren).

Längere Nucleinsäureketten liegen in einer räumlich ungeordneten, geknäuelten Konformation vor, werden jedoch durch bestimmte Bedingungen stabilisiert. Für die **Konformationsstabilisierung** sind entscheidend (Abb. 2.18):

- die **hydrophobe Stapelung** (engl. hydrophobic stacking): die Nucleinsäurebasen orientieren sich derart zu Gruppen, daß ihre gemeinsame Oberfläche zum umgebenden Lösungsmittel minimal ist. Die Beweglichkeit der Basen wird hierdurch eingeschränkt, und die Resonanzfähigkeit der pi-Elektronen ist vermindert. Die Folge ist die *Hyperchromie* der Nucleinsäure, d. h. die Abnahme der optischen Dichte, die geringer ist, als sich durch einfache Addition der Beiträge der Einzelkomponenten zum Gesamtbetrag ergäbe (***hyperchromer Effekt***);
- die *Wasserstoffbrückenbindung* (vgl. 2.3.) zwischen komplementären Basen, die sich als spezifische **Basenpaarung** (Basenkupplung, ***Komplementarität***) äußert (vgl. die Abb. 2.19.). Sie erfolgt aus sterischen Gründen stets zwischen einem bestimmten Purin und einem bestimmten (dem komplementären) Pyrimidin, z. B. koppeln A—T, A—U, G—C.

Über die Paarung komplementärer Basen kann ein Polynucleotid einen **Doppelstrang** bilden. Für die mechanische Stabilisierung einer solchen Konformation (vgl. die DNS-Doppelhelix) sind *Wasserstoffbindungen* und *hydrophobe Stapelungskräfte* (Basenaufstockungskräfte) entscheidend. Im Doppelstrang können die beiden Einzelstränge parallel oder antiparallel angeordnet sein. Synthetische Hochpolymere aus nur ein und demselben Grundbaustein wie z. B. die Polyadenylsäure (Homopolymere) haben eine *parallele Konfiguration*. Synthetische Polynucleotide aus verschiedenen Grundbausteinen und natürliche Polynucleotide (Heteropolymere) besitzen eine **antiparallele Konfiguration**, d. h. die Phosphorsäurediesterbindungen in den beiden Einzelsträngen verlaufen in zueinander entgegengesetzter Richtung (3′ → 5′ und 5′ → 3′). In der doppelschraubigen Struktur (Doppelspirale) ist das fadenförmige Makromolekül zu einem „steifen Stäbchen" stabilisiert. Die *Doppelhelix-Struktur* (WATSON und CRICK) bewirkt, daß der eine Strang die zum anderen Strang komplementäre Zusammensetzung hat. Sie wird in der DNS und auch bei Ribonucleinsäuren gefunden.

2.6.5.2. Desoxyribonucleinsäure (DNS)

In der Eucyte (kernhaltige Zelle der Eukaryonten, vgl. 6.1.) ist die Hauptmenge der DNS im Zellkern (speziell in den Chromomeren der Chromosomen) lokalisiert (vgl. 6.3.1.). Der DNS-Gehalt von Kernen verschiedener Gewebe eines Organismus ist konstant. Ausnahmen bilden:

- *haploide* Zellen (Geschlechtszellen), die, nur die Hälfte der DNS-Menge von somatischen Zellen (Körperzellen, doppelter Chromosomensatz = diploide Zellen)haben
- *polyploide* Zellen (z. B. Leberzellen und manche Zellen pflanzlicher Gewebe, die durch *Endomitosen*, d. i. Kernteilung ohne folgende Zellteilung, polyploid werden können).

Im Vergleich zur „Haupt-DNS" von Zellkernen und Nucleoiden (vgl. 2.3.5.2.) ist die „Satelliten-DNS" (Mitochondrien, Chloroplasten) in weitaus geringerer Menge vorhanden. Das gilt auch für die „Fremd-DNS" von Bakterien (episomale DNS).

Die biologischen Eigenschaften der DNS (Produktion exakter Selbstkopien bei der DNS-Replikation, Transkription) hängen von der besonderen Konfiguration der DNS ab. Konformationsstudien von J. D. WATSON und F. H. C. CRICK führten zur Konstruktion eines DNS-Modells, das die biologischen Eigenschaften der DNS schlagartig verständlich machte: **Watson-Crick-Modell** der DNS-Struktur. Auf der Grundlage der von ROSALIND FRANKLIN und F. WILKINS hergestellten Röntgenstrahl-Beugungsdiagramme wurde die **Doppelhelix** postuliert, die zu einer verblüffenden Lösung zentraler biologischer Probleme der identischen Selbstvermehrung und der molekularen Informationsübertragung führte. Jede Helix stellt eine rechtsgewundene, d. h. aufwärts im Uhrzeigersinne drehende Schraubenstruktur in der *nativen B-Konfiguration* dar. Die Doppelhelix ist eine Doppelschraube, die aus zwei gleichlangen, antiparallelen DNS-Molekülen (Einzelsträngen) besteht. Sie wird durch hydrophobe Wechselwirkungen (hydrophobe Stapelungskräfte = Basenaufstockungskräfte) und durch Wasserstoffverbindungen stabilisiert. Die Basensequenz des einen Stranges legt durch das Prinzip der komplementären Basenpaarung die Sequenz des anderen Stranges fest (Abb. 2.18.). Auf der Helixoberfläche werden hierbei eine kleine und eine große Furche (engl. groove) ausgebildet, d. h. die Doppelspirale ist nicht ganz symmetrisch. Das schafft offenbar wichtige sterische Voraussetzungen für die Replikation und Transkription (vgl. 14.), indem damit eine „Orientierungshilfe" für Enzyme und eine Lokalisierung bestimmter Proteine ermöglicht werden (Abb. 2.19).

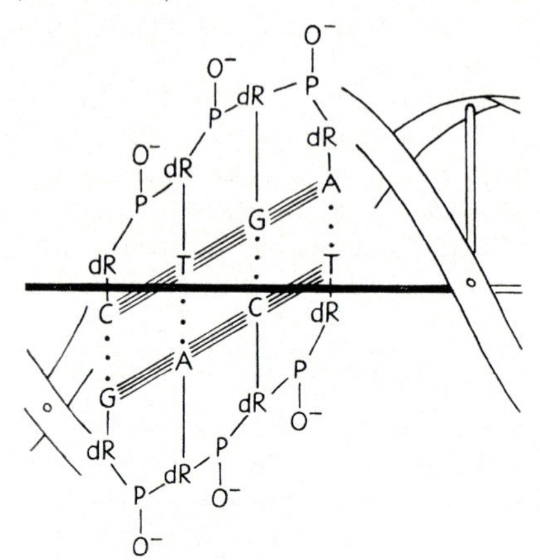

Abb. 2.18. Schematische Darstellung der die DNS-Doppelhelix stabilisierenden Kräfte (aus BENNETT). Die Desoxyribosephosphat-Ketten (dR = Desoxyribose, P = Phosphorsäure in Diesterbindung) sind durch „geschwungene Balken" symbolisiert. Die Wasserstoffbrücken sind in der Mitte durch Punkte (C...G, T...A, G...C, A...T), die sog. Basenaufstockungskräfte (zwischen C und T, T und G usw.) durch paralleles Linienmuster symbolisiert. Hydrophile Wechselwirkungen sind an die hydrophilen Phosphorylgruppen gebunden.

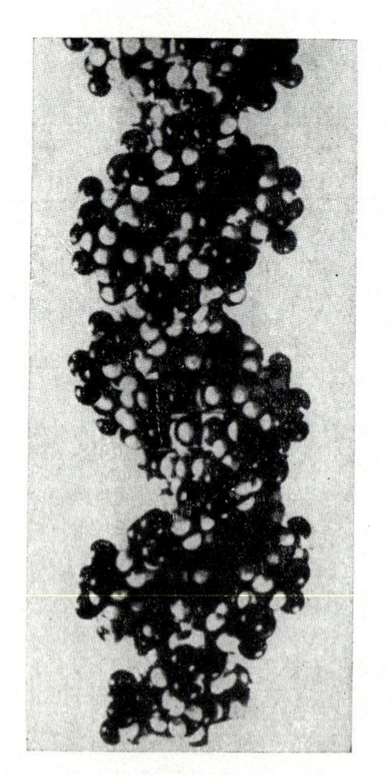

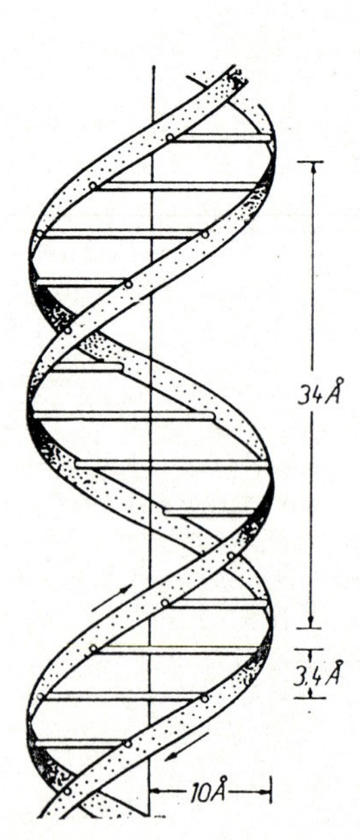

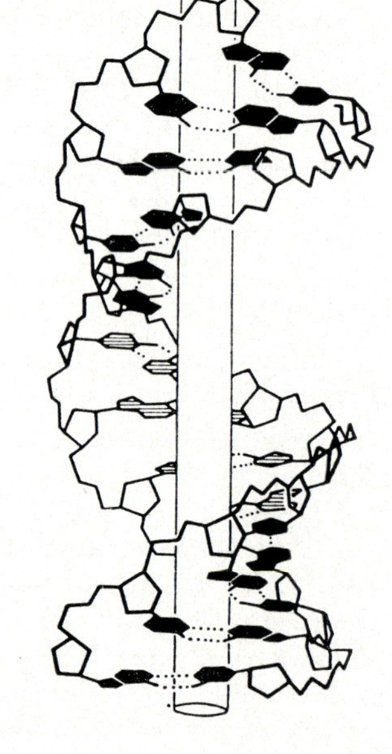

Abb. 2.19. Räumliche Konfiguration eines DNS-Moleküls (n. WATSON und CRICK, aus BIELKA). Kalottenmodell (links), Schema der Doppelhelix (Mitte), räumliche Darstellung der DNS-Bausteine (rechts).

Im Watson-Crick-Modell der DNS sind 2 Polynucleotid-Einzelstränge um eine gedachte Zentralachse spiralisiert, so daß eine Art verdrillte Strickleiter entsteht, bei der die Sprossen durch die Basenpaare, die Seile durch Zuckerphosphat-Ketten mit gegenläufigem Richtungssinn gegeben sind. Für die **native Konfiguration** gelten:

- pro Spiralwindung 10 Basenpaare
- die beiden Stränge sind etwa 3/8 gegeneinander versetzt
- die Basenpaare stehen senkrecht zu der gedachten Zentralachse
- die Wasserstoffbrücken befinden sich seitlich von der Achse
- die Ebenen der Basenpaare liegen im Abstand von 3,4 Å voneinander, in den Ebenen sind die Basen nicht genau einander gegenüber orientiert, sondern bilden einen Winkel
- die (hydrophoben) Basen weisen nach der Helixachse hin und werden außen von der hydrophilen Desoxyribosephosphat-Kette abgeschirmt.

Die Doppelhelix-Struktur bewirkt eine charakteristische *optische Aktivität* (die Messung der optischen Rotationsdispersion, d. h. der wellenlängenabhängigen optischen Aktivität, dient zur Feststellung ungestörter helikaler Bereiche auf dem Nucleinsäuredoppelstrang). Die besondere Anordnung von hydrophoben Basen und hydrophiler Zuckerphosphat-Kette hat die hohe Wasserlöslichkeit des Moleküls zur Folge. Für die Anordnung der Basen gelten verschiedene *Ordnungsprinzipien* (CHARGAFF, Abb. 2.20.):

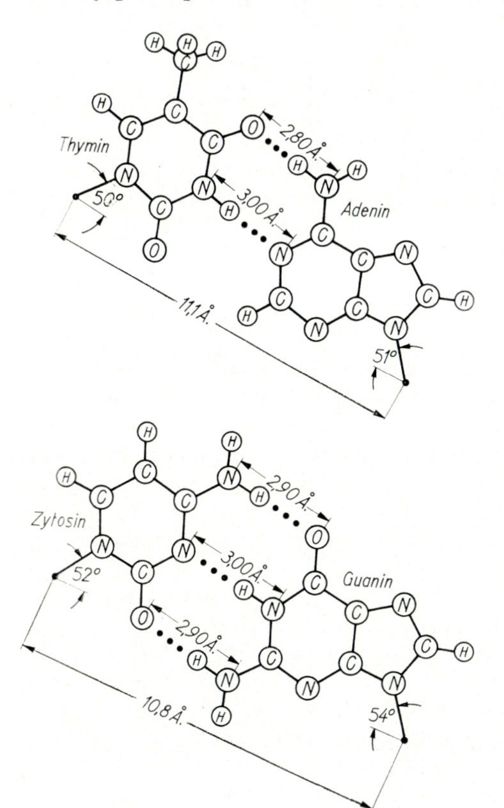

Abb. 2.20. Basenpaarung zwischen A und T (oben) sowie G und C (unten). (nach PAULING und COREY, aus BIELKA).

- der *Basenquotient* (A + T)/(G + C) des Doppelstranges ist mit denen der Einzelstränge identisch
- der Quotient 6-Aminobasen/6-Ketobasen bzw. (A + C)/(G + T) ist für Doppel- und Einzelstrang identisch und = 1
- der Quotient Purine/Pyrimidine bzw. (A + G)/(C + T) weicht auf den Einzelsträngen vom Wert 1 für den Doppelstrang ab, d. h. der eine der beiden Stränge ist purinreicher (spezifisch leichter, „leichter" Strang), der andere ist pyrimidinreicher (spezifisch schwerer wegen der dichteren molekularen Packung, „schwerer" Strang).

Für die Desoxyribonucleinsäuren verschiedener biologischer Herkunft wurden sehr unterschieldiche **Molekulargewichte** gefunden. DNS aus *E. coli* hat ein MG von $2{,}2 \times 10^9$ Dalton; für DNS aus höheren Organismen wurden noch größere Werte beobachtet. Native DNS erleidet bei der Isolierung leicht Kettenbrüche. Die DNS eines menschlichen Chromosoms hat ein durchschnittliches MG von $3{,}8 \times 10^{10}$ Dalton (d. i. eine Länge von 20 mm). Für virale DNS wurden Werte zwischen $1{,}6 \times 10^6$ (*Φ*X 174-Bakteriophage) und 400×10^6 (fd-Bakteriophage) Dalton gemessen.

Das Watson-Crick-Modell bringt gedankliche Schwierigkeiten bei der molekularen Deutung der DNS-Replikation, so daß Zusatzannahmen erforderlich sind (vgl. 14.1). DNS kann als *Einstrang-* und *Doppelstrang-DNS*, als *lineare* und *zirkuläre DNS* vorliegen. Der Phage *Φ*X 174 hat einsträngige DNS, die erst bei der Replikation intermediär verdoppelt wird (Replikationsform). Bakterielle DNS ist linear (Genom = Lineom) oder zirkulär. Zirkuläre DNS kann einsträngig oder doppelsträngig sein. Die zyklische Einstrang-DNS von Bakteriophagen kann als Sonderform gelten. Mitochondriale DNS existiert in zwei Formen: als lineare und zirkuläre. Letztere bildet sog. *Catena-Strukturen*, bei denen DNS-Ringe wie Kettenglieder miteinander verschlungen sind.

Als *denaturierte DNS* im engeren Sinne wird *Einstrang-DNS* verstanden, die durch Auflösung der Doppelhelix entstanden ist. Eine Strangtrennung bei Vermeidung von Kettenbrüchen kann man z. B. durch chemische Agenzien herbeiführen, die Wasserstoffbindungen lösen. Dabei findet ein *Helix-Knäuel-Übergang* statt, da die Einzelstränge eine ungeordnete Konfiguration einnehmen (Bildung statistischer Knäuel). Einstrang-DNS kann man auch durch **thermische Denaturierung** erhalten. Unter bestimmten Bedingungen erfolgt hierbei in einem relativ eng umgrenzten Temperaturbereich ein von einer erheblichen Zunahme der optischen Dichte begleiteter Zusammenbruch der nativen Struktur, der an das Schmelzen von Kristallen erinnert. Man spricht vom *Schmelzen* der DNS bzw. von einem *Hyperchromie-Effekt* (die optischen Beiträge der Einzelkomponenten kommen jetzt stärker zur Geltung, vgl. weiter oben). Denaturierte DNS kann *renaturiert* werden, wobei der native Zustand nicht vollständig wieder erreicht wird. Einstrang-DNS kann man mit Polynucleotiden bzw. ihren Bruchstücken *hybridisieren*, wobei man z. B. die DNS auf einem Träger immobilisiert (Agar u. a.). Diese Hybridisierungstechnik ist von Bedeutung für die Feststellung der Übereinstimmung oder Nichtübereinstimmung von Basensequenzen, d. h. für die Ermittlung des Homologiegrades von Nucleinsäuren unterschiedlicher biologischer Herkunft. So kann man Schlußfolgerungen über die evolutionäre Verwandtschaft von Organismen ziehen.

2.6.5.3. Ribonucleinsäuren (RNS)

Der Gesamtgehalt an RNS eines Organismus (= Gesamt-RNS) variiert von Gewebe zu Gewebe und zeigt bei verschiedenen Organismen Unterschiede. Daher ist auch die Relation RNS/DNS für Zellen verschiedener Gewebe eines Organismus unterschiedlich. Demgegenüber ist das Verhältnis RNS/Protein von einer auffallenden ungefähren Konstanz. Die Gesamt-RNS besteht aus **4 RNS-Klassen,** deren charakteristische Unterschiede in der Tabelle 2.49 zusammengefaßt sind.

Tabelle 2.49. Biologische und physikochemische Unterschiede verschiedener RNS-Klassen

Eigenschaften	mRNS	rRNS	tRNS	5S-RNS
Biologische Funktion	Messenger	Ribosomenaufbau; tRNS-Bindung ?	Aminosäure-Akzeptor	Verbindung der 50S- u. 30S-Untereinheiten, tRNS-Bindung ?
Zusammensetzung	A, U, G, C	A, U, G, C, methylierte Basen	A, U, G, C, methylierte, thiolierte u. a. seltene Basen (vgl. 2.6.5.)	A, U, G, C
Prozentsatz der Gesamt-RNS der Zelle	5–10%	75–85%	10–15%	1%
Sedimentationskoeffizient	6S	16S, 23S, 18S, 28S	4S	5S
Nucleotide pro Molekül			70–80	105±5
Molekulargewicht $\times 10^4$		50–160	2,5–3	3,5
Homogenität	heterogen	homogen (?)	heterogen	heterogen
Helix	Einstrang	helikale (gepaarte) Bereiche	helikale (gepaarte) Bereiche	helikale (gepaarte) Bereiche
Konformation	linear	linear, in sich zurückgefaltet, kompakt	Kleeblattstruktur	wie tRNS ?

Die **mRNS** ist eine einsträngige RNS. Sie ist zur DNS, an der sie synthetisiert wird, bzw. zu deren Transkriptionsstrang komplementär, da offenbar mehr als 97% der Basensequenz der *E. coli*-DNS in mRNS transkribiert werden. Als linearer Einzelstrang kann sie mit homologer DNS hybridisieren. In kurzfristigen Markierungsexperimenten wird sie schnell markiert (sog. schnell markierte RNS). Die Reindarstellung von mRNS ist sehr erschwert, da sie besonders leicht dem Angriff von Nucleasen unterliegt. In der Zelle erscheint sie dem RNase-Zugriff durch Bindung an Ribosomen (in den Polysomen) und durch Eiweißhüllen (in den sog. *Informosomen*, SPIRIN) geschützt. mRNS ist polycistronisch oder nicht polycistronisch. Die Synthese einer Hämoglobinkette aus 150 Aminosäuren benötigt eine Polysomeneinheit aus 5 Monosomen (Ribosomen) und einer mRNS aus 450 Nucleotiden (Kettenlänge = 1500 Å) unter der Voraussetzung der nicht polycistronischen Natur des Messengers. Durch den hohen Gehalt an Adenin und Uracil weicht die mittlere Basenzusammensetzung der mRNS („Poly-U-reiche RNS") deutlich von der der rRNS ab. Der Basenquotient für mRNS (G + C)/(A + U) hat Werte unter 0,9 und bis 0,65 in Abhängigkeit von der untersuchten Spezies.

Ribosomen enthalten 3 verschiedene **Typen ribosomaler RNS**: 28S, 18S und 5S (höhere Organismen) oder 23 S, 16S und 5S (Bakterien). Zur Zusammensetzung bakterieller Ribosomen vgl. das Schema in 6.3.2.2. Ca. 60% der rRNS liegt in Form geordneter Helixstrukturen vor. Nach einem Strukturvorschlag ragen die doppelsträngigen (RNase-resistenten) Bereiche der rRNS aus der Ribosomenoberfläche heraus.

Jedes Paar von 18S- und 28S-RNS-Komponenten der Ribosomen höherer Organismen wird gemeinsam als ein einziger RNS-Strang im Nucleolus synthetisiert. 5S-RNS wird auf einem anderen Genomanteil (nicht im Nucleolus) synthetisiert. Bakterien (ohne Nucleolus) synthetisieren die beiden ribosomalen RNS getrennt. Polycistronische **Precursor-RNS** höherer Organismen hat eine Sedimentationskonstante von 45S. Ihre Synthese benötigt 2—3 min. Ihre Lebensdauer beträgt ca. 15 min. Dann erfolgt ihr stufenweiser Abbau zu 32S- und 20S-RNS. 32S-RNS verweilt etwa 1 Stunde am Bildungsort (Nucleolus) und wird dann zu 28 S-RNS abgebaut, die ins Cytoplasma transportiert wird. Die 20S-RNS wird zu 18S-RNS abgebaut und schnell in das Cytoplasma transportiert. Die Spaltstücke (nicht methylierte RNS) unterliegen einem raschen enzymatischen Abbau. Der gesamte Vorgang wird als „Reifung" (engl. *processing*) bezeichnet. Das primäre Genprodukt, die ribosomale Vorstufen-RNS, enthält also nicht-ribosomale RNS, die später entfernt wird (Untersuchungen an Mammalier-Zellen, vor allem HeLa-Zellen).

Allgemeine Kennzeichen der tRNS von Alanin, Serin, Tyrosin und Tryptophan zeigt die Abb. 2.21. Nach einem Vorschlag von ZACHAU (Strukturermittlung der Seryl-tRNS) sollte man das Gemisch der verschiedenen tRNS-Moleküle, die jeweils spezifisch eine Aminosäure binden (vgl. vgl. 14.3.), als *lösliche RNS* (sRNS, engl. soluble) bezeichnen und nicht eine einzelne tRNS. Es existieren mehr tRNS als nach den Codons für die 20 Aminosäuren zu erwarten wäre (nämlich ca. 60). Für ein und dieselbe Aminosäure können bis zu 5 verschiedene tRNS-Spezies existieren. Das hat vermutlich regulatorische Bedeutung (Translationsregulation, vgl. 14.3.). In stationären Zellen steigt der Anteil der sRNS an der Gesamtzell-RNS beträchtlich an. In der sRNS findet man eine Zahl *seltener Basen*. Der *Methylierungsgrad* der tRNS ist ca. vierfach höher als der der rRNS, wobei die Methylreste zumeist als 2′-O-Methylcytidin vorliegen. Bis zu 10% der Gesamtnucleotide können methyliert sein.

Die **5S-RNS** hat vermutlich eine ähnliche Konformation wie die tRNS. Seltene Nucleinsäurebausteine fehlen. Über einige Eigenschaften informiert die Tabelle 2.49. Die 5S-RNS ist ein Bestandteil der 50S-Ribosomenuntereinheit. Das 5′-Ende wird durch Uridylsäure gebildet. Die 5S-RNS stellt einen scharnierartigen Kontakt zwischen den Ribosomenuntereinheiten her.

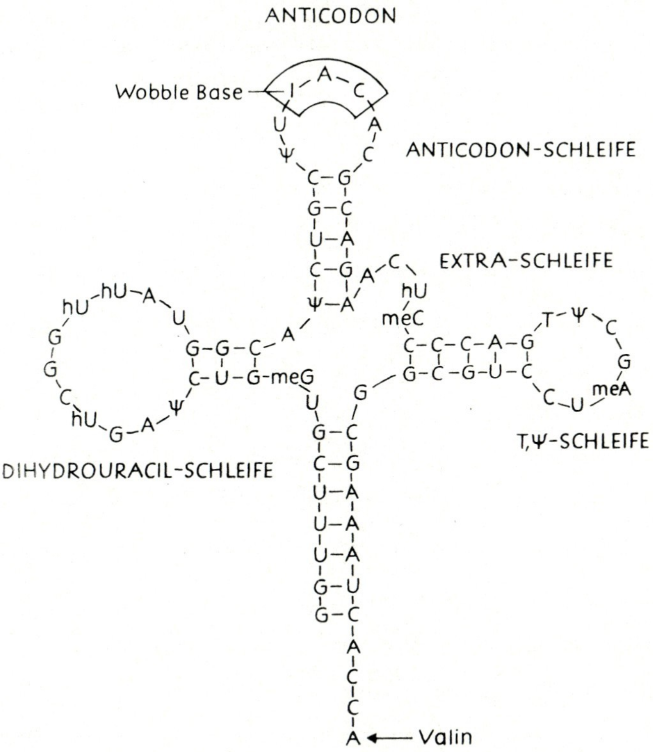

meC 5-Methylcytosin   meG 1-Methylguanin
Ψ Pseudouridin   hU 5,6-Dihydrouracil   I Inosin

Abb. 2.21. Strukturmodell und Nucleotidsequenz der Valyl-tRNS$_1$ (aus TRÄGER).

3. Das Wesen des Stoffwechsels

Als **Stoffwechsel (Metabolismus)** bezeichnen wir den ständigen Wechsel der stofflichen Bestandteile des lebenden Organismus. Nahrungsstoffe werden in den Körper aufgenommen und unterliegen dem Abbau und Umbau. Die Körperbausteine befinden sich in einem ständigen Stoffumsatz (*Turnover*). Moleküle werden abgebaut, chemisch verändert (umgebaut) oder fließen in synthetische Prozesse des Aufbaus von Körpersubstanz ein.

Der lebende Organismus befindet sich somit in einem ständigen Stoff- und Energieaustausch mit seiner Umgebung. Er nimmt Stoffe aus dem Milieu in seinen Körper auf und gliedert sie direkt oder nach ihrer chemischen Veränderung in den Bestand der bereits vorhandenen Körperbausteine, d. h. in seine Leibessubstanz zum Zwecke der Erhaltung und Vermehrung der lebenden Masse (Wachstum) ein. Andere organische Stoffe unterliegen im Organismus dem Abbau zum Zwecke der Bereitstellung von Energie für die Erhaltung der Lebensprozesse. Endprodukte des Stoffumsatzes werden aus dem Stoffwechsel wieder ausgesondert, indem sie chemisch bis zur Reaktionsunfähigkeit verändert werden (Sekundärstoffe, vgl. 3.5.), in statische Zell-Lokalitäten abgeschoben (Vakuole, Zellwand) oder in das Milieu ausgeschieden werden (Exkretion).

Unter den Begriff des Stoffwechsels fallen somit:

- **Aufbauprozesse**, d. h. synthetische (anabolische) Vorgänge
- **Abbauprozesse**, d. h. dissimilatorische (katabolische) Vorgänge
- **Umbauprozesse**, d. h. metabolische Stoffwandlungen („amphibolische" Vorgänge).

Anabolismus ist die Gesamtheit der synthetischen Stoffwechselprozesse (**Biosynthesen**). Im Zuge der anabolischen Vorgänge werden Atome in Moleküle eingebaut, Moleküle aus Atomgruppierungen zusammengesetzt, einfache und relativ niedermolekulare Moleküle (Monomeren, Bausteine) zur Makromolekülsynthese (Bildung von Biopolymeren) verwendet, Makromoleküle in Zellstrukturen eingegliedert und letzlich die für das Leben chrakteristischen biologischen Strukturen aufgebaut.

Katabolismus („Dissimilation") ist die Gesamtheit der abbauenden Stoffwechselvorgänge des dissimilatorischen Bereiches. Im Zuge der katabolischen Stoffwechselprozesse werden die Biopolymeren wieder abgebaut, die resultierenden Grundbausteine und andere Moleküle vor allem durch hydrolytische und oxydative Reaktionen katabolisiert. Im Extrem findet ein bis zur Mineralisierung der organischen Substanz führender vollständiger Abbau statt. Zum Beispiel liefert der vollständige Abbau von Glucose Kohlendioxid und Wasser:

Glucoseoxydation: $C_6H_{12}O_6 + 6\ O_2 \rightarrow 6\ CO_2 + 6\ H_2O$ $(-\Delta G = 674\ \text{kcal})$

Kohlenstoffketten werden durch CO_2-Abspaltung (*Decarboxylierung*) schrittweise verkürzt. Die Oxydation erfolgt in der Regel durch Wasserstoffentzug (*Dehydrogenierung*). Der den Substraten entzogene Wasserstoff wird über das System der Atmungskette in einer stufenweise geführten Knallgasreaktion zu Wasser oxydiert (*biologische Oxydation*).

Die metabolische Konversion von Molekülen (Molekül ⇌ Molekül) wird zuweilen als **Amphibolismus** bezeichnet. Amphibolische Stoffwechselreaktionen funktionieren in Richtung Synthese und Abbau. Die Zentralbahn des *Tricarbonsäure-Zyklus* (vgl. 10.2.1.) ist ein Beispiel für einen sog. *amphibolischen Stoffwechselzyklus*. Unter **Assimilation** wird die Aufnahme „körperfremder" Stoffe (Nahrungsstoffe) und ihre Eingliederung in den Bestand der körpereigenen Substanz verstanden. Im Sinne der verwendeten Terminologie handelt es sich dabei um Prozesse des Anabolismus (Moleküle → Makromoleküle) und Amphibolismus (Moleküle ⇌ Moleküle).

In der englischen biochemischen Literatur faßt man unter dem Begriff des „**Ergobolismus**" alle energieliefernden Stoffwechselprozesse zusammen:
Ergobolismus = Photosynthese + energieliefernde aerobe und anaerobe Abbauprozesse.

Die früher getroffene Unterscheidung zwischen **Betriebs- oder Energiestoffwechsel** und **Bau- und Erhaltungsstoffwechsel** läßt sich konsequenterweise nicht mehr aufrechterhalten. Die Bezeichnungen sind historisch zu verstehen. Man trennte zunächst gedanklich und methodologisch den Umsatz der Nahrungsstoffe (exogene Verbindungen) von dem Umsatz körpereigener Stoffe (endogene Verbindungen). In diesem Sinne unterschied man zwischen einem „äußeren" Stoffwechsel (*Betriebsstoffwechsel*) und einem „inneren" Stoffwechsel (*Bau- und Erhaltungsstoffwechsel*). Bei der Untersuchung des äußeren Stoffwechsels verglich man Nahrungsstoffe und Endprodukte (Ausscheidungen) mit Hilfe von Bilanzuntersuchungen. Ziel war die Erfassung des inneren Stoffwechsels (Zwischen- oder Intermediärstoffwechsels), d. h. „das Schicksal der Nahrung" im Körper. Heute wissen wir: Nahrung und Körpermasse (chemische Maschinerie, die die Nährsubstrate umwandelt) bestehen aus denselben chemischen Verbindungen.

Es ist heute klar, daß *Bau-* und *Betriebsstoffwechsel* sich nicht mehr begrifflich voneinander trennen lassen. Beide sind innig verwobene Aspekte desselben Stoffwechselphänomens. Dieselbe chemische Verbindung des Stoffwechsels (Metabolit) kann zugleich Baustoff und Substrat abbauender Reaktionen sein. Beispielsweise ist das Pyruvat (Brenztraubensäure) Zwischenstufe (Intermediat) abbauender Reaktionsfolgen des anaeroben und aeroben Zuckerabbaus über den EMP-Weg (vgl. 10. 1.3.), Ausgangsverbindung für biosynthetische Reaktionen (Synthese von Alanin, Acetyl-Coenzym A und damit von Fettsäuren u. a. Verbindungen) und „Energiesubstrat", indem sein Molekül in energieliefernde Abbauprozesse einbezogen wird.

Unter dem Eindruck der **Dynamik des Stoffwechselgeschehens** besitzt das Baumaterial eines Organismus selbst keine wesentliche Bedeutung mehr für sein Leben, da es gewissermaßen durch diesen „hindurchfließt", wobei es die lebensnotwendigen Strukturen als Baustoff vorübergehend verwirklicht und trägt. „Jedes Lebewesen ist eingeschlossen in den großen Wechsel von Werden und Vergehen, Aufbau und

Abbau, organischer Bindung und anorganischem Rohstoff. Alle chemischen Elemente, die echte Bestandteile lebenden Materials sind, passieren einen solchen Kreislauf. In der gesteuerten Vereinigung dieser Kreisläufe erhält sich das Einzelleben ebenso wie der gesamte Bestand der lebenden Organismen auf der Erde, die sogenannte Biosphäre" (PIRSON/MOYSE). Organismen sind „offene Systeme", die durch Stofftransport und Energieaustausch, d. h. durch Transportvorgänge an Grenzen des Systems gekennzeichnet sind (vgl. 4.1.).

Fassen wir zusammen (vgl. dazu auch die Tabelle 3.1.): Unter den **Begriff des Stoffwechsels** fallen Aufbauprozesse (Biogenesen), Umbauprozesse, in deren Verlauf chemische Gruppen und niedermolekulare organische Verbindungen zum Aufbau hochkomplizierter Körperbausteine (Biopolymere = Eiweiße, Nucleinsäuren, Polysaccharide) verwendet werden, und Abbauprozesse. Im Zuge der dissimilatorischen Stoffwechselvorgänge werden die hochmolekularen komplizierten Substanzen, die zum chemischen Bestand des Organismus gehören, in einfache Moleküle zerlegt und im Extrem bis zu einfachen organischen Verbindungen wie Kohlendioxid, Wasser, Ammoniak usw. abgebaut. Die energieliefernden Abbauprozesse (exergonische Reaktionen) bilden die Voraussetzung für den Ablauf endergonischer Reaktionen des Anabolismus (vgl. 4.).

Stoffwechselprozesse von allgemeiner Bedeutung faßt die Tabelle 3.1 zusammen.

Tabelle 3.1. Stoffwechselprozesse von allgemeiner Bedeutung

Bezeichnung	Ablauf	Bedeutung
Anabolismus	Atome → Moleküle Moleküle → Makromoleküle Makromoleküle → Zellstrukturen	Biosynthesen („Biogenese")
Amphibolismus	Molekül ⇄ Moleküle	Metabolische Konversion
Katabolismus	Zellstrukturen → Makromoleküle Makromoleküle → Moleküle Moleküle → CO_2 + H_2O + NH_3 usw.	Energiebereitstellung, Abbauprozesse, „Mineralisierung", Exkretion
Ergobolismus	Photosynthese + Atmung + Gärungen	Energiestoffwechsel, ATP-synthese
Assimilation	Moleküle → Moleküle Moleküle → Makromoleküle	Stoffaufnahme und -verarbeitung
Photosynthese	Lichtenergie → chem. Energie	Energieumwandlung, ATP-Bildung und C-Kettensynthese
Atmung, Gärungen	Metaboliten → ATP	aerober + anaerober Abbau, Energiebereitstellung
Metabolismus	Anabolismus + Amphibolismus + Katabolismus + Ergobolismus	Lebenserhaltung

3.1. Reaktionsketten und Reaktionszyklen des Stoffwechsels

Stoffwechselabläufe werden über *vielstufige Reaktionsketten* abgewickelt. Ein besonders gut untersuchtes Beispiel stellt der Kohlenhydratabbau über den EMP-Weg dar (vgl. 10.1.1.) der die Stoffwechselabläufe der Glykose und alkoholischen Gärung einschließt.

Eine beliebige **Reaktionskette** soll unter vereinfachenden Bedingungen betrachtet werden. Nehmen wir eine **biochemische Umsetzung** A → B. Die Reaktion geht von einem Stoff A (Ausgangsverbindung) aus und verläuft über die Zwischenstufen (Intermediärprodukte) I_1, I_2, I_3 usw. zum Stoff B (Endprodukt):

$$A \xrightarrow[a]{Enz_1} I_1 \xrightarrow[b]{Enz_2} I_2 \xrightarrow[c]{Enz_3} I_3 - - \xrightarrow[n]{Enz_n} B$$

Ausgangs- Intermediär- Endprodukt

Die Gesamtreaktion setzt sich aus den *Teilreaktionen* a, b, c, . . . n zusammen. Jede Reaktion wird enzymatisch katalysiert. Die Spezifität der Reaktionsfolge, d. h. die Ablaufordnung, wird durch die Spezifität der die einzelnen Teilreaktionen katalysierenden Enzyme (Enz_1, Enz_2 usw.) festgelegt (*Organisation durch Spezifität*). Wir nehmen an, daß die Menge an A sich während der Versuchsdauer nicht wesentlich vermindert, daß also seine Abnahme im Verhältnis zur vorhandenen Stoffmenge gering ist. Die *Umsatzgeschwindigkeit* wird daher der Konzentration von A proportional sein. Das *Endprodukt* ist dadurch gekennzeichnet, daß es nicht weiter umgesetzt wird.

Nach einer gewissen Anlaufzeit für die Reaktion wird sich ein Gleichgewicht einstellen. In diesem Gleichgewichtszustand nimmt die Menge des Ausgangsproduktes A in der Zeiteinheit um einen bestimmten Betrag ab, die Menge des Endproduktes um diesen Betrag zu. Die stationäre Konzentration der Zwischenprodukte, die ihrerseits in einem bestimmten Mengenverhältnis zueinander stehen, bleibt konstant, so daß gilt:

$$-\frac{dA}{dt} = \frac{dB}{dt} \text{ und } \frac{dI_{1,2,3}}{dt} = 0$$ (Konzentrationsänderung der Zwischenprodukte = 0)

Das ist der **Zustand des stationären Gleichgewichts**: die je Zeiteinheit verschwundene Menge A ist der entstandenen Menge B gleich. Die stationären Konzentrationen der Zwischenprodukte bleiben konstant. Daraus folgt, daß pro Zeiteinheit die gebildete Menge I_1, I_2 usw. der verwandelten Menge gleich ist. Die Bildung von I_2 in der Zeiteinheit ist gleich dem Zerfall von I_1 und proportional der Konzentration von I_1:

$$+\frac{dI_2}{dt} = -\frac{dI_1}{dt} = k_1 \cdot I_1 \quad (k_1 = \text{Reaktionskonstante})$$

Ebenso gilt:

$$-\frac{dI_2}{dt} = k_2 \cdot I_2$$

Im *stationären Gleichgewicht* ist:

$$k_1 \cdot I_1 = k_2 \cdot I_2 \quad \text{bzw.} \quad I_1/I_2 = k_1/k_2$$

Aus dieser Betrachtung einer Reaktionskette unter vereinfachenden Bedingungen lassen sich die folgenden Konsequenzen ableiten:

- die **Konzentrationen der Intermediärprodukte stehen in Beziehung zu ihren Geschwindigkeitskonstanten.** Je größer die Geschwindigkeitskonstante einer Teilreaktion ist, um so kleiner ist die stationäre Konzentration des Zwischenproduktes. Nur in dem Fall, wo einzelne Teilreaktionen im Verhältnis zu anderen langsam ablaufen, häufen sich Intermediärprodukte an. Nur dann wird man sie in $\pm$ großer Quantität neben dem Endprodukt nachweisen können,
- die Geschwindigkeit der Gesamtreaktion wird durch die Geschwindigkeit der langsamsten Teilreaktion bestimmt. Diese **geschwindigkeitsbestimmende Teilreaktion** wird als **„Schrittmacherreaktion"** (H. A. KREBS) bezeichnet.
- die **Zuführung einer Zwischenverbindung** vor der Schrittmacherreaktion wird zu einer Erhöhung der stationären Konzentrationen der Zwischenprodukte führen, da diese durch im Prinzip reversible Reaktionen verbunden sind. Es kann zur Ausscheidung einer Zwischenverbindung oder zum Überfließen in andere Stoffwechselkanäle kommen. Die Zuführung einer Zwischenverbindung nach der Schrittmacherreaktion wird durch verstärkten Abfluß beseitigt.

Eine solche Feststellung ist jedoch nur bedingt richtig. Denn die geschilderte Reaktionsfolge steht unter sog. Endproduktkontrolle. Das Endprodukt kontrolliert seine Eigensynthese durch negativen „Feedback" (negative Rückkopplungskontrolle). Erhöhung der Konzentration des Endproduktes (insofern es nicht vor Beginn seiner Akkumulation aus der Reaktionsfolge herausgenommen, z. B. ausgeschieden wird) führt zu einer Hemmung der Aktivität des 1. Enzyms der Reaktionsfolge oder zu einer Hemmung der Synthese von Enzymen des Reaktionsablaufes. Eine solche Stoffwechselkette hat also selbstregulatorische Eigenschaften. Über Mechanismen der intrazellulären Stoffwechselregulation durch *Endprodukthemmung* bzw. *Repression der Eynzymsynthese* vgl. 7.1.

Der geschilderte **stationäre Zustand mehrstufiger Reaktionen** wird unter physiologischen Bedingungen kaum jemals erreicht und stellt einen idealen Grenzfall dar. Das Bestreben einer Kette von Reaktionen, in einen Gleichgewichtszustand überzugehen, ist eine **Eigenschaft geschlossener Systeme.**

Der Ausdruck „geschlossen" wird angewandt, wenn kein Austausch von Material und Energie zwischen dem betrachteten System und seiner Umgebung stattfindet („System" ist in der Ausdrucksweise der physikalischen Chemie jener Ausschnitt des Universums, den wir im vorliegenden Fall betrachten).

Enzymreaktionen in vitro (vgl. Kapitel 5.), die in Reagenzgläsern, Warburg-Gefäßen oder Spektrophotometer-Küvetten durchgeführt werden, zeigen diese Eigenschaften geschlossener Systeme. Der Zustand des chemischen Gleichgewichtes ist durch $\Delta G = 0$ ausgezeichnet (vgl. 5.1.1.). Ein geschlossenes System braucht weder Energie für seine Unterhaltung, noch kann aus ihm Energie bezogen werden.

Die Kinetik der in Lebewesen ablaufenden Stoffumsätze ist die eines **offenen Systems**: an den Grenzflächen des lebenden Systems findet ein ständiger Austausch von Material, Energie und Information statt. Hierdurch wird ein **Zustand des Fließgleichgewichtes** hergestellt und aufrechterhalten: Stoffe strömen dauernd aus dem Milieu in den Organismus ein, Reaktionsprodukte werden entfernt (Abb. 3.1.). Die Stoffkonzentrationen im lebenden Organismus werden durch „innere Parameter" und durch Transportvorgänge bestimmt und ständig an die spezielle Stoffwechselsituation angepaßt. Die sich einstellenden *Fließ-*

gleichgewichtszustände sind von den stationären Konzentrationen geschlossener Systeme verschieden. Offene Systeme streben dauernd auf die Gleichgewichtslage hin, ohne sie jemals zu erreichen. Durch Reaktionen in Richtung auf den Gleichgewichtszustand wird ein dynamisches Gleichgewicht hergestellt. Hier gelten die Gesetze der **Thermodynamik irreversibler offener Systeme** (vgl. die Lehrbücher der Thermodynamik).

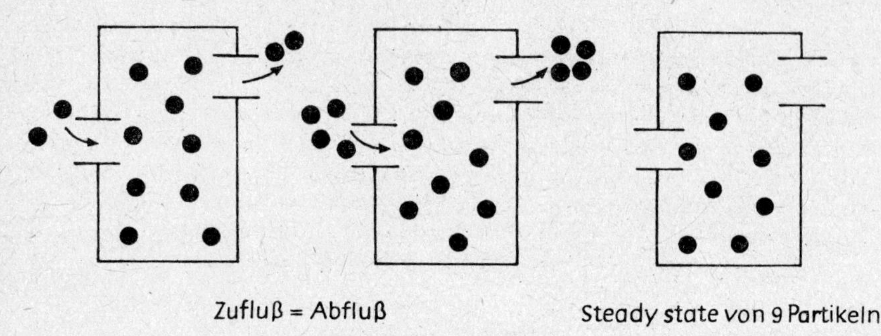

Abb. 3.1. Veranschaulichung des „steady state".

Die vielstufigen Reaktionsfolgen des Stoffwechsels sind in komplizierter Weise miteinander vernetzt. Bestimmte Metabolite bilden „Knotenpunkte" des Stoffwechsels, wenn sie durch zwei und mehr Enzyme umgesetzt werden und so verschiedenen Reaktionsfolgen zugehören. Die Netzwerke der üblichen Stoffwechseltafeln vermitteln einen Eindruck von der Komplexizität des Stoffwechselgeschehens. Sie erscheinen jedoch ohne Berücksichtigung von Pool-Bildung und Kompartimentierung (vgl. 6.3.) und der hierdurch gegebenen Integration des Zellstoffwechsels „überformalisiert".

Kennzeichen des Intermediärstoffwechsels sind:

- die meisten Stoffumsetzungen verlaufen über eine größere Zahl von Zwischenstufen (ca. 10 im Durchschnitt): vielgliedrige Reaktionsketten!
- Kreisprozesse sind verbreitet: Reaktionszyklen!
- chemische Gruppen sind ziemlich stabil und werden intakt übertragen: Gruppenübertragung!
- Energie wird vom Organismus in einer Standardform gehandhabt: Adenosintriphosphat (ATP)!
- katalytische Proteine wirken als Biokatalysatoren und dirigieren und beherrschen den Stoffwechsel durch ihre hoch auswählende Reaktionsfähigkeit: enzymatische Stoffumsätze!
- Gene sind definierte Abschnitte auf der DNS, der Bauplan eines Organismus ist in der DNS als Basensequenz verschlüsselt: Informationsspeicherung!
- die genetische Information wird durch ein molekulares Decodierungsverfahren realisiert, das zur Synthese spezifischer, d. h. biologisch aktiver Proteine (zumeist Enzyme) führt: genetischer Code!
- es bestehen Gen-Enzym-Wirkketten; Gene greifen durch die Bereitstellung von Enzymen in den Stoffwechsel ein; die Metaboliten sind Substrate und Reaktionsprodukte enzymatischer Reaktionen: molekulare Hierarchie!
- der Zellstoffwechsel ist kompartimentiert; die chemischen Umsetzungen in den Zellkompartimenten machen die biochemische Funktion der Zellbestandteile aus: Kompartimentierung!

- Stoffwechselketten sind rückgekoppelt; biochemische Prozesse haben Ähnlichkeit mit technischen Regelprozessen: Selbstregulation!
- der lebende Organismus ist ein offenes System, das durch Stoff- und Energieabtausch an den Grenzen des Systems gekennzeichnet ist: Fließgleichgewichte!
- Biomoleküle und Zellstrukturen unterliegen einem ständigen Turnover von Abbau und Wiederaufbau: Dynamik!

In diesem „Stoffwechselgetriebe" fällt die Anordnung vielgliedriger Reaktionsketten des Stoffwechsels zu *Reaktionszyklen* (Stoffwechselkreisläufen) besonders auf. Stoffwechselzyklen stellen offenbar ein wichtiges *Organisationsprinzip des Metabolismus* dar.

Ein **Stoffwechselzyklus**, der ein katalytischer Reaktionskreislauf ist, kommt zustande, wenn das Produkt einer *bimolekularen Reaktion* in eines der Substrate (Reaktionspartner) dieser Reaktion zurückverwandelt wird, was im Stoffwechsel über eine ganze Zahl von Intermediärstufen erfolgt:

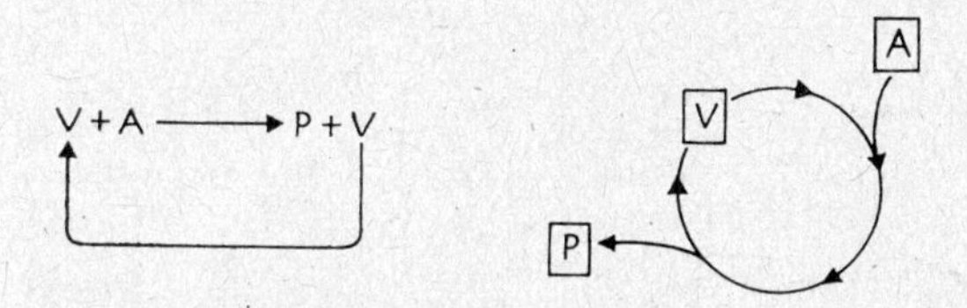

Eine **biomolekulare Reaktion** kommt durch den Zusammenstoß von 2 Molekülen A und V zustande. Ihre Geschwindigkeit ist der Zahl der Zusammenstöße und diese sind wiederum der Konzentration der beiden Reaktionspartner proportional. Reaktionsabläufe dieser Art nennt man auch Reaktionen 2. Ordnung. V wird nur in katalytischen Mengen benötigt, da es bei jedem Umlauf des Zyklus wieder bereitgestellt, d. h. kontinuierlich regeneriert wird. V dient als „Carrier" oder Vehikel für die Verbindung A, die durch Reaktion mit V in den Zyklus eintritt. Das Reaktionsprodukt P verläßt den Kreislauf. Bei der Reaktion, bei der P gebildet wird, wird V regeneriert. Ein solcher Reaktionszyklus sichert auf sehr ökonomische Weise den Umsatz von A zu P. Es liegt ein **katalytischer Reaktionszyklus** vor.

Das angegebene Schema ist relativ vereinfacht. Bei den beschriebenen Stoffwechselzyklen können an verschiedenen Stellen Intermediärprodukte (Glieder des Zyklus) entfernt werden. V und weitere *Zyklus-Intermediäre* werden – wie leicht einzusehen ist – nur in *katalytischen Mengen* benötigt. Bei einer *Entfernung* solcher Zwischenprodukte aus dem Reaktionskreislauf, in deren Synthese die Vehikelsubstanz eintritt, muß ein *Nachfüllmechanismus* in Aktion treten. Ein Stoffwechselzyklus benötigt unter solchen Bedingungen eine *„anaplerotische Sequenz"* (Nachfüllbahn) (vgl. 10.2.1.). Die Reaktionskreisläufe des Stoffwechsels sind jeweils auf eine bestimmte Leistung angelegt. So gibt es **anabolische Stoffwechselzyklen** (z. B. den Glyoxylat-Zyklus, den ATP-Imidazol-Zyklus der Histidinbiosynthese), **katabolische** (z. B. den Ornithin-Zyklus, den Purinzyklus der Harnstoffsynthese, den oxydativen Pentosephosphat-Zyklus) und **amphibolische Stoffwechselzyklen** (z. B. den Tricarbonsäure-Zyklus).

Der zuerst bekannt gewordene Stoffwechselkreislauf ist der von Krebs und Henseleit (1932) inaugurierte **Ornithin-Zyklus der Harnstoffsynthese (Krebs-Henseleit-Zyklus)** (*Harnstoff-Zyklus*).

Dieser katabolische Reaktionszyklus stellt einen Mechanismus der Ammoniakentgiftung dar. Er ist eingeschlossen in die Prozesse des Proteinabbaus. Obwohl durch diese Reaktionsfolge eine Verbindung (= Harnstoff) synthetisiert wird, bezeichnen wir ihn als katabolischen Zyklus. Harnstoff ist N-Exkret und Endprodukt des Proteinumsatzes mancher Organismen (vgl. 12.8.2.). Entscheidend für die Zuordnung ist also nicht die „synthetische Leistung", sondern die **metabolische Funktion**.

Die **wichtigsten Stoffwechselzyklen** sind:

- der *Tricarbonsäure-Zyklus* (TCC), auch als *Citrat-Zyklus* oder **KREBS**-Zyklus (Krebs-Martius-Zyklus) bezeichnet (vgl. 10.2.1.)
- der *Photosynthese-Zyklus* (**CALVIN**-Zyklus, ein reduktiver Pentosephosphat-Zyklus) (vgl. 10.3.3.)
- der *Ornithin-Harnstoff-Zyklus* (**KREBS-HENSELEIT**-Zyklus) (vgl. 12. 8. 2.)
- der *oxydative Pentosephosphat-Zyklus* (**WARBURG-HORECKER-DICKENS**-Schema) (vgl. 10.1.3.)
- der *Glyoxylat-Zyklus* (ein modifizierter Tricarbonsäure-Zyklus, ursprünglich als Glyoxylat-Bypass (= Nebenweg) bezeichnet) (vgl. 10.2.1.).

Weitere Stoffwechsel-Zyklen sind der Dicarbonsäure-Zyklus (bei Mikroorganismen), der ATP-Imidazol-Zyklus (der Histidinbiosynthese), der Purinzyklus der Harnstoffsynthese (bei Lungenfischen = Dipnoi und bestimmten „Ureidpflanzen"), der Pyridinnucleotid-Zyklus (der NAD- und Nicotinsäuresynthese).

Reaktionsfolgen lassen sich oft „mit einiger Mühe" als Reaktionskreisläufe formulieren. Es ist der Nachweis zu erbringen, ob sie tatsächlich als solche funktionieren, oder ob eine solche Darstellung nicht willkürlich ist. Eine solche Frage erhebt sich bereits für die Formulierung des klassischen Ornithin-Harnstoff-Zyklus von KREBS. Teile des Zyklus sind in den Mitochondrien lokalisiert, Teile im Cytoplasma. In jeder Zelle, die L-Arginin als proteinogene Aminosäure synthetisieren kann, ist die *Argininsynthese* über Teilreaktionen des Ornithin-Zyklus verwirklicht. Das durch Proteinhydrolyse anfallende Arginin wird durch die weit verbreitete *Arginase* in Ornithin und Harnstoff zerlegt. Die Kombination dieser Reaktionen, die in differenten Kompartimenten der Zelle ablaufen und in unterschiedliche metabolische Zusammenhänge eingefügt sind, täuscht das Bestehen eines kompletten Ornithin-Zyklus vor. Jedoch erst indem Organismen das System der Argininsynthese vervollkommneten und speziellen ökologischen Zwecken im Zuge der Evolution anpaßten und mit einer aktiven Arginase vervollständigten, wurden sie zu Ureoteliern (Harnstoffausscheidern), die den **Ornithin-Zyklus** als *Detoxikations-* und *Exkretionsmechanismus* verwenden (BALDWIN).

3.2. Gruppenübertragungsreaktionen

Die **Gruppenübertragung** ist ein wichtiges Stoffwechselprinzip.

Bei der enzymatischen Gruppenübertragung wird die Tatsache ausgenutzt, daß kein besonderer Energieaufwand erforderlich ist, wenn der Baustein, der bei der Synthese komplexer Moleküle eingefügt werden soll, nicht „frei", sondern in gebundener Form vorliegt, wenn er als *chemische Gruppe* übertragen wird. Der

Gruppentransfer erfolgt im allgemeinen ohne ATP-Verbrauch. Eine Ausnahme ist beispielsweise die Transamidierung (vgl. 12.4.), die ATP erfordert.

Die biologische „Gruppenübertragung" wurde am Beispiel der Wasserstoffübertragung (Dehydrogenierung und Reduktion von Substraten durch Pyridinnucleotid-Enzyme) entdeckt. Ihre überragende Bedeutung für den Energiestoffwechsel wurde bei den Untersuchungen über die Phosphoryl- und Phosphatübertragung erkannt (vgl. 4.1.3.). Im Zellstoffwechsel werden außer Wasserstoff und Phosphatresten Aminogruppen, Amidinogruppen, Methylgruppen, Ameisensäurereste, CO_2 u. a. funktionelle Gruppen übertragen.

Von dem Prinzip der Gruppenübertragung macht der organische Chemiker bereits seit langem Gebrauch bei der chemischen Synthese:

- Bromglucose → Glucoside
- Aminosäurechloride → Peptide
- Säureanhydride → Ester

Die transferierte Gruppe „gleitet gewissermaßen über eine Brücke". Aus energetischen Gründen ist es für den Organismus ökonomisch, einmal zu einer chemischen Gruppe vereinigte Atome nicht wieder zu trennen, sondern intakt in Synthesereaktionen zu verwenden. Auch im katabolischen Stoffwechselbereich werden intakte Gruppen „abgetrennt". Den Transfer chemischer Gruppen (vgl. 2.4.) im Zellstoffwechsel übernehmen die Wirkgruppen von Proteinen. Insbesondere die sog. *Coenzyme* („Cosubstrate", vgl. 9.) sind an die Gruppenübertragung angepaßt, so daß man sie in Ansehung ihrer Überträgerfunktion als *Transportmetaboliten* bezeichnet hat.

In der Tabelle 3.2. sind wichtige Gruppenübertragungsreaktionen im Metabolismus zusammengefaßt. Es werden auch intakte Moleküle (aus Biomakromolekülen oder aktivierten Grundbausteinen) transferiert. Die **Übertragung auf Wasser** stellt in jedem Fall den Spezialfall einer Transfer-Reaktion dar (**Hydrolyse** der Verbindung).

Tabelle 3.2. Gruppenübertragungsreaktionen des Zellstoffwechsels

Übertragene Gruppe	Bezeichnung der Reaktion	Enzyme
Acyl-	Transacylierung	*Acyltransferasen*
Acetyl-	Transacetylierung	
Succinyl-	Transsuccinylierung	
Methyl-	Transmethylierung	*Methyltransferasen* (= *Transmethylasen*)
Carboxyl-	Transcarboxylierung	
Ketol-	Transketolierung	*Transketolasen*
Aldol-	Transaldolierung	*Transaldolasen*
Hydroxymethyl-	Transhydroxymethylierung	*Transhydroxymethylase* (= *Hydroxymethyltransferase*)
Formyl-	Transformylierung	
Formiat-	Transformylierung	
Amino-	Transaminierung	*Transaminasen* (= *Aminotransferasen*)
Carbamid-	Transamidierung	*Aminasen*

(Fortsetzung der Tabelle 3.2.)

Übertragene Gruppe	Bezeichnung der Reaktion	Enzyme
(= Carbamyl-)	Transcarbamylierung	*Transcarbamylasen* (= *Carbamoyltransferasen*)
Amidino-	Transamidinierung	*Transamidinasen* (= *Amidinotransferasen*)
Phosphoryl-	Transphosphorylierung	*Transphosphorylasen* (= *Phosphotransferasen*)
Sulfuryl-	Transsulfurylierung	*Transsulfurylasen* (= *Sulfotransferasen*)

3.3. Prinzipien des Katabolismus und Anabolismus von Biomakromolekülen (Biopolymeren)

Biomakromoleküle (Biopolymere) spielen für das Lebensgeschehen eine besondere Rolle. Einige von ihnen treten auch in quantitativer Hinsicht in der Leibesmasse von Organismen besonders hervor. Die Stoffklassen der Proteine, Kohlenhydrate und Lipide (Fettsubstanzen) sind **Hauptkörperbestandteile** und **Hauptnahrungsstoffe**:

Die **Proteine der Nahrung** liefern den Stickstoff und Schwefel zum Aufbau der körpereigenen Eiweißkörper bei heterotropher Ernährungsweise (vgl. 3.4.). Durch den Vorgang der *Verdauung* und durch *hydrolytische Spaltungsreaktionen* werden die Proteinbausteine (Aminosäuren) in Freiheit gesetzt. Die *Proteinhydrolyse* liefert das Bausteingemisch der Aminosäuren. Diese finden als Eiweißbausteine der körpereigenen Proteinsynthese Verwendung. Aminosäuren sind wichtige Ausgangsstufen der Synthese zahlreicher Metabolite. Zahlreiche Synthesewege des Sekundärstoffbereiches werden aus dem Aminosäure-Pool gespeist (vgl. 3.5.). In bestimmten Stoffwechselsituationen und unter bestimmten Ernährungsbedingungen können Proteine auch „verbrannt", d. h. zu energieliefernden Reaktionen herangezogen werden.

Die **Kohlenhydrate der Nahrung** sind die Lieferanten der Kohlenstoffgerüste anabolischer Stoffwechselreaktionen und wichtige „Energieträger". Kohlenhydratüberschuß wird als Fett gespeichert („Kohlenhydrat-Mast").

Fette stellen eine in energetischer Hinsicht hochwertige Nahrung dar.

Der tierische Organismus nimmt im allgemeinen eine ziemlich komplex zusammengesetzte Nahrung auf. Erstaunlich ist deshalb, daß die vielfältigen Nahrungsstoffe der tierischen Kost nur über eine begrenzte Zahl von Stoffwechselreaktionen zu sehr wenigen Intermediärprodukten umgesetzt werden:

Die **Nahrungsstoffe** werden in **3 Hauptphasen abgebaut** (Abb. 3.2.): Die 1. **Hauptphase des Abbaus der Proteine, Kohlenhydrate und Fette** ist durch *hydrolytische Spaltungsreaktionen* gekennzeichnet, in deren Verlauf die polymeren Bestandteile der Nahrung zu ihren Grundbausteinen (Monomeren) katabolisiert werden:

– Proteine ergeben das Bausteingemisch der 20 Aminosäuren
– Polysaccharide (z. B. Stärke) ergeben einfache Zucker (Monosaccharide), z. B. Hexosen
– Neutralfette werden zu den Bestandteilen Glycerin und Fettsäuren abgebaut.

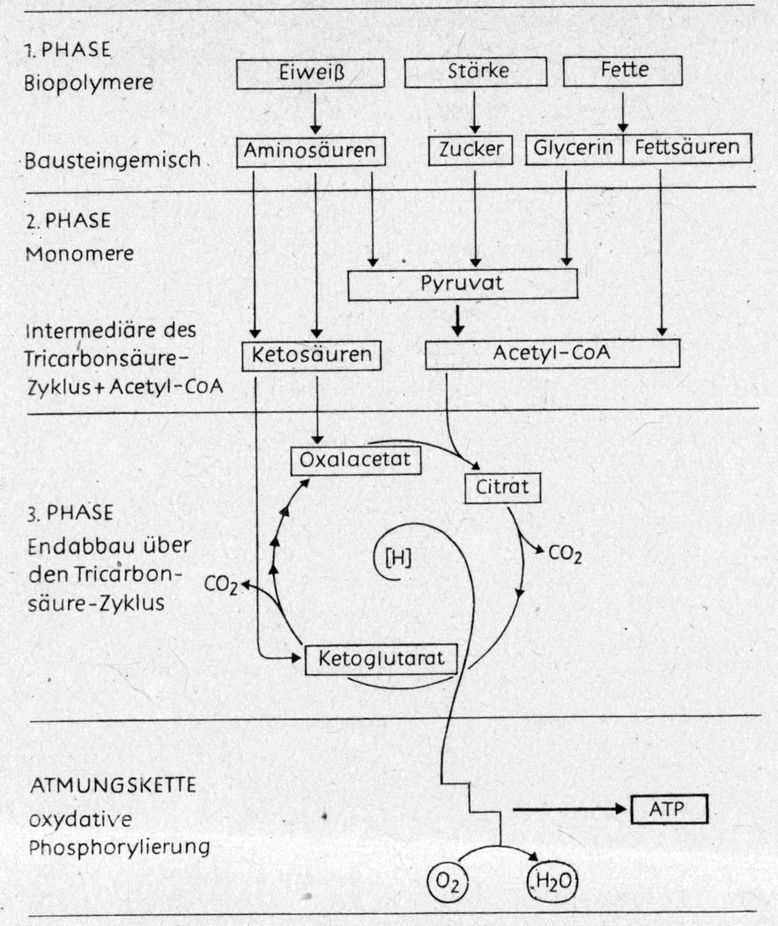

Abb. 3.2. Die drei Hauptphasen beim Abbau der Eiweiße, Kohlenhydrate und Neutralfette.

Das alles sind vorbereitende Reaktionen (Depolymerisationen), die ohne ATP-Gewinn ablaufen.

In der **2. Hauptphase des Abbaus der Hauptnahrungsstoffe** werden die gebildeten *Monomeren katabolisiert*. Der Abbau der Grundbausteine der Proteine, polymeren Kohlenhydrate und Neutralfette kulminiert in der Synthese von nur 3 Intermediärprodukten:

- *Acetyl-Coenzym A* („aktivierte Essigsäure“)
- *Oxalacetat*
- *α-Ketoglutarat* (α-Oxoglutarat).

ATP wird durch Reaktionen der Substratphosphorylierung (vgl. 4.3.) in dieser Phase gewonnen. Die ATP-Ausbeute ist jedoch im Vergleich zur ATP-Bildung der 3. Hauptphase gering.

In der **3. Hauptphase des Abbaus der Hauptnahrungsstoffe** wird der Abbau der Nährsubstrate zu Ende geführt. Die 3. Phase macht den **Endabbau über den Tricarbonsäurezyklus** (TCC) aus. Über diesen Reaktionszyklus sind die in der 2. Phase gebildeten Metaboliten biogenetisch miteinander verbunden. Acetyl-CoA ist der C-2-Baustein, der Produkt des Abbaus der Zucker, Fette und bestimmter Aminosäuren ist, der nach Kondensation mit Oxalacetat (Produkt des Aminosäureabbaus) zu Citrat reagiert (vgl. 9.3.) und damit den TCC eröffnet. α-Ketoglutarat ist Intermediärstufe des TCC. Im Zuge der Reaktionen des TCC wird Acetyl-CoA bei einem Umlauf zu CO_2 und H_2O oxydiert.

Der **Tricarbonsäure-Zyklus** ist:

– ein Mechanismus des Endabbaus der Nährsubstrate
– ein Sammelbecken für wichtige Intermediärprodukte des Zellstoffwechsels.

Der Tricarbonsäure-Zyklus ist eine **amphibolische Stoffwechselbahn** (Zentralbahn).
Die **katabolische Funktion** des TCC ist die **terminale Oxydation der Proteine, Kohlenhydrate und Fette.**
Die **anabolische Funktion** des TCC besteht in der Anlieferung bzw. **Bereitstellung von Intermediärprodukten für die Biogenese** von Aminosäuren, Zuckern, Lipiden (über Acetyl-CoA), Porphyrinen usw. (vgl. ausführlicher 10.2.1.).

Der „*Energiegewinn*" (ATP-Ausbeute) dieser 3. Phase ist erheblich. ATP wird durch *oxydative Phosphorylierung* (Atmungskettenphosphorylierung) und geringer durch *Substratphosphorylierung* gebildet. Die **Bilanz der Oxydation von Acetyl-Coenzym A** über den TCC ergibt:

$$\text{Acetyl-CoA} + 3\,NAD^+ + FAD + GDP + P_{an} + 2\,H_2O \rightarrow$$
$$2\,CO_2 + CoA + 3\,NADH + 3\,H^+ + FADH_2 + GTP$$

Oxydation (der Zyklus-Intermediären) erfolgt durch *Dehydrogenierung* (Wasserstoffentzug). Wasserstoff wird über das System der **Atmungskette** (vgl. 11.1.) zu Wasser oxydiert. Im Zuge dieser gezügelten und stufenweise geführten Knallgasreaktion wird oxydativ ATP gebildet. Kohlenstoffketten (Acetyl-CoA wird nicht als solches, sondern nach Kondensation mit Oxalacetat zu Citrat schrittweise abgebaut) werden durch CO_2-Abspaltung (*Decarboxylierung*) verkürzt.

Bei der Oxydation von Acetyl-CoA bzw. Acetat über den TCC werden 3 NADH + 3 H^+ und 1 $FADH_2$ gebildet. Diese schleusen den Substratwasserstoff in die Atmungskette ein. Bei der Oxydation von 1 Mol NADH entstehen 3 Mol ATP, von 1 Mol $FADH_2$ 2 Mol ATP. Aus dem durch Substratphosphorylierung gebildeten GTP kann ATP synthetisiert werden. In der Bilanz ergeben diese Reaktionen den Aufbau von 12 Mol ATP aus einem Mol Acetyl-Coenzym A.
(Über ATP-Ausbeuten bei Gärung, Glykolyse und Atmung vgl. 4.3.).

Die katabolischen Wege des Protein-, Kohlenhydrat- und Fettabbaus sind der Hauptinhalt des Katabolismus und Ergobolismus. Der Glucoseabbau nach dem Glykolyse-Schema zusammen mit der Zentralbahn des Tricarbonsäure-Zyklus und der Atmungskette bilden die „Achse des Intermediärstoffwechsels" (Abb. 3.3).

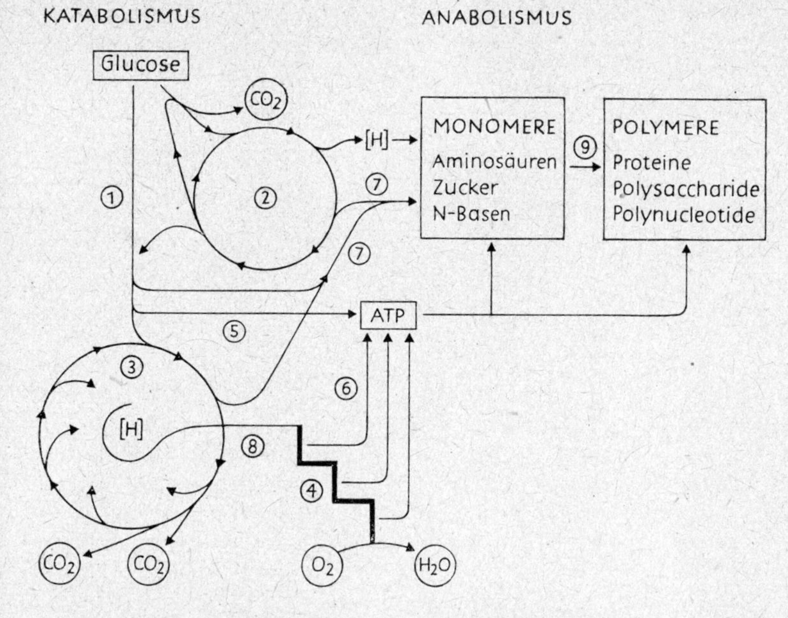

Abb. 3.3. Zusammenhänge zwischen katabolischen und anabolischen Stoffwechselreaktionen (in Anlehnung an SCHLEGEL). 1 = EMP-Weg, 2 = HMP-Weg, 3 = TCC, 4 = Atmungskette, 5 = Substratphosphorylierung, 6 = Atmungskettenphosphorylierung, 7 = Anlieferung von Wasserstoff und C-Gerüsten für die Bausteinsynthese, 8 = Wasserstoffanlieferung für die Oxydation über die Atmungskette, 9 = Biopolymerensynthese.

Im Zuge der **anabolischen Prozesse des Zellstoffwechsels** werden die *anorganischen Ausgangsverbindungen* Ammoniak, Kohlendioxid, Sauerstoff, Wasser sowie Nährsalze und Spurenstoffe (vgl. 2.1.) zur **Synthese der monomeren Bausteine** der *Biopolymeren* verwendet. Die C-Gerüste von Aminosäuren, Purinen, Pyrimidinen, Fettsäuren und Vitaminen werden aus Zuckern bezogen. Letzten Endes werden diese im autotrophen Stoffwechsel aufgebaut. Stickstoff und Schwefel der Proteinbausteine, Nucleinsäurebasen und von Vitaminen stammen in letzter Konsequenz aus Nitrat bzw. NH_3 und Sulfat. Denn die C-, N- und S-autotrophe Pflanze kann zur Synthese organischer N- und S-Verbindungen auch oxydierten Stickstoff (das Nitrat-Ion) und oxydierten Schwefel (Sulfate) verwenden. (Über die Prozesse der Nitratassimilation und Sulfatreduktion vgl. 12.2. und 13.).

Die **Biopolymeren** (Proteine, Nucleinsäuren, Polysaccharide und komplexe Lipide) treten in die **Biosynthese von Zellmaterial** ein (Membranen + Multienzymsysteme = Strukturbestandteile der Zellorganellen). Damit werden die strukturellen Komponenten der Zellbestandteile synthetisiert.

In der Zelle existiert eine **molekulare und strukturelle Hierarchie der Zellbestandteile**:

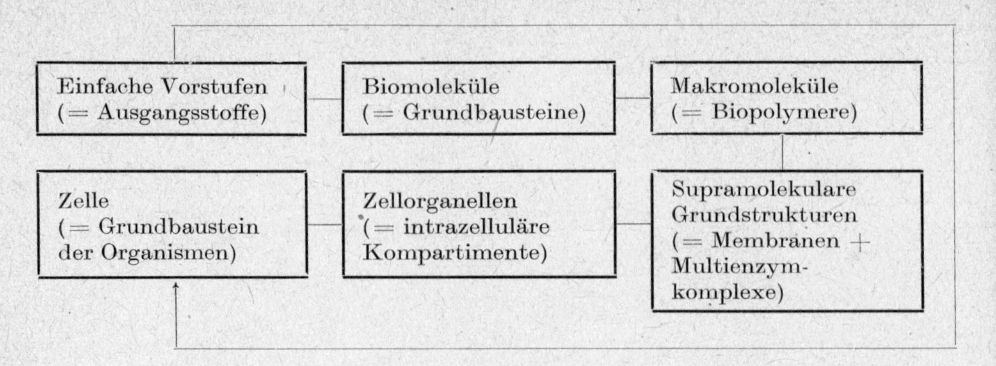

Der **Metabolitenfluß** im Zuge anabolischer Reaktionen der Biogenese geht von einfachen anorganischen Ausgangsstoffen aus und verläuft über Biomoleküle und Makromoleküle zu den supramolekularen Grundstrukturen und den Zellorganellen. Der **Informationsfluß** geht von den Zellorganellen bzw. – genauer gesagt – von bestimmten Makromolekülen, nämlich der DNS (oder in seltenen Fällen von der RNS) aus und führt zur Synthese von Proteinen, die als Enzyme dauernd und in geregelter Weise alle Grundbausteine und Makromoleküle der Zelle synthetisieren.

Über den Informationsfluß und die Prozesse der Speicherung und Verarbeitung genetischer Information in lebenden Systemen wird an anderer Stelle zu berichten sein (vgl. 14).

Allgemeine Ereignisse bei der **Biogenese von Biopolymeren** zeigt das folgende Schema:

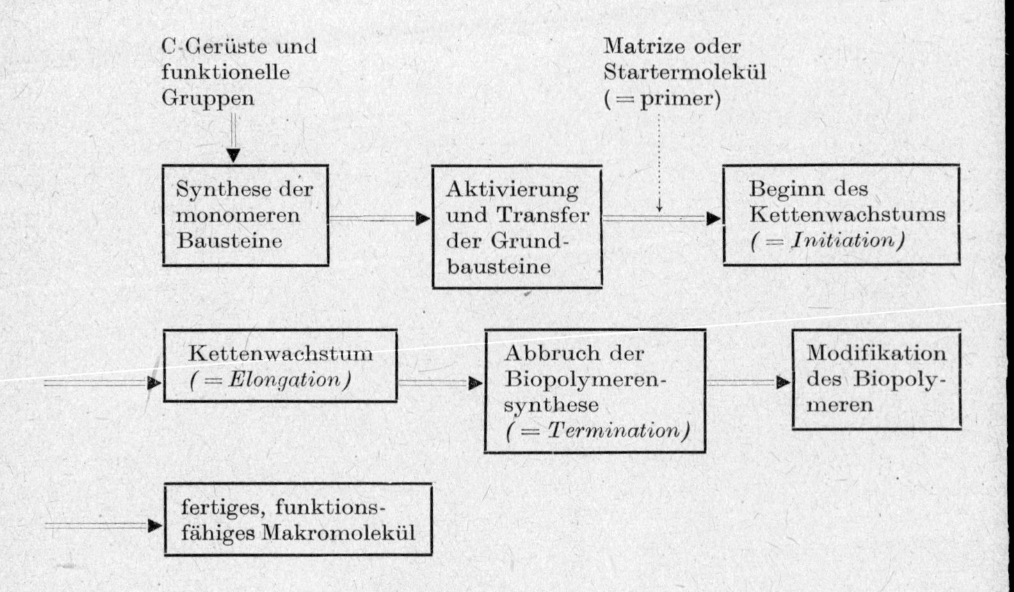

Zwischen periodischen (Kohlenhydrate wie Stärke, Zellulose u. a.) und aperiodischen Makromolekülen (Proteine, Nucleinsäuren) besteht bezüglich des **Mechanismus der Biopolymerensynthese** ein auffallender Unterschied:
Polymere Kohlenhydrate (= periodische Makromoleküle) werden ohne Matrize synthetisiert. Für die *Initiation* (Beginn des Kettenwachstums) ist lediglich ein *molekularer Anknüpfungspunkt*, ein **Starter**molekül (engl. **primer**), erforderlich. Das kann bei der Stärkesynthese (vgl. 10.4.) ein Disaccharid (Maltose) sein. Das Kettenwachstum (*Elongation*) erfolgt Schritt für Schritt durch Transfer des Grundbausteins aus dem aktivierten Monomeren. Unklar ist, welche Faktoren zum Abbruch der Biopolymerensysnthese (*Termination*) führen.

Aperiodische Makromoleküle (DNS, RNS, Proteine) werden an **Matrizen** (Schablonen) aufgebaut, die als „molekularer Druckstock" wirken. Bei der Biosynthese von DNS bzw. RNS ist die Nucleotid- bzw. Basensequenz der zu synthetisierenden DNS (RNS) auf der Matrize als ein **Code** „vorgemerkt". Bei der Replikation der DNS z. B. ist der eine DNS-Strang der Doppelhelix die Matrize, an der nach dem Prinzip der komplementären Basenpaarung der gegenläufige neue Strang „ansynthetisiert" wird. In analoger Weise wird die mRNS, die die genetische Information bei der Proteinbiosynthese überträgt, an dem „aktiven Strang" der DNS als eine Art Negativkopie der DNS synthetisiert. Durch die Bildung der mRNS wird gewissermaßen eine „Arbeitskopie des Gens" (vgl. 14.) hergestellt.

Die Aminosäuresequenz der Proteine (Primärstruktur) wird nach einem als **genetischer Code** (vgl. 14.2.) bezeichneten molekularen Übersetzungsverfahren hergestellt. (Über die Prozesse der Informationsspeicherung und -verarbeitung vgl. das Kapitel Proteinbiosynthese).

Über allgemeine **Prozesse des Kettenwachstums** (Elongation) **von Biopolymeren** informiert das folgende generalisierende Schema:

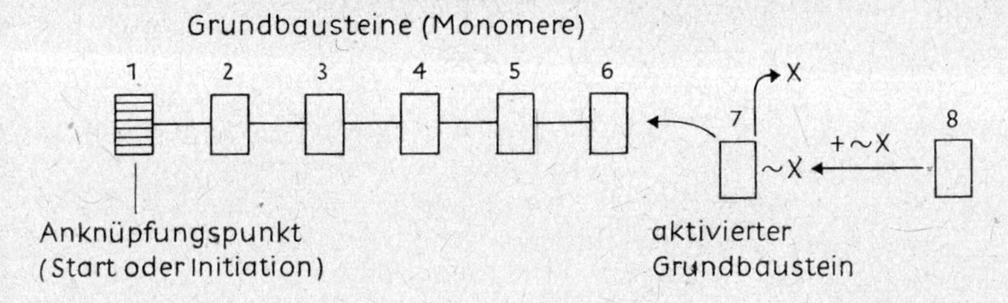

(X=~O—Ⓟ,~AMP,~SCoA u.a.)

Über Prozesse der **Modifikation von Makromolekülen** nach ihrer Biosynthese, die zum fertigen, funktionsfähigen Molekül führen, gibt Tabelle 3.3. Auskunft.

Tabelle 3.3. Modifikationsreaktionen an Biopolymeren

Makromolekül	Ort und Art der Modifikation		Beispiel
DNS	Basen	Alkylierung	methylierte Basen Hydroxymethylcytosin (HMC)
	HMC	Glycosylierung	Glycosyl-HMC

(Fortsetzung der Tabelle 3.3)

Makromolekühle	Ort und Art der Modifikation		Beispiel
tRNS	Basen	Alkylierung	methylierte Basen
	Uridin		Pseudouridin
	Basen	Thiolierung	thiolierte Basen
	Adenin	Gruppenaddition	Addition der Isopentenyl-gruppe
rRNS	Basen	Alkylierung	methylierte Basen
Protein	Prolin[1])	Hydroxylierung	Hydroxyprolin
	Lysin	Hydroxylierung	Hydroxylysin
	Cystein	S-S-Brückenbildung	Cystin
		Phosphorylierung	
		Adenylilierung	
		Sulfurylierung	
		Acetylierung	
		Methylierung	
Polysaccharide		Sulfurylierung	
		Methylierung	
		Peptidylierung	

[1]) Die Hydroxylierung von L-Prolin durch eine mischfunktionelle Oxygenase (Prolinhydroxylase) erfolgt auf der Stufe der Elongation (an der wachsenden Peptidkette).

3.4. Autotrophe und heterotrophe Stoffwechseltypen (Ernährungsweisen)

Zur Kennzeichnung der Ernährungsweise von Pflanze und Tier wurden von der klassischen Biologie die Begriffe „autotroph" und „heterotroph" geschaffen. *Autotrophie* bedeutet „Selbsternährung" bzw. „Selbstversorgung"; *Heterotrophie* = „Fremdernährung". Gemeint war die besondere Art des Erwerbs von Kohlenstoffverbindungen durch (typische) Pflanzen und Tiere:

Die **autotrophe grüne Pflanze** produziert Kohlenhydrate im Vorgang der Photosynthese und verwendet diese als Kohlenstoffgerüste zur Synthese aller körpereigenen Verbindungen. Das **heterotrophe Tier** ist dagegen auf die Zuführung (fertiger) organischer Kohlenstoffverbindungen mit der Nahrung angewiesen.

Bei dieser Definition von autotropher und heterotropher Ernährungsweise müssen zwei Aspekte beachtet werden:

- **Photosynthese** ist die Umwandlung von Lichtenergie in *chemische Energie* (von organischen Verbindungen) (vgl. 10.3.);
- bei der Photosynthese werden *reduzierte Kohlenstoffverbindungen* synthetisiert.

Die **autotrophe grüne Pflanze** baut demzufolge im Vorgang der Photosynthese „Energiepotential" und „Reduktionspotential" auf. Durch *Photophosphorylierung* (vgl. 10.3.2.) wird **ATP** synthetisiert, das in der Pflanzenzelle wohl nur z. T. direkt genutzt, zum größeren Teil sofort zu energieverbrauchenden Biogenesen verwendet wird. Durch *photolytische Wasserzersetzung* (vgl. 10.3.) wird **Wasserstoff** gewonnen und mit Hilfe von NADP (vgl. 11.2.) in reduktive Synthesen, insbesondere in die Kohlenhydratsynthese, eingeschleust. Das **heterotrophe Tier** hingegen ist auf die *Zufuhr reduzierter „energiereicher" Substrate* mit der **Nahrung** angewiesen. Das ATP wird in den Prozessen der Atmungsketten- und Substratphosphorylierung durch den Abbau von Nahrungsstoffen aufgebaut. Das Reduktionsmittel NADPH + H^+ wird durch Dehydrogenierung von Substraten mittels Pyridinnucleotid-Dehydrogenasen geschaffen.

Zu den für den tierischen Stoffwechsel angeführten Prozessen ist natürlich auch die grüne Pflanze befähigt. Die im Kohlenhydratabbau zur ATP- und NADPH + H^+-Gewinnung genutzten Substrate, die Zucker, werden in ihrem Stoffwechsel jedoch selbst gebildet.

Charakteristische Unterschiede im „Stoffwechselbetrieb" einer grünen C-autotrophen Zelle und einer C-heterotrophen (chlorophyllfreien) Zelle vermittelt das folgende Schema:

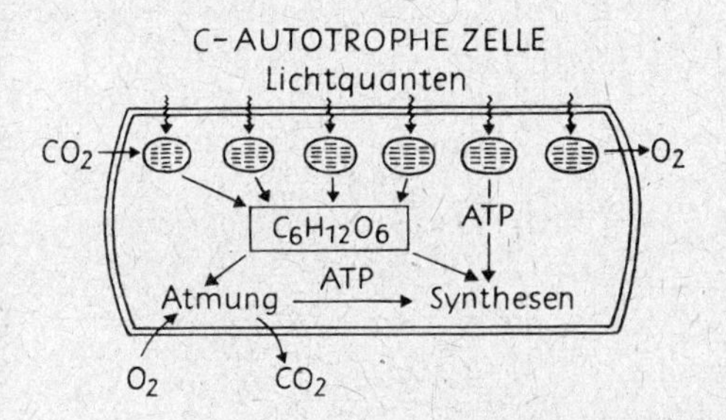

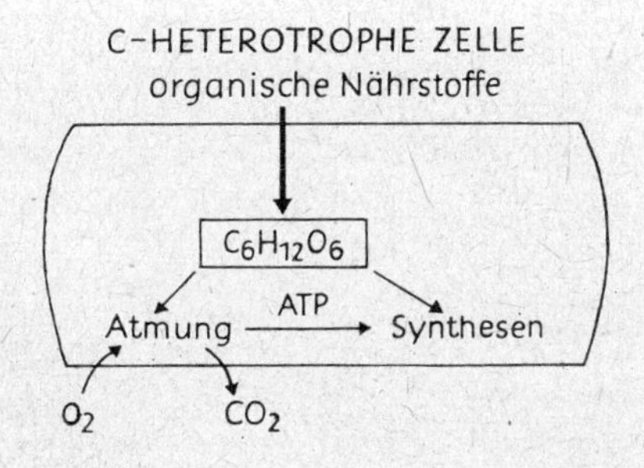

Die *Autotrophie der grünen Pflanze* bedeutet jedoch nicht, daß alle Pflanzenteile autotroph sind. Eine grüne Pflanze ist als Ganzes autotroph, hinsichtlich ihrer Teile jedoch nicht. Die Wurzel ist beispielsweise in ausgedehntem Maße auf die chemische Vorarbeit des (grünen) Sprosses angewiesen. Die *Wurzel* ist *heterotroph.* Diese Heterotrophie erstreckt sich nicht nur auf die Zuführung organischer C-Verbindungen, sondern auf bestimmte Aminosäuren, Vitamine u. dgl. Der Verlust der Autotrophie ist nicht genetisch bedingt; denn isolierte (vom Sproß abgetrennte und aseptisch kultivierbare) Wurzeln können ergrünen. Sie können sich prinzipiell zu intakten

Pflanzen regenerieren. Im Pflanzenreich findet man alle Übergänge zwischen Auto- und Heterotrophie. Auf Aspekte des *Parasitismus*, *Saprophytismus* (= Ernährung mit totem organischem Material als Spezialfall der Heterotrophie), der *Symbiose* sowie des sog. *Kommensalismus* (eine „Lebensgemeinschaft" zwischen Organismen verschiedener systematischer Stellung, bei der weder ein Nutzen – wie bei der Symbiose – noch eine Schädigung eines Partners – wie beim Parasitismus – zu erkennen ist) soll hier nur hingewiesen werden.

In der Tabelle 3.4. sind charakteristische Unterschiede zwischen pflanzlicher autotropher und tierischer heterotropher Ernährungsweise zusammengefaßt. In dem hier gebrauchten Sinne wird als Autotrophie bzw. Heterotrophie nicht nur die besondere Art des Erwerbs von Kohlenstoff verstanden (= C-Autotrophie bzw. C-Heterotrophie), sondern auch die spezifische Art des Erwerbs von Stickstoff und Schwefel. Die **N-** und **S-autotrophe Pflanze** kann ihren Stickstoff- und Schwefelbedarf (im Unterschied zum N- und S-heterotrophen Tier) aus anorganischen N- und S-Quellen decken. Sie ist zur **Nitratreduktion** und **Sulfatreduktion** befähigt. Beide Prozesse sind mit der Assimilation von Stickstoff (= Nitratassimilation) und Schwefel (= Cysteinsynthese aus anorganischen Schwefelquellen) verbunden. Die in der Tabelle 3.4. zusammengefaßten Unterschiede der autotrophen und heterotrophen Ernährungsweise reflektieren gleichzeitig Differenzen pflanzlicher und tierischer Lebensweise.

Tabelle 3.4. Physiologische und biochemische Unterschiede zwischen grünen Pflanzen (autotrophen Kormophyten) und höheren vielzelligen Tieren (Metazoen)

Pflanze	Tier
Autotrophe Ernährung („Selbstversorger", Erzeuger organischer Stoffe)	**Heterotrophe Ernährung** (Verbraucher organischer Stoffe)
C-Autotrophie (Photosynthese; Produktion von C-Gerüsten durch reduktive Kohlenhydratsynthese; Chlorophyll als wichtigstes Photosynthesepigment und Chloroplasten als Photosyntheseorganelle)	**C-Heterotrophie** (Zufuhr und Nutzung energetisch hochwertiger organischer Kohlenstoffverbindungen)
N-Autotrophie (assimilatorische Nitratreduktion, anorganischer Stickstoff-Stoffwechsel)	**N-Heterotrophie** (Verlust der Fähigkeit, bestimmter N-Verbindungen wie Vitamine und einige Aminosäuren, die lebensnotwendig sind, selbst zu synthetisieren. Diese „essentiellen Metaboliten" müssen mit der Nahrung zugeführt werden)
S-Autotrophie (Assimilatorische Sulfatreduktion, Cysteinbiosynthese)	**S-Heterotrophie** (Nutzung der S-Verbindungen der grünen Pflanzen, Cysteinsynthese aus Sulfat nicht möglich, lediglich Sulfataktivierung, Cysteinbildung aus dem Methionin der Nahrung)

(Fortsetzung von Tabelle 3.4)

Pflanze	Tier
Primär- und Sekundärstoffwechsel etwa gleich stark entwickelt: Sekundärstoffwechsel auffallend	**Primärstoffwechsel** dominierend, Sekundärstoffwechsel zumeist im Umfang stark zurücktretend
Metabolische („innere") Exkretion, d. h. Ausscheidung von häufig sekundär noch veränderten Endprodukten in Vakuom und Zellwand oder in spezielle Exkretionsbehälter	Echte **Exkretion,** (als Ausscheidung von Endprodukten, die zumeist das Produkt spezieller Exkretionssynthesen sind, in das Milieu) **Exkretionsorgane** (Nieren)
Reichtum an allgemeiner chemischer (synthetischer) Potenz als Ausdruck geringer funktioneller Spezialisierung	Armut an allgemeiner chemischer Potenz, aber hohe funktionelle Spezialisierung und Organisation (Nervensystem Muskulatur u. a.) und entsprechende hochspezialisierte Stoffwechselleistungen
Eucaryotische und (in der Regel) **autotrophe Zellen** Chloroplasten **(grüne Plastiden)** als Organelle der Photosynthese („Plasten des Anabolismus") und als spezifische Bildungen der Zellen grüner Pflanzen	Eucaryotische **heterotrophe Zellen** Keine Chromatophoren (vergleichbar den Chloroplasten, Chromoplasten, Leukoplasten)
Vakuolensystem **(Vakuom)** mit **Zellsaft** als „innerem Exkretionsraum"; **Zellwand** als festes Widerlager, Wandsubstanzen: **Zellulose, Pektine, Lignin** u. a.	„Pulsierende" Vakuolen etwa bei Protisten (Osmoregulation, Exkretionsorganelle), Nahrungsvakuolen, aber kein Vakuom; Tierische Zellen „nackt"; Zellulose bei Tunicaten
„Offenes System", d. h. Entwicklung „nach außen" (in den Luft- und Bodenraum), theoretisch unbegrenztes Wachstum aus sich ständig embryonal erhaltenden Wachstumszonen (Vegetationspunkten, interkalaren Meristemen) Totipotenz der üblichen Pflanzenzelle, starkes Regenerations- und Reparationsvermögen des Pflanzenkörpers,	**„Geschlossenes System"**, d. h. Entwicklung „nach innen": am Ende der Embryonalentwicklung ist das Tier im wesentlichen „fertig" (ausdifferenziert) Hohe funktionelle Spezialisation, Regenerations- und Reparationsvermögen graduell im Tierreich unterschiedlich, im Vergleich zur Pflanze relativ begrenzt
Ausbildung großer äußerer Oberflächen (Blattwerk, reich gegliedertes Sproßsystem, Wurzelverzweigung)	Ausbildung großer innerer Oberflächen (Lunge, Blutgefäßsystem, Verdauungstrakt)

*) Heterotrophie bei pflanzlichen Ernährungsspezialisten ist offenbar sekundär entstanden (ökologische Anpassungen, evolutionäre Rückbildung). **Saprophyten** („Moderzehrer") wachsen auf toten organischen Substraten, wie z. B. die Mehrzahl der chlorophyllfreien Pilze. **Parasiten** (Schmarotzerpflanzen) parasitieren auf lebenden Wirtspflanzen, wie z. B. die chlorophyllarme Kleeseide (*Cuscuta*). Alle selbst

nicht photosynthetisch aktiven Zellen eines Pflanzenkörpers sind auf die Assimilatzufuhr angewiesen.
**) Die Bindung von Luftstickstoff (vgl. Kapitel 12.1.) ist primär immer eine Stoffwechselleistung mikrobieller Systeme und ist an das Vorhandensein des Enzyms Nitrogenase gebunden. Symbiontische N_2-Fixierung treffen wir bei Leguminosen und einigen Nicht-Leguminosen.

Die Einführung der Begriffe „autotroph" und „heterotroph" reicht für die Kennzeichnung der großen Zahl von Ernährungstypen unter den Mikroorganismen nicht aus. Zur Charakterisierung der **mikrobiellen Ernährungsweisen** haben sich neue Termini eingebürgert, die auf drei Faktoren (vgl. die weiter oben gemachten Ausführungen) abzielen:
– die Art der Kohlenstoffquelle
– die Art der Energiebereitstellung
– die Natur des H-Donators (Reduktionsmittels).

Als **phototroph** werden solche Organismen bezeichnet, die – wie grüne Pflanzen und Photosynthesebakterien – Lichtenergie zum Aufbau organischer C-Verbindungen verwerten können. Als **chemotroph** werden die chemosynthetisch lebenden Mikroorganismen gekennzeichnet, die ATP durch die Oxydation anorganischer und organischer Substrate gewinnen und CO_2 auf Kosten der dabei gewonnenen „Oxydationsenergie" fixieren. Die Fähigkeit der Verwertung anorganischer Wasserstoffdonatoren wird als **„lithotroph"** bezeichnet. Werden hingegen organische Verbindungen als H-Donatoren verwendet, spricht man von **„Organotrophie"**. In der Mikrobiologie wird durch solche Begriffsbestimmungen die Verwendung der Begriffe „Autotrophie" und „Heterotrophie" eingeengt auf die Herkunft des Kohlenstoffs: „autotrophe" Mikroorganismen sind in diesem Sinne solche, die die Hauptmenge des Kohlenstoffs durch CO_2-Fixierung beziehen. „Heterotroph" sind Organismen, wenn sie den Kohlenstoff für die Synthese zelleigener Verbindungen aus organischen Nährsubstraten beziehen.

Die in der Mikrobiologie verwendete Terminologie führt z. B. zu den folgenden Kennzeichnungen:
– *Photolithotrophie* = ATP- und H-Donator-Gewinnung durch Photosynthese unter Benutzung einfacher anorganischer Ausgangsverbindungen (grüne Pflanzen, Cyanophyceen und Schwefelpurpurbakterien (= Thiorhodaceae))
– *Chemolithotrophie* = ATP-Gewinnung durch Oxydationsreaktionen und Bereitstellung des H-Donators für reduktive Synthesen durch Dehydrogenierung anorganischer Substrate (nitrifizierende Bakterien)
– *Chemoorganotrophie* = ATP- und H-Donator-Gewinnung durch Verwertung organischer Substrate (Tiere, die Masse der Mikroorganismen)
– *Chemolithoheterotrophie* = ATP-Gewinnung durch Oxydation von anorganischen Substraten (z. B. Wasserstoff H_2) und Assimilation organischer Substrate.

3.5. Primär- und Sekundärstoffwechsel

Dem *Primär-* oder *Grundstoffwechsel* wird der *Sekundärstoffwechsel* als ein eigener Stoffwechselbereich gegenübergestellt, der durch eigenes genetisches Material codiert und durch eigene Enzyme vermittelt wird. Er ist insbesondere bei kormophytisch organisierten grünen Pflanzen (sog. höheren Pflanzen, Kormus = Vegetationskörper, der aus den beiden Grundorganen Sproß und Wurzel besteht) auffallend entwickelt. Die in diesem Stoffwechselbereich gebildeten Stoffe (= *Sekundärstoffe*, sekundäre Naturstoffe oder einfach *Naturstoffe*) wurden deshalb zunächst mit sekundären Pflanzenstoffen (bzw. „Pflanzenstoffen") identifiziert.

Der Ausdruck „Sekundäre Pflanzenstoffe" geht auf den Pflanzenbiochemiker Czapek zurück, der mit dieser Bezeichnung ausdrücken wollte, „daß es sich bei der Bildung solcher Stoffe um Prozesse handelt, die nicht jedem Zellplasma eigen sind, sondern die mehr sekundären Charakter haben." Seitdem hat man sich angewöhnt, zwischen einem *Haupt-* und *Nebenstoffwechsel* zu unterscheiden. In ersterem (= *Primär-* oder *Grundstoffwechsel*) wird das *primäre* Bau- und Betriebsmaterial der Zelle (Eiweiße, Nucleinsäuren, Kohlenhydrate, Lipide) gebildet und umgesetzt. Hier laufen alle *grundlegenden* Stoffwechselprozesse ab, die in Zusammenhang mit Vererbung und Wachstum stehen. In letzterem werden alle jene Stoffe gebildet und umgesetzt, denen eine allgemeine Bedeutung für die Lebensprozesse nicht zukommt. Die Reaktionsmuster des Sekundärstoffwechsels zeigen deshalb eine von Art zu Art sich unterscheidende, individuelle Variabilität und Vielfalt. *Sekundäre Naturstoffe* sind durch eine fast nicht mehr übersehbare Vielzahl chemischer Strukturen und durch eine vielfach nur sehr begrenzte Verbreitung der Einzelverbindungen im Organismenreich ausgezeichnet.

Der **Primärstoffwechsel** umfaßt:

- die Reaktionen der Synthese von Grundbausteinen der Biopolymerenbildung
- den Aufbau der supramolekularen Grundstrukturen der Zelle (Membranen, Multienzymkomplexe)
- die Reaktionen des Turnovers der Zellbestandteile
- die energiebereitstellenden Stoffwechselreaktionen
- die Synthese und den Metabolismus der „Wirkstoffe" (Coenzyme, prosthetische Gruppen, Hormone u. a.).

Die dissimilatorischen Reaktionen des Turnovers der Zellbestandteile und der Energiebereitstellung leiten bereits zum Sekundärstoffwechsel über, da dieser auch *Exkretstoffe* umfaßt (sog. *innere Exkrete* als Endprodukte abbauender Reaktionsfolgen, die nicht nach außen abgegeben werden, sondern infolge fehlender Ausscheidungsmöglichkeit in das Milieu im Organismus verbleiben und hier sekundär chemisch bis zur Reaktionsunfähigkeit weiter umgesetzt werden).

Bei einer **Definition des Sekundärstoffwechsels** bezieht man sich zweckmäßigerweise auf die weiter oben gegebene Begriffsbestimmung des Primärstoffwechsels und definiert ihn durch negative Kriterien. Diese Verfahrensweise ist analog der Definition der thallophytischen Organisation im Hinblick auf die kormophytische (Thallophyten = Lagerpflanzen wie z. B. Moose haben keine echten Wurzeln, Blätter usw., die den Kormophyten zukommen). Insbesondere gilt (nach Reznik), daß Sekundärstoffe kein „biochemisch verwertbares Potential darstellen".

Sekundäre Naturstoffe werden von Pflanzen, Tieren und Mikroorganismen (wenn auch nicht in vergleichbarer Zahl und struktureller Vielfalt) produziert. Zu den von Tieren gebildeten Sekundärstoffen gehören die Stoffansammlungen, die man in den Drüsentaschen von Kröten, Salamandern, Insekten, in den

Brunstdrüsen verschiedener männlicher Säugetiere, während der Puppenruhe von Insekten, im Haar- und Federkleid von Säugern und Vögeln findet. Darüberhinaus hat man hierzu alle jene *Exkretstoffe* zu zählen, die nach Art von Uroniden, Sulfatestern usw. durch verschiedene Typen von „Entgiftungsreaktionen" gebildet und mit dem Harn ausgeschieden werden. Allerdings stehen z. B. nur etwa 20 verschiedene tierische *Alkaloide* ca. 4700 pflanzlichen Alkaloiden gegenüber. Ähnliche Zahlenverhältnisse findet man bei den *Polyketiden* und *Terpenoiden*, die überwiegend sekundäre Naturstoffe umfassende Stoffgruppen darstellen. Viele von Mikroorganismen in das Milieu ausgeschiedene Substanzen kann man als Sekundärstoffe auffassen. Das Kriterium „Massenstoff" erscheint für eine Zuordnung mikrobieller Stoffwechselprodukte zu den Sekundärstoffen jedoch nicht entscheidend. Bei einem Verlust der allosterischen Hemmbarkeit und bei dereprimierter Synthese anabolischer Enzyme kommt es im mikrobiellen Stoffwechsel häufig zur sog. Überproduktion des Endproduktes eines Biosyntheseweges. Das ist u. U. von erheblicher praktischer Bedeutung. Unter den überproduzierten mikrobiellen Metaboliten sind typische Sekundärstoffe, wie z. B. die für die Chemotherapie wichtigen *Antibiotika*, aber auch Verbindungen des Grundstoffwechsels, wie z. B. proteinogene Aminosäuren (Lysin u. a.), Nucleoside und Nucleotide (Einsatz als Geschmacks- und Aromastoffe) und Vitamine.

Vorkommen und Verbreitung sekundärer Naturstoffe in Organismen können für chemotaxonomische Betrachtungen von Wert sein. Zwischen der Häufigkeit des Vorkommens (= Verbreitung) eines Naturstoffes und der Zahl der Syntheseschritte bei seiner Bildung besteht offenbar eine umgekehrte Beziehung. Beispielsweise ist das Alkaloid *Nicotin* (das sich in relativ einfacher Weise aus einem Ornithin-Stoffwechsel und aus einem Seitenweg der NAD-Biosynthese herleitet) in Pflanzen nicht sehr selten, während das in einer komplizierteren Reaktionsfolge gebildete *Brucin* bisher nur in einer Gattung der Pflanzenfamilie der Loganiaceae gefunden wurde.

Unter den **sekundären Naturstoffen** finden wir die verschiedenartigsten chemischen Strukturen: aliphatische, carbozyklische und heterozyklische (mit N, O und S im Molekül) Grundkörper, gesättigte und ungesättigte Verbindungen, Peptide, Glykoside, Azomethine, Hydroxamate usw. An *funktionellen Gruppen* sind vorhanden: Hydroxy-, Epoxy-, Hydroxymethyl-, Methyl-, Äther-, Ester-, Carboxyl-, Amino- und Nitrogruppen. Wegen ihres häufigen Vorkommens in Sekundärstoffen fallen Hydroxy-, Hydroxymethyl- (= Methoxy-) und *Methylgruppen* auf. Das verbreitete Vorkommen methylierter Naturstoffe bekräftigt die weiter oben zitierte Auffassung, daß Sekundärstoffe kein biochemisch verwertbares Potential darstellen, da sich bei genauerer Betrachtung erweist, daß die Methylierung energetisch recht aufwendig ist. Ein „Transmethylierungs-Zyklus" (vgl. 9.2.) erfordert nicht nur die Aktivierung von Methionin (= Bildung der aktiven Sulfoniumverbindung S-Adenosylmethionin), sondern das gesamte System der de novo-Methylsynthese (vgl. 13.1.).

Auf Grund der strukturellen Vielfalt sekundärer Naturstoffe wird eine befriedigende Klassifizierung nicht möglich sein. Unter Zugrundelegung biogenetischer Befunde kann man die Naturstoffe in 5 große Molekülfamilien ordnen. Ihre Vertreter werden auf jeweils einer der 5 folgenden Stoffwechselsequenzen gebildet, die aus dem Grundstoffwechsel in den Sekundärstoffwechsel einmünden (Abb. 3.4.).

- **Acetat-Mevalonat-Weg**: Synthese von Terpenen und Steroiden (vgl. 10.2.3.3.)
- **Polyketidweg**: Bildung von Polyketiden, d. s. aus Acetat-Einheiten aufgebaute Verbindungen, deren Biosynthese über die intermediäre Synthese einer Polyketomethylen-Verbindung geht (vgl. 10.2.)
- **Shikimisäure-Weg** der Aromatisierung: Bildung von Phenylpropanen u. a. Sekundärstoffen (vgl. 10.5.1.)
- **Aminosäure-Weg**: Synthese von Alkaloiden, biogenen Aminen, Betainen, Peptidantibiotika, Peptidtoxinen u. a. N-haltiger Naturstoffe

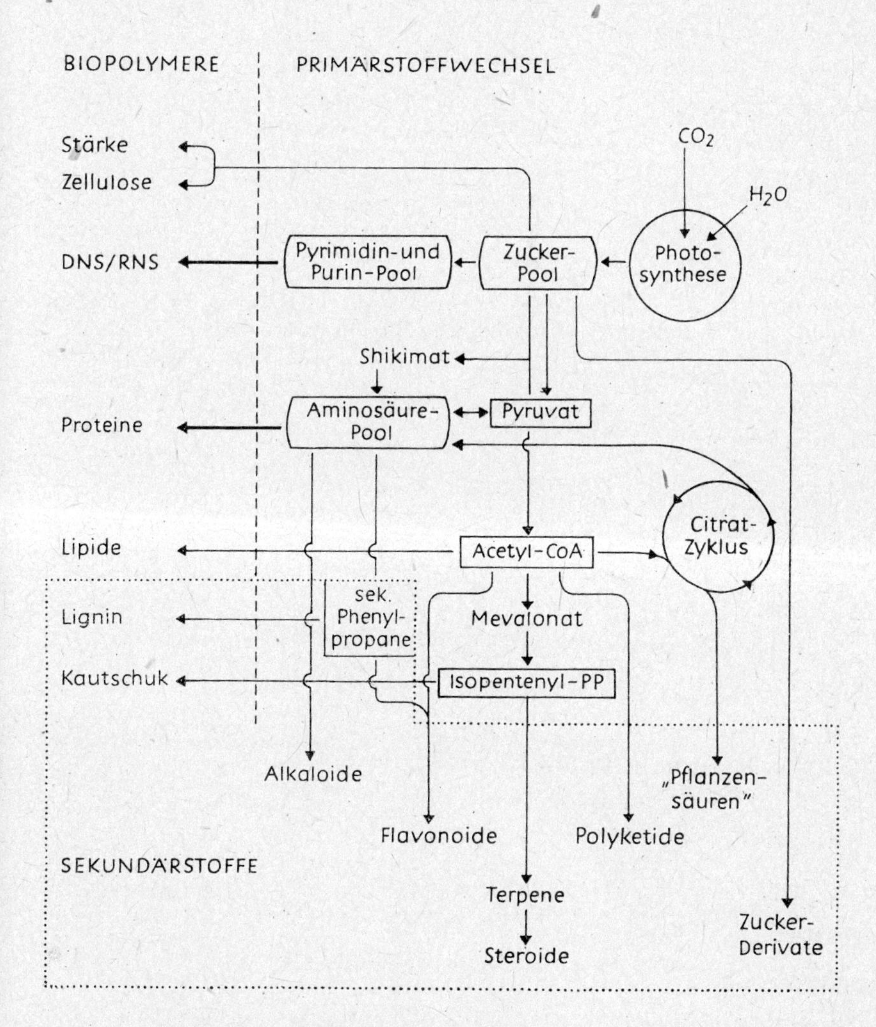

Abb. 3.4. Metabolische Beziehungen zwischen Grundstoffwechsel, Biopolymeren- und Sekundärstoffsynthesen.

- **Kohlenhydrat-Weg:** Bildung von Aminozuckern, Desoxyzuckern (z. B. in den digitaloiden Herzglykosiden), Zuckeralkoholen, verzweigten Zuckern (z. B. in einigen Nucleosidantibiotika), Cycliten, Glykosiden (Blausäure-Glykoside, Senfölglykoside: nur die Zucker-Komponente wird hierbei auf diesem Weg synthetisiert, nicht der zuckerfreie Paarling, das Genin).

Durch die genannten 5 hauptsächlichen Stoffwechselsequenzen werden die den 5 Molekülfamilien sekundärer Naturstoffe zugrunde liegenden Grundstrukturen aufgebaut, und zwar aus relativ wenigen Metaboliten des Grundstoffwechsels:

- „Acetat“ bzw. Acetyl-Coenzym A (Terpene, Steroide, Polyketide = Acetogenine)
- Zuckern (Zuckerderivate, Aromaten des Shikimisäure-Weges)
- Aminosäuren (und zwar proteinogene Aminosäuren und damit biogenetisch eng zusammenhängende Verbindungen wie Anthranilsäure und Nicotinsäure)

Die Mehrzahl der Sekundärstoffe wird aus „Acetat“ bzw. Acetyl-CoA synthetisiert.

Die gebildeten *chemischen Grundkörper* werden sekundär in mannigfacher Art und Weise durch enzymatische und z. T. nicht-enzymatische Reaktionen abgewandelt, wobei vor allem Prozesse der *Zyklisierung*, *Hydroxylierung*, *Methoxylierung* und *Methylierung* eine Rolle spielen. Möglicherweise sind bei diesen Reaktionen der **Modifikation** chemischer Grundstrukturen Enzyme entscheidend beteiligt, die eine relativ geringe Substratspezifität besitzen. Nicht-enzymatische Reaktionen spielen z. B. bei der Lignin- und Melaninbildung eine Rolle. Sie bestehen in oxydativen Kupplungsreaktionen von Phenolen bzw. Phenolradikalen (vgl. 10.5.1.). Alle diese „Modifizierungsreaktionen“ sind Mittel des Stoffwechsels, stoffwechselaktive Verbindungen bis zur Reaktionsunfähigkeit zu verändern, so daß diese aus dem aktiven Stoffumsatz ausgegliedert werden (sog. *metabolische Exkretion*, d. h. Bildung „innerer“ Exkrete). Für die dargestellte Auffassung spricht, daß Sekundärstoffe des öfteren in Gruppen chemisch verwandter Verbindungen auftreten, deren einzelne Vertreter voneinander in struktureller Hinsicht nur geringfügig verschieden sind. Beispiele sind die Tabakalkaloide (= Pyridin-Alkaloide), unter denen das Nicotin das Hauptalkaloid ist, das in *Nicotiana*-Arten von bis zu 15 Nebenalkaloiden begleitet sein kann. Für diese These spricht auch der Befund, daß die Pilzmetabolite Patulin, Fumigatin u. a. sich von der Ausgangsverbindung 6-Methylsalicylsäure ableiten. Im Bereich des Phenylpropanstoffwechsels (Phenylpropane sind z. B. neben den aromatischen Aminosäuren die verschiedenen Derivate der Zimtsäure) wird stoffwechselaktiver Coniferylalkohol durch Glucosidierung stabilisiert und transportfähig gemacht und durch die Synthese von Lignanen und *Lignin* als Exkret in die Zellwand „abgeschoben“ (sog. *membranotrope Exkretion*; dieses Beispiel impliziert Wand- und Gerüststoffe als sekundäre Naturstoffe).

Die Einordnung eines speziellen Naturstoffes in eine der genannten 5 Molekülfamilien oder biogenetischen Reihen kann jedoch nicht immer eindeutig vorgenommen werden, nämlich dann, wenn mehrere Biosynthesewege an seiner Bildung beteiligt sind. Das ist der Fall z. B. bei dem Antibiotikum *Novobiocin*, das unter Beteiligung von 3 der genannten Wege und weiterer Reaktionen aufgebaut wird. Auch das *Cyanidin* (Farbstoff der roten Rose und der Kornblume) wird über 2 verschiedene Biosynthesewege „zusammengebaut“: der aromatische Ring A (vgl. die Formel der Verbindung) wird aus Acetat-Resten auf dem Polyketid-Weg synthetisiert, während der Phenylpropan-Anteil (C_6-C_3-Strukturkomponente) nach dem Shikimisäure-Prephensäure-Konzept der Aromatisierung aufgebaut wird. Letzterer dient als

„molekularer Anknüpfungspunkt“ für die Ankondensation von Acetat-Einheiten. Das Cyanidin ist ein Vertreter der *Anthocyanidine*, die das Genin (Aglykon) von *Glykosiden* bilden, die als wasserlösliche Anthocyanine (= Anthocyane) im Zellsaft von Blüten- und Blattzellen (z. B. in der Epidermis der „Blutvarietäten“ von Laubbäumen) vorkommen.

Die **Naturstoffchemie** und **Pflanzenbiochemie** hat sich bisher vorwiegend mit der *Isolierung* und *Identifizierung* (Strukturaufklärung) von *Naturstoffen* befaßt (vgl. 1.1.). Zahlreiche Untersuchungen galten ebenfalls der Aufklärung der *Biosynthese* von Sekundärstoffen, wozu vor allem Precursor-Produkt-Studien mit Hilfe der Tracer-Technik herangezogen wurden. Die Bestimmung spezifischer Radioaktivitäten und Einbauraten, die Ermittlung der Position markierter Atome in der synthetisierten Verbindung (= Positionsabbau zur Lokalisation radioaktiver und schwerer Isotope im Reaktionsprodukt nach Fütterungsversuchen) und reaktionsmechanistische Betrachtungen auf der Grundlage der theoretischen organischen Chemie bilden die hauptsächlich angewandten Verfahren der Biosyntheseforschung im Sekundärstoff-Sektor. Demgegenüber treten *enzymatische Studien* deutlich zurück, was verschiedene Ursachen hat:

- die betreffenden Enzyme kommen vermutlich in geringer Menge vor
- die Isolierung von Enzymen des Sekundärstoffwechsels aus Pflanzenmaterial begegnet bekannten Schwierigkeiten (Denutarierung oder Zerstörung bei der Materialaufbereitung)
- das Fehlen interessierter und versierter Enzymologen auf diesem Sektor, der vorwiegend eine Domäne organischer Chemiker und Naturstoffchemiker war.

Daher hat es wesentliche Fortschritte auf dem Gebiet der **Enzymatik von Sekundärstoffen** lediglich am mikrobiellen System gegeben. Gut untersuchte spezifische **Enzyme des Sekundärstoffwechsels** sind:

- *N-Acyltransferase* aus *Penicillium* (Penicillin-Synthese)
- *Streptidin-Kinase* und *Amidinotransferase* aus *Streptomyces* (Streptomycin-Biosynthese)
- *Cyclopenase* aus *Penicillium cyclopium* (Benzodiazepin-Umsatz)
- *6-Methylsalicylsäure-Synthetase*, ein Multienzymkomplex (vgl. 5.6.2.)
- Alternariol-Synthetase, Orsellinsäure-Synthetase und die *Enzyme* der *Gramicidin-S-Synthese*.

Ausführliche enzymatische Studien liegen zur 6-Methylsalicylat-Synthetase aus *Penicillium patulum* vor (Lynen et al.). Die Bildung dieser aromatischen Verbindung verläuft über enzymgebundene Zwischenprodukte ähnlich der Fettsäure-Synthese. Die Multienzym-Komplexe der 6-Methylsalicylsäure-Synthese und der Fettsäure-Synthese (vgl. 5.6.2.) sind verschieden. Die aus der kovalenten Bindung freigesetzte 6-Methylsalicylsäure wird in Folgereaktionen zu anderen Pilzmetaboliten metabolisiert (vgl. weiter oben). Bisher gibt es keine Anhaltspunkte dafür, daß die „Schlüsselenzyme“ des Sekundärstoffwechsels sich von denen des Primärstoffwechsels durch geringere Substrataffinität unterscheiden. Die K_m-Werte (vgl. 5.5.) für die Bindung von Acetyl-Coenzym A an der 6-Methylsalicylsäure-Synthetase und an der Fettsäure-Synthetase liegen etwa in der gleichen Größenordnung.

Die These, daß der Sekundärstoffwechsel durch eigenes genetisches Material codiert wird, ist bereits mehr als ein bloßes Postulat. Alles in allem ist jedoch noch heute die **Genetik des Sekundärstoffwechsels** ein wenig entwickeltes Gebiet, obwohl sie eigentlich bereits mit Gregor MENDEL beginnt, als er rot- und weißblühende Erbsen miteinander kreuzte. Zu den genetischen Grundlagen der Anthocyan(in)synthese liegen ausgedehnte Untersuchungen vor (HESS). Eine Unterscheidung von regulationsdefekten Mutanten und Strukturgen-Mutanten ist noch nicht möglich, da hierzu in-vitro-Messungen von Enzymen vorgenommen werden müßten, die erst in relativ geringer Zahl auf dem Sekundärstoff-Sektor vorgenommen wurden. Möglicherweise sind nach dem Prinzip des Operons (vgl. 7.1.) aufgebaute Regulationseinheiten vorhanden, wofür z. B. Defekt-Mutanten der Tetracyclin-Bildung sprechen, die eine Häufung von Mutationen in bestimmten genetischen Bereichen erkennen lassen.

Der im allgemeinen geringe Stand der Enzymologie auf dem Gebiet des Sekundärstoffwechsels ist auch verantwortlich für unsere noch sehr begrenzte Kenntnis von **Regulationsmechanismen** in diesem Bereich. Die experimentelle Evidenz für die Annahme, daß die Sekundärstoffsynthese durch *Precursor-Induktion* und durch *Katabolit-Repression* reguliert wird, ist außerordentlich gering. In der Precursor-Induktion (das Substrat einer Sekundärstoffsynthese wirkt zugleich als Induktor bei der Synthese der beteiligten Enzyme) wäre ein spezifisch wirkendes Regulationsprinzip gegeben, während mit der Katabolit-Repression ein weitere Stoffwechselbezirke übergreifendes Regulationsprinzip vorläge, dessen Aufhebung die vorher reprimierte Sekundärstoffbildung ermöglichte. Hinweise für eine *Precursor-Induktion* ergeben sich aus nicht unwidersprochen gebliebenen Befunden im Zusammenhang mit der Produktion von Mutterkornalkaloiden, wonach *Tryptophan* zugleich Substrat (Precursor) und Induktor des kaum untersuchten enzymatischen Systems der Mutterkorn-Alkaloid-Synthese sein könnte. Sicher erscheint, daß z. B. *Ferulasäure* die Induktion eines Enzyms in den betreffenden Pflanzen bewirkt und daß diese Verbindung als Precursor in das Anthocyanidin Paeonidin einbaut.

Für eine *Endprodukt-Kontrolle* von Sekundärstoffsynthesen fehlen weitgehend experimentelle Befunde. Die Synthese von Mutterkornalkaloiden wurde in Zusammenhang gebracht mit einem Wegfall der Endprodukthemmung im Bereich der Aromatenbiosynthese bei bestimmten *Claviceps*-Stämmen. Vielleicht ist das Fehlen entsprechender Kontrollmechanismen ein Charakteristikum oder eine notwendige Vorbedingung der massenhaften Produktion von Substanzen des Sekundärstoffbereiches, die für den betreffenden Organismus „unphysiologisch“ und unökonomisch erscheint. Beispielsweise scheinen die *mikrobiellen Hochleistungsstämme* der Industrie, die durch Selektion gewonnen wurden, *Regulations- und Strukturgen-Mutanten* zu sein, bei denen soviel Precursoren des Primärstoffwechsels in die betreffende Produktsynthese einfließen, daß sie unter natürlichen Milieubedingungen kaum eine Überlebenschance hätten (vgl. 8.1.1.).

Bildung und Umsatz von Sekundärstoffen laufen nur während bestimmter *Entwicklungsphasen* (Entwicklung = Wachstum + Differenzierung) ab. Die Bildung von Sekundärstoffen zeigt deshalb eine sog. *Phasenabhängigkeit*, die häufig *mit morphologischen Differenzierungsschritten* korreliert ist. Sie muß mit diesen jedoch nicht notwendigerweise kausal verknüpft sein. So werden viele Sekundärstoffe, die Produkte des mikrobiellen Stoffwechsels sind, nicht in der Phase des exponentiellen Wachstums gebildet. In der Trockengewichtskurve des Wachstums setzt Sekundärstoffbildung erst bei verzögertem Wachstum ein, d. h. mit dem Übergang der Wachstumskurve bei diskontinuierlicher Kultur aus der exponentiellen (logarithmischen) in die stationäre Wachstumsphase. Diese Befunde gaben Anlaß zur Unterscheidung zwischen einer sog. *Trophophase*

(Wachstumsphase), wo ein ausbalancierter Stoffwechsel primär auf Proteinsynthese (Wachstum) und Energiebereitstellung ausgerichtet ist, und einer sog. *Idiophase* (Produktionsphase), die mit dem Auftreten von Imbalancen einsetzt. Diese können verursacht werden z. B. durch einen in das Minimum geratenden essentiellen Milieufaktor. Die Induktion entsprechender Enzyme der Sekundärstoffsynthese – die natürlich an eine ablaufende Proteinsynthese gebunden ist – scheint ein „Konkurrenzphänomen" zur Synthese jener Enzymproteine zu sein, die identische Reproduktion (Vermehrung) und Wachstum bewirken. Sie könnte durch Imbalancen beim Übergang des exponentiellen in das stationäre Wachstum bewirkt werden, wodurch Primärmetabolite in die Synthese von Sekundär-, Depot- und Wandstoffen „kanalisiert" werden. Das embryonale Wachstum von Pflanzen (aus Vegetationspunkten, interkalaren Meristemen und Meristemoiden) kann mit dem exponentiellen Wachstum von Mikroorganismen offenbar parallelisiert werden. In diesem Sinne werden Sekundärstoffe auch bei Pflanzen erst durch „ausdifferenzierte" Zellen gebildet. So erscheint der **Sekundärstoffwechsel** als **Teil des Differenzierungsstoffwechsels.** Diese Koordination morphologischer und chemischer Differenzierungsmuster kann kausal miteinander verknüpft sein oder lediglich zeitlich zusammenfallen. Tatsächlich ist die Differenzierung der pflanzlichen Zellwand (Ausbildung sekundärer und tertiärer Zellwände) mit der Lignifizierung (= Lignineinlagerung in die Zellulose-Interfibrillärräume) ursächlich verbunden.

Unter Ausklammerung der Frage, wie die Ausbildung chemischer und morphologischer Differenzierungsmuster bei höher organisierten Lebewesen genetisch zu interpretieren ist, stellen wir fest, daß **Mutationen** im Primär- und Sekundärstoffwechsel sehr unterschiedliche **Konsequenzen** für das betreffende biologische System haben:

- Mutationen im Primärstoffwechsel unterliegen dem „Selektionsdruck" und werden zur Ursache einer zur Vereinheitlichung führenden Optimierung (Luckner)
- Mutationen im Sekundärstoffwechsel bleiben erhalten, sind somit nicht letal und führen zu chemischer Mannigfaltigkeit in vollkommener Analogie zur Ausbildung morphologischer Differenzierungsmuster, da sie nicht dem Selektionsdruck unterliegen.

Diese Aussagen sind hypothetisch. Damit wird ausgedrückt, daß Mutationen im Sekundärstoffwechsel keinen Vorteil für den betreffenden Organismus bedeuten, d. h. daß Sekundärstoffe „stoffwechselgleichgültige" Metabolite sind. Eine solche Feststellung drückt unsere augenblickliche Kenntnis aus. Möglicherweise bleiben uns Selektionsvorteile, die Sekundärstoffe den sie produzierenden Organismen bieten, z. Z. noch verborgen. Bemerkenswert ist, daß offensichtlich völlig alkaloidfreie Mutanten von *Nicotiana, Datura* und *Lupinus* nicht „herstellbar" sind. Während wir (nach Zenk) bereit sind, die absonderlichsten morphologischen Veränderungen im Blütenbau von Spermatophyten (Anthophyten) als Mittel in der Beziehung von Pflanze und Tier zum Zwecke der Arterhaltung zu akzeptieren, sind wir merkwürdigerweise bei den Sekundärstoffen dazu nicht bereit. Es ist sicher erwiesen, daß sekundäre Naturstoffe eine **ökologische Bedeutung** für die sie produzierenden Organismen haben können. Die ökologische Bedeutung von **sekundären Naturstoffen** liegt darin, daß solche Stoffe wirken können als:

- *Repellantien* (sie machen Pflanzen ungenießbar oder toxisch für bestimmte Tiere)
- *Attractantien* (d. s. Stoffe, die der chemischen Kommunikation dienen: Duft- und Farbstoffe der Blüten, Sexuallockstoffe bei Insekten u. a. *Pheromone*)
- *Phytoncide* (Schutzstoffe gegenüber parasitischen und pathogenen Bakterien und Pilzen oder z. B. zur Abwehr von Insekten)
- *Allelopathika* (sie beeinflussen das Wachstum anderer Pflanzen in Pflanzengesellschaften; das sind häufig flüchtige Stoffe oder Verbindungen, die nach dem Absterben von Pflanzenteilen im Boden verbleiben).

„Schutz gegen Gefressenwerden" ist natürlich nur ein Aspekt. Es wurde jedoch experimentell bewiesen, daß Pflanzen sekundäre Naturstoffe zur „chemischen Kriegführung" verwenden. Von etwa 300000 Insektenarten lebt über die Hälfte ausschließlich von Pflanzennahrung. Auffallend dabei ist, daß bestimmte Insekten bestimmte Pflanzen als Nahrungsquellen bevorzugen (Präferenz bestimmter Insekten für bestimmte Nahrungspflanzen). Das aus kartoffelkäferresistenten Kartoffelsorten isolierte Glykosteroidalkaloid *Demissin* (SCHREIBER 1957) ist gegen *Kartoffelkäferbefall* höchst wirksam. Allerdings erscheint es sehr fragwürdig, wenn amerikanische Entomologen behaupten, daß der „große phylogenetische Erfolg" der Angiospermen (Bedecktsamer) gegenüber den Gymnospermen (Nacktsamer) zum großen Teil auf der Erfindung chemischer Abwehrmittel beruhe. Erstere zeichnen sich im Vergleich zu letzteren durch ihren Reichtum an sekundären Naturstoffen aus. Die Sekundärstoffe wären in diesem Sinne der „biochemische Schild", hinter dem die Angiospermen sich entwickelten.

Die **physiologische Bedeutung** von **Sekundärstoffen** für die sie bildenden Organismen bleibt unklar. Ein Nutzen für die Produzenten ist z. Z. schwer zu erkennen. Keinesfalls sind sie aber nur *Exkretstoffe*, obwohl das zweifellos in vielen Fällen zutrifft.

Die *metabolische Exkretion* (vgl. weiter oben) zielt (nach MOTHES) in dreierlei Richtungen:

- auf die Synthese wasserunlöslicher polymerer Stoffe (z. B. Lignin)
- auf die Bildung lipophiler Verbindungen
- auf die Synthese polarer (ionisierter) Stoffe.

Diese drei Arten pflanzlicher Exkrete werden nach unterschiedlichen Mechanismen in der Zelle abgelagert. Beispielsweise werden die basischen Alkaloide in die mit leicht saurem Zellsaft erfüllte Vakuole transportiert, in der sie nach dem „Ionenfallen-Prinzip" gefangen werden (Salzbildung mit organischen Säuren wie Äpfelsäure). Die in die Vakuole gerichtete Exkretion wird auch als *chymotrope Exkretion* bezeichnet.

Wir kennen Beispiele, wonach zunächst als typische Sekundärstoffe angesehene Verbindungen eine stoffwechselphysiologische Bedeutung besitzen, die man erst im Fortschreiten der Forschung transparent machen konnte. So wurde die *Oxalsäure* lange Zeit als typische Stoffwechselschlacke angesehen. Diese Dicarbonsäure ist in Pflanzen häufig. Sie kommt zumeist als unlösliches Calciumsalz in verschiedenen Kristallisationsformen vor, die Drusen, Raphidenbündel usw. bilden, aber auch als lösliches saures Kaliumsalz (Kleesalz). Ihre Bildung wurde in Zusammenhang mit der Bindung überschüssigen Calciums gebracht. Als *Oxalylhomoserin* hat sie eine katalytische Funktion im Primärstoffwechsel, nämlich als Komponente der pflanzlichen Methioninsynthese (in Mikroorganismen tritt dafür das Succinyl-L-homoserin auf). In Ausnahmefällen kann durch mikrobielle Spezialisten Oxalat aktiviert und als Formyl-CoA in den C_1-Stoffwechsel einbezogen werden. Die *p-Hydroxybenzoesäure*, die in *Catalpa* in hoher, bereits bakterizid wirkender Konzentration vorkommt, erwies sich als biogenetische Vorstufe von Coenzym Q (Ubichinon), das eine Redox-Komponente der Atmungskette ist (vgl. 11.1.). Sekundärstoffe wie das *Morphin* (Mohnalkaloid) und die *Chlorogensäure* unterliegen in den betreffenden Pflanzen einem schnellen Turnover, obwohl in der Bilanz ihre Konzentration zunimmt. Erst durch Puls-Experimente mit radioaktiv markierter Chlorogensäure erhielten wir darüber Kenntnis. Wenn man Verbindungsgruppen wie die *Gibberelline* und *Cytokinine* (vgl. 7.3.1.) als sekundäre Naturstoffe betrachtet, ist die stoffwechselphysiologische Aktivität von Sekundärstoffen evident: Verbindungen wie die Gibberelline, Auxine, Cytokinine oder die Abszisinsäure sind physiologisch hoch aktive Stoffe, die als pflanzliche Wachstumsregulatoren (Pflanzenhormone) wirken.

Die Biochemie hat sich aus der Erfassung und Identifizierung der stofflichen Bestandteile der Zelle über die Analyse der Stoffwechselreaktionen hin zur Untersuchung zellulärer Kontrollmechanismen entwickelt. Die koordinierte Regulation eines hierarchischen Systems von Enzymaktivitäten macht den geordneten Ablauf der Lebensvorgänge möglich. Bisher sind vor allem die Regulationsprinzipien des Primärstoffwechsels untersucht worden, in welchem die Schlüsselprozesse der klassischen Biochemie zusammengefaßt sind. Die Entwicklung der biochemischen Forschung auf dem Gebiet des Sekundärstoffwechsels hat einen vergleichbaren Erkenntnisstand noch nicht erreicht. Untersuchungen über zelluläre Kontrollmechanismen der Steuerung und Regelung haben erst begonnen. Letztere sind jedoch nicht nur von wissenschaftlichem Interesse, sondern von erheblichem praktischem Interesse, da Sekundärstoffe nach Art von Antibiotika, Peptidalkaloiden u. a. als *Therapeutika* von großem Wert sind. Auf Grund unzureichender wissenschaftlicher Durchdringung dieses Gebietes ist daher eine rationell begründete, gezielte Steuerung und Beherrschung biologischer Produktionsprozesse in der technischen Mikrobiologie und Biochemie (vgl. 1.3.) noch nicht möglich. Trotzdem sind die vorwiegend auf empirischer Grundlage stehenden großen Erfolge des industriellen Mikrobiologen und Biotechnologen bei der großtechnisch betriebenen Produktion biologisch aktiver Naturstoffe nicht zu übersehen. An eine weitere wissenschaftliche Entwicklung dieses Gebietes knüpfen sich daher entsprechende Erwartungen der potentiellen Nutzanwender biochemischer Forschung und der Wirtschaft. In einer so verstandenen Abwandlung gilt heute noch immer das Wort eines der Begründer einer Biochemie der Sekundärstoffe, Karl PAECH (1950), der sagte: „Die sekundären Pflanzenstoffe (bzw. sekundären Naturstoffe, Verfasser) stellen ein Gebiet vernachlässigter Stoffwechselbeziehungen dar, und selbst wenn es zuträfe, daß viele von ihnen nur Abfallprodukte, Hobelspäne, beim Aufbau des Organismus sind, so würden sie kein geringeres physiologisches Interesse verdienen.“

4. Bioenergetik

4.1. Die Grundgesetze der Thermodynamik und ihre Anwendung auf den Organismus

Im 18. Jahrhundert erkannte LAVOISIER: die Nahrungsmittel werden im tierischen Körper durch den Sauerstoff der Luft „verbrannt". Diese „Verbrennung" ist die Quelle der tierischen Wärme (Homoiothermie).

Nachdem die **Grundgesetze der Thermodynamik** durch CARNOT, MAYER, JOULE, HELMHOLTZ, THOMSON (dem späteren Lord KELVIN) und CLAUSIUS formuliert worden waren, wurden exakte physikalisch-chemische Untersuchungen der Bedingungen möglich, unter denen die chemische Energie der Nahrungsstoffe zur Arbeitsleistung im Organismus herangezogen wird.

Kalorimetrische Messungen ergaben, daß der **1. Hauptsatz der Thermodynamik** („Gesetz von der Erhaltung der Energie") auch für den Organismus des höheren Tieres gilt. Es besteht kein Zweifel, daß der 1. Hauptsatz für alle Lebewesen Gültigkeit hat.

W. THOMSON traf bei seiner Formulierung des **2. Hauptsatzes der Thermodynamik** noch die Einschränkung, daß er sich auf die leblose Natur (engl.: inanimate agency) beziehe. Er rechnete mit der Möglichkeit, daß Lebewesen Mechanismen besitzen, durch welche die Entropie (vgl. 4.1.1.1.) vermindert werden könnte. Der 2. Hauptsatz („Gesetz von der Vermehrung der Entropie") gilt auch für Organismen. Doch ist die Aufnahme der Gültigkeit des 2. Hauptsatzes bei Organismen nicht auf Messungen des Verhältnisses von Wärme und Arbeit begründet.

Lebewesen sind keine Wärmekraftmaschinen. Die Dampfmaschine arbeitet zwischen den Temperaturen T_1 und T_2. Die Messung ergibt, daß das Verhältnis von nutzbarer Arbeit A zur zugeführten Wärme Q dem Gesetz von CARNOT entspricht:

$$A/Q = (T_1 - T_2)/T_1$$

Wärmekraftmaschinen verwenden die chemische Energie, die bei der Verbrennung der Brennstoffe zu CO_2 ($C \rightarrow CO_2$) und H_2O frei wird. Wärme wird zur Arbeitsleistung herangezogen. Der thermodynamische Wirkungsgrad (A/Q) ist mit max. ca. 0,4 relativ gering.

Organismen sind sog. **chemodynamische Maschinen** („thermodynamische Maschinen im engeren Sinne"), d. h. Systeme, in denen chemische Energie ohne den Umweg über Wärme in nutzbare Energie umgewandelt, d. h. zur Arbeitsleistung herangezogen wird.

Charakteristisch für den **Energieumsatz eines Lebewesens** sind:

- Leistung äußerer (mechanischer) und „innerer“ Arbeit (zur Erhaltung des dynamischen Zustandes der Zellbestandteile und damit der Strukturen, an die Leben gebunden ist)
- keine Temperaturdifferenzen (Isothermie)
- konstanter Druck (Isobarie)
- hoher thermodynamischer Wirkungsgrad (theoretisch 100%).

Allerdings treten im Stoffumsatz von Organismen irreversible Komponenten auf, und zwar um so stärker, je schneller die Stoffwechselprozesse ablaufen. Geschwindigkeit wird aber von allen chemischen Reaktionsabläufen im Organismus gefordert. Beispielsweise beträgt der Zeitbedarf der Glykolyse (vgl. 10.1.1.) 10^{-1} bis 10^{1} sec. Hierdurch ist der tatsächliche energetische Wirkungsgrad verringert.

Der Biochemiker Lipmann (1941) hat als erster den Gedanken ausgesprochen, daß die chemische Energie, die aus dem Abbau der Nahrungsstoffe freigesetzt wird, in eine besondere Form chemischer Energie im Stoffwechsel verwandelt werden muß, bevor sie in andere Energieformen wie Muskelarbeit, Arbeit sezernierender Gewebe, Plasmaströmung usw. umgewandelt werden kann. Die Arbeit einer Generation von Biochemikern (Meyerhof, Lipmann, Szentgyörgy, Krebs u. a.) hat zu dieser grandiosen Verallgemeinerung geführt:

Die „freie Energie“ (vgl. 4.1.1.) **der Nahrungsstoffe** bzw. der Stoffe, die jenem Bereich des Stoffwechsels angehören, der der Erzeugung nutzbarer Energie dient, **muß zuerst in verwendbare freie Energie sog. energiereicher Verbindungen überführt werden.** Die frei konvertierbare spezifische Form chemischer Energie in biologischen Systemen ist in sehr vielen Fällen diejenige, die in der Pyrophosphatbindung von **A**denosin**tri**phosphat (**ATP**) deponiert ist.

ATP ist der hauptsächliche Energiespeicher und Energielieferant biologischer Systeme:

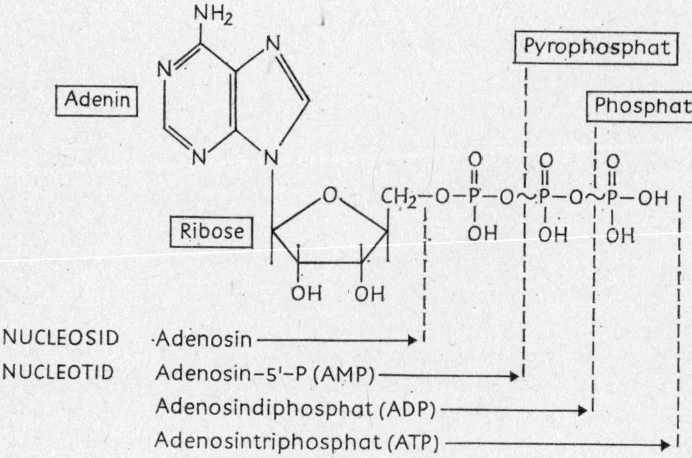

4.1.1. Die „Freie Energie“ und ihre Bedeutung für die Biochemie

Nach HELMHOLTZ ist die „freie Energie“ derjenige Teil der Energieänderung einer chemischen oder physikalischen Umwandlung, der zur Leistung von Arbeit zur Verfügung steht. Aus der mathematischen Funktionsverknüpfung der Bedingungen des 1. und 2. Hauptsatzes wurden von HELMHOLTZ und GIBBS zwei neue Zustandsgrößen eingeführt: F (freie Energie) und G (freie Enthalpie, Gibbssches Potential, Gibbsenergie). Die Änderungen von F und G ($\Delta F, \Delta G$) bei einem reversibel geführten Prozeß entsprechen der maximalen Arbeit, die gebraucht oder gewonnen wird, wenn ein System seinen Zustand ändert. Für die *freie Enthalpie* gilt:

$$\Delta G = \Delta H - T\,\Delta S$$

In dieser Gleichung sind drei Energiefunktionen miteinander verknüpft: G = *Gibbsenergie* ist das unter isothermen Bedingungen in Arbeit umwandelbare Energiepotential; H = *Enthalpie* (Wärmeinhalt), ein statisches Energiereservoir; S = *Entropie* ist ein Maß für die nicht frei verfügbare Energie, sie drückt die Abweichung eines Systems vom absoluten Ordnungszustand, seine Unordnung, aus. $T\Delta S$ wird als *Entropieglied* bezeichnet. S hat die Dimension Energie/Temperatur, T = absolute Temperatur (Kelvingrade).

Die absoluten Größen von G bleiben unbestimmt. Von Interesse ist die Differenz der Werte von G zwischen zwei verschiedenen Zuständen (Anfangs- und Endzustand):

$$\Delta G = G_2 - G_1$$

Man bezieht ΔG auf den Standardzustand: Konzentration der reagierenden Stoffe im reinen Lösungsmittel = 1 M (1 Mol/Liter), Stoffumsatz von einem Mol, Normalbedingungen (25 °C, 1 atm Druck). Der Index 0 bezeichnet Normalbedingungen: ΔG_0. Da unter physiologischen Bedingungen pH-Werte um den Neutralpunkt bestehen, bezeichnet man mit: $\Delta G_0'$ das ΔG_0 bei 10^{-7} M H^+-Konzentration. Betrachtet man nicht den Standardzustand, ist die aktuelle Konzentration der Reaktionsteilnehmer in Rechnung zu stellen:

$$\Delta G = \Delta G_0 + RT\ln \frac{c_C \cdot c_D}{c_A \cdot c_B}$$

(A und B Ausgangsstoffe, C und D Reaktionsprodukte, c Konzentration).

ΔF und ΔG sind wie folgt miteinander verknüpft:

$$-\Delta F = \Delta G + p\,\Delta V$$

$-\Delta F$ (Gesamtarbeit) ist die Summe aus Nutzarbeit ($-\Delta G$) und Volumenarbeit ($p\Delta V$). Man sieht, daß bei chemischen Reaktionen, die bei konstantem Volumen ablaufen, $\Delta F = \Delta G$ ist. Bei jeder chemischen Reaktion, die Energie in Form von Wärme aufnimmt, aber bei konstantem Druck abläuft, wird ein Teil der aufgenommenen Wärme zur Leistung von Volumenarbeit verwendet:

$$\Delta H = \Delta U + p\Delta V$$

(U = innere Energie).

Die Größe ΔG (**Gibbsenergie**, Gibbssche freie Energie) ist

- ein Maß für die *Triebkraft* einer chemischen oder physikalischen Reaktion:
  a) $\Delta G = -a$ bedeutet: die Reaktion läuft spontan (freiwillig) ab. Eine solche Reaktion, bei der Energie „freigesetzt", d. h. nach außen abgegeben wird, heißt *exergon(isch)*. Exergonische Reaktionen sind energetisch begünstigt („Bergabwärts-Reaktionen").
  b) $\Delta G = +a$ bedeutet: die Reaktion läuft nicht spontan ab. Dagegen verläuft die entgegengesetzte Reaktion freiwillig. Eine solche Reaktion, die mit einer Zunahme von Gibbsenergie verbunden ist, heißt *endergon(isch)*. Endergonische Reaktionen sind energetisch ungünstig („Bergaufwärts-Reaktionen").
  c) $\Delta G = 0$ bedeutet: der kleinstmögliche Wert der Gibbsenergie ist erreicht. Das System ist im Gleichgewichtszustand;
- ein quantitatives Maß für die Energie, die während einer Systemänderung als *maximal nutzbringende Arbeit* („maximale Nutzarbeit") gewonnen werden kann. Sie hat die Dimension kcal/Mol;
- ein Kriterium für die *Reaktionsbereitschaft* eines Systems zu einer chemischen oder physikalischen Umwandlung. Auf Grund der Beziehung $\Delta G = \Delta H - T\Delta S$ können Entropieänderungen berechnet werden:
  a) $-\Delta S$ (negative Entropieänderung) bedeutet: Erhöhung des Ordnungszustandes des Systems
  b) $+\Delta S$ (positive Entropieänderung) bedeutet: Zunahme der (molekularen) Unordnung.

(Die Begriffe „exergonisch" und „endergonisch" dürfen nicht mit den Bezeichnungen „exotherm" und „endotherm" verwechselt werden. *Exotherme Reaktionen* sind temperaturkonstante Reaktionen mit negativem ΔH, *endotherme Reaktionen* sind temperaturkonstante Reaktionen mit positivem ΔH. Vereinbarungsgemäß werden in diesen und den anderen Fällen abgegebene Energiemengen als „Ausgaben" negativ, aufgenommene Energiemengen als „Einnahmen" positiv gezählt, so wie es z. B. bei der Führung einer Handelsbilanz üblich ist).

Nur exergonische Reaktionen können spontan (nicht-enzymatisch) oder enzymkatalysiert ablaufen. Endergonische Reaktionen müssen zu ihrem Ablauf mit einer stark exergonischen Reaktion gekoppelt werden: **Prinzip der energetischen Koppelung:**

$$\begin{aligned} \Delta G_1 &= -a \\ \Delta G_2 &= +b \\ \hline \Delta G_{(1+2)} &= b - a \end{aligned}$$

Die Reaktion läuft ab, wenn $a > b$ ist. Die Summe der ΔG beider Reaktionen, d. h. das ΔG der Gesamtreaktion muß negativ sein.

Die wichtigste Art der energetischen Koppelung im Stoffwechsel ist die Bildung einer *energiereichen* (aktivierten) *Zwischenverbindung* (engl. common intermediate). Von diesem Prinzip macht der synthetische organische Chemiker bei

Präparationen Gebrauch (z. B. Verwendung eines Säurechlorids bei der chemischen Synthese eines Esters). Die wichtigste aktivierte Zwischenverbindung des Stoffwechsels ist das Adenosintriphosphat. Aktivierte Zwischenverbindungen enthält die Tabelle 4.3.

4.1.1.1. Die Verknüpfung der freien Energie mit anderen thermodynamischen und physiko-chemischen Zustandsgrößen

Die für die Biochemie wichtige Größe ΔG bezeichnen wir im folgenden als „Freie Energie" (gemeint ist die Gibbsenergie oder freie Enthalpie, vgl. 4.1.1.). Thermodynamische und elektrochemische Symbole und ihre Bedeutung enthält die Tabelle 4.1.

ΔG^0 ist quantitativ mit der Gleichgewichtskonstanten einer chemischen Reaktion verknüpft (vgl. Tabelle 4.1.). Die Verwendung der Gleichgewichtskonstanten entspringt bekanntlich aus der Anwendung des Massenwirkungsgesetzes auf eine chemische Reaktion. Die Beziehung von K zu ΔG läßt sich plausibel machen,

Tabelle 4.1. Thermodynamische und elektrochemische Symbole und ihre Bedeutung. Verknüpfung von ΔG_0 mit anderen Zustandsgrößen

Symbol	Bedeutung	Verknüpfung mit	Beziehung
F	Freie Energie	Gibbsenergie G	$-\Delta F = \Delta G + p\Delta V$
G	Freie Enthalpie (Gibbsenergie)	Gleichgewichtskonstanten K	$\Delta G_o = -RT\ln K$
		Redoxpotential E	$\Delta G_o = -nFE_o$
		Enthalpie- und Entropieänderung	$\Delta G_o = \Delta H_o - T\Delta S_o$
H	Enthalpie, Wärmeinhalt	innerer Energie U	$\Delta H = \Delta U + p\Delta V$
		Gibbsenergie und Entropie	$\Delta H_o = \Delta G_o + T\Delta S_o$
S	Entropie[1])	Enthalpie	vgl. oben
T	°Kelvin		
R	Gaskonstante		1,987 cal/Mol/grad $= 8{,}314 \cdot 10^7$ erg/grad^{-1}
$T\Delta S$	Entropieglied		
$p\Delta V$	Volumenarbeit		
Δ	Änderung, die erfolgt (Differenz zwischen Ausgangs- und Endzustand)		
E_o	Standardpotential		
F	Faraday-Konstante		
n	Valenzwechsel		
ΔG_o	Normalwert der Änderung der freien Enthalpie (engl. standard free energy change)		
$\Delta G'_o$	ΔG_0 bei 10^{-7} M H^+-Konzentration		

1) Eine Entropieeinheit $= 1$ cal $\cdot$ grad^{-1} $\cdot$ Mol^{-1}.

wenn man die Gleichgewichtskonstante mit einem Energiepotential vergleicht: je größer K ist, um so höher ist das Energiepotential, um so größer ist die Energiedifferenz zwischen Ausgangs- und Endzustand (vgl. Energiediagramme).

4.1.2. Gruppenübertragungspotentiale

Dissimilatorische Prozesse liefern Energie, die als ATP aufgefangen wird (Hauptprozesse der ATP-Bildung vgl. 4.3.). Synthesen (z. B. von Biopolymeren) und andere Stoffwechselprozesse sind energieverbrauchende (endergonische) Reaktionen, die ATP benötigen. ATP wird z. B. auf Kosten der freien Energie der Nahrungsstoffe gebildet. Nach dem **Prinzip der energetischen Koppelung** dient die stark exergonische Reaktion der ATP-Spaltung dazu, endergonische Prozesse zu betreiben. Damit wird das **ATP** zu einer Art chemischem Treibstoff des Stoffwechsels. Es wird zum *Bindeglied* zwischen energieverbrauchenden und energieliefernden Stoffwechselprozessen und ist eine Art Zentrale des Energieumsatzes lebender Systeme. In der chemodynamischen Maschine Organismus wird die chemische Energie der Nahrungsstoffe ohne Umweg über Wärme zur Arbeitsleistung herangezogen (vgl. 4.1.). Der enzymatische Abbau der Nahrungsstoffe kulminiert in der Synthese von ATP. Hier fließen Erzeugung und Verbrauch von Energie zusammen. ATP ist der universelle Energieakkumulator und -donator biologischer Systeme. Es hat im allgemeinen eine Vorrangstellung im Energiestoffwechsel aller Organismen. In speziellen Fällen wird die Rolle des ATP von strukturell ähnlichen (UTP, GTP u. a. Strukturanalogen von ATP) oder ganz verschiedenartigen **aktivierten Zwischenverbindungen** (vgl. 4.2.) übernommen. Solche Verbindungen sind „*energiereich*". Es sind **Stoffe mit hohem Gruppenübertragungspotential.**

ATP hat zwei „energiereiche" Bindungen in Gestalt von Pyrophosphat(= Anhydrid-)bindungen.

Die energiereiche Bindung wird durch die Wellenlinie ~ symbolisiert.

Der **Begriff der energiereichen Bindung** in der Biochemie ist nicht identisch mit dem in der Chemie verwendeten Begriff der *Bindungsenergie* (Energie einer chemischen Bindung). Diese stellt den Energieaufwand dar, der notwendig ist, eine kovalente Bindung homolytisch, d. h. unter Bildung elektrisch neutraler Spaltstücke, zu trennen. Die Bedeutung des in der Biochemie verwendeten Ausdrucks energiereiche Bindung ist (stark vereinfacht), daß das endständige Phosphat bzw. die *terminale Phosphorylgruppe*, von ATP abgespalten wird, „wenn immer es möglich ist:" sei es, daß a) sie auf Wasser übertragen wird (= *Hydrolyse* des ATP), sei es, daß b) ein geeignetes Akzeptormolekül *phosphoryliert* wird:

a) $\underset{\text{(ATP)}}{\text{A—R—P}\sim\text{P}\sim\text{P}} + \text{H}_2\text{O} \longrightarrow \underset{\text{(ADP)}}{\text{A—R—P}\sim\text{P}} + \text{P}_{\text{an}}$

b) $\text{A—R—P}\sim\text{P}\sim\text{P} + \text{Glucose} \xrightarrow[\text{Enz.}]{\text{Mg}^{2+}} \text{A—R—P}\sim\text{P} + \text{Glucose-P}$

Die Reaktionen a und b stellen Gruppenübertragungsreaktionen dar. Reaktion a ist der Spezialfall des Transfers der Phosphorylgruppe (vgl. 4.1.3.) auf Wasser und stellt die **Hydrolyse des ATP** dar. Reaktion b ist eine **Transphosphorylierung** auf Glucose als Akzeptor der Phosphorylgruppe, wobei ein Phosphatester der Glucose gebildet wird.

Bei einer solchen **Gruppenübertragungsreaktion** interessiert die Änderung des chemischen Potentials (*Gruppenübertragungspotentials*), d. h. der freien Energie. Bei sog. *energiereichen Verbindungen* ist das ΔG^0 einer solchen Transfer-Reaktion hoch. Der Normalwert der freien Energie hängt dabei nicht nur von der Art des Gruppendonators, sondern auch von der Natur des Akzeptormoleküls ab. Damit man **Gruppenübertragungspotentiale** verschiedenartiger Donator-Moleküle miteinander vergleichen kann, bezieht man sich auf den Standard-Akzeptor Wasser, d. h. man vergleicht die freie Energie der Hydrolyse der Verbindungen.
Das **Gruppenübertragungspotential** wird daher **definiert** als **die Änderung der freien Energie ΔG°, die auftritt, wenn 1 Mol der entsprechenden Gruppe eines Donatormoleküls auf H_2O unter Standard-Reaktionsbedingungen übertragen wird.** Gruppenübertragungspotentiale werden gemessen **in Kalorien** (cal oder kcal) **pro Mol transferierter Gruppe.**

Die Hydrolyse der Pyrophosphat-Bindungen von ATP liefert mehr freie Energie als die normaler Phosphatester nach Art von Glucose-6-P oder 3-P-Glycerat. Die Pyrophosphatbindung wird daher als energiereiche Bindung bezeichnet.
Vereinbarungsgemäß gilt:
$\Delta G_0 = > -5000$ cal/Mol *energiereich*
$\Delta G_0 = < -5000$ cal/Mol *energiearm*
($-\Delta G_0$-Werte bei pH 7,0 für Verbindungen von biochemischer Bedeutung zeigt die Tabelle 4.3.).

Die *hohen Werte* der *freien Energie* der **Hydrolyse der Pyrophosphatbindungen von ATP** beruhen hauptsächlich auf zwei Faktoren:
- auf der engen Nachbarschaft der negativen Ladungen auf den Sauerstoffatomen, wodurch das Molekül in einen „Spannungszustand" („Stress") versetzt wird, der durch Hydrolyse aufgehoben wird. Elektrostatische Abstoßungskräfte steuern zu der bei der Hydrolyse freigesetzten Energie bei;
- auf Erhöhung der *Resonanzstabilisierung*; wenn das Orthophosphation abgespalten wird, ist die Zahl der möglichen Resonanzformen erhöht, d. h. die Reaktionsprodukte der ATP-Hydrolyse sind stabiler als das ATP.

4.1.3. Phosphor in biologischen Molekülen

Phosphorylierte Zwischenprodukte sind von großer Bedeutung im Stoffwechsel. Wir kennen viele Reaktionen, bei denen Phosphorsäure in Moleküle eingeführt wird. Ganz allgemein dient die Einführung von Phosphatresten in organische Moleküle dazu, die Verbindungen reaktionsfähig zu machen (vgl. Tabelle 2.12.).

Anorganisches Phosphat (Orthophosphorsäure) $= P_{an}$ (engl.: P_i) liegt vor als:

```
     O                  O                  O
     ‖                  ‖                  ‖
HO—P—OH   oder   HO—P—O⁻   oder   HO—P—O⁻
     |                  |                  |
     OH                 OH                 O⁻
```

Bei der **Transphosphorylierung** (vgl. weiter oben) handelt es sich jedoch um keine Phosphatübertragung, sondern um eine Übertragung der **Phosphorylgruppe:**

$$\begin{array}{c} O \\ \| \\ -P-OH \\ | \\ OH \end{array} \quad \text{oder} \quad \begin{array}{c} O \\ \| \\ -P-O^- \\ | \\ O^- \end{array}$$

Im **anorganischen Pyrophosphat** $P \sim P_{an}$ (engl.: $P \sim P_i$) und in Verbindungen mit dem Pyrophosphatrest (wie z. B. ATP oder PRPP = 5-Phosphoribosyl-1-pyrophosphat, vgl. 4.4.) liegt die Phosphorylgruppe als endständige (terminale) Gruppierung (wie oben) und als nicht-terminale Gruppierung in dieser Form vor:

$$\begin{array}{c} O \\ \| \\ -P- \\ | \\ OH \end{array}$$

Die Phosphorylgruppe wird daher wie folgt symbolisiert:

— Ⓟ oder — Ⓟ —

~Ⓟ bedeutet: **energiereiches Phosphat.** Das ist eine Phosphorylgruppe mit einem hohen Gruppenübertragungspotential, d. h. mit einem großen Wert von —ΔG der Hydrolyse oder des Gruppentransfers.

Als *Präfix* symbolisiert P **„Phospho-"** am Namensanfang der zugrundeliegenden Verbindung, z. B. P-Serin = Phosphoserin. Als *Suffix* bedeutet P **„Phosphorsäure"** oder **„Phosphat"** am Ende des Verbindungsnamens, z. B. Glucose-P = Glucosephosphat.

Die **Phosphorylübertragung** (Transphosphorylierung) erfolgt in Reaktionen der folgenden Art:

$$A-O-P(OH)_2=O + R-O-H \rightleftharpoons A-O-H + R-O-P(OH)_2=O$$

(A = ein Nucleotid bzw. Nucleosiddiphosphat oder ein Monosaccharid; R = verschiedene organische Moleküle).

Transphosphorylierungen erfolgen in analoger Weise mit *Pyrophosphokinasen* (= fettsäureaktivierende Enzyme), *Phosphomutasen*, einigen *Phosphorylasen* und *Phosphatasen*.

Eine **Phosphatübertragung** erfolgt dagegen mit der *Glykogenphosphorylase* (vgl. 10.4) und der *Saccharose-Phosphorylase*.

Glykogen—O—Glucosyl + H—OPO_3H_2 ⇌ Glykogen + Glucose—1—P

(= Glucosyl—OPO_3H_2)

(Von links nach rechts bezeichnet die Reaktionsgleichung den Abbau von Glykogen durch Glykogenphosphorylase bzw. die „Phosphorylase-Reaktion"; von rechts nach links die Glykogensynthese durch Transglykosylierung bzw. Transglucosylierung, die in vivo jedoch ohne Bedeutung ist, vgl. 10.4.).

Da phosphorylierte Verbindungen im Energiestoffwechsel eine entscheidende Rolle spielen, wird die energiereiche Bindung in energiereichen Phosphatverbindungen auch als **Phosphatbindungsenergie** bezeichnet.

4.2. Energiereiche Verbindungen von biochemischer Bedeutung und aktivierte Zwischenverbindungen

Die Rolle einer „aktivierten Zwischenverbindung“ bei der Koppelung exergonischer und endergonischer Stoffwechselreaktionen wird durch das folgende Beispiel (n. BENNETT) verdeutlicht:

Die Stoffe B und A reagieren unter Wasseraustritt zu B-A in einer energetisch ungünstigen Reaktion:

$B + A \rightarrow B - A + HOH \qquad \Delta G^0 = +1{,}6$ kcal/Mol (endergonisch)

Die synthetische Reaktion wird durch Koppelung mit der Spaltung von ATP vorangetrieben:

$ATP + HOH \rightarrow ADP + P_{an} \qquad \Delta G^0 = -7{,}6$ kcal/Mol (exergonisch)

Zunächst wird intermediär eine aktivierte Zwischenverbindung gebildet, indem der Stoff B phosphoryliert wird:

$B + ATP \rightarrow B{\sim}P + ADP \qquad \Delta G^0 = -3$ kcal/Mol (exergonisch)

Diese aktivierte Verbindung $B{\sim}P$ setzt sich mit A um:

$B{\sim}P + A \rightarrow B - A + P_{an} \qquad \Delta G^0 = -3$ kcal/Mol (exergonisch)

Die Gesamtreaktion ist wie folgt zu schreiben:

$B + A + ATP \rightarrow B - A + ADP + P_{an}$

Bei dieser Reaktion gehen -6 kcal/Mol von der mit $-7{,}6$ kcal/Mol veranschlagten ATP-Hydrolyse verloren; $+1{,}6$ kcal/Mol bleiben in der synthetisierten Verbindung B—A erhalten. Die Bildung der aktivierten Zwischenverbindung $B{\sim}P$ macht es möglich, die energetisch ungünstige Synthesereaktion der Bildung von B—A ($\Delta G^0 = +1{,}6$ kcal/Mol) zu verwirklichen. Die Koppelung der ATP-Spaltung mit der Phosphorylierung von B ermöglicht die Gesamtreaktion. Der hohe negative Wert der freien Energie der ATP-Hydrolyse ermöglicht eine energieverbrauchende Reaktion, da der Wert von ΔG^0 der Gesamtreaktion negativ ist. Die in energiereichen Verbindungen enthaltenen sehr reaktionsfähigen Gruppen setzen sich mit vielen Reaktionspartnern in exergonischen Reaktionen um.

In chemischer Hinsicht treffen wir energiereiche Verbindungen in verschiedenen Verbindungsklassen (Tabelle 4.2.). Die Werte der freien Energie der Hydrolyse energiereicher Verbindungen zeigt die Tabelle 4.3.

Tabelle 4.2. Energiereiche Bindungen in Biomolekülen (Die Wellenlinie symbolisiert die energiereiche Bindung)

Bindung	Allgemeine Formel der energiereichen Verbindung	Allgemeine Bezeichnung der Verbindungen	Beispiele
$-\overset{\Vert}{C}-\underset{H}{N}\sim$	$R\overset{NH_2^{\oplus}}{\overset{\Vert}{C}}-\underset{H}{N}\sim Ⓟ$	*Guanidinium-phosphate* („*Phosphagene*“)	Kreatin-P Arginin-P

(Fortsetzung der Tabelle 4.2.)

Bindung	Allgemeine Formel der energiereichen Verbindung	Allgemeine Bezeichnug der Verbindungen	Beispiel
‖ —C—O ∼	CH_2 ‖ RC—O ∼ Ⓟ	*Enolphosphate*	Phosphoenol-pyruvat (PEP)
O ‖ —C—O ∼	O ‖ RC—O ∼ Ⓟ	*Acylphosphate* (Carboxylphosphate)	Acetyl-P Carbamyl-P
‖ —P—O ∼ | OH	O ‖ ROP—O ∼ Ⓟ | OH	*Pyrophosphate*	ADP, ATP GDP, GTP PRPP
‖ —C ∼	O ‖ RC ∼ SR′	*Acylthioester* (Acylmercaptane)	Acetyl-CoA Succinyl-CoA akt. Fettsäuren

Tabelle 4.3. Freie Energie der Hydrolyse energiereicher Verbindungen ($-\Delta G^0$-Werte bei pH 7,0 für Verbindungen von biochemischer Bedeutung) (nach Bennett)

Verbindung	$-\Delta G^0$ (kcal/Mol)	Bemerkung
Acetyl Sauerstoff-Ester	5,1	
Acetylthioester (Acetyl-CoA)	10,5	→ Acetat + CoA
Aminosäure-Ester	8,4	„aktivierte Aminosäuren“
Acetyl-Phosphat	10,5	
Acetyl-Adenylat	13,3	
MgATP (ADP, P_{an})	7,4	Orthophosphat-Spaltung
MgATP (AMP, PP)	7,6	Pyrophosphat-Spaltung
übliche Phosphodiester	6,0	
Aldose-1-Phosphate	5,0	z. B. Glucose-1-P
Kreatin-P (Phosphokreatin)	10,5	„Phosphagen“
Phosphoenolpyruvat	13,0	
Pyrophosphat	6,0	→ 2 P_{an}
UDPG	7,6	

(Die üblichen Phosphomonoester sind „energiearme“ Verbindungen. Die freie Energie der Hydrolyse von Glucose-6-P z. B. beträgt $\Delta G^0 = -3{,}0$ kcal/Mol).

Aktivierte Zwischenverbindungen des Stoffwechsels von allgemeiner Bedeutung zeigt die Tabelle 4.4. (Zu den Strukturformeln der Verbindungen vgl. den Abschnitt über Coenzyme und die entsprechenden Kapitel.)

Tabelle 4.4. Aktivierte Verbindungen des Intermediärstoffwechsels (Beispiele)

Verbindung	Chemischer Name	Symbol	Biol. Bedeutung
Aktivierte Essigsäure	Acetyl-**Co**enzym **A**	Acetyl-CoA	Acetataktivierung, Acetylierung, Citrat- und Fettsäuresynthese, Isoprenoidsynthese
Aktivierte Fettsäuren	Acyl-AMP bzw. Acyl-CoA		
Aktive Ameisensäure	N(10)-Formyl-Tetrahydrofolsäure	N^{10}-Formyl-FH_4	C_1-Stoffwechsel, Purinbiosynthese
Aktiver Formaldehyd	N(5,10)-Methylen-Tetrahydrofolsäure	$N^{5,10}$-Methylen-FH_4	C_1-Stoffwechsel, Serin-Glycin-Interkonversin
	2-Hydroxymethyl-Thiaminpyrophosphat	HM-TPP	Glyoxylat-Carboligase-Reaktion
Aktivierte Aminosäuren	Aminoacyl-Adenylate (Aminosäure-AMP-verbindungen)	AS-AMP	Proteinbiosynthese
	Aminoacyl-tRNS	aa-tRNS	Proteinbiosynthese
Aktives CO_2	CO_2-Biotin-Enzym		ATP-abhängige Carboxylierungen
Aktivierte Glucose	Glucose-1-P	G-1-P	Glykolyse
	Glucose-6-P	G-6-P	Zuckerstoffwechsel
	Uridin-**dip**hosphat-**G**lucose	UDPG	Glykogensynthese
Aktives Isopren	Isopentenyl-Pyrophosphat		Isoprenoid-Synthese (Terpene, Steroide)
Aktives Methyl	S-**A**denosyl-L-**me**thionin	AMe	Transmethylierung
Aktives Sulfat	**P**hospho**a**denosin-**p**hospho**s**ulfat	PAPS	Sulfataktivierung

(Das in die Tabelle 4.4. aufgenommene 2-Hydroxymethyl-TPP ist von ziemlich spezieller Bedeutung in einer Stoffwechselsequenz, die als Nachfüllbahn zu einem bei bestimmten Mikroorganismen vorhandenen Dicarbonsäure-Zyklus dient, vgl. 10.2.1. Glucosephosphate sind keine energiereichen Verbindungen, vgl. weiter oben. Aktives Isopren ist der „natürliche Isoprenbaustein", vgl. 10.2. AS = Aminosäure; FH_4 = Folat-H_4 = Tetrahydrofolat).

4.3. Hauptprozesse der ATP-Bildung

Zur Aufrechterhaltung der „Lebensmaschinerie" benötigen Organismen eine ständige Energiezufuhr.

Die in der Biochemie gebräuchliche Gleichsetzung:

Energie = ATP

entspricht einer gewissen laxen Ausdrucksweise, ist im Prinzip jedoch in weiten Grenzen zulässig.

Die im Stoffwechsel „frei konvertierbare“ Form chemischer Energie ist diejenige, die in den Pyrophosphatbindungen von ATP „niedergelegt“ ist.

Die chemische Energie der Nahrungsstoffe wird durch energieliefernde Abbauprozesse (vgl. das Schema in 3.3.) in Phosphatbindungsenergie von ATP überführt.

Unter allen energiereichen Phosphatverbindungen nimmt das **ATP eine Sonderstellung** ein. In spezifischen Reaktionen des Intermediärstoffwechsels wird es durch strukturanaloge Verbindungen (GTP, UTP, ITP, CTP) ersetzt. Beispielsweise ist das CTP (= Cytidintriphosphat) das Coenzym der Phosphatidsynthese (vgl. 10.2.3.2.). GTP wird spezifisch in der Proteinbiosynthese (vgl. 14.3.) benötigt. Es spielt auch bei bestimmten Carboxylierungsreaktionen eine Rolle. Aus allen diesen Nucleosidtriphosphaten kann ATP jedoch durch eine **Transphosphorylierungsreaktion auf dem Niveau energiereicher Phosphatverbindungen** gebildet werden bzw. aus ATP und dem entsprechenden Nucleosiddiphosphat (GPD = Guanosindiphosphat usw.) kann das betreffende Triphosphat enzymatisch synthetisiert werden:

Beispiel: $GTP + ADP \rightleftharpoons GDP + ATP$

Die wichtigsten „Energieträger“ der Nahrung sind die Fette und die Kohlenhydrate. Fettreiche Nahrung ist kalorisch hochwertig. Bei diesen Verbindungsklassen handelt es sich um reduzierte und relativ energiereiche Substrate. Ihr Abbau zum Zwecke der ATP-Gewinnung vollzieht sich oxydativ oder nichtoxydativ (anaerob). Im Zuge solcher Abbauprozesse des dissimilatorischen Stoffwechselbereichs (vgl. 3.) wird ATP durch **Gärung** und **Atmung** gewonnen. Die **Gärung** ist ein *anaerober Substratabbau.* Es existieren verschiedene *Gärungstypen,* die nach den in der Hauptsache gebildeten Endprodukten benannt werden. Das bekannteste Beispiel ist die alkoholische Gärung der Hefezelle (Hauptprodukt: Äthanol neben CO_2). Die Glykolyse der Muskulatur ist eine Art Milchsäuregärung. Gärungsprozesse liefern relativ wenig ATP, da sie unvollständig ablaufende Abbauvorgänge sind, die zur Bildung noch relativ energiehaltiger Gärungsprodukte fuhren.

Die **Atmung** ist ein unter Sauerstoffverbrauch verlaufender Abbau von organischen Kohlenstoffverbindungen. Dieser *oxydative Prozeß* liefert unvergleichlich mehr ATP als der anaerobe Substratabbau. Hierbei werden die Atmungssubstrate durch Wasserstoffentzug oxydiert; ihre Kohlenstoffgerüste werden durch CO_2-Abspaltung (Decarboxylierung) verkürzt. Der den Substraten entzogene Wasserstoff wird durch **biologische Oxydation** zu Wasser oxydiert. Die „Veratmung“ von C-Verbindungen ist ihrer vollständigen *Mineralisierung* gleichzusetzen. Aus dem Kohlenstoff entsteht CO_2, aus dem Wasserstoff H_2O.

Bei der ATP-Gewinnung durch Gärungen und Atmung bzw. biologische Oxydation handelt es sich mithin um den Abbau reduzierter und relativ energiereicher Substanzen im lebenden Organismus durch exergonische Prozesse. Die **ATP-Ausbeuten** des anaeroben und aeroben Abbaus von 1 Mol Glucose sind wie folgt:

Alkoholische Gärung:

$$\text{Glucose} \longrightarrow 2\,CO_2 + \underset{\text{Äthanol}}{2\,C_2H_5OH}$$

Gewinn: 2 ATP/Glucose

Glykolyse:

Glykogen ——→ n Glucose → 2 n $C_3H_6O_3$ Milchsäure	**Gewinn:** 3 ATP/Glucose

Atmung:

Glucose $\xrightarrow{+6\ O_2}$ $6\ CO_2 + 6\ H_2O$	**Gewinn:** 38 ATP/Glucose

Theoretisch liefert die *Glucoseverbrennung* (hierbei ist es in thermodynamischer Hinsicht gleichgültig, ob Glucose im technischen Sinne verbrannt oder biologisch oxydiert wird) 674 kcal/Mol. Dieser Energieabfall wird bei der Veratmung der Glucose zur Synthese von 38 ATP genutzt. Der energetische Wirkungsgrad ist mit ca. 40 % relativ hoch und typisch für biologische Systeme (vgl. weiter oben).

Die durch exergonische Abbauvorgänge, d. h. durch den Abbau der organischen Substrate auf der Erde (in der Biosphäre) den Organismen zugängliche Potentialdifferenz wäre jedoch in absehbarer Zeit erschöpft, wenn organische Verbindungen nicht ständig im Prozeß der **Photosynthese** neu gebildet würden. Dieser Vorgang, der einem *Aufbau von Potentialdifferenz* gleichkommt, ist eine Produktion von Kohlenstoffketten durch grüne chlorophyllhaltige Organismen. Photosynthese ist die Umwandlung elektromagnetischer Strahlungsenergie eines bestimmten Wellenlängenbereiches (Lichtenergie hv) in die chemische Energie organischer Kohlenstoffverbindungen. Alle selbst nicht photosynthetisch aktiven Organismen sind auf direktem oder indirektem Wege auf diese Stoffwechselleistung grüner Pflanzen und eine Zahl verwandter Organismen (Photosynthesebakterien) angewiesen (vgl. 10.3.).

Die ATP-Gewinnung durch Photosynthese wird als **Photosynthesephosphorylierung** bezeichnet. Die Orte der Photosynthese sind die grünen Plastiden (Chloroplasten und Chromatophoren) (vgl. 6.3.2.1.). Sie sind die Photosyntheseorganellen, in denen Lichtenergie mit Hilfe des Chlorophylls und einer Kette von Redoxkatalysatoren in die chemische Energie von ATP durch Photophosphorylierung verwandelt wird (vgl. 10.3.2.).

Phosphorylierung = ATP-Bildung
Photophosphorylierung = ATP-Bildung bei der Photosynthese.

Außerhalb der photosynthetischen Produktionsstätte Chloroplast bzw. bakterieller Chromatophor wird ATP im Zuge anaerober und aerober Abbauprozesse reduzierter organischer Verbindungen durch die Mechanismen der **Substratphosphorylierung** und **Atmungskettenphosphorylierung** gewonnen.
Substratphosphorylierung = Substratkettenphosphorylierung
Atmungskettenphosphorylierung = oxydative Phosphorylierung (vgl. 11.1.2.).

Den Energiefluß durch lebende Systeme und die dabei beteiligten Hauptmechanismen der ATP-Bildung veranschaulicht das Schema auf S. 184 oben.

Die **Substratphosphorylierung** ist eine nicht-oxydative, nichtphotosynthetische Phosphorylierung auf dem Substrat-Niveau, bei der Metabolite durch Oxydationsmittel der Zelle (NAD^+) zur ATP-Gewinnung herangezogen werden. Ein gut untersuchtes Beispiel ist die Substratphosphorylierung im Zuge der Dehydrogenierung von 3-P-Glycerinaldehyd (Triosephosphat) im Kohlenhydrat-

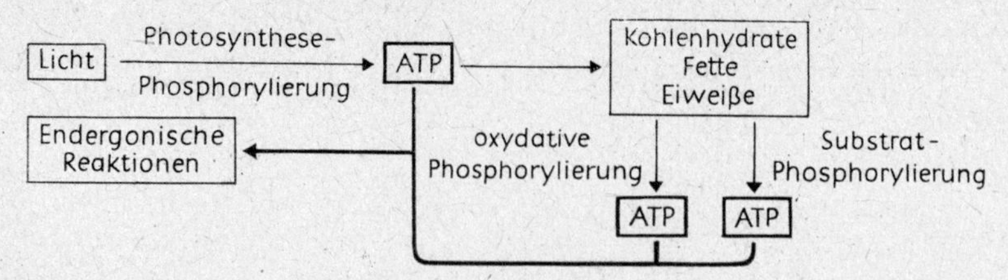

abbau über den EMP-Weg (vgl. 10.1.1.). Die **Dehydrogenierung von 3-P-Glycerinaldehyd** (D-Glycerinaldehyd-3-P) durch das „oxydierende Gärungsferment" WARBURGS (*Triosephosphat-Dehydrogenase*, *Phosphoglycerinaldehyd-Dehydrogenase*) ist eine „sauerstofflose Oxydation":

a) 3-P-Glycerinaldehyd + NAD^+ + P_{an} → 1,3-Di-P-Glycerat + NADH + H^+
b) 1,3-Di-P-Glycerat + ADP → 3-P-Glycerat + ATP

Die Oxydation von 3-P-Glycerinaldehyd zur 1,3-Diphosphoglycerinsäure ist mit der Aufnahme von anorganischem (Ortho-)Phosphat in energiereiche organische Bindung (Acylphosphatbindung) gekoppelt (a). Die gebildete 1,3-Diphosphoglycerinsäure ist eine energiereiche Zwischenverbindung, da sie neben einer energiearmen Esterphosphat-Bindung (in Position 3) eine energiereiche Acylphosphat-(Carboxyl-P)Bindung enthält. Die hohe Phosphatbindungsenergie von 1,3-Di-P-Glycerat wird zur ATP-Bildung in einer Transphosphorylierungsreaktion (*Phosphoglycerat-Kinase*) auf dem Niveau energiereicher Phosphatverbindungen genutzt (b).

Intermediär wird bei der Triosephosphat-Dehydrogenierung eine energiereiche Acyl-S-Verbindung (Acylmercaptan, Thioester) des oxydierten enzymgebundenen Substrats mit der *Triosephosphat-Dehydrogenase* gebildet:

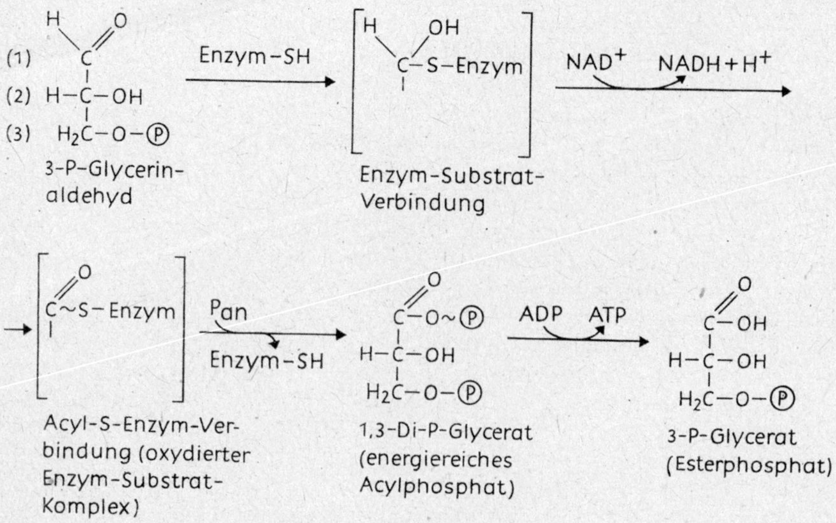

(1) H–C=O
(2) H–C–OH
(3) H_2C–O–Ⓟ
3-P-Glycerinaldehyd

→ Enzym-SH →

[H–C(OH)–S–Enzym]
Enzym-Substrat-Verbindung

→ NAD^+ → NADH + H^+ →

[O=C~S–Enzym]
Acyl-S-Enzym-Verbindung (oxydierter Enzym-Substrat-Komplex)

→ P_{an} → Enzym-SH →

O=C–O~Ⓟ
H–C–OH
H_2C–O–Ⓟ
1,3-Di-P-Glycerat (energiereiches Acylphosphat)

→ ADP → ATP →

O=C–OH
H–C–OH
H_2C–O–Ⓟ
3-P-Glycerat (Esterphosphat)

Substratphosphorylierungen erfolgen auch bei den folgenden Reaktionen:

Bei der **oxydativen Decarboxylierung** von α-Ketoglutarat (zum Mechanismus der oxydativen Decarboxylierung von α-Ketosäuren vgl. 10.2.2.1.) durch *α-Ketoglutarat-Dehydrogenase* (Ketoglutarat-Oxydase) im Zuge des Tricarbonsäure-Zyklus entsteht „aktivierte Bernsteinsäure" (Succinyl-Coenzym A), die den Succinylrest energiereich gebunden als Thioester enthält. Die nachfolgende Succinatbildung aus Succinyl-Coenzym A ist mit der Phosphorylierung von GDP (Guanosindiphosphat) zu GTP (Guanosintriphosphat) gekoppelt:

$$\text{Succinyl-CoA} + \text{GDP} + \text{P}_{an} \rightarrow \text{Succinat} + \text{GTP} + \text{CoA-SH}$$

GTP ist analog dem ATP ein reaktionsfähiges Triphosphat. ATP wird aus GTP in einer Transphosphorylierungsreaktion gebildet:

$$\text{GTP} + \text{ADP} \rightleftharpoons \text{GDP} + \text{ATP}$$

Bei allen den Reaktionen der Substratphosphorylierung wird ATP erst sekundär synthetisiert, und zwar aus einer energiereichen Zwischenverbindung mit einem höheren Wert der freien Energie der Hydrolyse als ATP oder durch Transphosphorylierung auf dem Niveau von Nucleosidtriphosphaten.

Ein spezieller Fall einer Substratphosphorylierung ist die **Synthese von ATP aus Carbamylphosphat:**

$$\text{Carbamyl-P} + \text{ADP} \rightleftharpoons \text{ATP} + CO_2 + NH_3$$

Carbamylphosphat ist ein phosphoryliertes Carbamat (Carbaminsäure) und wird üblicherweise durch eine Reaktion synthetisiert, die darin einzigartig ist, daß sie eine primäre Fixierungsreaktion von CO_2 und NH_3 ist, bei der anorganisches Phosphat in energiereiche organische Bindung überführt wird (vgl. 12.3.).
Carbamylphosphat ist ein energiereiches Carboxylphosphat bzw. Acylphosphat:

$$H_2N-\overset{\overset{\displaystyle O}{\|}}{C}-O\sim\text{Ⓟ} \qquad \text{Carbamyl-Ⓟ}$$

Die Carbamylphosphat-Synthese ist eine energieverbrauchende Reaktion und erfolgt aus CO_2 bzw. Bicarbonat und NH_3 bzw. dem Säureamidstickstoff von Glutamin, so daß die in der Reaktionsgleichung ausgedrückte ATP-Bildung in der Energiebilanz der meisten Organismen keine Bedeutung hat. Ausnahmen sind bestimmte Mikroorganismen, die Allantoin anaerob abbauen oder Citrullin phosphorolytisch spalten.

Im Zuge der **Allantoinfermentation** von *Streptococcus allantoicus* und *Arthrobacter allantoicus* wird Allantoin (Glyyoxylsäurediureid, ein Produkt des Harnsäureabbaus) zur ATP-Bildung verwendet. Die Reaktionsfolge stellt sich wie folgt dar: Carbamyloxamidsäure wird hier phosphorolytisch (statt hydrolytisch) gespalten. Resultierendes Carbamylphosphat wird in einer Transphosphorylierungsreaktion zur ATP-Bildung genutzt.

Analoge Verhältnisse liegen bei *Streptococcus allantoicus* und sog. „pleuropneumonia-like organisms" (PPLO) vor, die das „Arginin-Dihydrolase-System" besitzen. Hier wird intermediäres Citrullin phosphorolytisch, d. h. unter Bildung von Carbamyl-P, gespalten. Dieses wird durch **Carbamat-Kinase** zur ATP-Bildung herangezogen. In allen diesen Systemen spielt die bei Bakterien verbreitete **Carbamat-Kinase** eine Rolle bei der ATP-Bildung.

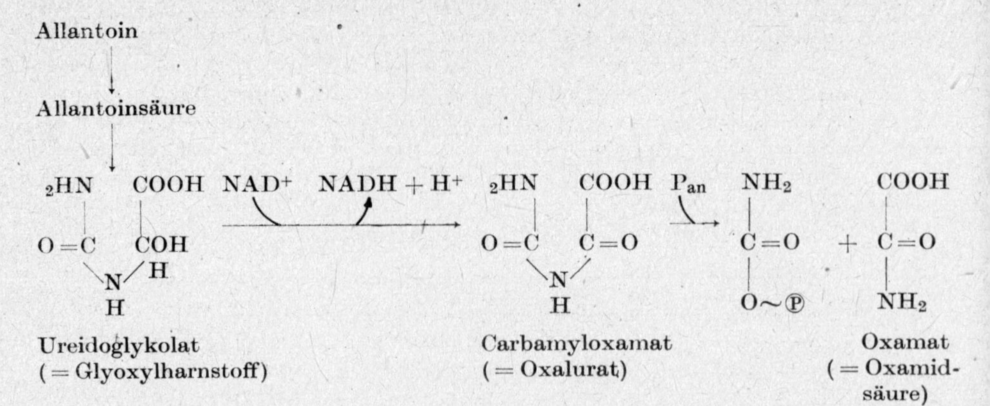

Die oxydative Phosphorylierung (Atmungskettenphosphorylierung) ist in 11.1.2. beschrieben. Zur Photosynthesephosphorylierung (Photophosphorylierung) vgl. 10.3.2.

Die **Hauptprozesse der ATP-Bildung** veranschaulicht noch einmal das folgende Schema (n. BENNETT):

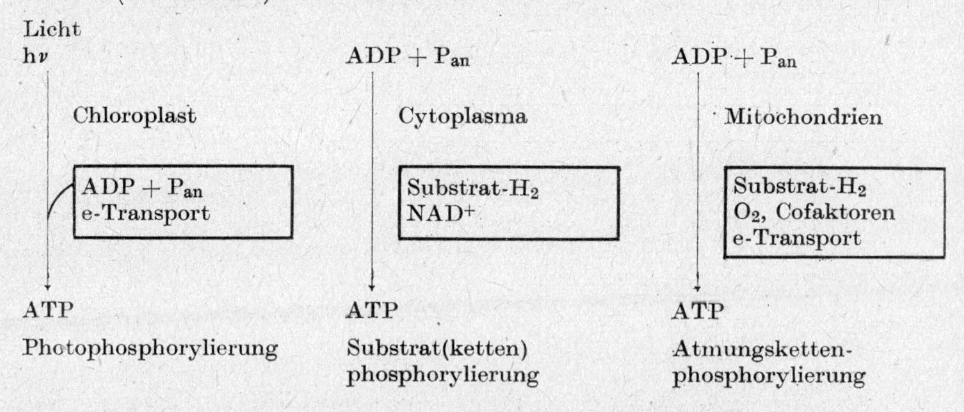

4.4. Spaltungs-(Übertragungs-)reaktionen von ATP

Adenosintriphosphat kann auf verschiedene Weise gespalten werden.

Die entstehenden Molekülteile werden auf Akzeptormoleküle durch Enzyme unterschiedlicher Wirkungsspezifität (vgl. 5.2.3.) übertragen:

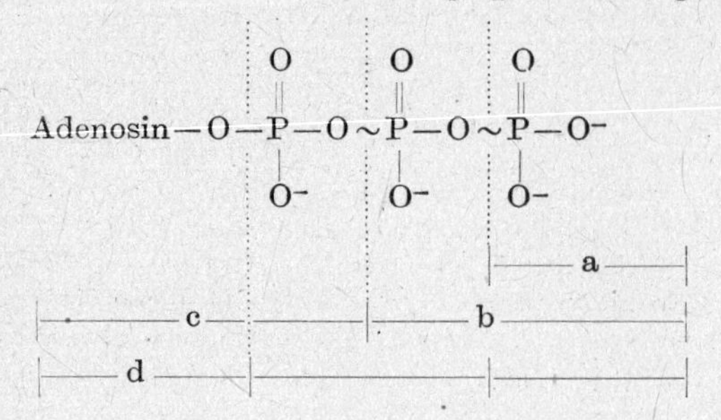

Tabelle 4.5. Spaltungsreaktionen von ATP

Übertragener Rest (Transfer)	Abgespaltene Gruppe (Freisetzung)	Symbolisiert in der Formel durch
Orthophosphat	ADP	a
Pyrophosphat	AMP	b
AMP (Adenylsäure)	$P \sim P_{an}$	c
Adenosin (Adenosyl-)	$P_{an} + P \sim P_{an}$	d

Bei den sog. **Orthophosphat-** und **Pyrophosphatspaltungen des ATP** handelt es sich nicht um Phosphat- oder Pyrophosphatübertragungen, sondern um die Übertragung der Phosphoryl- bzw. Pyrophosphorylgruppe (vgl. auch weiter oben).

Die nachfolgend gegebenen Beispiele sollen die unterschiedlichen **Spaltungsreaktionen** von ATP illustrieren und **Enzyme des Phosphatstoffwechsels** beschreiben.

a) **Orthophosphatspaltung**: der terminale Orthophosphatrest wird durch Transphosphorylierung übertragen. ATP dient als Phosphoryl-Donator. Die betreffenden Enzyme gehören zur Klasse der **Kinasen** oder **Phosphotransferasen.** Kinase-Reaktionen sind oft nicht reversibel, so daß ATP durch andere Reaktionen resynthetisiert werden muß. ATP ist deshalb kein Coenzym im strengen Sinne (vgl. 9.). — Ⓟ wird durch Kinasen auf alkoholische OH-Gruppen (I), Säuregruppen (II) oder „Amidingruppen" (genauer: Guanidiniumgruppen) (III) übertragen:

Beispiele:

(I) *Hexokinase*-Reaktion (vgl. 10.1.1.):

$$\text{Glucose} + \text{ATP} \xrightarrow{Mg^{2+}} \text{Glukose-6-P} + \text{ADP}$$

(II) *Pyruvat-Kinase* (vgl. auch 10.1.1.)

$$\begin{matrix} COOH \\ | \\ C{=}O \\ | \\ CH_3 \end{matrix} + ATP \underset{}{\overset{K^+ \text{ od. } NH_4^+}{\rightleftarrows}} \begin{matrix} COOH \\ | \\ C{-}O \sim Ⓟ \\ \| \\ CH_2 \end{matrix} + ADP$$

(III) *Kreatin-Kinase* (Lohmann-Reaktion)

$$\text{Kreatin} + \text{ATP} \rightleftharpoons \text{ADP} + \text{Kreatin-P (Phosphagen)}$$

b) **Pyrophosphatspaltung**: die Pyrophosphorylgruppe wird durch **Pyrophospokinasen** oder **Pyrophosphotransferasen** übertragen. Ein wichtiges Beispiel ist die **Synthese von 5-Phosphoribosyl-1-pyrophosphat** (PRPP):

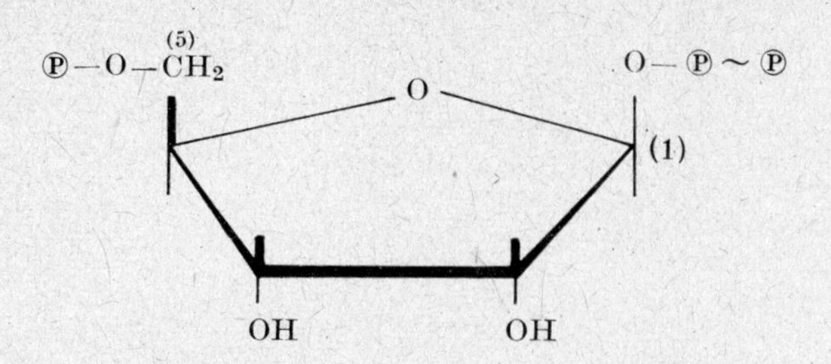

D-Ribose-5-P + ATP → 5-PR-1-P~P + AMP

PRPP ist wichtig für die Nucleotidsynthese durch *Nucleotidpyrophosphorylasen* bzw. *Phosphoribosyltransferasen:*

N-Base (Purin, Pyrimidin) + PRPP ⇌ Nucleotid + $P{\sim}P_{an}$

z. B.

Orotsäure + PRPP ⇌ OMP + $P{\sim}P_{an}$

Auf diese Weise können präformierte Pyrimidine und Purine (aus dem Pool der Zelle oder exogener Herkunft) in die Nucleotid- und Nucleinsäuresynthese einbezogen werden (sog. Salvage-pathway, vgl. 12.7.2.1.) PRPP ist auch am 1. Schritt der Purinneusynthese (vgl. 12.7.2.) beteiligt.

c) **Übertragung von Adenylsäure** (Adenosin-5'-P, AMP) unter Freisetzung von anorganischem Pyrophosphat durch **Nucleotidyltransferasen** und in den **Reaktionen der Fettsäure- und Aminosäureaktivierung** (vgl. 10.2.3.1. und 2.6.4.1.).

Beispiel:

Nicotinsäureribonucleotid + ATP → Desamino-NAD + PP_{an}

(Zur Biosynthese von NAD vgl. 12.7.).

d) **Übertragung der Adenosylgruppe** (Adenosinrest) unter Freisetzung von Orthophosphat und Pyrophosphat.

Beispiel:

L-Methionin + ATP + H_2O → S-Adenosyl-L-methionin + P_{an} + PP_{an}

Das gebildete „aktive Methyl" dient der Methylierung von C, O und N in organischen Molekülen (vgl. 9.2.), insbesondere im Bereich des Sekundärstoffwechsels (vgl. 5.3.).

Die freie Energie der Hydrolyse von ATP kann durch **Ligasen** (Synthetasen, E. C. 6.2.) genutzt werden, um Moleküle miteinander zu verknüpfen. Dabei wird ein phosphoryliertes Zwischenprodukt gebildet (das in der nachfolgenden Bilanzreaktion nicht aufgeführt ist):

z. B.:

ATP + Acetat + CoA-SH → AMP + PP_{an} + Acetyl-SCoA

Aus den Beispielen zu Spaltungsreaktionen von ATP geht hervor, daß die Carboxylgruppe in Biomolekülen (Carbonsäuren und ihren Derivaten) in verschiedener Weise aktiviert werden kann. In der Tabelle 4.6. sind diese Reaktionsmöglichkeiten noch einmal zusammengefaßt.

Tabelle 4.6. Aktivierung der Carboxylgruppe von Biomolekülen

Ausgangsstoff	Reaktion	Produkt	Beispiel
R—COOH	ATP [1] →	$R{-}C({=}O){-}O{\sim}Ⓟ + ADP$	Acetyl-P, Carbamyl-P, Aspartyl-P
	ATP [2] →	$R{-}C({=}O){\sim}AMP + Ⓟ{\sim}O{-}Ⓟ$	AMP-Verbindung (Adenylat)

[1] = Orthophosphatspaltung; [2] = Pyrophosphatspaltung von ATP. Nach Fall [2] werden Fettsäuren aktiviert. Die intermediär gebildeten Acyladenylate setzen sich jedoch mit Coenzym A unter Bildung der Fettsäure-CoA-Verbindungen (Acyl-CoA-Derivate) um (vgl. 10.2.3.1.). Acyladenylate und Aminoacyladenylate (aktivierte Aminosäuren) sind als gemischte Carbonsäure-Phosphorsäure-Anhydride energiereiche Verbindungen. In Acyl-CoA-Derivaten (wie z. B. der aktivierten Essigsäure, Acetyl-CoA) liegen energiereiche Acylmercaptane (Thioester) vor.

4.5. Die Verwendung des ATP

ATP ist ein Bindeglied zwischen energieliefernden (exergonischen) und energieverbrauchenden (endergonischen) Stoffwechselreaktionen. Es dient als allgemeines Phosphorylierungsmittel der Zelle. Zwischenverbindungen werden jedoch nicht nur durch Phosphorylierung, sondern durch an verschiedene Möglichkeiten der ATP-Spaltung (vgl. 4.4.) gebundene Transfer- und Beladungsreaktionen aktiviert. Daneben kennen wir Stoffwechselreaktionen, bei denen **ATP als Substrat biosynthetischer Reaktionen** dient. ATP, AMP, Adenosin oder Teile des Purinringes (Histidinsynthese!) werden hierbei in Biosynthesen eingebracht. Beispiele biosynthetischer Reaktionen mit ATP als Substrat sind:

- Biosynthese von NAD und NADP (vgl. 12.7.1.)
- Aufbau von Coenzym A
- Bildung von S-Adenosylmethionin
- Synthese der Aminosäure L-Histidin über den ATP-Imidazol-Zyklus
- DNS-Biosynthese (vgl. 14.1.)
- Bildung von zyklischem AMP (vgl. 7.3.).

ATP-verbrauchende Stoffwechselleistungen und **-reaktionen** sind:

- Biosynthesen
- Enzymkatalysierte chemische Modifikationen von Proteinen
- Aktiver Transport (ATP-abhängige Transport-, Akkumulations- und Sekretionsprozesse)
- Leistung mechanischer Arbeit (Muskelkontraktion Plasmaströmung)
- Biolumineszenz (Chemolumineszenz)
- Erzeugung von Biopotentialen („Hochspannung" und „Starkstrom" bei elektrischen Fischen).

(Zur **Funktion des ATP in Biosynthesen** vgl. die einschlägigen Kapitel dieses Buches und den Abschnitt über Spaltungsreaktionen von ATP (4.4.)).

Die Effektivität von **ATP als Phosphorylierungsmittel** biosynthetischer Reaktionen hängt vom physiologischen Milieu ab, in dem es wirkt (ATP/ADP-Verhältnis, pH-Wert). Es gilt nicht der chemisch-analytisch bestimmte Wert der freien Energie der ATP-Spaltung (ATP + H_2O → ADP + P_{an}), sondern der physiologisch-chemisch determinierte Wert, dem das folgende Dissoziationsverhalten von ATP zugrunde zu legen ist:

$$ATP^{4-} + H_2O \rightarrow ADP^{3-} + P^{2-} + H^+$$

Substratkonzentrationen von ATP können zu einer Hemmung ATP-abhängiger Reaktionen führen. Im Milieu der Zelle ist übrigens die stationäre ATP-Konzentration relativ niedrig (vgl. S. 192). Um eine **ATP-Hemmung** bei in vitro-Ansätzen zu vermeiden, setzt man ein kontinuierlich ATP bereitstellendes System ein. Ein solches **ATP-generierendes System** besteht beispielsweise aus Kreatin-P, ADP und *Kreatinkinase* oder aus Acetyl-P, ADP und *Acetokinase*:

$$\text{Acetyl-P} + \text{ADP} \xrightarrow{\text{Enzym}} \text{Acetat} + \text{ATP}$$

ATP dient zur **Phosphorylierung** und **Adenylilierung** von Enzymproteinen. Hier liegt ein erst in den letzten Jahren näher bekannt gewordenes Prinzip der intrazellulären Stoffwechselregulation vor (vgl. 10.4.1.). **Proteinkinasen** bewirken eine enzymkatalysierte chemische Modifikation von Enzymen, indem diese mit ATP phosphoryliert bzw. adenyliliert (mit AMP beladen) werden.

Unter **aktivem Transport** faßt man unter Energieaufwand ablaufende Transport, Akkumulations- und Stoffausscheidungsprozesse zusammen. Stoffverdünnungen (Diffusion, Osmose) verlaufen spontan (Konzentrationsausgleich in Richtung eines Konzentrationsgefälles); Stoffkonzentrierungen erfordern Arbeitsaufwand. Als Energiequelle dient ATP.

Aktiver Transport ist ein Transport von Stoffen gegen ein Konzentrationsgefälle bzw. ein elektrochemisches Potentialgefälle. Beispiele für aktive Transportvorgänge sind:

- die *Rohrzuckerakkumulation* in der Zuckerrübe (ca. 20% Saccharose)
- die *Sekretionsarbeit* sezernierender Drüsen, z. B. der Salzdrüsen von Halophyten (Salzpflanzen)
- die *Konzentrationsarbeit* der Niere
- bestimmte *Transportvorgänge durch Membranen* (Mitochondrienmembran u. a.).

Eine der wesentlichsten Grundlagen für die Funktion tierischer Zellen ist der **Mechanismus des gekoppelten Na^+K^+-Transports** durch Membranen. Na^+ wird aktiv aus dem Zellinneren herausgepumpt (Ionenpumpe), K^+ strömt entsprechend der Konzentrationsdifferenz nach. Der Reaktionsmechanismus ist noch weitgehend unbekannt. Am Kationentransport ist eine **Kationentransport-ATPase** beteiligt, die durch Mg^{2+} aktiviert und z. B. durch das herzwirksame Steroidglykosid Ouabain beeinflußt werden kann. Ca^{2+}-Ionen sind kompetive Gegenspieler von Na^+. Es wird vermutet, daß der Kationentransport über die

Zellmembran als Folge von Konformations- und Ionenspezifitätsänderungen eines membrangebundenen Lipoproteid-Enzyms bewerkstelligt wird.

ATP ist die „Aktionssubstanz" der *Muskelkontraktion*. Muskelproteine werden durch ATP zur Kontraktion gebracht und leisten auf Kosten der chemischen Energie von ATP Arbeit. Das System Aktin + Myosin spaltet ATP und wirkt als ATPase. In bezug auf Kraft, Präzision und Frequenz ist das System höchst eindrucksvoll. Beispielsweise kann sich ein Flugmuskel von Insekten pro Sekunde viele hundert Male kontrahieren.

Die Enzyme der Glykolyse sind im Skelettmuskel in hoher Konzentration vorhanden.

Auch bei dem als *Biolumineszenz* bezeichneten „kalten Leuchten" verschiedener Organismen (Leuchtinsekten, Protozoen, Tintenfische und Tiefseefische mit *symbiontischen Leuchtbakterien*) spielt ATP eine Rolle. Arten der Gattung *Photobacterium* sind fakultative Anaerobier, die unter aeroben Bedingungen Substrate mit Sauerstoff oxydieren. Unter anaeroben Bedingungen betreiben sie eine heterofermentative Gärung („gemischte Säuregärung"). Leuchten erfolgt nur in Gegenwart von molekularem Sauerstoff:

$$\text{Luciferin} \xrightarrow[\text{Luciferase}]{O_2} \text{Licht}$$

„Luciferin" wurde erstmals aus dem Leuchtorgan der Bohrmuschel, *Pholas dactylus*, durch Duboij (1885) dargestellt. Es befand sich in einem Heißwasserextrakt, während das Enzym Luciferase sich im Kaltwasserextrakt befand. Das „Luciferin" des amerikanischen Glühwürmchens, *Photinus pyralis*, ist ein Benzthiazol-Derivat. Seine reduzierte Form wird mit ATP und O_2 durch die Luciferase umgesetzt:

$$\text{Luciferin}_{red} + \text{ATP} \quad + \text{Enz} \rightarrow \text{Enz. Luciferin}_{red}\text{-AMP} + \text{PP}_{an}$$
$$\text{Enz. Luciferin}_{red}\text{-AMP} + O_2 \quad \rightarrow \text{Licht} + \text{Produkte}$$

Bei der Reaktion von reduziertem Luciferin mit ATP an der *Luciferase* wird ein Adenylat des Enzym-Substrat-Komplexes gebildet. Seine Oxydation geschieht unter Aussendung von Licht.

Bei der Lumineszenz der Glühwürmchen (engl. fire fly) besteht eine stöchiometrische Beziehung zwischen ATP-Verbrauch und Zahl der Lichtquanten. Schwänze bzw. Schwanzextrakte dieser Tiere werden für ein hoch empfindliches Nachweis- und Bestimmungsverfahren von ATP verwendet (sog. Fire-fly-Test).

Elektrische Fische (Zittersaal u. a.) besitzen hoch spezialisierte Zellen, die in ihren „elektrischen Batterien" hintereinander geschaltet sind, in denen die chemische Energie der Pyrophosphatbindung von ATP in Elektroenergie umgewandelt wird.

Der **ATP-Umsatz** in einem Organismus ist außerordentlich hoch. Ein einzelnes ATP-Molekül hat eine extrem kurze „Lebensdauer". Die analytisch erfaßte ATP-Konzentration eines Gewebes ist deshalb relativ gering. Das zeigt die folgende Rechnung: Ein Mensch, der pro Tag eine Diät von 800 g Glucose (4,5 Mol) erhält, bildet $4{,}5 \cdot 38 = 170$ Mol ATP/Tag (ein Mol Glucose liefert bei vollständiger Oxydation 38 Mol ATP). Das ist eine ATP-Menge von 85 kg. Eine Bestimmung des ATP-

Gehaltes in der Muskelmasse ergibt einen Wert von 2,5 μMol/g. Wir nehmen an, daß der Hauptteil des ATP des menschlichen Körpers in der Muskulatur lokalisiert ist, die etwa 27 kg wiegt. Die ATP-Menge im menschlichen Organismus beträgt deshalb etwa 70 mMol, d. s. 35 g ATP. Diesem geringen Wert steht die tägliche Produktion von 85 kg gegenüber. Daraus folgt, daß pro Tag jedes ATP-Molekül ca. 2400 Mal aufgebaut und wieder abgebaut wird, so daß es eine „mittlere Lebensdauer" von weniger als einer Minute hat.

Energiereiches Phosphat wird in der Muskulatur in Form von **Phosphagenen** gespeichert. In Wirbeltieren handelt es sich um *Kreatinphosphat* („Phosphagen"), in Wirbellosen kommen verschiedene Phosphagene vor: *Argininphosphat*, Glykocyaminphosphat, Taurocyaminphosphat, Lombricinphosphat u. a. Argininphosphat scheint weiter verbreitet zu sein. Die anderen Phosphagene werden bei bestimmten Würmern aufgefunden (vgl. auch 4.4. und 12.4.):

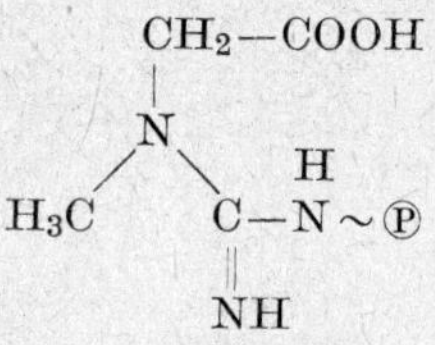

```
    CH2—COOH                 CH2—COOH                 CH2—CH2—SO3H
    |                        |                        |
    N                        N                        N
   / \     H                / \     H                / \     H
H3C   C—N~(P)              H   C—N~(P)              H   C—N~(P)
      ||                       ||                       ||
      NH                       NH                       NH
```

Kreatinphosphat („Phosphagen") 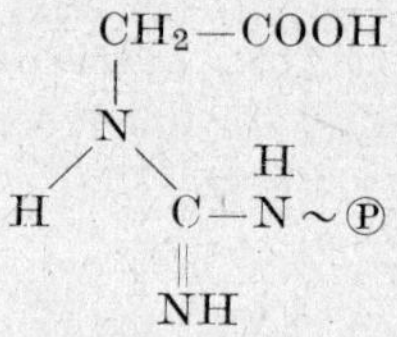 Glykocyaminphosphat 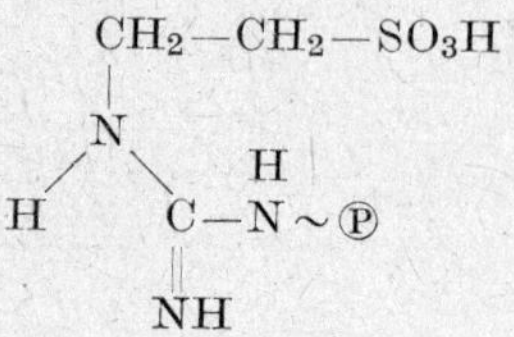 Taurocyaminphosphat

Die Phosphagene (Amidinphosphate) werden nach folgendem allgemeinen Reaktionsmechanismus gebildet und verbraucht:

ATP + Amidinverbindung ⇌ Phosphagen + ADP

(Die Lohmann-Reaktion ist der Spezialfall dieser Reaktion in Vertebraten-Muskulatur). Es wird auf diese Weise „Phosphatbindungsenergie" von ATP als energiereiches Amidinphosphat bzw. Guanidinphosphat gespeichert. Bei Bedarf kann ATP ohne energiebereitstellende Stoffwechselreaktion aus dem Phosphagen gebildet werden (indem die Reaktion von rechts nach links bei obiger Schreibweise verläuft).

5. Enzymologie

5.1. Allgemeine Eigenschaften der Enzyme

Enzyme sind Proteine mit spezifischen katalytischen Eigenschaften. Sie sind die **biologischen Katalysatoren.** Die sich im Organismus abspielenden chemischen Stoffumsetzungen werden vermittelt und dirigiert durch die hohe Reaktionsfähigkeit und Spezifität von Enzymen. Nicht-enzymatische (spontan-chemische) Reaktionen treten an Umfang und Bedeutung zurück. „Die unermeßliche Zahl chemischer Reaktionen in den lebenden Zellen wird durch die organischen Katalysatoren nach Richtung und Geschwindigkeit gelenkt. Leben ist das geregelte Zusammenwirken enzymatischer Vorgänge" (R. WILLSTÄTTER).

Als Biokatalysatoren haben Enzyme die folgenden **Eigenschaften**:
- sie entfalten in kleiner Menge relativ große Wirkungen, d. h. jedes Enzymmolekül kann nach Durchlaufen eines „katalytischen Zyklus" (vgl. weiter unten) erneut wirken, wobei der Zeitbedarf der Reaktion sehr gering ist
- sie vermitteln die Reaktion zwischen getrennten Stoffen
- sie zerlegen Moleküle in ihre Bestandteile, bauen Moleküle ab und stellen dabei chemische Energie in einer für den Stoffwechsel geeigneten Form bereit (vgl. Kapitel 3. und 4.)
- sie bauen neue Moleküle aus Atomen, Atomgruppierungen (chemischen Gruppen) oder anderen Molekülen auf
- sie verändern und übertragen chemische Gruppen
- sie vermitteln Aufnahme- und Transportvorgänge.

Manche Enzyme wirken als „physiologische Schalter" (MONOD). Neben katalytischen haben solche Enzyme regulierende Eigenschaften. Enzyme diese Art können Bindungen zu umzusetzenden Stoffen (Substraten) und zu niedermolekularen Effektoren („allosterischen" Effektoren) betätigen. Es handelt sich um allosterische Proteine (vgl. 5.5.3.).

Enzyme werden auf Grund ihrer Funktion erkannt, d. h. zu ihrem **Nachweis** und ihrer Messung bedient man sich ihrer Fähigkeit, eine bestimmte Reaktion in spezifischer Weise zu katalysieren. Als Maß der *Enzymaktivität* wird die Geschwindigkeit der enzymkatalysierten Reaktion genommen. Im praktischen Gebrauch wird die Enzymaktivität der *Enzymmenge* gleichgesetzt. Jeder von einem Enzym gebundene und umgesetzte Stoff wird als sein **Substrat** bezeichnet. Die grundlegende Annahme der Enzymologie, die Bildung eines *Enzym-Substrat-Komplexes* (HENRY 1902; MICHAELIS und MENTEN 1913) während der enzymvermittelten Stoffwandlung, wurde experimentell bestätigt.

Enzyme sind in der Zelle in gelöster oder strukturgebundener Form vorhanden. Zellen und Organe haben charakteristische Enzymmuster, in denen sie sich unterscheiden. Bestandsaufnahmen der Enzymverteilung über Zellkompartimente, Zellen und Organe haben zu wichtigen Erkenntnissen geführt (vgl. Kapitel 6.). Von manchen Enzymen können gewisse Anteile durch Zellmembranen hindurchtreten, so daß sie z. B. in den Körperflüssigkeiten von Mensch und Tier nachweisbar sind (vgl. 5.6.).

Die Bezeichnungen „*Enzym*" und „*Ferment*" werden in der einschlägigen Literatur synonym verwendet. Seit BUCHNER und anderen ist diese Unterscheidung hinfällig geworden. Der Ausdruck „Ferment" wurde in den Anfängen der Biochemie zur Bezeichnung „geformter Katalysatoren" (also z. B. von Hefen und anderen intakten Mikroorganismen) verwendet. Als „Enzym" wurden „nichtorganisierte" (lösliche) Biokatalysatoren (z. B. die Verdauungsenzyme) bezeichnet. Im Englischen wird nur der Ausdruck „enzyme" verwendet. Der Terminus „fermentation" kennzeichnet hier mikrobielle Gärungen.

5.2. Die Enzymkatalyse

Spekulationen über die *Natur der Enzymwirkung* wurden bereits von BERZELIUS (1836) angestellt, von dem die Definition der „katalytischen Kraft" stammt. Nach W. OSTWALD ist **Katalyse** die „Beschleunigung eines langsam verlaufenden chemischen Vorgangs durch die Gegenwart eines fremden Stoffes", des **Katalysators.** Nach BERSIN (1968) ist ein **Katalysator** „eine chemische Substanz, die die Geschwindigkeit einer in Gang gebrachten Umsetzung bis zum Gleichgewicht beschleunigt, indem sie labile (aktivierte) Zwischenverbindungen bildet und schließlich wieder unverändert erscheint". **Enzyme** als biologische Katalysatoren sind nach dieser Definition **Reaktionsbeschleuniger:** wenn Enzyme relativ zum Substrat in kleinen Mengen vorliegen, beeinflussen sie nicht das Gleichgewicht einer reversiblen Reaktion, sondern beschleunigen die Gleichgewichtseinstellung. Enzyme sind in diesem Sinne Reaktionsbeschleuniger thermodynamisch möglicher, also unter Abnahme von Gibbsenergie verlaufender (exergoner) Reaktionen. Diese Definition der Enzymwirkung erscheint nicht ausreichend: in den Fällen, wo die Geschwindigkeit einer nicht-enzymatischen Reaktion unmeßbar klein ist (d. h. die betreffende Stoffumsetzung überhaupt nicht stattfindet), werden durch die Gegenwart des Enzyms offenbar erst geeignete Bedingungen für ihren Ablauf geschaffen. In diesem Sinne kann das Enzym eine chemische Umsetzung „bewirken".

5.2.1. Reaktionsträgheit und Aktivierungsenergie

Soll eine chemische Reaktion ablaufen, müssen bestimmte thermodynamische Voraussetzungen erfüllt sein (vgl. Kapitel 4.). Treffen diese zu, und es tritt die Reaktion trotzdem nicht ein, kann das zwei verschiedene Gründe haben:

– der umzusetzende Stoff befindet sich bereits in einem Gleichgewichtszustand
– die betreffende Substanz ist *reaktionsträge.*

Die **Reaktionsträgheit** liegt in der Natur der Bindungskräfte begründet, durch die die Atome untereinander verknüpft sind (vgl. 2.3.). Nur bei Reaktionsträgheit kann eine Reaktion durch Katalyse in Gang gesetzt bzw. beschleunigt werden. Der Katalysator hebt die Reaktionsträgheit auf bzw. verringert sie soweit, daß die betreffende Reaktion gemäß dem Gefälle der Gibbsenergie ablaufen kann. Moleküle müssen, um reaktionsfähig zu werden, erst in einen „aktivierten Zustand" überführt werden. Erst von diesem aus erfolgt die neue Verteilung der Bindungskräfte, die als chemische Reaktion in Erscheinung tritt. Eine Verringerung der Reaktionsträgheit (Erhöhung der Reaktionsfähigkeit) kann z. B. bereits ohne Katalysator durch Erwärmen erreicht werden: hierbei wird „Aktivierungswärme" zugeführt, wodurch die Verbindung „aktiviert" wird (so daß sie mit molekularem Sauerstoff reagieren, also verbrannt werden kann). In Gegenwart eines Katalysators wird der zur Aktivierung erforderliche Betrag an **Aktivierungsenergie** bereits bei Zimmertemperatur soweit erniedrigt, daß eine thermodynamisch mögliche Reaktion ablaufen kann. Verringerung der Reaktionsträgheit bedeutet Aktivierung. Katalysatoren verringern die Reaktionsträgheit durch Erniedrigung der Aktivierungsenergie (Abb. 5.1.).

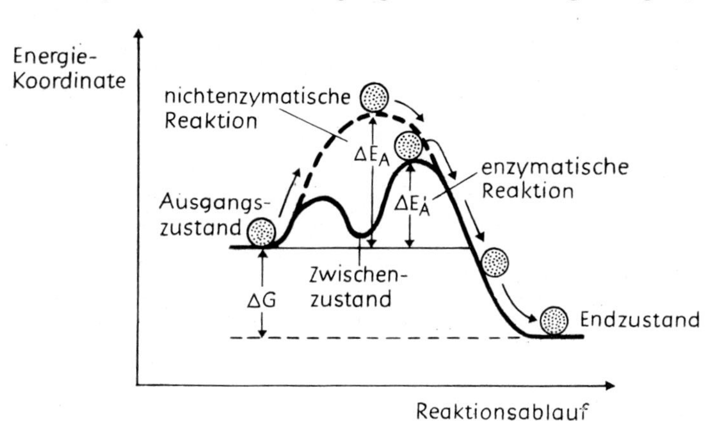

Abb. 5.1. Veranschaulichung der Aktivierungsenergie ΔE einer nicht-enzymatischen (ΔE_A) und einer enzymatischen Reaktion ($\Delta E'_A$). $\Delta E'_A < \Delta E_A$.

5.2.2. Enzym-Substrat-Verbindung

Entscheidende Voraussetzung für die Erniedrigung der Aktivierungsenergie durch ein Enzym ist die Bildung eines **Enzym-Substrat-Komplexes.** Von mehreren Enzymen konnten Enzym-Substrat-Komplexe direkt nachgewiesen oder isoliert werden. Die Substrat-Protein-Wechselwirkung bei einer Enzymreaktion läßt sich ganz allgemein wie folgt schreiben:

$$E_f + S \rightleftharpoons ES \rightleftharpoons EP \rightarrow E_f + P$$

(Darin bedeuten: E_f = freies Enzym, ES = Enzym-Substrat-Komplex, EP = Enzym-Produkt-Komplex, S = Substrat, P = Reaktionsprodukt; vgl. auch Tabelle 5.1.).

Das Substrat wird über die „Übergangszustände" ES und EP zu P umgesetzt, wobei das freie Enzym regeneriert wird und wieder Substrat umsetzen kann.

Die meisten Enzyme haben Substrate, die im Vergleich zum Enzymprotein relativ klein sind. Nur ein kleiner Teil des Enzyms — **das aktive Zentrum** — kann im Enzym-Substrat-Komplex in direktem Kontakt zum Substrat stehen. Die genaue Struktur der verschiedenen Übergangszustände und die dreidimensionale Konformation des Enzymproteins sind erst in wenigen Fällen (vgl. 5.5.2.) bekannt. Nur bei einigen Enzymen kennt man die für die Bindung von Substrat, Coenzym, Metallion oder Effektor verantwortlichen Gruppen. Auch denaturierte Enzyme (vgl. 2.6.4.5.3.) können Substrate binden, doch werden sie nicht mehr umgesetzt. Bei Denaturierung (Zerstörung der Tertiärstruktur eines Proteins) geht die katalytische Aktivität eines Enzyms verloren. Diese Befunde erweisen, daß für die Enzymwirkung die Art der aktiven Gruppen, ihre Bindung und räumliche Anordnung wichtig sind.

Für das Verständnis chemischer Reaktionen, die enzymkatalysiert oder spontan ablaufen, ist die Kenntnis über Bindungen, die gebildet oder gelöst werden, ebenso wichtig wie die Bestimmung der chemischen Natur der Zwischenprodukte, die im Zuge einer Reaktion entstehen. Wichtige Mechanismen der Enzymkatalyse sind die **Säure-Basen-Katalyse** und die **kovalente Katalyse**. Bei der kovalenten Katalyse entsteht ein kovalentes Substrat-Zwischenprodukt durch den elektrophilen oder nucleophilen Angriff des Substrats durch den Katalysator. Ein Beispiel ist die Pyridoxalphosphat-Katalyse (vgl. 9.4.).

5.2.3. Spezifität der Enzyme

Enzyme zeichnen sich im allgemeinen durch eine hohe Spezifität für das umzusetzende Substrat aus. Durch diese spezifische Auswahl wird der Stoffwechsel in definierte Bahnen gelenkt. Die Enzymspezifität beruht auf einer komplementären Wechselwirkung zwischen dem aktiven Zentrum des Enzyms einerseits und dem Substratmolekül andererseits. Wir unterscheiden grundsätzlich zwei „Auswahlprinzipien": die *Wirkungsspezifität* und die *Substratspezifität*.

Unter **Wirkungsspezifität** verstehen wird die Eigenschaft von Enzymen, eine Reaktionsauswahl unter verschiedenen thermodynamisch möglichen Reaktionstypen (für ein Substrat bzw. eine Substratgruppe) zu treffen. Pyridoxalphosphathaltige Enzyme sind z. B. die Transaminasen und die Aminosäuredecarboxylasen. Erstere setzen Aminosäuren mit Ketosäuren unter Bildung neuer Aminosäuren durch Transaminierung um (vgl. 12. 4.). Letztere decarboxylieren Aminosäuren. Transaminierung und Decarboxylierung sind Beispiele für chemische Umsetzungen von Aminosäuren. Die Fähigkeit eben zur Transaminierung *oder* Decarboxylierung bildet die Wirkungsspezifität der betreffenden Enzyme. Aus diesem Beispiel wird zugleich deutlich, daß die Wirkungsspezifität nicht im Coenzym liegen kann.

Als **Substratspezifität** wird das bei der Bindung des Substrats sich äußernde Auswahlprinzip verstanden: verschiedene Substrate der gleichen chemischen Stoffgruppe (z. B. verschiedene Aminosäuren) werden durch ein Enzym, das an ihnen dieselbe chemische Reaktion katalysiert (z. B. Aminosäuredecarboxylierung), mit unterschiedlicher Geschwindigkeit (im Extrem überhaupt nicht) umgesetzt. Affinität zwischen Substrat und Enzym ist also unterschiedlich. Bei der Substratspezifität kann man zwischen verschiedenen **Spezifitätsgraden** unterscheiden: *Reaktions-* oder *Bindungsspezifität*, *Gruppenspezifität* und *absolute Spezifität*.

Man macht sich das an dem folgenden Beispiel der Hydrolyse einer Verbindung A–B klar:

$$\boxed{A}-\boxed{B} \xrightarrow{HOH} AH + BOH$$

(A und B = Molekülteile, – Bindung, die A und B verknüpft).

a) **Niedere Spezifität** (Reaktions- oder Bindungsspezifität) liegt bei Hydrolasen vor, wenn das Enzym sich lediglich auf die Art der Bindung orientiert. Beispielsweise sind die *Esterasen* ausschließlich auf die Esterbindung eingestellt. So spaltet etwa die *Lipase*, eine Esterase, neben Triglyceriden (Neutralfetten) auch synthetische Ester.

b) **Gruppenspezifität** ist bei Hydrolasen vorhanden, wenn die Art der Bindung und eine Molekülhälfte (A oder B) Voraussetzung sind, daß ein Stoff als Substrat akzeptiert wird. Mit anderen Worten: gruppenspezifische Enzyme setzen Verbindungen mit jeweils spezifischen chemischen Gruppen um. Gruppenspezifität zeigen z. B. die *Glykosidasen*, die auf die Glykosidbindung und den Zuckerpaarling eines Glykosids eingestellt sind. β-Galaktosidasen spalten β-Galaktoside (β-Glykosidbindung, Galaktose als Glykosidkomponente), β-Glucosidasen hydrolysieren β-Glucoside usw.

c) **Absolute Spezifität** liegt vor, wenn die Art der chemischen Bindung und beide Molekülhälften vom Enzym „verlangt" werden. Im strengen Sinne bedeutet also absolute Spezifität, daß ein gegebenes Enzym nur ein einziges Substrat umsetzt. Die *Urease* galt lange Zeit als Beispiel für ein Enzym von absoluter Substratspezifität. Tatsächlich werden noch einige Harnstoffderivate (z. B. Hydroxyharnstoff, nicht aber Acetylharnstoff) hydrolysiert. Hier liegt also eine nur nahezu absolute Spezifität vor.

Von **Stereospezifität** sprechen wir, wenn ein Enzym nur ein Stereoisomeres (Anomeres) oder einen der beiden optischen Antipoden eines Racemats umsetzt. Beispielsweise gibt es D- und L-Aminosäureoxydasen.

5.3. Nachweis von Enzymen und Messung der Enzymaktivität

Enzyme werden auf Grund ihrer Funktion (katalytischen Potenz) erkannt und durch ihre Fähigkeit, eine bestimmte Reaktion oder den Umsatz eines bestimmten Substrates zu katalysieren, nachgewiesen. Als **Maß der Enzymaktivität** wird die Geschwindigkeit genommen, mit der die enzymkatalysierte Reaktion abläuft. Enzymaktivitäten können in verschiedener Weise ausgedrückt werden:

- **Enzymeinheit:** Mol bzw. µMol Produkt pro Minute
  (Die Einheit der Enzymaktivität ist die Menge Substrat, die in das Produkt pro Zeiteinheit unter bestimmten spezifizierten Bedingungen [pH, Substratkonzentration] umgesetzt wird. Sie wird ausgedrückt als Produktbildung oder Substratschwund.).
- **Spezifische Enzymaktivität:** Mol bzw. µMol Produkt/min/mg Protein.

– **Gesamtaktivität:** spezifische Aktivität × Gesamtmenge Enzymprotein (= Enzymeinheiten insgesamt).

– **Reinigung:** $\frac{\text{spezifische Aktivität beim n-ten Reinigungsschritt}}{\text{spezifische Aktivität des Ausgangsmaterials}}$

– **Ausbeute:** $\frac{\text{Gesamtaktivität beim n-ten Reinigungsschritt}}{\text{Gesamtaktivität des Ausgangmaterials}}$

– **Katalytische Konstante:** Mol Produkt/min/Mol Enzym.

Relativ selten lassen sich Enzyme direkt nachweisen (z. B. Absorptionsmessung bei Häminenzymen). Der Enzymnachweis erfolgt zumeist indirekt, d. h. auf Grund ihrer Wirkung. Zur Bestimmung von Enzymaktivitäten werden Zeit-Umsatz-Kurven aufgenommen, die je nach der Kinetik der betreffenden Enzymreaktion einen verschiedenen Verlauf haben. Bei der Messung der Enzymaktivität müssen bestimmte Kontrollen (Reagenzienleerwert, hitzedenaturierter Ansatz usw.) eingehalten werden. Eine für Routineuntersuchungen besonders geeignete, einfache und elegante Meßmethode bietet der optische Test n. Otto Warburg (vgl. 9.1.).

5.4. Bedingungen der Enzymaktivität

Das physikalische und chemische Verhalten der Enzyme erklärt sich aus ihrer Eiweißnatur (vgl. 2.6.4.5.). Milieufaktoren, die den Substratumsatz in der Zeiteinheit bei gegebener Enzymmenge beeinflussen, sind:

– die *Versuchstemperatur*
– die *H^+-Ionenkonzentration* (pH-Wert)
– das *Effektorenmuster*
– die *Substratkonzentration* (vgl. 5.5.).

5.4.1. Einfluß der Temperatur

Die Temperatur spielt für die Enzymkatalyse die gleiche Rolle wie für jede chemische Reaktion. Die RGT-Regel nach Van't Hoff besagt, daß bei Erhöhung der Temperatur um 10 °C die Reaktionsgeschwindigkeit sich etwa verdoppelt. Die RGT-Regel gilt für enzymatische Reaktionen nur in einem bestimmten Temperaturbereich, da bei Temperaturen über 40 bis 50 °C die meisten Enzyme durch Hitzedenaturierung (vgl. 2.6.4.5.3.) zerstört werden. Ungleich anorganischen Katalysatoren haben demnach Enzyme ein **Temperatur-Optimum** ihrer Wirkung. Enzymwirkung und Enzymaktivität haben eine entgegengesetzte Temperaturabhängigkeit. Die Temperatur-Aktivitätskurve zeigt einen asymmetrischen Verlauf, da sich Aktivierung und Inaktivierung des Enzyms überlagern. Die Lage des „Temperatur-Optimums" ist abhängig vom speziellen Enzym, vom Milieu und der Versuchsdauer. Enzyme haben eine unterschiedliche Temperaturstabilität.

Extrem temperaturstabile Enzyme sind die RNAse und Enzyme aus thermophilen Bakterien, z. B. aus *B. stearothermophilus*. Aus solchen Bakterien wurde

z. B. eine Aminopeptidase mit einem Temperaturoptimum von 90 °C beschrieben.

5.4.2. Einfluß des pH-Wertes

Da die Enzyme Proteine sind, werden ihre Eigenschaften stark durch das Ionenmilieu beeinflußt. Die Enzymaktivität hängt beträchtlich von der Art und Zahl ionisierbarer Gruppen, ihrer Ionisation bei physiologischen pH-Werten und damit von der Wasserstoffionen-Konzentration ab. Die meisten Enzyme entfalten ihre katalytische Wirksamkeit nur in einem bestimmten pH-Bereich. Die günstigste Wasserstoffionen-Konzentration nennt man das **pH-Optimum** der Enzymwirkung. In der pH-Optimumskurve wird die Enzymaktivität gegen den pH-Wert aufgetragen. Für die meisten Enzyme liegt die pH-optimale Wirksamkeit im neutralen oder schwach sauren Bereich. Ausnahme ist z. B. das extrem saure pH-Optimum des Pepsins (vgl. 12. 8. 1.). Das pH-Optimum ist abhängig von der Art und Konzentration des Substrates und von den gewählten Milieubedingungen bei der Messung der Enzymaktivität (Art des verwendeten Puffers). Das pH-Optimum ist mehr oder weniger breit ausgeprägt. Messungen der Enzymaktivität in vitro erfolgen im pH-Optimum.

Bestimmend für die Ausbildung eines pH-Optimums der Enzymwirkung sind (nach Hofmann):

- die Ionisation funktioneller Gruppen am Enzym; wenn die H^+-Ionenkonzentration variiert wird, werden die Bindungsaffinität des Enzyms zum Substrat und die Gesamtenzymaktivität verändert
- das Dissoziationsverhalten des Substrates
- eine Abdissoziation essentieller Cofaktoren an den beiden „Flanken" des pH-Optimums (vgl. 5.4.3.)
- irreversible Strukturänderungen des Enzyms an den pH-Extremen.

5.4.3. Effektoren der Enzymwirkung

Faktoren, die die Enzymaktivität beeinflussen, sind in dem folgenden Schema (n. Bennett) aufgeführt:

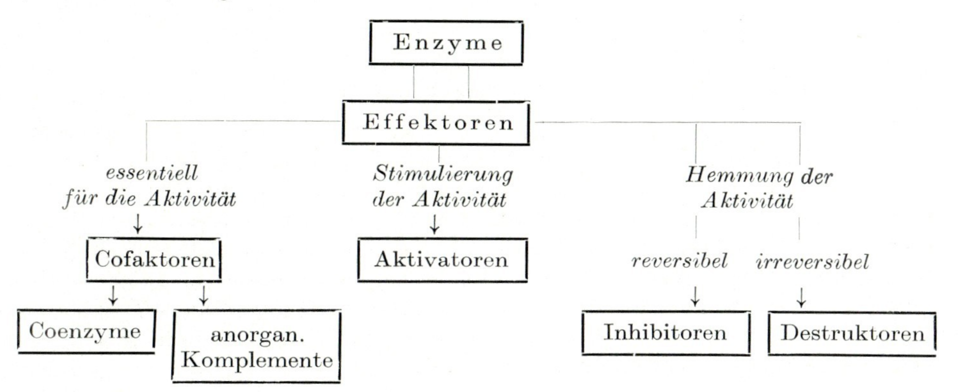

(Zu den Effektoren der Enzymsynthese vgl. Kapitel 7.).

Cofaktoren: Coenzyme (im engeren Sinne), prosthetische Gruppen (vgl. Kapitel 9.) und anorganische Komplemente.

Anorganische Komplemente: Metallionen (vgl. 2.1.). Sie sind von Bedeutung für die Substratbindung und die Proteinkonformation (vgl. auch weiter unten).

Aktivatoren: Faktoren, die die Enzymaktivität erhöhen, indem sie mit dem Enzymprotein reagieren. Hierunter fallen sehr verschieden wirkende Stoffe wie ATP (Phosphorylierung/Adenylilierung als Mittel der chemischen Modifikation von Enzymen), *allosterische Aktivatoren* (vgl. 7.1.), *einfache Aktivatoren* (Kationen und Anionen) und proteinische Faktoren (limitierte Proteolyse und autokatalytische Aktivierung von Proteasen, vgl. 12.8.1., Proteinkinasen und Proteinphosphatasen, vgl. 7.1.).

K^+-, Na^+- oder NH_4^+-*Ionen aktivieren* beispielsweise Kinasen wie die *Pyruvatkinase* und die *Phosphofructokinase*. Letztere wird auch durch Mg^{2+}-Ionen aktiviert. Häufig werden Ionen nur locker und nicht stöchiometrisch gebunden. In einigen Fällen ist das aktivierende Kation stöchiometrisch an der Reaktion beteiligt, z. B. Mg-ATP bei der Hexokinase und bei anderen Kinasen. α-Amylase wird durch ein Anion, nämlich Cl^- aktiviert (vgl. 10.4.). Wir kennen auch Ionenantagonismen, z. B. von Na^+ und K^+, indem Na^+-Ionen durch K^+-Ionen aktivierte Enzyme hemmen.

Destruktoren: Chemische Agenzien, die eine irreversible Inaktivierung (Zerstörung, Destruktion) des Enzymproteins bewirken. In der Praxis des biologischen Laboratoriums macht man von Destruktoren bei der irreversiblen Eiweißdenaturierung Gebrauch (Fällung von Protein mit Trichloressigsäure, Fixierung mikroskopischer Präparate).

Inhibitoren: Chemische Agenzien, die eine reversible Inaktivierung bzw. eine Verringerung bis totale Aufhebung der Enzymaktivität bewirken. Der Inhibitor(I) verringert die Reaktionsgeschwindigkeit einer enzymkatalysierten Umsetzung, indem er sich an bestimmten Stellen des Enzymproteins anlagert. Dabei reagiert er mit dem freien Enzym oder mit dem Enzym-Substrat-Komplex (ES) unter Bildung eines Enzym-Inhibitor-Komplexes (EI bzw. IES). Im Falle des Lysozyms (Lyse der bakteriellen Zellwand durch Auflösung des Mureins) konnten mit der Röntgenstruktur-Analyse Enzym-Inhibitor-Komplexe direkt nachgewiesen werden (Näheres zu Enzymhemmungen vgl. 5.5.1., 5.5.3. sowie 7.1.).

5.5. Enzymkinetik

Allgemeine **Theorien der Enzymkinetik** stammen von Michaelis und Menten (1913) und von Briggs und Haldane (1925). Die Michaelis-Menten-Theorie stellt eine Gleichgewichtsbehandlung der Enzymreaktion dar. Die Briggs-Haldane-Theorie ist eine steady-state-Behandlung (vgl. auch 3.1.), d. h. eine dynamische Betrachtungsweise, die auf der Annahme eines Fließgleichgewichtes beruht. Die Kinetik der Enzymwirkung ist auf den Gesetzmäßigkeiten der allgemeinen Reaktionskinetik begründet. Man betrachtet das *Enzym* als *stöchiometrisch* in die Reaktion eintretenden *Reaktionspartner* und den *enzymkatalysierten Vorgang* als *Kreisprozeß:*

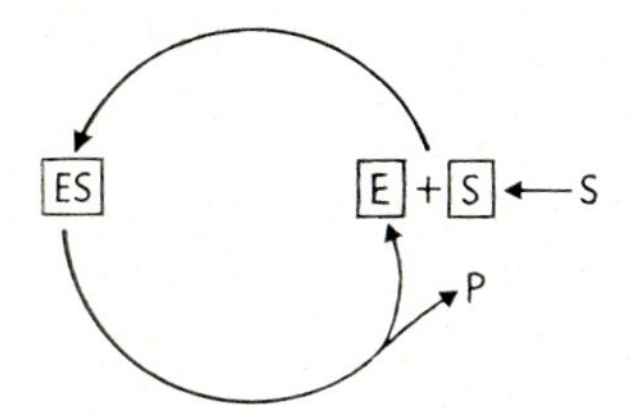

Die meisten Enzyme beschreiben im *Substrat-Geschwindigkeits-Diagramm* eine Hyperbel, d. h. bei der Auftragung der Enzymaktivität gegen die Substratkonzentration resultiert eine Kurve nach Art einer rechtwinkligen Hyperbel. Dieser Kurvenverlauf kommt in der Michaelis-Menten-Gesetzmäßigkeit quantitativ zum Ausdruck. Nach MICHAELIS und MENTEN reagiert das Enzym mit dem Substrat nach der folgenden Gleichung:

$$[E] + [S] \underset{k_{-1}}{\overset{k_{+1}}{\rightleftharpoons}} [ES] \underset{k_{-2}}{\overset{k_{+2}}{\rightleftharpoons}} [E] + [P] \quad (1)$$

(Grundbegriffe der Enzymologie und ihre Abkürzungen vgl. Tabelle 5.1.).

Die *Bildungsgeschwindigkeit* v_1 der Enzym-Substrat-Verbindung ist proportional der Konzentration des freien Substrats (bei Substratüberschuß praktisch gleich der Gesamtkonzentration) und der Konzentration des nicht an das Substrat gebundenen (freien) Enzyms:

$$v_1 = k_{+1} \cdot [S] \cdot ([E] - [ES])$$

Die *Zerfallsgeschwindigkeit* des Enzym-Substrat-Komplexes ist:

$$v_2 = k_{-1} \cdot [ES] + k_{+2} \cdot [ES]$$

Im *Gleichgewichtszustand* ist $v_1 = v_2$:

$$\frac{[S] \cdot ([E] - [ES])}{[ES]} = \frac{k_{-1} + k_{+2}}{k_{+1}} = K_m \quad (2)$$

K_m ist die sog. **Michaelis-Konstante.** Sie ist der Punkt der Halbsättigung des Enzyms mit Substrat und hat die Dimension einer Substratkonzentration (Mol/l). Sie wird häufig mit der *Gleichgewichts-(Dissoziations-)konstanten* der Reaktion:

$$[ES] \underset{k_{+1}}{\overset{k_{-1}}{\rightleftharpoons}} [E] + [S] = K_S \quad (3)$$

gleichgesetzt. Beide Konstanten sind aber nur unter der Annahme identisch, daß der geschwindigkeitsbestimmende Schritt der Zerfall von [ES] zu [E] und ist (d. h. $k_{+2} \ll k_{-1} < k_{+1}$). Nur dann wird $K_m = K_S = \frac{k_{-1}}{k_{+1}}$.

Die Abhängigkeit der Enzymaktivität von der Substratkonzentration ist in Abbildung 5.2. dargestellt. Für die Geschwindigkeit der Gesamtreaktion gilt:

$$v = k_{+2} \cdot [ES] \quad \text{bzw.} \quad v = k_{+2} \cdot \frac{[E] \cdot [S]}{K_m + [S]} \quad (4)$$

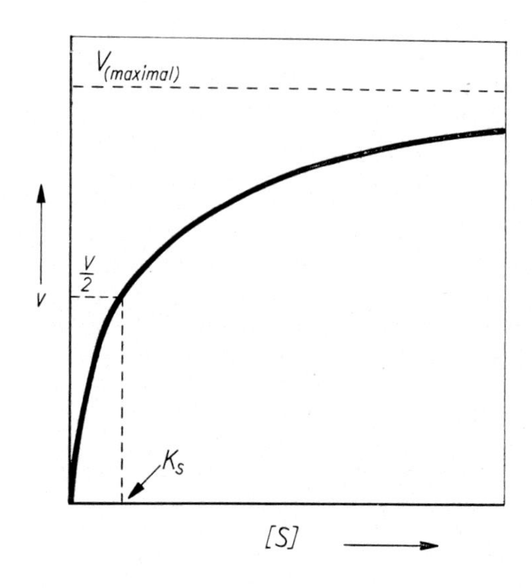

Abb. 5.2. Abhängigkeit der Enzymaktivität von der Substratkonzentration bei konstanter Enzymmenge (Michaelis-Menten-Kinetik). K_m = Michaelis-Konstante (vgl. Text).

Tabelle 5.1. Grundbegriffe der Enzymologie und ihre Abkürzung

Abkürzung	Bedeutung
E oder E_f oder Enz	Enzym (Ferment) (E_f = freies Enzym)
S	Substrat
[S] oder s	Substratkonzentration
P	(Reaktions-)Produkt
ES	Enzym-Substrat-Komplex
V oder V_{max}	maximale Reaktionsgeschwindigkeit
V/2 oder $\frac{V_{max}}{2}$	halbmaximale Reaktionsgeschwindigkeit
v	Reaktionsgeschwindigkeit
v_0	Anfangsgeschwindigkeit
k	Geschwindigkeitskonstante
K_s	Substrat-(Gleichgewichts-)Konstante
K_m	Michaelis-Konstante (Michaelis-Menten-Konstante)
$1/K_s$	Affinitätskonstante
I	Inhibitor (Hemmstoff)
[I] oder i	Inhibitorkonzentration
EI bzw. ESI	Enzym-Inhibitor-Komplex
K_i	Hemmungskonstante
$i = \left(1 + \frac{I}{K_i}\right)$	Hemmungsfaktor
L	Ligand (Effektor)
IU	Aktivitätseinheit (= Enzymmengen-Maß)

Aus der Gleichung (4) (vgl. auch die Abbildung 5.2.) lassen sich drei *Zustände* ableiten:

- bei niedriger Substratkonzentration und definierter Enzymmenge ändert sich die Reaktionsgeschwindigkeit mit der Substratkonzentration und folgt einer Reaktion 1. Ordnung (linker Teil der Kurve der Abbildung)
- bei hohen Substratkonzentrationen ist $v = k_{+2} \cdot [E] = v_{max}$; die Reaktionsgeschwindigkeit wird von der Substratkonzentration unabhängig; bezüglich S liegt eine Reaktion 0. Ordnung vor (vgl. rechter Teil der Kurve)
- bei halbmaximaler Reaktionsgeschwindigkeit $\left(v = \frac{V_{max}}{2}\right)$ liegen 1/2 [E] als [ES], 1/2 [E] als $[E_f]$ (= [E] – [ES]) vor.

Die Substratkonzentration bei halbmaximaler Reaktionsgeschwindigkeit ist die Michaelis-Konstante:

$S_{1/2} V_{max} = K_m =$ **Michaelis-Konstante**

Die K_m-Werte für Enzyme liegen zwischen 10^{-2} und 10^{-5} Mol/l. Hohe K_m-Werte bedeuten: eine hohe Substratkonzentration ist zur Halbsättigung erforderlich, d. h. es besteht eine geringe Affinität des Enzyms zum Substrat.

Wenn mehrere Substratmoleküle mit dem Enzym zu einem Enzym-Substrat-Komplex reagieren, gilt:

$$v = \frac{V_{max} \cdot [S]^n}{K_m + [S]^n}$$

Wenn man die Gleichung umformt in:

$$\log\left(\frac{V_{max}}{v} - 1\right) = -n \log [S] + \log K_m$$

kann man n auf graphischem Wege ermitteln.

Bei **Ein-Substrat-Reaktionen** (Umsatz von nur einem Substrat durch das Enzym) kann K_S nicht kleiner als K_m sein, wenn [ES] in der geschwindigkeitsbestimmenden Reaktionsstufe direkt in E und P zerfällt. Liegen dagegen zwei oder mehrere Enzymkomplexe in vergleichbaren Konzentrationen im stationären Zustand vor (z. B. [ES] und [EP]), wird die Michaelis-Konstante zu einer komplexen Funktion der Geschwindigkeitskonstanten.

Verwickelt werden die kinetischen Verhältnisse bei **Zwei-Substrat-Reaktionen**, da sich im allgemeinen die Michaelis-Konstante des einen Substrats mit der Konzentration des anderen Substrats ändert. Hier werden drei Mechanismen diskutiert:

- ein Mechanismus, bei dem jedes Substrat mit dem Enzym zu einem binären Komplex reagiert
- ein Mechanismus, wo nur ein Substrat mit dem Enzym zu ES zusammentritt (sog. Zwangsmechanismus, engl. compulsory over)
- ein Mechanismus, bei dem jedes Substrat mit dem Enzym zu einem binären Komplex zusammentritt, der seinerseits mit dem 2. Substrat einen Ternärkomplex bildet (sog. alternativer Reaktionsmechanismus).

5.5.1. Enzymhemmungen

Zur Charakterisierung verschiedener **Hemmungstypen** muß man die Reaktionsmöglichkeiten des freien Enzyms und des Enzym-Substrat- bzw. Enzym-Inhibitor-Komplexes mit dem Substrat und dem Inhibitor in Betracht ziehen:

E + S → ES → E + P
E + I → EI
ES + I → IES
EI + S → IES

Wir unterscheiden die folgenden Hemmungstypen:
- *kompetitive Hemmung* („Konkurrenzhemmung“, engl. competition)
- *nicht-kompetitive Hemmung*
- *unkompetitive Hemmung*
- *Substrat(überschuß)hemmung*
- *allosterische Hemmung* (Endprodukthemmung).

(Zur Allosterie vgl. 5.5.2. und 7.1.).

Charakteristika der **kompetitiven Hemmung** sind: Reversibilität, Abhängigkeit vom Fehlen einer absoluten Substratspezifität (vgl. 5.2.3.) an der Substratbindungsstelle des Enzyms, Abhängigkeit der Reaktionsgeschwindigkeit von der relativen Konzentration von Substrat und Inhibitor und ihrer relativen Affinität zum Enzym. Bei der sog. reinen kompetitiven Hemmung reagiert der Inhibitor I mit dem (freien) Enzym zu EI; dieser Enzym-Inhibitor-Komplex erfährt keine weitere Umsetzung, da IES nicht gebildet wird. Substrat und Inhibitor konkurrieren um dieselbe Bindungsstelle am Enzym und können sich aus ihren Komplexen mit dem Enzym (ES und EI) gegenseitig verdrängen. Die „reine“ kompetitive Hemmung ist eine sog. *isosterische Hemmung* (im Unterschied zur allosterischen Hemmung, vgl. 5.5.3.). *Substrat* und *Inhibitor* stehen im Verhältnis von *Metabolit* und *Antimetabolit*. Als **Antimetabolite** wirken *Substratanaloge* (*Strukturanaloge* natürlicher Substrate). Sie werden auch als *Antagonisten* bezeichnet:

Kompetitiver Inhibitor = Antimetabolit = Substratanalogon (Strukturanaloges) = Antagonist

Klassische **Beispiele** für die kompetitive Hemmung sind:
- Hemmung der *Succinatdehydrogenase* bzw. der Succinatoxydation an diesem Enzym durch *Malonat*:

	Succinat	Malonat	
Metabolit	COOH–CH_2–CH_2–COOH	COOH–CH_2–COOH	Antimetabolit

- Hemmung der Folsäurebiosynthese (vgl. auch 9.2.) durch Sulfonamide.

Die p-Aminobenzoesäure, ein Vitamin, ist ein Baustein der Tetrahydrofolsäure, die „aktive C_1-Körper“ im Stoffwechsel überträgt. Sulfonamide (Sulfanilamid u. a.) wirken als Antagonisten der p-Aminobenzoesäure. Sie können als „Antivitamine“ bezeichnet werden. Die Folsäurebildung kann auch durch Pteridinanaloge (Aminopterin, Amethopterin u. a.) kompetitiv gehemmt werden.

Strukturanaloge sind von zum Teil erheblichem Interesse in der Medizin und in der Landwirtschaft. Sulfonamide sind die Prototypen von *Chemotherapeutika* (vgl. auch 14.4.) (Bekämpfung von Infektionskrankheiten, DOMAGK, Nobelpreis). Strukturanaloge natürlicher Verbindungen werden als *Kanzerostatika* eingesetzt oder erpobt (Pyrimidinananloge u. a.), finden als *Tuberkulostatika* (z. B. Isonicotinsäurehydrazid, ein Strukturanaloges von Nicotinsäureamid) und als *Biozide* (z. B. Pyrimidinanaloga als Rübenherbizide) praktische Verwendung.
Charakteristika der **nicht-kompetitiven Hemmung** sind: Der Inhibitor wird nicht an die Substratbindungsstelle angelagert und besitzt keine strukturelle Ähnlichkeit mit dem Substrat. Die nicht-kompetitive Hemmung ist also nicht durch Erhöhung der Substratkonzentration aufzuheben. Hinsichtlich der Reaktionsgeschwindigkeit ist sie abhängig von der Inhibitorkonzentration [I] und der Inhibitor-Konstanten K_i, aber unabhängig von der Substratkonzentration. Die nicht-kompetitive Hemmung ist gekennzeichnet durch einen Anstieg in

$$\frac{K_m}{v} \text{ und } \frac{1}{v} \text{ durch den Faktor } \left(1 + \frac{i}{K_i}\right)$$

Der Inhibitor reagiert mit dem Enzym-Substrat-Komplex oder beeinflußt die Substratbindung. Gleich der kompetitiven Hemmung existiert die nicht-kompetitive Hemmung in mehreren Formen.

Bei der sog. **unkompetitiven Hemmung** hat der Inhibitor eine höhere Affinität zu [ES] als zum (freien) Enzym, d. h. die Bildung von [IES] erfolgt sehr schnell.

Bei Substratüberschuß können Enzymreaktionen gehemmt werden. Ein Beispiel ist die Harnstoffhemmung der Urease. Eine mögliche Ursache einer solchen Substrat- bzw. **Substratüberschußhemmung** ist eine „falsche“ Substratanlagerung an das Enzym, so daß überschüssige Substratmoleküle, die nicht an das aktive Zentrum mehr gebunden werden können, zu inaktiven Enzym-Substrat-Komplexen reagieren.

5.5.2. Feinmechanismus der Enzymkatalyse

Das Enzym bindet das umzusetzende Substrat an einer definierten Stelle seiner Struktur, dem sog. **aktiven Zentrum.** In einem Enzymmolekül kann es mehrere aktive Zentren geben. Die Aminosäurereste, die an der Bildung eines aktiven Zentrums beteiligt sind, können in der kovalenten Struktur des Proteins sich an weit auseinander liegenden Stellen befinden. Unter dem Einfluß bestimmter „Faltungsregeln“ werden sie jedoch in enge räumliche Nachbarschaft gebracht. An der Ausbildung des aktiven Zentrums sind nicht nur diejenigen *Aminosäuren* beteiligt, die das Substrat durch Haupt- oder Nebenvalenzen binden, sondern auch benachbarte Aminosäuren. Somit sind für die Herstellung der Substratbindungsstellen eines Enzyms bestimmte Aminosäuresequenzen wichtig. Die räumliche Anordnung von katalytischen Gruppen ist im Zuge der Evolution der Proteinstruktur optimiert worden.

Zum Verständnis einer *enzymatischen Reaktion* ist die Kenntnis der folgenden Parameter (aus HOFMANN) erforderlich:

- Ermittlung des Grundmechanismus
- Identifizierung der Aminosäuren, die an der Substratbindung und an der Lösung bzw. Knüpfung von Bindungen beim Substratumsatz beteiligt sind
- Bestimmung der räumlichen Anordnung der katalytischen Gruppen
- Ableitung der Geschwindigkeit der Gesamtreaktion aus der Enzymstruktur.

Der **Feinmechanismus** einer Enzymreaktion gilt als aufgeklärt, wenn die stöchiometrisch ablaufenden Einzelreaktionen des Gesamtvorganges vollständig erfaßt worden sind. Bei der Bestimmung der verschiedenen Übergangszustände (Enzym-Substrat- und Enzym-Produkt-Komplexe auf verschiedenen energetischen Niveaus) müssen die Strukturgeometrie des Substratmoleküls, seine chemischen Eigenschaften, die Enzymkonformationen, die Aminosäuresequenzen in den aktiven Zentren u. a. in Betracht gezogen werden. Strukturen und Reaktionsabläufe auf dem Gebiet der Enzyme sind somit exakt beschreibbar geworden. Auf Grund der hohen Aussagekraft neuerer physikalisch-chemischer Methoden kann heute bereits der *Zusammenhang zwischen Struktur und Funktion* grundsätzlich verstanden werden.

Die Anwendung kristallographischer Methoden bei der *Strukturaufklärung* von Proteinen (vgl. 2.6.4.5.3.) hat bis zu einer Auflösung der einzelnen Atome geführt. Sie begann mit der Röntgenstrukturanalyse von Myoglobin und Hämoglobin, führte zu Strukturuntersuchungen an Enzymen (Chymotrypsin, Lysozym u. a.) und ihren Substrat- und Inhibitor-Komplexen. Die topographischen Untersuchungen haben bestätigt, daß in allen untersuchten Fällen das aktive Zentrum sich an der Oberfläche oder in einer Vertiefung der Enzymstruktur befindet. Die Kenntnis der *Topographie* der Enzymstruktur stellt dem theoretischen organischen Chemiker die Aufgabe, einen plausiblen Mechanismus für die katalytische Reaktion zu formulieren. Zu den Verfahren der Aufklärung der Proteinstruktur müssen moderne kinetische Meßtechniken treten: die Transient-Technik ("stopped-flow"-Kinetik), die verschiedenen Varianten der chemischen Relaxationsverfahren, die Blitzlichtphotolyse u. a. Mit diesen Methoden kann man biochemische Vorgänge bis in den Nanosekundenbereich (1 nsec = 10^{-9} sec) zeitlich auflösen. Damit ist man in der Lage, auch die schnellsten Elementarschritte biochemischer Prozesse zu erfassen und getrennt zu studieren.

Die von Emil FISCHER 1895 formulierte „Schlüssel-Schloß-Theorie" der **Enzymkatalyse** betrachtete das Enzym als zu starr. Enzyme zeigen eine Flexibilität, die offenbar für die „Anpassung" des Enzyms an das Substrat bei seinem Umsatz wichtig ist. Die Existenz von verschiedenen, reversibel zugänglichen Enzymkonformationen wurde bereits 1958 von KOSHLAND erkannt: Hypothese der *induzierten Anpassung* (engl. **„induced-fit-"Hypothese**). Die Hypothese von KOSHLAND besagt, daß die Bindung des Substrats an das aktive Zentrum eines Enzyms von einer diskreten Konformationsänderung begleitet ist. Hierbei erfolgt eine gezielte Lageveränderung der einzelnen Wirkgruppen des Enzyms, wodurch sowohl die optimale Bindung des Substrats als auch seine effiziente katalytische Umsetzung garantiert werden. Die „induced-fit-"Hypothese konnte experimentell z. B. an dem Enzym-Substrat-Komplex bestätigt werden, der zwischen der Carboxypeptidase und Glycyltyrosin als Substrat ausgebildet wird. In diesem Fall ist bei der Substratbindung eine relative Verschiebung der einzelnen Aminosäureseitenketten des Enzyms festgestellt worden, die Werte bis zu 1,4 nm erreicht und recht beträchtlich ist.

Die ,,induced-fit"-Hypothese wurde 1966 von KOSHLAND zu einer *Theorie für die Steuerung der Enzymaktivität* erweitert. Diese Theorie basiert auf der Feststellung, daß die durch das Substrat ,,induzierte" Strukturumwandlung nicht auf die unmittelbare Nachbarschaft des aktiven Zentrums beschränkt bleibt, sondern das gesamte Enzymmolekül erfaßt. Bei sog. *oligomeren Enzymen* (Quartärstruktur, Aufbau aus mehreren Untereinheiten) kann die induzierte Strukturumwandlung von einer Untereinheit (engl. sub-unit) auf die benachbarte weitergeleitet werden und zu einem *kooperativen Phänomen* führen. Die **kooperative** (sigmoide) **Bindung von Substraten und Effektoren** (Steuermetaboliten) ist kennzeichnend für die sog. **allosterischen Enzyme**. Auf diese Weise können stereochemisch vom Substrat völlig verschiedene Stoffwechselzwischenprodukte als Effektoren die Enzymaktivität durch eine indirekte Wechselwirkung steuern. In das katalytische Geschehen sind *Isomerisierungen der Enzym-Substrat-Komplexe* im Sinne einer Verschiebung zwischen **inaktiver** und **aktiver Enzymkonformation** direkt eingeschaltet. Bei monomeren Enzymen verlaufen solche Strukturumwandlungen sehr schnell. Bei den bisher untersuchten allosterischen Enzymen verlaufen sie relativ langsam. In diesem Fall hat die Isomerisierung auch weniger Bedeutung für die Optimierung des katalytischen Geschehens als für die Steuerung der Konzentration an aktivem Enzym. Die Konformationsänderung an allosterischen Enzymen folgt in den meisten Fällen einem **,,allosterischen Mechanismus"** und nicht einem ,,sequentiellen Reaktionstyp". Die *kooperative Bindung eines Substrats* an ein oligomeres Enzym folgt einem Alles-oder-Nichts-Gesetz: es werden ohne Übergang wenigstens zwei verschiedene Konformationen eingenommen, die miteinander im Gleichgewicht stehen. Alle Enzymspezies sind symmetrisch. Die verschiedenen möglichen Zustände unterscheiden sich in der Quartärstruktur und in der katalytischen Aktivität (vgl. 5.5.3.).

Der Feinmechanismus der Enzymkatalyse wurde bei einigen Enzymen bereits ausführlicher untersucht, so bei der Ribonuclease, dem Chymotrypsin, der Acetylcholinesterase, dem Lysozym (vgl. die Abbildungen 5.3.—5.6.) u. a. Das zuerst in Hühnereiweiß aufgefundene bakteriolytische Enzym Lysozym ist in der Natur weit verbreitet und kommt auch in Phagen vor. Lysozyme sind durch ihre Hitze- und Säurestabilität ausgezeichnete Enzyme, die verschiedene Bakterien auflösen, indem sie spezifische Bindungen des Glucosamins spalten. Das in seinen Strukturdaten bekannte Lysozym aus dem Eiweiß des Hühnereies ist relativ niedrigmolekular (Molekulargewicht 14500) und stark basisch. Es besteht aus einer einzigen Polypeptidkette.

5.5.3. Allosterische Effekte

,,*Allosterische Enzyme*" befinden sich häufig an strategisch wichtigen Knotenpunkten des Stoffwechsels. Sie wirken wie physiologische Schalter (MONOD), die als ,,*flip-flop*"-*Enzyme* den Durchsatz von Metaboliten durch Reaktionsketten regulieren.

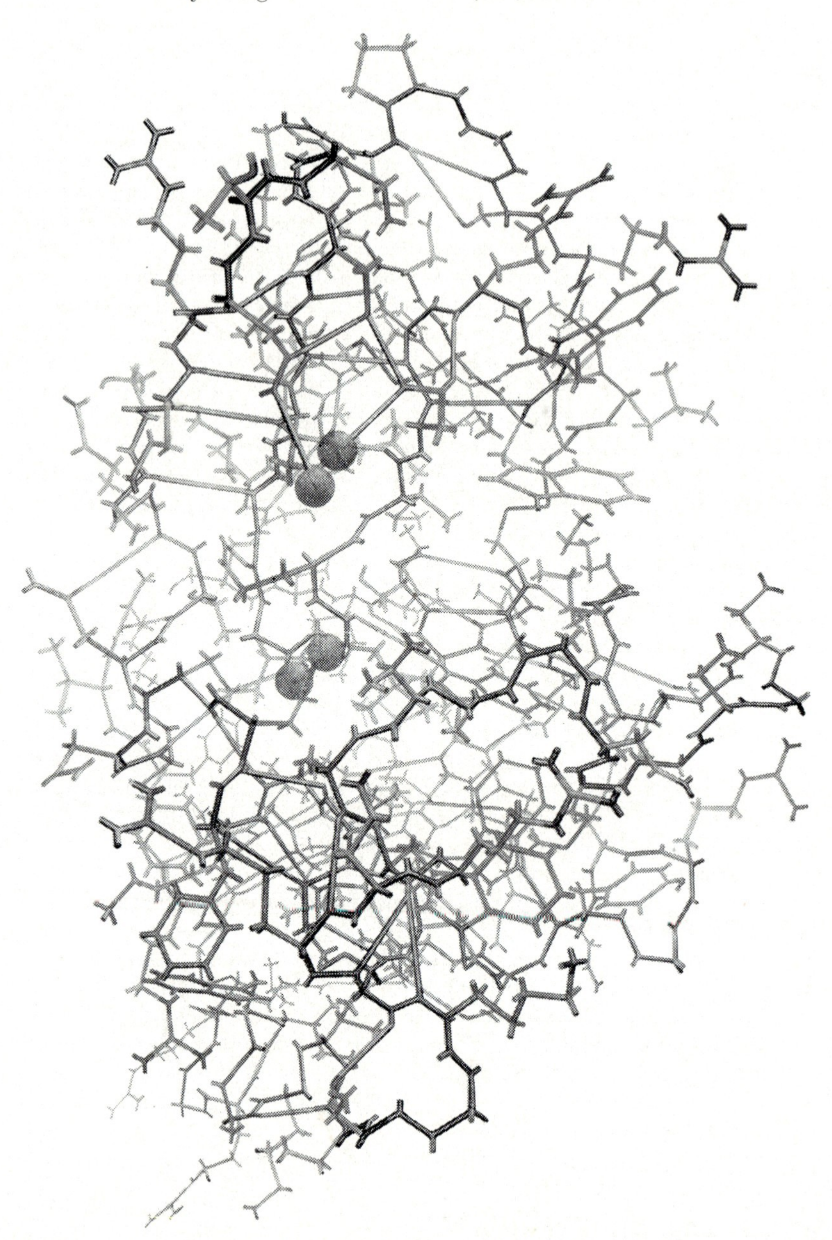

Abb. 5.3. Atomares Modell des Lysozym-Moleküls (aus PHILLIPS). Die dick gezeichneten Partien des dreidimensionalen Modells liegen dem Betrachter näher als die dünn eingetragenen. Die ausgefüllten Kreise gehören zu Carboxylgruppen, die sauren Aminosäuren (Asp in Position 52, Glu in Position 35) angehören und das „aktive Zentrum" bilden. Die Polypeptidkette ist in der Weise gefaltet, daß in einer „Kluft" des Moleküls das Substrat gebunden wird.

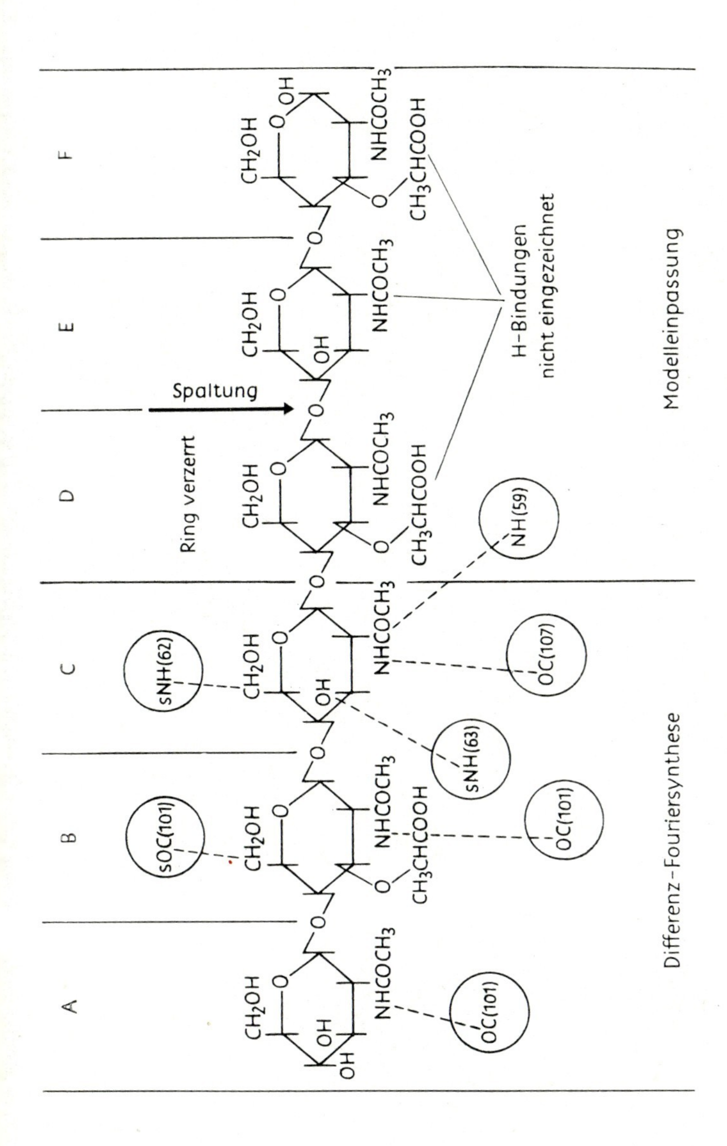

Abb. 5.4. Substratbindung an Lysozym (aus LYNEN). Das Substrat, ein aus N-Acetylglucosamin (A, C, E) und N-Acetylmuraminsäure (B, D, F) bestehendes Hexasaccharid, wird über zahlreiche Wasserstoffbindungen (links gestrichelt eingetragen) verankert. In den Kreisen sind die beteiligten Gruppen angegeben, in Klammern ist die Position in der Polypeptidkette vermerkt.

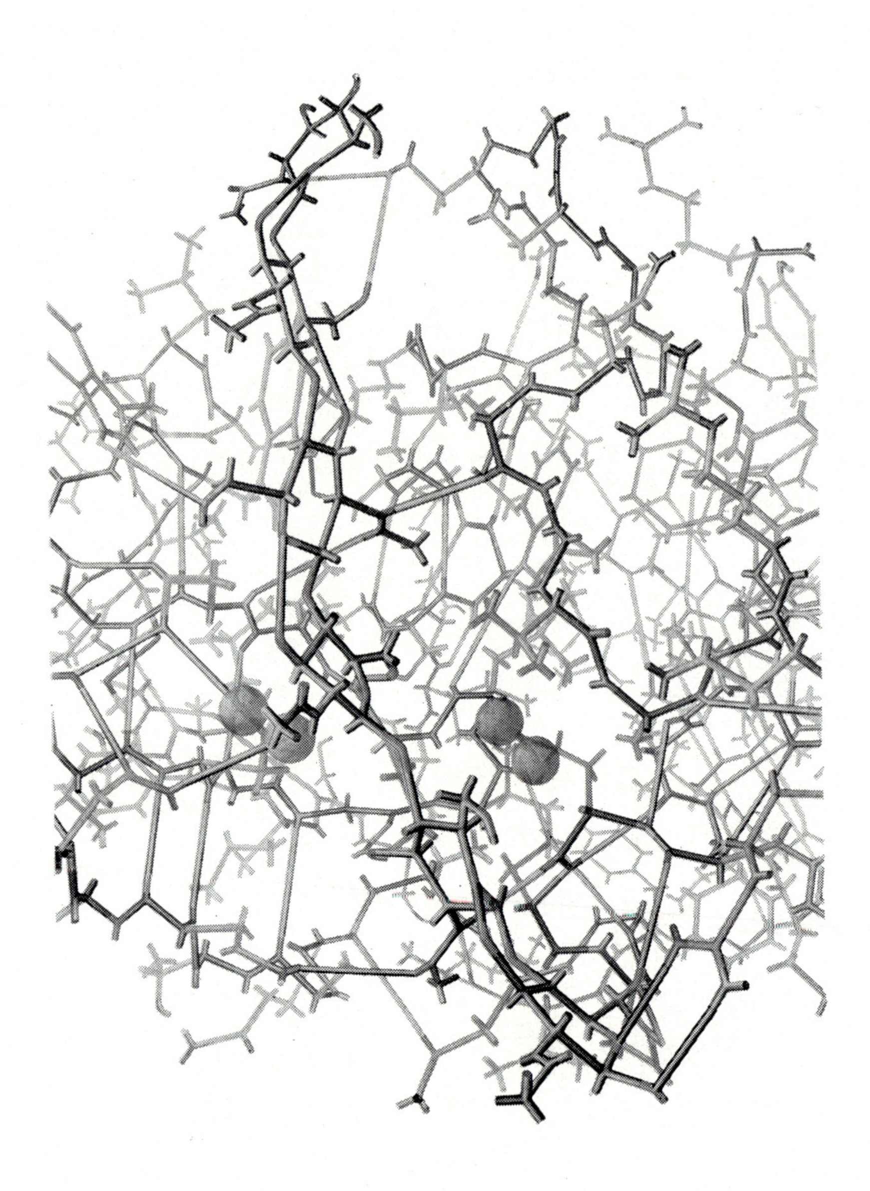

Abb. 5.5. Ausschnitt aus dem atomaren Modell des Enzym-Substrat-Komplexes von Lysozym (aus PHILLIPS). Vgl. auch Abbildung 5.3.

Abb. 5.6. Chemischer Mechanismus der Substratspaltung durch Lysozym (aus PHILLIPS). $R_1 = CH_2OH$, $R_3 = NH{-}CO{-}CH_3$. Die zu spaltende C—O-Bindung des Substrats befindet sich in der Enzym-Substrat-Verbindung genau zwischen den Seitenketten von Aspartat (Asp, Position 52) und Glutamat (Glu, Position 35). Glu-35 gibt ein Proton H^+ an das C-Atom ab, das die Ringe D und E verknüpft. Damit wird die Bindung gelöst: das C-Atom des Ringes D geht in ein Carbonium-Ion über, das durch die negative Ladung von Asp-52 stabilisiert wird. Aus dem umgebenden Wasser werden ein OH^- und ein H^+ zur Verfügung gestellt. Die beiden Spaltstücke des umgesetzten Substrats werden abgegeben. Hierbei wird das freie Enzym regeneriert.

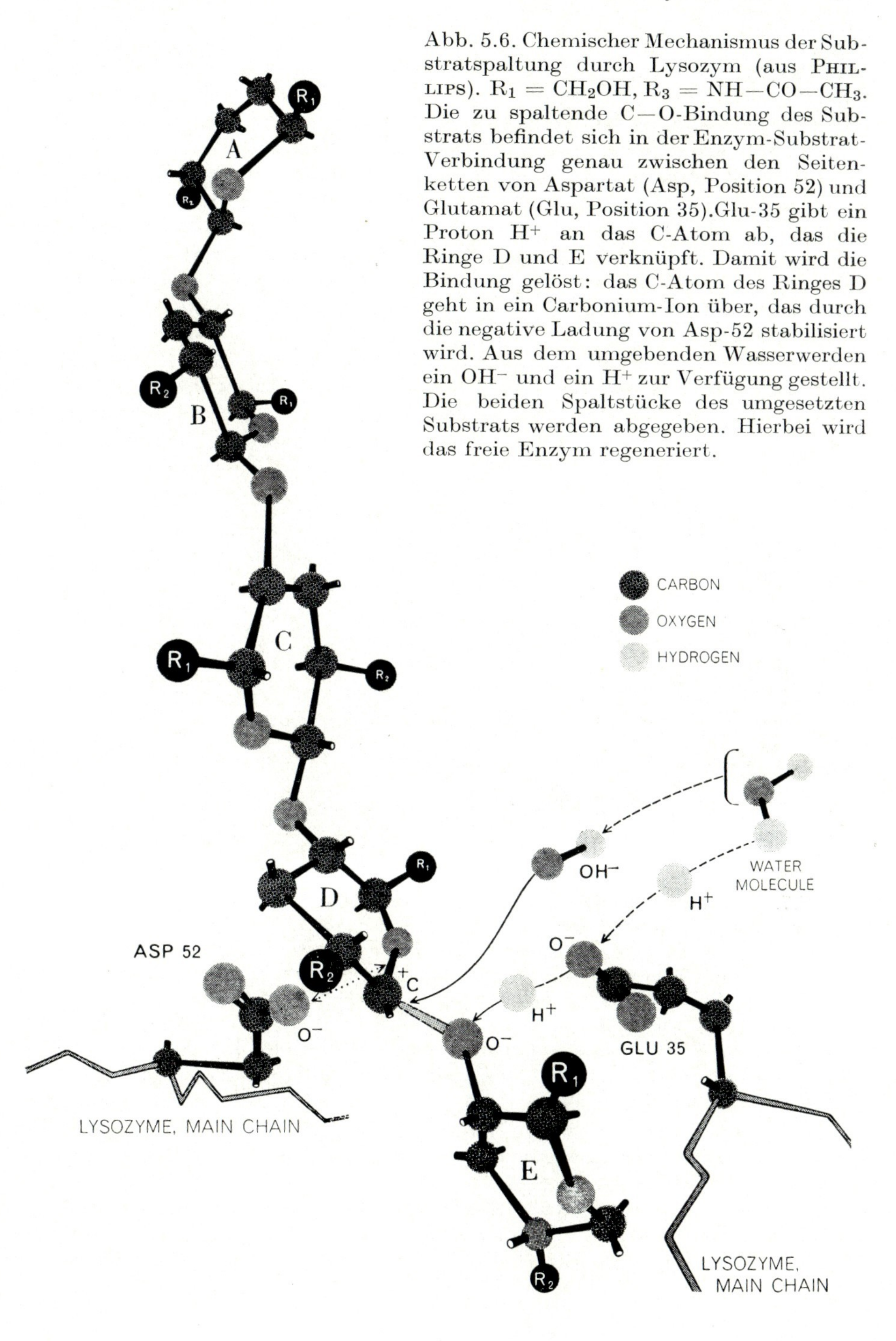

Das tetramere **Hämoglobin** (vgl. 2.6.4.5.3.) ist das klassische Beispiel eines *allosterischen Proteins*. Es besteht aus vier äquivalenten Untereinheiten. Die Sättigungskurve für Sauerstoff zeigt den physiologisch sinnvollen sigmoiden (S-förmigen, kooperativen) Kurvenverlauf: kooperative Wechselwirkungen bedingen, daß jedes gebundene O_2-Molekül die Affinität des Hämoglobins zum nächsten Sauerstoffmolekül steigert bzw. die Affinität der anderen Bindungsstellen zum Substrat multiplikativ erhöht. Die Proteinkonformation der sauerstofffreien und der sauerstoffbeladenen Form des Hb ist unterschiedlich. Das zeigt, daß die Bindung des Sauerstoffs begleitet ist von einer Strukturänderung des Proteins, so wie es das „allosterische Phänomen" fordert. Des weiteren ergeben sich indirekte Wechselwirkungen zwischen Protonen und dem Sauerstoff (Bohr-Effekt).

Nach MONOD, CHANGEUX und JACOB bestehen an einem **allosterischen Enzym** mindestens zwei unabhängige Rezeptorstellen: eine Substratbindungs- und eine Effektorbindungsstelle (regulatorische Stelle). Durch die Effektorbindung kommt es zu einer Konformationsänderung am Enzymmolekül (vgl. Abb 5.7.)

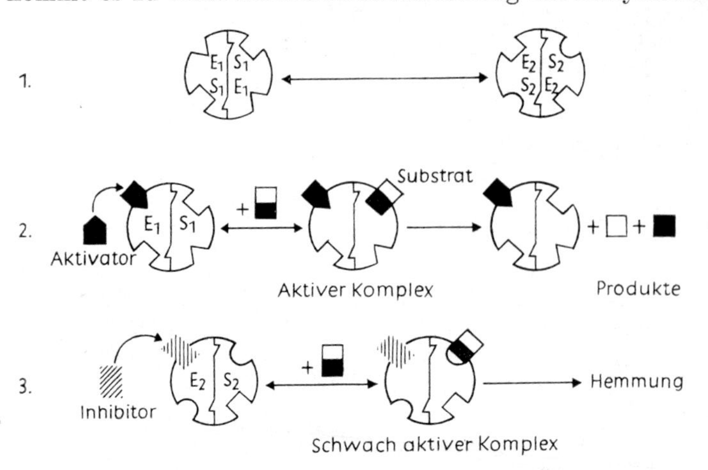

Abb. 5.7. Schematische Darstellung des Verhaltens eines allosterischen Enzyms (aus BENNETT). 1. Reversibler allosterischer Übergang des aktiven Zustandes (links) in den inaktiven Zustand (rechts). E_1 und E_2 = Effektorbindungsstellen, S_1 und S_2 = Substratbindungsstellen. S_2 kann das Substrat nicht mehr binden. 2. Allosterische Aktivierung. 3. Allosterische Inaktivierung.

und somit zu einer Beeinflussung der Substratbindung. Die Effektoren treten also an einer „substratfernen" Stelle mit dem Enzym in Wechselwirkung. Ungleich isosterischen Effektoren (vgl. 5.5.1.) sind sie dem Substrat stereochemisch völlig unähnlich und können deshalb auch mit ihm nicht um die Substratbindungsstelle konkurrieren. Sie werden deshalb als *„allosterische" Effektoren* bezeichnet (vgl. weiter 7.1.).

Nach MONOD, WYMAN und CHANGEUX sind **allosterische Proteine** aus zwei oder mehr „Untereinheiten" (Protomeren) aufgebaut. Für oligomere (polymere) Proteine gilt ein *reversibles* Assoziations-Dissoziations-Gleichgewicht der folgenden Art:

Protomer $\rightleftharpoons$ Oligomer („Konformere“!) (Konformationsisomerie) $\rightleftharpoons$ Multimer (Aggregation)

Das Proteinmonomer (= Protomer) ist die kleinste Struktureinheit mit einer aktiven Stelle. (Dafür wird häufig auch der Begriff der „subunit“ verwendet, der unzureichend definiert ist).
Allosterische Proteine haben also eine *Quartärstruktur*. Die identischen oder nicht-identischen „*Untereinheiten*“ werden durch *nicht-kovalente Bindungen* zusammengehalten (Molekülassoziation). Die *katalytischen* und *allosterischen Stellen* am Enzym können entweder ein und derselben oder verschiedenen „Untereinheiten“ angehören. Durch die Bildung heteromerer Enzyme, die aus nicht-identischen Untereinheiten bestehen, werden hochwirksame allosterische Kontrollsysteme des Stoffwechsels aufgebaut (vgl. 2.6.4.5.3.).

Eine hervorstechende Eigenschaft allosterischer Enzyme ist der *sigmoide Verlauf* der Enzymaktivitäts-Substratkonzentrations-Kurve, was auf eine Reaktion höherer Ordnung hinweist. Für solche Enzyme genügen K_m und V_{max} als kinetische Parameter nicht mehr. Anstelle der Michaelis-Konstanten wurden der „scheinbare K_m-Wert“ oder die „*Halbsättigungskonzentration*“ ($S_{0,5}$) eingeführt: Der $S_{0,5}$-Wert ist die zur halbmaximalen Reaktionsgeschwindigkeit erforderliche Substratmenge. Er ist keine konstante Größe, sondern wird durch Effektoren moduliert. Wir unterscheiden:

positiver Effektor bzw. Modulator $\frac{\delta\ (S_{0,5})}{\delta\ (M)} < 0$

negativer Effektor bzw. Modulator $\frac{\delta\ (S_{0,5})}{\delta\ (M)} > 0$

(Ein positiver Effektor steigert die scheinbare Affinität des Enzyms zum Substrat und verschiebt im Substrat-Geschwindigkeits-Diagramm die Sättigungskurve des Enzyms nach links).

Unter Annahme strenger Kooperativität und der Proportionalität der Reaktionsgeschwindigkeiten v und V_{max} von der totalen Enzymkonzentration ergibt sich die *Hill-Gleichung:*

$$\log \frac{v}{V_{max} - v} = n \log S - \log K$$

(Die Auftragung von log $v/V_{max} - v$ als Funktion von log S ergibt eine Gerade mit der Neigung n; n = Interaktionskoeffizient, Hill-Koeffizient). Sie geht bei n = 1 in die Michaelis-Gleichung über, d. h. unter Bedingungen, bei denen nur ein Substratmolekül gebunden wird oder keine Wechselwirkungen zwischen den Substratbindungsstellen (kooperativen Effekte) bestehen.

Jedes Protomer eines allosterischen Proteins besitzt stereospezifische Stellen für das Substrat und andere Liganden (Effektoren). Das oligomere allosterische Protein liegt nach Monod, Wyman und Changeux in den energetisch verschiedenen Zuständen R und T vor, die miteinander im Gleichgewicht stehen.
R- und T-Zustand unterscheiden sich in der Quartärstruktur. Liganden haben unterschiedliche Affinität zu beiden Zuständen. Das Gleichgewicht zwischen R- und T-Zustand ist von der Konzentration an Liganden abhängig. Dieses Modell ist in zwei Formen realisiert:

- im sog. *K-System* haben Substrat und Effektor verschiedene Affinität zu den beiden Zuständen R und T. Der Effektor beeinflußt die Affinität des Enzyms zum Substrat, das Substrat die Affinität des Enzyms zum Effektor
- im sog. *V-System* hat das Substrat die gleiche Affinität zu beiden Zuständen. Diese unterscheiden sich in ihrer katalytischen Aktivität. Eine Enzymhemmung tritt ein, wenn der Effektor das Gleichgewicht zugunsten des Zustandes mit der niedrigeren katalytischen Aktivität verschiebt.

Eine Reihe allosterischer Enzyme wurde mit Hilfe moderner Verfahren (Transientkinetik, Temperatursprungmethode, optische Rotationsdispersion, Röntgen-Kleinwinkelstreuung u. a.) untersucht. Die Ergebnisse an der *Glycerinaldehyd-3-phosphat-Dehydrogenase* (vgl. 10.1.1.) aus Hefe zeigen, daß die kooperative Bindung eines Liganden einem „allosterischen Mechanismus" (und nicht einem sequentiellen Mechanismus) folgt (vgl. 5.5.2.). Unter Bedingungen, bei denen das Coenzym (NAD) kooperativ gebunden wird, beobachtet man zwei rasche Reaktionen (Messung der Relaxationszeiten), die der Coenzymbindung an zwei verschiedene Zustände des aktiven Zentrums entsprechen, und eine relativ langsame Reaktion, die einer Isomerisierung des tetrameren Enzyms in einem Alles-oder-Nichts-Prozeß entspricht. Es erfolgt also eine allosterische Konformationsänderung als Ausdruck einer „Konformationsisomerie". Es werden verschiedene „Konformere" des oligomeren Proteins ausgebildet. Diese unterscheiden sich in den äußeren Moleküldimensionen (im Sinne einer Kontraktion bzw. Dilatation) und in der Konformation der Polypeptidkette (durch eine Zu- oder Abnahme der helikalen Bereiche). Die beiden allosterischen Formen der Glycerinaldehyd-3-phosphat-Dehydrogenase unterscheiden sich hinsichtlich ihrer Affinität zum Coenzym, im Absorptionsspektrum, in der chemischen Reaktionsfähigkeit der am aktiven Zentrum beteiligten Sulfhydrylgruppe und in der enzymatischen Aktivität. Die Konformationsumwandlung allosterischer Enzyme liegt im Millisekundenbereich.

5.6. Biologie der Enzyme

Das „Arbeitsklima" für Enzymreaktionen, die in vitro durchgeführt werden, ist von den Bedingungen der Enzymwirkung in der Zelle unter Umständen beträchtlich verschieden (Tabelle 5.2.). Enzyme liegen in der Zelle teilweise strukturgebunden und nicht frei in Lösung vor. Sie können zu Multienzymkomplexen aggregieren (vgl. 5.6.2.).

Tabelle 5.2. Unterschiede der Enzymwirkung in vivo und in vitro (verändert n. Aebi)

Sachverhalt	in vivo	in vitro
Enzymbestand	variabel durch Änderung von Syntheserate und Proteolyse	Anfangskonzentration fixiert; teilweise Inaktivierung bei der Inkubation
räumliche Anordnung der Enzyme	strukturgebunden, aggregiert oder frei in Lösung	frei in Lösung (Ausnahme: partikuläre Enzyme, z. B. die Adenylcyclase)

(Fortsetzung der Tabelle 5.2.)

Sachverhalt	in vivo	in vitro
Substrat	[S] relativ klein; [S] $\sim K_S$	[S] relativ hoch; [S] $\ll K_S$ (Substratsättigung)
v bestimmt durch:	Substratkonzentration	Enzymkonzentration
Reaktionssystem	offen (steady state in der Nähe der Gleichgewichtslage)	geschlossen (Ausgangslage weit vom Gleichgewichtszustand entfernt; Gleichgewichtseinstellung im Zuge der Reaktion)
Reaktionsprodukt	laufende Beseitigung durch metabolische Umsetzung, sekundäre Modifikation oder Exkretion	zu Versuchsbeginn = 0; Anhäufung mit der Versuchsdauer
Temperatur	selten im Optimum	optimal wünschenswert, doch meistens standardisiert
pH-Wert	ca. 7,0 oder schwach sauer	Optimum
Effektorenmuster	sehr variabel	Vollaktivierung

Bei der *Enzymisolierung* aus biologischem Material steht zunächst die Aufgabe der Anreicherung des betreffenden Enzyms durch Entfernung von Begleitmaterial. Hierbei werden Methoden der Proteinfraktionierung verwendet, die der Labilität der Proteinstruktur Rechnung zu tragen haben (keine oder reversible Denaturierung bei der Präparation). Viele Probleme der Enzymologie lassen sich bereits am teilweise angereicherten Enzym lösen. Ziel ist aber immer das isolierte (und kristallisierte) Enzym (vgl. die Tabelle in Kapitel 8.).

Enzyme sind in der Zelle teils an bestimmte Strukturen gebunden, teils in Zellelemente eingeschlossen. Zwischen den Zellstrukturen und dem Zytoplasma bestehen Permeabilitätsschranken (vgl. Kapitel 6.). Verschiedene Zellen, Gewebe und Organe haben charakteristische *Enzymmuster* (vgl. Kapitel 6. und 7.). Diese verändern sich im Zuge der Entwicklung eines Lebewesens.
Enzymmuster von Organen und ihre Veränderung bei bestimmten Erkrankungen sind von diagnostischem Interesse. Normalerweise variiert die Konzentration von **Enzymen im Blutserum** nur in geringen Grenzen. Im Serum Gesunder lassen sich viele Enzyme, wenn auch in geringer Menge, nachweisen:

- plasmaspezifische Enzyme, die von bestimmten Organen aktiv in das Plasma sezerniert werden und die erst hier ihre eigentliche Funktion erfüllen (Proteine der Blutgerinnung, Pseudo-Cholinesterase u. a.)
- Enzyme exkretorischer Drüsen
- zelleigene Enzyme.

Die Enzyme der beiden letzten Gruppen sind teilweise Produkte des biologischen Turnovers der Blutzellen („Blutmauserung"), teilweise das Resultat einer Abgabe von Enzymen an das Blutserum bei starker Muskelarbeit. Im Serum Kranker ist die Enzymgarnitur qualitativ und quantitativ verändert. Das ist vermutlich die Folge einer erhöhten Enzymabgabe aus mehr oder weniger funktionell gestörten und strukturell geschädigten Zellen. Verschiedene „Stoffwechselentgleisungen" werden in spezifischer Weise durch die Art und Quantität vorhandener Serumproteine reflektiert. Enzymbestimmungen im Blutserum werden heute im klinisch-chemischen Laboratorium routinemäßig durchgeführt („Enzym-Diagnose"). Hierbei werden organspezifische Enzyme (z. B. Ornithin-Carbamoyltransferase und Glutamatdehydrogenase als „Leberenzyme), Isoenzyme (vgl. 5.6.1.) und Enzymmuster vermessen und mit dem Enzymbestand der betreffenden Organe in Beziehung gebracht.

5.6.1. Isoenzyme

Isoenzyme sind **Enzymvarietäten**, die im gleichen Organismus produziert werden. Beispielsweise kennt man 5 Isoenzyme von der *Lactatdehydrogenase*. Das Enzym besteht aus vier „Untereinheiten" bzw. Polypeptidketten. In einem Organismus werden zwei verschiedenartige Polypeptidketten produziert. Diese können in verschiedenartiger Weise miteinander kombiniert werden (H und M = Untereinheiten):

LDH: $LD_1 = H_4$ (vorwiegend im Herzmuskel)
$LD_2 = H_3M_1$
$LD_3 = H_2M_2$ hybride tetramere Formen
$LD_4 = H_1M_3$
$LD_5 = M_4$ (fast ausschließlich in Skelettmuskulatur)

Die einzelnen Organe besitzen spezifische Profile in den LDH-Isoenzymen (vgl. 5.6.).

Auch andere Enzyme kommen in Form von Isoenzymen vor: Malatdehydrogenase, alkalische und saure Phosphatase, Hexokinase, Tyrosinase, Phosphorylase, Coeruloplasmin u. a. Kennzeichnend für **Isoenzyme** bzw. Isozyme sind:
- sie bestehen aus Enzymaggregaten, die durch Zusammentritt von mehr als einer Untereinheit in unterschiedlicher Proportion entstanden sind
- sie haben ähnliche, aber nicht streng identische katalytische Eigenschaften
- sie sind durch elektrophoretische Methoden (Gel- und Immunelektrophorese), durch Ultrazentrifugation und andere Verfahren trennbar.

Die Untereinheiten werden getrennt codiert. Ihre Aggregation führt zu *multiplen Enzymformen* bzw. *molekularen Spezies* eines Enzyms, die sämtlich die gleiche Spezifität, aber unterschiedliche physiko-chemische Eigenschaften haben. Durch die teilweise beträchtlichen Unterschiede in der Verteilung der Gesamtaktivität auf die einzelnen Isoenzyme in verschiedenen Organen wird auf enzymologischem Wege eine Organdifferenzierung möglich, die von Bedeutung sein kann für diagnostische Zwecke, chemotaxonomische und evolutionstheoretische Betrachtungen.

Vergleichende Strukturuntersuchungen ergaben: Proteine gleicher Funktion in verschiedenen Organismen, sog. *homologe Proteine*, zeigen Unterschiede in der Aminosäuresequenz, die durch Mutation im Zuge der Evolution zustande kommen. Diese Mutationen betreffen aber nicht das aktive Zentrum bzw. denjenigen Abschnitt der Aminosäuresequenz, der für die Ausbildung der katalytischen Aktivität eines Enzyms zuständig ist. Homologe Proteine stammen jeweils von einem „Urmolekül" ab, das man aus dem Substitutionsmuster in homologen Proteinen rekonstruieren kann. Bei der Evolution der Proteinstruktur spielen neben Aminosäuresubstitutionen (durch Punktmutation) Deletionen und Insertionen von Aminosäure-Sequenzabschnitten sowie Genduplikationen eine Rolle (z. B. bei den Hämoglobinen). Eine konvergente molekulare Evolution (im Gegensatz zu der divergenten Evolution bei homologen Proteinen) hat man kürzlich für Subtilisin und Chymotrypsin, zwei proteolytischen Enzymen (vgl. 12.8.1.), festgestellt. Das bakterielle Subtilisin ist von dem Chymotrypsin aus Pankreas strukturell völlig verschieden (Sequenz- und Röntgenstrukturanalyse). Die enzymatische Wirksamkeit beider Proteasen ist dagegen ziemlich ähnlich. In der Anordnung (aber nicht in der Art) bestimmter Aminosäureseitenketten, die unmittelbar am Katalysemechanismus beteiligt sind, also in der Stereochemie bzw. in den stereochemischen Assoziationseigenschaften beider Enzyme bestehen allerdings auffallende Übereinstimmungen.

5.6.2. Aggregation von Enzymen (Multienzym-Systeme)

In der Zelle können Enzyme auf verschiedene Weise miteinander assoziiert sein:

- strukturelle Verankerung in Zellorganellen (vgl. Kapitel 6.)
- Einbau von Enzymen in Lipid-Schichten (von Membranen); die Zwischenprodukte bleiben „enzymgebunden", da sie durch ihre Lipophilie nicht mit dem umgebenden wäßrigen Milieu ausgetauscht werden
- Zusammentritt von Einzelenzymen zu Multienzymsystemen.

Multienzymsysteme kommen in der Regel durch **Enzymaggregation** zustande. Ausnahmen sind die Enzymsysteme der Tryptophan- und Histidinbiosynthese (vgl. 10.5. und 12.5.). Bei der Tryptophan-Synthetase von *Neurospora crassa* befinden sich „zwei Untereinheiten" auf einer einzigen Polypeptidkette. Möglicherweise ist hier ein Stop bedeutendes Codon ausgefallen. Ähnlich verhält es sich mit Enzymen des Histidin-Operons.

In den Multienzymsystemen der oxydativen Decarboxylierung von α-Ketosäuren (Pyruvatdehydrogenase, α-Ketoglutaratdehydrogenase u. a.), der Fettsäuresynthese (Fettsäuresynthetase) und anderen ist eine „strikte Kompartimentierung auf dem kleinst möglichen Raum" (Lynen) gegeben. **Eigenschaften** solcher Multienzymsysteme sind:

- Katalyse einer Reaktionskette an einem Enzymaggregat aus zwei bis mehreren Einzelenzymen, die strukturell einander zugeordnet sind
- die Einzelkomponenten sind in der Regel durch nicht-kovalente Bindungen verbunden (allerdings können die Einzelenzyme ihrerseits aus Untereinheiten = Protomeren und diese wiederum aus mehr als einer Polypeptidkette bestehen)
- die Enzymaggregation ist als Ganzes isolierbar
- während der Enzymreaktion bleiben die Intermediärprodukte einer Reaktionskette mit dem Multienzymsystem kovalent verbunden
- die spezifische Anordnung der Einzelenzyme im Multienzymkomplex führt zu einer Steigerung des Wirkungsgrades einer Stoffumsetzung; für die betreffende Reaktionskette wird eine gegenüber den Einzelenzymen erheblich höhere Reaktionsgeschwindigkeit erreicht.

Die **kovalente Bindung** des schrittweise veränderten Substrates wird im Falle der Fettsäuresynthetase und des Multienzymsystems der 6-Methylsalicylsäure-Synthese durch das einen „drehbaren Arm" bildende Acyl-Carrier-Protein (ACP) (vgl. 10.2.3.1.), bei den Multienzymsystemen der oxydativen Ketosäuredecarboxylierung durch einen „flexiblen Arm" eines ε-N-Lipoyllysinrestes bewerkstelligt. Erst das Reaktionsprodukt verläßt den Multienzymkomplex.

Am längsten bekannt sind die Multienzymsysteme der oxydativen Decarboxylierung von Pyruvat (vgl. 10.2.2.1.) und α-Ketoglutarat (vgl. auch 9.3.). In diesen aus Mikroorganismen und tierischen Geweben isolierten Komplexen (Molekulargewichte zwischen 2 und $4 \cdot 10^6$) sind jeweils drei verschiedene Enzyme zu einer stabilen Struktur- und Funktionseinheit verbunden (Tabelle 5.3.). Ähnliche Multienzymkomplexe scheinen auch für die oxydative Decarboxylierung von α-Ketoisovaleriansäure und α-Ketoisocapronsäure zu existieren. Der Wirkungsmechanismus der durch die Pyruvatdecarboxylase-Komponente der Pyruvatdehydrogenase katalysierten Thiaminpyrophosphat-abhängigen Brenztraubensäuredecarboxylierung scheint dem freier Pyruvatdecarboxylase aus Hefe ähnlich zu sein.

Tabelle 5.3. Multienzymkomplexe (in Klammern die Zahl der „Untereinheiten", ACP = acyl carrier protein)

Multienzymkomplex	Komponenten
Pyruvat-Dehydrogenase (Teilchengewicht des *E. coli*-Systems = 4800000)	*Pyruvatdecarboxylase* (16), *Dihydrolipoyltransacetylase* (64), *Dihydrolipoyldehydrogenase* (8)
α-Ketoglutarat-Dehydrogenase	*α-Ketoglutaratdecarboxylase*, *Lipoylreduktase-Transsuccinylase*, *Dihydrolipoyldehydrogenase*
Fettsäure-Synthetase	*Acetyltransacylase*, *Malonyltransacylase*, *β-Ketoacyl-Carrierprotein-Synthetase*, *β-Ketoacyl-ACP-Reduktase*, *Enoyl-ACP-Hydratase*, *Enoyl-ACP-Reduktase*, (*Acyl-Carrierprotein*)
Komplex der Gramicidin S-Synthese	Komplex I und II (vgl. Text)

In der Arbeitsgruppe von LYNEN wurde im Zuge des Studiums der Biosynthese langkettiger Fettsäuren aus Acetyl-Coenzym A in Hefe ein als *Fettsäuresynthetase* bezeichneter Multienzymkomplex isoliert. Er katalysiert die Synthese von Stearin- und Palmitinsäure (vgl. 10.2.3.1.) aus Acetyl-CoA und Malonyl-CoA. Ersteres dient als Initiator des Syntheseprozesses, der reduziertes NADP benötigt. Der Aufbau der Kohlenstoffketten der geradzahligen Fettsäuren erfolgt stufenweise unter Anfügung von C_2-Einheiten aus Malonyl-CoA (unter CO_2-Abspaltung). Die betreffenden Multienzymsysteme aus Hefe und tierischen Geweben erwiesen sich als stabile Komplexe, während das System aus *E. coli* extrem labil ist. Ob ein Fettsäuresynthetase-Multienzymkomplex in Pflanzenzellen existiert, konnte noch nicht eindeutig entschieden werden.

Gereinigte **Fettsäuresynthetase** (vgl. die Abbildung 10.9.) hat ein Molekulargewicht von $2{,}3 \cdot 10.^6$ Sie konnte in Form hexagonaler Prismen kristallisiert werden. Ihre hoch geordnete Struktur ließ sich elektronenoptisch verdeutlichen. Am Aufbau der Fettsäuresynthetase ist neben katalytisch aktiven Proteinen (vgl. Tabelle 5.3.) das sog. *Acyl-Carrier-Protein* (ACP) beteiligt, das als „drehbaren Arm" (1,5 nm im gestreckten Zustand) *Pantetheinphosphat* (vgl. 10.2.3.1.) enthält. Dieses (auch als Strukturbestandteil im Coenzym A enthalten; Apo-ACP läßt sich mit Coenzym A zum ACP rekonstituieren) ist über die Phosphorsäure mit einem Serinrest der Polypeptidkette von ACP verbunden. Das Multienzymsystem der Fettsäuresynthese wird durch nicht-kovalente Bindungskräfte stabilisiert. Der Komplex kann in die Einzelenzyme dissoziieren, die im Unterschied zu den Teilenzymen der Pyruvatdehydrogenase enzymatisch inaktiv sind. Sie können zum aktiven Fettsäuresynthetase-Komplex reassoziiert werden. Offenbar besitzen die Einzelkomponenten:

- katalytische Stellen (im Zusammenhang mit der jeweils katalysierten Enzymreaktion)
- „Bindungs- und Erkennungsregionen", wodurch die Proteine untereinander zum Fettsäuresynthetase-Komplex zusammentreten können.

Die Bildung der Einzelenzyme wird genetisch gesteuert. Ihre Zusammenlagerung zum Multienzymsystem unter Herstellung seiner spezifischen Architektur erfolgt spontan („Prinzip der Selbstorganisation", molekulare Epigenese).

Eine Anzahl von nach der „Polyacetat-Regel" von BIRCH aufgebauten sekundären Naturstoffen (vgl. 3.5.) werden ebenfalls unter Mitwirkung spezifischer Multienzymsysteme aufgebaut. Im Arbeitskreis von LYNEN konnte das für die Synthese von **6-Methylsalicylsäure** verantwortliche Enzymsystem aus dem Schimmelpilz *Penicillium patulum* isoliert werden. 6-Methylsalicylat ist eine biogenetische Vorstufe des Antibioticums Patulin. Der Multienzymkomplex zeigt eine gewisse Ähnlichkeit mit dem der Fettsäuresynthetase. Sein Teilchengewicht beträgt $1{,}3 \cdot 10^6$.

Die Untersuchungen von LIPMANN zur Biosynthese von Gramicidin S zeigten, daß ebenfalls ein spezifischer Multienzymkomplex beteiligt ist (vgl. auch 12.6.). Der Komplex der **Gramicidin-S-Synthese** besteht aus zwei Enzymfraktionen (I und II) mit Molekulargewichten von 280000 und 100000. Enzymfraktion I aktiviert die Aminosäuren L-Prolin, L-Valin, L-Ornithin und L-Leucin. Die aktivierten Aminosäuren (Aminoacyl-AMP-Verbindungen) werden auf SH-Gruppen des Multienzymkomplexes übertragen (4 Proteinsulfhydryle). Bei der Substratbindung scheint das Acyl-Carrier-Protein eine Rolle zu spielen. Die Enzymfraktion II ist für die Aktivierung und Racemisierung (vgl. 12.6.) von L-Phenylalanin (Einbau als D-Phenylalanin) verantwortlich. Die am Multienzymkomplex gebundenen, aktivierten Aminosäuren werden zu einem Pentapeptid zusammengefügt. Zwei Pentapeptide treten dann unter Zyklisierung zum zyklischen Dekapeptid zusammen. Die Spezifität der Peptidsynthese liegt offenbar in der spezifischen Architektur des Multienzymkomplexes begründet. Das System der Oligopeptidsynthese benötigt ungleich dem ribosomalen Proteinsynthesesystem keine mRNS und keine Ribosomen. Durch solche Spezifitätsunterschiede ist eine Kompartimentierung synthetischer Prozesse im Bereich der Peptide und Proteine in der Zelle gegeben.

5.7. Einteilung und Nomenklatur der Enzyme

Seit langem bekannte Enzyme haben *Trivialnamen*, die noch immer im Gebrauch sind, z. B. Pepsin, Trypsin usw. Später wurde der **Enzymname** systematisch gebildet, indem der betreffende Name die chemische Stoffklasse kennzeichnet, die umgesetzt wird, oder die Charakterisierung der durch das Enzym katalysierten Reaktion einschließt.

Benennung nach der umgesetzten **Stoffklasse**:

- *Proteasen* (Proteine spaltende Enzyme)
- *Lipasen* (Lipide spaltende Enzyme)
- *Amylasen* (Stärke—amylum—spaltende Enzyme) usw.

Benennung nach der **Art der katalysierten Reaktion**:

- *Dehydrogenasen* (dehydrogenierend wirkende Enzyme)
- *Transferasen* (gruppenübertragende Enzyme)
- *Decarboxylasen* (decarboxylierend wirkende Enzyme) usw.

Die Endung -ase gilt meist für Einzelenzyme; bei Beteiligung mehrerer Enzyme an einer Enzymreaktion wird von Enzym-Systemen gesprochen. Obige Bezeichnung sind Gruppenbezeichnungen. Der Name des einzelnen Enzyms kennzeichnet Wirkung und umgesetztes Substrat, z. B.:

- *Malat-dehydrogenase*
- L-*Glutamat-dehydrogenase*
- L-*Aspartat-aminotransferase*
- L-*Phenylalanin-ammoniak-lyase*
- *Alanin-racemase* usw. usf.

Früher war die **Bezeichnung** eines neu beschriebenen Enzyms den Untersuchern überlassen, so daß Enzyme von verschiedenen Arbeitsgruppen unterschiedlich bezeichnet wurden und fernerhin sehr willkürlich erscheinende Namen gewählt wurden („Rotes Warburgsches Atmungsferment", „Zwischenferment", „pH-5-Enzyme" u. a.). Nach den Empfehlungen einer internationalen Enzymkommission (Report of the Commission on Enzymes of the International Union of Biochemistry (IUB)) wird anhand eines vorgegebenen Klassifikationssystems (Tabelle 5.4.). der Name eines Enzyms systematisch gebildet. Jedes Enzym erhält eine **Code-Nummer** (Schlüsselnummer), die aus 4 durch Punkte getrennten Zahlen besteht:

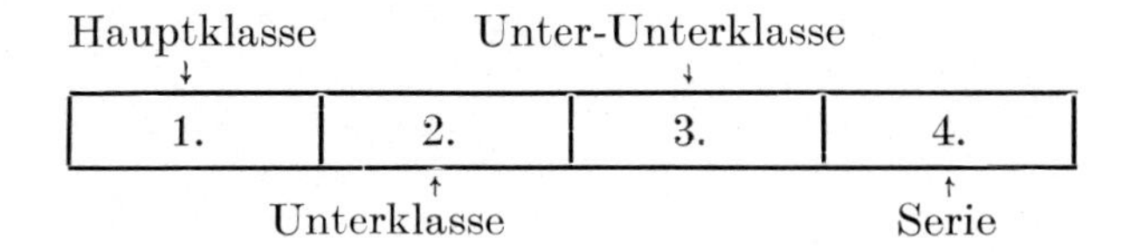

Die erste Zahl gibt an, zu welcher der folgenden 6 **Hauptklassen** (Hauptgruppen) das Enzym gehört (= *Klassennummer*):

Klassen-nummer	Enzyme	Katalytische Funktion
1.	**Oxydoreduktasen**	Oxydations-Reduktions-Reaktionen
2.	**Transferasen**	Gruppentransferreaktionen
3.	**Hydrolasen**	hydrolytische Reaktionen
4.	**Lyasen (Synthasen)**	nicht-hydrolytisch wirkende, spaltende Enzyme
5.	**Isomerasen**	Isomerisierungsreaktionen (im weiteren Sinne)
6.	**Ligasen (Synthetasen)**	Verknüpfung von Molekülen unter Verbrauch von energiereichem Phosphat (ATP-Spaltung)

Früher bezeichnete man nicht-hydrolytisch wirkende abbauende Enzyme als „Desmolasen". Sie werden heute als *Lyasen* bezeichnet. Lyasen entfernen z. B. eine Gruppe unter Einzug einer Doppelbindung. Liegt das Gleichgewicht der Lyase-Reaktion stark auf Seiten der Synthese, spricht man von *Synthasen*. Im Unterschied zu diesen werden Enzyme, die 2 Moleküle unter Verbrauch von energiereichem Phosphat koppeln, als *Ligasen* oder *Synthetasen* bezeichnet.
Die zweite Zahl gibt die *Unterklasse* an. Sie charakterisiert bei den *Oxydoreduktasen* die Donator-Gruppe, bei den *Transferasen* die Art der übertragenen Gruppe bei den *Hydrolasen* den hydrolysierten Bindungstyp, bei den *Lyasen* die Art der gespaltenen Bindung, bei den *Isomerasen* den Typus der Isomerisierungsreaktion und bei den *Ligasen* die Art der geknüpften Bindung.
Die dritte Zahl für die *Unter-Unterklasse* bezeichnet z. B. bei den *Oxydoreduktasen* die Art des Akzeptors (NAD oder NADP, Cytochrome, molekularer Sauerstoff usw.). Die vierte Zahl ist eine *Serienbezeichnung*.

Beispielsweise erhält die „*Diaminoxydase*" die Code-Nummer E.C. 1.4.3.6. und die rationelle Bezeichnung:

Diamin: Oxygen- oxydoreduktase (*desaminierend*) (EC. = Enzyme Commission).

Das Enzym katalysiert die folgende Reaktion (= oxydative Desaminierung von Putrescin zu γ-Aminobuttersäurealdehyd):

$$\begin{array}{lcl} NH_2 & & \\ | & & \\ CH_2 & & CHO \\ | & 1.4.3.6. & | \\ CH_2 + O_2 & \longrightarrow & CH_2 + NH_3 + H_2O \\ | & & | \\ CH_2 & & CH_2 \\ | & & | \\ CH_2 & & CH_2 \\ | & & | \\ NH_2 & & NH_2 \end{array}$$

Putrescin (ein Diamin) — γ-Aminobutyraldehyd

Die E.C.-Nummer kennzeichnet in diesem Fall:

1. (erste Zahl): *Oxydoreduktase* (Hauptklasse)
4. (zweite Zahl): auf $\rangle CH-NH_2$-Gruppen wirkend (Unterklasse)
3. (dritte Zahl): molekularer Sauerstoff als Akzeptor (Unter-Unterklasse)
6. (vierte Zahl): Substrat (Seriennummer).

Die Tabelle 5.4. enthält die verwendete Nomenklatur.

Tabelle 5.4. Einteilung der Enzyme (Enzyme Commission)

Hauptklasse und Untergruppen			Beispiel
E.C.	1.	*Oxydoreduktasen*	
	1.1.	Auf CH—OH wirkend	*Alkohol-Dehydrogenase*
	1.1.1.	Mit NAD oder NADP usw.	
	1.2.	Auf Aldehyd- oder Ketogruppen	*Formaldehyd-Dehydrogenase*
	1.3.	Auf CH—CH-Gruppen	*Succinat-Dehydrogenase*
	1.4.	Auf $CH-NH_2$-Gruppen usw.	*Glutamat-Dehydrogenase*
E.C.	2.	*Transferasen*	
	2.1.	C_1-Gruppen übertragend	
	2.1.1.	Methyltransferasen	*Nicotinamid-Methyltransferase*
	2.1.2.	Hydroxymethyl- und Formyltransferasen	*Serinhydroxymethyltransferase*
	2.1.3.	Carboxyl- und Carbamyltransferasen	*Ornithin-Carbamoyltransferase* (= *Ornithin-Transcarbamylase*)
	2.2.	Aldehyd- oder Ketongruppen übertragend	*Transketolase*
	2.3.	Acyltransferasen	
	2.4.	Glykosyltransferasen usw.	
	2.6.	N-Gruppen übertragend	
	2.6.1.	Aminotransferasen usw.	*Glutamat-Oxalacetat-Transaminase*
E.C.	3.	*Hydrolasen*	
	3.1.	Ester hydrolysierend	*Lipase*
	3.2.	Glykoside spaltend	
	3.2.1.	Glykosidasen	*Amylasen*
	3.2.2.	N-Glykosidasen	*Nucleosidase*
	3.3.	Ätherbindungen hydrolysierend	*Adenosyl-homocysteinase*
	3.4.	Peptidbindungen spaltend	*Leucin-aminopeptidase*
	3.5.	Andere C—N-Bindungen spaltend	*Glutaminase*
	3.6.	Säureanhydridbindungen spaltend	*Pyrophosphatase*
	3.7.	C—C-Bindungen hydrolysierend usw.	
E.C.	4.	*Lyasen* (Synthasen)	
	4.1.	C—C-Lyasen	*Arginin-carboxy-lyase* (= *Arginin-Decarboxylase*)
	4.2.	C—O-Lyasen	*Fumarase, Enoylhydratase*
	4.3.	C—N-Lyasen	*Phenyl-ammoniak-lyase*
	4.4.	C—S-Lyasen	*Cystein-Desulfhydrase*
	4.5.	C-Halogenlyasen	*DDT-Dehydrochlorinase*

(Fortsetzung der Tabelle 5.4.)

Hauptklasse und Untergruppen			Beispiel
E.C.	5.	*Isomerasen*	
	5.1.	Racemasen und Epimerasen	*Alanin-Racemase, Galakto-Waldenase (4-Epimerase)*
	5.2.	Cis-trans-Isomerasen usw.	*Maleat-Isomerase*
E.C.	6.	*Ligasen* (Synthetasen)	
	6.1.	C—O-Bindungen knüpfend	*Aminoacyl-tRNS-Synthetase*
	6.2.	C—S-Bindungen knüpfend	*Acetyl-CoA-Synthetase*
	6.3.	C—N-Bindungen knüpfend	*Glutamin-Synthetase*
	6.4.	C—C-Bindungen knüpfend	
	6.4.1.	Carboxylasen	*Acetyl-CoA-Carboxylase*

6. Die Zelle als Ort des Stoffwechsels

Mit der Erfindung des Mikroskops zu Beginn des 17. Jahrhunderts wurde in der biologischen Forschung eine neue Dimension des Lebendigen erschlossen. Durch die **Lichtmikroskopie** wurde der zelluläre Aufbau aller Organismen (Einzeller und Vielzeller) erkannt: Alle Lebewesen sind aus Zellen und Zellprodukten aufgebaut. Die Zelle ist gleichsam eine Art Elementarorganismus. Sie ist die kleinste Einheit des Lebendigen, die „Leben" und alle Möglichkeiten des mehrzelligen Organismus enthält (**Zelltheorie**). Rezentes Leben ist an die Daseinsweise der Zelle gebunden, Träger des Lebensgeschehens ist der lebende Zellinhalt, der **Protoplast.** Zellen entstehen nicht de novo (Urzeugung), sondern gehen auseinander durch Teilungsvorgänge hervor: *Omnis cellula e cellula* (VIRCHOW). Zellen teilen sich nicht nur, wobei der Zellkern charakteristische Teilungszyklen durchläuft (Mitose, Meiose), sondern sie differenzieren sich. Dabei werden spezifische Zellverbände (*Gewebe*) gebildet. Gewebeverbände bilden die *Organe* eines Organismus, die durch ihre Funktion für den Gesamtorganismus definiert sind. In allen diesen Fällen folgen die ein Lebewesen aufbauenden verschiedenen Zellen, Gewebe und Organe vorgegebenen Mustern, die im Genbestand liegen und durch die Bildung spezifischer Proteine verwirklicht werden. Das führt zu spezifischer morphologischer Gestaltung.

Lange Zeit markierte das Lichtmikroskop Inhalt und Grenzen biologischer Forschung. Die Biologie war über viele Jahrzehnte eine vorwiegend beschreibende und vergleichend-systematisierende Wissenschaft. Mit der Einführung des **Elektronenmikroskops**, der Verbesserung zytochemischer Untersuchungsverfahren und der Anwendung verschiedener Verfahren der Ultrastrukturforschung erfuhr unsere Kenntnis der Zellstrukturen eine beträchtliche Vertiefung und Verfeinerung. Zum gesicherten Wissen vom **Bau der Zelle** trat das klärende Wissen um ihren **Feinbau** (SITTE). Je mehr sich der Mikromorphologe und biologische Ultrastrukturforscher den molekularen Dimensionen näherte, um so einheitlicher wurde das Bild, um so weniger „Gestaltungen" treten auf und um so allgemeiner sind diese wenigen Grundstrukturen der lebendigen Organisation verbreitet (SITTE). Im submikroskopischen Bereich liegen die Dimensionen des Lebendigen. Hier treffen sich heute die wissenschaftlichen Bemühungen von Feinstrukturforschern, Biochemikern, Molekularbiologen und Makromolekularchemikern.

Die „differentielle" **Zentrifugation der Zellbestandteile** ermöglicht die Isolierung und biochemische Analyse der verschiedenen Zellfraktionen. Durch geeignete Verfahren erhaltene Zellaufschlüsse (*Homogenate*) werden durch fraktionierte Zentrifugation und Dichtegradientenzentrifugation getrennt. Die isolierten Fraktionen werden biochemisch analysiert. Die Intaktheit (Integrität) der Zellorganellen kann elektronenmikroskopisch geprüft werden. Das Ergebnis einer **Fraktionierung** von frischem Rattenleber-Homogenat zeigt das folgende Schema (in Anlehnung an BENNETT):

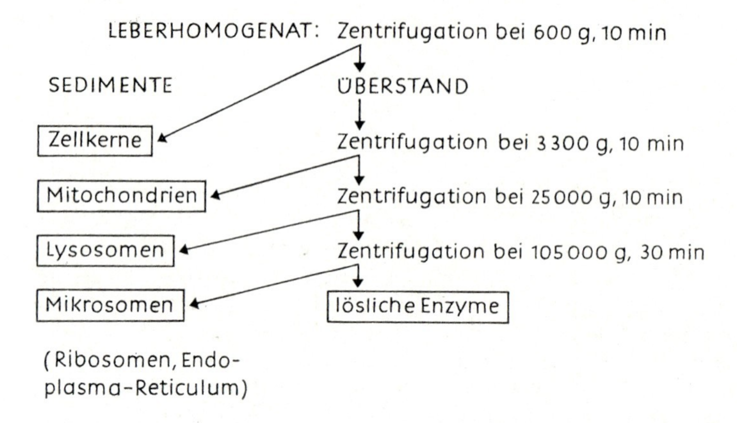

Die Zelle von Eukaryonten (= *eukaryotische Zelle*) enthält einen echten **Zellkern** (Nucleus), in dem sich die Chromosomen befinden und der von der *Kernhülle*, einer perforierten Doppelmembran, gegen das umgebende **Zytoplasma** abgegrenzt ist. Die Zelle ist kompartimentiert: die **Zellkompartimente** sind „geometrische" Bezirke der Zelle. Wir verwenden hier die Gleichsetzung:

Zellkompartiment = Zellorganell („Zellorgan") = „Zellbestandteil".

Diese Gleichsetzung ist nicht exakt. Der Begriff des Zellkompartiments (und der *Kompartimentierung*) entstammt der Biochemie und bezieht sich auf die strenge Lokalisation von Stoffwechselprozessen in der Zelle. Zellorganell ist ein Begriff aus der Zytologie (Mikromorphologie), um die funktionelle Analogie von Zellbestandteilen zu Organen des Organismus auszudrücken. Zellbestandteile sind natürlich auch chemische Verbindungen in der Zelle, also chemische Komponenten von Zellstrukturen.

6.1. Bau und Feinbau der eukaryotischen Zelle

Die Abb. 6.1. und 6.2. zeigen den auf Grund elektronenmikroskopischer Befunde erschlossenen *Feinbau* tierischer und pflanzlicher Zellen in schematischer Darstellung. Der **Zellkern** (vgl. 6.3.1.) kann als eine bestimmte Organisationsform der Chromosomen („Genophoren") im Zellzyklus aufgefaßt werden. Die *Chromosomen* (Kernschleifen) sind faden- bis stabförmige Strukturen, die unter Wahrung ihrer Individualität entsprechend der physiologischen Aktivität der Zelle einem charakteristischen Formwandel unterliegen. Sie sind die Träger der

Gene. Im Gegensatz zum Zytoplasma fehlen im Kernplasma (Karyoplasma) Membranen (vgl. 6.2.). Chromatin und Nucleolarmassen erscheinen elektronenmikroskopisch relativ unscharf begrenzt. Erst kurz vor dem Einsetzen der Kernteilung (Karykinese) nehmen die Chromosomen durch Spiralisationsvorgänge und fortschreitende Kontraktion die lichtoptisch gut untersuchten, bekannten Gestaltungen an. Die *Kernhülle* (Kernmembran) ist von charakteristischen Poren durchsetzt. Der äußere Teil der perforierten Doppelmembran der Kernhülle gehört dem endoplasmatischen Retikulum an.

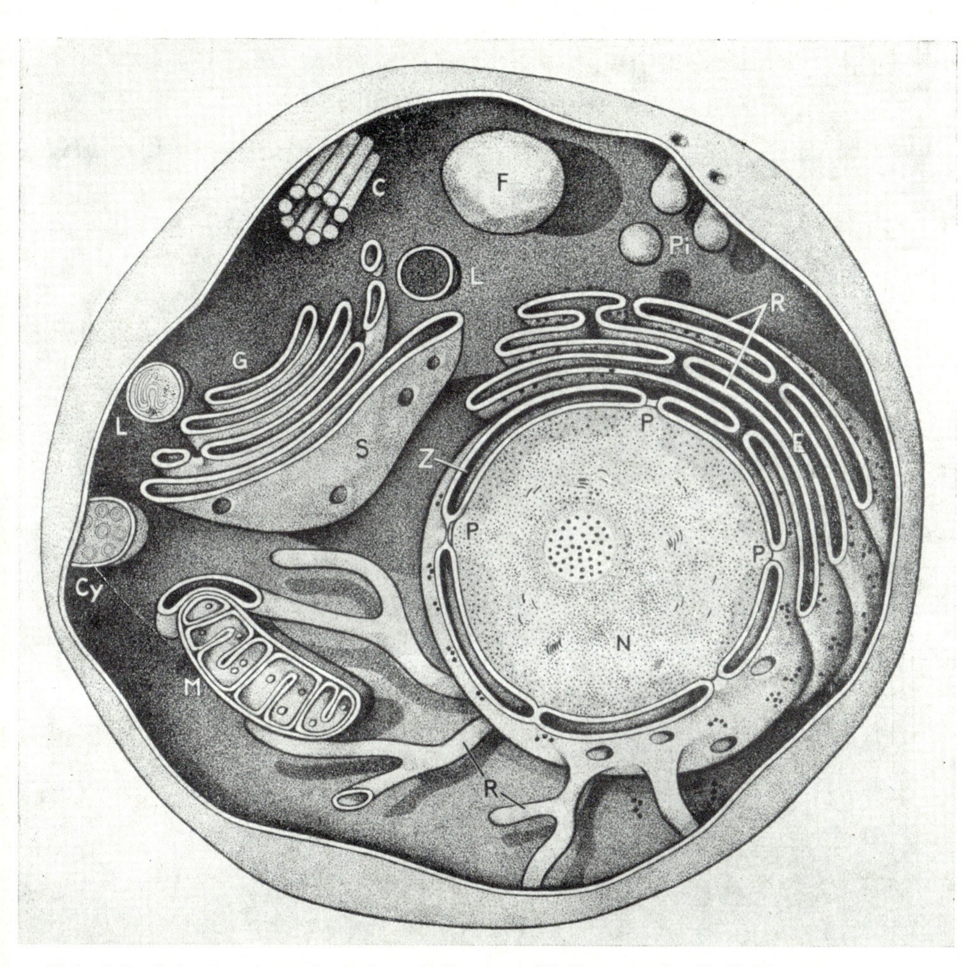

Abb. 6.1. Schema einer tierischen Zelle (aus H. Ruska, in G. C. Hirsch, H. Ruska u. P. Sitte, Hrsg., Grundlagen der Cytologie, Fischer, Jena 1973).
Zellinnenraum durch teilweise Entfernung der Plasmamembran freigelegt, Grundplasma nicht dargestellt, verschiedene Zellorganelle angeschnitten. C = Centrosom, Cy = Cystosom, E = Ergastoplasma, F = Fettpartikel, G = Golgi Feld, L = Lysosom, M = Mitochondrion, N = Nucleus, P = Kernporen, Pi = Pinocytose, R = Reticulum, S = Sacculus des Golgi-Feldes, Z = perinucleäre Zisterne.

Als **Zytoplasma** definieren wir (STRASBURGER folgend) den außerhalb des Zellkernes befindlichen Raum des Protoplasten, der die licht- oder elektronenmikroskopisch darstellbaren Zelleinschlüsse enthält. Als **Hyaloplasma** bezeichnen wir (mit HÖFLER) das optisch homogen erscheinende, also lichtmikroskopisch nicht weiter auflösbare Zytoplasma. Das **Grundplasma** ist dann jene Komponente des Hyaloplasmas, das als „Einbettungsmedium" für die elektronenmikroskopisch abbildbaren Zellstrukturen (Ribosomen, Diktyosomen, Endoplasma-Retikulum) fungiert.

Im Unterschied zur tierischen Zelle ist die **Pflanzenzelle** von einer festen **Zellwand** umgeben (vgl. 6.3.2.3.1.). Das für pflanzliche Zellen kennzeichnende **Vakuom** (Vakuolensystem) ist in der ausdifferenzierten Zelle zumeist als ein

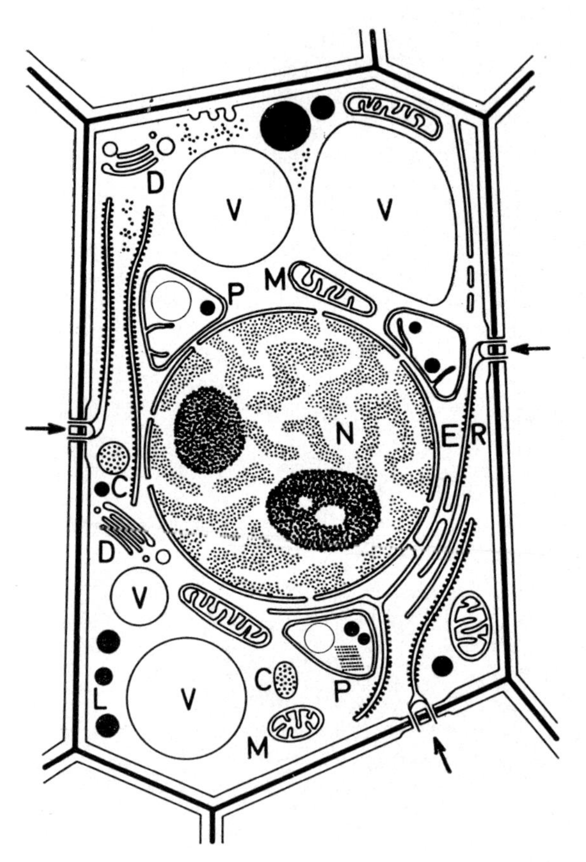

Abb. 6.2. Schema des Feinbaues einer embryonalen Pflanzenzelle (aus SITTE). N = Zellkern (mit „Chromatin" und 2 Nucleolen), V = Vakuole, M = Mitochondrien, P = Proplastiden, C = Zytosomen, ER = endoplasmatisches Retikulum, D = Diktyosomen, L = Lipidtropfen. – Die Pfeile weisen auf primäre Tüpfelfelder mit Plasmodesmen. Der Ribosomenbesatz des (rauhen) ER ist nur teilweise dargestellt. Oben links: freie (Zytoplasma-)Ribosomen.

großer zentraler *Zellsaftraum* (Zentralvakuole) ausgebildet. Das Vakuom ist mit *Zellsaft* erfüllt. Zellsaft ist eine wäßrige Flüssigkeit, die viele Stoffe in echter oder kolloidal gelöster Form enthält. Darunter sind Exkrete, so daß man die Vakuolen als eine Art „Rumpelkammer“ des Stoffwechsels auffassen kann. Gegen das Zytoplasma wird eine Vakuole durch eine *semipermeable* Grenzschicht (halbdurchlässige Membran), den *Tonoplasten*, abgegrenzt. Das System der Vakuole ist *osmotisch* wirksam. Der Zytoplasmaschlauch pflanzlicher Zellen wird fest gegen die Zellwand gepreßt. Hierdurch wird ein *Turgor* erzeugt, der für die *Turgeszenz* der Zelle und der Gewebe der Pflanze (= Gewebespannung) sorgt. Das Zytoplasma von Pflanzenzellen enthält als **spezifisch pflanzliche Zellkompartimente** die sog. **Plastiden**, die sich in Form, Größe, Aufbau und Funktion voneinander unterscheiden:

- die **Chloroplasten** (grüne Plastiden) sind die *Organelle der Photosynthese* und die Plasten des Anabolismus (vgl. 3.3.)
- die **Chromoplasten** sind Träger pflanzlicher Färbungen. Nach Verdunstung des Lösungsmittels kristallisieren die als Lipochrome zu charakterisierenden *Carotinoide* (vgl. 10.2.3.3.) in ihnen aus (z. B. in Karotten)
- die farblosen **Leukoplasten** oder **Amyloplasten** sind „Stärkebildner“. In ihnen wird sog. *sekundäre* oder *Reservestärke* in Form charakteristischer Stärkekörner abgelagert.

Als **Plasten** wollen wir mit Sitte Zellorganellen mikroskopischer Größe bezeichnen, die durch Teilung aus ihresgleichen hervorgehen. Dazu gehören die Chloroplasten (= Plasten des Anabolismus) und die Mitochondrien (= Plasten des Katabolismus). Plasten besitzen ein eigenes genetisches System und sind demzufolge genetisch autonome (autarke) Strukturen der eukaryotischen Zelle. Ihr Autonomiegrad ist jedoch unterschiedlich. Bei der Synthese von Chloroplasten- und Mitochondrienproteinen besteht ein kompliziertes, erst teilweise bekanntes Zusammenspiel des nucleo-zytoplasmatischen Raumes und der Plasten. Vielleicht sind evolutionstheoretisch Chloroplasten und Mitochondrien als relativ eigenständige, spezialisierte „Zellen“ innerhalb größerer kernhaltiger Zellen aufzufassen.

Das **Endoplasma-Retikulum** besteht aus zwei Bauelementen:

- Membranen
- kleinen Granula.

Es durchzieht mit seinem „Profilen“ und flachen Säcken, den sog. *Zisternen*, das Zytoplasma. Fortsätze des endoplasmatischen Retikulums ziehen durch die *Plasmodesmen*, d. s. Plasmafäden, die benachbarte Zellen miteinander verbinden. An den Poren der Kernmembran und an den Endomembranen des Endoplasma-Rektikulums liegen häufig kleinere dichte Granula, die auch frei im Grundplasma und im Nucleolus vorkommen: die **Ribosomen** (Ribonucleoproteid-Partikeln). Sie sind auch in den Chloroplasten und Mitochondrien vorhanden.

Weitere Zellstrukturen sind:

- die **Diktyosomen (Golgi-Apparat)**
- die **Lysosomen** (von Mitchondriengröße)
- die **Mitochondrien** („Chondriosomen“) und **Promitochondrien** (Mitochondrienvorstufen)
- die **Plastiden** und **Proplastiden** (vgl. weiter oben).

Letztere haben jeweils charakteristische Binnenstrukturen (vgl. 6.3.3.1. und 6.3.2.1.).

Die **Zellen der Prokaryonten** (prokaryotische Zelle) sind wesentlich einfacher gebaut. Insbesondere fehlen dem Zellkern vergleichbare Strukturen. Doch sind Kernäquivalente (*Nucleoide*) mit Genophoren (einfacher organisierten Chromosomen) vorhanden. Die Kompartimentierung ist zytologisch nicht so deutlich wie in der eukaryotischen Zelle. Die Zellwand birgt einige besondere Probleme. Unterschiede in der Zytomikromorphologie der eukaryotischen und prokaryotischen Entwicklungsstufe der Zelle faßt die Tabelle 6.1. zusammen.

Tabelle 6.1. Zytologische und biochemische Unterschiede zwischen der eukaryotischen und prokaryotischen Zelle (verändert n. BENNETT).

Eukaryotische Zellen	Bakterien und Cyanophyceen
Echter *Zellkern* mit *Kernmembran* und *multiplen Chromosomen* (Kernschleifen)	Keine Kernmembran; Kernäquivalente (*Nucleoide*) mit einfacher organisierten Chromosomen (*Genophoren*); Ringstruktur des Bakterien-Chromosoms
Zellorganellen (Zellkompartimente) mit Membranbegrenzung gegen das Zytoplasma	Membranumgrenzte Organellen fehlen
Kompartimentierung des Stoffwechsels durch Organellbildung	Kompartimentierung zytologisch nicht deutlich; intraplasmatische Membranen vorhanden
Trennung der Organellen der Atmung und Photosynthese bei autotropher Ernährungsweise: *Mitochondrien* und *Chloroplasten*; *Thylakoide* als photosynthetisches Strukturelement, Differenzierung in Stroma- und Granathylakoide bei primitiveren Pflanzen noch nicht gegeben	*Respiratorisches Zentrum* in der Protoplastenmembran; Photosynthese in *Chromatophoren*, die Bläschen oder flache Membrantaschen darstellen und durch Invagination aus der zytoplasmatischen Wand hervorgehen. *Vesikeln* (*Thylakoide*) bei Cyanophyceen vorhanden
Falls *Flagellen* (Geißeln), diese mit *multiplen Fibrillen*	Falls *Flagellen*, diese nur aus einer *Fibrille* bestehend
Sialsäure in Mucoproteinen	*Muraminsäure* in den Mucopeptiden der Zellwand; *Diaminopimelinsäure* als Murein-Aminosäure
Zellwand, wo vorhanden, mit typischen Gerüstsubstanzen (*Zellulose*, *Chitin*)	*Zellwand* als beutelförmiges Riesenmolekül = *Murein-Sacculus*

6.2. Die supramolekularen Strukturen der Zelle

Der geordnete Ablauf der Stoffwechselprozesse im Raum der Zelle verlangt, daß kein „chemisches Durcheinander" aufkommt. Ein Mittel dazu ist die **Kompartimentierung** von Stoffwechselvorgängen. **Kompartimente** sind „geometrische Bezirke" der Zelle bzw. „Stoffwechselabteilungen": Reaktionsabläufe sind streng lokalisiert. Das elektronenoptische Bild der Zelle zeigt in der Tat ein strukturell hoch organisiertes System (polyphasisches System). **Membranen** schaffen den Stoffaustausch behindernde und vermittelnde Grenzflächen im Raum der Zelle. Sie grenzen zugleich die Zelle gegen das Milieu ab.

Kompartimentierung ist bereits **ohne Membranbildung** möglich. Enzyme sind zu **Enzymaggregaten** vereinigt. In solchen haben die miteinander assoziierten Enzyme eine so hohe Affinität für Zwischenprodukte einer Reaktionsfolge, daß diese von Enzym zu Enzym weitergegeben werden, ohne daß eine intermediäre Abgabe von Zwischenstufen an das Zellmilieu erfolgt. Hierbei liegt offensichtlich eine Ausweitung des Prinzips der „Organisation durch Spezifität" (DIXON) vor, das besagt: Enzyme garantieren auf Grund ihrer Spezifität den streng geordneten Ablauf einer Reaktionsfolge. In Ausweitung dieses Prinzips darf man eine strukturelle Zuordnung löslicher Enzyme annehmen („Oberflächenmodell", DAVIS). Diese betrifft alle jene Reaktionsfolgen des Stoffwechsels, bei denen man das Auftreten enzymgebundener Zwischenprodukte nachweisen konnte (Tryptophansynthetase aus *E. coli*, vgl. 10.5., Cysteinsynthetase aus *E. coli*, vgl. Kapitel 13.). Hiervon sollte man die sog. *doppelköpfigen Enzyme* („double headed enzymes", OCHOA) unterscheiden, die zweistufige Reaktionen katalysieren, bei denen das jeweilige Zwischenprodukt trotz Fehlens kovalenter Bindungen die Enzymoberfläche nicht verläßt (Beispiel: Isocitrat-Dehydrogenase). Die Enzyme der Glykolyse (vgl. 10.1.) und der Fettsäureoxydation (vgl. 10.2.2.2.), die bei der Aufbereitung des Untersuchungsmaterials in ihre Komponenten zerfallen, könnten ein Beispiel für die strukturelle Zuordnung löslicher Enzyme oder bereits labile Multienzymsysteme sein. In sog. **Multienzymsystemen** bleiben die Zwischenprodukte einer Reaktionsfolge kovalent mit den fest miteinander assoziierten Einzelenzymen verbunden; erst das Reaktionsprodukt verläßt den Multienzymkomplex. Das Prinzip der Zuordnung von Enzymen zu Multienzymsystemen garantiert, daß eine Reaktionsfolge in kürzester Zeit in der „richtigen Reihenfolge" abläuft. Eine Verteilung von Intermediärstufen im wäßrigen Zellmilieu wird verhindert. Enzymreaktionen sind so hintereinander geschaltet, daß sie in räumlicher Abtrennung vom Milieu der Zelle auf „strukturell und energetisch begünstigten Kleinsträumen" ablaufen können. Multienzymsystembildung ist ein Mittel der Kompartimentierung ohne Membranbildung.

Tatsächlich sind jedoch Kompartimentierung durch Membranen und Multienzymsysteme nicht immer klar zu trennen: aus mehreren Komponenten zusammengesetzte Enzymketten können in eine aus Lipiden gebildete Membran eingebettet sein (Bildung von Lipoproteid-Komplexen). Da Membranen aus Protein-Lipid-Schichten aufgebaut sind, bilden in diesen Fall enzymatisch aktive Proteine eine Membrankomponente. Dazu können allerdings auch Strukturproteine treten (vgl. den Aufbau der Thylakoide). Die Membranlipide bilden gleichsam eine Art Kitt, der Protein-Protein-Wechselwirkungen strukturell fixiert. Beispielsweise sind die Enzyme der Phospholipid- und der Triglyceridsynthese (vgl. 10.2.3.2.) sowie der letzten Reaktionsstufen der Cholesterinbiosynthese (vgl. 10.2.3.3.) membrangebunden, d. h. strukturell fixiert. Lipide können in diesem Zusammenhang zwei verschiedene Funktionen haben: sie fixieren die Einzelenzyme einer Reaktionsfolge in strenger räumlicher Zuordnung, oder sie konstituieren eine physikalische Phase. Die Lipidphase dient dann als Lösungsraum, in dem die lipophilen Intermediärstufen frei beweglich sind, ihr Übergang in das wäßrige Medium jedoch verhindert wird. Multienzymsysteme sind in Abschnitt 5.6.2. abgehandelt.

Membranen umgrenzen das Zellplasma und ermöglichen eine intrazelluläre Strukturierung. Auffallend sind insbesondere:

- die den Zellkern umhüllende *perforierte Kernmembran* (vgl. 6.3.1.)
- die *Außen-* und *Innenmembranen* der *Chloroplasten* und *Mitochondrien* (vgl. 6.3.2.1. und 6.3.3.1.)
- das *endoplasmatische Retikulum* (Endoplasmamembranen, vgl. 6.3.2.2.).

Membranstrukturen können 40—90% der Gesamtzellmasse in einzelnen Zelltypen konstituieren. Sie spielen besonders für die Schaffung der Ultrastruktur der Neuronen eine wichtige Rolle.

Eine Membran wird zumeist idealisiert als eine Art „Haut "mit ebener Grenzfläche, die senkrecht von den durchtretenden Stoffen passiert wird. Die **Membranpermeation** ist in hohem Grade selektiv. Sie ist geeignet, bestimmte Stoffe auch gegen ein Konzentrationsgefälle zu transportieren. Hierbei spielen *passive* (*Diffusion, Osmose,* „inkongruenter" Transport, „Huckepack"-Diffusion u. a.) und *aktive Transportvorgänge* eine Rolle. Der **aktive Transport** (vgl. auch 4.5.) ist durch den Verbrauch von Stoffwechselenergie gekennzeichnet. Er liegt immer dann vor, wenn eine Membran einen Stoff aus einer Phase in die andere „befördert", ohne daß diese Phasen sich chemisch oder physikalisch unterscheiden. Er ist durch eine hohe Spezifität ausgezeichnet. Die herkömmlichen Definitionen haben die „Pumpwirkung" („Stoffpumpe", die Substanzen gegen ein Konzentrationsgefälle, also „bergauf", befördert) besonders herausgestellt. Sehr oft wird die für aktiven Transport erforderliche freie Energie aus der ATP-Spaltung gewonnen (vgl. 4.5.). Der aktive Transport scheint in einem gewissen Umfang *reversibel* zu sein: die Umkehrung kann zum Aufbau von ATP verwendet werden (*ATPase-Wirkung* und Phosphorylierungsvorgänge vgl. 11.1.2.). Im weiteren Sinne bedeutet Stofftransport auch Ermöglichung von „Informationsfluß", der sich erst im Zusammenwirken komplizierterer biologischer Strukturen verstehen läßt. Informationsfluß ist in der Regel mit einem verschwindend kleinen Stofftransport gekoppelt und wird durch Membranen vermittelt.

Gemeinsam ist allen **biologische Membranen**, daß sie eine „eigene Phase" bilden, die sich in ihrer Zusammensetzung deutlich vom umgebenden Milieu unterscheidet. Kennzeichnend für jede Membran ist eine gewisse mechanische und chemische Stabilität. Die meisten biologischen Membranen bestehen offenbar aus flüssigen Phasen (Flüssigkeitsfilmen), die im Zellmilieu unlöslich sind. Die mechanische Stabilität ist dann durch die Grenzflächenspannung dieser Filme gegen das angrenzende Medium gegeben. Da physikalische Faktoren allein in sehr vielen Fällen keine ausreichende Erklärung für das Löslichkeits- und Transportverhalten von Stoffen in Membranen bieten, hat man sog. *Carrier* postuliert. **Carrier** sind Trägermoleküle, die in der Membran gut löslich sind und die mit einer permeierenden Stoffart einen Komplex bilden. Verschiedene Antibiotika (vgl. 15.3.) können z. B. als *Ionen-Carrier* fungieren. Sie dienen als „Ionophore".

Membranen bezeichnen Grenzen zwischen Zelle und Milieu und zwischen Zellstrukturen. Sie sind charakterisiert durch:

- ihre *„mechanische Stabilität"* (vgl. weiter oben)
- die damit gegebene *Auftrennung des Zellraumes* in Phasen oder Komparti-

mente, die durch unterschiedliche chemische Zusammensetzung ausgezeichnet sind (sie markieren ,,chemisch anisotrope" Regionen)
- ihre Eigenschaft, als *osmotische Barrieren* zu wirken, indem sie den selektiven Stoffdurchtritt ermöglichen (Osmose ist eine ,,behinderte Diffusion" durch eine semipermeable Membran)
- ihre Fähigkeit, als ,,*Vermittler*" *von Transportvorgängen* zu wirken.

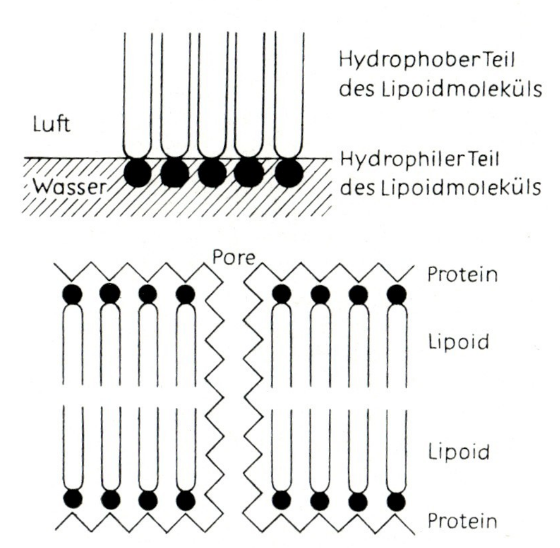

Abb. 6.3. Modell einer Elementarmembran, bestehend aus einem bimolekularen Lipoidfilm mit beiderseits aufgelagerten Proteinschichten. Die Membran ist durch eine Pore unterbrochen. – Bildung eines monomolekularen Lipoidfilmes an der Grenzfläche Luft/Wasser (oben) (aus PARTHIER und WOLLGIEHN).

Insbesondere vermitteln die biologischen Membranen *gerichtete Stofftransporte* im Raum der Zelle. Ihre spezifischen Permeabilitätseigenschaften ermöglichen eine selektive Verbindung der Phasen, die sie trennen (ROSENBERG). Sie bilden damit in gewisser Weise das Gegenstück zu den Enzymen, die Reaktionen zwischen getrennten Stoffen vermitteln. Das Verständnis von Transportvorgängen durch Vermittlung von Membranen, d. h. Kenntnisse der katalytischen Struktur und Funktion von Membranen in biologischen Systemen, ist jedoch im Verhältnis zu unserem Wissen über biochemische Prozesse in Organismen im allgemeinen recht gering. Der Übergang von der klassischen Denkweise der Enzymologie (in der die Zelle und ihre Substrukturen als ,,Enzymhüllen" im homogenen Milieu gedacht werden) zur Betrachtungsweise des ,,vektoriellen" Stoffwechsels ist offensichtlich intellektuell schwierig. In letzterer müssen katalytische Carrier-Systeme in Lipidmembranen zwischen wäßrigen Kompartimenten und der Gruppentransfer (d. h. die Translokation von chemischen Gruppierungen) in einem anisotropen enzymatischen Milieu in Betracht gezogen werden. Wir haben es hier mit einem räumlich gerichteten Gruppentransfer zu tun, an dem nicht notwendigerweise nur die Gruppenübertragung auf dem Enzymniveau beteiligt ist, sondern eine Kopplung von Transport an Metabolismus kennzeichnend ist, bei der die ,,Anisotropie" des biochemischen Reaktionssystems als Ganzes in Rechnung zu stellen ist (MITCHELL).

Nach den Vorstellungen von DAVSON und DANIELLI und den Ergebnissen von ROBERTSON und anderen bestehen biologische Membranen aus einer *Phospholipid-Doppelschicht* mit einer Dicke von 4—6 nm, in der die hydrophoben Kohlenwasserstoffketten der Phospholipidmoleküle (innen) einander zugewandt sind. Die Doppelschicht wird auf beiden Seiten (außen) von Protein begrenzt („Sandwich-Modell"). Membranen enthalten ca. 40% Lipide und ca. 60% Protein. Diese Struktur stimmt mit dem Färbeverhalten natürlicher Membranen und von Myelinfiguren (= spontan sich bildende micellare Anordnungen von Phospholipiden) überein. Sie entspricht den Ergebnissen der Röntgenstruktur-Analyse der Myelinscheide. Für diese Annahme spricht auch der hohe elektrische Widerstand, der in der Größenordnung des von Polyäthylen, Porzellan oder Paraffinkohlenwasserstoffen liegt. Jede Membranart ist durch eine spezifische Lipidzusammensetzung ausgezeichnet, die durch äußere Bedingungen nicht wesentlich verändert wird (vgl. z. B. auch 6.3.3.1.). Einige biologische Membranen sind relativ porös und wirken als Molekularsiebe, die Stoffe von hohem und niedrigem Molekulargewicht trennen. Im Falle der meisten sog. *Lipidmembranen* schließt die Membranstruktur eine nicht-wäßrige Grenzschicht von geringer Permeabilität für hydrophile Stoffe ein. Membranen enthalten sog. **Strukturproteine** von relativ geringem Molekulargewicht (20.000), die ziemlich unlöslich sind und die bei hohem pH in Gegenwart von Detergenzien isoliert werden können. Sie konnten aus Membranen von Mitochondrien, Erythrozyten und Chloroplasten isoliert werden. Sie können spontan extrem unlösliche polymere Systeme bilden. Sie ähneln den Hüllproteinen von Viren. Sie bilden feste Komplexe mit Lipiden und anderen Stoffen. In der gut untersuchten Mitochondrienmembran entfallen ca. 75% des in der Membran vorhandenen Proteins auf *Strukturprotein* und ca. 25% auf die *katalytisch aktiven Proteine* der Atmungskette. Zwischen der Membranstruktur als solcher und der Struktur der Enzymkomplexe der Atmungskette (vgl. 11.1.1.) besteht ein hoher Grad an struktureller und funktioneller Wechselwirkung. Neben Strukturproteinen sind demzufolge in einigen biologischen Membranen *Enzyme* bzw. *Enzymkomplexe* (vgl. weiter oben) vorhanden.

Die von zwei monomolekularen Lipidfilmen gebildete Doppellamelle einer *Elementarmembran* (engl. unit membrane) wird innen und außen von einer monomolekularen Proteinschicht begrenzt. Sie enthält „Lipidporen" und „Wasserporen". Am Aufbau der Lipidfilme sind Triglyceride, Monoglyceride, freie Fettsäuren und Na- sowie Ca-Seifen in geringerem Umfang beteiligt als Phosphatide, Phosphatidsäuren, Sphingomyelin, Plasmalogen, Cerebroside (Cerasine), Cholesterin u. dgl.

Die gut untersuchte Membran des Salzbakteriums *Halobacterium halobium* ist keine Doppelmembran, sondern eine asymmetrische einschichtige Membran. Seitenketten der Proteinhelix der Proteinschicht sind über Phosphorsäure mit den Fettsäuremolekülen der Phospholipidschicht verbunden. Durch das besondere Arrangement von Aminosäureseitenketten und Phosphorsäuren werden Chelatkomplexe geschaffen (Chelierung von Magnesium-Ionen).

6.3. Die Zellkompartimente und ihre biochemische Funktion

Bestandteile und biochemische Aktivitäten von Zellorganellen sind in der Tabelle 6.2. zusammengefaßt.

Tabelle 6.2. Biochemische Aktivitäten und wichtige stoffliche Komponenten von Zellkompartimenten

Zellorganell	Biochemische Aktivität	Funktionell bestimmende Bestandteile
Zellkern (Nucleus)	Speicher genetischer Information, Synthese von DNS (Replikation), RNS (Transkription) und von Coenzymen, Ribosomen-Synthese	*DNS, basische Proteine* (Histone bzw. Protamine) und saure tryptophanhaltige Proteine (Residualproteine) als *Nucleoprotein*-Komplexe; *Replikase, Transkriptase* u. a. *Enzyme*
Kernkörperchen (Nucleolus)	Synthese von rRNS	*Proteine, RNS*
Mitochondrien	Atmungskette, oxydative Phosphorylierung, TCC, Fettsäureoxydation, (Proteinsynthese)	*Multienzymkomplexe der* Atmungskette, des TCC und des Fettsäureabbaus; Cytochrome, Flavoproteine, Phospho- und Lipoproteine, (DNS, tRNS), Cardiolipin
Chloroplasten	Photosynthese (Photolyse, e-Transport, Photophosphorylierung, Kohlenhydratsynthese); (Proteinsynthese)	*Elektronen-Carrier-Proteine, Photosynthesepigmente, Enzyme* der CO_2-Fixierung und des Zuckerstoffwechsels, Enzyme der Stärke- bzw. Saccharosesynthese; (DNS, mRNS, tRNS)
Ribosomen	Proteinsynthese	*rRNS, Proteine*
Lysosomen	Katabolismus von Biomakromolekülen	*Hydrolasen*, z. B. *DNase, Kathepsin, Phosphatase*
Diktyosomen	Sekretbildung, Zellwandsynthese	
Endoplasma-Retikulum	Synthese von Mucopolysacchariden, Glucuroniden, Phospholipiden und Triglyceriden; Schwefelstoffwechsel; Hydroxylierungen	*Enzyme* des Lipoidstoffwechsels, *Hydroxylasen* u. a.
„Microbodies" (Peroxysomen, Glyoxysomen)	z. B. Oxydationsprozesse, Lichtatmung (Photorespiration)	Oxydationsenzyme wie *Katalase, Peroxydase, Glykolatoxydase*
Zytoplasma-Membran	Ionentransport, aktiver Transport usw.	*Lipoproteine*
Grundplasma	Glykose u. a. Prozesse	Glykolyse-*Enzyme, Salze* u. a. Verbindungen

6.3.1. Der Zellkern (Nucleus)

Der **Zellkern** ist das Steuerungs- und Regelzentrum des Zellstoffwechsels. Er enthält die **Chromosomen** (Kernschleifen), die sich identisch reproduzieren und die unter Wahrung ihrer Individualität im Kern- bzw. Zellteilungszyklus einen gesetzmäßigen Formwechsel vollziehen. Im „Arbeits"-Kern und in ausdifferenzierten Zellen sind die Chromosomen in der mehr oder weniger kompakten „Transportform" vorhanden und lichtoptisch gut sichtbar; in dem sich in Teilungsruhe befindenden Zellkern befinden sich die Chromosomen in einer extrem aufgelockerten, entspiralisierten „Funktionsform" und sind nicht sichtbar. Dieser periodische Formwechsel der Chromosomen erfolgt in der *Mitose* (Kernteilungsmodus somatischer Zellen) und in der *Meiose* (generative Kernteilung, Reifungsteilung), wenn auch in etwas unterschiedlicher Form (vgl. dazu die Lehrbücher Genetik, Zoologie und Botanik). Die funktionellen Einheiten der hierbei ablaufenden Chromosomenverteilungsmechanismen sind die *Chromatiden* (Halbchromosomen). Die Hauptkomponenten des bei der Kernteilung auftretenden *Spindelapparates* (als Teil des Mitoseapparates) sind SH-reiche Faserproteine.

Während die sogenannten Genophoren der Viren und Bakterien Nucleinsäuremakromoleküle (meist DNS, bei manchen Viren RNS) darstellen, die aus einer linearen Folge von Genen (= definierten Teilabschnitten der DNS) bestehen, sind die Chromosomen eukaryotischer Zellen wesentlich komplexer gebaut. Sie enthalten neben chromosomaler DNS (als Watson-Crick-Doppelhelix) RNS, verschiedene Proteine, Lipide, Polysaccharide und Metall-Ionen. Basenverhältnis (A + T/G + C) und DNS-Gehalt pro Zellkern sind speziesspezifisch (objekt- bzw. herkunftsspezifisch). Eine Säugerzelle enthält etwa 1000mal mehr DNS als eine Bakterienzelle. Die in den Chromosomen vorhandene RNS (die etwa 10% des Gesamtnucleinsäure-Gehaltes ausmacht) ist im Zuge von Transkriptionsprozessen gebildete mRNS, tRNS und rRNS (letztere wird im Bereich des Nucleolusorganisators gebildet). Bei den chromosomalen Proteinen handelt es sich um *Histone* bzw. *Protamine* und tryptophanhaltige Proteine, die sämtlich als *Nucleoproteide* vorliegen. In diesen *DNS-Protein-Komplexen*, deren Aufbau noch weitgehend unklar ist, werden die negativen Ladungen der Phosphatreste der DNS durch die basischen Seitenketten der Proteine neutralisiert. Histone und Protamine (letztere vertreten die Histone in den Spermatozoen einiger Tierarten) zeigen eine hohe metabolische Stabilität gleich der chromosomalen DNS. Chromosomale DNS wird semikonservativ repliziert (vgl. 14.1.).

Im Interphase-(Ruhe-)kern und in ausdifferenzierten Zellen (die ihren DNS-Gehalt durch Endomitosen vermehren können) sind Chromosomen und Kernplasma (Karyolymphe) gegen das Zytoplasma durch die perforierte, doppelschichtige *Kernmembran* abgegrenzt, die in der Prophase von Mitose und Meiose verschwindet und in der Telophase erneut erscheint. Die Kernhülle ist aus zwei Elementarmembranen aufgebaut, wovon die äußere mit den Zisternen des Endoplasma-Retikulums in Verbindung stehen kann. Die Kenntnis der physikochemischen Beschaffenheit der Kernmembran ist lückenhaft (zitiert aus BIELKA).

Der in Einzahl oder Mehrzahl im Zellkern vorhandene **Nucleolus** (Mehrzahl: Nucleoli) hat eine charakteristische Ultrastruktur. Seine Bildung erfolgt am sog. *Nucleolus-Organisator* (Nucleolusbildungsort). Er besteht hauptsächlich aus Proteinen (80% der Trockensubstanz) und aus RNS.

Isolierte Zellkerne sind hoch permeabel, vor allem für große Moleküle (Histone, Protamine u. a.). ATP und Na^+-Ionen werden fest gebunden. Die hauptsächlichen Bestandteile isolierter Zellkerne sind Nucleohistone (DNS-Histon-Komplex), RNS und schwer lösliche saure Proteine, die sog. Residualproteine (vgl. weiter oben), die bisher noch ungenügend untersucht sind. Wie aus der Tabelle 6.2. zu entnehmen ist, enthält der Zellkern die **Enzyme** der DNS- und RNS-Synthese (vgl. auch Kapitel 14.) und der Synthese von Coenzymen (vgl. Kapitel 9.). Beispielsweise sind fast alle Enzyme der NAD-Biosynthese (vgl. 12.7.1.) im Zellkern lokalisiert. Auch die Enzyme der Glykogensynthese, der Glykogenolyse und der Glykolyse (vgl. 10.4. und 10.1.1.) konnten im Kern nachgewiesen werden. Im Zellkern sind konzentriert: *Arginase* und eine *Adenosin-5'-phosphatase* (Funktion ?). ^{14}C-Aminosäuren werden bei entsprechender Versuchsanstellung in Zellkern-Proteine eingebaut.

6.3.2. Die Kompartimente des Anabolismus

Als **Kompartimente des Anabolismus** fassen wir hier Zellorganelle zusammen, deren biochemische Aktivität vorwiegend in Richtung der Synthese von Biomolekülen liegt. Darunter fallen die *Chloroplasten* (grünen Plastiden) der Pflanzen und die *bakteriellen Chromatophoren* als Organelle der Photosynthese, die *Ribosomen* bzw. *Polysomen* (= funktionelle Einheit von Ribosomen und mRNS) als Orte der durch den Kern codierten zytoplasmatischen Proteinsynthese, die *Diktyosomen* als Produzenten von Sekreten und das *endoplasmatische Retikulum* als Zellkompartiment, in dem zahlreiche Biosynthesen ablaufen.

6.3.2.1. Die Photosyntheseorganelle (Chloroplasten und Chromatophoren)

Voraussetzung der Photosynthese (vgl. 10.3.) ist eine hoch geordnete, spezifische Struktur, wie sie in Chloroplasten und bakteriellen Chromatophoren vorliegt.

Abweichend von dem in botanischen Lehrbüchern üblichen Sprachgebrauch, werden hier als Chromatophoren die Photosyntheseorganelle C-autotropher Prokaryonten bezeichnet. Als Chromatophoren (= Plastiden) bezeichnet man in der Botanik die Chloroplasten, Chromoplasten und Leukoplasten – die (mit Ausnahme der Leukoplasten) Träger pflanzlicher Färbungen sind (vgl. 6.1.).

Die **Chloroplasten** kormophytisch organisierter Pflanzen sind kugel- bis linsenförmige Zelleinschlüsse von 3—8 μm Durchmesser. Bei Algen treffen wir auch spiralige, sternförmige, plattenförmige und anders gestaltete Chloroplasten an. Trotz großer morphologischer Verschiedenheit herrscht jedoch in der für ihre Funktion entscheidenden Mikrostruktur grundsätzliche Übereinstimmung. Allen Photosyntheseorganellen gemeinsam ist das Vorhandensein von sog. *Thylakoiden* oder *Vesikeln* (vgl. weiter unten). Orte der lichtmikroskopisch bereits feststellbaren lokalen Chlorophyllkonzentration wurden als *Grana* bezeichnet (Meyer 1883), Die Chloroplasten höherer Pflanzen enthalten allgemein Grana („Chlorophyllkörnchen"), die der meisten Algen nicht (Schimper 1885). Die lichtoptischen Befunde zur Chloroplastenstruktur wurden bestätigt und präzisiert. Noch liegt jedoch keine befriedigende Übereinstimmung aller Ansichten zur Chloroplasten-Feinstruktur vor, insbesondere nicht zur Ultrastruktur der Thylakoide, wo verschiedene Hypothesen bzw. Modellvorstellungen bestehen. Diese Sachlage ist z. T. aus der methodischen Situation der Elektronenmikroskopie zu verstehen.

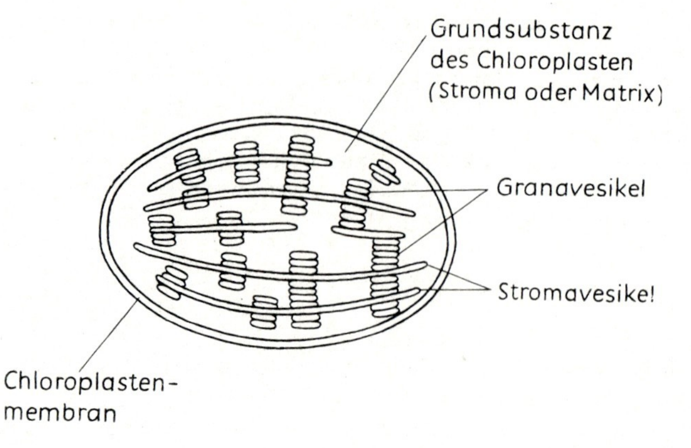

Abb. 6.4. Chloroplast (schematisch).

Beherrschendes Strukturelement der Chloroplasten ist die „Doppellamelle" (vgl. 6.2.). Chloroplasten höherer Pflanzen sind von der *Chloroplastenmembran* umgeben (vgl. das Schema des Chloroplastenaufbaus in der Abb. 6.4.). Diese schließt den als *Stroma* oder *Matrix* bezeichneten Binnenraum des Chloroplasten ein. Das **Stroma** (die Matrix) ist elektronenoptisch wenig differenziert. In ihm befindet sich ein hochgeordnetes *Membransystem* aus Lipoproteinen (Strukturlipiden und Strukturproteinen) und Enzymproteinen: d. s. die sog. **Thylakoide** (oder Vesikel). Diese bestehen gleich der Chloroplastenmembran aus einer Doppelmembran, zwischen der eine 3. lösliche Phase sich befindet, die mit der „plasmatischen" Phase des Stromas entwicklungsgeschichtlich nicht im Zusammenhang steht. Die Thylakoide als die für die Photosynthese bestimmenden Strukturelemente stellen ein System in sich abgeflachter Blasen dar. Wir finden in den Chloroplasten höherer Pflanzen 2 Typen von Thylakoiden:

- *Stromathylakoide*, die das ganze Stroma wie „Querbalken" durchziehen
- *Granathylakoide*, die zwischen den Stromathylakoiden als „Pakete" (geldrollenartig) aufgeschichtet sind. Letztere entsprechen den Grana der Lichtmikroskopie.

In den **Thylakoiden** sind lokalisiert:

- *Chlorophyll-Protein-Komplexe*, die *Hilfspigmente* der Photosynthese (Carotinoide bzw. bei Blau- und Rotalgen Phycobiline = Biliproteine)
- die *Komponenten* des *Elektronentransports* und der *Energieumwandlung* (Cytochrome, Flavoproteine, Chinone u. a.) der Photosynthese
- *Carboxydismutase* (photosynthetisches Carboxylierungsenzym).

Im **Stroma** sind lokalisiert:

- die *Enzyme* des *Calvin-Zyklus* und des *Kohlenhydrat-Stoffwechsels*
- *Nitrat-* und *Nitrit-Reduktase* u. a. Enzyme.

Die **Thylakoide** sind Membransysteme, deren Morphologie und Genese gut untersucht sind, deren Feinstruktur jedoch vorläufig spekulativ bleibt. Wir sind auf indirekte Befunde und Modellvorstellungen angewiesen. Mit der Technik der Gefrierätzung (Gefriersublimation) konnten wichtige Einblicke in die Feinstruktur von

Thylakoiden aus Bakterien und Blaualgen und aus Chloroplasten gewonnen werden. Zur Ultrastruktur der Thylakoide existieren mehrere Modelle. Isolierte Spinatchloroplasten tragen an ihrer inneren Oberfläche sphärische, abgeflachte Strukturelemente von 16 × 18 nm und 10 nm Dicke, die sog. **Quantasomen**, die man durch Ultrabeschallung erhalten kann. Sie gelten als die *Elementarbausteine der Thylakoide*. Sie sind die kleinste morphologische Einheit (nicht identisch mit der sog. Photosynthese-Einheit, vgl. auch 10.3.2.), die Lichtenergie in chemische Energie umwandeln und Elektronen transportieren kann. Sie stehen in Analogie zu den Elektronentransport-Partikeln der Mitochondrien, vgl. 11.1.1.). Die molekulare Zusammensetzung der Quantasomen verschiedener Herkunft wurde ermittelt. Die Angaben differieren. Quantasomen enthalten u. a. eine definierte Anzahl von Chlorophyll-, Carotinoid-, Chinon- und Phospholipid-Molekülen neben einer bestimmten Zahl von Eisen-, Kupfer- und Manganatomen. Bestimmende Strukturbestandteile sind Lipoide. Das Proteingerüst von Thylakoiden wird auch als „*lamelläres Strukturproteid*" bezeichnet.

Untersuchungen zur **Genese** der Chloroplasten zeigen, daß sie durch Teilung vermehrt werden oder aus *Proplastiden* (Chloroplastenvorstufen) entstehen. Proplastiden (in den Embryonalzellen) sind noch ziemlich undifferenziert und von Promitochondrien kaum unterscheidbar. Durch Einfaltungsvorgänge, Aufteilung und Wachstumsvorgänge wird die charakteristische Feinstruktur der grünen Plastiden hergestellt. Chloroplasten haben ein eigenes genetisches System, sind aber nur im Wechselspiel mit dem umgebenden nucleozytoplasmatischen Raum existenz- und funktionsfähig. Sie sind (gleich den Mitochondrien) genetisch autark. Der Grad dieser genetischen Autonomie ist noch weitgehend unverstanden. Versuche mit kernlosen Acetabularien hatten bereits gezeigt, daß Chloroplasten DNS enthalten. Pro Chloroplast liegen jedoch nur ca. 10^{-15} bis 10^{-16} g DNS ($5 \cdot 10^{-7}$ bis $5 \cdot 10^{-8}$ M) vor, d. i. nur etwa 0,01% der DNS-Menge von Zellkernen. In Bohnenblättern enthält der Zellkern die gleiche DNS-Quantität wie 10.000 Chloroplasten. *Euglena*-Zellen (einzellige Grünalgen) besitzen in ihren Chloroplasten nur drei DNS-Moleküle. Chloroplasten können DNS synthetisieren. Sie haben ein eigenes Proteinsynthesesystem. Sie enthalten alle RNS-Klassen sowie Ribosomen.

In einigen Eigenschaften zeigen Chloroplasten auffallende Ähnlichkeit mit Bakterien und Cyanophyceen:

- Chloroplasten besitzen (gleich Prokaryonten) histonfreie zirkuläre DNS
- die chloroplastenspezifische DNS-Synthese wird (wie die DNS-Synthese in prokaryotischen Zellen) durch Nalidixinsäure gehemmt
- Chloroplasten haben (gleich Prokaryonten) 70S-Ribosomen, klassenspezifische ribosomale RNS und Proteine sowie klassenspezifische tRNS (vgl. 2.6.5.3.).
- da die Proteinsynthese in Chloroplasten an 70S-Ribosomen erfolgt, wirkt Chloramphenicol, aber nicht Cycloheximid (= Actidion) als Proteinsynthese-Hemmer.

Obwohl Chloroplasten ein eigenes genetisches System und ein spezifisches Proteinsynthesesystem besitzen, ist es bisher noch nicht eindeutig gelungen, isolierte Chloroplasten für längere Zeit außerhalb der Zelle zu kultivieren oder zu vermehren. Das genetische System der Chloroplasten ist nicht völlig autonom. Zwischen dem Vererbungssystem des nucleo-zytoplasmatischen Raumes und der Chloroplasten besteht ein hoher Grad der Wechselwirkung. Die genetische und molekularbiologische Forschung hat bereits zu interessanten Einblicken in den Autonomiegrad grüner Plastiden und in die Regulation ihrer Differenzierung geführt.

In struktureller und funktioneller Hinsicht besitzen *Chloroplasten* und *Mitochondrien* (vgl. 6.3.3.1.) auffallende **Gemeinsamkeiten**:

- der Strukturaufbau auf molekularer Ebene folgt dem Prinzip der größten Oberfläche
- ihre Bildung erfolgt aus Proorganellen (Proplastiden bzw. Promitochondrien) in von der Umwelt abhängiger und von dem Zellteilungszyklus unabhängiger Weise; Plastiden- und Mitochondrienentwicklung stellen einen Kompromiß aus der Kopie eines Bauplanes durch identische Reduplikation und der Neusynthese von Biomakromolekülen aus Precursoren dar
- gleich Chloroplasten haben Mitochondrien ein eigenes genetisches System, wenn auch von noch geringerem Informationsgehalt
- Chloroplasten und Mitochondrien sind Träger hochspezialisierter Funktionen der Stoffwandlung und Energiebereitstellung (ATP-Synthese).

Der überwiegende Teil der Blattproteine wird vermutlich in den Chloroplasten produziert. Etwa ein Viertel bis die Hälfte der Gesamtproteine der grünen Pflanzenzelle sind in den Chloroplasten als pufferlösliche Matrixproteine vorhanden. Ein beträchtlicher Teil der Chloroplastenproteine liegt in Form von Lipoproteid-Komplexen vor, die am Thylakoidaufbau beteiligt sind.

Die Photosyntheseorganelle der phototrophen Bakterien, die bakteriellen **Chromatophoren**, sind intraplasmatische Membranen. Sie gehen durch Invagination und schlauchförmiges Wachstum aus der Zytoplasmamembran hervor. Chromatophoren können als geschlossene Vesikeln das Zellumen in dichter Packung ausfüllen oder stark abgeflachte, geordnete Stapel bilden. Diese Strukturen enthalten die Photosynthesepigmente (vgl. 10.3.), die Komponenten des photosynthetischen Elektronentransports und der Photophosphorylierung.

6.3.2.2. Die Ribosomen (Polysomen) als Orte der Proteinbiosynthese und das endoplasmatische Retikulum

Ribosomen sind ihrer chemischen Zusammensetzung nach *Ribonucleoproteide*. Diese sphärischen Partikel von etwa 12—20 nm Größe sind die kleinsten Zellorganellen. Ribosomen bestehen aus **2 Untereinheiten** unterschiedlicher Größe, Partikelgewichte, chemischer Zusammensetzung und Funktion bei der Proteinbiosynthese. Ribosomen kommen einzeln als sog. *monomere Ribosomen* (*Monosomen*) oder –gebunden an mRNS– in Form von *Polysomen* vor. Die **Polysomen** (Polyribosomen) sind die „Grundstrukturen" der Proteinsynthese. Beispielsweise bestehen die für die Synthese von Hämoglobin zuständigen Polysomen aus 5 Monosomen und einem aus 450 Nucleotiden bestehenden mRNS-Faden von 150 nm Länge.

Monomere Ribosomen und Polysomen sind in der Zelle sowohl im „strukturfreien" Zytoplasma lokalisiert als auch an die Membranen des endoplasmatischen Retikulums (E. R.) gebunden, und zwar an den durch starke Basophilie ausgezeichneten Teil, den man als die ergastoplasmatisch differenzierte Form des Endoplasma-Retikulums (= *Ergastoplasma*) bezeichnet. Die Basophilie (starke

Affinität für basische Farbstoffe) beruht auf den assoziierten Ribonucleoproteid-Partikeln (RNP-Partikel), die in z. T. dichter Packung an die Membranen des endoplasmatischen Retikulums gebunden sind. Hierdurch erhalten diese ein rauhes (gekörntes) Aussehen. Aus diesem Grunde wird das **Ergastoplasma** auch als *rauhe* (engl. rough) *oder granuläre Form* des endoplasmatischen Retikulums bezeichnet. Die Membranen sind meist parallel angeordnet und in Gruppen zusammengelagert. Wir finden diese Form vor allem in Zellen mit intensiver Eiweißsynthese (z. B. Pankreaszellen). Das von den Membranen gebildete System von Zisternen dient der Aufnahme und dem Transport von Proteinen, die an den Polysomen synthetisiert wurden. Die *agranuläre oder glatte Form* des Endoplasma-Retikulums ist vor allem in Zellen vorhanden, die Steroidhormone und Lipide produzieren. Bei dem glatten (engl. smooth) endoplasmatischen Retikulum handelt es sich zumeist um ein tubulär gebautes Membransystem.

Das **endoplasmatische Retikulum** stellt ein System von Membranen dar, das Röhren, Kanäle und Bläschen unterschiedlicher Form und Größe bildet und große Teile des Zytoplasmas durchzieht. Es wird von einem dreidimensionalen Netzwerk von Membranen gebildet, wodurch das Zytoplasma bzw. Grundplasma (vgl. 6.1.) in Stoffwechselräume aufgeteilt wird. Es schafft ein Kompartimentierung bedingendes mikroheterogenes System. Das Membransystem steht z. T. mit der äußeren Kernmembran in einer direkten Verbindung und weist somit Beziehungen zu dem sog. perinucleären Raum auf. Da es auch mit der Zellmembran in offener Verbindung steht, hat es Beziehungen auch zum Extrazellularraum. Die äußere Kernmembran kann als Teil des E. R. angesehen werden. Die Membranen des E. R. stellen einerseits Diffusionsbarrieren dar, andererseits laufen an ihnen gerichtete, spezifische Transportvorgänge ab. Durch Ausbildung von Membranpotentialen dienen die Membranen des E. R. der Reizleitung.

Das oberflächenreiche E. R. ist Sitz zahlreicher **Enzyme,** die seine vielfältigen spezifischen **Syntheseleistungen** bedingen. In dem glatten E. R. sind Enzyme des Fettsäurestoffwechsels und Phospholipidstoffwechsels lokalisiert: Synthese von Triglyceriden, Phosphatidylsäure, Phosphatidylcholin. Verschiedene Schritte der Steroidbiogenese (vgl. 10.2.3.3.) laufen an oder in den Membranen des E. R. ab (Mevalonatbildung aus Hydroxymethylglutarat, Squalensynthese aus Farnesylpyrophosphat, Cholesterinbildung aus Lanosterol (sämtlich reduktive Vorgänge)). Andere Reaktionsschritte der Cholesterinbiosynthese sind dagegen im Zytoplasma (= Grundplasma) und in den Mitochondrien lokalisiert. In dem Membranen des E. R. befinden sich Enzyme, die an der Transformation und dem Abbau von Steroiden beteiligt sind. Charakteristisch ist das Vorhandensein von $NADPH_2$-abhängigen Enzymen der Detoxikation und des Elektronentransports in den Membranen des E. R.: *Hydroxylasen, Demethylasen* und *Desacylasen* usw. In verschiedenen Geweben tritt als spezifisches Enzym der Membranen des E. R. *Glucose-6-phosphatase* auf.

Ribosomen (RNP-Partikel) finden sich frei im Grundplasma und membrangebunden am E. R. (Ergastoplasma). Es gilt die Regel: die Ribosomen undifferenzierter Gewebe sind hauptsächlich frei, die differenzierter Zellen dagegen in größerer Zahl membrangebunden vorhanden. Die intrazelluläre Verteilung der Ribosomen erscheint als eine Funktion des Funktions- bzw. Differenzierungszustandes, der durch einen unterschiedlichen Ausbildungsgrad des E. R. ausgezeichnet ist. Membrangebundene Ribosomen sollen vor allem „Exportproteine“ synthetisieren (z. B. proteolytische Enzyme des Pankreas), während an den freien Ribosomen bzw. Polysomen zelleigene Proteine synthetisiert werden sollen. Ribosomen kommen in der Zelle auch im Zellkern, vor allem im Nucleolus, in Mitochondrien und Chloroplasten vor. In Gegenwart von mRNS (oder von synthetischen Polynucleotiden = künstlichen Messengern) lagern sich Ribosomen in von Mg^{2+} abhängiger Weise an die Polynucleotide an, so daß Poly(ribo)somen entstehen („Ergosomen“). **Polysomen** konnten elektronenmikroskopisch nachgewiesen werden und können aus der Zelle isoliert werden. In den Polysomen liegt offensichtlich eine chemisch stabilere, vor enzymatischem Angriff (RNase) geschützte mRNS vor. Sie sind zugleich die Zellorte, wo die in der mRNS enthaltene genetische Information (mRNS = „Arbeitskopie des Gens“, vgl. Kapitel 14.) abgelesen und realisiert, d. h. in die Synthese spezifischer Proteine umgesetzt wird. Offenbar wird in der prokaryotischen Zelle die mRNS sofort nach oder schon während ihrer Synthese von Ribosomen besetzt. In der eukaryotischen Zelle könnte die mRNS durch die Poren der Kernmembran (vgl. 6.3.1.) aus dem Zellkern in den zytoplasmatischen Raum treten. Vor enzymatischem Abbau wird sie entweder durch Proteinhüllen (Bildung von sog. *Informosomen*, SPIRIN) oder durch Bindung an ribosomale Untereinheiten bzw. Vorstufen geschützt (vgl. die Ribosomengenese, weiter unten).

Ribosomen bestehen aus **rRNS** und **Proteinen**. Die noch weitgehend unbekannte **Feinstruktur** (der molekularstrukturelle Aufbau) wird offenbar durch die räumliche Struktur der beiden hochmolekularen Ribosomenbestandteile und durch die gegebenen Bindungsmöglichkeiten bestimmt. Die ribosomale RNS dürfte eine wesentliche strukturbildende Komponente sein. Für den Zusammenhalt von rRNS und ribosomalen Proteinen scheinen elektrovalente (Salz-) und Wasserstoffbindungen verantwortlich zu sein.

Ribosomen bestehen aus **Untereinheiten** definierter Größe. Ribosomen aus Bakterien, Chloroplasten und Mitochondrien, die durch die Sedimentationskonstante 70S charakterisiert sind, enthalten eine kleinere (30S) und eine größere (50S) Untereinheit. Assoziation bzw. Dissoziation der Untereinheiten bakterieller Ribosomen hängen unter anderem von der Konzentration an Mg^{2+}-Ionen ab (vgl. auch 14.3.). Ribosomen des Zytoplasmas der Säugerzelle und von Pflanzenzellen haben höhere Partikelgewichte (77S—85S), die in erster Linie auf einem größeren Proteingehalt beruhen. Das gilt auch für Hefezellen-Ribosomen. Als Proteinsynthese-Hemmer wirkende Antibiotika (vgl. 15.2.) binden an die kleine oder große Untereinheit. Verbindungen dieser Art inhibieren zumeist die Proteinsynthese an 70S-Ribosomen. Cycloheximid (= Actidion) hemmt dagegen die Proteosynthese an 80S-Ribosomen.

Für die Zusammensetzung bakterieller Ribosomen gilt das Schema (aus TRÄGER) auf S. 243.

Ribosomen enthalten 3 verschiedene **Typen ribosomaler RNS**: 23S, 16S und 5S (Bakterien), 28S, 18S und 5S (höhere Organismen). In einer Bakterienzelle, die etwa 10 000 Ribosomen enthält, bildet die ribosomale RNS 75—85% der Gesamt-RNS. Eine Pflanzen- oder Tierzelle enthält 10^6 bis 10^7 Ribosomen. Ca. 1% der 2′-OH-Gruppen der Ribose ribosomaler RNS ist methyliert (2′-O-Methylribose). Eine Bakterienzelle, die sich alle 30 Minuten teilt, synthetisiert

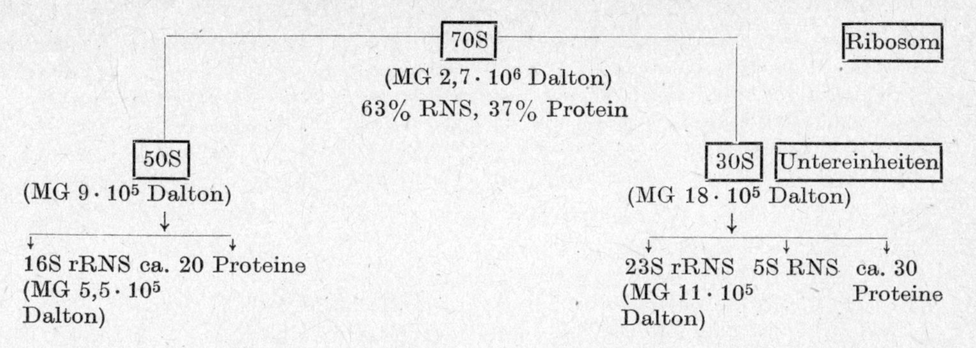

pro Sekunde 5 Ribosomen. Eine sich schnell teilende eukaryotische Zelle teilt sich in 24 Stunden einmal. Das erfordert bereits eine *Syntheserate* von 10—100 Ribosomen pro Sekunde. Über den „Reifungsprozeß" (processing) bei der Synthese ribosomaler RNS bgl. 2.6.5.3.

6.3.2.3. Die Diktyosomen (Golgi-Apparat)

Der *Golgi-Apparat* wurde erstmals 1898 von dem Neurohistologen GOLGI als „apparato reticulare interno" (Netzkörper) in den Purkinje-Ganglienzellen einer Eule entdeckt. Er stellt eine mit Osmiumtetraoxid oder Silbernitrat imprägnierbare Netzstruktur um den Zellkern der Ganglienzellen dar. Dieser von GOLGI entdeckte netzartige Binnenapparat hat eigentlich mit dem, was wir heute auf Grund elektronenmikroskopischer Befunde unter Golgi-Apparat verstehen, nichts mehr gemeinsam.

Als **Golgi-Apparat** verstehen wir ein Strukturelement aller tierischen und pflanzlichen Zellen, das durch seine Osmiophilie und eine charakteristische Ultrastruktur ausgezeichnet ist und die Funktionen der Sekretbildung, Konzentrierung und Speicherung hat. Bei Algen und Bakterien scheint ein Golgi-Apparat im allgemeinen nicht vorzukommen. In hochdifferenzierten Zellen besteht er aus drei verschiedenen charakteristischen Bestandteilen:

- Membranen, die ein System von 4 bis 8 dichtgepackten, glattwandigen, abgeflachten, lamellär angeordneten *Zisternen* bilden (NOLL). Die gestreckten oder leicht gekrümmten Zisternenpakete umgeben die *Golgi-Vakuolen* und bilden die lichtmikroskopisch sichtbaren osmiophilen Retikular-(Lamellen-)systeme (sog. *osmiophiles Internum*);
- *Vesikeln*, die an den Rändern der Zisternen entstehen;
- *Vakuolen*, die in Gruppen zusammenliegen und die lichtmikroskopisch als *osmiophiles Externum* bezeichneten Strukturen bilden.

Der Golgi-Apparat (auch als Golgi-System, Dalton-Komplex usw. beschrieben) ist streng genommen keine morphologische Einheit. Er besteht aus Strukturen, die nicht unbedingt netzartig organisiert sein müssen und die man als **Diktyosomen** bezeichnet. Die Diktyosomen wurden unter verschiedenen Namen beschrieben: Lipochondrien, osmiophiles Material usw. Hier hat lange Zeit Unklarheit und terminologische Verworrenheit geherrscht. In Pflanzenzellen kann man die Gesamtheit der Diktyosomen als Golgi-System auffassen. Dieses und die Diktyosomen bilden keine morphologische Einheit. Die intrazelluläre Lokalisation des Golgi-Apparates ist in verschiedenen Zelltypen unterschiedlich. Er ist von charakteristischen Lageveränderungen z. T. betroffen, die in Beziehung zu seiner Funktion stehen. Er zeigt des weiteren einen funktionsabhängigen Formwechsel. Er steht in noch nicht ganz durchschaubarer Weise in einem engen Zusammenhang mit dem Endoplasma-Retikulum (vgl. 6.3.2.2.) und den Lysosomen (vgl. 6.3.3.2.). Es wird angenommen, daß die am endoplasmatischen Retikulum synthetisierten Enzyme zum Golgi-Apparat transportiert werden, in dem die Bildung der Lysosomen erfolgt (n. NOLL).

Die **Funktionen des Golgi-Apparates** sind:

- intrazelluläre *Sekretbildung in Drüsenzellen* (z. B. exokrine Pankreaszellen, Talg- und Schweißdrüsenzellen, Milchdrüsenzellen, fangschleimproduzierende Drüsenzellen von insektivoren Pflanzen wie *Drosera*)
- Beteiligung an der *Gallenbildung* und *-sekretion* in Leberparenchymzellen
- *Speicherfunktionen* (z. B. Anreicherung von Lipiden in Darmepithelzellen nach der Nahrungsaufnahme, sog. Lipochondrien = mit Lipiden gefüllte Vakuolen des Golgi-Apparates)
- Bereitung von Kollagenvorstufen bei der *Chondrogenese* (Knorpelbildung) und Synthese von Chondroitinschwefelsäure
- *Kondensation der Polysaccharide* der Zellwand-Grundsubstanz bei der Zellplattenbildung im Zuge der Zellteilung bei Pflanzen
- Bildung von ätherischem Öl bei *Mentha* (Pfefferminze)
- Kondensation der Polykieselsäure der Diatomeenfrusteln.

Die **chemische Zusammensetzung** des Golgi-Apparates ist kaum untersucht. Lipoproteine sind charakteristische Bestandteile der Membranen. *Saure Phosphatase* (ein charakteristisches Lysosomen-Enzym), *Thiaminpyrophosphatase* und *Xanthinoxydase* sind im Golgi-System lokalisiert. Da dieses System Produkte des Zellstoffwechsels vor allem kondensiert („Kondensationsarbeit"), speichert und nach Bedarf abgibt, wird seine chemische Zusammensetzung stark variieren. In biochemischer Hinsicht erscheint der Golgi-Apparat noch ungenügend definiert.

6.3.2.3.1. Beschaffenheit und Aufbau der pflanzlichen Zellwand

Die typische Pflanzenzelle ist von einer festen, morphologisch ziemlich gleichförmigen **Zellwand** umgeben. „Sie ist als Produkt des lebenden Protoplasten in einem komplizierten Lebensgeschehen gewachsen. So durchläuft jede Zellwand vom Zeitpunkt ihrer Entstehung bis zum Endstadium der Ausdifferenzierung eine individuelle, vom Protoplasten der Zelle gesteuerte Entwicklung, die zur Ausbildung spezifischer Zellwandstrukturen führt, denen im Rahmen der Gesamtleistung der Zelle besondere Aufgaben zufallen" (HAGEN).

Die **Zellwand** besteht aus **organischem Material** der folgenden Art:

- **Grundsubstanzen** (Pektinstoffe und Hemisubstanzen)
- **Gerüstsubstanzen** (Zellulose, bei Pilzen auch Chitin)
- **Inkrusten** („Einlagerungsmaterial" wie das Lignin) (vgl. 10.5.1.)
- **Adkrusten** (= auf die Zellwand außen aufgelagerte Stoffe wie das Cutin, das Suberin, Wachse, die Sporopollenine).

Die Verteilung der Wandsubstanzen in der ausdifferenzierten Zellwand veranschaulicht die Abb. 6.5. *Primärwand* und die sog. *Mittellamelle* (= mittlere Kittschicht benachbarter Zellen) bestehen vorwiegend aus *Grundsubstanzen* neben wenig Zellulose (ca. 5%). Sie durchsetzen als amorphes Material die durch die Zellulose geschaffenen interfibrillären Räume. *Sekundär-* und *Tertiärwände* sind durch das starke Hervortreten von *Gerüstsubstanzen* gekennzeichnet, die charakteristische, an die Funktion des jeweiligen Zelltyps angepaßte Texturen schaffen. Die Gerüststoffe bilden das aus polymeren Kohlenhydraten gebildete, einem Maschenwerk vergleichbare Skelett, in dessen Zwischenräume in zahlreichen Fällen *Lignin* (als das wichtigste *Inkrustationsmaterial* der pflanzlichen Zellwand) eingelagert ist. In manchen Pflanzentaxa können **anorganische Stoffe** in z. T. erheblicher, strukturbildender Menge auftreten:

– *amorphe Kieselsäure* (Sauergräser und Schachtelhalme)
– *Polykieselsäure* (Wandstoff der Diatomeen-Frustel)
– *Calciumcarbonat* (Characeae, Armleuchtergewächse)
– *Calciumoxalat* (Cupressaceae).

Adkrusten (Wandauflagerungen) der Zellen der Hautgewebe (Epiderm, Periderm) sind das *Cutin* (Cuticula von wechselnder Stärke bildend), das *Suberin* (Korkschichten bildend; Gewinnung von Flaschenkork, Korkeiche, *Quercus suber*) und *Wachs*-Ausscheidungen (besonders ausgeprägt bei den Wachspalmen der Anden, *Copernicia cerifera*). Die Adkrusten von Pollenkörnern und Gefäßkryptogamensporen werden durch die extrem widerstandsfähigen *Sporopollenine* gebildet.

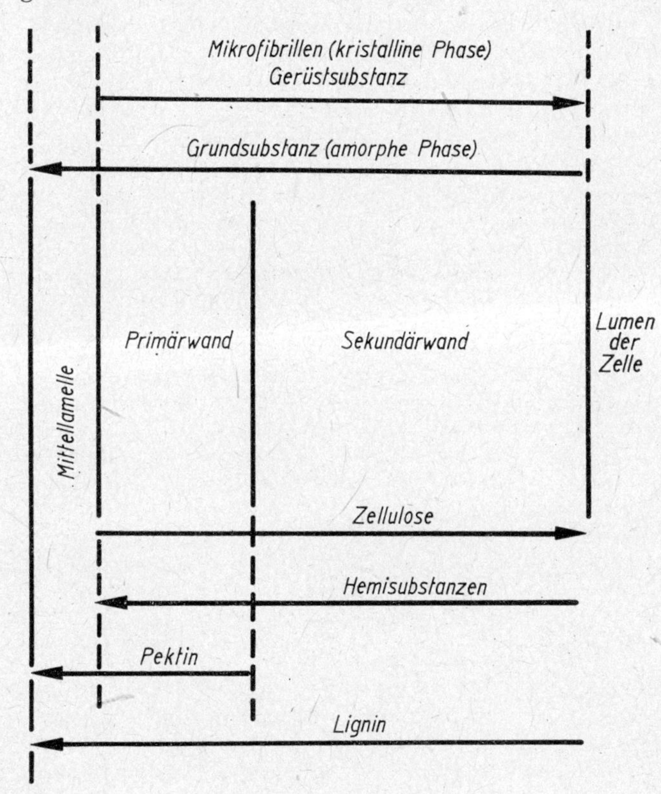

Abb. 6.5. Verteilung der Wandsubstanzen in der ausdifferenzierten Zellwand (n. NORTHCOTE, aus BIELKA). Die Pfeile bezeichnen die Zunahme der relativen Anteile der einzelnen Wandbestandteile.

Die Zellwand wird nach erfolgter Kernteilung im Zuge der sich anschließenden **Zellteilung** in einem besonderen Plasmabezirk, dem sog. *Phragmoplasten*, angelegt. Durch Zusammenfließen von „Bläschen" (Golgi-Vesikeln mit relativ niedermolekularen, sauren Polysacchariden) entsteht eine zellulosefreie Zellplatte. Durch zentrifugales Wachstum findet sie Anschluß an die Längswände der Mutterzelle, mit denen sie verschmilzt, wodurch die Zellteilung beendet ist. Von den nunmehr getrennten Protoplasten wird beidseitig Wandmaterial aufgelagert (Appositionswachstum). Damit beginnt die Bildung der *Primärwand*. Die zellulosefreie, stark hydratisierte Zellplatte zusammen mit den ersten, der Primärwand zugehörenden Wandlamellen bildet die *Mittellamelle* (Interzellularsubstanz). Durch lokales Auseinandertreten, Auflösung oder Zerreißen der Interzellularsubstanz entstehen sog. *Interzellularen*, die als ein lufterfülltes, miteinander kommunizierendes System den ganzen Pflanzenkörper durchsetzen. Das Interzellularsystem hat Anschluß an die Spaltöffnungen (Stomata) und dient der Erleichterung des Gasaustausches (Photosynthese, Atmung) sowie der Transpiration (stomatäre Transpiration). Zellwände wachsen in die Fläche (Flächenwachstum) und in die Dicke (Dickenwachstum). *Flächenwachstum* ist durch *Intussuszeption* (Einlagerung von Wandsubstanz) und *Apposition* (Auflagerung von Wandlamellen), *Dickenwachstum* durch *Appositionswachstum* möglich.

Grundsubstanzen. – Hierbei handelt es sich vor allem um *Pektinverbindungen* (Polyuronide) und *Hemisubstanzen* neben meist sauren, stark hydratisierten Polysacchariden.

Pektinverbindungen bilden 3 Substanzgruppen einheitlicher Biogenese: *Pektinsäuren, Pektininsäuren* und *Protopektine*. **Pektinsäuren** sind Polygalakturonsäuren ($1 \rightarrow 4\alpha$, 5—100 Bausteine). In den **Pektininsäuren** (100—200 Bausteine) sind die freien Carboxylgruppen teilweise mit Methanol verestert (Bildung durch Transmethylierung, vgl. 9.2.). **Protopektine** sind unlösliche Stoffe und vermutlich keine reinen Homoglykane.

Wasserlösliche Polygalakturonsäure-Methylester sind charakteristische Bestandteile von Fruchtsäften (Fruchtgeleebildung). Lösliche Pektinverbindungen sind durch hohes Quellungsvermögen und ihre Gelierfähigkeit ausgezeichnet. Das **unlösliche Protopektin** liegt in Form von Calcium- und Calcium-Magnesium-Salzen vor. Die Polygalakturonsäure-Ketten sind hier durch Phosphatbrücken, Salzbildung und Veresterung mit Arabinose miteinander verbunden.

Die Isolierung nativer Pektinverbindungen ist schwierig und gelingt z. B. unter Verwendung von Zellsuspensionskulturen von *Acer pseudoplatanus*, die Galakturonsäure-haltige Polysaccharide in das Kulturmedium ausscheiden. Die Biosynthese in vitro ist noch nicht gelungen. Diese geht offensichtlich von UDP-Glucose aus und führt über UDP-Gluconsäure (Oxydation mit NAD-Enzym) zu UDP-Galakturonsäure (*5-Epimerase*). Eine UDP-Galakturonyl-Transferase überträgt den Baustein auf die wachsende Polyuronidkette. Die Methylierung erfolgt mittels S-Adenosylmethionin. Den Pektinabbau besorgen *Pektin-Esterasen* (Entmethylierung) und *Pektinase* (Depolymerisation, *Polygalakturonase = Pektindepolymerase*).

Als **Hemisubstanzen** werden ganz verschiedenartige Stoffe zusammengefaßt. Darunter fallen:

- *Hemizellulosen* und *Polyuronide*
- *Pflanzengummen*
- *Schleime* und *Algenschleime* (Fucoidin, Laminarin, Algen, Agar-Agar, Carragen)
- „**Reservezellulosen**" (Arabane, Xylane, Mannane, Galaktoaraban), die nicht eigentlich zu den Wandstoffen gehören, da sie als Kohlenhydratreserve bei der

Samenkeimung enzymatisch abgebaut werden (Reservezellulose z. B. in den dicken Zellwänden von Datteln und anderen Palmen, „vegetabilisches Elfenbein").

Als **Hemizellulosen** werden nach Extraktion löslicher Wandstoffe verbleibende „Resthemizellulosen" (= alkaliunlösliche Hemizellulosen oder Zellulosane = „Zellulosebegleiter") bezeichnet. Sie bestehen hauptsächlich aus Xylanen und Mannanen.

Gerüstsubstanzen. — Sie bilden ein aus submikroskopischen Mikrofibrillen bestehendes Netzwerk und bestehen aus Zellulose (β-D-1,4-Glucan) oder aus Chitin (β-1,4-Polyacetylglucosamin, bei Basidiomyceten und Phycomyceten). Eine schematische Darstellung des Feinbaues von Zellulose-Mikrofibrillen zeigt die Abb. 6.6. Hier besteht eine ganze Hierarchie langgestreckter Fadenmoleküle und faseriger Strukturen.

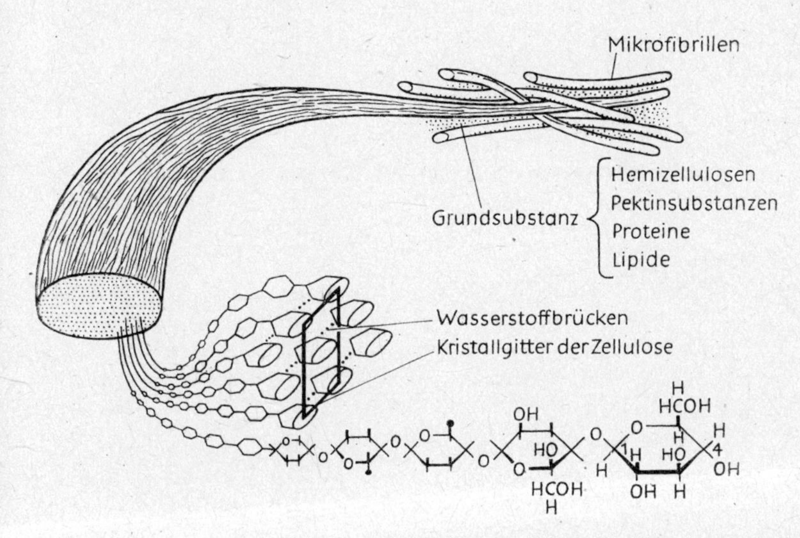

Abb. 6.6. Schema des Feinbaus der Zellulose-Mikrofibrillen (n. ROELFSEN).

Zum Aufbau und zur Synthese von Lignin vgl. 10.4.1.

6.3.3. Die Plasten des Katabolismus

Als „Plasten des Katabolismus" werden hier die Mitochondrien (Chondriosomen) und das lysosomale System mit seinen Funktionselementen zusammengefaßt. **Mitochondrien** gelten als „die chemischen Kraftwerke" der Zelle (biologische Oxydation, abbauende Reaktionsfolgen des Fettsäure-Katabolismus und der Endoxydation über den Tricarbonsäure-Zyklus, Ammoniakentgiftung über den Ornithin-Zyklus, oxydative ATP-Bildung). Das **lysosomale System** bewerkstelligt hydrolytische Abbauprozesse, insbesondere die Depolymerisation der Biomakromoleküle.

6.3.3.1. Die Mitochondrien

Die **biochemischen Aktivitäten** der **Mitochondrien** liegen auf folgenden Gebieten:
- Elektronentransfer von $NADH_2$, Succinat, Cholin, Prolin, α-Glycerophosphat und Pyruvat auf Sauerstoff (Atmungskette, biologische Oxydation), vgl. 11.1.
- oxydative Phosphorylierung, vgl. 11.1.2.
- Tricarbonsäure-Zyklus, vgl. 10.2.1.
- Citrullinsynthese und Teile des Krebs-Henseleit-Zyklus, vgl. 12.8.2.
- δ-Aminolaevulinat-Synthese (Aufbau der Porphyringrundstruktur)
- Fettsäureoxydation, vgl. 10.2.2.2.
- Biosynthese von Glucuronat und Ascorbat
- organellspezifische Proteinbiosynthese (vgl. weiter unten) und damit zusammenhängend: endogene DNS- und RNS-Synthese.

Zur Fraktionierung von Mitochondrien und zur biochemischen Kapazität von Mitochondrien-Fragmenten vgl. den Abschnitt 11.1.2.

Mitochondrien sind Zellstrukturen, die an der Grenze der lichtoptischen Sichtbarkeit liegen und sich hier als mit Janusgrün B vital anfärbbare, stäbchenförmige oder ovale Partikeln noch zu erkennen geben. Die Mitochondrien der Muskulatur werden auch als *Sarkosomen* bezeichnet.

Mitochondrien werden in hypertonen oder isotonen Lösungen von Nichtelektrolyten **präpariert** (Saccharose, Mannit). Durch differentielle oder Dichtegradientenzentrifugation von Zell- bzw. Gewebeaufschlüssen (Homogenaten) erhält man eine Mikrosomen-Fraktion, die neben Verunreinigungen (Kerntrümmern u. a.) die Mitochondrien enthält. Durch Behandlung mit Ultraschall oder Detergenzien kann man die rein präparierten Mitochondrien in mitochondriale **Fragmente** zerlegen (Elektronentransport-Partikeln, Komplexe der Atmungskette, vgl. 11.1.2.). Die elektronenmikroskopische Abbildung der Mitochondrien und die Anwendung spezieller Färbetechniken hat zu wesentlichen Einblicken in ihre submikroskopische Feinstruktur und in die Enzymverteilung (vgl. weiter unten) geführt.

Die **Zahl der Mitochondrien** in einer Zelle ist sehr unterschiedlich:
- Spermatozoen: 20—24 pro Zelle
- Leber: 500 pro Zelle
- Protozoen (z. B. *Chaos chaos*): bis 500000 pro Zelle.

Die Form der Mitochondrien ist abhängig vom Funktionszustand, von der Zellart und von den verwendeten Isolierungs-, Fixierungs- und Färbetechniken. „Megamitochondrien" (Riesenformen) sind die Folge geschädigter Mitochondrienstruktur. Atmungsdefekte Mutanten von Mikroorganismen („petit"- und „poky"-Mutanten) haben in der charakteristischen Binnenstruktur veränderte Mitochondrien. Die funktionsaktive Form wird in den länglichen Mitochondrien gesehen, während die abgerundete Form auf Schädigungen oder Funktionsminderungen hinweist. Die Größe der Mitochondrien wird zu 1—5 μm $\times$ 0,5—1 μm angegeben.

Mitochondrien haben eine charakteristische *Binnenstruktur* (Abb. 7.6.). Jedes Mitochondrion wird von einer **Doppelmembran** umgeben, die die Außenhülle bildet. Sie ist aus 2 je etwa 7—8 nm breiten elektronenoptisch dichten Schichten = **Außenmembran** und **Innenmembran** sowie einer helleren, elektronendurchlässigen „Zwischenschicht" (äußere Matrix, äußere Mitochondrienkammer) zusammengesetzt. Außen- und Innenmembran sind morphologisch, funktionell und wohl auch in ihrer Biogenese voneinander verschieden. Sie ent-

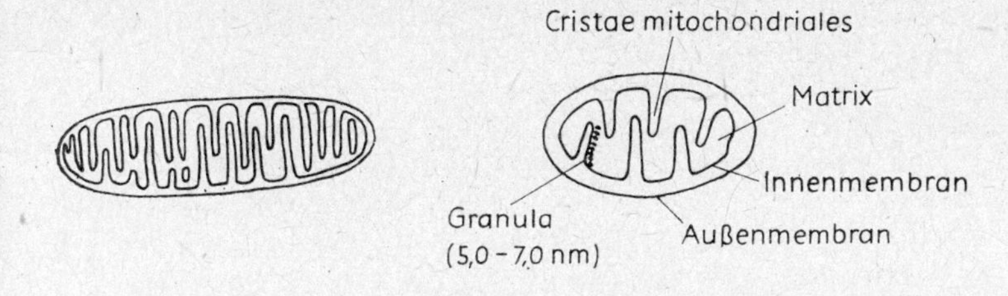

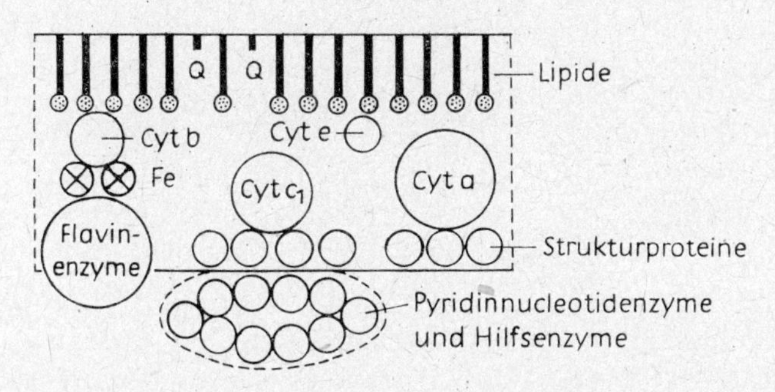

Abb. 6.7. Schema des Mitochondrienaufbaus (rechts oben n. BENNETT, links oben sowie unten n. GREEN, aus ROTZSCH). Cyt = Cytochrome, Q = Ubichinon.

sprechen nur angenähert den Vorstellungen einer Einheitsmembran (unit membrane, vgl. 6.2.). Die Grundsubstanz des Binnenraumes eines Mitochondrions wird als *Matrix* bezeichnet. Sie stellt ein kontraktiles Netzwerk (Strukturproteine, „Actin" und „Myosin") dar, in dessen Maschenräumen eine wäßrige Phase eingeschlossen ist. Außen- und Innenmembran der Außenhülle verlaufen nur stellenweise parallel zueinander. Die Innenmembran springt in das Lumen (Matrix) in Form charakteristischer Ausstülpungen vor. Diese septenartigen Vorsprünge erscheinen hauptsächlich in einer Tubulus- und einer Crista-Form: *Tubuli mitochondriales* bzw. *Cristae mitochondriales*. Daneben gibt es alle möglichen Übergangsformen und Sonderformationen. Die Innenstruktur ist sehr variabel und stark vom Funktionszustand abhängig. Die meisten tierischen Zellen haben Mitochondrien vom Crista-Typ.

Untersuchungen über den molekularen Bau der Mitochondrienmembranen führen zu einem Verständnis ihrer Funktion. Die mitochondrialen Membranen bestehen zu etwa 50—60% aus Proteinen und zu etwa 40% aus Lipiden. Unter den *Lipiden* fällt der hohe Anteil an Lecithin, Phosphatidyläthanolamin und Cardiolipin (vgl. 2.6.2.) auf. Äußere und innere Membran unterscheiden sich in ihrer **chemischen Zusammensetzung** und **Enzymbestückung**:

- die **Außenmembran** ist reicher an Cholesterin und Phospholipiden als die Innenmembran und arm an Cardiolipin. Ihre „Leitenzyme" scheinen eine *NADH-Cytochrom-c-Reduktase* sowie *Monoaminoxydase* zu sein. Nach GREEN sollen in der äußeren Membran auch Enzyme des Tricarbonsäure-Zyklus und des Fettsäure-Stoffwechsels (Dehydrogenasen für α-Ketoglutarat, Malat,

Isocitrat und Fettsäuren) lokalisiert sein. Enzyme der Phospholipidsynthese sind hier offenbar gleichfalls vorhanden;
- die **Innenmembran** ist reich an **Cardiolipin** und arm an Cholesterin und Phospholipiden. Sie enthält die Komponenten der Elektronentransportkette und der oxydativen Phosphorylierung (Atmungskette) sowie *ATPase* und *β-Hydroxybutyraldehyd-Dehydrogenase* (vermittelt den Wasserstofftransport aus dem extra- in den intramitochondrialen Raum, vgl. Abschnitt 11.2.). Die 4 Komplexe der Atmungskette sind in räumlicher Zuordnung hier vorhanden (vgl. 11.1.1.). An der Matrixseite der Innenmembran befinden sich die als *Oxysomen* bezeichneten Elementarpartikel, die aus einem Kopf-, Stiel- und Basalteil bestehen (letzterer ist Bestandteil der Crista-Membran). Im Kopf sollen die *Cytochromoxydase*, im Stiel die *Cytochrom-c-Reduktase* und in der Basalplatte die *$NADH_2$-Coenzym-Q-Reduktase* und die *Succinat-Coenzym-Q-Reduktase* lokalisiert sein.

In der wäßrigen Phase der Matrix befinden sich die Coenzyme der Mitochondrien: NAD, NADP und Coenzym A. Hier ist auch die mitochondriale DNS lokalisiert.

Mitochondrien entstehen durch autoreproduktive Vorgänge. Die **genetische Autonomie** ist begrenzter als bei den Chloroplasten. Sie entstehen ausProorganellen (*Promitochondrien*). Für eine Bildung de novo und aus anderen Organellen fehlen schlüssige Beweise. Die Außenmembran scheint unter der genetischen Kontrolle des nucleo-zytoplasmatischen Systems gebildet zu werden, während man für die Synthese von Strukturproteinen der Binnenmembranen eine Codierung durch das organellspezifische Proteinsynthesesystem annimmt. Mitochondrien erscheinen daher wie zwei „ineinandergeschachtelte" Kompartimente.

6.3.3.2. Die Lysosomen

In den **Lysosomen** sind hydrolytische Enzyme „verpackt". Die **lysosomalen Enzyme** umfassen ein breites Spektrum abbauender Enzyme, so daß alle Biopolymeren katabolisiert werden können. Kennzeichnend für die lysosomalen **Hydrolasen** ist, daß ihr wirkungsoptimales pH um etwa 5 liegt. Folgende Enzyme werden in Lysosomen nachgewiesen:

- *DNase*, *RNase* (Abbau von Nucleinsäuren)
- *α-Glucosidase*, *β-Glucuronidase*, *β-Galaktosidase*, *Hyaluronidase*, *Muramidase* u. a., Abbau von Mucopolysacchariden)
- *Kollagenase*, *Kathepsine* u. a. (Proteinabbau)
- *Arylsulfatase*, *Esterasen*, *Lipase*, *saure Phosphatase* u. a. m.

Vermutlich kommen Lysosomen in allen Zellformen vor. Die bisherigen Untersuchungen haben erst ein recht grobes Bild von den zahlreichen Funktionen, dem Formwechsel und der Genese dieser Zellkompartimente geliefert. Licht- und elektronenmikroskopisch lassen sich charakteristische Strukturen an den Lysosomen nicht erkennen, so daß morphologische Kriterien zu ihrer Erkennung fehlen. Ihr Nachweis erfolgt mit biochemischen und histochemischen Verfahren, wozu die charakteristische Enzymbestückung benutzt wird. Lysosomen sind von einer *Lipoproteinmembran* umgeben. Unter anaeroben Bedingungen werden sie unter Freisetzung der lysosomalen Enzyme zerstört. Sauerstoffmangel bewirkt vermutlich eine Senkung des pH-

Wertes. Auch isolierte Lysosomen werden unter pH 5 „undicht“. Eine Zerstörung der Lysosomen erfolgt des weiteren beim Zelltod (so daß Autolyse eintritt, vgl. weiter unten), durch Detergenzien, Lipasen und Proteasen (welche die Lipoproteinmembran abbauen), durch Gefrieren und Wiederauftauen sowie durch osmotischen Schock.

Die Lysosomen sind **Orte der intrazellulären Verdauung** und **Autolyse**. Es existiert ein ganzes lysosomales System in der Zelle. Normalerweise sind die Substrate der lysosomalen Hydrolasen dem enzymatischen Zugriff entzogen (Trennung von Enzym und Substrat). Der hydrolytische Abbau tritt ein, wenn a) die Substrate in die Lysosomen gelangen (= intrazelluläreVerdauung), wenn b) die lysosomalen Enzyme in das Zytoplasma übertreten (erst bei Zelltod, wodurch Autolyse eintritt) oder wenn c) die Enzyme durch Sekretion nach außen abgegeben werden (nur bei speziellen Zelltypen wie z. B. Osteoklasten verwirklicht). Die sog. *primären Lysosomen* fungieren als Überträger hydrolytischer Enzyme zu den Orten des intrazellulären Abbaus. In ihnen finden keine Verdauungsvorgänge statt. Sie werden offensichtlich durch den Golgi-Apparat (oder in der „Golgi-Zone“) gebildet. Aus den primären Lysosomen und phagozytierenden und pinozytierenden Vakuolen (sog. Phagosomen) entstehen durch Verschmelzung die *Verdauungsvakuolen* (= *sekundäre Lysosomen*). In ihnen finden Verdauungs- und Abbauvorgänge statt bzw. es haben in ihnen solche bereits stattgefunden. Die intrazelluläre Verdauung erstreckt sich auf exogene und endogene Substrate („Heterophagie“ bzw. „Autophagie“). Makromolekulare Stoffe werden durch *Phagozytose* und *Pinozytose* in die Zelle aufgenommen, wobei *Phagosomen* gebildet werden, d. s. Vakuolen, die die aufgenommenen Stoffe enthalten. Werden durch eine Elementarmembran ganze Zytoplasmabezirke abgegrenzt, um anschließend intrazellulär verdaut zu werden, spricht man von *Zytolysomen*. Die Bruchstücke abgebauter Makromoleküle müssen aus den Verdauungsvakuolen und den Zytolysomen in das Zytoplasma ausgeschleust werden, wo sie weiteren metabolischen Umsetzungen unterliegen. Besonders gut untersucht sind z. Z. die intrazellulären Verdauungsprozesse bei Protozoen und bei bestimmten spezialisierten Zellen von Vertebraten (Fibroblasten in Gewebekultur, polymorphkernige Leukozyten).

7. Prinzipien der Stoffwechselregulation

Die in Lebewesen wirksamen Regelvorgänge haben Ähnlichkeit mit in der Technik angewandten Regelprozessen. Bei der Erforschung beider ist die *Kybernetik* (WIENER 1948) als die Wissenschaft von den Regelungsvorgängen in Natur und Technik entstanden. In gewisser Weise ist Kybernetik „Informationstheorie". Eine Information (Nachricht) ist eine „Folge von Ereignissen, die nicht vorhersehbar sind". Sie kann stofflich (Schrift, Morsealphabet, Basensequenz der Nucleinsäuren, Aminosäuresequenz der Proteine) als eine sinnvolle Folge von Zeichen oder auch durch zeitlich veränderliche Energien (Telefonie, Telegraphie) dargestellt werden. Sie wird durch *Signale* übertragen. Speicherung, Übertragung und Verarbeitung (Realisierung) von biologischer Information setzen molekulare Codierungs- und Decodierungsverfahren und Prozesse der Signalwandlung voraus.

Von *Steuerung* sprechen wir, wenn von einer „Befehlsstelle" eine Exekutive erteilt wird, die eine Veränderung einer „Betriebsgröße" bewirkt, ohne daß eine Rückmeldung über das Ergebnis der Veränderung erfolgt. Das Prinzip der *Regelung* beinhaltet eine dauernde Überwachung (Kontrolle) des Ergebnisses, indem eine Rückkoppelung („Rückmeldung") zur Befehlsstelle erfolgt. Jede zeitlich folgende Anweisung berücksichtigt das Ergebnis früherer Anweisungen. Das System verändert sich durch „Erfahrung", indem es sich immer besser an Gegebenheiten anpaßt. *Regelung* setzt in sich geschlossene Funktionskreise (Kausalketten) voraus. Der Vorgang, der sich hierin abspielt, wird zur Voraussetzung seiner selbst (zirkuläre Kausalität). Der Prozeß ist in 7.1. für die Regulation von Enzymaktivität und Genaktivität dargestellt.

Nach der Art der Informations- oder Signalübertragung kann man verschiedene **Typen biologischer Regulationsvorgänge** unterscheiden:

- *neurale* (nervöse) *Regulation,* Nervenimpulse als elektrische Signale
- *hormonelle* (humorale) *Regulation,* Hormone als stoffliche Signale, (in vielen Fällen zyklisches AMP [cAMP] bzw. Adenylzyklase als Signalwandler)
- *differentielle Genexpression,* substratunähnliche oder substratähnliche Effektoren als Signale
- *Feedback- und Feedforward-Mechanismen,* Metaboliten als Signale.

Bei der **neuralen Regulation** werden Nervenimpulse (elektrische Signale) dem Regler zugeführt. Die entsprechenden Korrekturen werden ebenfalls durch elektrische Signale veranlaßt. Das Nervensystem eines Organismus wird als eine Art Nachrichtenvermittlungssystem aufgefaßt. Bei der **hormonellen Regulation** (vgl. 7.3.) sind Hormone die Informationselemente eines übergeordneten Regulationsmechanismus. Sie vermitteln, gleich den Nervenimpulsen, Signale von einem Zentrum („Befehlsstelle“) an periphere Empfänger („Erfolgsorgane“). Neurale und hormonelle Regulation sind *Mechanismen der interzellulären Stoffwechselregulation* und als übergeordnete koordinierte Regelmechanismen für vielzellige Organismen charakteristisch. Mechanismen der differentiellen Genexpression sind in 7.2. behandelt. Feedback- und Feedforward-Mechanismen sind ausführlich in Abschnitt 7.1. dargestellt sowie an verschiedenen Stellen dieses Buches in speziellen Zusammenhängen abgehandelt.

Typen und Mechanismen der *intrazellulären Stoffwechselregulation* sind in der Tabelle 7.1. dargestellt.

Tabelle 7.1. Typen und Mechanismen der intrazellulären Stoffwechselregulation

Regulationsgruppe/ Regulationstyp	Mechanismus/Beispiele
Kompartimentierung und Pool-Bildung	Aufteilung der Zelle in Kompartimente mit unterschiedlicher Enzymbestückung; strukturelle oder funktionelle Stofftrennung :
a) Membranumgrenzung	Membranbildung zur Verhinderung, Ermöglichung und Regulation des Stoffaustausches;
b) Multienzymkomplexe	Aggregation von Enzymen zu strukturell und funktionell höheren Einheiten, Metabolit-Kompartimentierung durch kovalente Bindung an das Multienzymsystem.
Enzymatische Regulation	Änderung der Stoffwechselintensität und von Flux-Raten durch Konkurrenz von Enzymen um begrenzende Metabolite (gemeinsame Substrate) und Cosubstrate:
a) Regulation durch die Michaelis-Kinetik	
b) Stöchiometrische Rückkoppelung durch Metabolite	
c) Cofaktor-Stimulierung	
Regulation der Enzymaktivität	Hemmung oder Stimulierung der Aktivität vorhandener Enzyme:
a) Isosterie	Kompetitive Hemmung („Konkurrenz-Hemmung“) durch Substratanaloge;
b) Allosterie	Feinkontrolle der Enzymaktivität (meist des ersten Enzyms einer Reaktionsfolge) durch allosterische Wechselwirkung mit dem „allosterischen Effektor“ (Endprodukt der Reaktionskette) im Sinne einer Endprodukthemmung oder -aktivierung;
c) Enzymkatalysierte chemische Modifikation von Enzymen	Aktivierung und Inaktivierung von Enzymproteinen durch Maskierung oder Demaskierung von „konformationsbestimmenden“ Aminosäureresten:
α) Phosphorylierung/ Dephosphorylierung	Regulation von Glykogensynthese und -abbau (vgl. 10.4.1.);

(Fortsetzung der Tabelle 7.1.)

Regulationsgruppe/ Regulationstyp	Mechanismus/Beispiele
β) Adenylilierung/ Deadenylilierung	Regulation der Glutaminsynthese (vgl. 7.1.).
Regulation der Enzymkonzentration	Änderung der wirksamen Enzymkonzentration durch Regulation der Enzymsynthese und des Enzymabbaus:
a) Regulation der Genaktivität (Transkriptionsregulation)	Änderung der Enzymkonzentration durch Repression oder Induktion bzw. Derepression der Enzym-(Protein-)synthese bei der Transkription (Operon-Modell);
b) Translationsregulation	Änderung der Enzymkonzentration durch Beeinflussung der Translation bei der Proteosynthese;
c) Regulation der Proteolyse	Veränderung des Protein-Turnovers von Enzymen durch Verschiebung der Relation von Proteinsynthese und Proteinabbau;
d) Limitierte Proteolyse	Umwandlung eines Proenzyms (Zymogens) in das aktive Enzym durch „Demaskierung des aktiven Zentrums".

Als „*chemische Modifikation von Enzymen*" sollte man alle Vorgänge bezeichnen, bei denen die Enzymaktivität durch Knüpfung und Lösung von kovalenten Bindungen verändert wird. Dazu gehören: die enzymkatalysierte chemische Modifikation durch Protein-Kinasen und Protein-Phosphatasen (Phosphorylierung, Dephosphorylierung), durch Adenylilierung und Deadenylilierung, die Aktivitätsbeeinflussung durch die Herstellung einer bestimmten notwendigen Zahl von —SH-Gruppen oder Disulfidbindungen durch entsprechende Umwandlung von Disulfidbindungen in Thiolgruppen und umgekehrt, Substitutionsreaktionen an Aminosäureseitenketten (vgl. 3.3.). Die verwendete Nomenklatur ist nicht einheitlich. Beispielsweise kann man die limitierte Proteolyse (vgl. 7.1.) ebenso der Regulation der Enzymaktivität zuordnen.

7.1. Regulation von Enzymaktivität, Enzymsynthese und Enzymabbau

Kontrollmöglichkeiten von Enzymen im Stoffwechsel sind in der Tabelle 7.2. zusammengestellt.

Tabelle 7.2. Kontrolle von Enzymen (vgl. auch Tabelle 7.1.)

Kontrollart	Mechanismus
Enzymaktivität	chemische Modifikation durch Knüpfung und Lösung von kovalenten Bindungen; physikalische Modifikation durch Betätigung nichtkovalenter Bindungen (allosterische Effekte).
Enzymsynthese	Induktion bzw. Derepression; Repression; limitierte Proteolyse.
Enzymabbau	Regulation der Proteolyse.

Allosterische Proteine sind in Abschnitt 5.5. behandelt. Als **allosterische Hemmung** (Endprodukthemmung) wird die *Aktivitätshemmung eines Enzyms* durch das *Endprodukt* (oder ein „relatives“ Endprodukt) einer Reaktionsfolge bezeichnet. Das Endprodukt kontrolliert als *allosterischer Effektor* durch „Feedback“ die Aktivität eines Enzyms der vorgegebenen Reaktionsfolge, und zwar zumeist des ersten Enzyms, das als „allosterisches Enzym“ bezeichnet wird. Der *allosterische Inhibitor* verringert die Enzymaktivität und beeinflußt nicht die Enzymbildungsrate (Enzymkonzentration). Im Falle der **allosterischen Aktivierung** kontrolliert ein *Endprodukt*, der *allosterische Aktivator*, die Aktivität eines (allosterischen) Enzyms durch *Aktivitätsförderung* (positives Feedback). Der allosterische Aktivator erhöht die Enzymaktivität.

Beispiele für allosterische Hemmung (negative Rückkoppelungskontrolle durch Endprodukthemmung) sind: die Feinkontrolle der Aromatenbiosynthese durch die aromatischen Aminosäuren Phenylalanin und Tyrosin auf der Stufe der Reaktion von Erythrose-4-phosphat mit Phosphoenolpyruvat zu 3-Desoxy-D-arabino-heptulosonsäure-7-phosphat (DAHP) (Phenylalanin und Tyrosin als allosterische Inhibitoren, DAHP-Synthetase als allosterisches Enzym, vgl. 10.5.); die Hemmung der Aspartat-Carbamoyltransferase (Aspartat-Transcarbamylase) durch Pyrimidinnucleosidtriphosphate (vgl. 12.7.1.) u. a. m.

Verschiedene *Typen der allosterischen Hemmung* sind in der Abb. **7.1.** zusammengestellt.

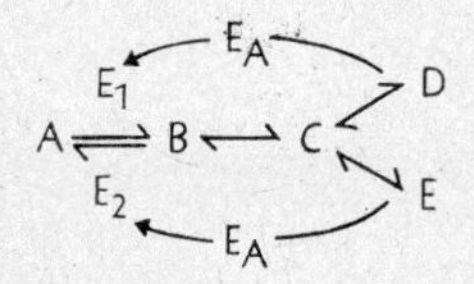

ENZYMMULTIPLIZITÄT:
Multiple Enzyme des 1. Reaktionsschrittes werden durch D oder E gehemmt.

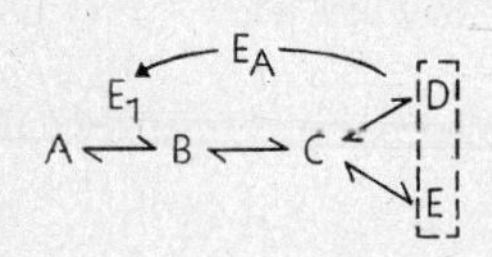

KONZERTIERTE ODER MULTIVALENTE ENDPRODUKTHEMMUNG:
Es müssen sowohl D als auch E anwesend sein, um den 1. Reaktionsschritt zu hemmen.

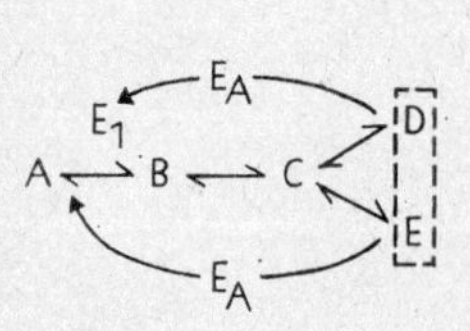

KOOPERATIVE HEMMUNG:
D und E hemmen jedes für sich zu einem gewissen Anteil. Die simultane Hemmung durch beide Endprodukte ist größer als die Summe der beiden Teilwirkungen.

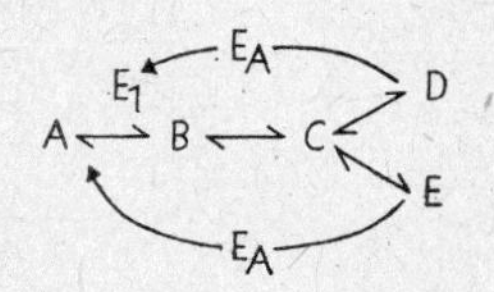

KUMULATIVE HEMMUNG:
D und E wirken unabhängig voneinander. Jedes der beiden Endprodukte bewirkt einen teilweisen Aktivitätsverlust.

Abb. 7.1. Typen allosterischer Hemmungen.

Als **Feedback-Regulation** wird allgemein die positive oder negative Rückkoppelungskontrolle in einem biologischen Regelkreis verstanden. Über die Art der molekularen Wechselwirkung wird hierbei zunächst nichts ausgesagt. Die Endprodukthemmung ist ein Beispiel für einen negativen Feedback-Mechanismus. Wie bei der Enzymrepression wirkt ein Metabolit als Signal. **Endprodukthemmung** und **Repression** sind jedoch klar unterschieden: die *Endprodukthemmung* ist ein *Mechanismus der Feinkontrolle der Enzymaktivität* durch **physikalische Modifikation**, die *Enzymrepression* ist ein *Mechanismus der Grobkontrolle der Enzymsynthese* (Tabelle 7.3.).

Tabelle 7.3. Charakteristika von Endprodukthemmung und Enzymrepression

Endprodukthemmung	Enzymrepression
Die *Aktivität* eines präexistierenden Enzyms wird *gehemmt*; die *Hemmung* tritt praktisch *sofort* ein: Feinregelung, „taktische Maßnahme" der Zelle;	Die *Enzymbildungsrate* wird durch *Hemmung der Enzymneubildung* unterdrückt; die Hemmung ist an eine „Ausverdünnung" vorhandener Enzyme gebunden: relativ *langsam* wirkender Kontrollmechanismus: Grobregelung, „strategische Maßnahme" der Zelle;
die *Hemmung* ist *reversibel* und erfolgt auch *in vitro* (mit dem gereinigten Enzym);	Repression erfolgt *nicht mit dem gereinigten Enzym*;
es wird zumeist nur das *erste Enzym* („allosterische Enzym") einer Reaktionsfolge beeinflußt.	es erfolgt oft eine *koordinierte Regulation mehrerer Enzyme*, wenn diese durch benachbarte DNS-Abschnitte (Cistrons) codiert werden (vgl. das Operon-Modell als funktionelle Einheit von Promotor, Operator-Gen und zugeordneten Strukturgenen).

Bei der **Repression kontrolliert** ein *Regulator-Gen* (Funktion: Repressor-Synthese, Repressor = ein Protein) durch die *Produktion eines Repressors* spezifisch **die Enzymbildungsrate.** Der Repressor setzt die Enzymbildungsrate herab, was ein Absinken der Enzymkonzentration (bei Weitergehen des Enzymabbaus) zur Folge hat. **Unterschiede von Endprodukthemmung und Enzymrepression** zeigt das folgende Schema:

Regulation der Enzymaktivität (durch negative oder positive Endproduktkontrolle):
Nucleinsäure → Enzym → Metabolit (Endprodukt)
↑ Feedback |

Regulation der Enzymsynthese (durch Regulation der Genaktivität im Sinne eines negativen oder positiven Feedback):
Nucleinsäure → Enzym → Metabolit
↑ Feedback |

Negatives Feedback bei der Regulation der Enzymaktivität = Endprodukthemmung, bei der Regulation der Enzymbildungsrate (Genaktivität) = Repression; **positives Feedback** bei der Regulation der Enzymaktivität = „Endproduktaktivierung" (allosterische Aktivierung), bei der Regulation der Enzymbildungsrate = Depression bzw. Induktion. Ein *Feedforward-Mechanismus* liegt vor, wenn ein Metabolit einer Reaktionskette ein später liegendes Enzym allosterisch aktiviert.

Die **Induktion des Lac-Systems** in *Escherichia coli* (JACOB und MONOD) als Modell der Regulation der Enzymsynthese zeigt die Abb. 7.2. Bei der Verwertung von Lactose als C-Quelle werden 3 Enzyme induziert:

- eine *Permease* (Lactoseaufnahme)
- eine *β-Galaktosidase* (Spaltung von Lactose in Galaktose und Glucose sowie Bildung eines induktiv wirksamen Zwischenproduktes aus Galaktose und Glycerin, *Transferase*-Aktivität!)
- eine *Transacetylase* (von unbekannter Bedeutung).

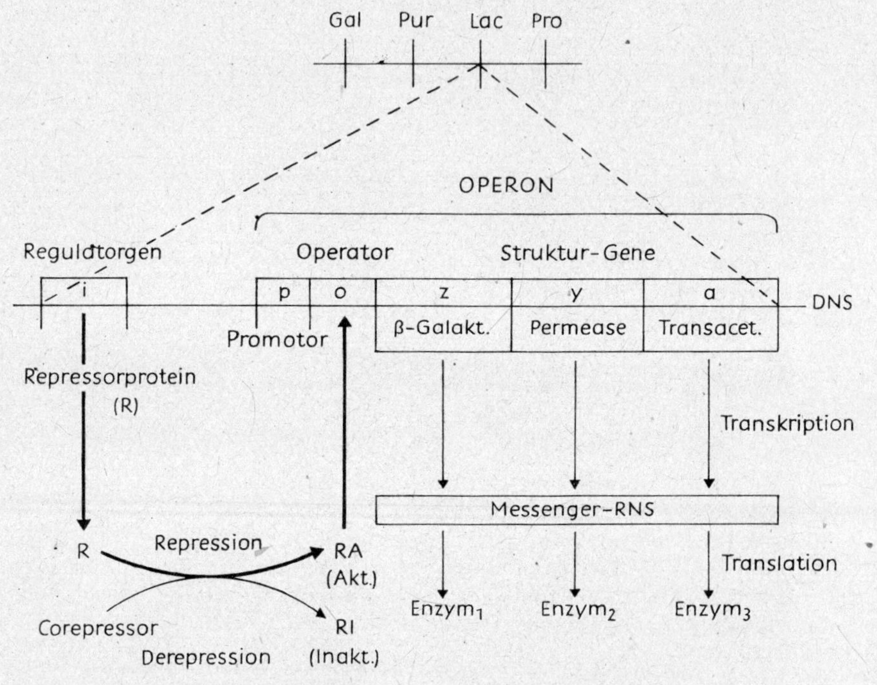

Abb. 7.2. Schema des Lac-Operons.

Die vermehrte Bildung dieser 3 Enzyme erfolgt koordiniert. Für jedes Enzym besteht ein definierter DNS-Abschnitt (*Cistron*, vgl. Abbildung 7.2.). Vorangestellt ist ein *Operator* (gen), der für die koordinierte Ablesung der 3 Strukturgene verantwortlich ist. An seiner Spitze befindet sich ein als *Promotor* bezeichneter Abschnitt, der als „Transkriptionsstarter" wirkt. Der Operator ist der Angriffspunkt regulatorischer Effekte. An ihn wird der *Repressor* gebunden, der durch ein an einer entfernten Stelle des bakteriellen Chromosoms gelegenes *Regulator-Gen* in seiner Bildung kontrolliert wird. **Bindung des Repressors an den Operator** bedeutet: **Blockade der RNS-Polymerase** (in anderen Fällen des betreffenden

Abschnittes der DNS-Matrize), d. h. **Repression der Enzyme der Lactoseverwertung. Lactose als Induktor inaktiviert den Repressor, so daß Transkription erfolgt** (*Enzyminduktion*). Das von MÜLLER-HILL isolierte **Repressorprotein** hat ein Molekulargewicht von 150000 und besteht aus 4 identischen Untereinheiten. Es bindet ein Induktormolekül/Mol. Die Bindung des Repressors an den Operator erfolgt sehr schnell, sein Zerfall sehr langsam. Mit dem Induktor wird ein ternärer Komplex gebildet, wodurch die Affinität des Repressors zum Operator sich auf 1/5000 abschwächt. Repressoren aus Bakterien sind saure Proteine mit Molekulargewichten zwischen 30000 und 150000. Pro Zelle sollen nur 5—10 Moleküle vorhanden sein. Sie werden an die Doppelhelix der DNS gebunden (nicht an einsträngige DNS oder denaturierte DNS).

Ein **Induktor** inaktiviert „seinen" Repressor. Er setzt die Enzymbildungsrate herauf, indem er durch Verbindung mit dem Repressor diesen unwirksam macht. Dabei führt er eine Konformationsänderung des Repressorproteins herbei, wodurch dieses nicht mehr an das Operator-Gen gebunden werden kann: die Transkription der dazugehörigen Strukturgene kann erfolgen. Die **Induktion**, also die *Repressorinaktivierung durch den Induktor,* ist von Bedeutung für die Ingangsetzung der Synthese katabolischer Enzyme. Das Substrat, das als Induktor wirkt, kann verwertet werden. Als Induktoren können unter Umständen auch Substratanaloge wirken (die nicht assimiliert werden). Als **Corepressor** wird eine chemische Substanz bezeichnet, die durch Verbindung mit dem Repressor(protein) diesen aktiviert. Die Verbindung des Corepressors mit dem Repressor führt eine Konformationsänderung des Repressorproteins herbei, so daß dieses an das Operator-Gen gebunden werden kann: die Transkription der dazugehörigen Strukturgene wird blockiert. Die **Repression**, also die *Repressoraktivierung durch den Corepressor*, ist von Bedeutung für die Hemmung der Synthese anabolischer Enzyme. Das Endprodukt einer Reaktionsfolge kann als Corepressor wirken, wodurch die Enzyme seiner Biosynthese in ihrer Bildung gehemmt werden: negatives Feedbeck. Bei genügend hohem Angebot an Endprodukt (z. B. auch durch Zufütterung der exogenen Verbindung) kommt seine Eigensynthese zum Erliegen. Die weitere Synthese der betreffenden Verbindung erscheint unökonomisch. Die Zelle orientiert sich auf die vorhandene oder zugeführte Verbindung. Material und Energie werden in andere Stoffwechselkanäle eingeschleust.

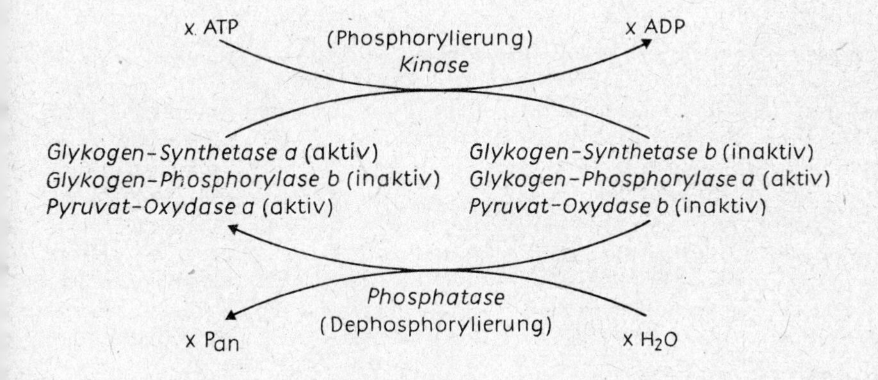

Ein wichtiger Mechanismus der intrazellulären Stoffwechselkontrolle scheint auch die **chemische Modifikation von Enzymen** durch die Knüpfung und Lösung kovalenter Bindungen zu sein. Zwei verschiedene Mechanismen wurden ausführlicher untersucht (HOLZER, WIELAND): die *Phosphorylierung/Dephosphorylierung* (durch Protein-Kinasen und Protein-Phosphatasen) und die *Adenylilierung/Deadenylilierung*. Durch den **Phosphorylierungs-Dephosphorylierungsmechanismus** werden verschiedene Enzyme aktiviert und inaktiviert (S. 259 unten).
Die Phosphorylierung erfolgt mit ATP an OH-Gruppen von Serylresten des Enzymproteins. Die Regulation von Glykogenabbau und Glykogensynthese ist ausführlich in Abschnitt 10.4.1. beschrieben.

Bei der **Adenylilierung/Dadenylilierung** wird Adenylat (AMP) aus ATP an OH-Gruppen von Tyrosylresten des Enzymproteins gebunden bzw. hydrolytisch oder phosphorolytisch von diesen abgespalten. Nach diesem Mechanismus wird die *Glutaminsynthetase* in ihrer Aktivität reguliert (vgl. 12.3.):

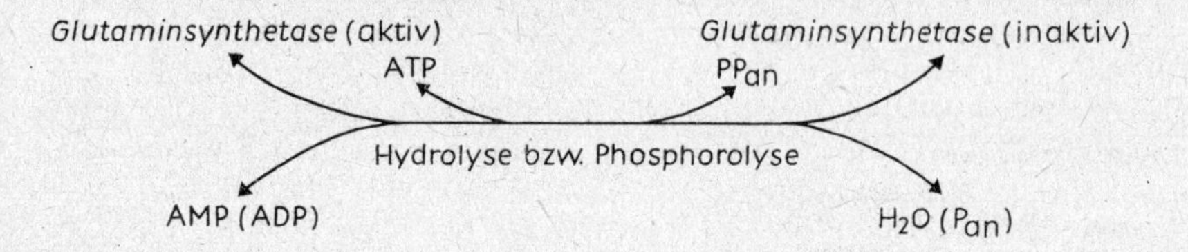

Die Adenylilierung von aktiver Glutaminsynthetase (GS_{akt}) führt zur Enzyminaktivierung (Bildung von GS_{inakt} = GS-AMP). Sie wird durch ein adenylilierendes Enzym besorgt. Die Reaktivierung erfolgt vermutlich nicht auf hydrolytischem Wege, sondern durch Phosphorolyse (Bildung von ADP statt AMP). Sie ist damit keine bloße Umkehr der Adenylilierung, die unter Abspaltung von Pyrophosphat verläuft und im Prinzip reversibel ist (Pyrophosphorolyse). Das Wechselspiel von Inaktivierung und Reaktivierung wird durch den Metabolitspiegel von Ammoniumionen, Glutamin und α-Ketoglutarat kontrolliert: Glutamin befördert die Inaktivierung und hemmt die Aktivierung, α-Ketoglutarat hemmt die Inaktivierung und fördert die Aktivierung. Glutamin wird in zentralen Reaktionen des N-Metabolismus verbraucht und durch Glutaminase gespalten (vgl. 12.4.).
Zur limitierten Proteolyse vgl. Abschnitt 12.8.1.

Die Veränderung des Proteinturnovers durch **Regulation der Proteolyse** (vgl. 12.8.1.) scheint ein wichtiges Regulationsprinzip höherer Organismen zu sein. Während man die Aufmerksamkeit bisher stärker auf die Vorgänge der Transkriptions- und Translationsregulation bei der Proteinbiosynthese lenkte (vgl. auch 14.3.), blieb die Regulation des Proteinabbaus relativ unbeachtet. Der Abbau der Tryptophan-Synthetase (vgl. 10.5.) wird durch gruppenspezifische Proteasen reguliert, die man als *Tryptophan-Synthetase-Inaktivase I* und II bezeichnet hat (HOLZER). Eine zusätzliche Regulation erfährt das System durch einen Inaktivase-Inhibitor, der von Proteinnatur und vermutlich eine weitere Protease ist. Ähnliche Verhältnisse könnten bei der Anthranilat-Synthetase-Regulation vorliegen, wo ebenfalls eine Inaktivase eine Rolle zu spielen scheint (HOLZER/HÜTTER). Möglicherweise bereiten gruppenspezifische Proteasen den

Proteinabbau durch unspezifische Proteasen vor. Man könnte spekulieren, daß bei der Regulation der Proteolyse ganze Wirkketten von proteolytischen Enzymen existieren, die auseinander hervorgehen. Doch wissen wir darüber noch zu wenig. Die Syntheserate bestimmt also nicht notwendigerweise allein das Niveau zellspezifischer Proteine. Über die Regulation proteolytischer Vorgänge kann der Konzentrationsspiegel von Enzymen trotz gleicher Syntheserate reguliert werden.

7.2. Differentielle Genexpression und Effektoren der Differenzierung

Jedes höher organisierte Lebewesen bezieht die Information für seine Bau- und Funktionsweise aus dem diploiden Chromosomensatz der befruchteten Eizelle. Da von diesem während der Ontogenese durch Reduplikation immerfort identische Kopien hergestellt werden, muß jede differenzierte Körperzelle die gleiche genetische Information besitzen. „Das genetische Make-up ändert sich im wesentlichen während der Differenzierung nicht" (Markert). Differenzierte Zellen unterscheiden sich jedoch voneinander durch die Art und Quantität ihrer spezifischen Proteine, die z. B. als eine Vielzahl spezifischer Enzyme die spezifischen Leistungen differenzierter Zellen ermöglichen.

Nur ein Bruchteil der im genetischen Material eines höheren Organismus enthaltenen genetischen Information wird realisiert. Höhere Organismen haben in ihrem Genom genügend Information, um die Bildung von etwa 1 Million verschiedener Proteine zu codieren. In der Tat sind in einer Körperzelle nur etwa 1000—2000 verschiedene Proteine vorhanden. Selbst wenn man berücksichtigt, daß jeder Organismus neben *ubiquitären Proteinen* (z. B. den Enzymen des Grundstoffwechsels) zahlreiche *semispezifische* und *spezifische Proteine* (in den etwa 100 Arten differenzierter Körperzellen) enthält, muß man annehmen, daß ein Großteil der genetischen Information „stumm" bleibt. Das gilt beispielsweise für die sog. „repetitive" und „highly repetitive" DNS. *Repetitive DNS* ist eine Wiederholung identischer Sequenzabschnitte im Genom, die bis zu 50% des Genoms ausmachen kann. Als „highly repetitive" DNS wird die sog. *Satelliten-DNS* bezeichnet, die in der Zentromer-Region der Chromosomen vorkommt und deren Matrizenfunktion für die Synthese von RNS man bisher noch nicht nachweisen konnte. Möglicherweise beeinflußt diese „stumme" DNS (die nicht transkribiert wird) die Funktionen der Gene in noch unbekannter Weise, oder sie ist eine „Nonsense-DNS". Für die Entwicklungsphysiologie ist die Tatsache interessant, daß die differenzierte Körperzelle nur einen Bruchteil der in der Eizelle vorhandenen genetischen Information bentötigt. Es muß also die Möglichkeit geben, Gene durch Blockierung außer Funktion zu setzen (befristete funktionelle Blockierung oder Dauerblockade). Größere genetische Bereiche können also offenbar abgeschaltet werden. Andererseits findet man, daß bei der Entwicklung eines Organismus ganze Enzymketten und Stoffwechselabläufe induziert werden (*sequentielle Enzyminduktion*). Das wurde besonders eindrucksvoll bei der Sporenkeimung von Bakterien demonstriert, wo innerhalb sehr kurzer Zeit die Enzymmuster in drastischer Weise sich ändern. Ein sehr spezifisches Einschalten und Ausschalten der Transkription jeweils bestimmter Abschnitte des Genoms charakterisiert Differenzierungsvorgänge und ist für die aufeinanderfolgenden Phasen der Embryonalentwicklung besonders typisch. Jedes Gewebe hat im Verlauf der Embryogenese ein charakteristisches **Transkriptionsmuster**, was sich mit der Hybridisierungstechnik direkt demonstrieren läßt. Dieses Transkriptionsmuster setzt sich aus der Summe der spezifischen, semispezifischen und ubiquitären Genprodukte seiner Zellen zusammen.

Differenzierung ist ein Prozeß auf zellulärer Ebene. In diesem Sinne gibt es keine „undifferenzierten" Zellen, sondern nur Zellen in unterschiedlichen Differenzierungszuständen. Gewebe und Organe entwickeln sich als Folge von Differenzierungsprozessen der sie aufbauenden Zellen. Trotzdem muß man auch Wirkungen von Zellen aufeinander annehmen, was z. B. das Studium von Differenzierungs- und Entwicklungsvorgängen bei zellulären Schleimpilzen (Myxomyceten) zeigt. Die Art dieser Wechselwirkung ist spekulativ. Proteine scheinen hierbei eine Rolle zu spielen. *Differenzierung* bezeichnet in dem hier verwendeten Sinne die qualitative, *Wachstum* die quantitative Seite der **Entwicklung** (Ontogenese). Für die Beschreibung der Differenzierung verwendet man bevorzugt morphologische Merkmale. Durch die Elektronenmikroskopie wurde die Möglichkeit, spezifische Formmerkmale zu identifizieren, in den Bereich der Mikromorphologie der Zelle ausgedehnt. Das Hauptproblem der Entwicklungsphysiologie, der Zusammenhang zwischen spezifischer Enzymsynthese und der Ausbildung spezifischer Formmerkmale, ist jedoch noch immer eines der schwierigsten Probleme der Biologie.

Grundlage der Differenzierung ist die **differentielle Genexpression.** Sie beinhaltet vier Teilprozesse:

- differentielle Genaktivierung und Transkription
- „Processing" und Transport von mRNS (vgl. 2.6.5.3.)
- Translation einschließlich chemischer Modifizierung der vom Polysom freigesetzten inaktiven Proteinvorstufen (vgl. 3.3.)
- Regulation des Konzentrationsspiegels spezifischer Proteine.

Inhibitoren der Nucleinsäure- und Proteinsynthese (vgl. 14.4.) unterbinden deshalb auch Differenzierungsprozesse (z. B. Actinomycin D).

Für die Differenzierung spielt die *Regulation der DNS-Synthese* und der *Mitoserate* eine entscheidende Rolle. DNS-Synthese und Zellteilung einerseits und Differenzierung andererseits schließen im allgemeinen einander aus. Das haben Untersuchungen an Zellkulturen von Myoblasten, Neuroblasten und Chondrozyten und Studien zur Erythropoese gezeigt. Einige spezialisierte Gewebe haben die Fähigkeit zur DNS-Synthese für immer verloren. Andere kehren erst bei Schädigung zu einer *reparativen Zellteilung* zurück (regenerierende Leber). Die ausdifferenzierten, normalerweise nicht mehr teilungsbereiten Stärkespeicherzellen der Kartoffelknolle werden durch einfaches Zerteilen des Gewebes zu Zellteilungen und erneuter Differenzierung zu Zellen mit Abschlußfunktion veranlaßt (Kahl). Für das Auftreten von Differenzierungsvorgängen ist der Ablauf mehrerer Zellteilungen erforderlich. Beispielsweise verhindert 5-Bromdesoxyuridin Differenzierungsvorgänge, da es Zellen zu „unaufhörlicher" Teilung veranlaßt.

Kanzerostatika sind gegen proliferierende Gewebe gerichtet, da sie über eine Beeinflussung der DNS-Synthese wirken. Natürliche **Mitoseregulatoren** sind die sog. **Chalone**. Sie konnten bisher in wenigstens 12 Gewebearten nachgewiesen werden. Sie haben eine gewebespezifische, keine spezies-spezifische Wirkung. Chalone hemmen den Zellteilungszyklus in der G_1-Phase und damit die proliferative Aktivität eines Gewebes durch negative Rückkoppelung in konzentrationsabhängiger Weise. Bildungsmechanismus und primärer Angriffspunkt der Chalone sind unbekannt.

Von der „Differenzierung" muß man alle jene Vorgänge abgrenzen, die man als „unstabile Differenzierung", „Enzymmodulation" oder „temporäre Transformation" bezeichnet. Solche Vorgänge umfassen z. B. die „Umstimmung" von Leberzellen nach Nahrungsaufnahme, Änderungen im Proteinsynthesemuster während des Zellteilungszyklus, die Induktion der β-Galaktosidase in *E. coli* oder der Nitratreduktase in Bakterien, Pilzen und höheren Pflanzen. Die Vorgänge der „Enzymadaptation", die von der Molekularbiologie im Detail an mehreren Beispielen studiert wurden, können deshalb nur Modelle für Differenzierungsprozesse höher organisierter Organismen sein.

Die **Produkte differentieller Genexpression** umfassen im wesentlichen zwei Gruppen von Proteinen:

- „*Essentielle*" *Proteine* (ubiquitär verbreitet), die selbst oder deren Produkte (Metabolite) eine unmittelbare Bedeutung für die Existenz und Reproduktion einer jeden Zelle haben. Dazu gehören: die Enzyme des Grundstoffwechsels, die Strukturproteine des Protoplasmas und der Zellmembranen sowie Regulationsproteine nach Art von Histonen und „Rezeptorproteinen".
- „*Nicht-essentielle*" *Proteine* (spezifische Proteine), die selbst oder deren Produkte keine direkte Bedeutung für die sie produzierenden Zellen haben. Sie können jedoch unter Umständen eine lebenswichtige Bedeutung für den Gesamtorganismus haben. Dazu gehören: Exoenzyme, die Enzyme des sog. Sekundärstoffwechsels und Proteine mit spezifischer Funktion für den Gesamtorganismus wie z. B. Hämoglobin.

Differentielle Genexpression ist von endogenen und exogenen Faktoren („Signalen") abhängig. Wir wollen (mit NOVER) zwei Gruppen von **Effektoren der Differenzierung** unterscheiden:

- *substratähnliche Effektoren*
- *substrat-unähnliche Effektoren*, wie z. B. Hormone und Licht.

Substratähnliche Effektoren (vgl. 3.5., Precursorinduktion) beeinflussen ihnen „zugeordnete" Enzymsynthesen und regulieren die gleichen Stoffwechselbereiche in verschiedenen Organismen. Substratunähnliche Effektoren haben keine direkte Beziehung zu den regulierten Enzymsystemen. Die von ihnen beeinflußten Stoffwechselbereiche können von Spezies zu Spezies oder sogar von Gewebe zu Gewebe desselben Organismus oder von einem Entwicklungsstadium zum anderen in ihrer Wirkung differieren. Beispiele bietet die botanische Entwicklungsphysiologie: *Phytohormone* und *Licht* verschiedener Qualität beeinflussen pflanzliche Entwicklungsvorgänge (Wachstums- und Differenzierungsprozesse) in unterschiedlicher Weise.

Ein eindrucksvolles Beispiel für einen Differenzierungsprozeß, der durch Licht gesteuert wird, ist die Phytochrom-induzierte Anthocyanidin-Synthese im Senfkeimling, *Sinapis alba* (MOHR). **Phytochrom** ist ein Pigmentsystem, das im Pflanzenreich weit verbreitet ist und aus zwei Pigmenten besteht:

- Phytochrom 660 (P_{hr} oder P_r, *inaktiv*)
- Phytochrom 730 (P_{dr} oder P_{fr}, *aktiv*).

(P_r = Absorption im Rot bzw. „Hellrot", P_{dr} bzw. P_{fr} = Absorption im Dunkelrot, engl. far red).

In chemischer Hinsicht ist Phytochrom ein den Biliproteinen verwandtes Chromoproteid, das vermutlich in der Zelle als Tetra- oder Hexameres vorliegt. Das Molekulargewicht des Monomeren beträgt 42000. Diese beiden Phytochromsorten können durch Licht ineinander umgewandelt werden:

$$\begin{array}{ccccc} & \text{HR} & & \text{DR} & \\ \text{Phytochrom 660} & \longrightarrow & \text{Phytochrom 730} & \longrightarrow & \text{Phytochrom 660} \\ \text{(inaktiv)} & & \text{(aktiv)} & & \text{(inaktiv)} \end{array}$$

Hellrot (HR) und Dunkelrot (DR) wirken antagonistisch: die relative Menge an P_{fr} in der Pflanze, d. h. das Verhältnis von P_{fr} zur Summe von $P_r + P_{fr}$ (= P_{total}), hängt von der spektralen Verteilung des auf die Pflanze auffallenden Lichtes ab. Bei Wellenlängen um 660 nm (Hellrotlicht) liegen etwa 80% des Gesamtphytochroms (P_{total}) als P_{fr} vor, im Dunkelrotlicht (um 720 nm) hingegen nur ein sehr geringer Prozentsatz.

Ein Senfkeimling, der im Dunkeln angezogen wird, bildet praktisch kein „Anthocyanin" (ein Gemisch aus fünf verschiedenen Anthocyaninen). Im Dunkelrot werden hingegen große Mengen des Farbstoffs ausgebildet. Die Anthocyanin-Synthese wird durch Phytochrom ausgelöst. Licht bewirkt die photochemische Bildung von P_{fr} aus P_r. P_{fr} löst die Synthese des roten Farbstoffs aus. Rotfärbung des Keimlings ist ein Differenzierungsmerkmal. P_{fr} wirkt offenbar über eine differentielle Genaktivierung. Dafür sprechen Inhibitorexperimente. Actinomycin D, ein Inhibitor der DNS-abhängigen RNS-Synthese (Transkriptionsinhibitor), unterbindet die Anthocyaninsynthese. Hemmstoffe der Proteinsynthese (vgl. 14.4.) wie Puromycin und Cycloheximid blockieren ebenfalls die Farbstoffbildung. Diese ist offensichtlich an eine ungestörte Proteinsynthese gebunden. Durch P_{fr} werden Schlüsselenzyme der Anthocyaninsynthese induziert: Phenylalanin-ammonium-lyase (PAL) und trans-Zimtsäure-4-Hydroxylase (CAH, engl. **c**innamonic **a**cid **h**ydroxylase). Die Abb. 7.3. verdeutlicht die postulierten Zusammenhänge.

Neben dem Phytochromsystem spielt in Pflanzen für bestimmte Lichtwirkungen ein „Hochenergiesystem" eine Rolle. Licht hat vermutlich primäre Wirkungen auf die differentielle Genaktivierung und auf die Membranpermeabilität.

Bei der Auslösung von Differenzierungsvorgängen spielen Fragen der Kompetenz und Determination eine entscheidende Rolle. Unter **Kompetenz** verstehen wir die Bereitschaft einer Zelle, auf einen gesetzten Reiz zu antworten. Unter dem Begriff der **Determination** fassen wir die Festlegung einer Reaktionsfolge auf eine bestimmte Richtung. Durch einen Reiz wird eine Reaktionssequenz immer in der gleichen Weise in Gang gesetzt. *Ursachen der Kompetenz* könnten sein:

- Abhängigkeit der Genexpression von speziellen „Zuständen" des genetischen Materials
- das Vorhandensein von Effektor-Rezeptor-Proteinen u. a. m.

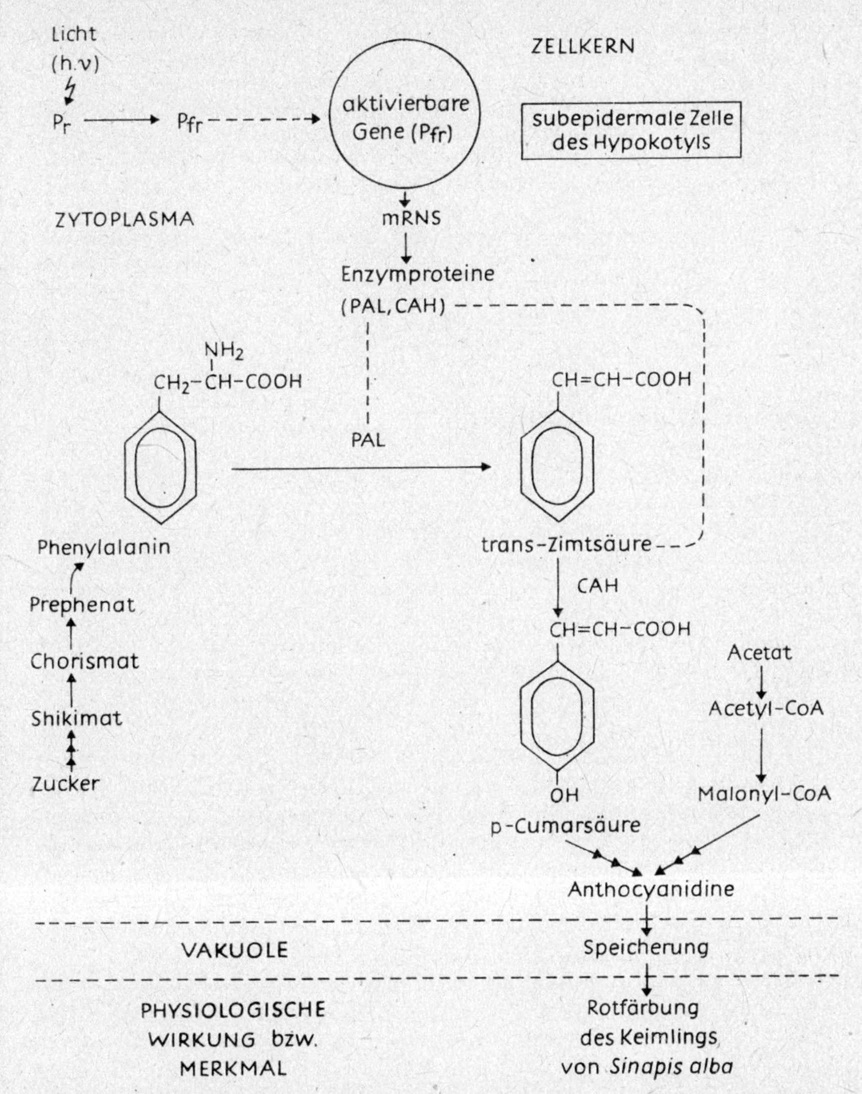

Abb. 7.3. Lichtinduzierte Anthocyanidinsynthese im Senfkeimling (n. MOHR). P_r und P_{fr} = Phytochrom, PAL = *Phenylalaninammoniumlyase*, CAH = *trans-Zimtsäurehydroxylase*.

Die *Determination* umschließt verschiedene Teilaspekte:

- stabile Zwischenprodukte der Genexpression bzw. der Gen-Protein-Wirkkette (stabile mRNS)
- spezifische Rezeptorproteine, die als Kompetenzfaktoren wirken
- eine durch regulatorisch wirkende Proteine in Gang gesetzte sequentielle Enzyminduktion usw.

Gene sind offensichtlich in höher organisierten Organismen zu Funktionseinheiten verkoppelt. Diese sind in Analogie zu setzen zu kybernetischen Programmen, die ihre Unterprogramme, Unter-Unter-Programme usw. haben. Die Eingabe eines Signals setzt unter Umständen ganze Regulationssysteme in Gang, über die wir noch sehr wenig wissen. Die Postulierung von sog. Modulatorgenen, Integratorgenen und speziellen „Sensgenen" erscheint heute noch recht spekulativ. Vielleicht sind die bei Bakterien aufgefundenen *Sigma-* und *Rho-Faktoren* Komponenten einer übergeordneten Regulation. Eine solche wurde als „Kontakthemmung und" „*Chromosomenregulation*" bei höher organisierten Lebewesen beschrieben. Bei den genannten bakteriellen Regulationsfaktoren handelt es sich um proteinische Faktoren, die die RNS-Polymerase „genspezifisch" machen. Sie sind also Faktoren der Transkriptionskontrolle (vgl. auch 14.3.).

7.3. Hormone und ihre Wirkungen

Hormone vermitteln chemische Signale von einem Hormonbildungsort an periphere Empfänger im Organismus („Zielorgane"). Sie werden von den Hormonbildungsstätten als Antwort auf endogene oder exogene Reize gebildet bzw. abgegeben. Mit Ausnahme der Gewebshormone werden die Hormone der Wirbeltiere in *innersekretorischen Drüsen* synthetisiert, die Teil des endokrinen Systems sind. Die inkretorischen Drüsen (Schilddrüse, Hypophyse u. a.) geben die Drüsenhormone direkt in die Lymph- und Blutbahn ab, die den Transport zu den Zielorganen besorgt. An diesen lösen sie die Hormonwirkungen aus.

In physiologischer Hinsicht unterscheiden wir zwischen schnell und langsam wirkenden Hormonen. Eine schnelle Wirkung haben z. B. Vasopressin und Noradrenalin. Solche Hormone wirken über vorhandene Enzyme. Sie können deponiert werden. Langsam wirken das Wachstumshormon oder die Sexualhormone. Solche Hormone sind vermutlich über eine Beeinflussung der Enzymsynthese wirksam. Hormone wie Insulin oder Thyroxin können sowohl schnelle als auch langsame Wirkungen entfalten. Außer Enzymaktivität und Enzymsynthese können Hormone auch Transportvorgänge über Membraneffekte und Permeabilitätsänderungen beeinflussen. Gebildete Hormone können wieder inaktiviert werden. Hormone treten im vielzelligen Organismus miteinander in komplizierte synergistische und antagonistische Wechselwirkungen. Vertebraten (aber auch Insekten) besitzen diffizil zusammenspielende *Hormonsysteme*, die bei niederen Tieren noch nicht vorhanden sind. In diesen kommen jedoch bereits Gewebshormone nach der Art von Acetylcholin und Hormonen der Neurosekretion vor.

In chemischer Hinsicht können wir Hormone drei Gruppen von Verbindungen zuordnen:

- Peptiden und Proteinen (*Peptid-* bzw. *Proteohormone* wie die Hypophysen- und Pankreashormone, das Thyreocalcitonin oder das Parathormon)
- Steroiden (*Steroidhormone* wie z. B. die Sexual- und Nebennierenrinden-Hormone)
- Aminosäurederivaten (wie die *Phenylalanin-Abkömmlinge* Thyroxin, Trijodthyronin, Adrenalin und Noradrenalin)

Die Tabelle 7.4. vermittelt eine Übersicht über Hormone bei Wirbeltieren.

Tabelle 7.4. Hormone der Wirbeltiere und ihre Wirkungen (vor allem unter Berücksichtigung biochemischer Effekte). NNM = Nebennierenmark, NNR = Nebennierenrinde, Vl. = Hypophysenvorderlappen (oder Adenohypophyse), Hl. = Hypophysenhinterlappen (oder Neurohypophyse)

Hormon	Abkürzung	Herkunft	molekularer Bau	Wirkungen
1. Hormone der innersekretorischen Drüsen				
Corticosteroide	NNR-Hormone	NNR	Steroide	Stimulieren die renale Ausscheidung von K^+ und Wasser sowie die Gluconeogenese, hemmen die renale Ausscheidung von Na^+
Progesteron		Ovar (Corpus luteum)	Steroid	Wirkung in der Sekretionsphase der Uterusschleimhaut
Östradiol		Ovar (Follikel)	Steroid	Östrus, Proliferation der Uterusschleimhaut
Testosteron		Hoden (Zwischenzellen)	Steroid	steuert Zellstoffwechsel in männlichen Sexualorganen, fördert Proteinsynthese, z. B. im Muskel
Thyroxin	Thx	Schilddrüse	Phenylalanin-Derivat	Grundumsatzsteigerung, stimuliert ATP-Bildung; beeinflußt Entwicklung und Differenzierung
Adrenalin		NNM	Phenylalanin-Derivat	stimuliert Glykogenabbau; Reizwirkung auf das sympathische Nervensystem
Melatonin		Zirbeldrüse	Aminosäure-Derivat	Melanophorenkontraktion
Parathormon		Nebenschilddrüse	Protein	Calciummobilisierung (fördert Ca-Abbau im Knochen, erhöht Blutcalciumspiegel); fördert renale Phosphatausscheidung
Thyreocalcitonin	HGF	Schilddrüse	Protein	senkt Calciumspiegel
Insulin		Pankreasinsel	Polypeptid	Blutzuckersenkung, fördert Glucoseverbrauch in Muskel- und Fettgewebe
Glucagon		Pankreasinsel	Polypeptid	Blutzuckersteigerung
Relaxin		Ovar	Polypeptid	Erweichung der Symphyse

(Fortsetzung der Tabelle 7.4.)

Hormon	Abkürzung	Herkunft	molekularer Bau	Wirkungen
II. *Hormone der Hypophyse*				
Ocytocin		Hl.	Nonapeptid	Uteruskontraktion, Milchsekretion
Vasopressin (= Adiuretin)		Hl.	Nonapeptid	Diuresehemmung
Melanotropin (= Melanozyten-stimulierendes Hormon)	MSH	Pars intermedia (Mittellappen) oder Vl.	Polypeptid	Melanophorendilatation, fördert Bildung und Ablagerung von Melanin in der Haut
Somatotropin (= Wachstums-hormon	STH	Vl.	Protein	Förderung von Stoffwechsel und Wachstum (Proteinsynthese)
Corticotropin (= Adrenocorticotropes Hormon)	ACTH	Vl.	Polypeptid	Förderung der Synthese von Steroidhormonen in der NNR, verursacht Freisetzung von Glucocorticoiden
Thyreotropin (= Thyreotropes Hormon)	TSH	Vl.	Protein	Förderung der Thyroxinsynthese und der Freisetzung von Thyroxin aus der Thyreoidea
Follikel-stimulierendes Hormon	FSH	Vl.	Protein	Stimulation der Keimzellenreifung, der Bildung und Freisetzung von Sexualhormonen
Zwischenzell-stimulierendes Hormon (= Metakentrin)	ICSH (= LH)	Vl.	Protein	Stimulation der Sexualhormonproduktion (Testosteron, Östradiol und Progesteron)
Luteomammotropes Hormon (= Prolactin, Lactotropin)	LTH (= LMTH)	Vl.	Protein	beeinflußt Milchbildung und -sekretion, stimuliert die Corpora lutea (Freisetzung von Progesteron)

Die *Hormonwirkung auf molekularer Basis* ist heute erst teilweise geklärt. Die primären Hormonwirkungen erstrecken sich offenbar auf eine nur begrenzte Zahl von Stoffwechselsystemen. In ihrem Gefolge kommt es zu sekundären, tertiären usw. Folgereaktionen, die zu den sichtbar werdenden Effekten sich multiplizieren. Da Hormone „in geringer Menge große Wirkungen entfalten", muß man annehmen, daß wenige Hormonmoleküle ganze Reaktionsfolgen in Bewegung setzen, wobei auf jeder Wirkungsebene der Effekt sich vervielfacht (*Kaskadeneffekt*).

Primäre Hormonwirkungen erstrecken sich auf die Beeinflussung von Enzymaktivität, Enzymsynthese und Transportvorgängen:

1. Beeinflussung der Aktivität von Enzymen

Viele Hormone wirken über cAMP und das **Adenylcyclase-System** (Tabelle 7.5.).

Tabelle 7.5. Beispiele für Hormone, die über den Adenylcyclase-Weg wirken (n. Bär)

Hormon	Zielorgan	Effekte und physiologische Wirkung
Adrenalin		verschiedene Effekte, meist katabolischer Natur
	Leber	Lipolyse, Glykogenolyse, Enzyminduktion
	Fettgewebe	Lipolyse
Glukagon	verschiedene	z. T. ähnlich wie Adrenalin
ACTH	Nebennierenrinde	Bildung von Steroidhormonen
Thyreostimulierendes Hormon	Schilddrüse	Wachstum und Entwicklung der Thyreoidea
Antidiuretisches Hormon	Säugetierniere, Krötenblase	Permeabilitätserhöhung für Elektrolyte

Zyklisches Adenosin-3',5'-monophosphat (zyklisches AMP, cAMP, engl. cyclic) wurde im Zusammenhang mit Untersuchungen zum Mechanismus der blutzuckersteigernden Wirkung von Adrenalin (amer. Epinephrin, Hormon des Nebennierenmarks) und Glukagon (Peptidhormon aus den sog. A-Zellen des Pankreas) durch T. Rall und E. W. Sutherland (1957) entdeckt. cAMP ist ein intramolekularer Phosphorsäurediester des Adenosins. Der 3',5'-Phosphatring besitzt eine gewisse Ringspannung, so daß das Molekül thermodynamisch instabil ist:

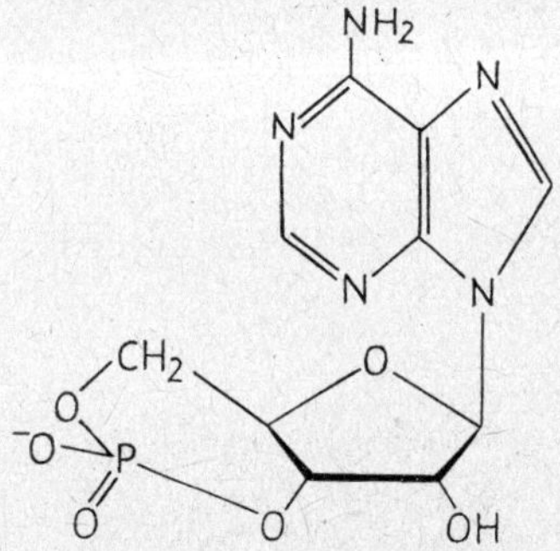

Bei physiologischen pH-Werten liegt cAMP als Anion vor. Im Zellinneren kommt es nur in sehr kleiner, schnell veränderlicher Konzentration vor. Der intrazelluläre cAMP-Spiegel hängt von der Aktivität von zwei Enzymen ab: der *Adenylcyclase* (Bildung von cAMP aus ATP durch einen intramolekularen Phosphoryltransfer auf das 3'-Hydroxyl unter Abspaltung von Pyrophosphat) und einer *Phosphodiesterase* (cAMP-Abbau durch Hydrolyse der Phosphodiesterbindung unter Bildung von AMP):

$$\mathrm{ATP} \xrightarrow[\text{Adenylcyclase}]{Mg^{2+}} \mathrm{cAMP} \xrightarrow[\text{Phosphodiesterase}]{Mg^{2+},\ H_2O} \mathrm{AMP}$$

Adenylcyclase ist ein strukturgebundenes Enzym, das an der Innenseite bestimmter Membranen lokalisiert ist. Seine Aktivität hängt stark von der Unversehrtheit der Membran ab. Deshalb gelang es bisher nicht, das Enzym nennenswert anzureichern. Man arbeitet bei in-vitro-Untersuchungen mit Plasmamembranfraktionen. Um das Substrat der Cyclase, das ATP, konkurrieren Membran-ATPasen. **Phosphodiesterase** hingegen ist zumeist ein lösliches Enzym. Interessant ist, daß zahlreiche *Pharmaka* (Theophyllin, Coffein, Aspirin, Papaverin u. a.) *Phosphodiesterase-Inhibitoren* sind. Diese Wirkstoffe verringern den cAMP-Abbau.

Viele Hormone wirken über eine Beeinflussung der Adenylcyclase bzw. über den Spiegel an intrazellulärem cAMP (Glucagon, Adrenalin, ACTH, Acetylcholin, Histamin, Serotonin, Vasopressin u. a.). Diese Befunde führten zur Aufstellung der **Second-messenger-Hypothese** (SUTHERLAND, Nobelpreis 1971): **Hormone** sind der **1. Messenger** (Bote), der vom Bildungsort zum Wirkungsort transportiert wird, um dort die Bildung eines **2. Messengers** zu veranlassen. Dieser ist in den genannten Fällen das **cAMP**. Vermutlich existieren noch weitere Messenger (z. B. andere zyklische Nucleotide). *Adenylcyclase* hat in diesem Sinne eine doppelte *Funktion:*

– sie dient als *Diskriminator* für Signale, d. h. Hormone
– sie fungiert als *Signalgeber*, d. h. als Produzent von cAMP.

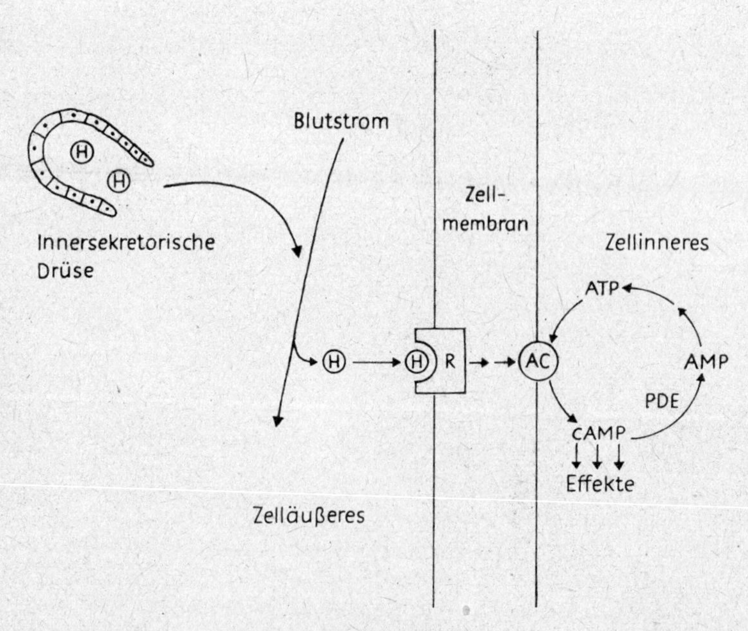

Abb. 7.4. Adenylcyclase-Weg der Hormonwirkung (n. BÄR). H = Hormon, R = Rezeptor, AC = *Adenylcyclase*, PDE = *Phosphodiesterase.*

Dieser „**Adenylcyclase-Weg**" **der Hormonwirkung** verläuft demzufolge so (vgl. die Abb. 7.4.): ein Hormon (H) wird von einer innersekretorischen Drüse in die Blutbahn ausgeschieden, erreicht auf diesem Transportweg sein Zielorgan und stimuliert dort über einen Rezeptor (R) die Adenylcyclase (AC). Hierdurch wird die Bildung von cAMP aus ATP stimuliert. Das gebildete cAMP wird schließlich an der Phosphodiesterase im Zellinneren hydrolysiert. Das gebildete AMP wird schrittweise wieder in ATP überführt. Der Rezeptor und die Adenylcyclase müssen sich in enger struktureller Nachbarschaft in der Membran des Zielorgans befinden. Da völlig verschiedene Hormone die Adenylcyclase im Erfolgsorgan beeinflussen, muß die Spezifität der Hormonwirkung im postulierten **Rezeptor** liegen. Das ist eine chemische Einheit, die in eine selektive Wechselwirkung mit dem betreffenden Hormon tritt, indem sie dieses als extrazelluläres „Signal" erkennt und gleichzeitig seine typische Wirkung induziert. Nur ein bestimmtes Hormon kann jeweils mit einem bestimmten Rezeptor (d. h. mit einer postulierten komplementären Struktur in der Zelle) in Wechselwirkung treten. Die *Rezeptorspezifität* entscheidet über die *Spezifität der Hormonwirkung* (vgl. Kompetenz und Determination in 7.2.). Die chemische Natur solcher Rezeptoren ist unbekannt. Offensichtlich wird ein einziges Adenylcyclase-System durch verschiedene Hormone über unterschiedliche Rezeptoren beeinflußt. Ein Beispiel dafür ist die Stimulation der Lipolyse (des Fettabbaues) durch die Hormone Adrenalin, Glucagon und Adrenocorticotropin (ACTH) im Fettgewebe der Ratte. Alle diese Hormone können in vitro Adenylcyclase stimulieren.

Die Frage, ob cAMP tatsächlich der 2. Bote oder der 3., 4. bzw. n-te Bote in diesem Prozeß ist, bleibt daher offen. Denn über die Wechselwirkungen Hormon-Rezeptor bzw. Rezeptor-Membran-Adenylcyclase ist nur wenig bekannt.

Die **Wirkung von cAMP** auf verschiedene Zelleistungen beruht überwiegend auf der **Aktivierung von Proteinkinasen** (vgl. 7.2.). Die aktivierten Proteinkinasen bewirken eine Phosphorylierung von Proteinen mit freier OH-Gruppe (Serinrest), wodurch deren katalytische Eigenschaften verändert werden. Die Einführung von negativen Ladungen in Enzyme induziert Strukturänderungen. Das cAMP kann bereits in einer Konzentration von etwa 10^{-8} bis 10^{-6} Mol/l die Aktivität von Proteinkinasen bis auf das Zehnfache steigern.

Seit der Entdeckung des cAMP sind zahllose Publikationen zur Wirkung der Verbindung erschienen, und eine neue Phase bei der Untersuchung der molekularen Mechanismen der Hormonwirkung wurde eingeleitet (von 1957—1970 2500 Veröffentlichungen zum Gegenstand). **cAMP** zeigt ein schwerer übersehbares **Wirkungsspektrum** auf eine Vielzahl von Zelleistungen: RNS-Synthese, Proteinsynthese, Wachstum und Differenzierung, Glykolyse und Lipolyse, Permeationsprozesse, Kontraktilität, Freisetzung von Hormonen aus endo- und exokrinen Drüsen, Hormonsynthese, Energiestoffwechsel, Erregung und *neurohumorale Transmission*, Sehvorgang, Gehirnfunktionen. Beispielsweise findet man im Hirn- und Nervengewebe hohe cAMP-Konzentrationen und hohe Aktivitäten an Adenylcyclase, die von Adrenalin und Histamin stimuliert wird. Es ist möglich, daß durch Depolarisierung der Membranen von Nervenzellen die Adenylcyclase beeinflußt wird oder daß cAMP Vorgänge der Nerventransmission steuert. cAMP hebt in Bakterien die *Katabolitrepression* auf, die eine gruppenspezifische Regulation ist. Unter Katabolitrepression wird die Hemmung der Bildung katabolischer Enzyme durch Glucose oder andere leicht assimilierbare Kohlenstoffquellen in Mikroorganismen verstanden (sog. *Glu-*

coseeffekt älterer Untersucher). Glucose bzw. Metaboliten der Glucose hemmen die Assimilation einer anderen Kohlenstoffquelle. Die mikrobielle Kultur orientiert sich erst nach Erschöpfung der besser verwertbaren C-Quelle auf die andere. Deren Assimilation bzw. deren Katabolismus stehen unter repressiver Kontrolle. Für Amöben wirkt das von Bakterien in Spuren ausgeschiedene cAMP als Lockstoff und dient der Nahrungsfindung.

2. Beeinflussung von Transportvorgängen

Vasopressin (= Adiuretin, Nonapeptid, Hormon des Hypophysenhinterlappens) steigert die *Permeabilität* für Wasser und darin gelöste Stoffe. Es fördert die Wasserrückresorption in der Niere und damit eine Konzentrierung des Harns (Diurese-Hemmung, Name!). Des weiteren wirkt es gefäßverengend (Name!) und damit blutdrucksteigernd. Schädigung der Adiuretinbildung führt zum Krankheitsbild des Diabetes insipidus (in einem berichteten Fall: Ausscheidung von 56 Liter Harn pro Tag, starker Durst).

3. Beeinflussung der Enzymsynthese

Die **Hormonwirkung** ist an Verstärkermechanismen gebunden (vgl. weiter oben). Langsam wirkende Hormone greifen in Entwicklungsvorgänge ein (vgl. auch 7.2.). Die Annahme liegt nahe, daß diese über die Synthese von Enzymen wirken, d. h. in Prozesse der Transkription und Translation eingreifen (vgl. 14.). Hormonwirkungen dieser Art können mit Hemmstoffen der Proteinsynthese unterbunden werden. *Actinomycin*, ein RNS-Synthese-Inhibitor (Blockierung der DNS-abhängigen RNS-Bildung), und *Puromycin*, ein Translationshemmer (Hemmeffekt auf die Peptidkettenverlängerung), wurden in entsprechenden Experimenten eingesetzt (über Hemmstoffe der Transkription und Translation vgl. 14.4.). Die Tabelle 7.6. stellt einige Hormonwirkungen zusammen, die für eine Steigerung von RNS- und Proteinsynthese sprechen.

Tabelle 7.6. Durch Hormone induzierbare und durch den Transkriptionshemmer Actinomycin unterbindbare Effekte (verändert nach BLECH)

Hormon	Untersuchungsobjekt	Wirkung
Somatotropin (STH, Wachstumshormon)	Rattenleber	gesteigerte Proteinsynthese
Corticotropin	Ratte	gesteigerte Proteinsynthese
Thyreotropin (TSH, Schilddrüsen-stimulierendes Hormon)	Rattenthyreoidea	gesteigerte Synthese von Thyreoglobulinen
Cortison	Rattenleber	gesteigerte RNS-Synthese und Synthese gluconeogenetischer Enzyme
Cortisol	isolierte Leberzellkerne	Stimulierung der Aktivität der DNS-abhängigen RNS-Polymerase
Thyroxin	Rattenleber	gesteigerte RNS- und Proteinsynthese
Oestrogene	Rattenuterus	gesteigerte RNS- und Proteinsynthese

Besonders gut untersucht ist die Wirkungsweise der weiblichen Sexualhormone, der *Östrogene* (Verwendung in Kombination mit anderen Hormonen als Ovulationshemmer bei der Empfängnisverhütung, Anti-Babypille). Nach Verabreichung von Oestrogenen konnte man das zeitlich nacheinander erfolgende Auftreten von mRNS, tRNS und rRNS beobachten. Östradiol-^{14}C wird besonders in den Zellkernen in Uterus, Vagina und Hypophysenvorderlappen angereichert. Aus den Zellkernen ließ sich eine mit 5S sedimentierende Fraktion isolieren, die den größten Teil des markierten Sexualhormons enthielt. Östradiol wird jedoch nicht direkt an die Zellkern-DNS gebunden. Man nimmt an, daß Oestrogene und andere Hormone an den spezifischen Erfolgsorganen von sog. *target-Zellen* durch einen *Rezeptor* gebunden werden (wo **Hormon-Rezeptor-Hypothese**). Der Hormon-Rezeptor könnte mit dem Repressor (vgl. 7.1.1.) identisch sein, was jedoch spekulativ ist. Erst nach ihrer Bindung an den Rezeptor wird die Genaktivität verändert. Die Art dieser Einflußnahme bleibt unklar.

Einen näheren Einblick in die direkte **hormonelle Beeinflussung der Proteinsynthese** konnte man an *Riesenchromosomen* von Insekten (*Chironomus tentans* u. a.) und an sog. *Lampenbürsten-Chromosomen* höherer Tiere gewinnen: In den Speicheldrüsen von *Chironomus* findet man **Riesenchromosomen**, die an bestimmten Stellen Aufblähungen (engl. puffs) zeigen (sog. Puffing-Phänomen). Die **Puffs** sind Stellen des Chromosoms mit hoher Genaktivität, wo eine intensive RNS-Synthese abläuft. Diese Genaktivierung kommt durch Entschraubung von DNS-Bezirken zustande, so daß die *DNS-abhängige RNS-Polymerase* wirksam werden kann. Solche Puffs treten nacheinander an verschiedenen Chromosomenabschnitten auf (differentielle Genaktivierung ?). Puff-Bildung kann man durch *Ecdyson* (Insektenhormon, wichtig für den Verlauf der Insekten-Metamorphose) in sehr geringen Mengen (10^{-6} µg) innerhalb von 15 min auslösen. Bei *Calliphora* (Schmeißfliege) beobachtet man nach Ecdyson-Gabe eine verstärkte mRNS-Bildung und im Gefolge davon eine Erhöhung der Proteinsynthese. **Ecdyson** induziert ein spezifisches Enzym, die DOPA-Decarboxylase, die für die Einleitung der Sklerotisierung der Insektencuticula beim Übergang vom Larven- zum Puppenstadium verantwortlich ist. Ein spezifisches Protein wird auch unter der Wirkung von Oestrogenen in Hühnerleber gebildet, das *Phosphovitin* (ein Dotterprotein).

7.3.1. Pflanzliche Wachstumsregulatoren (Phytohormone)

Endogene pflanzliche Wachstumsregulatoren werden als **Phytohormone** (Pflanzenhormone) bezeichnet. Sie greifen steuernd in Wachtsums- und Differenzierungsprozesse ein und zeigen vielfältige Wirkungen. Ihre Wirkungsweise ist sehr von ihrer Konzentration abhängig. Entscheidend für die Spezifität der Hormonwirkung in Pflanzen sind:

- die Kompetenz der „Empfängerzelle" (vgl. 7.2.)
- die synergistische und antagonistische Wechselwirkung verschiedener Phytohormone.

Wir unterscheiden vier **Gruppen von Phytohormonen:**

- *Auxine*
- *Gibberelline*
- *Cytokinine*
- *Abscisine.*

Das *Äthylen* muß ebenfalls als Pflanzenhormon betrachtet werden. Auxine, Gibberelline und Cytokinine wirken überwiegend stimulierend, Abscisine vorwiegend hemmend. Doch erscheint eine solche Aussage auf Grund der Vielfalt der Phytohormoneffekte und der Konzentrationsabhängigkeit ihrer Wirkung sehr pauschal (Abb. 7. 5.).

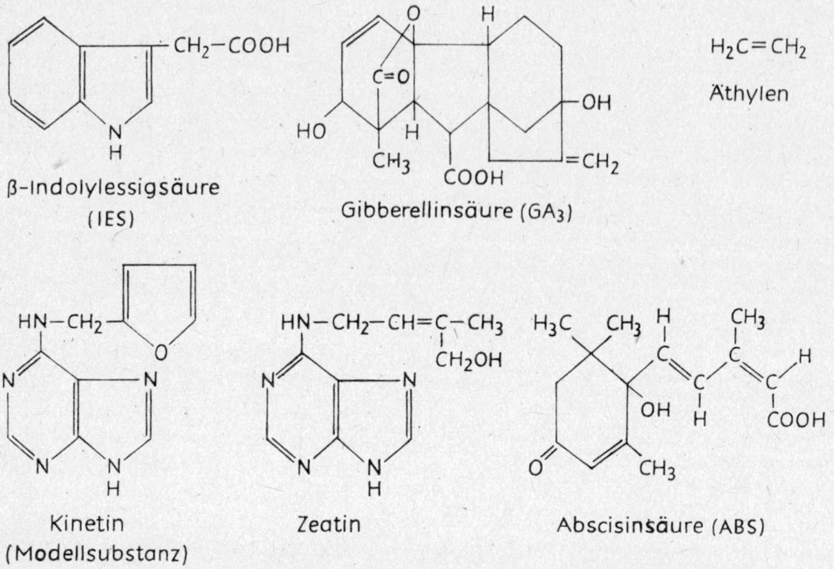

Abb. 7.5. Pflanzliche Wachstumsregulatoren (Phytohormone).

Auxine. – Das natürlich vorkommende Auxin ist die *β*-**Indolylessigsäure** (IES, Indol-3-essigsäure). Sie wird in der Regel aus L-Tryptophan gebildet, wobei mehrere Biosynthesewege diskutiert werden. Ein möglicher Biosynthesemechanismus verläuft über Indolpyruvat und Indolacetaldehyd. In Mikroorganismen kann IES unter Umgehung von Tryptophan aus Indolglycerinphosphat oder Anthranilat gebildet werden. IES kann in der Pflanze aus Auxinvorstufen bereitgestellt werden. Als solche wirken sog. *IES-Konjugate,* d. s. Verbindungen, in denen IES peptidisch oder esterartig an verschiedene Stoffwechselzwischenprodukte gebunden ist. IES-Konjugate sind das Glucobrassicin (= Ascorbigen), die Indol-3-acetylasparaginsäure und verschiedene Komplexe von IES mit RNS. In ihnen liegt IES in einer inaktivierten Form vor. Der IES-Abbau erfolgt mittels *IES-Oxydase,* einer Phenoloxydase. Phenolische Pflanzeninhaltsstoffe hemmen das IES abbauende Enzym, so daß sie als Synergisten der IES-Wirkung erscheinen. Kompetitive Hemmstoffe der Auxinwirkung werden als Anti-Auxine bezeichnet.

Auxin stimuliert das **Streckungswachstum** von Pflanzenzellen (vgl. weiter unten). Es hat jedoch multiple Wirkungen. Für die vielfältigen Auxineffekte sind in entscheidender Weise physiologische Bedingungen verantwortlich, so daß die Reproduzierbarkeit von Auxinwirkungen stark von der Konstanthaltung physiologischer Parameter abhängt. IES wird hauptsächlich polar basipetal im Pflanzenkörper geleitet. Der Auxintransport erfordert ATP und ist an einen Carrier-Mechanismus gebunden. Die Auxinbestimmung erfolgt auf chemischem oder biologischem Wege. Der Wirkstoff wird hierbei extrahiert oder durch auf eine Schnittfläche aufgesetzte Agarblöcke abgefangen (Diffusion in den Agar). Die zur Auxinbestimmung verwendeten Biotests knüpfen an charakteristische physiologische Wirkungen von IES an.

Gibberelline. – Gibberelline wurden zuerst als Produkte eines auf Reispflanzen parasitierenden Pilzes, *Gibberella fujikuroi* (syn. *Fusarium moniliforme*) erkannt, die durch den Pilzbefall zu übersteigertem Wachstum (Riesenwuchs) veranlaßt werden. Man kennt heute 38 verschiedene Gibberelline, die zwei Gruppen von Verbindungen (19 bzw. 20 C-Atome) angehören. Am besten untersucht ist das Gibberellin A_3 (GA_3 = **Gibberellinsäure**, engl. gibberellic acid). Die Gibberelline sind Diterpenoide, die das tetrazyklische *Gibberellan-Skelett* besitzen und oft einen zusätzlichen Lactonring. Native Speicherformen von Gibberellinen scheinen die Glucopyranosyl-Derivate zu sein. Die *Gibberellinbiosynthese* folgt dem Isoprenoidsynthese-Weg (vgl. 10.2.3.3.): trans-Geranylgeranyl-pyrophosphat wird zu Copalylpyrophosphat zyklisiert. Der Zyklisierungsschritt kann durch synthetische Verbindungen verschiedener chemischer Struktur gehemmt werden: CCC = Chlorcholinchlorid, Phosphon D, Benzoesäure-, Zimtsäure- und Chlorogensäure-Derivate u. a. Gibberellinantagonisten werden als Antigibberelline bezeichnet. Native Hemmstoffe der Gibberellinbiosynthese sind das Desoxygibberellin, das Delcosin (ein diterpenoides Alkaloid) u. a. Verbindungen.

Gibberelline fördern das *Streckungswachstum*, die Zellteilung, die Samenkeimung, die Blütenbildung, die Parthenocarpie und das Fruchtwachstum. Gleich den Auxinen zeigen sie also multiple Wirkungen. Sie werden im Pflanzenorganismus nicht-polar transportiert. Ihre Bestimmung erfolgt mit verschiedenen Biotests, z. B. unter Verwendung sog. dwarf-Mutanten (Zwergmutanten) von Mais- und Erbsenpflanzen, deren Wachstum phänotypisch normalisiert wird.

Cytokinine – Cytokinine sind in chemischer Hinsicht N-substituierte Adeninderivate. Als natürlich nicht vorkommende Modellsubstanz der Cytokininwirkung gilt das *Kinetin* (=N-Furfuryl-aminopurin). Die endogenen Cytokinine sind Verbindungen nach Art des Zeatins, seines Nucleosids und Nucleotids (vgl. weiter unten). Der Substituent am Stickstoff ist hier ein hydroxylierter oder nicht hydroxylierter Isopentenylrest.

Kinetin wurde in einer vier Jahre alten DNS-Präparation aus Heringssperma entdeckt. Es entsteht auch bei Autoklavierung frischer DNS, indem Desoxyribose in Furfurol umgewandelt wird. Miller, Skoog und andere konnten Kinetin erstmals durch Aufarbeitung größerer DNS-Mengen isolieren. Die chemische Synthese ist aus 6-Methylmercaptopurin und Furfurylamin möglich. Verbindungen ähnlicher Wirkung wie Kinetin wurden als „Kinine“, Phytokinine, Phytocytamine oder *Cytokinine* bezeichnet. Der Ausdruck Kinine ist jedoch in der Medizin für eine Verbindungsklasse reserviert, die die Kontraktion glatter Muskulatur steuert. Die heute gebräuchliche Bezeichnung „Cytokinine“ für kinetin-ähnliche natürliche Phytohormone nimmt Bezug auf ihre Wirkung als Effektoren der Zellteilung. Das erste natürliche Cytokinin wurde in Form des N^6-(Δ^2-Isopentenyl) adenosins aus Hefe-tRNS isoliert und später auch in Spinat- und Erbsen-RNS aufgefunden. Aus 70 kg Maiskaryopsen konnten 4,2 mg des Pikrates von *Zeatin* (6-(Hydroxy-3-methylbut-2-enyl-amino)-purin), einem weiteren nativen Cytokinin, dargestellt werden. Das chemisch synthetisierte trans-Isomere war identisch mit dem isolierten Naturstoff (Formel vgl. Abb. 7. 5.).

Zeatin kommt in der Natur als freie Verbindung, als Nucleosid (9-β-D-Ribofuranosyl-zeatin) und als Nucleotid (9-β-D-Ribofuranosylzeatin-5'-phosphat) vor. Auch Dihydrozeatin wurde aufgefunden. Diese Verbindungen sind offenbar Produkte des Abbaus von tRNS. Die in tRNS unterschiedlicher Herkunft (zuerst in Seryl-tRNS) nachgewiesenen Cytokinin-Nucleotide befinden sich immer in unmittelbarer Nachbarschaft des Anticodons (vgl. 14.). Cytokininnucleosidmono-, -di- und -triphosphate werden nicht in die tRNS eingebaut. Der Isopentenylrest wird vielmehr an die bereits ausgebildete Polynucleotidkette an vorhandene Adeninreste gebunden. Die Reaktion ist eine chemische Modifikation von Nucleinsäuren (vgl. 2.6.5.), die zur Synthese der „ungewöhnlichen" Nucleinsäurebasen führt. Die primäre Cytokininwirkung hat mit dem Vorkommen von Cytokininen in tRNS nichts zu tun.

Cytokinine befördern das Wachstum durch eine spezifische Wirkung auf die Zellteilung: **Stimulation des Zellteilungswachstums.** Sie verursachen eine allgemeine Aktivierung der zentralen Prozesse der DNS-, RNS- und Proteinsynthese. Hauptbildungsorte von Cytokininen im pflanzlichen Organismus sind Wurzelspitzen. Native Cytokinine werden in den Wasserleitungsbahnen (Xylem) spitzenwärts (akropetal) transportiert. Eine Translokation von auf Pflanzenteile aufgebrachtem **Kinetin** wird nicht beobachtet. Durch die Stimulierung zentraler synthetischer Prozesse am Applikationsort wird dieser zu einem „Attraktionszentrum". Mit anderen Worten: die erhöhte Stoffwechselintensität von mit Kinetin behandelten Blattarealen läßt diese zu einer Art Sammelfalle (engl. sink) für Assimilate werden, zumal die unbehandelten Blattbezirke in der Nachbarschaft schneller vergilben. Die kinetin-behandelten Blätter bzw. Blattareale bleiben längere Zeit physiologisch aktiv („jung") als benachbarte unbehandelte Partien: seneszenzverzögernde Wirkung von Kinetin (MOTHES). Cytokinine werden durch Biotests bestimmt: Grünerhaltungstest, Zellteilungstest mit Tabakmark-Callusgewebe, *Lemna*-Vermehrungstest, Keimungstest usw.

Ausgangspunkte der Cytokininforschung waren Befunde über pflanzliche Zellteilungsfaktoren (Postulierung eines sog. Wurzelfaktors, Nachweis von Traumatinsäure = Δ^1-Decen-1,10-dicarbonsäure in Hülsen von *Phaseolus*). Auch bei der Aufklärung der chemischen Natur zellteilungsaktiver Stoffe aus komplexen natürlichen Kulturmedien (Hefeextrakt, Kokosmilch) stieß man auf Substanzen von Cytokinincharakter. Aus Kokosmilch wurden Myoinosit, Scyllit und Sorbit (vgl. 2.6.1.1.) isoliert. Doch handelt es sich bei diesen Verbindungen nicht um Cytokinine, sondern um *Synergisten* der Cytokininwirkung. Cytokininaktivität kommt dagegen Substanzen zu, die chemisch keinerlei Beziehung zu Adeninderivaten haben, z. B. dem N,N'-Diphenylharnstoff. Die Cytokinine zeigen eine erhebliche physiologische Funktionsüberschneidung mit Gibberellinen und Auxinen.

Die **Cytokininwirkung** umfaßt:
– Stimulierung des Zellteilungswachstums
– Stoffakkumulations und -retentionsphänomene
– Steigerung von RNS- und Proteinsynthese
– Brechung der apikalen Dominanz, d. h. Aufhebung der durch den Spitzentrieb gesetzten Hemmung auf das Austreiben von Seitenknospen

– Förderung der Samenkeimung (Keimungstest mit *Lactuca*-Achänen)
– Stimulierung der Betacyansynthese bei *Amaranthus*, nicht bei *Beta* (Betacyane sind die Farbstoffe der Roten Rübe und anderer Centrospermae, mit Ausnahme der Caryophyllaceae).

Abscisine. — Abscisinsäure ist ein Phytohormon, das bei Blütenpflanzen (Anthophyta) offenbar ubiquitär vorkommt und Streckungswachstum und Zellteilung hemmt. Die Verbindung löst *Ruhezustände* aus (Abscisinsäure früher als Dormin bezeichnet), indem sie Ruheperioden in Knospen und Samen induziert. Sie ist ein maßgeblicher Faktor bei der *Regulation von Blattfall und Fruchtabfall* (engl. abscission, Name!). Sie beschleunigt die Seneszenz von Pflanzenteilen. Abscisinsäure (= Abscisin II) ist ein Antagonist der wachstumsfördernden Phytohormone. (+)-Abscisinsäure wird in Blättern und Früchten gebildet und im Xylem, Phloem (Assimilat-Transportbahn) und im parenchymatischen Grundgewebe von Pflanzen transportiert.

Abscisinsäure ist chemisch die (+)-5-(1-Hydroxy-4-oxo-2,6,6-trimethyl-1-cyclohexyl)-3-methyl-cis,trans-2,4-pentadiensäure (ein Sesquiterpenoid). Sie ist chemisch und physiologisch der Phaseinsäure ähnlich. Die *Abscisinsäurebiosynthese* scheint von Mevalonat auszugehen und über Farnesylpyrophosphat zu verlaufen. Doch gibt es auch Hinweise, daß Abscisinsäure im Zuge des Abbaus von Carotinoiden entsteht.

Abscisinsäure greift in ein multifaktoriell bedingtes Wechselspiel von Phytohormonen an verschiedenen Stellen des Stoffwechsels pflanzlicher Zellen ein. Angriffspunkte liegen auf der Ebene von Nucleinsäuren und der Proteinbiosynthese. Beispielsweise hemmt Abscisinsäure den Einbau von Nucleosidtriphosphaten in die RNS bei in-vitro-Experimenten mit „Chromatin" (= chromosomales Material aus DNS und assoziierten Proteinen).

Äthylen – Seit vielen Jahren ist die Wirkung von Äthylen (Gas!) auf das pflanzliche Wachstum bekannt. Äthylen wird von Pflanzen produziert (Nachweis durch Gaschromatographie). Es ist kein Phytohormon im strengen Sinne, da seine Translokation unspezifisch über die Gasphase erfolgt. Äthylen greift als ein natürlicher Regulator in Prozesse der *Fruchtreifung* ein, beeinflußt das Breitenwachstum der Pflanzenzelle und möglicherweise die Prozesse des Blatt- und Fruchtabfalls. Es bestehen auffallende Wechselwirkungen mit Auxinen. Vermutlich wirkt Äthylen primär auf die *Membranpermeabilität*.

Über die **primären Angriffspunkte von Pflanzenhormonen** ist weitaus weniger Gesichertes bekannt als über die Primärwirkung tierischer Hormone. Bereits 1960 konnte man zeigen, daß die *α-Amylasesynthese* in Aleuronschichten von Getreidekaryopsen durch **Gibberelline** *induziert* wird. Die Induktion bestimmter Enzymsynthesen dürfte die Primärwirkung von Gibberellinen sein. **Cytokinine** können die *Nitratreduktase* (vgl. 12.2.) *induzieren*. Auxine dürfen primär auf das Membransystem pflanzlicher Zellen wirken. Man hat spekuliert, daß **Auxin** *Effektor* einer *Membran-ATPase* („Protonenpumpe") ist. Es erhöht die Aktivität „zellwanderweichender" Enzyme (Lockerung säurelabiler Bindungen, wodurch sich die plastische Dehnbarkeit der Zellwand erhöht). Hierdurch wird das Streckungswachstum eingeleitet. Auch Wuchsstoffherbizide greifen fördernd oder hemmend in die Prozesse des Streckungswachstums ein. Mit Sicherheit wirken Auxine nicht bei der differentiellen Genexpression mit. Für Gibberelline konnte diese Wirkungsart noch nicht eindeutig nachgewiesen werden.

8. Methoden der Biochemie

Die biochemische Arbeitsmethodik ist durch die starke Anwendung chemischer und physikochemischer Methoden auf die Analyse der Lebenserscheinungen gekennzeichnet (vgl. 1.1.). Sie umfaßt ein breites Spektrum spezieller Arbeitstechniken und Untersuchungsverfahren und ist an vielfältige apparative Hilfsmittel gebunden. In einem weiteren Sinne müssen wir auch die Methoden der Naturstoffchemie (vgl. 1.1.) dazu rechnen.

Bei der **Erforschung des Intermediärstoffwechsels** (vgl. Kapitel 3.) kann man **3 Komplexe von Untersuchungsverfahren** unterscheiden (RAPOPORT):

- *Studien am Gesamtorganismus* und seinen Teilen („In-vivo-Methoden“ wie Bilanzuntersuchungen, die Mutantentechnik und Indikator-Techniken, unter denen die Tracer-Technik die wichtigste ist)
- *analytisch-desintegrierende Verfahren* („In-vitro-Methoden“ wie die enzymatischen Arbeitstechniken, die Herstellung und Untersuchung von Zellfraktionen u. a.)
- *synthetisierende Methoden* (Vergleich, Rekonstruktion, Modellierung und Simulierung biochemischer Prozesse).

Bei den großen Erfolgen und der Molekularbiologie (vgl. 1.3.1.) habe die folgenden Untersuchungsverfahren und Arbeitstechniken einen wichtige Rolle gespielt:

- die chemische Konstitutionsermittlung von Biopolymeren
- die Tracer-Technik (Leitisotopen-Technik)
- enzymatische Arbeitstechniken
- die Elektronenmikroskopie und andere indirekte Verfahren der biologischen Feinstrukturforschung (vgl. Kapitel 6.)
- die Zellfraktionierung und Organellisolierung.

Die Tabelle 8.1. vermittelt einen Überblick über wichtige **biochemische Methoden** (ohne die naturstoffchemischen Verfahren der Stoffisolierung und -charakterisierung).

8.1. Die Mutantentechnik in der Biochemie

Mutation ist eine sprunghafte Erbänderung, d. h. eine Veränderung im genetischen Bestand des Organismus, die zur Ausbildung eines abweichenden Merkmals führt. Durch das veränderte *Merkmal* (z. B. Verlust einer enzymatischen

Tabelle 8.1. Methoden der Biochemie

Methode	Kennzeichnung	Untersuchungsebene	Beispiel
Belastungsprinzip	Stoffzufuhr und Prüfung des Verhaltens	organismisch	Nierenfunktionsprüfung
Bilanzuntersuchungen	Stoffzufuhr und Messung des zeitlichen Verlaufs seiner Menge im Körper oder in den Ausscheidungen (Urin, Faeces); Erfassung von Stoffbilanzen	organismisch isoliertes Organ	Untersuchung des Aromatenstoffwechsels bei Alkaptonurie Organleistungsprüfung
Gewebe- und Zellkulturen	Gas- und Substratwechsel-Messung	zellulär	Zelleistungsprüfung, Warburg-Technik
Indikator-Methoden	Einsatz indizierter Moleküle; zumeist mit radioaktiven oder schweren Isotopen markierter Verbindungen (*Isotopen-Technik*)	organismisch zellulär molekular	Nachweis einer physiologischen Leistung (z. B. N_2-Fixierung mit ^{15}N); Biosynthesestudien (Einsatz von Radionucliden); Erfassung der Lokalisation und Translokation von Stoffen
Mutanten-Technik	Ausnutzung eines Stoffwechselblocks a) angeborene Stoffwechselstörungen (hereditäre Defekte wie Alkaptonurie) b) Verwendung induzierter Mutanten (auxotropher Mangelmutanten),	organismisch (zellulär)	genetische Untersuchungen; Biosynthesestudien; mikrobielle Produktsynthesen und ihr Studium; Regulationsstudien
Zytochemische Methoden	Lokalisation von Stoffen und Stoffwechselleistungen zumeist durch chemische Umsetzungen	zellulär	Lokalisation von Zellinhaltsstoffen, Zellfunktionen (= Enzymen) und Zellorganellen
Zellfraktionierung	Differentielle und Dichtegradienten-Zentrifugation von Gewebs- und Zellaufschlüssen; Organell-Isolierung; licht- und elektronenmikroskopische Prüfung	subzellulär (molekular)	Studium der biochemischen Funktion der Zellbestandteile
Hemmungsanalytik	Einsatz von Inhibitoren mit definierter Wirkung; Abfangverfahren	organismisch zellulär molekular	Studium von Stoffwechselleistungen, Reaktionsabläufen + Enzymkinetik

(Fortsetzung der Tabelle 8.1.)

Methode	Kennzeichnung	Untersuchungsebene	Beispiel
Enzymatik	a) Gewebe- und Zellaufschluß: *Homogenate*		
	b) Homogenisation und Zentrifugation: *zellfreie Extrakte* („Rohenzyme")		Enzym-, Coenzym- und Substratwirkungen
	c) Enzymfraktionierung und -anreicherung: *gereinigte Enzyme*	molekular	Enzymkinetik, chemische und physikalische Eigenschaften;
	d) proteinchemische Verfahren: *Reinenzyme*	molekular	reaktionsmechanistische und Strukturuntersuchungen

Aktivität und Ausfall einer Stoffwechselleistung, veränderte Wuchsform usw.) sind die **Mutanten** von den Elternformen bzw. Wildtypzellen verschieden. Die Veränderung eines Gens durch Mutation bewirkt Ausfall oder Änderung eines Enzyms, damit einer Stoffwechselreaktion und schließlich eine Merkmalsänderung. Es existieren Genwirkketten: Gene greifen durch Bereitstellung von Enzymen in spezifische Stoffwechselschritte ein (vgl. auch 14.1.). Den durch Mutation gesetzten **Stoffwechselblock** kann man direkt durch Nachweis des Ausfalls bzw. der Aktivitätsminderung des betreffenden Enzyms, das vom Wildstamm her bekannt ist, bestimmen. Oft fällt durch Mutation nicht eine Enzymaktivität ganz aus, sondern ist nur mehr oder weniger vermindert (Änderung der gebildeten Enzymmenge). Ausfall einer Enzymaktivität bedeutet: die betreffende Enzymbildung ist ausgefallen oder ein strukturell verändertes, enzymatisch inaktives Protein ist entstanden. Dieses (das sich an seiner Wirkung nicht mehr erkennen läßt) kann man im *serologischen Test* nachweisen (KRM-Test, KRM = kreuzreagierendes Material). Der positive Ausfall des KRM-Tests zeigt, daß ein enzymatisch inaktives Protein gebildet wird.

Mutationen erfolgen *spontan*, d. h. die Ursachen der Mutation sind uns nicht einsichtig, so daß spontane Mutationen ungerichtet erscheinen. Mutationen lassen sich *induzieren*: Unter der Wirkung mutationsauslösender Mittel (mutagener Agenzien, Röntgen- und UV-Strahlung um 260 nm) ist die Häufigkeit der Mutationsereignisse erhöht. **Mutagene** steigern die Mutationsauslösung beträchtlich. Als *Mutantenhäufigkeit* bezeichnen wir den zahlenmäßigen Anteil von Mutanten in einer Zellpopulation. Sie ist für einzelne Merkmale verschieden und hat Werte zwischen 10^{-4} und 10^{-11}. *Mutationsrate* nennen wir die Wahrscheinlichkeit einer Mutation pro Zelle und Generation. Sie hat Werte zwischen 10^{-6} und 10^{-10}.

Bei einer **Punktmutation** ist lediglich ein Nucleotid der DNS von einer Veränderung betroffen. Punktmutationen erfolgen durch:

- Ersatz einer Base durch eine andere
- Verlust eines Nucleotids
- Insertion (Einschiebung) eines zusätzlichen Nucleotids.

Bei der *Deletion* gehen Nucleotide verloren, und zwar teilweise ganze DNS-Abschnitte oder Teile von Chromosomen. Die *Wirkung von Mutagenen* am genetischen Material ist für die verschiedenen Mutagene (Proflavin, Bromuracil, Nitrosomethylguanidin, Äthylmethansulfonsäure, Nitrit u. a.) unterschiedlich und noch nicht in jedem Fall in den Einzelheiten verstanden.

Relativ selten geben sich Mutanten von Mikroorganismen auf den üblicherweise verwendeten festen Nährböden direkt zu erkennen, z. B. durch verändertes morphologisches Verhalten, Pigmentänderungen, veränderte Koloniebildung usw. Mutanten, die sich von der Ausgangsform durch verminderte oder vermehrte Nährstoffansprüche unterscheiden, kann man durch ihr Wachstumsverhalten auf zwei verschiedenen Nährmedien (Minimal- und Komplettmedium) vergleichen, wodurch man die Mutanten erkennt.

Die im biochemischen Laboratorium eingesetzten Mutantenstämme sind zumeist solche, die die Fähigkeit eingebüßt haben, bestimmte lebensnotwendige Stoffe selbst zu synthetisieren:
– **auxotrophe Mutanten** = Mangel-, Verlust- oder Defektmutanten.
Wenn man dem Minimalmedium diese Stoffe hinzusetzt, wirken sie als Wachstumsfaktoren („auxotrophe Stoffe"). Beispielsweise kann eine Mutante sich vom Wildstamm dadurch unterscheiden, daß sie Arginin benötigt, das die Ausgangsform selbst synthetisieren kann. Man nennt eine solche Mutante *arginin-bedürftig* oder *arg⁻-Mutante*. Der Wildtyp ist bezüglich des Arginins *prototroph* (*arg⁺*).

Verschiedene Typen von Mutanten (vgl. weiter unten) müssen durch unterschiedliche *Anreicherungs-* und *Selektionstechniken* isoliert werden. Ihre **Grobcharakterisierung** erfolgt auf 2 Wegen:
– *Akkumulat-Analyse*
– *Supplementierungstest.*

Ein **metabolischer Block** in einem Syntheseschritt (verursacht durch die Mutation eines Gens, das diesen Syntheseschritt über die Produktion eines Enzyms katalysiert)

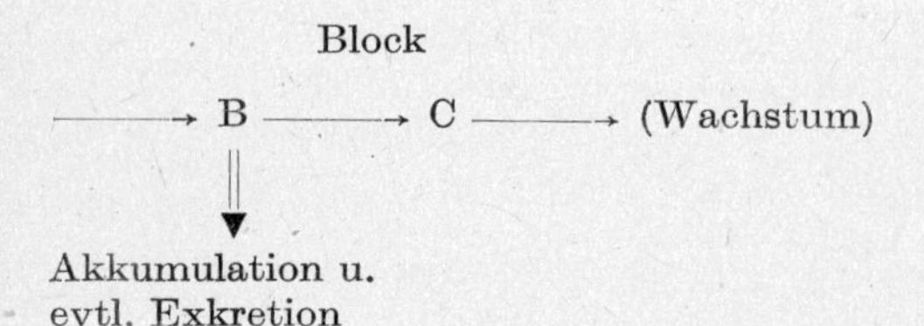

bedeutet:
– **Akkumulation** eines Intermediärproduktes (hier von B): das Akkumulat kann gegebenenfalls als solches oder in abgewandelter Form in das Milieu ausgeschieden werden und kann so leicht analysiert werden (*Akkumulat-Analyse*)
– **kein Wachstum**, das aber durch **Supplementierung** (= Zuführung von Verbindungen einer Synthesekette, die hinter dem Stoffwechselblock liegen) wieder hergestellt werden kann (*Supplementierungstest*).

Auf diesen beiden Möglichkeiten beruht im wesentlichen der Einsatz von Mutanten in der Biosyntheseforschung. In Verbindung mit der Tracer-Technik konnten auf diese Weise viele Reaktionsketten des Grundstoffwechsels aufgeklärt werden. Im Supplementierungstest mißt man das Wachstum (Trockengewichts- oder Proteinbestimmung) oder die Produktbildung.

Beim Ausfall eines Gens in einer unverzweigten Biosynthesekette ist nur der Umsatz einer Zwischenverbindung betroffen. Die Supplementierung mit einem Stoff genügt zur Wiederherstellung des Wachstums: **monoauxotrophe Mangelmutante.** Bei sog. **polyauxotrophen Mutanten** wird die Lebensfähigkeit erst bei Zusatz von mehr als einem Stoff wieder hergestellt. Dabei muß man zwischen echten polyauxotrophen (*polygenischen*) Mutanten und sog. *polyauxotrophen Einfachmutanten* unterscheiden, die *monogenisch* sind. Beispiele für letztere bietet der Aminosäurestoffwechsel, wenn die Mutation ein Enzym betrifft, das im unverzweigten Teil einer verzweigten Biosynthesekette liegt (z. B. Synthese aromatischer Aminosäuren, vgl. 10.5., aus Chorismat). Eine weitere Ursache sind parallele Syntheseketten, deren Einzelschritte jeweils durch dasselbe Enzym katalysiert werden (z. B. Valin-Isoleucin-Doppelauxotrophe).

8.1.1. Typen von Mutanten

Mutanten gehören verschiedenen Stoffwechselbereichen zu. Wir können die folgenden **Typen** unterscheiden:

- **transportdefekte Mutanten** die ein Substrat nicht mehr assimilieren können
- **auxotrophe Mutanten**, die (vgl. S. 282) zusätzliche Wachstumsfaktoren wie Aminosäuren, Vitamine, Purine, Pyrimidine oder andere Stoffe als „essentielle Metaboliten" benötigen
- für **katabolische Enzyme konstitutive Mutanten**, die gegen einem eine katabolische Stoffwechselreaktion induzierenden Substrat konstitutiv geworden sind, d. h. den Katabolismus des Substrates ohne vorhergehende Induktion des betreffenden katabolischen Systems katalysieren können
- für **anabolische Enzyme konstitutive Mutanten**, die der Endprodukt-Repression oder -Hemmung nicht mehr unterliegen (vgl. 7.1.). Diese Mutanten sind resistent gegenüber *Antimetaboliten* (Strukturanalogen), die auf Grund einer dem Endprodukt einer Biosynthesekette analogen Struktur das Wachstum der Wildtypzellen durch *Pseudo-Endprodukt-Hemmung* unterbinden. Am Anabolismus beteiligte Enzyme werden durch diese Mutanten konstitutiv gebildet bzw. ihre Feinregulation ist defekt. Die *Antimetabolit-Resistenz* der Mutanten kann verschiedene Ursachen haben: Verlust des aktiven Transportsystems für den Antimetaboliten des allosterischen Enzyms, eine veränderte Effektorempfindlichkeit der allosterischen Hemmung oder die konstitutive (= dereprimierte) Bildung der Biosyntheseenzyme
- gegenüber Hemmstoffen (Antibiotika, Stoffwechselgiften) oder Bakteriophagen (bei Bakterien) **resistente Mutanten**
- **temperatursensitive** („bedingt letale") **Mutanten**, die durch eine Mutation gekennzeichnet sind, die die Genwirkung und damit die Reproduktion bei 43 °C, aber nicht bei 25 °C verhindert. Zu den bedingt letalen Mutanten bei Bakteriophagen gehören die sog. „amber"-Mutanten (vgl. die Lehrbücher der Genetik).

Bei einem Verlust der allosterischen Hemmbarkeit (vgl. 7.1.) und bei dereprimierter Synthese anabolischer Enzyme kommt es häufig zur **Überproduktion** des Endproduktes eines Biosyntheseweges. Für die industrielle Mikrobiologie haben für die Selektion von Hochleistungsstämmen für mikrobielle Produktsynthesen eine besondere Bedeutung Mutanten, die bezüglich der allosterischen Hemmbarkeit regulationsdefekt sind. Bei solchen Mutanten erfolgen auch bei völlig normalem Repressionsverhalten eine Überproduktion und Ausscheidung des Endproduktes. Bei Konstitutivität (= Derepression) ist die Endproduktakkumulation und -ausscheidung dagegen relativ gering, solange die allosterische Feinkontrolle noch intakt ist. Man kann Mutanten unter Umständen mit Vorteil zur Enzymgewinnung heranziehen. Für *Aspartat-Transcarbamylase* dereprimierte Mutanten von *E. coli* können pro Zelle 50000 Moleküle des Enzyms enthalten, was einem Anteil von 7% dieses Enzymproteins am bakteriellen Protein entspricht. Eine Wildtyp-Zelle von *E. coli* enthält bei Wachstum in einem Normalmedium nur etwa 50 Moleküle dieses Enzyms.

8.1.2. Angeborene Stoffwechselstörungen (natürliche Enzymhemmungen)

Gegenüber dem Einsatz mikrobieller Defektmutanten hat das Zurückgreifen des Experimentators auf angeborene Stoffwechselstörungen beim Menschen methodisch heute kaum noch eine Bedeutung. Hereditäre Stoffwechseldefekte haben in der Geschichte der Biochemie jedoch eine Rolle gespielt bei der Aufklärung von Stoffwechselabläufen, insbesondere im Bereich der aromatischen Aminosäuren. Trotzdem ist die Kenntnis entsprechender Zusammenhänge von größter Bedeutung, nämlich für die Prophylaxe und Therapie von **Stoffwechselkrankheiten.**

Eine relativ harmlose *Anomalie* ist die sog. **Alkaptonurie.** Hier kommt es zur Ausscheidung von Homogentisinsäure im Harn, die an der Luft durch Oxydation des Hydrochinons zum Chinon (vgl. 11.1.) und Kondensation zum Farbstoff das schwarz gefärbte „*Alkapton*“ liefert. Ursache der Alkaptonurie ist der genetisch bedingte Ausfall der *Homogenitisinsäureoxydase* (vgl. 11.3.). Diese *Oxygenase* öffnet den aromatischen Ring von Homogentinat unter Bildung von Maleylacetat, das über Fumarylacetat weiter zu Fumarat und Acetoacetat abgebaut wird:

Tyrosin ----→ Homogentisinsäure —Defekt Enzym→ Maleylacetessigsäure → Abbau

Homogentisinsäure ↓ Ausscheidung und Übergang in Alkapton

Wenn das den Abbau kontrollierende Gen homozygot in dem mutierten Allel vorliegt, wird das entsprechende Enzym nicht gebildet. Zur Synthese des Enzyms genügt ein mormales Allel (Rezessivität solcher Mutationen).

Bei der Alkaptonurie, der eine genetische Störung zugrunde liegt, die zu einem Defekt im Katabolismus der aromatischen Aminosäuren führt, wird ein Zwischenprodukt zum Endprodukt, das ausgeschieden wird und nach sekundärer Veränderung ein analytisch sich leicht zu erkennen gebendes Produkt liefert. Auf diese Weise konnte man die Rolle von Vorstufen der Aromatenbiosynthese studieren.

Weitere *Enzymdefekte* (Stoffwechselblocks), die genetisch bedingt sind und gleich der Alkaptonurie den Metabolismus der *aromatischen Aminosäuren* betreffen, sind:

- die *Phenylketonurie* (Föllingsche Imbecillität)
- der *Albinismus*

Die **Phenylketonurie** ist durch die Ausscheidung von Phenylpyruvat und Phenylacetat sowie verwandter Verbindungen im Harn gekennzeichnet:

$C_6H_5{-}CH_2{-}CO{-}COOH$ (Phenylbrenztraubensäure)

$C_6H_5{-}CH_2{-}COOH$ (Phenylessigsäure)

Diese Stoffwechselkrankheit ist mit mentalen Defekten (Idiotie) gekoppelt. Zur Prüfung auf Phenylketonurie bei Neugeborenen führt man einen „Windeltest" mit Eisenchlorid (Grünfärbung bei Phenylkentonurie) durch. Die Therapie sieht eine möglichst Phenylalanin freie Diät vor.

Beim Erscheinungsbild des **Albinismus** liegt ein Block im Phenylalanin-Tyrosin-Stoffwechsel vor, so daß aus Tyrosin nicht mehr DOPA (3,4-Dihydroxyphenylalanin) gebildet werden kann. *Tyrosinhydroxylase* (vgl. 11.3.) fehlt. Die Folge ist fehlende Melaninbildung (Pigmentierung).

Die geschilderten Stoffwechselzusammenhänge im Bereich des Aromaten-Metabolismus zeigt das folgende Schema:

$$\begin{array}{lll} \text{Phenylalanin} \xrightarrow{a} & \text{Tyrosin} \xrightarrow{b} \text{Melanin} & \\ \downarrow & \downarrow & \\ \text{Phenylpyruvat} & \text{Homogentisinsäure} \xrightarrow{c} CO_2 + H_2O & \end{array}$$

Block bei a: Phenylketonurie
b: Albinismus
c: Alkaptonurie

8.2. Die Tracer-Technik („Leitisotopen-Technik")

Unter den biochemischen Arbeitsmethoden spielt die **Tracer-Technik** eine besondere Rolle. Hierbei werden die Radionuclide der Bioelemente (vgl. 2.1.)

verwendet, und zwar in Abhängigkeit vom besonderen Problem, das zur Lösung ansteht, in atomarer oder molekularer Form, in den meisten Fällen jedoch in Form markierter Verbindungen. Durch die Einführung markierter Atome werden Moleküle *indiziert*. Die Tracer-Technik ist deshalb ein Spezialfall der **Indikator-Technik.** Die Bezeichnung „Tracer-Technik" nimmt Bezug auf die Verwendung radioaktiv markierter Substanzen. Mit Hilfe sehr empfindlicher Methoden der Strahlungsmessung kann man noch sehr geringe Mengen des „tracers" messend verfolgen („aufspüren"). Da in vielen Fällen die Verwendung schwerer (nicht-radioaktiver) Atome eine ebenso wichtige Rolle bei der Indizierung von Biomolekülen spielt, sprechen wir hier von der **„Isotopen-Technik"**. Moleküle kann man auch anders als durch die Einführung schwerer oder radioaktiver Isotope indizieren, z. B. durch die Anhängung schwer metabolisierbarer Reste (vgl. die Einführung schwer verbrennbarer Phenylreste in Fettsäuren bei den älteren Untersuchungen zum Fettsäureabbau). Wesentlich ist in allen diesen Fällen, daß das „normale Verhalten" der so gekennzeichneten Moleküle im Stoffwechsel nicht verändert wird. Deshalb eignen sich **Isotope** in vorzüglicher Weise für Stoffwechseluntersuchungen: unter Absehung bestimmter „Isotopeneffekte" sind Isotope als Atomsorten eines chemischen Elements physikalisch, aber nicht chemisch oder biochemisch unterscheidbar. Das Vorhandensein hoch empfindlicher Meßmethoden läßt daher die Isotopen-Technik als wichtigste Indikator-Methode erscheinen.

Dank den Fortschritten der Kernphysik können von den Bioelementen Isotope für biologische Untersuchungen in großem Umfang dargestellt werden. Von besonderer Bedeutung sind hierbei die Isotope des Kohlenstoffs, Wasserstoffs, Sauerstoffs, Stickstoffs, Schwefels und Phosphors. In methodischer Hinsicht ist die Unterscheidung von radioaktiven und „schweren" Isotopen wichtig:

– **radioaktive Isotope (Radionuclide)** haben einen *instabilen Kern*, der unter Aussendung von *Strahlung* (α-, β-, γ-Strahlung) in einem bestimmten, durch die Halbwertszeit gekennzeichneten Zeitraum *zerfällt*
– *„schwere" Isotope* haben einen *stabilen Kern* **(stabile Isotope)**.

Radionuclide können auf verschiedene Weise gemessen werden: durch Szintillationszähler (auch flüssige Szintillatoren), Ionisationskammern (Geiger-Müller-Zählrohre usw.). Für den Biologen sind wichtig:

– die Messung (in unendlich dicker oder dünner Schicht) mit Hilfe von G-M-Zählrohren, Methandurchflußzählern und Dünnschicht-Scannern
– die Messung in Gaszählrohren und Szintillationszählern
– die Technik der Autoradiographie mit ihren möglichen Varianten.

Praktisch wichtige Meßgröße ist die Einheit: I/min (counts/min = cpm). Unter Berücksichtigung der Zählausbeute der verwendeten Meßanordnung (ca. 2—3% bei G-M-Zählern, ca. 30% im Methandurchflußzähler, ca. 70% mit der Gaszählmethode bei Verwendung von ^{14}C), oder bei Verwendung von Standards kann man auf die radioaktiven Zerfälle extrapolieren:

1 Curie (c) $= 2{,}22 \cdot 10^{12}$ Zerfälle/min
1 mc $= 2{,}22 \cdot 10^{9}$ Zerfälle/min (wichtig für die Chemie)
1 μc $= 2{,}22 \cdot 10^{6}$ Zerfälle/min (wichtig für die Biochemie).

Im Falle einer ^{14}C-Verbindung vom Molekulargewicht 100—200 und einer spezifischen Radioaktivität von 2 mc/mMol sind noch $5 \cdot 10^{-3}$ μg mit $\pm 4\%$ Genauigkeit bestimmbar.

Stabile Isotope können massen- und bandenspektroskopisch bestimmt werden. ^{15}N (schwerer Stickstoff) mit 60 Atom-Prozenten ^{15}N kann noch in einer Verdünnung von etwa 1 : 15000 nachgewiesen werden. Die Technik verlangt eine Zerstörung der Proben vor der Messung.

Häufig in der biochemischen Forschung verwendete Isotope zeigt die Tabelle 8.2.

Tabelle 8.2. Wichtige Isotope der Bioelemente

Isotop	Symbol	Halbwertszeit	Art der Strahlung
Wasserstoff (Deuterium)	^{2}H	stabil	
(Tritium)	^{3}H	10,46 Jahre	β, sehr weich
Kohlenstoff	^{14}C	5568 Jahre	β, weich
	^{13}C	stabil	
Stickstoff	^{15}N	stabil	
Phosphor	^{32}P	14,3 Tage	β
Schwefel	^{35}S	87,1 Tage	β, weich

Radioaktiv markierte Verbindungen für Stoffwechseluntersuchungen werden auf verschiedene Art und Weise **dargestellt**:

- auf *organisch-präparativem Wege* unter Verwendung einfacher Ausgangsmaterialien wie z. B. $Ba^{14}CO_3$, $K^{14}CN$
- auf *biosynthetischem Wege*, z. B. aus $^{14}CO_2$ (unter Ausnützung der biosynthetischen Kapazität von Organismen: Gewinnung von mit Radiokohlenstoff uniform markierten Proteinhydrolysaten aus photosynthetisch aktiver *Chlorella*, Herstellung von uniform markierter Shikimisäure und Chinasäure durch *Gingko-biloba*-Blätter usw.) oder durch Einsatz von Enzymen aus Organismen, die selektiv organische Substrate umsetzen
- auf *radiochemischem Wege*, z. B. durch Wilzbach-Tritiierung (stabile C—T-Bindungen, labile O—T-, N—T-Bindungen u. a.).

Bei Verwendung biosynthetischer und radiochemischer Methoden erhält man üblicherweise unspezifische Markierungen (Uniformmarkierung).

Die **Isotopentechnik** gestattet die Untersuchung der verschiedenartigsten biochemischen und biologischen *Problemstellungen*:

- *Lokalisation* von Inhaltsstoffen und Stoffwechselprozessen im Organismus, im Gewebe und in der Zelle (z. B. Verwendung der sog. *Mikroradioautographie* zur Lokalisation von Zellbestandteilen; Variante: elektronenmikroskopische Mikroradioautographie)
- Verfolgung von *Stofftranslokationen* (Studium von „Ferntransport-Vorgängen“ und Stoffaufnahme und -akkumulationsphänomenen)
- Nachweis *physiologischer Leistungen*, z. B. der Luftstickstoffbindung mit Hilfe von $^{15}N_2$ (oder $^{13}N_2$, radioaktiv! Halbwertszeit 10,05 min, Einsatzmöglichkeit sehr begrenzt)
- *Funktionsprüfungen*, z. B. mit ^{131}J (Schilddrüsenhormone)
- *Biosynthesestudien*, z. B. von Sekundärstoffsynthesen mit Hilfe spezifisch markierter Precursoren oder der Proteinbiosynthese mittels hoch markierter ^{14}C-Aminosäuren

– Erfassung des *Turnovers* von Intermediärprodukten, Proteinen usw.

Der wichtigste *Anwendungsbereich* der Isotopenmethode liegt auf dem Gebiet der *Biogenese* von Primär- und Sekundärmetaboliten. Die hierzu durchgeführten *Precursor-Produkt-Untersuchungen* beinhalten:

– Messung der biogenetischen Beziehungen durch Bestimmung *spezifischer Einbauraten*:

$$\text{spez. Einbaurate (\%)} = \frac{\text{spez. Aktivität Produkt. 100}}{\text{spez. Aktivität Precursor}}$$

– *Positionsermittlung* des Isotops im Reaktionsprodukt unter Benutzung von Methoden der Strukturaufklärung von Molekülen.

9. Bau und Wirkungsweise der Coenzyme

Viele Enzyme bestehen aus einem hochmolekularen Protein und einer niedermolekularen nicht-eiweißartigen Gruppe. In der Proteinchemie werden seit jeher nicht-proteinartige Gruppen an Eiweißen (auch solche ohne katalytische Wirkung) als **prosthetische Gruppen** bezeichnet. In Enzymen fungieren sie als **Wirkgruppen**, d. h. sie sind für die Enzymaktivität essentiell:

Protein (= Proteid)	**= Protein + prosthetische Gruppe**
Enzym	**= Protein + Wirkgruppe**
Holoenzym	**= Apoenzym + Coenzym**

Diese grundlegende Entdeckung zum Aufbau und zur Wirkungsweise vieler Enzyme geht auf den Befund von HARDEN und YOUNG (1906) zurück, daß die „Zymase" BUCHNERS („aktives Prinzip" der alkoholischen Gärung der Hefe) durch Dialyse in einen hochmolekularen Eiweißanteil (= Gärungsenzyme) und ein niedermolekulares hitzestabiles Coferment (Coenzym = *Codehydrogenase I* = „*Cozymase*") sich trennen läßt. Nach ihrer Isolierung wurde die Verbindung als *Diphosphopyridinnucleotid* (DPN, heute: *Nicotinamid-adenin-dinucleotid,* NAD) identifiziert (H. VON EULER 1936).

Als man erkannte, daß prosthetische Gruppen mehr oder weniger fest an Proteine gebunden sein können, unterschied man zwischen *fest gebundenen* **prosthetischen Gruppen** (im engeren Sinne) und *leicht dissoziablen* **Coenzymen.** Im Sinne dieser Definition ist z. B. das NAD ein Coenzym, das Flavinadenindinucleotid (FAD) eine prosthetische Gruppe (entsprechender Dehydrogenasen). Das Kennzeichen „leicht dissoziabel" hängt jedoch von den gewählten experimentellen Bedingungen ab. Darüber hinaus ist die Affinität einer Wirkgruppe zum Protein für die oxydierte und die reduzierte Form unterschiedlich. Außerdem gibt es Enzyme, die wie z. B. die *Triosephosphat-Dehydrogenase* aus Muskel fest gebundenes NAD enthalten. Das Kriterium „fest gebunden" oder „leicht dissoziabel" genügt daher für eine solche Unterscheidung von Wirkgruppen nicht. Eine Unterscheidungsmöglichkeit ergibt sich, wenn man die Wirkungsweise von „prosthetischer Gruppe" und „Coenzym" betrachtet.

Prosthetische Gruppe und Coenzym erfahren beide im Zuge der katalysierten Reaktion eine chemische Veränderung und werden durch eine 2. Enzymreaktion in den aktiven Ausgangszustand zurückgebracht. Die Art und Weise, wie das bewerkstelligt wird, ist jedoch bei prosthetischer Gruppe und Coenzym verschieden, wie das folgende Schema am Beispiel der Wasserstoffübertragung durch Flavin- und Pyridinnucleotidenzyme zeigt:

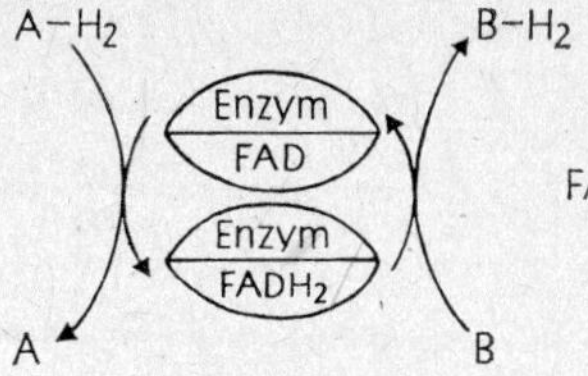

$FAD(H_2)$ als prosthetische Gruppe

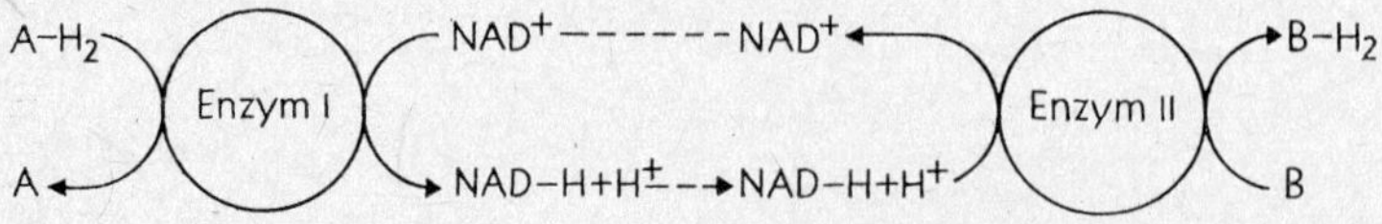

$NAD(H+H^+)$ als Coenzym = Cosubstrat

Im ersten Fall (Flavinenzym, **FAD** als fest gebundene **prosthetische Gruppe**) reagiert das Holoenzym (Enzym-FAD) mit dem zu dehydrogenierenden Substrat A-H_2, wobei es den Wasserstoff aufnimmt (Bildung von Enzym-$FADH_2$). Durch Reaktion mit einem 2. Substrat (B) wird auf dieses der Wasserstoff übertragen (Reduktion von B zu B-H_2), wodurch der aktive Ausgangszustand des Enzyms (Enzym-FAD) durch Reoxydation des reduzierten enzymgebundenen FAD wieder hergestellt wird.

Im zweiten Fall (Pyridinnucleotid-Enzym, **NAD** als leicht dissoziables **Coenzym**) reagiert die Wirkgruppe (NAD) wie ein 2. Substrat oder wie ein **Cosubstrat**. Sie setzt sich mit dem zu dehydrogenierenden Substrat A-H_2 stöchiometrisch (nicht katalytisch!) um. Das reduzierte NAD verläßt das Enzymprotein I und begibt sich zu einem 2. Enzymprotein, mit dem es zusammen eine **Reduktase** bildet. Durch Reaktion mit dem zu reduzierenden Substrat B (wiederum in stöchiometrischem Verhältnis, d. h. NADH + H^+ als Cosubstrat) wird der aktive Ausgangszustand (oxydiertes NAD) wieder hergestellt. NAD^+ wandert zum Enzymprotein I zurück, mit dem zusammen es eine **Dehydrogenase** bildet.

Eine **prosthetische Gruppe** (im Sinne der Enzymologie, nicht der Proteinchemie, vgl. weiter oben) liegt vor, wenn die Wirkgruppe in Bindung an **ein** Enzymprotein mit zwei verschiedenen Substraten zusammenwirkt.

Von einem **Coenzym** sprechen wir, wenn die Wirkgruppe mit zwei verschiedenen Substraten durch sukzessive Kopplung mit zwei verschiedenen Enzymproteinen zusammenwirkt. Coenzyme treten stöchiometrisch in die Reaktion ein und werden besser als **Cosubstrate** bezeichnet. Die katalytische Wirkung kommt durch das aufeinanderfolgende Zusammenwirken des Coenzyms mit zwei verschiedenen Enzymproteinen (= Apoenzymen) zustande. (Bei dieser Definition schließen wir jedoch ein, daß Wirkgruppen mit unterschiedlicher Festigkeit an das Enzymprotein gebunden sein können). Der Vorgang ist reversibel. Prosthetische Gruppen sind das FMN (Flavinmononucleotid) und das FAD; Coenzyme (Cosubstrate) das NAD, NADP (Nicotinamid-adenin-dinucleotid-phosphat), das Coenzym A u. a. (vgl. Tabelle 1).

Coenzyme sind Stoffe, die Wasserstoff, Elektronen und chemische Gruppen im Stoffwechsel übertragen. Sie sind Gruppen-Transporteure oder **Transport-**

Metaboliten (Bücher). Reduziertes NAD und NADP sind H-Transporteure, Coenzym A ist der Acyl-Carrier des Stoffwechsels usw. Verbindungen wie die sog. Häm-Coenzyme (= „Zellhämine“) und das Ferredoxin (vgl. 11.2.1.) sollte man besser als **Elektronenüberträger-Proteine** (= Elektronencarrier-Proteine) bezeichnen, da sie streng genommen dem Begriff des Wasserstoff oder gruppenübertragenden Coenzyms nicht entsprechen. Auch das ATP ist kein Coenzym im strengen Sinne, obwohl es Gruppen überträgt (vgl. 4.4.).

Die Transphosphorylierung ist jedoch – ähnlich den anderen Übertragungsreaktionen des ATP – oft nicht reversibel, d. h. ATP- Verbrauch und ATP -Bildung verlaufen auf getrennten metabolischen Wegen.

Da sich z. B. die Begriffe *Cosubstrat* oder *Transport-Metabolit* als Bezeichnungsweisen noch nicht allgemein eingebürgert haben, vielfach die Ausdrücke „prosthetische Gruppe“ und „Coenzym“ synonym gebraucht und mit der Bezeichnung „Wirkgruppe“ gleichgesetzt werden, können wir schreiben:

Wirkgruppe = prosthetische Gruppe = Coenzym (*verallgemeinert!*)
Wir sprechen im folgenden *alle katalytisch wirkenden Gruppen* von Enzymen – mit Ausnahme der anorganischen Komplemente = Metalle – *als „Coenzym“* an.

Viele **Coenzyme** stehen in Beziehung zu Vitaminen (vgl. 9.5.).

Die Tabelle 9.1. zeigt die Coenzyme und die für ihre Bezeichnung verwendeten Abkürzungen. Die Einteilung wurde nach den Reaktionen vorgenommen, an deren Katalyse sie beteiligt sind, wobei wir der von Karlson vorgenommenen Einteilung folgen. Die einzelnen Verbindungen werden z. T. in diesem Kapitel auf den folgenden Seiten ausführlicher dargestellt, wenn sie an vielen Stellen in den Stoffwechsel eingreifen (mit Ausnahme von ATP, das im Kapitel „Bioenergetik“, vgl. 4., abgehandelt ist). In den anderen Fällen, wo das Coenzym in ganz spezielle Funktionszusammenhänge gestellt ist (z. B. Atmungskette, oxydative Decarboxylierung von α-Ketosäuren, Sulfataktivierung- und reduktion) wird die betreffende Verbindung im Zusammenhang mit ihrer Stoffwechselfunktion vorgestellt.

Tabelle 9.1. Einteilung und metabolische Funktion der „Coenzyme“

Coenzym	Abkürzung	Übertragene „Gruppe“	Bemerkungen
I. Coenzyme der Oxydoreduktion			
Pyridinnucleotid-Coenzyme			
Nicotinsäure-amid-adenin-dinucleotid	NAD	Wasserstoff	syn. Diphospho-pyridin-nucleotid (DPN)
Nicotinsäure-amid-adenin-dinucleotid-phosphat	NADP	Wasserstoff	syn. Triphospho-pyridin-nucleotid-phosphat (TPN)
„Flavinnucleotid-Coenzyme“			
Flavinmono-nucleotid	FMN	Wasserstoff	Riboflavin-5′-phosphat (= Lactoflavin-5′-phosphat)

(Fortsetzung der Tabelle 9.1.)

Coenzym	Abkürzung	Übertragene „Gruppe"	Bemerkungen
Flavin-adenin-dinucleotid	FAD	Wasserstoff	
Häm-Coenzyme		Elektronen	„Zellhämine" = Cytochrome und Cytochromoxydase
Coenzym Q	Q	Wasserstoff	syn. Ubichinon
Ferredoxine	Fd	Elektronen	Fe-S-Proteine
Lipoat (Liponsäure)	Lip(S_2)	Wasserstoff und Acylgruppen	syn. Thioctansäure
Thioredoxin		Wasserstoff	
II. Gruppenübertragende Coenzyme			
Adenosintriphosphat	ATP	P, P—O ~ P, AMP, Adenosin	
Phosphoadenosin-phospho-sulfat	PAPS	$-SO_3H$ (Schwefelsäurerest)	Phosphoadenylsäure-sulfat, „aktives Sulfat"
Pyridoxalphosphat	PAL (PPal)	Aminogruppe	sog. Coenzym des Aminosäurestoffwechsels
Nucleosiddiphosphate			
Cytidindiphosphat	CDP	Phosphorylcholin und verwandte Gruppen	
Uridindiphosphat	UDP	D-Glucose, D-Xylose, D-Glucuronsäure, N-Acetyl-D-glucosamin	
Thymidindiphosphat	TDP	L-Rhamnose	
Coenzyme des C_1-Transfers			
*S-Adenosyl-*L-*methionin*	(s-AM)	Methylgruppe	„Aktives Methyl"
Tetrahydrofolat (Tetrahydrofolsäure)	CoF, THF oder FH_4	Formylgruppe	Transfer sog. aktiver C_1-Körper (Einkohlenstoff-Fragmente)
Biotin		Carboxylgruppen (CO_2)	„Aktives CO_2" = CO_2-Biotin-Enzym
Coenzyme des C_2-Transfers			
Coenzym A	CoA	Acetyl- u. a. Acylgruppen	$\overline{\text{CoASH}}$ = CoA minus SH
Thiaminpyrophosphat	TPP (ThPP)	C_2-Aldehydgruppen	syn. Aneurinpyrophosphat (APP); überträgt auch die Formylgruppe (C_1) in einer speziellen Reaktion

(Fortsetzung der Tabelle 9.1.)

Coenzym	Abkürzung	Übertragene „Gruppe“	Bemerkungen
III. Weitere Coenzyme			
Uridindiphosphat	UDP	Zuckerisomerisierung	
Pyridoxalphosphat	PAL	Decarboxylierung	
Thiaminpyrophosphat	TPP	Decarboxylierung	
B_{12}-Coenzym		*Isomerisierung*	Cobamid-Coenzyme = Coenzymformen des Vitamin B_{12}

Fast alle Coenzyme enthalten **Phosphorsäure** im Molekül, wie überhaupt auffällt, daß viele Substanzen im Stoffwechsel im phosphorylierten Zustand vorliegen (vgl. 4.1.3.). Die nicht-phosphorylierten Intermediärverbindungen tragen ionisierte, also geladene Gruppen, was für ihren enzymatischen Umsatz notwendig zu sein scheint: Ungeladene Moleküle oder Gruppen sind an Coenzyme gebunden oder bilden z. B. Schiffsche Basen mit dem aktiven Zentrum von Enzymen. Nichtionisierte Moleküle stehen am Anfang oder Ende von Stoffwechselwegen (Ausgangsverbindungen und Endprodukte) (SCHLEGEL). In den Coenzymen ist die Phosphorsäure häufig in einem Nucleotid gebunden: sog. **Nucleotidcoenzyme.**

9.1. Coenzyme der Oxydoreduktion (Wasserstoffübertragende Coenzyme)

Bei der **biologischen Oxydation** werden in der Regel Substrate dehydrogeniert (vgl. 2.5./11.1.). Die Oxydation vollzieht sich mithin als *Elektronenabgabe.* Sehr oft werden Elektronenpaare übertragen, wobei zwei Protonen (H^+) vom Substrat abgespalten werden. Das Symbol [H] steht für $H^+ + e^-$. Die durch Wasserstoffentzug bzw. Elektronenabgabe erfolgende Oxydation biologischer Substrate wird als **Dehydrogenierung** bezeichnet (der Ausdruck „Dehydrierung“ ist nicht exakt; dagegen ist „Dehydratisierung“ der Entzug von Wasser). Ein *Elektronen-* oder *Wasserstoff-Donator* (d. i. eine reduzierte Verbindung) und ein *Elektronen-* oder *Wasserstoff-Akzeptor* sind an der reversiblen Wasserstoffübertragung beteiligt. Der Vorgang, der eine **Oxydo-Reduktion** (ein gekoppelter Oxydations-Reduktions-Prozeß) ist, heißt in Richtung H- bzw. e-Donator → H- bzw. e-Akzeptor **Reduktion** oder **Hydrogenierung** (oder Hydrierung), in umgekehrter Richtung **Oxydation** oder **Dehydrogenierung**:

> Reduktion oder Hydrogenierung = Wasserstoff- bzw. Elektronenaufnahme;
> Dehydrogenierung oder Oxydation = Wasserstoff- bzw. Elektronenabgabe.

Die Enzyme, die Wasserstoff Substraten entziehen bzw. die Substrate reduzieren, nennt man **Dehydrogenasen** und **Reduktasen** und bezieht sich bei der Bezeichnung des Enzyms auf den H-Donator (z. B. *Alkohol-Dehydrogenase*, *Malat-Dehydrogenase* usw.). Die wichtigsten wasserstoffübertragenden Enzyme besitzen **Pyridinnucleotide** (= Nicotinamidnucleotide) oder **Flavinnucleotide** als Wirkgruppen. Letztere (FAD- und FMN-abhängige Enzyme) werden als **Flavinenzyme** oder **„gelbe" Enzyme** bezeichnet.

Pyridinnucleotide. – Viele Dehydrogenasen übertragen den ihren Substraten entzogenen Wasserstoff auf eines der beiden Coenzyme *Nicotinamid-adenin-dinucleotid* (NAD^+) oder *Nicotinamid-adenin-dinucleotidphosphat* ($NADP^+$). NAD und NADP fungieren als Wasserstoff-Transporteure (Transport-Metaboliten), d. h. als Coenzyme von *Oxydoreduktasen* (*Dehydrogenasen*). Für diese Funktion ist entscheidend das *Nicotinsäureamid* (syn. Nicotinamid, Niacinamid).

In den *Pyridinnucleotiden* ist das Nicotinsäureamid nach Art eines N-Glykosids (über das Pyridinium-Kation, das ein Wasserstoffatom an dem koordinativ fünfwertigen (positivierten) Stickstoff trägt) gebunden. Nicotinsäureamid-ribosid ist über eine Pyrophosphorsäure-Brücke mit Adenosin verknüpft, so daß sich für das *Dinucleotid* **NAD** (1. Nucleotidbaustein = Nicotinsäureamid-ribotid, 2. Nucleinsäurebaustein = Adenosin-5'-phosphat) die folgende Formel ergibt:

Nicotinamid — Adenin — Pyrophosphat

Im Nicotinamid-adenin-dinucleotid-phosphat (NADP) ist der Adenosinanteil von NAD in 2'-Stellung mit einer Phosphatgruppe verestert, so daß sich für das **NADP** das folgende Aufbauschema ergibt:

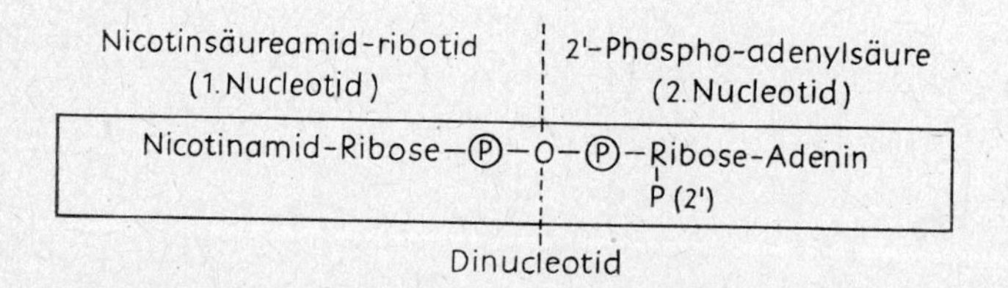

Wegen der positiven Ladung des Pyridinium-Kations symbolisiert man das oxydierte NAD als NAD^+ (bzw. NAD_{ox}), das oxydierte NADP als $NADP^+$ (bzw. $NADP_{ox}$). Werden 2 H mit einem Elektronenpaar von einem Substrat auf den Pyridinring übertragen, wird das Pyridinium-Kation (unter Aufhebung seiner aromatischen Natur) reduziert, und ein H-Atom geht als Proton in Lösung. Die H-Übertragung erfolgt *stereospezifisch,* da ein H-Atom und das Elektronenpaar entweder auf die α-Seite des Pyridinringes oder auf die β-Seite in Abhängigkeit von der Spezifität der betreffenden Dehydrogenase übertragen wird. Die **reversible Wasserstoffaufnahme** durch die Pyridinnucleotid-Coenzyme veranschaulicht die folgende Darstellung:

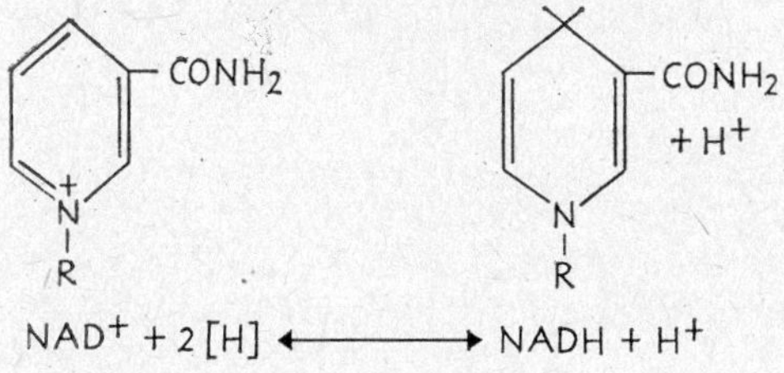

$$NAD^{+} + 2[H] \longleftrightarrow NADH + H^{+}$$

Eine reversible Dehydrogenierung dieser Art können wir vereinfacht auch wie folgt schreiben:

$A{-}H_2 + NAD \rightleftharpoons A + NADH_2$ ($A{-}H_2$ = H-Donator)
(A = H-Akzeptor)

Damit ergeben sich folgende mögliche **Abkürzungen** zur Kennzeichnung der oxydierten und reduzierten Form der beiden Nicotinamidnucleotide:
Oxydierte Form: $NAD(P)_{ox} = NAD(P) = NAD(P)^{+}$
Reduzierte Form: $NAD(P)_{red} = NAD(P)H = NAD(P)H_2 = NAD(P)H + H^{+}$
(Die exakte Schreibweise schließt die Darstellung der Ladung ein).

Die Fähigkeit von NAD und NADP zur Aufnahme von Wasserstoff beruht auf der Tendenz des positiven Stickstoffs = N^{+}– Elektronen anzuziehen. Auf den dadurch elektrophil gewordenen aromatischen Ring wird ein Wasserstoffatom in Form eines Hydridions (Proton mit einem Elektronenpaar) übertragen. Gleichzeitig gibt das dehydrogenierte Substrat einen 2. Wasserstoff als Proton ab. Die Dehydrogenierung von Äthanol durch *Alkohol-Dehydrogenase* (*Alkohol: NAD-oxydoreduktase,* E.C. 1.1.1.1.), die summarisch wie folgt zu schreiben ist:

$$\text{Äthanol} + NAD^{+} \rightleftharpoons \text{Acetaldehyd} + NADH + H^{+}$$

verläuft nach dem nachstehenden „Feinmechanismus“:

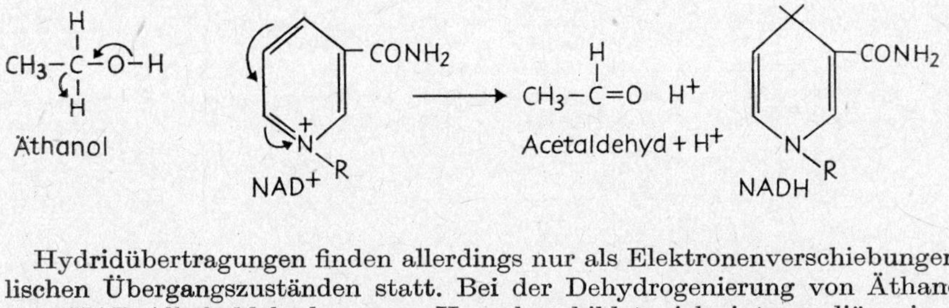

$CH_3{-}CH_2{-}OH$ (Äthanol) + NAD^{+} ⟶ $CH_3{-}CHO$ + H^{+} (Acetaldehyd + H^{+}) + NADH

Hydridübertragungen finden allerdings nur als Elektronenverschiebungen in zyklischen Übergangszuständen statt. Bei der Dehydrogenierung von Äthanol durch den NAD-Alkoholdehydrogenase-Komplex bildet sich intermediär ein ternärer Komplex aus Äthanol-NAD^{+}-Enzymprotein, also ein Substrat-Coenzym-Enzym-Komplex. An dem Aufbau dieses Komplexes sind Zn^{2+}-Ionen beteiligt, die den Eiweiß- und Adenin-Anteil des Pyridinnucleotids zu verknüpfen scheinen (WALLENFALS und SUND).

Bei der **Reduktion der Pyridinnucleotid-Coenzyme** verändert sich die *Lichtabsorption* in charakteristischer Weise. Die *reduzierten Formen* von NAD und NADP haben im Unterschied zu den oxydierten Formen bei 340 nm ein breites **Absorptionsmaximum.** Die Reduktion oder Oxydation von NAD und NADP läßt sich relativ bequem an der Veränderung der Lichtabsorption bei dieser oder einer benachbarten Wellenlänge (366 nm) verfolgen. Zahlreiche Dehydrogenase-Reaktionen können durch Zu- oder Abnahme der Extinktion bei 340—366 nm spektrophotometrisch gemessen werden. Diese Extinktionsänderung ist die Grundlage des sog. **optischen Tests** (O. WARBURG), einer enzymatischen Testmethode, die hoch spezifisch und zuverlässig, sicher und bequem zu handhaben ist. Man kann Enzymaktivitäten, Coenzym- und Substratkonzentrationen bestimmen. In Form des **gekoppelten optischen Tests** wird der Anwendungsbereich der Methode wesentlich erweitert auf Reaktionen, die nicht von NAD oder NADP abhängig sind, indem man die *Meßreaktion* mit der Pyridinnucleotid-abhängigen *Indikatorreaktion* koppelt.

NAD und NADP haben unterschiedliche **Funktionen im Stoffwechsel**: $NADPH_2$ ist vorwiegend an reduktiven Prozessen (Biosynthesen) beteiligt; $NADH_2$ überträgt den Wasserstoff vorzugsweise auf die Precursoren von Gärungsprodukten und schleust ihn in das System der Atmungskette ein. Zur Möglichkeit der Oxydation von $NADPH_2$ über die Atmungskette vgl. 11.2. Gemäß diesen differenten Stoffwechselaufgaben liegt NADP in der Zelle vorwiegend in reduzierter Form vor ($NADPH_2$ = Reduktionsmittel der Zelle); das NAD liegt vorzugsweise in oxydierter Form vor. Kenntnisse über das Verhältnis von oxydierter und reduzierter Form von NAD und NADP in Zellen und Geweben ermöglichen Einblicke in Regulationsmechanismen und erlauben Rückschlüsse auf die Stoffwechsellage. Beispielsweise wurde in der Rattenleber ein NAD^+/NAD-H-Verhältnis von 2,6 zu 1 bestimmt. Allerdings muß man berücksichtigen, daß erhebliche Mengen von NAD in den betreffenden Zellen in Bindung an Dehydrogenasen vorliegen können. Ähnliche Verhältnisse bestehen, wenn man den Pool anderer Coenzyme in der Zelle bestimmt. Beispielsweise liegt die Pantothensäure, eine Vorstufe von Coenzym A, in der Zelle praktisch ausschließlich als Coenzym A in Bindung an entsprechende Enzyme vor.
Einige NAD- oder NADP-abhängige Dehydrogenase-Reaktionen sind in der Tabelle 9.2. aufgeführt.

NAD ist das Coenzym von über 50 Dehydrogenasen. Es fungiert auch als Cofaktor der *Galakto-Waldenase* (Epimerisierung).

Wie jede andere Substanz in Organismen unterliegen die Pyridinnucleotide einem ständigen Auf-, Um- und Abbau. Die Biosynthese von NAD bzw. NADP geht von Chinolinsäure aus (vgl. 12.7. Pyridinnucleotid-Zyklus). Spaltende Enzyme sind die *NAD-H-Oxydase*, *NAD-H-Pyrophosphatase* und *NAD-Nucleosidasen* (Erythrozyten) u. a.

Flavinnucleotide – Die sog. Flavinnucleotide FMN und FAD sind die Wirkgruppen der *gelben Enzyme*:
Gelbe Enzyme = *Flavinenzyme* = Flavoproteide
FMN und FAD sind prosthetische Gruppen im Sinne der Definition. Manche Flavoproteide lassen sich jedoch experimentell leicht in Apoenzym und prosthetische Gruppe trennen und auch wieder zum aktiven Enzymproteid rekonstituieren.

Tabelle 9.2. NAD oder NADP benötigende *Oxydoreduktasen* (Beispiele)

Enzym	Reaktion	
(I) *NAD-Enzyme*		
Alkohol-Dehydrogenase	Äthanol + NAD^+	⇌ Acetaldehyd + + NADH + H^+
Lactat-Dehydrogenase	Lactat + NAD^+	⇌ Pyruvat + NADH + H^+
Glycerophosphat-Dehydrogenase	Glycerin-3-P + NAD^+	⇌ Dihydroxyaceton-P + + NADH + H^+
$NADH_2$:Cytochrom c-Reduktase	$NADH_2$ + Cyt c (Fe^{3+})	⇌ NAD^+ + Cyt c (Fe^{2+})
(II) *NADP-Enzyme*		
Glucose-6-Phosphat-Dehydrogenase	Glucose-6-P + $NADP^+$	⇌ Gluconolacton-6-P + + NADPH + H^+
Isocitrat-Dehydrogenase	Isocitrat + $NADP^+$	⇌ α-Ketoglutarat + CO_2 + + NADPH + H^+
(III) *NAD- oder NADP-Enzyme*		
Glutamat-Dehydrogenase	L-Glutamat + $NAD(P)^+$	⇌ α-Ketoglutarat + NH_4^+ + + NAD(P)H + H^+
Nitrat-Reduktase	Nitrat + NAD(P)H + H^+	→ Nitrit + $NAD(P)^+$

Die *Flavinenzyme* enthalten entweder **FMN** oder **FAD**. Das Vorkommen beider in demselben Enzym ist selten (z. B. bei der bakteriellen *Dihydroorotat-Dehydrogenase*). Manche Flavoproteide enthalten fest gebundene Metalle als anorganische Komplemente der Enzymaktivität, die eine Funktion für die Enzymstruktur oder die Substratbindung haben könnten. Molybdän ist in der *Nitratreduktase* am Elektronentransport beteiligt (vgl. 12.2.). *Nitratreduktase* enthält noch Eisen. Das Enzym wird als *Molybdoflavoproteid* gekennzeichnet. *Succinat-Dehydrogenase* hat 4 Atome nicht-hämgebundenes Eisen in unbekannter Bindung, vermutlich an S-Liganden (über Fe-S-Proteine vgl. 11.2.1.). Metallhaltige Flavoproteine bezeichnet man als **Metalloflavoproteine**. Zwischen den einzelnen Flavoproteinen bestehen bezüglich Struktur, Funktion, Eigenschaften und Reaktionsmechanismen erhebliche Unterschiede, so daß es ein „typisches Flavinenzym" nicht gibt. Neben einfachen Flavoproteinen existieren komplexe Systeme, in denen mit dem Flavinenzym Sulfhydryl-Disulfid-Systeme, Metalle, Hämine zusammenwirken können (z. B. sog. Hämoflavoproteine wie die *Ameisensäure-Dehydrogenase* von *E. coli*). Eine Übersicht über Flavinenzyme zeigt die Tabelle 9.3. Es sind mehr als 60 verschiedene Enzyme bekannt.

Die Flavinnucleotide FMN und FAD enthalten in ihrem Molekül das **Riboflavin.** *Riboflavin* (syn. *Lactoflavin*) ist in chemischer Hinsicht ein Alloxazin-Derivat, dem ein Pteridin-Ring und ein daran ankondensierter aromatischer Ring zugrunde liegen. Als Seitenkette enthält Riboflavin *Ribitol*, einen aliphatischen Zuckerkalkohol (C_5-Polyhydroxyverbindung). Die Ribitylseitenkette ist nach Art eines N-Glykosids gebunden. Es liegt strenggenommen kein Nucleosid vor, so daß die Bezeichnungen Flavinmononucleotid und Flavinadenindinucleotid nicht exakt sind. Als reversibles „Redox-System" der Flavinnucleotide wirkt das *Isoalloxazin-System*: der Wasserstoff wird an N^1 und N^{10} angelagert

Tabelle 9.3. Reaktionen, die durch Flavinenzyme (Flavoproteine) katalysiert werden (verändert n. BENNETT)

Enzym	Elektronen-Donator	Elektronen-Akzeptor	Reaktionsprodukte
Oxydasen			
D-*Aminosäure-*	D-Aminosäuren	O_2	α-Ketosäuren, NH_3, H_2O_2
L-*Aminosäure-*	L-Aminosäuren	O_2	α-Ketosäuren, NH_3, H_2O_2
Aldehyd-	Aldehyde	O_2	Carbonsäuren, H_2O_2
Xanthin-	Hypoxanthin,	O_2	Xanthin, H_2O_2
	Xanthin	O_2	Harnsäure, H_2O_2
Reduktasen			
$NADH_2$: Cytochrom c-	$NADH_2$	Cytochrom c (oxydiert)	Cytochrom c (reduziert) + NAD^+
Nitrat-	$NADPH_2$	Nitrat	Nitrit, $NADP^+$
Nitrit-	$NADPH_2$	Nitrit	Hydroxylamin, $NADP^+$
Dehydrogenasen			
Lipoyl-	$\text{Lip}\langle^{SH}_{SH}$	NAD^+	$\text{Lip}\langle^{S}_{S}$, NADH + H^+
Succinat-	Succinat	Coenzym Q	red. Coenzym Q, Fumarat
	Succinat	Farbstoffe	red. Farbstoffe, Fumarat

(Bildung der Dihydroverbindung, die farblos ist im Unterschied zur gelb gefärbten oxydierten Verbindung):

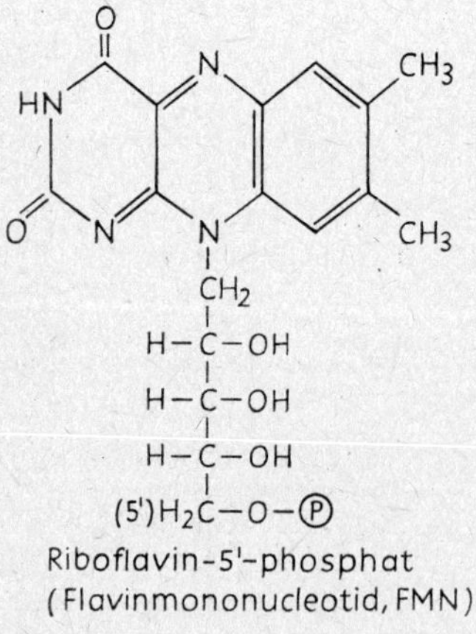

Riboflavin-5'-phosphat
(Flavinmononucleotid, FMN)

Das Aufbauschema von **Flavin-adenin-dinucleotid** (FAD) ist wie folgt:

Riboflavin — P — P — Ribose — Adenin

1. „Nucleotid"	2. Nucleotid
FMN	AMP

Der exakte Name von FAD muß lauten: *Riboflavin-adenosin-diphosphat*. Die **reversible Wasserstoffbeladung** verdeutlicht das Schema:

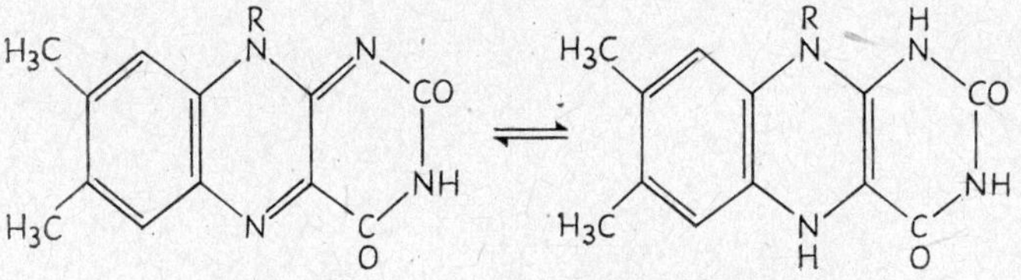

oxydiert ⇌ reduziert

$$A{-}H_2 + FMN \rightleftharpoons A + FMNH_2$$
$$A{-}H_2 + FAD \rightleftharpoons A + FADH_2$$

Ein einheitliches Bild „des Reaktionsmechanismus eines Flavoproteins" läßt sich bis heute nicht entwerfen. Freie Flavine zeigen ein kompliziertes photochemisches und elektrochemisches Verhalten, das durch Bindung an das Enzymprotein variiert wird. Das Flavinmolekül kann einen Einelektronen- oder Zweielektronentransport vermitteln. In der durch *Glucoseoxydase* katalysierten Reaktion wird ein Zweielektronen-Transport von Flavohydrochinon auf Flavochinon vermutet. In anderen Fällen wird ein *Semichinon* (Radikal mit ungepaartem Elektron) als Reduktionsprodukt des Flavinmoleküls von Flavoproteinen angenommen, wenn bei der Reduktion nur ein Wasserstoffatom aufgenommen wird. Es werden katalytische Mechanismen diskutiert, an denen nur die oxydierte und die Semichinonform oder nur die Semichinon- und die reduzierte Form beteiligt sind. *Flavosemichinon* ist die intermediäre Radikalform in der Flavin-Oxydoreduktion. Es befindet sich im Gleichgewicht mit *Flavochinon* und *Flavohydrochinon*:
Flavochinon (oxydierte Form) ⇌ Semichinon (halb-reduzierte Form, Radikalzustand) ⇌ Flavohydrochinon (reduzierte Form)

In verdünnter Lösung sind Riboflavin und FMN sehr lichtempfindlich; FAD ist stabiler. Bei Bestrahlung mit Blau- und UV-Licht oxydiert Riboflavin seine eigene Seitenkette: *Photolyse*. Bei pH-Werten zwischen 2 und 10 führt die Photolyse zur Bildung von *Lumichrom*, bei pH 10 entsteht *Lumiflavin*. Alle freien Flavine zeigen eine charakteristische grüne Fluoreszenz.

Die **Biosynthese** der Flavine geht von Purinen aus und führt zu Riboflavin, das mit ATP und *Flavokinase* zu FMN phosphoryliert wird. FMN wird in FAD durch *FAD-Pyrophosphorylase* mit ATP als Donator der AMP-Komponente umgewandelt. Die technische Synthese beruht auf einer seltenen Reaktion der Spaltung einer Azogruppe. Die biologische Synthese von Riboflavin (das als Lebensmittelfarbstoff und als Vitamin in der Tierernährung verbreitete Verwendung findet) durch sog. „flavinogene" (= Riboflavin überproduzierende) Mikroorganismen wie *Eremothecium* und *Ashbya* deckt noch etwa die Hälfte des Weltbedarfs.

9.2. Coenzyme für den C_1-Transfer

Im Stoffwechsel auftretende **Einkohlenstoffkörper** (C_1-Körper) sind:
- die *Methylgruppe* —CH_3
- die *Hydroxymethylgruppe* —CH_2OH (abgeleitet vom Formaldehyd)
- die *Formylgruppe* (Ameisensäurerest) —CHO
- die *Carboxyl-*(Carbonsäure-)*gruppe*.

Der Übertragung dieser Gruppen dienen:
- *S-Adenosyl-*L*-methionin* für die Methylgruppe
- *Tetrahydrofolat* für die Hydroxylmethyl-, Formyl- und teilweise die Methylgruppe (Methyl-Folat-H_4, Methioninbiosynthese)
- *Biotin* bzw. das Biotin-Enzym für die Carboxylgruppe.

Tetrahydrofolat – Der Tetrahydrofolsäure liegt *Pteroylglutamat* = *Folat* zu Grunde. *Pteroinsäure* enthält als Bestandteile ein substituiertes Pteridin und p-Aminobenzoesäure.

Pterine sind bestimmte Pigmente bei Insekten (**Xanthopterin** = gelber Farbstoff von Zitronenfalter und Wespe; Leucopterin = Pigment des Kohlweißlings). Biopterin ist ein Wuchsstoff für *Crithidia fasciculata* und Bestandteil des Futtersaftes der Bienenköniginlarven (Gelee royale). *Nicht-konjugierte Pteridine* nach Art des Biopterins spielen eine Rolle als Hydroxylierungsfaktor in mischfunktionellen Oxygenasen (vgl. 11.3.) und vielleicht als natürlicher Elektronenakzeptor der 1. Lichtreaktion der Photosynthese (vgl. 10.3.2.).

Folsäure enthält in ihrem Molekül 2-Amino-4-hydroxypteridin, p-Aminobenzoesäure (bakterieller Wuchsstoff) und Glutaminsäure:

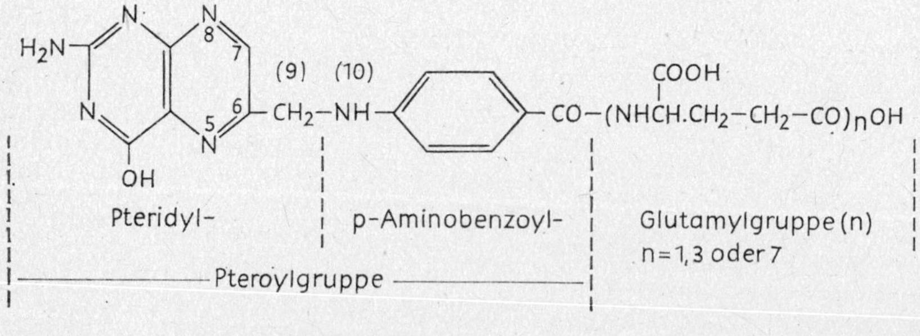

H_2N, N, N, 8, 7, (9), (10), COOH, N, 5, 6, CH_2–NH–, CO–(NHCH.CH_2–CH_2–CO)$_n$OH, N, OH

Pteridyl- | p-Aminobenzoyl- | Glutamylgruppe (n) n = 1,3 oder 7

Pteroylgruppe

Folsäure = *Pteroylglutaminsäure*, Tetrahydrofolsäure = 5,6,7,8-Tetrahydrofolat Neben der Folsäure kommen weitere Konjugate der Pteroinsäure natürlich vor. Eine biologische Bedeutung hat das Triglutamat, das in manchen Organismen an der Biosynthese von L-Methionin beteiligt ist (vgl. 13.1.) und das Heptaglutamat.

Die Entdeckung der Folsäure lieferte den Schlüssel zum Verständnis vieler Beobachtungen aus der Chemotherapie, Pharmakologie und Ernährungslehre. *p-Aminobenzoesäure* ist ein mikrobieller Wachstumsfaktor. Die Wachstumswirkung wird durch *Sulfonamide* aufgehoben, die die bakterielle Folsäuresynthese stören. Sulfonamide, die noch immer wichtige Chemotherapeutika sind, sind Strukturanaloge der p-Aminobenzoesäure. Sie konkurrieren mit dieser bei der Folsäure-Bildung (vgl. 5.2.).

Dihydrofolat (FH_2, Folat-H_2) ist in Stellung 7 und 8, **Tetrahydrofolat** (FH_4, Folat-H_4) in Stellung 5, 6, 7 und 8 reduziert. Tetrahydrofolat überträgt Einkohlenstoffkörper (mit Ausnahme von CO_2). Man bezeichnet es deshalb als **Coenzym F** (Coenzym der Formylierung, CoF) in Analogie zum Coenzym A (Coenzym der Acetylierung, CoA). Durch Bindung an Tetrahydrofolat aktivierte C_1-Bruchstücke nennt man **„aktive Einkohlenstoffkörper“**. Die *aktive Gruppierung* im Tetrahydrofolat ist die **Äthylendiamin-Gruppierung:**

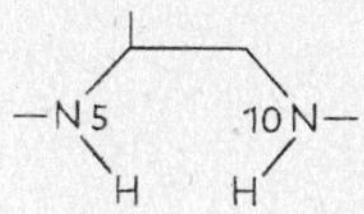

—N5 10N—
H H

Die verschiedenen aktiven Einkohlenstoffkörper zeigt die in der Tabelle 9.4 gegebene Aufstellung. Die Stoffwechselbeziehungen der aktiven C_1-Körper werden durch das Schema auf S. 303 verdeutlicht.

Die Biosynthese des Pteridinanteiles von Folat geht offenbar von Guanin-Verbindungen (GTP bei *E. coli*, GMP bei Pflanzen) aus und führt zu 2-Amino-4-hydroxy-6-hydroxymethyl-7,8-dihydropteridin, das durch eine spezifische *Pyrophosphokinase* mit ATP pyrophosphoryliert wird. Der Pyrophosphatester kondensiert unter Abspaltung von PP_{an} mit p-Aminobenzoesäure (Synthese über den Shikimisäureweg der Aromatisierung) zu Dihydropteroinsäure und diese mit L-Glutamat zu Dihydrofolat. Deren Reduktion ergibt Tetrahydrofolat.

Tabelle 9.4. Aktive Formen der Tetrahydrofolsäure (FH_4)

Aktive Form	Substitution an der aktiven Gruppierung	Übertragene Gruppe
N^{10}-Formyl-FH_4 (syn. „aktive Ameisensäure“)	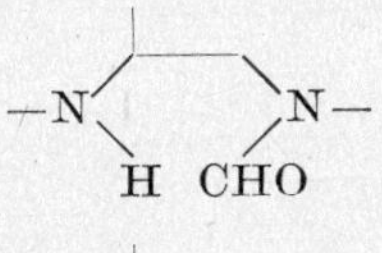 —N N— / H CHO	Formyl CH
N^{10}-Hydroxymethyl-FH_4 (syn. „aktiver Formaldehyd“)	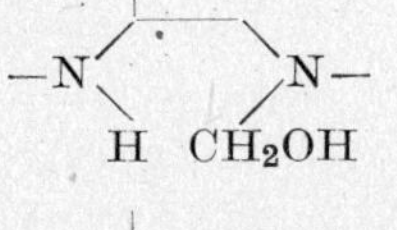 —N N— / H CH_2OH	Formaldehyd CH_2
identisch mit $N^{5,10}$-Methylen-FH_4	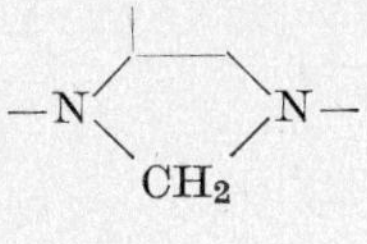 —N N— / CH_2	Formaldehyd CH_2

(Fortsetzung der Tabelle 9.4.)

Aktive Form	Substitution an der aktiven Gruppierung	Übertragene Gruppe
$N^{5,10}$-Methenyl-FH_4	$^{\oplus}$—N N— CH	
N^5-Methyl-FH_4	—N N— CH_3 H	Methyl CH_3
N^5-Formimino-FH_4	—N N— H CH=NH	
N^5-Formyl-FH_4 (sog. Citrovorum-Faktor)	—N N— CHO H	

Metabolische Interkonversionen aktiver Einkohlenstoffkörper lassen sich durch das folgende Schema darstellen. Die hieran beteiligten Enzyme sind: ① *Formyltetrahydrofolat-Synthetase*; ② *Formyltetrahydrofolat-Deformylase* (= *Amidohydrolase*) ③ *Methenyltetrahydrofolat-Cyclohydrolase*; ④ *Methylentetrahydrofolat-Dehydrogenase*; ⑤ *Methylentetrahydrofolat-Reduktase*:

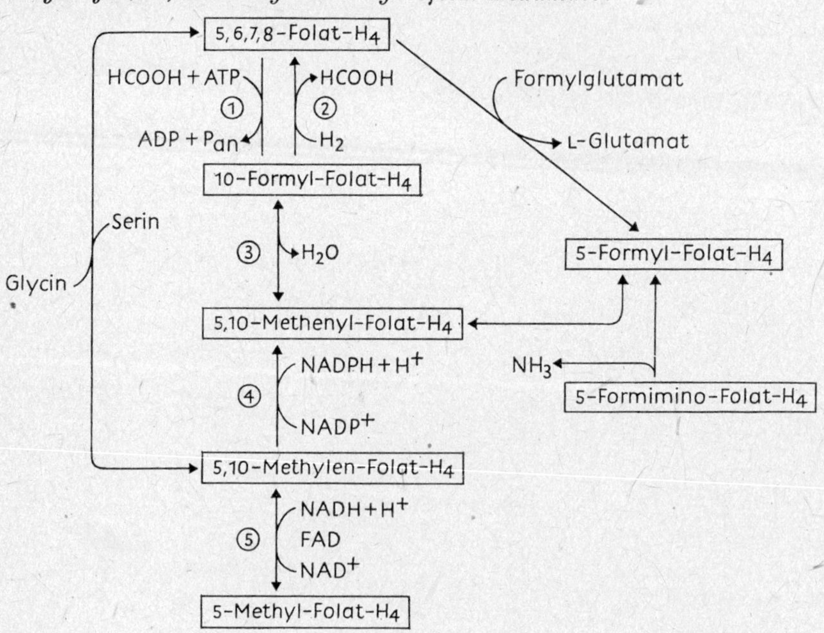

Reaktionen der **Biosynthese und Verwertung aktiver Einkohlenstoffkörper** zeigt das folgende Schema:

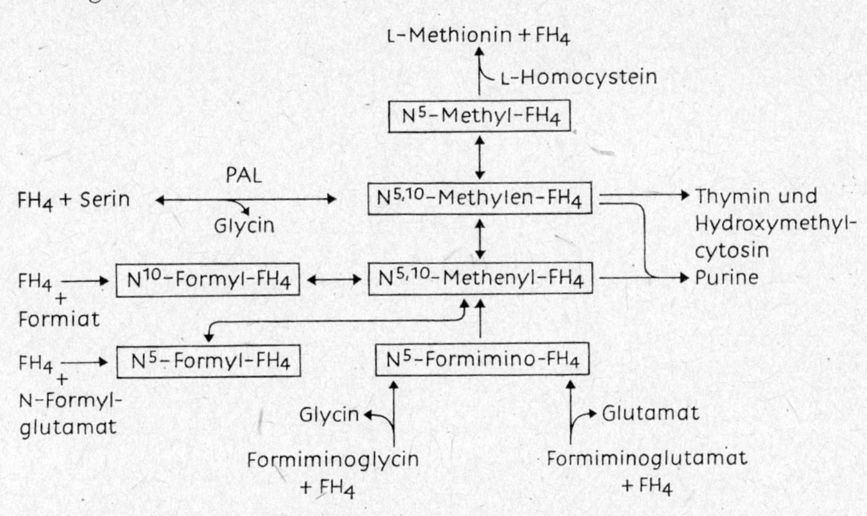

Herkunft und Verwendung aktiver Einkohlenstoffkörper faßt die Tabelle 9.5. zusammen.

Tabelle 9.5. Herkunft und Verwertung aktiver Einkohlenstoffkörper im Stoffwechsel

Aktive Form	Biogenese *de novo*	Verwendung (Synthese)
$N^{5,10}$-Methylen-FH_4	β-C von L-Serin α-C von Glycin	Thymin (—CH_3-Gruppe) und Hydroxymethylcytosin (—OCH_3-Gruppe)
$N^{5,10}$-Methenyl-FH_4	nicht de novo	Purinneusynthese
N^{10}-Formyl-FH_4	Formiat (N^5-Formyl-FH_4)	Purinneusynthese
N^5-Formyl-FH_4	(N-Formyl-glutamat)	über $N^{5,10}$-Methenyl-FH_4
N^5-Formimino-FH_4	Formiminoglycin (anaerober Purinabbau); Formiminoglutamat (Histidinabbau)	über $N^{5,10}$-Methenyl-FH_4

Die Hauptquelle für aktive Einkohlenstoffkörper ist L-Serin, das in einer von Pyridoxalphosphat abhängigen Reaktion an der L-*Serinhydroxymethyltransferase* (L-*Serin: Tetrahydrofolat-5,10-hydroxymethyltransferase*) seine Hydroxymethylgruppe unter Abspaltung von Glycin auf Tetrahydrofolat unter Bildung von N^5, N^{10}-Methylen-Tetrahydrofolat („aktiver Formaldehyd") überträgt:

$$\underset{\text{L-Serin}}{\text{H}-\overset{\displaystyle CH_2OH}{\underset{\displaystyle COOH}{\text{C}}}-NH_2} + FH_4 \xrightleftharpoons{\text{PAL}} \underset{\text{Glycin}}{\underset{\displaystyle COOH}{H_2C}-NH_2} + N^{5,10}\text{-Methylen-}FH_4$$

Für verschiedene Organismen (u. a. im Pflanzengewebe) wurde eine direkte Verwertung auch des α-C-Atoms von Glycin für die Synthese von aktivem Formaldehyd nachgewiesen:

Glycin + FH_4 → CO_2 + NH_3 + $N^{5,10}$-Methylen-FH_4

Auf einem Umwege scheint diese Reaktion der Mobilisierung des α-C-Atoms von Glycin für die Bildung aktiver Einkohlenstoffkörper in allen Organismen möglich zu sein:

Glycin + Ketosäure $\overset{PAL}{\rightleftharpoons}$ Glyoxylat + Aminosäure

Glyoxylat → CO_2 + HCOOH

HCOOH + FH_4 → N^{10}-Formyl-FH_4

Die Synthese von Serin aus Glycin benötigt demzufolge zwei Moleküle Glycin, von denen eines auf einem der beschriebenen Wege einen aktiven Einkohlenstoffkörper liefert, während das andere als Akzeptor des C_1-Bruchstücks dient. Die Bildung aktiver Einkohlenstoffkörper aus δ-Aminolävulinsäure im Zuge des sog. Glycin-Succinat-Zyklus (SHEMIN-Zyklus, ein Mechanismus der Oxydation von Glycin, der Teilreaktionen der Porphyrinbiosynthese einschließt, vgl. 12.7.) bleibt hypothetisch. Formaldehyd und Formiat erscheinen als unphysiologische Donatoren von C_1-Körpern; der anaerobe Purinabbau ist auf Clostridien beschränkt und kann daher keine allgemeine Bedeutung als Bildungsweg beanspruchen.

S-Adenosylmethionin – Methylierte Verbindungen sind von weiter Verbreitung im Grund- und Sekundärstoffwechsel. Die Tabelle 9.6. zeigt eine Auswahl solcher Substanzen, deren Methylgruppe(n) von der Aminosäure *Methionin* geliefert wird.

Tabelle 9.6. Methylierte Stoffe des Grund- und Sekundärstoffwechsels

Colchicin	Morphin
Codein	Nicotin
Gramin	Phosphatidylcholin
Hordenin	Ricinin
Kreatin	Stachydrin
Melatonin	Thebain
Methylierte Polynucleotide	Trigonellin

Die Beobachtung, daß **Transmethylierungen** mit „Onium"-Verbindungen (Betain, Thetine, vgl. 13.1.) kein ATP benötigen, und der Befund, daß ATP in Transmethylierungsreaktionen mit Methionin erforderlich ist, war ein Hinweis, daß die Methylgruppe von Methionin vor der Übertragung aktiviert werden muß. Die Aktivierung benötigt ATP:

L-Methionin + ATP → „Aktives Methyl" + P ~ P_{an} + P_{an}

Aktives Methyl ist identisch mit dem **S-Adenosyl-L-methionin,** dem die folgende Struktur zukommt:

Während die im *Methionin* als *Thioäther* gebundene Methylgruppe kein hohes Gruppenübertragungspotential hat, entsteht durch Aktivierung mit ATP eine reaktionsfreudige *Sulfoniumverbindung,* aus der die am Schwefel gebundene Methylgruppe als $^{+}CH_3$ auf C, O oder N einer geeigneten Akzeptorsubstanz übertragen werden kann:

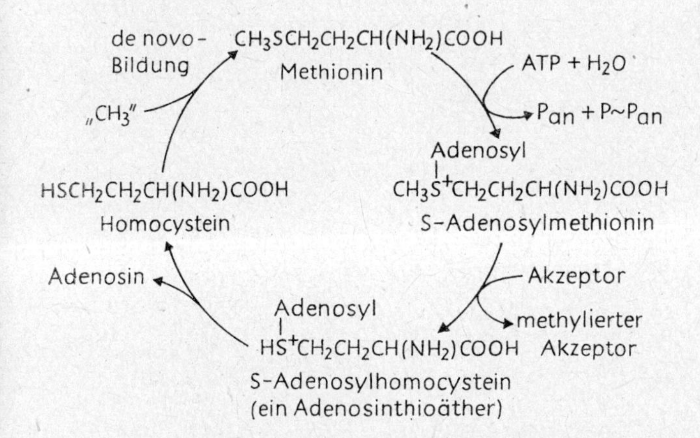

Methylierungen sind demzufolge energetisch recht aufwendig: wird doch ATP nicht nur bei der Aktivierung von Methionin, sondern auch für die nach jeder Transmethylierung erforderlichen Neusynthese der Methylgruppe, d. h. von Methionin aus Homocystein und dem „C-1-Pool" der Zelle (vgl. 13.1.), benötigt.

Biotin. — Viele **Carboxylierungen** (= CO_2-Fixierungen) benötigen Biotin. Man kann die Carboxylierungsreaktionen bzw. **Carboxylierungsenzyme** in wenigstens drei große *Gruppen* einteilen (vgl. auch 10.1.1. und 10.2.1.):

– Enzyme, die ohne Cofaktoren wirken (vgl. 12.7.1.)
– Enzyme, die durch ein Reduktionsmittel (reduzierte Pyridinnucleotide,

redoxiertes Ferredoxin) getriebene Carboxylierungen vermitteln (vgl. Tabelle 11.3.)

– Enzyme, die biotinabhängige Carboxylierungen katalysieren (Tabelle 9.7.).

Biotin ist Coenzym in allen ATP-abhängigen Carboxylierungsreaktionen. Es ist in den Carboxylasen an die ε-Aminogruppe eines Lysinrestes peptidisch gebunden. Im Sinne der weiter oben gegebenen Definition ist es eine prosthetische Gruppe. Das ε-N-Biotinyl-L-lysin nennt man **Biocytin**. Biotin wird in sehr geringen Mengen in tierischen und pflanzlichen Geweben gefunden, gewöhnlich in Bindung an Lysin. Für bestimmte Mikroorganismen dient das Peptid Biocytin als exogener Wuchsstoff. **Biotin** wurde als Hefewuchsstoff entdeckt und zuerst aus Trockeneigelb isoliert. Es ist einer der sog. *Biosfaktoren*. Biotin ist ein *Vitamin*, das für das Wachstum von Tieren, Hefen und vielen Bakterien benötigt wird. Biotin = Vitamin H.

Im rohen Hühnereiweiß kommt ein **Avidin** genanntes Protein (Glykoproteid) vor, das mit Biotin einen sehr stabilen Komplex bildet, der von den Verdauungsenzymen (= Enzymen des Gastrointestinaltraktes) von Tieren nicht gespalten wird:
Biotin + Avidin → Biotin-Avidin-Komplex.
Man kann deshalb im Tierexperiment eine *Biotin-Avitaminose* erzeugen, z. B. wenn man Ratten mit rohem Hühnereiweiß füttert (Avitaminose: ekzemartige Dermatitis mit Haarausfall).

Biotin ist chemisch ein *zyklischer Harnstoff*, der mit einem S-haltigen Ring, einem sog. *Thiophanring*, verbunden ist, dessen aus 5 C-Atomen bestehende aliphatische Seitenkette am Ende eine Carboxylgruppe trägt. Über diese wird Biotin an die ε-Aminogruppe von freiem (im Biocytin) oder in dem Peptidverband des Carboxylase-Proteins vorhandenem L-Lysin gebunden. Das **„aktive CO_2“** ist das **1'-N-Carboxybiotin** bzw. das **N-Carboxy-Biotinenzym** (CO_2 ~ Biotin-Enzym). Die **Bildung von Carboxybiotin** erfordert ATP:

a) HCO_3^- + Biotin-Enzym + ATP ⇌ Carboxybiotin-Enzym + ADP + P_{an}
b) Carboxybiotin-Enzym + Akzeptor ⇌ carboxylierter Akzeptor + Biotin-Enzym

Die freie Energie der Spaltung von Carboxybiotin-Enzymen reicht aus, um *Carboxylierungsreaktionen* zu ermöglichen.:

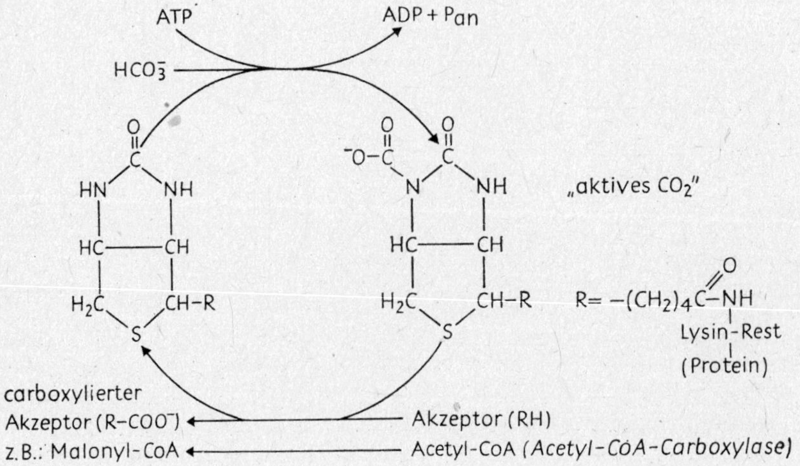

ATP
ADP + P_{an}
HCO_3^-
„aktives CO_2“
R= $-(CH_2)_4C(=O)-NH$ Lysin-Rest (Protein)
carboxylierter Akzeptor (R–COO⁻) ← Akzeptor (RH)
z.B.: Malonyl-CoA ← Acetyl-CoA *(Acetyl-CoA-Carboxylase)*

Biotin-Enzyme katylasieren zwei Arten von Reaktionen:
a) mit einer ATP-Spaltung gekoppelte *Carboxylierungen* (vgl. oben)
b) sog. *Transcarboxylierungen*, das ist z. B. die reversible Übertragung einer Carboxylgruppe von Malonyl- oder Methylmalonyl-CoA auf Pyruvat:

$$R_1{-}COO^- + R_2H \overset{Mg^{2+}}{\rightleftharpoons} R_1H + R_2{-}COO^-$$

Die meisten Biotinenzyme gehören zur Gruppe a (vgl. Tabelle 9.7.).

Tabelle 9.7. Biotin-abhängige Carboxylierungsenzyme (Auswahl)

CO_2-Akzeptor	Carboxylierungsprodukt	Enzym
Acetyl-CoA	Malonyl-CoA	*Acetyl-CoA-Carboxylase*
Propionyl-CoA	2-Methylmalonyl-CoA	*Propionyl-CoA-Carboxylase*
3-Methylcrotonyl-CoA	3-Methylglutaconyl-CoA	*Methylcrotonyl-CoA-Carboxylase*
Pyruvat	Oxalacetat	*Pyruvat-Carboxylase*

Die **Biosynthese** von Biotin verläuft offenbar über eine Kondensation von Pimelyl-CoA und L-Cystein zu 8-Amino-7-keto-9-mercaptopelargonsäure. Der Ringschluß zur zyklischen Ureidostruktur erfolgt mit Carbamylphosphat. Anschließend wird der Thiophanring geschlossen. Pimelyl-Coenzym A entsteht via Malonyl-CoA aus 3 Molekülen Acetyl-CoA. In Hefe und *E. coli* ist eine einleitende Kondensation von Pimelyl-CoA und L-Alanin wahrscheinlich. Die Biosynthese führt zu **Desthiobiotin,** das von diesen Organismen in Biotin überführt werden kann. Desthiobiotin (ohne S) kann in verschiedenen Fällen Biotin in seiner Funktion ersetzen.

9.3. Coenzyme für den C_2-Transfer

Im Stoffwechsel auftretende **C_2-Körper** von größerer Bedeutung sind:
– *Acetaldehyd*
– *Glykolaldehyd*
– *Acetylreste.*

Coenzym A. – Coenzym A ist eine Verbindung aus *Adenosin-3',5'-diphosphat* und *Pantethein-4'-phosphat* und hat nucleotidähnlichen Charakter. Streng genommen ist es kein Dinucleotid, da dem Pantethein-Anteil die typischen Eigenschaften eines Nucleotids fehlen.

Coenzym A = CoA = $\overline{\text{CoA}}$SH (letzteres heißt: CoA minus – SH, da die SH-Gruppe extra geschrieben ist). Die Verbindung hat eine freie SH-Gruppe (im Cysteaminanteil der im Molekül enthaltenen Pantothensäure), die für die biologische Aktivität des Coenzyms verantwortlich ist. **Pantothensäure** (eine in weiter Verbreitung vorkommende Verbindung) ist als Vitamin der B-Gruppe schon länger bekannt. **Pantothensäure** ist Baustein von Coenzym A. Praktisch die gesamte in der Zelle vorhandene Pantothensäure liegt in Form von CoA vor. Pantothenat besteht aus *Pantoinsäure* (α, γ-Dihydroxy-β,β-dimethylbuttersäure) und β-Alanin:

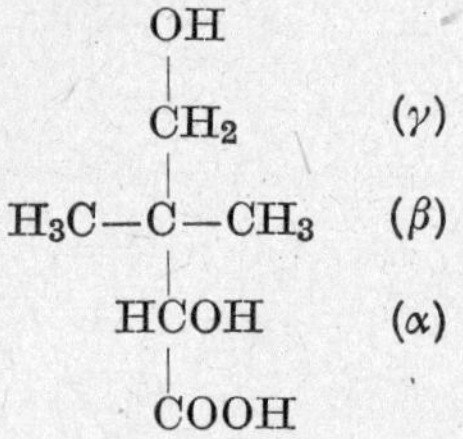

$$\begin{array}{c} OH \\ | \\ CH_2 \\ | \\ H_3C{-}C{-}CH_3 \\ | \\ HCOH \\ | \\ COOH \end{array} \quad \begin{array}{c} \\ \\ (\gamma) \\ \\ (\beta) \\ \\ (\alpha) \\ \\ \\ \end{array}$$

Pantoinsäure

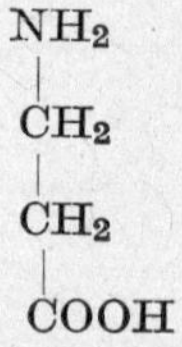

$$\begin{array}{c} NH_2 \\ | \\ CH_2 \\ | \\ CH_2 \\ | \\ COOH \end{array}$$

β-Alanin

$$\begin{array}{c} OH \\ | \\ CH_2 \\ | \\ H_3C{-}C{-}CH_3 \\ | \\ HCOH \\ | \\ C{=}O \\ | \\ NH \\ | \\ CH_2 \\ | \\ CH_2 \\ | \\ COOH \end{array}$$

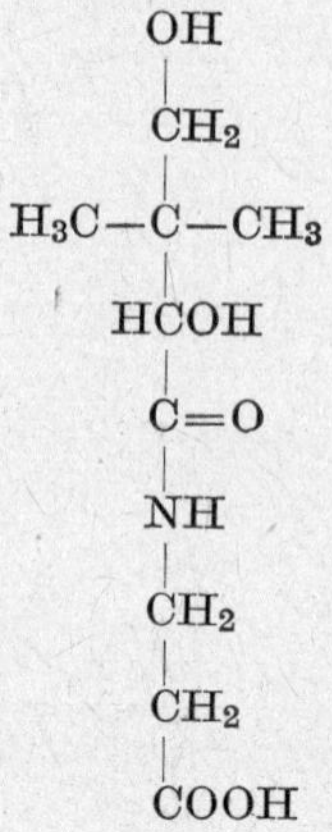

Pantothensäure

Als ein Konjugat der Pantothensäure und Wachstumsfaktor für *Lactobacillus* (sog. *Lactobacillus bulgaricus*-Faktor) war eine Verbindung bekannt geworden, die man als Pantethein identifizierte. **Pantethein** enthält als Bausteine Pantoinsäure, β-Alanin und Cysteamin (Decarboxylierungsprodukt von L-Cystein):

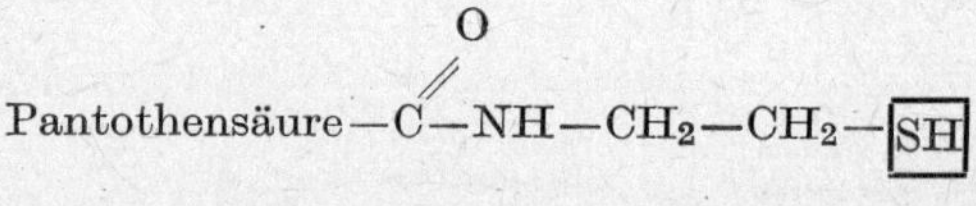

$$\text{Pantothensäure}{-}\overset{\overset{\large O}{/\!/}}{C}{-}NH{-}CH_2{-}CH_2{-}\boxed{SH}$$

Im Coenzym A liegt das Pantethein als Phosphat vor (vgl. auch 10.2.3.1.). *Pantetheinphosphat* ist über eine Pyrophosphatbrücke mit *Adenosin-3',5'-diphosphat* verbunden, so daß sich für das Coenzym A die angegebene Struktur ergibt (S. 309).

Die **aktive Form** des Coenzyms A (A = Acetylierung) ist das **Acetyl-Coenzym A** (die „aktivierte Essigsäure") bzw. das *Acyl-CoA*. **Acetyl-Coenzym A** ist ein Thioester (Acylmercaptan) aus Essigsäure und Coenzym A:

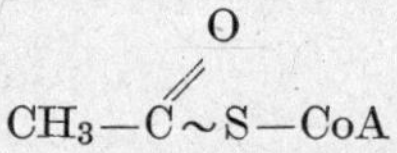

$$\boxed{CH_3{-}\overset{\overset{\large O}{/\!/}}{C}{\sim}S{-}CoA \quad \text{„aktivierte Essigsäure"}}$$

Acetyl-Coenzym A ist der lange gesuchte Acetyl-Donator vieler biochemischer Reaktionen, bei denen es den Essigsäurerest liefert. *Coenzym A* ist das *Coenzym der Acetylierung* bzw. *Acylierung*. Es ermöglicht eine Gruppenübertragung ohne zusätzlichen ATP-Verbrauch.

LYNEN (Nobelpreisträger 1964) postulierte schon 1942 eine aktive Form der Essigsäure als Ausgangsverbindung der Einschleusung von Substraten in den Tricarbonsäure-Zyklus (vgl. 10.2.1.). Die zur Acetataktivierung und Acetylierung notwendige Verbindung mußte Coenzymnatur besitzen und wurde daher Coenzym A genannt.

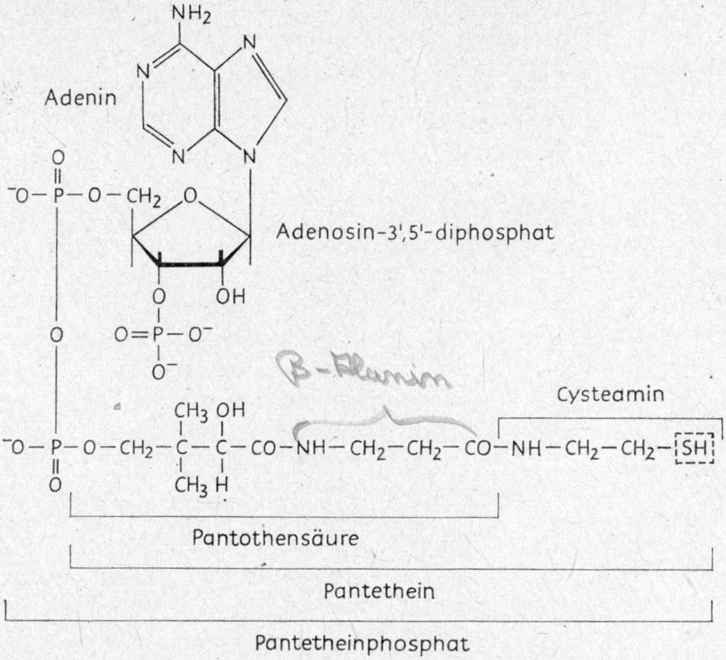

Adenin

Adenosin-3',5'-diphosphat

Cysteamin

$^{-}O-\underset{\underset{O}{\|}}{P}-O-CH_2-\underset{CH_3}{\overset{CH_3}{C}}-\underset{H}{\overset{OH}{C}}-CO-NH-CH_2-CH_2-CO-NH-CH_2-CH_2-SH$

Pantothensäure

Pantethein

Pantetheinphosphat

Durch LIPMANN und Mitarbeiter wurde bewiesen, daß CoA Pantothensäure, Adenin und Phosphorsäure enthält. LIPMANN hatte dem Gehalt an Schwefel keine weitere Beachtung geschenkt. LYNEN brachte den Schwefel in Verbindung mit der Funktion des CoA. Acetat wird durch die Thioesterbindung aktiviert.

Normale Ester (mit Sauerstoff) sind durch *Resonanz stabilisiert,* so daß die freie Energie der Spaltung gering ist:

$$\underset{(I)}{R-CH_2-\overset{\overset{O}{\|}}{C}-O-R'} \rightleftharpoons \underset{(II)}{R-CH_2-\overset{\overset{^{-}O}{|}}{C}=\overset{+}{O}-R'}$$

In *Thioestern* tendiert das S-Atom nicht zur Ausbildung einer Doppelbindung mit Kohlenstoff, so daß eine zur Form II normaler Ester analoge Struktur nicht besteht. Die chemische Stabilität von Thioestern ist deshalb vergleichsweise gering und die freie Energie der Hydrolyse relativ hoch. Thioester sind sog. *energiereiche Verbindungen* (vgl. 4.2.). Das Fehlen der Resonanzstabilisierung verleiht der Carbonylgruppe eine erhöhte Bedeutung, deren C-Atom eine partiell positive Ladung besitzt:

$$R-CH_2-\overset{\overset{\overset{\delta-}{O}}{\|}}{\underset{\delta+}{C}}-SCoA \quad (I)$$

Da eine Doppelbindung zwischen C und S nicht möglich ist, zeigt die benachbarte α-Methyl- oder α-Methylengruppe die Tendenz zur Dissoziation in ein Carbanion und ein Proton:

$$R-\overset{H\cdots\rightarrow}{CH}-\overset{O}{\overset{\|}{C}}-SCoA \rightarrow R-\ddot{C}H-\overset{O}{\overset{\|}{C}}-SCoA + H^+ \quad (II)$$

Acyl-CoA existiert daher in **zwei Formen:**

a) einer *elektrophilen Form* (I), in der das positiv geladene C-Atom der Carbonylgruppe dem nucleophilen Angriff durch negativ geladene Verbindungen unterliegt;

b) einer *nucleophilen Form* (II), in der die negativ geladene Methylengruppe dem elektrophilen Angriff durch positiv geladene Verbindungen ausgesetzt ist.

Nucleophile Reaktionen (= Acyl-CoA in der elektrophilen Form) sind z. B.:

– die Reaktion von Acetyl-CoA mit Dihydrolipoat (Lip-$(SH)_2$) zu S-Acetylhydrolipoat im Zuge der oxydativen Pyruvatdecarboxylierung an der *Pyruvatdehydrogenase* (vgl. 10.2.2.1.)

– die Synthese von Acetylphosphat aus Acetyl-CoA und anorganischem Phosphat (Orthophosphat) an der *Phosphotransacetylase* (vgl. die phosphoroklastische Pyruvatspaltung 12.1.1.). Die inverse Reaktion ist auch für die Acetataktivierung mancher Organismen wichtig, die über Acetyl-P zu Acetyl-CoA geht:

$$H_3C-\overset{\overset{\delta-}{O}}{\overset{\|}{\underset{\delta+}{C}}}-S.\overline{CoA} \;+\; O^- -P(=O)(OH)-OH + H^+ \xrightarrow[K^+]{\textit{Transacetylase}} H_3C-CO-O-P(=O)(OH)-OH + HS\cdot\overline{CoA}$$

Acetylphosphat (CH_3COOⓅ)

Elektrophile Reaktionen (= Acyl-CoA in der nucleophilen Form) sind z. B.:

– die Carboxylierung von Acetyl-CoA zu Malonyl-CoA durch die biotinabhängige *Acetyl-CoA-Carboxylase*, bei der das N-Carboxybiotin-Enzym („aktives CO_2“, vgl. 9.2.) an der Reaktion teilnimmt, als Anfangsreaktion der Fettsäurebiosynthese (vgl. 10.2.3.1.)

– die Citratsynthese aus Oxalacetat und Acetyl-CoA durch *Citrat-Synthase* als Initialreaktion zum Tricarbonsäure-Zyklus (vgl. 10.2.1.):

$$(H^+)\; \ddot{C}H_2-\overset{O}{\overset{\|}{C}}-S.\overline{CoA} \;+\; \overset{\delta-}{O}=\overset{\delta+}{C}(-COOH)-CH_2-COOH \xrightarrow[\textit{Citratsynthase}]{H_2O} HO-C(-COOH)(CH_2-COOH)-CH_2-COOH + HS.\overline{CoA}$$

Citrat

Bei der Bildung von Acetoacetyl-CoA aus zwei Molekülen Acetyl-CoA (vgl. 10.2.2.2.) wirkt das eine Molekül in der elektrophilen, das andere in der nucleophilen Form.

In einer Übersicht aus dem Jahre 1959 sind etwa 45 Enzymreaktionen aufgeführt, an denen das Coenzym A beteiligt ist. Im Sinne der gemachten Ausführungen liegt die Bedeutung des CoA darin, durch Bildung eines Thioesters mit einer Säure

- deren Carbonsäuregruppe oder
- die zur Carboxylgruppe nachbarständige Position (α-Position) zu aktivieren.

Für die **aktivierte Carboxylgruppe** sind vor allem die folgenden Stoffwechselreaktionen von Bedeutung:

- Hydrierung zum Aldehyd
- Übertragung der Acylgruppe (*Transacylierung*), z. B. bei der Biosynthese von Acetylphosphat (vgl. oben), Acetylcholin, Hippursäure, N-Acetyl-aminozuckern (vgl. 10.2.2.2.)
- Austausch der Sulfhydrylkomponente in der sog. *Thiophorase-Reaktion*, z. B. bei der Verschiebung von CoA von Succinyl-CoA auf Acetoacetat und beim Austausch von CoA in seinen Acylverbindungen gegen andere Sulfhydrylverbindungen.

Die **aktivierte α-ständige Methylgruppe** von Acetyl-CoA kann zahlreiche Kondensationsreaktionen eingehen, von denen wir hier nur die folgenden nennen wollen:

- die *Aldolkondensation* bei der Citratsynthese (vgl. oben) und Malatsynthese (an der *Malatsynthase* im Glyoxylsäure-Cyclus, vgl. 10.2.1.), die Bildung von β-Hydroxy-β-methylglutaryl-CoA und von Isoprenoiden (vgl. 10.2.2.2., 10.2.3.3.).
- die *Esterkondensation* (bei der Acetoacetatsynthese, vgl. 10.2.2.2.).

Die zentrale Position von Acetyl-CoA im Zwischenstoffwechsel veranschaulicht die Abbildung 10.4. CoA-Derivate von α,β-ungesättigten Säuren, β-Hydroxy- und β-Ketosäuren sind Zwischenstufen der Fettsäuresynthese und des Fettsäure-Abbaues (vgl. 10.2.3.1., 10.2.2.2.).

Die **Thioesterbindung** ist eine energiereiche Bindung (vgl. Kapitel 4.). Für die freie Energie der Hydrolyse von Acetyl CoA wurden Werte von ΔG° = ca. $-7{,}4$ kcal (ermittelt aus der Citratsynthese) und $\Delta G^\circ = -8{,}25$ kcal (Mol Oxydation von Acetaldehyd) ermittelt. Die Bildung einer solchen energiereichen Bindung erfordert Energieaufwand, der im Stoffwechsel durch ATP-Spaltung, oxydative Pyruvatdecarboxylierung u. a. aufgebracht wird, während man im chemischen Labor mit Säureanhydriden, Säurechloriden, Diketenen u. a. Ausgangsstoffen arbeitet. Mit der Auffindung des Acetyl-CoA wurde die Sonderstellung des ATP als Bindeglied zwischen energieliefernden und energieverbrauchenden Stoffwechselreaktionen „erschüttert“.

Die **Biosynthese** von Coenzym A erfolgt durch Kondensation von Pantothensäure mit L-Cystein, Phosphorylierung und Kondensation mit ATP. Pantothensäure wird aus Pantoinsäure und β-Alanin aufgebaut. Pantoinsäure nimmt ihre Bildung von L-Valin aus, deren Ketoanaloges (α-Ketovaleriansäure) zu Ketopantoinsäure formyliert wird, die mit $NADPH_2$ zu Pantoinsäure reduziert wird.

Thiaminpyrophosphat – *Thiaminpyrophosphat* (TPP) ist das **Coenzym von Aldehyd-Transferasen** und **Lyasen**. Seine *Stoffwechselfunktionen* sind:

- *Decarboxylierung*
- *oxydative Decarboxylierung*

– *α-Ketol-(= Acyloin-)Bildung*
– *Transketolierung* (vgl. 10.1.2.).

Thiaminpyrophosphat ist das Coenzym bei der Übertragung von „aktivem Acetaldehyd“, „aktivem Glykolaldehyd“ und „aktivem Formaldehyd“. In letzterer Form überträgt es gleich dem Tetrahydrofalat aktive Einkohlenstoffkörper; doch ist die Bedeutung dieser Reaktion begrenzt auf die sog. *Carboligase*-Reaktion, bei der zwei Moleküle Glyoxylat unter Decarboxylierung zu Tartronsäuresemialdehyd (Isomerisierung zu Hydroxypyruvat!) verknüpft werden. Die Reaktion ist von Bedeutung als Bestandteil einer anaplerotischen Sequenz zum Dicarbonsäure-Zyklus bei Mikroorganismen (vgl. 10.2.1.). Thiaminpyrophosphat wirkt auch als Katalysator-Base in anderen Stoffwechselreaktionen (vgl. weiter unten).

In der englischen und amerikanischen biochemischen Literatur wird Thiaminpyrophosphat als Aneurinpyrophosphat (APP) bezeichnet. Der alte Name „Cocarboxylase“ für TPP bezieht sich auf die Coenzymfunktion der Verbindung bei der Pyruvatdecarboxylierung („Carboxylase“ = frühere Bezeichnung für das decarboxylierende Hefeenzym). Dieser Name ist jedoch irreführend, da eine Carboxylierung nicht vorliegt.

Thiaminpyrophosphat ist der **Pyrophosphorsäureester von Vitamin B₁** (*Thiamin, Aneurin*):

$R-CH_2-CH_2-O-Ⓟ\sim Ⓟ$

Thiamin ist aus zwei heterozyklischen Ringen zusammengesetzt: einem substituierten *Pyrimidinring* und einem substituierten *Thiazolring*, die über eine *Methylengruppe* miteinander verknüpft sind: Damit ergibt sich für **Thiaminpyrophosphat** die folgende Struktur:

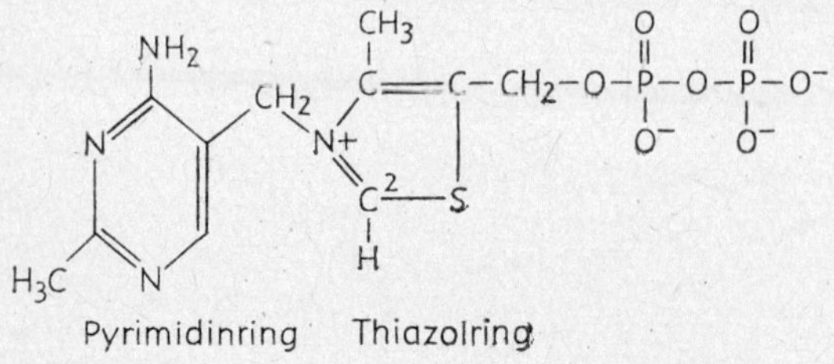

Pyrimidinring Thiazolring

Das C-Atom 2 des Thiazol-Anteils von Thiaminpyrophosphat ionisiert zu einem Carbanion und einem Proton:

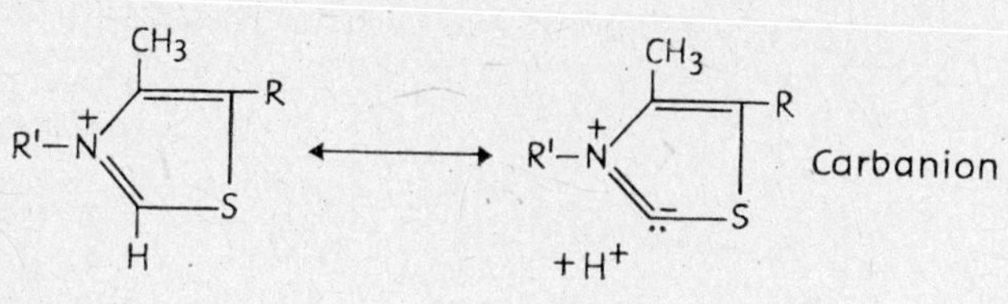

Carbanion

Das Carbanion reagiert mit dem ($\delta+$)-C-Atom einer Carbonylgruppe. Anschließend wird die Bindung zwischen diesem C-Atom und einem benachbarten C-Atom des Substrates gespalten. Hierdurch werden ein „aktiver Aldehyd“ und entweder Kohlendioxid oder ein stabiler Aldehyd gebildet:

$$\mathrm{TPP} + \mathrm{R{-}\overset{\overset{\displaystyle O}{\|}}{C}{-}COO^-} + \mathrm{H^+} \rightarrow \mathrm{TPP{-}\underset{\underset{\displaystyle R}{|}}{\overset{\overset{\displaystyle OH}{|}}{C}}{-}H} + \mathrm{CO_2}$$

$$\mathrm{TPP} + \mathrm{R{-}\overset{\overset{\displaystyle O}{\|}}{C}{-}\underset{\underset{\displaystyle H}{|}}{\overset{\overset{\displaystyle OH}{|}}{C}}{-}R'} + \mathrm{H^+} \rightarrow \mathrm{TPP{-}\underset{\underset{\displaystyle R}{|}}{\overset{\overset{\displaystyle OH}{|}}{C}}{-}H} + \mathrm{R'CHO}$$

In den sog. *aktiven Aldehyden* ist die Aldehydgruppe am C-Atom 2 des Thiazolringes gebunden:

„*Aktiver Acetaldehyd*“ = Hydroxyäthyl-Thiaminpyrophosphat (HETPP, E engl. ethyl); Funktion: Ketosäuredecarboxylierungen u. a.

„*Aktiver Glykolaldehyd*“ = 2-(1,2-Dihydroxyäthyl)-Thiaminpyrophosphat (DETPP); Funktion: Transketolierung (vgl. 10.1.2.)

„*Aktiver Formaldehyd*“ = 2-Hydroxymethyl-Thiaminpyrophosphat (HMTPP, TPP-aktivierter Formaldehyd; als „aktiver Formaldehyd“ wird üblicherweise $N^{5,10}$-Methylen-Tetrahydrofolat verstanden, vgl. 9.2.). Als Zwischenprodukte der Bildung von HETPP und HMTPP sind zu postulieren: „Pyruvyl-TPP“ („aktives Pyruvat“) bzw. „Glyoxyl-TPP“ (= 2-(Hydroxy-carboxymethyl)-TPP, eine Art „aktives Glyoxylat“).

Der Feinmechanismus der (einfachen) **Decarboxylierung von Pyruvat** durch Hefe-*Pyruvatdecarboxylase* (PDC) ist wie folgt zu formulieren:

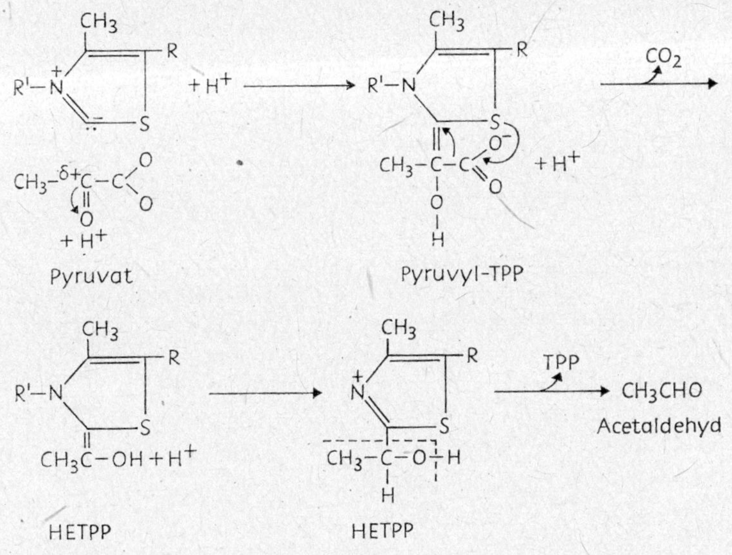

Die *Decarboxylierung* von Pyruvat durch **Hefe-Pyruvatdecarboxylase:**

$$CH_3-\overset{\overset{\displaystyle O}{\|}}{C}-COOH + H_2O \rightarrow CH_3-CHO + CO_2 + OH^-$$

verläuft demzufolge wie folgt: Bindung von Pyruvat an das saure C-Atom der Thiazolkomponente als Wirkungszentrum der prosthetischen Gruppe unter Bildung von „aktivem" Pyruvat. Decarboxylierung dieser Verbindung unter Bildung von „aktivem Acetaldehyd" (HETPP). Abspaltung von TPP unter Freisetzung von (freiem) Acetaldehyd. *Pyruvatdecarboxylase* von Hefe besteht aus drei Komponenten: dem strukturell unbekannten Protein mit einem Molekulargewicht von ca. 175000, dem TPP und Metallionen (Mg^{2+}, ersetzbar ohne Verlust der enzymatischen Aktivität durch Mn^{2+}, Zn^{2+} u. a. Ionen). Die Pyruvatdecarboxylierung konnte in mehrere Reaktionsschritte zergliedert werden, deren Aufklärung in erster Linie gelang durch die gezielte Synthese und enzymatische Testung zahlreicher TPP-Analoger (Änderung am Pyrimidin- oder Thiazolring oder beiden; Schellenberger u. a.).

Die oxydative Decarboxylierung von Pyruvat (vgl. 10.2.2.1.) ist wesentlich komplizierter, da die **Pyruvatoxydase** (*Pyruvatdehydrogenase*) ein Multienzymsystem ist (vgl. 5.6.2.) und weitere Cofaktoren (z. B. Lipoat, vgl. 10.2.2.1.) eine Rolle spielen. Die *Transketolase*-Reaktion ist in 10.1.2. beschrieben. Zur Glyoxylat-*Carboligase*-Reaktion vgl. 10.2.1. Transketolierung und Tartronsäuresemialdehyd-(= Tartronaldehydsäure-)Bildung sind Gleichgewichtsreaktionen vom Typ der **Acetoin-(Acyloin)-Kondensation.** Die Thiamin-Base wirkt wie Cyanid als chemischer Katalysator:

```
      C=C           _
  +  /   |          C
 —N<(2)  |         ///
     C—|S|         N
```

Thiamin

Cyanid addiert sich als Base; das gebildete Cyanhydrin dissoziiert zur intermediären Base vom Typ $RC(O)^-$, die mit freiem Acetaldehyd Kopf-an-Kopf kondensiert, worauf HCN abgespalten wird. In analoger Weise wirkt Thiamin als Katalysator-Base in einigen TPP-abhängigen Stoffwechselreaktionen, z. B. bei der Decarboxylierung von Oxalyl-CoA:

$$\text{Oxalyl-CoA} \xrightarrow{\text{TPP}} \text{Formyl-CoA} + CO_2$$

Oxalat kann von einigen Mikroorganismen metabolisiert werden, während üblicherweise diese Dicarbonsäure in Pflanzen ein typisches Abfallprodukt (Exkret) ist. Die Reaktion erfordert weder Phosphat- noch Mg^{2+}-Ionen und wird durch Thiaminpyrophosphat als starke biologische Base katalysiert:

```
COOH          COOH
|             |
COOH          C~S.CoA
               \\
Oxalsäure       O        Oxalyl-CoA
```

```
                             COOH
COOH                          ▲                          + COOH
|              TPP ⊖H⊕   TPP—C—S.CoA
C—S.CoA ——————→               |          ——————→  TPP—C—S.CoA
||                            OH                        |
O                                                       |OH

         H   + CO2
     ↶   |
——→ TPP—C—S.CoA  ——————→  TPP⊖  +  HC—S.CoA
         |                H⊕        ||
       ↷|OH                         O
```

TPP kondensiert sich als starke Base mit der Carbonylgruppe eines Thioesters (= Oxalyl-CoA), wodurch die C-C-Bindung polarisiert wird. Die Stabilisierung durch Mesomerie wird durch Übernahme eines Elektronenpaares in die Base erreicht. Der gebildete Komplex zerfällt schließlich in Formyl-CoA und TPP.

Da Thiamin-auxotrophe Organismen entweder das intakte Molekül des Thiamins, den Pyrimidin- und den Thiazolanteil oder nur einen dieser beiden Bausteine benötigen, folgt, daß die beiden Komponenten des Thiamins separat synthetisiert und anschließend miteinander verknüpft werden. In Bäckerhefe (*Saccharomyces*) wird der Pyrophosphatester der Pyrimidinkomponente mit dem Monophosphatester des Thiazolanteiles unter Abspaltung von PP_{an} zu Thiaminmonophosphat verknüpft, das mit ATP zu TPP „aufphosphoryliert" wird. In anderen Fällen dient Thiamin als Substrat einer Pyrophosphorylierungsreaktion.

9.4. Weitere Coenzyme

Unter den in den Abschnitten 9.1., 9.2., 9.3. behandelten Coenzymen der Oxydoreduktion und der Gruppenübertragung sind Coenzyme enthalten, die Reaktionen der Spaltung bzw. Knüpfung von C-C-Bindungen und Isomerisierungen katalysieren helfen. Von großer stoffwechselphysiologischer Bedeutung sind im katabolischen Bereich des Zellstoffwechsels die Reaktionen der Oxydation und Verkürzung von C-Ketten, an denen *Decarboxylasen* beteiligt sind. Decarboxylasen sind eine Untergruppe der *Lyasen* (= *Carboxy-Lyasen*). Die Decarboxylierung von Aminosäuren (vgl. 12.8.2.) ist eine Pyridoxalphosphat-Katalyse (vgl. weiter unten). In den Reaktionen der Ketosäure-Decarboxylierung spielt z. T. Thiaminpyrophosphat (vgl. 9.3.) eine Rolle. In einigen Fällen ist an Decarboxylierungsreaktionen kein Cofaktor beteiligt (z. B. Decarboxylierung von Oxalacetat als instabile β-Ketosäure) bzw. die Decarboxylierung ist die Umkehr der reduktiv vorangetriebenen Carboxylierung. Pyruvat wird durch Hefe-*Pyruvat-Decarboxylase* (vgl. 9.3.) unter Beteiligung von Thiaminpyrophosphat als Co-. faktor decarboxyliert. Bei der oxydativen Decarboxylierung von Pyruvat u. a α-Ketosäuren (vgl. 10.2.2.1.) sind neben Thiaminpyrophosphat als weitere Cofaktoren der als Multienzymkomplex (vgl. 6.2.) organisierten *Pyruvatoxydase* (*Pyruvat-Dehydrogenase*) beteiligt: Liponsäure (vgl. 10.2.2.1.), CoA (vgl. 9.3.), FAD (vgl. 9.1.) und NAD (vgl. 9.1.).

Synthase-Reaktionen (synthetische Reaktionen der Verknüpfung von Verbindungen oder Bruchstücken, an denen ATP nicht direkt beteiligt ist, jedoch aktive Formen von Coenzymen) werden u. a. durch aktive Aldehyde (TPP-aktivierte C_2- und C_1-Körper), Acyl-CoA und aktives CO_2 vermittelt.

Isomerisierungsreaktionen im weiteren Sinne benötigen entweder keinen Cofaktor oder erfolgen in Bindung an Nucleosidphosphate (vgl. 10.1.2.) wie die *Epimerisierung* oder benötigen Pyridoxalphosphat wie die *Racemisierung* von Aminosäuren (vgl. 12.5.). Über die Rolle von diphosphorylierten Zuckern bei den *Mutase*-Reaktionen vgl. 2.5. Hier ist ein und dieselbe Zwischenverbindung zugleich „Substrat" und „Coenzym". *Intramolekulare Isomerisierungen* vermitteln die sog. Coenzymformen des Vitamins B_{12}.

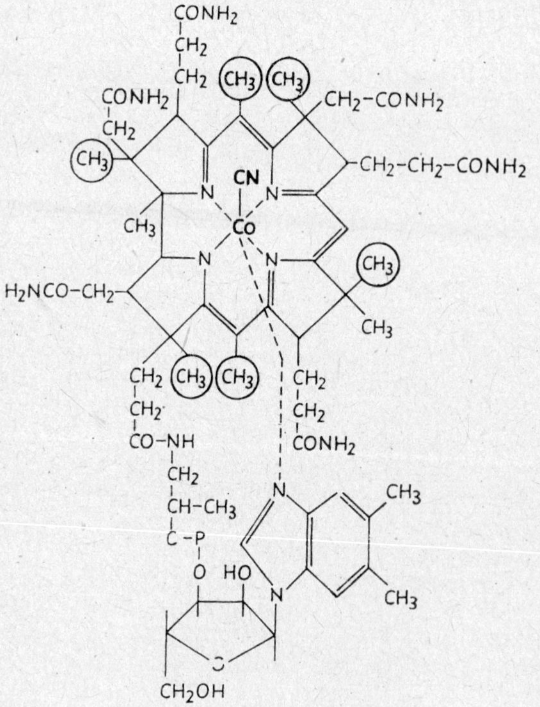

Vitamin B_{12}. – Vitamin B_{12} konnte 1948 in kristalliner Form isoliert und 1955 in seiner Struktur (CRAWFOOT-HODGEKIN) aufgeklärt werden. Es ist eines der kompliziertesten organischen Moleküle. Die chemische Synthese konnte über weite Strecken von WOODWARD erreicht werden. Vitamin B_{12} ist der sog. Anti-Perniziosa-Faktor oder „extrinsic factor" bei der perniciösen Anämie (vgl. 9.5.). Vitamin B_{12} = **Cyanocobalamin.** Bei strengem Ausschluß von Cyanidionen bei seiner Präparation aus natürlichen Ausgangsstoffen läßt sich nur die Hydroxo-(Aquo-)Form gewinnen. Vitamin B_{12} zeigt in seiner Struktur eine gewisse Ähnlichkeit mit dem Häminsystem (Porphyrin-Derivate). Es enthält einen als *Corrin* bezeichneten Makroring mit 4 N-Atomen. Verbindungen mit dem Corrinringsystem werden als *Corrinoide* bezeichnet. Alle natürlichen Corrinoide haben Kobalt (Co) als Zentralatom. Die Anordnung der Substituenten hat Ähnlichkeit mit dem Substitutionsmuster von Uroporphyrin III. Eigentliche *Stammsubstanz* der Corrinoide ist die *Cobyrsäure*. Die wichtigsten Derivate haben Trivialnamen, z. B. *Cobamid*. Das *Cobalamin* ist ein Cobamid mit *5,6-Dimethylbenzimidazol* als Imidazolbase (= koordinationsfähige Heteroverbindung: 1 N N-glykosidisch an 3'-Phosphoribofuranose, 1 N koordinativ mit Co verbunden). **Vitamin B_{12} = Cyanocobalamin = Cyano-5,6-dimethylbenzimidazolcobamid.** Die Formel von Vitamin B_{12} ist wie S. 316 zu schreiben (R = —CN im Vitamin B_{12} bzw. —OH in der Hydroxo-(Aquo-)Form, R = Desoxyadenosyl in dem Cobamid-Coenzym).

Die sog. **Coenzymform** des Vitamins B_{12} enthält anstelle von —CN als Ligand am Co-Zentralatom den *5'-Desoxyadenosylrest*:

Desoxyadenosyl = Nucleosid aus 5'-Desoxyribofuranose und Adenin. Der Desoxyadenosylrest nimmt die im B_{12} durch Cyanid besetzte 6. Koordinationsstelle am Kobalt ein. Er ist über das C'_5-Atom kovalent mit dem Co-Atom verknüpft (Kobalt-Kohlenstoff-Bindung).

Die *Coenzymform* des B_{12}, die an mehreren Stoffwechselreaktionen beteiligt ist, ist das *5'-Desoxyadenosylcobalamin*:

5'-Desoxyadenosylcobalamin = DBC-Coenzym (DBC = Dimethylbenzimidazolcobamid), ein Cobamid-Coenzym.

Andere *Cobamid-Coenzyme* enthalten anstelle von Dimethylbenzimidazol eine andere N-heterozyklische Base im Molekül. Für sie alle charakteristisch ist jedoch der Co-5'-Desoxyadenosylrest.

B_{12}-Coenzyme sind essentielle Cofaktoren für **Isomerisierungsreaktionen** der folgenden Art:

$$\underset{\text{L-Glutamat}}{\overset{1}{C}OOH-\overset{2}{C}H(NH_2)-\overset{3}{C}H_2(\beta)-\overset{4}{C}H_2(\alpha)-\overset{5}{C}OOH} \rightleftharpoons \underset{\beta\text{-Methylaspartat}}{\overset{1}{C}OOH-\overset{2}{C}H(NH_2)-\overset{4}{C}H(\overset{3}{C}H_3)-\overset{5}{C}OOH}$$

Bei der Isomerisierung von L-Glutaminsäure zu β-Methylasparaginsäure handelt es sich um eine reversible intramolekulare Übertragung des Glycinanteiles zwischen den α- und β-C-Atomen der Propionsäuregruppierung von L-Glutamat unter gleichzeitiger Verschiebung eines H-Atoms in umgekehrter Richtung. Bei Protozoen ist das Carbamyl-Derivat von β-Methylasparaginsäure Vorstufe der Thymin-Biosynthese. β-Methylaspartat ist ein Strukturanaloges von L-Aspartat. In analoger Weise läßt sich die an der Methyl-malonyl-CoA-Isomerase katalysierte Umwandlung von Succinyl-CoA in Methylmalonyl-CoA formulieren:

$$\underset{\text{Succinyl-CoA}}{O{=}C(S.CoA)-CH_2(\beta)-CH_2(\alpha)-COOH} \rightleftharpoons \underset{\text{Methylmalonyl-CoA}}{O{=}C(S.CoA)-CH(\alpha)(CH_3)-COOH}$$

Bei dieser Isomerisierungsreaktion, die von Bedeutung für die biologische Verwertung der Propionsäure, von Fettsäuren und Aminosäuren ist (Abbau verzweigter Fettsäuren bzw. Aminosäuren, vgl. 10.2.2.2.), wird die Thioester-Gruppe zwischen dem α- und β-C-Atom des Propionsäureanteils von Succinyl-CoA verschoben.

Ein Cobamid-Coenzym ist auch an der Umwandlung von 1,2-Diolen in Desoxyaldehyde bei *Aerobacter aerogenes*, *Clostridium perfringens* und *Lactobacillus leishmannii* beteiligt (z. B. 1,2-Propandiol → Propionaldehyd) sowie an dem Abbau von Lysin zu Fettsäuren und Ammoniak bei *Clostridium*.

Reaktionen des Vitamins B_{12}, an denen die Coenzymform nicht beteiligt ist, sind:

- die Synthese von L-Methionin aus N^5-Methyl-Folat-H_4 und L-Homocystein (= terminaler Schritt der Biosynthese von Methionin als wichtigster Mechanismus der de novo-Methylsynthese, vgl. 13.1.)
- die Bildung von Desoxyribose aus Ribose zur Synthese von Desoxynucleosidphosphaten (vgl. 12.7.1., 11.2.1.)
- die tRNS-Methylierung
- die Bildung von Methan bei Methanbakterien (*Methanobacillus*, *Methanosarcina*), die aus Co-Methyl-Cobalamin erfolgt.

Der Feinmechanismus der Wirkung der Cobamid-Coenzyme ist noch nicht geklärt.

Vitamin B_{12} des Handels wird auf biologischem Wege synthetisiert. Die Produzenten sind: *Nocardia*- und *Streptomyces*-Arten, Propionsäurebakterien (*Propionibacterium shermanii*) und *Bacillus megaterium*. Der Corrinring wird offensichtlich auf der biosynthetischen Sequenz der Porphyrine (vgl. 12.7.) synthetisiert. Die Methylgruppen werden aus S-Adenosylmethionin durch Transmethylierung übertragen. Das D_g-L-Amino-2-propanol-Fragment (das das konstituierende Nucleotid mit dem Pyrrolring D verbindet) stammt aus L-Threonin. 5,6-Dimethylbenzimidazol wird im wesentlichen aus Acetat aufgebaut. GDP-Cobinamid wird mit α-Ribazol-5′-P (aus 5-Phosphoribosyl-1-pyrophosphat gebildet) kondensiert; unter Abspaltung von GMP und Dephosphorylierung wird Vitamin B_{12} gebildet.

Pyridoxalphosphat – Pyridoxalphosphat (PAL, PPal) gilt als das „Coenzym des Aminosäurestoffwechsels". Pyridoxalphosphat-abhängige Reaktionen zeigt die Tabelle 12.6. Eine zentrale Reaktion im Aminosäurestoffwechsel ist die von Braunstein und Kritzmann (1937) entdeckte *Transaminierung* (vgl. weiter unten). Pyridoxalphosphat enthält als Grundstruktur eine Form des Vitamins B_6. **Vitamin B_6** ist eine Gruppenbezeichnung für 3 Pyridinderivate (vgl. auch 2.3.4.5.): *Pyridoxin* (Alkohol), *Pyridoxal* (Aldehyd) und *Pyridoxamin* (Amin). Die Bezeichnung Vitamin B_6 wird entweder zur Kennzeichnung der Pyridoxin-Familie der B-Vitamine oder für *Pyridoxin* (engl. *Adermin*) allein verwendet.

Die Synthese von Pyridoxalphosphat aus Pyridoxal erfolgt in einer *Kinase*-Reaktion:

$$\text{Pyridoxal} + \text{ATP} \xrightarrow[\textit{Kinase}]{Mg^{2+}} \text{Pyridoxal-5-P} + \text{ADP}$$

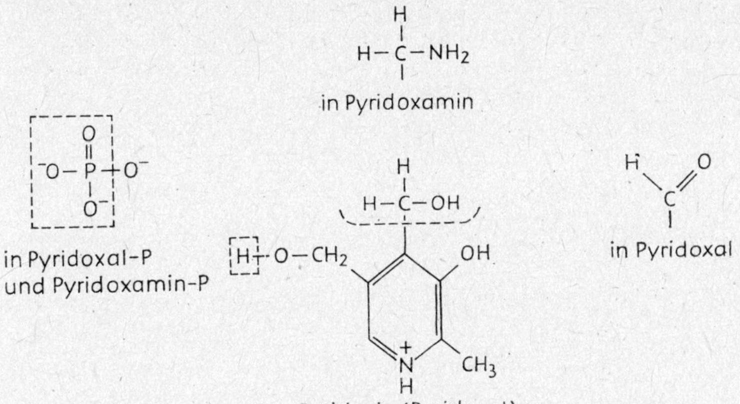

in Pyridoxamin

in Pyridoxal-P
und Pyridoxamin-P

in Pyridoxal

Pyridoxin (Pyridoxol)

Die *aktive Form des Pyridoxalphosphats* ist eine **Schiffsche Base**, die durch Kondensation der Aldehydgruppe mit der ε-Aminogruppe eines Lysinrestes im aktiven Zentrum eines Pyridoxalphosphat-Enzyms gebildet wird. In Gegenwart des Substrats (Aminosäure) erfolgt eine Reaktion zwischen Pyridoxalphosphat und der Aminosäure unter Bildung eines Zwischenproduktes, das eine Schiffsche Base ist. Hierbei wird die freie ε-Aminogruppe des Lysinrestes im Enzymprotein wieder hergestellt. In allen durch Pyridoxal-P-Enzyme vermittelten chemischen Reaktionen des Stoffwechsels wird als Zwischenprodukt bzw. Ausgangsverbindung für den weiteren Umsatz die **Schiffsche Base** zwischen der Aldehydgruppe von Pyridoxal-P und der Aminogruppe einer Aminosäure gebildet. Die Schiffsche Base kann in verschiedener Weise weiterreagieren. Die Reaktionsauswahl (Wirkungsspezifität) wird durch das Apoenzym (Enzymprotein) bestimmt.

Durch die elektrophile Form des positivierten Pyridinringes der Schiffschen Base ist die Ausbildung eines mesomeren Zustandes begünstigt, der sich ausbildet, wenn ein Substituent am α-C-Atom als Kation eliminiert wird:

- Rest R^+ (selten), Beispiel: Serintranshydroxymethylase (vgl. 9.2.)
- CO_2: Decarboxylierung
- Wasserstoff H^+ am α-C-Atom (verbreitet), Beispiel: Transaminierung.

Die **Transaminierung** als zentrale Reaktion im Aminosäurestoffwechsel läuft wie folgt ab:

Allgemeine Formulierung:

$$\text{Aminosäure}_1 + \text{Ketosäure}_2 \underset{\text{Enzym}}{\overset{\text{PAL}}{\rightleftharpoons}} \text{Aminosäure}_2 + \text{Ketosäure}_1$$

(NH_2-Donor) (Akzeptor)

z. B.:

$$\text{L-Glutamat} + \text{Oxalacetat} \underset{(1)}{\rightleftharpoons} \text{L-Aspartat} + \alpha\text{-Ketoglutarat}$$

(1) = *Glutamat-Oxalacetat-Transaminase*

Die Transaminierung ist ein nichtsequentieller Reaktionstyp oder ein Ping-Pong-Mechanismus: das 1. Reaktionsprodukt wird vor der Reaktion des Enzyms (hier: des Pyridoxalphosphat-Enzyms) mit dem 2. Substrat gebildet:

$$\begin{array}{ccccccc} A & & P & B & & Q & \\ \downarrow & & \uparrow & \downarrow & & \uparrow & \\ \hline E & EA \rightleftharpoons PE' & E' & E'B \rightleftharpoons EQ & & E & \end{array}$$

(aus Hofmann)

Wir können den Reaktionsmechanismus von Transaminasen wie folgt schreiben (aus Hofmann):

$$\underset{A}{R_1CH(^+NH_3)CO_2^-} + \underset{E}{\text{Enz-Pyr-CHO}} \rightleftharpoons EA \rightleftharpoons E'P \rightleftharpoons \underset{E'}{\text{Enz-Pyr-CH}_2\text{NH}_3^+} + \underset{P}{R_1C(=O)CO_2^-}$$

$$\underset{B}{R_2C(=O)CO_2^-} + \underset{E'}{\text{Enz-Pyr-CH}_2\text{NH}_3^+} \rightleftharpoons E'B \rightleftharpoons EQ \rightleftharpoons \underset{E}{\text{Enz-Pyr-CHO}} + \underset{Q}{R_2CH(NH_3^+)CO_2^-}$$

Es bedeuten: Pyr—CHO = Pyridoxalphosphat; Pyr—$CH_2NH_3^+$ = Pyridoxaminphosphat.

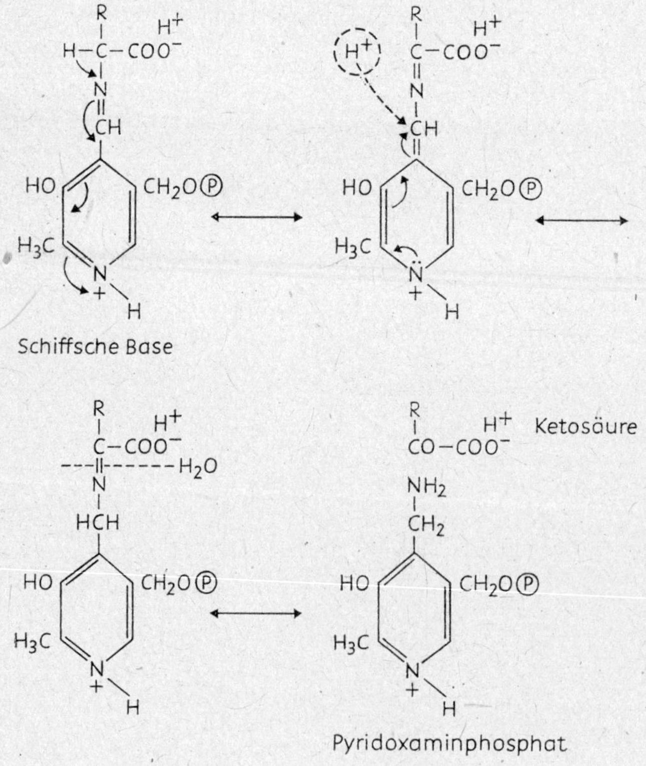

Die Aldehydform des Pyridoxal-P-Enzyms (E) reagiert mit der Donoraminosäure (A, Aminosäure$_1$) zur Pyridoxamin-P-Form des Enzyms (E'). Von dieser dissoziiert die Ketosäure$_1$ als Produkt (P) ab. Sie entspricht mit ihrem C-Gerüst der Donor-Aminosäure. Das Pyridoxamin-P-Enzym (E') reagiert mit der Akzeptor-Ketosäure$_2$ (B) (die eigentlich als „Donor-Ketosäure" zu bezeichnen ist, da sie das C-Gerüst für die synthetisierte Aminosäure$_2$ (Q) liefert). Nach erfolgter Umwandlung des binären (eigentlich ternären) Komplexes wird die Aminosäure$_2$ (Q) als Reaktionsprodukt abgegeben. Die Pyridoxal-P-Form des Enzyms wird dabei regeneriert, so daß die Transaminierung mit zwei weiteren Molekülen von Aminosäure und Ketosäure fortgesetzt werden kann.

Der feinere **Mechanismus der Transaminierung** gestaltet sich wie auf S. 320 (DAGLEY und NICHOLSON).

(Der in dem Schema gegebene Ausschnitt des Transaminierungsmechanismus entspricht den Reaktionen EA → E'P → Enz-Pyr-$CH_2NH_3^+$ + $R_1COCO_2^-$ des weiter oben angegebenen Schemas).

9.5. Biogenese funktioneller Gruppen

Die in Transfer-Reaktionen unter Mitwirkung von Coenzymen übertragenen Gruppen werden in einer relativ kleinen Zahl von Biogenesereaktionen *de novo* synthetisiert (Tabelle 9.8.).

Tabelle 9.8. Biogenese einiger chemischer Gruppen

Art der Gruppe		*de novo*-Synthesereaktion	Beispiel/Bemerkung
$-CH_3$	(Methyl-)	a) Methioninsynthese b) Thymidylat-Synthese: Hydroxymethyl-Folat-H_4 wird reduziert, die Hydroxymethylgruppe stammt von L-Serin	nur die Methioninsynthese liefert eine transferierbare Methylgruppe; die Thymidylat-Synthese ist für die Transmethylierung bedeutungslos
$-OH$	(Hydroxyl-)	a) Hydroxylierung durch mischfunktionelle Oxygenasen bzw. Hydroxylasen (OH aus O_2 und einem H-Donator)	Hydroxylierung von Phenylalanin, Tyrosin, Steroiden usw.
		b) Hydratisierung (H_2O-Anlagerung an Doppelbindung)	Malatsynthese aus Fumarat (Fumarase)
		c) Reduktion der Carbonylfunktion	Bildung von Zuckeralkoholen aus Zuckern
		d) Reduktion der aktivierten Carbonsäuregruppe	Homoserinsynthese aus Aspartylphosphat (via Asparaginsäuresemialdehyd)

(Fortsetzung der Tabelle 9.8)

Art der Gruppe		*de novo*-Synthesereaktion	Beispiel/Bemerkung
—COOH	(Carboxyl-)	a) Carboxylierung	Oxalacetat-Bildung aus Pyruvat oder Phosphoenolpyruvat; Malonyl-CoA-Synthese (Acetyl-CoA-Carboxylase)
		b) Dehydrogenierung der hydratisierten Carbonylgruppe	Oxalatsynthese aus Glyoxylat
$-\overset{\vert}{C}=O$	(Carbonyl-)	a) Dehydrogenierung von Hydroxylen	Oxalacetat aus Malat
		b) Reduktion der aktivierten Carbonsäuregruppe	
		c) Oxydation von Aminverbindungen	oxydative Desaminierung von Diaminen und Aminosäuren
$-NH_2$	(Amino-)	a) reduktive Aminierung einer Ketosäure	Glutaminsäuresynthese an der Glutamat-Dehydrogenase
		b) Ammoniakanlagerung an eine Doppelbindung	Aspartase-Reaktion (Aspartatsynthese aus Fumarat und Ammoniak)

9.6. Vitamine und Coenzyme

Ausgangspunkt der Vitaminforschung waren bestimmte Mangelkrankheiten, die man als *Avitaminosen* und *Hypovitaminosen* erkannte. **Vitamine** sind **akzessorische Nährstoffe.** Sie sind essentielle Nahrungsbestandteile, die in vielen Fällen der **Wirkstoffsynthese** dienen; denn die meisten Vitamine sind **Bestandteile von Coenzymen.** In einigen Fällen konnte eine Coenzymfunktion von Vitaminen jedoch nicht festgestellt werden.

In der Geschichte der Menschheit konnten Avitaminosen das Leben ganzer Menschengruppen ernsthaft bedrohen (Fehlen von Frischgemüse bei Seefahrern, Skorbut; ausschließliche Ernährung mit poliertem Reis in Indien in früheren Jahren usw.). Absolute und relative Vitaminmangelkrankheiten (Avitaminosen bzw. Hypovitaminosen) kann man experimentell im Tierversuch herbeiführen und studieren. Hypervitaminosen treten lediglich bei falscher Dosierung von Vitamingaben, nicht als Folgen unzweckmäßiger Ernährung auf.

In der Tabelle 9.9. sind Vitamine und – soweit bekannt – zugehöriges Coenzym sowie Vitaminmangelkrankheiten zusammengestellt.

Tabelle 9.9. Vitamine und ihre biochemische Funktion (M = Mangelkrankheit)

Buchstabe	Name und chemische Natur	Biochemische Funktion	Bemerkungen
I. Fettlösliche Vitamine			
A	*Retinol* (Axerophthol), ein Isoprenoidlipid	Vitamin-A-Aldehyde sind Bestandteile des Sehpurpurs	M: Nachtblindheit = Xerophthalmie (Mensch), Provitamin = Carotin
D	*Calciferol*, den Steroiden nahestehend D_2 = Ergocalciferol D_3 = Cholecalciferol	Förderung der Resorption von Calcium-Ionen im Magen-Darm-Trakt; Beeinflussung des Knochenstoffwechsels	M: Rachitis („Englische Krankheit", unzureichende Knochencalzifizierung); bei Hypervitaminose wird Ca aus den Knochen mobilisiert
E	*Tocopherol*, chemisch in Beziehung zu den Chinonen mit Isoprenoidseitenkette, „Antisterilitäts-Vitamin"	wirkt als „Antioxydans", eigentliche Funktion unbekannt	M: im Tierexperiment: Hodenatrophie und Muskeldystrophie
K	*Phyllochinon*, antihämorrhagisches Vitamin, ein Naphthochinon mit Isoprenoidseitenkette		M: Blutgerinnungsstörungen
	Menadion = 2-Methyl-1,4-naphthochinon	Menadione als Elektronentransport-Komponenten	
Q	*Ubichinon* = Coenzym Q, ein Isoprenoidchinon	Elektronen-Transporteur	Glied der Atmungskette
F	essentielle Fettsäuren		Bildung der sog. *Prostaglandine* aus ungesättigten Fettsäuren
II. Wasserlösliche Vitamine			
B_1	*Thiamin* (Aneurin)	Vorstufe von Thiaminpyrophosphat	M: Beriberi (Polyneuritis)
B_2	*Riboflavin* (Lactoflavin), ein Isoalloxazin-Derivat	Vorstufe von FMN und FAD	M: „Pellagra sine Pellagra" (Mensch) = Ariboflavinose (eine Art Dermatitis)
	Niacin (Nicotinsäure) bzw. Niacinamid (= „Pellagra preventive factor")	Vorstufe von NAD und NADP	M: Pellagra (eine spezielle Dermatitis)
	Folsäure (Pteroylglutaminsäure)	Coenzym F = Tetrahydrofolat; Transfer von C_1-Bruchstücken	M: megaloplastische Anämie (Mensch) Thrombozytopenie

(Fortsetzung der Tabelle 9.9.)

Buchstabe	Name und chemische Natur	Biochemische Funktion	Bemerkungen
	Pantothensäure, ein Dipeptid aus Pantoinsäure und β-Alanin	Bestandteil von Coenzym A	M: „burning foot"-Syndrom (Mensch); M: Kükenpellagra, Grauhaarbildung der Ratte
B_6	*Pyridoxin* (bzw. Pyridoxin, Pyridoxal und Pyridoxamin), ein substituiertes Pyridin	Bestandteil von Pyridoxalphosphat	„Seborrhöe-ähnliche" Symptome bei B_6-Mangel
B_{12}	*Cobalamin*	als Cobalamin-Coenzym Funktion in Isomerisierungsreaktionen, als B_{12} wichtig für DNS- und Methioninsynthese	M: perniziöse Anämie (Mensch); Cobalamin = Anti-Perniziosa-Faktor = „extrinsic factor"
C	*Ascorbinsäure*, ein Kohlenhydrat-Derivat	Redoxsystem	M: Skorbut (Mensch), für viele Organismen (die meisten Säugetiere) kein Vitamin, da Eigensynthese
H	*Biotin*, ein zyklisches Harnstoffderivat (Ureid) mit einem ankondensierten Thiophanring	als „aktives CO_2" in ATP-abhängigen Carboxylierungen	Wuchsstoff für Hefe (Bios-Faktor); im Tierexperiment Dermatitis und Haarausfall bei Gabe von Avidin (= Komplexbildung mit Biotin)

Unter normalen Ernährungsbedingungen treten Avitaminosen (= Vitaminmangel-Krankheiten) kaum in Erscheinung. Von klinischer Bedeutung sind relative Mangelzustände = *Hypovitaminosen*, die Folgen einseitiger Ernährung sind, aber nicht zu den „klassischen" Mangelzuständen führen. Der Vitaminbedarf des Menschen pro Tag kann zum Teil nur geschätzt werden. Relativ hoch ist der tägliche Bedarf an Vitamin C (Ascorbat) mit 75 mg, der sich dem Bedarf an essentiellen Aminosäuren annähert (z. B. Tryptophan = 250 mg). In klinischer Hinsicht spielt die Bekämpfung von Hypovitaminosen eine Rolle.

Cyanocobalamin (Vitamin B_{12}) ist der „Anti-Perniciosa-Faktor". Die **perniciöse Anämie** ist durch eine Reifungsstörung der Erythrozyten (schwere Beeinträchtigung der Blutbildung, megalozytäre, hyperchrome Anämie), fehlende Magensekretion und Störungen des Nervensystems gekennzeichnet. Entscheidend ist das Wechselspiel von „extrinsic factor" (Cobalamin) und „intrinsic factor" (Mucoproteid der Magenschleimhaut). Es liegt keine ernährungsbedingte Erkrankung vor. Cobalamin kann nur aufgenommen werden, wenn der körpereigene „intrinsic factor" gebildet wird.

10. Der Stoffwechsel des Kohlenstoffs

10.1. Katabolische Sequenzen im Kohlenhydratstoffwechsel

Glucose wird auf 3 wichtigen katabolischen Sequenzen metabolisiert:
- Embden-Meyerhof-Parnas-Weg (EMP-Weg, vgl. 10.1.1.)
- Warburg-Dickens-Horecker-Schema (vgl. 10.1.3.)
- Entner-Doudoroff-Weg (ED-Weg, vgl. weiter unten).

Der am weitesten verbreitete Abbauweg der Glucose ist der **EMP-Weg,** auch als *Glykolyse, glykolytischer Abbau* oder *FDP-Weg* bezeichnet (FDP = **Fructose-1,6-diphosphat** als Schlüsselsubstanz). Seine Bedeutung ist im Abschnitt 10.1.1. ausführlicher dargestellt. Die Umkehr der glykolytischen Reaktionen wird als *Glucogenese* (Gluconeogenese) bezeichnet.

Der Glucose-Abbau nach dem *Warburg-Dickens-Horecker-Schema* ist eine nicht über Pyruvat verlaufende, von Tricarbonsäure-Cyclus (vgl. 10.2.1.) und Atmungskette (vgl. 11.1.) unabhängige katabolische Bahn, die außerdem Bedeutung besitzt für die Synthese von Pentosephosphaten (Purin- und Nucleotidsynthese, vgl. 12.7.2. und 12.7.2.1.) und von reduziertem NADP (vgl. 9.1. und 11.2.). Die Bezeichnungen für diesen Abbauweg differieren stark: **HMP-Weg** = *Hexosemonophosphat-Weg*, **PP-Weg** = *Pentosephosphat-Weg* usw. (vgl. 10.1.3.). Die rückläufige Reaktionsfolge des PP-Weges wird im Unterschied zu diesem (=„*oxydativer Pentosephosphat-Zyklus*") als *reduktiver Pentosephosphat-Zyklus* (*Photosynthese-Zyklus*, Calvin-Zyklus) bezeichnet. Er spielt eine wichtige Rolle (bei den meisten Photosynthese-Organismen und bei den chemosynthetisch aktiven Mikroorganismen (vgl. 3.4.)) für die autotrophe CO_2-Fixierung (vgl. 10.3.3.).

Der *Entner-Doudoroff-Weg* des Glucosekatabolismus ist offensichtlich in seinem Vorkommen auf Bakterien begrenzt. Schlüsselsubstanz ist **2-Keto-3-desoxy-6-phosphogluconat** (**KDPG**), das unter Wasserabspaltung aus 6-P-Gluconsäure hervorgeht (Enzym: *6-P-Gluconat-Dehydrogenase*). Eine spezifische *Aldolase* (*KDPG-Aldolase*) spaltet KDPG zu Pyruvat und Glycerinaldehyd-3-P. Letzteres wird über Teilreaktionen des glykolytischen Abbaus zu Pyruvat oxydiert. Der ED-Weg wird auch als *KDPG-Weg* bezeichnet. Er nimmt bezüglich seiner Bedeutung eine Art Mittelstellung zwischen EMP-Weg und PP-Weg ein: pro Mol Glucose werden über diese Stoffwechselbahn 1 Mol ATP und 1 Mol $NAD(P)H_2$ gebildet. Der EMP-Weg liefert: 2 ATP/Glucose und kein $NADPH_2$; der PP-Weg ergibt: 2 $NADPH_2$/Glucose und kein ATP.

Durch verschiedene *Zuckertransformationen* (vgl. 10.1.2.) können andere Zucker (Fructose, Galaktose u. a.) Anschluß an den Glucoseumsatz finden. Eine zentrale Stellung nimmt *Glucose-6-phosphat* ein (vgl. 10.1.1.). Da die zum biochemischen Grundbestand jeder Zelle gehörenden Reaktionen des Kohlenhydrat-Metabolismus streng reguliert sind (vgl. z. B. 10.1.1., Regulation der Glykolyse), bildet die relative Beteiligung etwa von EMP-Weg und PP-Weg am Glucoseumsatz keine starre Größe, sondern ist von der speziellen Stoffwechsellage, d. h. von den physiologischen Bedingungen abhängig. In der Zelle stehen die Prozesse der Glykolyse, Gluconeogenese, des oxydativen Pentosephosphat-Stoffwechsels und der Atmung in einem bestimmten, von der speziellen Stoffwechselsituation abhängigen Verhältnis zueinander.

Die Beteiligung verschiedener Abbauwege am Umsatz der Glucose in Mikroorganismen zeigt die Tabelle 10.1.

Tabelle 10.1. Glucoseumsatz über verschiedene Abbauwege in Mikroorganismen in % (n. Schlegel)

Organismus	EMP-Weg	PP-Weg	KDPG-Weg
Bacillus subtilis	74	26	
Candida utilis	70—80	30—20	
Escherichia coli	72	28	
Hydrogenomonas spec.			100
Penicillium chrysogenum	77	23	
Pseudomonas aeruginosa		29	71
Streptomyces griseus	97	3	

Bei den genannten 3 Abbauwegen der Glucose ist nach Verfütterung positionsmarkierter Glucosen (Glucose-1-^{14}C, —2—^{14}C und -6-^{14}C) eine unterschiedliche Verteilung von Radiokohlenstoff über die C-Atome der Bildungsprodukte Kohlendioxid, Äthanol und Lactat zu erwarten. Aus dem Ergebnis entsprechender Isotopenversuche kann daher auf das Vorliegen und die relative Beteiligung verschiedener Wege geschlossen werden.

10.1.1. Das Glykolyse-Schema

Die Geschichte der wissenschaftlichen Erforschung der äthanolischen Gärung der Hefezelle und der „Milchsäuregärung" (Glykolyse) der Muskulatur von den Zeiten eines Lavoisier bis heute ist in einer gewissen Weise identisch mit der Geschichte der Biochemie. Der als **Embden-Meyerhof-Parnas-Weg** (EMP-Weg) des anaeroben Zuckerabbaus bezeichnete Reaktionsweg ist eines der gesichertsten Reaktionsschemata des Intermediärstoffwechsels. In den letzten Jahrzehnten wandten sich die Untersucher der Feincharakterisierung der Glykolyse-Enzyme, der Regulation der Einzelschritte und des gesamten Reaktionsablaufes sowie der Simulierung der glykolytischen Reaktionsfolge im Computer zu.

Der **EMP-Weg** (Glucose-6-P → Pyruvat) ist von **Bedeutung** für:

– den *anaeroben Abbau von Glucose* in Hefe (alkoholische Gärung) und *Glucosephosphat* (als Produkt der Glykogenolyse) in Muskulatur (Glykolyse)

- die *vollständige Glucoseoxydation* (Endabbau über den Tricarbonsäure-Zyklus) („Glucoseveratmung“, Mineralisierung der Glucose)
- viele *mikrobielle Gärungen*, die bis zur Stufe des Pyruvats einen gemeinsamen Abbauweg durchlaufen.

Pyruvat (Brenztraubensäure) ist ein wichtiger *Verzweigungspunkt* („Knotenpunkt“) des Grundstoffwechsels. Der Abbau von Polysacchariden, von Glycerin (aus dem Fettabbau) und von einigen Aminosäuren führt zu Pyruvat. An diesem greifen verschiedene Enzyme an: Pyruvatdecarboxylase (PDC), Lactatdehydrogenase (LDH) und Pyruvatdehydrogenase (PDH) sind die wichtigsten. Von besonderer Bedeutung ist die Synthese von Acetyl-Coenzym A aus Pyruvat an der Pyruvatdehydrogenase (vgl. 10.2.2.1.).

Die Erforschung der Alkoholgärung der Hefe und der Glykolyse der Muskulatur haben sich auf allen Phasen gegenseitig eng durchdrungen und wechselseitig stark befruchtet. Wir wollen nur wenige wichtige Stationen skizzieren:
GAY-LUSSAC (1860) stellte für den Zerfall des Zuckers bei der alkoholischen Gärung eine Summengleichung auf (*Gay-Lussacsche Gärungsgleichung*):

$$C_6H_{12}O_6 \rightarrow 2\ C_2H_5OH + 2\ CO_2$$

Durch diese summarische Gleichung wird die alkoholische Gärung als ein anaerober (anoxydativer) Abbau gewisser Hexosen beschrieben. Sie ist als eine Art innere *Oxydoreduktion* aufzufassen. Luftsauerstoff spielt dabei keine Rolle. Nach PASTEUR ist die anaerobe Gärung ein Ersatz der Atmung, ein „Leben ohne Luft“. Im Jahre 1897 gelang eine wichtige Entdeckung, die nicht nur den Weg freimachte für die wissenschaftliche Erforschung des Zuckerstoffwechsels, sondern die Geburtsstunde der Enzymologie markiert: BUCHNER wollte in einer bestimmten Absicht Tieren Hefeprotoplasma injizieren. Er stellte hierzu mit Hilfe einer hydraulischen Presse einen Hefepreßsaft her. Diesem zellfreien System setzte er als Konservierungsmittel Glucose zu. Das überraschende Resultat war die Vergärung des Zuckers, obwohl keine lebenden Hefezellen mehr zugegen waren. HARDEN und YOUNG (1905) inkubierten frischen Hefesaft mit einer Glucoselösung, pH 5. Sie fanden, daß Gärung (meßbar an der CO_2-Entwicklung) sofort einsetzt, aber allmählich aufhört. Wird Phosphat hinzugesetzt, setzt die Gärung wieder ein und steigt auf den Ausgangswert an. Mit dem Verbrauch des Phosphats kommt sie allmählich wieder zum Erliegen. Der daraus gezogene Schluß war richtig und von beträchtlicher Konsequenz: im Reaktionsansatz wird ein organischer Phosphorsäureester gebildet, den HARDEN und YOUNG als „ihren Ester“ (Harden-Young-Ester, *Fructose-1,6-diphosphat* = Hexosediphosphat) aus dem Reaktionsgemisch isolieren konnten. Die Reaktionsfolge des anaeroben Zuckerabbaus verläuft über **phosphorylierte Zwischenprodukte** (Phosphorsäureester, *Zuckerphosphate*). Für den Ablauf der Alkoholgärung in Hefeextrakt gilt die *Harden-Young-Gleichung*:

$$2\ C_6H_{12}O_6 + 2\ H_3PO_4 \rightarrow 2\ C_2H_5OH + 2\ CO_2 + \text{Hexosediphosphat}$$

```
        H
        |
(1) H—C—O—Ⓟ
        |
        C=O
        |
    H—C—OH
        |
  HO—C—H
        |
  HO—C—H
        |
(6) H—C—O—Ⓟ
        |
        H
```

Fructose-1,6-diphosphat (Harden-Young-Ester)

Harden und Young fanden weiter, daß Hefesaft bei Dialyse seine Aktivität verliert. Ein thermostabiler, niedermolekularer Stoff, die *Cozymase*, wird abgetrennt, während im Dialysebeutel die hochmolekularen Enzyme verbleiben. Das als „Zymase" bezeichnete „aktive Gärprinzip" (ein komplexes Gemisch aus Enzymen und Coenzymen) kann durch Zusatz der Cozymase reaktiviert werden. Cozymase ist identisch mit Codehydrogenase I = DPN = NAD (vgl. 9.1.).

Unter Berücksichtigung der ATP-Ausbeute können wir als **Summengleichung der alkoholischen Gärung** der Hefezelle schreiben:

$$\text{Glucose} + 2\,\text{ADP} + 2\,\text{P}_{\text{an}} \xrightarrow{-2\,H_2O} 2\,\text{Äthanol} + 2\,CO_2 + 2\,\text{ATP}$$

Die Reaktionsfolge zeigt das nachfolgende Schema, das wir der „Lesbarkeit" wegen in **4** einzelne **Reaktionsabschnitte** unterteilen wollen:

– *Zündung der Reaktion* („Initialzündung" durch Phosphorylierung der D-Glucose) = **1. Abschnitt**
– *Bildung von Hexosediphosphat* und *Aldolspaltung* (= Bildung des Gemisches der beiden Triosephosphate) = **2. Abschnitt**
– *Umwandlung von Glycerinaldehyd-P* in Pyruvat (= Umsetzungen auf dem Niveau von C_3-Körpern) = **3. Abschnitt**
– *Stoffwechsel des Pyruvats* = **4. Abschnitt**

Aus diesem Schema werden deutlich: ATP-Verbrauch und -Synthese (Kinase-Reaktionen und Substratphosphorylierung) sowie die durch den Transportmetaboliten NAD vermittelte Oxydoreduktion (vgl. auch 9.1.).

Die an dem aeroben Zuckerabbau nach dem EMP-Weg beteiligten Enzyme sind in der Tabelle 10.2. aufgeführt.

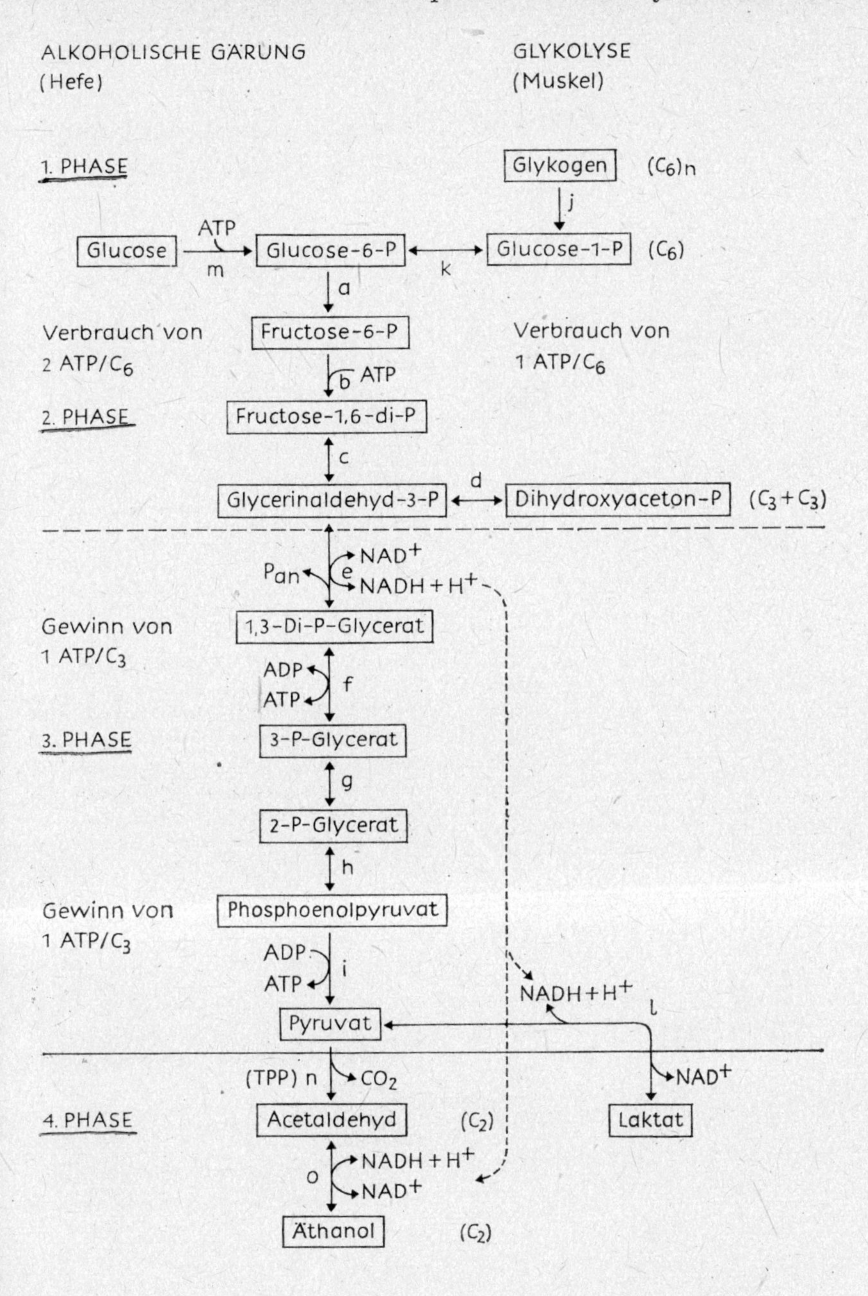
ALKOHOLISCHE GÄRUNG
(Hefe)
GLYKOLYSE
(Muskel)
1. PHASE
Glykogen
(C6)n
j
Glucose
ATP
m
Glucose-6-P
k
Glucose-1-P
(C6)
a
Verbrauch von
2 ATP/C6
Fructose-6-P
Verbrauch von
1 ATP/C6
b ATP
2. PHASE
Fructose-1,6-di-P
c
d
Glycerinaldehyd-3-P
Dihydroxyaceton-P
(C3 + C3)
Pan
e
NAD+
NADH + H+
Gewinn von
1 ATP/C3
1,3-Di-P-Glycerat
ADP
ATP
f
3. PHASE
3-P-Glycerat
g
2-P-Glycerat
h
Gewinn von
1 ATP/C3
Phosphoenolpyruvat
ADP
ATP
i
NADH + H+
l
Pyruvat
(TPP) n
CO2
NAD+
4. PHASE
Acetaldehyd
(C2)
Laktat
o
NADH + H+
NAD+
Äthanol
(C2)

Tabelle 10.2. Enzyme der Glykolyse und Alkoholgärung (Abk. = verwendete Abkürzung)

Enzym	Art der katalysierten Reaktion und Verhalten des Enzyms
A EMP-Weg	
a) *Phosphohexoisomerase* (= D-*Glucose-6-phosphat-Ketolisomerase*) Abk. PHI	Isomerisierung, Gleichgewicht auf Seiten des Glucose-6-phosphats
b) *Phosphofructokinase* Abk. PFK	Phosphorylierung (Kinase-Reaktion, nicht reversibel); anorganische Komplemente Mg^{2+}, K^+, NH_4^+; Aktivierung durch cAMP, ATP, Hemmung durch $NADH_2$ und Citrat (allosterische H.)
c) *Aldolase* (= *Fructose*-1,6-*diphosphat-Aldolase*, „Zymohexase") Abk. –	Aldolreaktion (reversible Aldolspaltung), unspezifisch für die Aldehydkomponente, Gleichgewicht auf Seiten von Hexosediphosphat
d) *Triosephosphat-Isomerase* Abk. TPIsomerase	Isomerisierung, Gleichgewicht stark auf Seiten von Dihydroxyacetonphosphat (97%)
e) *Triosephosphat-Dehydrogenase* (= D-*Glycerinaldehyd-3-phosphat-Dehydrogenase*, „Oxydierendes Gärungsferment") Abk. PGlyADH	Dehydrogenierung des Aldehydphosphats durch NAD^+, gekoppelt mit Aufnahme von P_{an} (Substratphosphorylierung); Muskelenzym mit fest gebundenem NAD und leicht dissoziablem NAD; Hemmung durch Monojodacetat (Alkylierung von —SH) und Arsenat (Entkopplung von Oxydation und Phosphorylierung)
f) *Phosphoglycerat-Kinase* Abk. PGlyK	Transphosphorylierung auf ADP (ATP-Bildung aus Di-P-Glycerat)
g) *Phosphoglycerat-Mutase* Abk. PGlyM	Phosphatverschiebung aus der 3- in die 2-Stellung der Phosphoglycerinsäure (Mutase-Reaktion), vermittelt durch 2,3-Diphosphoglycerat (= intermolekulare Wanderung des Phosphatrestes)
h) *Enolase* (= *Phosphopyruvat-Hydratase*)	Bildung eines energiereichen Enolphosphats (= Phosphoenolpyruvat) durch Dehydratisierung von 2-P-Glycerat; Hemmung durch Fluorid
i) *Pyruvat-Kinase* (= *Phosphopyruvat-Transphosphorylase*, *Pyruvat-Phosphoferase*) Abk. PK	Transphosphorylierung, ATP-Bildung
B Glykolyse	
j) *Glykogenphosphorylase* (= *1,4-Glucan:Orthophosphat-Glucosyltransferase*)	Glykogenabbau durch phosphorolytische Spaltung (Glykogenolyse) bzw. Übertragung der jeweils endständigen Glucose auf Orthophosphat unter Bildung von Glucose-1-P

(Fortsetzung der Tabelle 10.2.)

Enzym	Art der katalysierten Reaktion und Verhalten des Enzyms
k) *Phosphogluco-Mutase*	Phosphatverschiebung aus der 1- in die 6-Stellung der Hexose (Mutase-Reaktion) durch Vermittlung eines diphosphorylierten Esters (=intermolekulare Phosphorylwanderung)
l) *Lactat-Dehydrogenase* Abk. LDH	Oxydoreduktion; Milchsäurebildung aus Pyruvat bzw. Lactat-Dehydrogenierung; Isoenzyme; Hemmung durch Lactat, reversible Hemmung der LDH-Isoenzyme durch spezifische Peptide
C **Äthanolgärung der Hefe**	
m) *Hexokinase* (*ATP:*D-*Hexose-6-phospho-transferase*) Abk. GK = *Glucokinase*	irreversible Phosphorylierung (Kinase-Reaktion); in Hefe unspezifische *Hexokinase* (Glykoproteid), in Leber spezifische *Hexokinase* = *Glucokinase*
n) *Pyruvat-Decarboxylase* Abk. PDC	TPP-abhängige Pyruvat-Decarboxylierung zu Acetaldehyd
o) *Alkohol-Dehydrogenase* (= *Alkohol:NAD-Oxydoreduktase*, identisch mit „*Retinen-Reduktase*") Abk. ADH (Hefeenzym) bzw. ADH-L (Leberenzym)	Oxydoreduktion; Äthanolbildung aus Acetaldehyd bzw. Alkohol-Dehydrogenierung (ADH-L an Entgiftungsreaktionen beteiligt), geringe Substratspezifität; ADH aus 4, ADH-L aus 2 Untereinheiten, Rolle von Zink für die Quartärstruktur und die Coenzymbindung; SH-Enzym; 8 Gruppen von Hemmstoffen

Bei der **äthanolischen Gärung** der Hefezelle entstehen neben dem hauptsächlichen Endprodukt verschiedene **Nebenprodukte**:

– *Fuselöle,* z. B. Isoamylalkohol (aus Aminosäuren), die weitgehend den Geschmack und die „Blume" alkoholischer Getränke bestimmen und für die akuten Folgeerscheinungen übermäßigen Alkoholgenusses („Katerwirkung") verantwortlich sind. *Isoamylalkohol* (besonders in schweren Weinen wie Portwein) entsteht aus L-Leucin;

– *Glycerin* u. a. Verbindungen.

Glycerin fällt immer in geringer Menge im Zuge des anaeroben Kohlenhydratabbaus an, und zwar durch die folgende Reaktion:

$$\underset{\text{Dihydroxyaceton-P}}{\begin{array}{c} CH_2OH \\ | \\ C{=}O \\ | \\ CH_2O{-}P \end{array}} + NADH + H^+ \overset{①}{\rightleftharpoons} \underset{\alpha\text{-Glycerophosphat}}{\begin{array}{c} CH_2OH \\ | \\ HC{-}OH \\ | \\ CH_2O{-}P \end{array}} + NAD^+$$

$$\downarrow \textit{Phosphatase}$$

$$\begin{array}{c} CH_2OH \\ | \\ HCOH \\ | \\ CH_2OH \end{array} \quad \text{Glycerin}$$

Dihydroxyaceton-P (= Komponente des Gemisches der beiden Triosephosphate) nimmt Wasserstoff aus $NADH_2$ unter Vermittlung des Enzyms ① (*Glycerophosphat-Dehydrogenase*, Baranowski-Ferment) auf und wird zu dem wichtigen Intermediärprodukt *α-Glycerophosphat* reduziert, das durch *Phosphatase*-Wirkung zu Glycerin dephosphoryliert wird. α-Glycerophosphat spielt eine wichtige Rolle als Vorstufe der Triglycerid- und Phosphatidsynthese (vgl. 10.2.2.2.). Das Stoffpaar Dihydroxyaceton-P/Glycerin-1-P transportiert Wasserstoff durch die für NAD nicht permeable Mitochondrienmembran aus dem Zytoplasma (Lokalisation des Glykolyse-Schemas) in die Mitochondrien (Atmungskette): Glycerin-1-P wird eingeschleust, Dihydroxyaceton-P (das Dehydrogenierungsprodukt) wird wieder ausgeschleust (vgl. 11.2.), so daß ein Wasserstoff-Transport zwischen dem extra- und intramitochondrialen Raum der Zelle ermöglicht wird.

Die sog. 2. und 3. **Neubergsche Gärungsform** stellen *Glyceringärungen* dar:

Acetaldehyd als natürlicher Wasserstoffakzeptor wird ausgeschaltet, indem man Natriumbisulfit als „Fänger" hinzusetzt (Bildung einer Additionsverbindung, aldehydschweflige Säure, 2. Form!) oder im alkalischen Milieu eine Dismutation (Disproportionierung) von Acetaldehyd zu Acetat und Äthanol herbeiführt (3. Form). Die Folge ist, daß als Wasserstoffakzeptor für das im Zuge der Triosephosphat-Dehydrogenierung gebildete NADH + H^+ Dihydroxyaceton-P tritt, wobei Glycerin gemäß obiger Reaktionsfolge entsteht. Als 1. Neubergsche Gärungsform wird die nicht beeinflußte Äthanolgärung bezeichnet. Glycerin ist Handelsartikel. Im 1. Weltkrieg wurde auf diese Weise Glycerin für die Sprengstoffherstellung (Nitroglycerin) produziert.

Das im Zuge der glykolytischen Reaktionen in der Muskulatur gebildete ATP wird als Phosphagen (vgl. 4.4.) deponiert (z. B. Bildung von Kreatin-P im Vertebraten-Muskel durch die sog. Lohmann-Reaktion, vgl. 4.5.). Zur Muskelkontraktion vgl. 4.5. sowie die Lehrbücher der Physiologischen Chemie. Die bei der **Muskelkontraktion** ablaufenden biochemischen Prozesse seien hier wie folgt skizziert:

Kontraktion:
(1) ATP unverändert
(2) Abnahme von Kreatin-P
(3) Anstieg von Kreatin
(4) Freisetzung von anorganischem Phosphat in einer zur Abnahme von Kreatin-P äquivalenten Menge
(5) Abnahme von Glykogen
(6) Akkumulation von Lactat

Nach Aufhören der Kontraktion:
(1) ATP gleichbleibend
(2) Kreatin-P nimmt zu
(3) Kreatin verschwindet
(4) Verschwinden einer zur Bildung von Kreatin-P äquivalenten Menge von Orthophosphat
(5) Glykogen vermindert sich weiter
(6) Lactat wird weiter akkumuliert

Während der Muskeltätigkeit, die zu einer relativen Anaerobiose führt, wird Lactat angehäuft, das mit dem Blut zur Leber gelangt. Lactat wird vor allem in Leber und Niere in Glucose bzw. Glykogen rückverwandelt. Die Neubildung von Glucose bzw. Glykogen aus Lactat und anderen Stoffen von Nichtkohlenhydratnatur nennt man **Gluconeogenese** (Zuckerneubildung). Als Zuckerbildner sind wichtig die sog. glucoplastischen Aminosäuren (vgl. 2.6.4.1.) und die Intermediärstufen des Tricarbonsäure-Zyklus, vor allem Oxalacetat, Succinat und α-Ketoglutarat. Die glucoplastischen Aminosäuren werden teils über Propionat und Succinat, teils über Glutamat und α-Ketoglutarat in die Gluconeogenese eingeschleust. Eine Schlüsselstellung nimmt das **Oxalacetat** in diesem Prozeß ein. Die glucoplastischen Aminosäuren werden sämtlich über Oxalacetat in die Gluconeogenese eingeführt. Das gilt auch für Lactat:

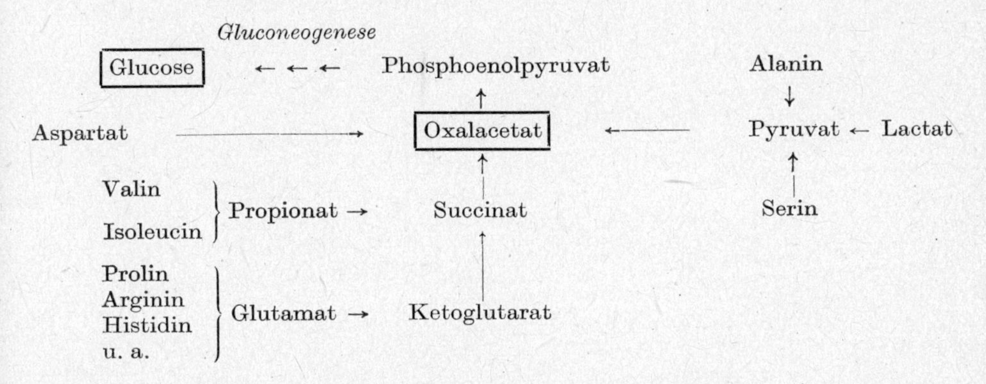

Für die Resynthese von Glucose und Glykogen im Vorgang der Gluconeogenese werden die reversibel ablaufenden Reaktionen der Glykolysekette genutzt. Ihre irreversiblen Reaktionsschritte werden durch andere Enzyme ersetzt: *Pyruvat-Carboxylase* und *Phosphoenolpyruvat-Carboxykinase* (Umwandlung von Pyruvat über Oxalacetat in Phosphoenolpyruvat; in der PEP-Carboxykinase-Reaktion fungiert GTP als Phosphatüberträger), *Fructose-1,6-diphosphatase* und *Glucose-6-phosphatase* sind **„Schlüsselenzyme" der Gluconeogenese** (vgl. die Abb. 10.1. und 10.2.). Man erkennt, daß die irreversiblen Kinase-Reaktionen des glykolytischen Zuckerabbaus (**Schlüsselenzyme der Glykolyse:**: *Glucokinase, Phosphofructokinase* und *Pyruvatkinase*) durch die genannten Enzyme ersetzt werden, so daß eine Umkehr der Reaktionen des EMP-Weges erreicht wird. Eine solche Reaktionsfolge hat auch Bedeutung für die Synthese von Glucose aus Serin und Photosyntheseprodukten, die mit Serin biogenetisch verbunden sind (Glycin, Glyoxylat, Glykolat) in grünen Blättern.

Das Ausmaß der Gluconeogenese hängt stark von der Stoffwechsellage ab. Sie ist gering bei guter Kohlenhydratversorgung und in der Ruhe. Sie ist groß bei Kohlenhydratmangel (Hunger) und nach schwerer körperlicher Arbeit. Die Intensität von Glucoseverwertung und Gluconeogenese als gegenläufige Prozesse wird durch die Kapazität der Schlüsselenzyme bestimmt. Das begrenzende Enzym der Gluconeogenese scheint die *Pyruvat-Carboxylase* zu sein. Corticoide erhöhen die Gluconeogenese aus glucoplastischen Aminosäuren, während Insulin die Glucoseverwertung steigert.

Für die **Regulation des Kohlenhydratstoffwechsels** sind die folgenden Regulationsprinzipien (vgl. 7.1.) von besonderer Bedeutung:

– *allosterische Regulation,* d. h. allosterische Effekte von Metaboliten auf Enzyme des glykolytischen Zuckerabbaus: die Konformationsänderung von

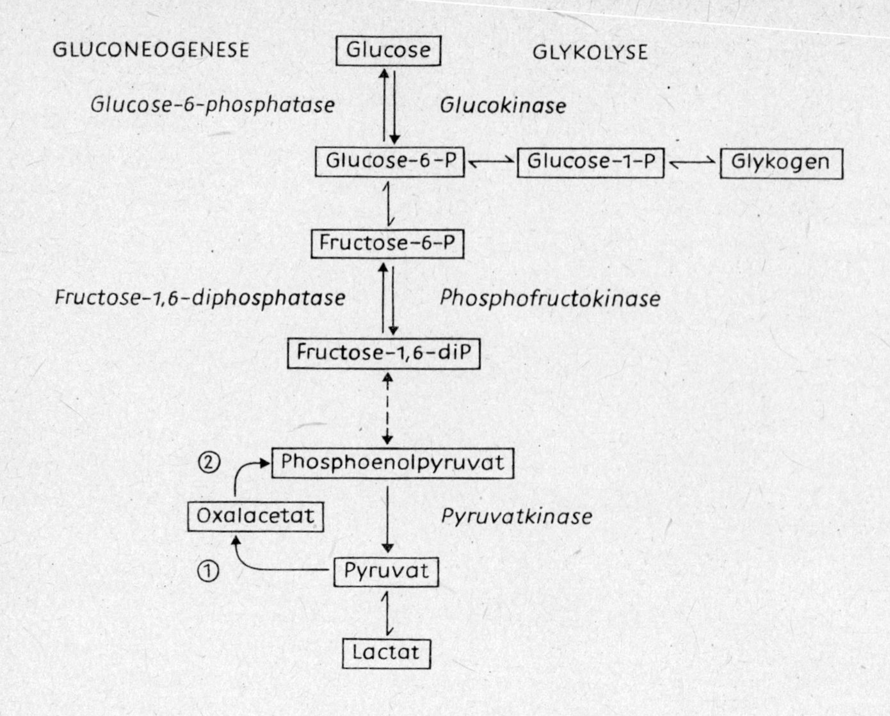

Abb. 10.1. Glykolytischer Zuckerabbau und Gluco(neo)genese.

Schlüsselenzymen kann zu einer Erhöhung oder Erniedrigung des Reaktionsflusses führen, indem die betreffende Enzymaktivität geschwindigkeitsbestimmend wird. Solche allosterischen Enzyme wie *Phosphofructokinase* und *Pyruvatkinase* wirken wie ein physiologischer Schalter, der den Reaktionsfluß „andreht" oder „abdreht" (sog. flip-flop-Enzyme);

- *enzymatische Regulation* durch Konkurrenz von Enzymen um gemeinsame Substrate oder Coenzyme. Die Konkurrenzbeziehung von Enzymen hinsichtlich begrenzender Metaboliten wird über die Michaelis-Menten-Kinetik geregelt. Beispielsweise sind in Hefen die K_M-Werte (vgl. 5.5.) von *Pyruvatdehydrogenase* und *Pyruvatdecarboxylase* um eine Größenordnung verschieden (HOLZER). Bei vermindertem Pyruvatangebot wird die Atmung (Einleitung durch die Bildung von Acetyl-CoA an der Pyruvatdehydrogenase) selektiv vermindert;
- *stöchiometrische Rückkopplung durch Metabolite*, z. B. Kontrolle der Äthanolgärung von Hefe durch NH_4^+-Ionen;
- *enzymkatalysierte* chemische *Modifikation von Enzymen* durch *Proteinkinasen* und *Phosphatasen* (vgl. 10.4.) als Mittel der Regulation von Glykogenabbau und Glykogensynthese,
- Regulation durch Metallionen als Liganden.

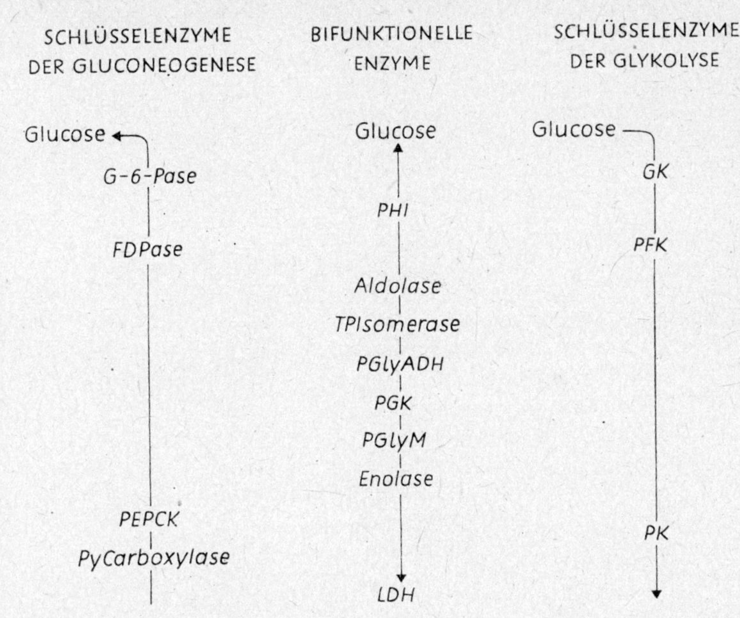

Abb. 10.2. Schlüsselenzyme von Glykolyse und Gluconeogenese (Abkürzungen vgl. Tabelle 10.2.).

Über die Regulation der Synthese glykolytischer Enzyme ist kaum etwas bekannt. *Pyruvatdehydrogenase* kann durch Pyruvat induziert werden.

Offensichtlich erfolgt die Regulation der Glykolyse in verschiedenen Organismen nach denselben Prinzipien. Bezüglich der Intensität der Wirkung bestehen jedoch arteigene quantitative Abstufungen. Seit langem bekannt sind die Regulationsprinzipien der Kontrolle der Gärung durch die Atmung und der Atmung durch die Gärung:

- *Pasteur-Effekt:* Unterdrückung des anaeroben Zuckerabbaus durch Sauerstoff;
- *Crabtree-Effekt:* Atmungsabfall nach Glucosegabe.

Glucose reprimiert Enzyme des TCC und der Atmungskette: **Crabtree-Effekt.** Die Glykolyse bzw. Gärung wird andererseits durch die Atmung gesteuert. Diese Kontrolle der Glykolyse durch die Atmung (**Pasteur-Effekt**) kann durch Entkoppler (vgl. 11.1.2.) wie Dinitrophenol aufgehoben werden: es erfolgt dann *aerobe Glykolyse* (voller Wert des anaeroben Zuckerabbaus in Gegenwart von Sauerstoff und des Entkopplers). Die Stoffwechselregulation ist aufgehoben. Die aerobe Glykolyse ist ein Kennzeichen des Kohlenhydratstoffwechsels der Krebszelle (WARBURG).

Der **Pasteur-Effekt** wird verschieden gedeutet:

- *Konkurrenz* von Atmung und Gärung *um* das zur Verfügung stehende *Phosphat und ADP*. (Bei Gegenwart von Sauerstoff laufen intensive Phosphorylierungsvor-

gänge in den Mitochondrien ab, so daß Phosphat und der Phosphat-Akzeptor ADP schnell verbraucht und vom glykolytischen Hexoseabbau im Zytoplasma abgezogen werden. Folge ist eine Verlangsamung der glykolytischen Prozesse. Bei Sauerstoffmangel ist die Atmung eingeschränkt: die ATP-Spaltung überwiegt die ATP-Synthese; die ATP-Bilanz wird negativ. Die Spaltprodukte stehen dem glykolytischen Abbau in ausreichender Menge zur Verfügung.)
- *Kontrolle der Phosphofructokinase* (PFK) durch ATP und Citrat (vgl. Tabelle 10. 4). PFK ist ein Schlüsselenzym in der allosterischen Kontrolle des EMP-Weges.

Die Reaktionen von Glykolyse und Gluconeogenese werden in entscheidender Weise durch das *Adenylsäure-System* (ATP/ADP/AMP), durch NAD und Acetyl-Coenzym A reguliert. Die Kontrolle der Glykolyse erfolgt an mehreren Punkten des EMP-Weges. Wichtig ist die Regulation im „oberen" und „unteren" Abschnitt. *Phosphofructokinase* ist das allosterische „Anfangsenzym", *Pyruvatkinase* das allosterische „Terminalenzym". Demgegenüber befindet sich im Mittelabschnitt des EMP-Weges eine Enzymgruppierung von großer Proportionskonstanz. Diese Gruppierung umfaßt die Enzyme, die von der *Triose-P-Dehydrogenase* bis zur *Enolase* reichen. Beispielsweise hemmt ATP (Produkt der Substratphosphorylierungen der Glykolyse) die PFK und die *Pyruvatkinase*. Die resultierende Erhöhung das Substratspiegels im oberen Glykolyse-Abschnitt (Anhäufung von Glucose-6-P, Fructose-6-P und Fructose-1,6-diP) leitet die Einstellung eines neuen physiologischen Niveaus ein: Glucose-6-P beeinträchtigt die einleitende *Glucokinase*-Reaktion, Fructose-1,6-diP aktiviert die *Pyruvatkinase* (Feedforward-Aktivierung!). Die Metabolitanhäufung wird durch verstärkten Abfluß beseitigt. Die Einstellung eines neuen physiologischen Niveaus verläuft in verschiedenartigen Übergangskurven, unter denen Oszillationen von besonderem Interesse sind (Hess). Bei den Untersuchungen entsprechender Verhältnisse (Metabolit-Konzentrationen und Flux-Raten) spielt die Computer-Simulierung der Prozesse eine große Rolle.

10.1.2. Zuckertransformationen

Im Stoffwechsel der einfachen Kohlenhydrate spielen verschiedene **Zuckertransformationen** eine besondere Rolle. Solche Reaktionen umfassen:
- die *Isomerisierung* (gegenseitige Umwandlung von Ketose in Aldose bzw. von Ketosephosphat in Aldosephosphat)
- die *Epimerisierung* (Umkehr der sterischen Anordnung der Substituenten an einem C-Atom)
- die *Transketolierung* (Übertragung der Ketolgruppe = Hydroxyketon-Rest von einem Ketosephosphat auf einen Akzeptoraldehyd)
- die *Transaldolierung* (Übertragung der Aldolgruppe = Dihydroxyacetonrest)
- die *Oxydation* von Hexosen unter *Bildung von Uronsäuren*
- die „oxydative Decarboxylierung" von *Hexosephosphat zu Pentosephosphat* u. a.

Die **Isomerisierung von Hexosen** (vgl. auch Glykolyse-Schema) ist u. a. von Bedeutung für die gegenseitige Umwandlung (Interkonversion) von *Glucose* in *Fructose*. Diese kann auf der Stufe der phosphorylierten und der nichtphosphorylierten (freien) Hexosen erfolgen:

Fructose-6-P ⇌ Glucose-6-P → Abbau
Hexoseisomerase

Glucose (Aldose) ⇌ ($\pm$ NADPH + H^+, *Aldose-Reduktase*) Sorbit ⇌ ($\pm$ NAD^+, *Sorbit-Dehydrogenase*) Fructose (Ketose)

Sorbit ist ein Zuckeralkohol (vgl. 2.3.4.1.1.). Die Umwandlung von Glucose und Fructose ineinander via Sorbit folgt einem „Ein-Substrat-Zwei-Enzym-Mechanismus“.

Epimerisierungen erfolgen z. B. bei der Umwandlung von Ribulose-5-P in Xylulose-5-P (Epimerisierung am C-Atom 3) und bei der gegenseitigen Umwandlung von Glucose in Galaktose (Epimerisierung am C-Atom 4). Der biochemische Mechanismus dieser durch *Epimerasen* („Waldenasen“) katalysierten Reaktionen ist hypothetisch. *Galaktowaldenase* (*4-Epimerase*) katalysiert eine Gleichgewichtseinstellung zwischen Glucose und Galaktose (1:3). Die eigentlichen Substrate der Epimerase-Reaktion sind die betreffenden Nucleosiddiphosphat-Zucker (UDP-Glucose, UDP-Galaktose).

Transketolierung (TK) und **Transaldolierung** (TA) sind Reaktionen der Übertragung von C-2- und C-3-Bruchstücken von einem Zucker zum anderen. Beispiele sind:

$$\text{TK} \quad C{-}5 + C{-}5 \xrightarrow{C-2} C{-}7 + C{-}3$$

$$\text{TK} \quad C{-}7 + C{-}3 \xrightarrow{C-2} C{-}5 + C{-}5$$

$$\text{TA} \quad C{-}6 + C{-}4 \xrightarrow{C-3} C{-}7 + C{-}3$$

$$\text{TA} \quad C{-}7 + C{-}3 \xrightarrow{C-3} C{-}6 + C{-}4$$

Als Donator der *Ketol*- oder *Aldolgruppe* fungiert eine Ketose, als Akzeptor ein Aldehyd. Auf diese Weise können Hexosen in Triosen, Tetrosen, Pentosen und Heptosen umgesetzt werden. Transketolierung und Transaldolierung sind somit Zuckertransformationen unter Änderung der Kettenlänge (die bei den Reaktionen der Isomerisierung und Epimerisierung konstant bleibt). Bei der **Transketolierung** wird die *Ketolgruppe* von einem Ketosephosphat auf eine Aldose (Akzeptoraldehyd) übertragen:

C−2: CH_2OH – C=O (Ketol-, Hydroxyketon)

C−5 (Ketose-P, Donator) + C−5 (Aldose, Akzeptor) ⇌ (*Transketolase*) C−7 + C−3

Die Transketolierung ist eine Gleichgewichtsreaktion vom Typ einer *Acyloinkondensation*. **Transketolase** benötigt *Thiaminpyrophosphat* (vgl. 9.3.). Intermediär bei der TK ist „*aktiver Glykolaldehyd*“.

Bei der **Transaldolierung** wird die *Aldolgruppe* von einem Ketosephosphat auf eine Aldose (Akzeptoraldehyd) übertragen:

$$\boxed{\begin{array}{ll} & CH_2OH \\ & \;| \\ C{-}3 & C{=}O \\ & \;| \\ & HO{-}C{-}H \end{array}} \quad \text{(Aldol-, Dihydroxyacetonrest)}$$

$$\underset{\substack{\text{Ketose-P} \\ \text{(Donator)}}}{C{-}7} + \underset{\substack{\text{Aldose} \\ \text{(Akzeptor)}}}{C{-}3} \underset{\textit{Transaldolase}}{\rightleftarrows} C{-}6 + C{-}4$$

Die Transaldolierung ist eine *Aldolreaktion* (vgl. 2.3.3.). **Transaldolase** benötigt keine niedermolekulare Wirkgruppe. Das zu übertragende C-3-Bruchstück wird an die ε-Aminogruppe eines Lysinrestes im aktiven Zentrum des Enzyms gebunden. Transaldolase spaltet nur Fructose- und Sedoheptulose-Phosphat, als Akzeptoren fungieren Glycerinaldehyd-3-P und Erythrose-4-P (vgl. HMP-Weg, 10.1.3.).

① = Galaktose + ATP ⟶ Galaktose-1-P + ADP (spezifische *Kinase*)

② = Galaktose-1-P + UDP-Glucose ⇌ UDP-Galaktose + Glucose-1-P (Transuridylierung!)

③ = UDP-Galaktose ⇌ UDP-Glucose (*4-Epimerase, Galaktowaldenase*)

④ = UDP-Glucose + PP_{an} ⇌ UTP + Glucose-1-P (*Pyrophosphorylase*)

Die Interkonversion von **Galaktose in Glucose** erfolgt über den *Leloir-Weg*. An der Gesamtreaktion sind mehrere Enzyme beteiligt, darunter eine *Galaktowaldenase* (*4-Epimerase*).

Reaktion 4 dient als Hilfsreaktion. Durch diesen Weg gelangt die D-Galaktose unter Umwandlung in D-Glucose in den Intermediärstoffwechsel. Die analoge Reaktionsfolge wurde für die Umwandlung von 2-Desoxy-D-galaktose in 2-Desoxy-D-glucose in Hefe beschrieben. In *Streptococcus faecalis* ist Thymidindiphosphat-Glucose, in anderen Fällen vermutlich Guanosindiphosphat-Glucose beteiligt. Die Hintereinanderschaltung der Reaktionen 1—4 führt zu einer Wendung der Hydroxylgruppe am C-Atom 4, d. h. zu einer Umkehr der steri-

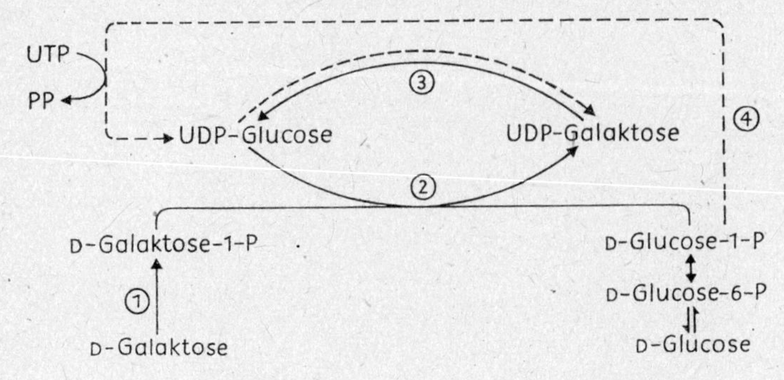

schen Anordnung (**Epimerisierung**). Bei der umgekehrten Reaktionsfolge der Umwandlung von D-**Glucose in** D-**Galaktose** (wichtig für die Milchzuckerbildung in der lactierenden Brustdrüse) muß D-Glucose zunächst durch *Hexokinase* zum Glucose-6-P phosphoryliert werden, das unter der Wirkung von *Phosphoglucomutase* in Glucose-1-P umgesetzt wird. Die nachfolgenden Reaktionen laufen in umgekehrter Richtung (wie dargestellt) ab. Der **Leloir-Weg** des Galaktoseumsatzes ist auf S. 338 dargestellt.

10.1.3. Die direkte Glucoseoxydation und der oxydative Pentosephosphat-Zyklus (HMP-Weg)

Glucose-6-P ist Substrat eines oxydativen Abbauweges, der – ungleich dem EMP-Weg (vgl. 10.1.1.) und dem Entner-Doudoroff-Weg – nicht über Pyruvat verläuft. Kennzeichnend für diesen Abbauweg ist, daß $NADP^+$ (und nicht NAD^+) und lediglich phosphorylierte Zucker genutzt werden. Die **Gesamtreaktion** gestaltet sich wie folgt:

$$3 \text{ Glucose-6-P} + 6 \text{ NADP}^+ \rightarrow 2 \text{ Glucose-6-P} + \text{Triose-P} + 3 \text{ CO}_2 + 6 \text{ NADPH} + 6 \text{ H}^+$$

oder

$$6 \text{ Glucose-6-P} + 12 \text{ NADP}^+ \rightarrow 5 \text{ Glucose-6-P} + 6 \text{ CO}_2 + 12 \text{ NADPH} + 12 \text{ H}^+ + \text{P}_{an}$$

Charakteristika der Reaktionsfolge sind:

- aerober Abbaumechanismus
- Lieferung von $NADPH_2$ für reduktive Biosynthesen (vgl. 11.2.)
- Bildung von Pentosephosphaten für die Nucleotidsynthese (vgl. 12.7.1.1.)
- Interkonversionen von Hexose- und Pentosephosphaten
- die geringere „Energiebedürftigkeit" als der EMP-Weg und die Unabhängigkeit vom Tricarbonsäure-Zyklus.

Daraus ergibt sich die **biologische Bedeutung** dieses Abbauweges:

- Mechanismus der Glucoseoxydation auf einem zum EMP-Weg und Tricarbonsäure-Zyklus alternativen Weg
- Synthesemechanismus von reduziertem NADP und von Pentosephosphaten bzw. Pentosen.

Wir wollen diesen oxydativen Abbauweg als **HMP-Weg** (Hexosemonophosphat-Weg) bezeichnen. *Schlüsselsubstanzen* sind:

- *6-Phospho-gluconolacton*
- *6-Phospho-gluconat*
- *3-Keto-P-gluconat.*

Der HMP-Weg gliedert sich in eine *oxydative* (a) und eine *Regenerationsphase* (b):

a) Umwandlung von Glucose-6-P in ein Pentose-P (Ribulose-5-P), wobei das C-Atom 1 des Hexosephosphats als CO_2 abgespalten wird („oxydative Decarboxylierung"). Damit ist der eigentliche Oxydationsvorgang beendet;

b) Umsetzung von Zuckerphosphaten durch Mechanismen der Zuckertransformation (vgl. 10.1.2.) mit dem Ziel, gebildetes Pentose-P wieder in Glucose 6-P zu überführen (Regeneration des Substrats der oxydativen Phase).

Die **Bezeichnungen** für den in Frage stehenden Abbaumechanismus von Glucosephosphat differieren:

Bezeichnung	Gründe für die Art der Bezeichnung
Hexosemonophosphat-Shunt	Abzweigung vom Glykolyse-Schema auf der Stufe von Glucosephosphat (Shunt = Nebenschluß)
Hexosemonophosphat-Weg	Abbau von Hexose-P in Analogie zum EMP-Weg
Oxydativer Weg des Hexosemetabolismus	die beiden einleitenden Reaktionen (der oxydativen Phase) sind Oxydations-(Dehydrogenierungs-)reaktionen
Pentose-Weg, *Pentosephosphat-Zyklus*	Bildung und katalytische Wirkung von Pentosen, Arrangement der Zuckerphosphat-Umsetzungen zu einer zyklischen Reaktionsfolge
Phosphogluconat-Weg	P-Gluconat ist Schlüsselsubstanz
oxydativer Phosphogluconat-Weg	P-Gluconat als Schlüsselsubstanz und Dehydrogenierungsreaktionen

Der HMP-Weg wird oft als „*oxydativer Pentosephosphat-Zyklus*" dem Photosynthese-Zyklus (Calvin-Zyklus, vgl. 10.3.3.) gegenübergestellt. Er wird auch als Horecker-Zyklus bezeichnet. Da entscheidende Beiträge zum HMP-Weg vor allem von O. WARBURG (Entdeckung der Umwandlung von Glucose-6-P in Pentose-P in den klassischen Versuchen am Modell der Methylenblauatmung roter Blutzellen, „Zwischenferment" = *Glucose-6-P-Dehydrogenase*), DICKENS, HORECKER und RAKKER geleistet wurden, spricht man auch von dem Warburg-Horecker-Dickens-Schema des Kohlenhydratabbaus.

Die **oxydative Phase** des HMP-Weges verläuft über 2 bzw. 3 Intermediärprodukte und wird durch **3-Enzyme** katalysiert:

- Bildung von 6-P-Gluconat via 6-P-Gluconolacton aus Glucose-6-P durch **Glucose-6-phosphat-Dehydrogenase** (GPDH) und **Gluconolactonase**
- Bildung von Ribulose-5-P aus 6-P-Gluconat *via* 3-Keto-6-P-gluconat (instabil, Decarboxylierung spontan) durch **6-Phosphogluconat-Dehydrogenase** (PGDH). GPDH und PDGH arbeiten beide mit $NADP^+$ als „Oxydationsmittel". Die Reaktionen der oxydativen Phase zeigt das Schema auf S. 341 oben.

Resultat der oxydativen Phase:

- *1 Pentosephosphat*
- *2 $NADPH_2$.*

Damit ist der eigentliche **Oxydationsvorgang** beendet, der nur ein C-Atom (**C-1**) erfaßt, das als **CO_2** eliminiert wird. Die erwartete Anhäufung von Pentose-P tritt jedoch nicht ein. Ribulose-5-P wird durch Isomerisierung ($\rightleftharpoons$ Ribose-5-P) und Epimerisierung ($\rightarrow$ Xylulose-5-P) umgesetzt, wodurch ein komplizierter Mechanismus von Zuckerphosphat-Transformationen in Gang gesetzt wird. Die beteiligten Enzyme (vgl. Tabelle 10.3.) sind so arrangiert, daß Glucose-6-P wieder regeneriert wird, so daß es erneut in der oxydativen Phase (unter Verlust des 1. C-Atoms als CO_2) oxydiert und zur Pentose-P-Bildung verwertet werden kann. Das Schema zeigt die wesentlichen Zusammenhänge (Abb. 10.3.).

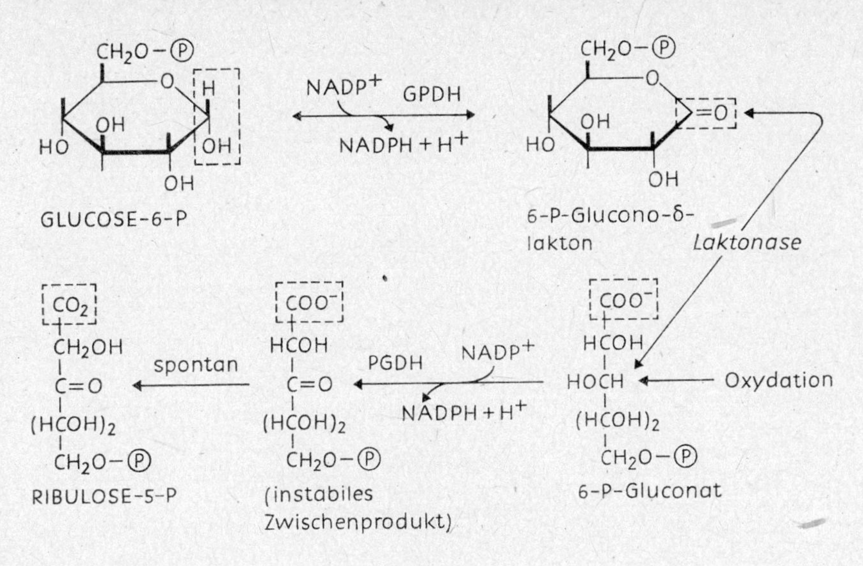

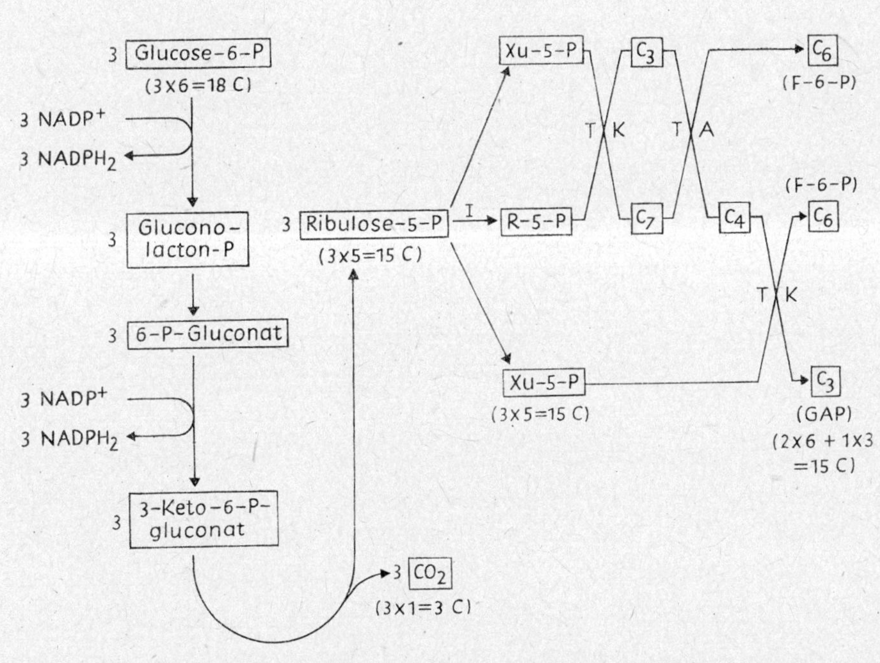

Abb. 10.3. Bilanzierung des HMP-Weges (verändert n. SCHLEGEL). R-5-P = Ribose-5-phosphat, Xu-5-P = Xylulose-5-phosphat, F-6-P = Fructose-6-phosphat, GAP = Glycerinaldehyd-3-phosphat; E = Epimerisierung, I = Isomerisierung.

In der **Bilanz** der Zuckertransformationen der Regenerationsphase werden **3 Pentosephosphate** durch Transketolierung (TK) und Transaldolierung (TA) (vgl. 10.1.2.) in **2 Fructose-6-P** und **1 Triose-P** verwandelt. Diese 3 Verbindungen müssen in Folgereaktionen **in Glucose-6-P zurückverwandelt** werden:

Glycerinaldehyd-P ⇌ Dihydroxyaceton-P

⇅ *Aldolase*

Fructose-1,6-diP

↓

Fructose-6-P ⇌ Glucose-6-P ⟶ Oxydation!

Glucose-6-P unterliegt erneut dem oxydativen Abbau (vgl. weiter oben). Auf diese Weise werden durch das Zusammenspiel von oxydativer und Regenerationsphase (Tabelle 10.3.) nach und nach alle 6 C-Atome von Glucose in die Stellung 1 von Glucose-6-P gebracht und in dieser Position zu CO_2 oxydiert. Somit kann Glucose schließlich vollständig oxydiert werden.

Tabelle 10.3. Reaktionen und Enzyme des oxydativen Pentosephosphat-Zyklus (HMP-Weg)

Reaktion	Enzym
Glucose-6-P + 3 $NADP^+$ ⇌ 6-P-Gluconolacton + 3 NADPH + 3 H^+	*Glucose-6-P-Dehydrogenase* (GPDH)
6-P-Gluconolacton ⇌ 6-P-Gluconat	*Lactonase*
6-P-Gluconat + 3 $NADP^+$ → Ribulose-5-P + 3 CO_2 + 3 NADPH + 3 H^+	*6-P-Gluconat-Dehydrogenase* (PGDH)
Ribulose-5-P $\overset{I}{\rightleftharpoons}$ Ribose-5-P	*Ribose-P-Isomerase*
Ribulose-5-P $\overset{E}{\rightleftharpoons}$ Xylulose-5-P	*Ribulose-3-Epimerase*
Xylulose-5-P + Ribose-5-P $\overset{TK}{\rightleftharpoons}$ Sedoheptulose-7-P + Glycerinaldehyd-3-P	*Transketolase*
Sedoheptulose-7-P + Glycerinaldehyd-3-P $\overset{TA}{\rightleftharpoons}$ Erythrose-4-P + F-6-P	*Tansaldolase*
Erythrose-4-P + Xylulose-5-P $\overset{TK}{\rightleftharpoons}$ Fructose-6-P + Glycerinaldehyd-3-P	*Transketolase*
Glycerinaldehyd-3-P $\overset{I}{\rightleftharpoons}$ Dihydroxyaceton-P	*Triose-P-Isomerase*
Glycerinaldehyd-3-P + Dihydroxyaceton-P ⇌ Fructose-1,6-diphosphat	*Aldolase* (= *Fructose-diP-Aldolase*)
Fructose-1,6-diP → Fructose-6-P + P_{an}	*Fructose-1,6-diphosphatase*
Fructose-6-P $\overset{I}{\rightleftharpoons}$ Glucose-6-P	*Glucose-P-Isomerase*

Glucose-6-phosphat ist das gemeinsame Substrat der Anfangsenzyme der Glykolyse und des HMP-Weges: *Hexose-P-Isomerase* und *Glucose-6-P-Dehydrogenase* konkurrieren um diesen Metaboliten. Die Michaelis-Konstanten der beiden Enzyme differieren um zwei Zehnerpotenzen. Eine Verringerung des Spiegels an Glucose-6-P hemmt den glykolytischen Abbau und stimuliert den Hexosemonophosphat-Weg. Von Bedeutung scheint auch die Phosphationen-Konzentration für die relative Beteiligung der beiden Abbauwege am Glucosekatabolismus zu sein: Phosphat hemmt die *Glucose-6-P-Dehydrogenase, Transketolase* und *Transaldolase*, jedoch auch Enzyme des EMP-Weges. Bei einer Verringerung des Phosphatangebotes wird der glykolytische Zuckerabbau gehemmt, der HMP-Weg stimuliert. Die Tabelle 10.4. faßt regulatorische Effekte von Metaboliten, Reaktionsprodukten und anderen Verbindungen auf Enzyme des Zuckerabbaus und der Glucogenese zusammen.

Tabelle 10.4. Regulation von Enzymen des EMP- und HMP-Weges sowie der Glucogenese

Enzym*	Substrat	Hemmung	Aktivierung
GK	Glucose	ATP Glucose-6-P	P_{an} Acetyl-CoA
PHI	Glucose-6-P Fructose-6-P	6-P-Gluconat	
PFK	Fructose-6-P, ATP	ATP Citrat	Fructose-1,6-diP Fructose-6-P P_{an}, AMP, ADP 3′, 5′-AMP NH_4^+ NADH + H^+
PK	PEP, ADP bzw. Pyruvat, ATP	ATP PEP, Pyruvat	Fructose-1,6-diP Glucose-6-P Acetyl-CoA NADH + H^+
GPDH	Glucose-6-P	P_{an}	
FDPase	Fructose-1,6-diP	AMP	
PyCarboxylase	Pyruvat, CO_2		Acetyl-CoA

*) Abkürzungen vgl. Tabelle 10.2.

10.2. Der Stoffwechsel des Acetats

Acetat ist einer der wichtigsten Knotenpunkte des Stoffwechsels. Die aktive Form der Essigsäure ist das **Acetyl-Coenzym A** (vgl. 9.3.). Freies Acetat tritt niemals im Stoffwechsel auf. Exogen geboten, kann es jedoch durch zwei verschiedene Mechanismen **aktiviert** werden:

- durch die kombinierte Wirkung von *Acetat-Kinase* und *Transacetylase* (a)
- analog der Aktivierung von Fettsäuren, α-Aminosäuren und einigen aromatischen Säuren über die intermediäre Bildung eines Adenylats (zur Aktivierung der Carbonsäuregruppe durch ATP vgl. auch 4.4.) (b).

Die **Acetataktivierung** nach diesen beiden Mechanismen läßt sich wie folgt formulieren:

(a) $CH_3COOH + ATP \overset{①}{\rightleftarrows} CH_3COOPO_3H_2 + ADP$ (*Acetyl-P*)

$CH_3\underset{\|}{\overset{}{C}}O \sim PO_3H_2 + \overline{CoASH} \xrightarrow{②} CH_3\underset{\|}{C} \sim \overline{SCoA} + P_{an}$ (Acetyl-CoA)
(O an C jeweils doppelt gebunden: $CH_3C(=O)\sim PO_3H_2$, $CH_3C(=O)\sim\overline{SCoA}$)

(① = *Acetat-Kinase*; ② = *Transacetylase*)

(b) $CH_3COOH + ATP + \overline{CoASH} \longrightarrow CH_3C(=O) \sim \overline{SCoA} + AMP + P \sim P_{an}$

Die Reaktion (b) vollzieht sich in 2 Teilreaktionen:

$ATP + CH_3COOH \rightleftarrows CH_3CO \sim AMP + P \sim P_{an}$ (*Adenylat*)

$CH_3C(=O) \sim AMP + \overline{CoASH} \longrightarrow CH_3C(=O) \sim \overline{SCoA} + AMP$

Der oxydative Abbau so wesentlicher Nahrungsstoffe wie der Kohlenhydrate und Fette sowie einiger Proteinbausteine (vgl. 3.3.) führt zur Bildung von Acetyl-Coenzym A. Die Umwandlung der Kohlenhydrate in Fette und Phosphatide vollzieht sich über die intermediäre Bildung der „aktivierten Essigsäure". Acetyl-CoA ist die Ausgangsverbindung der Biosynthese von Lipoiden, einschließlich der Isoprenoidlipide (vgl. 10.2.3.3.). Es steht damit am Ausgangspunkt der Bildung von Terpenen und Steroiden. Acetyl-CoA tritt in die Biogenese der Ketonkörper (vgl. 10.2.2.2.) ein, die bei Diabetes mellitus (Zuckerkrankheit) im Harn ausgeschieden werden. Zahllose Kohlenstoffverbindungen des Organismenreiches werden aus Acetat-Einheiten aufgebaut. Unter diesen Stoffen sind zahlreiche Sekundärstoffe (vgl. 3.5.), die den beiden biogenetischen Stofffamilien der Acetogenine (= Polyketide) und Isoprenoide zugehören. Acetat ist einer der wichtigsten *Grundbausteine* von Naturstoffen. In gewisser Weise ist es biosynthetisches Rohmaterial, das die „eigentlichen" Grundbausteine aufbaut: **Malonyl-CoA** (Ausgangsverbindung der Fettsäuresynthese), **Isopentenylpyrophosphat** („aktives Isopren", das ist der natürliche Isoprenbaustein, in dem 5 C-Atome in einer verzweigten Kette angeordnet sind, die aus 3 Acetat-Einheiten in einem 5-Stufenprozeß synthetisiert wird) und eine **„Polyketomethylenverbindung"**, die am Ausgangspunkt der Biogenese von bestimmten Benzolderivaten (= Aromaten) steht.

Acetat-Abkömmlinge wie *Malonyl-CoA*, *Isopentenylpyrophosphat* und *„Polyketomethylen"* sind *Bauelemente von Naturstoffen* aus Acetat-Bausteinen:

$HOOC-CH_2-C(=O) \sim \overline{SCoA}$

Malonyl-CoA

$CH_2{=}C(CH_3)-CH_2-CH_2-O-P(=O)(OH)-O \sim P(=O)(OH)-OH$ (aus 3 Acetat-Resten)

Δ^3-Isopentenylpyrophosphat

$$CH_3-\overset{\overset{\displaystyle O}{\|}}{C}-CH_2-\overset{\overset{\displaystyle O}{\|}}{C}-CH_2-\overset{\overset{\displaystyle O}{\|}}{C}-CH_2-\overset{\overset{\displaystyle O}{\|}}{C}-OH \text{ (aus 4 Acetat-Resten)}$$

Polyketomethylen-Verbindung

Die zentrale Stellung von „Acetat“ im Stoffwechsel zeigt die Abb. 10.4.

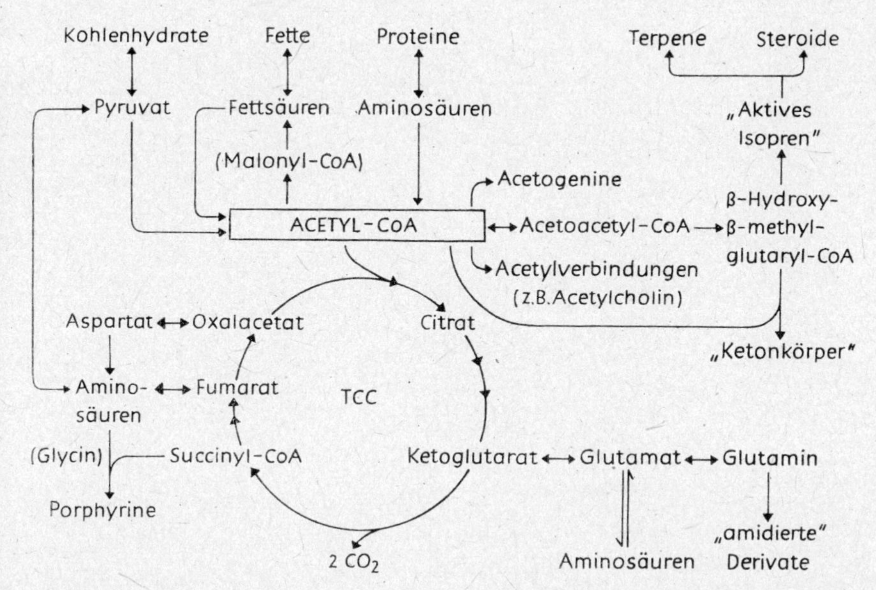

Abb. 10.4. Stellung von Acetyl-Coenzym A im Intermediärstoffwechsel (in Anlehnung an Lynen).

10.2.1. Die Zentralbahn des Tricarbonsäure-Zyklus und ihre Nachfüllbahnen

Unter den metabolischen Sequenzen (Stoffwechselbahnen) hat der **Tricarbonsäure-Zyklus** (Citrat-Zyklus, Krebs-Martius) eine besondere Bedeutung. Der Tricarbonsäure-Zyklus (TCC) ist eine bedeutende *Zentralbahn* (*amphibolische* Sequenz) des Zellstoffwechsels. Er ist unerläßlich für:

– die Energieversorgung der Zelle
– die Bereitstellung von Baumaterial für Biosynthesen.

Diese Doppelfunktion wird nur in Ausnahmefällen nicht erfüllt (vgl. weiter unten, Dicarbonsäure-Zyklus). Der TCC ist in den Mitochondrien lokalisiert (vg. 6.3.3.1.). In ihm sind eine Zahl von Di- und Tricarbonsäuren biogenetisch miteinander verbunden. Er beinhaltet Reaktionen der Dehydrogenierung (Oxydation), Dehydratation und Decarboxylierung. Mit Ausnahme der oxydativen Decarboxylierung von α-Ketoglutarat, die analog der oxydativen Pyruvatdecarboxylierung erfolgt (vgl. 10.2.2.1.), sind alle Reaktionen reversibel. Der

TCC ist ein Mechanismus der „Acetat"-Oxydation. Über diese Zentralbahn erfolgt die Endoxydation der Nahrungsstoffe. Der TCC hat 3 verschiedene Bedeutungen:

- **Endabbau** = terminale Oxydation der Fette, Kohlenhydrate und Proteine durch Oxydation von Acetyl-CoA, dem gemeinsamen Zwischenprodukt, zu CO_2 und H_2O unter Bildung von ATP durch Atmungskettenphosphorylierung und Substratphosphorylierung (= **katabolische Funktion**)
- **Sammelbecken** für Zwischenprodukte des Intermediärstoffwechsels: in ihm laufen die „Fäden" aus dem Fett-, Kohlenhydrat- und Eiweißstoffwechsel zusammen (= **amphibolische Funktion**)
- **Ausgangspunkt für Biosynthesen** von Aminosäuren (Protein), Zuckern (Glucogenese), Porphyrinen, Sekundärstoffen (Acetogenine, Aromaten) und Lipoiden (= **anabolische Funktion**).

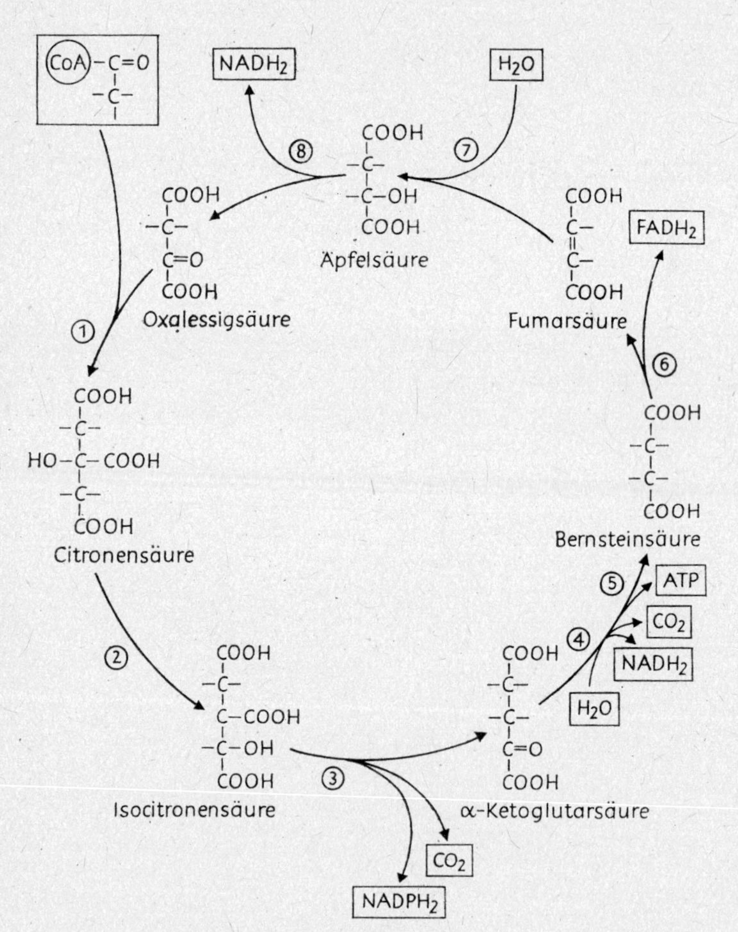

Abb. 10.5. **Tricarbonsäure-Zyklus (TCC). Vgl. auch Tabelle 10.5.**

Der **Endabbau** vollzieht sich nicht am Acetat bzw. Acetyl-CoA, sondern dieses kondensiert mit *Oxalacetat* (C-4-Körper) zum Citrat (C-6-Körper, Name des Zyklus!), das schrittweise oxydiert und decarboxyliert wird (Oxydation durch Wasserstoffentzug, Decarboxylierung als ein Mechanismus der C-Kettenverkürzung). In der Startreaktion des TCC (Initialreaktion) kondensiert Acetyl-CoA mit Oxalacetat in abgewandelter Aldolkondensation (vgl. 9.3.) zu Citrat (Tricarbonsäure), die nach Umsetzung zu Isocitrat (Isomerisierung bzw. Verschiebung der Hydroxylgruppe aus der β- in die α-Position) oxydiert und decarboxyliert wird. Damit wird das Niveau von C-5-Dicarbonsäuren (α-Ketoglutarat) erreicht. Oxydative Decarboxylierung von Ketoglutarat führt zu Succinyl-CoA („aktivierte Bernsteinsäure"). Aus diesem wird Succinat direkt durch eine *CoA-Acylase* freigesetzt oder indirekt gebildet in einer gekoppelten Reaktion, in der GDP zu GTP phosphoryliert wird:

$$\text{Succinyl-CoA} + \text{GDP} + P_{an} \rightarrow \text{Succinat} + \text{CoA} + \text{GTP}$$

Durch weitere Umsetzungen auf dem Niveau von C_4-Dicarbonsäuren wird Oxalacetat, der Transporteur der C_2-Einheit, regeneriert. Die Reaktionen des TCC sind in der Abb. 10.5. und in der Tabelle 10.5. zusammengefaßt, in der die 10 bzw. 8 Teilreaktionen und die diese katalysierenden 7 Enzyme aufgeführt sind:

Tabelle 10.5. Die Reaktionen des TCC und die sie katalysierenden Enzyme

Reaktionsschritt	Enzym
1. Acetyl-CoA + Oxalacetat → Citrat	*Citrat-Synthase* (= „condensing enzyme")
2. Citrat ⇌ cis-Aconitrat ⇌ Isocitrat	*Aconitase* (Dehydratisierung von Citrat und Hydratisierung von cis-Aconitat)
3. Isocitrat ⇌ Oxalsuccinat ⇄ CO_2 + + α-Ketoglutarat	*Isocitrat-Dehydrogenase* (mit NADP und NAD); enzymgebundenes Oxalsuccinat (Dehydrogenierungsprodukt) wird decarboxyliert
4. α-Ketoglutarat → Succinyl-CoA + CO_2	*Ketoglutarat-Dehydrogenase* (Cofaktoren: NAD^+, TPP, Lipoat, CoA)
5. Succinyl-CoA + GDP + P_{an} → Succinat + + GTP + CoA	*Ketoglutarat-Dehydrogenase*
5a. Succinyl-CoA → Succinat + CoA	*CoA-Acylase* (alternativ zu 5, ohne Substratphosphorylierung)
6. Succinat ⇌ Fumarat	*Succinat-Dehydrogenase* (mit FAD, Wasserstoffübertragung auf Ubichinon und Ferri-Cytochrom b)

(Fortsetzung der Tabelle 10.5.)

Reaktionsschritt	Enzym
7. Fumarat ⇌ Malat	*Fumarase*, eine Hydratase (stereospezifische Hydratation von Fumarat zu L-Malat)
8. Malat ⇌ Oxalacetat	*Malat-Dehydrogenase* (mit NAD)

Bilanz: Acetyl-CoA + 3 NAD^+ + FAD + GDP + P_{an} + 3 H_2O → 2 CO_2 + + CoA + 3 NADH + 3 H^+ + $FADH_2$ + GTP

Bilanzmäßig führt der Abbau des in den Reaktionszyklus eintretenden C_2-Bruchstücks (Acetat) zu 2 CO_2 und 8 [H] (vollständige Oxydation, Endoxydation!). Davon sind 6 [H] an Pyridinnucleotid-Coenzym und 2 [H] an FAD gebunden. Fernerhin wird eine energiereiche Phosphatbindung in Gestalt von GTP aufgebaut (Substratphosphorylierung). Durch Transfer des endständigen Phosphatrestes von GTP auf ADP kann ATP gebildet werden.

Der TCC hat nicht nur die katabolische Funktion der Endoxydation der wesentlichen Nahrungsstoffe. Über seine Reaktionen werden wichtige Intermediärstufen für Biosynthesen zur Verfügung gestellt. Die Zyklus-Intermediären Oxalacetat, α-Ketoglutarat und Succinat bzw. Succinyl-Coenzym A stehen am Ausgangspunkt anabolischer Stoffwechselreaktionen.

Die in der Vakuole von Zellen der sog. **Säurepflanzen** anzutreffenden „Pflanzensäuren", die man als Sekundärmetabolite auffassen kann, werden vermutlich nur z. T. im TCC gebildet und daraus „abgezogen". Ihre Ablagerung in der Vakuole, wo sie durch Ammonium-Ionen oder organische Basen neutralisiert werden, entzieht sie dem aktiven Stoffumsatz, in den sie jedoch wieder einbezogen werden können. Für viele sukkulente Pflanzen (Blatt- und Stammsukkulente mit wasserreichem „dikkem" Gewebe, wie z. B. Crassulaceen, Cactaceen u. a.) sind starke Säuregehaltsschwankungen charakteristisch, die von physiologischer Bedeutung sind. Der sog. **Crassulaceen-Säurestoffwechsel** ist gekennzeichnet durch *diurnale* Gehaltsschwankungen der organischen Säuren, insbesondere der *Äpfelsäure*. *Nächtliche Ansäuerung* und *Absäuerung im Licht* stehen in Beziehung zur Verfügbarkeit von Kohlendioxid, dem stofflichen Substrat der Photosynthese. In Dunkelheit wird CO_2 durch *β-Carboxylierungsreaktionen* fixiert; Malat wird akkumuliert. Bei Belichtung bzw. tagsüber, wo die Stomata (Spaltöffnungen) dieser in trockenen (ariden) Gegenden gedeihenden Sukkulenten weitgehend geschlossen bleiben, so daß der Gasaustausch mit der umgebenden Atmosphäre zugunsten herabgesetzter Verdunstung (Transpiration) stark eingeschränkt ist, orientieren sich diese Pflanzen auf das nachts in Malat fixierte CO_2. Hierdurch kann die Photosynthese auch bei eingeschränktem Gaswechsel aufrecht erhalten werden. Sehr oft werden die TCC-Carbonsäuren sekundär verändert und in „abgewandelter Form" angehäuft (z. B. Akkumulation von trans-Aconitat in *Aconitum*).

Die Reaktionsfolge des TCC kann in unterschiedlicher Weise modifiziert sein. Wir haben prinzipiell 2 Fälle zu unterscheiden: einen **„homologen Citrat-Zyklus"** und einen **modifizierten Citrat-Zyklus.**

Ein **„homologer Citrat-Zyklus"** ist von Bedeutung bei der *Biosynthese* von L-*Lysin* (über den α-Aminoadipinsäure-Weg) und von L-*Leucin*. Diese Aminosäuren werden in Reaktionen nach Art der zur Synthese von L-Glutamat führenden Teilreaktionen des TCC synthetisiert (engl. citric acid type reactions). Das allgemeine Reaktionsschema für die Biogenese von L-Glutamat, L-Lysin und L-Leucin verdeutlicht der Reaktionsablauf:

$$CH_3{-}\overset{\overset{O}{\|}}{C}{\sim}\overline{SCoA} + \underset{\underset{R}{|}}{\overset{\overset{O}{\|}}{C}}{-}COOH\ (I) \xrightarrow{-\,CoASH} \begin{matrix} CH_2{-}COOH \\ | \\ HO{-}C{-}COOH \\ | \\ R \end{matrix} \xrightarrow{-H_2O} \begin{matrix} HC{-}COOH \\ \| \\ HC{-}COOH \\ | \\ R \end{matrix} \xrightarrow{+H_2O}$$

$$\begin{matrix} OH \\ | \\ HC{-}COOH \\ | \\ HC{-}COOH \\ | \\ R \end{matrix} \xrightarrow{-2\,[H]} \begin{matrix} O \\ \| \\ C{-}COOH \\ | \\ HC{-}COOH \\ | \\ R \end{matrix} \xrightarrow{-CO_2} \begin{matrix} O \\ \| \\ C{-}COOH \\ | \\ CH_2 \\ | \\ R \\ (II) \end{matrix} \xrightarrow[+[NH_3]]{} \begin{matrix} NH_2 \\ | \\ H\,C{-}COOH \\ | \\ CH_2 \\ | \\ R \\ (III) \end{matrix}$$

Acetyl-CoA kondensiert mit einer α-Ketosäure (I) unter Bildung eines α-substituierten Äpfelsäurederivates, das Reaktionen des TCC unterliegt und das nächst höhere Homologe (II) der in die Reaktionsfolge eintretenden α-Ketosäure ergibt. Hierdurch werden die Ketoanalogen (II) der genannten 3 Aminosäuren (III) bzw. im Falle des Lysins eine biosynthetische Vorstufe (III) aufgebaut (Tabelle 10.6.). Tatsächlich handelt es sich hierbei – wie man sieht – nicht um einen „homologen Tricarbonsäure-Zyklus", sondern um Reaktionssequenzen, die eine Hintereinanderschaltung von Kondensations-, Isomerisierungs-, Dehydrogenierungs- und Decarboxylierungsschritten beinhalten und insofern mit einer Teilsequenz des TCC übereinstimmen. Die sich anschließende Transaminierung führt zur Bildung der entsprechenden Aminoverbindung aus der synthetisierten Ketosäure.

Tabelle 10.6. Reaktionsschritte des TCC bei der Biosynthese von L-Glutamat, α-Aminoadipat (Lysin-Vorstufe) und L-Leucin

R (des allgemeinen Reaktionsschemas)	Ausgangs-Ketosäure (I)	Resultierende α-Ketosäure (II)	Aminoverbindung (III)
$-CH_2COOH$	Oxalacetat	α-Ketoglutarat	L-Glutamat
$-CH_2CH_2COOH$	α-Ketoglutarat	α-Ketoadipat	α-Aminoadipat
$-CH\langle^{CH_3}_{CH_3}$	α-Ketoisovalerat	α-Ketoisocaproat	L-Leucin

Von einem **modifizierten Tricarbonsäure-Zyklus** kann man sprechen, wenn bestimmte Teilreaktionen des TCC durch andere Reaktionsstufen ersetzt sind. Beispielsweise ist in Hirngewebe *α-Ketoglutarat-Dehydrogenase*-Aktivität gering entwickelt. Die von α-Ketoglutarat zu Succinat führende Reaktionsfolge wird durch die folgende Teilsequenz „umgangen“:

α-Ketoglutarat → L-Glutamat → γ-Aminobutyrat → Bernsteinsäuresemialdehyd → → Succinat.

Es existiert also ein „*γ-Aminobuttersäure-Nebenweg*“ (engl. by-pass), der die durch *α-Ketoglutarat-Dehydrogenase* normalerweise katalysierte Reaktion der Succinatbildung überbrückt. Dazu werden eine *Transaminase* (Glutamat-Bildung), *Decarboxylase* (*L-Glutamat-Decarboxylase*, γ-Aminobutyrat-Bildung), eine weitere *Transaminase* (Semialdehyd-Bildung) und eine *Dehydrogenase* (Succinat-Bildung) benötigt. Auch den sog. *Dicarbonsäure-Zyklus* (vgl. weiter unten) und den *Glyoxylat-Zyklus* könnte man als modifizierte Tricarbonsäure-Zyklen auffassen. Tatsächlich ist der Dicarbonsäure-Zyklus ein Hilfszyklus und der Glyoxylsäure-Zyklus eine sog. anaplerotische Sequenz (vgl. weiter unten).

Die **anabolische Funktion** des TCC besteht in der Anlieferung von Intermediärprodukten für die *Biosynthese von Zellbausteinen*. Synthetische Reaktionen greifen an verschiedenen Stellen des TCC an:

- am **Oxalacetat**, das biogenetische Vorstufe von L-Aspartat und daraus abgeleiteter Verbindungen ist
- am **α-Ketoglutarat**, das der Precursor von L-Glutaminsäure und L-Glutamin ist
- am **Succinyl-CoA**, das am Ausgangspunkt der Porphyrinbiosynthese (vgl. 12.7.) und eines Mechanismus der Glycinoxydation über den Glycin-Succinat-Zyklus steht, der möglicherweise auch eine Stoffwechselfunktion für die Synthese „aktiver C_1-Körper“ (vgl. 9.2.) hat.

Die zentrale Stellung von L-Aspartat im Stoffwechsel N-haltiger Verbindungen zeigt das Schema auf S. 456. L-Glutamat ist eine zentrale Molekülfigur im Aminosäure- und Proteinstoffwechsel. L-Glutamin beansprucht eine Schlüsselposition im Stickstoff-Metabolismus als N-Donator in Transamidierungsreaktionen (vgl. 12.4.).

Wenn während der Synthese von Zellbausteinen laufend Zwischenstufen des TCC für anabolische Reaktionen abgezogen werden, muß dieser Verlust durch Wiederauffüllung ausgeglichen werden. Insbesondere kann der TCC seiner Doppelfunktion als katabolische und anabolische Stoffwechselsequenz nicht gerecht werden, wenn Mikroorganismen auf solchen Kohlenstoffquellen wachsen, deren Abbau nicht unmittelbar eine Intermediärstufe des TCC liefert (= Wachstum auf C_2- und C_3-Körpern wie Acetat, Glyoxylat u. a.). Hier müssen **Hilfsreaktionen** einsetzen, die beim Wachstum verbrauchte Zwischenstufen des TCC kontinuierlich nachliefern. Man hat diese „Auffüllungsreaktionen“ als **Nachfüllbahnen** oder **anaplerotische Sequenzen** bezeichnet (vgl. auch 3.1.). Diese haben insbesondere die Aufgabe, Oxalacetat als Akzeptor der Acetylgruppe nachzubilden. Wir haben hierbei zwei prinzipiell *verschiedene Stoffwechselsituationen* zu unterscheiden:

- bei *Wachstum auf Glucose* (häufige C- und Energiequelle mikrobieller Nährmedien) stellt dieser Zucker die C-Gerüste aller notwendigen Zellbausteine zur Verfügung: die anaplerotische Sequenz hat die Aufgabe der Wiederauffüllung des TCC;

– bei *Wachstum auf Pyruvat, Acetat, Glyoxylat* und anderen C-Verbindungen, muß nicht nur der Ablauf des TCC garantiert werden, sondern auch zusätzlicher Stoffwechselwege, um Zucker zu synthetisieren (Glucogenese).

Die wichtigste Aufgabe als **anaplerotische Mechanismen** haben **Carboxylierungsreaktionen** (vgl. auch 9.2.). Von besonderer Bedeutung für Auffüllungsreaktionen sind die folgenden Enzyme:

– *Pyruvat-Carboxylase* (tierische Gewebe wie Leber und Niere, Pseudomonaden)
– *Phosphoenolpyruvat-Carboxylase* (*Enterobacteriaceae*)

Pyruvat-Carboxylase katalysiert die folgende irreversible Reaktion:

$$CH_3{-}CO{-}COOH + CO_2 + ATP \xrightarrow{\text{Biotin}} HOOC{-}CH_2{-}CO{-}COOH + ADP + P_{an}$$

Die durch **PEP-Carboxylase** vermittelte (nahezu irreversible) Carboxylierung von Phosphoenolpyruvat (PEP) benötigt keinerlei Cofaktoren (vgl. auch 10.3.3.):

$$CH_2{=}\overset{\overset{\displaystyle OH}{|}}{C}(CO_2H) + CO_2 + H_2O \longrightarrow HOOC{-}CH_2{-}CO{-}COOH + P_{an}$$

Weitere Carboxylierungsreaktionen (Malat-Enzym, ATP-abhängige *Oxalacetat-Decarboxylase*, *Phosphoenolpyruvat-Carboxykinase* u. a.) spielen teilweise eine Rolle bei der Gluco(neo)genese (vgl. 10.1.1.).

Das Schema (n. KORNBERG) zeigt die **anaplerotische Fixierung von Kohlendioxid** zur Synthese von C_4-Dicarbonsäuren, deren Bedeutung darin besteht, durch Wachstumsprozesse bedingte Verluste an Intermediärstufen des TCC auszugleichen:

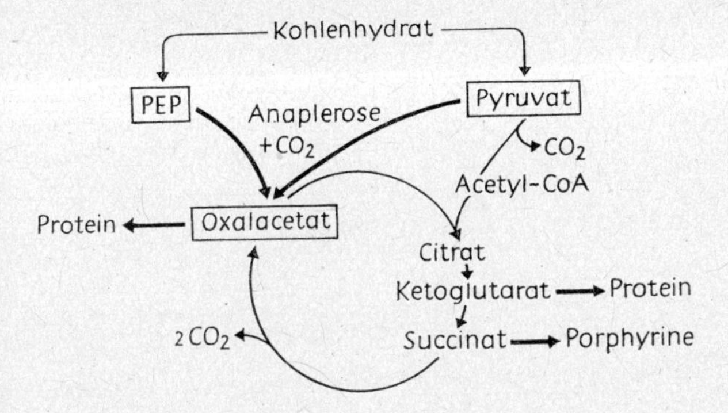

Bei **Wachstum** von Mikroorganismen **auf Acetat** oder auf Verbindungen, die zu Acetat abgebaut werden (Fettsäuren, Kohlenwasserstoffe) muß zur Nachlieferung von Zwischenstufen des TCC, die während des Wachstums verbraucht werden, eine **anaplerotische Sequenz** wirksam werden, die auf der Funktion von zwei Enzymen beruht und die man als **Glyoxylsäure-Zyklus** bezeichnet. Diese beiden Enzyme sind:

- die **Isocitrat-Lyase** ① („Isocitratase"), die eine Aldolspaltung von threo-Ds-Isocitrat zu Succinat und Glyoxylat katalysiert
- die **Malat-Synthase** ②, die die Kondensation des gebildeten Glyoxylats mit Acetyl-CoA zu Malat vermittelt.

Die durch diese Enzyme katalysierten Reaktionen sind wie folgt zu schreiben:

$$\underset{\text{Isocitrat}}{HOOC{-}CH(OH){-}CH(COOH){-}CH_2{-}COOH} \xrightarrow{①} \underset{\text{Glyoxylat}}{OHC{-}COOH} + \underset{\text{Succinat}}{H_2C(COOH){-}H_2C(COOH)}$$

$$\underset{\text{Glyoxylat}}{OHC{-}COOH} + \underset{\text{Acetyl-CoA}}{CH_3{-}CO{\sim}SCoA} + H_2O \xrightarrow{②} \underset{\text{L-Malat}}{HOOC{-}CH(OH){-}CH_2{-}COOH}$$

Durch das Zusammenwirken von *Isocitrat-Lyase* ① und *Malat-Synthase* ② mit Teilreaktionen des TCC werden ein Mol Isocitrat und ein Mol Acetyl-CoA zu zwei Molen Dicarbonsäure bzw. **2 Acetat-Reste zu einem Succinat** umgesetzt. In der Bilanz sind daher die Reaktionen des Glyoxylat-Zyklus mit der bereits früher postulierten Kondensation von 2 Acetat zu Succinat (dehydrogenierende Verknüpfung, Thunberg-Knoop-Kondensation) im Effekt, aber nicht im Mechanismus identisch. Die **Reaktionsfolge** des *Glyoxylatzyklus* kann wie folgt geschrieben werden:

$$\text{Acetyl-CoA} + \text{Oxalacetat} + H_2O \longrightarrow \text{Citrat} + \text{CoA}$$
$$\text{Citrat} \rightleftharpoons \text{Isocitrat}$$
$$\text{Isocitrat} \xrightarrow{①} \text{Succinat} + \text{Glyoxylat}$$
$$\text{Acetyl-CoA} + \text{Glyoxylat} + H_2O \xrightarrow{②} \text{Malat} + \text{CoA}$$
$$\text{Malat} + \tfrac{1}{2}\,O_2 \longrightarrow \text{Oxalacetat} + H_2O$$

$$\text{Bilanz: } 2\ \text{Acetyl-CoA} + \tfrac{1}{2}\,O_2 \longrightarrow \text{Succinat} + 2\ \text{CoA} + H_2O$$
$$2\ \text{Acetat} - 2\,[H] \longrightarrow \text{Succinat (Thunberg/Knoop)}$$

Die bei **Wachstum auf Acetat** beschrittenen Stoffwechselwege der Zelle zur Versorgung mit Energie und zur Vermehrung des „Kohlenstoffgehaltes" zeigt das Schema (n. Kornberg) auf S. 353 oben.

Das Wirken des **Glyoxylat-Zyklus** bietet eine Erklärung für die **Säurebildung** bestimmter Mikroorganismen (Fumarat-Anhäufung durch *Rhizopus nigricans*, Citratproduktion durch *Aspergillus niger*). In unreifen Früchten wird die den Geschmack bestimmende „Säure", die bei der Fruchtreife in Zucker umgesetzt wird, möglicherweise unter Mitwirkung von *Malat-Synthase* gebildet. In manchen tierischen Organismen scheint ein Glyoxylat-Zyklus ebenfalls zu existieren (*Ascaris* u. a.) Der Gly-

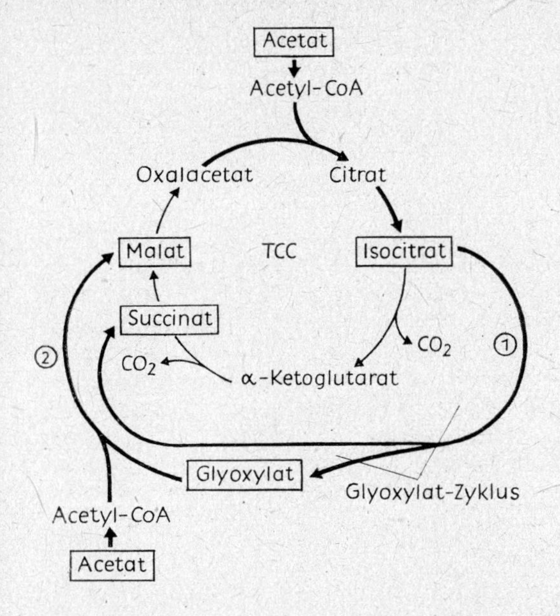

oxylsäure-Zyklus ist in die **Umwandlung von Fett in Kohlenhydrate** bei der Keimung fettreicher Samen (z. B. *Ricinus*) eingeschaltet:

Fette (Triglyceride) ⟶ Fettsäuren $\xrightarrow{\beta\text{-Oxydation}}$ Acetyl-CoA $\xrightarrow{① + ②}$ Malat $\xrightarrow{③}$ Oxalacetat $\xrightarrow{④}$ Pyruvat, PEP $\xrightarrow{⑤}$ Kohlenhydrate

(① + ② = Glyoxylat-Zyklus; ③ = *Malat-Dehydrogenase*; ④ = Carboxylierung, vgl. Glucogenese; ⑤ = EMP-Weg).

Glyoxylat kann außer mit Acetyl-CoA mit einer Reihe kurzkettiger Fettsäure-CoA-Ester (Acyl-CoA-Verbindungen) kondensieren: Propionyl-CoA, Butyryl-CoA, Valeryl-CoA. Die Kondensation von Glyoxylat und Propionyl-CoA führt zur Synthese von α-Hydroxyglutarat, das decarboxyliert wird oder zu Citramalsäure isomerisiert. Die Reaktionen bilden einen *α-Alkylmalat-Zyklus*, der sich wie folgt darstellt:

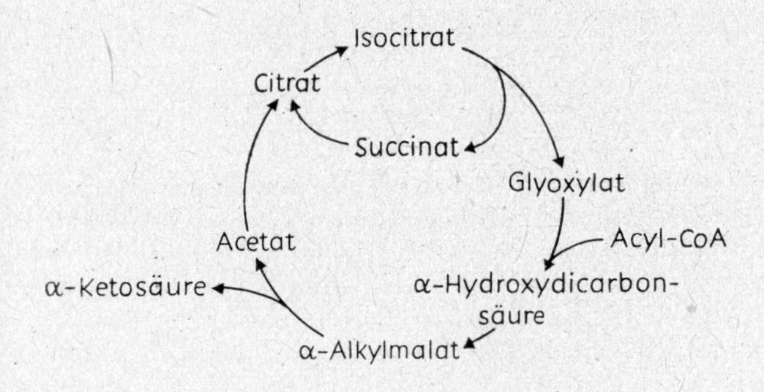

Wenn **Glyoxylat** oder Vorstufen (Glykolat, Zwischenstufen des oxydativen Purinabbaus, vgl. 12.9.1.) als Kohlenstoffquelle dienen, stellt der TCC in erster Linie biosynthetische Zwischenstufen zur Verfügung. Er fungiert nicht mehr als katabolische Sequenz (Atmungsbahn). Diese Rolle wird von einem **Dicarbonsäure-Zyklus** übernommen, der Teilreaktionen des TCC, die Decarboxylierung von Oxalacetat, die Umsetzung von Phosphoenolpyruvat zu Pyruvat, die oxydative Pyruvat-Decarboxylierung und *Malat-Synthase* als katabolisches Enzym (Atmungsenzym) umfaßt. Glyoxylat kondensiert in diesem Dicarbonsäure-Zyklus mit Acetyl-CoA zu Malat, das zu Oxalacetat oxydiert und weiter über PEP und Pyruvat zu Acetyl-CoA umgesetzt wird (vgl. Abb. 10.6.). Die Entnahme von Zyklus-Intermediären müßte die Oxydation zum Stillstand bringen. Als Nachfüllbahn fungiert jetzt eine von Glyoxylat ausgehende Reaktionsfolge, die Phosphoenolpyruvat ersetzt. Diese **anaplerotische Sequenz** besteht aus 3 Enzymen:

- *Glyoxylat-Carboligase* (TPP-Enzym, Bildung eines an TPP aktivierten C-1-Körpers!, vgl. 9.3.)
- *Tartronsäure-Semialdehyd-Reduktase* (Glycerat-Synthese)
- *Glycerat-Kinase* (Umwandlung von D-Glycerat in Phosphoglycerat, das in Phosphoenolpyruvat übergeht).

Diese „**Glycerat-Bahn**" schleust Glyoxylsäure in den Zellstoffwechsel ein. Die Gesamtreaktion ist wie folgt zu formulieren:

$$2\ \mathrm{HOOC{-}C}\begin{smallmatrix}{/\!\!/O}\\ {\backslash H}\end{smallmatrix} \xrightarrow[\mathrm{TPP}]{\textit{Carboligase}} \mathrm{HOOC{-}CHOH{-}C}\begin{smallmatrix}{/\!\!/O}\\ {\backslash H}\end{smallmatrix}$$

Tartronsäuresemialdehyd (ein Tautomeres von Hydroxypyruvat)

$$\mathrm{HOOC{-}CHOH{-}C}\begin{smallmatrix}{/\!\!/O}\\ {\backslash H}\end{smallmatrix} + 2\,[\mathrm{H}] \xrightarrow{\textit{Reduktase}} \mathrm{HOOC{-}CHOH{-}CH_2OH}$$

Glycerat

$$\mathrm{HOOC{-}CHOH{-}CH_2OH} + \mathrm{ATP} \xrightarrow{\textit{Kinase}} \mathrm{HOOC{-}CHOH{-}CH_2O{-}P} + \mathrm{ADP}$$

3-P-Glycerat

$$\mathrm{HOOC{-}CHOH{-}CH_2O{-}P} \longrightarrow \text{2-P-Glycerat} \xrightarrow{\textit{Enolase}} \mathrm{PEP}$$

Phosphoenolpyruvat (PEP) wird über den **Dicarbonsäure-Zyklus** in Acetyl-CoA umgewandelt, woran *Pyruvat-Kinase* und *Pyruvat-Dehydrogenase* beteiligt sind (Abb. 10. 6.).

Das Wirken dieser anaplerotischen Sequenzen konnte man durch den Einsatz auxotropher Mutanten (vgl. 8.1.) und durch die Aktivitätsbestimmung der jeweiligen Schrittmacherenzyme beweisen. Die an den Hilfszyklen beteiligten **Enzyme** sind **induzierbar**. Sie werden durch Glucose *reprimiert*, d. h. sie befinden sich bei **Wachstum auf Glucose** als alleinige C-Quelle auf einem Grundniveau der Enzymaktivität. Sie werden bei **Wachstum mit Acetat bzw. Glyoxylat** (bei Ausschluß von Glucose) *induziert* bzw. *dereprimiert*. Unter diesen Bedingungen sind nur diejenigen Enzyme ausgebildet, die zur Verwertung des

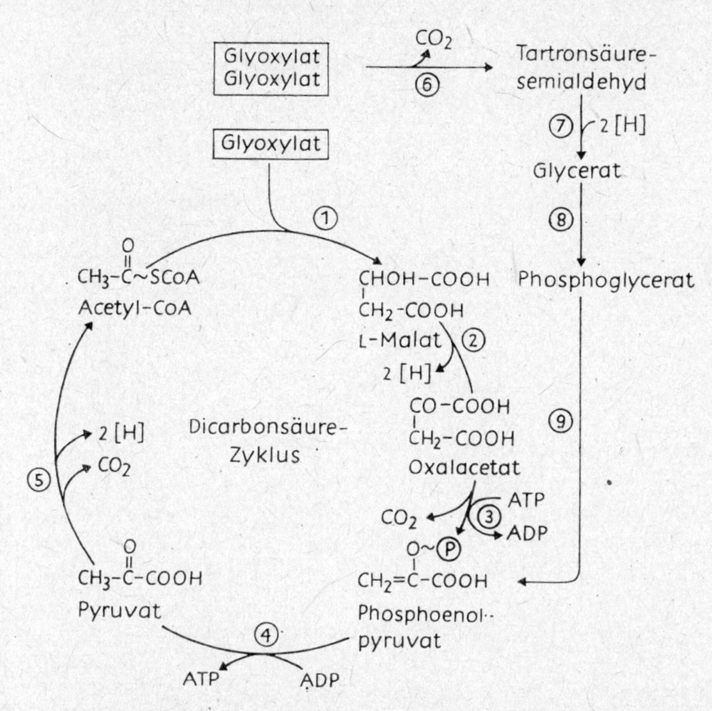

Abb. 10.6. Dicarbonsäure-Zyklus und Glycerat-Bahn bei Wachstum von Mikroorganismen auf Glyoxylat als C-Quelle (n. KORNBERG). 1 = *Malatsynthase*, 2 = *Malatdehydrogenase*, 3 = *Oxalacetat-Decarboxylase* bzw. *Phosphoenolpyruvat-Carboxykinase*, 4 = *Pyruvatkinase*, 5 = *Pyruvatdehydrogenase*, 6 = *Carboligase*, 7 = *Reduktase*, 8 = *Glyceratkinase*, 9 = *Mutase* + *Enolase*.

betreffenden C_2-Körpers und zur Glucogenese erforderlich sind. Die am Abbau der Glucose beteiligten Enzyme sind jetzt reprimiert. Werden gleichzeitig Glucose (leicht assimilierbare C-Quelle) und z. B. Acetat („schlecht" assimilierbare C-Quelle) geboten, orientiert sich der Organismus zunächst auf die leichter assimilierbare Kohlenstoffverbindung. Glucose wird assimiliert. **Metabolite der Glucose** unterdrücken durch **Katabolit-Repression** die Synthese der zur Acetat-Verwertung erforderlichen Enzyme. Die Wachstumskurve zeigt einen „*Diauxie-Effekt*": Wachstum setzt erneut nach Verbrauch der Glucose wieder ein, da nun die schlechter assimilierbare C-Quelle genutzt wird (Zweigipfligkeit der Wachs-Wachstumskurve). Diese Erscheinung ist seit längerem als „*Glucose-Effekt*" bekannt. Möglicherweise spielt zyklisches AMP bei der katabolischen Repression eine Rolle (vgl. 7.3.). Das Phänomen könnte auch indessen komplexerer Art sein. **Repression** und **Induktion** bzw. Derepression oder Enzymsynthese stellen **Grobregulationsmechanismen der Anaplerose** dar (vgl. auch 7.1.). Die **Feinregulation** wird durch **allosterische Hemmung** eines wichtigen Enzyms erreicht. Im Glyoxylat-Zyklus sind die quantitativen Aspekte gut untersucht. Zur Änderung der differentiellen Bildungsgeschwindigkeit der *Isocitrat-Lyase* tritt als ein Mechanismus der schnellen Feinregulation eine Änderung des intrazellulären *Spiegels des Phosphoenolpyruvats* hinzu.

Katabolische und anaplerotische Stoffwechselsequenzen in *Escherichia coli* faßt noch einmal die Tabelle 10.7. zusammen:

Tabelle 10.7. Katabolische und anaplerotische Sequenzen in *E. coli* (nach KORNBERG)

C-Quelle	Katabolische Sequenz	Nachfüllbahn
Glucose, Glycerin oder C_3-Verbindungen	TCC	*PEP-Carboxylase*
Acetat	TCC	Glyoxylat-Zyklus
Glykolat (= Glyoxylat-Vorstufe)	Dicarbonsäure-Zyklus	Glycerat-Bahn

10.2.2. Mechanismen der Synthese von Acetyl-Coenzym A

Der Abbau zahlloser Nährsubstrate kulminiert in der Synthese von Acetyl-Coenzym A (vgl. 3.3.). **Hauptquellen** der Bildung des ,,aktivierten Acetats" sind:

- die *oxydative Decarboxylierung von Pyruvat* (Zwischenstufe des EMP-Weges des Hexoseabbaus, vgl. 10.1.1.)
- die *Fettsäureoxydation* über die ,,Fettsäure-Spirale" (vgl. 10.2.2.2.).

10.2.2.1. Oxydative Decarboxylierung von Pyruvat

Die **oxydative Decarboxylierung von Pyruvat** ist ein wichtiger Mechanismus der **Synthese von Acetyl-Coenzym A** (vgl. 9.3.). In analoger Weise wie Pyruvat werden andere α-Ketosäuren oxydativ decarboxyliert (z. B. Bildung von Succinyl-Coenzym A im Tricarbonsäure-Zyklus, vgl. 10.2.1.). Die Acetyl-CoA-Synthese aus Pyruvat erfordert einen **Multienzym-Komplex** (vgl. 6.2.) und mehrere **Cofaktoren:**

- Liponsäure (Thioctansäure)
- Thiaminpyrophosphat (vgl. 9.3.)
- Coenzym A (vgl. 9.3.)
- NAD^+ und FAD (vgl. 9.1.).

Die Enzyme des *Pyruvat-Dehydrogenase*-Komplexes sind in 6.2 genannt.

Liponsäure (= Thioctansäure) ist chemisch die 1,2-Dithiolan-3-valeriansäure:

```
         H2
         C
H2C ⁄       \ CH—CH2—CH2—CH2—CH2COOH
 |           |
 S ———————— S
```

Thioctansäure (Schwefel, 8 C-Atome!) dürfte durch eine Amidbindung an die ε-Aminogruppe eines Lysinrestes an *Liponamid-Dehydrogenase* ① (Diaphorase) und *Lipoat-Transacetylase* ② gebunden sein. Beide Enzyme spielen eine Rolle in der Pyruvat-Dehydrogenase-Reaktion (vgl. weiter unten). Die **biologischen Funktionen der Liponsäure** bestehen in:

- Acyl-Übertragung (in der reduzierten (Dithiol-)Form)
- Wasserstoff-Übertragung von der reduzierten Form, die der Regeneration der oxydierten (Disulfid-)Form dient.

Die **Bildung von Acetyl-CoA** an dem Pyruvat-Dehydrogenase-Komplex zeigt die Abb. 10.7. (verändert aus DAGLEY und NICHOLSON).

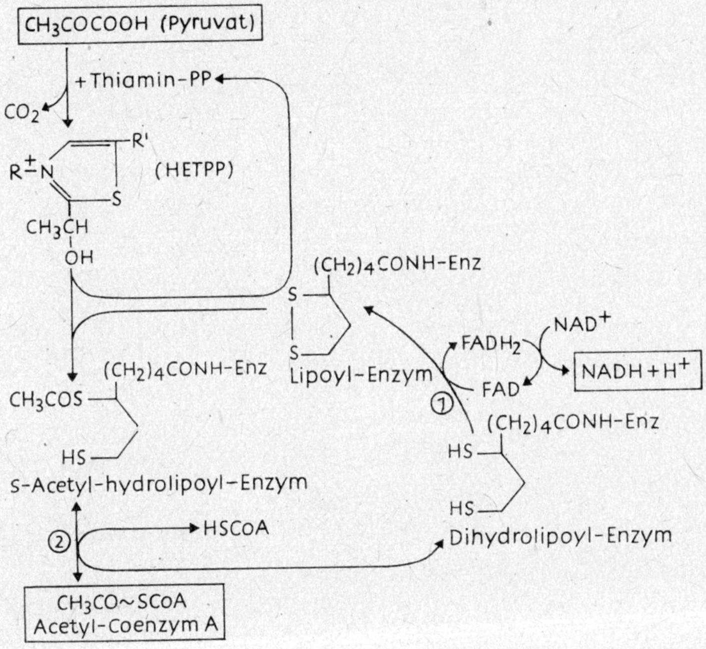

Gesamtresultat: $CH_3COCOOH + NAD^+ + HSCoA \rightarrow CH_3COSCoA + NADH + H^+ + CO_2$

Abb. 10.7. Oxydative Decarboxylierung von Pyruvat am *Pyruvatdehydrogenase*-Komplex.

Zur Kennzeichnung der oxydierten und reduzierten Form der Liponsäure haben sich die folgenden Schreibweisen eingebürgert:

reduzierte Form: Lip<(SH)(SH) oder $Lip(SH)_2$ oder R–(SH)(SH)

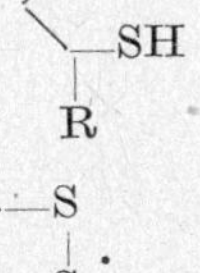

oxydierte Form: Lip<(S–S) oder $Lip(S)_2$ oder R–(S–S).

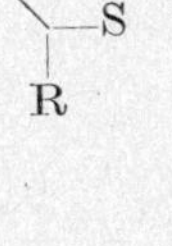

10.2.2.2. Die Oxydation der Fettsäuren

Fettsäuren werden aus Nahrungslipiden bereitgestellt oder *de novo* synthetisiert. Sie werden durch verschiedene Mechanismen abgebaut. Das Schema veranschaulicht die wesentlichen Zusammenhänge:

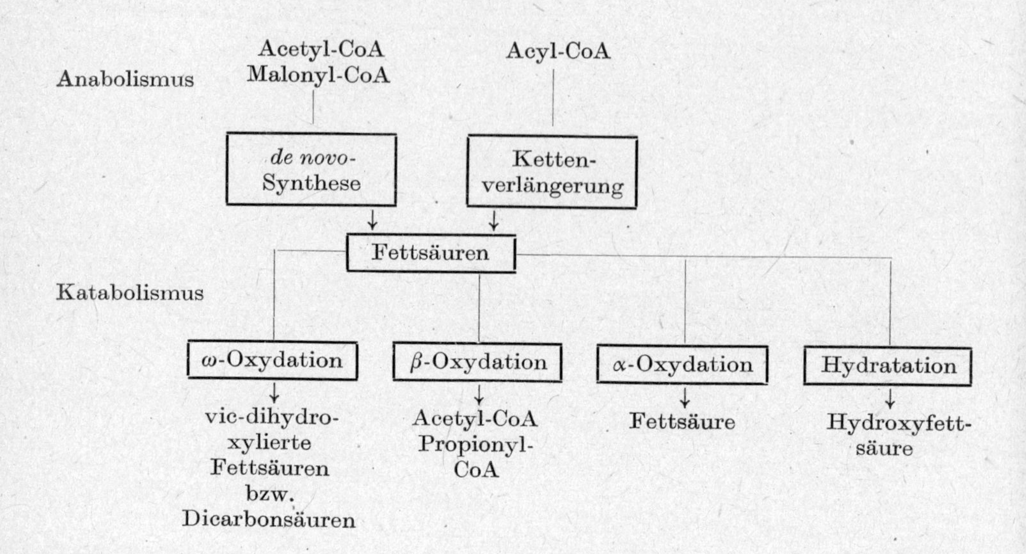

Hauptorgan des Fettsäurestoffwechsels des tierischen Organismus ist die Leber.

Bei der **Oxydation** der **Fettsäuren** unterscheidet man nach der Position des oxydierten Kohlenstoffs zwischen α-, β- und ω-Oxydation. Der Hauptweg der Fettsäureoxydation ist die *β-Oxydation*. Ihr Feinmechanismus wurde aufgeklärt. Die daran beteiligten Enzyme und Cofaktoren sind gut untersucht (Lynen).

In pflanzlichen Geweben wurden zwei enzymatische Reaktionen nachgewiesen, die Fettsäuren bestimmter Kettenlänge (C_{18} bis C_{15}) zur Stufe der C_{14}-Fettsäure schrittweise unter Eliminierung von jeweils einem C-Atom abbauen: *α-Oxydation*. Eine *Fettsäureperoxydase* führt eine α-Peroxydation unter CO_2-Abspaltung durch. Den intermediär gebildeten Fettaldehyd oxydiert eine *Fettaldehyd-Dehydrogenase* weiter zur Fettsäure. Diese ist gegenüber der ursprünglichen Fettsäure um ein C-Atom ärmer. Für die α-Oxydation ergibt sich:

$$R{-}CH_2{-}COOH \xrightarrow[\text{Enzyme}]{NAD^+,\, Fe^{2+},\, ATP} RCOOH + CO_2$$

Die *ω-Oxydation* ist an das Wirken mischfunktioneller Oxygenasen (vgl. 11.3.) gebunden. Die primäre Reaktion ist die *Hydroxylierung* einer Fettsäure zur

ω-Hydroxyfettsäure. Die Reaktionsfolge läuft weiter über die α,β-ungesättigte Fettsäure zur Epoxyfettsäure. Diese wird in die ω-Kettfettsäure umgewandelt oder zur vic-dihydroxylierten Fettsäure hydrolysiert. Die ω-Ketofettsäure kann weiter zur Dicarbonsäure oxydiert werden. Die Oxydationen erfolgen mit molekularem Sauerstoff und benötigen reduziertes Pyridinnucleotid NAD(P)H sowie Fe^{2+}. Durch ω-Oxydation werden Fettsäuren von $C_n = 8$—14, 16 und 18 umgesetzt.

Die *β-Oxydation* erfolgt in den Mitochondrien. *Geradzahlige Fettsäuren* werden zu *Acetyl-CoA*, *ungeradzahlige* zu *Propionyl-CoA* abgebaut. Acetyl-CoA wird über den Tricarbonsäure-Zyklus (vgl. 10.2.1.) oxydiert oder für Biosynthesen bereitgestellt. Propionyl-CoA wird an der Biotin-abhängigen *Propionyl-CoA-Carboxylase* (vgl. 9.2.) zu Methylmalonyl-CoA carboxyliert. Durch eine die Coenzym-Form von B_{12} benötigende *Isomerase*-Reaktion (vgl. 9.4.) wird daraus Succinyl-CoA synthetisiert, das über den Tricarbonsäure-Zyklus oxydiert wird.

Das **Prinzip der β-Oxydation** (= paariger Fettsäureabbau) wurde bereits von Knoop entdeckt. Knoop verwendete für seine Untersuchungen zum Fettsäureabbau Phenylfettsäuren, die nur am aliphatischen Teil durch den tierischen Organismus verändert werden. Durch Anhängung schwer verbrennbarer aromatischer Reste an Fettsäureketten stellte er gewissermaßen „markierte" Fettsäuren her. Es wurde gefunden, daß ungeradzahlige Fettsäuren bis zur Stufe der Propionsäure, geradzahlige Fettsäuren bis zur Stufe der Essigsäure abgebaut werden. Phenylpropionsäure wird zu *Benzoesäure* metabolisiert, die nach Paarung mit Glycin als *Hippursäure* (Benzoylglykokoll) im Harn ausgeschieden wird. *Phenylessigsäure* wird mit Glycin zu *Phenacetursäure* umgesetzt, die im Harn analysiert werden kann. Die Verwendung von Phenylfettsäuren durch Knoop, Dakin und andere ältere Untersucher hatte zwei methodische Vorteile: Indizierung („Markierung") der verfütterten Verbindungen, Analyse von Exkretionsprodukten:

C_6H_5—CONH—CH_2—COOH
↑
[Glycin]

Hippursäure

C_6H_5—CH_2—CONH—CH_2COOH
↑
[Glycin]

Phenacetursäure

Wie Knoop und andere fanden, wird z. B. Phenylpropionsäure über Phenylzimtsäure, Phenyl-β-hydroxypropionsäure und Phenyl-β-ketopropionsäure zu Benzoesäure abgebaut, die als Hippursäure im Harn erscheint. Die Reaktionsfolge verläuft demzufolge von der gesättigten über die α,β-ungesättigte zur β-Hydroxyfettsäure und weiter zur β-Ketofettsäure. Aus der β-Ketofettsäure wird ein C_2-Bruchstück abgespalten. Die Reaktionsfolge stellt demnach einen *paarigen Abbau* (Verkürzung von Fettsäuren um jeweils zwei C-Atome) oder eine **β-Oxydation** (Oxydation am β-C-Atom) dar. Sie ist durch **4 Teilreaktionen** gekennzeichnet:

Dehydrogenierung, Hydratisierung, Dehydrogenierung, Spaltung. Das Schema verdeutlicht die wesentlichen Zusammenhänge:

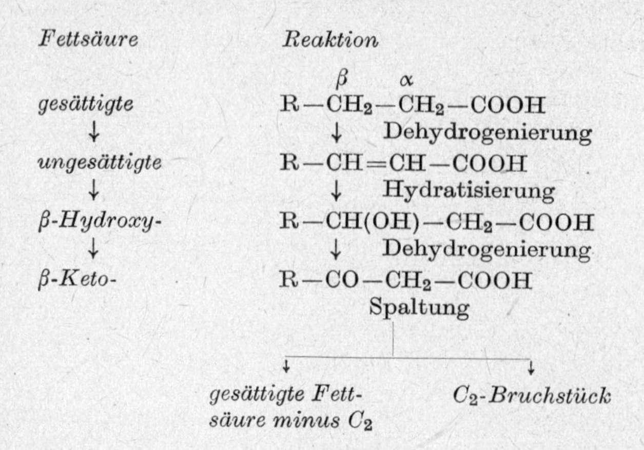

Die Bildung einer Ketofettsäure entspricht dem verbreiteten Stoffwechselschema einer „sauerstofflosen Oxydation": eine gesättigte Verbindung wird zur ungesättigten dehydrogeniert. Wasseranlagerung an die Doppelbindung führt die Hydroxylgruppe ein, deren nachfolgende Dehydrogenierung den Oxydationsvorgang vollendet. Der eingeführte Sauerstoff entstammt somit dem Wasser.

Die **Nettogleichung der β-Oxydation** einer geradzahligen Fettsäure kann wie folgt geschrieben werden:

$$R{-}CH_2{-}CH_2{-}COOH + 2\,H_2O \xrightarrow{-4[H]} R{-}COOH + CH_3COOH$$

Unter Abspaltung von Essigsäure entsteht eine Fettsäure, die um 2 C-Atome ärmer ist als die Ausgangsverbindung. Diese wird erneut der β-Oxydation unterworfen. Auf diese Weise werden die langen Fettsäureketten schrittweise abgebaut.

Jedoch sind Fettsäuren ziemlich inerte, stoffwechselträge Substanzen. Ihr Katabolismus setzt eine einleitende Aktivierung voraus, wofür die Beteiligung von CoA und die Mitwirkung von ATP erforderlich sind (Lynen). Die **β-Oxydation** wird durch die einleitende Bildung eines energiereichen Thioesters (vgl. 9.3.) gestartet. In der **Startreaktion** (Initialzündung) wird die Fettsäure an einer *Fettsäure-Thiokinase* (*Acyl-CoA-Synthetase*) in eine *Acyl-CoA-Verbindung* (= Fettsäure-Coenzym A-Verbindung) umgewandelt. Der Reaktionsmechanismus, der der Acetat-Aktivierung und dem ersten Schritt bei der Aktivierung von Aminosäuren gleicht, ist im Abschnitt 10.2. beschrieben. Man kennt mehrere Thiokinasen, die sich in ihrer Spezifität bezüglich der Kettenlänge zu aktivierender Fettsäuren unterscheiden. Die gebildete Acyl-CoA-Verbindung wird nun wie bereits beschrieben (vgl. das Schema S. 361) umgesetzt, d. h. der β-Oxydation unterworfen. Die gesamte Reaktionsfolge ist in dem folgenden Schema dargestellt. Die „abschließende" *thiolytische* (= thioklastische) *Spaltung* durch *β-Ketothiolase* führt unter gleichzeitigem Einbau von CoA zur Synthese von Acetyl-CoA und einem Acyl-CoA-Derivat, das sich von der Ausgangssubstanz durch den Mindergehalt von 2 C-Atomen unterscheidet. Dieses Restmolekül ist bereits mit CoA beladen und tritt erneut in die Reaktionen der β-Oxydation ein. In seinem Gesamtablauf gestaltet sich der Fettsäureabbau zu einer „Fettsäurespirale“.

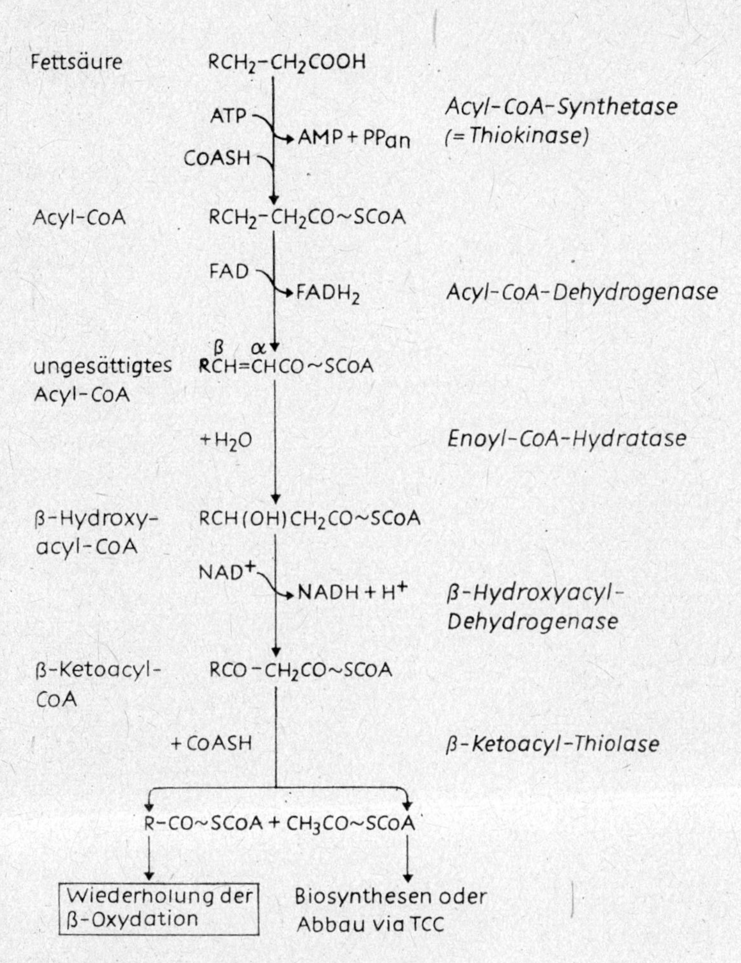

Abb. 10.8. β-Oxydation der Fettsäuren.

Die *thiolytische* (thioklastische) *Spaltung* des β-Ketoacyl-Derivates (= β-Ketosäurethioester) verläuft wie auf S. 362 oben.

Die freie Energie (vgl. 4.1.1.) der thiolytischen Spaltung bleibt als hohes Gruppenübertragungspotential eines Thioesters (Acyl-CoA-Verbindung, um 2 C-Atome gegenüber der Ausgangsverbindung ärmer) erhalten. Zur Wiederholung des Abbaues ist deshalb ATP nicht noch einmal erforderlich. Die gesamte Reaktionsfolge der Fettsäurespirale benötigt deshalb nur eine einmalige Aktivierung unter Verbrauch von einem ATP, womit die Zündung der Reaktionen erfolgt.

$$R-CH_2-\overset{\overset{O}{\|}}{C}-CH_2-CO\sim\overline{SCoA} + HS-\overline{CoA}$$

$$\downarrow$$

$$R-CH_2-\underset{\underset{S-\overline{CoA}}{|}}{\overset{\overset{OH}{|}}{C}}-CH_2-CO\sim\overline{SCoA}$$

$$\downarrow$$

$$\underset{\text{Acyl-CoA}}{R-CH_2-CO\sim\overline{SCoA}} + \underset{\text{Acetyl-CoA}}{CH_3-CO\sim\overline{SCoA}}$$

Die **ATP-Ausbeute** bei der Oxydation einer üblichen Fettsäure (Palmitinsäure, Stearinsäure) ist beträchtlich. Das Schema zeigt den ATP-Gewinn bei der vollständigen *Oxydation* von *Palmitat* (C_{16}-Fettsäure):

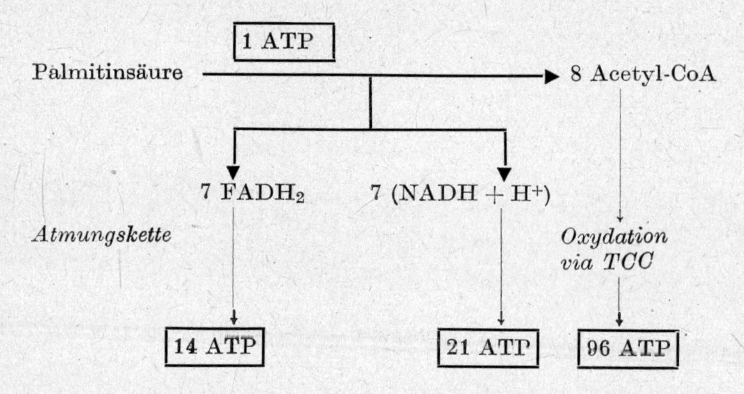

Bilanz-Reaktion:

$$C_{16}H_{32}O_2 + 23\ O_2 + 130\ ADP + 130\ P_{an} \rightarrow 16\ CO_2 + 130\ ATP + 148\ H_2O$$

Der thermodynamische Wirkungsgrad der Fettsäureoxydation über die Fettsäurespirale liegt bei etwa 50%.

α-Methylverzweigte Fettsäuren werden durch Dehydrogenierung, Hydratisierung und Dehydrogenierung in das α-Methyl-β-ketoacyl-CoA-Derivat umgewandelt. Die thiolytische Spaltung dieser Verbindung liefert Acyl-CoA und Propionyl-CoA. Beispielsweise führt der Abbau von α-Methylbutyryl-CoA zu Acetyl-CoA und Propionyl-CoA. Letzteres wird nach Umsetzung zu Succinyl-CoA (vgl. weiter oben) über den Tricarbonsäure-Zyklus oxydiert.

β-Methylverzweigte Fettsäuren, z. B. Isovaleriansäure, werden einleitend in die Fettsäure-CoA-Verbindung verwandelt und dann dehydrogeniert. Das α,βungesättigte Acyl-CoA-Derivat wird carboxyliert. Der *Abbau von Isovaleriansäure* verläuft demzufolge wie angegeben:

$$\text{Isovaleriansäure} \xrightarrow[\text{ATP}]{\text{CoASH}} \text{Isovaleryl-CoA} \rightarrow \beta\text{-Methylcrotonyl-CoA (I)}$$

$$\xrightarrow{CO_2\text{-Biotin}} \underset{\text{(II)}}{\beta\text{-Glutaconyl-CoA}} \rightarrow \underset{\text{(III)}}{\beta\text{-Hydroxy-}\beta\text{-methylglutaryl-CoA}}$$

$$\rightarrow \text{Acetessigsäure}$$

β-Methylcrotonyl-CoA-Carboxylase ist ein Biotin-Enzym (vgl. 9.2.) und vermittelt die folgende Reaktion:

$$\underset{\underset{CH_3\ (I)}{|}}{H_3C-C}{=}CH-\overset{O}{\overset{/\!/}{C}}\sim S\overline{CoA} \xrightarrow[\text{Biotin, ATP}]{CO_2} \underset{\underset{CH_2COOH\ (II)}{|}}{H_3C-C}{=}CH-\overset{O}{\overset{/\!/}{C}}\sim S\overline{CoA}$$

β-Hydroxy-β-methylglutaryl-CoA ist Zwischenstufe im Mevalonat-Weg der Isoprenoidlipid-Synthesen (vgl. 10.2.3.3.). Sie kann andererseits in freie Acetessigsäure und Acetyl-CoA gespalten werden:

$$\underset{\text{(III)}}{H_3C-\overset{\overset{OH}{|}}{\underset{\underset{CH_2-COOH}{|}}{C}}-CH_2\overset{/\!/O}{C}\sim S\overline{CoA}} \longrightarrow H_3C-\underset{\underset{CH_2COOH}{|}}{\overset{/\!/O}{C}} + H_3C-\overset{/\!/O}{C}\sim S\overline{CoA}$$

β-Hydroxy-β-methylglutaryl-CoA entsteht aus Acetacetyl-CoA(IV) und Acetyl-CoA:

$$\underset{\text{(IV)}}{\begin{matrix} CH_3-CO-CH_2-CO\sim S\overline{CoA} \\ + \\ CH_3-CO\sim S-\overline{CoA} \end{matrix}} \longrightarrow \underset{\text{(III)}}{CH_3-\overset{\overset{OH}{|}}{\underset{\underset{CH_2COOH}{|}}{C}}-CH_2CO\sim S\overline{CoA}} + CoA$$

Für die *Bildung* von *Acetacetyl-CoA* bestehen verschiedene Möglichkeiten:

- Synthese aus 2 Molekülen Acetyl-CoA unter Abspaltung von CoA
- Synthese aus Acetyl-CoA und Malonyl-CoA unter Decarboxylierung und Abspaltung von CoA
- Dehydrogenierung von β-Hydroxybutyryl-CoA.

Acetacetat ist einer der sog. **Ketonkörper**, worunter man *Acetessigsäure*, *β-Hydroxybuttersäure* und *Aceton* zusammenfaßt:

CH_3	CH_3	CH_3
|	|	|
$C{=}O$	$HCOH$	$C{=}O$
|	|	|
CH_2	CH_2	CH_3
|	|	
$COOH$	$COOH$	
Acetessigsäure	β-Hydroxybuttersäure	Aceton

Die biogenetische Verwandtschaft dieser drei Verbindungen ist unverkennbar. Ausgangspunkt ihrer Bildung ist *Hydroxymethylglutaryl-CoA*:

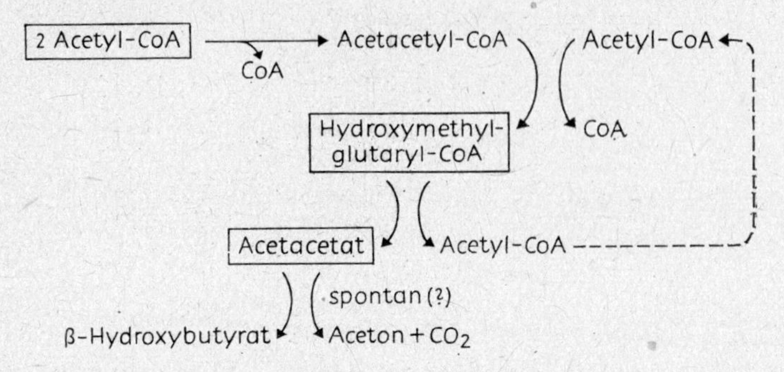

In der Bilanz der dargestellten Reaktionsfolge werden 2 Moleküle Acetyl-CoA in 1 Molekül Acetessigsäure und 2 Moleküle Coenzym A verwandelt. Die Reaktionen dieser „physiologischen" Ketonkörperbildung haben die Aufgabe, CoASH zu regenerieren (das für die Acyl-CoA-Synthese benötigt wird) und freie Acetessigsäure zur Verfügung zu stellen. Bildungsort von Acetacetat ist die Leber. Es wird als leicht verbrennbare Energiequelle zur Peripherie transportiert. Ketonkörperverwertende Organe sind die Muskulatur und das Gehirn. Es ist bekannt, daß bereits nach einer kurzen Hungerperiode beim Menschen das Gehirn seinen Energiebedarf nicht mehr allein aus Glucose, sondern in stärkerem Maße aus Acetacetat deckt.

Normalerweise werden Ketonkörper in der Leber nur in geringen Mengen gebildet. Ihre Konzentration im Blut ist sehr gering. Bei Mangel an Glucose im Hungerzustand und bei unzureichender Verwertung der Glucose beim Diabetes mellitus wird jedoch der Glucosemangel kompensiert durch eine stark gesteigerte Bildung und Bereitstellung von Acetessigsäure. Die *Ursache der Ketogenese* wird gesehen in einer stark erhöhten Fettsäureoxydation, die zu einem massenhaften Anfall von Acetyl-CoA führt, das über den Tricarbonsäure-Zyklus nicht mehr vollständig oxydiert werden kann. Die „pathologische" Ketonkörperbildung wird in diesem Sinne als eine Störung des Gleichlaufs zwischen der β-Oxydation der Fettsäuren und der vollständigen Oxydation von anfallendem Acetyl-CoA über den TCC in der Leber angesehen. Ebenso könnte natürlich der vermehrte Anfall von Acetyl-CoA die Folge einer Drosselung der Endoxydation über den TCC sein. Nach einer anderen Auffassung soll die „pathologische" Ketonkörperbildung jedoch die Konsequenz des begrenzten Abbaus von Acetacetyl-CoA durch *Thiolase* sein. Die Begrenzung der thiolytischen Spaltung von Acetacetyl-CoA führt zu einer bevorzugten Bildung von freiem Acetacetat, so daß die Ketogenese nicht ursächlich mit der Größe des Acetyl-CoA-Pools im Zusammenhang steht. Pathologisch wirkt die Ketogenese erst durch eine Acidose des Blutes.

10.2.3. Acetyl-Coenzym A als Precursor der Synthese von Biomolekülen

10.2.3.1. Synthese der Fettsäuren

Die **Biosynthese der Fettsäuren** geht vom **Acetyl-CoA** aus. Da alle Reaktionen der β-Oxydation reversibel sind, wurde zunächst angenommen, daß die Fettsäuresynthese eine einfache Umkehr des Fettsäureabbaus sei. Bei Überangebot an reduzierten Coenzymen und von ATP könnte die β-Oxydation in umgekehrter Reihenfolge ablaufen. Es stellte sich jedoch heraus, daß β-Oxydation der Fettsäuren und Fettsäuresynthese auf verschiedenen Wegen erfolgen. Charakteristische Unterschiede können wie folgt zusammengefaßt werden:

β-Oxydation von Fettsäuren	Fettsäuresynthese
Thioester von CoASH	Acyl-Carrier-Protein (ACP)-Ester in Bakterien; CoA-Ester und enzymgebundene Thioester (an den katalytisch aktiven Proteinen des Fettsäuresynthetase-Multienzymkomplexes) bei Hefen und Tieren
L(+)β-Hydroxyaxyl-Derivate	D(−)β-Hydroxyacyl-Derivate
FAD und NAD^+ als Cofaktoren	NADPH + H^+ als Cofaktor
oxydative Abbaureaktionen	reduktive Synthesereaktionen
Bildung von ATP	Verbrauch von ATP
Acetyl-CoA und Propionyl-CoA als Produkte	Acetyl-CoA und Malonyl-CoA als Ausgangsverbindungen

Tatsächlich existiert jedoch neben der Malonyl-CoA-abhängigen Fettsäuresynthese eine *Malonyl-CoA-unabhängige Kettenverlängerung von Fettsäuren* in Mitochondrien, die eine einfache *Umkehr der Reaktionen der β-Oxydation* darstellt. An dieser Kettenverlängerungsreaktion sind die Enzyme *Thiolase*, *β-Hydroxyacyl-CoA-Dehydrogenase*, *Enoyl-CoA-Hydratase* und *Enylo-CoA-Reduktase* beteiligt. Letztere katalysiert die NADH- und NADPH-spezifische Hydrierung von α,β-ungesättigten Acyl-CoA-Derivaten. Die *Enoyl-CoA-Reduktase* ist ein Enzym, das weder bei der β-Oxydation, noch bei der *de novo*-Synthese der Fettsäuren auf dem Malonyl-CoA-abhängigen Weg eine Rolle spielt. Durch Kombination dieses Enzyms mit den Enzymen der β-Oxydation lassen sich höhere Fettsäuren auch aus Acetyl-CoA aufbauen, wobei das Maximum der Aktivität jedoch nicht bei den langkettigen Fettsäuren liegt.

Die *Malonyl-CoA-abhängige Fettsäuresynthese* geht von *Acetyl-CoA* und **Malonyl-CoA** aus. Letzteres wird aus Acetyl-CoA und Kohlendioxid an der Biotin-abhängigen *Acetyl-CoA-Carboxylase* synthetisiert (vgl. 9.2). Im Malonyl-CoA liegt eine besonders reaktionsfähige CH_2-Gruppe vor, die leicht mit Acyl-CoA-Verbindungen unter Bildung der β-Ketoacyl-Verbindung und Abspaltung von CO_2 reagiert. In der Bilanz ist die Fettsäuresynthese umstehend dargestellt.

In bakteriellen Systemen sind Zwischenprodukte Thioester, die an *Acyl-Carrier-Protein* (ACP) gebunden sind. In Bakterien liegen die einzelnen an der Fettsäuresynthese beteiligten Enzyme in freier Form vor. Bei Pilzen und in Säugetieren (Leber) sind die Enzyme der Fettsäuresynthese zu einem *Multienzymkomplex* vereinigt, in welchem ACP eine zentrale Komponente ist (vgl. auch 6.2.).

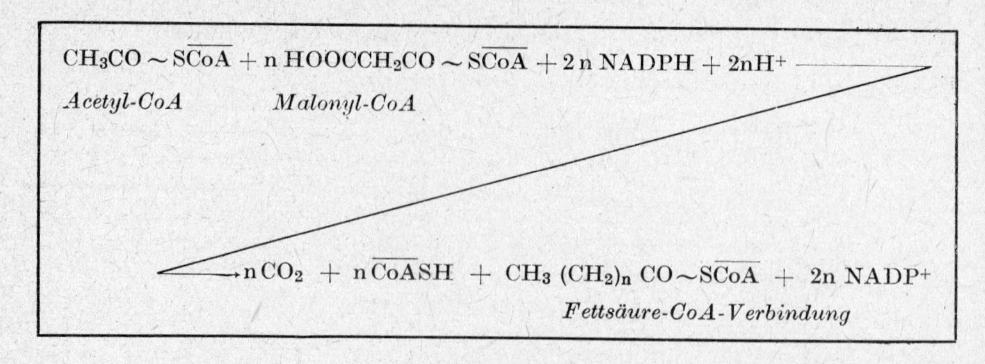

Bei Pflanzen ist ein Multienzymkomplex noch nicht sicher nachgewiesen worden. Das nach seiner Funktion als **Acyl-Carrier-Protein** bezeichnete Protein wurde vom amerikanischen Biochemikern in Coli-Bakterien entdeckt. Im **Multienzymkomplex der Fettsäuresynthetase** ist das ACP Träger der im Verlaufe der Synthese intermediär durchlaufenen Carbonsäuren. Hervorstechendstes Merkmal dieses Proteins ist der Besitz von *Pantetheinphosphat*, das über Phosphorsäure an die OH-Gruppe eines Serylrestes der Polypeptidkette gebunden ist (Phosphorsäurediester-Bindung). Dieser *Phosphopantetheinrest* (im gestreckten Zustand etwa 1,5 nm lang) ist durch Drehung um Einfachbindungen schwenkbar, so daß die als Thioester gebundenen Zwischenstufen der Fettsäuresynthese nacheinander mit den aktiven Zentren der verschiedenen Enzymproteine des Multienzymkomplexes in Kontakt kommen können. Das *Startermolekül* der Fettsäuresynthese, *Acetyl-CoA*, wird zunächst an eine bestimmte Proteinuntereinheit des Enzymkomplexes gebunden. Es reagiert dann mit einem *Malonylrest*, der aus Malonyl-CoA in einer Transfer-Reaktion (Umesterung!) auf ACP übertragen wurde. Das Kondensationsprodukt, *Acetoacetyl-ACP* (vorher Decarboxylierung!), wird durch eine weitere Enzymuntereinheit des Enzymkomplexes mit Hilfe von $NADPH_2$ zu D-(—)-*β-Hydroxybutyryl-ACP* reduziert. Aus diesem entsteht durch Dehydratisierung *Crotonyl-ACP*, dessen Reduktion (= 2. Reduktion am Multienzymkomplex!) zu *Butyryl-ACP* führt (Beteiligung von $FMNH_2$). Durch eine im Enzymkomplex vorhandene *Transferase* wird der Butyrylrest (Acylrest) in einer Umesterungsreaktion auf CoA übertragen, so daß die SH-Gruppe des Acyl-Carrier-Proteins frei wird. Sie kann erneut mit einem Molekül Malonyl-CoA (wie oben) reagieren (1. Transfer!). Die Acyl-CoA-Verbindung (in diesem Fall Butyryl-CoA) wird in gleicher Weise wie Acetyl-CoA gebunden und damit wieder in den Kreislauf eingeschleust. Butyryl-CoA und **Malonyl-CoA** kondensieren unter Decarboxylierung zu einer C_6-Verbindung, die wiederum den dargestellten Reaktionen der Reduktion (zur Hydroxyverbindung), Dehydratisierung (zur α,β-ungesättigten Verbindung), Reduktion (zur gesättigten Verbindung) unterliegt und in der folgenden Acyl-Übertragungsreaktion des 2. Transfers auf CoA transferiert wird. Auf diese Weise vollzieht sich ein **stufenweiser Aufbau** der Fettsäurekette innerhalb des Multienzymkomplexes der Fettsäuresynthetase. Erst nach Fertigstellung der Fettsäureketten mit 16 und 18 C-Atomen werden diese aus dem Komplex entlassen. Die Abb. 10.9. zeigt ein **Modell der Fettsäuresynthetase.** Durch die Bindung der Intermediärprodukte der Fettsäuresynthese an das ACP des Multienzymkomplexes erfolgt eine Kompartimentierung von Aufbau und Abbau der Fettsäuren in der Zelle, und es wird eine getrennte Regulation der anabolischen und katabolischen Reaktionsfolge möglich. Wenn an Stelle von Acetyl-CoA andere Startermoleküle (z. B. Propionyl-CoA, α-Methylbutyryl-CoA u. a.) fungieren, entstehen (gesättigte) Fettsäuren mit einer ungeraden Zahl von C-Atomen oder „verzweigte" Fettsäuren.

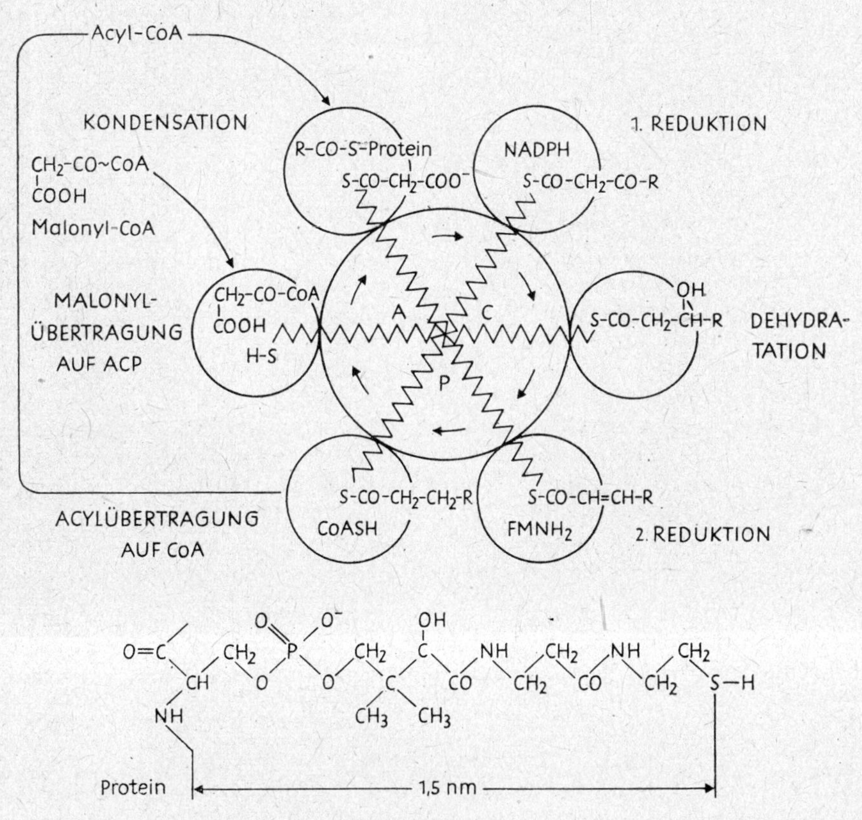

Abb. 10.9. Modell der Fettsäuresynthetase (n. LYNEN, aus LUCKNER). ACP = Acyl-Carrier-Protein. Unten: Pantethein-„Arm".

In anderen Fällen werden methylierte bzw. verzweigte Fettsäuren jedoch durch ganz andere Mechanismen gebildet: *Tuberculostearinsäure* (Tuberkelbakterien) wird durch Methylierung aus Ölsäure (vgl. 2.3.4.2.) via 10-Methylenstearinsäure synthetisiert; *Corynomykolsäure* von Mykobakterien (32 C-Atome, verzweigt) wird durch Kondensation von zwei Molekülen Palmityl-CoA aufgebaut.

Eine **Partialstruktur des ACP** von *Escherichia coli* ist wie folgt zu schreiben (aus BENNETT):

```
Glu—Glu—Asp—Ile—Thr—Ser—NH2
 :
 :
Gly
 |
Ala
 |
Asp     OH           CH3
 |      |            |
Ser—O—P—O—CH2—C—CH—C—NH—(CH2)2—C—NH—(CH2)2—[SH]
 |      ‖            |  |  ‖              ‖
Leu     O           CH3 OH O              O
        |_______________________________________________|
                         Pantethein
 :
 :
Ile—Asp—Gly—His—Glu—Ala
                    |
                    COOH
```

10.2.3.2. Lipidsynthesen

In vitro kann man die Konzentrationsverhältnisse so wählen, daß eine Fettsynthese bzw. Triglyceridsynthese aus Fettsäuren und Glycerin durch *Lipasen* (*Hydrolasen*; Untergruppe der *Esterasen*) möglich ist. In der Zelle liegt jedoch das Gleichgewicht des Fettabbaus ganz auf Seiten der Spaltprodukte Glycerin und Fettsäuren, da der Reaktionspartner Wasser im Überschuß ist und die er-

```
CH2—OH                  O                         O
|                       ‖                         ‖
CHOH         RC~SCoA, R'C~SCoA              CH2—O—CR
|          ——————————————————————→          |     O
CH2—O—(P)           ↘ 2 CoASH               |     ‖
                                            CH—O—CR'
Glycerin-1-P                                |
                                            CH2—O—(P)
                                            Phosphatidsäure
                                                 |
                                                 ↓ → Pan
      O                                          O
      ‖                                          ‖
CH2—O—CR                    O              CH2—O—CR
|     O                     ‖              |     O
|     ‖                 R''C~SCoA          |     ‖
CH—O—CR'    ←——————————————————————→       CH—O—CR'
|     O           ↙ CoASH                  |
|     ‖                                    CH2OH
CH2—O—CR''
                                           Diglycerid
Triglycerid
(Neutralfett)
```

forderlichen hohen Glycerinkonzentrationen nicht erreicht werden. *In vivo* werden **Neutralfette** aus Glycerin-1-phosphat und Fettsäure-CoA-Verbindungen synthetisiert. Intermediär ist eine *Phosphatidsäure* (Diglyceridphosphat), die auch bei der Biosynthese komplexer Lipide eine Rolle spielt. Phosphatidsäuren können im Stoffwechsel auf verschiedenen Wegen gebildet werden. Der wichtigste Bildungsmechanismus umfaßt die folgenden Reaktionsstufen:

- Bereitstellung von Glycerin-1-phosphat aus Glycerin (Leber, Darm, *Glycerin-Kinase*) oder Dihydroxyacetonphosphat (Fettgewebe, *Glycerin-1-phosphat-Dehydrogenase*)
- Kondensation von Glycerin-1-P mit 2 Molekülen Fettsäure-CoA-Verbindung zur Phosphatidsäure unter Freisetzung von 2 CoA
- Abspaltung von Phosphat aus der Phosphatidsäure durch Phosphataseeinwirkung und Veresterung des gebildeten Diglycerids mit einem 3. Molekül Acyl-CoA unter Eliminierung von CoA (S. 368) führt zum Triglycerid.

Lecithin (Phosphatidylcholin) wird aus einem Diglycerid und **Cytidindiphosphat-Cholin** (CDP-Cholin) aufgebaut (Abb. 10.10.). Nucleosiddiphosphatverbindungen sind Intermediärstufen der Synthese von Glycerinphosphatiden (Abb. 10.11.). CDP wirkt als „Coenzym" der Phosphatidsynthese.

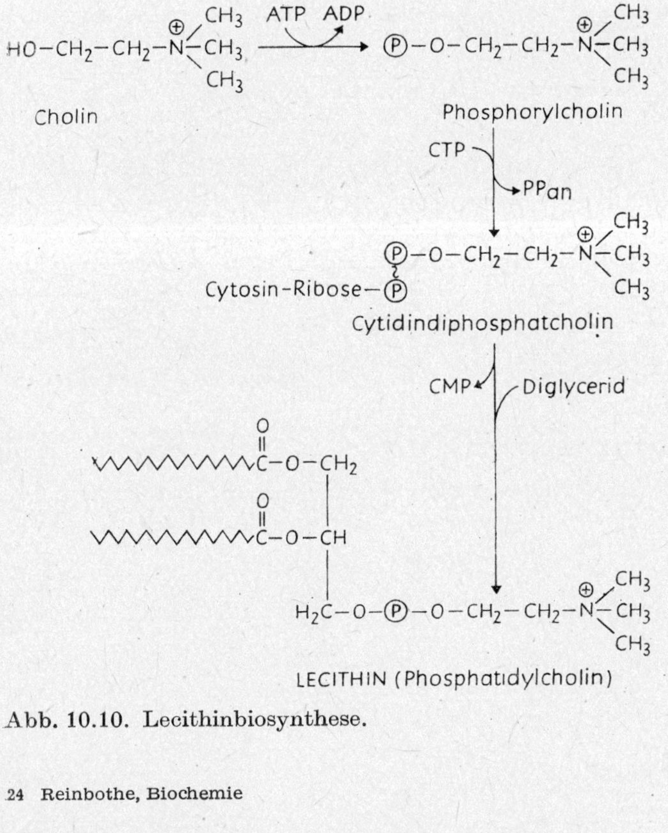

$HO-CH_2-CH_2-\overset{\oplus}{N}(CH_3)_3$ — ATP → ADP → Ⓟ$-O-CH_2-CH_2-\overset{\oplus}{N}(CH_3)_3$

Cholin Phosphorylcholin

↓ CTP → PP_{an}

Ⓟ$-O-CH_2-CH_2-\overset{\oplus}{N}(CH_3)_3$
Cytosin-Ribose—Ⓟ

Cytidindiphosphatcholin

↓ Diglycerid → CMP

$\sim\sim\sim C(=O)-O-CH_2$
$\sim\sim\sim C(=O)-O-CH$
H_2C-O-Ⓟ$-O-CH_2-CH_2-\overset{\oplus}{N}(CH_3)_3$

LECITHIN (Phosphatidylcholin)

Abb. 10.10. Lecithinbiosynthese.

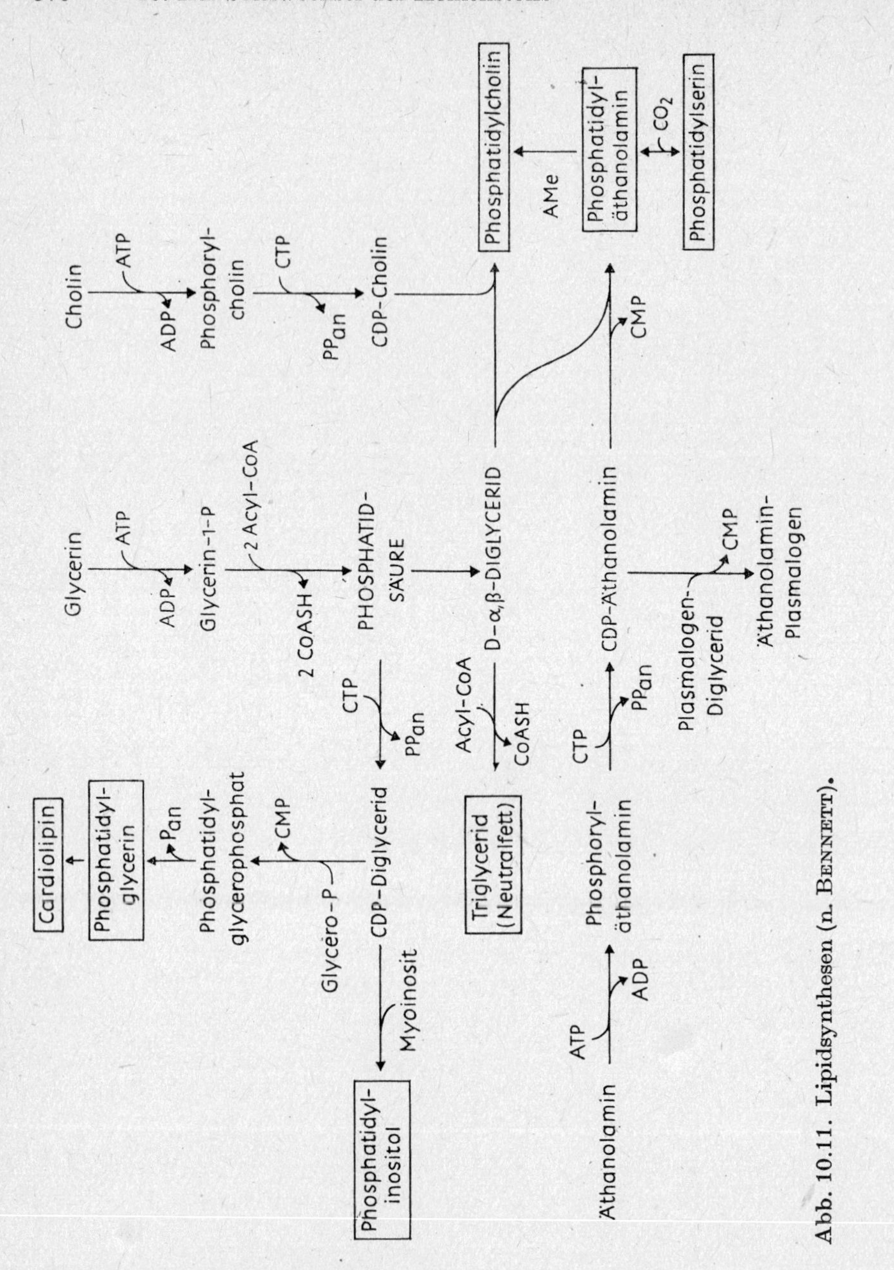

Abb. 10.11. Lipidsynthesen (n. BENNETT).

10.2.3.3. Isoprenoidlipid-Biosynthese

Schlüsselsubstanzen in der zu Terpenen und Steroiden führenden Reaktionsfolge sind das *3-Hydroxy-3-methyl-glutaryl-CoA*, die *Mevalonsäure* (Abb. 10.12.) und das *Isopentenylpyrophosphat*, das „biologische Isopren“ (vgl. 2.6.2.1.). Die Bildung von 3-Hydroxymethylglutaryl-CoA ist in 10.2.2.2. dargestellt. Diese Substanz kann auch aus Leucin gebildet werden in einer Reaktionsfolge, die Isovaleryl-CoA, β-Methylcrotonyl-CoA und β-Methylglutaconyl-CoA als Intermediärstufen enthält. Ein möglicher Weg der Biosynthese von Isopentenylpyrophosphat ist in der Abb. 10.12. dargestellt. Einige Reaktionsschritte sind noch ungewiß.

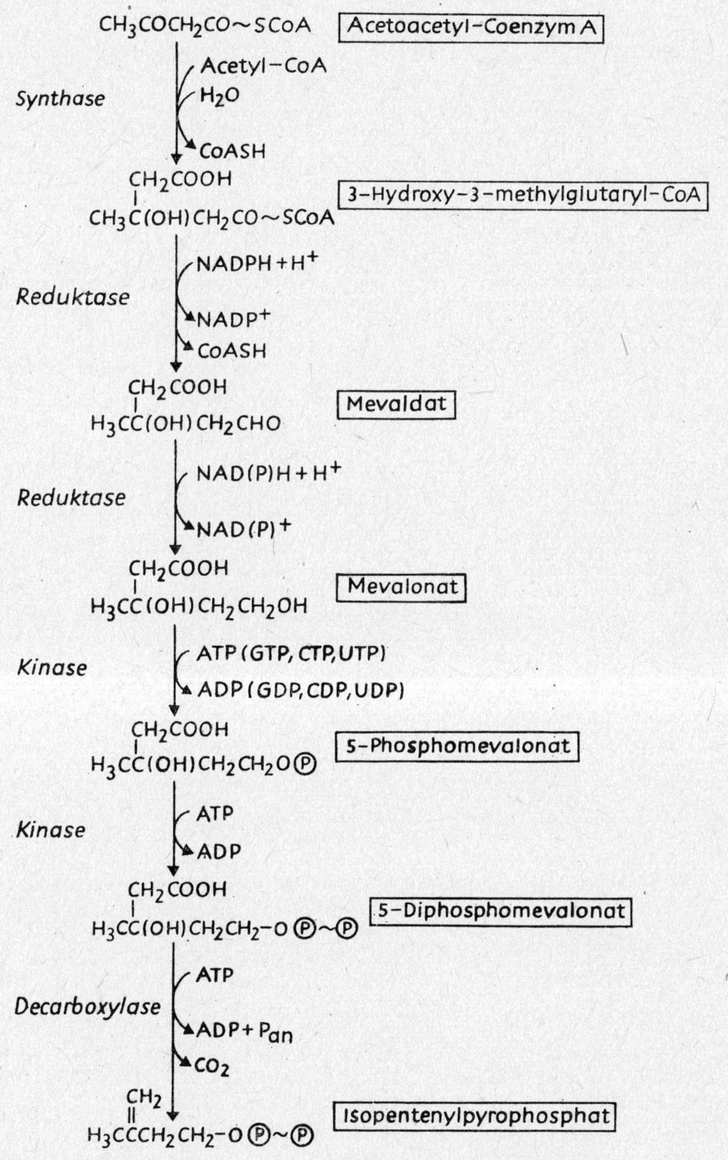

Abb. 10.12. Synthese von Isopentenylpyrophosphat.

Isopentenylpyrophosphat ist die Ausgangsverbindung in der Synthese von Isoprenoidlipiden. Die Verbindung erfährt zunächst eine *Allylumlagerung* zu Dimethylallylpyrophosphat („Prenylpyrophosphat"). Dieses spaltet leicht ein

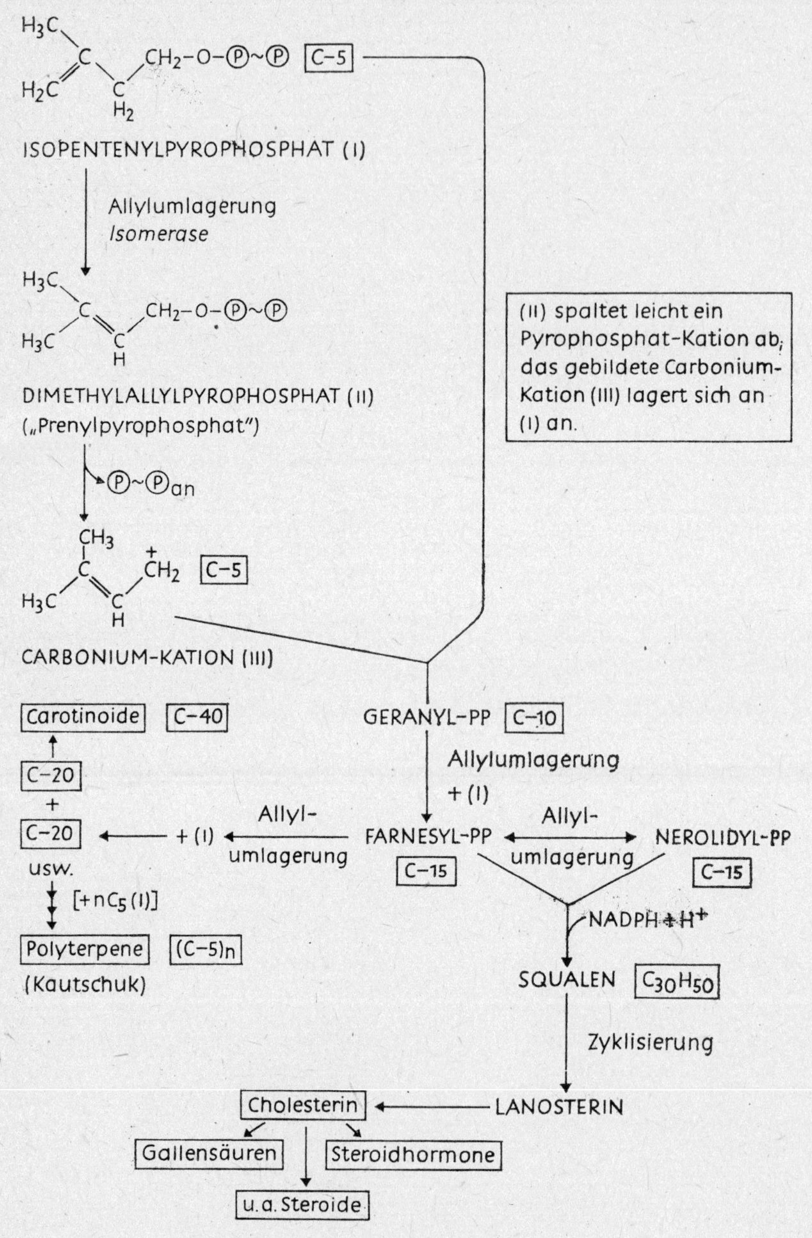

Abb. 10.13. Biosynthese von Isoprenoidlipiden aus Isopentenylpyrophosphat.

Pyrophosphat-Anion ab, wobei ein Carbonium-Kation entsteht (Abb. 10.13.). Dieses lagert sich an Isopentenylpyrophosphat unter Bildung von Geranylpyrophosphat an. Letzteres erfährt wiederum eine Allylumlagerung, und das Carbonium-Kation reagiert mit Isopentenyl-PP zur C-15-Verbindung, Farnesylpyrophosphat. Der Reaktionsmechanismus wiederholt sich (Bildung der C-20-Verbindung, Geranyl-geranyl-pyrophosphat usw.). Auf diese Weise werden die Polyterpene (vgl. 2.6.2.1.) synthetisiert.

Die Biosynthese von **Cholesterin** und der Steroide zweigt auf der Stufe von Farnesylpyrophosphat ab (Abb. 10.14.), das zu dem Nerolidyl-Derivat isomerisiert wird. Die reduktive Kopf-an-Kopf-Kondensation von 2 C-15-Einheiten führt zum **Squalen**, einer Verbindung, die zuerst aus Haifischleber bekannt wurde. Squalen, $C_{30}H_{50}$, erfährt Zyklisierung. Das erste nachweisbare Zyklisierungsprodukt ist das *Lanosterin*. Der Ringschluß wird vermutlich durch eine Epoxidbildung an der ersten Doppelbindung vorbereitet. Über 15 Zwischenprodukte, die zumeist bekannt sind, wird schließlich das Cholesterin gebildet.

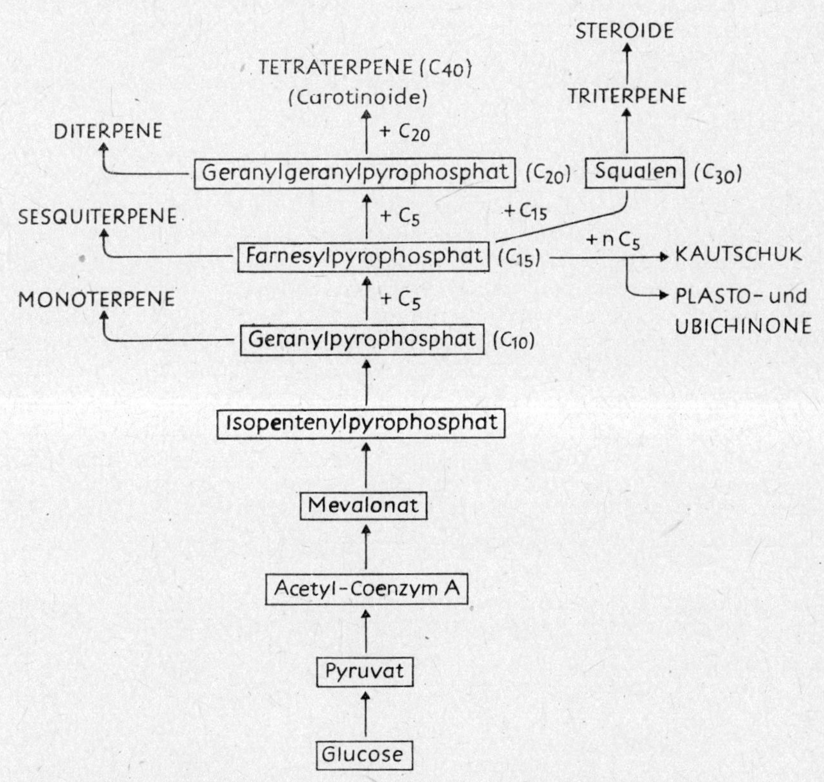

Abb. 10.14. „Stammbaum" der Terpene und Steroide.

Die **Carotinoide** (vgl. 2.6.2.1.) entstehen durch eine Kopf-an-Kopf-Kondensation der C-20-Zwischenverbindung des Isoprenoidbiosynthese-Schemas, des Geranyl-geranyl-pyrophosphats. Bei der Aufklärung der Carotinoid-Biosynthese haben *Neurospora*-Mutanten eine Rolle gespielt. Das durch Kondensation von 2 C-20-Verbindungen gebildete *Phytoen* ist noch farblos (9 Doppelbindungen, davon 3 konjugiert). Es wird Schritt für Schritt unter Einzug weiterer Doppelbindungen umgelagert zum *Lycopin* (13 Doppelbindungen, davon 11 konjugiert, Polyenfarbstoff!).

Die in grünen Blättern und Früchten vorhandenen *Primärcarotinoide* werden in den Chloroplasten synthetisiert. Erst mit der Bildung von Chromoplasten (vgl. 6.) in reifenden Früchten treten *Sekundärcarotinoide* auf. Letztere entstehen aus den Primärcarotinoiden (vgl. auch 10.3.) durch Oxydation und Veresterung. Tiere können Carotinoide nicht *de novo* synthetisieren, jedoch chemisch abwandeln (z. B. Bildung von Astaxanthinester aus dem Luteinester im Goldfisch, *Carassius auratus*, oder Umwandlung von β-Carotin in Astaxanthin in Krebsen). Die farbgebenden Carotinoide mancher Tiere stammen also letztlich aus der Nahrung. Bei Fütterung von „roten" Carotinoiden an Kanarienvögel kann man eine rote Spielart, den sog. Rotvogel, erhalten.

10.3. Die Photosynthese (Primärsynthese von Kohlenstoffgerüsten)

Die **Photosynthese** ist in qualitativer und quantitativer Hinsicht der bedeutendste Vorgang organischer Stoffproduktion. Alle selbst nicht photosynthetisch aktiven Organismen (Ausnahme: Chemosyntheseorganismen) sind direkt oder indirekt auf die Tätigkeit der Photosyntheseorganismen angewiesen. Durch den Vorgang der Photosynthese wird in der Biosphäre „Energiepotential", das durch die Oxydation organischer Stoffe in den Prozessen der Atmung und Gärung bald erschöpft sein müßte, ständig wieder aufgebaut. Denn im Zuge der Photosynthese werden Kohlenhydrate, also reduzierte organische C-Verbindungen, synthetisiert.

Photosynthese ist der Prozeß, durch den grüne (chlorophyllhaltige) Lebewesen (Pflanzen und eine Zahl photosynthetisch aktiver Mikroorganismen) Lichtenergie hν (elektrometrische Strahlungsenergie zwischen 400 und 10000 nm) in chemisches Energiepotential umwandeln. Photosynthese ist in erster Linie ein *Energieumwandlungsprozeß*. Der Vorgang kann in seiner Bilanz durch eine einfache chemische Gleichung beschrieben werden: Kohlendioxid und Wasser treten in die Reaktion ein, Kohlenhydrat ist das Reaktionsprodukt. Die **Photosynthese der grünen Pflanzen** (nicht die bakterielle Photosynthese) ist mit der *Entwicklung von molekularem Sauerstoff* verbunden. In der Bilanz erscheint dieser Prozeß als *Umkehrung der Atmung*:

Photosynthese: $$CO_2 + H_2O \xrightarrow[\text{Chlorophyll}]{\text{Licht}} (CH_2O) + O_2$$

Atmung: $$(CH_2O) + O_2 \xrightarrow[\text{Cofaktoren}]{\text{Enzyme}} CO_2 + H_2O$$

Bei der Photosynthese wird Lichtenergie in die chemische Energie von Kohlenhydrat verwandelt. (CH_2O) in der Reaktionsgleichung bedeutet: 1/6 Kohlenhydrat. Katalysator der Reaktion ist das **Chlorophyll**, das in den Organellen der Photosynthese (Chloroplasten, Phaeoplasten, Rhodoplasten, bakterielle Chromatophoren) in Bindung an Proteine vorliegt. Strenggenommen ist es das Chlorophyll a bzw. (bei Photosynthesebakterien) das Bacterichlorophyll a. Dieses ist das **Hauptpigment.** Andere **Photosynthesepigmente** (*verschiedene Chlorophylle, Carotinoide, Biliproteine*) haben Hilfsfunktionen und sind *Nebenpigmente.* Die bei der Photosynthese der grünen Pflanzen gebildeten Kohlenhydrate bzw. Zuckerphosphate werden a) oxydativ unter ATP-Gewinn abgebaut (veratmet), b) als Präkursoren von organischen Körperbausteinen verwendet, c) aus den Photosyntheseorganellen abtransportiert (Glucose und Saccharose als Transportformen) und dann vielfach in Form von Stärke gespeichert.

Die **Photosynthese** ist ein **endergonischer Prozeß:**
Unter Berücksichtigung der Bindungsenergien (kcal/Mol) der Reaktionsteilnehmer berechnen wir für die Glucosebildung aus $6 \times (CH_2O)$: $6 \times 111 = +666$ kcal/Mol = ΔH_0:

CO_2 +	H_2O →	(CH_2O) +	O_2	*Bindungsenergie*
384	222	376	119	ΔH/ (kcal/Mol)
−111		+111		

Die Photosynthese ist eine temperaturkonstante Reaktion mit positiver Änderung der *Enthalpie* (H). Bei jeder chemischen Reaktion, die Energie in Form von Wärme aufnimmt, aber ohne Druckänderung erfolgt, stehen die Änderungen der Enthalpie (ΔH) und der inneren Energie (ΔU) des Systems durch die folgende Beziehung miteinander in Verbindung:

$$\Delta U = \Delta H - p\Delta V$$

Ein Teil der aufgenommenen Wärme wird zur Leistung von Volumenarbeit ($p\Delta V$) verwendet. Somit gilt:

$$\Delta H = \Delta U + p\Delta V$$

Bei der Photosynthese wird ebensoviel Gas verbraucht wie entwickelt. Deshalb verläuft sie ohne Umwandlung von innerer Energie (U) in Volumenarbeit (V):

$$\Delta H = \Delta U$$

Da in der Bilanz die Zuckerbildung bei der Photosynthese die Umkehr der Glucoseoxydation ist und die Messung des ΔH_0 dieses Vorganges einen Wert von $\Delta H_0 = -673$ kcal/Mol Glucose liefert, folgt für die *Änderung der Enthalpie* bei der Photosynthese:

$$6\,CO_2 + 6\,H_2O \rightarrow C_6H_{12}O_6 + 6\,O_2 \qquad \Delta H_0 = +673 \text{ kcal/Mol}$$

Tatsächlich wird jedoch zusätzliche Energie verbraucht, da die Reaktion einen höheren Ordnungszustand herbeiführt. Erhöhung des Ordnungszustandes des Systems bedeutet eine negative Entropieänderung ($-\Delta S$). Für die *Änderung der Gibbs-Energie* (ΔG_0) gilt:

$$\Delta G_0 = \Delta H_0 - T\Delta S$$

Für die Reaktion: $6\ CO_2 + 6\ H_2O \rightarrow C_6H_{12}O_6 + 6\ O_2$ ergibt sich für $\Delta G_0 = +686$ kcal/Mol.

Die **Entwicklung von molekularem Sauerstoff** bei der Photosynthese grüner Pflanzen ist die Konsequenz der sog. **Photolyse** des Wassers, die die „physiologische Hill-Reaktion" ist (vgl. 10.3.1.):

$$6\ CO_2 + 12\ H_2O \xrightarrow[\text{Chlorophyll}]{\text{Licht}} C_6H_{12}O_6 + 6\ O_2 + 6\ H_2O$$

Der Sauerstoff entstammt dem Wasser (und nicht dem Kohlendioxid). Durch die Reaktionsgleichung der Photosynthese wird die „*Assimilation des Kohlendioxids*" beschrieben, die indessen nicht kennzeichnend für die Photosyntheseorganismen ist. Auch chlorophyllfreie Lebewesen können CO_2 fixieren (hetereotrophe CO_2-Fixierung). Doch muß bei diesen damit kein Substanzgewinn verbunden sein (vgl.jedoch die anaplerotische CO_2-Bindung in 10.2.1.). Chemosynthetische Mikroorganismen (vgl. auch 3.4. sowie Lehrbücher der Allgemeinen Mikrobiologie) bedienen sich bei der „Assimilation von CO_2" und der damit verbundenen *reduktiven Kohlenhydratsynthese* der gleichen Stoffwechselmechanismen wie photosynthetische Organismen. Die erforderliche Energie wird aus der Oxydation verschiedener Substrate bereitgestellt.

Lichtenergie wird bei der Photosynthese unmittelbar in Phosphatbindungsenergie von ATP verwandelt. Die photolytische Wasserzersetzung dient der Bildung von NADPH + H^+ (grüne Pflanzen) bzw. NADH + H^+ (Photosynthesebakterien). ATP und das gebildete Reduktionsmittel werden wohl nur teilweise direkt für Stoffsynthesen in den Photosyntheseorganellen genutzt. Zum größeren Teil werden diese nur transistorisch auftretenden „Primärprodukte" der Photosynthese (vgl. weiter unten) in der reduktiven Kohlenhydratsynthese verbraucht. Die in der Bilanzgleichung der Photosynthese auftretende Glucose wird zumeist als *Assimilations-* oder *primäre Stärke* vorübergehend in den Chloroplasten deponiert (in mehreren Pflanzengruppen bestehen demgegenüber gänzlich abweichende Stoffwechselmuster, vgl. 10.3.3.), dann abgeleitet, verbraucht oder als *Reservestärke* (*sekundäre Stärke*) gespeichert. Durch den oxydativen Abbau von einem Stärkebaustein (Glucose) werden 38 ATP bereitgestellt.

Die Aufnahme von Aktionsspektren der Photosynthese hat zu der Einsicht geführt, daß neben *Chlorophyll a* (vgl. auch 2.6.4.3.) noch weitere Pigmente an der Lichtausnutzung und Energieleitung beteiligt sind. Die Photosynthesefarbstoffe bilden *Pigmentkollektive*, die kooperativ zusammenarbeiten (vgl. 10.3.2.). **Chloroplasten-Farbstoffe** zeigt die Tabelle 10.8.

Carotinoide spielen z. B. bei der Photosynthese von Phaeophyta (Braunalgen, Farbe!) und Diatomeen (Kieselalgen) in Form des *Fucoxanthins* und *β-Carotins* eine wichtige Rolle. Bei Rhodophyta (Rotalgen) und Cyanophyta (Blaualgen) sind die die Färbung dieser Algengruppen bestimmenden **Biliproteide** (= Phycobiline, vgl. 2.6.4.3.) entscheidend an der photosynthetischen Lichtausnutzung beteiligt. Je nach dem Vorkommen unterscheidet man bei den Biliproteiden R-, B-, C-, Allo- und *Cryptomonas*-Formen (R = Rhodophyta, B = Bangiales, C =

Tabelle 10.8. Vorkommen von Chloroplastenpigmenten in Photosyntheseorganismengruppen (aus WIESSNER) (± = mehr oder weniger)

Organismengruppe	Chlorophylle						Carotinoide	Biliproteide	
	a	b	c	d	e	Ba[1])		Phycocyan	Phycoerythin
Spermatophyta	+	+					+		
Pteridophyta	+	+					+		
Bryophyta	+	+					+		
Chrysophyta	+		±	±			+		
Chlorophyta	+	+					+		
Euglenophyta	+	+					+		
Pyrrophyta	+		+				+		
Cryptophyta	+		+				+	±	±
Charophyta	+	+					+		
Phaeophyta	+		+				+		
Rhodophyta	+			±			+	±	+
Cyanophyta	+						+	+	±
Bacteriophyta	—					+	+		

[1]) Ba = Bacteriochlorophyll a

Cyanophyta). Sie sind in struktureller und spektraler Hinsicht unterschieden. Die Gegenwart von Carotinoiden kann für den betreffenden Photosyntheseorganismus von Vorteil sein, ist jedoch keine notwendige Voraussetzung der Photosynthese überhaupt. Carotinoidfreie Mutanten von Purpurbakterien und Algen sind noch zur Photosynthese befähigt. In der Tabelle 10.9. sind die **thylakoidalen Carotinoide** von zwei gut untersuchten Pflanzen aufgeführt.

Tabelle 10.9. Prozentualer Gehalt thylakoidaler Carotinoide einer Grünalge (*Chlorella*) und von Rotbuchenblättern (n. WIESSNER)

Carotinoide	*Chlorella pyrenoidosa*	*Fagus silvatica*
Carotine	19%	34%
davon: α-Carotin	4%	
β-Carotin	15%	
Lycopin		34%
Xanthophylle	81%	66%
davon: Lutein	50%	45%
Violaxanthin	21%	14%
Neoxanthin	10%	7%
Quotient Xanthophylle/ Carotine	4,3	1,95

Entscheidendes Photosynthesepigment ist das **Chlorophyll a**, das nur bei den Bacteriophyta fehlt und hier durch das **Bacteriochlorophyll a** vertreten wird (vgl. Tabelle 10.8. sowie Tabelle 2.38.). **Chlorophyll b** fehlt in einigen Gruppen von Photosyntheseorganismen vollständig. Chlorophyll a existiert in verschiedenen spektralen Modifikationen bzw. in unterschiedlichen physikalischen Zuständen als Folge unterschiedlicher Bindung an Proteine: wir unterscheiden die **Chlorophyll-a-Proteide** Chl a_{670}, Chl a_{678}, Chl a_{684} und Chl a_{693}. Hieraus wird zugleich ihr besonderer Platz in der Lichtausnutzung bzw. Energieleitung verständlich (vgl. 10.3.2.). Alle übrigen Pigmente (einschließlich Chlorophyll b) sind als Hilfs- oder Nebenpigmente zum Chlorophyll a aufzufassen. Sie werden als **akzessorische Pigmente** bezeichnet. Sie übertragen Anregungsenergie (vgl. 10.3.2.) auf das Chlorophyll a. Diese Energieübertragung ist gerichtet und erfolgt immer zum im langwelligeren Bereich absorbierenden Pigment hin. Sie ist praktisch verlustlos, d. h. hat einen thermodynamischen Wirkungsgrad von nahezu 100%.

10.3.1. Licht- und Dunkelreaktionen

Der **photochemische Reaktionsbereich**, der die an die Photochemie des Chlorophylls gebundenen Primärprozesse der Energietransformation umfaßt, grenzt sich gegen die rein chemischen Reaktionen ab, die auch im Dunkeln verlaufen. Schon um 1940 wurde die Vorstellung entwickelt (Blackman, O. Warburg), daß die reduktive Kohlenhydratsynthese eine von dem *photochemischen Prozeß* verschiedene *Dunkelreaktion* ist. Licht- und Dunkelreaktionen sind zwei verschiedene Reaktionsbereiche bzw. Phasen der Photosynthese. Obwohl streng genommen photosynthetischer Elektronentransport und Photophosphorylierung (vgl. 10.3.2.) eigentlich Dunkelreaktionen sind, besprechen wir sie im Abschnitt 10.3.2. Die **Dunkelphase** (in unserer Darstellung) umfaßt:

- die photosynthetischen Carboxylierungsreaktionen
- die ATP-abhängige Synthese von Photosyntheseprodukten, d. i. in dem am weitesten verbreiteten Photosynthesetyp die ATP-benötigende Reduktion des Carboxylierungsproduktes 3-Phosphoglycerinsäure zur Oxydationsstufe von Zuckerphosphaten bzw. Kohlenhydraten
- die Prozesse der Regeneration des Akzeptors der photosynthetischen Carboxylierung (in dem vorherrschenden Photosynthesetyp: Ribulose-1,5-diphosphat)
- sich unmittelbar anschließende synthetische Reaktionen in den Photosyntheseorganellen („Assimilat-Bildung“).

Die **Dunkelreaktionen** in dem bei den meisten grünen Pflanzen verbreiteten Photosynthesetypus der Carboxylierung von Ribulose-1,5-diphosphat und der sich anschließenden Transformation von Phosphatestern von Zuckern beschreiben den **Weg des Kohlenstoffs** vom Kohlendioxid der Luft zu den stabilisierten *Assimilaten* (Stärke, in wenigen Fällen Saccharose, Zuckerblätter!). Die hierzu notwendigen *Zuckertransformationen*, die gleichzeitig zur kontinuierlichen Regeneration des photosynthetischen CO_2-Akzeptors führen, lassen sich als *Photosynthese-Zyklus* (Calvin) formulieren, der ein *reduktiver Pentosephosphat-Zyklus* ist (vgl. 10.3.3.). Das ist jedoch kein für alle Photosyntheseorganismen gültiges Schema. Der Einbau von Kohlendioxid bei der Photosynthese erfolgt nicht in allen Pflanzen auf dem gleichen Weg. Von dem Einbau von CO_2 in 3-Phosphoglycerat mit nachfolgender Synthese von Zuckerphosphaten gibt es Abweichungen (vgl. 10.3.3.).

Die folgenden **Termini** haben sich eingebürgert:
- 3-Phosphoglycerat wird als „Primärprodukt der Photosynthese“ bezeichnet (nicht exakt!)
- die Summe von gebildetem ATP und $NADPH_2$ (bzw. $NADH_2$, Bacteriophyta) wird als „assimilatory power“ (ARNON) bezeichnet. ATP und $NADPH_2$ sind die ersten stabilen Produkte der Lichtreaktionen grüner Pflanzen.

Die **ersten stabilen Produkte der Lichtreaktionen, ATP und $NADPH_2$**, werden in der reduktiven Kohlenhydratsynthese verbraucht. Fernerhin wird ATP in weiteren (kompartimentspezifischen) Reaktionen am Ort seiner Synthese genutzt (chloroplastenspezifische Nucleinsäure- und Proteinsynthese). Licht- und Dunkelreaktionen sind somit eng miteinander verzahnt. Auf experimentellem Wege gelingt jedoch ihre Trennung (Präilluminations-Technik u. a. Verfahren, vgl. die ausführlicheren Darstellungen der Photosynthese). Die wesentlichen **Prozesse der Licht- und Dunkelphase** faßt das nachfolgende Schema (in Anlehnung an ARNON) zusammen:

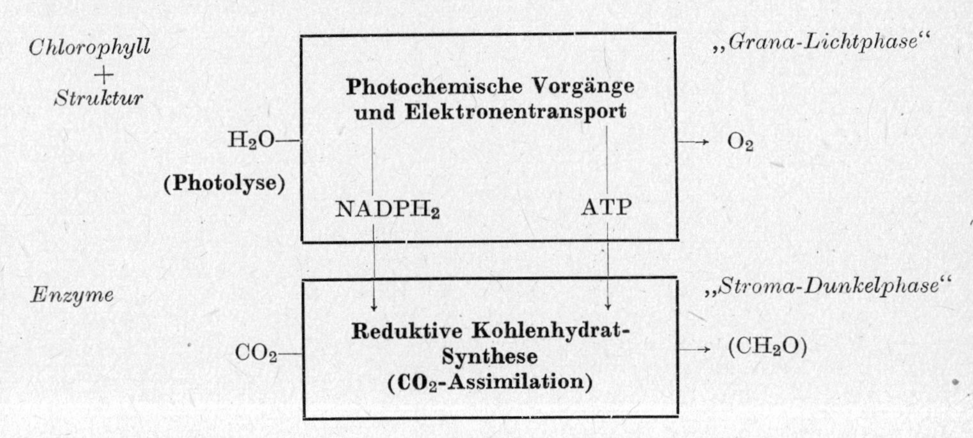

Chlorophyll liegt in den *Thylakoiden* (vgl. 6.3.2.1.) nicht im Zustand einer echten Lösung vor. Auf Grund seiner polaren Natur (lipophiler Charakter des gesättigten isoprenoiden Phytolrestes, Hydrophilie des substituierten Porphyrinringes) ist eine besondere Ausrichtung in den aus Protein-Lipoid-Doppelschichten aufgebauten Membranen sehr wahrscheinlich (zitiert nach OHMANN). Die **Lichtreaktionen** sind in den **Thylakoiden** (= „Lamellen“) lokalisiert. Die *Photophosphorylierung* (vgl. 10.3.2.) ist an Membranen gebunden.

Das **Stroma** (farblose Grundsubstanz) der Chloroplasten (vgl. dazu auch 6.3.2.1.) ist eine disperse wäßrige Phase mit einem hohen Gehalt an löslichen Proteinen und einer ausgeprägten biosynthetischen Kapazität. Im Stroma sind die Enzyme der CO_2-Assimilation (mit Ausnahme der thylakoidalen *Ribulose-1,5-diphosphat-Carboxylase*, die beim Aufschluß isolierter Chloroplasten jedoch leicht in Lösung geht) lokalisiert. Offensichtlich enthält es auch das chloroplastenspezifische Proteinsynthesesystem (einschließlich der plastidären DNS, RNS und der Chloroplasten-Ribosomen). An Einschlüssen enthält das Stroma (neben Assimilationsstärke) osmiophile Globuli (Hauptbestandteile: Lipide und Chinone) und Phytoferritin, ein Protein mit hohem Eisengehalt.

Verallgemeinernd sei festgestellt:
- die Lichtreaktionen sind in dem Membransystem der Photosyntheseorganellen lokalisiert
- die Dunkelreaktionen laufen im Stroma ab.

Bevorzugte **Untersuchungsobjekte der Photosyntheseforschung** sind:
- einzellige (coenobiale) Grünalgen (die im Lichtthermostaten angezogen und auch synchron kultiviert werden können)
- isolierte Chloroplasten (wäßrige und nicht-wäßrige Verfahren der Chloroplastenisolierung)
- Photosynthesebakterien.

Chloroplastenlamellen („broken chloroplasts") erhält man durch mechanisches Zerreiben, Ultrabeschallung oder Behandlung mit einem Detergens (z. B. Digitonin) aus isolierten Chloroplasten. Die Begriffsbestimmung ist hier nicht ganz einheitlich: nach TREBST werden als **„broken chloroplasts"** (aufgebrochene Chloroplasten) heute „class II chloroplasts" oder „intakte Chloroplasten" bezeichnet. Sie enthalten das gesamte strukturierte System des photosynthetischen Elektronentransports. Durch Aufschluß isolierter Chloroplasten mit Ultraschall lassen sich Elementarbausteine des Lamellensystems gewinnen, die elektronenoptisch abbildbar sind: sog. **Quantasomen**. Ihr funktioneller Status ist nicht klar definiert. Quantasomen sollen die **kleinsten morphologischen Einheiten** sein, die Elektronen transportieren und photophosphorylieren können. Sie ständen demnach in Analogie zu den Elektronentranspartikeln der Atmungskette (vgl. 11.1.1.). Ihre chemische Zusammensetzung ist bekannt (vgl. 6.3.2.1.). Die Analyse der Lichtreaktionen der Photosynthese (= photochemische Primärvorgänge + Elektronentransport + Photophosphorylierung) erfolgt auf 4 Linien experimenteller Beweisführung:
- Isolierung und Charakterisierung chloroplastenspezifischer Komponenten (Pigmente, Elektronentransport-Komponenten, Mangan)
- Messung der Menge und Bildungsgeschwindigkeit von Reaktionsprodukten (O_2, $NADPH_2$, $Ferredoxin_{red}$, ATP)
- spektrophotometrische Verfolgung physikalischer Übergänge, die als Folge der Lichtabsorption stattfinden (Blitzlicht-Photometrie und ihre periodische Variante)
- Einsatz spezifischer Inhibitoren, woraus auf beteiligte Komponenten und Reaktionsmechanismen geschlossen werden kann.

Die Reaktionen der reduktiven Kohlenhydratsynthese aus CO_2 wurden mit der Tracer-Technik ($^{14}CO_2$) und mit enzymatischen Verfahren untersucht.

10.3.2. Die beiden Lichtreaktionen der Photosynthese und die Photophosphorylierung

Den ersten wichtigen Hinweis auf das Zusammenwirken von **2 Lichtreaktionen** bei der Photosynthese lieferte der sog. *Emerson-Effekt*:
Emerson-Effekt = **Steigerungseffekt** (engl. enhancement)
EMERSON fand, daß:
- die photosynthetische Sauerstoffproduktion mit langwelligem Rot (700 nm) durch gleichzeitige Einstrahlung von kürzerwelligem Rotlicht (< 670 nm) stark erhöht wird (Zusatzlicht stimuliert)
- im langwelligen Rot ein steiler Abfall der Quantenausbeute, d. h. der CO_2-Reduktion, meßbar z. B. an der photosynthetischen Sauerstoffentwicklung (zur Quantenausbeute vgl. weiter unten), erfolgt.

Langwelliges Rot allein ist demnach relativ unwirksam, obwohl hier Chlorophyll absorbiert (die wichtigsten Absorptionsmaxima von Chl a liegen *in vivo* bei 673, 683, 695 und 700 nm). Der **Steigerungseffekt von Zusatzlicht** bedeutet:

– das langwellige Rot wird erst jetzt voll wirksam
– die Quantenausbeute ist gesteigert
– eine synergistische Wirkung der beiden Lichtqualitäten.

Als **Emerson-Effekt** bezeichnen wir die Steigerung der *Quantenausbeute* im Bereich des Rotabfalls durch Licht kürzerer Wellenlänge. Unter **Quantenausbeute** verstehen wir die pro Lichtquant vollbrachte photosynthetische Leistung. Als **Quantenbedarf** bezeichnen wir die Anzahl von Lichtquanten, die zur Bildung eines Moleküls Sauerstoff (O_2) benötigt werden.

Der theoretisch zu fordernde Quantenbedarf liegt bei 8 Quanten pro Molekül O_2 und ergibt sich aus den folgenden Verhältnissen:

$$\underset{\downarrow \atop O_2}{2\,H_2O} \xrightarrow[(4\,e)]{(4\,H^+)} 2\,NADP^+ \longrightarrow 2\,NADPH + 2\,H^+$$

Pro Elektron e werden 2 Lichtquanten benötigt. Die experimentell bestimmten Werte (Algen, intakte Blätter) liegen bei 8—10 Quanten/O_2 bzw. 10—14 Quanten/O_2 (isolierte Chloroplasten). Die ermittelten Werte hängen von physiologischen Aktivitäten des Untersuchungsmaterials (Wachstum, Induktionsperioden, Atmung) ab.

Der **Emerson-Effekt** war eine entscheidende Entdeckung, die zu den folgenden Annahmen zwang:

– in der Photosynthese spielen 2 verschiedene Absorptionsakte eine Rolle (Postulation von *2 Lichtreaktionen*)
– diese sind an verschiedene Photosysteme gebunden: *Photosystem I und II*
– es gibt *Haupt- und Nebenpigmente* der Photosynthese.

Die Aufnahme von *Aktionsspektren des Emerson-Effektes* (Messung der Wirksamkeit von Zusatzlicht zum langwelligen Rot – 700 nm – in bezug auf die Steigerung der Quantenausbeute) zeigte, daß die erhaltene Absorptionskurve bzw. das ermittelte Wirkungsspektrum den jeweils vorhandenen hauptsächlichen akzessorischen Pigmenten folgt.

Die **Photosysteme I und II** sind an jeweils spezifische Pigmentkollektive (Pigmentsystem I und II) und Cofaktoren gebunden. Offenbar liegt eine Kooperation in Serie vor. Die entwickelten Schemata zum Zusammenwirken der beiden Photosysteme zeigen u. a. das Bild von 2 hintereinander geschalteten Elektronentransport-Systemen („Zick-zack-Schema, vgl. die Abb. 10.15.). Die dem Wasser in der 2. Lichtreaktion entzogenen und aktivierten Elektronen werden in der 1. Lichtreaktion genutzt. Auf der einen Seite steht Wasser, auf der anderen Seite das zu reduzierende NADP. Die zwischen ihnen bestehende Potentialdifferenz wird durch 2 Lichtreaktionen übersprungen.

Die 2 in Serie geschalteten Lichtreaktionen vermitteln den **nicht-zyklischen Elektronentransport** von H_2O auf NADP. Die Elektronen werden zwischen den beiden *Photosystemen* über eine zwischengeschaltete *e-Transportkette* transportiert, die Cytochrome, Chinone und das Cu-Protein Plastocyanin enthält. 3 Komponenten der intermediären Elektronentransportkette wurden isoliert: Cytochrom f, Plastochinon und Plastocyanin, die charakteristische Komponenten bei höheren Pflanzen sind. 2 Cytochrome vom b-Typ wurden spektroskopisch identifiziert, konnten aber noch nicht isoliert werden. Die Anordnung der beiden Lichtreaktionen in dem üblichen „Zick-zack"-Schema (ARNON) beruht z. T. auf den ermittelten Standardreduktionspotentialen seiner Komponenten, z. T. auf spektroskopisch ermittelten kinetischen Daten. Der einzige Teil des Schemas, für den ausreichende biochemische Evidenz vorliegt, ist der terminale Elektronentransport vom Photosystem I auf *Ferredoxin* (Fd) und die nachfolgende Reduktion von NADP durch *Ferredoxin-NADP-Reduktase*. In *Anacystis* (Blaualge) tritt anstelle von Fd *Phytoflavin*. Ferredoxine (vgl. 11.2.1.) aus höheren Pflanzen und Algen zeigen große strukturelle Ähnlichkeit (2 Fe und 2 labile S-Atome/Molekül, Molekulargewicht ca. 12000).

Das *„Zick-zack"-Schema* des offenkettigen Elektronentransports ist umstritten. Sicher erscheint heute, daß das *zyklische e-Ttransportsystem* (vgl. weiter unten zur zyklischen Photophosphorylierung) eine eigene, charakteristische Elektronentransportkette mit einer spezifischen Phosphorylierungsstelle besitzt, die nicht identisch ist mit der des offenkettigen Systems. Für den *nichtzyklischen e-Transport* wurde von ARNON (1965) ein paralleles Schema vorgeschlagen. Eine alternative Formulierung (ARNOLD und AZZI 1968) nimmt einen Mechanismus an, bei dem 2 Photoreaktionen, aber keine e-Transportkette enthalten sind. Elektronen sollen – gemäß dieser Vorstellung – aus H_2O auf Fd mit Hilfe von 2 Chlorophyllmolekülen übertragen werden: das eine oxydiert Wasser, das andere reduziert Ferredoxin. Die resultierenden oxydierten und reduzierten Chlorophyllmoleküle reagieren miteinander. Insgesamt findet nach dieser Auffassung ein Elektronentransfer durch eine Membran von H_2O auf Fd statt. Die Cytochromkette soll allein an der cyclischen Phosphorylierung (vgl. weiter unten) beteiligt sein. ARNON (1970) bringt ein Schema in Vorschlag, welches das Zick-zack mit dem parallelen Schema und mit 3 Lichtreaktionen vereint.

Die verschiedenen Möglichkeiten des Elektronentransports, der Einordnung der Redox-Carrier und der Lokalisation der Phosphorylierungsstellen sind noch nicht restlos geklärt. Noch stark in der Diskussion befinden sich:
- die chemische Natur der endogenen Elektronenakzeptoren der Photosysteme I und II
- die Biochemie des Photosystems II und der Wasseroxydation
- der Mechanismus der Photosynthesephosphorylierung.

Die Tabelle 10.10. faßt **Eigenschaften der beiden Photosysteme** zusammen.

Die bei 700 nm erfolgende Absorption des Photosystems I weist nachdrücklich auf die Bedeutung der langwelligen Absorptionsformen des Chlorophylls a hin: *Pigment 700* (vgl. 10.3.). Das wirksame Pigmentkollektiv im eigentlichen **Reaktionszentrum** des Photosystems I soll aus ca. 500 Chlorophyllmolekülen bestehen:
- das für die primäre Energietransformation entscheidende P-700 bildet in diesem Reaktionszentrum nur ca. 1/500 der Gesamtchlorophyllmenge
- das Reaktionszentrum wirkt als *Energiesammler* (Sammelfalle, engl. trapping center, energy sink), d. h. als Endstation der Energieleitung, und leitet den Prozeß der Umwandlung elektronischer Anregungsenergie in chemische Energie ein

Tabelle 10.10. Vergleich der Eigenschaften von Photosystem I und II (verändert n. TREBST)

Eigenschaften	Photosystem I	Photosystem II
Absorption	bei 700 nm	bei 682 nm
DCMU-Empfindlichkeit[1]	—	+
Redoxpotential E_0'	—650 mV	—150 mV
Elektronen-Donatoren		
endogen	Plastocyanin, Cytochrom f	Mangan
künstlich	Dichlorphenolindophenol ($DCPIPH_2$), Diaminodurol (DAD), N-Tetramethyl-p-phenylendiamin (TMPD): relativ spezifisch!	Phenylendiamine, Hydrochinone, Ascorbat, Semicarbazide, Hydrazine, Cystein, Hydroxylamin, Mn^{2+}, Benzidin! unspezifisch!
Elektronen-Akzeptoren		
endogen	Pterin? Flavon?	Plastochinon?
künstlich	Chinone, Azofarbstoffe, Tetrazoliumsalze, Dipyridyliumsalze, Ferredoxin, Cytochrom c: unspezifisch!	Ferricyanid, DCPIP, Chinone von E_0' bis 0 V: relativ spezifisch
„Photosynthetic control"[2]	keine	+

[1]) DCMU = Dichlormethylharnstoff (3-[3,4-Dichlorphenyl]-1,1-dimethylharnstoff= *Diuron*, ein Herbizid vom Harnstofftyp) hemmt wie andere Herbizide vom Harnstofftyp (Fenuron, Monuron) das Photosystem II, und zwar vermutlich die Elektronenanlieferung aus den OH-Ionen des Wassers. Folge ist eine Oxydation des Chlorophylls, da die durch Elektronenemission gebildeten Leerstellen nicht wieder besetzt werden: Hemmung der Hill-Reaktion (vgl. weiter unten).

[2]) Unter „photosynthetic control" wird die Stimulierung der Geschwindigkeit des photosynthetischen Elektronentransports durch das Phosphorylierungssystem oder Entkoppler (vgl. 11.1.2.) verstanden.

– die relativ dichte Packung und hohe strukturelle Ordnung im **Reaktionszentrum oder photosynthetischen Einheit** (= quasikristallines, homogenes Strukturelement, in Analogie zu Halbleiterkristallen der Festkörperphysik) ermöglicht einen gerichteten Energietransfer und eine Übertragung von elektronischer Anregungsenergie durch *Resonanz*, d. h. ohne Photoemission
– der stark negative Wert des Redoxpotentials von P-700 im Anregungszustand von E_0' = —0,44 V bedeutet einen starken Elektronendruck, der durch e-Übertragung auf einen Akzeptor (*Primärakzeptor*) ausgeglichen wird.

In der grünen Pflanze bewirkt Einstrahlung von langwelligem Rot (oder von Licht kürzerer Wellenlänge, das von den akzessorischen Pigmenten absorbiert und in Form von Elektronenanregungsenergie zum P-700 geleitet wird) eine

Oxydation von P-700 (Elektronenemission). Das angeregte P-700 gibt Elektronen an den *Primärakzeptor* ab. Unmittelbar darauf findet ein e-Übergang vom *Cytochrom f* auf das intermediär oxydierte P-700 statt, wodurch dessen Elektronenvakanz ausgeglichen wird (sehr schnell verlaufende Dunkelreaktion). Pigment 700 und Cytochrom f sind eng in den Chloroplastenlamellen assoziiert und in äquimolarer Konzentration vorhanden.

Die Arbeiten zur chemischen Natur des **Primärakzeptors** von Photosystem I haben zur Anreicherung, wenn auch noch nicht zur Identifizierung der Substanz geführt. Die in verschiedenen Arbeitskreisen aufgefundenen Faktoren werden z. Z. auf ihre Identität geprüft:

- $S_{L\text{-eth}}$ (REGLITZ et a.) (S_L = light stimulation, eth = ätherbehandelte Chloroplasten)
- FRS = ferredoxin reducing substance (SAN PIETRO)
- CRS = cytochrom reducing substance (MYERS, aus der Blaualge *Anabaena*).

Diese 3 Substanzen zeigen funktionelle Zusammenhänge. In diese Gruppe ist evtl. eine als LAF (= light activation factor, WILDNER und CRIDDLE) bezeichnete aus Tomatenblättern isolierte Substanz einzuordnen, welche die photosynthetische Carboxylierungsreaktion (vgl. 10.3.3.) stimuliert. Stoffe wie Quercetin, Kaffeesäure und Biopterin könnten in gebundener Form in den genannten Substanzen vorhanden sein. Prothetische Gruppe von LAF ist möglicherweise Chlorogensäure (die Kaffeesäure als Komponente enthält).

Das Photosystem II wird in Beziehung zur photolytischen Wasserspaltung gebracht: **Photolyse** des Wassers und Freisetzung von molekularem Sauerstoff ist das zentrale Ereignis der 2. Lichtreaktion (die „Photolyse" ist keine Hydrolyse und keine einfache Photodissoziation). Die Photolyse des Wassers ist die *„physiologische Hill-Reaktion"*. R. HILL hatte vor ca. 3 Jahrzehnten in einer Suspension isolierter Chloroplasten die lichtabhängige Reduktion von dreiwertigem zu zweiwertigem Eisen bei Ausschluß von Kohlendioxid beobachtet, begleitet von einer Sauerstoffentwicklung. Isolierte Chloroplasten können demzufolge anstelle von Kohlendioxid künstliche Elektronenakzeptoren reduzieren. Als *Hill-Reagenzien* wirken: Chinone, Ferrisalze (Kaliumferrioxalat; HILL, Kaliumferricyanid) u. a. Hill-Reagenzien oxydieren Wasser zu O_2, wobei sie Elektronen aufnehmen. Das „natürliche Hill-Reagens" ist $NADP^+$: Bildung von NADPH + H^+ als stabilisiertes Zwischenprodukt des photosynthetischen Elektronentransports. Spinatchloroplasten z. B. katalysieren die folgende **Hill-Reaktion:**

$$4\,K_3[Fe(CN)_6] + 2\,H_2O + 4\,K^+ \rightarrow 4\,K_4[Fe(CN)_6] + 4\,H^+ + O_2$$

$$\Delta G^\circ = +\,8{,}5\ \text{kcal/Mol (pH 7)}$$

Seit HILL wird allgemein akzeptiert, daß die Photosynthese mit einer **Photolyse des Wassers** eingeleitet wird: Bildung eines Reduktanden und Sauerstoffentwicklung:

$$[H] \leftarrow \underset{\substack{\Uparrow \\ h\nu}}{H_2O} \rightarrow [OH] \rightarrow O_2$$

Im Sinne der vereinheitlichenden Auffassung der Photosynthese durch VAN NIEL (1941) ist der Mechanismus, durch den Lichtenergie in chemische Energie umgewandelt wird, in allen Photosyntheseorganismen derselbe:

$$2\,H_2A + CO_2 \rightarrow (CH_2O) + H_2O + 2\,A$$

Nach der Natur des Wasserstoffdonators für die reduktive Kohlenhydratsynthese (vgl. 10.3.3.) muß man 2 **Gruppen** von photosynthetischen Organismen unterscheiden:

- Aerobier, bei denen $H_2A = H_2O$ ist, das im Licht unter Sauerstoffentwicklung gespalten wird: höhere Pflanzen, Algen
- Anaerobier, bei denen H_2A ein stärker reduzierendes Substrat als H_2O ist (H_2S, Thiosulfat, organische H-Donatoren) und das als Elektronenlieferant für das photolytische Oxydationsprodukt [OH] wirkt, das in H_2O übergeht und damit reaktionsneutral wird: Photosynthesebakterien (= phototrophe Bakterien wie die Chlorobacteriaceae, die Thiorhodaceae und die Athiorhodaceae).

Beispielsweise oxydieren grüne Schwefelbakterien (Chlorobacteriaceae) und Schwefel-Purpurbakterien (Thiorhodaceae) anorganische reduzierte Schwefelverbindungen (H_2S oder Thiosulfat), die als Elektronendonatoren für die Bildung von $NADH + H^+$ wirken, welches zur CO_2-Assimilation verwendet wird. Die Bilanzreaktion ihrer Photosynthese lautet:

$$6\,CO_2 + 12\,H_2S \xrightarrow{h\nu} C_6H_{12}O_6 + 12\,S + 6\,H_2O$$

Kennzeichnend für die bakterielle Photosynthese ist ein *umgekehrter Elektronentransport* (vgl. 11.2.).

Noch gibt es kein klares **Konzept der bakteriellen Photosynthese.** Nach einer anderen Auffassung besitzen *phototrophe Bakterien* nur das *Photosystem I* (welches das evolutionär primitivere ist) und die *zyklische Photophosphorylierung* und zeigen keinen Emerson-Effekt. Die Bildung von Reduktionsäquivalenten ist fakultativ und unabhängig von der Lichtreaktion. Am besten untersucht ist *Rhodospirillum rubrum* (Athiorhodaceae, schwefelfreie Purpurbakterien). In den Photosynthesebakterien tritt an die Stelle von Chlorophyll a das Bakteriochlorophyll a (mit Absorptionsmaxima *in vivo* zwischen 800 und 1000 nm). In *Rh. rubrum* wird anstelle von P-700 **P 890** verwendet, das eine spektrale Modifikation von B. a ist und als Sammelfalle wirkt. An der Lichtausnutzung sind die Bakteriochlorophylle c und d (= *Chlorobium*-Chlorophyll) beteiligt. Bakterien haben keine akzessorischen Pigmente, obwohl Licht, das durch Carotinoide absorbiert wird, für die Photosynthese genutzt werden kann.

Der durch Licht getriebene Elektronenfluß ist mit der Synthese von ATP verbunden: **Photosynthesephosphorylierung** (= *Photophosphorylierung*). Aus höheren Pflanzen und Grünanlagen isolierte Chloroplasten katalysieren 2 **ATP-Bildungsreaktionen:**

- eine **nicht-zyklische Photophorylierung,** d. h. eine ATP-Synthese aus ADP und P_{an}, die an den offenkettigen Elektronentransport (vgl. weiter oben)

von Wasser auf NADP gekoppelt ist; neben ATP wird ein Reduktionsmittel gebildet;
- eine **zyklische Photophosphorylierung** d. h. eine ATP-Synthese aus ADP und P_{an}, die an einen in sich zurückkehrenden (= zyklischen) Elektronentransport gebunden ist. Es entsteht allein ATP.

Für diese Prozesse lassen sich die folgenden summarischen Gleichungen formulieren:

nicht-zyklische P.: $$2\,NADP^+ + 2\,ADP + 2\,P_{an} \xrightarrow{hv} 2\,NADPH_2 + 2\,ATP + O_2$$

zyklische P.: $$n\,ADP + n\,P_{an} \xrightarrow{hv} n\,ATP$$

(Die nicht-zyklische P. ist im Effekt eine gekoppelte Hill-Reaktion). Beide Prozesse stehen in der lebenden Zelle in einem ausbalancierten Verhältnis. Bei Einstrahlung von monochromatischem Licht von 700 nm und bei Verwendung von Hemmstoffen der 2. Lichtreaktion (DCMU, o-Phenanthrolin) läuft nur die zyklische P. ab, die nur der 1. Lichtreaktion bedarf. Diese wird als ein zyklischer e-Transport im Photosystem I angesehen, der via Ferredoxin und die Cytochromkette erfolgt. Sie dürfte jedoch strukturell von der nicht-zyklischen P. getrennt sein.

Die **Photophosphorylierung** ist in beiden Fällen an einen oxydativen Elektronentransport über eine Cytochromkette in Analogie zur oxydativen Phosphorylierung der Atmungskette gebunden. Vermutlich existieren in der offenkettigen e-Transportkette (vgl. Abbildung 10.15.) 2 Phosphorylierungsstellen. Der P/2 e-Quotient von isolierten Chloroplasten ist größer als 1. Die Einzelheiten der ATP-Synthese durch Chloroplasten sind nicht klar. Die chemi-osmotische Hypothese von MITCHELL (vgl. 11.1.2.) hat große Wahrscheinlichkeit (Auftreten von pH-Gradienten bei Belichtung; die ATP-Synthese ist gekoppelt mit einem Zusammenbruch künstlicher pH-Gradienten). Kopplungsfaktoren und ATPasen wurden isoliert (vgl. 11..2.1).

Abb. 10.15. Die Lichtreaktionen der Photosynthese (verändert n. KNAFF und ARNON). Da Bipyridyliumsalze wie Methylviologen mit einem Redoxpotential von −740 mV durch das Photosystem I reduziert werden, nimmt man an, daß ein strukturgebundenes Ferredoxin mit einem noch stärker negativen Redoxpotential von > -600 mV existiert. Oben: Nicht-zyklischer Elektronentransport von Wasser auf NADP mit Hilfe der Photosysteme I und II. Unten: Zyklischer Elektronentransport. Im „Zick-zack-Schema" von ARNON ist links die 1. Lichtreaktion (Photosystem I), rechts die mit der Photolyse des Wassers verbundene 2. Lichtreaktion (Photosystem II) skizziert. Die Natur des endogenen Elektronenakzeptors der 2. Lichtreaktion (C550) ist hypothetisch. Der endogene Elektronenakzeptor der 1. Lichtreaktion ist nicht eingetragen (vgl. Text). P-700, Cytochrom f und Cytochrom b_6 wurden hier dem zyklischen, Plastocyanin dem nicht-zyklischen Elektronentransport zugeordnet. FP = Flavoprotein (*Ferredoxin-NADP-Reduktase*), Fd = Ferredoxin.

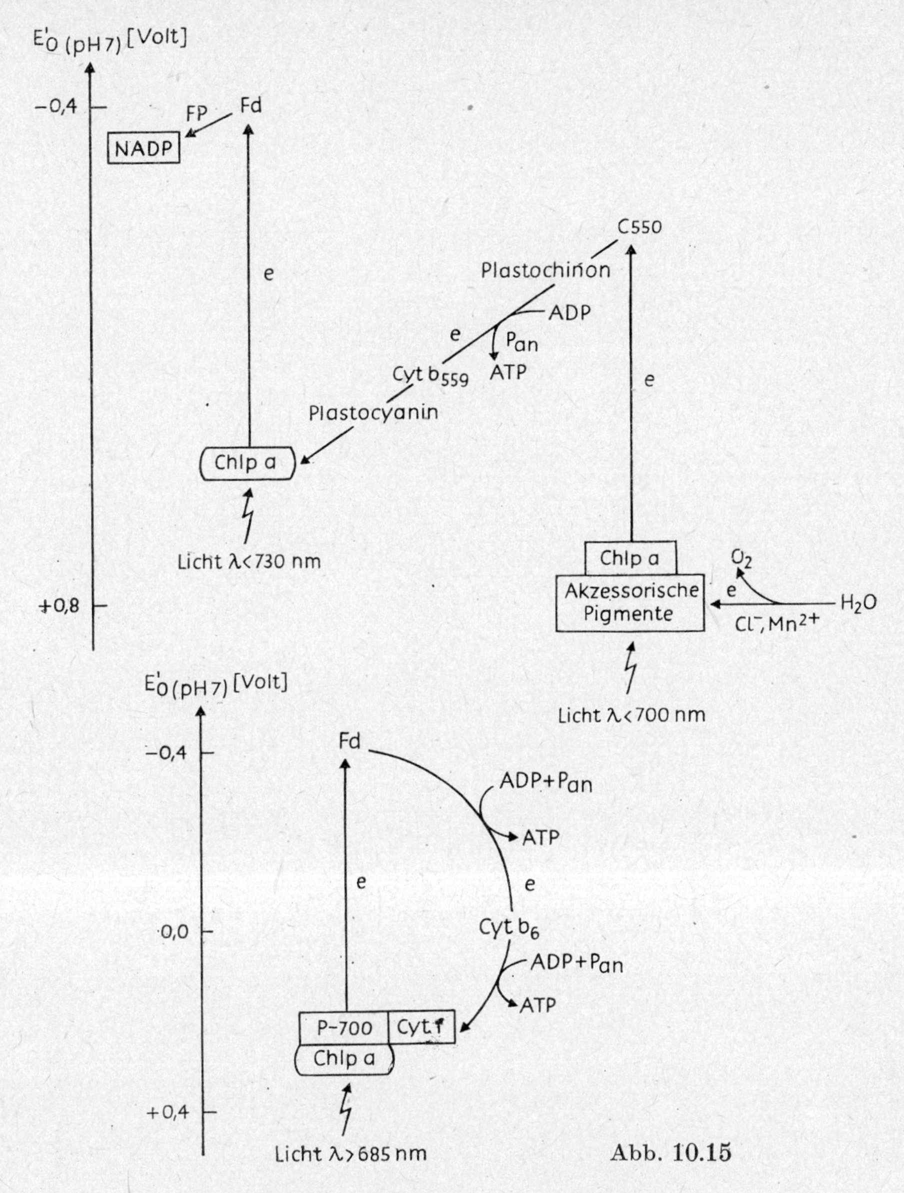

Abb. 10.15

10.3.3. Der Weg des Kohlenstoffs bei der Photosynthese

Die in der Lichtphase gebildeten Reaktionsprodukte ATP und $NADPH_2$ werden im Verlauf von Dunkelreaktionen zur Kohlendioxidassimilation verwendet. Der Einbau von Kohlenstoff erfolgt nicht in allen Pflanzen nach dem gleichen Muster. Er ist außerdem von Außenfaktoren, dem physiologischen Zustand und dem Alter des Pflanzenmaterials abhängig. Das übliche Muster ist der Einbau von CO_2 in *3-Phosphoglycerinsäure* und die nachfolgende Synthese *phosphorylierter Zucker*. Diese werden bevorzugt in die Bildung von *Stärke* oder gelegentlich von *Saccharose* einbezogen.

Unsere Kenntnisse über den Weg des Kohlenstoffs bei der Photosynthese bis hin zu den Kohlenhydraten verdanken wir in erster Linie CALVIN und seinen zahlreichen Mitarbeitern. Die CO_2-Fixierung ist eingebunden in einen zyklischen Prozeß: **Photosynthesezyklus** (= *Calvin-Zyklus,* ein reduktiver Pentose-P-Zyklus). Wir unterscheiden 3 **Reaktionsphasen** (vgl. Abb. 10.16.):

- die *Carboxylierungsphase* (photosynthetische Carboxylierungsreaktion)
- die *Reduktionsphase*
- die *Regenerationsphase* für den Akzeptor der Photosynthese-Carboxylierung.

Insgesamt sind mindestens 15 verschiedene Einzelreaktionen beteiligt. Da über den Photosynthese-Zyklus Hexosephosphate für Synthesen bereitgestellt werden, können wir noch eine *synthetische Phase* den genannten Dunkelreaktionen hinzufügen.

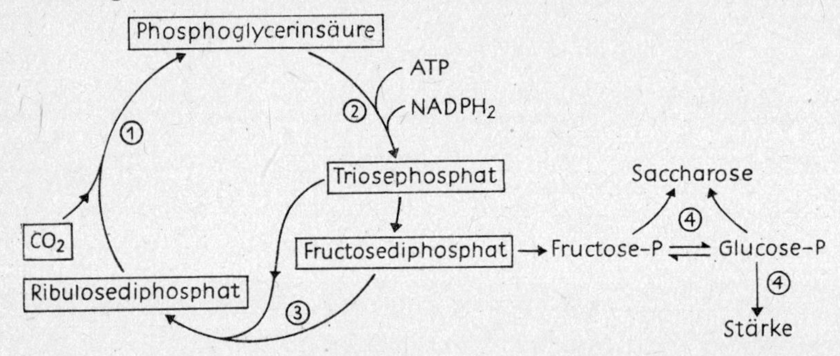

Abb. 10.16. Ablauf der Dunkelreaktion der Photosynthese und Reaktionsschritte der CO_2-Assimilation (n. OHMANN). 1 = Photosynthese-Carboxylierung, 2 = Triosephosphatbildung, 3 = Regeneration von Ribulose-1,5-diphosphat, 4 = Saccharose- und Stärkesynthese. Die Reaktionen 1, 2 und 3 konstituieren den Kohlenstoff-Zyklus der Photosynthese (Photosynthese-Zyklus, Calvin-Zyklus) bei sog. C_3-Pflanzen (Calvin-Pflanzen).

Carboxylierungsphase: An dem photosynthetischen Carboxylierungsenzym, der *Ribulose-diP-Carboxylase* (*Carboxy-Dismutase, Pentose-P-Carboxylase*) wird **3-P-Glycerat** synthetisiert, das als **Primärprodukt der Photosynthese-Carboxylierung** in den meisten Photosyntheseorganismen gilt:

$$\begin{array}{c} H_2C-O-Ⓟ \\ | \\ C=O \\ | \\ HC-OH \\ | \\ HC-OH \\ | \\ H_2C-O-Ⓟ \\ \text{Ribulose-1,5-diP} \\ \text{(Ru-diP)} \end{array} + HCO_3^- \xrightarrow{\text{Enzym}} \begin{array}{c} H_2C-O-Ⓟ \\ | \\ HO-C-H \\ | \\ COOH \\ + \\ COOH \\ | \\ H-C-OH \\ | \\ H_2C-O-Ⓟ \\ \text{3-P-Glycerat} \\ \text{(3-PGS)} \end{array}$$

Reduktionsphase: Die Carboxylgruppe von 3-P-Glycerat wird zur Aldehydgruppe reduziert: **Bildung von 3-P-Glycerinaldehyd.** Die Reduktion der Carbonsäuregruppe ist an eine vorherige Aktivierung gebunden (vgl. 4.4.). Im Prinzip stellt die Synthese von 3-P-Glycerinaldehyd aus 3-PGS die Umkehr der Substratphosphorylierung an der *Triose-P-Dehydrogenase* dar (vgl. 4.3.):

$$\begin{matrix} C(=O)-OH \\ | \\ HC-OH \\ | \\ H_2C-O-Ⓟ \end{matrix} \xrightarrow[①]{ATP \to ADP} \begin{matrix} C(=O)-O\sim Ⓟ \\ | \\ HC-OH \\ | \\ H_2C-O-Ⓟ \end{matrix} \xrightarrow[②]{P_{an}} \left[\begin{matrix} C(=O)\sim S-Enzym \\ | \\ HC-OH \\ | \\ H_2C-O-Ⓟ \end{matrix}\right]$$

$$\xrightarrow{NADPH+H^+ \to NADP^+} \begin{matrix} H-C=O \\ | \\ HC-OH \\ | \\ H_2C-O-Ⓟ \end{matrix} + SH\text{-}Enzym\ (2)$$

3-P-Glycerin-
aldehyd

Regenerationsphase: Der Akzeptor der Carboxylierungsreaktion wird kontinuierlich in einem Prozeß zurückgebildet, der Zuckertransformationen (vgl. 10.1.2.) beinhaltet und als „reduktiver Pentosephosphat-Zyklus" aufgeschrieben werden kann. Die Reaktionen der **Regeneration von Ribulose-1,5-diP** sind in der Tabelle 10.11. aufgeführt.

Tabelle 10.11. Reaktionen zur Regeneration von Ribulose-1,5-diP im Photosynthese-Zyklus (E-4-P = Erythrose-4-P)

Reaktion	Art des Enzyms
P-Glycerinaldehyd ⇌ Dihydroxyaceton-P	*Isomerase*
P-Glycerinaldehyd + Dihydroxyaceton-P ⇌ Fructose-1,6-diP	*Aldolase*
Fructose-1,6-diP → Fructose-6-P + P_{an}	*Phosphatase*
Fructose-6-P + P-Glycerinaldehyd ⇌ Xylulose-5-P + E-4-P	*Transketolase*
E-4-P + Dihydroxyaceton-P ⇌ Sedoheptulose-1,7-diP	*Aldolase*
Sedoheptulose-diP → Sedoheptulose-7-P + P_{an}	*Phosphatase*
Sedoheptulose-7-P + P-Glycerinaldehyd ⇌ Ribose-5-P + Xylulose-5-P	*Transketolase*
Ribose-5-P ⇌ Ribulose-5-P (= Ru-5-P)	*Isomerase*
Xylulose-5-P ⇌ Ribulose-5-P	*Epimerase*
Ribulose-5-P + ATP → Ribulose-diP + ADP	*Kinase*
Summe: 5 Triose-P → 3 Pentose-P	

Den **Photosynthese-Zyklus** kann man wie folgt bilanzieren:

$$6\ Ru\text{-}5\text{-}P + 6\ ATP \rightarrow 6\ Ru\text{-}diP + 6\ ADP$$

$$6\ Ru\text{-}diP + 6\ CO_2 + 12\ NADPH_2 + 12\ ATP + 6\ H_2O \rightarrow 12\ C_3\text{-}P + 12\ NADP^+ + 12\ ADP + 12\ P_{an}$$

$2\ C_3\text{-}P \rightarrow$ Fructose-1,6-diP
Fructose-1,6-diP $\rightarrow C_6\text{-}P + P_{an}$
$10\ C_3\text{-}P \rightarrow 6\ C_5\text{-}P + 4\ P_{an}$

Summe: $6\ CO_2 + 12\ NADPH_2 + 18\ ATP + 6\ H_2O \rightarrow C_6\text{-}P + 18\ ADP + 17\ P_{an}$
(C_3-P = Triose-P; C_5-P = Pentose-P; C_6-P = Hexose-P).

Zur Synthese von Stärke vgl. 10.4. **Saccharose** wird im Anschluß an den Photosynthese-Zyklus aus Fructose-6-P synthetisiert:

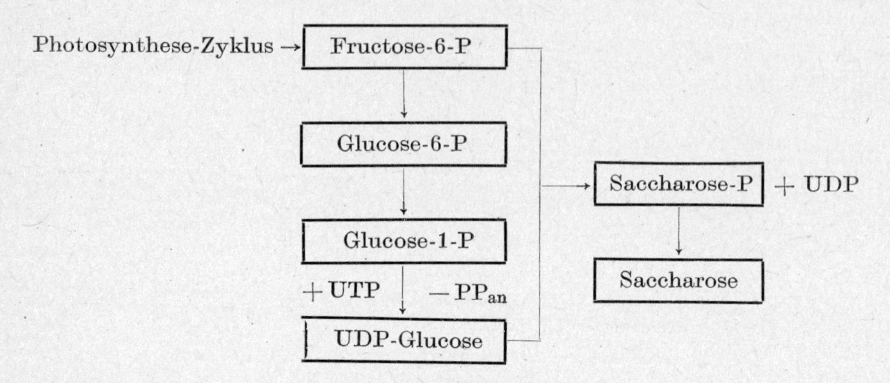

Abweichungen von dem üblichen Muster der C-Assimilation (*Chlorella* u. a. Pflanzen) kommen bei Phaeophyceen (Braunalgen, Mannit-Bildung), bei den phototrophen Bakterien und bei einigen Taxa der Angiospermae vor. In vielen tropischen Gramineen (z. B. Zuckerrohr) ist das photosynthetische *Carboxylierungsenzym* die *Phosphoenolpyruvat-Carboxylase*:

$$\underset{\text{PEP}}{\begin{matrix} CH_2 \\ \| \\ C-O-Ⓟ \\ | \\ COOH \end{matrix}} + CO_2 + H_2O \rightarrow \underset{\text{Oxalacetat}}{\begin{matrix} COOH \\ | \\ C=O \\ | \\ CH_2 \\ | \\ COOH \end{matrix}} + P_{an}$$

Dieses Enzym spielt ebenfalls eine Rolle im Crassulaceen-Säurestoffwechsel (diurnaler Säurerhythmus), in anaplerotischen Sequenzen (vgl. 10.2.1.) und bei der Aspartat-Synthese. Seine Affinität zu CO_2 ist sehr hoch. Frühe Produkte der Photosynthese sind in solchen Pflanzen Malat und Aspartat. Von der C_4-Dicarbonsäure muß der Kohlenstoff weitergereicht werden. Offenbar spielen hier Decarboxylierungs/Carboxylierungsreaktionen eher eine Rolle als eine Transcarboxylierung. Der Zuckerumsatz im Zusammenhang mit der Photosynthese dieser Pflanzen kann als ein *C_4-Dicarbonsäure-Weg* (Hatch-Slack-Kortschak-Zyklus) beschrieben werden (HSK-Zyklus). In ihm sind Teile des Calvin-Zyklus enthalten sowie u. a. ein neues Enzym: die *Pyruvatphosphat-Dikinase* (*ATP: Pyrophosphat-Diphosphotransferase*), welche die folgende Reaktion katalysiert:

$$\text{Pyruvat} + ATP + P_{an} \rightarrow \text{Phosphoenolpyruvat} + AMP + PP_{an}$$

Bei Purpurbakterien existiert ein *reduktiver Carbonsäure-Zyklus*, der die von reduziertem Ferredoxin getriebene Carboxylierung von Acetyl-CoA und Succinyl-CoA (vgl. 11.2.1.) einschließt.

10.4. Abbau und Synthese von Glykogen

Glykogen („tierische Reservestärke") ist gleich dem Amylopektin ein verzweigtes Polysaccharid (Homoglykan) von hohem Molekulargewicht. In Leber- und Muskelzellen gibt es sich im Molekulargewicht unterscheidende verschiedene Glykogen-Fraktionen. Glykogen ist das „*Substrat*" *der Glykolyse*. Die Mobilisierung von Glykogen, d. h. die zu Glucose-1-phosphat führende Depolymerisierung, die Voraussetzung des glykolytischen Abbaus ist (vgl. 10.1.1.), wird als **Glykogenolyse** bezeichnet. Die **Glykogenmobilisierung** und die daran angeschlossenen Reaktionsfolgen sind die Quelle der Blutglucose und der Milchsäure. Das *Glucose-6-phosphat* nimmt hierbei eine zentrale Stellung ein:

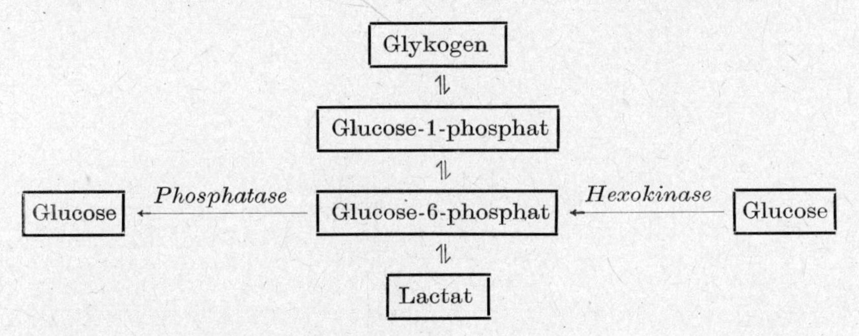

Der **Abbau von Polysacchariden** kann *hydrolytisch* und *phosphorolytisch* erfolgen. Polysaccharidspaltende Hydrolasen werden als **Amylasen** bezeichnet. Sie spalten *Amylose*, *Amylopektin* und *Glykogen*. Die sog. **α-Amylase** (Gerstenmalz, Speichel, Pankreas, Mikroorganismen) wirkt als *Endoamylase* und spaltet Glykosidbindungen im Inneren des Polysaccharidmoleküls. Sie ist im tierischen Organismus ein Verdauungsenzym. Bei der Keimung stärkereicher Samen mobilisiert sie die Reservestärke der Stärkekörner, die unter Ausbildung sog. Korrosionsformen „abgeschmolzen" werden. *Amylose* wird vollständig zu *Maltose* (Grundbaustein) abgebaut; *Amylopektin* (und Glykogen, auch bei bestimmten Mikroorganismen als Kohlenhydratspeicher!) werden zu *Maltose* und *Isomaltose* depolymerisiert. **β-Amylase** scheint ein vorwiegend pflanzliches Enzym zu sein. Sie wirkt als *Exoamylase*, d. h. sie hydrolysiert das Polysaccharid Schritt für Schritt vom Kettenende her. Dabei werden Maltoseeinheiten abgespalten. Die unverzweigte *Amylose* wird vollständig zu *Maltose* abgebaut. *Amylopektin* und *Glykogen* werden unter Bildung eines sog. *Grenzdextrins* depolymerisiert. Die **Isomaltose-Bindungen** (Verzweigungsstellen) bieten dem enzymatischen Angriff Halt. Diese Bindungen müssen durch eine *Amylo-1,6-glucosidase* gelöst werden. Durch die kombinierte Wirkung von β-Amylase und Amylo-1,6-glucosidase können Glykogen und Amylopektin vollständig hydrolysiert werden.

Neben α- und β-Amylasen gibt es in Leber und in Mikroorganismen γ-**Amylasen**, die als *Glucoamylasen* zu bezeichnen sind. Gleich den β-Amylasen sind diese Enzyme *Exoamylasen*. Sie spalten Glucosereste vom Kettenende her ab.

α-Amylasen werden durch Ca^{2+} aktiviert. *α-Amylasen* aus Speichel und Pankreas erfahren Aktivierung durch Cl^--Ionen. An der Ausbildung des aktiven Zentrums dieser Enzyme sind NH_2-Gruppen und Tyrosinreste beteiligt, aber nicht SH-Gruppen, die im Enzym vorhanden sind. Für *β-Amylasen* sind keine Cofaktoren bekannt. Die Tabelle 10.12. faßt einige Enzyme der Polysaccharidhydrolyse zusammen.

Tabelle 10.12. Polysaccharidspaltende Hydrolasen

Enzym	Wirkung	Bemerkungen
α-Amylase	Endoamylase, „*dextrinogene*" *Amylase*, wirkt „verflüssigend"	Bildung von Maltose und Isomaltose beim Abbau verzweigter Polysaccharide
β-Amylase	Exoamylase, „*saccharogene*" *Amylase*	Abspaltung von Maltoseeinheiten, Abbau zum Grenzdextrin
γ-Amylase	Exoamylase, *Glucoamylase*	Abspaltung von Glucoseeinheiten
Amylo-1,6-glucosidase	Spaltung der 1,6-Bindungen, Lösung der Verzweigung	identisch mit dem sog. R-Enzym aus Pflanzen
Zellulasen	Zelluloseabbau	Vorkommen in Bakterien, Mollusken, Insekten, nicht in Säugern

In Leber- und Muskelzellen wird Glykogen phosphorolytisch abgebaut: **Phosphorylase-Reaktion.** Die durch *Glykogen-Phosphorylase* katalysierte Reaktion führt zu Glucose-1-P:

$$\text{(Glykogen)}_{n+2} + H_3PO_4 \rightleftharpoons \text{G-1-P} + \text{(Glykogen)}_{n+1}$$

Man kann den durch *Glykogen-Phosphorylase* (*α-1,4-Glucan: Orthophosphat-glucosyltransferase*) vermittelten Abbau von Glykogen als schrittweise Abspaltung von Glucose durch Aufnahme von Phosphorsäure oder als Übertragung der jeweils endständigen Glucose auf anorganisches Phosphat auffassen:

Glucose-1⦚,4-Glucose-1,4-Glucose-1,4- ...... (Glykogen)

(an der dritten Glucose über 1,6 verzweigt: Glucose)

$\downarrow + P_{an}$

Glucose-1-P

Die Phosphorylase-Reaktion kann Polysaccharidketten verkürzen und verlängern. *In vivo* spielt nur die Abbaureaktion eine Rolle. Offenbar reicht hier die Konzentration von Glucose-1-P für die Synthesereaktion nicht aus. *In vitro* kann man mit *Phosphorylase* (das Enzym läßt sich auch aus Kartoffeln gut präparieren) bei geeigneter Konzentration von Glucose-1-P auch eine Kettenverlängerungsreaktion durchführen, wozu die Gegenwart eines Keimpolysaccharids („primer", vgl. 3.3.) erforderlich ist. In der Zelle wird Glykogen durch *Glykogen-Synthetase* aufgebaut:

$(\text{Glykogen})_n + \text{UDP-Glucose} \rightleftarrows (\text{Glykogen})_{n+1} + \text{UDP}$

Als Glykosyl-Donator wirkt *Uridindiphosphatglucosid* (UDPG). Das Enzym (*UDP-Glucose-α-4-glucosyltransferase*) katalysiert einen Glucose-Transfer auf ein Keimpolysaccharid, wodurch eine vorgegebene Polysaccharidkette durch Knüpfung einer α-1,4-glykosidischen Bindung Schritt für Schritt verlängert wird: **Transglykosylase-Reaktion.** Auch *Glykogen-Synthetase* (*Transglykosylase*) kann Polysaccharidketten verkürzen und verlängern. Das Gleichgewicht der Reaktion liegt stark auf der Seite der Synthese von Glykogen. *In vivo* spielt die Transglykosylase-Reaktion beim Glykogenabbau keine Rolle.

Glykogenabbau und **Glykogensynthese** verlaufen in der Zelle auf getrennten Wegen. Damit ist eine getrennte Regulation der abbauenden und aufbauenden Reaktionsfolge möglich (vgl. weiter unten). Das scheint ein wichtiges Stoffwechselprinzip zu sein (vgl. auch Abbau und Aufbau der Fettsäuren, 10.2.2.2. und 10.2.1.2.). Der Hauptweg der **Glykogensynthese** wird durch *Glykogensynthetase*, der Hauptweg des **Glykogenabbaus** durch *Glykogenphosphorylase* vermittelt:

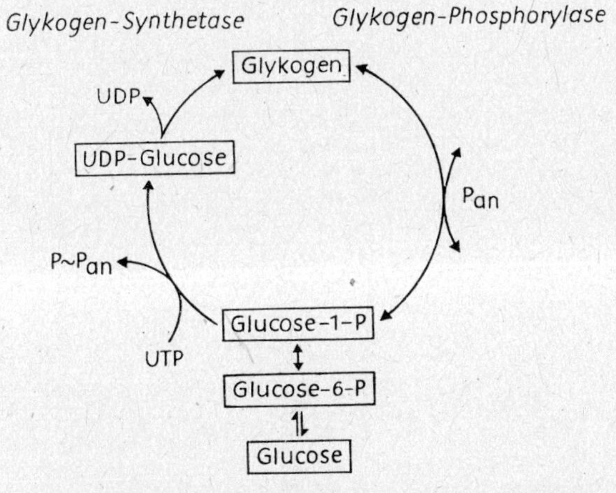

Glykogen-Synthetase *Glykogen-Phosphorylase*

Glykogen
UDP
UDP-Glucose
P_{an}
$P{\sim}P_{an}$
Glucose-1-P
UTP
Glucose-6-P
Glucose

Uridindiphosphat (UDP) wirkt als Coenzym der Transglykosylase-Reaktion. *Uridindiphosphatglucosid* (UDPG), ein Nucleosid-diphosphat-Zucker, wird aus *Uridintriphosphat* (UTP) und D-Glucose-1-P (G-1-P) in einer „Pyrophosphorylase-Reaktion" (b) synthetisiert. Das in der Transglykosylase-Reaktion gebildete UDP (c) kann mit ATP wieder zu UTP phosphoryliert werden durch die durch *Nucleosidphosphokinase* katalysierte UTP-Synthese (a):

a)	ATP + UDP	$\rightleftharpoons$	UTP + ADP
b)	UTP + G-1-P	$\rightleftharpoons$	UDPG + $P{\sim}P_{an}$
c)	UDPG + Glykogen	$\rightarrow$	Glykogen-Glucose + UDP

Als *Primer* (= Keimpolysaccharid) kann auch ein „Dextrin" dienen. UTP wird durch die Hilfsreaktion (a) ständig mittels ATP regeneriert. Für jeden Glucose-Transferschritt ist demzufolge ein Molekül ATP erforderlich.

Der geschilderte Reaktionsweg des Glykogenaufbaus wurde in Taubenbrustmuskel und in der Skelettmuskulatur von Kaninchen gefunden. In ähnlicher Weise verläuft die pflanzliche **Stärkesynthese:**

$$\text{UDPG} + \text{Akzeptor } (G)_n \rightarrow \text{Stärke } (G)_{n+1} + \text{UDP}$$

Das Enzym kann als **Stärke-Synthetase** (*UDPG-Stärke-Transglykosylase* bzw. *Amylose-Synthetase*) bezeichnet werden. Es werden α-1,4-Bindungen geknüpft, die in *Amylose* (nur 1,4-Bindungen) und *Amylopektin* (außerdem Verzweigung bedingende α-1,6-Bindungen!) vorhanden sind. Bei der Untersuchung der Stärkesynthese in Bohnen wurde gefunden (LELOIR und Mitarbeiter), daß als Glykosyldonator *Adenosindiphosphatglucosid* (ADPG) wirksamer ist als UDPG:

$$\text{ADPG} + (G) \rightarrow \text{Stärke } (G)_{n+1} + \text{ADP}$$

Adenosindiphosphatglucosid wird aus Glucose-1-P und ATP in der durch *ADPG-Pyrophosphorylase* vermittelten Reaktion gebildet:

$$\text{G-1-P} + \text{ATP} \rightarrow \text{ADPG} + \text{P} \sim \text{P}_{an}$$

Versuche mit löslichen Enzymen aus reifenden Reiskörnern zeigten, daß Radiokohlenstoff aus ADPG-^{14}C bevorzugt in Amylopektin eingebaut wird, während Radioaktivität aus UDPG-^{14}C etwa gleich stark zur Markierung von Amylopektin und Amylose führte. Gemessen wurde jeweils die Übertragung von Glucose aus den beiden Glykosyl-Donatoren auf Stärke als Keimpolysaccharid. Als *Akzeptor* der pflanzlichen Transglykosylase-Reaktion kann bereits das Disaccharid *Maltose* dienen. Als Substrat der Synthese der genannten Glykosyl-Donatoren dient auch Saccharose, so daß sich die Gesamtreaktion der Stärkebildung wie folgt beschreiben läßt:

$$\text{Saccharose} + 2\,\text{ATP} + (\text{Akzeptor})_n + H_2O \rightarrow 2\,\text{ADP} + \text{Stärke } (G)_{n+2} + 2\,\text{P}_{an}$$

Saccharose (Rohrzucker) ist eine Transportform von Kohlenhydraten im Organismus der Pflanze. Im Zuge der Photosynthese gebildete **Stärke** (*Assimilationsstärke,* primäre Stärke, Chloroplasten!) wird ebenso wie die in manchen Pflanzen photosynthetisch gebildete Saccharose („Zuckerblätter") zu den Stätten des Verbrauchs und der Reservestoffspeicherung abtransportiert (Bildung sekundärer Stärke = *Reservestärke* in Reservestoffbehältern wie Knollen, Samen usw.). Stärke wird hierzu zu Glucose-1-P depolymerisiert. Aus Glucose-1-P wird Glucose-6-P durch *Phosphoglucomutase* gebildet, das als Substrat der Synthese von Fructose-6-P und UDPG dient, die für den Aufbau der Saccharose benötigt werden. Die zu den Orten der Reservestoffspeicherung transportierte Saccharose wird dort durch *Saccharose-Synthetase* oder auf dem Umweg (energetisch ungünstig) der hydrolytischen Spaltung durch *Invertase* in die Synthese von ADPG und UDPG einbezogen.

Die Transglykosylase-Reaktion (*Glykogen-Synthetase* bzw. *Amylose-Synthetase*) kann nur eine Kettenverlängerung eines Polysaccharid- bzw. Oligosaccharid-Moleküls durch sukzessive Knüpfung von α-glykosidischen $1 \rightarrow 4$-Bindungen katalysieren. Die α-$1 \rightarrow 6$-Bindung (**Isomaltose-Bindung**) muß durch ein weiteres Enzym hergestellt werden. Der von CORI und CORI aus Muskulatur beschriebene „branching factor“ ist eine *Amylo(1,4→1,6)-Transglucosidase*. Ähnlich wirkt das sog. Q-Enzym aus Kartoffeln. Diese Enzyme lösen jeweils vom Kettenende einer α-1,4-glykosidisch verbundenen (unverzweigten) Polysaccharidkette eine Glucose ab und binden sie „weiter rückwärts“ an einen Glucoserest der Kette, so daß eine zur Verzweigung führende α-1,6-Bindung entsteht. Dieser Glycosylrest baut eine Seitenkette auf, indem an ihm durch Transglykosylase-Wirkung Glucosereste angefügt werden. In analoger Weise wie zur Herstellung der Verzweigung im Glykogen und im Amylopektin ein besonderes Enzym benötigt wird, ist für die Lösung der Isomaltose-Bindung ein eigenes Enzym erforderlich. Glykogen- und Starkephosphorylase sind nur zur Spaltung von 1,4-Bindungen befähigt. Die Spaltung von α-1,6-glykosidischen Bindungen wird durch eine *Amylo-1,6-glucosidase* katalysiert.

Abbau und Synthese von verzweigten Polysacchariden nach Art des Glykogens und Amylopektins benötigen demzufolge jeweils zwei verschiedene, auf 1,4- und 1,6-Bindungen eingestellte Enzyme:

- **Glykogenabbau** durch *Phosphorylase* (Spaltung der 1,4-Bindung) und *Amylo-1,6-glucosidase* (eine Hydrolase, zur hydrolytischen Spaltung von 1,4-Bindungen durch Amylasen vgl. weiter oben)
- **Glykogensynthese** durch *Glykogensynthetase* und ein *„verzweigend wirkendes Enzym“*, das seinem Mechanismus nach eine *Transglucosylase* gleich der Glykogensynthetase ist.

10.4.1. Regulation von Glykogensynthese und Glykogenabbau

An der Synthese und dem Abbau von Glykogen sind neben Verzweigung bewirkenden bzw. die α-1,6-Bindung spaltenden Enzymen (vgl. 10.4.) in entscheidender Weise Glykogen-Synthetase und Glykogenphosphorylase beteiligt. Die Aktivität dieser Enzyme wird durch *Proteinkinasen* und *Phosphatasen* kontrolliert. Synthese und Abbau von Glykogen werden durch dieselben enzymatischen Mechanismen reguliert, jedoch in entgegengesetztem Sinne: ein und derselbe Mechanismus bewirkt Hemmung der Glykogenbildung bei gleichzeitiger Förderung des Glykogenabbaus bzw. Aktivierung der synthetischen Reaktion bei Drosselung der Abbaureaktion (vgl. das Schema auf S. 400). Das nähere Studium dieser Phänomene hat zu interessanten Einblicken in die Wirkung von Hormonen geführt. In dem vorgegebenen System fungiert 3',5'-AMP (cAMP, vgl. 4.6.) als ein „sekundärer Messenger“, der für die Realisierung der Wirkung von Adrenalin und Glucagon verantwortlich ist. Damit konnte die schon lange bekannte blutzuckersteigernde Wirkung dieser beiden Hormone, deren Ursache die Mobilisierung von Glykogen ist, in ihrem feineren Mechanismus aufgeklärt werden.

Glykogenphosphorylasen (= Enzyme der Glykogenolyse) kommen in Leber und Muskulatur vor. Sie existieren hier in zwei verschiedenen **Formen:**

– in einer **inaktiven Form** = *Phosphorylase b*
– in einer **aktiven Form** = *Phosphorylase a.*

Muskelphosphorylase a hat ein Molgewicht von 370000 und besteht aus 4 Monomeren (Untereinheiten). Sie enthält 4 Mole Phosphoserin und 4 Mole Pyridoxalphosphat, das für die Proteinkonfiguration (Konformationszustand) erforderlich zu sein scheint.

Muskelphosphorylase b hat ein Molgewicht von 185000 und besteht aus 2 Monomeren (Molgewicht 92500) mit je einer Bindungsstelle für den allosterischen Effektor AMP.

Leberphosphorylase a hat ein Molgewicht von 240000. Bei der Überführung der aktiven Form in Phosphorylase b werden 2 Mole anorganisches Phosphat abgespalten. Die b-Form ist auch in Gegenwart von AMP inaktiv.

Trotz gewisser Unterschiede der Phosphorylasen aus Muskulatur und Leber (vgl. auch weiter unten) läßt sich die Regulation dieser Enzyme im Prinzip nach demselben Mechanismus verstehen. Wir beziehen uns in den nachfolgenden Ausführungen auf die **Muskelphosphorylase.**

Die **Aktivierung** der (inaktiven) Phosphorylase b erfolgt enzymatisch.

Da Phosphorylase b aus 2 identischen Untereinheiten (vgl. weiter oben) besteht, Phosphorylase a jedoch aus 4 identischen Monomeren, müssen bei der Aktivierungsreaktion 2 Moleküle b zu 1 Molekül a zusammentreten:

Phosphorylase b / *Phosphorylase b*	$\xrightarrow{\text{Enzym}}$	Phosphorylase a

Die Aktivierung erfolgt durch eine Mg^{2+}-abhängige **Proteinkinase**, die *Phosphorylase-Kinase*:

$$2\ \textit{Phosphorylase b} \xrightarrow[\textit{Kinase}]{+\ 4\ \text{ATP}} \textit{Phosphorylase a} + 4\ \text{ADP}$$

Da bei der Überführung der b- in die a-Form 2 × 2 Untereinheiten zum aktiven Phosphorylase-Protein zusammentreten, kann man die Reaktion wie folgt beschreiben:

OO A—R—P~P~P
OO A—R—P~P~P
A—R—P~P~P
A—R—P~P~P
(ATP)

$\xrightarrow{\textit{Kinase}}$ [Tetramer mit 4 P] + 4 A—R—P~P
(ADP)

Die Protein-Kinase phosphoryliert einen *Serinrest* in jeder Untereinheit. Unter Berücksichtigung der Aminosäuresequenz in der Umgebung des Serins in jedem Monomeren läßt sich die durch Protein-Kinase und ATP erfolgende Phosphorylierung wie folgt formulieren:

$$\begin{array}{llll} \ldots\text{Lys-Gln-Ile-Ser-Val-Arg}\ldots + \text{ATP} \rightarrow & & \ldots\text{Lys-Gln-Ile-Ser-Val-Arg}\ldots \\ \textit{Phosphorylase b} \quad \text{OH} & & \textit{Phosphorylase a} \quad \text{O}-\text{Ⓟ} \end{array}$$

Die Serinphosphorylierung kann durch den „Serin-Inhibitor" *Diisopropylfluorophosphat* gehemmt werden.

Inaktivierung von Phosphorylase a (Übergang in die b-Form) erfolgt durch eine spezifische **Phosphatase**, die *Phosphorylase-Phosphatase*:

$$\text{(Tetramer, 4 P)} \xrightarrow[\textit{Phosphatase}]{\textit{Posphorylase-}} \text{(4 Untereinheiten)} + 4\,P_{an}$$

Die **Aktivierung von Phosphorylase** beruht demzufolge auf einer *enzymkatalysierten chemischen Modifikation eines Enzymproteins* durch eine *Proteinkinase* (Phosphorylierung mit ATP); die **Inaktivierung der Phosphorylase** erfolgt durch *Phosphatabspaltung* (Dephosphorylierung) unter der Wirkung einer *Phosphatase.* Auch die **Phosphorylase-Kinase** kommt in einer **inaktiven** und einer **aktiven Form** vor. Aktivierung und Inaktivierung erfolgen nach demselben Mechanismus wie bei der Phosphorylase: **Aktivierung** durch Phosphorylierung der inaktiven Form durch eine **Proteinkinase**, die *Phosphorylase-Kinase-Kinase,* **Inaktivierung** der aktiven Form durch Phosphatabspaltung mit Hilfe einer **Phosphatase**, der *Phosphorylase-Kinase-Phosphatase*:

$$\underset{\text{(inaktiv)}}{\square} + \text{A—R—P}\sim\text{P}\sim\text{P} \xrightarrow[\textit{Kinase-Kinase}]{\textit{Phosphorylase-}} \underset{\text{(aktiv)}}{\square}\text{—P} + \text{ADP}$$

$$\underset{\text{(aktiv)}}{\square}\text{—P} \xrightarrow[\textit{Phosphatase}]{\textit{Phosphorylase-Kinase}} \underset{\text{(inaktiv)}}{\square} + P_{an}$$

Die Aktivierung der Phosphorylasen aus Leber und Muskel steht unter der Kontrolle von **zyklischem AMP,** das unter der Wirkung einer partikulären *Adenyl-Cyclase* gebildet und durch eine *Phosphodiesterase* abgebaut wird (vgl. 7.3.). Diese Enzyme regulieren in ihrem Zusammenspiel den *Spiegel an intrazellulärem cAMP*:

$$\text{ATP} \xrightarrow{\textit{Cyclase}} \text{cAMP} \xrightarrow[\textit{diesterase}]{\textit{Phospho-}} \text{5'-AMP (Adenylsäure)}$$

Zyklisches AMP aktiviert die *Phosphorylase-Kinase-Kinase,* die ihrerseits die *Phosphorylase-Kinase* aktiviert, die für die Überführung der *Phosphorylase b* in *Phosphorylase a* verantwortlich ist. Die Cyclase-Reaktion ihrerseits wird in Leber und Muskulatur durch *Adrenalin* (amer. Epinephrin) gesteigert. Auf diese Weise fördert Adrenalin die Glykogenmobilisierung in Leber (blutzuckersteigernde Wirkung!) und Muskel (Milchsäurebildung!). Die blutzuckersteigernde Wirkung des Nebennierenrinden-Hormons Adrenalin findet damit ihre Erklärung. Das in den α-Zellen des Pankreas (Bauchspeicheldrüse) gebildete *Glucagon* führt gleichfalls eine Erhöhung des Blutzuckerspiegels herbei über eine Beeinflussung der *Adenyl-Cyclase*. Glucagon wirkt nur auf die Glykogenmobilisierung in Leber, nicht in Muskulatur.

Der **blutzuckersteigernde Effekt** von *Adrenalin* und *Glucagon* wird durch das nachfolgende Schema veranschaulicht (*Pylase* bedeutet *Phosphorylase*):

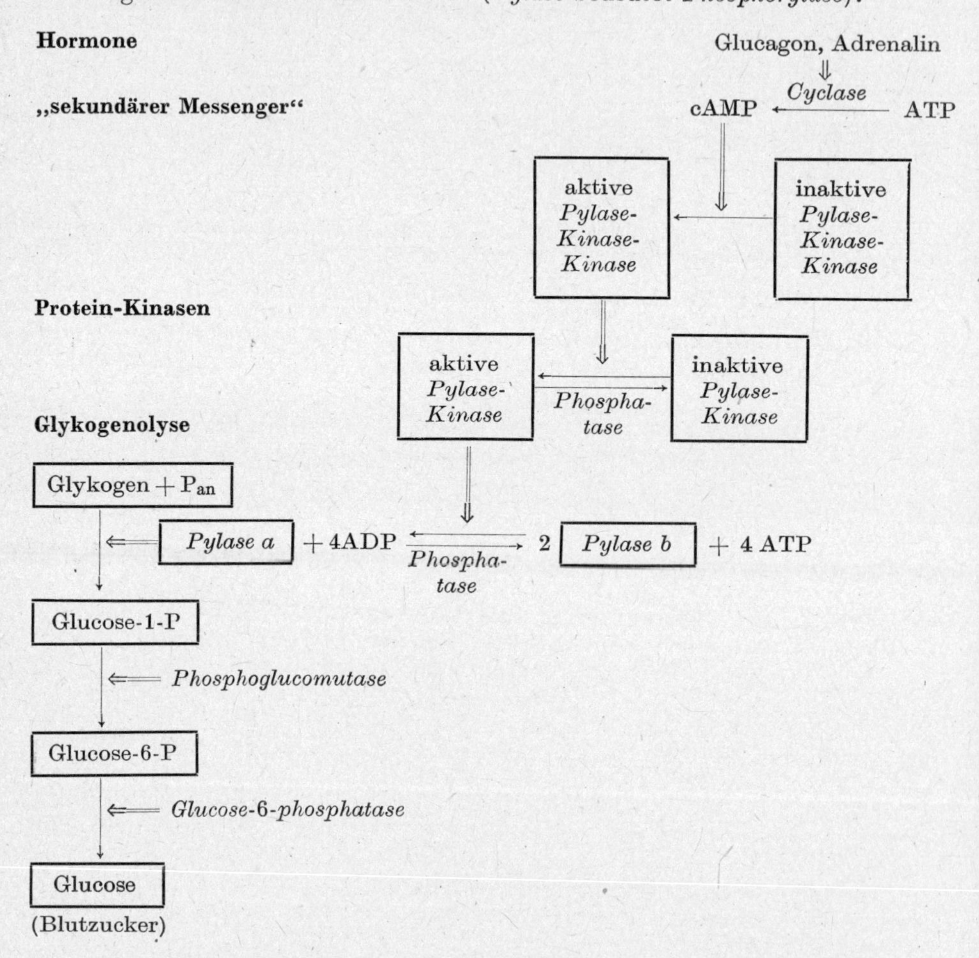

Auch die **Glykogensynthese** (vgl. 10.4.) wird durch Phosphorylierung (Kinase-Reaktion) und Dephosphorylierung (Phosphatase-Reaktion) **reguliert**. Der Effekt ist jedoch ein umgekehrter im Vergleich zum Glykogenabbau:

– die **Proteinkinase** (*Glykogensynthetase-Kinase*) **inaktiviert**
– die **Phosphatase** (*Glykogensynthetase-Phosphatase*) **aktiviert**:

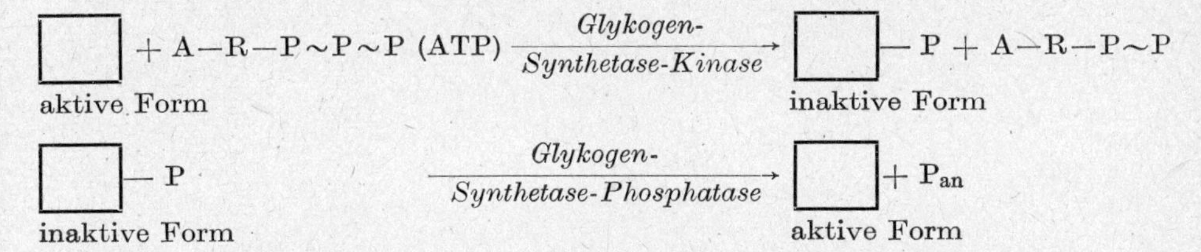

Das Nebennierenrinden-Hormon *Adrenalin* wirkt auf die *Adenyl-Cyclase* und **fördert** die Bildung von **cAMP**. Dieses aktiviert die Glykogensynthetase-Kinase, die aktive Glykogensynthetase zur inaktiven Form mittels ATP phosphoryliert. Resultat ist ein **Stop der Glykogensynthese**. Durch die Unterbindung der Glykogensynthese und die gleichzeitig erfolgende Stimulierung des Glykogenabbaus wirkt Adrenalin blutzuckersteigernd. Den Effekt von Adrenalin auf die (Unterbindung der) Glykogensynthese veranschaulicht das folgendeSchema:

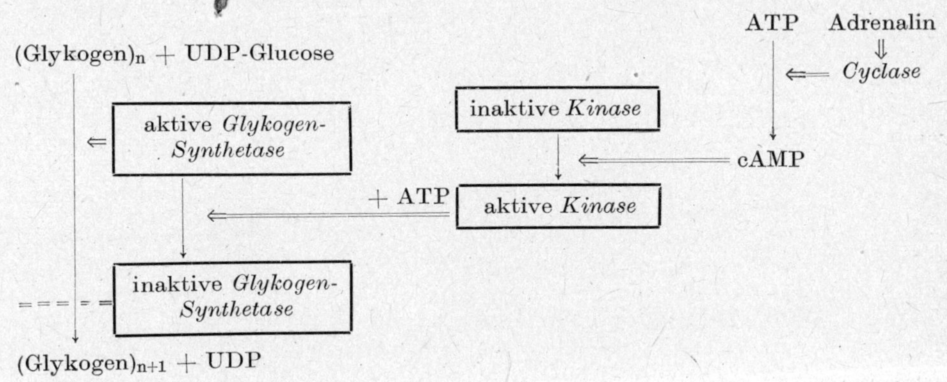

Das Ergebnis der Einwirkung von Adrenalin auf den Spiegel von zyklischem AMP für die Regulation von Glykogenabbau und Glykogensynthese veranschaulicht das Schema auf S. 400.

Zwerchfell und Herzmuskel als ständig aktive Muskeln enthalten etwa 70% aktive Phosphorylase a, während der ruhende Muskel nur relativ geringe Mengen der aktiven Form enthält.

Glykogenspeicher- und Glykogenmangelkrankheiten sind als **Anomalien des Glykogenstoffwechsels** von medizinischem Interesse. Die hereditären **Glykogenosen** (Glykogenspeicherkrankheiten) sind sämtlich durch die Ablagerung von Glykogen in Leber oder Muskulatur gekennzeichnet („hepatischer" Typ, von Gierke; „muskulärer" Typ). Sie werden durch den Ausfall oder Mangel jeweils eines bestimmten Enzyms des Glykogenstoffwechsels verursacht (Glucose-6-phosphatase, α-Glucosidase, Transglykosylase, Phosphorylase von Leber und Muskulatur u. a.). Glykogenosen sind die von Gierkesche Krankheit, die Pompesche Krankheit, die Forbessche Krankheit, die Andersensche Krankheit u. a. Ein angeborenes Fehlen der Glykogensynthetase führt zur *Glykogenmangel-*

Ziel: Steigerung des Blutzuckerspiegels
Mittel: Stimulierung der Glykogenolyse, Hemmung der Glykogenbildung.

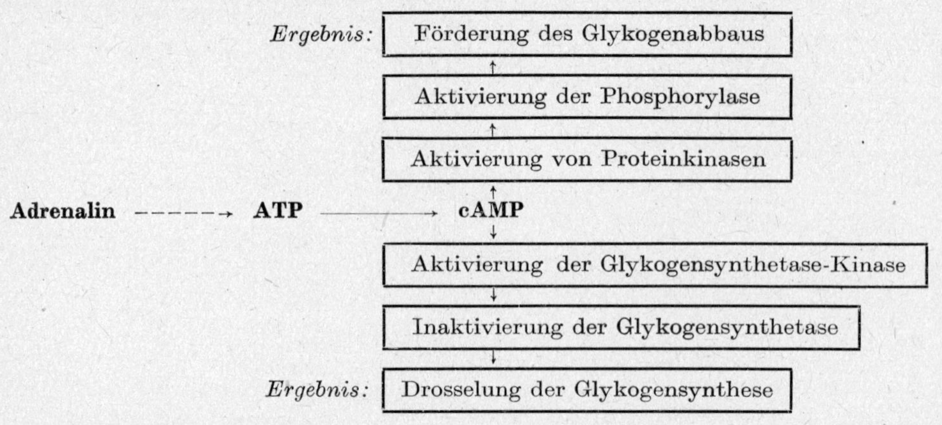

krankheit. Weitere angeborene Störungen des Kohlenhydratstoffwechsels beim Menschen sind die Fructosurie und die Galaktosämie.

10.5. Aromatenbiosynthesen (Aromatisierungskonzeptionen des Stoffwechsels)

Phenolische Naturstoffe sind insbesondere in Pflanzen in weiter Verbreitung und vielfältiger Art vorhanden. **Aromatische Strukturen** werden im pflanzlichen und mikrobiellen Stoffwechsel aufgebaut. Noch PAECH glaubte feststellen zu müssen, daß **Benzolkerne** durch chemische Stabilität und eine diese noch übertreffende hartnäckige biochemische Unangreifbarkeit ausgezeichnet seien. Wir wissen heute, daß viele Organismengruppen zum Abbau aromatischer Kerne befähigt sind, da diese einem oxydativen Angriff durch bestimmte Enzyme zugänglich sind (vgl. 11.3.).

In Organismen bestehen mehrere Möglichkeiten des Aufbaus aromatischer Verbindungen. Die beiden wichtigsten **Aromatisierungsmechanismen** sind:

- das **Shikimat**-Prephenat-**Konzept** der **Aromatenbiosynthese**
- die Aromatisierung über den **Polyketidweg** der Sekundärstoffsynthese, in dem Acetat-Einheiten über Poly-β-ketosäure-Derivate (vgl. 10.2.) kondensiert werden und Zyklisierung erfahren.

Nach dem „*Shikimisäure-Prephensäure-Konzept*“ der Aromatisierung werden u. a. die folgenden Verbindungen aufgebaut:

- im Bereich des Primärstoffwechsels die aromatischen Aminosäuren *Phenylalanin, Tyrosin* und *Tryptophan, Anthranilat* (Glied des Tryptophanstoffwechsels), *4-Hydroxybenzoesäure* (Vorstufe von Ubichinon), *4-Aminobenzoesäure* (Vorstufe von Folsäure und Folat-Verbindungen) und Vitamin K_2
- im Bereich des Sekundärstoffwechsels *Phenylpropane* und ihre Derivate (primäre und sekundäre Ligninbausteine, Lignane, *Lignine,* Flavonoide) u. a. Naturstoffe.

Auf dem Polyketidweg wird u. a. die *6-Methylsalicylsäure* synthetisiert (vgl. auch 6.2.).

Alle jene Aromaten, die sich aus Zuckern bzw. Zuckerphosphaten herleiten, werden auf dem über weite Strecken gemeinsamen Weg der Aromatensynthese nach dem „Shikimat-Prephenat-Konzept" gebildet. Diese Aussage bedarf der Präzisierung: gemeinsame Durchgangsstufe der Bildung aller dieser Verbindungen ist die **Shikimisäure**. Auf der Stufe der **Chorisminsäure** („Verzweigungssäure" chorisma, griechisch Verzweigung) verzweigt sich der Biosyntheseweg:

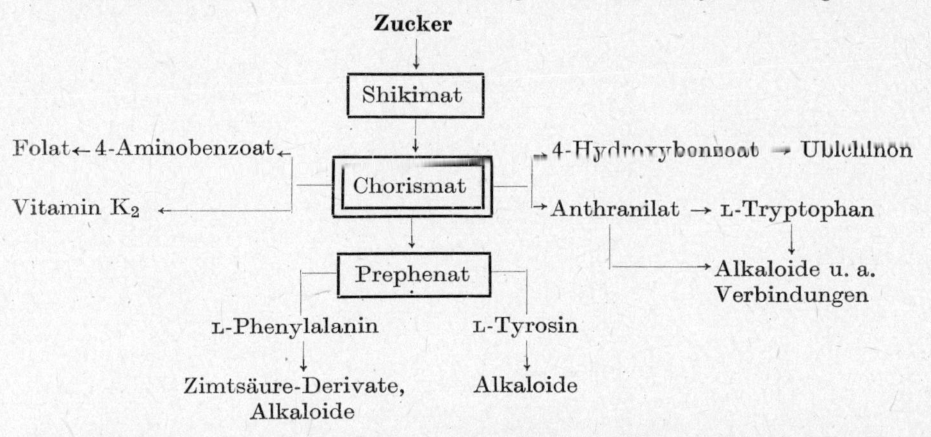

Entscheidende Untersuchungen zur **Aromatenbiosynthese** via Shikimisäure wurden an Mikroorganismen (*E. coli*, *Neurospora crassa* und *Aerobacter aerogenes*) mit Hilfe der Mutanten- und Tracer-Technik und enzymatischer Studien durchgeführt. Sie führten zur Aufklärung der Synthese der **aromatischen Aminosäuren** der sog. *Pentose-Familie* (vgl. 12.5.): Phenylalanin, Tyrosin und Tryptophan. Biosyntheseuntersuchungen wurden ergänzt durch zahlreiche Regulationsstudien (vgl. weiter unten). Ausgangspunkt war die Auffindung polyauxotropher Einfachmutanten und von Defektmutanten, die auf verschiedenen Zweigen der Aromatisierung blockiert sind. Akkumulierte Zwischenprodukte konnten aus den Kulturfiltraten isoliert und in ihrer chemischen Natur aufgeklärt werden. Als **Schlüsselsubstanzen** erwiesen sich:

- *Shikimisäure* (3β, 4α, 5α-Trihydroxy-$\Delta^{1,6}$-cyclohexancarbonsäure)
- *Prephensäure*
- *Chorisminsäure* (Enolpyruvyläther der trans-3,4-Dihydroprotocatechusäure).

Die zu den aromatischen Aminosäuren führende Reaktionskette geht von *Phosphoenolpyruvat* (Glykolyse-Schema) und D-*Erythrose-4-phosphat* (Pentosephosphat-Stoffwechsel) aus und durchläuft bis zur Intermediärstufe der Chorisminsäure einen gemeinsamen Weg. Phosphoenolpyruvat wird mit D-Erythrose-4-phosphat zu 2-Keto-3-desoxy-D-araboheptonsäure-7-P (= *3-Desoxy*-D-*arabino-heptulosonsäure-7-P*) unter Abspaltung von Phosphat kondensiert. Diese Verbindung wird zu *5-Dehydrochinasäure* (5-Keto-1,4-α,3β-trihydroxycyclohexan-1-β-carbonsäure) in einem NAD^+ und Kobaltionen benötigenden Schritt kondensiert – eine Reaktion, die eine Dephosphorylierung, Reduktion und Zyklisierung einschließt und in der keine freien Zwischenprodukte nachgewiesen werden konnten. 5-Dehydrochinat wird zu *5-Dehydroshikimat* dehydratisiert. Chinasäure ist kein Zwischenprodukt, kann jedoch als Precursor der Aromatenbiosynthese in manchen Organismen dienen. Aus 5-Dehydroshikimisäure wird *Shikimat* in einer von NADPH abhängigen Reduktasereaktion gebildet, das mit ATP zu *Shikimat-5-P* phosphoryliert wird. Aus Shikimisäure-5-P und einem 2. Molekül Phosphoenolpyruvat wird *3-Enolpyruvyl-shikimat-5-P* synthetisiert, das unter Abspaltung von Pyruvat zu *Prephenat* umgelagert wird, wobei *Chorismat* intermediär ist.

Die zu **Chorismat** führende Reaktionsfolge der Aromatenbiosynthese zeigt die Abb. 10.17.

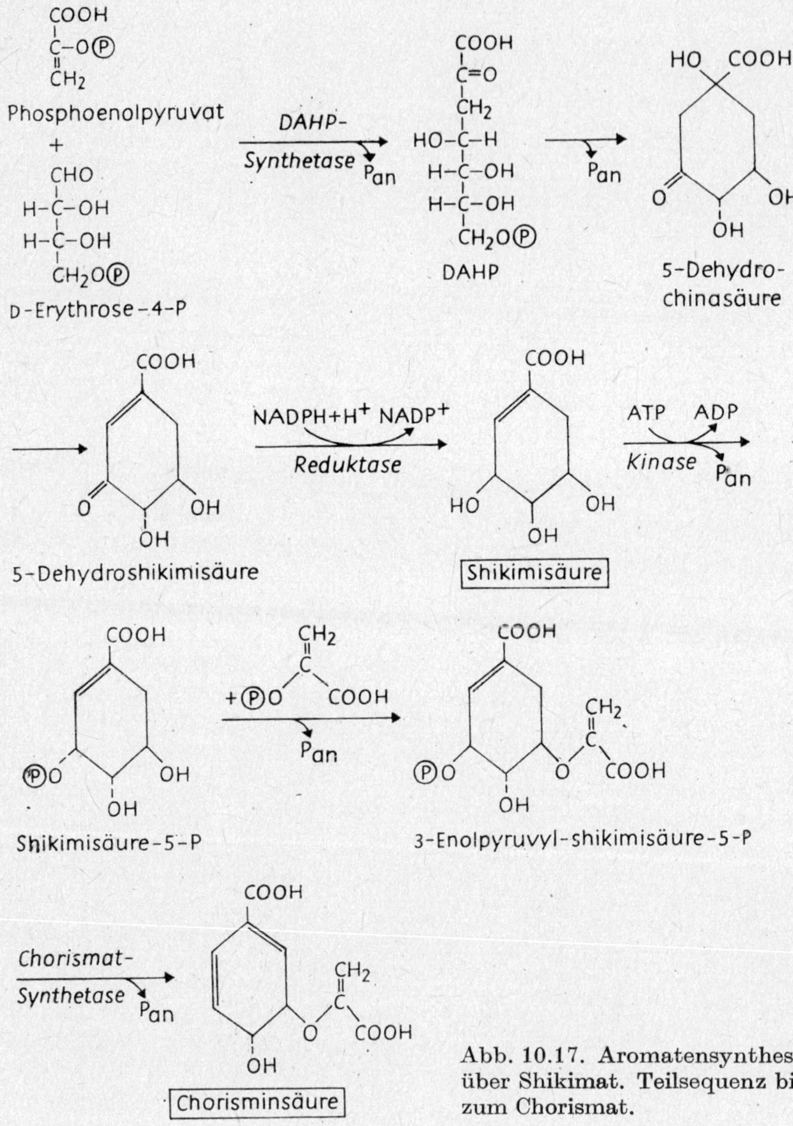

Phosphoenolpyruvat + D-Erythrose-4-P

DAHP-Synthetase, P_{an}

DAHP

P_{an}

5-Dehydrochinasäure

5-Dehydroshikimisäure

$NADPH+H^+$ $NADP^+$

Reduktase

Shikimisäure

ATP ADP

Kinase, P_{an}

Shikimisäure-5-P

3-Enolpyruvyl-shikimisäure-5-P

Chorismat-Synthetase, P_{an}

Chorisminsäure

Abb. 10.17. Aromatensynthese über Shikimat. Teilsequenz bis zum Chorismat.

Aus Chorisminsäure wird via Anthranilsäure L-Tryptophan gebildet (vgl. weiter unten). Die **Synthese von L-Phenylalanin und L-Tyrosin** wird mit der *Bildung von Prephensäure* aus Chorisminsäure durch das Enzym *Chorismat-Mutase* eingeleitet (Abb. 10.18.).

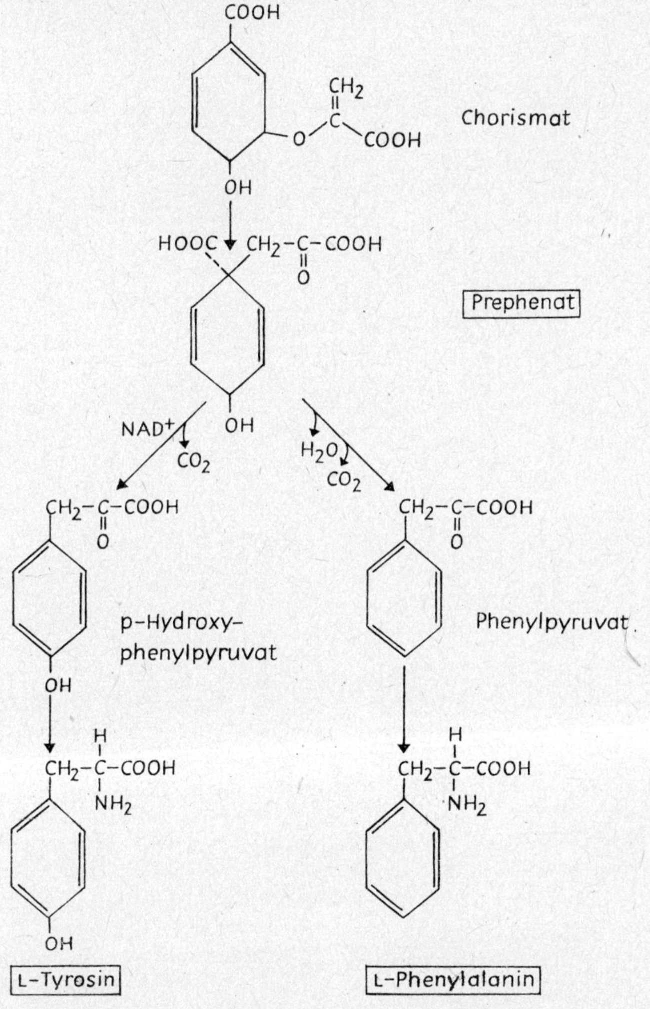

Abb. 10.18. Aromatensynthese über Shikimat. Teilsequenz von Chorismat zu den aromatischen Aminosäuren Phenylalanin und Tyrosin.

Prephensäure ist eine sehr labile Verbindung, die bereits im leicht sauren Milieu spontan in Phenylpyruvat übergeht. Auf der Stufe der Prephensäure verzweigt sich die Biosynthese von L-Phenylalanin und L-Tyrosin. *Prephenat-Dehydratase* (= *Prephenat-Aromatase*) führt Prephenat in die Phenylalaninvorstufe Phenylpyruvat über. p-Hydroxyphenylpyruvat, die Ketosäurevorstufe von Tyrosin, wird an der NAD-abhängigen *Prephenat-Dehydrogenase* gebildet. Dieser Aromatisierungsschritt beinhaltet eine Decarboxylierung und eine Dehydrogenierung. Die sich anschließende Überführung der Ketoverbindungen in die entsprechenden Aminosäuren wird durch *Transaminasen* katalysiert.

Phenylalanin und Tyrosin werden auf getrennten Wegen aufgebaut in einer Reaktionsfolge, die bis zur Stufe der Prephensäure über gemeinsame Zwischenstufen läuft. In tierischen Geweben und in einigen Mikroorganismen (*Pseudomonas*) kann **Phenylalan in Tyrosin** umgewandelt werden. Die Reaktion wird durch *Phenylalaninhydroxylase* katalysiert (vgl. auch 11.3.). Das Enzym benötigt Fe^{2+}-Ionen und ein Tetrahydropteridin als „Hydroxylierungsfaktor".

L-Tryptophan wird *via Anthranilsäure* aus dem „Verzweigungsprodukt" der Biosynthese aromatischer Verbindungen des Shikimisäure-Weges, der Chorisminsäure, gebildet. Die Herkunft der C- und N-Atome von Tryptophan zeigt das Schema:

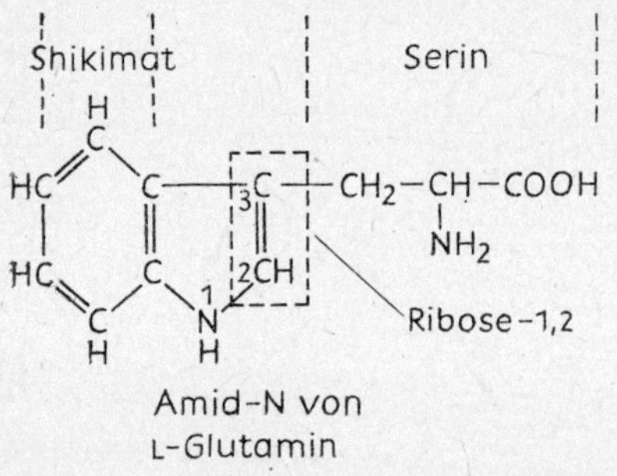

Shikimat
Serin
$CH_2-CH(NH_2)-COOH$
Ribose-1,2
Amid-N von
L-Glutamin

Die Umwandlung von **Chorismat in Anthranilat** wird durch *Anthranilat-Synthetase* katalysiert und erfordert theoretisch 3 Reaktionsschritte: die Einführung der Aminogruppe in ortho-Stellung zur Carbonsäuregruppe, die Abspaltung von Pyruvat aus der meta-Stellung und die Eliminierung der Hydroxylgruppe aus der para-Stellung. Die Bildung von Anthranilat aus Chorismat in *Neurospora crassa* erfolgt jedoch in einem einzigen enzymatischen Schritt. Das Auftreten von Zwischenprodukten bleibt spekulativ. Im nächsten Reaktionsschritt der Tryptophansynthese aus Chorismat reagiert Anthranilat mit 5-Phosphoribosyl-1-pyrophosphat (vgl. 4.4.) zu N-(5'-Phosphoribosyl)-anthranilat (= *Anthranilsäureribonucleotid*). Anthranilsäureribonucleotid (= N-o-Carboxyphenyl-D-ribosylamin-5'-phosphat) unterliegt einer *Amadori-Umlagerung* zum *Anthranilsäure-1-desoxyribonucleotid* (= Enol-1-(o-Carboxyphenylamino)-1-desoxyribulose-5'-phosphat), die eine im Stoffwechsel ziemlich seltene Reaktion ist. Unter Eliminierung von CO_2 und H_2O kommt es zum Ringschluß zu **Indol-3-glycerinphosphat**. Damit wurde der Indolring, der dem Tryptophan zugrunde liegt, aufgebaut. Die **terminale Reaktion der Tryptophanbiosynthese** wird durch ein in verschiedener Hinsicht bemerkenswertes Enzym, die *Tryptophan-Synthetase*, katalysiert. Die Abb. 10.19. zeigt die aus Chorismat zu Tryptophan führende Reaktionsfolge.

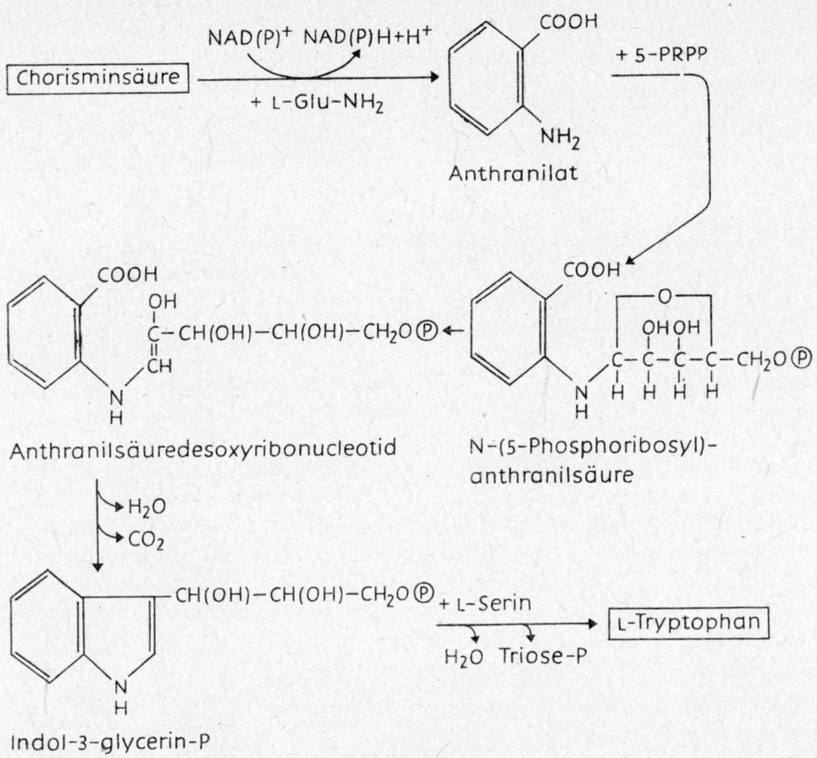

Abb. 10.19. Aromatensynthese über Shikimat. Tryptophanbildung aus Chorisminsäure.

Die enzymatischen Verhältnisse bei der Umwandlung von Chorismat in den Tryptophanvorläufer Indolglycerinphosphat sind ziemlich verwickelt, da artspezifische Unterschiede im Enzymmuster bestehen. In *N. crassa* werden die Amadori-Umlagerung und die nachfolgende Zyklisierung offenbar durch ein einziges Enzym vermittelt, in *E. coli* und *Saccharomyces cerevisiae* werden diese Teilschritte durch zwei verschiedene Enzyme katalysiert. In *Aerobacter aerogenes* bilden Anthranilat-Synthetase und Phosphoribosylanthranilat-Transferase einen Enzymkomplex. In allen untersuchten Organismen muß man jedoch trotz vorhandener Unterschiede im Enzymbestand dieselben 5 Reaktionen bei der Tryptophansynthese aus Chorisminsäure annehmen.

In der durch **Tryptophan-Synthetase** katalysierten terminalen Reaktion der Tryptophanbildung wird in einer Pyridoxalphosphat-Katalyse (vgl. 9.4.) die Glycerinphosphat-Seitenkette von Indolglycerinphosphat durch L-Serin substituiert. Substrat dieser Reaktion ist demnach Indolglycerinphosphat und nicht freies Indol. Allerdings kann Tryptophan-Synthetase die folgenden Reaktionen katalysieren:

- enzymatische Hydrolyse von Indol-3-glycerinphosphat in Indol und Glycerinaldehyd-3-P
- Bildung von Tryptophan aus Indol und Serin

- Ersatz der Indolglycerin-Seitenkette von Indol-3-glycerinphosphat durch L-Serin unter Bildung von Tryptophan und Eliminierung von Glycerinaldehyd-3-P (Triose-P) (vgl. Abb. 10.19.).

Tryptophan-Synthetase ist ein Komplex aus 2 chromatographisch trennbaren Proteinkomponenten (*Protein A* = α-Untereinheit, *Protein B* = β_2-Untereinheit). Das A-Protein hydrolysiert Indolglycerin-P in Indol und Triose P mit geringer Geschwindigkeit. Protein B synthetisiert Tryptophan aus Indol und Serin, allerdings ebenfalls mit geringer Effektivität. Protein B bindet Pyridoxalphosphat. Die beiden Untereinheiten, die den aktiven Enzymkomplex konstituieren, werden in *E. coli* von 2 verschiedenen Cistrons determiniert, während in anderen Mikroorganismen Tryptophan-Synthetase durch einen einzigen genetischen Locus kontrolliert wird. In *E. coli* kann jede der beiden Proteinkomponenten durch Mutation verändert werden, so daß entsprechende Mutanten modifizierte Tryptophan-Synthetase-Proteine, sog. *kreuzreagierendes Material* (CRM), enthalten.

Die **Regulation der Aromatenbiosynthese** zeigt ein vielfältiges Bild: die **Endprodukte** L-*Phenylalanin*, L-*Tyrosin* und L-*Tryptophan* kontrollieren ihre Eigensynthese vor allem durch **allosterische Hemmung**, weniger durch Enzymrepression. Am besten untersucht ist das mikrobielle System (*E. coli, Aerobacter aerogenes* und *Bacillus subtilis*). Der gemeinsame Teil (bis Chorismat) und die einzelnen Zweige werden getrennt reguliert. Von entscheidender Bedeutung ist **Tryptophan**, das die folgenden Wirkungen ausübt:

- Repressionskontrolle der *DAHP-Synthetase*
- allosterische Hemmung der *Anthranilatsynthetase*
- Aktivierung der *Chorismatmutase*.

Die **Schlüsselenzyme** für die Regulation der Aromatenbiosynthese sind: *DAHP-Synthetase* ①, *Chorismatmutase* ②, *Anthranilatsynthetase* ③, *Prephenat-Dehydratase* ④ und *Prephenat-Dehydrogenase* ⑤.

Das sich für die Regulation der Aromatisierung nach dem Shikimisäure-Konzept ergebende Bild wird durch das Auftreten von **Isoenzymen** kompliziert:

- die *DAHP-Synthetase* (= *Phospho-2-keto-3-desoxyheptonat-Aldolase*, 1. Enzym der Reaktionsfolge, Bildung von DAHP = 3-Desoxy-D-arabino-heptulosonsäure-7-P) von *E. coli* besteht aus 3 Isoenzymen:
  Isoenzym I_a wird spezifisch durch L-Phenylalanin kontrolliert
  Isoenzym I_b ist für L-Tyrosin empfindlich
  Isoenzym I_c wird weder durch Phenylalanin noch durch Tyrosin allosterisch gehemmt, jedoch durch L-Tryptophan reprimiert;

- die *Chorismatmutase* (Synthese von Prephenat aus Chorismat) existiert in Form von 2 Isoenzymen, die der Synthese von Phenylalanin (*Chorismatmutase* P) und der Synthese von Tyrosin (*Chorismatmutase* T) zugeordnet sind. In *E. coli* bildet *Chorismatmutase* P mit *Prephenat-Dehydratase* einen Enzymkomplex, während *Chorismatmutase* T strukturell der *Prephenat-Dehydrogenase* zugeordnet ist.

Die allosterische Endproduktkontrolle der Aromatenbiosynthese nach dem Shikimisäure-Weg ist in der Abb. 10.20. dargestellt.

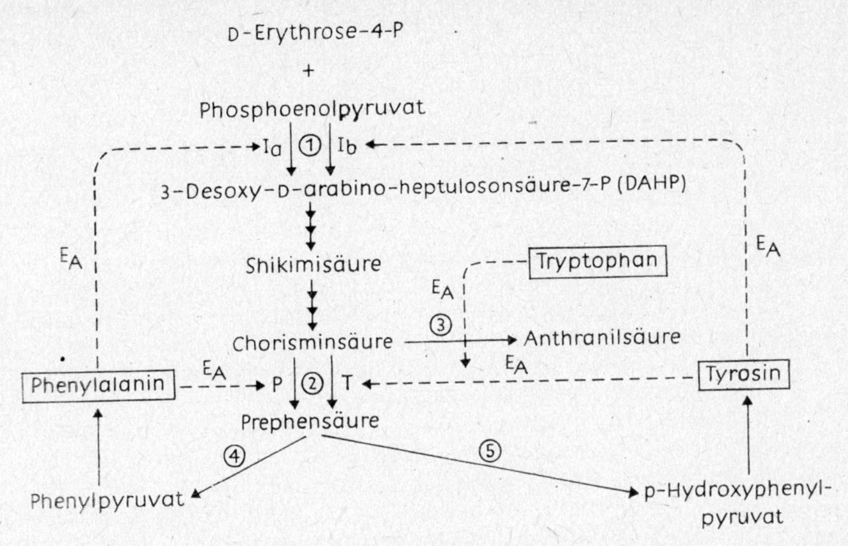

Abb. 10.20. Regulation der Aromatenbiosynthese nach dem Shikimisäure-Weg. E_A = allosterische Endprodukthemmung.

10.5.1. Die Verholzung pflanzlicher Zellwände (Lignin als wichtigstes Inkrustationsmaterial)

Die Verwendung von Lignin („Holzstoff") als Inkrustationsmaterial pflanzlicher Zellwände ermöglichte in der Phylogenese der Pflanzen den Übergang zur terrestrischen Lebensweise und den Aufschwung zur kormophytischen Organisation. **Lignifizierung** (Verholzung) findet man im System der Pflanzen erst bei den sog. Gefäßkryptogamen (Pteridophyten). Bei den Samenpflanzen (Spermatophyta) ist Lignin das bedeutendste Inkrustationsmaterial der Zellwand. Lignifizierung findet vor allem im Bereich der Leitungsbahnen statt: die (toten) Elemente der Wasser- und Mineralstoffleitung, die Tracheiden und Tracheen, sind verholzte Einzelzellen oder Zellfusionen. Ihre Funktion für den pflanzlichen Organismus ist eine doppelte: Stoffleitung und Verfestigung.

Lignifizierung kann als „membranotrope Exkretion" beschrieben werden. Lignin wird als amorphe Kruste in ein Zellulose-Grundgerüst der Zellwand eingefügt. Der Vorgang ist mit einer kräftigen irreversiblen Quellung zu vergleichen. Obwohl die Lignineinlagerung an die Präexistenz von Zelluloseschichten geknüpft zu sein scheint, nimmt sie ihren Anfang bereits im „Zwickelgebiet" der Mittellamelle (= Kittschicht, die benachbarte Zellen verbindet) der jungen Tracheidenanlagen. Das ist eine interzelluläre Zone, die u. a. durch das Vorhandensein von Pektinen und Hemizellulosen gekennzeichnet ist. Zellulose und Lignin sind in der verholzten Zellwand physikalisch und chemisch miteinander eng verbunden. Das erklärt die Schwierigkeit der Gewinnung von nativem Lignin.

Botanisch ist **Lignin** als Inkrustationsmaterial der Zellwand definiert. In chemischer Hinsicht ist Lignin ein makromolekulares, irreversibles, verzweigtes

Dehydrierungspolymerisat oder -kondensat von Phenylpropanmonomeren mit übergeordneter additiver Verknüpfung (Freudenberg). *Holz* ist ein Mischpolymerisat mit Lignin als Strukturkomponente. **Lignin** ist (n. Adler und Gierer) die „durch Säuren im wesentlichen nicht hydrolysierbare, polymere, amorphe, inkrustierende Substanz des Holzes, aufgebaut aus methoxylhaltigen Phenylpropaneinheiten, die durch Ätherbindungen und C—C-Bindungen verknüpft sind." Die Beschaffenheit von Lignin ist spezies-spezifisch und zeigt außerdem gewebespezifische Unterschiede. Unsere derzeitigen Kenntnisse zur Chemie und Biochemie von Lignin beruhen im wesentlichen auf den Ergebnissen zum *Fichtenholz-Lignin.*

Eine Hypothese von Klason aufgreifend, der Phenylpropane als Ligninvorstufen postuliert hatte, forderte Freudenberg (1949), daß Hydroxyzimtalkohole nach Art des *Coniferylalkohols* die *primären Ligninbausteine* sind. Das Arylpropan ist die eigentliche höchst reaktionsfähige, kurzlebige Vorstufe der Lignifizierung. Sie wird durch Glucosidierung zum *Coniferin* stabilisiert und als solcher zu den Orten der Verholzung transportiert. Polymerisation kann erst erfolgen, wenn durch *β-D-Glucosidasen* die Zuckerkomponente abgespalten wird. Der Glucosidase-Nachweis wird mit dem Modellsubstrat *Indican* (Glucosid des Indoxyls) geführt: Indikan-Test, Bildung von Indigo. Coniferylalkohol, der durch Glykosidspaltung entsteht, unterliegt dem enzymatischen Angriff durch Phenole oxydierende Fermente. Vermutlich ist *in vivo Laccase* das entscheidende Enzym. Ein Gemisch von Meerrettich-Peroxydase und H_2O_2 kann Laccase im sog. *künstlichen Ligninverfahren* (Inkubation von Coniferylalkohol bei guter Belüftung mit einem geeigneten phenoldehydrogenierenden System) ersetzen. Bei der **enzymatischen Phenoldehydrogenierung** von **Coniferylalkohol** wird ein mesomeriefähiges *Radikal* gebildet, dessen *Grenzzustände* wie folgt angebbar sind:

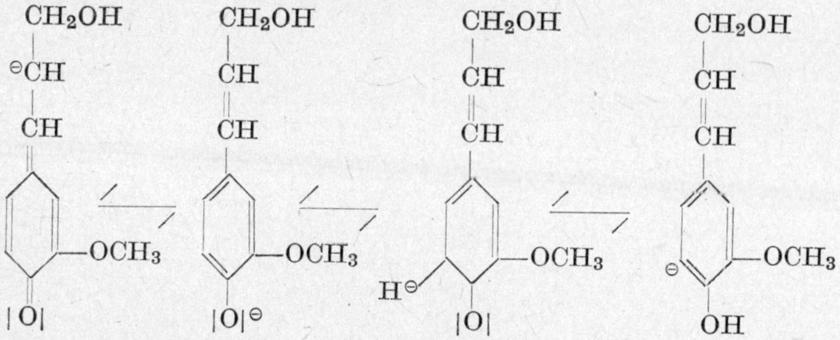

(1)	(2)	(3)	(4)
CH_2OH / $^{\ominus}CH$ / CH / Ring / $—OCH_3$ / $\vert O \vert$	CH_2OH / CH / CH / Ring / $—OCH_3$ / $\vert O \vert^{\ominus}$	CH_2OH / CH / CH / Ring / $H^{\ominus}$ / $—OCH_3$ / $\vert O \vert$	CH_2OH / CH / CH / Ring / $^{\ominus}$ / $—OCH_3$ / OH

Chinonmethid

Die gebildeten Radikale, die sehr reaktionsfähig sind, reagieren nicht-enzymatisch weiter durch *automatische Kupplungsreaktionen* der folgenden Art:

1 + 4: β-ortho-Kupplung → Dehydrodiconiferylalkohol (Cumaransystem)
1 + 2: β-Aroxyl-Kupplung → Guajacylglycerin-β-coniferyläther
1 + 1: → D, L-Pinoresinol (Bauprinzip von Lignanen)

Im Anschluß an die enzymatische Dehydrogenierung der phenolischen Hydroxylgruppe gebildete Radikalzustände und Kryptoionen reagieren demnach durch verschiedene Kupplungsreaktionen automatisch (spontan) weiter und führen zu Lignindimeren, sog. *sekundären Ligninbausteinen*. Bei den stattfindenden Reaktionen ist das *Chinonmethid* (Grenzstruktur 1, vgl. oben) bevorzugt. Im künstlichen Ligninverfahren (vgl. weiter oben) konnten die genannten Dimeren bei Einsatz von Pilz-*Laccase* (aus den Fruchtkörperstielen des Kulturchampignons gewonnen) in 75%iger Ausbeute erhalten werden, insofern man die Reaktion rechtzeitig abstoppt. Auch die 3 sekundären Ligninbausteine (Dehydrodiconiferylalkohol, Guajacylglycerin-β-coniferyläther und DL-Pinoresinol) konnten neben zahlreichen weiteren, im Polymerisationsvorgang gebildeten Verbindungen (Ligninzwischenstufen) erhalten werden. Auf die gebildeten sekundären Ligninbausteine (Dimere) wirkt wieder das dehydrogenierende Enzym ein, so daß wiederum mesomeriefähige Radikale mit ihren möglichen Grenzstrukturen entstehen, die durch automatische Kupplungsreaktionen untereinander und mit den am Ligninbildungsort vorhandenen Radikalen reagieren. Den gesamten Vorgang der *Ligninpolymerisation*, der sich aus dem Wechselspiel von enzymatischer Phenoldehydrogenierung und nicht-enzymatischer Kupplung von Radikalzuständen zusammensetzt, hat FREUDENBERG treffend als **Dehydrierungspolymerisation** (DHP) bezeichnet.

Die Precursor-Natur von D-Coniferin bei der Ligninbiosynthese konnte durch Isotopenexperimente bestätigt werden, wobei mit dem sog. Tauchtriebverfahren (der Spitzenteil eines Seitenzweiges der Fichte, dessen Nadeln bis auf kurze Stümpfe zurückgeschnitten sind, taucht in die radioaktive Applikationslösung ein) eine physiologisch ausgewogene Applikationstechnik entwickelt wurde. Erst bei Beachtung bestimmter Kriterien darf in diesem Falle auf die Vorstufennatur einer applizierten Verbindung geschlossen werden. Das markierte Reaktionsprodukt muß eindeutig als Lignin gegen andere Zellwandbestandteile im Mischpolymerisat Holz abgegrenzt werden. Ein solches „*Lignin-Kriterium*" ist die *salzsaure Äthanolyse* des Lignins, die ein spezifisches Depolymerisationsverfahren ist, bei dem in Gestalt der sog. *Hibbertschen Körper* die integre C_6-C_3-Einheit des nativen Lignins dargestellt wird. Hibbertsche Körper sind *Guajacylketone* nach Art des Vanilloylacetyls und des α-Äthoxypropioguajacons, die hinsichtlich ihrer C-Atome die intakte Struktur der Phenylpropangrundbausteine von Lignin repräsentieren.

Neben *Coniferylalkohol* spielen *Sinapinalkohol* und *p-Cumaralkohol* eine Rolle als unmittelbare Vorstufen der Ligninbildung. Die charakteristischen Unterschiede im Methoxylgehalt verschiedener Hölzer gehen auf die unterschiedliche Beteiligung der genannten Zimtalkohole an der Lignifizierung zurück. *Natives Lignin* gehört zu einer der 3 folgenden Gruppen von Ligninen:

- *Coniferenlignine:* werden aus Coniferylalkohol und wechselnden, aber stets sehr kleinen Mengen von Sinapin- und p-Cumaralkohol aufgebaut
- *Lignine dikotyler Angiospermen:* werden aus Sinapin- und Coniferylalkohol gebildet, während p-Cumaralkohol kaum beteiligt ist
- *Lignine monokotyler Angiospermen:* werden aus Coniferyl-, Sinapin- und p-Cumaralkohol synthetisiert.

Die Synthese der *primären Ligninbausteine* (Coniferyl-, Sinapin- und p-Cumaralkohol) geht von den aromatischen Aminosäuren L-Phenylalanin und L-Tyrosin aus und führt über substituierte Zimtsäuren. Das Schlüsselenzym *Phenylalanin-*

ammoniak-lyase (*Phenylalanindesaminase*) ist induzierbar. Die Reaktionsfolge der **Ligninsynthese** aus aromatischen Aminosäuren zeigt das folgende Schema:

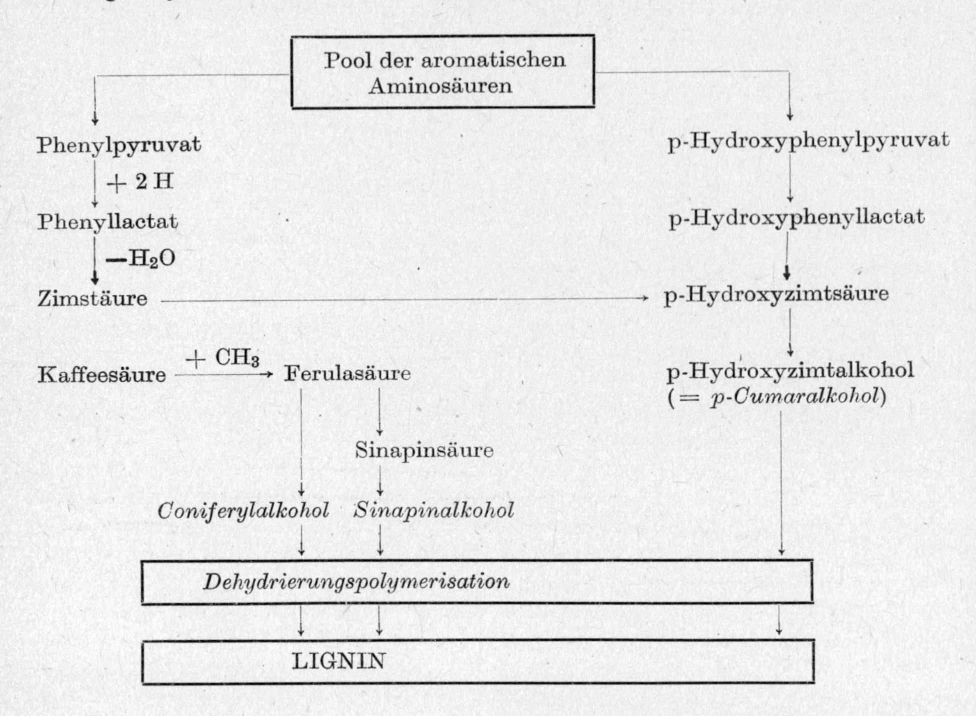

11. Der Stoffwechsel des Wasserstoffs und Sauerstoffs

11.1. Das System der Atmungskette und seine Organisation

Oxydationsvorgänge werden im Stoffwechsel durch verschiedenartige Mechanismen und Enzyme vermittelt (vgl. 2.5. und 11.3.). Als **biologische Oxydation** im engeren Sinne wollen wir hier die Oxydation wasserstoffbeladener Coenzyme (vgl. 9.1.). über die Atmungskette verstehen. Sie ist ein wesentlicher Bestandteil der **Atmung**. Atmende Zellen haben im **System der Atmungskette** einen Apparat, durch den der den Substraten entzogene und durch Pyridinnucleotidenzyme und Flavinenzyme übernommene Wasserstoff über mehrere Reaktionsstufen auf einen terminalen Wasserstoffakzeptor übertragen wird. Dieser ist in den weitaus meisten Fällen Sauerstoff: Bildung von Wasser! In einigen Mikroorganismen wird ein anderer terminaler Wasserstoff- bzw. Elektronenakzeptor verwendet, z. B. Nitrat (vgl. 12.2.).

Die Atmungskette vermittelt somit eine Art biochemische Knallgasreaktion. Die Atmungssubstrate werden dehydrogeniert. Durch die stufenweise Führung des Wasserstoffs bzw. der Elektronen über eine Kaskade von Zwischenüberträgern wird der hohe Energieabfall der Wasserbildung aus den „Elementen" bzw. aus Wasserstoff und Sauerstoff „gezügelt", d. h. ein beträchtlicher Teil der Energie der Wasserstoffoxydation wird als ATP zur Verfügung gestellt:

Atmungskette = biochemische Knallgasreaktion.

Die Atmungskette wird aus Dehydrogenasen bzw. Oxydoreduktasen, Elektronenüberträger-Proteinen (den „Hämin-Coenzymen") und einer Endoxydase aufgebaut. Diese Enzyme sind mit bestimmten niedermolekularen Komponenten („Hilfssubstraten" und Metallen) zu einem Elektronenüberträger-System vereinigt. Die hohe Ordnung der Atmungskette wird durch strukturelle Bindung an mitochondriale Bestandteile erreicht. Die Komponenten der Atmungskette fungieren als Redox-Katalysatoren. Die Atmungskette ist ein komplexes Redox-System. Die Enzyme der Atmungskette sind *Redoxasen* (= Redoxprozesse katalysierende Enzyme). Chinone und Cytochrome sind als niedermolekulare Redoxkatalysatoren in den Elektronenfluß eingeschaltet. In Erfüllung ihrer Funktion oszillieren die Komponenten der Atmungskette ständig zwischen dem oxydierten und reduzierten Zustand. Jedes vorhergehende Glied reduziert das nachfolgende, jedes folgende oxydiert das vorhergehende:

Atmungskette = Elektronentransportsystem.

Die Atmung kann als eine Eisenkatalyse an Oberflächen beschrieben werden (WARBURG). Eisen ist in zweierlei Form, als Hämin- und als Nicht-Hämeisen (in Porphyrinen bzw. an Protein gebunden), an der Atmungskette beteiligt. Die Enzyme der Atmungskette und die mit ihnen strukturell eng verbundenen niedermolekularen Elektronenüberträger sind zu einem **Multienzym-Komplex** vereinigt. Die Komponenten der Atmungskette sind strukturgebunden. In der eukaryotischen Zelle ist das System der Atmungskette Bestandteil der **Mitochondrien.** In vielen Bakterien ist es in partikulären Zytoplasmafraktionen lokalisiert. In beiden Fällen sind die Komponenten der Atmungskette strukturell mit Membranen verbunden. Ihre Isolierung ist daher nur unter Zerstörung der intakten Struktur möglich (vgl. 11.1.1.):

Atmungskette = Multienzymsystem.

Bei der **Oxydation über die Atmungskette** muß man **drei Reaktionsabschnitte** unterscheiden:

- 1. Abschnitt: *Dehydrogenierung* durch spezifische Dehydrogenasen (Oxydoreduktasen) („Wasserstoff-Aktivierung" im Sinne von WIELAND)
- 2. Abschnitt: *Transport* von Wasserstoffatomen [H] = H^+ + e bzw. von Elektronen (nach Trennung des H-Transports in H^+ und einen Elektronentransport) durch Redoxasen und niedermolekulare Redoxkatalysatoren
- 3. Abschnitt: Vereinigung der übertragenen Reduktionsäquivalente mit Sauerstoff und *Wasserbildung*. Die Reaktion an der Endoxydase ist eine „Sauerstoff-Aktivierung" im Sinne von O. WARBURG.

Das folgende allgemeine Schema der Atmungskette beschreibt den prinzipiellen Ablauf dieser Reaktionen:

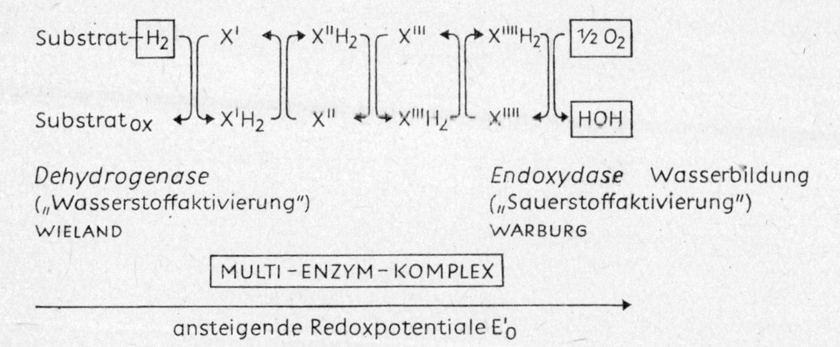

Die **Komponenten der Atmungskette** sind die Katalysatoren der Zellatmung (Tabelle 11.1.).

Succinat-Dehydrogenase = FP_S (Flavoprotein$_S$, S = Succinat) ist mit dem **Komplex II** strukturell eng verbunden, der die Wirkung einer *Succinat: Ubichinon-Oxydoreduktase* (= *Succinat-CoQ-Reduktase*) hat und außerdem Cytochrom b neben Nicht-Hämeisen enthält (vgl. das Schema der Atmungskette, 11.1.1.). *NADH-Dehydrogenase* (= Flavoprotein$_D$ = FP_D, D = Dehydrogenase) ist

Tabelle 11.1. Komponenten der Atmungskette

Stoffgruppe	Vertreter	Funktionelle Gruppierung
Flavoproteine	*Succinat-Dehydrogenase* (FP_S)	Nicht-Hämineisen
	NADH-Dehydrogenase (FP_D)	Nicht-Hämineisen
Cytochrome (= Zellhämine, Hämin-Coenzyme)	Cytochrom a	Hämin a (Cytohämin), ein „grünes" Hämin, ähnlich dem *Spirographis*-Hämin
	Cytochrom a_3	Hämin a
	Cytochrom b	Hämin (Protohämin) = Eisen-Protoporphyrin IX
	Cytochrom c	Häm mit kovalenter Bindung des Porphyrinrestes über die (hydrierte) Seitenkette an SH-Gruppen des Proteins (als Thioäther)
	Cytochrom c_1	wie Cytochrom c mit „Häm c"
Nicht-Hämineisen-Proteine $(Fe\text{-}Fe)_4$	Komplex I	Fe in Bindung an S
	Komplex II	Fe in Bindung an S
	Komplex III	Fe in Bindung an S
Kupferproteide (Cu)	a-Cu, assoziiert mit Cytochrom a	Kupfer
	a_3-Cu, assoziiert mit Cytochrom a_3	Kupfer

Komponente des **Komplexes I**, der ein Flavoprotein, Nicht-Hämineisen und Ubichinon enthält. Er wirkt wie eine *NAD-H: Ubichinon-oxydoreduktase*. **Komplex III** enthält neben Nicht-Hämineisen die Cytochrome b und c_1 und hat die Wirkung einer *Ubihydrochinon: Cytochrom c-reduktase*. **Komplex IV** ist in der Funktion identisch mit der *Cytochromoxydase* (*Cytochrom c: O_2-oxydoreduktase*). Er enthält neben Cytochrom a-a_3 (die Cytochrome a und a_3 sind offenbar ein Stoff in verschiedenem Bindungszustand und gleichbedeutend mit der *Cytochromoxydase*) ein kupferhaltiges Protein. **Cytochromoxydase** („Rotes Atmungsferment", WARBURG) enthält als prosthetische Gruppe das Cytohämin. Am Pyrrolring I der Tetrapyrrolgrundstruktur (vgl. 2.6.4.3.) befindet sich am Cytohämin ein Farnesylrest als lipophile Seitenkette.

Cytochrome (zur Chemie vgl. 2.6.4.3., zur Biosynthese vgl. 12.7.) sind Proteide mit Häm als prosthetischer Gruppe. Das Eisen der Eisen-Porphyrin-Komponente nimmt durch Valenzwechsel an der Elektronenübertragung teil:
Cytochrome = Hämoproteine = Hämin-Coenzyme = „Zellhämine".

Zwischen den Flavoproteinen FP_S (Komplex II) und FP_D (Komplex I) einerseits und den Cytochromen bzw. dem Komplex III auf der anderen Seite ist ein **Chinon-Hydrochinon-System** eingeschaltet. Das Chinon der Atmungskette ist das **Ubichinon** oder **Coenzym Q**:

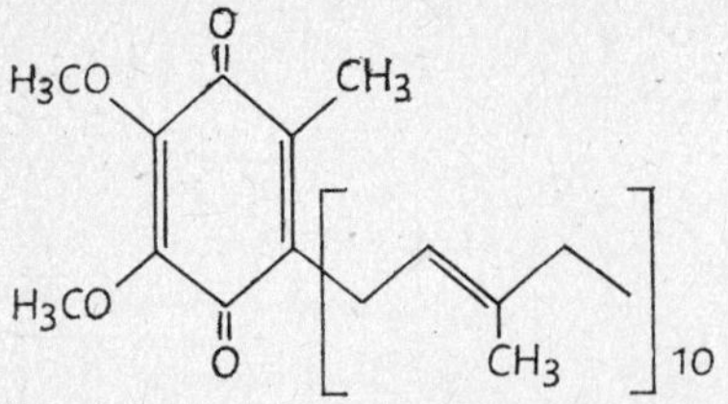

H_3CO CH_3 H_3CO CH_3 10

In chemischer Hinsicht ist Ubichinon ein 2,3-Dimethoxy-5-methylbenzochinon, das eine aus Dihydroisopren-Einheiten aufgebaute (isoprenoide) Seitenkette trägt. Ubichinon-50 = Ubichinon-10 hat 50 C-Atome bzw. 10 Dihydroisopren-Einheiten in der Seitenkette. Der Name Ubichinon zielt auf die ubiquitäre Verbreitung, der Name Coenzym Q auf die Coenzymnatur des Chinons (Q engl. quinone) ab. *Plastochinon-45* (vgl. 10.3.2.) ist ein Chinon der Plastiden mit einer isoprenoiden Seitenkette aus 45 C-Atomen. Es spielt im Elektronentransport der Photosynthese eine Rolle.

Die **reversible Dehydrierung eines Hydrochinons** zum Chinon läßt sich wie folgt schreiben:

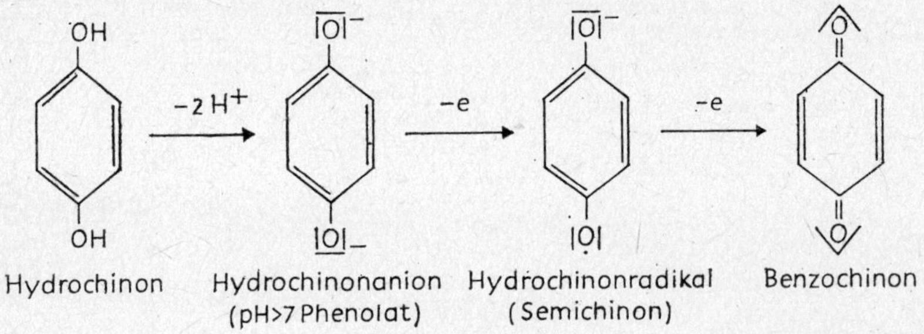

OH OH —$-2\,H^+$→ $\overline{|O|}^-$ $\overline{|O|}_-$ —$-e$→ $\overline{|O|}^-$ $\overline{|O|}$ —$-e$→ O O

Hydrochinon Hydrochinonanion (pH>7 Phenolat) Hydrochinonradikal (Semichinon) Benzochinon

In der 1. Teilreaktion der Oxydation des Hydrochinons (aromatische Struktur!) wird durch Abgabe von 2 Protonen zunächst das *Phenolat* gebildet. Diese Reaktion der *Dissoziation* des Hydrochinons ist noch keine Oxydation. Diese erfolgt erst in der 2. Teilreaktion, in der ein Elektron an das Oxydationsmittel abgegeben wird. Hierbei entsteht eine Verbindung mit ungepaartem Elektron, ein *Radikal*, das in Form des *Semichinons* stabil ist. Durch einen weiteren Einelektronenübergang wird aus dem Semichinon die *chinoide Struktur* des **Benzochinons** gebildet. In analoger Weise lassen sich formal alle Dehydrogenierungen beschreiben, z. B. die Dehydrogenierung von Äthanol zu Acetaldehyd über ein intermediäres Alkoholat. Bei der enzymatischen Dehydrogenierung des Äthanols (vgl. 9.1.) handelt es sich jedoch um einen 2-Elektronen-Übergang. Der eine Wasserstoff wird gemeinsam mit einem Elektronenpaar als *Hydridion*: $H^{\ominus}$ übertragen, während der 2. Wasserstoff als Proton $H^{\oplus}$ abgegeben wird. Die Reduktion des Sauerstoffs andererseits läßt sich als eine Reihe von 1-Elektronen-Übergängen auffassen (vgl. 11.1.).

Die **Reihenfolge der Komponenten der Atmungskette** wurde aus der Messung bzw. Berechnung der Normalpotentiale und aus dem Ergebnis von Hemmungsversuchen mit spezifischen Atmungsgiften (vgl. 11.1.2.) ermittelt. Die Größe des

Redoxpotentials eines Redox-Paares hängt jedoch vom pH-Wert und vom Konzentrationsverhältnis der oxydierten und reduzierten Form ab. Für die Ausbildung des Fließgleichgewichtes der Atmungskette sind das Sauerstoffangebot, die verfügbare Substratkonzentration und die Koppelung mit dem Phosphorylierungssystem (vgl. 11.1.2.) von größerer Bedeutung als die Normalpotentiale.

Die sich gegenseitig oxydierenden und reduzierenden Stoffe (Redox-Katalysatoren) kann man in eine Reihe bringen, an deren einem Ende H_2 als das stärkste Reduktionsmittel und an deren anderem Ende O_2 als das stärkste Oxydationsmittel steht. Jedes Glied dieser Reihe ansteigender **Elektronenaffinität** oxydiert das vorhergehende und reduziert das nachfolgende Glied, d. h. jeder Stoff hat eine bestimmte „Oxydationskraft", die man als Reduktions-Oxydations-Potential (Redoxpotential) in einer geeigneten Meßanordnung quantitativ bestimmen kann. Das **Redoxpotential** ist demzufolge ein quantitatives Maß für die *Elektronenaffinität* bzw. umgekehrt für die Tendenz von Verbindungen oder Elementen, Elektronen abzugeben. Das Redoxpotential wird relativ zum Wasserstoff-Halbelement (= platinierte Platinelektrode bei pH 0 mit H_2 von Atmosphärendruck umspült) angegeben:

Wasserstoff-Elektrode: $H_2 \rightleftharpoons 2\,H^+ + 2\,e^-$ (pH 0, $p_{H_2} = 1$ at)

Dieses **Standard-Potential** = Normalpotential = E_0 ist für biologische Zwecke ungeeignet. Man wählt hier als Bezugspunkt das **Normalpotential** bei pH 7,0, das gegen pH 0 eine Potentialdifferenz von $-0{,}42$ V hat. Das Normalpotential E_0', bei pH 7,0 gemessen, gilt bei Einheitskonzentrationen (bzw. Aktivitäten = 1) der Reaktionsteilnehmer. Aus der *Nernstschen Gleichung* ist abzuleiten, daß das tatsächliche (aktuelle) Potential eines Redoxsystems E' vom Verhältnis der Konzentration von oxydierter und reduzierter Stufe abhängt:

$$E' = E_0' + \frac{0{,}06}{n} \log \frac{[Ox]}{[Red]} \text{ (für 30 °C)}$$

(Über die Beziehung des Redoxpotentials zur freien Energie ΔG_0 vgl. 4.1.1.1.). Wir halten fest:

- je höher der E_0'-Wert, d. h. je positiver, um so stärker oxydierend ist ein Stoff
- das System mit dem positiveren E_0' wirkt als Oxydationsmittel gegenüber dem System mit dem negativeren E_0', niemals umgekehrt
- die Größe E_0' ist ein Maß für die relative Oxydationsintensität oder Elektronenaffinität
- die Anordnung von Redoxsystemen nach steigendem Wert von E'_0, die sog. *Redox-Skala*, diktiert mit der Potentialrichtung auch die Richtung eines möglichen Elektronenübergangs
- die Redox-Skala der Komponenten der Atmungskette bestimmt die Richtung des Elektronenüberganges und die logische Anordnung der Glieder der Atmungskette.

Angenäherte Normalpotentiale bei pH 7 (E_0'-Werte) zeigt die Tabelle 11.2.

Tabelle 11.2. E'_0-Werte biologischer Redoxsysteme

Redox-System	E'_0 (pH 7) Volt
Sauerstoff/Wasser bzw. O_2/O^{2-}	+0,810
Fe^{3+}/Fe^{2+}	+0,770
P-700 (Chlorophyll a) (ox/red)	+0,460
Cytochrom f (Fe^{3+}/Fe^{2+})	+0,370

(Fortsetzung det Tabelle 11.2.)

Redox-System	E'_0(pH 7) Volt
$Plastocyanin_{ox}/Plastocyanin_{red}$	+0,360
Sauerstoff/H_2O_2	+0,300
Cytochrom a (Fe^{3+}/Fe^{2+})	+0,290
Cytochrom c (Fe^{3+}/Fe^{2+})	+0,260
Coenzym Q (Chinon/Hydrochinon)	+0,100
Plastochinon/Plastohydrochinon	+0,060
Fumarat/Succinat	+0,000
Cytochrom b (Fe^{3+}/Fe^{2+})	−0,040
$FMN/FMNH_2$	−0,122
Oxalacetat/Malat	−0,160
Riboflavin (ox/red)	−0,210
Glutathion (ox/red)	−0,230
$NAD^+/NADH + H^+$	−0,320
Ferredoxin (Fd_{ox}/Fd_{red})	−0,420
H^+/H_2	−0,420

Auf Grund der Normalpotentiale der prosthetischen Gruppen der Enzyme der Atmungskette und ihrer niedermolekularen „Hilfssubstrate“ kann man den folgenden Reaktionsablauf für die Elektronentransportkette aufschreiben:

$$NADH + H^+ + FAD \rightarrow NAD^+ + FADH_2$$
$$FADH_2 + 2\ Cytb\ (Fe^{3+}) \rightarrow FAD + 2\ Cytb\ (Fe^{2+}) + 2\ H^+$$
$$2\ Cytb\ (Fe^{2+}) + 2\ Cytc\ (Fe^{3+}) \rightarrow 2\ Cytb\ (Fe^{3+}) + 2\ Cytc\ (Fe^{2+})$$
$$2\ Cytc\ (Fe^{2+}) + 2\ Cyta\ (Fe^{3+}) \rightarrow 2\ Cytc\ (Fe^{3+}) + 2\ Cyta\ (Fe^{2+})$$
$$2\ Cyta\ (Fe^{2+}) + 2\ Cyta_3\ (Fe^{3+}) \rightarrow 2\ Cyta\ (Fe^{3+}) + 2\ Cyta_3\ (Fe^{2+})$$
$$2\ H^+ + 2\ Cyta_3\ (Fe^{3+}) + 1/2\ O_2 \rightarrow 2\ Cyta_3\ (Fe^{2+}) + H_2O$$

(In der angegebenen Reihenfolge der Redox-Komponenten der Atmungskette ist das Ubichinon-Hydroubichinon-System zwischen $FADH_2/FAD$ und den Cytochromen zu schreiben).

Die **Wasserbildung** kann als eine „Wasserstoffaktivierung“ und „Sauerstoffaktivierung“ wie folgt beschrieben werden:

$$H_2 \text{ bzw. } 2[H] \rightarrow 2\ H^+ + 2\ e^-$$
$$2\ e^- + 1/2\ O_2 \rightarrow O^{2-}$$
$$2\ H^+ + O^{2-} \rightarrow H_2O$$

Das **Schema der Atmungskette** zeigt die prinzipiellen Zusammenhänge (S. 417 und 418 oben).

11.1.1. Die Lokalisation der Atmungskette in den Mitochondrien

Das System der Atmungskette ist in den Mitochondrien lokalisiert (vgl. 6.3.3.1.). Durch geeignete Aufbereitungsverfahren kann man aus isolierten Mitochondrien Bruchstücke gewinnen (S. 417 Mitte).

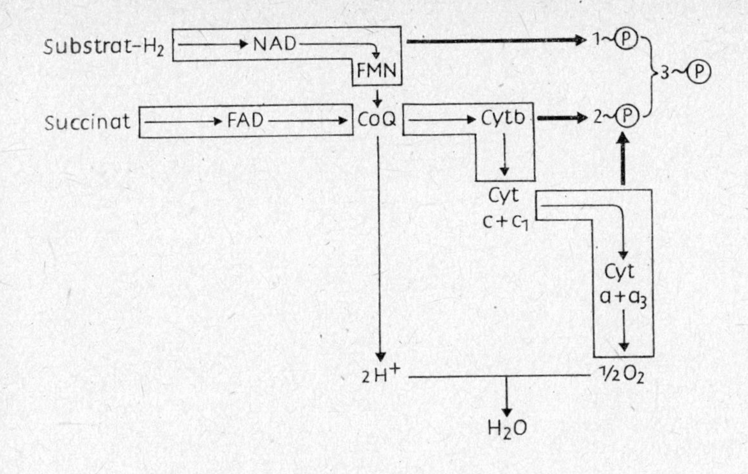

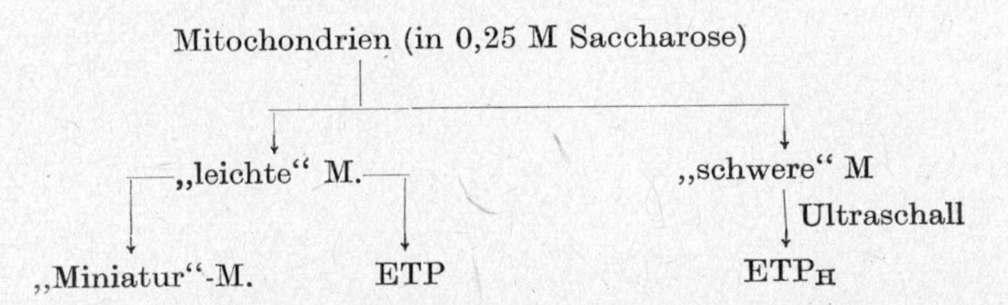

Isolierte Mitochondrien werden mit Detergenzien (z. B. Digitonin) oder durch Ultrabeschallung aufgeschlossen. In den sog. **Elektronen-transportierenden Partikeln** (ETP) liegt das komplette Elektronentransportsystem der Atmungskette vor. Elektronenmikroskopisch erscheinen die ETP als membranumschlossene Bläschen. Von Green werden die ETP als komplexes Riesenmolekül von definierter Zusammensetzung angesehen. Die ETP_H (H engl. heavy, schwer) enthalten noch *Succinatdehydrogenase*. ETP_H + Miniatur-Mitochondrien werden als PETP (**p**hosphorylierende **E**lektronen-**t**ransportierende **P**artikel) bezeichnet. In den einzelnen so erhaltenen Fragmenten liegen geordnete Systeme von Enzymen vor, deren Enzymbestückung und Ausrüstung mit Cofaktoren unterschiedlich ist und die noch strukturbildendes Material, z. B. Lipide, enthalten. Bei der Extraktion der Lipide geht die Aktivität verloren, kann aber unter Umständen durch Zusatz geeigneter Lipidsubstanzen wieder regeneriert werden. Bei weiterer Fraktionierung der ETP erhält man die weiter oben genannten **4 Komplexe der Atmungskette** (I—IV). Diese Komplexe enthalten die Enzyme der Atmungskette, die jeweils mit Coenzymen und Metallen zu strukturellen Funktionseinheiten zusammengeschlossen sind. Coenzym Q und Coenzym c erscheinen als „Hilfssubstrate“ im Elektronenfluß über diese Komplexe (S. 418 oben).

Diese **4 Komplexe**, die man durch geeignete Aufbereitung der Mitochondrien (Desoxycholat- und Cholat-Behandlung, Ammoniumacetat- und Ammoniumsulfat-Fraktionierung und differentielle Zentrifugation) gewinnt, katalysieren die genannten Reaktionsschritte der Atmungskette (S. 418 Mitte).

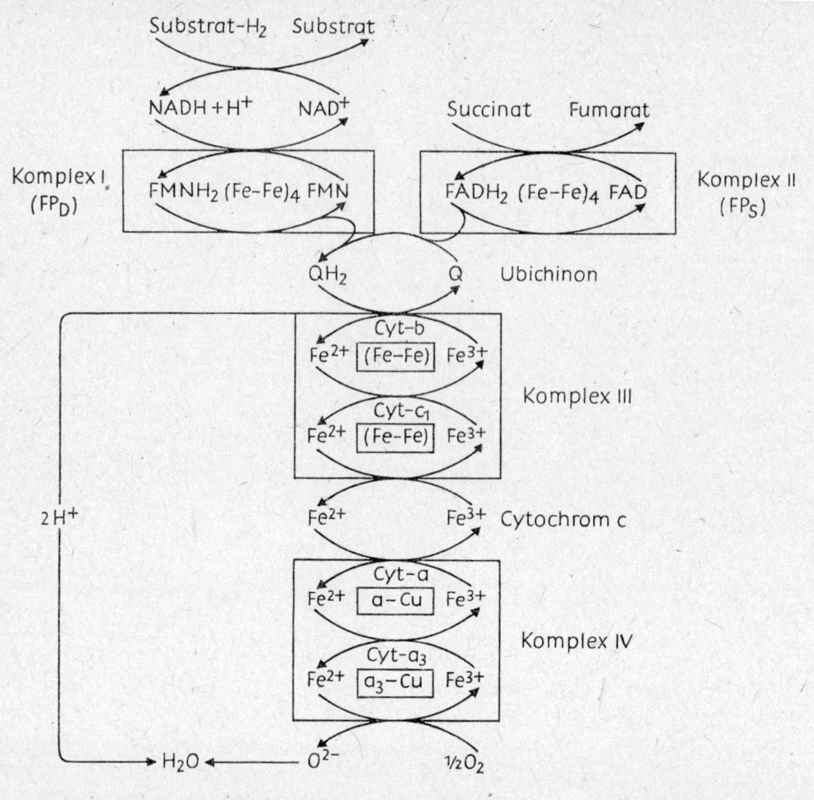

Komplex I:	NADH + H^+ + Coenzym Q	→	NAD^+ + Coenzym QH_2
Komplex II:	Succinat + Coenzym Q	→	Fumarat + Coenzym QH_2
Komplex III:	Coenzym QH_2 + 2 Cyt-c (Fe^{3+})	→	Coenzym Q + 2 Cyt-c (Fe^{2+}) + 2 H^+
Komplex IV:	4 Cyt-c (Fe^{2+}) + O_2 + 4 H^+	→	4 Cyt-c (Fe^{3+}) + 2 H_2O

Flavoproteide können solche Substrate oxydieren, deren Dehydrogenierung nicht über Pyridinnucleotid-Coenzyme verläuft. Das betreffende Substrat muß jedoch gegenüber dem NAD-H/NAD^+-System ein positiveres Redoxpotential besitzen. Einige flavinkatalysierte Reaktionen (Flavinkatalyse, vgl. 9.1.) benötigen neben der prosthetischen Gruppe der Dehydrogenase (FAD) noch ein zusätzliches Flavoproteid, das den Elektronen-Transfer von $FADH_2$ auf das Cytochrom-System vermittelt. Man nennt solche Flavinenzyme **elektronenübertragende Flavine** (**ETF** = engl. electron transfer flavins). Enzyme aus Schweineleber enthalten 1 Atom Eisen pro 6 Moleküle Flavin und außerdem Kupfer. Ein Beispiel für die Funktion elektronenübertragender Flavine ist die Dehydrogenierung von Acetyl-Coenzym A im Zuge des Fettsäureabbaus.

Die „klassische" **Succinatoxydase** ist ein Enzymkomplex, der sich aus der eigentlichen Succinatdehydrogenase, Cytochrom c_1, Cytochrom b, Ubichinon, Nicht-Hämin-Eisen und Cytochromoxydase zusammensetzt. Die **„Diaphorase"** ist eine Komponente der α-Ketoglurat-Oxydase. Als Diaphorase-Aktivität wird die Fähigkeit der Flavoproteide verstanden, den Substrat–Wasserstoff auf geeignete Farbstoffe zu übertragen.

11.1.2. Funktionelle Aspekte der Atmungskette

Der Elektronentransport über die Atmungskette ist mit der **Bildung von ATP** eng gekoppelt. Die Bedeutung der stufenweisen Führung der Reduktionsäquivalente über eine Serie von Redoxkatalysatoren liegt in der Aufteilung der zwischen reduzierten Coenzymen und Sauerstoff bestehenden Potentialdifferenz von (—0,32 —0,81 =) —1,13 V, die einem $\Delta G_0'$ von —52 kcal/Mol äquivalent ist, in „Energiepakete" geeigneter Größe. Der mit der Wasserbildung aus H_2 bzw. $NADH_2$ und O_2 verbundene hohe Energieabfall wird auf diese Weise zur ATP-Bildung genutzt. Bei der Übertragung von 2 [H] vom $NADH_2$ auf Sauerstoff bestehen drei Oxydationsschritte, die mit der Phosphorylierung von ADP zu ATP verbunden sind. Auf jeder dieser drei Stufen reicht der Energieabfall des betreffenden Elektronenüberganges aus, um Ortho-Phosphat in energiereiche organische Bindung von ATP zu überführen. Diese **drei Phosphorylierungsstellen** sind:

- die Dehydrogenierung von $NADH_2$
- die Oxydation von Cytochrom b
- die Oxydation von Cytochrom a.

Die **ATP-Bildung** ist die wichtigste Funktion der Atmungskette. Man bezeichnet diesen Prozeß als **Atmungskettenphosphorylierung** oder als **oxydative Phosphorylierung**. Der „energetische Wirkungsgrad" dieses Vorganges liegt bei etwa 45%, wenn man Standard-Reaktionsbedingungen zugrunde legt. Pro Grammatom verbrauchten Sauerstoffs bzw. pro Mol oxydierten Wasserstoffs werden 3 Mole ATP gebildet. Diese Beziehung wird durch den sog. **P/Q-Quotienten** ausgedrückt, der die Mole Phosphat angibt, die pro Grammatom Sauerstoff in organische Bindung von ATP überführt werden:
P/O-Quotient der Oxydation von $NADH_2$ in der intakten Atmungskette = 3. Für Substrate, die nach den Pyridinnucleotiden in die Atmungskette eingeschleust werden, liegen die P/O-Quotienten niedriger, für Succinat z. B. = 2. In Mikroorganismen liegen die P/O-Quotienten im allgemeinen um 1, so daß nur 1—2 Phosphorylierungsschritte anzunehmen sind.

Elektronentransport und oxydative Phosphorylierung können entkoppelt werden: der P/O-Quotient → 0. Die Atmung geht im „Leerlauf" weiter und kann sogar gesteigert sein:
Entkopplung = Aufhebung der Verbindung zwischen Elektronentransport bzw. Oxydation von Substraten (Atmung) und oxydativer ATP-Bildung.

Entkopplung kann durch verschiedene Faktoren eintreten. Sie kann reversibel und irreversibel sein. Als **Entkoppler** wirken zahlreiche chemische Substanzen unterschiedlichster chemischer Struktur. **„Echte" Entkoppler** sind: **2,4-Dinitritrophenol** (DNP), Dicumarol, Gramicidin D, Arsenat. Sie unterbinden die oxydative Phosphorylierung bei gesteigerter oder nicht beeinflußter Atmung. **Inhibitoren der oxydativen Phosphorylierung** (im engeren Sinne) sind solche Substanzen, die den phosphorylierenden Elektronentransport hemmen: es erfolgt weder Elektronentransport noch oxydative Phosphorylierung. Verbindungen dieser

Art sind z. B. das Oligomycin (ein Antibiotikum), das Guanidin, das Natriumazid und das Kaliumatractylat (ein pflanzliches N-Glykosid). **Inhibitoren des Elektronentransports** hemmen vorwiegend den Elektronendurchsatz, jedoch auch die Phosphorylierung. Verbindungen dieser Art sind z. B. Cyanid, Antimycin A, Amytal und BAL (= 2,3-Dimercaptopropanol).

Es besteht nicht nur eine Abhängigkeit der ATP-Bildung vom Elektronentransport, sondern auch des Elektronendurchsatzes von der Phosphorylierung. Der Elektronenfluß durch die Atmungskette hängt von ADP und anorganischem Phosphat ab. Ohne ADP und P_{an} ist die Atmung nur gering. Es besteht eine **Atmungskontrolle.** Diese bedeutet eine feste Kopplung zwischen Elektronentransport und oxydativer Phosphorylierung. Sie ist ein Kennzeichen funktionell intakter Mitochondrien, die P/O-Quotienten von 3 oder > 3 haben. Für Mitochondrien verschiedener Herkunft ergeben sich in Versuchen mit isolierten Mitochondrien jedoch sehr unterschiedliche Verhältnisse bezüglich Art und Stärke der Kopplung, die außerdem für intakte und geschädigte Mitochondrien unterschiedlich ist. Der sog. **Atmungskontrollquotient** (engl. acceptor control ratio) ermöglicht eine experimentelle Aussage über die Festigkeit der Kopplung. Diese Größe ist definiert durch:
Größe der Atmung nach ADP-Zusatz dividiert durch Größe der Atmung nach Verbrauch des zugesetzten ADP.

Die Angriffspunkte einiger bekannter „**Atmungsgifte**" (vgl. weiter oben) zeigt das folgende Schema:

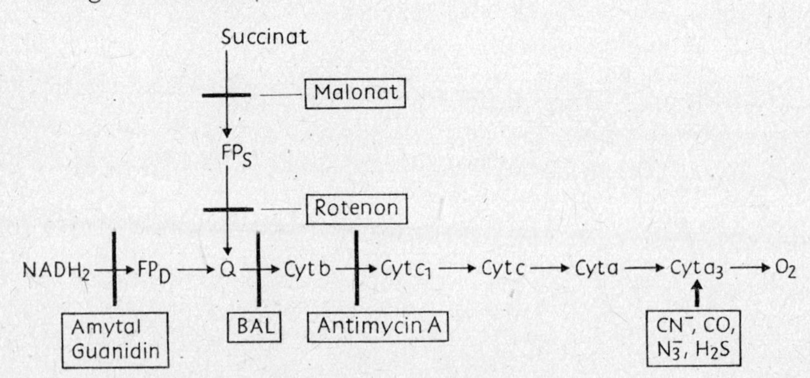

Der Reduktionsgrad der Komponenten der Atmungskette (Verhältnis red. Form/red. + ox. Form) ist vom Sauerstoffangebot, von der Substratkonzentration und von der Kopplung mit dem Phosphorylierungssystem abhängig. Das sich einstellende Fließgleichgewicht wird durch diese drei variablen Größen bestimmt, so daß (fünf) verschiedene Stadien der Zellatmung unterschieden werden können (Chance).

Im Gegensatz zur Substrat(ketten)phosphorylierung ist der **Mechanismus der Atmungskettenphosphorylierung** noch weitgehend ungeklärt. Bei der Formulierung des Feinmechanismus der Kopplung von Oxydation und Phosphorylierung lehnt man sich an den von Racker aufgeklärten Mechanismus der Substratphosphorylierung an der *Triosephosphat-Dehydrogenase* (vgl. 4.3.) an. Nach Lehninger nimmt man eine Komponente „Z" der Atmungskette an, die als reduzierter Carrier mit einem unbekannten Stoff X unter Elektronenentzug eine energiereiche Zwischenverbindung liefert. Diese wird durch Phosphorolyse gespalten, wobei ein energiereiches Phosphat der unbekannten X entsteht, aus dem die Phosphorylgruppe durch eine Gruppenübertragungsreaktion auf dem Niveau energiereicher Phosphatverbindungen auf ADP unter Bildung von ATP übertragen wird. Hierbei wird X regeneriert. Mit der Reduktion des oxydierten Carriers wäre der Kreislauf geschlossen:

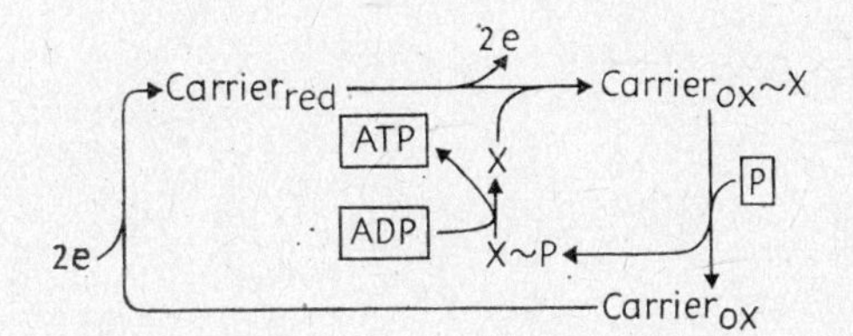

Entkoppler (vgl. weiter oben) spalten entweder (im Sinne dieser Hypothese) die Intermediärverbindung $Carrier_{ox} \sim X$ oder verhindern die Bildung der Zwischenverbindung $X \sim P$. Über die Natur des *Carriers* bestehen gewisse Vorstellungen. Man hat ihn in Beziehung gebracht zum NAD, Cytochrom b und Cytochrom a. Für die drei Phosphorylierungsschritte der Atmungskette (vgl. weiter oben) konnten **Kopplungsfaktoren** isoliert werden (GREEN), die man als *ATP-Synthasen* aufzufassen hat. Diese phosphorylieren möglicherweise die Elektronentransport-Komponenten NAD, Cytochrom b und Cytochrom c in spezifischer, ihrem Wirkungsort (Phosphorylierungsstellen 1—3) entsprechender Weise.

Das in den Mitochondrien gebildete ATP (die Mitochondrien sind die Hauptbildungsorte für ATP in atmenden Zellen) wird mit Hilfe eines Transport-Systems durch die Mitochondrien-Membran in das Zytoplasma eingeschleust. Die „**Translokase**" ist in der inneren Mitochondrienmembran lokalisiert und wird durch **Atractylat** gehemmt.

Zur Erklärung des **Feinmechanismus der oxydativen Phosphorylierung** wurden verschiedene Hypothesen entwickelt. Die MITCHELL-Hypothese oder sog. **chemiosmotische Theorie der oxydativen Phosphorylierung** basiert auf der Annahme vektorieller Transportmechanismen durch die Mitochondrienmembran, in der eine „polarisierte" ATPase postuliert wird. Die ATP-Synthese wird durch den Elektronentransport betrieben. In analoger Weise kann die Photosynthesephosphorylierung (vgl. 10.3.2.) gedeutet werden.

Bei Organismen, die einen H-Donator oxydieren, dessen Redoxpotential positiver ist als das der Pyridinnucleotid-Coenzyme, ist eine direkte Reduktion von NAD^+ durch diese Substrate (z. B. Sulfid, Thiosulfat, Nitrit, Glycerin-1-P u. a. „NAD-unspezifische" Substrate) thermodynamisch nicht möglich. In diesen Fällen muß die NAD-Reduktion durch einen rückläufigen, ATP-getriebenen Elektronentransport bewirkt werden. Dieser sog. **umgekehrte Elektronentransport** ist im Prinzip eine Umkehr der Atmung bzw. oxydativen Phosphorylierung. Diese ATP-abhängige Reduktion von NAD^+ wurde bei *Nitrobacter*, *Thiobacillus*, Nierenmitochondrien (unter anaeroben Bedingungen) und Flugmuskelmitochondrien (unter aeroben Bedingungen) nachgewiesen. Darüberhinaus ist der umgekehrte Elektronentransport ein typisches Merkmal der bakteriellen Photosynthese. Elektronen werden gegen den Energiegradienten bewegt. Substrate mit einem Redoxpotential positiver als das des

NAD können dieses reduzieren, wenn ATP zur Verfügung gestellt wird. Ein Beispiel ist das folgende (aus Richter):

E'_0 Bernsteinsäure/Fumarsäure = 0,00 Volt
E'_0 $NAD^+/NAD\text{-}H + H^+$ = −0,32 Volt

Für den umgekehrten Elektronentransport gilt:

$$\text{Succinat} + NAD^+ \xrightarrow{\sim X} \text{Fumarat} + NAD\text{-}H + H^+$$

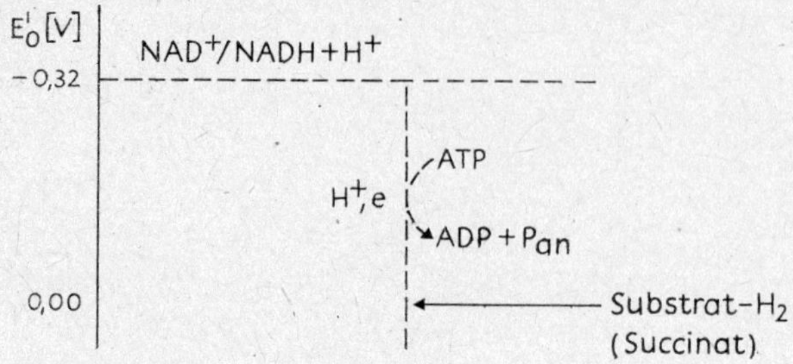

E'_0[V]
$NAD^+/NADH + H^+$
−0,32
H^+, e
ATP
$ADP + P_{an}$
0,00
Substrat-H_2
(Succinat)

11.2. Der Stoffwechsel des Wasserstoffs

Von den reduzierten Pyridinnucleotid-Coenzymen unterliegt **$NADH_2$** vorwiegend der *Oxydation über die Atmungskette.* **NAD** liegt in der Zelle überwiegend *in oxydierter Form* vor. Reduziertes NADP dient bevorzugt reduktiven Synthesen. **$NADPH_2$** ist ein wichtiges **Reduktionsmittel** der Zelle. NAi)P liegt in der Zelle überwiegend *in reduzierter Form* vor. Eine Messung der Redoxpotentiale der beiden Systeme $NADH_2/NAD^+$ und $NADPH_2/NADP^+$ zeigt fast keinen Unterschied. Vermutlich ist im Zytoplasma jedoch das Redoxpotential des $NADPH_2/NADP^+$-Systems um etwa 30—70 mV negativer als das des Systems $NADH_2/NAD^+$.

$NADPH_2$ wird als „Reduktionskraft" in den Lichtreaktionen der Photosynthese aufgebaut und in die reduktive Kohlenhydratsynthese einbezogen. Im oxydativen Stoffwechsel atmender Zellen wird reduziertes NADP vor allem durch die „direkte Glucoseoxydation" gebildet (Hexosemonophosphat-Weg, vgl. 10.1.3.). $NADPH_2$ wird durch Flavinenzyme der Atmungskette in der Regel nicht oxydiert. Ein $NADPH_2$-Überschuß kann daher durch „Veratmung" nicht beseitigt werden. Allerdings existieren **Transhydrogenasen**, d. s. Enzyme, die Wasserstoff von reduzierten Pyridinnucleotiden auf ihre oxydierte Form übertragen können. Sie konnten in tierischen Geweben und in Mikroorganismen nachgewiesen werden. „*Pyridinnucleotid-Transhydrogenase*" überträgt den Wasserstoff von reduziertem NADP auf oxydiertes NAD:

$$NADPH_2 + NAD^+ \rightleftharpoons NADP^+ + NADH_2 \quad (\textit{Transhydrogenase})$$

Die Transhydrogenase-Reaktion und sog. **substratvermittelte Transhydrogenierungen** (Holzer) stellen offenbar eine Art „Überdruckventil" für NADP-Wasserstoff dar, der für reduktive Synthesen nicht benötigt wird. Eine substratvermittelnde Transhydrogenierung wirkt wie eine *Transhydrogenase*:

$NADPH_2$ + Substrat → $NADP^+$ + Substrat-H_2
NAD^+ + Substrat-H_2 → $NADH_2$ + Substrat.

Bilanz: $NADPH_2 + NAD^+ \rightarrow NADH_2 + NADP^+$

Eine derartige Reaktion kann durch solche Enzyme vermittelt werden, die dasselbe Substrat in einer NADP- und einer NAD-abhängigen Reaktion umsetzen:

$$\text{Pyruvat} + CO_2 \xrightarrow{1} \text{Malat} \xrightarrow{2} \text{Oxalacetat}$$

1 = *Malat-Enzym* ($NADPH_2$); 2 = *Malat-Dehydrogenase* (NAD^+).

In analoger Weise wirkt das Zusammenspiel von NADP- und NAD-abhängiger L-*Glutamat-Dehydrogenase*. Erstere katalysiert die reduktive Synthese von Glutamat aus α-Ketoglutarat und Ammoniak; letztere führt eine NAD-abhängige oxydative Desaminierung von L-Glutamat zu α-Ketoglutarat und Ammoniak durch:

$$\alpha\text{-Ketoglutarat} \xrightarrow[+ NH_3]{NADPH_2} \text{Glutamat} \xrightarrow{NAD^+} \alpha\text{-Ketoglutarat} + NH_3$$

In Rattenleber kann z. B. die Sauerstoffaufnahme durch $NADPH_2$-Oxydation über das *Lactat-Dehydrogenase*-System etwa 15% des beobachteten O_2-Verbrauches betragen:

$NADPH_2$ + Pyruvat → Lactat + $NADP^+$
Lactat + NAD^+ → Pyruvat + $NADH_2$
$NADH_2 + {}^1/_2\, O_2$ → $NAD^+ + H_2O$

Bilanz: $NADPH_2 + {}^1/_2\, O_2 \rightarrow NADP^+ + H_2O$

Im Zellstoffwechsel **konkurrieren** $NADPH_2$-verbrauchende und-synthetisierende Enzyme um das gemeinsame Coenzym (Cosubstrat). Ein Beispiel für eine solche **enzymatische Regulation** (vgl. 7.1.) ist das folgende (HOLZER): In einem N-Mangelmedium oxydieren Hefen Glucose in einem sog. Ruhestoffwechsel ohne Wachstum. $NADPH_2$ wird angehäuft. Bei Zugabe von Ammoniumionen kann $NADPH_2$ für die reduktive Synthese von L-Glutamat (*Glutamatdehydrogenase*, vgl. 12.3.) verbraucht werden. Der Zusatz der N-Quelle ist zugleich der Startschuß für die Umschaltung von Ruhestoffwechsel auf aktive Wachstumsvorgänge. Denn Synthese von Glutamat bedeutet Aminosäuresynthese; Pentosen (aus dem Glucoseabbau über den HMP-Weg) und Aminosäuren treten in die Nucleotidbildung ein. Nucleinsäuresynthese ermöglicht Proteinsynthese und damit Wachstum. Die Systeme der Bildung und des Verbrauchs von reduziertem NADP stellen sich in ihrer metabolischen Aktivität aufeinander ein und sorgen für einen geordneten Ablauf der Stoffwechselprozesse.

Das über die Atmungskette durch Flavinenzyme oxydierte $NADH_2$ kann die **Mitochondrienmembran** nicht passieren. Im Zytoplasma erzeugtes **$NADH_2$** muß durch Vermittlung eines geeigneten Stoffpaares, das durch Oxydoreduktion reversibel ineinander überführbar ist, in die mitochondriale Atmungskette eingeschleust werden. Solche **Wasserstoff einschleusende Stoffsysteme** sind:

- β-Hydroxybutyrat–Acetoacetat
- Dihydroxyaceton-P–α-Glycerophosphat
- Malat–Oxalacetat.

β-Hydroxybuttersäure (die wasserstoffbeladene Form) permeiert aus dem **extramitochondrialen Raum** in den **intramitochondrialen Raum**, wo es den Wasserstoff an NAD^+ unter Vermittlung einer *Dehydrogenase* abgibt, so daß Acetoacetat entsteht („wasserstofffreie" Form). Acetessigsäure wandert in das Zytoplasma zurück, wo es durch eine *$NADH_2$-Reduktase* wieder mit Wasserstoff beladen wird. Das **System β-Hydroxybutyrat-Acetoacetat** fungiert als eine Art **Wasserstoff-Carrier** für die mitochondriale Atmungskette.

11.2.1. Die Redoxine

Eine besondere Bedeutung im Wasserstoffmetabolismus haben die als **Redoxine** bezeichneten *Elektronenüberträger-Proteine*. Diese sind entweder Nicht-Hämeisenproteine wie die *Ferredoxine*, das *Rubredoxin* oder das *Flavodoxin*, oder sie sind metallfrei wie das *Thioredoxin*.

Thioredoxin ist ein hitzestabiles saures Protein vom Molekulargewicht 12000. Die funktionelle Gruppe besteht aus einer Disulfidbrücke, die durch zwei Halbcysteine gebildet wird. Das Molekül besteht aus einer einzigen Polypeptidkette mit einem N-terminalen Serin. Die Entfernung der beiden Cysteinreste, die an der S-S-Brückenbildung beteiligt sind, scheint in der Größenordnung eines Dekapeptids zu liegen:

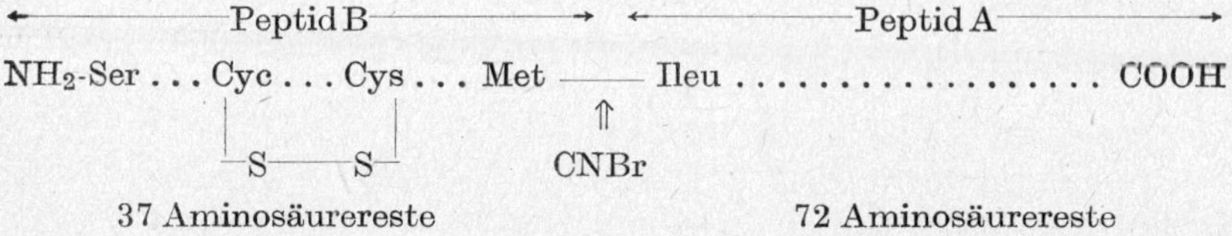

```
←———————Peptid B———————→  ←———————Peptid A———————→
NH2-Ser . . . Cyc . . . Cys . . . Met ——— Ileu . . . . . . . . . . . . . . . . . . COOH
              |          |             ⇑
              └—S————S—┘            CNBr
     37 Aminosäurereste                      72 Aminosäurereste
```

Die Spaltung der als Peptid A und Peptid B bezeichneten Anteile der Polypeptidkette gelingt mit CNBr. Die Verbindung wurde in der oxydierten Form isoliert (= Thioredoxin-S_2).

Thioredoxin und **Thioredoxin-Reduktase** funktionieren zusammen als ein $e^- + H^+$-transportierendes System, das die „Reduktionskraft" von $NADPH_2$ zur Umwandlung von CTP bzw. CDP in dCTP bzw. dCDP verwendet. Die Reaktion stellt den Mechanismus der **Biosynthese von Desoxyribose** bzw. Desoxynucleosidphosphaten für die DNS-Synthese dar (vgl. auch 12.7.2.1.):

$$\text{Thioredoxin-S}_2 + \text{NADPH} + H^+ \xrightleftharpoons{\textit{Reduktase}} e\ \text{Thioredoxin-(SH)}_2 + \text{NADP}^+$$

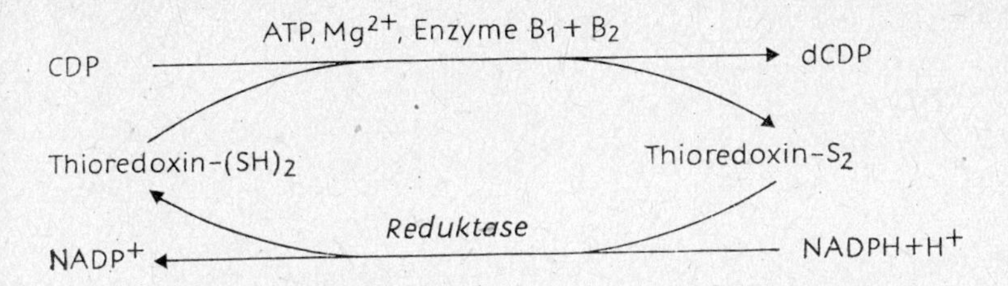

In der **Ribonucleosid-diphosphat-Reduktase** (*E. coli*) wirkt Thioredoxin mit *Thioreduktase* und weiteren Enzymen zusammen. Die **Ribonucleosidtriphosphat-Reduktase** von *Lactobacillus leichmannii* benötigt außerdem **Cobamid-Coenzym** (DBC-Coenzym, vgl. 9.4.). Das Cobamid-Coenzym wirkt als H-Carrier bei der Reduktion von **CTP** zu dCTP:

$$\left[\begin{matrix} SH \\ SH \end{matrix}\right. + Enz + DBC \rightleftharpoons \left[\begin{matrix} S \\ | \\ S \end{matrix}\right. .E.DBC\text{-}H$$

$$\left[\begin{matrix} S \\ | \\ S \end{matrix}\right. .E.DBC\text{-}H + CTP \rightarrow \left[\begin{matrix} S \\ | \\ S \end{matrix}\right. + Enz + DBC + dCTP$$

Das Cobamid-Coenzym (DBC bzw. DBC-H für die reduzierte Form) ermöglicht einen intramolekularen Wasserstofftransport: Wasserstoff von reduziertem Thioredoxin wird auf das Cobamid-Coenzym innerhalb des aus Thioredoxin/Enzym/Desoxyadenosylcobalamin bestehenden ternären Komplexes übertragen und von hier auf das CTP als Substrat der *Ribonucleosid-triphosphat-Reduktase* transferiert. Der Reaktionsverlauf der Desoxyribose- bzw. Desoxyribonucleosidphosphat-Bildung ist in 12.7. schematisch dargestellt.

Unter den Redoxinen spielen die **Ferredoxine** im Stoffwechsel autotropher Organismen eine wichtige Rolle. In der Tabelle 11.3. sind ferredoxinabhängige Stoffwechselreaktionen zusammengestellt. Ferredoxin (Fd) vermittelt vorwiegend *Einelektronenübergänge*.

Tabelle 11.3. Ferredoxin-abhängige Reaktionen

Art der Reaktion	Biologische Bedeutung
$H_2 + 2\,Fd_{ox} \rightleftharpoons 2\,H^+ + 2\,Fd_{red}$	*Hydrogenase*-Reaktion: Entwicklung bzw. Aktivierung von molekularem Wasserstoff
$2\,Fd_{red} + NADP^+ \rightarrow 2\,Fd_{ox} + NADPH + H^+$	Flavoprotein-abhängige Bildung von reduziertem NADP bei der nicht-zyklischen Photophosphorylierung
Acetyl-CoA $+ CO_2 + 2\,Fd_{red} \rightarrow$ Pyruvat + CoA $+ 2\,Fd_{ox}$	*Pyruvat-Synthase*-Reaktion: Teil eines reduktiven Carboxylsäure bzw. umgekehrten Tricarbonsäure-Zyklus bei Purpurbakterien

(Fortsetzung der Tabelle 11.3.)

Art der Reaktion	Biologische Bedeutung
Pyruvat + 2 Fd_{ox} + CoA $\xrightarrow{TPP}$ α-Ketoglutarat + CoA + 2 Fd_{red}	phosphoroklastische Pyruvatspaltung (Clostridien); von Bedeutung für die N_2-Fixierung
3 Fd_{red} + 6 ATP + N_2 → 2 NH_3 + 6 ADP + 6 P_{an} + 3 Fd_{ox}	biologische Ammoniaksynthese an der *Nitrogenase*

Eisenhaltige Proteine vom Nicht-Hämintyp wurden in den letzten Jahren wiederholt beschrieben. Ihre chemische Struktur ist nur teilweise bekannt. Ungleich den Hämoproteinen (Cytochrome, Hämoglobin u. a.) enthalten diese **Fe-S-Proteine** das Eisen nicht als Zentralatom einer Porphyrin-Verbindung, sondern in Bindung an S-Liganden von Proteinbausteinen (Cystein). Vermutlich kommen Verbindungen dieser Art in der Natur in weiterer Verbreitung vor. Es existieren zahlreiche Befunde über Fe-haltige Proteine, z. B. in der Atmungskette, der Nitratreduktion usw. Einige Nicht-Hämin-Eisenproteine zeigt die Tabelle 11.4.

Tabelle 11.4. Vorkommen und Eigenschaften von Nicht-Hämin-Eisenproteinen (n. BENNETT, verändert)

Protein	Herkunft	Molekulargewicht	Fe und labiler S pro Molekül	E_0'
Ferredoxin	Bakterien	6000	4—7	−0,42
Alfalfa-Ferredoxin	Blätter	11500	2	−0,42
Rubredoxin	Bakterien	6000	1	−0,057
Adrenotoxin	Nebennierenrinde	20000	2	+0,15
„Komplex III“	Herzmuskel	26000	2	+0,23-

Von besonderer Bedeutung in Primärreaktionen der C- und N Assimilation sind die **Ferredoxine.** Sie dienen als **Elektronen-Carrier-Proteine** bei der Photosynthese (vgl. 10.3.2.) und der biologischen Stickstoffbindung (vgl. 12.1.1.). Bei der phosphoroklastischen Pyruvatspaltung (vgl. 12.1.) spielt Ferredoxin (Fd) eine Rolle als Cofaktor in der Pyruvatdehydrogenase-Reaktion. Als „Coenzym“ könnte Fd bei allen durch *Hydrogenase* katalysierten Reaktionen (Entwicklung oder Aktivierung von molekularem Wasserstoff) bezeichnet werden.

Ferredoxin wurde zuerst aus *Clostridium pasteurianum* und seitdem aus weiteren Bakterien isoliert. Reines „Clostridium-Ferredoxin“ ist eine braungelbe kristallisierbare Substanz. Je nach der Herkunft liegt der Eisengehalt zwischen 0,86 und 4,5%. Offensichtlich existiert in der Natur eine ganze Familie verwandter Fe-S-Proteine, die man als *Ferredoxine* bezeichnen kann. Die Unterschiede in Molekulargewicht, S- und Fe-Gehalt scheinen für den funktionellen Status dieser Verbindungsgruppe ohne Bedeutung zu sein.
Ferredoxine haben von allen natürlich vorkommenden Redoxsystemen die negativsten Redoxpotentiale (Clostridium-Fd: $E'_0 = -0{,}42$), die in der Größenordnung der Wasserstoffelektrode liegen. Ferredoxine sind ideal an den Wasserstoff-Metabolismus (vgl. 11.2.) angepaßt.

Über die **chemische Konstitution** des bakteriellen Ferredoxins haben mehrere Arbeitskreise gearbeitet. Neben Eisen enthält das Fd anaerober Bakterien (Clostridien) lediglich Aminosäuren und sog. „labilen Schwefel". Aus chemischen Analysen, Messungen der magnetischen Suszeptibilität und Aufnahmen des Mössbauer-Spektrums wurde eine Chelatstruktur für Fd postuliert. In diesem Strukturmodell ist Eisen über Cysteinreste an das Protein und untereinander mittels S^{2-} verbunden. Es wird vermutet, daß die Eisenatome sämtlich als Fe^{3+} oder als Fe^{3+} und Fe^{2+} vorliegen. Experimente anderer Arbeitsgruppen machen es jedoch wahrscheinlich, daß das Auftreten von H_2S bei der Strukturanalyse von Fd auf eine β-Eliminierungsreaktion an Cysteylresten zurückzuführen ist. Modelluntersuchungen lassen es plausibel erscheinen, daß das Eisen durch den Stickstoff und die Mercaptogruppen der Cysteylreste im Fd gebunden wird. Eisen kann aus Fd durch chemische Eingriffe abgespalten werden. Aus dem so erhaltenen **Apoferredoxin** (eisenfreies Protein) und Fe^{2+}-Salzen kann biologisch aktives Fd resynthetisiert werden. Ein Strukturmodell von Ferredoxin, in dem die Chelatstruktur verworfen ist, zeigt das Schema:

R–NH–CH, CH_2, $S^\ominus$, Fe (III), $S^\ominus$, CH_2, R–NH–CH

$+ e^\ominus$ ⇌ $- e^\ominus$

R–NH–CH, CH_2, S, Fe (II), S, CH_2, R–NH–CH

reduzierte Form
Fe (III)-Mercaptid-Komplex

oxydierte Form
Fe (II)-Disulfid-Komplex

Für das besondere Redoxverhalten der Ferredoxine ist vor allem die Kenntnis der *aktiven Zentren* wichtig. Es wurden modellmäßig sog. *Metallatom-Inselstrukturen* mit *Mehrzentren-Metall-Metall-Bindungen* („cluster") formuliert. Labile S-Atome in diesen rufen vermutlich Ladungsdelokalisierungen hervor, die die Funktionsfähigkeit des Elektronen-Carrier-Proteins erhöhen. Die Elektronenübertragung verläuft bei der Reduktion von einem S-Liganden zum Eisen, das zwischen zwei benachbarten Cysteyl-Resten gebunden ist. Die angenommene α-helikale Struktur des Proteinanteils verhindert dabei die Ausbildung einer Disulfidbrücke, die jedoch bei Elektronenabgabe im Zuge der Oxydation von Fd als stabile Fe^{2+}-Disulfid-Brücke ausgebildet wird. An Ferredoxinen verschiedener Herkunft wurde die Aminosäuresequenz bestimmt, die Anlaß zu Spekulationen über die Evolution der Proteinstruktur gab.

Rubredoxin wurde aus *Clostridium pasteurianum* isoliert. Es unterscheidet sich von den bekannten Ferredoxinen im spektralen Verhalten und im Eisengehalt (0,17 μMol Fe/μMol Protein) sowie hinsichtlich der Aminosäurezusammensetzung. Es fehlen z. B. L-Alanin und L-Serin, während demgegenüber bakterielles Fd kein Methionin und Tryptophan enthält. Rubredoxin ist im sauren Milieu stabiler als Ferredoxin. Eisen ist koordinativ an 4 Cyteylreste gebunden, die sich in den Positionen 6, 9, 38 und 41 des Moleküls befinden. Die anderen Fe-Liganden sind vermutlich Tyrosin und Lysin. Rubredoxin kann Ferredoxin in verschiedenen Reaktionen ersetzen; doch ist auf Grund des weitaus weniger negativen Redoxpotentials die Reaktionsgeschwindigkeit geringer. Dem Rubredoxin ähnliche Eisenproteine wurden auch aus *Peptostreptococcus elsdenii* und *Clostridium thermosaccharolyticum* isoliert.

11.3. Der Stoffwechsel des Sauerstoffs

Neben der Cytochromoxydase der Atmungskette (= Endoxydase) gibt es weitere Enzyme, die mit Sauerstoff reagieren:

- *elektronenübertragende Oxydasen* (sauerstoffaktivierende Enzyme)
- *Oxygenasen*, die elementaren Sauerstoff in organische Moleküle einführen.

Wie verwenden hier die Bezeichnung „Oxygenasen" für alle sauerstoffübertragenden Enzyme (entgegen den Nomenklaturregeln der „Commission on Enzymes", die den „Oxygenasen" die „Hydroxylasen" gegenüberstellt). **Oxygenasen** in unserem Sinne gliedern sich in 2 Gruppen von Enzymen:

- *Dioxygenasen:* sie führen ein Molekül O_2 in das Substrat ein
- *mischfunktionelle Oxygenasen:* sie übertragen ein Atom des Sauerstoffmoleküls O=O auf das Substrat, während das 2. O-Atom zu Wasser reduziert wird. Unter den mischfunktionellen Oxygenasen sind die *Hydroxylasen* (hydroxylierende Enzyme) die metabolisch wichtigsten Vertreter. Mischfunktionelle Oxygenasen sind Komponenten komplexer Systeme, so daß man zur Bezeichnung des betreffenden, mehr als ein Enzym sowie Cofaktoren umfassenden Komplexes den Ausdruck „mischfunktionelle Oxygenasen mit akzessorischer Elektronentransportkette" (Nover) anwenden sollte.

Die enzymatische Oxydation ist im Stoffwechsel aller Organismen von erheblicher Bedeutung. An den meisten Reaktionen dieser Art sind Metallionen (Eisen, Kupfer) beteiligt. Als Cofaktoren in einer Zahl von Oxydationsreaktionen spielen weitere Verbindungen wie Pteridinderivate und möglicherweise auch Ascorbat eine Rolle.

Elektronenübertragende Oxydasen gehören 2 Typen an:

- *4-Elektronen-übertragende Enzyme*, die Kupfer enthalten, aber kein Hämineisen, es entsteht Wasser
- *2-Elektronen-übertragende Enzyme*, die Flavoproteine sind und die z. T. Nicht-Hämineisen enthalten, es entsteht Wasserstoffperoxid.

4-Elektronen-übertragende Oxydasen sind die *Laccase* (= p-Diphenoloxydase), *Catecholase* (= o-Diphenoloxydase) und *Ascorbat-Oxydase*. Sie übertragen 4 e auf 1 O_2 von ortho- oder para-Diphenolen oder von En-diolen entsprechend der allgemeinen Reaktion:

$$O_2 + 4\,e \rightarrow 2\,O^{2-} \xrightarrow[+\,4\,H^+]{} 2\,H_2O$$

Catecholase z. B. katalysiert die folgende Reaktion:

$$2\ \text{R-}C_6H_3(OH)_2 + O{=}O \rightarrow 2\ H_2O + 2\ \text{R-}C_6H_3O_2$$

Brenzcatechinderivat (engl. catechol) — Chinon

2-Elektronen-übertragende Oxydasen sind beispielsweise die folgenden:

- D-*Aminosäureoxydasen*
- *Ophio-Aminosäureoxydasen* (L-Aminosäureoxydasen aus Schlangentoxin)
- *Succinat-Dehydrogenase* (vgl. 11.1.1.)
- *Xanthinoxydase* (= *Aldehyd-Oxydase* = Schardinger Enzym).

Diese „Oxydasen" wirken *in vivo* offenbar als Dehydrogenasen (z. B. Elektronenübertragung auf Cytochrom c). Sie sind autoxydabel, d. h. sie können mit Molekularsauerstoff (unter H_2O_2-Bildung) reagieren. Es sind fakultativ aerobe Dehydrogenasen. *In vitro* können unphysiologische Wasserstoffakzeptoren (Methylenblau, Chinone u. a.) reduziert werden (keine Bildung von Wasserstoffperoxid!). Die Übertragung von Wasserstoff auf unphysiologische Akzeptoren durch Flavinenzyme wird als „Diaphorase-Aktivität" bezeichnet (vgl. 11.1.). Die durch 2-Elektronen-übertragende Oxydasen katalysierte Elektronenübertragung auf Sauerstoff wird durch die folgende Reaktionsgleichung ausgedrückt:

$$O_2 + 2\,e \longrightarrow O_2^{2-} \xrightarrow[+2\,H^+]{} H_2O_2$$

Dioxygenasen wirken als „*Oxygen-Transferasen*", indem sie molekularen Sauerstoff in das Substrat einführen, wobei meist unter Spaltung einer C—C-Bindung Carbonylgruppierungen entstehen. Solche Enzyme sind am oxydativen *Abbau von aromatischen Ringen* beteiligt:

$$A + O_2 \rightarrow AO_2 \quad \text{bzw.} \quad -C{=}C- \rightarrow \text{HO-C}{=}O + O{=}C\text{-OH}$$

Bekannte Beispiele sind die am Abbau aromatischer Aminosäuren mitwirkenden Enzyme:

- *Homogentisinsäure-Oxydase* (*Homogentinat:* O_2*-oxydoreduktase*) (vgl. 8.1.2.)
- *Tryptophan-Pyrrolase* (*Tryptophan:* O_2*-oxydoreduktase*, ein Ferro-Porphyrin-Enzym).

Tryptophan-Pyrrolase katalysiert den oxydativen Abbau von L-Tryptophan zu Formylkynurenin (S. 430 oben).

Man nimmt die primäre Addition des Sauerstoffs an die Doppelbindung unter Bildung des hypothetischen Zwischenproduktes Z an, das ein zyklisches Peroxid ist. Hiermit wird die Spaltung der C—C-Bindung eingeleitet.

In anderen Fällen kommt es jedoch nicht zur Spaltung von C—C-Bindungen, wie z. B. bei der durch eine Dioxygenase katalysierten Bildung von **Prostaglandinen** aus ungesättigten Fettsäuren. Im Körper des Menschen und dem einer Reihe von Tieren werden einige mehrfach ungesättigte Fettsäuren mit 20 C-Atomen, die aus Linolsäure- und Linolensäure durch Kettenverlängerung und

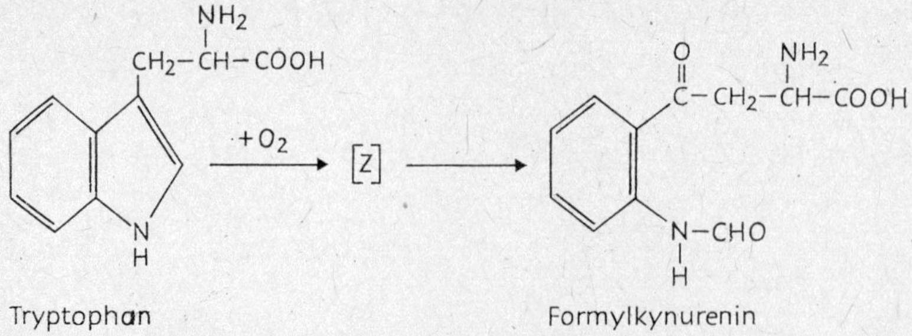

Tryptophan $\xrightarrow{+O_2}$ [Z] $\longrightarrow$ Formylkynurenin

zusätzliche Dehydrogenierung hervorgehen, zur Synthese der Prostaglandine verwendet. Hiermit findet die Vitaminnatur ungesättigter Fettsäuren ihre Erklärung. Prostaglandine hemmen die durch Noradrenalin bewirkte Mobilisierung freier Fettsäuren. Sie bewirken unter anderem eine Weiterstellung der Tuben im männlichen Genitalbereich und eine „Erregung" des Uterus. Die Dioxygenase-Reaktion bei der Bildung der Prostaglandine zeigt das Schema:

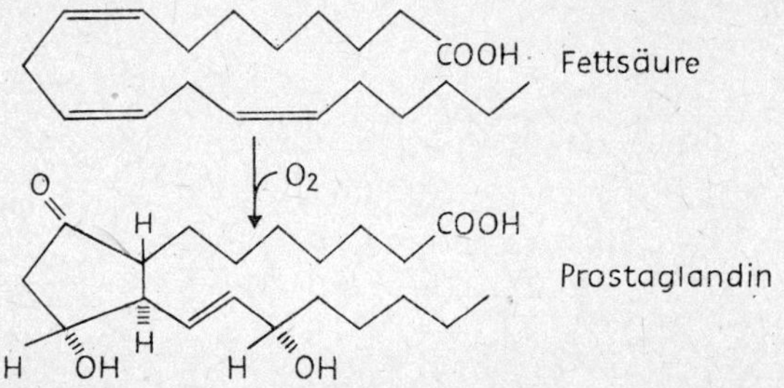

Fettsäure $\xrightarrow{O_2}$ Prostaglandin

Der durch mischfunktionelle Oxygenasen in das Substrat eingeführte Sauerstoff kann als C- oder N-Hydroxygruppe, N-Oxid-, Epoxy- oder als Ketogruppierung vorliegen. Es können C—C-, C=C-, C—O-, C—N- und N—H-Bindungen durch diese Enzyme gelöst werden.

$$S + O_2 + DH_2 \rightarrow SO + H_2O + D$$

Am verbreitetsten ist die unter Lösung einer C—H-Bindung verlaufende *Hydroxylierung*. **Hydroxylierungsreaktionen** wurden in großer Zahl in Mikroorganismen und tierischen Geweben nachgewiesen:

– Hydroxylierung von *Prolin* (auf der Stufe von Peptidylprolin bei der Kollagensynthese!) und Lysin als Schritte in der Biosynthese von Kollagen (Strukturprotein des tierischen Organismus)
– Hydroxylierung von *Aromaten* als Voraussetzung ihres Abbaus sowie für die Schaffung phenolischer Hydroxylgruppen, die durch Dehydrogenierung zu mesomerie-fähigen Phenolradikalen führen (wichtig z. B. für die Ligninbiosynthese, bgl. 10.5.1.)
– Hydroxylierung von *Steroiden*
– Hydroxylierung von *körperfremden Stoffen*, die dadurch löslich („harnfähig") gemacht werden, was durch nachfolgende Konjugation mit Schwefelsäure oder Glucuronsäure noch erhöht werden kann (Bildung von Sulfatestern und Glucuroniden, vgl. 13.).

Die freie Energie der Wasserbildung (vgl. weiter oben) bei der Hydroxylierung erleichtert offenbar den Angriff des Sauerstoffs auf das Substrat. Neben relativ unspezifischen *Hydroxylasen* (Hydroxylasen in der Lebermikrosomenfraktion) gibt es hoch spezifische, wie z. B. *Steroidhydroxylasen,* die – wie die *Steroid-11-β-Hydroxylase* (Hydroxylierung von 11-Desoxycorticosteron zu Corticosteron) – sogar stereospezifisch hydroxylieren.

Die mischfunktionelle Oxygenierung ist in vielen Fällen an eine Beteiligung von Eisen-Ionen (in Form von Cytochromen oder den Ferredoxinen verwandten Fe-S-Proteinen, vgl. auch 11.2.1.) gebunden. Sie ist vielfach mit einem Elektronentransport von reduzierten Pyridinnucleotiden über Flavine und eisenhaltige Cofaktoren auf den Sauerstoff verbunden. Bei der Oxydation ungesättigter Verbindungen und von Aromaten durch mischfunktionelle Oxygenasen werden intermediär *Epoxide* gebildet, deren Spaltung durch ein elektrophiles Agens zu kationoiden Übergangszuständen führt. Damit im Zusammenhang steht eine intramolekulare 1,2-Verschiebung des Wasserstoffs oder des an dem zu hydroxylierenden C-Atom befindlichen Substituenten. Diese „1,2-Anionotropie", eine charakteristische Begleitreaktion der Aromatenhydroxylierung, wurde im **N**ational **I**nstitute of **H**ealth, Bethesda (Maryland) entdeckt und als *NIH-Shift* bezeichnet.

Nicht alle C-Hydroxylierungen beruhen jedoch auf der Wirkung mischfunktioneller Oxygenasen (vgl. z. B. die durch eine Dioxygenase vermittelte Hydroxylierung bei der Bildung der Prostaglandine). Hydroxylgruppen können durch hydrolytische Reaktionen, die Hydrierung Carbonyl-haltiger Gruppen und insbesondere durch Hydratisierung (Wasseranlagerung an eine Doppelbindung nach vorausgehender Dehydrogenierung gesättigter zu ungesättigten Substraten) geschaffen werden.

Die Hydroxylierung von Phenylalanin zu Tyrosin und von Tyrosin zu DOPA ist in 10.5. beschrieben. Die *Ringhydroxylierung aromatischer Verbindungen* kann wie folgt allgemein dargestellt werden:

a) $$\text{H-C}_6\text{H}_4\text{-R} + \text{O=O} + \text{red. Cofaktor} \xrightarrow{\text{Enz.}} \text{HO-C}_6\text{H}_4\text{-R} + H_2O + \text{ox. Cofaktor}$$

b) $$\text{ox. Cofaktor} + \text{NADPH} + H^+ \xrightarrow{\text{Enz.}} \text{red. Cofaktor} + \text{NADP}^+$$

Von molekularem Sauerstoff wird 1 O-Atom in das Substrat eingeführt. Das 2. O-Atom wird zu H_2O reduziert. Dabei wird ein Wasserstoff-Donator (reduzierter Cofaktor) oxydiert. In einer zweiten Reaktion (b) wird die reduzierte Form des Cofaktors unter Vermittlung von $NADPH_2$ wieder hergestellt.

Cofaktoren bei der Prolin-Hydroxylierung (vgl. weiter oben) sind α-Ketoglutarat (das stöchiometrisch oxydativ decarboxyliert wird und als Elektronendonator fungiert), Fe^{2+} und Ascorbat (wichtig für den Redoxzustand des Metall-Protein-Komplexes). Cofaktoren der Hydroxylierung aromatischer Aminosäuren sind partiell hydrierte Pteridine, z. B. Tetrahydrobiopterin im Falle der *Phenylalanin-Hydroxylase* (vgl. 10.5.).

Ein wesentlicher Bestandteil mischfunktioneller Oxygenasen sind die Schwermetalle Kupfer und Eisen. **Eisen** kann in zweierlei Form eine Rolle spielen:

- als **Hämineisen** wie z. B. in Form von *Cytochrom* P_{450}
- als **Nicht-Hämineisen**, z. B. in Form von Rubredoxin, Adrenotoxin und Putidaredoxin (vgl. 11.2.1.).

Cytochrom $\mathbf{P_{450}}$ ist durch ein Absorptionsmaximum des CO-Derivates der reduzierten Form bei 450 nm ausgezeichnet. Seine Beteiligung an zahlreichen mischfunktionellen Oxygenierungen ist gesichert. *Adrenotoxin* wurde aus Schweinenebennieren isoliert. Es ist Cofaktor der *Steroid-11-β-Hydroxylase.*

Rubredoxin ist Elektronencarrier bei der ω-Hydroxylierung von Fettsäuren und Kohlenwasserstoffen bei Mikroorganismen (*Pseudomonas*-Arten u. a.). Es ähnelt dem Ferredoxin (vgl. 11.2.1.).

Putidaredoxin ist neben Cytochrom P_{450} und einem Flavoprotein (*NADH-Redoxin-oxydoreduktase*) Komponente bei der Oxydation von Campher durch *Pseudomonas putida.* Bei Wachstum auf Campher als alleinige C-Quelle wird das Substrat zu Campherlacton (Bildung von Lacton-Sauerstoff durch eine mischfunktionelle Oxygenase!) oxydiert. Putidaredoxin ist ein Fe-S-Protein.

Das **Phenolase-System** (= *Phenolase*, *Tyrosinase* oder *Phenoloxydase*) oxydiert Monophenole (wie z. B. Tyrosin) zu Chinonen, die weiter reagieren. *Phenolase* ist im Kulturchampignon (Stiel), in Kartoffeln und Bananen in größerer Menge vorhanden. Sie ist an der Braunfärbung dieser Pflanzenteile bei Luftzutritt (Schnittflächen, Verletzung usw.) beteiligt. Solche Reaktionen der Melaninbildung spielen auch eine Rolle bei der Sklerotisierung der Insektencuticula. Die durch **Phenolase** katalysierte Reaktion läßt sich wie folgt schreiben:

SH + O=O —Cresolase-Wirkung→ SOH + H_2O
DH_2 —Catecholase-Wirkung→ D

Die **Phenoloxydase-Reaktion** stellt sich wie folgt dar:

OH: | SH | SOH | OH | → Melanin | → Arterenol | R | R | OH
\+ | + O=O
R | OH | R | O | DH₂ | D | + H_2O | OH | O

Diphenol (katalytisch) | Chinon

12. Der Stoffwechsel des Stickstoffs

12.1. Biologische Stickstoffbindung

Als **biologische Stickstoffbindung** bezeichnen wird die Bindung des atmosphärischen Stickstoffs (N_2) durch frei oder vergesellschaftet lebende Mikroorganismen. Diese *Luftstickstoffbindung* durch N_2-fixierende Systeme der belebten Natur ist im Effekt einer **biologischen Ammoniaksynthese** gleichzusetzen. Reaktionsträger atmosphärischer Stickstoff wird hierbei enzymatisch aktiviert und zu Ammoniak reduziert. Die Fähigkeit zur biologischen N_2-Fixierung ist an das Vorhandensein von **Nitrogenase** gebunden. Das *Reaktionsprodukt Ammoniak* wird durch Reaktionen der Primärassimilation des Stickstoffs (Ammoniakfixierungsreaktionen, vgl. 12.3.) in die Synthese N-haltiger Gruppen organischer Verbindungen des Metabolismus einbezogen:

$$\boxed{N_2} \xrightarrow[\text{Aktivierung}]{\textit{Nitrogenase}} N_2^*\text{-Enzym} \xrightarrow{\text{Reduktion}} 2\ \boxed{NH_3} \longrightarrow \text{Aminosäure-Pool}$$

Neben der Photosynthese ist die biologische Stickstoffbindung einer der fundamentalen Prozesse in der Biosphäre. Sie ist von grundsätzlicher Bedeutung für den **Stickstoffhaushalt** im Boden und im Wasser und für den **Kreislauf des Stickstoffs** in der Natur.

Die *primären Stickstoffixierer* sind Mikroorganismen. Diese leben frei im Boden und im Wasser oder vergesellschaftet mit grünen Pflanzen (Algen, Leguminosen, verschiedene Nicht-Leguminosen). Als Bestandteile der Bodenmikroflora besitzen eine besondere Bedeutung Bakterien der Gattungen *Clostridium* und *Azotobacter*, die die wichtigsten stickstoffbindenden Bodenorganismen sind. Im Wasser, insbesondere in den Meeren, dürften Cyanophyceen (Blaualgen, blau-grüne Algen) die wichtigste Rolle bei der Luftstickstoffbindung spielen. Als Partner grüner Pflanzen leben stickstoffixierende Mikroben als Symbionten (vgl. 3.4.) oder Endophyten. Im **symbiontischen System** Leguminose-*Rhizobium* sind verschiedene Arten und Stämme der Gattung *Rhizobium* die Mikrosymbionten; die Wirtspflanze stellt den Makrosymbionten dar. Hier wie bei der symbiontischen Stickstoffbindung durch Nicht-Leguminosen (vgl. 12.1.2.) ist die Luftstickstoffbindung zumeist an die Ausbildung von **Wurzelknöllchen** gebunden (vgl. 12.1.2.).

Der Mensch machte schon früh in der Geschichte des Ackerbaus die Erfahrung, daß der Boden nach Anbau von Leguminosen eine Ertragssteigerung der Folgefrucht mit sich bringt. Die Beobachtungen älterer Untersucher zur N_2-Fixierung durch Leguminosen (Hülsenfrüchtler, Fabaceae) wurden erst durch die klassischen Untersuchungen von HELLRIEGEL und WILFARTH definitiv bestätigt. Bei der Erforschung der **symbiontischen Stickstoffbindung** des Systems Leguminose-*Rhizobium* konnten erst in den letzten Jahren größere Fortschritte erzielt werden. Für die agrarwirtschaftliche Nutzung spielt in den gemäßigten Klimaten die N_2-Bindung durch Leguminosen eine wichtige Rolle. Die N_2-Bindung durch Bodenmikroorganismen ist jedoch erheblich. Es wurde geschätzt, daß jährlich etwa 10^8 Tonnen Stickstoff durch biologische Stickstoffbindung in den landwirtschaftlich genutzten Böden gesammelt werden. Die *in situ*-Rate der N_2-Fixierung im Boden kann heute mit Hilfe der ^{15}N-Technik und der Acetylen-Reduktionstechnik relativ leicht und exakt gemessen werden. Die N_2-Bindung durch **Cyanophyceen** besitzt eine praktische Bedeutung vor allem in tropischen Gebieten für den Reisanbau. In den polaren Regionen wo N_2-bindende Angiospermen fehlen, kommt der Stickstoffbindung durch Blaualgen gleichfalls ein hoher Wert zu, vor allem im Symbioseverband von Cyanophyceen mit Pilzen (Flechtensymbiose). **Flechten** sind Pionierpflanzen, die durch extrem geringe Ernährungsansprüche ausgezeichnet sind und die Besiedelung von Ödland durch anspruchsvollere Pflanzen vorbereiten. Die Bedeutung der N_2-Fixierung durch verschiedene symbiontische und endophytische Systeme unterschiedlicher systematischer Zugehörigkeit außerhalb der Leguminosen ist ähnlich einzuschätzen. Beispielsweise ist die *Nostoc* (Cyanophyceae) beherbergende *Gunnera* (Haloragaceae) eine Pionierpflanze auf Ödland in Neuseeland. Das System bindet pro Jahr ca. 70 g Luftstickstoff/m^2 Boden.

Beispiele für stickstoffbindende biologische Systeme zeigt die Tabelle 12.1.

Tabelle 12.1. Stickstoffbindende Mikroorganismen und biologische Systeme

Organismus	Vorkommen	Bemerkungen
Actinomyceten	Endophyten oder Symbionten in knöllchenbildenden Nicht-Leguminosen (Arten der Gattungen *Alnus, Myrica, Ceanothus* u. a.)	Systematische Zugehörigkeit der Mikroorganismen jetzt sicher ermittelt; Pionierpflanzen
Azotobacter spp.	frei lebende aerobe Bodenbakterien, z. B. in der Rhizosphäre tropischer Gräser	*Nitrogenase* gegen O_2 stabil
Clostridium pasteurianum	frei lebendes obligat anaerobes Bodenbakterium	*Nitrogenase* extrem O_2-empfindlich
Cyanophyceen (*Nostoc, Anabaena, Calothrix* (mit Heterocysten), *Gloeocapsa, Oscillatoria* u. a.	frei lebende Formen in Seen, Reisfeldern und im Meer	N_2-Fixierung von vielen untersuchten Arten bekannt
	endophytisch in *Gunnera* (*Nostoc*) und in den korralloiden Wurzeln von *Macrozamia communis* (Cycadaceae)	Pionierpflanzen
	symbiontisch in Flechten, z. B. in der *Nostoc*-Flechte *Collema coccophorum*	Pionierpflanzen
Klebsiella	endophytisch in Blattknöllchen von *Psychotria bacteriophila* und *Pavetta*-Arten (Rubiaceae)	*K. pneumoniae* (syn. *Aerobacter aerogenes*)
Mycobacterium flavum	frei lebendes aerobes Bakterium saurer Böden	*Nitragenase* O_2 empfindlich

(Fortsetzung der Tabelle 12.1)

Organismus	Vorkommen	Bemerkungen
Pseudomonas methanitrificans		(syn. *Methanomonas methanica*), methanoxydierendes Bakterium
Rhizobium	symbiontisch mit Leguminosen (Fabaceae)	*R. leguminosarum, trifolii* u. a.
Rhodospirillum u. a.	frei lebend	Photosynthesebakterium

Der Einsatz von $^{15}N_2$ und geeigneter Modellsubstanzen hat gezeigt, daß die Fähigkeit zur biologischen Stickstoffbindung bei Mikroorganismen weiter verbreitet ist, als man ursprünglich annahm. Trotzdem ist sie das Privileg einer verhältnismäßig kleinen Zahl von Ernährungsspezialisten. Die Entdeckung, daß an dem stickstofffixierenden Enzymsystem, der *Nitrogenase*, auch eine ATP-abhängige Reduktion von Azid, Acetylen, HCN usw. erfolgt (vgl. 12.1.1.), hat zur Entwicklung der **„Acetylen-Reduktionstechnik"** geführt. Die verwendeten Modellsubstanzen werden zu flüchtigen Reaktionsprodukten reduziert, die gaschromatographisch erfaßt werden. Bei *in vitro*-Untersuchungen wird auch eine modifizierte Conway-Technik verwendet.

12.1.1. Enzymatik der Stickstoffbindung

Aktiv und reproduzierbar N_2 fixierende **zellfreie Extrakte** konnten erst ab 1960 aus verschiedenen Mikroorganismen gewonnen werden.

Die hierzu angewandten Präparationstechniken unterscheiden sich nicht prinzipiell von üblichen Verfahren der Enzymologie. Die Anzucht der Organismen erfolgt unter Ausschluß von gebundenem Stickstoff, da dieser die *Nitrogenase* reprimiert. Das stickstoffxierende System von *Clostridium pasteurianum* ist bei der Präparation extrem störanfällig gegenüber Sauerstoff, so daß die Extraktion der Zellen unter streng anaeroben Bedingungen erfolgen muß (H_2- oder Argonatmosphäre). Die Herstellung aktiver zellfreier Extrakte aus dem aeroben *Azotobacter vinelandii* überwandt diese Schwierigkeit.

In zellfreien Extrakten von *C. pasteurianum* findet Stickstoffbindung nur bei Zusatz von **Pyruvat** statt. Pyruvat unterliegt in saccharolytischen Clostridien der **phosphoroklastischen Spaltung:**

$$\underset{\text{Pyruvat}}{CH_3-\overset{\overset{\displaystyle O}{\|}}{C}-COOH} + P_{an} \xrightarrow{\text{Enzyme}} \underset{\text{Acetylphosphat}}{CH_3-\overset{\overset{\displaystyle O}{\|}}{C}OPO_3H_2} + CO_2 + H_2$$

An der *phosphoroklastischen Reaktion* (Pyruvatspaltung) sind mehrere Enzyme und Cofaktoren beteiligt. Der erste Schritt ist die oxydative Decarboxylierung von Pyruvat (vgl. 10.2.2.1.) durch eine Thiaminpyrophosphat-abhängige *Pyruvatdehydrogenase*. Die Reaktion führt über „aktiven Acetaldehyd" (Hydroxyäthyl-Thiaminpyrophosphat, HETPP) zu Acetyl-Coenzym A. Aus diesem wird durch das Enzym *Phosphotransacetylase Acetyl-P* gebildet. Durch eine durch das Enzym *Acetokinase* vermittelte Transphosphorylierung auf dem Niveau energiereicher Phosphatverbindungen wird aus diesem ATP synthetisiert. Die ATP-Bereitstellung ist eine der beiden Funktionen von Pyruvat bei der Stickstoffbindung.

Ungleich dem Multienzymsystem der oxydativen Pyruvatdecarboxylierung durch *Pyruvatoxydase*, die ein wichtiger Mechanismus der Synthese von Acetyl-CoA (vgl. 10.2.2.) ist, enthält das System der phosphoroklastischen Pyruvatspaltung offenbar keine Liponsäure als oxydierendes Agens und Acyl-Carrier. Eine analoge Funktion spielt bezüglich der Oxydation das **Ferredoxin** (vgl. 11.2.1.), das die phosphoroklastische Spaltung der Brenztraubensäure an die Wasserstoffentwicklung durch *Hydrogenase* und an die N_2-Reduktion durch *Nitrogenase* koppelt. **Teilreaktionen der phosphoroklastischen Pyruvatspaltung** zeigt das nachfolgende (hypothetische) Schema (TPP = Thiaminpyrophosphat):

Pyruvat + TPP	$\rightarrow$	HETPP + CO_2	(*Pyruvatdehydrogenase*)
HETPP + 2 Fd_{ox}	$\rightarrow$	Acetyl-TPP + 2 Fd_{red}	
Acetyl-TPP + $\overline{CoA}SH$	$\rightarrow$	Acetyl$\sim$S$\overline{CoA}$ + TPP	
Acetyl$\sim$S$\overline{CoA}$ + P_{an}	$\rightleftharpoons$	Acetyl$\sim$P + $\overline{CoA}SH$	(*P-Transacetylase*)
2 Fd_{red} + 2 H^+	$\rightleftharpoons$	2 Fd_{ox} + 2 H_2	(*Hydrogenase*)
Bilanz: Pyruvat + P_{an}	$\rightarrow$	Acetylphosphat + CO_2 + H_2	

ATP wird durch die Hilfsreaktion:

$$\text{Acetylphosphat} + \text{ADP} \rightleftharpoons \text{ATP} + \text{Acetat} \quad (\textit{Acetokinase})$$

synthetisiert.

In dem Reaktionsschema ist die Bildung von Acetyl-Thiaminpyrophosphat hypothetisch, ebenso die zu Acetyl-Coenzym A führende Transacetylierungsreaktion. Da Ferredoxin (Fd) ungepaarte Elektronen überträgt, sind aus stöchiometrischen Gründen 2 Fd eingesetzt.

Nach einer Hypothese von Jaenicke könnte HETPP oxydiert und das resultierende Acyl-Thiamin-Derivat durch Phosphat gespalten werden. In Umkehr der Kondensationsreaktion werden α-Hydroxyketone und α-Ketosäuren durch TPP gespalten. In Gegenwart von Phosphat und eines Oxydationsmittels könnte so aus Pyruvat Acetylphosphat ohne die intermediäre Bildung von Acetyl-CoA gebildet werden. Dieser Annahme widerspricht die beobachtete Abhängigkeit der phosphoroklastischen Reaktion von Coenzym A

In verschiedenen Organismen, die zur N_2-Bindung befähigt sind, wurde eine durch **Pyruvatsynthase** katalysierte reduktive Synthese von Pyruvat aus CO_2 und Acetyl-Coenzym A entdeckt, in der reduziertes Ferredoxin die Elektronen liefert:

$$CO_2 + \text{Acetyl}\sim\text{S}\overline{\text{CoA}} \xrightarrow[\text{Fd}_{red}]{\text{TPP}} \text{Pyruvat} + \text{CoASH}\ (+\text{Fd}_{ox})$$

In der Bilanz stellt diese Reaktion die Umkehr der zu Acetyl-Coenzym A führenden Reaktionen der phosphoroklastischen Pyruvatspaltung dar.

Pyruvat hat bei der N_2-Fixierung eine **doppelte Funktion:**

- Lieferung von ATP
- Lieferung der für die N_2-Reduktion erforderlichen Elektronen.

Pyruvat kann in diesen Funktionen ersetzt werden durch die kombinierte Gabe von ATP und eines geeigneten Elektronendonators. Da ATP-Konzentrationen von $> 5\ \mu$Mol/ml Extrakt hemmen, muß ein ATP-generierendes System (vgl. 4.5.) eingesetzt werden. Als künstliche Reduktionsmittel werden verwendet:

- Natriumdithionit $Na_2S_2O_4$
- Methylviologen
- Kaliumborhydrid KBH_4.

Natriumdithionit kann Elektronen direkt auf die *Nitrogenase* übertragen. Dieser artifizielle Elektronendonator ersetzt somit den natürlichen e-Donator Ferredoxin.

Elektronen können auch unter Zwischenschaltung geeigneter Elektronenüberträger aus H_2 unter Vermittlung von *Hydrogenase* auf *Nitrogenase* übertragen werden. Die ferredoxin-abhängige **Hydrogenase** ist an allen Reaktionen des Zellstoffwechsels beteiligt, bei denen molekularer Wasserstoff entwickelt oder aktiviert wird:

$$H_2 \overset{Fd}{\rightleftharpoons} 2\,H^+ + 2\,e \quad (\textit{Hydrogenase})$$

Die *Nitrogenase* selbst zeigt eine Hydrogenase-Aktivität (vgl. weiter unten).

Elektronenüberträger-Proteine der biologischen Stickstoffbindung sind:

- **Ferredoxin (Fd)**
- Azotoflavin
- Flavodoxin
- Rubredoxin.

Ferredoxin nimmt die durch Pyruvatdehydrogenierung (oder z. B. aus molekularem Wasserstoff) bezogenen Elektronen auf und überträgt sie auf den an *Nitrogenase* gebundenen und aktivierten Molekularstickstoff. Ferredoxin kann außer bei dieser Reaktion auch an der *Hydrogenase* reoxydiert werden, wobei H_2 entwickelt wird.

In speziellen Zusammenhängen kann Ferredoxin durch eines der genannten Elektronen-Carrier-Proteine ersetzt werden (Tabelle 12.2.).

Die als „Molybdoferredoxin" und „Azoferredoxin" bezeichneten Proteine aus *A. vinelandii* und *C. pasteurianum* sind gleichfalls metallhaltige Redoxkatalysatoren. Da sie Proteine des Nitrogenase-Komplexes sind, werden sie hier nicht zu den Ferredoxinen gezählt. Die Bezeichnung ist irreführend.

Das **stickstoffixierende Enzym**, die **Nitrogenase**, ist ein komplexes Enzymsystem, das die Metalle **Eisen** und **Molybdän** enthält. Es konnte aus verschiedenen aeroben und anaeroben Bakterien gereinigt und isoliert werden. Die *Nitrogenase* der Bakterioiden des symbiontischen Systems Leguminose–*Rhizobium*

Tabelle 12.2. Elektronenüberträger-Proteine der biologischen Stickstoffbindung

Verbindung	Vorkommen	Bemerkungen
Ferredoxin		
Clostridium-Typ	anaerobe Bakterien	
Azotobacter-Typ	(aerobe) *Azotobacter* spp. Wurzelknöllchen von Sojabohnen	teilweise gereinigt
Azotoflavin	*Azotobacter vinelandii*	Flavoprotein, kann Fd nicht bei der phosphoroklastischen Pyruvatspaltung ersetzen
Flavodoxin	*C. pasteurianum*	Auftreten bei Eisenmangel-Kulturen; kann Fd ersetzen
Rubredoxin	*C. pasteurianum*	substituiert Fd, auf Grund des weniger negativen E'_0 geringere Reaktionsgeschwindigkeit

konnte gleichfalls als Metallenzym-Komplex näher charakterisiert werden. Sie ähnelt der bakteriellen *Nitrogenase.*

Nitrogenase aus *Clostridium, Azotobacter* u. a. Organismen besteht aus wenigstens 2 Proteinen, die beide für die volle Funktionstüchtigkeit des N_2-fixierenden Systems erforderlich sind. Das eine Protein („Molybdoferredoxin“, MoFd) enthält Eisen und Molybdän, das andere („Azoferredoxin“, AzoFd) Eisen. Die beiden Proteinkomponenten des Nitrogenase-Komplexes werden nur in Bakterienkulturen ausgebildet, die unter Ausschluß von Ammoniak bzw. gebundenem Stickstoff im Nährmedium wachsen. Die Proteine MoFd und AzoFd rekombinieren im *in vitro*-Ansatz spontan zum aktiven Nitrogenase-Komplex.

Für die Aufklärung des Feinmechanismus der *Nitrogenase-Wirkung* war der Befund wesentlich, daß verschiedene Substanzen von ähnlicher Molekülgröße wie der molekulare Stickstoff an die Nitrogenase gebunden und reduziert werden können:

$$N_2O + 2\,e \rightarrow N_2 + H_2O$$
$$C_2H_2 + 2\,e \rightarrow C_2H_4$$
$$N_3 + 2\,e \rightarrow N_2 + NH_3$$
$$CH_3CN + 4\,e \rightarrow CH_3NH_2 + CH_4$$
$$HCN + 6\,e \rightarrow CH_4 + NH_3$$

Durch das vergleichende Studium der Reduktion dieser **Modellsubstrate** der biologischen Stickstoffbindung konnten wichtige Aussagen über die Art der Bindung des Molekularstickstoffs, die Natur des aktiven Zentrums der *Nitrogenase* und der stattfindenden Reduktionsschritte gemacht werden.

An der *Nitrogenase* sind zwei verschiedene Reaktionsschritte bei der Ammoniaksynthese aus N_2 zu unterscheiden:

- eine „Elektronenaktivierung“
- die Bindung und Reduktion des Substrats (Abb. 12.1.a).

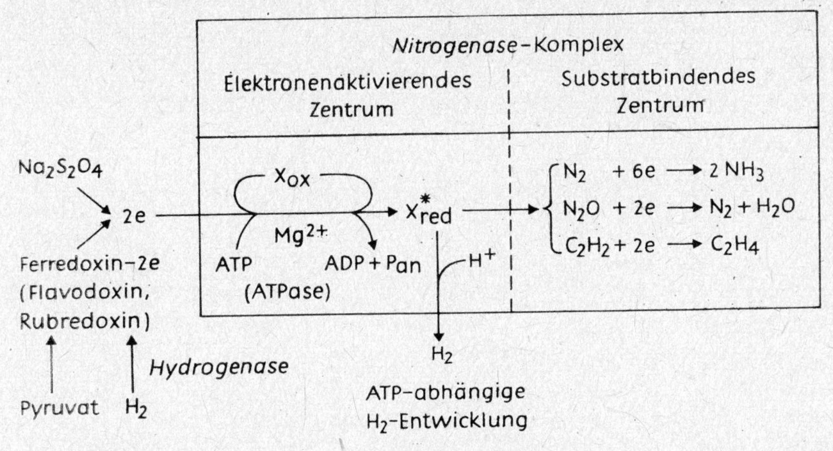

Abb. 12.1.a) Reduktion von molekularem Stickstoff und von Modellsubstraten an der *Nitrogenase*.

Im Sinne der sog. „electron-activation two-site hypothesis" wird an dem „elektronenaktivierenden" Zentrum der *Nitrogenase* eine metallhaltige Gruppe (X) unter Vermittlung von Ferredoxin reduziert, wobei unter ATP-Verbrauch X aktiviert wird → X^*_{red}. Der Vorgang kann durch CO oder H_2 nicht gehemmt werden. Da ATP in Abhängigkeit von einem Reduktionsmittel eine Orthophosphatspaltung (vgl. 4.4.) erfährt, wird der Vorgang als eine Reduktionsmittel benötigende *ATPase-Reaktion* beschrieben (engl. „reductant-dependent" ATPase). Durch Kombination mit Protonen kann X^*_{red} unter Entwicklung von Molekularwasserstoff zu X_{ox} reoxydiert werden. Das elektronenaktivierende Zentrum der *Nitrogenase* zeigt also eine *Hydrogenase*-Aktivität. Es läuft dabei eine *ATP-abhängige Wasserstoffentwicklung* ab. Die Reoxydation der metallhaltigen Gruppe X^*_{red} erfolgt ebenso durch Übertragung der Elektronen auf das substratbindende Zentrum (Y). X_{red} ist einem **Metallhydrid** äquivalent. Y enthält Eisen und Molybdän. ATP reagiert möglicherweise mit XOH unter Bildung von X-ADP und P_{an} bzw. X-P_{an} und ADP. Nachfolgend wird X-ADP bzw. X-P_{an} reduziert, wobei das Hydrid XH gebildet wird. Das substratbindende Zentrum der *Nitrogenase* bindet N_2 bzw. Modellsubstrate von ähnlicher Molekülgröße (vgl. weiter oben). Diese Reaktionen werden durch CO und H_2 gehemmt. Die Existenz von Metallhydriden im biologischen System wird durch Modellversuche bekräftigt. Das Stickstoffmolekül wird von der substratbindenden Proteinkomponente der *Nitrogenase* „end-on" gebunden, wobei die freien Radikale mit dem Metallhydrid in Wechselwirkung treten. Der Stickstoff wird in diesem Brückenkomplex stufenweise zu Ammoniak reduziert, ohne daß freie Zwischenprodukte auftreten. Untersuchungen an anorganischen Modellsystemen machen wahrscheinlich, daß sich Molybdän an das freie Ende des N_2-Liganden anlagert und dabei die Bindungsenergie der N-N-Bindung soweit verringert, daß eine Reduktion durch Ferredoxin erfolgen kann.

Die N_2-Bindung erfordert ATP (vgl. weiter oben). Pro Elektronenpaar werden 4 ATP benötigt. An der *Nitrogenase* verlaufen nacheinander die folgenden Reaktionen:

- Komplexbildung des N_2
- Reduktion des aktivierten N_2-Moleküls

– Hydrolyse von enzymgebundenem Hydrazin unter Freisetzung von 2 Molekülen Ammoniak pro Molekül Molekularstickstoff.

Modellversuche mit Stickstoff-Komplexverbindungen der Übergangsmetalle haben wesentlich zum Verständnis der an der *Nitrogenase* ablaufenden Reaktionen beigetragen. Die stufenweise Reduktion von N_2 an der *Nitrogenase* führt vermutlich über enzymgebundenes Diimid und Hydrazin:

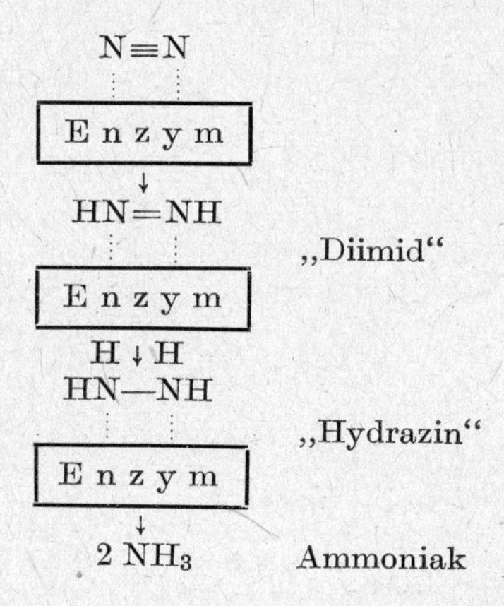

„Diimid"

„Hydrazin"

Ammoniak

Erstes faßbares **Produkt der Stickstoffbindung** ist **Ammoniak**, das von der *Nitrogenase* freigesetzt wird (Ammoniak = Schlüsselsubstanz, engl. „key intermediate" der Luftstickstoffbindung).

Die H_2-Entwicklung ist eine Alternative zur N_2-Fixierung und konkurriert mit der N_2-Reduktion um Elektronen. H_2 wird hierbei in einer ATP-abhängigen und CO-unempfindlichen Reaktion der *Nitrogenase* gebildet. Davon zu unterscheiden ist ein ATP-unabhängiger und durch CO hemmbarer Mechanismus der H_2-Entwicklung, der durch die klassische *Hydrogenase* katalysiert wird.

12.1.2. Symbiontische Luftstickstoffbindung

Die Untersuchung des enzymatischen Mechanismus der symbiontischen Stickstoffbindung wird durch die hohe Komplexizität des symbiontischen Verhältnisses von Wirtspflanze (Makrosymbiont) und Mikroorganismen (Mikrosymbionten) experimentell sehr erschwert. Erst in den letzten Jahren gelang es, von dem symbiontischen System Leguminose–*Rhizobium leguminosarum* in reproduzierbarer Weise aktiv N_2-fixierende zellfreie Extrakte zu erhalten. Über die symbiontischen Systeme von Nicht-Leguminosen herrscht erhebliche Unklarheit.

Als (mutualistische) Symbiose bezeichnen wir ein Zusammenleben von Organismen verschiedenartiger systematischer Zugehörigkeit zum gegenseitigen „Vorteil". Man kann die mutualistische Symbiose als eine Art wechselseitigen Parasitismus auffassen, dem in zeitlicher Abfolge wechselnde Akzente aufgesetzt sind und der in der Bilanz des Zusammenlebens „ausbalanciert" ist. Die stickstoffbindenden Bakterien versorgen die Wirtspflanze mit gebundenem Stickstoff, die Leguminose liefert Nährstoffe und Kohlenstoffgerüste an das Bakterium und garantiert ihm ein bestimmtes Milieu. Da im Verlaufe der Evolution offenbar eine gleichsinnige Beeinflussung der Genotypen von Makro- und Mikrosymbionat stattgefunden hat, sind viele „Reaktionsnormen“ bei beiden Partnern komplementär. Die Genetik symbiontischer Systeme, die von praktischer Bedeutung für die Züchtungsforschung und den Ackerbau ist, befindet sich erst in den Anfängen.

Die symbiontische Stickstoffbindung durch Leguminosen ist an die Ausbildung von **Wurzelknöllchen** gebunden, die eine Infektion der Leguminosenwurzel mit virulenten Rhizobien voraussetzt. Knöllchenbildung kann man experimentell auch auf isolierten, aseptisch kultivierten Wurzeln herbeiführen. Infektionsvorgang und Histogenese der Wurzelknöllchen, die die bakteriellen Symbionten beherbergen, sind seit langem gut bekannt. Die *Rhizobien*, die auch frei im Boden vorkommen, erfahren in der Wirtszelle charakteristische morphologische Veränderungen, mit denen bedeutende metabolische Veränderungen einhergehen (Tabelle 12.3.). Es kommt zur Ausbildung der als **Bakterioiden** bezeichneten Involutionsformen der Rhizobien. In den Bakterioiden (= pleiomorphe bakterielle Symbionten), die in einer von der Wirtszelle gebildeten doppelschichtigen Membranhülle eingeschlossen sind, verschwinden die Ribosomen. Bakterioiden können daher nicht auf den üblichen Anzuchtmedien kultiviert werden, da sie wegen fehlender Proteinsynthese nicht wachsen.

Tabelle 12.3. Metabolische Unterschiede zwischen vegetativen Zellen und Bakterioiden von *Rhizobium japonicum*

Verbindung	Pigment-Konzentration (μMol/g Protein)	
	Vegetative Zellen in Kultur	Bakterioiden
Cytochrom c	0,51	0,94
Cytochrom b	0,45	0,42
Cytochrom aa_3	0,15	0
Cytochrom a_3	0,09	0
Cytochrom c (552)	0	0,24
P-450	0	0,11
Rhizobien-Hämoglobin	++	0

Rhizobien-Hämoglobin ist keine Oxydase und immunologisch nicht mit Legoglobin (vgl. weiter unten) identisch. „Künstliche Bakterioiden“, die analoge morphologische Veränderungen und Änderungen im Cytochrom-Spektrum zeigen wie echte Bakterioiden, kann man bei Wachstum vegetativer Zellen von Rhizobien unter Sauerstoffmangel erhalten. Doch sind sie nicht zur Stickstoffbindung befähigt.

Für die biochemische Analyse der Wurzelknöllchen spielen Sojaknöllchen (*Glycine max*) die wichtigste Rolle. Knöllchen anderer Arten wurden bisher kaum untersucht. Das Arbeiten mit dem Knöllchensystem bringt erhebliche experimentelle Schwierigkeiten mit sich, da es bei der Aufarbeitung zwecks Gewinnung zellfreier Extrakte sich als außerordentlich störanfällig erweist, so daß erst eine diffizile Präparationstechnik entwickelt werden mußte. Die erhaltenen Ergebnisse zeigen, daß die „symbiontische Stickstoffbindung“ durch die **Bakterioiden** erfolgt: Diese sind die eigentlichen **stickstoffixierenden Agenzien** der Knöllchen.

Zerstörte Wurzelknöllchen (Knöllchenbrei, Homogenate) besitzen unter bestimmten Aufarbeitungsbedingungen Nitrogenase-Aktivität. Aus Knöllchen-Homogenaten, die unter streng anaeroben Bedingungen präpariert werden, kann man stickstoffbindende Bakterioiden-Suspensionen durch Zentrifugation unter Argon gewinnen. Sauerstoff, der andererseits zur N_2-Fixierung durch Homogenate benötigt wird, stört die Aufarbeitung infolge Gegenwart von Phenolen und Polyphenoloxydasen, die durch Adsorption an Polyvinyl-Pyyrolidon (PVP) in Gegenwart von Ascorbat entfernt werden können. „Broken bacteroids“ und zellfreie Extrakte aus Bakterioiden sind kältelabil, so daß alle Manipulationen nach dem Aufbrechen der Bakterioiden (French Press) bei 20—23 °C durchgeführt werden müssen.

Zur Stickstoffbindung durch zellfreie Extrakte sind ATP bzw. ein ATP generierendes System (vgl. 12.1.1.) und Dithionit als Reduktionsmittel erforderlich. Das natürliche Reduktionsmittel ist unbekannt. Durch Fraktionierung zellfreier Bakterioiden-Extrakte aus Sojaknöllchen mit Protaminsulfat oder Polypropylenglykol und anschließende Chromatographie an DEAE-Zellulose konnte die **Nitrogenase** in **2 Fraktionen** getrennt werden:

- 1. Fraktion mit Nicht-Hämeisen und Mo (identisch mit der konstitutiven Untereinheit von Nitratreduktase)
- 2. Fraktion mit Fe.

Das Gemisch beider stimuliert die Stickstoffbindung. Die Proteinfraktionen müssen unter flüssigem Stickstoff aufbewahrt werden.

Die stickstoffixierenden Agenzien des symbiontischen Systems *Rhizobium*–Leguminose sind im zentralen Gewebe der Wurzelknöllchen in nur einigen 1000 Wirtszellen lokalisiert. Jede dieser Zellen enthält ca. 10000 „Fixierungseinheiten“, die aus 4—6 Bakterioiden bestehen, die mit einer Lösung von Legoglobin in einer Membranhülle eingeschlossen sind, die von der Wirtszelle gebildet wird. Die **Bakterioiden** entwickeln sich aus den eingedrungenen vegetativen Rhizobien als Ergebnis einer komplexen Abfolge von metabolischen und strukturellen Veränderungen, die in den letzten Wachstumsphasen der Rhizobien nach ihrem Einschluß in membranumschlossene Bläschen des Wirtszytoplasmas erfolgen. *Nitrogenase* tritt auf, sobald diese metabolischen und strukturellen Veränderungen abgeschlossen sind, in deren Verlauf auch die Ribosomen schwinden. Parallel zur Induktion von *Nitrogenase* tritt *Legoglobin* auf.

Legoglobin (Leghämoglobin), ein autoxydabler Fe-haltiger roter Farbstoff, der mit dem Hämoglobin verwandt ist, ist mit der N_2-Fixierungskapazität von Knöllchengewebe positiv korreliert. Legoglobin konnte in 2 Häminproteide getrennt werden, die kristallin erhalten wurden (Molekulargewicht 15400 und 16800). Die Proteine sind frei von S-Aminosäuren. Die Legoglobinsynthese wird von der Wirtspflanze kontrolliert. L. ist in nahezu konstanter Konzentration nur in den N_2-fixierenden Zellen der Knöllchen enthalten, so daß die L.-Konzentration ein Maß für die Menge N_2-fixierenden Gewebes und das Fixierungspotential ist. Diese positive Korrelation zwischen Legoglobin-Konzentration und N_2-Fixierung führte zur Postulierung einer direkten Funktion des Farbstoffs im N_2-Fixierungsprozeß („Ferrolegoglobin-Komplex“ = „Ferroenzym“). Das ist falsch, da auch Bakterioiden, aus denen das Legoglobin ausgewaschen wird, noch N_2 binden können.

Legoglobin hat in den intakten Knöllchen eine **Hilfsfunktion**: Es garantiert einen hohen O_2-Flux, ohne daß eine signifikante Oxygenierung erfolgt; denn durch die die Bakterioiden umspülende Legoglobin-Lösung wird Sauerstoff achtmal schneller als durch Wasser transportiert. Eine vermutete Funktion von L. bei der Knöllchenatmung besteht jedoch nicht.

Intakte Knöllchen benötigen zur N_2-Bindung O_2. In Sojaknöllchen findet bei pO_2-Werten von $> 0{,}05$ atm keine N_2-Fixierung mehr statt. **O_2** hat mehrere **Funktionen** in den Knöllchen:

- Oxydation von C-Gerüsten
- partielle Oxydation von Kohlenstoffverbindungen, die als Akzeptoren von „juvenilem" Ammoniak bereitgestellt werden
- oxydative Phosphorylierung.

Die Belüftung der ATP-bildenden Orte wird durch Legoglobin erleichtert. Das Pigment ist vorwiegend in der reduzierten Form in intaktem Knöllchengewebe enthalten.

Die Abb. 12.1.b faßt unsere Kenntnisse zur symbiontischen N_2-Bindung zusammen.

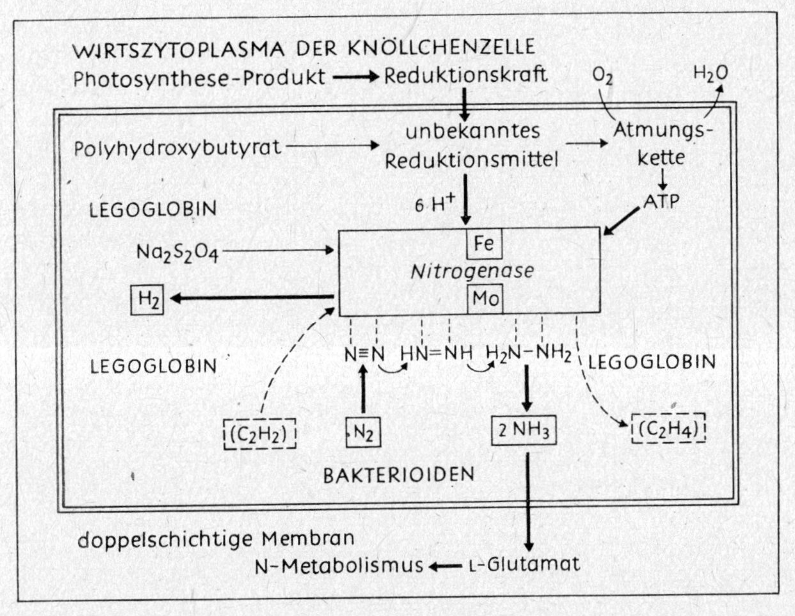

Abb. 12.1.b) Hypothetisches Schema der symbiontischen Luftstickstoffbindung des Systems *Rhizobium*–Leguminose.

12.2. Nitratreduktion

Im Unterschied zum Tier hat die N-autotrophe grüne Pflanze einen **anorganischen Stickstoff-Stoffwechsel**, weil sie alle körpereigenen Stickstoffverbindungen aus einfachen anorganischen N-Substanzen selbst synthetisieren kann. Das betrifft vor allem die reduktive Assimilation des Nitrats, die hauptsächlichste Quelle gebundenen Stickstoffs für die Pflanzenernährung.

Die in den Organismen vorkommenden N-Substanzen liegen fast ausschließlich in reduzierter Form vor. Der oxydierte Stickstoff der Nitrate des Bodens wird nach seiner Aufnahme in die Pflanze zu Ammoniak reduziert. *Oxydationszahlen* des Stickstoffs und diese Oxydationsstufen repräsentierende N-Verbindungen zeigt die Tabelle 12.4.

Tabelle 12.4. Oxydationsstufen des Stickstoffs und von Stickstoffverbindungen

Oxydationszahl des N-Atoms	Stickstoffverbindungen
+6	NO_3, N_2O_6 (umstritten!)
+5	N_2O_5, HNO_3 (Salpetersäure)
+4	NO_2, N_2O_4 (Stickstoffdioxid)
+3	N_2O_3, HNO_2 (Salpetrige Säure)
+2	NO (Stickstoffoxid)
+1	N_2O, (HNO) (Distickstoffoxid, Nitroxyl)
0	N_2 (Molekularstickstoff)
−1	NH_2OH (Hydroxylamin)
−2	$NH_2{-}NH_2$ (Hydrazin)
−3	NH_3, $-NH_2$ (Ammoniak, Aminogruppe)

(Von dem hypothetischen Nitroxyl (HNO) sind 3 Dimere bekannt: H_2N_2O, $HN{=}N(OH){=}O$ und $NO_2{-}NH_2$).

Der Übergang von Nitrat-N mit der Oxydationszahl +5 zu Ammoniak-N mit der Oxydationszahl —3 bzw. in die Aminogruppe $-NH_2$ wird als **Nitratreduktion** bezeichnet. Der durch Metallenzyme (Metalloflavoproteine) katalysierte Vorgang erfordert 8 Reduktionsäquivalente. Die Umwandlung von Nitrat in Ammoniak ist das Resultat einer Kette von Oxydoreduktions-Reaktionen. Nach der klassischen Formulierung läuft der enzymatische Prozeß in 4 2-Elektronen-Übertragungen ab.

In grünen Pflanzen ist die Nitratreduktion mit der Assimilation des gebildeten Ammoniaks über Primärreaktionen der N-Assimilation (Ammoniakfixierung) gekoppelt. Hier liegt eine **assimilatorische Nitratreduktion** (Nitratassimilation) vor. Das System der Nitratassimilation benötigt Molybdän, aber keine Cytochrome. Bei der **dissimilatorischen Nitratreduktion** (Nitratatmung) werden die gebildeten Reduktionsprodukte (Nitrit, NO, N_2O, N_2 u. a.) nicht zum Aufbau von Zellsubstanz genutzt, sondern ausgeschieden. Tritt als Produkt der dissimilatorischen Nitratreduktion gasförmiger Stickstoff auf (N_2, N_2O und NO), bezeichnet man den Vorgang als **Denitrifikation**. Denitrifizierende Mikroorganismen (Denitrifikanten), z. B. *Micrococcus denitrificans*, können Stickstoffverluste im Boden herbeiführen. Einige Bacilli, Stämme von *Escherichia coli* und *Aerobacter* u. a. Bakterien reduzieren Nitrat jedoch bis zu Ammoniak (**Nitratammonifikation**). Die Prozesse der Denitrifikation und Nitratammonifikation entsprechen einer normalen Atmung. Viele aerobe Bakterien sind unter anaeroben Bedingungen in der Lage, Nitrat anstelle von Sauerstoff als terminale Elektronenakzeptor zu verwenden. Bei dieser **Nitratatmung** werden organische Substrate zu

CO_2 und H_2O endoxydiert. Die dissimilatorische *Nitratreduktase* ist an Partikeln gebunden, die auch Cytochrome enthalten. Die dissimilatorische Nitratreduktion spielt in grünen Pflanzen keine Rolle.

Das System der assimilatorischen Nitratreduktion besteht aus löslichen Enzymen. Hämproteine (Cytochrome) sind nicht beteiligt. Als Nitrat-Reduktion im engeren Sinne ist der durch die Molybdän enthaltende **Nitratreduktase** katalysierte 1. Schritt der Nitratassimilation zu bezeichnen. **Molybdän** (Mo) wirkt als Elektronenüberträger zwischen $FADH_2$ und NO_3^-, wobei es vermutlich einer reversiblen Oxydation von $Mo^{5+} \rightleftharpoons Mo^{6+}$ unterliegt. *Nitratreduktase* ist ein Molybdoflavoprotein, das Wasserstoff von NADPH + H^+ oder NADH + H^+ übernimmt. Produkt der Reaktion ist Nitrit. Die weiteren Enzyme der Nitratassimilation (*Nitritreduktase, Hydroxylaminreduktase* u. a.) enthalten als Metallkomponenten Eisen und Kupfer. Die prosthetische Gruppe scheint immer FAD zu sein. Die verschiedenen Typen der Nitratverwertung zeigt das folgende Schema:

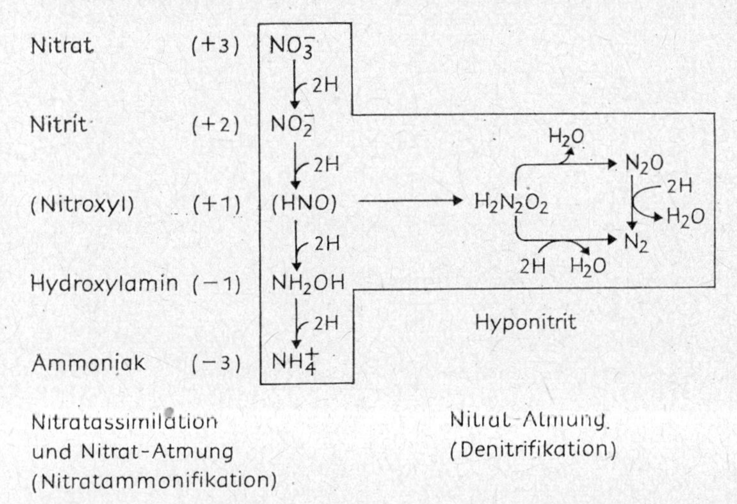

Unsicherheit besteht hinsichtlich der chemischen Natur der Zwischenverbindung auf der +1-Oxydationsstufe. Hyponitrit ($H_2N_2O_2$) konnte niemals als unmittelbares Produkt der Nitrit-Reduktion durch *Nitrit-Reduktase* nachgewiesen werden. Nitroxyl (NOH) soll nur in enzymatischer Bindung stabil sein. Möglicherweise liegen zwischen Nitrit und Hydroxylamin 3 Reaktionsschritte, indem ein weiteres Enzym, die *Stickstoffoxyd-Reduktase,* ein ungepaartes Elektron überträgt.

Neuere Studien zur enzymatischen Nitratreduktion in Grünalgen (*Ankistrodesmus*) haben ergeben, daß die *Nitratreduktase* ein kompliziert gebauter Enzymkomplex vom Molekulargewicht 500000 ist. Dieser Komplex enthält eine FAD-haltige *Diaphorase* und die eigentliche terminale Nitratreduktase (mit Molybdän). Die Diaphorase reagiert mit NADH und NADPH (vgl. Abbildung 12.2.). Über die Bindungsart und Funktion des Eisens im Nitratreduktase-Komplex liegen keine Befunde vor. Eine ganze Zahl von künstlichen Elektronen-Donatoren und -Akzeptoren kann an der Nitratreduktase angreifen. Die *Nitritreduktase* (2 Atome Eisen!) reduziert das gebildete Nitrit in einem 6-Elektronen-Übertragungsschritt zu Ammoniak. Die physiologischen Elektronendonatoren der Nitritreduktion sind Ferredoxin oder Flavodoxin. Letzteres wurde kürzlich auch in *Ankistrodesmus* und *Chlorella* gefunden. Nach diesen und anderen Befunden sind offenbar nur die Enzymkomplexe der Nitratreduktase und Nitritreduktase an der Nitratreduktion beteiligt.

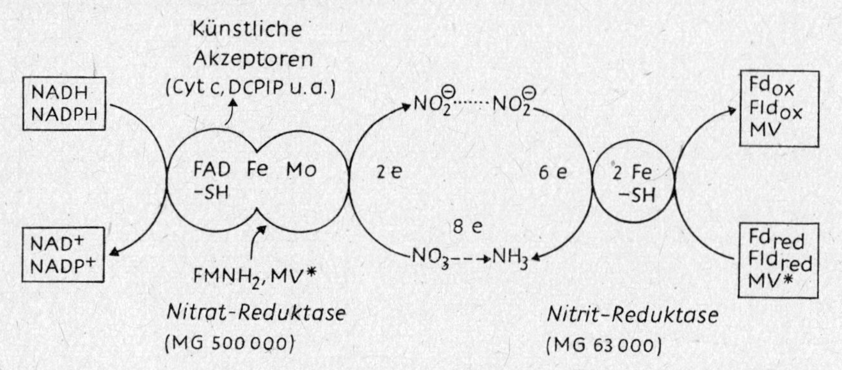

Abb. 12.2. Schema der enzymatischen Nitratreduktion in Grünalgen (verändert n. ZUMFT). Cyt. c = Cytochrom c, MV = Methylviologen (MV* = reduzierte Form), DCPIP = Dichlorphenolindophenol, Fd = Ferredoxin, Fld = Flavodoxin.

Alle physikalischen und metabolischen Faktoren, die die Geschwindigkeit der Reduktion aufgenommenen Nitrats begrenzen, fördern eine Nitratanhäufung. Durch zeitliche Trennung von Aufnahme und Assimilation kann Nitrat akkumuliert werden. **Nitratakkumulation** ist für zahlreiche Pflanzen beschrieben worden (bis 30% Nitrat bezogen auf Frischgewicht), besonders für sog. Ruderalpflanzen. die auf stickstoffreichen Böden in der Nähe menschlicher Siedlungen üppig gedeihen.

12.3. Ammoniakassimilation

Ammoniak ist Ausgangspunkt und Endprodukt des allgemeinen Stickstoffumsatzes der Organismen. Durch eine Zahl von Stoffwechselreaktionen (Nitratreduktion, biologische Stickstoffbindung, Desaminierung) gebildet oder exogenen Ursprungs (NH_4^+, NH_3), ist es der allgemeine N-Lieferant.

Durch die **Reaktionen der Primärassimilation des Stickstoffs** wird Ammoniak in den Pool der organischen N-Verbindungen, insbesondere in den Aminosäure-Pool, eingeführt und durch die Übertragung stickstoffhaltiger Gruppen (Transaminierung, Transamidierung u. a. Transfer-Reaktionen, vgl. 12.4.) „weiterverteilt". Hierdurch wird Ammoniak assimiliert, d. h. in die Synthese organischer Stickstoffverbindungen eingebracht.

Ammoniakverbrauchende Stoffwechselreaktionen sind in der Tabelle 12.5 aufgeführt.

Die **zentralen Ammoniakfixierungsreaktionen** sind:

– die **reduktive Aminierung von α-Ketoglutarat** durch L-Glutamat-Dehydrogenase
– die **Amidsynthese aus L-Glutaminsäure** und Ammoniak durch Glutamin-Synthetase.

Tabelle 12.5. Ammoniakverwertende Reaktionen im Stoffwechsel.

Enzym	Reaktion
Glutamat-Dehydrogenase	α-Ketoglutarat + NADPH + H^+ + NH_4^+ → L-Glutamat + $NADP^+$ + H_2O
Alanin-Dehydrogenase	Pyruvat + NADH + H^+ + NH_4^+ → L-Alanin + NAD^+ + H_2O
Glutamin-Synthetase	L-Glutamat + ATP + NH_3 → L-Glutamin + ADP + P_{an}
Asparagin-Synthetase	L-Aspartat + ATP + NH_3 → L-Asparagin + ADP + P_{an}
Aspartase	Furmarat + NH_3 → L-Aspartat
Carbamyl-Phosphokinase (= *Carbamat-Kinase*)	H_2NCOOH + ATP → Carbamyl-P + ADP
Carbamylphosphat-Synthetase	CO_2 + NH_3 + 2 ATP → Carbamyl-P + 2 ADP
DPN-Synthetase	Desamido-NAD + ATP + NH_3 → NAD + AMP + PP_{an}
Cytidintriphosphat-Synthetase*	UTP + NH_3 + ATP → CTP + ADP + P_{an}
Xanthosin-5′-phosphat-Aminase**	XMP + NH_3 + ATP → GMP + AMP + PP_{an}

* In manchen Organismen benötigt die Reaktion Glutamin als N-Donator
** *Aerobacter aerogenes*. In Taubenleber und Knochenmark z. B. wird L-Glutamin benötigt.

Weitere Fixierungsmechanismen für Ammoniak (vgl. Tabelle 12.5) sind in ihrer Bedeutung als Primärmechanismen der Ammoniakassimilation zweifelhaft, da sie quantitativ hinter den genannten Reaktionen der L-Glutamat- und L-Glutaminbildung zurücktreten.

L-Glutamat-Dehydrogenase ist das *Schlüsselenzym des Aminosäurestoffwechsels*. Die reduktive Aminierung von α-Ketoglutarat durch das NADP-abhängige (anabolische) Enzym ist die „Haupteintrittspforte" für Ammoniak in den Pool des Aminostickstoffs. Das gebildete Glutamat ist der bedeutendste Aminogruppendonator in der für den Aminosäurestoffwechsel zentralen Transaminierungsreaktion (vgl. 12.4.). Die oxydative Desaminierung von L-Glutamat durch NAD-abhängige (katabolische) *Glutamat-Dehydrogenase* ist eine Schlüsselreaktion im dissimilatorischen Stickstoffmetabolismus (vgl. 12.8.2.). Die durch Proteinabbau (vgl. 12.8.1.) anfallenden Aminosäuren werden in vielen Organismen durch sog. **Transdesaminierung** abgebaut. Zahlreiche Aminosäuren **transaminieren** mit α-Ketoglutarat; resultierendes L-Glutamat wird durch NAD-abhängige L-*Glutamat-Dehydrogenase* **desaminiert**:

Aminosäure + α-Ketoglutarat → Ketosäure + Glutamat
L-Glutamat + NAD^+ + H_2O → α-Ketoglutarat + NADH + H^+ + NH_4^+

Die biologische Bedeutung der *NAD-Glutamat-Dehydrogenase* besteht in der Lieferung von Ammoniumionen für neue Synthesen.

Undissoziiertes Ammoniak (das mit dem Wasserstofftransport über die Atmungskette interferiert: $NH_3 \xrightarrow[+H^+]{} NH_4^+$) ist toxisch. Im Zuge dissimilatorischer Prozesse anfallendes Ammoniak wird daher von vielen Organismen durch spezielle Exkretionssynthesen „entgiftet" (vgl. 12.8.2.).

Die speziellen biologischen Funktionen von **NADP-Glutamat-Dehydrogenase** (Bindung von Ammoniak durch reduktive Aminierung) und **NAD-Glutamat-Dehydrogenase** (Lieferung von Ammoniak durch oxydative Desaminierung) konnten durch Experimente mit *Saccharomyces* nachgewiesen werden.

Eine Reaktion, die Ammoniak in einer zur Glutamatbildung vergleichbaren Geschwindigkeit direkt verwertet, stellt die durch **Glutaminsynthetase** katalysierte Amidierung von L-Glutamat dar:

$$\text{L-Glutamat} + NH_3 + ATP \xrightarrow[Mg^{2+}]{\text{Enzym}} \text{L-Glutamin} + ADP + P_{an}$$

Durch Kopplung mit der ATP-Spaltung ist die Glutaminsynthese thermodynamisch begünstigt. Die freie Energie der Glutaminhydrolyse ist um 4,3 kcal geringer als die der ATP-Hydrolyse zu ADP und P_{an}. Wahrscheinlich treten keine freien Zwischenprodukte bei der durch *Glutaminsynthetase* katalysierten Amidsynthese auf. Außer in Bakterien besitzen hochgereinigte Enzympräparate noch eine *Glutamotransferase*-Aktivität (= Transfer von Glutamat aus Glutamin auf geeignete Akzeptoren, wie z. B. Hydroxylamin oder Arsenat).

Glutamin spielt eine zentrale Rolle im N-Stoffwechsel. Es ist mit dem Säureamid-N an wichtigen synthetischen Reaktionen des Intermediärstoffwechsels spezifisch beteiligt (vgl. Abb. 12.3.a). L-Glutamin ist N-Donator in Transamidierungsreaktionen (vgl. 12.4.).

Eine **Ammoniakfixierungsreaktion** ist auch die **Neusynthese von Carbamylphosphat.**

Carbamyl-P kann durch phosphorolytische Spaltung bestimmter Carbamylverbindungen und *de novo* synthetisiert werden. Bei der Neusynthese treten Ammoniak bzw. L-Glutamin und Bicarbonat unter Verbrauch von ATP zu Carbamyl-P zusammen.

Drei verschiedene Enzyme der *de novo*-Synthese des „aktiven Carbamats" sind bekannt:

- *Carbamyl-Phosphokinase* (*Carbamat-Kinase*)
- *Carbamylphosphat-Synthetase*
- *Glutamino-Carbamylphosphat-Synthetase.*

Die bakterielle **Carbamat-Kinase** katalysiert eine Phosphorylierung von Carbamat (NH_2COOH) durch ATP. Carbaminsäure liegt in Lösung in geringer Menge im Gleichgewicht mit Ammonium- und Bicarbonat-Ionen vor:

$$NH_4^+ + HCO_3^- \rightleftharpoons NH_2COO^- + H_2O \text{ (spontan)}$$

Durch Phosphorylierung wird es laufend daraus entfernt, so daß Ammoniak und CO_2 nachgeliefert werden:

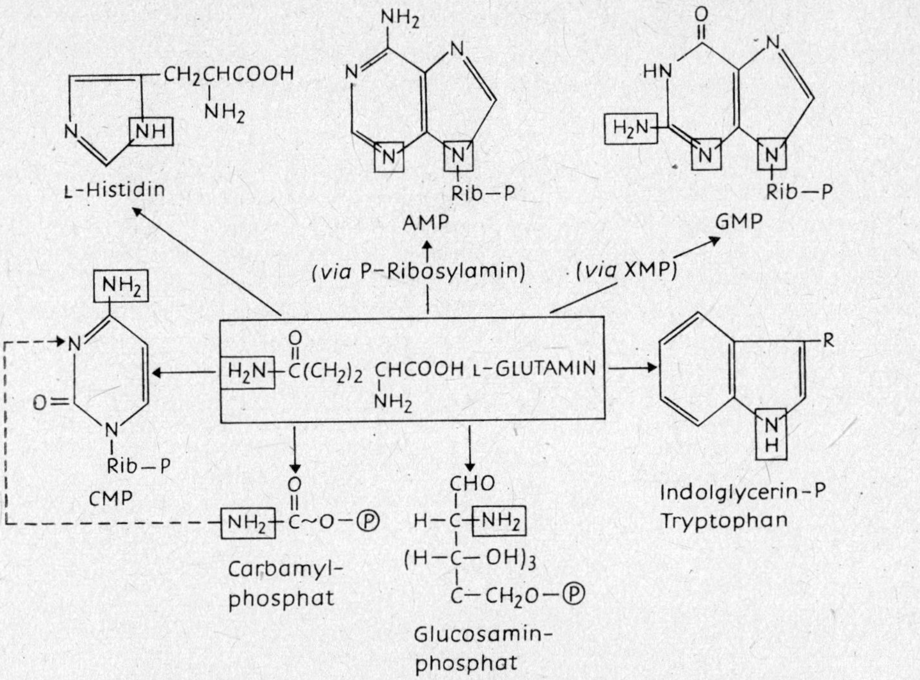

Abb. 12.3.a) Schlüsselstellung von L-Glutamin im Stickstoffmetabolismus.

$$H_2N-\overset{O}{\overset{\|}{C}}-O^- + ATP \rightleftharpoons H_2N-\overset{O}{\overset{\|}{C}}-O\sim \textcircled{P} + ADP \text{ (enzymatisch)}$$

Das Enzym kommt in *Streptococcus*, *Neurospora* u. a. Mikroorganismen vor. Thermodynamisch ist die ATP-Synthese begünstigt, so daß *Carbamat-Kinase* eine ATP-Bildung aus Carbamyl-P bei bestimmten Mikroorganismen katalysiert, die in speziellen Abbaureaktionen Carbamylverbindungen phosphorolytisch spalten können (vgl. 4.3.).

Die vorwiegend in der Leber von Vertebraten (Wirbeltieren) aufgefundene **Carbamylphosphat-Synthetase** katalysiert eine Carbamyl-P-Bildung aus Ammoniumbicarbonat, und nicht aus Carbamat. Das Enzym benötigt 2 ATP und als Cofaktor das N-Acetyl-L-glutamat (AGA). Acetylglutamat ist nicht an der CO_2-Aktivierung bei dieser Reaktion beteiligt. Es wird eine Funktion von AGA bei der Umwandlung der inaktiven Form des Enzyms in die aktive diskutiert. Die Gesamtreaktion ist irreversibel:

$$2\,ATP + NH_4HCO_3 \xrightarrow{AGA,\ Mg^{2+}} NH_2\overset{O}{\overset{\|}{C}}-O\sim \textcircled{P} + 2\,ADP + P_{an}$$

Es wurden 3 Teilreaktionen in der durch *Carbamylphosphat-Synthetase* katalysierten Carbamyl-P-Bildung diskutiert:

a) Enz. + HCO_3^- + ATP → Enz. Carboxyphosphat + ADP
b) Enz. Carboxyphosphat + NH_4^+ → Enz. Carbamat + P_{an}
c) Enz. Carbamt + ATP ⇌ Enz. + Carbamyl-P + ADP

Die Acetylglutamat-abhängige *Carbamylphosphat-Synthetase* ist in den Mitochondrien lokalisiert. Sie ist der Arginin- und Harnstoffsynthese über den Ornithin-Zyklus (vgl. 12.8.2.) funktionell zugeordnet.

Glutamino-Carbamylphosphat-Synthetase wurde zuerst aus dem Plektenchym von *Agaricus bisporus* (Kulturchampignon) beschrieben. Das Enzym kommt in weiter Verbreitung im Organismenreich vor. Es benötigt spezifisch die γ-Amidgruppe von L-Glutamin als Stickstoffdonator der Carbamyl-P-Bildung. Freie Ammoniumionen können Glutamin nur in unphysiologisch hoher Konzentration ersetzen. Das Enzym erfordert kein Acetylglutamat:

$$HCO_3^- + \text{L-Glu-NH}_2 + ATP^{4-} + H_2O \xrightarrow{Mg^{2+}} H_2N - \overset{\overset{\displaystyle O}{\|}}{C} - O \sim \text{Ⓟ} + \text{L-Glu} + 2H^+ + ADP^{3-}$$

Die Gesamtreaktion ist irreversibel, da ein hydrolytischer Schritt enthalten ist. Das Enzym ist im Zytoplasma lokalisiert. Es ist funktionell der Pyrimidinsynthese zugeordnet.

Carbamyl-P ist Ausgangsverbindung der *de novo*-Pyrimidinsynthese (vgl. 12.7.2.) sowie der Synthese der proteinogenen Aminosäure L-Arginin und des N-Exkrets Harnstoff über den Ornithin-Zyklus (vgl. 12.8.2.). Es ist der universelle Carbamyldonator in Carbamylierungsreaktionen. Vermutlich werden weitere N- und O-Carbamylderivate (Urethane) wie Albizziin (= L-2-Amino-3-ureidopropionsäure), Novobiocin (ein Antibiotikum, O-Carbamylderivat) u. a. durch Transcarbamylierungsreaktionen mit Carbamyl-P synthetisiert. Eine Transcarbamylierung zwischen verschiedenen Carbamylverbindungen ohne intermediäre Bildung von Carbamyl-P ist wenig wahrscheinlich.

Carbamyl-P und Glutamin können beide als eine Art **„stoffwechselaktives Ammoniak“** aufgefaßt werden. Beide Verbindungen beanspruchen Schlüsselpositionen in synthetischen Reaktionen des Stickstoffmetabolismus:

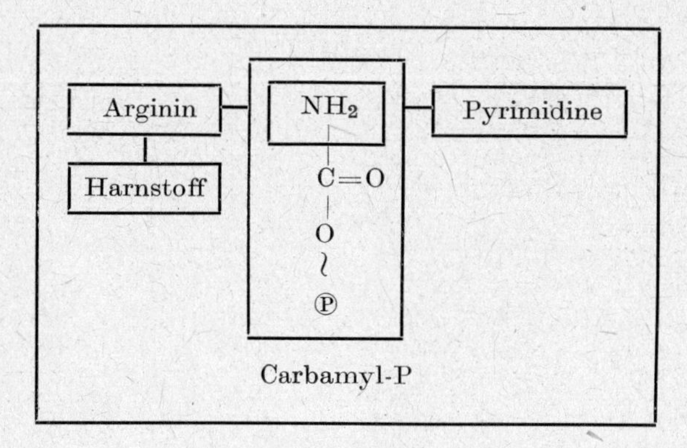

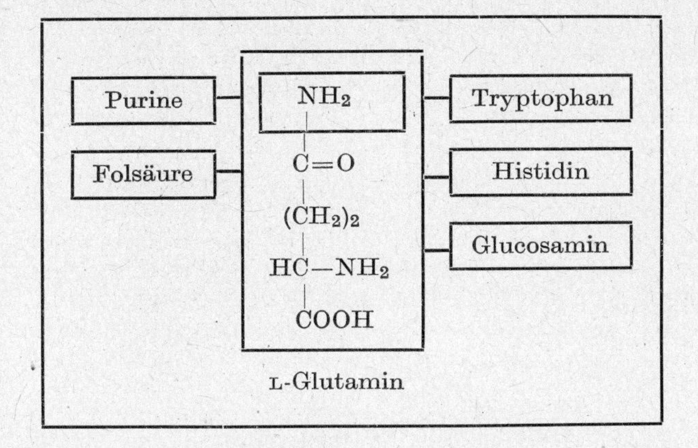

12.4. Gruppenübertragungsreaktionen im Aminosäurestoffwechsel

Stickstoffhaltige Gruppen werden im Stoffwechsel durch die Prozesse der
- *Transaminierung:* Aminogruppen (Enzyme: *Transaminasen*)
- *Transamidierung:* Amidgruppe (Enzyme: *Transamidasen*)
- *Transamidinierung:* Amidingruppe (Enzyme: *Transamidinasen*)
- *Transcarbamylierung:* Carbamylgruppe (Enzyme: *Transcarbamylasen*)
- Aspartat-abhängigen Transaminierung: α-Aminogruppe (Enzyme: vom „condensing"-Typus)

übertragen.

Eine zentrale Stellung nimmt unter diesen Reaktionen die **Transaminierung** ein. Die durch *Transaminasen* (*Aminotransferasen*) katalysierten Reaktionen sind eine *Pyridoxal-P-Katalyse* (vgl. 9.4.). **Transamidierungen** verlaufen stets *mit* L-*Glutamin,* nicht mit L-Asparagin. Sie benötigen zusätzlich ATP. Sie sind nicht auf den Aminosäurestoffwechsel begrenzt. Die **Transamidinierung** führt zur *Synthese von Guanidinderivaten.* In der Natur wurden über 50 verschiedene Guanidine aufgefunden. Eine Transguanidylierung bleibt hypothetisch. Ausgangsverbindung der Synthese von Guanidinderivaten ist das L-*Arginin.* Die Argininbildung ist identisch mit der *de novo*-Synthese der Guanidinogruppe. Donatorsubstanz der **Transcarbamylierung** ist immer das Carbamylphosphat (vgl. 12.3.). Die **Transaminierung** ist im Abschnitt 9.4. ausführlich dargestellt. Zu ihrer Bedeutung im Stoffwechsel vgl. die Abschnitte 12.3. und 12.8.2.

Die **Transamidierung** (Übertragung der Amidgruppe von L-Glutamin) ist an die Spaltung von ATP gebunden:

$$\begin{array}{l} CO-NH_2 \\ | \\ CH_2 \\ | \\ CH_2 \\ | \\ H-C-NH_2 \\ | \\ COOH \end{array} + HO-C-R \xrightarrow[ATP]{} \begin{array}{l} COOH \\ | \\ CH_2 \\ | \\ CH_2 \\ | \\ H-C-NH_2 \\ | \\ COOH \end{array} + NH_2-C-R$$

L-Glutamin   Akzeptor   L-Glutamat   Produkt der Amidierung

Die Reaktion spielt eine Rolle in mehreren Stoffwechselbereichen. Die Schlüsselstellung von L-Glutamin als N-Lieferant wird daraus verständlich, daß freies Ammoniak in den aufgeführten Amidierungsreaktionen nicht oder nur ungenügend (erst in unphysiologisch hoher Konzentration) die spezifische Funktion des Säureamidstickstoffs von Glutamin ersetzen kann. Glutamin ist eine Art „stoffwechselaktives Ammoniak“ (vgl. 12.3.). In der Abb. 12.3.a ist die *Schlüsselstellung von L-Glutamin* als N-Lieferant in Amidierungsreaktionen dargestellt. Die Transamidierung kann durch **Glutaminanaloge** wie *5-Oxo-6-diazonorleucin* und *Albizziin* (L-2-Amino-3-ureidopropionsäure) gehemmt werden, während die betreffende Reaktion mit NH_4^+-Ionen nicht beeinflußt wird. Die Strukturanalogie der genannten Inhibitoren mit L-Glutamin ist aus den nachstehenden Strukturformeln zu erkennen:

L-Glutamin	5-Oxo-6-diazo-L-norleucin	Albizziin
NH_2	$CHNH_2$	NH_2
|	|	|
CO	CO	CO
|	|	|
CH_2	CH_2	NH
|	|	|
CH_2	CH_2	CH_2
|	|	|
$H—C—NH_2$	$H—C—NH_2$	$H—C—NH_2$
|	|	|
COOH	COOH	COOH

Die **Transamidinierung** (reversible Übertragung der Amidingruppe zwischen Guanidinderivaten) wird durch relativ unspezifische *Transamidinasen* (*Amidinotransferasen*) katalysiert. Am besten untersucht sind die Transamidinierungsreaktionen bei der *Biosynthese* von *Kreatin-P* und *Streptomycin* (vgl. 4.5.). Offenbar ist der Amidingruppen-Transfer eine zentrale Reaktion im Stoffwechsel von Guanidinderivaten.

Eine Beteiligung von Transamidinasen nicht näher untersuchter Spezifität konnte für die Biogenese von Galegin (3-Methyl-buten(2)-guanidin(1)) in *Galega officinalis* (Geißraute), von α-Guanidinobuttersäure, Agmatin und Arcain in *Panus tigrinus* (Tigerritterling, Basidiomycet) und von Arcain in *Hirudo medicinalis* (Blutegel) nachgewiesen werden. Doch ist über die Spezifität der beteiligten Amidinotransferasen wenig bekannt. **Transamidinase** aus *Streptomyces griseus* und *S. baikiniensis*, die an der Biosynthese des diguanidylierten Streptidins (Streptomycin-Baustein) beteiligt ist, vermittelt verschiedene Transamidinierungen mit L-Arginin als Donor-Verbindung, jedoch nicht die Übertragung der Amidingruppe auf Glycin (Glykocyaminbildung bei der Synthese von „Phosphagen“, vgl. 4.5.). Vermutlich ist Transamidinase an der Synthese der verschiedenen Phosphagene beteiligt, die in Würmern (Vermes) vorkommen. L-*Canavanin* kann L-Arginin in Transamidinierungsreaktionen offenbar generell ersetzen. L-Canavanin ist ein Strukturanaloges von L-Arginin. Seine hohe Toxizität kann jedoch nicht allein durch die kompetitive Hemmung von Arginin umsetzenden Reaktionen erklärt werden. In ungereinigten Enzympräparaten von *Panus tigrinus* können verschiedene Donator-Akzeptor-Kombinationen in der Transamidinierungsreaktion eingesetzt werden. Die Reaktion hat hier eine physiologische Bedeutung für den Abbau von L-Arginin via

γ-Guanidinobutyrat und für die Synthese von *Arcain* (Diguanidobutan), das zuerst in der Muschel *Arca noae* aufgefunden wurde. Der natürliche Amidingruppen-Donator des Zellstoffwechsels dürfte L-Arginin sein, da die Argininbiosynthese identisch mit der *de novo*-Synthese der Guanidinogruppe ist. Die Übertragung der intakten Amidingruppe konnte durch Doppelmarkierung (^{14}C, ^{15}N) exakt bewiesen werden.

Die **Biosynthese von Kreatin-P** erfolgt in 3 Reaktionsschritten:

a) L-Arginin + Glycin → Glykocyamin + L-Ornithin

b) Glykocyamin + S-Adenosyl-L-methionin → Kreatin + S-Adenosyl-L-homocystein

c) Kreatin + ATP ⇌ Kreatin-P + ADP (Lohmann-Reaktion).

Die an der Bildung von Kreatin, Kreatin-P und Kreatinin beteiligte Transamidinierung stellt sich formelmäßig wie folgt dar:

$$\begin{array}{l} H_2C{-}NH{-}\overset{\overset{NH}{\|}}{C}{-}NH_2 \\ | \\ CH_2 \\ | \\ CH_2 \\ | \\ H{-}C{-}NH_2 \\ | \\ COOH \\ \text{L-Arginin} \end{array} + \begin{array}{l} CH_2{-}NH_2 \\ | \\ COOH \\ \text{Glycin} \end{array} \rightleftharpoons \begin{array}{l} CH_2{-}NH{-}\overset{\overset{NH}{\|}}{C}{-}NH_2 \\ | \\ COOH \\ \text{Glykocyamin} \end{array} + \text{L-Ornithin}$$

Die **Transamidinierung** erfolgt in einem Zweistufen-Prozeß:

a) $R{-}NH{-}\overset{\overset{NH}{\|}}{C}{-}NH_2 + \text{Enzym-SH} \rightleftharpoons R{-}NH_2 + \text{Enzym}{-}S{-}\overset{\overset{NH}{\|}}{C}{-}NH_2$

b) $\text{Enzym}{-}S{-}\overset{\overset{NH}{\|}}{C}{-}NH_2 + R'{-}NH_2 \rightleftharpoons R'{-}NH{-}\overset{\overset{NH}{\|}}{C}{-}NH_2 + \text{Enzym-SH}$

Intermediär wird ein **Enzym-Amidin-Komplex** gebildet, der in Versuchen mit Schweinenieren-Transamidinase und L-Arginin-Amidin-^{14}C isoliert werden konnte und der bei Abwesenheit eines geeigneten Akzeptors stabil ist. Dieser Komplex ist gewissermaßen ein *Isothioharnstoff-Derivat* („aktiver Harnstoff"). Er ist in seiner Reaktivität mit S-Methylisothioharnstoff zu vergleichen, der bei der chemischen Synthese von Guanidinverbindungen verwendet wird. Bei Erhitzen auf 100 °C und schon beim Stehen in wäßriger Lösung wird aus dem Enzym-Amidin-Komplex *Harnstoff* abgespalten:

$$\text{Enzym}{-}S{-}\underset{\underset{NH}{\|}}{C}{-}NH_2 + H_2O \rightarrow \text{Enzym}{-}SH + H_2N{-}\underset{\underset{O}{\|}}{C}{-}NH_2$$

Transamidinase hat eine *Transferase*- und *Hydrolase*-Funktion und ist eine potentielle *Arginase*. Transamidinierungen können mit *Formamidindisulfid* (SH-Gift) und anderen Inhibitoren gehemmt werden.

Die **Transcarbamylierung** (irreversibler Transfer der Carbamylgruppe aus Carbamylphosphat) ist an die Aktivität der 3 folgenden Enzyme gebunden:

– *Aspartat-Transcarbamylase:* L-Asp + Carbamyl-P → Carbamyl-L-asp + P_{an}
– *Ornithin-Transcarbamylase:* L-Orn + Carbamyl-P → L-Citrullin + P_{an}
– *Oxamat-Transcarbamylase:* Oxamat + Carbamyl-P → Oxalurat + P_{an}

Die Regulation der *Aspartat-Transcarbamylase* in ihrer Bedeutung für die Bildung der Nucleinsäure-Pyrimidine ist eines der ältesten Beispiele für eine allosterische Endproduktkontrolle (vgl. 7.1.1.) eines Biosyntheseweges (vgl. 12.7.2.1.).

Eine **ungewöhnliche** Art der **Transaminierung** finden wir in den 3 folgenden Stoffwechselreaktionen (vgl. dort):

– *Argininosuccinat-Bildung* aus L-Citrullin und L-Aspartat
– *Adenylosuccinat-Bildung* aus IMP (Inosinsäure, Hypoxanthosin-5'-P) und L-Aspartat (wichtig für die Synthese von AMP)
– Bildung von 5'-Phosphoribosyl-4-(N-succinocarboxamid)-5-aminoimidazol aus 5'-Phosphoribosyl-4-carboxy-5-aminoimidazol und L-Aspartat (wichtig für die Synthese von AICAR, vgl. 12.7.1.) bei der Purinneusynthese.

12.5. Biosynthese von Aminosäuren

Die **Biogenese der Aminosäuren** ist unter 2 verschiedenen Aspekten zu betrachten:

– *Herkunft des Stickstoffs* (α- und Nicht-α-Aminostickstoff, Amid- und Amidin-N, Carbamyl-N und N von Heterozyklen)
– *Synthese der Kohlenstoffgerüste* (C-Ketten).

Der Aminostickstoff wird durch reduktive Aminierung (vgl. 12.3.) und Transaminierung (vgl. 9.4. und 12.4.) in das Molekül eingeführt. (Zur Carbamylierung und Amidinierung vgl. 12.4.). Die N-heterozyklischen Ringsysteme von Prolin und Histidin werden aus einem N-haltigen Precursor aufgebaut: Prolin (und Hydroxyprolin) aus Glutamat, Histidin über den sog. ATP-Imidazol-Zyklus unter Beteiligung von ATP als Substrat. Tryptophan geht aus Anthranilat hervor, dessen heterozyklischer Stickstoff aus L-Glutamin (Transamidinierung) stammt (vgl. 10.5.). Solche Aussagen gelten zunächst für die proteinogenen Aminosäuren, deren Biogenese ausführlich untersucht ist. Über die Biosynthese von Nicht-Eiweißaminosäuren liegen weitaus weniger experimentelle Befunde vor. Doch dürfte auch hier das eigentliche Problem der Biosyntheseforschung nicht die Herkunft des Stickstoffs, sondern der Aufbau der differenten Kohlenstoffgerüste sein.

Von besonderer Bedeutung im Stoffwechsel der Aminosäuren sind Pyridoxalphosphat-Enzyme (vgl. 9.4.). Die Tabelle 12.6. faßt Pyridoxalphosphat-abhängige Reaktionen des Aminosäuremetabolismus zusammen.

Tabelle 12.6. Pyridoxalphosphat-abhängige Reaktionen im Aminosäurestoffwechsel (AS = Aminosäure, KS = Ketosäure)

Art der Reaktion	Beispiel bzw. Bemerkungen
Transaminierung $AS_1 + KS_2 \rightleftharpoons AS_2 + KS_1$	GOT (*Glutamat-Oxalacetat-Transaminase*): L-Glu + Oxalacetat $\rightleftharpoons$ L-Asp + Ketoglutarat
Decarboxylierung $RCH(NH_2)COOH \rightarrow RCH_2NH_2 + CO_2$	Enzyme: *Aminosäuredecarboxylasen*
Racemisierung $H{-}C(R)(COOH){-}NH_2 \rightleftharpoons H_2N{-}C(R)(COOH){-}H$	Bildung von D-AS aus L-AS, Pyridoxal-P als *Co-Racemase*: L-Ala $\rightleftharpoons$ D-Ala
Tryptophan-Synthetase-Reaktion	Indol-3-glycerin-P + L-Ser $\rightarrow$ Try + 3-P-Glycerinaldehyd
Serintranshydroxymethylase-Reaktion	Glycin + Folat-H_4-CH_2OH $\rightleftharpoons$ L-Serin + Folat-H_4
Synthese von δ-Aminolaevulinsäure	wichtig für die Porphyrinbiosynthese und für die Glycinoxydation
α, β-Eliminierung von Serin	
β, γ-Desulfurierung von Homocystein	
aktiver Transport von AS	

D-Aminosäuren (Bestandteile der bakteriellen Zellwand und von biologisch aktiven Peptiden) werden nicht „*de novo*" synthetisiert, sondern gehen aus den entsprechenden L-Aminosäuren durch **Racemisierung** hervor. Für die Bildung der in Peptidantibiotika (vgl. 12.6. und 15.3.) vorkommenden D-Aminosäuren wurden die folgenden Möglichkeiten diskutiert:

- Racemisierung an zyklischen Dipeptiden (Diketopiperazinen), welche stereochemisch labile Zwischenprodukte sind, die in die stabile D-Form umgewandelt werden
- α-Epimerisierung von L-Aminosäuren durch enzymatische Des- und Reaminierung
- Konfigurationsumkehr an einer aktivierten L-Aminosäure (vgl. 12.6.).

Nach der **Herkunft der Kohlenstoffgerüste** kann man die Aminosäuren in mehrere Familien biogenetisch zusammenhängender Verbindungen einteilen. Hierdurch ist ein Ordnungsprinzip gegeben, das im Prinzip auch eine Zuordnung der großen Zahl von Nicht-Eiweißaminosäuren erlaubt, die vielfach den Charakter ausgesprochener Sekundärstoffe gleich den Alkaloiden besitzen. Wir unterscheiden **4 Aminosäurefamilien.** Der Verlauf der Biogenese der 20 Eiweißaminosäuren über diese 4 Reaktionswege ist durch die nachfolgenden Biosyntheseschemata dargestellt. Die Zuordnung „nicht-proteinogener" Aminosäuren ist – sofern es sich um Precursoren von Proteinbausteinen handelt – aus den Biogeneseschemata zu ersehen.

In der **Serin-Familie** sind die aus Kohlenhydraten sich ableitenden Aminosäuren zusammengefaßt. Ihre C-Gerüste werden entweder in unmittelbarem Anschluß an die Photosynthese oder aus Metaboliten der Glucose synthetisiert:

photosynthetische CO_2-Fixierung
↓
Glucose → **3-P-Glycerat** → *Serin* ⇌ *Glycin* + „C_1"
↓
Cystein ⇌ *Cystin*

In der **α-Ketoglutarat-Familie** sind diejenigen Aminosäuren vereinigt, die ihr C-Gerüst aus dem Tricarbonsäure-Zyklus über Ketoglutarat beziehen:

α-Ketlglutarat $\xrightarrow{+NH_3}$ *Glutamat* → *Prolin* → *Hydroxyprolin*
Glutamin $\xleftarrow{+NH_3}$ | → Ornithin $\xrightarrow[+NH_3]{+CO_2}$ Citrullin $\xrightarrow{+NH_3}$ *Arginin*

In der stark verzweigten Biogenesefolge der **Pyruvat-Familie** werden diejenigen Aminosäuren zusammengefaßt, die ihre C-Gerüste aus Pyruvat bzw. aus dem durch Carboxylierung und Transaminierung aus Pyruvat gebildetem Aspartat herleiten. In Pflanzen, die Kohlendioxid über den sog. HSK-Zyklus (vgl. 10.3.3.) fixieren, ist Aspartat ein frühes Produkt der photosynthetischen CO_2-Fixierung.

Valin ↑ α-Ketoisovalerat ↓ *Leucin*
α-Ketoisovalerat ← **Pyruvat** → Acetyl-CoA → *Lysin* (1)
Pyruvat $\xrightarrow{+[NH_3]}$ *Alanin*
Pyruvat $\xrightarrow{+CO_2}$ Oxalacetat $\xrightarrow{+[NH_3]}$ *Aspartat*
Aspartat $\xrightarrow{(+\text{Pyruvat})}$ Diaminopimelat → *Lysin* (2)
Aspartat ↓ Homoserin
α-Ketobutyrat ← Homoserin → *Threonin*
α-Ketobutyrat $\xrightarrow{(+\text{Pyruvat})}$ *Isoleucin*
Homoserin ↓ *Methionin*

(1 = α-Aminoadipinsäure-Weg, 2 = Diaminopimelinsäure-Weg der Lysin-Biosynthese).

Zur sog. **Pentose-Familie** der Aminosäuren kann man L-Histidin, L-Phenylalanin, L-Tyrosin und L-Tryptophan stellen. Die 3 *aromatischen Aminosäuren* werden nach dem *Shikimisäure-Prephensäure-Konzept* der *Aromatenbiosynthese* gebildet, die von einer Tetrose (Erythrose-4-P) und Phosphoenolpyruvat ausgeht (10.5.). Die Beziehung zu einer Pentose ergibt sich über die Bildung von Erythrose-4-P aus dem oxydativen Pentosephosphat-Zyklus (vgl. 10.1.3.). Phosphoenolpyruvat, die 2. Ausgangsverbindung, wird aus dem Glykolyseschema (vgl. 10.1.1.) bezogen.

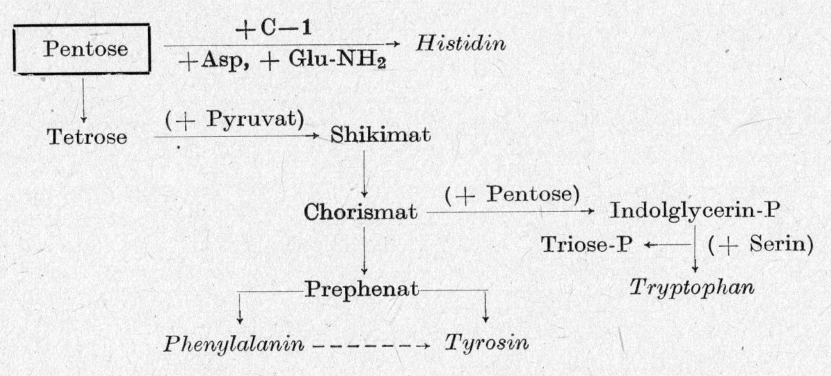

12.6. Biologische Peptidsynthesen

Das zyklische Dekapeptid **Gramicidin S** (Formel in 2.6.4.4.), ein Peptidantibiotikum aus *Bacillus brevis*, enthält zweimal die Sequenz D-Phenylalanin-L-Prolin-L-Valin-L-Ornithin-L-Leucin. Die Gramicidin-Biosynthese (LIPMANN) erfolgt nicht über das ribosomale Proteinbiosynthesesystem. Die Synthese wird durch zwei Enzyme (Enzym I und Enzym II) katalysiert, die einen „Multienzymkomplex" bilden. **Enzym I** enthält **Phosphopantethein** und vermittelt fast alle Schritte der Peptidsynthese, mit Ausnahme der **Racemisierung** und **Aktivierung** von **Phenylalanin**, die durch **Enzym II** katalysiert werden:

$$\begin{array}{lll}
\text{L-Phe} + \text{ATP} + E_{II} & \rightarrow & \text{L-Phe-AMP-}E_{II} + PP_{an} \\
\text{L-Phe-AMP-}E_{II} & \rightarrow & \text{D-Phe-AMP-}E_{II} \\
\text{D-Phe-AMP-}E_{II} + H_2O & \rightarrow & \text{D-Phe} + \text{AMP} + E_{II} \\
\hline
\text{L-Phe} + \text{ATP} + H_2O & \rightarrow & \text{D-Phe} + \text{AMP} + PP_{an}
\end{array}$$

Enzym II wirkt wie eine *Phenylalanin-Racemase*.

Die Gesamtreaktion der **Gramicidinsynthese** verläuft in 5 Reaktionsschritten:

- *Racemisierung* und *Aktivierung* von *Phenylalanin*
- *Aktivierung* der 4 anderen *Aminosäuren* und Bindung als Thioester an das Enzym I
- *Start* der Reaktionsfolge mit Phenylalanin
- *Wachstum* der Peptidkette in der Richtung Phe → Pro → Val → Orn → Leu durch Polymerisation der als Thioester am Enzym I gebundenen Aminosäuren. Die intermediären Peptide Phe-Pro, Phe-Pro-Val, Phe-Pro-Val-Orn und Phe-Pro-Val-Orn-Leu sind sämtlich thioesterartig an Proteinsulfhydryle des Enzyms I gebunden

– Zusammentritt der beiden als Thioester gebundenen Pentapeptide an demselben Enzymmolekül und *Zyklisierung* Kopf-an-Schwanz zum Dekapeptid.

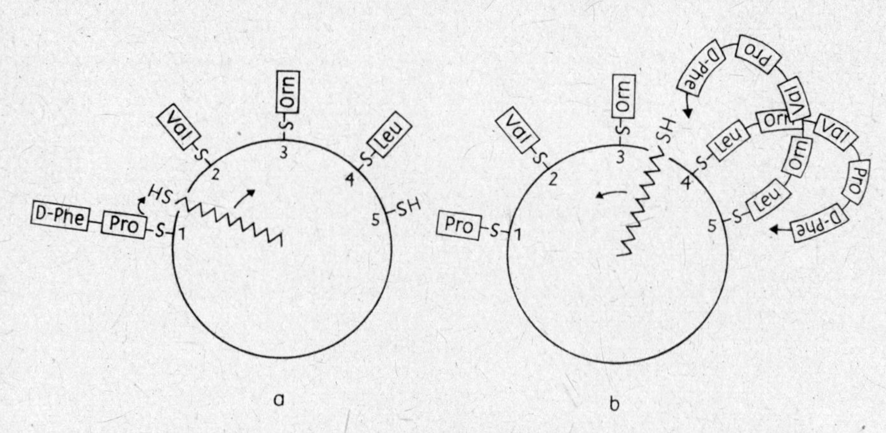

Abb. 12.3.b) Hypothetisches Schema der Funktion von Enzym I bei der Gramicidin-S-Synthese (n. LALAND). 1, 2, 3 und 4 bedeuten die Thiolbindungsstellen für Prolin, Valin, Ornithin und Leucin. Position 5 ist die Thiolgruppe, an die das Pentapeptid gebunden wird. Der Pantethein-„Arm" mit seiner terminalen Sulfhydrylgruppe ist durch die Zick-zack-Linie symbolisiert. a) Beginn des Peptidkettenwachstums, b) Kopf-Schwanz-Zyklisierung von zwei Pentapeptidketten.

Phosphopantethein (vgl. auch Fettsäuresynthetase) ist nur in Enzym I enthalten (Abb. 12.3.b.). Die Gramicidinsynthese an der *Gramicidin-S-Synthetase* beginnt mit der Übertragung der D-Phenylalanin-Gruppierung vom Enzym II auf die Iminogruppe von Prolin unter Bildung des Dipeptids Phe-Pro. Hieran ist Phosphopantethein nicht beteiligt. Das Dipeptid wird dann auf die terminale SH-Gruppe des Pantethein-Armes übertragen, der das gebundene Dipeptid zur Aminogruppe von Valin bringt, so daß es übertragen werden kann. Das gebildete Tripeptid wird wieder auf den Pantethein-Arm gebracht, der auf die Thiolposition der nächsten Aminosäure „einschwenkt". In analoger Weise werden das Tetra- und Pentapeptid gebildet. Das fertige Pentapeptid wird nun sehr wahrscheinlich auf eine „Warteposition" (Thiolgruppe, Position 5) gebracht. Danach wiederholt sich der Vorgang der Pentapeptidbildung. Die beiden Pentapeptide werden auf demselben Enzymmolekül zur Zyklisierung gebracht, indem eine Kopf-an-Schwanz-Kondensation der beiden an den Positionen 4 und 5 befindlichen Peptidketten erfolgt (vgl. Abb. 12.3.b.). Pantethein ist an der Zyklisierung nicht beteiligt, transportiert aber wahrscheinlich das Pentapeptid aus der Leucin-Position in die Nähe der Position 5.

Enzym I hat ein Molekulargewicht von 300000, Enzym II von 100000. Enzym I würde 18 bis 19 katalytische Funktionen besitzen, was für das relativ kleine Protein recht erstaunlich ist. Die Information für die Aminosäuresequenz liegt in der spezifischen Struktur von Enzym I der *Gramicidin-S-Synthetase*. Mit der an mRNS und Ribosomen gebundenen Proteinsynthese hat dieser Mechanismus lediglich die einleitende **Aktivierung der Aminosäuren** gemeinsam:

$$E_I^{SH} + aa + ATP \xrightleftharpoons{Mg^{2+}} E_I^{SH} \ldots aa{\sim}AMP + PP_{an}$$

$$E_I^{SH} \ldots aa{\sim}AMP \rightleftharpoons E_I^{S\sim aa} + AMP \quad (aa = \text{Aminoacyl-})$$

γ-Glutamylpeptide, die als Di- und Tripeptide besonders in pflanzlichen Reserveorganen verbreitet sind, werden durch *γ-Glutamyltranspeptidase* synthetisiert:

Glutathion + Aminosäure → γ-Glutamyldipeptid + Cysteylglycin

Glutamyldonator ist Glutathion. Die Bildung der Zwischenstufe *γ-Glutamylcystein* bei der Glutathionsynthese ist offenbar kein Modell der Biosynthese von γ-Glutamylpeptiden in Pflanzen:

Glutamat + Cystein + ATP → γ-Glutamylcystein + ADP + P_{an}

Die Synthese von γ-Glutamylcystein zeigt Ähnlichkeit mit der Bildung von Glutamin an der Glutaminsynthetase. In analoger Weise wird das Carnosin (β-Alanylhistidin) synthetisiert.

12.7. Biosynthesen N-heterozyklischer Verbindungen, die sich aus Aminosäuren ableiten

Wegen ihrer Bedeutung greifen wir aus der Vielzahl von N-heterozyklischen Verbindungen heraus:

- Biosynthese von NAD (vgl. 9.1.) und Pyridinderivaten (vgl. 2.6.4.3.)
- Biosynthese von Porphyrinderivaten.

Der *Pyridinring* wird in der Natur auf unterschiedlichen Wegen gebildet. Den biogenetisch zusammenhängenden Nicotinsäure-Derivaten (vgl. 2.6.4.3.) kann man (sich von diesen in ihrer Biosynthese unterscheidende) Nicht-Nicotinsäure-Derivate (Desmosin, Mimosin u. a.) gegenüberstellen. In allen Organismen ist die *Chinolinsäure* (vgl. das Schema) Durchgangsstufe der **Nicotinsäuresynthese**. Die Bildung von Chinolinsäure ist jedoch bei verschiedenen Organismen unterschiedlich. Wir unterscheiden zwei verschiedene Wege der Chinolinsäure- bzw. Nicotinsäuresynthese:

- Synthese aus L-Tryptophan (Säugetiere, *Neurospora* und *Xanthomonas pruni*)
- Synthese aus L-Aspartat und D-Glycerin oder einem Metaboliten des Glycerins (Bakterien, mit Ausnahme von *Xanthomonas pruni*, Pflanzen).

Die Nicotinsäurebiosynthese wurde vor allem an *Neurospora* (Pilz) und Mycobakterien (*M. tuberculosis*) studiert.

Die biogenetischen Zusammenhänge lassen sich wie folgt darstellen:

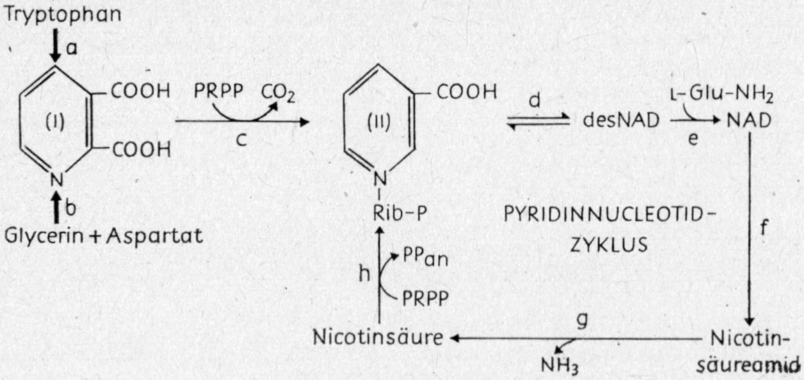

Tryptophan
a
(I) COOH COOH
N
b
Glycerin + Aspartat
PRPP CO_2
c
(II) COOH
N
Rib-P
d
desNAD
L-Glu-NH_2
e
NAD
f
PYRIDINNUCLEOTID-ZYKLUS
h
PP_{an}
PRPP
g
Nicotinsäure
NH_3
Nicotin-säureamid

Die Teilreaktionen a bzw. b, c, d und e stellen die *de novo* **Synthese von Nicotinsäure-amid-adenin-dinucleotid** (NAD) dar. Die Reaktionen h, d und e werden als Priess-Handler-Weg der NAD-Synthese aus Nicotinsäure (präformiert, aus dem NAD-Abbau stammend oder exogen zugeführt) bezeichnet. Die Reaktionsschritte f, g, h, d und e stellen eine Art „Salvage-Mechanismus" dar (= Resynthese von NAD). Sie können als ein **Pyridinnucleotid-Zyklus** aufgeschrieben werden (Abb. 12.4.). In diesen tritt Chinolinsäure ein, während Derivate der Nicotinsäure (Trigonellin = N-Methylnicotinsäure, N-Methylnicotinsäureamid) den Zyklus verlassen. Die Verbindung I ist die Chinolinsäure, die Verbindung II (des obigen Schemas) ist Nicotinsäuremononucleotid; desNAD bedeutet Desamido-NAD. Die Amidierung von desNAD zu NAD (Überführung von Nicotinsäure in Nicotinsäureamid) erfolgt mit Hilfe von L-Glutamin (vgl. 12.4.). Die Spaltung von NAD (Reaktion f) kann durch *Glykohydrolase* oder *Nucleotidpyrophosphatase* plus weitere Hydrolyse vorgenommen werden. Die Reaktion g (Desaminierung von Nicotinsäureamid zu Nicotinsäure) wird durch *Nicotinamidase* katalysiert.

Die den Porphyrinverbindungen (vgl. 2.6.4.3.) zugrunde liegende *Porphyringrundstruktur* wird aus *Glycin* und *Succinyl-Coenzym A* (aus dem Tricarbonsäure-Zyklus) errichtet. Schlüsselsubstanzen sind:

- *δ-Aminolävulinsäure*
- *Porphobilinogen* (Grundbaustein eines Porphyrins = Monopyrrol)
- *Uroporphyrin III* (Tetrapyrrol)
- *Protoporphyrin(ogen) IX* (Verzweigungspunkt in der Synthese der verschiedenen Porphyrinverbindungen).

Die Synthese von Porphobilinogen ist an das Wirken von zwei Enzymen gebunden: *δ-Aminolävulinsäure-Synthetase* und *δ-Aminolävulinsäure-Dehydrase.*

Der Reaktionsverlauf stellt sich wie folgt dar:

δ-Aminolävulinsäure-Synthese:

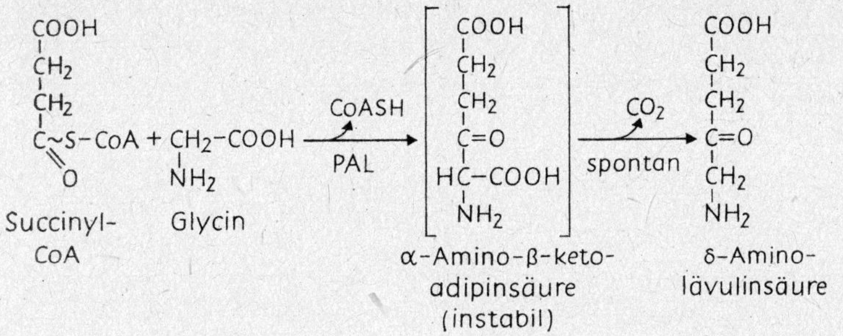
COOH
CH2
CH2
C~S-CoA + CH2-COOH
O
NH2
Succinyl-
CoA
Glycin
CoASH
PAL
COOH
CH2
CH2
C=O
HC-COOH
NH2
α-Amino-β-keto-
adipinsäure
(instabil)
CO2
spontan
COOH
CH2
CH2
C=O
CH2
NH2
δ-Amino-
lävulinsäure

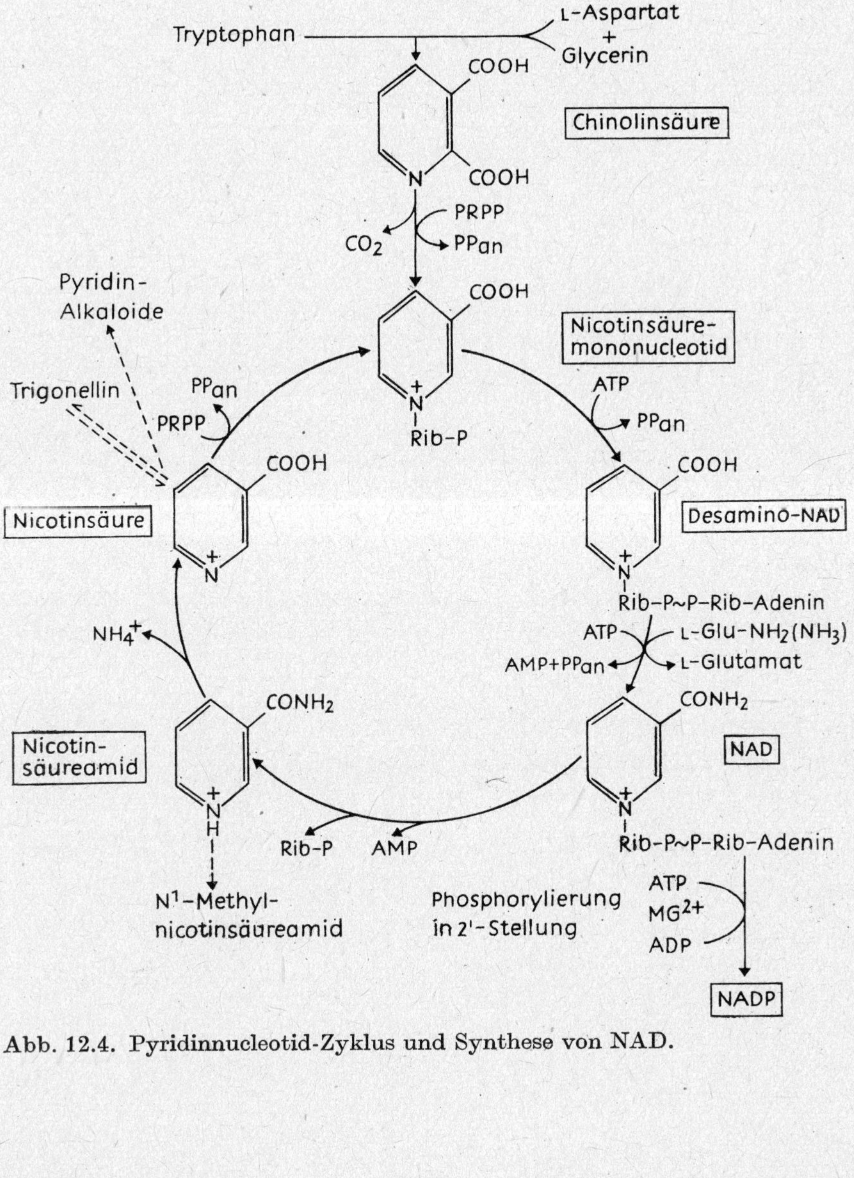
Tryptophan
L-Aspartat
+
Glycerin
COOH
COOH
Chinolinsäure
PRPP
CO2
PPan
COOH
Nicotinsäure-
mononucleotid
Rib-P
ATP
PPan
COOH
Desamino-NAD
Rib-P~P-Rib-Adenin
ATP
L-Glu-NH2(NH3)
AMP+PPan
L-Glutamat
CONH2
NAD
Rib-P~P-Rib-Adenin
ATP
MG2+
ADP
NADP
Phosphorylierung
in 2'-Stellung
Rib-P
AMP
CONH2
Nicotin-
säureamid
H
N1-Methyl-
nicotinsäureamid
NH4+
COOH
Nicotinsäure
PPan
PRPP
Trigonellin
Pyridin-
Alkaloide

Abb. 12.4. Pyridinnucleotid-Zyklus und Synthese von NAD.

Porphobilinogen-Synthese:

$-2\,H_2O$ — *Dehydratase* →

Porphobilinogen

Uroporphyrin III (Tetrapyrrol) wird aus 4 Molekülen Porphobilinogen (Monopyrrol) in einem komplexen enzymatischen Prozeß gebildet, der zwei Reaktionen einschließt:

- Verknüpfung der 4 Monopyrrole über die *Aminomethylgruppierung* unter Abspaltung von Ammoniak
- Vertauschung der Substituenten in Stellung 7 und 8 (Drehung am Pyrrolring IV, zur Nomenklatur vgl. 2.6.4.3.).

An dieser Reaktionsfolge sind vermutlich 2 Enzyme beteiligt: eine *Uroporphyrin-I-Synthetase* (*Desaminase*) und eine „III-Synthetase“ bzw. „*Uroporphyrin-III-Co-Synthetase*“. Die Gesamtreaktion stellt sich wie folgt dar:

$$4 \text{ Porphobilinogen} \xrightarrow[\text{Co-Synthetase}]{\text{Desaminase}} \text{Uroporphyrinogen III} + 4\,NH_3$$

Die Reaktionsfolge der Porphyrinbiosynthese läuft weiter über Zwischenstufen zum **Protoporpyhrinogen IX** (von den 15 möglichen Isomeren kommt nur Nr. IX natürlich vor).

Das aus Protoporphyrinogen IX hervorgehende **Protoporphyrin IX** (vgl. 2.6.4.3.) nimmt eine zentrale Position in den Umwandlungen der Porphyrinderivate ein:

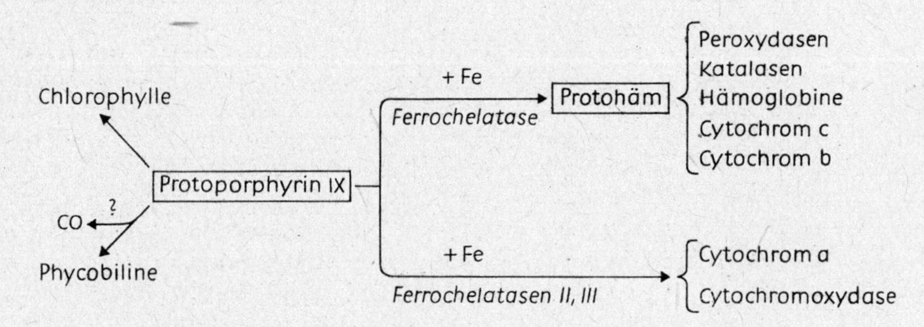

Die Reaktionen der **Chlorophyllbiosynthese** scheinen wie folgt abzulaufen:

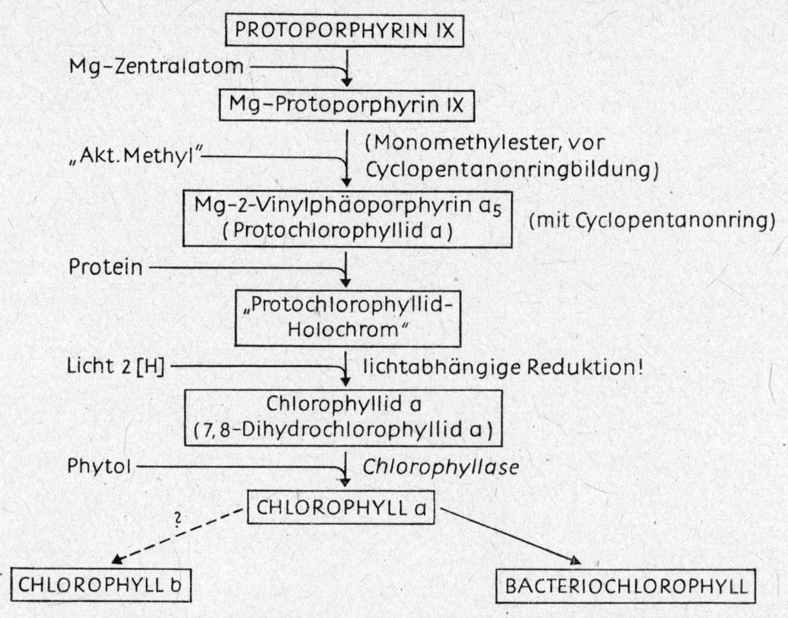

Der eigentliche Ergrünungsvorgang (Chlorophyllbildung) stellt entweder eine Reduktion des (farblosen) Protochlorophylls dar oder erfolgt in der in dem Schema angegebenen Weise, wonach sich an die Reduktion eines Protochlorophyllid-Holochroms („Chromoproteid", noch ohne Phytolrest) die im Dunkeln mögliche Veresterung mit Phytol anschließt. Dieser Vorgang, der durch eine „*Chlorophyllase*" (katalysiert Umesterungen von Chlorophylliden) in der Lipoprotein-Schicht der Thylakoidmembran vermittelt wird, führt zur Synthese eines an Protein gebundenen Chlorophylls a. Coniferen-Keimlinge können auch im Dunkeln ergrünen.

12.7.1. Purin- und Pyrimidinbiosynthese

Die *Nucleinsäurepurine* **Adenin** und **Guanin** werden in allen Organismen nach einem prinzipiell gleichartigen Biogeneseschema synthetisiert. Alternative Wege der *Purinbiosynthese* konnten nicht aufgefunden werden. In einigen Fällen sind jedoch unterschiedliche enzymatische Reaktionen bei den ersten Schritten der *de novo-Purinsynthese* wirksam.

Den **Aufbau des Purinringsystems** aus einfachen Ausgangsverbindungen wie Glycin, CO_2, „aktiven C_1-Körpern" (vgl. 9.2.), L-Aspartat und L-Glutamin bezeichnen wir als **Purinneusynthese** (*de novo*-Purinsynthese). Das Schema zeigt die Herkunft der einzelnen C- und N-Atome des Purinskeletts aus üblichen Metaboliten des Grundstoffwechsels (Abb. 12.5.). Die Purinneusynthese führt zur *Inosinsäure* (IMP, Hypoxanthosin-5'-phosphat), die das primär im Biosyntheseverlauf gebildete Purinderivat ist. IMP ist die Ausgangsverbindung für die Bildung der Nucleinsäurepurine und aller anderen Purinabkömmlinge (vgl. weiter unten).

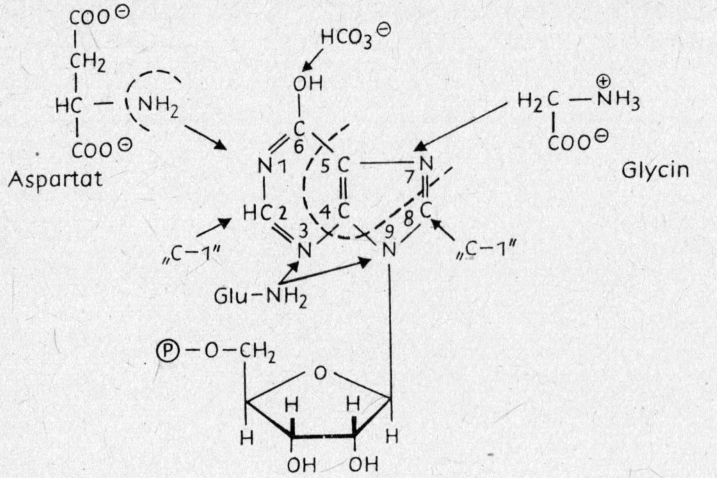

Abb. 12.5. Herkunftsschema des Purinringsystems bei der *de novo*-Purinsynthese (IMP-Bildung).

Eine entscheidende Bedeutung hat in diesem Biogeneseschema das *Glycin*. Glycin ist nicht nur der *Grundbaustein,* an den schrittweise andere Atome und Atomgruppierungen angefügt werden bis zur Fertigstellung des Purinskeletts in Gestalt von IMP; Glycin kann auch direkt oder auf dem Wege über L-Serin (*Serintranshydroxymethylase*-Reaktion, vgl. 9.2.) „aktive C-1-Körper" für den Einbau der C-Atome 2 und 8 in das Purinringsystem liefern. Im Verlaufe der Purinneusynthese wird zunächst der Imidazolring aufgebaut, dann der Pyrimidinring. Molekularer Anknüpfungspunkt ist das *5-Phosphoribosylamin* (N-Atom 9 des Purinringes!), so daß alle Intermediärstufen *Ribotide* (Ribose-5-P am späteren N-Atom 9 in N-glykosidischer Bindung) sind.

Als „Purinsynthese" wird zuweilen auch die Synthese von Nucleinsäurepurinen aus präformierten oder exogen zugeführten Purinverbindungen verstanden. Purine werden hierbei über Nucleoside und Nucleotide in anabolische Reaktionen der Nucleotid- und Polynucleotidsynthese eingeschleust. Wir bezeichnen diese Assimilation exogener und die Wiederverwertung endogener Purine aus dem Purin-Pool als „*Salvage Pathway*" (= „Hilfsmechanismus der Purinverwertung"). Dasselbe gilt für die Wiederverwertung endogener bzw. die Assimilation exogener Pyrimidine, so daß der Salvage-Mechanismus im Abschnitt 12.7.2.1. dargestellt ist. Für die Biosynthese „seltener" Nucleinsäurebausteine (vgl. 2.6.5.) ist die nachträgliche Modifizierung der Polynucleotidkette (vgl. auch 3.3.) durch enzymatische Reaktionen entscheidend.

Das Übersichtsschema auf S. 465 zeigt **Zusammenhänge im Purinstoffwechsel**.

Die **Purinneusynthese** geht von 5-Phosphoribosylamin aus, das mit seiner NH_2-Gruppe das N-Atom 9 und mit seiner Phosphoribosyl-Komponente die Ribosephosphat-Kette in die Synthese von IMP einbringt. 5-P-Ribosylamin wird aus 5-Phosphoribosyl-1-pyrophosphat (PRPP) (vgl. 4.5.) und L-Glutamin syntheti-

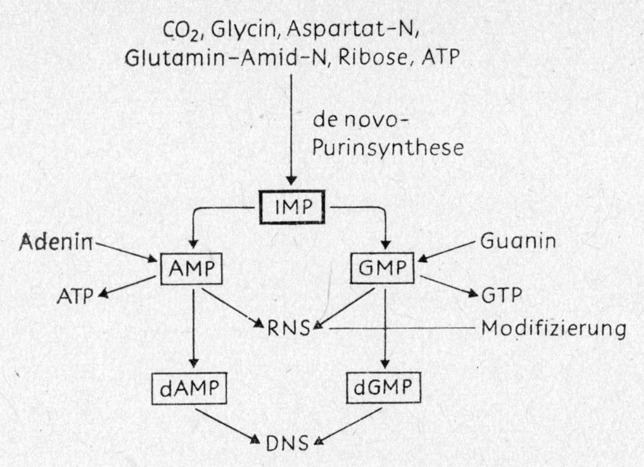

siert. Alle nachfolgenden Reaktionsschritte erfolgen deshalb auf der Stufe von Ribosephosphaten. Die Reaktionsabfolge der *de novo*-Purinsynthese zeigt das folgende Schema:

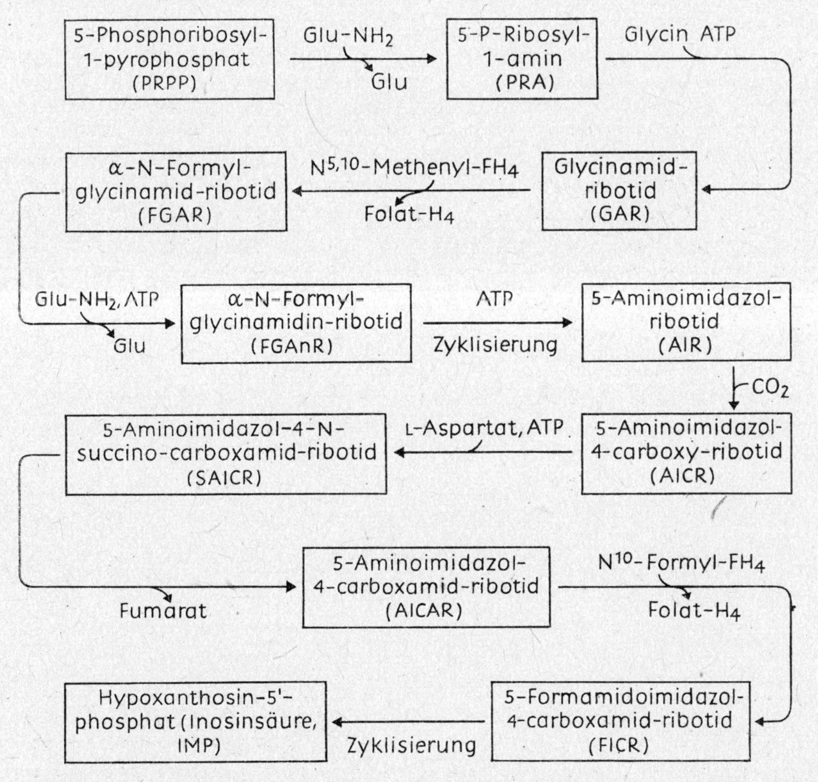

Vor den *Ringschlüssen* zum Imidazolring (Bildung von AIR) und Pyrimidinring (IMP-Bildung) steht jeweils ein *C_1-Körper-Transfer* aus einem Tetrahydrofolat-aktivierten Einkohlenstoffkörper. Aus IMP werden AMP und GMP synthetisiert durch Änderung des Substitutionsmusters am Hypoxanthin (vgl. 12.7.2.1.). In den Harnsäure produzierenden Uricoteliern und in sog. Ureidpflanzen (vgl. 12.8.2.) ist IMP Durchgangsstufe der Harnsäure- bzw. Allantoinbildung.

Die **Nucleinsäurepyrimidine** *Cytosin*, *Uracil* und *Thymin* werden nach dem bei Organismen ubiquitär verbreiteten **Orotsäure-Schema der Pyrimidinbiosynthese** aufgebaut. Die „seltenen" Nucleinsäurepyrimidine werden (mit Ausnahme von Hydroxymethylcytosin) sekundär durch chemische Modifizierung von Polynucleotidketten gebildet (vgl. 12.7.2.1.). Das Orotsäure-Schema (*Orotat* ist das primär gebildete Pyrimidin) umfaßt 6 Reaktionsschritte und führt zu UMP. *Uridin-5'-monophosphat* wird durch Reaktionen der Pyrimidin-Interkonversion in die Substrate der RNS- und DNS-Synthese (Nucleosid- bzw. Desoxynucleosidphosphate) umgesetzt (vgl. weiter unten).

Abweichend vom Orotat-Weg wird der im Thiaminpyrophosphat (vgl. 9.3.) enthaltene Pyrimidinring synthetisiert. Seine Bildung geht von Zwischenstufen der *de novo*-Purinsynthese (Aminoimidazolribotid) aus. Das in einigen Leguminosen vorkommende Lathyrin, das man formal chemisch als Pyrimidinderivat auffassen könnte, wird aus L-Homoarginin aufgebaut. Lathyrin (seltene Aminosäure) ist daher ein zyklisiertes Guanidinderivat.

Der *Pyrimidinring* von Cytosin, Uracil und Thymin wird aus L-Aspartat und Carbamylphosphat (vgl. 12.3.) aufgebaut:

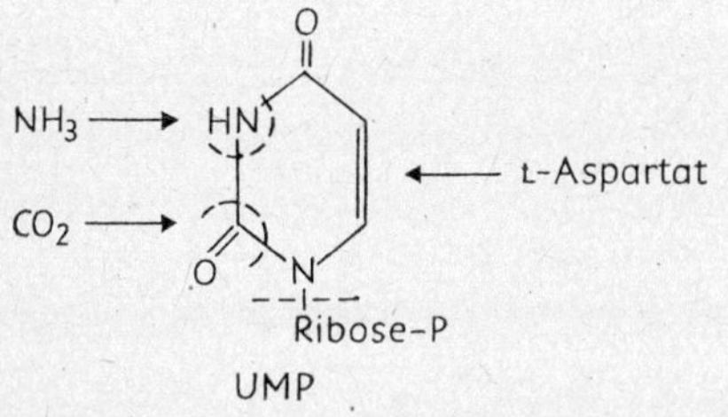

NH_3 → HN; CO_2 →; ← L-Aspartat; O; O; N; Ribose-P

UMP

Kohlendioxid und Ammoniak bzw. der Säureamid-N von L-Glutamin treten als Carbamyl-P (vgl. 12.3.) in die Pyrimidinring-Synthese ein. Die α-Carbonsäuregruppe von L-Asparaginsäure wird auf der Stufe von OMP als CO_2 eliminiert. Die Reaktionen der Pyrimidinbiosynthese im Orotsäure-Weg (vgl. 12.6.) werden durch die folgenden **Enzyme** katalysiert:

Carbamyl-P-synthetisierendes Enzym, *Aspartat-Transcarbamylase*, *Dihydroorotase*, *Dihydroorotsäure-Dehydrogenase* *OMP-Pyrophosphorylase* und *OMP-Decarboxylase*. Carbamyl-P ist der Donator der Carbamylgruppe (vgl. 12.3.) für die Bildung von Carbamylaspartat (Ureidosuccinat), das zu Dihydroorotat zyklisiert wird. Durch Dehydrogenierung entsteht daraus Orotat. Die Umwandlung von Orotsäure in Orotidin-5'-P (OMP) benötigt 5-Phosphoribosyl-1-pyrophosphat (PRPP), das allgemein als Phosphoribosyl-Donator an der Biosynthese wichtiger Metaboliten teilnimmt (Histidin, Tryptophan, *de novo*-Purinsynthese, Nucleotidsynthese aus freien Purinen und Pyrimidinen). OMP wird zu UMP decarboxyliert. Eine direkte Decarboxylierung von Orotsäure (= Uracil-6-carbonsäure) zu Uracil ist eine sehr seltene Reaktion.

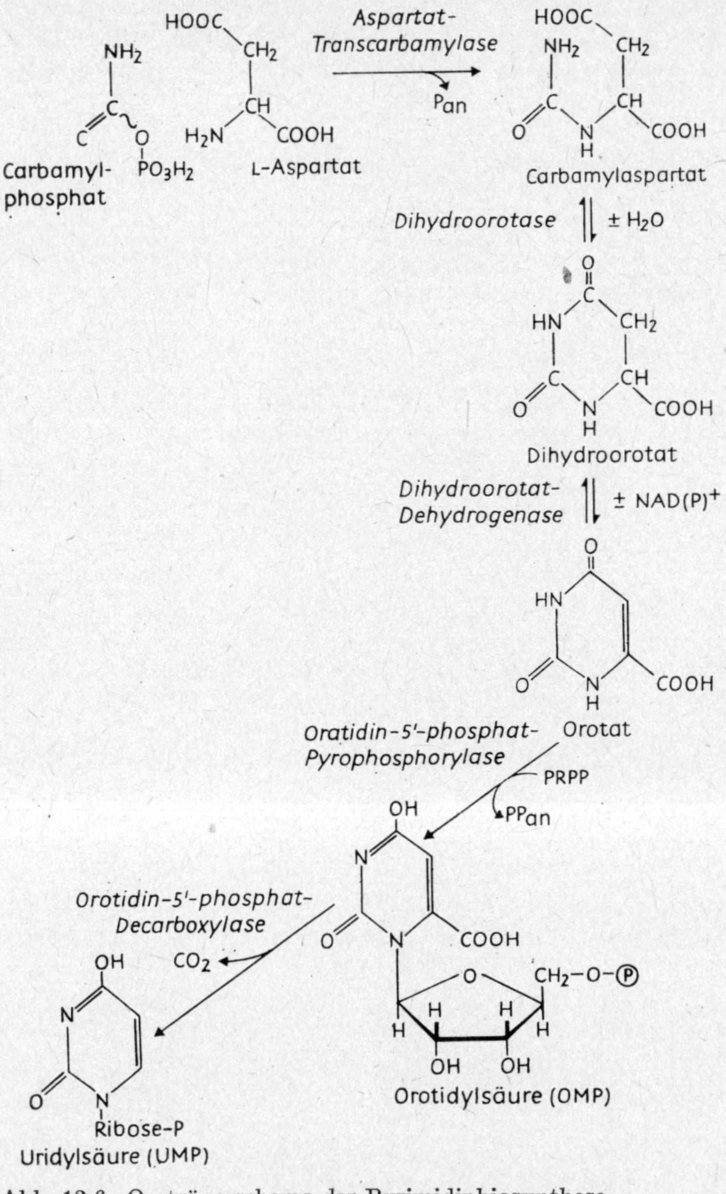

Abb. 12.6. Orotsäureschema der Pyrimidinbiosynthese.

Das allosterische Enzym der Reaktionsfolge ist *Aspartat-Transcarbamylase*. Geschwindigkeitsbegrenzend scheint die einleitende Synthese von Carbamyl-P zu sein. Da PRPP eine wichtige Vorstufe divergenter Stoffwechselreaktionen ist, die durch die verschiedenen *5-Phosphoribosyltransferasen* eingeleitet werden, steht seine Synthese unter starker Endproduktkontrolle (z. B. kumulative allosterische Endprodukthemmung durch das Adenylsäure-System, vgl. 7.1.). In manchen Organismen wird Orotat akkumuliert bzw. in das Milieu ausgeschieden. Zur Regulation der Pyrimidinbiosynthese vgl. weiter unten.

Im Zuge der Biogenese der Pyrimidine der Nucleinsäure wird UMP synthetisiert, das nachfolgend in die Substrate der RNS- und DNS-Synthese (vgl. 14.1.) umgesetzt wird. UMP wird wie folgt in CTP umgewandelt:

$$\text{UMP} \xrightarrow[\text{ADP}]{\text{ATP}} \text{UDP} \xrightarrow[\text{ADP}]{\text{ATP}} \text{UTP} \xrightarrow[\text{ADP} + \text{P}_{an}]{\text{ATP} + \text{NH}_3} \text{CTP}$$

Cytidintriphosphat-Synthetase existiert in einer Ammoniumionen und einer L-Glutamin benötigenden Form (vgl. 12.3.). Die Substrate der DNS-Synthese, dCTP und dTTP, werden aus Cytidindiphosphat bzw. Cytidintriphosphat gebildet (vgl. 11.2.1.). Für die Reduktion der Ribose zur Desoxyribose (2-Ribodesose) wird das Nucleosiddi- oder triphosphat benötigende „Thioredoxin-Thioredoxinreduktase-System" benötigt, das die erforderlichen Reduktionsäquivalente aus $NADPH_2$ bezieht:

CTP → CDP —*CDP-Reduktase* (ATP, Mg^{2+})→ dCDP → dCMP —(NH_3)→ dUMP —($[CH_3]$)→ dTMP

dCDP → dCTP

dTMP → dTDP → dTTP

Thioredoxin-$(SH)_2$ ⇄ Thioredoxin-S-S; $NADPH + H^+$ → $NADP^+$

Die **Methylgruppe von Thymin** (= 5-Methyluracil) wird nicht unter Beteiligung von L-Methionin, sondern *de novo* synthetisiert:

dUMP (dRibose-P) —$N^{5,10}$-Methylen-FH_4, *Thymidylat-Synthetase*→ dTMP (dRibose-P, CH_3) + FH_2

dUMP (Desoxyuridylsäure) wird an der *Thymidylsäure-Synthetase* mit $N^{5,10}$-Methylen-Tetrahydrofolat zu dTMP (Desoxythymidylsäure) methyliert. Methylen-Folat-H_4 fungiert als C_1-Spender und als Reduktionsmittel für die Reduktion von an FH_4 gebundenem Formaldehyd zur Methylgruppe. Das 2. Reaktionsprodukt ist deshalb Dihydrofolat (FH_2).

Pyrimidine werden analog Purinen durch Reaktionen auf dem Niveau von Nucleosidphosphaten, Nucleosiden und freien Pyrimidinen ineinander umgesetzt (vgl. das Schema der Purininterkonversionen auf S. 470).

12.7.1.1. Purin- und Pyrimidin-Interkonversionen

Produkt der *de novo*-Purinsynthese ist die **Inosinsäure.** Aus IMP werden die Nucleinsäurepurine **Adenin** und **Guanin** auf getrennten Wegen synthetisiert (zu den Substraten der DNS- und RNS-Synthese, vgl. 14.1.):

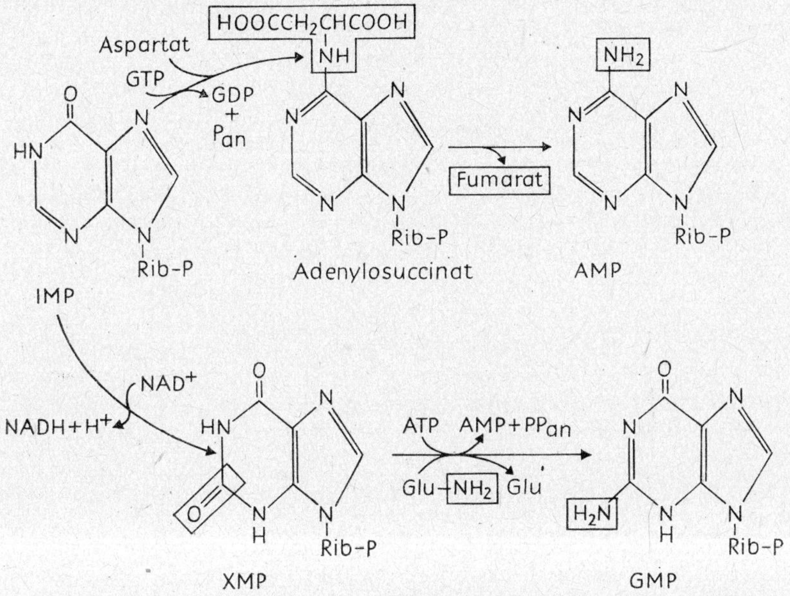

HOOCCH₂CHCOOH
Aspartat
GTP
GDP + Pan
NH
NH₂
Fumarat
IMP
Rib-P
Adenylosuccinat
AMP
NAD⁺
NADH+H⁺
ATP AMP+PPan
Glu-NH₂ Glu
H₂N
XMP
GMP

(Zur „Transaminierung mit Aspartat" vgl. auch 12.4.). Die durch *Adenylosuccinat-Synthetase* aufgebaute Intermediärverbindung wird unter Abspaltung von Fumarat durch *Adenylosuccinase* in Adenosin-5′-P überführt. Durch die kombinierte Wirkung von *IMP-Dehydrogenase* (Synthese von Xanthosin-5′-P aus IMP) und *XMP-Aminase* (Glutamin als NH_2-Donator) wird Guanosin-5′-P bereitgestellt.

Purininterkonversionen laufen auf der Stufe von Nucleosidphosphaten, Nucleosiden und freien Purinen ab, so daß sich ein von der betreffenden Spezies und ihrer speziellen Enzymgarnitur abhängiges vielfältiges Muster ergibt. Die betreffenden Reaktionen sind sowohl in anabolische Abläufe (Nucleotid- und Polynucleotidsynthesen) als auch in katabolische Sequenzen (Abbau von Nucleinsäuren, Nucleotid-Coenzymen usw., oxydativer Purinabbau, vgl. 12.9.1.) eingeschaltet. Phosphorolytische, hydrolytische u. a. Enzyme spielen eine Rolle. Das Schema soll die prinzipiellen Zusammenhänge verdeutlichen.
(AR, HR, XR und GR symbolisieren die jeweiligen Nucleoside, also die N-Glykoside von Adenin (A), Hypoxanthin (Hx), Xanthin (X) und Guanin (G). XO steht für *Xanthinoxydase*, vgl. 12.9.1.):

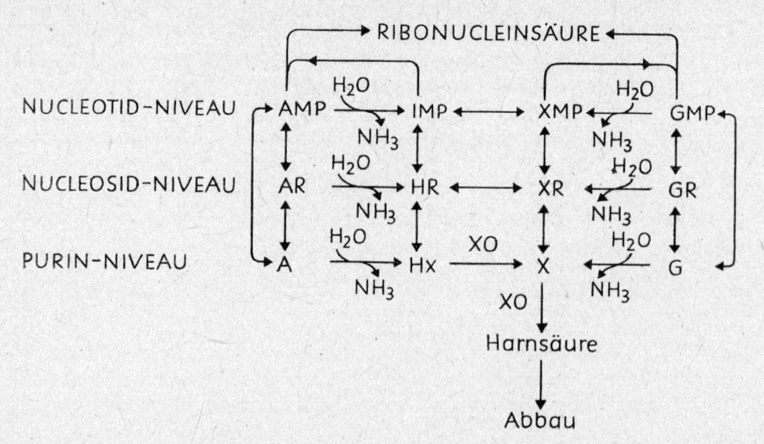

Die durch *Adenase* (A → Hx + NH_3) und *Guanase* (G → X + NH_3) vermittelten Desaminierungen leiten zum oxydativen Purinabbau (vgl. 12.9.1.) über.

Die Synthese von AMP und GMP aus Adenin bzw. Guanin (**Salvage-Mechanismus**, vgl. 12.7.2.) kann in ein- oder zweistufiger Reaktion erfolgen:

- *Phosphoribosyl-Transferase* (1) katalysiert die **Nucleotidsynthese** aus freien Purinen bzw. die **Nucleotidspaltung** durch *Pyrophosphorolyse* (*Pyrophosphorylase*-Aktivität)
- *Nucleosidphosphorylase* (2) katalysiert die reversible Reaktion von Ribose-1-P und einem freien Purin zum Nucleosid bzw. eine unter Aufnahme von Phosphat verlaufende Nucleosidspaltung zu Ribose-1-P und freiem Purin. Eine *Kinase*-Reaktion (3) vervollständigt die Nucleotidsynthese. Analog werden freie Pyrimidine und ihre Nucleotide und Nucleoside umgesetzt:

$$\text{Purin bzw. Pyrimidin} + \text{PRPP} \underset{}{\overset{(1)}{\rightleftharpoons}} \text{Nucleotid} + \text{PP}_{an}$$

$$\text{Purin bzw. Pyrimidin} + \text{D-Ribose-1-P} \overset{(2)}{\rightleftharpoons} \text{Nucleosid} + \text{P}_{an}$$

$$\text{Nucleosid} + \text{ATP} \xrightarrow{(3)} \text{Nucleosid-phosphat (Nucleotid)} + \text{ADP}$$

Beispielsweise schleusen Purinmangelmutanten von Mikroorganismen, die einen Stoffwechselblock in der Purinneusynthese haben, die zum Wachstum benötigten Purine durch *Phosphoribosyltransferase* in anabolische Reaktionen der Nucleotid- und Nucleinsäuresynthese ein. Üblicherweise genügt es, entweder Adenin oder Guanin dem Medium hinzuzusetzen. Durch Reaktionen der Purininterkonversion kann exogenes Adenin in das Adenin und Guanin von Nucleinsäuren eingebaut werden. Entsprechendes gilt für appliziertes Guanin.

Die Synthese der Nucleinsäurebausteine steht unter *Endproduktkontrolle*. Die **Pyrimidinnucleotidsynthese** wird durch Pyrimidinnucleosidtriphosphate **regu-**

liert. Die Aktivität des *allosterischen Enzyms* des Orotsäure-Weges, der *Aspartat-Transcarbamylase,* steht unter *Feinkontrolle von UTP* oder CTP. Die durch **Nucleosidtriphosphate** ausgeübte Grobkontrolle durch **Repression der Enzymsynthese** wird in dem nachfolgenden Schema durch ein an die betreffende Enzymreaktion angeschriebenes R (Repression) symbolisiert:

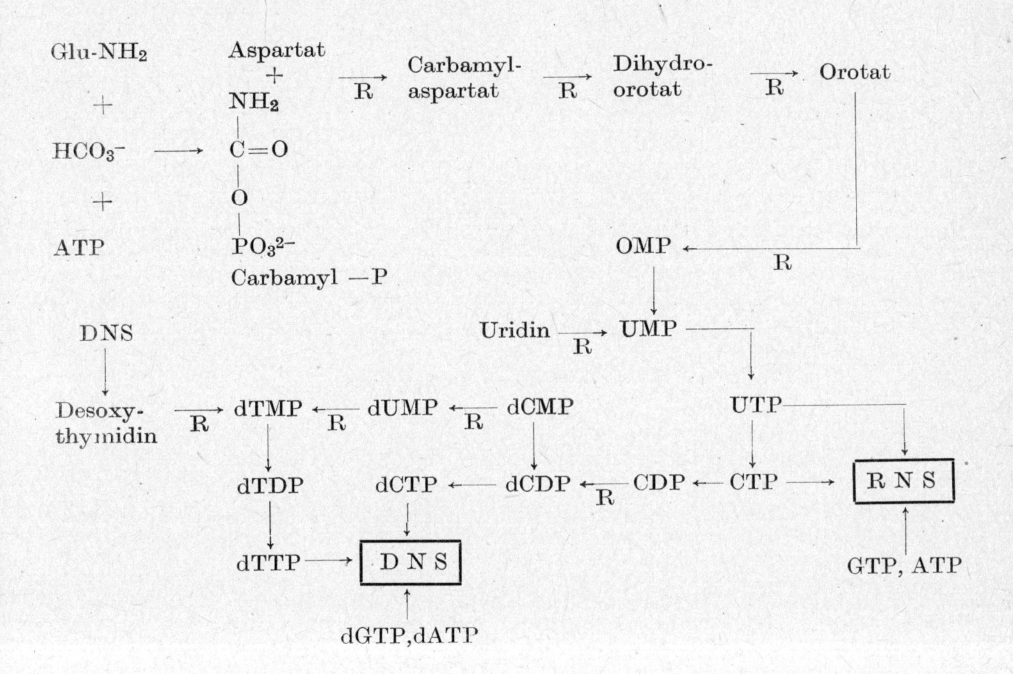

Während die ungewöhnlichen Purine in den Nucleosidantibiotika (vgl. 14.4.) durch der Purinneusynthese analoge Reaktionen synthetisiert werden, mehren sich die Befunde, wonach die ungewöhnlichen Nucleoside in den natürlichen Polynucleotiden nicht während der Nucleotidpolymerisation eingebaut werden, also nicht *de novo* synthetisiert werden. Vielmehr wird die ausgebildete Polynucleotidkette durch enzymatische Reaktionen chemisch modifiziert (Tabelle 12.7.). Die *methylierten* Nucleinsäurebausteine entstehen unter der Wirkung hoch spezifischer *Transmethylasen.* Eine Ausnahme bildet lediglich die Methylgruppe von Thymin, die *de novo* synthetisiert und nicht durch Transmethylierung mit S-Adenosylmethionin (vgl. auch 9.2.) eingeführt wird (vgl. weiter oben). *Thiolgruppen* werden durch *Thiolierung* (S-Donator ist Cystein) mittels *Thioltransferasen* in bereits fertige tRNS-Moleküle eingeführt. *Isopentenylgruppen* in tRNS werden aus *Mevalonat* angeliefert. *5-Hydroxymethylcytosin* ist eine Ausnahme, da es in bestimmten T-Bakteriophagen während der DNS-Replikation in den DNS-Strang eingebaut wird. Seine Glucosylierung erfolgt dagegen auf dem Polynucleotidniveau durch eine phagenspezifische *Glucosyltransferase* mittels Uridindiphosphat-glucosid.

Tabelle 12.7. Nachträgliche Modifizierung von Nucleinsäuren als Biogenesemechanismus seltener Nucleinsäurebausteine

Nucleosid	Modifizierungsreaktion	Gruppen-Donator
Methylierte Nucleoside	Transmethylierung	Methionin bzw. „aktives Methyl"
Thionucleoside	Thiolierung	L-Cystein
N^6-Isopentenyladenosin	Übertragung eines Isopentenylrestes	Mevalonsäure
Dihydrouridin	Reduktion	
Pseudouridin	Spaltung einer C-N-Bindung und Neuknüpfung einer C-C-Bindung	Uridin
Glucosyl-5-hydroxymethylcytidin	Glucosylierung	Uridindiphosphatglucosid

12.8. Proteinabbau und Ammoniakentgiftung

12.8.1. Proteolyse

Der Abbau der Proteine, die **Proteolyse**, wird durch **proteolytische Enzyme** (= Proteasen) katalysiert. **Proteasen** hydrolysieren die Peptidbindung in exergonischer Reaktion (vgl. 4.1.1.). Sie sind demzufolge als *Peptidhydrolasen* (C-N-Hydrolasen) zu klassifizieren.

Proteolytische Systeme sind wichtig für:

- den Abbau der zelleigenen Proteine bis zu den Aminosäuren (*intrazelluläre Proteasen = Kathepsine*)
- die Verwertung der Nahrungsproteine (*Verdauungsproteasen*) und den Abbau von körperfremdem Eiweiß.

Proteolytische Enzyme enthalten keine prosthetischen Gruppen. Im Pankreassaft finden sich die wichtigsten Verdauungsproteasen in hoher Konzentration. Sie sind daraus relativ leicht in kristalliner Form darzustellen. *Proteasen* sind im Tier- und Pflanzenreich und bei Mikroorganismen in weiter Verbreitung anzutreffen.

Für eine **Klassifizierung der Proteasen** (vgl. Tabelle 12.8.) bieten sich mehrere Gesichtspunkte an. Nach der Art ihres Angriffs am Proteinsubstrat unterteilt man die proteolytischen Enzyme in *Endopeptidasen* und *Exopeptidasen*:

- **Endopeptidasen** (= *Proteinasen*) hydrolysieren im Inneren des natürlichen Substrats befindliche Peptidbindungen und führen zur Bildung von Peptiden. Beispiele sind: Pepsin, Trypsin, Chymotrypsin, Thrombin, Papain u. a.;
- **Exopeptidasen** greifen am C- oder N-terminalen Kettenende an und lösen die jeweils endständige Aminosäure von der Polypeptidkette ab. Sie werden deshalb häufig zur Sequenzermittlung (vgl. 6.4.5.3.) verwendet. Man unterscheidet *Carboxy-* und *Aminopeptidasen*;
- *Di-* und *Tripeptidasen*.

Nach Art der vorhandenen katalytischen Wirkgruppe unterteilt man die proteolytischen Enzyme in 4 **Gruppen**:

- *Serin-Proteasen* (ein spezifischer Serylrest ist an der Enzymkatalyse beteiligt; hemmbar durch Diisopropylfluorophosphat, das die OH-Gruppe essentieller Serinreste in den sog. Serin-Enzymen blockiert)
- *Thiol-Proteasen* (SH-Enzyme, ein spezifischer Cysteylrest muß im aktiven Enzym in reduzierter Form vorliegen)
- *Metall-Proteasen* (als Metallionen Mg^{2+}, Mn^{2+}, Co^{2+} oder Zn^{2+})
- *saure Proteasen* (mit einem sehr niedrigen isoelektrischen Bereich und einem pH-Wirkungsoptimum von pH 1—3 entsprechend den Milieubedingungen am Wirkungsort).

Nach den biologischen Eigenschaften unterschiedet man Verdauungsproteasen, intrazelluläre Proteasen, Proteasen des Blutplasmas (Bestandteil des Blutgerinnungssystems), der Milchgerinnung, der Aktivierung von Peptidhormonen u. a.

Tabelle 12.8. Klassifizierung proteolytischer Enzyme

Enzymgruppe	Vertreter und ihr Vorkommen
a) **Enzymatische Funktion**	
Endopeptidasen	*Trypsin, Chymotrypsine A, B, C, Papain*
Carboxypeptidasen	*Carboxypeptidase A, B, N, G* (Pankreas)
Aminopeptidasen	*Leucinaminopeptidase* (LAP, kristallisiert aus Rinderaugenlinsen, HANSON et al.)
b) **Mechanismus der Katalyse**	
Serin-Proteasen	*Trypsin, Chymotrypsin, Elastase* (Pankreas), *Thrombin* (Leber bzw. Blutplasma), *Subtilisin* (*B. subtilis*)
Thiol-Proteasen	*Papain* (Papaya-Baum, ein Hg-Proteid), *Ficin* (Feige), *Bromelin* (Ananas), *Kathepsin B*
Metall-Proteasen	*Carboxypeptidase A* (Pankreas), *LAP* (Rinderaugenlinse, Niere), *Prolinase* u. a. *Dipeptidasen* tierischer Herkunft
Saure Proteasen	*Pepsin, Rennin* (= *Chymosin*, Labferment), *Kathepsine D, E*
c) **Biologische Eigenschaften**	
Verdauungsproteasen	*Trypsin, Pepsin* usw.
Intrazelluläre Proteasen	*Kathepsine A, B, C, D, E*
Proteolytische Enzyme der Fibrinbildung u. Fibrinolyse	*Thrombin, Plasmin,* „Faktoren der Blutgerinnung"

Für die **Serin-Proteasen** des Pankreas (*Trypsin, Chymotrypsin A* und *B, Elastase*) konnten die Primär- und Sekundärstruktur aufgeklärt werden. Für das *Chymotrypsin* ist auch die Tertiärstruktur bekannt. Der Strukturvergleich dieser Enzyme bzw. ihrer **inaktiven Vorstufen** (*Profermente, Zymogene*) zeigt eine weitgehende Übereinstimmung bezüglich Zahl der Aminosäurereste (vgl. Tabelle 12.9.), der Aminosäuresequenz in bestimmten Bereichen (40% identische Reste) und Molekülform (gleiche Position der katalytisch wichtigen Aminosäuren und der ihnen benachbarten Aminosäurereste). Die *Sequenz des aktiven Zentrums* der *Serin-Proteasen* ist: -Gly–Asp–Ser–Gly–. Die katalytisch wichtigen Aminosäuren sind: Serin (im „Serin-Knoten“), Histidin und Methionin (Histidin- und Methionin-„Schleife“). Im aktiven Zentrum der Bakterien-*Proteasen* liegen dagegen – außer dem Serylrest – Threonin und Methionin vor, so daß hier die folgende Aminosäuresequenz besteht: –Thr–Ser–Met–.

Die **Substratspezifität** proteolytischer Enzyme ist mehr oder weniger ausgeprägt. Für die Aktivitätsbestimmung und die Differenzierung von *Proteasen* sowie für Untersuchungen zum Wirkungsmechanismus spielen niedermolekulare Peptide, Aminosäureester und Amide von bekannter kovalenter Struktur (chemisch-synthetisch dargestellte Spezies) eine entscheidende Rolle. Es wurde gefunden, daß durch spezielle *Proteasen* oft nur Peptidbindungen gespalten werden, die von ganz bestimmten Aminosäuren ausgebildet werden. **Proteinasen** (*Endopeptidasen*) zeigen neben der *Proteolysewirkung* eine starke *Esterasewirkung*. Die Vermutung, daß in den eigentlichen *Carbonsäureesterasen* ein ähnliches aktives Zentrum wie in den *Endopeptidasen* vorliegt, wurde experimentell bestätigt. Die Sequenz im aktiven Zentrum von *Esterasen* ist: – Glu – Ser – Ala –.

Besonders eingehend sind bisher die **Chymotrypsine** untersucht worden. Die Struktur wurde durch Sequenz- und Röntgenstrukturanalyse sowie mittels anderer physikalischer Verfahren ermittelt. Durch Verwendung einfacher Derivate (Modifizierung eines bestimmten Aminosäurerestes) konnte eine Fouriersynthese durchgeführt werden. Die für die enzymatische Katalyse wichtigsten Aminosäuren Serin (Position 195 in der C-Kette), Histidin (Position 57 der B-Kette) und Aspartat (Position 102 der B-Kette) stehen auf Grund der Ergebnisse der Sequenzanalyse scheinbar an weit entfernten Positionen. Die 3 Peptidketten des monomeren *α-Chymotrypsins* sind jedoch so gefaltet und durch Haupt- und Nebenvalenzkräfte so stabilisiert, daß die Abstände zwischen den N-Atomen des Imadizolringes von Histidin und dem Sauerstoff des Seryl- bzw. Aspartylrestes nur 0,3 bzw. 0,28 nm betragen. Für den Ablauf der **Proteolyse durch Chymotrypsin** wurde eine *Mehrzentrenreaktion* postuliert und durch die Röntgenanalyse bestätigt und ergänzt. Für die „Protein-Ligand-Wechselwirkung“ bei der chymotrypsinkatalysierten Hydrolyse spielen eine Rolle:

- hydrophobe Wechselwirkungen bei der Bildung des Enzym-Substrat-Komplexes (in eine hydrophobe Enzymmicelle („Tasche“) taucht die Phenylgruppe ein (Versuche mit synthetischen Substraten wie z. B. L-Thiosinäthylester)
- Bindung an das Serin 195
- Betätigung einer Wasserstoffbindung zwischen dem N der Acylaminogruppe des Substrates und einer Akzeptorgruppe am Enzymprotein (entscheidend für die Stereospezifität der chymotryptischen Hydrolyse).

(Zur Topographie des Reaktionsmechanismus von *Chymotrypsin* vgl. ausführlichere Darstellungen der Biochemie). Das Substrat muß also in einer bestimmten sterischen Konfiguration in das aktive Zentrum „eingepaßt“ werden, das – ungleich dem aktiven Zentrum anderer in der Tertiärstruktur aufgeklärter Enzyme – in einem locker strukturierten Molekülabschnitt, und nicht in einer „Molekülspalte“, liegt.

Eine ganze Zahl von *Proteasen* wird als inaktive Vorstufen gebildet, die erst extrazellulär aktiviert werden. Man bezeichnet die **inaktive Vorstufe** als *Zymogen* (= *Proferment*). Offensichtlich schützt dieser extrazelluläre Aktivierungsvorgang vor einer Selbstverdauung (Autolyse) in den enzymproduzierenden Zellen. Die **Aktivierung der Zymogene** zum aktiven Verdauungsenzym ist selbst ein *proteolytischer Vorgang.* Aus dem Zymogen werden Peptide abgespalten, wodurch eine „Demaskierung des aktiven Zentrums" stattfindet. Die meist tryptische Aktivierung findet stets am N-terminalen Ende des Zymogens statt. Die Proteolyse ist auf ganz bestimmte Peptidbindungen begrenzt. Man spricht von einer begrenzten oder **limitierten Proteolyse** (DESNUELLE). Sie spielt darüber hinaus auch bei der Aktivierung von Peptidhormonen (Tabelle 12.9.) und bei Gerinnungsprozessen (Blutgerinnung, Milchgerinnung) eine Rolle.

Tabelle 12.9. Limitierte Proteolyse als Aktivierungsmechanismus für Zymogene und andere inaktive Proteine (AS = Aminosäuren, MG = Molekulargewicht, ~ = ca.)

Inaktives Protein	AS	MG	Aktives Protein	AS	MG
Chymotrypsinogen A	245	25400	*Chymotrypsin A*	241	24500
Fibrinogen	~3400	340000	*Fibrin*-Monomer	~3270	327000
Pepsinogen	362	40000	*Pepsin*	321	33500
Pro-Carboxy-peptidase A	850	~90000	*Carboxy-peptidase A*	307	34600
Proinsulin	84	9100	*Insulin*	51	6000
Prorennin	321	36200	*Rennin*	272	30700
Prothrombin	~650	68900	*Thrombin*	258	33700
Trypsinogen	229	24000	*Trypsin*	223	23400

Im Aktivierungsvorgang einiger Zymogene spielt ein *autokatalytischer Prozeß* eine Rolle, der besonders für die Bildung von Pepsin gut untersucht ist. Für die **Aktivierung des Pepsinogens** (Bildung in den sog. Hauptzellen der Mucosa des Magenfundus) ergibt sich das folgende Schema:

$$\textit{Pepsinogen} \xrightarrow[\textit{Pepsin}]{H^+} \text{Pepsin-Inhibitor-Komplex} + 5 \text{ Peptide}$$

$$\text{Pepsin-Inhibitor-Komplex} \underset{\text{pH} > 5,4}{\overset{\text{pH} < 5,4}{\rightleftharpoons}} \textit{Pepsin} + \text{Inhibitor}$$

$$\text{Inhibitor} \xrightarrow{\textit{Pepsin}} 4 \text{ Peptide}$$

In den sog. Belegzellen der Mucosa wird ein salzsaures Sekret produziert (HCl-Konzentration des reinen Sekrets = 0,16 M), das durch Eiweiße und andere Komponenten des Magenschleims auf pH 1—2 gepuffert wird. Die H^+-Ionen führen eine Konformationsänderung am *Pepsinogen* herbei, so daß *Pepsin* angreifen kann. Die abgespaltenen Peptide nehmen 13 von den 17 vorhandenen basischen Aminosäuren mit, so daß der isoelektrische Bereich von *Pepsin* Werte von unter pH 1 annimmt. Durch die Hydrolyse des „Inhibitors" (der mit *Pepsin* zum Pepsin-Inhibitor-Komplex rekombinieren kann) wird schließlich die volle *Pepsin*-Aktivität erreicht.

Unter den z. Z. bekannten Proteinen ist das **Pepsin** hinsichtlich seines physikochemischen Verhaltens recht ungewöhnlich. Es hat einen sehr niedrigen isoelektrischen Bereich (I. P. < 1) und ist bei pH 1—2 stabil. Im pH-Bereich seines Wirkungsortes trägt das Protein lediglich schwach positive, aber keine negativen Ladungen. An die OH-Gruppe eines Serylrestes ist Phosphorsäure gebunden. *Pepsin* ist daher ein *Phosphorproteid.* Die Aminosäuresequenz (321 Aminosäuren, geringer Anteil basischer Aminosäuren) ist bekannt. Die Substratbindung erfolgt offensichtlich vor allem durch hydrophobe und Wasserstoff-Bindungen. Daher werden bevorzugt Peptidbindungen hydrolysiert, die zwischen zwei hydrophoben Aminosäuren ausgebildet werden (z. B. zwischen Phe-Phe oder Phe-Leu). Bei den intrazellulär wirkenden *Proteasen* (= *Kathepsinen*) hat man gleichfalls Enzyme gefunden, deren Wirkungsoptima außerhalb des „physiologischen pH-Bereichs" (um pH 7 bzw. im leicht sauren Milieu) liegen: Proteasen mit pH-optimaler Wirkung von pH 3,5 und 11. Es erscheint fraglich, ob solche Enzyme an der Proteolyse (vgl. weiter oben) beteiligt sind. Tatsächlich muß man jedoch nicht das „Makromilieu", sondern das „*Mikromilieu*" eines Enzyms in Rechnung stellen. Modellversuche mit trägergebundenen Enzymen (Bindung von *Proteasen* an künstliche Träger, z. B. Membranen) zeigen, daß eine Verschiebung des pH-Optimums eintreten kann, wenn der Träger ionisierbare Gruppen trägt, die eine Änderung der Protonenkonzentration in der engeren Umgebung („Mikromilieu") herbeiführen können.

12.8.2. Aminosäurekatabolismus und Ammoniakentgiftung

Ammoniak ist Ausgangs- und Endstufe in den Umsetzungen der Stickstoffverbindungen in Organismen. Es wird aufgenommen und in katabolischen Reaktionen gebildet (vgl. 12.3.). Beim Abbau von N-haltigen Biomolekülen spielt der Proteinabbau (vgl. 12.8.1.) die quantitativ wichtigste Rolle. In höheren Pflanzen kann die Bildung von Ammoniak bei der Mobilisierung löslicher N-Massenstoffe besonders hervortreten. Im pflanzlichen Organismus ist Ammoniak die am vielseitigsten verwendbare Form einer Stickstoffverbindung. Es ist Durchgangsstufe im allgemeinen Stickstoffumsatz und somit Bindeglied zwischen Auf- und Abbaureaktionen stickstoffhaltiger Verbindungen. Mit Ausnahme der sog. *Ammonium-* oder *Säurepflanzen* tritt Ammoniak niemals in nennenswerter Konzentration in der vitalen, nicht geschädigten Zelle auf (Ammoniumpflanzen speichern Ammoniumionen in der Vakuole, wo sie durch organische Säuren neutralisiert werden). **Ammoniak** kann als *Zellgift* wirken (vgl. 12.3.). Der tierische Organismus entledigt sich des toxischen Ammoniaks durch Ausscheidung (seltener, *Ammonotelie* = Ammoniakausscheidung, vgl. Tabelle 12.10) oder durch die Synthese von N-Exkreten: *Harnstoff* bei *Ureoteliern* (Harnstoffausscheidern), *Harnsäure* bei *Uricoteliern* (Harnsäureausscheidern). Die *Oxydation von Ammoniak* ist eine sehr seltene Ausnahme: der chemoautotrophe *Nitrosomonas* (vgl. 3.4.) oxydiert Ammoniak zu Nitrit. Die bereitgestellte Energie wird zum Aufbau energiereicher Bindungen, zur Assimilation von Kohlendioxid und zur Synthese von Zellmaterial verwendet. Ammoniak hat hier eine doppelte Funktion: es dient als Energie- und Stickstoffquelle. Die Verbindung von katabolischen und anabolischen Reaktionen im Stickstoffmetabolismus zeigt das Schema auf S. 477.

Die „*Theorie der Ammoniakentgiftung*" versucht eine vereinheitlichende Deutung der Stickstoffexkretion bei Tieren und der Stickstoffspeicherung bei Pflanzen:

– der *tierische* Organismus „entgiftet" katabolisch anfallendes Ammoniak und scheidet die Produkte von N-Exkretionssynthesen in Form spezifischer *Stickstoffexkrete* in das Milieu aus, wozu er sich eines hoch entwickelten Exkretionssystems bedient (Nieren, Harnbildung)

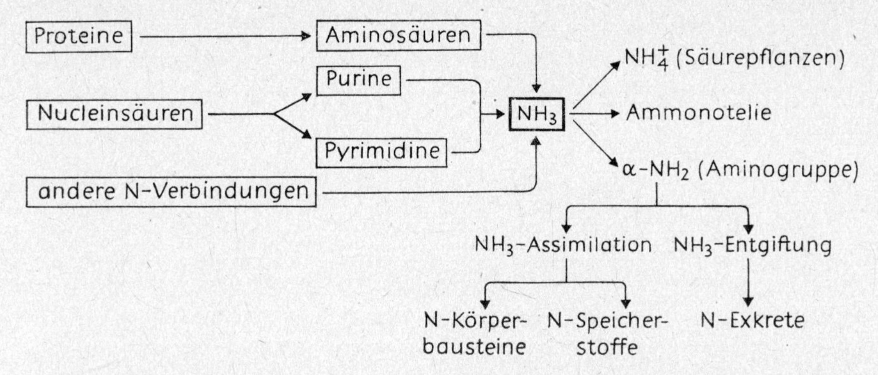

– der *pflanzliche* Organismus, dem eine Exkretionsmöglichkeit in das Milieu weitgehend fehlt (insbesondere keine spezifischen Exkretionsorgane, vgl. auch Tabelle 3.4) und für den Stickstoff im allgemeinen Mangelware ist, „entgiftet" Ammoniak durch die Bildung von *Stickstoffspeicherstoffen.* Aus ihnen kann Stickstoff in Form von Ammoniak wieder freigesetzt und in synthetische Reaktionen einbezogen werden. Ammoniak wird in der Pflanze in Form spezifischer löslicher N-Massenstoffe in Reserve- und Überdauerungsorganen (Stamm, Wurzel, Rhizom, Knollen, Zwiebeln usw.) deponiert, die nach Bedarf abtransportiert werden können (Laubschub der Holzgewächse unserer Breiten, Austreiben von Geophyten, Samenkeimung u. a.), um in den wachsenden Pflanzenteilen als N-Quelle genutzt zu werden.

Die Theorie der Ammoniakentgiftung ist eine teleologische Betrachtungsweise, hat jedoch als heuristisches Prinzip stimulierend auf ganze Forschergenerationen gewirkt und eine vergleichende Betrachtung des tierischen und pflanzlichen Stoffwechsels und eine Physiologie und Biochemie des Stickstoff-Stoffwechsels stark gefördert.

In den Organismen sind zahlreiche Stoffwechselwege an der **Bildung von Ammoniak** beteiligt. Die **Elimination des Stickstoffs aus Aminosäuren** wird nach 3 verschiedenen Mechanismen vollzogen:

– *Transdesaminierung* (in Ureoteliern und vermutlich in autotrophen Pflanzen)
– *oxydative Desaminierung* mittels L-*Aminosäureoxydasen* (in Uricoteliern, vermutlich auch in Pilzen)
– *oxydative Desaminierung von Aminen,* die durch Aminosäuredecarboxylierung anfallen, mittels *Aminoxydasen.*

Die **Trans-Desaminierung** verläuft wie folgt:

NH_3
L-Aminosäuren ← → α-Ketoglutarat ← → $NADH_2$ → ½ O_2
Transaminasen *Glu-DH* Atmungskette
α-Ketosäuren ← → L-Glutamat → NAD^+ ← → H_2O

In den Ureoteliern ist das System der Transdesaminierung offensichtlich in den Mitochondrien (Leber) in enger struktureller Beziehung zu Teilen des Ornithin-Zyklus, zum Tricarbonsäure-Zyklus und zur Atmungskette lokalisiert.

In den Uricoteliern sind L-Aminosäureoxydasen (Flavinenzyme) wirksam. Das abgespaltene Ammoniak wird in die Synthese von L-Glutamin und L-Aspartat einbezogen. Aus diesen Verbindungen, die zentrale Metabolite im Umsatz löslicher N-Verbindungen sind (vgl. 12.3. und 12.4.), wird unter Verwendung der Mechanismen von Purinneusynthese und oxydativem Purinabbau (vgl. 12.7.2. und 12.9.1.) das N-Exkret Harnsäure synthetisiert. Die durch L-*Aminosäureoxydasen* vermittelte oxydative Desaminierung von Aminosäuren kann wie folgt beschrieben werden:

a) L-Aminosäure $\xrightarrow[\text{FAD-Enzym}]{}$ L-Iminosäure (instabil) + $FADH_2$-Enzym

b) L-Iminosäure $\xrightarrow[\text{spontan}]{}$ α-Ketosäure + NH_3

c) $FADH_2$-Enzym $\xrightarrow[+\,O_2]{}$ H_2O_2 + FAD-Enzym

d) H_2O_2 $\xrightarrow[\textit{Katalase}]{}$ $H_2O + \frac{1}{2}\,O_2$

Die resultierende α-Ketosäure kann durch Wasserstoffperoxid (spontan oder peroxydatisch) weiter zur nächst niederen Carbonsäure (Decarboxylierung!) oxydiert werden.

L-Aminosäuren können durch L-*Aminosäure-carboxy-lyasen* (*Decarboxylasen*) zu **Aminen** decarboxyliert werden (vgl. 2.3.4.4.). Die nachfolgende Aminoxydation mittels *Mono-* und *Diaminoxydasen* führt zur Freisetzung des Aminstickstoffs als Ammoniak. Die Amidinogruppe von L-Arginin wird durch *Arginase* als Harnstoff abgespalten. Andere Guanidinverbindungen werden via Arginin nach Transamidinierung (vgl. 12.4.) oder durch von Arginase in ihrer Spezifität verschiedene „Heteroarginasen“ (*Ureahydrolasen*) abgebaut. Über den Metabolismus von Harnstoff vgl. weiter unten. Der Säureamidstickstoff von L-Glutamin kann durch *Glutaminasen* als Ammoniak abgespalten werden.

Die einzelnen systematischen und ökologischen Gruppen des Tierreiches bedienen sich verschiedenartiger **Mechanismen der Dissimilation der Proteinbausteine** und der N-Exkretion (Tabelle 12.10).

Tabelle 12.10. Hauptformen der Ammoniakentgiftung und Stickstoffexkretion bei Tieren

N-Exkretionsform	Synthesemechanismus	Vorkommen
Ammonotelie		
Ammoniak	keiner	Sipunculiden, marine Muscheln, Krebse, Cephalopoden
Ureotelie		
Harnstoff	Ornithin-Zyklus	Mammalier, Amphibien, Meeres-Knorpelfische
Uricotelie		
Harnsäure	Purinmechanismus	Sauropsiden (Aves und landbewohnende Reptilien), Insekten (mit Ausnahme der Dipteren)
Trimethylaminoxid		Meeres-Knochenfische

Die Art der N-Exkretionssynthese ist genetisch fixiert, wird jedoch stark durch ökologische Gegebenheiten beeinflußt. Bei der Metamorphose des Frosches (Umwandlung der Froschlarve = Kaulquappe in das adulte Tier, verbunden mit dem Übergang von der rein aquatischen zur amphibischen Lebensweise) findet man interessante Übergänge zwischen der Ammonotelie und der Ureotelie. Bei der Metamorphose findet eine Induktion der harnstoff-synthetisierenden Enzyme statt. Das adulte Tier ist ureotel.

Harnstoffsynthese findet bei Ureoteliern über die Reaktionen des *Krebs-Henseleit-Ornithin-Zyklus* statt (Abb. 12.7.). Der „Harnstoff-Zyklus" ist primär in der Phylogenie ein Mechanismus der Synthese der Eiweißaminosäure L-Arginin. Erst indem die betreffenden Organismen das System „zu hoher Effektivität brachten" und es mit einer aktiven Arginase vervollständigten, wurden sie zu Harnstoffausscheidern (BALDWIN). Der verwendete Mechanismus der Exkretionssynthese ist demnach keine „neue Erfindung im Zuge der Evolution", sondern eine Anpassung an ökologische Gegebenheiten unter Ausnutzung eines vorhandenen Stoffwechselmechanismus. Ähnlich könnte man im Falle der Harnsäureausscheidung argumentieren. Uricotelier bedienen sich hierzu des ubiquitär in Organismen vorhandenen Systems der *de novo*-Purinsynthese (vgl. 12.7.2.) und des nachfolgenden oxydativen Purinabbaus (vgl. 12.9.1.). Der oxydative Abbau der Purine kann hierbei auf verschiedenen Stufen arretiert sein (vgl. Tabelle 12.11. in 12.9.1.). Offensichtlich sind Enzyme des aeroben Purinabbaus, die ursprünglich vorhanden waren, sekundär wieder in Wegfall gekommen, wodurch sich eine Verkürzung der Reaktionskette ergibt. Beispielsweise scheiden Mammalier (mit Ausnahme der Primaten) *Allantoin* (= Produkt der Uricolyse) als Endprodukt des Purinabbaus aus. Bei den Primaten ist *Harnsäure* Endprodukt. In Lungenfischen (*Dipnoi*, z. B. *Prothopterus*) wird Harnstoff (Akkumulation im Blut während der Sommerruhe = Aestivation, wo sich die Tiere in einen Kokon einschließen) auch über Reaktionen eines sog. *Purin-Zyklus* synthetisiert.

Den verschiedenen Formen tierischer Stickstoffexkretion kann man (im Sinne der Theorie der Ammoniakentgiftung, vgl. weiter oben) entsprechende Typen pflanzlicher Stickstoffspeicherung an die Seite stellen. Die betreffenden löslichen N-Speicherstoffe (die gleichzeitig auch Formen der N-Translokation im Pflanzenkörper sein können) sind die pflanzlichen Analoga tierischer N-Exkrete: beispielsweise entspricht das in sog. Ureidpflanzen (einige Boraginaceae, Aceraceae u. a.) in relativ hoher Konzentration in Speicherwurzeln und Samen vorkommende *Allantoin* der *Harnsäure*. Nicht jedes Massenvorkommen einer löslichen N-Verbindung in Pflanzen ist allerdings *a priori* in Beziehung zu setzen zu einer physiologischen Funktion bei der Stickstoffspeicherung. In vielen Fällen könnte es sich um ausgesprochene Sekundärstoffe („innere Exkrete", vgl. 3.5.) handeln.

Die **Harnstoffsynthese** über den von KREBS und HENSELEIT (1932) inaugurierten **Ornithin-Harnstoff-Zyklus** (vgl. Abb. 12.7.) ist eine stark endergonische Reaktion (Aufwand von 3 ATP pro Harnstoffmolekül). Harnstoff wird aus Kohlendioxid und Ammoniak bzw. Carbamylphosphat und dem α-Amino-N von L-Aspartat synthetisiert. Die meisten Untersuchungen galten der Harnstoffbildung in der Säuger- und Amphibienleber. Hepatektomie hatte die Leber als Organ der Harnstoffsynthese ausgewiesen. Mit der Durchströmungstechnik und der Gewebsschnittmethode hatte KREBS gezeigt, daß Harnstoff aus Ammoniak in einem zyklischen Prozeß gebildet wird, der eine Interkonversion der drei

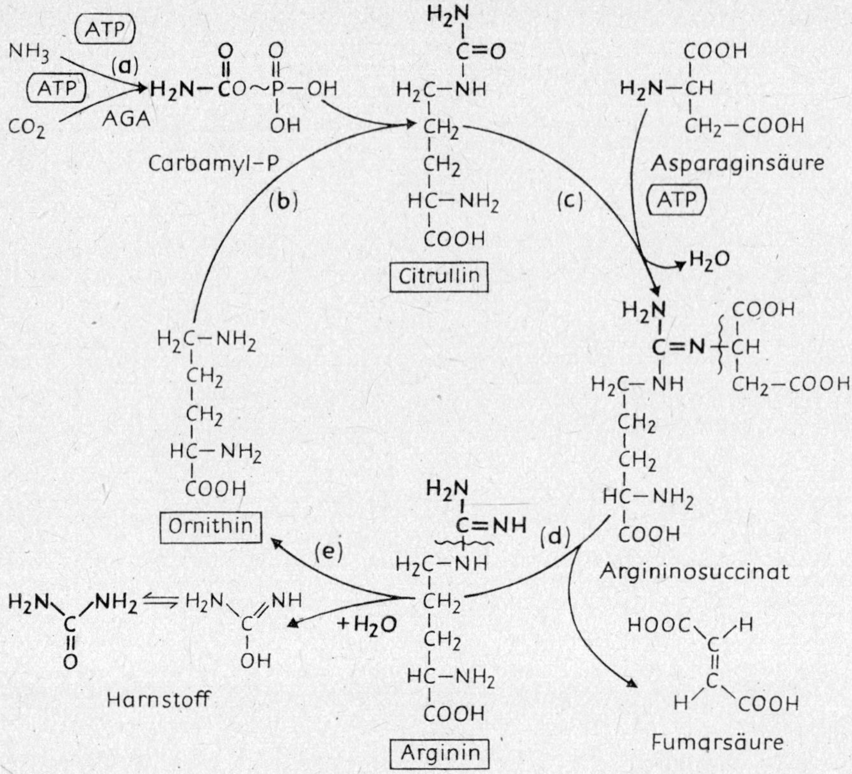

Abb. 12.7. Ornithin-Zyklus der Harnstoffsynthese (Krebs-Henseleit-Ornithin-Harnstoffzyklus).

Aminosäuren L-Ornithin, L-Citrullin und L-Arginin einschließt. In die Reaktionsfolge geht Carbamyl-P ein (vgl. 12.3.), das durch Transcarbamylierung auf Ornithin in die Citrullinbildung eintritt ((b): *Ornithin-Carbamoyltransferase*). Die Synthese von Arginin aus Citrullin erfolgt in einem Zweistufen-Prozeß (Ratner-Reaktion). Unter Spaltung von ATP erfolgt an der *Argininosuccinat-Synthetase* („condensing enzyme") die Kondensation von L-Citrullin und L-Aspartat zu Argininosuccinat, das durch das Enzym *Arginin-Synthase* („splitting enzyme") in L-Arginin und Fumarat zerlegt wird (vgl. (c) + (d)). Mit der Umsetzung von Citrullin zu Arginin wird aus der Ureidogruppe die Guanidinogruppe aufgebaut. Arginin wird durch *Arginase* (*Arginin-Ureahydrolase*) in Ornithin und Harnstoff gespalten (e), der in seiner Isoform freigesetzt wird und sich spontan umlagert. Durch die arginatische Spaltungsreaktion wird das Vehikel L-Ornithin regeneriert, so daß sich der Kreislauf schließt. Der stark exergonische Charakter der enzymatischen Argininhydrolase ist wesentlich für den irreversiblen Ablauf der Reaktionen des Ornithin-Harnstoff-Zyklus. **Arginase**, ein in Organismen weit verbreitetes Enzym, hat eine relativ hohe Substratspezifität (vgl. 5.2.), da neben L-Canavanin (Strukturanaloges von L-Arginin) nur einige α-NH_2-substituierte Argininderivate angegriffen werden. Das Enzym wird durch Cobalt, Mangan u. a. zweiwertige Ionen stimuliert.

Harnstoff kann im tierischen Organismus nicht gespalten werden, da **Urease** fehlt. Wiederkäuer können mit Hilfe ihrer symbiontischen Pansenmikroorganismen Harnstoff spalten und als Nicht-Protein-N verwerten. Harnstoffütterung hat Bedeutung für die Rinderernährung. Bei unsachgemäßer Zufütterung von Harnstoff kann es zu Ammoniakvergiftungen kommen. Daraus werden Bemühungen verständlich, Harnstoff in eine „langsam fließende Stickstoffquelle" zu verwandeln. Das gilt sinngemäß auch für die Pflanzenernährung (Harnstoffdüngung).

Zur **Spaltung von Harnstoff** existieren mindestens zwei verschiedene Systeme:

- der Harnstoffabbau durch *Urease* (*Urea-ammoniak-lyase*)
- der durch eine *ATP: Ureaamido-lyase* (UALase) katalysierte nichtureatische Harnstoffabbau (LEVENBERG).

Weitere Mechanismen wie der Harnstoffabbau via Ureide der Glyoxylsäure (Streptococcen) sind wegen ihrer geringen Verbreitung ohne wesentliche Bedeutung.

Urease katalysiert die Harnstoffhydrolyse zu Kohlendioxid und 2 Ammoniak (Carbaminsäure-Mechanismus). Das Enzym kommt außer in einigen „Harnstoffbakterien" in hoher Konzentration in Samen der Jackbohne *Canavalia* (Fabaceae) und in Sojabohnen (*Soja hispida*, Fabaceae) vor. Vielleicht handelt es sich hier um ein Speicherprotein mit enzymatischer Aktivität. In *Canavalia* könnte Urease in den Abbau von L-Canavanin (N-Speicherstoff, bis 4% des Samentrockengewichtes!) eingeschaltet sein. Urease war das erste kristallin dargestellte Enzymprotein („Urease-Story", SUMNER 1926). Es ist ein oligomeres Protein, das eine bestimmte Zahl von SH-Gruppen zur Aktivität benötigt (SH-Enzym!).

Urea-amido-lyase tritt an die Stelle der bei *Candida*-Hefen, Chlorellen u. a. fehlenden Urease. UALase ist ein Biotinenzym (Hemmung durch das Glykoproteid *Avidin*), das eine ATP-abhängige Harnstoffzerlegung zu Ammoniak und Kohlendioxid katalysiert:

$$NH_2{-}\overset{\overset{\displaystyle O}{\|}}{C}{-}NH_2 \xrightarrow[\text{Biotin}]{\text{ATP, } Mg^{2+}} HCO_3^- + 2\,NH_4^+ + ADP + P_{an}$$

Der festgestellte Reaktionsablauf weist auf das Zusammenwirken von 2 Enzymaktivitäten hin:

- eine von Biotin und ATP abhängige *Carboxylase*-Aktivität carboxyliert Harnstoff zu enzymgebundenem *Allophanat* (anionische Form von N-Carboxy-Harnstoff) (in Analogie zur Bildung von N-Carboxybiotin, vgl. 9.2.)
- eine nicht von Biotin und ATP abhängige *Amidase*-Aktivität spaltet das enzymgebundene Allophanat unter Freisetzung von 2 Molekülen Bicarbonat und 2 Molekülen Ammoniak (vermutlich wird unter Spaltung einer Bindung Carbamat gebildet, das spontan zerfällt).

Da Bicarbonat-Ionen für den Start der Reaktion benötigt und bei der Harnstoffspaltung gebildet werden, läßt sich die durch UALase vermittelte Harnstoffzerlegung als ein Reaktionszyklus formulieren, in dem Bicarbonat katalytisch wirkt.

Harnstoff ist das Produkt des oxydativen Purinabbaus, der Reaktionen des Ornithin-Zyklus und Purin-Zyklus sowie der Hydrolase von Guanidinderivaten. Ein ziemlich seltener oxydativer Pyrimidinabbau (vgl. 12.9.2.) führt gleichfalls zu Harnstoff.

Eine Harnstoffakkumulation ist eine auf wenige Tier- und Pflanzenspezies beschränkte Erscheinung. In bestimmten Meeresfischen wird Harnstoff als Mittel der Osmoregulation in den Körperflüssigkeiten in relativ geringer Konzentration akkumuliert. Lungenfische (vgl. weiter oben) scheiden den im Blut akkumulierten Harnstoff nach Beendigung der Ruheperiode in das Milieu aus. In bestimmten *Pilzfruchtkörpern* wird Harnstoff in z. T. beträchtlicher Konzentration (ca. 11% des Trockengewichtes, ca. 50% des löslichen N) gespeichert. Zu den harnstoffakkumulierenden Species gehören Vertreter der Gattungen *Agaricus*, *Lepiota*, *Clitocybe* u. a. Alle Lycoperdaceae (Gastrales, Bauchpilze) akkumulieren große Harnstoffmengen. In *Agaricus* (Speisechampignon) ist das Carbamid ein **N-Exkret**, in Bovisten und Stäublingen (*Bovista*- und *Lycoperdon*-Arten) ist Harnstoff eine intermediäre lösliche **N-Speichersubstanz.** Sie wird im Zuge starker proteolytischer Prozesse synthetisiert und bei der Sporenreifung wieder verbraucht (Einbeziehung des Harnstoff-N in die Proteine und das Chitin der Sporen).

12.9. Die katabolischen Reaktionen im Nucleinsäurestoffwechsel

Die hochmolekularen Nucleinsäuren werden durch *Nucleasen* (DNasen, RNasen) und *Phosphodiesterasen* zerlegt. Bei den Nucleasen unterscheidet man *Ribonucleasen* (RNasen) und *Desoxyribonucleasen* (DNasen). Diese hoch aktiven Enzyme treten in der Zelle meist zusammen mit Proteininhibitoren oder an Nucleinsäuren gebunden auf, wodurch sie *in vivo* gehemmt werden.

Wie bei den Proteasen unterscheidet man nach der Art des enzymatischen Angriffs zwischen Endo- und Exoenzymen:

- *Endonucleasen* spalten Bindungen im Inneren von Polynucleotidketten
- *Exonucleasen* spalten (Mono-)Nucleotide vom Kettenende ab.

DNase I (Pankreas, in kristalliner Form dargestellt) baut DNS zu Oligonucleotiden von einer durchschnittlichen Kettenlänge von 4 Nucleotiden und mit einer freien Hydroxylgruppe am 3′-Ende und einer Phosphorsäuregruppe am 5′-Ende ab. Andere DNasen liefern Mononucleotide oder Oligonucleotide verschiedener Kettenlänge.

Pankreas-RNase spaltet Phosphatesterbindungen zwischen einem 3′-Pyrimidinnucleotid-Rest und der Hydroxylgruppe in Stellung 5′ der benachbarten Ribose. Zwischenprodukte sind zyklische 2′,3′-Phosphate.

Phosphodiesterasen spalten Phosphodiesterbindungen auch in Nucleinsäuren. Das Enzym aus Schlangengift liefert 5′-Nucleotide.

Nucleotide werden durch verschiedene Enzyme hydrolysiert. *5′-Nucleotidase* spaltet 5′-Nucleotide, *Nucleosiddiphosphatase* hydrolysiert Nucleosiddiphosphate, *ATPase* katalysiert eine Orthophosphat-Spaltung von ATP (vgl. 4.4.).

Die sog. *Apyrase* ist eine Nucleotidpyrophosphatase (Pyrophosphatspaltung von ATP). Nucleotide können auch durch *Nucleosidasen* gespalten werden:

Base-Ribose-P + H_2O → Base + Ribose-5-P

Nucleosidasen hydrolysieren die N-Glykosidbindung und zerlegen daher Nucleoside und Nucleotide. Nucleoside werden auch phosphorolytisch zerlegt (*Nucleosidphosphorylasen*). Die gebildeten N-Basen werden oxydativ (Purine) und reduktiv (Pyrimidine) katabolisiert.

12.9.1. Oxydativer Purinabbau

Purine werden in den meisten Organismen oxydativ abgebaut: **oxydativer** (= *aerober*) **Purinabbau. Harnsäure** (2,6,8-Trioxypurin) ist Endprodukt oder Zwischenstufe (vgl. Tabelle 12.11.). Der ziemlich seltene *anaerobe Purinabbau* (Clostridien) führt zur Bildung von Formiminoglycin, das Donator eines „aktiven" C_1-Körpers (vgl. 9.2.) ist.

Adenin nnd Guanin als Produkte des Nucleinsäureabbaus werden hydrolytisch desaminiert: Bildung von Hypoxanthin bzw. Xanthin (Enzyme: *Adenase* und *Guanase*). Hypoxanthin wird durch Xanthinoxydase (Flavinenzym) zu Xanthin oxydiert. *Xanthinoxydase* (vgl. Abb. 12.8.) (1) katalysiert zwei aufeinanderfolgende Reaktionen:

$$\text{Hypoxanthin} \xrightarrow{1} \text{Xanthin} \xrightarrow{1} \text{Harnsäure}$$

Urat-oxydase (*Uricase*) (2) vermittelt den Abbau von Harnsäure zu Allantoin (5-Ureidohydantoin) in einem komplexen enzymatischen Prozeß, der eine Oxydation, eine Decarboxylierung (C-Atom 6) und eine Hydrolyse einschließt. Intermediär ist ein symmetrisches Zwischenprodukt (in dem Schema des oxydative Purinabbaus auf S. 484 nicht berücksichtigt). Der Imidazolonring der Harnsäure wird deshalb nicht intakt in den Hydantoinring von Allantoin überführt. Der Abbau von Allantoin (3) erfolgt hydrolytisch. *Allantoinase* (mit Glutathion!) hydrolysiert Allantoin zu Allantoinsäure (Glyoxylsäure-diureid). Allantoat wird zu Glyoxylat und 2 Molekülen Harnstoff zerlegt. Die *Allantoicase* (4) sollte zwei Bindungen im Allantoat zugleich spalten. Für den Abbau der Allantoinsäure konnten in Mikroorganismen mehrere Enzyme nachgewiesen werden. Allantoat wird unter Abspaltung von einem Molekül Harnstoff zunächst in Ureidoglykolat (= Glyoxylharnstoff) überführt. Ein weiteres Enzym zerlegt das Monoureid der Glyoxylsäure in Harnstoff und Glyoxylat. Andererseits kann aus Allantoat auch zuerst die Carbamylgruppe (die resultierende instabile Carbaminsäure zerfällt spontan in CO_2 und NH_3) abgespalten werden, so daß Ureidoglycin entsteht. Dieses kann auf hydrolytischem Wege oder durch Transaminierung zu Ureidoglykolat umgesetzt werden. **Resultat** des oxydativen Purinabbaus (unter Einschluß des Systems der Uricolyse) sind: $\mathbf{CO_2}$ (C-Atom 6 des Purinringsystems), **Glyoxylat** (C-4 + C-5) und 2 Moleküle **Harnstoff** (die restlichen C- und N-Atome). Glyoxylat kann durch Transaminierung wieder in den Purinstoffwechsel einbezogen werden. Zu Reaktionen des Glyoxylats vgl. auch 10.2.1.

Tabelle 12.11. Endprodukte des oxydativen Purinabbaus in Tieren (n. BENNETT)

Endprodukt	Organismus
Adenin	Plattwürmer, Anneliden
Guanin	Spinnen
Harnsäure	Primaten, Aves, Reptilien, Insekten mit Ausnahme der Dipteren
Allantoin	Mammalier (mit Ausnahme der Primaten), Gastropoden, Dipteren
Harnstoff	Fische, Amphibien, Muscheln

Da Glyoxylat durch Transaminierung leicht in Glycin überführt wird, kann es wieder in die Reaktionen von Purinneusynthese und oxydativem Purinabbau einbezogen werden. Daraus entsteht ein „Glycin-Allantoin-Zyklus", der z. B. in

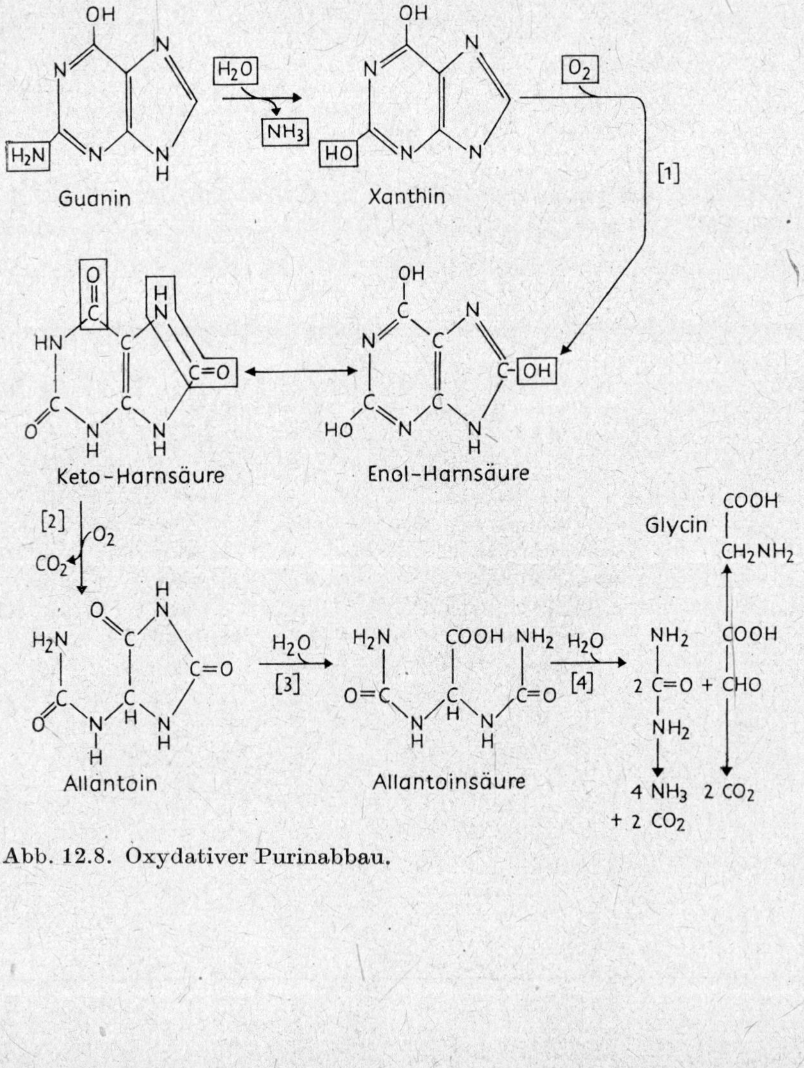

Abb. 12.8. Oxydativer Purinabbau.

Lungenfischen (Dipnoi) als „Purin-Zyklus der Harnstoffsynthese" einen zum Ornithin-Harnstoff Zyklus alternativen Weg der Ammoniakentgiftung darstellt.

Den **Abbau von Guanin** zu CO_2 und Ammoniak zeigt die Abb. 12.8. (die bezüglich der Oxydation von Glyoxylat nicht weiter ausgeführt ist, da hier mehrere Reaktionsmöglichkeiten anzugeben sind).

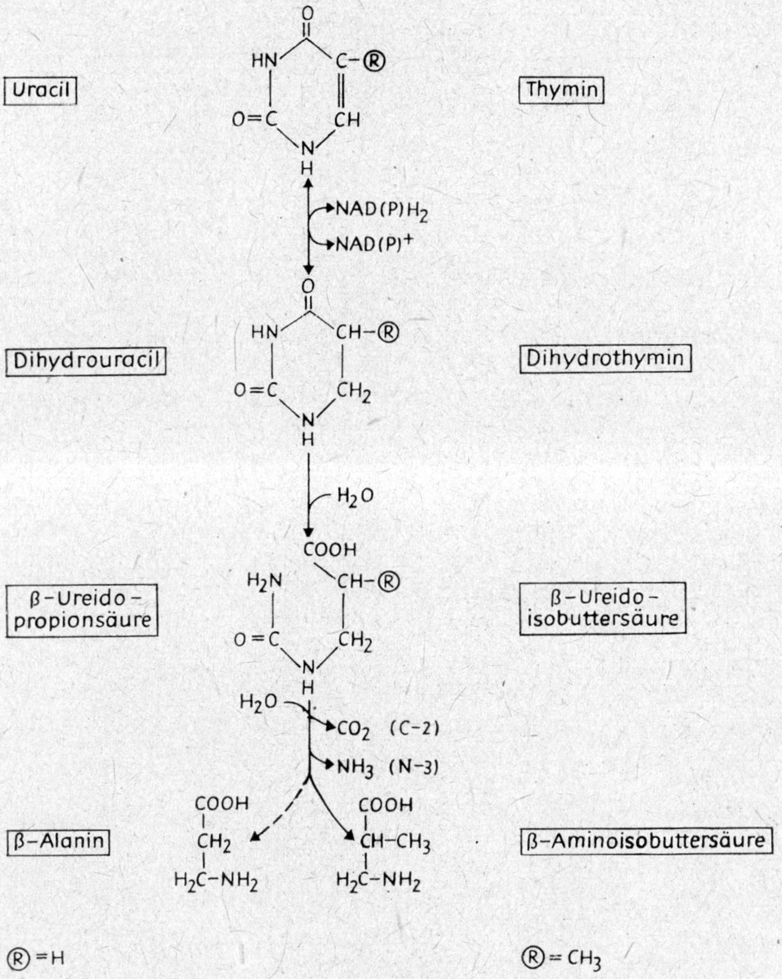

Uracil | Thymin

Dihydrouracil | Dihydrothymin

β-Ureido-propionsäure | β-Ureido-isobuttersäure

β-Alanin | β-Aminoisobuttersäure

Ⓡ = H | Ⓡ = CH_3

$NAD(P)H_2$, $NAD(P)^+$, H_2O, H_2O, CO_2 (C-2), NH_3 (N-3)

Abb. 12.9. Reduktiver Pyrimidinabbau.

12.9.2. Reduktiver Pyrimidinabbau

Die Nucleinsäurepyrimidine Cytosin, Uracil und Thymin werden in den weitaus meisten Organismen auf reduktivem Wege abgebaut. Der oxydative Pyrimidinabbau ist eine relativ seltene, auf wenige Mikroorganismen beschränkte Reaktionsfolge.

Stämme von *Corynebacterium* und *Mycobacterium* bauen Pyrimidine oxydativ ab. Der einleitende **oxydative Angriff** am C-Atom 6 des Pyrimidinringes führt zu *Barbitursäure* (Uracil) bzw. *5-Methylbarbitursäure* (Thymin), wofür eine „*Uracil-Thymin-Oxydase*" verantwortlich ist. *Barbiturase* (*Barbiturat-aminohydrolase*) spaltet Barbiturat in *Malonat* und *Harnstoff*. In analoger Weise wird 6-Methylbarbiturat in Methylmalonat und Harnstoff zerlegt.

Der **reduktive Pyrimidinabbau** (Abb. 12.9.) greift an Uracil und Thymin an. Cytosin mündet nach Desaminierung in den Uracilkatabolismus ein. **Uracil** und **Thymin** werden auf parallelen Wegen abgebaut: zunächst erfolgt Reduktion zum Dihydropyrimidin-Derivat, dann hydrolytische Spaltung zu einer Carbamylaminosäure. *β-Ureidopropionat* (Uracilabbau) wird weiter zu *β-Alanin* (Baustein von Coenzym A bzw. Pantothensäure, vgl. 9.3.), CO_2 und Ammoniak hydrolysiert. *β-Ureidoisobuttersäure* (Thyminabbau) wird weiter zu *β-Aminoisobuttersäure* (Bestandteil des löslichen N-Pools einiger Pflanzen, Ausscheidung größerer Mengen der Verbindung bei manchen Menschen), CO_2 und NH_3 hydrolysiert. Der reduktive Abbau von Uracil und Thymin wird offensichtlich in vielen Organismen durch dieselben Enzyme (*Dihydropyrimidin-Dehydrogenase, Dihydropyrimidinase*) katalysiert. Die resultierenden β-Aminosäuren können durch Transaminierung weiter abgebaut werden: Bildung von Methylmalonsäuresemialdehyd (Thymindegradation) und Malonsäuresemialdehyd (Uracildegradation). Diese münden in den Propionsäurestoffwechsel ein.

13. Der Stoffwechsel des Schwefels

Schwefel wird in verschiedener Form von allen Lebewesen benötigt. Niedere Organismen können anorganische S-Verbindungen (elementaren Schwefel, Sulfid, Sulfit, Sulfat und Thiosulfat) assimilieren. Von den meisten pflanzlichen Organismen wird Schwefel als als **Sulfat** aufgenommen, transportiert und assimiliert. Organisch gebundenen Schwefel können alle Organismen verwerten. Pflanzen können u. U. auch Schwefeldioxid aus der Atmosphäre aufnehmen und in das Cystein und Methionin der Proteine einbauen. Besonders in Industriegebieten ist der Schwefeldioxidgehalt der Atmosphäre hoch. Eine Deckung des Schwefelbedarfs durch SO_2-Aufnahme über die Blätter erscheint jedoch ausgeschlossen. SO_2 wird zuerst zu **Sulfat** oxydiert, das die eigentliche *Assimilations-* und *Transportform* ist. Bei hohen SO_2-Konzentrationen in der Luft kommt es zu sog. Rauchschäden.

Die Bildung reduzierter Schwefelverbindungen ist ein Spezifikum der Pflanze und einer Zahl von Mikroorganismen, die zu einer *assimilatorischen Sulfatreduktion* befähigt sind. Die Reduktion des Sulfats zur Sulfhydrylgruppe ist auf das engste mit der **Synthese von L-Cystein** verbunden (vgl. weiter unten). Tiere sind letzten Endes auf die „Schwefelquellen" der Pflanzen, d. h. auf pflanzliches Cystein und Methionin angewiesen. Das Tier kann jedoch Cystein in Methionin und umgekehrt verwandeln (vgl. 13.1.).

Die biologisch wichtigsten schwefelhaltigen organischen Verbindungen sind:

- *Cystein, Cystin* und *Methionin*
- die Vitamine *Thiamin* und *Biotin*
- die Cofaktoren *Liponsäure* (Thioctansäure) und *Coenzym A*
- die *Sulfatide* (komplexe Lipide des Nervengewebes)
- sulfatierte Polysaccharide (Mucopolysaccharide)
- *Glutathion* u. a. Thiolpeptide
- die Hormone *Vasopressin* und *Ocytocin* (Polypeptidhormone)
- die *Penicilline* (Antibiotika)
- die therapeutisch wichtigen *Sulfonamide*
- das Peptidhormon *Insulin.*

Eine Anzahl der genannten Schwefelverbindungen beansprucht eine zentrale Position im Zwischenstoffwechsel. Die S-haltigen Penicilline sind Prototypen von Stoffen mit antibiotischer Wirksamkeit. Demgegenüber kennen wir zahlreiche S-haltige Naturstoffe, die dem Sekundärstoffbereich zugehören:

– das *Divinylsulfid* ist der Hauptbestandteil des Bärenlauchöles (*Allium ursinum*);
– zyklische Sulfide kommen in Asteraceae vor;
– das Sulfoxid *Allicin* (tränenreizender Stoff der Zwiebel) wird beim Zerreiben des Zwiebelgewebes (*Allium cepa*, Küchenzwiebel) enzymatisch aus präformiertem *Alliin* gebildet;
– das *Dimethyl-β-propiothetin* ist in Algen weit verbreitet;
– die als **Senföle** bekannten Verbindungen, die außer S auch N im Molekül enthalten, entstehen bei Zerstörung der Zellstruktur von Pflanzen, die **Senfölglykoside** enthalten. Diesen Verbindungen, die bei Brassicaceae (= Cruciferae) weit verbreitet sind, sind Anionen, die gewöhnlich als Kaliumsalze oder Salze organischer N-Basen in den Pflanzen vorliegen. Die Glucoside werden durch *Myrosinase* gespalten. Sie enthalten neben „*Senföl*" Schwefelsäure im Molekül:

```
R       S-β-Glykosyl
  \    /
    C
    
    N
    |
    O
    |
O ═ S ═ O
    |
    O⁻
```

Bei ihrer enzymatischen Spaltung entstehen zumeist **Isothiocyanate** (RN=C=S), seltener auch **Thiocyanate** (RSCN). Ein bekannter Vertreter der Senfölglykoside ist das Thioglucosid **Sinigrin** (Aglykon = Allylisothiocyanat);
– die pflanzlichen Polysaccharidschwefelsäureester, die Bestandteile von Agar-Agar (Grundlage fester Nährböden) und Carrageenschleim sind.

Sulfhydrylgruppen von Cysteinresten in Enzymproteinen und verwandten Verbindungen (wie Hämoglobin) beanspruchen eine Schlüsselposition in vielen biokatalytischen Prozessen. Sulfhydryl-Disulfid-Wechselbeziehungen an den Cysteinresten von Proteinen sind entscheidende Prozesse bei der Immunant-

Tabelle 13.1. Typen natürlich vorkommender organischer Schwefelverbindungen

Art der Verbindungsgruppe	Allgemeine Formel
Thiole (Mercaptane)	RSH
Sulfide und Thioäther	RSR_1
Polysulfide	$RSSR_1$
Sulfoxide	$RSOR_1$
Sulfone	RSO_2R_1
Methylsulfoniumverbindungen	$(CH_3)_2S^+R$

wort, beim Membrantransport und bei der Blutgerinnung. **Disulfidbrücken** (bzw. Disulfidspangen) sind für die Herstellung der Tertiärstruktur von Proteinen von Bedeutung. Bei dem Vorgang der Disulfid-Brücken-Bildung werden zwei Halbcystine (Cysteinreste) oxydiert (vgl. 2.3.). Thiolgruppen können mit Schwermetallen reagieren.

Die verschiedenen Typen S-haltiger organischer Naturstoffe sind summarisch in der Tabelle 13.1. aufgeführt.

Die Schlüsselsubstanzen bei der Bildung der Vielzahl von Sulfatestern in Organismen und bei der Sulfatassimilation sind das **Adenosin-5′-phosphosulfat** (**APS**) und das **3′-Phosphoadenosin-5′-phosphosulfat** (**PAPS**), die als „aktives Sulfat“ aufzufassen sind:

```
     O     O
     ‖     ‖        (5')
HO–S~O–P–O–H2C    O     Adenin
     ‖     |
     O     O    H     H
                  3'
              H         H
               OH    O
                     |
                 HO–P=O
                     |
                     OH
      3'-Phosphoadenosin
```

In allen Systemen, die bisher untersucht wurden, wird PAPS aus Sulfat und ATP in einer zweistufigen Reaktion gebildet (die ein Beispiel für eine energetische Koppelung ist, vgl. 4.2.):

$$\mathrm{ATP} + \mathrm{SO_4^{=}} \rightleftharpoons \mathrm{APS} + \mathrm{PP_{an}} \quad (\textit{ATP-Sulfurylase})$$

$$\mathrm{APS} + \mathrm{ATP} \rightarrow \mathrm{PAPS} + \mathrm{ADP} \quad (\textit{APS-Kinase})$$

$$\text{Summe: } 2\,\mathrm{ATP} + \mathrm{SO_4^{=}} \rightarrow \mathrm{PAPS} + \mathrm{ADP} + \mathrm{PP_{an}}$$

Die Synthese von Phosphoadenosinphosphosulfat (PAPS) via APS wird als **Sulfataktivierung** bezeichnet. Im ersten Schritt wird die terminale Pyrophosphatgruppe von ATP durch Sulfat substituiert: Bildung von Adenosinphosphosulfat (APS). Das verantwortliche Enzym ist eine *ATP: Sulfat-adenyltransferase* („*ATP-Sulfurylase*“). Die Synthese der Anhydridbindung zwischen Adenylsäure und Schwefelsäure ist eine stark endergonische Reaktion. Im 2. Schritt der Sulfataktivierung wird die 3′-Ribose-Hydroxylgruppe von APS durch ATP an der *APS-Kinase* (*ATP: Adenylsulfat-3′-phosphorotransferase*) phosphoryliert: Bildung von 3′-Phosphoryl-5′-adenosinphosphorylsulfat (PAPS). Der 2. Phosphorylierungsschritt und die enzymatische Hydrolyse von gebildetem Pyrophosphat (Enzym: *Pyrophosphatase*) treiben die Gesamtreaktion in Richtung PAPS-Synthese voran. Damit wird in der Gesamtbilanz $\Delta G^\circ \doteq 0$ bzw. schwach negativ.

Als gemischte Anhydride von Adenylsäure und Schwefelsäure haben APS und PAPS extrem hohe Werte der freien Energie bei der Hydrolyse bzw. hohe Gruppenübertragungspotentiale (vgl. 4.1.2.). „Aktives Sulfat“ ist daher die Schlüsselsubstanz aller „*Sulfokinase*-Reaktionen“ und der Sulfatreduktion (= Cysteinbiosynthese). Als **Sulfokinasen** werden allgemein Enzyme bezeichnet, die die Sulfurylgruppe (= Sulfatrest) auf alkoholische und phenolische Hydroxyle sowie auf organische Amine übertragen. Neben dem sulfurylierten (sulfatierten) Produkt entsteht 3′-Phosphoadenosin-5′-phosphat (PAP). Zahlreiche *Sulfokinasen* sind bekannt: Phenol-, Steroid-, Cholin-, Polysaccharid- und „Detoxikations"-*Sulfokinasen*. Der Schwefelsäurerest wird aus PAPS in exergonischer Reaktion auf diese Stoffe übertragen. Schwefelsäureester sind seit langem als Entgiftungs- und Ausscheidungsformen bestimmter Stoffwechselprodukte und von körperfremden Stoffen (z. B. Pharmaka) bekannt. Beispiele für solche Verbindungen sind:

– Indoxylschwefelsäure (Harnindican)
– Phenolschwefelsäuren u. a.

Adenosin-5′-phosphosulfat ist die chemische Form, unter der Sulfat reduziert und assimiliert wird. In Analogie zur Reduktion des Nitrat-Ions (vgl. 12.2.) müssen wir auch bei der Reduktion des Sulfat-Ions zwischen einer assimilatorischen und dissimilatorischen Sulfat-Reduktion unterscheiden. Die **assimilatorische Sulfatreduktion** ist mit der Verwertung von Sulfat zur Synthese reduzierter Schwefelverbindungen identisch. Sie ist gleichbedeutend mit der **Sulfatassimilation.** Die **dissimilatorische Sulfatreduktion** oder **Sulfat-Atmung** ist ein anaerober Prozeß, in dem Sulfat als H-Akzeptor dient (vgl. weiter unten) und Schwefelwasserstoff entsteht, der ausgeschieden wird. In beiden Prozessen geht der 6wertig positive Schwefel des SO_4^{--}-Ions in den zweiwertig negativen Zustand ($S^{6+} \rightarrow S^{2-}$) über. Gebildeter Schwefelwasserstoff nimmt jedoch ein unterschiedliches Schicksal: Einbeziehung in die Synthese einer organischen Thiolverbindung (Cystein) bei der Sulfatassimilation, Ausscheidung bei der Sulfatatmung:
Assimilatorische Sulfatreduktion = Sulfatassimilation = Cysteinsynthese = Synthese reduzierter S-Verbindungen des Stoffwechsels.
Dissimilatorische Sulfatreduktion = Sulfatdissimilation = Sulfatatmung = Bereitstellung von „Oxydationsenergie" für Synthesen.

Der 1. Schritt der enzymatischen Sulfatreduktion ist eine Aktivierung des Sulfats unter Bildung von APS. Dieser Befund erscheint nicht überraschend: die direkte Reduktion des Sulfat-Ions ist chemisch schwierig zu bewerkstelligen. Ester und Anhydride können weitaus leichter reduziert werden als die entsprechenden Anionen. Die **assimilatorische Sulfatreduktion** verläuft daher (wie auch die Sulfatatmung) über APS. Zunächst wird die Sulfurylgruppe von APS zum Sulfit-Ion SO_3^{--} durch $NADPH_2$ reduziert. Dazu ist ein komplexes enzymatisches System erforderlich, das ein niedermolekulares, hitzestabiles Polypeptid und wenigstens zwei Enzyme einschließt. Der Vorgang der enzymatischen Sulfatreduktion ist am besten bei *Desulfovibrio desulfuricans* (anaerobes Bakterium, Sulfatatmer) und bei Bäckerhefe untersucht. Die Sulfatreduktion wird durch Liponsäure stimuliert, so daß angenommen wurde, daß reduzierte Liponsäure (vgl. 10.2.2.1.) einleitend durch PAPS sulfuryliert wird. Vermutlich haben jedoch reduziertes Lipoat und $NADPH_2$ nur eine indirekte Funktion als H-Donatoren des komplexen **Sulfatreduktase-Systems.**

Bei der Sulfatassimilation in Chloroplasten ist der Elektronen-Donator für das APS-Reduktase-System offensichtlich eine Komponente der photosynthetischen Elektronentransportkette.

Wir kommen zu dem folgenden Schema der Reduktion von APS:

$^{-}O-SO_2-O^{-}$ (Sulfat) —ATP ① → APS + PP_{an} → 2 P_{an}

APS + Car-S⁻ —② → AMP + Car-S-S_3^{-}

Car-S-S_3^{-} —③ (Fd_{red} → Fd_{ox}; photosynthetischer e-Transport) → Car-S-S⁻

Car-S-S⁻ + O-Acetyl-L-serin → L-CYSTEIN + Car-S⁻

① *ATP-Sulfurylase*, ② *APS-Transferase*,

③ *APS-Reduktase*; Car-S⁻ = Carrier (Proteinsulhydryl?)

Produkt der APS-Reduktion is *Sulfit*. Die weitere Reduktion des Sulfits an dem System der „*Sulfit-Reduktase*“ beinhaltet entweder eine stufenweise sich vollziehende Übertragung von Elektronenpaaren, so daß Intermediärprodukte von der Oxydationszahl +2 und 0 zu postulieren sind, oder führt über Carrier- bzw. enzymgebundene Zwischenstufen (Schema!). Produkt der Sulfitreduktion ist **Schwefelwasserstoff** (H_2S), der in die Thiolgruppe von Cystein überführt wird. Die pyridoxalphosphat-abhängige **Serinsulfhydrase** („*Cysteinsynthase*“) verwendet nicht L-Serin, sondern O-Acetyl-L-Serin und Sulfid-Ionen zur Cysteinsynthese pflanzlicher Organismen.

Im Unterschied zu der bei autotrophen Organismen verbreiteten assimilatorischen Sulfatreduktion, die ein allgemeiner Mechanismus der Synthese körpereigener reduzierter Schwefelverbindungen aus oxydiertem Schwefel des Milieus ist, ist die dissimilatorische Sulfatreduktion von außerordentlich begrenzter taxonomischer Verbreitung. Die **Sulfatatmung** ist auf Vertreter von zwei Bakteriengattungen beschränkt: *Desulfovibrio* und *Desulfotomaculum*. Diese obligat anaeroben „Sulfatatmer“ werden als **Desulfurikanten** jedoch als wichtige biologische Glieder im Kreislauf des Schwefels in der Natur benötigt (vgl. weiter unten). Als **Desulfurikation** wird die unter anaeroben Bedingungen stattfindende Mineralisierung organischer Masse verstanden, die zur Bildung von Schwefelwasserstoff führt. An diesem für den Schwefelkreislauf wichtigen Vorgang sind neben den Desulfurikanten postmortale Prozesse beteiligt, bei denen die Sulfhydrylgruppen von Proteinen durch als **Desulfurasen** bezeichnete Enzyme als Schwefelwasserstoff abgespalten werden.

Die **Sulfatatmung** wird durch folgende Summengleichung ausgedrückt:

$$8\,[H] + SO_4^{=} \rightarrow H_2S + 2\,H_2O + 2\,OH^{-}$$

Sie ist an streng anaerobe Bedingungen gebunden. Da zumeist Essigsäure als Endprodukt (neben CO_2 und H_2S) auftritt, kann man die Sulfatatmung als anaerobe Essigsäurefermentation kennzeichnen und als eine Form der „Chemolithotrophie“ (vgl. 3.4.) auffassen. Als H-Akzeptor fungiert Sulfat. Als H-Donatoren können verschiedene organische Substanzen (organische Säuren, Alkohole) und auch molekularer Wasserstoff genutzt werden, da viele Stämme der *Desulfurikanten* eine konstitutive Hydrogenase (vgl. 12.1.1.) besitzen. Desulfurikanten enthalten Cytochrome und bilden ATP durch Atmungskettenphosphorylierung.

Die oxydative ATP-Bildung wird zur Assimilation organischer Verbindungen verwendet. Die Umsetzung von Pyruvat vollzieht sich summarisch wie folgt:

$$4\ \text{Pyruvat} + H_2SO_4 \rightarrow 4\ \text{Acetat} + 4\ CO_2 + H_2S$$

Desulfovibrio (die wichtigere Gattung unter den Sulfatatmern) kann Eisen aerob und auch anaerob oxydieren, was zu erheblichen Schäden an Eisenrohren (pipe lines) führen kann. Das Bakterium wird für die Farbe des Schwarzen Meeres und für seine in der Tiefe beträchtliche H_2S-Konzentration verantwortlich gemacht.

Die Prozesse der Sulfatassimilation und Sulfatatmung veranschaulicht noch einmal das folgende Schema:

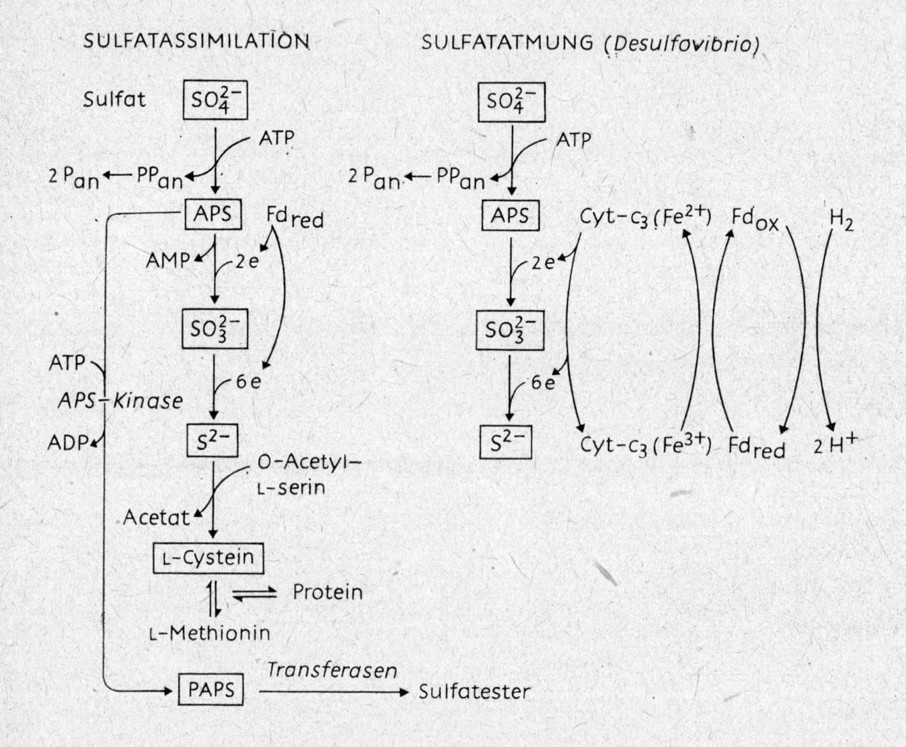

In analoger Weise wie der Stickstoff (vgl. Kapitel 12.) ist auch der Schwefel einem Kreislauf in der Natur unterworfen. Den **Schwefelkreislauf** der Biosphäre zeigt das nachfolgende Schema (n. SCHLEGEL). Wichtige Teilprozesse in diesem Vorgang sind: die Sulfatassimilation (Pflanzen, Mikroorganismen), die Sulfatatmung (*Desulfovibrio*, *Desulfotomaculum*), die Desulfurikation (im Zuge der Mineralisation organischer S-Verbingungen durch Desulfurasen) und die Oxydation von Schwefelwasserstoff, elementarem Schwefel usw. zu Sulfat (Thiobacillen, Schwefelbakterien und phototrophe Bakterien):

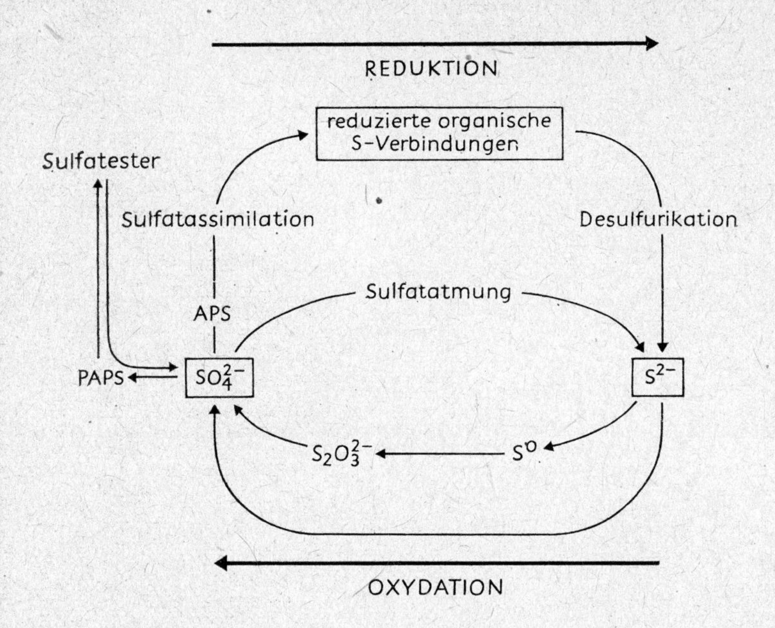

13.1. Metabolismus der Schwefelaminosäuren

Die **S-Aminosäuren** L-*Cystein* (L-α-Amino-β-mercaptopropionsäure) und L-*Methionin* (L-α-Amino-γ-methylmercaptobuttersäure) sind Proteinbausteine. Im Zuge ihrer Biosynthese und ihres Katabolismus treten verschiedene schwefelhaltige Verbindungen auf, wie z. B. das L-*Homocystein* und das L-*Cystathionin*. Im Organismenreich, insbesondere in Pflanzen, kommen weitere S-Aminosäuren vor, die jedoch nicht am Proteinaufbau beteiligt sind. In einigen Pflanzen sind solche „seltenen" Aminosäuren, die wir als Sekundärstoffe auffassen müssen, gehäuft. Beispielsweise enthalten Mimosaceen verschiedene Schwefelaminosäu-

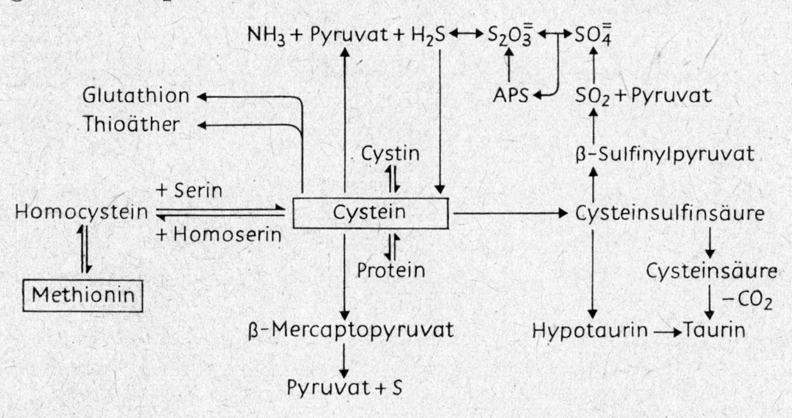

ren, die man als *Thioäther-Derivate* von L-*Cystein* auffassen kann (L-*Djenkolsäure*, zuerst in der Djenkolbohne als toxischer Inhaltsstoff aufgefunden, N-Acetyl-L-djenkolsäure, *Dichrostachinsäure* u. a.). Diese Verbindungen gehen offensichtlich biogenetisch aus Cystein hervor.

Cystein ist Produkt der Sulfatassimilation (vgl. S. 490 ff.). Es steht im Zentrum des Stoffwechsels schwefelhaltiger Verbindungen, wie das auf S. 493 unten verdeutlicht wird:

Die Strukturformeln der aufgeführten Verbindungen zeigen deren enge chemische Beziehung zum Cystein:

```
                                OH            OH            OH
                                |             |             |
  SH          SH                S=O         O=S=O           S=O
  |           |                 |             |             |
  CH2         CH2               CH2           CH2           CH2
  |           |                 |             |             |
HCNH2         C=O             HCNH2         HCNH2           C=O
  |           |                 |             |             |
  COOH        COOH              COOH          COOH          COOH
Cystein     β-Mercapto-       Cystein-      Cystein-      β-Sulfinyl-
            pyruvat           sulfinsäure   säure         pyruvat
```

```
   OH        CH2SH         CH2—S—CH2              CH2—S—CH2—S—CH2
   |         |             |      |               |               |
 O=S=O       CH2          H2C    HCNH2          H2CNH2          H2CNH2
   |         |             |      |               |               |
   CH2      HCNH2         HCNH2   COOH            COOH            COOH
   |         |             |
   CH2       COOH          COOH
   |
   NH2
Taurin      Homocy-       Cystathionin            Djenkolsäure
            stein
```

Aus L-Cystein wird über L-Homocystein das L-Methionin synthetisiert (vgl. weiter unten). Aus Methionin kann Cystein via Homocystein gebildet werden. Die beiden proteinogenen S-Aminosäuren sind demnach im Organismus ineinander überführbar. Die **Abbaureaktionen** des *Cysteins* führen über reduzierte oder oxydierte Zwischenstufen. Endprodukte des Abbaus von Cystein sind zumeist oxydierte Produkte, nämlich *Taurin* oder anorganisches *Sulfat*. Der Katabolismus von *Methionin* ist bis zur Stufe des Cysteins identisch mit der metabolischen Konversion des Methionins der Nahrung in körpereigenes Cystein und folgt dann den Reaktionen des Cysteinabbaus. Neben Cystein fällt bei dieser Reaktionsfolge (vgl. das nachfolgende Schema) 2-Oxobutyrat ab, das weiter katabolisiert wird.

L-**Cystein** wird im Zuge der Sulfatassimilation *de novo* sowie aus exogenem Methionin wie folgt synthetisiert:

CYSTEINBIOSYNTHESE

a) de novo-Synthese:

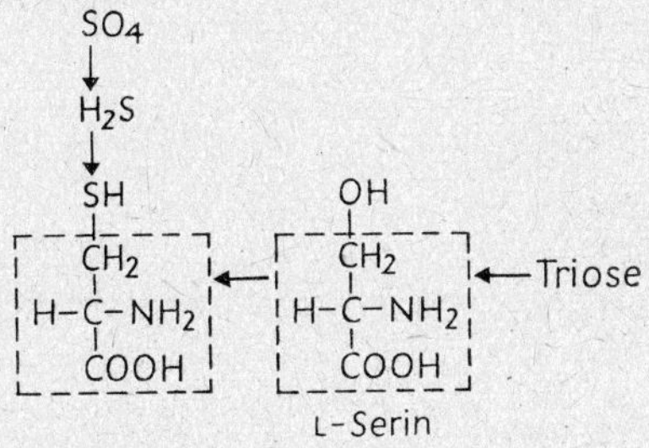

$$SO_4 \rightarrow H_2S \rightarrow SH$$

SH		OH	
CH_2	←	CH_2	← Triose
$H-C-NH_2$		$H-C-NH_2$	
COOH		COOH	
		L-Serin	

b) Bildung aus L-Methionin:

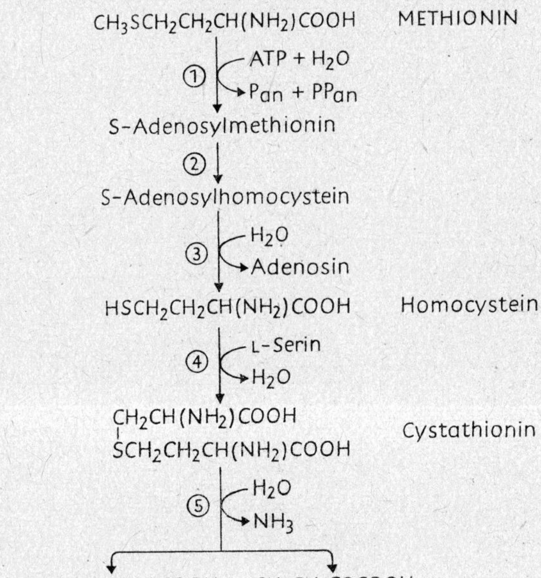

$CH_3SCH_2CH_2CH(NH_2)COOH$ METHIONIN

↓ ① $ATP + H_2O$ → $P_{an} + PP_{an}$

S-Adenosylmethionin

↓ ②

S-Adenosylhomocystein

↓ ③ H_2O → Adenosin

$HSCH_2CH_2CH(NH_2)COOH$ Homocystein

↓ ④ L-Serin → H_2O

$CH_2CH(NH_2)COOH$
$SCH_2CH_2CH(NH_2)COOH$ Cystathionin

↓ ⑤ H_2O → NH_3

$HSCH_2CH(NH_2)COOH$ CYSTEIN + $CH_3CH_2COCOOH$ 2-Oxobutyrat

Die folgenden Enzyme sind an der Cysteinsynthese aus Methionin beteiligt: ① = *Methionin-Adenosyl-Transferase* (ATP: L-Methionin- S-adenosyltransferase); ② = *Homocystein-Transmethylase* (S-Adenosylmethionin: L-Homocystein-S-methyltransferase); ③ = *Adenosylhomocysteinase* (S-Adenosyl-L-Homocysteinhydrolase); ④ = *Cystathioninsynthetase*; ⑤ = *Cystathionase* (L-Homoserinhydrolase, desaminierend) (Zum Aufbau und zur Funktion von S-Adenosylmethionin vgl. 9.2.).

Die Reaktionen 4 und 5 stellen eine **Transsulfurierung** dar, bei der Homocystein-Schwefel in Cystein-Schwefel überführt wird:

CH_2—SH (R) Homocystein $\xrightarrow{+\text{ Serin}}$ CH_2—S—CH_2 (R, R_1) Cystathionin $\xrightarrow[-\text{Ketobutyrat}]{-NH_3\text{-}}$ CH_2—SH (R) Cystein

Die **Biosynthese von L-Methionin** erfolgt aus L-Homoserin, L-Cystein und 5-Methyl-Folat-H_4:

Cystein-(S) → (S)—CH_3 ← S—CH_3—FH_4
L-Serin (C_3) ⇌ Glycin (C_2)
L-Homoserin (C_1–C_4,–NH_2): CH_2–CH_2–H–C–NH_2–COOH

L-Homoserin ist ein Verzweigungspunkt in der Biosynthese der Aminosäuren der Pyruvat-Familie (vgl. 12.5.). Aus L-Homoserin und L-Cystein wird L-Homocystein durch eine **Transsulfurierung** gebildet, die wie folgt abläuft:

a) L-Homoserin + Succinyl — CoA → O-Succinyl-L-homoserin + CoA
b) O-Succinylhomoserin + L-Cystein → L-Cystathionin + Succinat
c) L-Cystathionin + H_2O → L-Homocystein + Pyruvat + NH_3

(Reaktion a kann auch unter Beteiligung von Acetyl-CoA und O-Acetyl-homoserin in Mikroorganismen ablaufen; in Pflanzen ist Oxalyl-CoA beteiligt, vgl. auch 3.5.).

In der **terminalen Reaktion der Methioninsynthese** wird Homocystein zum Methyl-Thioäther = L-Methionin methyliert:

d) L-Homocystein + Methyl-Donator → L-Methionin

Bei der Methioninsynthese sind demzufolge **4 enzymatische Schritte** zu unterscheiden, welche durch die folgenden Enzyme katalysiert werden:
a) *Homoserin-O-transsuccinylase*; b) *Cystathionin-γ-synthase*; c) *Cystathionase*; d) „*Transmethylase*".

Die folgenden **Methylierungssysteme** können in speziesabhängiger Weise den terminalen Schritt der Methioninbiosynthese d) vermitteln:
- ein komplexes Methylierungssystem aus *Escherichia coli*, das N^5-Methyltetrahydropteroylmono- oder -triglutamat, Methyl-B_{12} (vgl. 9.4.) und S-Adenosylmethionin benötigt
- ein dem *E. coli*-System ähnliches komplexes Methylierungssystem in Mammaliern, das ohne Methyl-B_{12} arbeitet
- eine für N^5-Methyltetrahydropteroyltriglutamat spezifische *Transmethylase*, die ohne weitere Cofaktoren wirksam ist (in einigen Stämmen von *E. coli*)
- eine die Onium-Verbindung Betain (trimethyliertes Glycin mit positiviertem Stickstoff!) verwendende *Transmethylase*
- eine Dimethylthetin als Methyldonator verwendende *Transmethylase*.

Methionin-Synthase („*Vitamin-B_{12}-Transmethylase*“) aus *E. coli* katalysiert die folgende, bezüglich ihres Feinmechanismus noch hypothetische Reaktion (S-AMe = S-Adenosyl-L-methionin):

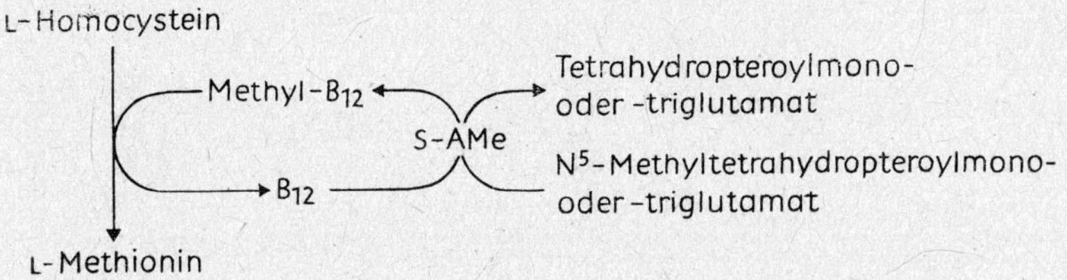

L-Homocystein
Methyl-B_{12}
S-AMe
Tetrahydropteroylmono- oder -triglutamat
B_{12}
N^5-Methyltetrahydropteroylmono- oder -triglutamat
L-Methionin

Die Methioninsynthese ist praktisch identisch mit der *de novo*-Synthese der Methylgruppe, da in zahlreichen Methylierungsreaktionen des Stoffwechsels Methionin via S-Adenosylmethionin („Aktives Methionin“, „Aktives Methyl“, vgl. 9.2.) Methylgruppen-Spender ist.

Thetine sind ausgezeichnete Methyldonatoren. In Meeresalgen wurde das *Dimethylpropiothetin* aufgefunden:

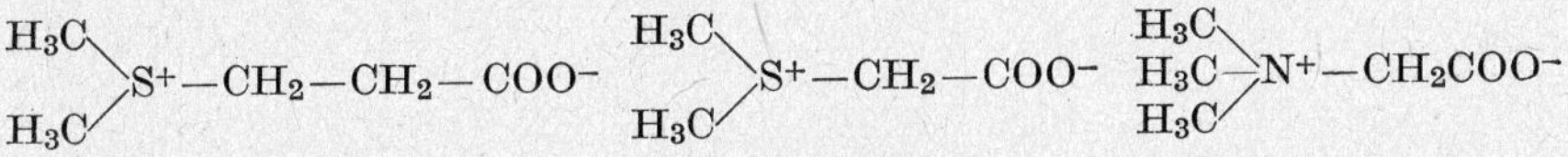

$$(H_3C)_2S^+-CH_2-CH_2-COO^-$$
Dimethylpropiothetin

$$(H_3C)_2S^+-CH_2-COO^-$$
Dimethylthetin

$$(H_3C)_3N^+-CH_2COO^-$$
Betain

14. Die Proteinbiosynthese und der genetische Code

Vererbung ist die Übertragung von genetischer Information von einer Generation auf die nächste. Sie sichert die Erhaltung, Reproduktion und Vermehrung des Lebens. Die **genetische Information** stellt den **Bauplan** eines Organismus dar. Sie wird durch die Synthese spezifischer Proteine realisiert, d. h. in funktionelle Struktur übersetzt. Die „Vererbungschemie" ist längst nicht mehr eine Domäne der Biochemie. Sie ist Gegenstand der Molekulargenetik bzw. Molekularbiologie (vgl. 1.3.1.). (Für eine detaillierte Information über dieses stark im Fluß befindliche hochaktuelle Forschungsgebiet sei deshalb auf die einschlägigen Darstellungen der Genetik und Molekularbiologie verwiesen).

Im folgenden seien biochemische Aspekte zu den folgenden 3 Fragestellungen in gebotener Kürze herausgestellt:

- Wie vermag DNS genetische Informationen zu speichern?
- Wie erfolgt die Genexpression, d. h. die Ausprägung der Erbanlagen?
- Wie werden Proteine synthetisiert, und wie wird die Proteinbiosynthese reguliert?

14.1. DNS als genetisches Material

Den Gestaltungen aller Lebewesen liegen Baupläne zugrunde, die in den Chromosomen der Euzyte bzw. in ihren stofflichen Äquivalenten in der Protozyte festgelegt sind. Ihre Elementareinheiten sind die **Gene**, die aus dem Studium der Gesetzmäßigkeiten der Vererbung erschlossen und als definierte Abschnitte auf der DNS erkannt wurden. Jedem Merkmal (vgl. 8.1.) können Gene als biologische Informationsträger zugeordnet werden. Die Merkmalsausprägung wird durch das Wirken von Enzymen hervorgerufen.

Gene (Erbfaktoren) wurden ursprünglich definiert als biologische Einheiten, denen die Fähigkeit zur *Merkmalsausprägung*, *identischen Reproduktion* und *Mutation* zukommt. Die Funktion eines Gens ist eine doppelte:

- *identische Reduplikation* (Reproduktion) der Erbanlagen durch den Mechanismus der *DNS-Replikation* und dadurch exakte Weitergabe der Erbinformation
- „Erteilung einer Anweisung" zur Synthese eines spezifischen Proteins durch das Wirken der Mechanismen von *Transkription* und *Translation*.

Die **„Ein-Gen-ein-Enzym-Hypothese“** (BEADLE 1945) besagt: „Es existiert eine große Gruppe von Genen, von denen jedes einzelne Gen die Synthese oder Aktivität eines einzigen Enzyms steuert“ (HAUROWITZ 1950).

Heute muß man diese Aussage präzisieren: **„Ein Strukturgen — ein Polypeptid“**. Die Ergebnisse der Molekularbiologie zeigen:

– *ein Gen* kontrolliert u. U. die Bildung *mehrerer Proteine* (als *pleiotrope Wirkung* von Genen bezeichnet)
– *mehrere Gene* können *ein Enzym* in seiner Bildung steuern.

Insbesondere die Untersuchungen von JACOB und MONOD (1961) haben zu einer Präzisierung des Genbegriffes geführt (vgl. 7.1.).

Das stoffliche Äquivalent der Gene ist die **DNS**. Die 4 Basen der DNS sind in ungleicher Häufigkeit vorhanden. Ihre Anordnung ist „schriftartig“. Sie bilden eine unregelmäßige, aber sinnvolle Folge und sind die 4 „Buchstaben“ des „Morsealphabets des Lebens“. DNS ist gewissermaßen eine schriftartige Erbsubstanz. Erbanlagen sind lineare Folgen von Nucleotiden. Ein Gen ist die Abfolge von ca. 1500 Nucleotiden bzw. ein definierter DNS-Abschnitt. Das DNS-Modell von WATSON und CRICK (vgl. 2.6.5.2.) bietet eine so elegante Lösung des

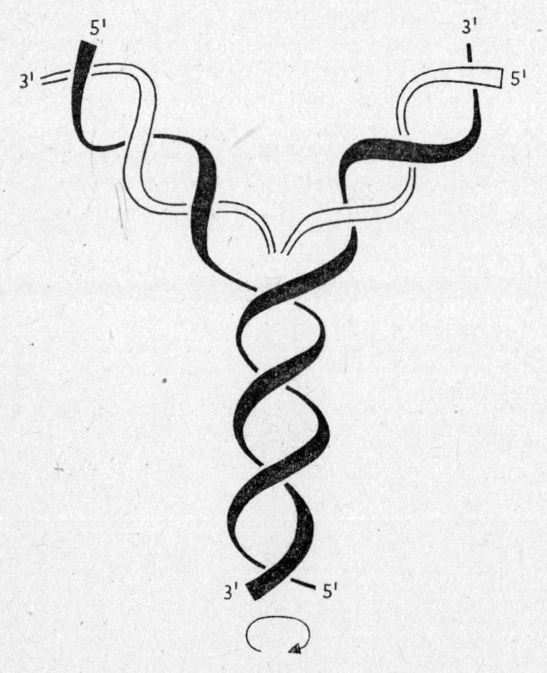

Abb. 14.1. DNS-Replikation (aus SCHALLER, entnommen aus PARTHIER und WOLLGIEHN). Der Pfeil gibt den Drehsinn der Doppelhelix bei der Entspiralisierung an. Die neu synthetisierten Stränge sind nicht ausgefüllt dargestellt. Die identische Reduplikation (Replikation) der DNS erfolgt „semikonservativ“, d. h. zu jedem Einzelstrang der DNS-Matrize („Mutterstrang“) wird ein komplementärer „Tochterstrang“ gebildet.

Problems der genetischen Informationsspeicherung, „daß es kaum glaublich wäre, daß die Natur von dieser wunderbaren Erfindung der Herren WATSON und CRICK keinen Gebrauch gemacht haben sollte" (DELBRÜCK 1954). Entscheidend ist:

- die *Doppelhelix*
- die *Komplementarität der Basen*.

Jedes DNS-Molekül trägt die Information zweifach. Ist die Basensequenz eines Stranges bekannt, kann man mit Hilfe der Komplementaritätsregel die Sequenz des anderen Stranges angeben. Diesen Weg beschreitet die Natur bei der **DNS-Replikation** (Abb. 14.1.).

Replikation:

$$\boxed{\begin{array}{c} \text{dATP} \\ \text{dGTP} \\ \text{dCTP} \\ \text{TTP} \end{array}} \xrightarrow[\textit{DNS-Polymerase}]{\text{DNS-Matrize}} \boxed{\text{replizierte DNS}} + \text{PP}_{\text{an}}$$

Mit der *Kornberg-Polymerase* werden die einzelnen Basen in dem gleichen Mengenverhältnis, mit dem sie in der Starter-DNS (Matrize) vorliegen, in die DNS bei *in vitro*-Versuchen eingebaut. Das *E. coli*-Enzym kann DNS verschiedener Herkunft vermehren. Man ist jedoch nicht überzeugt, ob die Kornberg-Polymerase das Enzym ist, das auch *in vivo* die DNS-Replikation durchführt. Vielleicht ist es ein Reparaturenzym und Teil eines größeren Enzymaggregates, das in jeder Coli-Zelle nur in einem Exemplar vorkommt und für die Replikation sorgt. Die Bedeutung des Kornberg-Enzyms = *DNS-Polymerase I* wurde insbesondere durch die Auffindung vermehrungsfähiger pol$^-$-Mutanten (pol = Polymerase) sowie von temperatursensitiven Mutanten (vgl. 8.1.1.) in Frage gestellt, welche DNS-Polymerase I mit Eigenschaften des Wildtyps aufweisen. Die Existenz einer weiteren **DNS-Polymerase** wurde gefordert.

DNS-Polymerase I kann zusammen mit der *Okazaki-Ligase* (= *Polynucleotidyl-Transferase*) Reparatur- und Rekombinationsprozesse steuern. DNS-Ligasen haben Bedeutung für die Strangverknüpfung bei Reparaturprozessen. Ihre Rolle bei Genrekombination, Geninversion und Genduplikation wird diskutiert. **Schlüsselenzyme der DNS-Synthese**, deren Aktivität mit der Mitoserate korreliert ist, sind:

- die *Ribonucleotid-Reduktase* (vgl. 12.7.2.1. und 11.2.1.)
- die Thyminverbindungen synthetisierenden bzw. anabol umsetzenden Enzyme (vgl. 12.7.2.)
- die *Desoxycytidylat-Desaminase* u. a.

In RNS-Viren (z. B. Tabak-Virus) existiert eine *RNS-abhängige RNS-Polymerase*, die als Replikase fungiert. Eine der wichtigsten Entdeckungen der vergangenen Jahre ist zweifellos die Auffindung einer *RNS-abhängigen DNS-Polymerase* (umgekehrte Replikase oder *Umkehrtranskriptase*) sowie weiterer für diese DNS-Synthese erforderlicher Enzyme (*Ligase, Endonuclease, Hybridtranskriptase*) in onkogenen (tumorerzeugenden) Viren. Sie konnte auch in den sog.

C-Partikeln aus der Milch von Frauen und in Viren aus Mammakarzinomen von Primaten aufgefunden werden.

Das besondere Verhalten der DNS ist die Grundlage für die als *Replikation, Transkription, Transformation, Transduktion, Transfektion, Mutation* und *Rekombination* bezeichneten genetischen Prozesse (Tabelle 14.1.).

Tabelle 14.1. Funktionen der DNS

Funktion	Funktionseinheit	Struktureinheit
Replikation	DNS	DNS
Transkription	Codon	Triplett
Transformation („Transplantation")	DNS = Transformationsfaktor	Gen
Mutation	Muton	Nucleotid
Rekombination	Recon	Internucleotid-Distanz
Merkmalsprägung	Cistron	DNS-Abschnitt

14.2. Die Genexpression und der genetische Code

Der *Informationsfluß* bei der Proteinbiosynthese (vgl. 14.3.) ist durch die Richtung:
DNS → RNS → Protein
festgelegt. Als „Grunddogma der Molekularbiologie" galt bis vor kurzem (vgl. 14.1., Umkehrtranskriptase):

Replikation ⟲ [DNS] —Transkription→ [RNS] —Translation→ [Protein]

Als **Transkription** bezeichnen wir die RNS-Synthese an der DNS als Matrize. Sie bedeutet: die Umschreibung der „Nucleotidschrift" der DNS in die der RNS. **Translation** ist die Proteinbiosynthese. Sie bedeutet: die molekulare Übersetzung der „Nucleotidschrift" der mRNS (= Matrizen-RNS) in die „Aminosäureschrift" der Proteine:

Transkription:

$$\begin{bmatrix} \text{ATP} \\ \text{GTP} \\ \text{CTP} \\ \text{UTP} \end{bmatrix} \xrightarrow[\textit{RNS-Polymerase}]{\text{DNS-Matrize}} \boxed{\text{R N S}} + \text{PP}_{an}$$

Translation:

$$\boxed{\text{Aminosäuren}} + \text{ATP} \xrightarrow[\text{Ribosomen, GTP, Enzyme}]{\text{mRNS, tRNS}} \boxed{\text{Protein}} + \text{PP}_{an} + \text{AMP}(+ \text{GDP} + \text{P}_{an})$$

Der **genetische Code** ist heute dank den Arbeiten von NIRENBERG, MATTHAEI, OCHOA und Mitarbeitern sowie KHORANA vollständig aufgeklärt. Das Code-Lexikon zeigt die Abb. 14.2. Die Tabelle 14.2. zeigt wichtige Eigenschaften des genetischen Codes.

1. Base	2. Base				3. Base
	U	C	A	G	
U	Phe	Ser	Tyr	Cys	U
	Phe	Ser	Tyr	Cys	C
	Leu	Ser	Term.	Term.	A
	Leu	Ser	Term.	Try	G
C	Leu	Pro	His	Arg	U
	Leu	Pro	His	Arg	C
	Leu	Pro	Gln	Arg	A
	Leu	Pro	Gln	Arg	G
A	Ile	Thr	Asn	Ser	U
	Ile	Thr	Asn	Ser	C
	Ile	Thr	Lys	Arg	A
	Met (Start.)	Thr	Lys	Arg	G
G	Val	Ala	Asp	Gly	U
	Val	Ala	Asp	Gly	C
	Val	Ala	Glu	Gly	A
	Val (Start.)	Ala	Glu	Gly	G

Abb. 14.2. Das „Code-Lexikon". Aufgeschrieben sind die Code-Zeichen (Basentripletts) der mRNS. Term. = Terminationscodon, Start. = Startcodon.

Tabelle 14.2. Allgemeine Eigenschaften des genetischen Codes

Charakteristika	Bedeutung	Beispiel
Triplett-Natur der Codons (= Triplett-Code) *nicht-überlappend*	Codon besteht aus 3 Zeichen (Nucleotiden)	—U—C—C— = -Ser- —U—C—C—C—C—U = -Ser-Pro-
universell	in allen (untersuchten) Organismen codiert dasselbe Codon für dieselbe Aminosäure	—U—C—C— = Serin in allen Organismen
systematisch degeneriert	mehrere Codons codieren für dieselbe Aminosäure oder: eine Aminosäure korrespondiert zu mehreren Tripletts	—U—C—U— —U—C—C— —U—C—A— = Serin —U—C—G—

Drei Codezeichen bedeuten $4^3 = 64$ Kombinationsmöglichkeiten. Das reicht bei weitem aus, um die 20 Eiweißaminosäuren (vgl. 2.3.4.4.) zu codieren. Der Code ist systematisch degeneriert (vgl. Abb. 14.2.). Mehrere Codezeichen bedeuten dasselbe. Andere Codons signalisieren Beginn des Kettenwachstums (AUG) oder Abbruch der Proteinsynthese (Termination, UAA, UAG oder UGA). Das Codingproblem wurde in überraschender Weise in relativ kurzer Zeit einer Lösung zugeführt. Entscheidend war die Erkenntnis, daß relativ einfache Polynucleotide den Einbau von Aminosäuren in einem geeignet zusammengesetzten *in vitro-System der Proteinsynthese* als *künstliche Messenger* katalysieren können (Matthaei, Nirenberg, Ochoa). Mit Polyuridylsäure (Poly-U) erhält man ein Polypeptid, das nur aus Phenylalanin besteht: Poly-U → Polyphenylalanin. UUU ist das Codezeichen für Phenylalanin. Poly-U, Poly-A usw. (Homopolymere) sowie Mischpolymerisate (Copolymere), welche die Basen in statistischer Verteilung enthalten, kann man mit Hilfe von *Polynucleotid-Phosphorylase* aus Bakterien (*E. coli*, Ochoa, Grunberg-Manago) enzymatisch synthetisieren:

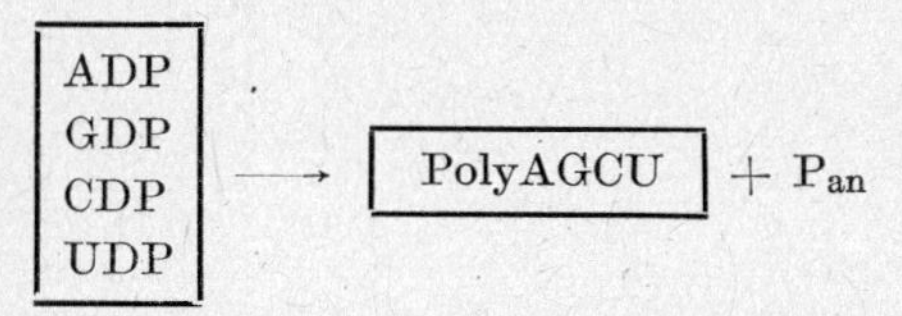

Dieses Enzym, das eine DNS-unabhängige *RNS-Polymerase* ist, führt in vitro zur Synthese einer RNS, deren Basenzusammensetzung von dem relativen Anteil der Nucleosiddiphosphate im Substratgemisch wesentlich mitbestimmt wird.

Durch eine bestimmte Technik konnten in der Folge chemisch oder enzymatisch synthetisierte Triphosphate zur Klärung des Codierungsverhaltens (Nirenberg) eingesetzt werden. Die chemische Synthese von Polynucleotiden bekannter Sequenz (Khorana) war ein weiterer bedeutender Fortschritt.

Das folgende Schema verdeutlicht den **Informationsfluß bei der Genexpression:**

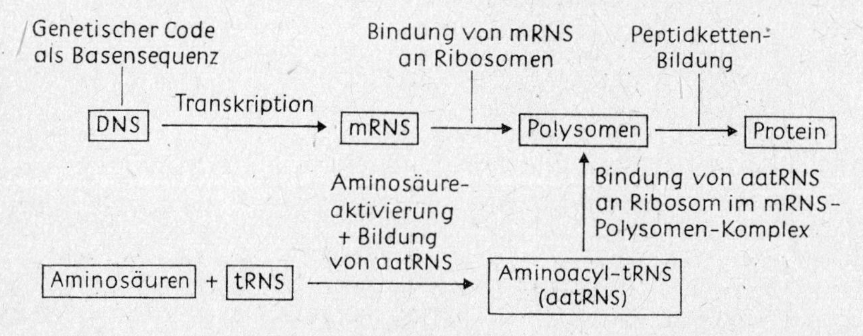

Der genetische Code ist als Basensequenz (Nucleotidsequenz) in der DNS enthalten (vgl. 14.1.). An der DNS wird die Synthese von mRNS vollzogen (Transkription). Die **Ribosomen** (vgl. 6.3.2.2.) bilden die stabilisierenden Oberflächen für die Translation und sind die Orte der Proteinsynthese. Die strukturelle Einheit von mRNS und mehreren Ribosomen wird als **Polysom** bezeichnet und ist die funktionelle Einheit der Proteinbiosynthese. Die Proteinbausteine werden durch ATP enzymatisch aktiviert und durch *Aminoacyl-tRNS-Synthetasen* auf die tRNS unter Bildung von **Aminoacyl-tRNS** (= aatRNS) übertragen. Die 20 aatRNS werden am Ribosom im mRNS-Polysomen-Komplex in der durch den Code vorgezeichneten Reihenfolge gebunden, wobei die Aminosäuren peptidisch miteinander verknüpft werden (Abb. 14.3.).

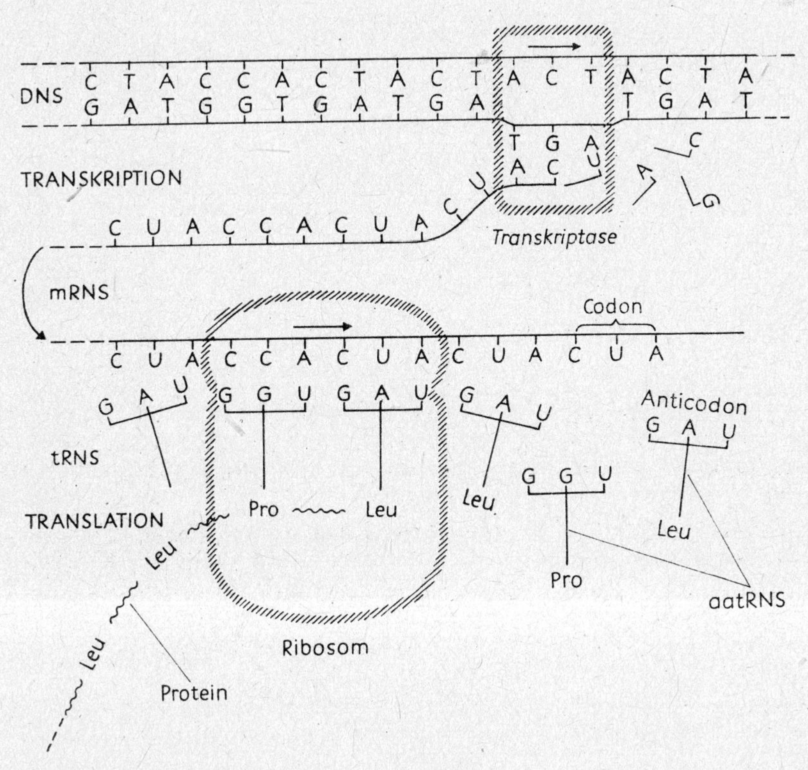

Abb. 14.3.a. Schema der Proteinbiosynthese.

Mit der **Aminosäuresequenz** eines Proteins ist seine **Primärstruktur** hergestellt. Das Protein kann chemisch weiter modifiziert werden (Tabelle 3.3.). Die als Sekundär- und Tertiärstruktur bezeichneten Strukturarten von Proteinen (vgl. 2.6.4.5.3.) sind durch die Primärstruktur determiniert. Nur diese ist erblich festgelegt. Die höheren Strukturarten stellen sich spontan als thermodynamisch wahrscheinlichste Ordnungszustände ein. Das angegebene Schema der Proteinsynthese stellt nur die prinzipiellen Zusammenhänge dar und ist stark vereinfacht. Die **biologischen Funktionen** der verschiedenen Arten **von Nucleinsäuren** faßt das folgende Schema zusammen:

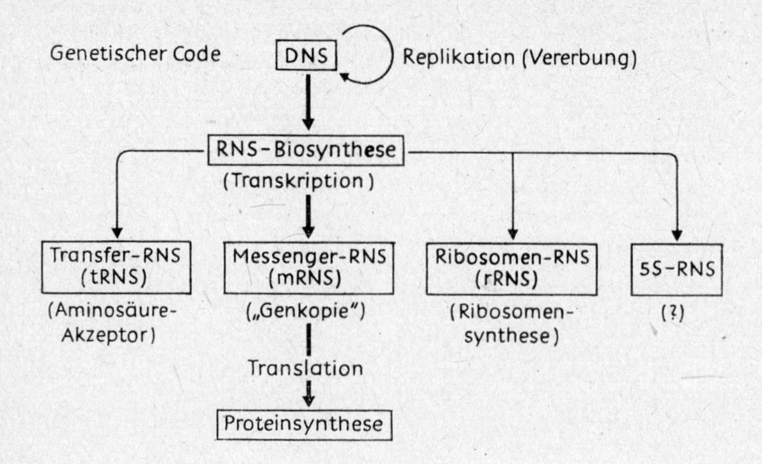

14.3. Die Proteinbiosynthese

Über allgemeine Vorgänge bei der Biopolymerensynthese wurde bereits in 3.3. berichtet. Ein allgemeines Schema der Proteinbiosynthese wurde in 14.2. vorgestellt. Die Rolle der verschiedenen Nucleinsäureklassen in diesem Prozeß ist aus 14.2. zu entnehmen. Zur Aktivierung der Proteinbausteine und zur Bildung der Aminoacyl-tRNS-Komplexe vgl. die Tabelle 2.34.

Bei der **Biosynthese der Proteine** können wir **2 Aspekte** begrifflich trennen:

- Aktivierung, Bindung und Übertragung der Eiweißaminosäuren auf die funktionellen Einheiten der Proteosynthese, die aus Ribosomen, mRNS (= Polysomen) und mehreren, z. T. proteinischen Faktoren (vgl. Tabelle 14.3.) bestehen, und Einbau der Proteinbausteine in die wachsende Polypeptidkette nach den Anweisungen des genetischen Codes (vgl. 14.2.)
- Verarbeitung und Realisierung der genetischen Information, die sich nach den Prinzipien der Wasserstoffbrückenbindung, komplementären Basenpaarung (vgl. 2.6.5.1.) und durch Codon-Anticodon-Beziehungen (Adaptor-Hypothese) regelt und zur Synthese spezifischer Proteine führt.

Die einzelnen **Schritte der Proteinbiosynthese** (*Translation* im weiteren Sinne) können wie folgt charakterisiert werden (vgl. die Abbildungen 14. 3.a/b):

1. **Beladungsreaktion:** Die 20 proteinogenen Aminosäuren (vgl. 2.6.4.1.) werden durch spezifische Enzyme (Ligasen bzw. Aminoacyl-tRNS-Synthetasen) aktiviert und aus den Aminoacyladenylaten auf das terminale Adenosin einer spezifischen tRNS gebracht.
2. **Startprozeß** (*Initiation,* Beginn des Kettenwachstums): Ein mRNS-Strang wird an die kleinere Ribosomenuntereinheit (30S bei Bakterien) angelagert; dieser Komplex wird mit der größeren Ribosomenuntereinheit (50S bei Bakterien, vgl. 6.3.2.2.) zum 70S-Ribosom bzw. intakten Ribosom zusammengefügt, und die erste Aminoacyl-tRNS = N-Formylmethionyl-tRNS (F-Met-$tRNS_F$) wird in diesem **Initiationskomplex** gebunden.

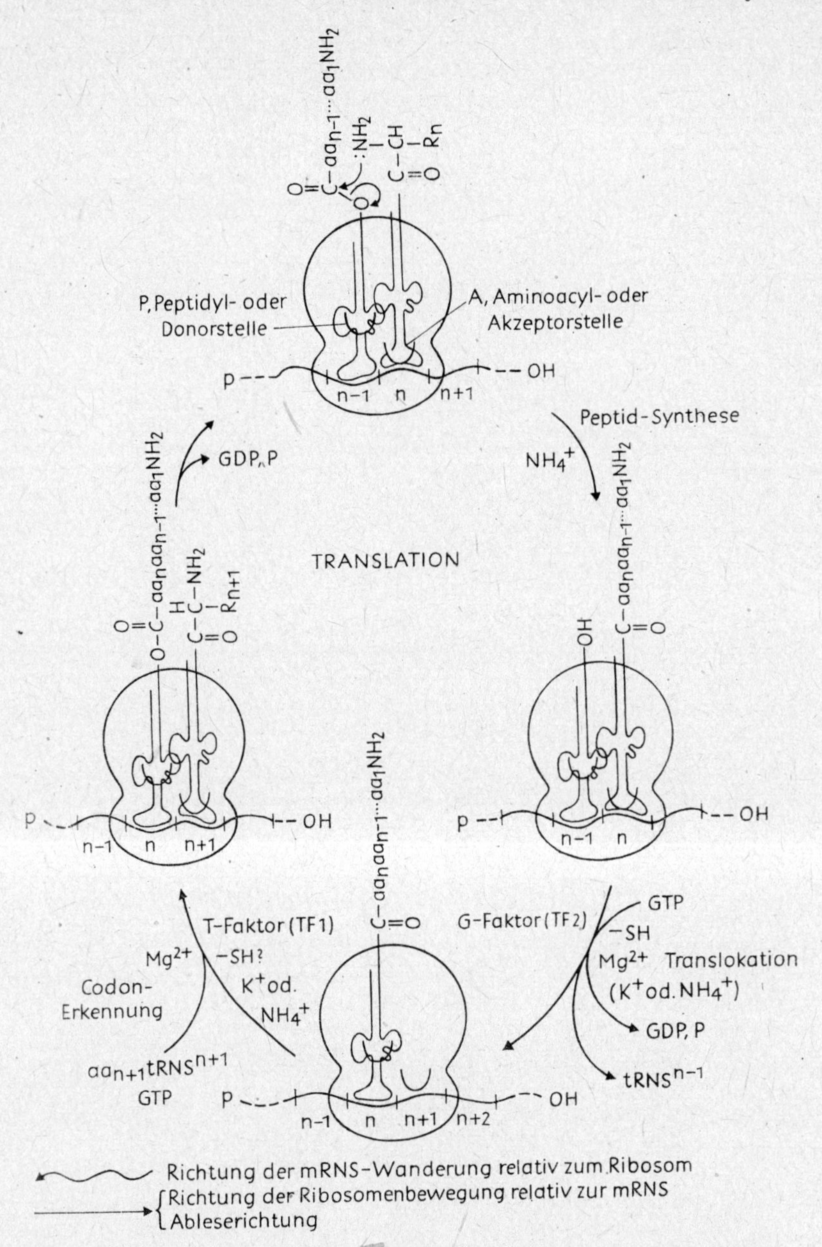

Abb. 14.3.b. Vorgänge bei der Translation (n. MAHLER und CORDES).

3. **Elongation** (Kettenverlängerung): Sie umfaßt den **Peptidsynthesevorgang** (die Translation im engeren Sinne), d. h. die Verknüpfung der von der mRNS codierten Aminosäuren zum Polypeptid.

Die **Kettenverlängerungsreaktion** schließt mehrere Teilprozesse und deren vielfache Wiederholung (bis zum Abbruch des Kettenwachstums) ein: die Bindung der „neuen“ Aminoacyl-tRNS am „Eingang“ des Ribosoms (vgl. weiter unten), den Transfer der Aminoacyl-tRNS bzw. der Peptidyl-tRNS unter Knüpfung der neuen Peptidbindung, die Translokation der wachsenden Peptidkette zum „Ausgang“, wodurch der Eingang wieder frei wird. Hierbei „bewegt sich das Ribosom“ in Richtung der transkribierten mRNS bzw. „die mRNS rastet eine Code-Einheit weiter am Ribosom ein“.

4. **Termination** (Stop des Kettenwachstums und Ablösung der Polypeptidkette): Sie beinhaltet den Abbruch der Polypeptidsynthese, die Abspaltung des terminalen Formylmethionylrestes (in den Fällen, wo diese Aminosäure nicht terminal ist) und den Zerfall (die Dissoziation) des 70S-Ribosoms.

Zur Bezeichnung der beiden **funktionellen Orte** der Proteosynthese **am Ribosom** haben sich die folgenden Bezeichnungen eingebürgert:

- **Eingang** = Akzeptor-Ort („A“ in der Abbildung 14.3.b. = Aminoacyl-, Decodierungs- oder Rezeptor-Ort
- **Ausgang** = Peptidbindungs-Ort („P“ in der Abbildung 14.3.b.) = Peptidyl-, Donor- oder Condensing-Ort.

Enzyme und Faktoren der Proteosynthese sind in der Tabelle 14.3. zusammengestellt.

Tabelle 14.3. Enzyme und Faktoren der Proteinbiosynthese (in Anlehnung an TRÄGER)

Vorgang	Faktor bzw. Enzym
Aminosäureaktivierung	*Ligasen* bzw. *Aminoacyl-tRNS-Synthetasen*
Bindung des Messengers	f_3 (Initiator, Bindefaktor)
Startreaktion (Bildung des Initiationskomplexes)	$f_1 + f_2$ („Initiations- oder Startfaktoren“; f_2 mit *GTPase*-Aktivität)
Bindung der Aminoacyl-tRNS	T_S und T_U („Transfer- oder Elongationsfaktoren“; T_S = hitzestabil, T_U = hitzeinstabil, U engl. **u**nstable); in Tieren: *Aminoacyltransferase* I
Transfer (Translokation) der Aminoacyl-tRNS	Faktor G oder *Translokase*; in Tieren: *Aminoacyltransferase* II (TF1)
Transfer des Peptidylrestes und Knüpfung der Peptidbindung	*Peptidyltransferase* (Bestandteil der 50S-Untereinheit des Ribosoms) (TF2)
Termination (Stop)	Releasing factors (R-Faktoren), Dissoziationsfaktor

Im einzelnen laufen die folgenden **Reaktionsschritte** ab (vgl. Abb. 14.3.b.):

Die **Initiation** beginnt mit der Bindung des mRNS-Stranges durch einen die Startsignale des Initiator-Codons (AUG oder GUG) „erkennenden“ Proteinfaktor f_3 (auch als B oder Initiator bezeichnet). Dieser Komplex lagert die kleinere Ribosomenuntereinheit an. F-Met-$tRNS_F$ wird als 1. Aminoacyl-tRNS an der „A“-Stelle des „Ribosoms“ gebunden. Hierzu sind weitere proteinische Initiationsfaktoren (f_1 und f_2) erforderlich. Der Faktor f_2, eine *GTPase*, katalysiert in einer Mg^{2+}-Ionen benötigenden Reaktion die Anlagerung einer 50S-Ribosomenuntereinheit an den gebildeten Komplex. Auf diese Weise wird der **Initiationskomplex**, bestehend aus 70S-

Ribosom, mRNS und N-Formylmethionyl-tRNS, gebildet. Der Gesamtvorgang der Startreaktion bedarf mehrerer Faktoren: f_1, f_2 und f_3, GTP, Mg^{2+}, NH_4^+ (oder K^+), Sulfhydryl und eines Polyamins. Durch eine Translokation der Aminoacyl-$tRNS_1$ (= F-Met-$tRNS_F$) und der mRNS am Ribosom gelangt erstere von dem „A"-Ort zum „P"-Ort des Ribosoms (vgl. Abbildung S. 507). Jetzt beginnt die Elongation durch die sich vielfach wiederholende Abfolge von Aminoacyl-tRNS-Bindung (am „A"-Ort), Peptidbindungsknüpfung (Transfer) und Translokation:

- Die freie „A"-Stelle am Ribosom wird in der Bindungsreaktion durch die 2. Aminoacyl-tRNS besetzt, deren Anheftung durch das nächstfolgende Codon signalisiert wird. Die Aminoacyl-$tRNS_2$ muß vorher einen „*Anheftungskomplex*" unter Beteiligung der Faktoren T_S und T_U sowie von GTP bilden;
- die Aminoacyl-$tRNS_1$ wird gespalten: die tRNS verläßt den „P"-Ort und tritt in den Pool der tRNS der Zelle ein;
- $Aminoacyl_1$ wird an die Aminogruppe der Aminoacyl-$tRNS_2$ angeheftet. Hierdurch entsteht eine Dipeptidyl-tRNS. Diese beiden Funktionen werden durch *Peptidyltransferase* wahrgenommen: sie spaltet die Esterbindung zwischen der $tRNS_1$ und Formylmethionin, sie heftet Formylmethionin bzw. eine Aminoacylverbindung an die Aminogruppe einer 2. Aminoacyl-tRNS in einer Transfer-Reaktion an, wobei die Peptidbindung geknüpft wird;
- während der Translokation wird das 70S-Ribosom um ein Codon in Richtung der transkribierten mRNS verlagert. Hierdurch wird die Peptidyl-tRNS auf die „P"-Stelle gebracht, und der „A"-Ort wird frei;
- an die „A"-Position wird eine 3. Aminoacyl-tRNS gebracht, die durch das entsprechende Codon signalisiert wird. Sie tritt wiederum über die „Anticodon-Schleife" der tRNS in Beziehung zum „richtigen" Codon, so daß die neue Aminosäure in die richtige Position der wachsenden Polypeptidkette eingebaut werden kann.

Das Wechselspiel von *Bindung – Transfer und Peptidknüpfung – Translokation* wiederholt sich solange, bis das 70S-Ribosom ein Stop bedeutendes Terminationscodon erreicht hat (UAA, UAG oder UGA). In diesem Augenblick wird an die freigewordene „A"-Stelle ein „Terminator-Protein" angelagert. Die Peptidyl-tRNS-Esterbindung zwischen der letzten am „P"-Ort sich befindenden Aminosäure der Polypeptidkette und der tRNS wird enzymatisch hydrolysiert, so daß der Polypeptidstrang freigesetzt wird („releasing", R-Faktoren). Das 70S-Ribosom dissoziiert unter der Wirkung eines Dissoziationsfaktors in seine Untereinheiten. Ein neuer Translationszyklus kann beginnen.

Die **Regulation der Proteinbiosynthese** ist auf allen Stufen der Genexpression möglich (Tabelle 14.4.).

Induktion und Repression sind in 7.1.1. dargestellt. Bereits vor mehr als 20 Jahren wurde postuliert, daß **Histone** (vgl. 6.3.1.) *Regulatoren der Genaktivität* sind. *In vitro* hemmen Histone die DNS-abhängige RNS-Synthese, wobei die Hemmung besonders ausgeprägt ist in adenin- und thyminreichen DNS-Abschnitten. Damit war die Frage nach der Spezifität der Histon/DNS-Wechselwirkungen gestellt. Offenbar ist die regulatorische Funktion der Histone nicht allgemein als eine Repressorfunktion zu verstehen. Es wird angenommen, daß sie einen gegebenen Aktivitätszustand einer differenzierten Zelle stabilisieren. Als Antagonisten der polykationischen Nuclearhistone werden *Phosphoproteine* angesehen, die Teil der **Residualproteine** sind (vgl. 6.3.1.). Diese könnten *Geneffektoren* sein, die die DNS-Matrizenaktivität des Chromatins (Euchromatins) erhöhen und in ihren Eigenschaften den bakteriellen Repressoren konträr sind

Tabelle 14.4. Regulationsvorgänge bei der Proteosynthese (verändert n. TRÄGER)

Regelobjekt	Regelvorgang
Biosynthese der mRNS: **Transkriptionsregulation**	Verfügbarkeit der DNS (Induktion, Repression); Aktivitäts- oder Syntheseänderung der *RNS-Polymerase*; Kontrolle der Ablösungsgeschwindigkeit der mRNS (Einfluß von Bindefaktor, Ribosomenqualität, Eigenhemmung durch RNS).
Ablesevorgang der mRNS und andere Mechanismen der **Translationsregulation**	Aktivität der mRNS (Verfügbarkeit, Maskierung, Turnover, Art der Codons); Aktivität der Ribosomen und der ribosomalen Faktoren (Einfluß von Hormonen, Membranbindung, Ribosomensynthese); Verfügbarkeit der tRNS und Aktivität der *Ligasen*; Verfügbarkeit der Aminosäuren
Aktivität von Enzymen der Proteinbiosynthese	Allosterie, Rückkoppelung, Effektoren (vgl. *RNS-Polymerase*, *Ligasen* usw.)

(zitiert n. TRÄGER). Residualproteine binden Steroide, die als Induktoren von Proteinsynthesen bei Mammaliern bekannt sind.

Eine wichtige Rolle bei der *Transkriptionsregulation* spielt die Beeinflussung der Aktivität und Synthese der *RNS-Polymerase*. Hierbei sind die Steroidhormone von besonderer Bedeutung, ebenso Ionenwirkungen. Ein wichtiger Kontrollfaktor könnte auch die unbeladene tRNS sein. Die Polyamine Spermin und Spermidin spalten RNS/RNS-Polymerase-Komplexe, wodurch die Ablösung der mRNS von der DNS kontrolliert werden könnte.

Die verschiedenen Modelle zur *Translationsregulation* sind experimentell weitaus weniger überzeugend belegt. Hier bestehen zahlreiche Denkmöglichkeiten. Insbesondere die Annahme, daß eine *heterogene Ribosomenpopulation* in der proteinsynthetisierenden Zelle besteht, hat verschiedene Konsequenzen. Tatsächlich lassen sich innerhalb einer Ribosomenpopulation heterogene Merkmale nachweisen, die auf die Steuerungsfunktion der Ribosomen bei der Proteosynthese Einfluß nehmen könnten. Hier liegt ein interessantes, in der Bearbeitung befindliches Regulationsproblem vor.

14.4. Hemmstoffe des Nucleinsäure- und Proteinstoffwechsels

Bei den Untersuchungen zur Nucleinsäure- und Proteinsynthese sind **Antibiotika** wegen ihrer differenzierten und spezifischen Wirkung wichtige Hilfsmittel der molekularbiologischen Forschung geworden. Heute sind einige tausend Verbindungen mit antibiotischer Wirksamkeit bekannt. Jedoch nur einige Dutzend sind im molekularbiologischen Labor im Einsatz (vgl. die Tabelle 14.3.) oder fanden Eingang in die *Chemotherapie* („Anwendung eines Arzneimittels zur Bekämpfung eines eingedrungenen Parasiten ohne Schädigung des Wirtes", P. EHRLICH).

Durch die bahnbrechenden Arbeiten von CHAIN und FLOREY zur Anreicherung und Gewinnung des von FLEMING 1928 entdeckten *Penicillins* begann 1940 eine neue Ära der Chemotherapie. Besonders nach dem 2. Weltkrieg setzte eine weltweite Suche nach biogenen Chemotherapeutika ein. Der Einsatz von Antibiotika in der Medizin verlangt eine hohe antimikrobielle Aktivität bei fehlender oder geringer Toxizität für den Patienten. Da diese beiden Bedingungen oft nicht erfüllt sind, ist die therapeutische Verwendung von Antibiotika begrenzt. Nach der **Definition** von BRUNNER (die über die von WAKSMAN gegebene hinausgeht) ist ein „*Antibiotikum* eine im Stoffwechsel von lebenden Zellen erzeugte chemische Substanz oder eines ihrer chemischen oder biosynthetischen Derivate, die gegen (pflanzliche und tierische) Mikroorganismen eine entwicklungshemmende oder abtötende Wirkung in geringer Konzentration ausübt". Ein wesentliches Merkmal von Antibiotika ist ihre mehr oder weniger ausgeprägte selektive Wirkung gegen Mikroorganismen. Die verschiedenen Antibiotika unterscheiden sich durch ein spezielles mikrobielles Hemmungsspektrum.

In chemischer Hinsicht bilden die Antibiotika eine sehr heterogene Substanzgruppe, in der Stoffe mit ungewöhnlichen Strukturbestandteilen nicht selten sind (z. B. seltene Zucker in Nucleosidantibiotika oder die Nitro-Gruppe im Chloramphenicol). Nach einem einheitlichen Strukturprinzip aufgebaute *Antibiotika-Klassen* (mit jeweils zahlreichen Vertretern) sind:

- die *Nucleosidantibiotika* (d. s. Nucleoside mit ungewöhnlicher Basen- oder Zuckerkomponente bzw. mit beidem zugleich)
- die *Peptidantibiotika* (vgl. 2.6.4.4.).

Eine Klassifizierung der antibiotisch wirksamen Stoffe ist aus verschiedenen Gründen problematisch: Vertreter derselben chemischen Stoffklasse sind in ähnlicher Weise wirksam, doch können andererseits chemisch ganz unterschiedlich aufgebaute Antibiotika gleichartige Stoffwechselreaktionen beeinflussen. Die Wirkung von Antibiotika ist sehr mannigfaltig. In vielen Fällen ist die Kenntnis des primären Angriffspunktes und des molekularen Wirkungsmechanismus ungenügend.

Tabelle 14.3. Antibiotika als Hemmstoffe der Purin-, Nucleotid-, Nucleinsäure- und Proteinsynthese (— Hemmung)

Antibiotikum	Chemische Kennzeichnung	Wirkungsweise
Glutaminantagonisten *Azaserin* *6-Diazo-5-oxo-L-norleucin (DON)*		FGAR —|→ FGAnR; PRPP —|→ PRA; XMP —|→ GMP
Aspartatantagonist *Hadacidin*	N-Formyl-N-hydroxyglycin	IMP —|→ sAMP → AMP; AICR —|→ SAICR → ACAR; L-Citrullin —|→ Argininosuccinat → L-Arginin

(Fortsetzung von Tabelle 14.3.)

Antibiotikum	Chemische Kennzeichnung	Wirkungsweise
Nucleosidantibiotika		
Cordycepin (= 3′-Desoxy-adenosin)	aus Adenin + Cordycepose (= 3′-Desoxyribose)	PRPP ↛ PRA; AMP ↛ ATP (↗PRPP, ↘RiP); Ri-5-P ↛ PRPP
Decoyinin (= Angustmycin A ?)	aus Adenin + Angustose = L-2-Keto-fucopyranose)	XMP ↛ GMP; Ri-5-P ↛ PRPP
Nebularin	β-D-Ribofuranosyl-purin	Adenosinantagonist
Psicofuranin (= Angustmycin C)	aus Adenin + Psicose (= Psico-furanose)	XMP ↛ GMP
Toyocamycin	Cyanogruppe in Stellung 5 des 7-Des-azadeninringes (vgl. Tubercidin)	Adenin ↛ Adenosin; Adenosin ↛ AMP Hemmung der Synthese ribosomaler RNS aus Vorstufen-rRNS (Mausfibroblasten)
Tubercidin	7-Desazaadenin-nucleosid-Analogon	Adenosin-Antimetabolit wie Toyocamycin
Aminoacylnucleoside		
Puromycin	aus 6-Dimethyl-aminopurin, 3-Amino-3-desoxy-D-Ribose und O-Methyl-L-tyrosin (vgl. Abb. 14.5.)	Hemmung der Proteinsynthese: Hemmeffekt auf die Peptid-kettenverlängerung auf Grund struktureller Ähnlichkeit mit dem Aminoacylende einer tRNS (speziell Phenylalanyl-tRNS); Reaktion mit N-Formylmethionin
Aziridine		
Mitomycin C		DNS-Synthese-Hemmer: „Einfrieren" der Doppelhelix durch kovalente Bindung an beide Stränge und Verhinderung der Aufzwirnung zur Einstrang-DNS
Phleomycin		
Streptonigrin		

(Fortsetzung von Tabelle 14.3.)

Antibiotikum	Chemische Kennzeichnung	Wirkungsweise
Actinomycine		
Actinomycin D	aus einem Phenoxazonring und zwei laktonartig gebundenen Pentapeptiden	„Matrizenhemmer": spezifische Kombination mit der DNS-Matrix unter Ausbildung von Wasserstoffbrücken zum Desoxyguanosin (Basenspezifität) und damit Ausschaltung der *Polymerase*-Funktion
Tetracycline		
Chlortetracyclin Oxytetracyclin Tetracyclin		Translationshemmer: Proteinsynthesehemmung am Ribosom bzw. mRNS-Ribosomen-Komplex (Verhinderung der Bindung von Aminoacyl-tRNS)
Aminoglykoside (Glykosidantibiotika)		
Streptomycin	vgl. Abb. 14.4. wirksamer Bestandteil = Streptidin	Translationshemmer: Bindung an die 30S-Ribosomenuntereinheit nach der Aminoacyl-tRNS-Bindung; „falsches Ablesen" von Basentripletts
Kanamycin	wirksame Komponente = Desoxystreptamin	
Chloramphenicol	vgl. Abb. 14.4.	Translationshemmer: Blockierung der Peptidknüpfung
Glutarimid-Antibiotika		
Cycloheximid (= Acitidion)		Translationshemmer an 80S-, nicht an 70S-Ribosomen
Rifamycine	α-Aminoaphthohydrochinon-Derivat als Kern, aliphatische Brücke der Ansaverbindungen aus Essigsäure- und Propionsäure-Resten	
Rifamycin B		Transkritionshemmer
Rifampicin vgl. Text		wirksamer als Rifamycin B, Hemmung der *RNS-Polymerase*
Chromomycine	Chromomycinon als Chromophor, in 2 Seitenketten zusammen 5 Didesoxyzuckerreste, und zwar Chromose A und D, 2 Chromose-C-Reste u. Chromose B	„Matrizenhemmer": Blockierung der RNS-Polymerase-Reaktion an doppelsträngiger guaninhaltiger DNS; Replikationshemmer

Die Tabelle 14.3. zeigt einige wichtige Antibiotika und skizziert ihre Wirkungsweise (auf Grund „typischer“ Beispiele). Die Abb. 14.4. enthält die Strukturformeln einiger Antibiotika. Penicillin ist im Abschnitt 2.6.4.4. abgehandelt.

Ausführlicher wurden in den letzten Jahren die Wirkungen von Rifampicin, Chromomycin und Puromycin (vgl. Abb. 14.5) untersucht. **Rifampicin** ist ein partialsynthetisches Produkt. Das **Rifamycin B** kommt natürlich vor. Es ist die erste in der Natur entdeckte Ansaverbindung („Henkelverbindung“: d. i. ein Molekül, in dem weit auseinanderliegende Positionen eines starren Ringsystems – z. B. die para-Stellungen eines Benzolringes – über eine C-Brücke verknüpft sind). Ihr liegt ein α-Aminonaphthohydrochinon-Derivat als Kern zugrunde. Die C-Kette zwischen C-2 und C-5 besteht aus Acetat- und Propionat-

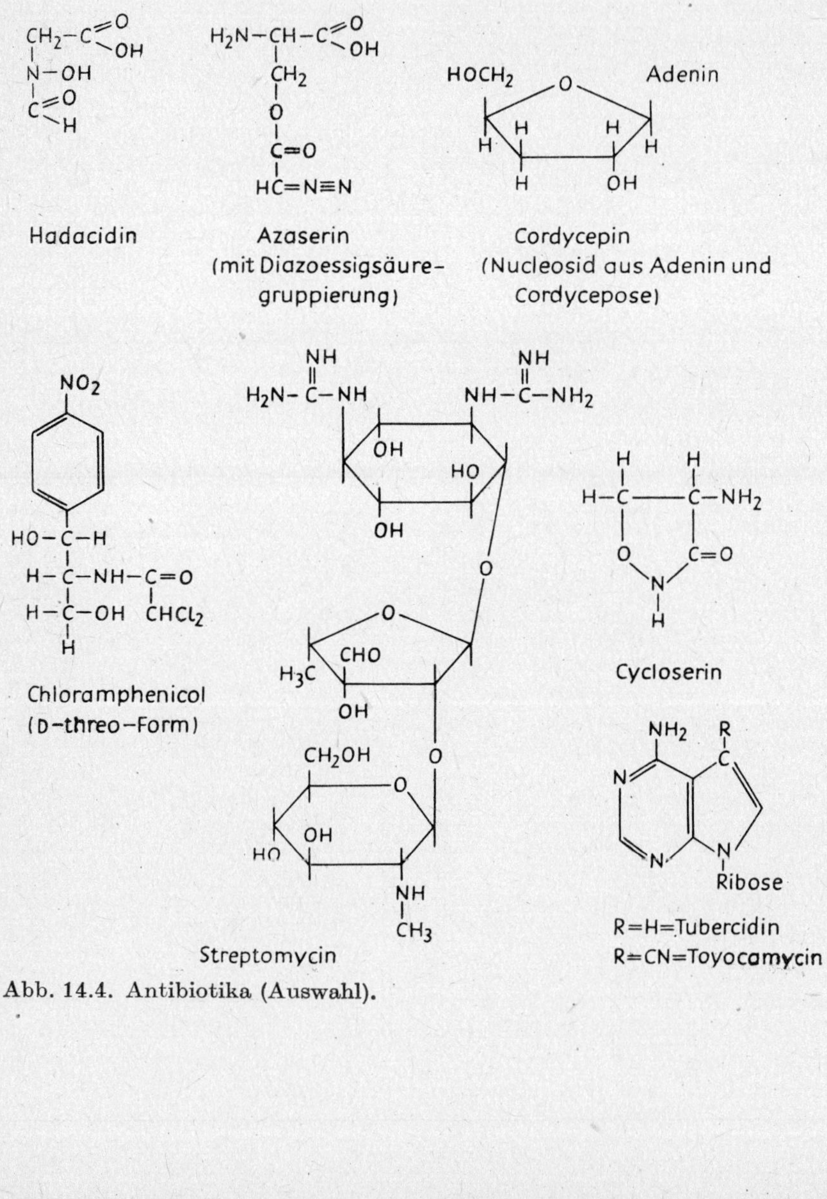

Hadacidin

Azaserin (mit Diazoessigsäure-gruppierung)

Cordycepin (Nucleosid aus Adenin und Cordycepose)

Chloramphenicol (D-threo-Form)

Streptomycin

Cycloserin

R=H=Tubercidin
R=CN=Toyocamycin

Abb. 14.4. Antibiotika (Auswahl).

Resten. Das biologisch aktivere Rifampicin besitzt in Stellung 3 statt Wasserstoff den synthetischen 4-Methylpiperazinyliminomethyl-Rest. *Rifampicin* hemmt die RNS-Synthese in prokaryotischen Zellen. Es wirkt als *Enzymgift* auf die DNS-abhängige RNS-Polymerase, bevor diese sich fest an den DNS-Doppelstrang gebunden hat. Rifampicin hemmt damit den Start der RNS-Synthese. **Chromomycin** (vgl. Tabelle 14.3.) ist ein *Matrizenblocker* und gleich dem Rifampicin ein Hemmstoff der RNS-Polymerase-Reaktion. Doch ist sein Wirkungsmechanismus anders. Die Polymerase-Reaktion wird nur an doppelsträngiger DNS gehemmt, die Guanin (Aminogruppe in 2-Stellung des Purinringes) besitzt. Chromomycin bildet mit dieser Komplexe, indem es sich an guaninhaltige Basenpaare der DNS bindet. Hierdurch wird die Ablesung der DNS-Matrize durch die RNS-Polymerase vorübergehend blockiert.

Die DNS-Synthese wird durch Chromomycin erst in höherer Konzentration gehemmt, die erforderlich ist, damit ein beträchtlicher Anteil der Endstücke des DNS-Doppelstranges besetzt werden kann. Das Antibiotikum wirkt auf Zellen niederer und höherer Organismen und ist deshalb relativ giftig.

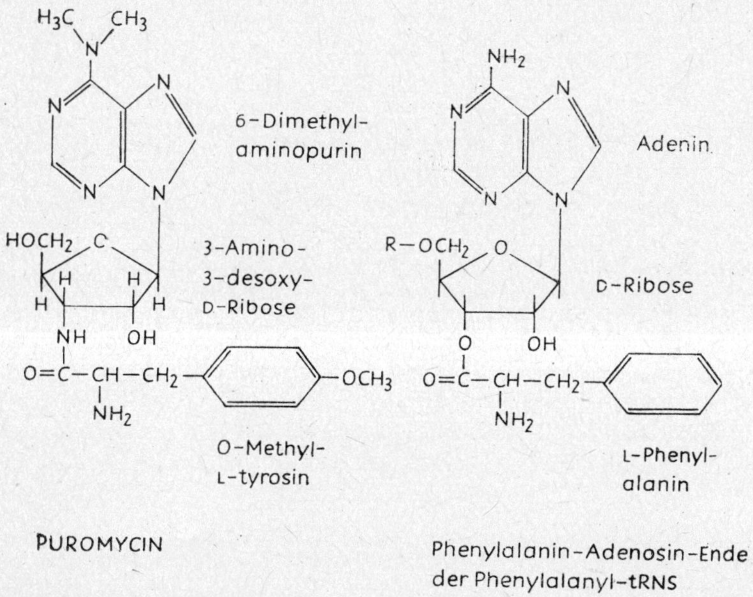

PUROMYCIN: 6-Dimethylaminopurin, 3-Amino-3-desoxy-D-Ribose, O-Methyl-L-tyrosin

Phenylalanin-Adenosin-Ende der Phenylalanyl-tRNS: Adenin, D-Ribose, L-Phenylalanin

Abb. 14.5. Puromycin. Zum Vergleich ist das Phenylalanin-Adenosin-Ende der Phenylalanin-tRNS dargestellt.

15. Die biochemische Literatur

(Populärwissenschaftliche Darstellung = P)

Lehrbücher der Biochemie

BALDWIN, E.: Das Wesen der Biochemie. 1. Aufl. 1968, 1. Nachdruck 1970. Thieme, Stuttgart.

BUDDECKE, E.: Grundriß der Biochemie. W. de Gruyter, Berlin 1970.

DAGLEY, S., and D. E. NICHOLSON: An Introduction to Metabolic Pathways. Blackwell Scientific Publications, Oxford 1970.

HOFMANN, E.: Dynamische Biochemie. 2., völlig überarbeitete Aufl. in 4 Teilen. Akademie-Verlag, Berlin.
Teil I: Eiweiße und Nucleinsäuren als biologische Makromoleküle. 1972.
Teil II: Enzyme und energieliefernde Stoffwechselreaktionen. 1970.
Teil III: Intermediärstoffwechsel. 1971.
Teil IV: Grundlagen der Molekularbiologie und Regulation des Zellstoffwechsels. 1972.

KARLSON, P.: Kurzes Lehrbuch der Biochemie. 8., völlig neubearb. Aufl. Thieme, Stuttgart 1972.

LEHNINGER, A. L.: Biochemistry. Worth Publishers, Inc. New York 1970.

MAHLER, H. R., and E. H. CORDES: Biological Chemistry. 6. Intern. Ausgabe. Harper & Row, New York 1972.

MÜLLER, F.: Organbiochemie. Akademie-Verlag, Berlin 1973. Spezifische Zelleistungen. Akademie-Verlag, Berlin 1973.

RAPOPORT, S. M.: Medizinische Biochemie. 5. Aufl. VEB Verlag Volk und Gesundheit, Berlin 1973.

ROTZSCH, W.: Einführung in die funktionelle Biochemie der Zelle. Johann Ambrosius Barth, Leipzig 1970.

STRAUB, F. B.: Biochemie. 2. Aufl. Akademische Verlagsgesellschaft Geest und Portig K.-G., Leipzig 1963.

WINKLER, L.: Lehrbuch der klinischen Biochemie für mittlere medizinische Fachkräfte. VEB Verlag Volk und Gesundheit, Berlin 1968.

P: AURICH, H.: Laboratorium des Lebens. Ergebnisse und Probleme der Biochemie Urania-Verlag, Leipzig 1971.

Hand- und Taschenbücher, Reihenwerke und Wörterbücher der Biochemie

BENNETT, T. P.: Graphic Biochemistry. Vol. 1: Chemistry of Biological Molecules. Vol. 2: Metabolism of Biological Molecules. The MacMillan Company, London 1969.

BERNFELD, P. (Hrsg.): Biogenesis of Natural Compounds. 2. Aufl. Pergamon Press, Oxford 1967.

DAWSON, R. M. C., D. C. ELLIOTT, W. H. ELLIOTT and K. M. JONES (Hrsg.): Data for Biochemical Research. 2. Aufl. Oxford University Press, New York 1968.
DAYHOFF, M. O., and R. V. ECK: Atlas of Protein Sequence and Structure. National Biomedical Research Foundation. Silver Spring, Maryland 1969.
FLASCHENTRÄGER, B., und E. LEHNARTZ (Hrsg.): Physiologische Chemie. Ein Lehr- und Handbuch für Ärzte, Biologen und Chemiker. Teil 1a und 1b, 1954; Teil 2c, 1959; Teil 2d/α und 2d/β, 1966. Springer, Berlin.
FLORKIN, M., and H. S. MASON (Hrsg.): Comparative Biochemistry. Academic Press, New York 1960—1964.
FLORKIN, M., and E. H. STOTZ (Hrsg.): Comprehensive Biochemistry. Vol. 1ff. Elsevier, New York 1962ff.
GEISSLER, E. (Hrsg.): Meyers Taschenlexikon Molekularbiologie. Bibliographisches Institut, Leipzig 1972.
GREENBERG, D. M. (Hrsg.): Metabolic Pathways. 3. Aufl. Vol. 1—5, Academic Press, New York 1967—1971.
HIMMLER, V., und K. THIELMANN: Wörterbuch der Biochemie Russisch–Deutsch. Verlag Enzyklopädie, Leipzig 1970.
HOLLAND, W.: Die Nomenklatur in der organischen Chemie. Verlag für Grundstoffindustrie, Leipzig 1969.
KARRER, W.: Konstitution und Vorkommen der organischen Pflanzenstoffe (exclusive Alkaloide). Birkhäuser, Basel 1958.
LONG, C. (Hrsg.): Biochemist's Handbook. D. Van Nostrand Company, Inc., Princeton, N. J., 1968.
RAUEN, H. M. (Hrsg.): Biochemisches Taschenbuch. 2. Aufl., in 2 Teilen. Springer, Berlin 1964.
SOBER, H. A. (Hrsg.): Handbook of Biochemical and Selected Data for Molecular Biology. The Chemical Rubber Co., 1968.
WILLIAMS, R. J., and E. M. LANSFORD, jr. (Hrsg.): The Encyclopedia of Biochemistry. Reinhold, New York 1967.

Programmierte Texte der Biochemie

MCMILLAN, A. J. S.: Introduction to Biochemistry. Pergamon Programmed Texts. Pergamon Press, Oxford 1966.
SCHMIDKUNZ, H., und A. NEUFARTH: Lehrprogramm Biochemie. Bd. 1: Statische Biochemie. Bd. 2: Dynamische Biochemie. Verlag Chemie, Weinheim/Bergstr. 1971.
STEPHENSON, W. K.: Biochemie. Eine programmierte Einführung. Fischer, Stuttgart 1970.

Lehrbücher und monographische Darstellungen der Physiologie und Biochemie der Pflanzen

BONNER, J., and J. E. VARNER (Hrsg.): Plant Biochemistry. 2. Aufl. Academic Press, New York 1965.
BU'LOCK, J. D.: Biosynthese von Naturstoffen. Eine Einführung in den Sekundärstoffwechsel. Bayerischer Landwirtschaftsverlag, München 1970.
DOBY, G.: Plant Biochemistry. Akad. Kiadó, Budapest 1965.
HESS, D.: Pflanzenphysiologie. 2. Aufl. Ulmer, Stuttgart 1973.
KRETOWITSCH, W. L.: Grundzüge der Biochemie der Pflanzen (Übersetzung aus dem Russ. nach der 3. sowjetischen Aufl.). VEB Fischer, Jena 1965.
LIBBERT, E.: Lehrbuch der Pflanzenphysiologie. VEB Fischer, Jena 1972.
LUCKNER, M.: Sekundärstoffwechsel in Pflanze und Tier. VEB Fischer, Jena 1969.

MENGEL, K.: Ernährung und Stoffwechsel der Pflanze. 4. Aufl. VEB Fischer, Jena 1972.
METZNER, H.: Biochemie der Pflanzen. Enke, Stuttgart 1973.
MOHR, H.: Lehrbuch der Pflanzenphysiologie. 2. Aufl. Springer, Berlin 1971.
MÜNTZ, K.: Stoffwechsel der Pflanzen. Verlag Volk und Wissen, Berlin 1966 (2. Aufl. in Vorbereitung).
RICHTER, G.: Stoffwechselphysiologie der Pflanzen. 2. Aufl. Thieme, Stuttgart 1971.
P: GALSTON, A. W.: Physiologie der grünen Pflanze. Kosmos. Gesellschaft der Naturfreunde. Franckh'sche Verlagsbuchhandlung, Stuttgart 1964.
P: REINBOTHE, H.: Das pflanzliche Geheimnis. Urania-Verlag, Leipzig 1970.

Lehrbücher und Darstellungen zur Physiologie und Biochemie der Mikroorganismen

DAVIS, B. D., R. DULBECCO, H. N. EISEN, H. S. GINSBERG and W. B. WOOD: Microbiology. Hoeber, Harper & Row, New York 1967.
FROBISHER, M.: Fundamentals of Microbiology. 8. Aufl. Saunders, Philadelphia 1968.
SCHLEGEL, H. G.: Allgemeine Mikrobiologie. 2. Aufl. Thieme, Stuttgart 1972.
STANIER, R. Y., M. DOUDOROFF and E. A. ADELBERG: General Microbiology. 2. Aufl. The MacMillan Company, London 1963. 3. Aufl. u. d. T.: The Microbial World. 1970.
STARKA, J.: Physiologie und Biochemie der Mikroorganismen. VEB Fischer, Jena 1968.
THIMANN, K. V.: Das Leben der Bakterien. VEB Fischer, Jena 1964.

Lehrbücher und allgemeine Darstellungen der Genetik und Molekularbiologie

BRESCH, C., und R. HAUSMANN: Klassische und molekulare Genetik. 3., erw. Aufl. Springer, Berlin 1972.
CAIRNS, J., G. S. STENT und J. D. WATSON: Phagen und die Entwicklung der Molekularbiologie (GEISSLER, E., Hrsg. d. dtsch. Ausgabe). Akademie-Verlag, Berlin 1972.
DUBININ, N. P.: Molekulargenetik. VEB Fischer, Jena 1965.
GEISSLER, E.: Bakteriophagen – Objekte der modernen Genetik. Akademie-Verlag, Berlin 1962.
GOLDSCHMIDT, R. B.: Theoretische Genetik. Akademie-Verlag, Berlin 1961.
GÜNTHER, E.: Grundriß der Genetik. 2., durchges. Aufl. VEB Fischer, Jena 1971.
HESS, D.: Biochemische Genetik. Eine Einführung unter besonderer Berücksichtigung höherer Pflanzen. Springer, Berlin 1968.
JINKS, J. L.: Extrachromosomale Vererbung. Fischer, Stuttgart 1967.
KNAPP, A.: Genetische Stoffwechselstörungen. VEB Fischer, Jena 1970.
SCHREIER, K.: Die angeborenen Stoffwechselanomalien. Thieme, Stuttgart 1963.
STAHL, F. W.: Mechanismen der Vererbung. Fischer, Stuttgart 1969.
SWANSON, C. P., T. MERZ und W. J. YOUNG: Zytogenetik. Fischer, Stuttgart 1970.
The Genetic Code. Cold Spring Harbor Symposia on Quantitative Biology. Cold Spring Harbor, New York 1966.
TRÄGER, L.: Einführung in die Molekularbiologie. Fischer, Stuttgart 1969.
WATSON, I. D.: Molecular Biology of the Gene. 2. Aufl. Benjamin, New York 1970.
YCAS, M.: The Biological Code. North-Holland Publ., Amsterdam 1969.
P: BOGEN, H. J.: Exakte Geheimnisse. Knaurs Buch der modernen Biologie. Droemersche Verlagsanstalt Knaur Nachf. München/Zürich 1967.
P: BIERWOLF, D.: Viren – Das geborgte Leben. Urania-Verlag, Leipzig 1970.

P: BOTSCH, W.: Morsealphabet des Lebens. Grundlagen der Vererbung. Urania-Verlag, Leipzig 1965.
P: PARTHIER, B., und R. WOLLGIEHN: Von der Zelle zum Molekül. Einführung in die Molekularbiologie. Akademische Verlagsgesellschaft Geest und Portig K.-G., Leipzig 1971.
P: SCHRAMM, T.: Krebs – Wachstum wider das Leben. Urania-Verlag, Leipzig 1969.
P: WEIDEL, W.: Virus und Molekularbiologie. 2. Aufl. Springer, Berlin 1964.

Enzymologie

BARMAN, T. E.: Enzyme Handbook. 2 Bde. Springer, Berlin 1969.
BERGMEYER, H. U. (Hrsg.): Methoden der enzymatischen Analyse. 2., erw. Aufl. Bd. 1—3. Akademie-Verlag, Berlin 1970.
BERSIN, T.: Biokatalysatoren. Akademische Verlagsgesellschaft, Frankfurt a. M. 1968.
BOYER, P. D., H. LARDY and K. MYRBÄCK (Hrsg.): The Enzymes. 2. Aufl. Vol. 1—8. Academic Press, New York 1959—1963. – 3. Aufl. 1. 1970ff.
COLOWICK, S. P., and N. O. KAPLAN (Hrsg.): Methods in Enzymology. Vol. 1. Academic Press, New York 1955ff.
DIXON, M., and E. C. WEBB: Enzymes. 2. Aufl. Longman, London 1964.
HASCHEN, R.-J.: Enzymdiagnostik. VEB Fischer, Jena 1970.
SNELL, E. E., P. M. FASELLA, A. E. BRAUNSTEIN und A. ROSSI FANELLI (Hrsg.): Chemical and Biological Aspects of Pyridoxal Catalysis. IUB Symposium Series, Vol. 30. Pergamon Press, Oxford 1963.
WALEY, S. G.: Mechanismus of Organic and Enzymic Reactions. Clarendon Press, Oxford 1962.
WEBB, J. L.: Enzymes and Metabolic Inhibitors. Vol. 1—3. Academic Press, New York, 1963—1966.

Organisation und Biochemie der Zelle und Zellkompartimente

BIELKA, H. (Hrsg.): Molekulare Biologie der Zelle. 2. Aufl. VEB Fischer, Jena 1973.
BRACHET, J., and A. E. MIRSKY (Hrsg.): The Cell. Vol. 1—6. Academic Press, New York 1959—1964.
FREY-WYSSLING, A., und K. MÜHLETHALER: Ultrastructural Plant Cytology. Elsevier, Amsterdam 1965.
GOODWIN, T. W. (Hrsg.): Biochemistry of Chloroplasts. Vol. 1 und 2. Academic Press, New York 1966/1967.
HIRSCH, G. C., H. RUSKA und P. SITTE (Hrsg.): Grundlagen der Cytologie. VEB Gustav Fischer Verlag, Jena 1973.
KIRK, J. T. O., and R. A. E. TILNEY-BASSET: The Plastids. Freeman, San Francisco and Folkestone 1967.
KLUG, H.: Bau und Funktion tierischer Zellen. 6. Aufl. Ziemsen-Verlag, Wittenberg 1973.
LEHNINGER, A. L.: The Mitochondrion. Benjamin, New York 1964.
Lysosomes. Ciba Foundation Symposium. Churchill, London 1963.
METZNER, H. (Hrsg.): Die Zelle. 2. Aufl. Wissenschaftliche Verlagsgesellschaft, Stuttgart 1971.
PETERMANN, M. L.: The Physical and Chemical Properties of Ribosomes. Elsevier, Amsterdam 1964.
SITTE, P.: Bau und Feinbau der Pflanzenzelle. VEB Fischer, Jena 1965.
P: FÜLLER, H.: Zellen – Bausteine des Lebens. Urania-Verlag, Leipzig 1969.

Lehrbücher zur Chemie, Physikochemie und Biophysik
(vgl. auch Bioenergetik, Biologische Oxydation)

Anorganikum. Lehr- und Praktikumsbuch der anorganischen Chemie mit einer Einführung in die physikalische Chemie. 4., durchges. Aufl. Autorenkollektiv (Hrsg. L. Kolditz). VEB Deutscher Verlag der Wissenschaften, Berlin 1972.
Hermann, P.: Kompendium der allgemeinen und anorganischen Chemie. VEB Fischer, Jena 1973.
Pauling, L.: Chemie. Eine Einführung. 8. Aufl. Verlag Chemie, Weinheim/Bergstr. 1969.
Barry, J. M., und E. M. Barry: Die Struktur biologisch wichtiger Moleküle. Eine Einführung für Naturwissenschaftler und Mediziner. Thieme, Stuttgart 1971.
Beyer, H.: Lehrbuch der organischen Chemie. 15./16. durchges., z. T. neubearb. Aufl. Hirzel, Leipzig 1968.
Fittkau, S.: Kompendium der organischen Chemie. VEB Fischer, Jena 1972.
Fodor, G.: Organische Chemie. 2 Bde. VEB Deutscher Verlag der Wissenschaften, Berlin 1965.
Organikum. Organisch-chemisches Grundpraktikum. 10. Aufl. Autorenkollektiv. VEB Deutscher Verlag der Wissenschaften, Berlin 1971.
Strepichejew, A. A., und W. A. Derewizkaja: Grundlagen der Chemie hochmolekularer Verbindungen. Akademische Verlagsgesellschaft Geest und Portig K.-G., Leipzig 1965.
Moritz, O.: Einführung in die allgemeine Pharmakologie. Pharmazeutische Biologie. 3. Aufl. Fischer, Stuttgart 1962.
Teuscher, E.: Pharmakognosie. Teil I und II. Akademie-Verlag, Berlin 1969.
Wagner, G., und H. Kühmstedt: Pharmazeutische Chemie. 3. Aufl. Akademie-Verlag, Berlin 1969.
Brdicka, R.: Grundlagen der physikalischen Chemie. 10. Aufl. VEB Deutscher Verlag der Wissenschaften, Berlin 1971.
Eggert, J., L. Hock und G.-M. Schwab: Lehrbuch der physikalischen Chemie. 9. Aufl. Hirzel, Leipzig 1968.
Hauptmann, S.: Über den Ablauf organisch-chemischer Reaktionen. 3. Aufl. Akademie-Verlag, Berlin 1970.
Havemann, R.: Einführung in die chemische Thermodynamik. VEB Deutscher Verlag der Wissenschaften, Berlin 1957.
Glaser, R.: Einführung in die Biophysik. VEB Fischer, Jena 1971.
Wolkenstein, M. W.: Moleküle und Leben. Einführung in die Molekularbiophysik. Thieme, Leipzig 1969.

Bioenergetik

Chance, B., R. W. Estabrock and J. R. Williamson (Hrsg.): Control of Energy Metabolism. Academic Press, London 1967.
Kalckar, H. M.: Biological Phosphorylations. Development of Concepts. Prentice-Hall, Englewood Cliffs, New Jersey 1969.
Klotz, I. M.: Energetik biochemischer Reaktionen. Eine Einführung. 2. Aufl. Thieme, Stuttgart 1971.
Lehninger, A. L.: Bioenergetik. Thieme, Stuttgart 1970.
Netter, H.: Biologische Physikochemie. Akademische Verlagsgesellschaft, Potsdam 1951.
– Theoretische Biochemie. Physikalisch-chemische Grundlagen der Lebensvorgänge. Springer, Berlin 1959.

Slater, E. C., Z. Kaniuga and L. Wojtczak (Hrsg.): Biochemistry of Mitochondria. Academic Press, London 1967.
Tanford, C.: Physical Chemistry of Macromolecules. Wiley, New York 1961.

Biologische Oxydation
(vgl. auch Bioenergetik)

Hayaishi, O. (Hrsg.): The Oxygenases. Academic Press, New York 1962.
King, T. E., H. S. Mason and M. Morrison: Oxydases and Related Redox Systems. Vol. 1—2. Wiley, New York 1965.
Morton, R. A. (Hrsg.): Biochemistry of Quinones. Academic Press, New York 1965.
Slater, E. C. (Hrsg.): Flavins and Flavoproteins. BBA Library, Vol. 8. Elsevier, Amsterdam 1966.

Chemie und Biochemie von Biomolekülen

Kohlenhydrate

Bailey, R. W.: Oligosaccharides. Pergamon Press, Oxford 1965.
Henseke, G.: Zuckerchemie. Eine Einführung. Akademie-Verlag, Berlin 1966.
Micheel, F.: Chemie der Zucker und Polysaccharide. Akademische Verlagsgesellschaft Geest und Portig K.-G., Leipzig 1956.
Staněk, J. M., M. Černý, J. Kocourek und J. Pacák: The Monosaccharides. Nakl. Československé akád. vêd., Prag 1963.

Lipide

Ansell, G. B., and J. N. Hawthorne: Phospholopids. BBA Library, Vol. 3. Elsevier, Amsterdam 1964.
Fieser, L. F., und M. Fieser: Steroide. Verlag Chemie, Weinheim/Bergstr. 1961.
Goodwin, T. W. (Hrsg.): Natural Substances Formed Biologically from Mevalonic Acid. Academic Press, New York 1970.
Hanahan, D. D.: Lipide Chemistry. Wiley, New York 1960.
Hilditch, T. P., and P. N. Williams: The Chemical Constitution of Natural Fats. 4. Aufl. Chapman and Hall, London 1964.
Onken, D.: Steroide. Zur Chemie und Anwendung. Akademie-Verlag, Berlin 1971.
Pridham, J. B. (Hrsg.): Terpenoids in Plants. Academic Press, New York 1967.

Nucleinsäuren und ihre Bausteine

Allen, F.: Ribonucleoproteins and Ribonucleic Acids. Elsevier, Amsterdam 1962.
Chargaff, E.: Essays on Nucleic Acids. Elsevier, New York 1963.
– and J. N. Davidson (Hrsg.): The Nucleic Acids. Chemistry and Biology. Vol. 1—3. Academic Press, New York 1955—1961.
Geissler, E. (Hrsg.): Desoxyribonucleinsäure – Schlüssel des Lebens. 2. Aufl., Akademie-Verlag, Berlin 1972.
Harbers, E., G. F. Domagk und W. Müller: Die Nucleinsäuren. Thieme, Stuttgart 1964.
– – – Introduction to Nucleic Acids. Chemistry, Biochemistry and Functions. Reinhold, New York 1968.
Michelson, A. M.: The Chemistry of Nucleosides and Nucleotides. Academic Press, New York 1963.

SPIRIN, A. S.: Macromolecular Structure of Ribonucleic Acids. Reinhold, New York 1964.
VOGEL, H. J., V. BRYSON and J. O. LAMPEN (Hrsg.): Informational Macromolecules. Academic Press, New York 1963.

Proteine und ihre Bausteine

DICKERSON, R. E., and I. GEIS: Struktur und Funktion der Proteine. Verlag Chemie, Weinheim 1971.
GREENSTEIN, J. P., and M. WINITZ: Chemistry of the Amino Acids. Vol. 1—3. Wiley, New York 1960.
JAKUBKE, H.-D., und H. JESCHKEIT: Aminosäuren, Peptide und Proteine. 2., verbesserte Aufl. Akademie-Verlag, Berlin 1973.
MEISTER, A.: Biochemistry of the Amino Acids. 2. Aufl., Vol. 1—2, Academic Press, New York 1965.
NEURATH, H. (Hrsg.): The Proteins. Vol. 1—5ff. 2. Aufl. Academic Press, New York 1963—1970ff.
PERUTZ, M. F.: Proteins and Nucleic Acids: Strukture and Function. Elsevier, Amsterdam 1962.
SCHERAGA, H. A.: Protein Structure. Academic Press, New York 1961.
ŠORM, F.: Eiweiß-Stoffe – die Grundlage des Lebens. Verlag der Tschechoslowakischen Akademie der Wissenschaften und Artia, Prag 1964.

Chemie und Biochemie weiterer Naturstoffe

FALK, J. E.: Porphyrins and Metalloporphyrins. BBA Library, Vol. 2. Elsevier, Amsterdam 1964.
FRAGNER, J. (Hrsg.): Vitamine. 2 Bde. VEB Fischer, Jena 1964—1965.
FREUDENBERG, K., and A. C. NEISH: Constitution and Biosyntnesis of Lignin. Springer, Berlin 1968.
GOODWIN, T. W. (Hrsg.): Chemistry and Biochemistry of Plant Pigments. Academic Press, New York 1968.
– Porphyrins and Related Compounds. Academic Press, New York 1968.
HARBORNE, J. B. (Hrsg.): Biochemistry of Phenolic Compounds. Academic Press, New York 1964.
– Comparative Biochemistry of Flavonoids. Academic Press, New York 1967.
MOTHES, K., und H. R. SCHÜTTE (Hrsg.): Biosynthese der Alkaloide. Akademie-Verlag, Berlin 1969.
ROBINSON, T.: The Biochemistry of Alkaloids. Springer, Berlin 1968.
SWAN, G. A.: An Introduction to the Alkaloids. Blackwell, Oxford 1967.
VERNON, L. P., and G. R. SEELY (Hrsg.): The Chlorophylls. Academic Press, New York 1966.

Hemmstoffe des Protein- und Nucleinsäurestoffwechsels

KORZYBSKI, T., und W. KURYLOWICZ: Antibiotika. Herkunft – Arten – Eigenschaften. VEB Fischer, Jena 1961.
LANGEN, P.: Antimetabolite des Nucleinsäure-Stoffwechsels. Akademie-Verlag, Berlin 1968.
PARTHIER, B.: Antibiotica. Molekularbiologische Wirkungsmechanismen. Nova Acta Leopoldina, N. F. Bd. 34, Nr. 188. Johann Ambrosius Barth, Leipzig 1969.
ROY-BURMAN, P.: Analogues of Nucleic Acid Components. Springer, Berlin 1970.
ZÄHNER, H.: Biologie der Antibiotica. Springer, Berlin 1965.

P: THRUM, H., und H. BOCKER: Antibiotika – woher, wofür? Urania-Verlag, Leipzig 1971.

Wasser und Mineralstoffe

BERSIN, T.: Biochemie der Mineral- und Spurenelemente. Akademische Verlagsgesellschaft, Frankfurt a. M. 1963.

HÜBNER, G., K. JUNG und E. WINKLER: Die Rolle des Wassers in biologischen Systemen. Akademie-Verlag, Berlin 1970.

Register

Die mit einem * bezeichneten Seitenzahlen weisen auf Strukturformeln hin; svw heißt soviel wie.